가축 인공수정사

필기+실기 한권으로 끝내기

시대에듀

Always with you

사람이 길에서 우연하게 만나거나 함께 살아가는 것만이 인연은 아니라고 생각합니다.
책을 펴내는 출판사와 그 책을 읽는 독자의 만남도 소중한 인연입니다.
시대에듀는 항상 독자의 마음을 헤아리기 위해 노력하고 있습니다. 늘 독자와 함께하겠습니다.

1320년경 아라비아에서 암말 생식기 내에 솜을 삽입한 채 자연교미시킨 후 정액이 흡수된 솜을 멀리 가져가서 다른 암말의 생식기에 다시 넣어 망아지를 얻었다고 전해져 오는데, 이것이 인공수정의 시초라고 할 수 있을 것입니다. 과학적인 근거로는 Van Hammen(1677)이 처음으로 정자를 발견한 후 한 세기가 지나서 Spallanzani(1780)가 최초로 개에게 인공수정시켜 강아지를 얻었다는 기록이 남아 있습니다. 그 후 1900년대에 와서 구소련의 Ivanof(1907)에 의해 축산에 도입되어 오늘날과 같은 가축인공수정의 기초가 마련되었으며, 우리나라에는 1960년대 인공수정기술이 도입되어 현재 농촌진흥청 국립축산과학원에서 자격시험을 주도하면서 한국종축개량협회와 한국가축인공수정사협회를 중심으로 전국적으로 온 힘을 기울여 가축의 개량과 증식에 이바지하고 있습니다. 넓은 의미의 인공수정은 정자와 난자를 체내 · 외에서 수정시킨 수정란이나, 복제 · 형질전환 등의 생명공학적 기법을 접목시켜 생산된 정자, 난자 및 수정란을 주입(이식)하여 수태시키는 것을 포함합니다.

각 도청에서 실시하던 가축인공수정사 자격시험의 관할을 2018년 국립축산과학원으로 이관한 이후의 첫 시험에서 응시자의 23.4%가 최종 합격하였습니다(전국 612명 응시, 143명 최종 합격). 가축인공수정사 시험은 필기와 실기로 나뉘며, 주요 과목은 축산학개론, 가축번식학, 가축육종학, 축산법, 가축전염병예방법, 가축인공수정 실무절차입니다. 필기시험은 총 100문제(5과목, 과목당 20문제) 출제되며 과목당 40점 이상, 평균 60점 이상 획득하여야 합격할 수 있습니다. 실기시험은 2023년을 기준으로, 발정현상 및 수정적기 10점, 동결정액 융해절차 및 액상정액 사용법 18점, 주입기 장착 15점, 소정액 주입 25점, 돼지정액 주입 22점, 현미경 정액검사 10점으로 구성되어 있습니다. 100점 만점으로 60점 이상 득점하여야 합격합니다.

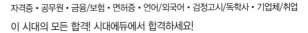

PREFACE

응시자격은 학력, 경력, 성별, 거주지 등의 제한이 없지만, 피성년후견인 또는 피한정후견인이거나 정신보건법에 따른 정신질환자, 마약류관리에 관한 법률에 따른 마약중독자 등은 제외됩니다.

무시험으로 가축인공수정사 자격을 취득하고자 한다면 축산산업기사, 축산기사, 축산기술사 자격 중 1개의 자격을 취득하면 되는데, 이 세 가지 기술자격 중에서 가장 난이도가 낮고 응시자격을 갖추는 것도 수월한 축산산업기사 자격을 취득하는 것이 가축인공수정사 면허를 발급받는 데 유리합니다. 축산산업기사 응시자격은 축산 관련 전공 2년제 전문학사 졸업자(혹은 예정자), 실무경력을 2년 이상 인정받은 사람, 학점은행제 유사전공으로 42학점 이상 이수한 사람입니다. 가축인공수정사 자격시험에 합격한 사람은 학점은행제 10학점을 인정받을 수 있고, 축산산업기사 자격시험에 합격한 사람은 16학점을 인정받을 수 있습니다.

가축인공수정사 자격을 취득하게 되면 축산산업기사 연계취득도 용이해질 뿐만 아니라 전문대학 이상의 전문성으로 학사학위 편입(유학) 및 졸업에도 유리하며, 취업 희망 시에는 축산 · 수의 분야로의 취업 확대가 가능하고, 생명공학 분야(공무원, 연구소, 병원, 벤처회사 등)의 취업에도 유리합니다. 가축인공수정사의 평균소득은 월 300만원(한국산업인력관리공단 제공) 이상의 수준이며, 정년이 없는 직종일 뿐만 아니라 평생 현업에 종사할 수 있습니다. 창업 시에는 가축인공수정소(개업), 정액 등 처리업, 반려동물번식업, 동물(정자 · 난자 · 수정란)수출입업 등의 분야에 진출할 수 있습니다.

아무쪼록 이 책으로 공부하는 학생 여러분과 축산농민 여러분의 실질(현장)적인 실력이 향상되어 높은 점수로 합격하기를 기원합니다. 이 책이 완성되기까지 워드 작성과 교정을 도와 준 배다영 학생과 출판을 허락해 주신 시대에듀 회장님과 임직원분들께 감사드립니다. 그동안 정자 및 인공수정 연구와 관련 사업 및 교육에 평생 응원해 준 사랑하는 아내에게 조그만 결실의 이 책을 바치며 두 아들 다함, 다원에게 아빠의 노력을 전하고자 합니다.

저자 이장희

시험안내

가축인공수정사란?

가축인공수정사는 가축의 인공수정과 생식기 관련 질병 치료 및 예방, 품종개량연구 등을 맡는 전문인력이다.

주 관

농촌진흥청(http://www.rda.go.kr)

시행기관

국립축산과학원(http://www.nias.go.kr)

응시자격

제한 없음

결격사유

- 피성년후견인 또는 피한정후견인
- 정신보건법에 따른 정신질환자
- 마약류관리에 관한 법률에 따른 마약류중독자

※다만, 정신건강의학과전문의가 수정사로서 업무를 수행할 수 있다고 인정하는 사람은 그러하지 아니하다.

수행직무

- 가축인공수정
- 가축의 생식기 관련 질병 치료 및 예방
- 품종개량연구

시험일정

구 분	원서접수	시험일시	합격자 발표
필기시험	5.16 ~ 5.23	7.13	7.19
실기시험	8.2 ~ 8.9	8.31	9.20

※ 상기 시험일정은 가축전염병 확산 등 사정에 따라 일부 변경될 수 있으니 https://ailicense.nias.go.kr에서 확인하시기 바랍니다.

※ 2024년도부터 당해 연도 필기시험에 합격하고, '당해 연도 2차 실기시험 미응시한 자와 실기시험에 탈락한 자'는 다음 연도에 한하여 필기시험이 면제됩니다.

시험과목

구 분	시험과목	비 고
필기과목 (5과목)	축산학개론	시험과목 일부 면제자 • 대상 : 외국에서 수정사의 면허를 받은 자 • 시험 면제과목 - 필기 : 축산학개론, 가축번식학, 가축육종학 - 실기 : 가축인공수정 실무절차
	축산법	
	가축전염병예방법	
	가축번식학	
	가축육종학	
실기과목	가축인공수정 실무절차	

시험방법

- 필기시험 : 객관식(4지 택1형), 총 100문항(과목별 20문항)
- 실기시험 : 가축인공수정 실무절차

합격자 결정

- 필기시험 : 매 과목 100점 만점으로 하여 40점 이상, 전 과목 평균 60점 이상을 득점한 자
- 실기시험 : 100점을 만점으로 하여 60점 이상을 득점한 자

구성과 특징

STRUCTURES

CHAPTER 01

PART 01 축산학개론

생명공학의 기초

01 생명현상의 원리

생명체는 환경으로부터 얻는 물질과 에너지를 이용하여 생명을 유지한다. 또한 번식을 통해 자신의 유전정보를 다음 세대에 전달하여 종족을 보존하고, 변화된 환경에 적응하며 반응하게 된다. 이러한 생명체 중 동물의 몸을 구성하는 세포는 구조적으로 원형질과 핵으로 이루어져 있다. 원형질 내에는 골지체, 리보솜, 미토콘드리아, 리소좀, 소포체 등이 들어 있고, 핵은 염색질과 핵소체(Nucleolus, 인) 등으로 구성되어 있다. 이들 세포는 세포분열을 통하여 증식하며, 핵 속에 들어 있는 유전물질을 다음 세대에 전달함으로써 개체의 형질이 자손에게 전해지게 된다.

1. 생식세포 형성과정

생명체의 최소 기본단위는 세포이다. 세포의 핵 속에는 그 개체의 유전물질이 담겨 있어서 생명의 영속성과 특성을 이어주고 있다. 또한 유전물질의 기본단위는 유전자로, 세포분열을 통하여 어버이에서 자손에게 전달된다.

모든 체세포의 분열은 유사분열 과정을 따르나 생식세포, 즉 정자와 난자의 생성과정은 감수분열에 의해 형성된다. 유사분열의 과정은 하나의 모세포에서 유전물질 구성이 모세포와 같은 2개의 딸세포를 형성하는 것이고, 감수분열은 분열과정에서 연속적인 2회의 핵분열이 일어나서 2배체 상태인 하나의 모세포에서 염색체수가 반수체인 4개의 딸세포를 형성한다.

생식세포의 기원인 원시생식세포에 간직되어 있는 염색체와 유전자는 어미와 아비로부터 각각 같은 수를 받았기 때문에 배수체(Diploid, $2n$)이다. 이 원시생식세포는 가축이 성 성숙에 달하기 전에 여러 번 반복 분열하여 수컷에서는 정원세포, 암컷에서는 난원세포로 된다. 이러한 정원세포와 난원세포는 가축이 성 성숙에 도달하였을 때 2번의 감수분열을 거쳐서 정자와 난자로 발달한다.

핵심이론

출제기준을 완벽 반영한 과목별 핵심이론으로 보다 효과적으로 학습하고, 단기간에 기본기를 탄탄하게 다질 수 있도록 하였습니다.

CHAPTER 01

PART 01 축산학개론

적중예상문제

01 복제 동물을 생산하기 위해 이용되는 기법은 무엇인가?

① 핵치환 ② 형질 전환
③ 유전병 진단 ④ 인공수정

해설
핵치환(핵이식)을 통한 복제동물은 수정란의 할구 또는 체세포를 이용하여 생산한다.

02 유전물질은 무엇인가?

① DNA ② 단백질
③ RNA ④ 리보솜

해설
유전물질인 DNA는 부모에서 자식으로 전달되어 형질을 발현한다.

03 우수한 수컷을 활용하여 인위적으로 가축을

04 유전자형이 PpBb인 개체로부터 만들어질 수 있는 배우자 종류는 몇 종인가?

① 2 ② 3
③ 4 ④ 8

해설
유전자형이 PpBb인 개체로부터 만들어질 수 있는 배우자형은 PB, Pb, pB, pb이다.

05 인위적으로 외부의 유전자를 도입함으로써 생산된 새로운 유전형질을 가진 동물을 무엇이라고 하는가?

① 복제동물
② 형질전환 동물
③ 핵이식 동물
④ 돌연변이

해설
형질전환 동물은 우리에게 유용한 물질을 생산하거나 우리가 원하는 형질을 갖는다.

06 포유 가축에서 수정란 전핵에 유전자를 주입하기 위해 어떤 방법이 주로 쓰이는가?

① 미세주입방법

적중예상문제

시험에 나올 만한 예상문제들을 엄선하여 수록하였고, 상세한 해설을 통해 핵심이론에서 학습한 중요개념을 한 번 더 확인할 수 있도록 하였습니다.

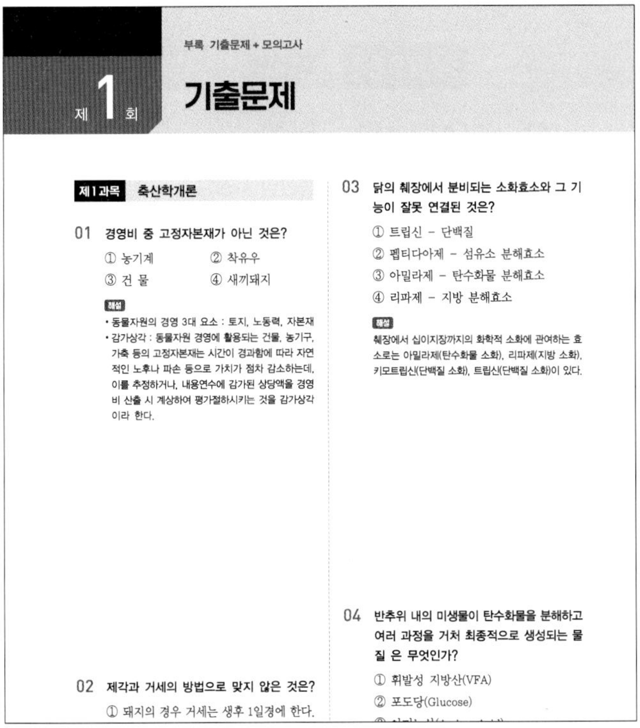

부록 기출문제 + 모의고사

제 1 회 기출문제

제1과목 축산학개론

01 경영비 중 고정자본재가 아닌 것은?

① 농기계 ② 착유우
③ 건 물 ④ 새끼돼지

해설
• 동물자원의 경영 3대 요소 : 토지, 노동력, 자본재
• 감가상각 : 동물자원 경영에 활용되는 건물, 농기구, 가축 등의 고정자본재는 시간이 경과함에 따라 자연적인 노후나 파손 등으로 가치가 점차 감소하는데, 이를 추정하거나, 내용연수에 감가된 상당액을 경영비 산출 시 계상하여 평가절하시키는 것을 감가상각이라 한다.

02 제각과 거세의 방법으로 맞지 않은 것은?

① 돼지의 경우 거세는 생후 1일경에 한다.

03 닭의 췌장에서 분비되는 소화효소와 그 기능이 잘못 연결된 것은?

① 트립신 – 단백질
② 펩티다아제 – 섬유소 분해효소
③ 아밀라제 – 탄수화물 분해효소
④ 리파제 – 지방 분해효소

해설
췌장에서 십이지장까지의 화학적 소화에 관여하는 효소로는 아밀라제(탄수화물 소화), 리파제(지방 소화), 키모트립신(단백질 소화), 트립신(단백질 소화)이 있다.

04 반추위 내의 미생물이 탄수화물을 분해하고 여러 과정을 거처 최종적으로 생성되는 물질 은 무엇인가?

① 휘발성 지방산(VFA)
② 포도당(Glucose)

기출문제와 모의고사

과년도 기출문제를 통해 출제경향을 파악하고, 모의고사를 통해 새롭게 출제될 문제의 유형을 익힐 수 있도록 하였습니다.

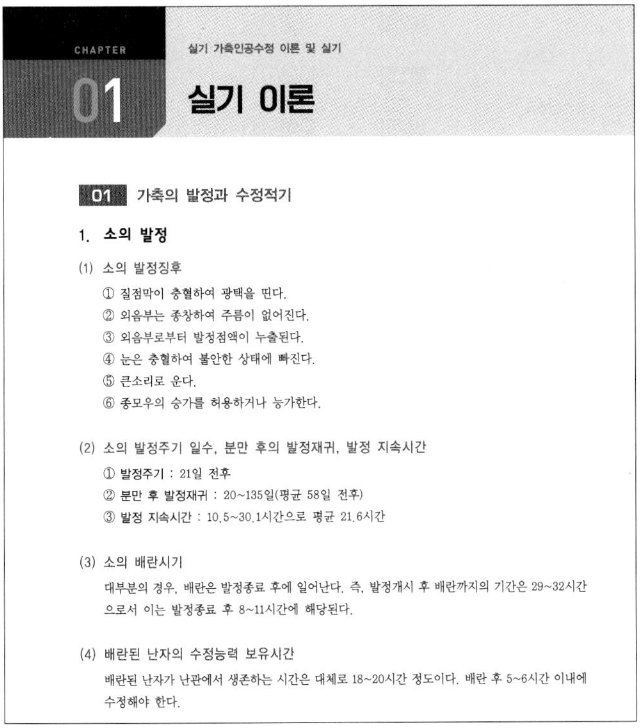

CHAPTER 01 실기 가축인공수정 이론 및 실기

실기 이론

01 가축의 발정과 수정적기

1. 소의 발정

(1) 소의 발정징후
① 질점막이 충혈하여 광택을 띤다.
② 외음부는 종창하여 주름이 없어진다.
③ 외음부로부터 발정점액이 누출된다.
④ 눈은 충혈하여 불안한 상태에 빠진다.
⑤ 큰소리로 운다.
⑥ 종모우의 승가를 허용하거나 승가한다.

(2) 소의 발정주기 일수, 분만 후의 발정재귀, 발정 지속시간
① 발정주기 : 21일 전후
② 분만 후 발정재귀 : 20~135일(평균 58일 전후)
③ 발정 지속시간 : 10.5~30.1시간으로 평균 21.6시간

(3) 소의 배란시기
대부분의 경우, 배란은 발정종료 후에 일어난다. 즉, 발정개시 후 배란까지의 기간은 29~32시간으로서 이는 발정종료 후 8~11시간에 해당된다.

(4) 배란된 난자의 수정능력 보유시간
배란된 난자가 난관에서 생존하는 시간은 대체로 18~20시간 정도이다. 배란 후 5~6시간 이내에 수정해야 한다.

가축인공수정 실기

필답형 실기시험의 핵심이론과 예상문제 그리고 작업형 실기시험의 과정을 알기 쉽게 그림과 함께 수록하여 실전에 대비할 수 있도록 하였습니다.

목 차

CONTENTS

PART 01 축산학개론

Chapter 01 생명공학의 기초 ······ 003
Chapter 02 가축영양 및 사양학 ······ 034
Chapter 03 가축사료 및 사료작물학 ······ 078
Chapter 04 축산 가공 및 경영 ······ 105
Chapter 05 축산학개론 예상문제 ······ 117

PART 02 가축번식학

Chapter 01 생식기의 구조와 생리 ······ 157
Chapter 02 성호르몬의 종류와 기능 ······ 169
Chapter 03 생식세포(生殖細胞, Germ cell) ······ 182
Chapter 04 성 성숙과 번식적령기 ······ 196
Chapter 05 수정과 배란 ······ 205
Chapter 06 난할과 착상 ······ 253
Chapter 07 임신과 분만 ······ 264
Chapter 08 비유생리(泌乳生理) ······ 279
Chapter 09 번식장해(繁殖障害) ······ 288
Chapter 10 번식행동 생리 ······ 300

PART 03 가축육종학

Chapter 01 가축육종학개론 ······ 305
Chapter 02 가축의 유전 ······ 308
Chapter 03 유전자의 작용 ······ 323
Chapter 04 가축의 육종방법 ······ 338
Chapter 05 가축별 육종방법 ······ 359

PART 04 축산법

Chapter 01 축산법 ······ 391
Chapter 02 축산법 시행령 ······ 427
Chapter 03 축산법 시행규칙 ······ 439

PART 05 가축전염병예방법

Chapter 01 가축전염병예방법 ······ 511
Chapter 02 가축전염병예방법 시행령 ······ 559
Chapter 03 가축전염병예방법 시행규칙 ······ 573

부 록 기출문제 + 모의고사

제1회 기출문제 ······ 647
제2회 기출문제 ······ 668
제1회 모의고사 ······ 689
제2회 모의고사 ······ 708
제3회 모의고사 ······ 723

실 기 가축인공수정 이론 및 실기

Chapter 01 실기 이론 ······ 739
Chapter 02 서술형 / 질의응답 예상문제 ······ 776
Chapter 03 실기 작업형 이론 ······ 813

PART 01

축산학개론

CHAPTER 01 생명공학의 기초
CHAPTER 02 가축영양 및 사양학
CHAPTER 03 가축사료 및 사료작물학
CHAPTER 04 축산 가공 및 경영
CHAPTER 05 축산학개론 예상문제

생명공학의 기초

01 생명현상의 원리

생명체는 환경으로부터 얻는 물질과 에너지를 이용하여 생명을 유지한다. 또한 번식을 통해 자신의 유전정보를 다음 세대에 전달하여 종족을 보존하고, 변화된 환경에 적응하며 반응하게 된다. 이러한 생명체 중 동물의 몸을 구성하는 세포는 구조적으로 원형질과 핵으로 이루어져 있다. 원형질 내에는 골지체, 리보솜, 미토콘드리아, 리소좀, 소포체 등이 들어 있고, 핵은 염색질과 핵소체(Nucleolus, 인) 등으로 구성되어 있다. 이들 세포는 세포분열을 통하여 증식하며, 핵 속에 들어 있는 유전물질을 다음 세대에 전달함으로써 개체의 형질이 자손에게 전해지게 된다.

1. 생식세포 형성과정

생명체의 최소 기본단위는 세포이다. 세포의 핵 속에는 그 개체의 유전물질이 담겨 있어서 생명의 영속성과 특성을 이어주고 있다. 또한 유전물질의 기본단위는 유전자로, 세포분열을 통하여 어버이에서 자손에게 전달된다.

모든 체세포의 분열은 유사분열 과정을 따르나 생식세포, 즉 정자와 난자의 생성과정은 감수분열에 의해 형성된다. 유사분열의 과정은 하나의 모세포에서 유전물질 구성이 모세포와 같은 2개의 딸세포를 형성하는 것이고, 감수분열은 분열과정에서 연속적인 2회의 핵분열이 일어나서 2배체 상태인 하나의 모세포에서 염색체수가 반수체인 4개의 딸세포를 형성한다.

생식세포의 기원인 원시생식세포에 간직되어 있는 염색체와 유전자는 어미와 아비로부터 각각 같은 수를 받았기 때문에 배수체(Diploid, $2n$)이다. 이 원시생식세포는 가축이 성 성숙에 달하기 전에 여러 번 반복 분열하여 수컷에서는 정원세포, 암컷에서는 난원세포로 된다. 이러한 정원세포와 난원세포는 가축이 성 성숙에 도달하였을 때 2번의 감수분열을 거쳐서 정자와 난자로 발달한다.

(1) 정자 형성과정

성숙된 수컷의 정소 내 세정관에서 감수분열이 시작되기 전의 생식세포를 정원세포라 하며, 이 정원세포는 제1감수분열의 전기 과정을 거쳐 2가의 상동염색체가 4개의 염색분체로 구성되어 있는 제1정모세포가 된다. 제1정모세포는 제1감수분열의 중기, 후기, 말기를 거쳐 2개의 제2정모세포를 형성한다. 이때의 염색체 구성은 n이지만, 하나의 염색체가 2개의 염색분체를 중심립에서 연결시키고 있는 상태이다. 다음에 제2감수분열이 진행될 때 각각의 제2정모세포는 중심립이 분열되어 반수체인 2개의 정자세포를 발생시킨다. 이때의 하나의 정원세포는 2회의 감수분열(그림 좌)을 통하여 4개의 완전한 기능을 가진 반수체 상태의 정자를 생성하게 된다.

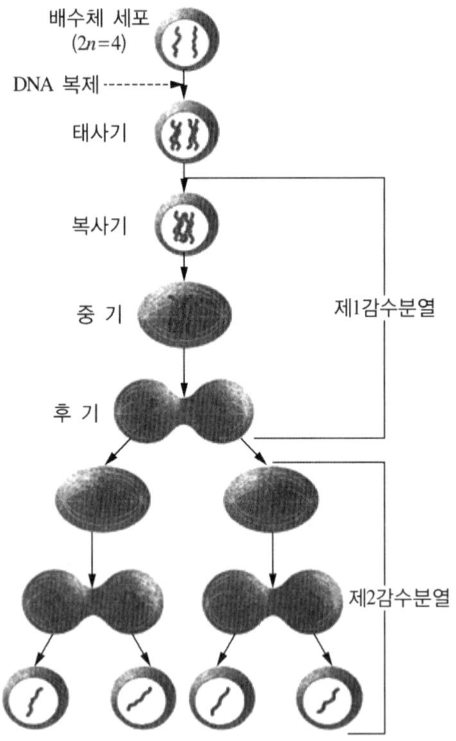

[감수분열 과정(가학현 등, 2009)]

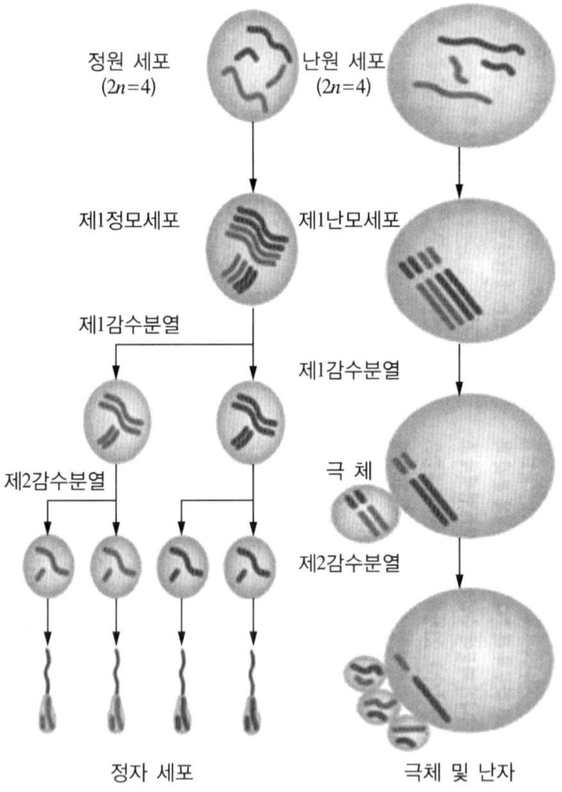

[정자 및 난자 형성 과정(Robert, 2005)]

① 태사기(Pachytene) : 각 염색체가 2개의 자매염색분체로 나눠지고, 밀접한 상동염색체의 염색분체 간의 꼬임에 의해 유전물질의 교환이 이루어지는 교차가 발생하는 시기

② 복사기(Diplotene) : 쌍을 이루던 염색체들이 분리되기 시작하여 교차 지점인 키아스마(Chiasma)가 분명하게 나타나는 시기

③ 중기(Metaphase Ⅰ) : 4분체 상동염색체가 적도판에 정렬되는 시기

④ 후기(Anaphase) : 4분체의 염색체가 양극으로 나눠져 이동하는 시기로 2배체($2n$)인 제1정모세포의 감수분열을 통해 반수체(n)인 4개의 정자가 만들어진다.

(2) 난자 형성과정

수컷과 동일한 분열과정을 통하여 암컷에게는 난자가 형성되는데, 난자형성의 원시세포인 난원세포는 정자의 정원세포처럼 분열하게 된다. 난원세포는 태아의 발육단계에서 생성되어 제1감수분열의 전 단계까지만 분열이 이루어진 후 출생하게 된다. 출생 시에 난원세포의 모양은 하나의 염색체가 2개의 염색분체로 형성된 4분체의 상동염색체를 가진 제1난모세포가 되는 것이다. 성성숙에 도달되면 제1감수분열의 중기, 후기, 말기를 거쳐 하나의 염색체가 2개의 염색분체를 가지는 2개의 세포로 각각 분열되어 새로운 딸핵을 형성한다. 이때의 딸핵은 정자형성에서와 달리 2개의 형태 크기가 서로 다르게 된다. 둘 중 큰 딸핵 세포는 제1난모세포로부터 대부분의 세포질을 받아서 제2난모세포로 된다. 큰 난모세포인 제2난모세포는 정자와 만나게 되면 수정이 이루어진다. 딸핵세포에서 분열된 작은 난모세포는 제2난모세포로 되지 못하고 극체가 되어 흡수되어진다. 즉 2배체($2n$)인 제1난모세포는 감수분열을 통해 반수체(n)인 1개의 난자가 만들어지고, 3개의 극체는 형성되었다가 퇴화된다.

2. 생명의 유전현상

(1) 유전자와 염색체

모든 생물은 서로 다른 유전자 조성으로 인해 각각 독특한 형질을 나타낸다. 형질이란 소의 털 빛깔, 돼지의 성장률, 닭의 산란능력 등과 같이 형태적이거나 생리적인 특징을 말한다. 이러한 형질은 어버이로부터 자손에게 전달되며, 이 현상을 유전(Heredity)이라고 한다.

① **유전자** : 유전자란 유전 형질을 나타내도록 하는 물질을 말하며, 세포핵 속에 존재하는 염색체 상에 위치하고 있는데, 그 실체는 DNA 분자이다. 이러한 유전자들의 작용으로 유전 형질이 나타날 때, 하나의 유전자가 특정한 하나의 형질 표현에만 관계하기도 하지만 여러 형질의 표현에 관계하기도 하고, 한 형질의 표현에 여러 개의 유전자가 관계하기도 한다.

② **염색체** : 염색체는 세포 분열을 할 때 나타나는 실 모양의 가는 물체로, 유전자를 가지고 있고, 유전자를 후손에게 운반하는 역할을 한다. 염색체는 크기와 모양이 같은 것끼리 쌍을 이루고 있는데 1개는 아비의 정자로부터 또 다른 1개는 어미의 난자로부터 받게 된다.

염색체 수는 가축의 종류에 따라 일정한데, 각 가축별 염색체 수는 다음 표와 같다. 염색체 중에는 성을 결정하는 성염색체와 보통 염색체, 혹은 상염색체로 구분한다. 가축 중 포유류의 성염색체는 수컷 XY형, 암컷 XX형으로 표기하고, 조류에 있어서는 포유류와 달리 수컷은 ZZ형, 암컷은 ZW형으로 표기한다. 이배체에서 한 쌍의 같은 염색체를 상동염색체라 하며, 핵형(Karyotype)이란 체세포분열 중기에 나타나는 염색체의 형태, 크기 및 수의 특징을 말한다. 종간(種間) 잡종은 사자와 호랑이의 F_1으로 라이거와 타이온이 만들어지며, 속간(屬間) 잡종으로는 메추리와 닭의 F_1으로 메닭이 만들어진다. 이들은 생식능력불량으로 종(種)이나 속(屬)으로 인정받기 어렵다.

염색체의 크기와 형태는 동물 또는 품종에 따라 다르며 염색체의 형태는 염색하는 방법에 따라 다르다. 염색체의 형태는 염색하는 방법에 따라 나타나는 특징적인 띠의 형태, 즉 밴드양상에 따라 구별할 수 있다. 또한 중심립의 위치에 따라 각각의 염색체를 쉽게 구별할 수도 있다.

[주요 동물의 염색체 수와 임신기간]

동물명	종 *Genus species*	염색체수($2n$ = ?)	임신 기간(일)
사람 Human	*Homo sapiens*	46	280(267)
면양 Sheep	*Ovis aries*	54	147
고양이 Cat	*Felix maniculate*	38	집고양이 60~64 야생고양이 68
들소 Cattle, wild	*Bos gaurus*	56	276
소 Cattle	*Bos taurus*	60	283
닭 Chicken, Fowl	*Gallus omesticus*	77, 78	21
친칠라 Chinchilla	*Chinchilla lanigera*	64	111
개 Dog	*Canis familiaris*	78	60
나귀 Donkey	*Equus asinus*	62	364
여우 Fox	*Vulpes vulpes crucigera*	36	52
염소 Goat	*Capra hircus*	60	150
고릴라 Gorilla	*Gorilla gorilla*	48	270
햄스터 Hamster(common)	*Cricetus cricetus*	20	20
골든햄스터 Hamster(Golden)	*Mesocricetus auratus*	42	16
말 Horse	*Equus caballus*	64, 66	336
마우스 Mouse	*Mus musculus*	40	20
집쥐 Rat	*Rattus morvergicus*	42	21
돼지 Pig(야생)	*Sus scrofa*	38(36)	113
토끼 Rabbit	*Oryctolagus cuniculus*	44, 66	32
낙타 Came(Arabian Camel, Dromedary)	*Camelus dromedariu*	70	406
페럿 Ferret		30	42
다람쥐(청설모)	*Chipmunk(Squirrel)*	38(60)	45(38)
기니피그	*Guinea pig*	64	63
개구리(두꺼비, Toad)	*Frog(Bufo gargarizans)*	26(22)	

※ 임신기간(염색체 수) : 코끼리 21개월(56), 기린 14개월(62), 곰 210일, 사자, 호랑이 108일(38), 침팬지 8개월(48), 엘크사슴 248(68)

※ 부화기간 : 메추리 17일, 비둘기 18일, 닭 21일, 앵무 21(목단), 꿩 26일, (청둥)오리 28일, 칠면조 29일, 공작 29~30일, 거위 34일, 타조 42일

출처 : Principles of Genetics 5th edition Sinnot, Dunn, Dobzhansky 1958 McGraw-Hill. Principles of Genetics, 4th edition E.J. Gardner Wiley 1972.

(2) DNA, 생명체의 설계도

1900년대 초에 유전물질이 염색체라는 것이 밝혀졌고, 부모로부터 유전되는 인자가 '유전자'로 명명되었으며, 1952년에 DNA가 유전물질의 본체라는 것이 증명되었고, 1953년 와트슨과 크릭에 의해 그 화학적 구조가 밝혀졌다.

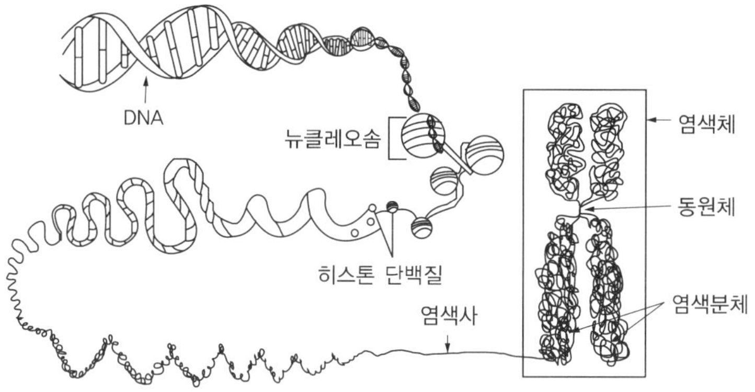

[염색체, 염색사, DNA의 관계]

DNA는 세포의 핵 내에 존재하며, 이중나선 구조로 4종류의 뉴클레오타이드(A, T, C, G) 분자에 의해 구성되어 있다. 사람의 경우 반수체 세포(정자나 난자, n) 한 개당 30억(3×10^9bp)개의 뉴클레오타이드 분자 쌍으로 구성되어 있으며 생명체 구성의 기본단위인 단백질 합성에 필요한 정보를 저장하고 있다. 닭에 있어서는 사람보다 적은 13~15억 개의 염기쌍($1.3 \sim 1.5 \times 10^9$bp)으로 구성되어 있으며, 이들은 39개의 염색체들로 나뉘어져서 존재한다. 이 중에는 5만종의 단백질에 해당하는 정보가 포함되어 있고, 이들 5만 개의 유전자들은 각각 3,000개의 뉴클레오타이드 정도로 구성되며, 이는 1,000개의 아미노산에 해당한다. 그 이유는 한 개의 아미노산은 코돈이라고 하는 3개의 뉴클레오타이드에 의해 결정되기 때문이다. 따라서 닭의 세포당 유전체(정자나 난자가 갖고 있는 총유전물질)는 39권의 백과사전에 해당하는 정보량이며, 단지 4개의 문자(A, T, C, G) 조합으로 구성된 3자의 단어들이 존재한다고 할 수 있다. 그러나 유전물질인 DNA의 거대한 유전정보 중 실제 단백질 생산에는 전체 DNA의 약 10% 정도만 관여하는 것으로 알려져 있다.

※ bp : 염기쌍(base pair)의 기호. 이중 폴리뉴클레오타이드를 따라서 배열되어 있으며, DNA의 미립자 또는 이중나선 RNA의 염기쌍의 수와 같다.

더 알아보기 **염기들의 수소결합의 차이**

- DNA는 아데닌(A), 타이민(T), 사이토신(C), 구아닌(G) 등 4개의 염기가 서로 쌍을 이루며 나열된 염기서열로 이루어져 있다.
- DNA에는 A, T, G, C의 염기들이 A–T, C–G끼리 서로 결합을 하고 있다. 이 결합에서 A–T결합과 C–G결합에서의 수소결합 차이가 있다. C–G결합에서는 수소결합의 힘이 A–T보다 더 세게 결합이 되어 있는데, A–T결합은 이중결합이지만, C–G결합은 3중 결합으로 되어 있다. 즉, C–G 결합의 거리가 A–T보다 짧은 모양을 하고 있다. 예를 들면 허리가 두꺼운 사람과 얇은 사람이 줄 서 있는 듯한 3차원의 모습을 보이게 되는 셈이다.

(3) 유전정보의 발현

유전자는 독특한 형태의 단백질 산물을 암호화하는 특이 DNA 염기 배열을 가지며, 이들 DNA의 염기서열에 보존하고 있는 유전정보는 RNA를 매개로 하여 단백질의 아미노산 서열을 결정하고 생물학적 특성으로 나타나게 된다. 따라서 DNA 자체의 복제와 수리, 보존뿐만 아니라 전령 RNA의 생산과 보존 및 단백질 합성 등을 유전자 발현이라고 하며, 이 과정에 대한 조절은 생물학적 기능 변화에 중요한 의미를 갖는다. DNA에 암호로 들어 있는 유전정보가 유전자 발현이라는 단계에 이르기까지 유전자는 세포 내에서 중요한 몇 가지 기능을 갖고 있다. DNA는 직접 단백질 내 아미노산의 순서를 결정하는 주형이 아니고 자신과 매우 비슷한 고분자중합체, 즉 RNA로 유전정보를 전달하고 이 RNA를 주형으로 단백질을 합성하도록 한다. DNA의 주형에 의하여 RNA가 만들어지는 것을 전사라 하고, RNA의 주형에 의하여 단백질이 생성되는 것을 번역이라고 한다.

(4) 가축의 형질과 유전자 작용

가축을 개량하기 위해서는 유전의 근본 원리를 잘 이해해야 한다. 가축의 특징을 나타내는 여러 가지 형질의 유전도 일반 생물과 같이 멘델의 유전법칙을 따른다. 그러나 가축의 생산 능력과 같은 형질은 많은 유전자가 관계하며, 유전 양식도 복잡하다.

① **우열의 법칙(멘델의 제1법칙)** : 대립 형질에 관계하는 유전자에는 우성과 열성이 있으며, 잡종 제1대에서는 우성 유전자 작용으로 우성 형질만 나타나고 열성유전자는 잠복하므로 열성 형질은 나타나지 않는데, 이러한 현상을 우열의 법칙이라 한다.

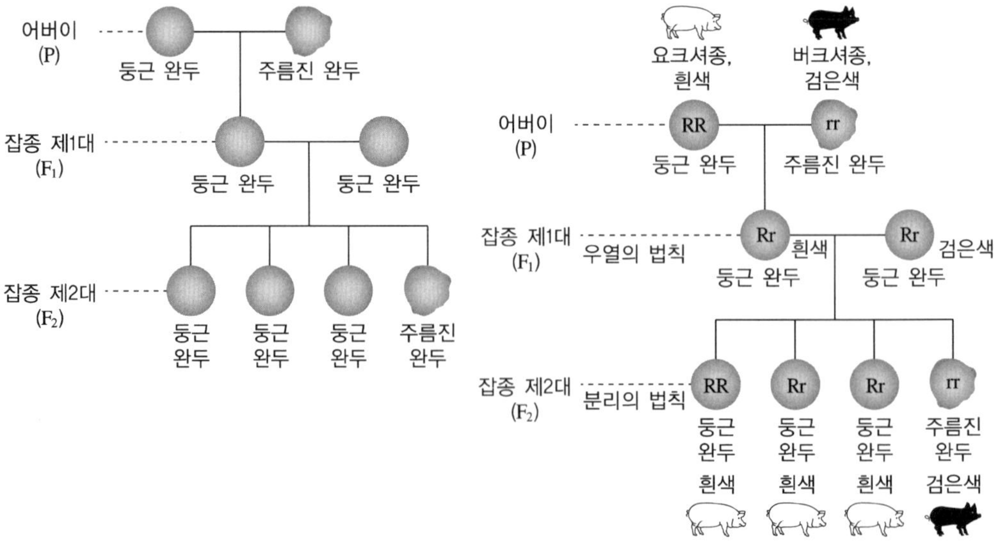

[멘델의 우열의 법칙과 분리의 법칙]

그림에서와 같이 돼지의 털 색깔 중 흰색 요크셔종과 검은색 버크셔종을 교배하여 생긴 잡종 제1대(F_1)는 모두 흰색이 된다. 따라서 흰색은 우성 형질이고 대립 형질인 검은색은 열성 형질이다.

② **분리의 법칙** : 양친의 대립 형질 중 열성이기 때문에 F_1에서 나타나지 않았던 형질(검은색)이 잡종 제2대(F_2)에서 일정한 비율로 나타나는 것을 분리의 법칙이라고 한다. 그림에서 F_1의 흰색 돼지끼리 교배하면 F_2는 흰색 3에 검은색 1의 비율로 나타난다. 즉, F_1에서 나타나지 않았던 검은색 돼지가 F_2에서 4마리 중 1마리 비율로 나타나게 된다. 이때 흰색 우성 유전자를 대문자 W로, 검은색 열성 유전자를 소문자 w로 표기하며, 두 유전자가 결합된 상태를 유전자형이라 하고, 외관상으로 나타난 형질을 표현형이라 한다. 개체의 유전자형이 WW나 ww인 것은 동형 접합체라 하고, Ww인 것을 이형 접합체라 하며, 흰색과 검은색은 대립 형질로서 흰색이 우성이다. 우성인 흰색 요크셔종이 검은색 버크셔종과 교배하였을 때 새끼가 모두 흰색이 아니면 이 요크셔종은 순종이 아닌 것이다. 이처럼 분리의 법칙은 순종 유무의 확인에도 적용할 수 있다.

우성인 둥근 완두 (가)와 (나)의 유전자형을 알아보기 위하여 열성인 주름진 완두와 교배

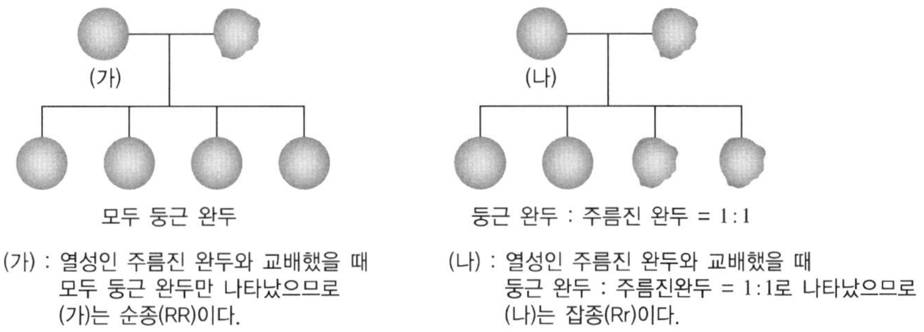

[완두콩에서 3:1의 비율로 나타나는 분리의 법칙]

③ **독립의 법칙** : 두 쌍 이상의 대립 유전자에 대해서 이형 접합체일 때, 한 쌍의 유전자는 다른 유전자 쌍의 방해를 받지 않고 독립적으로 행동하여 배우자에 분리되는 현상을 멘델 유전에서 독립의 법칙이라고 말한다.

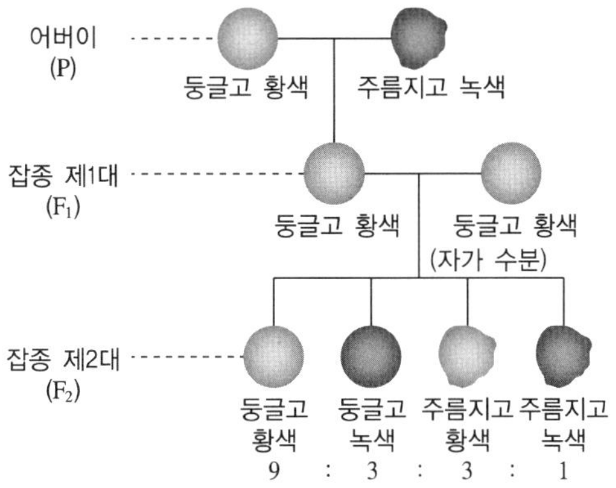

[완두콩에서 한 유전자가 세 개 이상의 복대립유전로 발현되는 양상. 독립의 법칙]

예를 들면 고기소 품종인 앵거스 종은 무각이고 털색은 흑색인 것이 특징이다. 반면에 쇼트혼종은 유각이고 털색은 적색이다.

육우의 모색과 뿔의 유전	흑색 앵거스 종 × 적색 쇼트혼 종 P ······ 무각(PP), 흑색(BB) × 유각(pp), 적색(bb) 배우자 ······ PB × pb F_1 ······ PpBb(무각, 흑색) F_1(배우자) ······ PB, Pb, pB, pb
닭 볏 유전자의 독립적인 유전 양상	(아래 그림 및 표)

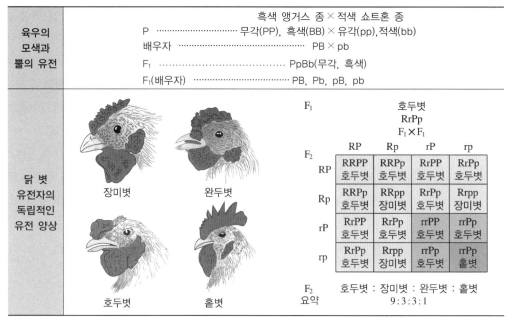

F_1 호두볏 RrPp

$F_1 \times F_1$

F_2	RP	Rp	rP	rp
RP	RRPP 호두볏	RRPp 호두볏	RrPP 호두볏	RrPp 호두볏
Rp	RRPp 호두볏	RRpp 장미볏	RrPp 호두볏	Rrpp 장미볏
rP	RrPP 호두볏	RrPp 호두볏	rrPP 호두볏	rrPp 호두볏
rp	RrPp 호두볏	Rrpp 장미볏	rrPp 호두볏	rrPp 홑볏

F_2 요약: 호두볏 : 장미볏 : 완두볏 : 홑볏 = 9:3:3:1

[두 가지 형질의 멘델유전 양식(유전학의 이해. 2005)]

앵거스 종에 적색 쇼트혼종을 교배하면 이는 모두 앵거스 종을 닮아서 무각, 흑색만 나타난다. 그러나 F_2에서는 4종류의 표현형이 생기는데, 그중 PPBB(무각, 흑색)와 ppbb(유각, 적색)는 다 같이 양친의 외모와 같으나, 양친에서 볼 수 없는 PPbb(무각, 적색)와 ppBB(유각, 흑색) 유전자형은 2개의 유전자(P와 b 혹은 p와 B)가 어느 한쪽의 유전자에 방해됨이 없이 서로 독립적으로 행동하여 배우자에 자유롭게 재결합되었기 때문이다.

④ 멘델의 법칙과 분자유전학 : 세포유전학과 분자유전학 발달로 멘델식 유전자도 분자수준에서 설명되기에 이르렀다. 멘델유전학에서 유전자는 염색체상에 선상으로 배열해 있고 이것이 형질을 결정한다고 가정하여 이 유전자를 기호로 표시하였으나, 최근에는 유전자가 우성인 경우, 열성이어서 발현이 안 되는 경우, 유전자가 여러 개 관여하는 경우 등을 분자유전학 수준에서 설명할 수 있게 되었다.

3. 동물의 육종 기술

(1) 가축의 등장

① 인류역사상 최초로 순화된 동물은 개, 최초의 식용가축은 면양이다.

② **품종** : 같은 종에 속하여 오랫동안 사육하여 형태적으로나 생리적으로 특징이 비슷하고, 그 소질이 자손에게 잘 유전되어 동일 단위로 취급되는 개체군

㉠ 순종 : 혈액적 조성이 같은 순수한 개체 간에서 교배에서 태어난 자손

㉡ 잡종 : 혈액적 조성이 다른 이 품종 간에서 태어난 자손

③ 젖 소

㉠ 홀스타인(Holstein) : 네덜란드 원산으로 우리나라에서 사육되는 대부분의 젖소 품종(모색 : 흑백반)

㉡ 건지(Guernsey) : 영국 채널제도에 있는 건지섬 원산으로 갈색에 흰 반점이 뚜렷하고, 성질이 온순하고 기후풍토에 적응력이 강하고, 추위에 강하다.

㉢ 저지(Jersey) : 영국 저지도 원산으로 유지율과 전고형분 함량이 높고, 향기가 좋아서 우수한 버터와 크림 제조에 적합하다.

홀스타인	건 지	저 지

[세계적으로 사육되고 있는 젖소의 품종]

④ 고기소 : 쇼트혼, 헤어포드, 애버딘 앵거스, 샤롤레, 리무진, 브라만, 화우, 한우

⑤ 유럽종 돼지

요크셔, 버크셔, 랜드레이스 : 우리나라 도입 품종 중 가장 많이 사육되는 품종

⑥ 미국종 돼지

㉠ 듀록 : 원교잡종생산을 위한 부돈(아비 돼지)

㉡ 햄프셔 : 방목에 적합하며 모색이 흑색 바탕에 백대

⑦ 닭

㉠ 난용종 : 레그혼, 미노르카, 안코나, 탬버그

㉡ 육용종 : 코친, 코니시, 브라마, 한국 재래닭

⑧ 산 양

㉠ 유용종 : 자아넨(대표적 유용품종), 토겐부르크, 알파인, 누비안

㉡ 모용종 : 앙고라, 캐시미어

㉢ 육용종 : 한국재래산양, 중국재래산양

(2) 가축의 선발

① **개체선발** : 개체선발은 동물개체의 표현형에만 근거하여 종축으로 선발하거나 도태하는 것(유전력이 높은 형질을 개량하고자 할 때 효과적)이다.

㉠ 장점 : 선발하는 경비가 적게 들고, 간편 용이하며, 조기에 선발이 가능하다.

㉡ 단점 : 유전력이 낮은 형질(주로 번식 형질), 산육능력, 산란능력과 같은 수컷 가축에서 검정할 수 없는 경우 적용이 불가능하다.

② **후대검정** : 어느 개체의 종축가치를 그 후손들의 능력에 근거하여 선발함으로써 장차 종축으로 계속하여 사용할지 여부를 결정하는 방법

예 젖소 및 육우의 종모우 선발에 효과적이다. 1마리의 종모축이 종빈축에 비하여 많은 수의 자손을 남겨 여러 가지 능력을 검정하기 쉽기 때문이다.

㉠ 장점 : 비유능력과 같이 한쪽 성에만 발현되는 형질을 개량하고자 할 때와 개량하고자 하는 형질의 유전력이 낮아 개체선발이 효과적으로 이용할 수 없을 때

㉡ 단점 : 검정기간이 오래 걸리게 되므로 세대간격을 길게 해야 하고 비용이 많이 들어간다.

③ **가계선발** : 가계 전체 능력의 평균을 근거로 하여 가계 구성 개체 모두를 선발하거나 도태시키는 것이다.

㉠ 장점 : 유전력이 낮은 형질을 개량하고자 할 때, 가계 구성원 수가 많을 때, 개량하고자 하는 형질이 한쪽의 성에만 나타날 때에 효과가 크다.

㉡ 단점 : 시설과 경비가 많이 돌고, 선발되는 가계의 수가 적을 때는 근친교배의 폐해가 나타난다.

④ **선발지수법** : 다수의 형질을 종합적으로 고려하여 하나의 점수를 산출한 다음, 그 점수에 근거하여 선발하는 방법이다.

돼지를 선발할 때 가장 많이 이용하며, 검정기간 동안에 측정된 사료요구율, 일당 증체량, 등지방 두께와 같은 형질을 종합하여 지수로 나타낸다.

⑤ **외모와 체형에 의한 선발**

㉠ 소

• 소의 체형에 따른 부위별 명칭과 외모 심사 기준

심사부위	설 명	배 점
1. 일반외모	• 발육이 양호하며, 체구는 넓고, 길고, 늘씬하여 체적이 풍부한 것 • 머리, 목, 체구 사지간의 균형과 전·중·후구의 균형이 좋으며, 체상선과 체하선은 서로 수평으로 육용체형을 구비한 것 • 영양은 중 정도로 살 붙임이 균일하여 각 부위의 이행이 좋은 것 • 머리는 체구에 비해 알맞게 크고, 모양이 좋고 선명한 것 • 이마는 평평하고 넓으며 눈은 정기가 있고 온화한 것 • 뺨은 풍만하고 턱은 넓고 튼튼하며 콧날은 길이가 적당하고 입은 큰 것 • 뿔은 색과 윤택이 좋고 모양이 좋은 것 • 귀는 크기가 중 정도이고 목덜미가 넓은 것 • 목은 짧은 듯하고 머리에서 전구토의 이행이 좋은 것	25

심사부위	설 명	배 점
2. 자 질	• 자질이 좋고 윤곽이 선명하여 품위가 있으며, 암·수의 성상이 뚜렷하며 성질이 온순한 것 • 피모는 황갈색으로 윤택이 있고, 가늘고, 부드러우며 밀생하여 있는 것 • 피부는 여유가 있고 두께는 중 정도로 유연하며 탄력이 풍부한 것	10
3. 전 구	• 폭이 넓고, 깊고, 충실한 것 • 가슴은 넓고 깊으며 가슴바닥은 평평하고 앞가슴과 겨드랑이가 충실한 것 • 어깨와 기갑은 두텁고, 붙임이 좋으며, 경사가 알맞고 어깨 끝이 돌출하지 않으며 어깨 뒤가 충실한 것	10
4. 중 구	• 폭이 넓고, 깊고, 늘씬한 것 • 등·허리는 넓고, 길며, 튼튼하고, 곧으며 후구로의 이행이 충실한 것 • 갈비는 넓고 길게 잘 벌어져 있으며 갈비 사이는 넓고 부착이 좋으며 표면이 평활한 것 • 배는 풍만하되 처지지 않으며 하겸부가 충실한 것	18
5. 후 구	• 요각(腰角), 곤(髖), 좌골(坐骨)은 폭이 넓고, 길고, 경사지지 않아 모양이 좋고 충실한 것 • 요각은 돌출하지 않고 십자부는 평평하고 천골은 높지 않은 것 • 꼬리는 부착이 좋으며 곧게 늘어져 있고 미방이 알맞게 발달한 것 • 위·아래 넓적다리는 넓고, 두텁고, 충실한 것 • 유방은 고르게 잘 발달하고 유연하며, 탄력성이 있고 유두는 배열이 좋고, 크고, 부드럽고, 유정맥은 굵고 긴 것 • 성기는 정상적으로 발달한 것	27
6. 지 제	• 다리의 길이는 몸 깊이에 알맞고 자세가 바르며, 근(筋)과 힘줄(建)과 관절이 발달한 것 • 발굽은 크고 질이 좋은 것 • 걸음걸이는 확실하고 발디딤이 안정된 것	10
점 수		100

• 소의 체형에 따른 부위별 명칭과 측정방법

체 고	T형 체측기	기갑부의 최고봉에서 지면까지의 수직 거리를 잰다.
십자부고	T형 체측기	십자부에서 지면까지의 수직 거리를 잰다.
체 장	T형 체측기	• 수평체장 : 어깨 끝에서 좌골 끝까지를 수평으로 잰다. • 사체장 : 견단에서 좌골단까지의 사선 거리를 샌다.
흉 심	체측기	대경부에서 등과 가슴 바닥과의 수직 거리를 잰다.
흉 폭	체측기	대경부에서 가장 넓은 수평폭을 잰다.
고 장	골반계	요각의 앞 끝과 좌골 끝 사이의 직선 거리를 잰다.
요각폭	골반계	좌우 요각 바깥쪽의 가장 돌출한 부위의 수평폭을 잰다.
좌골폭	골반계	한우에서는 좌우 좌골 외돌기의 가장 넓은 폭을 잰다.
곤 폭	줄 자	좌우 고관절 사이의 가장 넓은 너비를 잰다.
흉 위	줄 자	가슴둘레를 잰다(대경부의 둘레를 잰다).
전관위	줄 자	오른쪽 전관의 가장 가는 부위의 둘레를 잰다.

※ 대경부 : 견갑골 뒤(어깨 뒤)

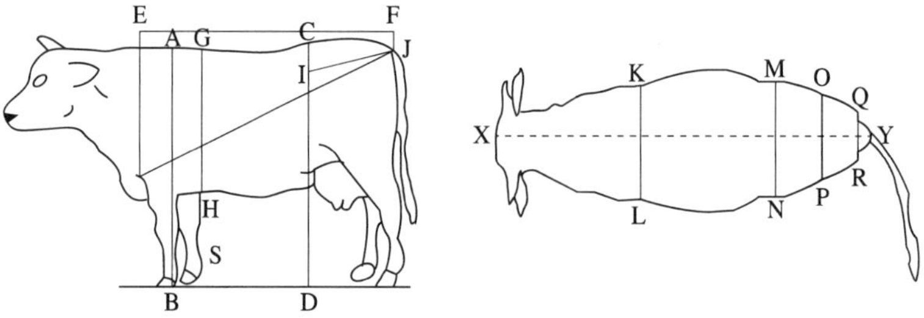

[체형 측정 부위]

- A–B : 체고
- C–D : 십자부고
- E–F : 수평 체장
- G–H : 흉심
- I–J : 고장
- K–L : 흉폭
- M–N : 요각폭
- O–P : 곤폭
- Q–R : 좌골폭
- S : 전관위

흉위는 흉폭과 흉심을 재는 부위를 줄자로 측정한다.

- 체고 : 지면에서 기갑부의 최고봉까지의 수직 길이(A–B)
- 십자부고 : 지면에서 십자부(장골)까지의 거리(C–D)
- 체장 : 수평체장은 어깨 끝에서 좌골 끝까지의 수평 길이
  사체장 : 견단에서 좌골단까지의 길이
- 수평 체장 : 상완골 상단에서 미근부까지의 직선 거리(E–F)
- 흉폭 : K–L의 길이, 대경부에서 가장 넓은 수평폭을 잰다.
- 흉심 : G–H의 직선 길이, 대경부에서 등과 가슴 바닥과의 수직 거리
- 곤폭 : O–P의 길이, 상완골 선단과 하단 부위의 중간에 양쪽 함몰 부위 간의 직선거리

※ 당대검정우의 체중, 체위, 사료섭취량, 사료요구율 및 외모심사는 다음 방법으로 실시한다.

- 체중 : 개시 및 270일령, 종료 시에 측정 → 개시 시와 종료 시는 연속 3일간 측정한 평균치
- 체위 : 개시 시, 종료 시에 측정하여 180일령, 360일령으로 보정 → 체고, 십자부고, 체장, 흉위, 흉심, 흉폭, 고장, 요각폭, 곤폭, 좌골폭, 우측전관 위의 11개 부위 측정
- 사료섭취량 : 매 15일 간격으로 급여량에서 잔여량을 감한 것을 조사 → 증체량으로 나누어 사료요구율 조사
- 외모심사 : 종축등록기관이 공고하는 '가축외모 심사기준'에 의거 검정개시기와 종료 시에 실시

㉡ 돼지의 생체부위 명칭과 측정 방법

• 준비물

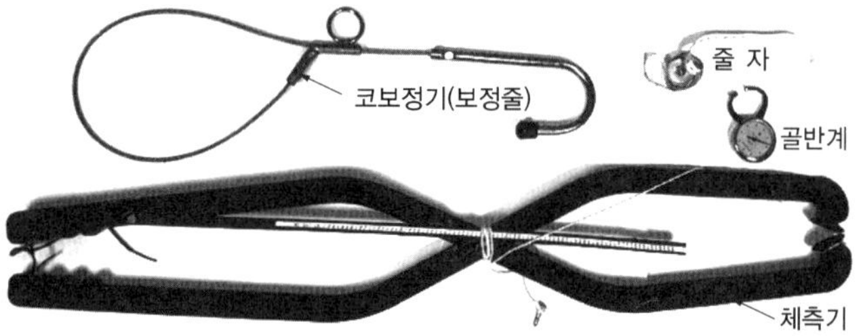

[체형 측정 기구들]

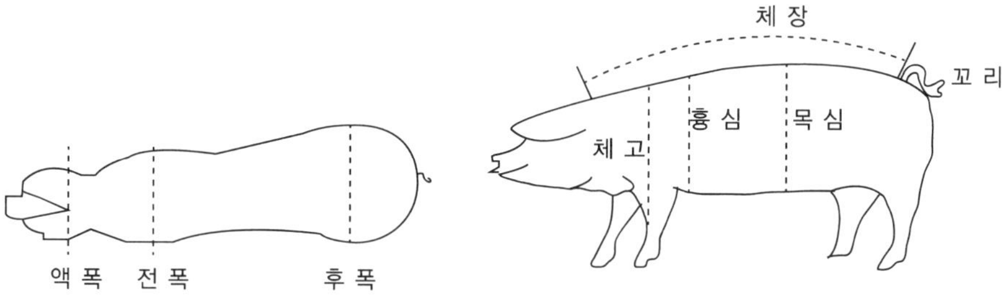

[돼지의 각 측정 부위]

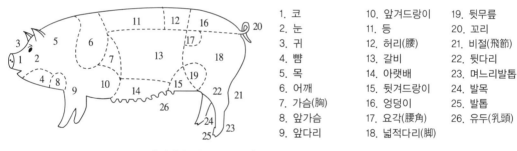

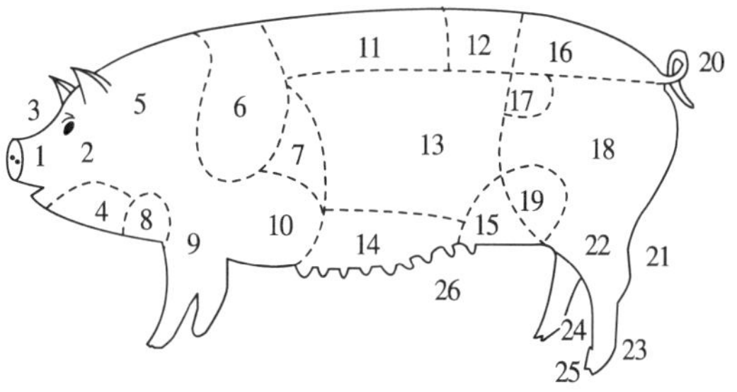

1. 코
2. 눈
3. 귀
4. 뺨
5. 목
6. 어깨
7. 가슴(胸)
8. 앞가슴
9. 앞다리
10. 앞겨드랑이
11. 등
12. 허리(腰)
13. 갈비
14. 아랫배
15. 뒷겨드랑이
16. 엉덩이
17. 요각(腰角)
18. 넓적다리(脚)
19. 뒷무릎
20. 꼬리
21. 비절(飛節)
22. 뒷다리
23. 며느리발톱
24. 발목
25. 발톱
26. 유두(乳頭)

[돼지의 각 부위 명칭(이용빈. 박영일. 1985)]

더 알아보기 **체측기 및 코보정기**

① 체장 및 도체장
  • 체장 : 양 귀 중앙점에서 등선을 따라 미근부까지의 길이를 줄자로 측정한다.
  • 도체장 : 제1늑골에서 골반골의 전단까지의 직선거리
② 흉위 : 앞 어깨 부위의 몸통 둘레(줄자)
③ 관위 : 좌측 앞다리의 가장 가는 발목의 둘레(줄자)
④ 체고 : 지상에서 어깨까지의 수직거리(체측기)
⑤ 흉심 : 어깨 바로 뒤 부분의 가슴깊이(체측기 또는 골반계)
⑥ 전폭 : 전구(前驅)의 제일 넓은 부위의 폭(골반계)
⑦ 흉폭 : 어깨 바로 뒤의 가슴 폭(체측기 또는 골반계)
⑧ 후폭 : 후구(後軀)의 가장 넓은 폭(골반계)

⑨ 등지방두께 : 어깨(제1늑골부), 등(마지막 늑골부) 및 허리(마지막 척추부) 등 3부분을 중앙선에서 좌측 또는 우측으로 약 6~7cm 떨어진 지점을 측정한다. 그러나 생체측정 시에는 측정위치를 찾기가 힘들다. 초음파측정기에 의한 측정위치는 국가나 기기 종류에 따라 차이가 있으나 한국종축개량협회는 제10늑골부위를 대표치로 적용하고 있다. 프로브(스캐너)로 측정할 지점 찾기는 보정 후 견갑골(겨드랑이) 부위와 반대편 엉덩이 전반부위를 이은선과 같은 방법으로 반대편에서 이은선이 대각선(X자)으로 만나는 점을 마지막 늑골부(제14~15)로 인정하고 이 점에서 앞으로 4~5 늑골을 촉진해서 제10늑골부위를 찾거나 촉감으로 감지가 어려울 때는 마지막 늑골부에 새끼손가락이 닿게 손을 대고 엄지손가락 위치를 제10늑골부위로 인정한다. 물론 제10늑골부위에서 좌 또는 우로 6~6.5cm 떨어진 지점에 프로브나 스캐너를 밀착시킨다. 단, 프로브가 긴 직사각형으로 된 스캐너는 등선에 직각으로 길게 대도록 한다.

⑩ 배장근 단면적(Loin Eye Muscle Area) : 제11~12늑골 또는 마지막 늑골부위의 배장근단면 직경을 초음파 측정기에 의해 측정하여 단면적을 자동 산출할 수 있다. 종축개량협회는 역시 제10늑골부위를 측정하도록 지도하고 있다. 제10늑골부위 찾기는 등지방 측정과 동일하다.

- 측정 시 유의사항 : 생체로 측정하기 때문에 움직임에 따라 측정치가 다를 수 있으므로 3회 이상 측정하여 그 평균치를 적용한다.

(3) 신체충실지수(BCS ; Body Condition Score)

산업현장에서 후보축이나 어미를 선발할 때 적용하는 신체충실지수(BCS)에 의한 선발법

① 소 : 신체충실지수란 소가 지닌 지방의 양을 표현하는 것으로 축군의 번식능력과 사양관리의 적합성을 예측할 수 있는 관리상의 척도이다. 1(매우 야윈 경우)부터 5(과비)로 구분하며, 효과적인 번식우 경영을 위한 적정 신체충실지수는 2.5~3.5이다.

[신체충실지수의 판정기준]

신체충실지수	1	2	3	4	5
상 태	야 윔		보 통	비 만	
등벼와 늑골	야윌수록 명확히 돌출 되었으며 살과 지방이 전혀 없음		손으로 가볍게 눌렀을 때 식별이 가능하며 살과 지방이 다소 있음	강하게 손으로 눌러야 등뼈가 식별되며 늑골은 부드러운 살과 지방으로 덮여 있음	
기갑부 (어깨상단)	뾰족하고 뼈와 모양이 명확히 보이며 척추 하나하나가 확인 가능함		약간 동그스름하며 상당한 힘으로 촉진하여야 개개의 돌기를 구별할 수 있음	뼈의 구조상태가 외관상 명확하지 않고 피하지방이 상당히 축적되어 있음	
엉덩이	요각끝과 좌골이 뾰족하게 돌출되어 있으며 엉덩이는 움푹패어 있음		요각끝과 좌골은 약간 동그스름하고 엉덩이는 평편함	둥글고 지방축적이 많이 되어 요각과 요각 사이가 완전이 평편함	
미근부	미근부 아래가 움푹패여 있고 골격은 뾰족하게 돌출됨		약간 동그스름하고 지방축적이 감지됨	둥글고 지방축적이 명확함	

[신체충실지수와 번식장애]

신체충실지수	조사두수	번식장애		발생유형(%)			
		두 수	비율(%)	발정이상	난소이상	저 수태우	기 타
2.0 >	164	30	18.3	46.7	10.6	43.3	6.7
2.5~3.0	323	47	14.6	38.3	6.4	40.4	14.9
3.5 <	74	36	48.7	30.6	23.2	36.1	11.1

② 돼 지

㉠ 모돈의 체형점수 측정과 체형점수에 따른 상태

[Body Condition Scoring ... is An Important Part of Successful Management]

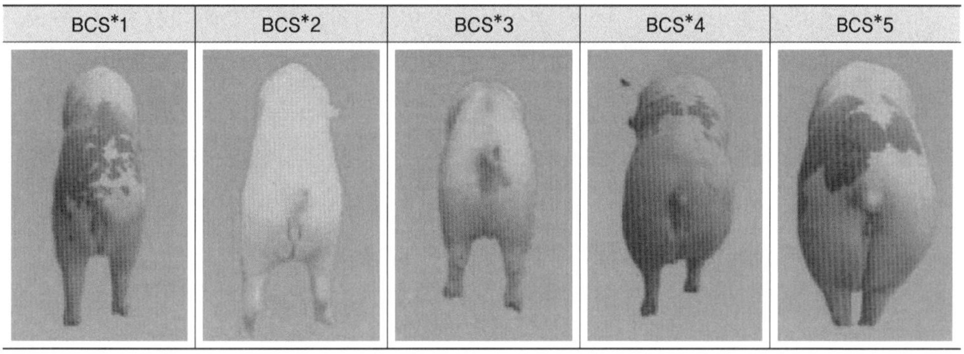

[모돈의 체형점수 측정과 체형점수에 따른 상태]

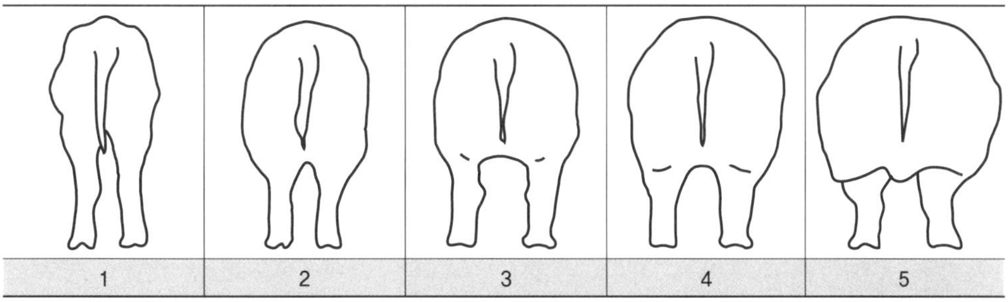

체형점수	상 태	요각의 촉진	등지방 두께(P2)
5	과 비	손으로 관골돌기를 찾지 못함	25mm 이상
4	살쪄있음	손으로 관골돌기를 찾지 못함	21mm
3.5	약간 살쪄있음	관골돌기를 찾기 어려움	
3	이상적	관골돌기를 손으로 쉽게 찾을 수 있음	18mm
2.5	약간 마름	관골돌기가 촉진되고 눈으로 볼 수 있음	
2	너무 마름	너무 야위고 관골돌기를 눈으로 쉽게 볼 수 있음	10~15mm
1	심각하게 마름	체중 손실이 심각하여 매우 마른 상태	10mm 이하

출처 : 양돈과 영양. 2011. 김유용

㉡ 체형점에 의한 사료급여 요령 : 이유 시에는 기준 평점인 2.5점을 목표로 사료급여량을 적절히 증감해주고, 임신후기 직전인 임신 90일령에는 체평점이 3.0점이 되도록 이유 시 체평점 점수에 따라 사료를 증감해준다. 갑작스런 사료의 변경은 사료의 내분비 호르몬 균형이 깨질 염려가 있으므로 1차 조정 시 0.5kg씩 서서히 증감토록 한다.

4. 동물의 번식 기술

(1) 인공수정

인공수정이란 수컷과 암컷 사이에 본능적으로 이루어지는 자연교배 대신 인공적으로 정액을 채취하고 검사·처리·보존하여, 암컷에 주입하여 임신하게 하는 과정을 말한다.

인공수정은 가축의 개량과 증식을 촉진하는 데 많은 이점을 가지고 있다. 그림에서 나타낸 바와 같이 젖소의 개량량을 보면 1985년의 두당 평균 산유량이 5,412kg이었고, 2004년에는 8,935kg으로 늘어났다. 이러한 개량효과를 가져다 준 가장 핵심적인 기술이 인공수정이었다. 인공수정기술만큼 농업(축산) 생산량을 늘린 기술은 거의 없다.

최근에는 동결 정액의 보급률이 향상되어 가축을 개량하는 데 획기적인 공헌을 하고 있다. 먼저 정액을 채취할 때에는 보통 인공질을 사용한다. 채취 기술자는 정액 채취에 숙련된 사람이어야 하며, 세균의 감염을 최대한 억제하기 위해 종웅축의 위생 관리를 청결히 하고, 채취 시에 사용하는 기구도 철저하게 소독을 해야 한다. 가축에 따라 정액을 채취하는 방법이 다른데, 이것은 인공수정 기술의 발달과 더불어 점점 개량되어 왔다. 주입 시기가 결정되고 암컷의 준비가 끝나면 주입기를 삽입하여 자궁경관을 통하여 정액을 주입하게 된다.

[인공수정에 의한 가축 개량의 효과]

	1985	1995	2004
18개월령 체중 (수컷, 비거세)	 376.8kg	 491.3kg	 542.2kg
젖소의 산유량 (305일 보정유량)	 5,412kg	 6,868kg	 8,935kg
돼지의 일당 증체량 (암수평균)	 865g/일	 904g/일	 1,055g/일

출처 : 가축의 개량과 번식. 2009. 한국방송통신대학교 교재

주요 동물의 인공수정(융해–정액주입기 장전–정액주입)은 다음의 과정을 거친다.

① 소 인공수정(직장질법)

㉠ 발정 징후를 나타내는 암소를 확인하고 사전에 계류하여 안정을 취하게 한다.

㉡ 소를 보정하고 비닐장갑을 착용한 후 윤활제를 바르고 직장 내 손을 넣어 분변을 제거한다.

㉢ 발정이 확인되면 외음부 주변을 깨끗이 닦고 알코올 스프레이를 분무하여 소독한 후 종이 타월로 닦는다.

㉣ 비닐장갑을 왼손에 착용하고 윤활제를 바른다.

㉤ 외음부를 깨끗이 닦고, 왼팔을 직장에 부드럽게 넣은 상태에서 왼손으로 자궁경관을 확인한 다음 외음부를 넓게 벌려 오른손의 주입기를 질 내에 삽입한다.

㉥ 생식기 내에 주입기가 삽입되면 비닐커버를 잡아당겨 주입기가 위생적으로 진입되도록 하며, 주입기를 천천히 쌍방향으로 15° 각도를 유지하면서 자궁경관입구까지 삽입한다.

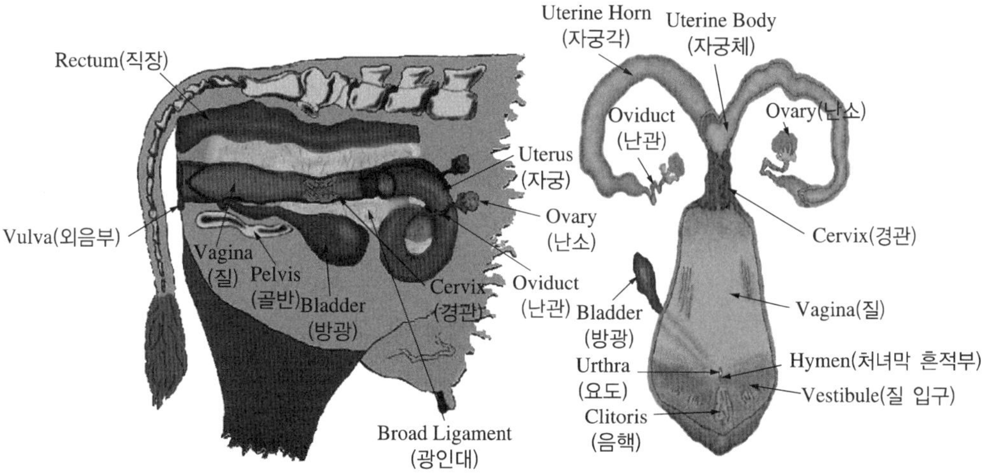

[소의 생식기 구조]

㉦ 주입기의 선단이 자궁경관 입구에 도달하면 직장 내의 왼손으로 경관을 조작하여 주입기 선단이 추벽 내 잘 통과될 수 있도록 한다.

㉧ 주입기가 자궁경관의 마지막 추벽을 통과하였을 때 직장 내 왼손의 둘째손가락으로 주입기 끝을 확인한 후 오른손 엄지로 주입기의 끝을 서서히 눌러서 정액을 흘러내리듯이 밀어 넣는다.

㉨ 주입기를 천천히 빼고, 왼손도 직장에서 천천히 뺀다.

㉩ 비닐장갑, 시스, 비닐커버 등을 쓰레기통에 분리하여 버린 후 수정시킨 소의 명호, 수정일자와 스트로에서 종모우명, 제조일자 등을 기록한다.

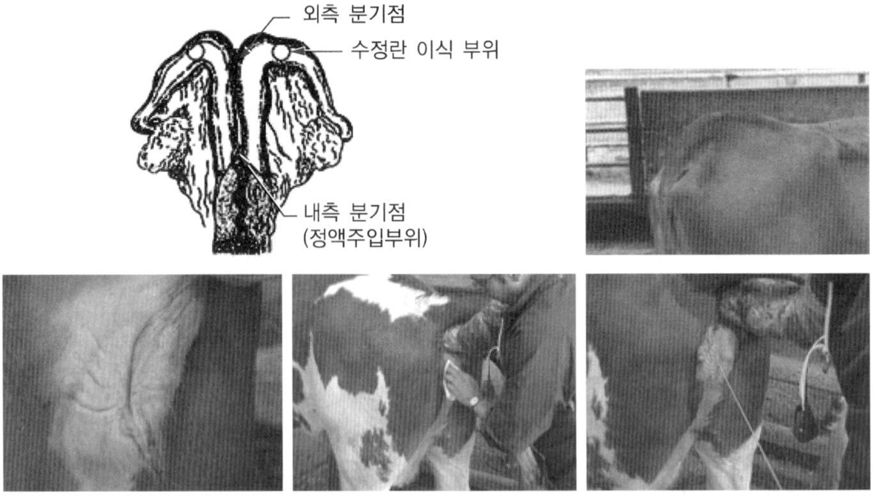

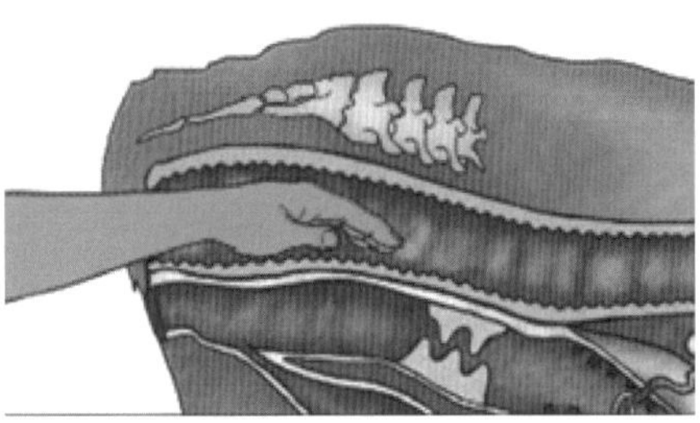

직장 내 분이 밀려나오면 손가락을 모아서 분을 긁어내는데 3~4회 정도 분변을 밖으로 꺼낸다.

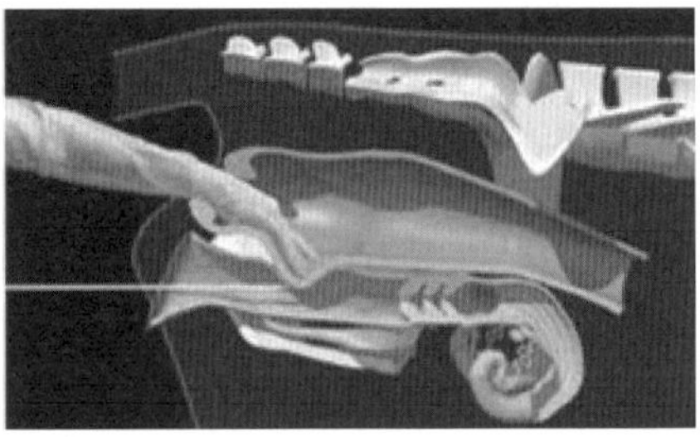

주입기의 위생적 삽입을 위해 항문 안쪽의 아래를 살짝 눌러서 외음부의 입구가 약간 벌어지게 한다.

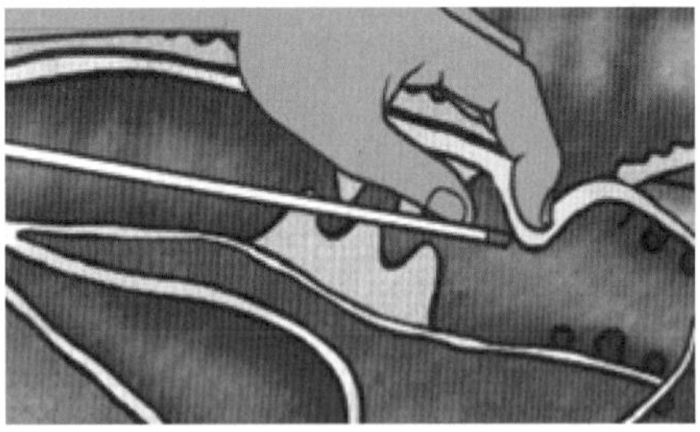

자궁경관을 완전히 통과하면 1cm 정도 더 삽입하고, 주입기 끝을 검지 손가락으로 확인한다.

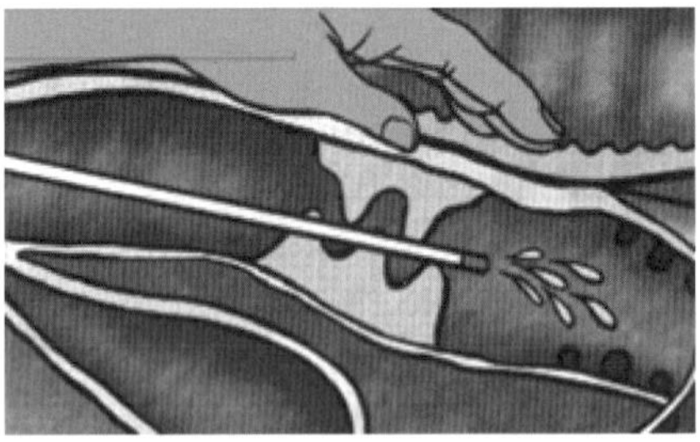

주입기 밀대를 엄지 손가락으로 5~10초 간 서서히 주입한다.

[직장질법에 의한 소 인공수정]

② 돼지의 인공수정

㉠ 등을 눌러서 부동자세의 발정을 확인한다.

㉡ 외음부와 주입기 선단에 윤활제를 바른 다음 요도개구부에 걸리지 않도록 주입기를 15° 상방향으로 10~20cm 정도 삽입시킨 후 수평으로 경관입구까지 삽입시킨다.

㉢ 주입기 선단이 경관입구에 도달하면 시계 반대방향으로 전진시켜 경관 추벽에 잘 맞물리도록 한다. 잘 맞물렸는지 여부는 주입기를 뒤로 슬며시 당겨보아 저항감을 느끼면 잘 맞물린 상태이다.

㉣ 주입기 선단에 약간의 여백을 주기 위해 시계방향으로 조금 뒤튼 다음 주입기에 정액을 연결하고 3~5분에 걸쳐 정액을 짜서 서서히 주입시킨다.

㉤ 정액 주입이 끝나면 주입기를 시계방향으로 돌려 빼낸 다음 수태와 산자수가 높아지도록 외음부를 마사지한다. 정액명과 수정시킨 모돈에 대한 수정기록을 남긴다.

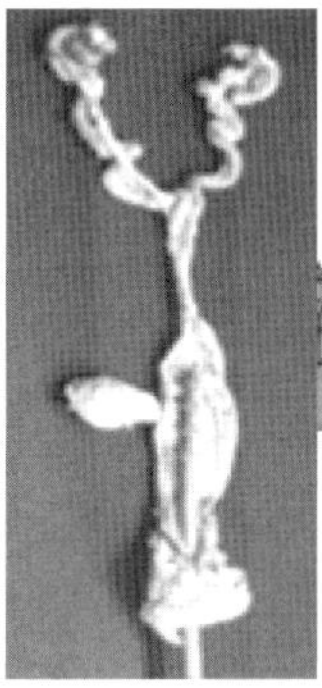

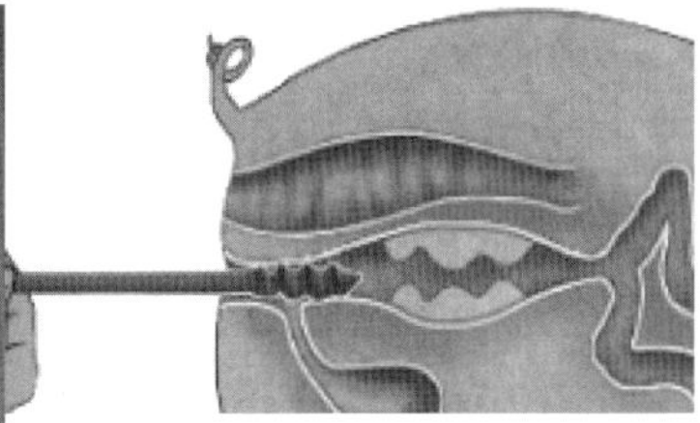

주입기 선단이 주름인 요도 개구부에 걸리지 않도록 15° 상방향으로 15~20cm 정도 깊이 삽입한 다음 수평으로 하여 경관입구까지 전진시킨다.

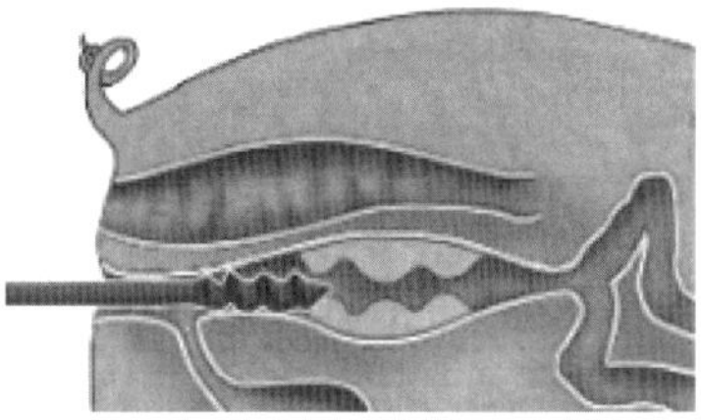

주입기가 더 이상 전진이 안 되는 경관 입구까지 도달되면 저항감을 느낄 수 있다.

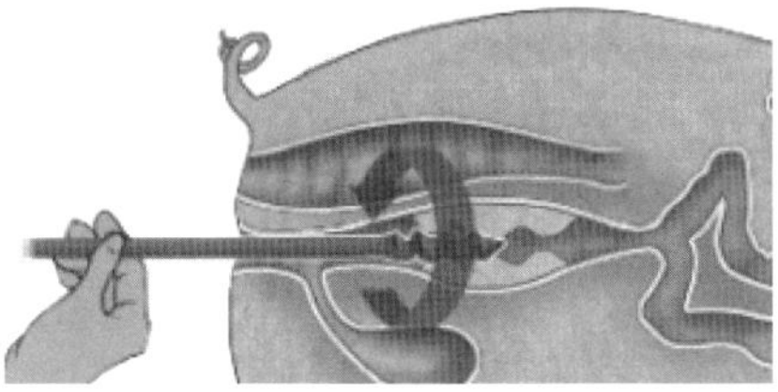

이때 주입기를 시계 반대방향으로 돌리면서 전진시켜 경관에 꽉 끼이도록 삽입한다.

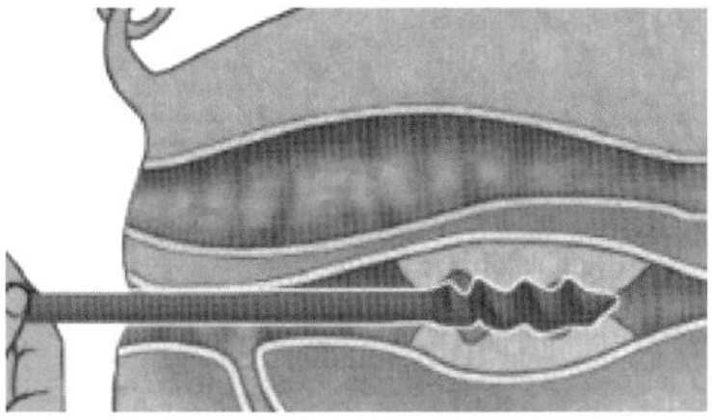

주입기를 살짝 당겨보았을 때 무게 있는 느낌으로 빠지지 않으면 잘 삽입된 상태이다.

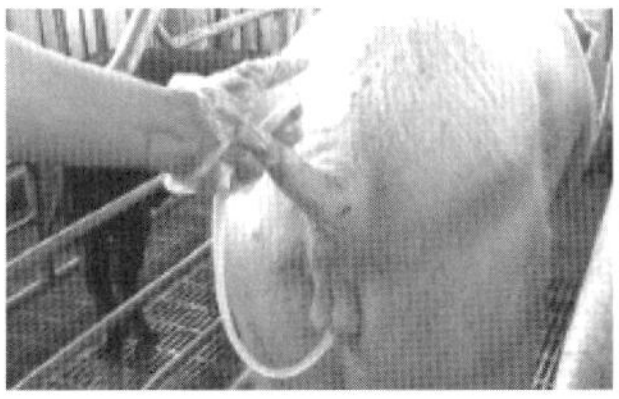

정액과 꼬리를 함께 잡아서 주입기가 빠지지 않도록 한다.

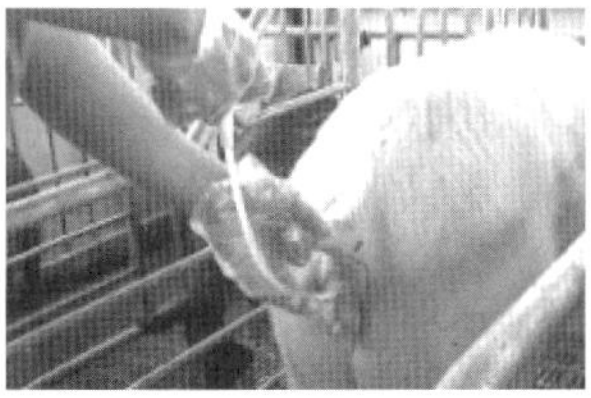

정액의 주입 시간은 1~5분 정도로 평균 3분 정도 소요된다.

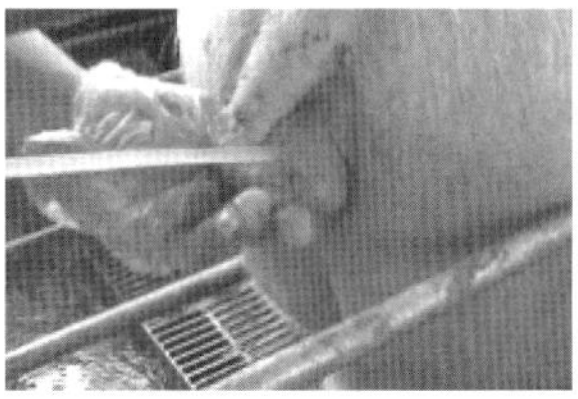

주입기를 뺄 때는 정액 주입이 완전히 끝난 것을 확인하고, 주입기를 시계방향으로 돌리면서 빼낸다.

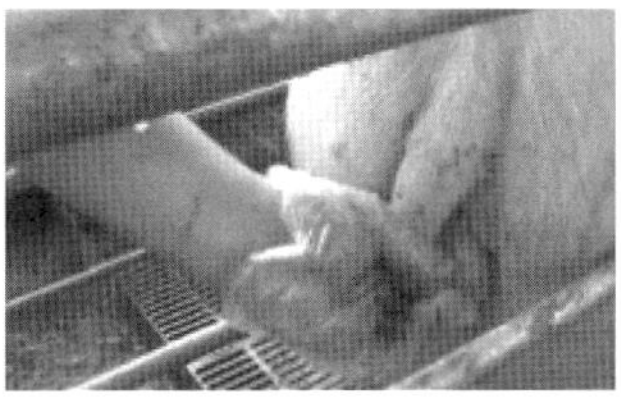

외음부와 복부를 가볍게 마사지해 주면 수태율 및 산자수가 5~10% 상승되는 효과가 있다.

정액명(종모돈 명), 재발예정일, 분만예정일 등을 현황판 및 수정기록부에 기록한다.

[돼지의 정액 주입 방법(인공수정)]

(2) 수정란 이식

수정란 이식은 유전적으로 우수한 암컷의 자손을 일시에 다수 생산하는 것을 목적으로 하고 있다. 난소는 체외에서 투여한 성선 자극 호르몬에 민감하게 반응하여 일시에 다수의 난포가 발육한다. 다수의 난포에서 배란된 난자를 인공수정시킨 후 수정란을 생체 내에서 꺼내 여러 마리의 대리모에 이식하여 착상, 임신하게 되면, 우수한 유전 인자를 물려받은 자손을 일시에 다수 생산할 수 있다. 수정란 이식은 다배란 처리, 수정란의 채취, 수정란의 검사, 수정란의 보존, 발정 동기화 및 이식의 단계로 실시된다. 수정란 이식 기술이 산업적으로 확대 보급되기 위해서는 비용이 적게 들고 수태율이 높아야 한다. 수정란 이식 과정은 다음 그림과 같다.

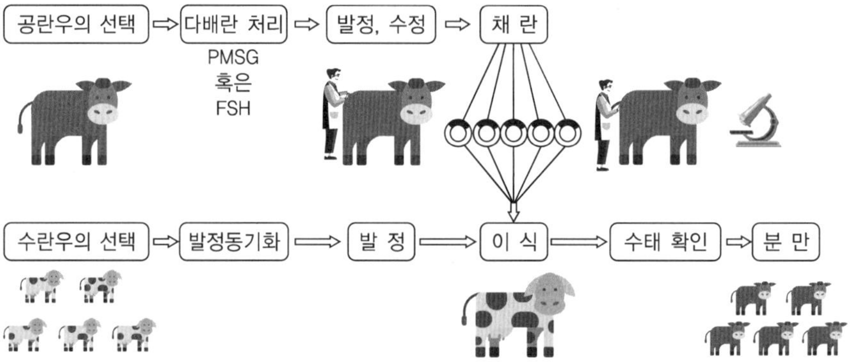

[수정란의 이식과정(인공수정과 수정란이식. 1998)]

02 생명공학의 응용

생명과학(Life Science)이란 모든 생명체를 대상으로 하여 생명현상을 밝혀내는 넓은 의미의 학문을 말하며, 생명공학(Biotechnology)이란 이렇게 규명된 기초적인 생명현상을 바탕으로 유전공학 기법을 이용하여 생명체를 보다 효율적으로 활용하고자 하는 응용 학문을 말한다. 여기에 이용되는 유전공학이란 특정 유전자의 분리, 유전자 재조합 기술, 핵치환(복제) 및 외래 유전자의 도입 등에 의해 새로운 형질을 획득한 개체 생산 기법 등을 통칭하는 학문으로 형질전환 가축, 유용한 유전자를 이용한 가축개량 등을 가능하게 하였다.

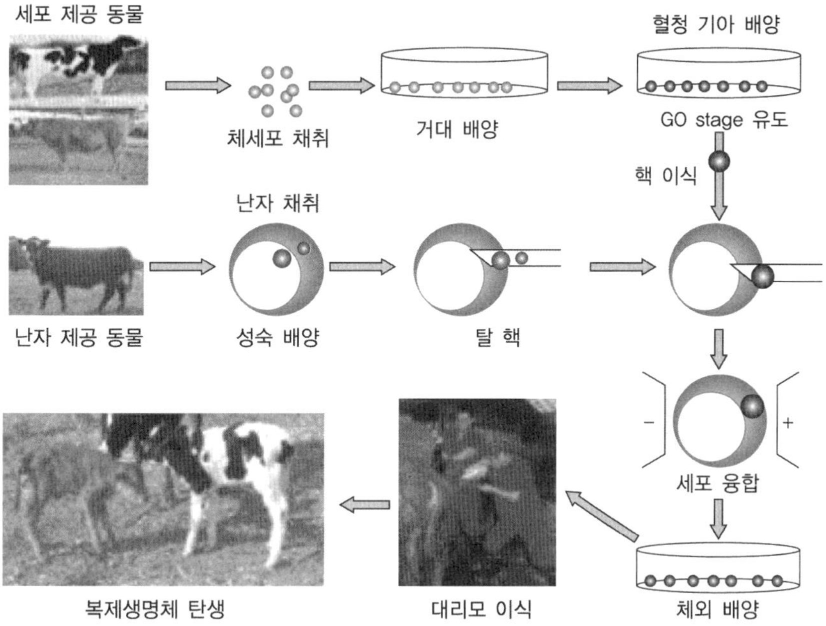

[체세포 복제에 의한 우량 송아지 생산]

출처 : 가축인공수정과 수정란이식. 2005. 농진청

1. 유전자 재조합

생명공학의 핵심인 유전공학은 지난 반세기 동안 분자생물학과 유전자 재조합 기술의 발달로 급격한 학문적, 사회적 파급효과를 가져왔다. DNA가 유전물질임이 밝혀진 후 끊임없이 유전공학 기법들이 발전하면서 새로운 유전자 도입에 의한 형질전환 동물 생산과 복제동물 생산이라는 20세기 최대의 학문적 위업을 이루게 되었다.

이렇듯 유전공학을 위한 유용한 유전자나 질병에 관련된 유전자를 분리하기 위해서는 여러 가지 도구들이 필요하다. 유전자 기술에서의 가장 중요한 도구로 DNA를 원하는 크기로 자를 수 있는 칼로써 제한효소가 이용된다. 잘린 DNA는 대장균 속에서 살아가는 기생 유전자체인 플라스미드에 끼워 넣어 효율적으로 증폭 보존할 수가 있다. 이 플라스미드는 원형의 DNA로서 대장균 내에서 여러 개가 동시에 존재할 수 있고, 우리가 원할 때에는 쉽게 얻을 수 있으므로 편리한 저장체계로 클로닝법이 이용된다. 이 클로닝은 특정한 DNA 부위나 유전자를 제한효소로 자르고 플라스미드에 원하는 DNA를 연결효소로 연결한 벡터 플라스미드를 대장균 내에 보관하는 것을 말한다. 클로닝에 의한 기본적인 도구 외에도 대상 유전자의 염기서열을 결정하는 방법과 체외에서 원하는 DNA 단편을 대량 증폭할 수 있는 DNA 증폭 PCR(Polymerase Chain Reaction, 중합효소 연쇄반응) 방법 등 특정표적유전물질을 증폭할 수 있는 수많은 유전자 조작 기술이 개발되어 이용되고 있다.

2. 형질전환 동물 생산

형질전환 동물이란 특정 외래유전자를 수정란이나 초기 배자의 줄기세포에 도입하여 생산한 유전적 변환체 동물을 의미한다. 특정 유전자를 인위적으로 조작할 수 있는 유전자 재조합 기술과 체외에서의 수정란 조작 기술이 개발되었고, 1980년대 초에는 형질전환 생쥐가 탄생하였으며, 백혈병 치료제 생산을 위한 형질전환 흑염소가 탄생된 후 형질전환 동물 생산기법도 급속히 발전했다.

(1) 형질전환 동물 생산 방법

① **미세주입법** : 형질전환 동물의 생산에 가장 널리 사용되는 방법으로 미세주입을 들 수 있다. 미세주입방법은 원하는 특정 형질을 나타낼 수 있는 재조합 유전자를 수정 직후 하나의 세포일 때 아주 가느다란 미세주입 피펫을 이용하여 수정란의 핵 안으로 주입하는 것이다. 현미경하에서 미세한 주입 피펫으로 수정란의 핵에 재조합 유전자를 주입하고 외래 유전자를 도입받은 수정란은 가임신된 대리모의 자궁에 이식하여 새끼를 생산한다. 이렇게 생산된 새끼에서 미세주입한 외래 유전자를 지녔는지를 최종적으로 조사함으로써 형질전환 여부를 판별하게 된다. 한편 미세주입에 의한 방법으로 난자 내에 정자를 직접 주입하는 ICSI(Intracytoplasmic Sperm Injection)에 의한 수정란 생산도 활발히 이용되고 있다.

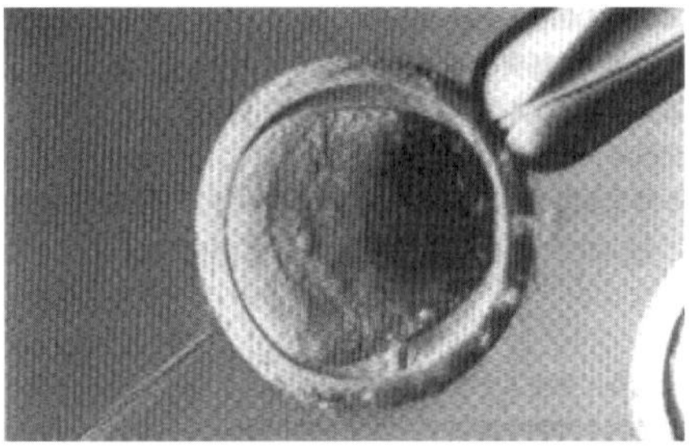

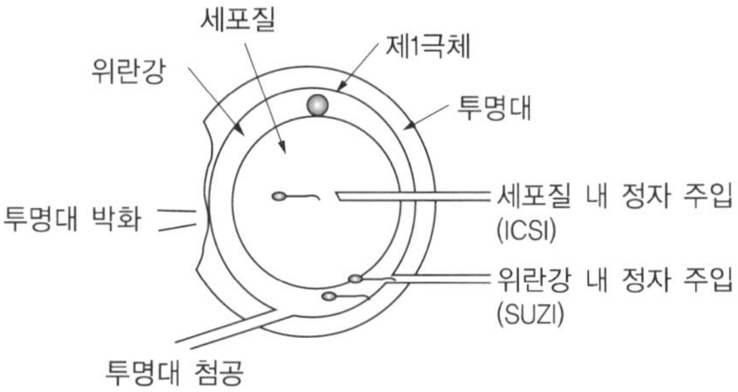

[미세 조작에 의한 정자 미세주입(ICSI)과 형질전환 수정란 생산 방법]

② **줄기세포 이용법** : 줄기세포란 수정란의 발생 초기에서 다양한 조직으로 분화 발생이 가능한 세포를 분리하고 이를 체외 배양을 통하여 확립한 세포를 말한다. 이러한 줄기세포에 특정 유전자를 전이하고 이 둘 중 유전자가 안정적으로 전이된 세포만 선발하여 발생 초기의 수용체 배자에 재주입해 줌으로써 형질전환 개체를 만들어 낼 수 있다. 특히 줄기세포는 유전자 표적을 위하여 이용된다. 유전자 표적이란 우리가 원하는 특정 유전자만을 정확하게 없애거나 다른 유전자로 교환시키는 방법이다. 이는 수많은 유전자 중에서 원하는 하나의 특정 유전자만을 조작할 수 있는 기술로서, 특정 유전자의 기능을 밝혀내거나 경제 형질과 연관된 유전자를 밝히는 과정에서 유용하게 이용될 수 있다.

(2) 형질전환 동물의 응용

유전자 변환 동물은 기초학문, 의학, 약학, 농업에서 광범위하게 이용될 수 있다. 인간에게 유용한 의약품 등을 우유나 달걀을 통해 생산하거나 육질의 향상 및 산유량의 증가, 질병에 강한 품종의 개량 등이 가능하다. 또한 의학적으로는 인간의 질병과 유사한 모델의 동물을 만들어 임상 실험 및 치료 방법을 연구할 수 있으며, 인간의 장기를 대체할 수 있는 인체 유사 장기를 생산하는 목적 등에 사용하게 된다.

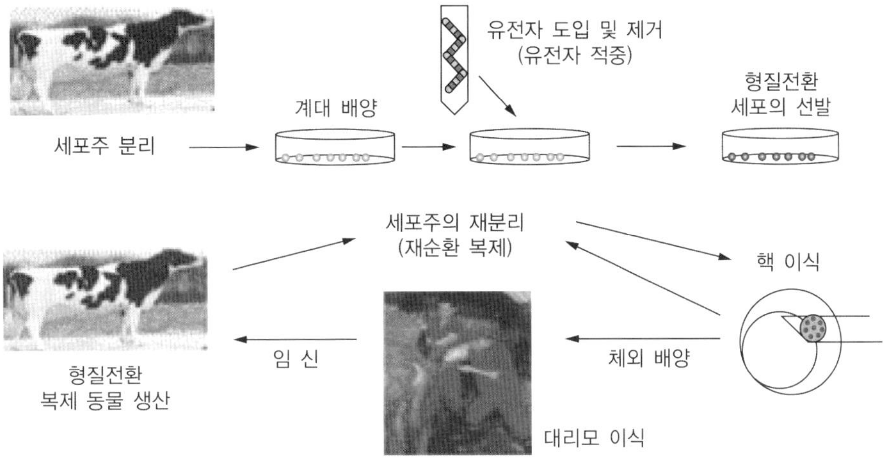

[치료용 단백질 생산을 위한 형질전환 복제소 작출 방법]

출처 : 가축인공수정과 수정란이식. 2013. 농진청

① **우수한 능력의 가축 생산** : 예로부터 뛰어난 능력을 가진 가축을 생산함으로써 보다 많은 식량 자원을 확보하려는 노력은 농업에 있어서 매우 중대한 관심사였다. 우수한 능력을 가진 개체 생산을 위해서는 현재 두 가지 방법이 이용되고 있는데, 우수 능력에 관련된 유전자를 인위적으로 도입시키는 방법과 우수한 능력과 관련된 유전자를 찾아내어 이를 가지는 개체를 선발하는 방법이 있다. 새로운 유용 유전자를 동물에 도입하는 형질전환 동물의 생산기술은 동물 생산에 있어서 필요한 새로운 형질의 도입, 즉 질병저항성 유전자의 도입, 여우나 밍크의 모피색깔 조절에 관련된 유전자의 변환, 식육생산 증가를 위한 유전자 도입, 사람의 인슐린 등의 의약품 생산을 위한 형질전환 동물과 같은 새로운 차원의 유용동물을 생산할 수 있는 수단이다.

② **생리활성물질의 생산** : 생리활성물질을 생산하기 위한 생체반응기란 마치 공장의 기계와 같이 동물의 생체가 끊임없이 인간에게 유용한 물질을 합성하는 기술이 개발되어 동일한 유전 형질을 가진 개체의 대량 생산 및 이를 이용해 생리활성물질을 생산해 내도록 함으로써 비롯된 용어이며, 이를 통하여 치료 또는 생리활성을 돕는 의학적으로 중요한 단백질을 대량 생산할 수 있게 되었다.

유용 물질을 우유나 달걀 내로 분비되는 형질전환 동물을 이용할 경우 첫째로 생산되는 단백질의 품질이 향상되고, 둘째로 단백질의 대량생산이 가능하며, 셋째로 유전자가 전이된 형질전환 동물이 안정되게 연속적으로 공급되며, 넷째로 생산비 절감이 가능하여 미생물 및 동물세포 배양 시스템에서 드러난 제한점을 해결해 줄 수 있다.

③ **생물 소재의 생산** : 형질전환 동물의 유즙에서 만들어낸 거미줄을 장력이 매우 강한 신소재 강화금속섬유로 이용하려는 연구가 진행되고 있다. 이러한 거미줄과 같이 유전자 변환동물을 통하여 생산하고 가공한 물질을 바이오스틸(Bio Steel)이라 한다. 바이오스틸은 의학 기자재, 항공기나 자동차의 부품, 공습 방어용 재료 등으로 사용이 가능할 것으로 예상된다(예 스파이더맨의 거미줄).

④ **질병치료의 모델 동물** : 인간의 질병치료나 연구를 위해서는 인간을 대상으로 할 수 없기에 이와 비슷한 상황을 갖는 동물을 통하여 연구를 수행할 수 있다. 이러한 목적으로 만들어진 형질전환 동물은 질병치료제의 안정성 검정 및 유전질환모델로 이용성이 크다. 즉, 살아 있는 동물이므로 특정치료제의 치료효과, 독성효과 등 안정성 검정에 이용할 수 있고, 약품의 생체 내 대사과정, 저항성 및 약품 간의 상호작용을 연구할 수 있는 모델로 이용할 수 있다. 현재 인간의 유전질환과 유사한 변이체의 예로 사망의 중요한 원인이 되고 있는 심장병, 당뇨병, 폐기종, 근무력증, 동맥경화증, 자가면역증, 낭포성 섬유증 등의 질환모델이 생쥐에서 개발되어 이용되고 있다.

⑤ **인간 장기를 만드는 동물** : 현재 의학에 유전공학이 접목되어 관심이 집중되고 있는 부분이 바로 대체 장기 생산이다. 미국에서는 한 해에 장기 기증을 기다리는 환자가 5만 명 이상이며, 장기 기증자는 6천 명 정도로 환자가 기증을 받기 위해서는 최소 5년 이상을 기다려야 한다. 이렇듯 이식 장기의 수요가 증가함에 비해 공급은 턱없이 부족한 현실이다. 세포배양을 통한 장기 생산 분야는 생체조직공학의 눈부신 발전으로 지금은 시험관 내에서 실제 생체내의 기능을 갖도록 세포분화를 유도하여 다양한 조직을 구성하는 방법이 연구되고 있는 중이다. 동물로서는 인간과 유전적으로 흡사하여 가장 적합한 모델로 형질전환 돼지가 주목을 받고 있다. 인간의 장기를 만드는 동물로는 돼지, 원숭이가 주로 이용되고 있으나 어떤 종이 더 적합하며 그 이유는 무엇인지 생각해 볼 필요가 있다.

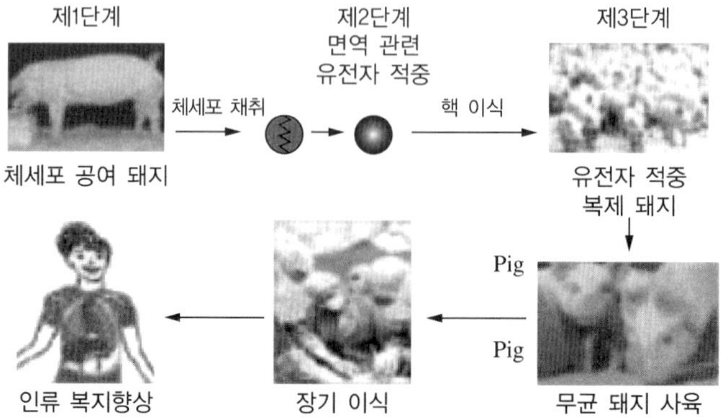

[장기제공용 돼지 생산]

출처 : 가축인공수정과 수정란이식. 2013. 농진청

3. 동물 복제 기술

유전자 조작기술의 발달로 새로운 생명을 창조하거나 또는 현존하는 생명체의 복제가 가능해졌다. 이러한 기술은 형질전환기법을 한 단계 높이는 혁신적인 방법이라 할 수 있다. 즉, 유전자 조작 및 전이에 의해 탄생한 유전자 변환동물을 복제기술을 이용하여 동일한 형질을 갖는 동물의 다수를 생산함으로써 그 결과를 몇 배로 증대시킬 수 있다는 것이다. 복제동물을 생산하기 위하여 과거에는 수정란이 분할하는 단계에서 각 세포를 분리하여 각각을 자궁에 이식하는 방법과 분할하는 수정란의 유전자를 다른 수정란에 이식하는 방법들이 이용되었으나, 최근에는 이미 우수한 유전형질을 갖고 있음이 판명된 성체로부터 체세포를 분리하여 만드는 방법이 개발되어 이용되고 있다. 한 예로, 1997년 영국의 과학자들은 6년생 암양의 유선세포로부터 채취한 핵을 다른 암양의 핵이 제거된 난자와 결합시키고, 이를 또 다른 암양의 자궁에 이식하여 첫 번째 암양과 유전적으로 동일한 새끼를 얻었는데, 이것이 바로 복제양 돌리이다.

따라서 이 방법을 고능력의 유전형질을 가진 동물의 복제에 사용한다면 우수한 유전형질을 가진 수많은 개체의 탄생이 예상되는데, 이는 우수한 동물의 생산성뿐만 아니라 질병저항성이나 성장 등을 촉진하고 개선할 수 있을 것이다. 다음 그림은 우리나라 국립축산과학원에서 체세포 복제에 의한 소의 생산과정을 보여주고 있다.

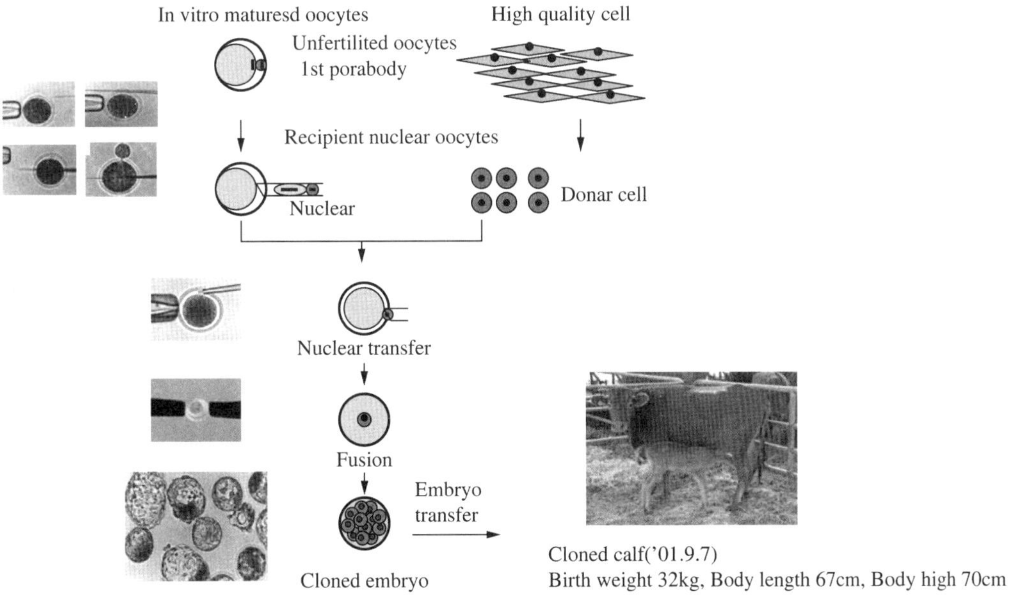

[소의 체세포 복제에 의한 송아지 생산 과정]

4. 가축 유전체 프로젝트와 분자육종

(1) 가축 유전체 프로젝트(Genome Project)

유전체 프로젝트란 생명체가 가지고 있는 염색체의 유전적인 염기서열을 알아내어 유전자 지도를 작성하는 작업, 즉 각각의 유전자의 기능은 물론 유전병의 원인을 낱낱이 밝힐 수 있는 생명현상을 분자적 수준에서 이해할 수 있는 해부도를 완성시키는 작업을 말한다.

유전체 프로젝트는 크게 4가지로, 첫째 유전체의 구조연구로 유전체의 지도를 작성하고 염기서열을 결정하는 분야, 둘째 유전자와 유전자 산물의 기능연구와 조직, 기관 및 생체의 생리학적 유전체 연구 분야, 셋째 다양한 모델 생명체의 유전체 연구와 인간 유전체의 다양성 연구인 비교유전체 분야, 넷째 밝혀낸 클론의 확인, 저장, 분배, 생물정보학과 데이터베이스 등을 담당하는 자원관리 분야로 나뉜다. 이러한 결과들은 사람에 있어서 유전적 질병을 일으키는 유전자 들을 찾고 그 기능을 밝혀서 치료가 가능함을 목적으로 하며, 동물에 있어서는 성장 촉진 및 질병 저항성을 비롯한 경제형질에 관련된 유전자와 유전적 표지인자를 개발함으로써 우수한 종축을 선발하는 강력한 도구로 이용될 전망이다.

이렇게 밝혀진 유전자는 의학, 농업 등 다양한 분야에서 많은 목적으로 이용될 수 있을 것이며, 미래의 동물산업을 고부가가치의 첨단산업으로 이끌 수 있을 것이다.

(2) 가축 개량을 위한 DNA 표지인자 개발

우수한 능력의 가축 생산을 위해서는 전통적으로 능력이 우수한 개체를 선발하고, 최고의 능력을 발휘시킬 수 있는 계통과 교배하여 이용하는 방법이 주로 이용되어지고 있었다. 하지만 최근에는 우수한 능력을 가진 가축 집단을 대상으로 유전자 차원에서 연구, 조사하여 실질적으로 우수한 능력과 관련된 유전자를 찾아내고 이를 이용한 가축 선발이 이루어지고 있다. 즉, 이 방법은 가축이 원래 지니고 있는 실질적인 우수한 능력에 관련된 유전자를 찾아내어 이를 개체 선발을 위한 표지인자로 사용하는 것으로, 외래 유전자를 인위적으로 도입하여 형질 개량을 꾀하는 형질전환동물 생산과는 다르다. 이 방법으로 특정 경제 형질에 있어서 차이를 보이는 개체나 집단 간의 능력 차이를 DNA상의 차이점과 연관시켜 이러한 차이를 차후의 개체선발에 표지인자로 이용하여 고능력 가축의 대량 증식을 이룰 수 있을 것이다.

(3) 동물에서와 유전질병 진단과 예방 치료

유전질병은 유전자상의 돌연변이에 의한 비정상적인 형질이 한 세대로부터 다음 세대로 전달되어 질병으로 나타나게 된다. 가축에 있어 고능력의 경제형질을 갖는 품종의 육종은 가축을 개량하는 가장 기본적인 목표이기에 우수한 생산 능력을 보유한 개체를 선발하기 위해서는 여러 가지 기준 중에서 유전병의 유무를 판별하는 것이 가장 중요하다. 이러한 유전병 진단은 종축으로 사용할 개체의 유전병 유전자를 가지고 있는지를 판별하고 이를 바탕으로 교배계획을 세워 열성의 유전자를 가진 자손이 태어나지 못하게 함으로써 축군 내 원하지 않는 형질을 제거하는 것이 목적이다. 유전병은 DNA상의 돌연변이에 의한 염기서열의 변화에 기인하므로 이를 분자생물학적 기법을 이용하여 보다 신속하고 정확한 진단이 가능해졌다. 질병을 예방하는 데는 여러 가지 방법이 있겠지만 생명공학의 유전공학과 관련된 최첨단 예방 치료 방법에는 DNA 백신을 예로 들 수 있다. 동물산업에 있어서 동물 질병은 가장 큰 경제적 피해 요인으로서 자리 잡고 있다. 각 질병들의 원인에 대한 백신은 개발이 많이 되었으나, 실제로 많은 부작용으로 적절한 질병 방어효과를 나타내지 못했다. 이와 같은 상황에서 질병 원인체별 주요 단백질, 유전인자, 펩타이드 백신의 면역원성을 증강시키기 위해 개발된 것이 유전자 재조합 백신이다. 이는 항원 결정 유전자를 분리하여 세균, 효모 또는 포유동물 세포 내에서 증폭하여 사용하는 백신이다. 최근에는 인간의 AIDS(후천성 면역 결핍증)에 관한 유전자 재조합 백신개발 연구가 활발히 진행 중이며, 동물에서는 콜레라, 대장균 및 말라리아 원충의 주요 항원에 대한 재조합 백신 연구도 진행되고 있다.

더 알아보기 생명공학의 핵심 기술

1. 선 발
   ① 다음 세대의 가축을 생산하는 데 쓰일 종축(種畜)을 고르는 것을 선발(選拔) 또는 선택이라고 하며 우수한 가축을 골라 다음 세대의 유전적 개량을 도모하는 것을 의미한다.
   ② 특히 수종축 한 마리는 암종축 한 마리에 비하여 그들의 유전자를 다음 세대로 보다 많이 전달할 수 있으므로 우수한 수 종축의 선발은 품종개량에 중요하다.
   ③ 선발의 방법
      ㉠ 개체선발 : 개체의 능력만을 기준으로 그 개체의 종축으로서 가치를 판단하여 선발하는 방법으로 유전력이 높은 형질의 개량에 쓰일 수 있다.
      ㉡ 혈통선발 : 부모나 조부모의 능력을 근거로 하여 종축의 가치를 판단하여 선발하는 방법으로 한쪽 성에만 발현되는 형질, 도살하여야만 측정될 수 있는 형질, 또는 가축의 수명과 같이 측정에 오랜 시일이 소요되는 형질개량에 이용될 수 있다.
      ㉢ 가계선발 : 가계의 능력의 평균을 토대로 하여 가계 내의 개체를 전부 선발하거나 도태시키는 방법으로, 개량하려는 형질이 한쪽 성에만 발현될 때, 개량하려는 형질의 유전력이 낮을 때, 가계구성원의 수가 많을 때, 가축의 수명과 같이 형질의 측정이 오랜 시일이 소요될 때 이용된다.
      ㉣ 후대검정 : 자손의 능력에 기준을 두는 선발 방법으로, 암가축보다는 수가축의 선발에 많이 쓰인다.
         • 비유능력과 같이 한쪽 성에만 발현되는 형질을 개량할 때
         • 개량하려는 형질의 유전력이 낮을 때
         • 도살하여야만 측정할 수 있는 형질을 개량할 때
      ※ 단점 : 검정의 실시에 오랜 시일이 소요된다.
2. 인공수정
   ① 인공수정은 우수한 수컷의 이용률을 높여 가축의 개량과 증식을 촉진하며, 수정란 이식은 일시에 유전적으로 우수한 새끼를 많이 생산할 수 있는 방법이다.
   ② 넓은 의미의 인공수정은 수정란 이식기술을 포함한다. 최종 정액의 주입과 수정란 이식의 방법은 같다.
3. 수정란 이식
   ① 수정란 이식기술은 공란우로부터 착상 전의 수정란을 채취하여 수란우의 생식기에 이식하는 기술로, 유전 형질이 우수하고 생산 능력이 뛰어난 우수한 가축을 단기간 내에 많이 증식시킬 수 있다.
   ② 소의 수정란은 호르몬 투여로 과배란을 처리하여 생산할 수 있으며, 또한 최근에는 도살된 소의 난소로부터 미성숙 난자를 이용하여 체외에서 손쉽게 대량으로 생산할 수도 있으므로, 상업적으로 OPU기술(초음파기기에 의한 난자 채란기술 : Ovum Pick-Up)로도 적용하고 있다.
   ③ 수정란의 채취와 이식은 종전에는 외과적 방법으로 시술하였으나, 현재는 수술을 하지 않고 비외과적인 방법으로 채취 및 이식할 수 있도록 개발되어 이미 수정사에 의해 일반화되어 있다.
   ④ 수정란의 분할구를 분리하거나 핵치환을 실시하여 생산된 수정란을 인위적으로 수란우들에게 이식하면 유전 형질이 동일한 복제동물을 생산할 수 있다.
   ⑤ 대부분의 가축에서 수컷보다 암컷의 경제적 가치가 크기 때문에 가축의 암수 조절 기술을 이용해 가축의 성비를 적절하게 이용하면 경제적으로 유리하다.
   ⑥ 가축의 암수 결정은 정자의 X염색체와 Y염색체에 의해 결정되므로, 암컷 또는 수컷 정자로 분리하여 체외 수정시킨 수정란으로 이식하여 태어날 자축의 성(Sex)을 선택적으로 생산할 수 있다.

적중예상문제

01 복제 동물을 생산하기 위해 이용되는 기법은 무엇인가?

① 핵치환 ② 형질 전환
③ 유전병 진단 ④ 인공수정

해설
핵치환(핵이식)을 통한 복제동물은 수정란의 할구 또는 체세포를 이용하여 생산한다.

02 유전물질은 무엇인가?

① DNA ② 단백질
③ RNA ④ 리보솜

해설
유전물질인 DNA는 부모에서 자식으로 전달되어 형질을 발현한다.

03 우수한 수컷을 활용하여 인위적으로 가축을 빠르게 개량할 수 있는 방법은?

① 수정란 이식 ② 인공수정
③ 형질전환 ④ 자연 교배

해설
인공수정은 우수한 수컷을 활용하며 수정란 이식은 우수한 암컷을 활용한 개량 방법이다.

04 유전자형이 PpBb인 개체로부터 만들어질 수 있는 배우자 종류는 몇 종인가?

① 2 ② 3
③ 4 ④ 8

해설
유전자형이 PpBb인 개체로부터 만들어질 수 있는 배우자형은 PB, Pb, pB, pb이다.

05 인위적으로 외부의 유전자를 도입함으로써 생산된 새로운 유전형질을 가진 동물을 무엇이라고 하는가?

① 복제동물
② 형질전환 동물
③ 핵이식 동물
④ 돌연변이

해설
형질전환 동물은 우리에게 유용한 물질을 생산하거나 우리가 원하는 형질을 갖는다.

06 포유 가축에서 수정란 전핵에 유전자를 주입하기 위해 어떤 방법이 주로 쓰이는가?

① 미세주입방법
② 레트로 바이러스
③ 체외 배양방법
④ 원시 생식세포 주입 방법

해설
유전자 전이 방법 중 미세주입법은 수정란의 전핵에 직접 주입하므로 가장 신뢰성 있는 방법으로 추정된다.

정답 1 ① 2 ① 3 ② 4 ③ 5 ② 6 ①

07 정자와 난자가 수정되는 암컷의 생식 기관의 부위는 어디인가?

① 자 궁 ② 난 소
③ 난관 팽대부 ④ 정소상체

해설
정자는 자궁에서 난관 팽대부까지 이동하여 그곳에서 난자와 만나 수정하게 된다.

08 인간에게 유용한 물질을 지속적으로 생산하기 위하여 동물 생체를 이용하는 방법은?

① 생체반응기 ② 유전자 치료
③ 유전자 표적 ④ DNA 증폭 방법

해설
형질전환 기술의 응용으로 동물의 생체를 공장처럼 연속적으로 유용물질을 생산해 내도록 고안된 방법이 생체반응기이다.

09 인간의 장기 이식을 위한 형질전환 동물로 많이 쓰이는 가축은?

① 닭 ② 소
③ 말 ④ 돼 지

해설
다른 동물과는 달리 인간의 장기와 형태나 여러 가지 조건(면역학적, 생리학적)이 비슷하므로 돼지는 장기 이식 대상 동물에 적합하다.

10 수정란의 비외과적 채취 시 어느 시기의 수정란이 가장 적당한가?

① 수정 직전 ② 수정 직후
③ 착상 직전 ④ 착상 직후

해설
수정란의 비외과적 채란은 착상 직전 자궁에서 부유중인 때다.

11 수정란 이식의 이점은 무엇인가?

① 우수한 가축을 쉽게 다룰 수 있다.
② 유전적 형질이 제거된 가축을 생산할 수 있다.
③ 우수한 가축의 수명을 연장할 수 있다.
④ 우수한 가축을 단기간 내 많이 증식할 수 있다.

12 닭의 염색체 수는 몇 개인가?

① 60 ② 64
③ 78 ④ 80

해설
닭의 염색체 수는 78개로, 성 염색체는 Z와 W로 구성되어 있다(♂ZZ/♀ZW).

13 소의 수정란 이식 시 알맞은 수정란 이식부위는 어느 곳인가?

① 질 ② 자궁각 선단
③ 자궁경관 ④ 난 관

해설
소의 수정란이 자궁에 도달되는 발달 단계가 배반포기이므로 주로 자궁각 선단에 이식한다.

14 다음 중 임신 진단 방법이 아닌 것은?

① 직장검사법 ② 초음파 검사법
③ 호르몬 측정법 ④ 외과적 수술법

해설
소의 임신 진단법으로는 직장검사에 의한 자궁 및 태아 촉진을 가장 많이 실시하며 젖소의 경우에는 착유되는 우유의 호르몬(Progesterone) 농도 측정으로 진단을 실시한다. 프로게스테론 농도가 유의적으로 높으면 임신, 낮으면 비임신으로 진단한다. 한편 임신 30~50일경에 초음파검사에 의한 임신 진단을 실시하기도 한다.

7 ③ 8 ① 9 ④ 10 ③ 11 ④ 12 ③ 13 ② 14 ④ 정답

15 **복제 동물을 생산하는 데 사용되는 방법들만 나열된 것은?**

① 분할구 이식법, 핵치환법
② 분할구 이식법, DNA 증폭법
③ 수정란 절단법, DNA 증폭법
④ 호르몬 진단법, 핵치환법

해설
복제동물을 생산하는 기법으로 수정란을 분할(2등분 또는 4등분)하거나 난자에 체세포의 핵을 치환하는 방법을 주로 사용한다.

16 **형질 전환 동물이란 무엇인가?**

① 유전 형질이 우수하여 성장 속도가 아주 빠른 동물
② 유전적 질환이 있는 동물
③ 몸집이 크고 육질이 아주 우수한 동물
④ 외래 유전자가 도입되어 새로운 형질을 가진 동물

17 **유식세포분리기(Flow Cytometry)에서 분리된 X-정자와 Y-정자들 간의 차이점은?**

① 정자의 크기　② DNA의 함유량
③ 정자의 운동성　④ 정자의 수

해설
Flow Cytometry에서 X-정자와 Y-정자의 분리원리는 각 정자의 DNA 함량 차이에 기인한다. X-정자가 Y-정자보다 DNA 함량이 많으므로 더 크고 무겁기도 하는 경향을 나타낸다.

18 **다음 중 조류의 염색체형에서 수컷을 나타내는 기호는?**

① ZW　② ZZ
③ XY　④ XX

해설
조류의 성염색체는 인간의 X와 Y 대신, W와 Z로 되어 있고 수컷은 ZZ, 암컷은 ZW다. 인간은 XX가 여성, XY가 남성이다. 파충류도 조류와 같은 성염색체 기호로 표시하며 모두 총배설강을 지닌다.

19 **성숙된 수컷의 정소 내 세정관에서 감수분열이 시작되기 전의 생식세포를 무엇이라고 하는가?**

① 정조세포　② 정원세포
③ 정낭세포　④ 정세포

20 **제1정모세포가 제1감수분열의 중기, 후기, 말기를 거쳐 2개의 제2정모세포를 형성하는데 이때의 염색체 구성은?**

① n　② $2n$
③ $2n+1$　④ $4n$

해설
제1정모세포($2n$)가 제1감수분열로 제2정모세포로 나누어질 때는 반수체인 n(정자)으로 형성된다.

정답 15 ① 16 ④ 17 ② 18 ② 19 ② 20 ①

가축영양 및 사양학

01 가축의 영양

가축이 생명을 유지하고 새로운 조직을 형성하면서 성장하거나, 젖, 고기, 알 등을 생산하는 등의 생활 현상을 이어가기 위하여 적절한 물질을 체외로부터 계속적으로 공급받지 않으면 안 된다. 이러한 목적으로 체외로부터 섭취하는 물질을 영양소라고 한다. 한 동물체가 생명현상 및 생산 활동을 이어 나가기 위해 외부로부터 물질을 섭취, 이용하고 생성되는 노폐물을 체외로 배설하기까지의 일련의 작용, 즉 영양소의 섭취, 소화, 흡수, 대사 작용 및 배설을 통틀어 우리는 영양이라 하고, 동물의 영양 및 영양소에 관한 여러 가지 현상을 과학적으로 연구하는 학문 분야를 동물영양이라 한다.

1. 에너지 대사

에너지란 쉽게 표현하면 힘을 내기 위한 물질의 대사를 말하는데, 가축이 섭취한 사료는 유기성분인 탄수화물, 지방, 단백질 등을 포함하고 있다. 물질대사는 동물체 내에서 조직 세포를 구성하거나, 우유, 고기, 계란, 털 등의 축산물을 생산하며, 동물의 근육운동이나 대사 과정에서 필요로 하는 에너지를 공급하는 등 여러 가지 목적으로 쓰인다. 서로 다른 여러 가지 기능을 영위하는 이들 영양소에 하나의 공통점이 있다면 모두 대사 과정에서 에너지로 전환될 수 있다는 점이다. 이와 같은 특징은 당연한 진화의 산물로 생각된다. 왜냐하면 동물이 살아가는 데는 몸을 구성하는 데 필요한 영양소뿐만 아니라 이들 영양소를 이용하여 몸을 만들거나 유지하고 또는 생산물을 만드는 데 이용해야 하기 때문에 모든 영양소를 에너지로 이용할 수 있어야 가축이 자신의 몸을 유지하고 살아갈 수 있다.

(1) 총에너지

총에너지란 특정 사료에 포함되어 있는 전체 에너지를 말하는데 이것은 사료를 완전히 산화시키면(태우면) 사료 속에 포함되어 있는 화학 에너지는 물과 이산화탄소 및 그 밖의 가스로 분해되며, 일정한 양의 열을 발생한다. 이때 발생된 열량을 총에너지라고 한다. 사료의 총에너지 함량은 각 영양소에 따라 차이가 나는데 그 원인은 사료가 포함하고 있는 각 영양소를 구성하고 있는 원소의 비율이 다르기 때문이다. 즉, 탄소와 수소, 산소의 비율이 다르기 때문에 수소의 연소 시에는 탄소의 연소 시 발생하는 열량의 약 4배 이상이 발생하며 결국 지방의 열 발생량은 탄수화물에 비하여 현저하게 많다. 단백질은 단백질을 구성하고 있는 탄소와 수소는 산화에 의하여

열이 발생하고, 질소는 산화되지 않기 때문에 열이 발생하지 않는다. 따라서 가축에 공급되는 사료의 에너지 함량을 높이고자 할 때 지방을 이용하는 이유가 바로 이러한 원리에 있다.

(2) 가소화 에너지

가축이 섭취한 사료의 총에너지는 그 전부가 동물에 이용되는 것이 아니다. 일부는 소화과정에서 이용되지 않고 분으로 손실되는 것이 있는데, 총에너지에서 분으로 손실된 에너지를 뺀 것을 가소화 에너지라고 한다. 즉, 사료 내에 포함되어 있는 소화가 가능한, 가축이 이용할 수 있는 에너지를 말한다.

또한, 가축은 분(糞)에너지 이외에도 오줌이나 가스 상태로 에너지를 손실하는데, 가소화 에너지에서 오줌이나 가스 상태로 손실된 에너지를 빼면 일단 동물 체내에서 이용되는 에너지가 되며, 이것을 대사 에너지라고 한다. 즉, 소화 흡수한 에너지 중 가축이 직접 체내 대사에 이용할 수 있는 에너지를 말한다. 가축의 영양학에 대한 과학적 접근은 여기서 그치는 것이 아니다. 가축에 급여되는 사료의 영양소에 대하여 보다 정확한 계산을 위하여 사료의 정미 에너지를 측정한다. 정미 에너지란 대사 에너지에서 다시 열량증가로 손실된 에너지를 뺀 나머지 에너지를 말한 것으로, 사료 에너지의 가장 정확한 표현으로 사용하고 있다.

가축이 섭취한 사료의 에너지에서 분과 오줌으로 배설되는 소화되지 않은 에너지, 트림이나 방귀와 같은 가스 형태로 전변된 에너지, 평상시 체온 유지 및 춥거나 더울 때 체온을 유지하기 위하여 사용하는 에너지를 빼면 정말로 몸의 움직임이나 구성에 이용하는 에너지만 남게 된다. 그러나 정작 사료 평가에 사용되고 있는 에너지는 가소화 에너지이므로, 각 가축에게 급여되고 있는 가소화 에너지를 정확히 계산하려면 사료에 포함되어 있는 각각의 영양소 함량을 알아야 하고, 이들 영양소의 소화율을 알아야 한다. 조류(닭)의 경우에는 가소화 에너지보다 대사 에너지를 적용시킨다.

- 가소화 에너지 = 섭취한 사료 에너지 − 분으로 배출된 에너지
- 대사 에너지 = 섭취한 사료 에너지 − 분뇨와 가스로 배출된 에너지
- 정미 에너지 = 섭취한 사료 에너지 − 분뇨와 가스 및 체온 유지에 이용된 에너지

(3) 가소화 영양소 총량

사료의 영양가에 대한 일반적인 표시 방법으로 가소화 영양소 총량이란 말을 쓰는데, 이것은 사료 내에 포함되어 있는 소화가 가능한 영양소 함량을 말하는 것으로, 각 영양소의 소화율을 기초로 계산한다. 그러므로 사료의 각 함유 성분에 고유의 소화율을 곱한 것을 가소화 영양소라고 하며, 다시 가소화 단백질, 지방, 탄수화물을 합계한 총량을 가소화 영양소 총량이라고 한다. 이 경우의 지방은 2.25배를 하여야 하는데, 이것은 다른 영양소에 비하여 지방이 약 2.25배의 열량을 가졌기 때문이다.

가소화 영양소 총량 = 가소화 탄수화물 + 가소화 단백질 + 가소화 지방 × 2.25

따라서 사료의 각 영양소에 대한 소화율을 알아야 하는데, 소화율은 가축이 섭취한 사료의 성분 중에서 소화, 흡수된 성분량이 얼마나 되는가를 백분율로 나타낸 것을 말한다.

소화율 = (섭취한 사료 성분량 - 분으로 배설된 사료 성분량/섭취한 사료 성분량) × 100

2. 영양소

(1) 탄수화물

'탄수화물'이라는 용어는 원래는 일반식 $C_n(H_2O)_n$의 화합물을 일컫는 말로서, 탄소와 물이 결합된 물질을 뜻한다. 탄수화물은 가장 경제적이고 풍부한 에너지 공급원으로, 동물 조직 내에서 극히 일부가 합성되기도 하지만 대부분 사료로 공급된다. 식물체 고형물의 약 75%를 차지하며, 식물의 광합성 작용에 의하여 생성된다. 즉, 식물은 태양 에너지를 이용한 광합성 작용을 통하여 포도당을 합성·저장하고 동물은 이 식물을 섭취하여 생활에 필요한 에너지원으로 사용한다. 동물 체내에서 산화되면 1g당 약 4kcal의 열을 발생할 수 있다. 또한 다른 영양소 구성에도 이용되어 지방과 단백질의 합성 원료로 쓰이고, 체내에서 이용되고 남은 탄수화물은 글리코겐의 형태로 근육이나 간에 저장되었다가 이용된다. 동물과 식물에서 발견되는 탄수화물은 근육 속의 글리코겐, 풀과 나무의 주된 구성 성분인 녹말과 섬유소가 있다.

(2) 지 방

동물이 이용하는 에너지를 경제적인 측면에서 본다면, 저장된 글루코스는 쉽게 쓸 수 있는 현금과 같고, 저장된 지질은 저축된 저금과 같다. 칼로리를 과다하게 섭취한 경우에 지방산이 합성되어 지방세포에 저장되고, 많은 에너지가 필요한 경우 지방산은 분해되어 에너지를 내놓는다.

지방은 모든 영양소 중에서 가장 에너지 생산량이 높아 1g당 9kcal의 에너지를 낼 수 있어 탄수화물에 비해 에너지값이 단위 무게당 약 2.25배 더 높다. 지방은 고열량 에너지원이고, 체지방으로 축적되어 각종 기관을 보호해 주며 체내에서 필요시 분해되어 이용된다. 특히, 사료 내 지방은 사료의 기호성을 증진시킬 수 있고, 지용성 비타민인 A, D, E, K 등의 공급원이기도 하다. 또한 가축 체내에서 합성하기 어렵고 다른 영양소로부터 전변될 수 없는 리놀렌산, 리놀레산, 아라키돈산은 필수지방산이라 하며, 반드시 외부로부터 공급되어야 한다. 지방이 부족하면 피부가 거칠어지고 탈모가 일어나며 성장 저해, 번식 장해가 일어난다.

(3) 단백질

단백질은 약 20개의 아미노산이 펩티드 결합으로 이루어진 고분자 화합물질로서, 탄수화물이나 지방과 다른 점은 분자 내에 질소를 가졌다는 것이다. 1g당 약 4kcal의 열을 발생할 수 있지만, 지방이나 탄수화물로서 대체할 수 없는 영양소로, 산이나 효소에 의해 완전 가수분해 되면 아미노산을 생성한다. 단백질을 구성하는 아미노산 중에서 동물 체내에서 합성할 수 없거나 합성하더라도 극히 적어서 사료 등 외부로부터 공급되어야 하는 아미노산을 필수 아미노산이라 하며, 체내에서 충분히 합성하는 아미노산을 비필수아미노산이라 한다.

※ 필수 아미노산 : 라이신, 류신, 메티오닌, 발린, 아르기닌, 아이소류신, 페닐알라닌, 트레오닌, 트립토판, 히스티딘

단백질은 세포의 구성 성분으로서 동물의 성장과 발육에 꼭 필요한 영양소이며, 체내 각종 대사와 합성에 관여하는 효소와 호르몬의 주성분이다. 이러한 단백질을 구성하는 필수아미노산의 공급이 부족하면 발육이 지연되고 생리적 기능이 저하된다.

(4) 광물질

지구상에는 100여 가지의 원소가 분포되어 있다. 이 중 유기물의 주구성원소인 원자량 16 이하의 원소들(C, H, O, N)을 제외한 제 3~5 주기의 금속 원소들은 대개가 생명현상 유지를 위해서 필수적인 것들이다. 동물의 체내에는 약 3~5%의 광물질이 함유되어 있다. 이들 광물질이 체내에 들어 있는 양은 비록 적지만, 모든 유기영양소가 체내에서 제대로 이용될 수 있도록 도와줄 뿐만 아니라, 그 자신들의 고유한 역할도 매우 중요하다. 이러한 무기질 영양소를 광물질이라 하며, 광물질에는 가축의 생육에 꼭 필요한 필수 광물질과 준필수 광물질, 비필수 광물질, 필요 이상으로 존재할 때 나쁜 결과를 초래하는 중독 광물질이 있다.

광물질의 주요 기능으로 가축의 골격 형성과 유지에는 Ca, P, Mg, Cu, Mn 등이 관여하고, 단백질 합성에는 P, S, Zn이 관여하며, 산소운반에는 Fe, Cu, 그리고 체액의 균형은 Na, Cl, K이 작용한다. 또한 효소의 구성과 합성에는 Ca, P, K, Mg, Fe, Cu, Mn, Zn 등이 관여하고, 비타민 합성에는 Ca, P, Co, Se이 중요하다.

(5) 비타민

비타민은 라틴어로 생명을 뜻하는 말이며, 동물과 사람이 건강하게 살아가는 데 꼭 필요한 성분이기 때문에 붙여진 이름이다. 탄수화물이나 단백질, 지방 같은 영양소처럼 에너지를 내지는 않지만 주로 이 영양소들이 몸속에서 잘 활동할 수 있도록 도와주는 역할을 한다. 비타민은 피부에서 일부 합성되는 비타민 D와 장 안에 있는 세균에 의해 소량 합성되는 비타민 K 및 바이오틴(Biotin : 비타민 H라고도 하며 피부, 머리털, 손톱, 간장, 신경 등의 건강에 관여하며, 특히 머리털 성장, 즉 탈모예방에 좋다고 한다)을 제외하고는 거의 몸 안에서 만들어지지 않기 때문에 꼭 음식으로

섭취해야 한다.

비타민은 크게 지용성 비타민과 수용성 비타민으로 나누는데, 지용성 비타민은 물에 잘 녹지 않기 때문에 일단 몸 안으로 들어오게 되면 몸속에 머무는 시간이 길다. 버터기름, 간유(肝油), 콩기름에 녹아들어 있고, 발육이나 생식 기능 등 생체 유지에 필수적이며, 비타민 A, D, E, K로 4종류가 있다. 수용성 비타민은 물에 잘 녹아서 우리 몸이 이용하고 남은 양은 대부분 오줌으로 빠져나간다.

더 알아보기

- 필수 아미노산 : 아르기닌, 라이신, 트립토판, 히스티딘, 페닐알라닌, 류신, 아이소류신, 트레오닌, 메티오닌, 발린
- 중독(성) 광물질 : 구리, 셀레늄, 철, 몰리브데넘, 비소, 크로뮴, 수은, 카드뮴, 바륨
- 수용성 비타민 : 타이아민(비타민 B_1), 리보플라빈(비타민 B_2), 나이아신, 비타민 B_6, 바이오틴, 비타민 B_{12}
- 지용성 비타민 : 비타민 A, D, E, K (기타 : 비타민 C, 이노시톨, 콜린)
- 3대 영양소 : 단백질, 지방, 탄수화물
- 5대 영양소 : 단백질, 지방, 탄수화물, 비타민, 무기물
- 6대 영양소 : 단백질, 지방, 탄수화물, 비타민, 무기물, 물

(6) 수분(물)

물은 대량으로 쉽게 구할 수 있기 때문에 물이 지닌 막중한 생리적 기능에도 불구하고 누구나 그 귀중함을 잊어버리기 쉬운 영양소(물질)이다. 물은 흔히 영양소로서 취급되지 않거나, 체내에서 물의 중요성마저 잊어버리는 수가 있다. 동물은 체내에 있는 전체 지방과 절반 이상의 단백질을 잃고도 살 수 있으나, 10% 정도의 물을 잃으면 생명까지 잃을 수 있다. 일반적으로 동물체는 약 75%가 물로 되어 있으며, 비유기에 있는 젖소의 1일 평균 물요구량은 90L 정도이고, 체중이 70kg인 성인의 1일 물요구량은 1L 정도이다.

3. 소화기관의 구조

(1) 단위 가축의 소화기관

① **입과 식도** : 입은 사료를 섭취하고 저작·반추하는 물리적 작용을 하며, 침(타액)을 분비한다. 침에는 수분, 뮤신, 중탄산염, 소화효소 등이 포함되어 있으며 아밀라제(프티알린)를 분비하여 녹말을 덱스트린과 엿당(말토스)으로 분해한다. 식도는 근육수축의 연동 작용으로 사료(저작된 먹이)를 위로 운반한다.

② **위** : 돼지의 위는 단위로 서양 배 모양으로 위액(염산)과 펩신, 레닌 등을 분비한다. 염산은 펩시노겐을 펩신으로 활성화시킨다.

③ **소장** : 십이지장, 공장, 회장으로 구분되며 십이지장으로는 췌장액이 유입되고 담즙, 소장액이 분비되어 소화 및 흡수가 이루어진다.

④ **대장** : 맹장, 결장, 직장으로 구성되어 있으며 소화물 내의 수준, 비타민 일부, 쓸개즙(담즙산) 등을 흡수하는 기능이 있다.

(2) 반추 가축의 소화기관

① **입의 구조와 기능** : 사료의 섭취, 저작, 연화, 반추의 물리적 과정이 일어난다. 위턱은 앞 이빨이 없고 두터운 각질의 상피세포조직으로 되어 있다.

② 위

㉠ 제1위(반추위, 혹위, Rumen) : 전체 용량의 80%를 차지하며 사료의 저장, 연화 및 발효시킨다.

㉡ 제2위(벌집위, Reticulum) : 내부가 5각형 또는 6각형의 벌집 모양으로 되어 있다.

㉢ 제3위(겹주름위, Omasum) : 얇은 잎 모양의 근엽(천엽)이 약 80~100장으로 구성되어 있다.

㉣ 제4위(진위, Abomasum) : 위액(염산)과 단백질 분해 효소인 펩신과 레닌을 분비한다.

㉤ 위의 소화

- 염산 : 펩시노겐을 펩신으로 활성화
- 펩신(Pepsin) : 단백질 → 펩톤(Pepton)
- 레닌(Rennin) : 카세인(Casein) → 우유 단백질을 응고시킨다.

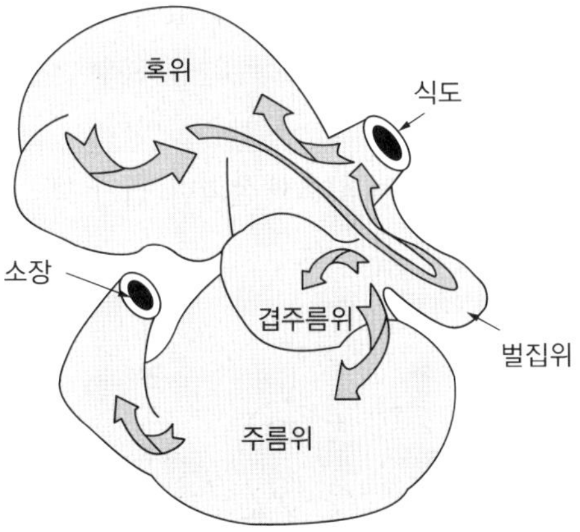

[반추위의 구조]

③ 소장과 대장

㉠ 소장과 대장은 단위 동물인 돼지와 비슷하다. 일반적으로 비반추동물의 대장에 비해서는 발달 정도가 떨어진다.

㉡ 소장의 소화

• 췌장액
 - 트립신, 키모트립신, 카르복시펩티디아제 : 단백질 → 아미노산으로 분해
 - 아밀롭신 : 탄수화물 → 포도당으로 분해
 - 리파제 : 지방 → 지방산과 글리세롤로 분해

• 소장액
 - 사카라제, 말타제, 락타제 : 녹말 → 포도당으로 분해
 - 아미노펩티다아제, 디펩티다이제 : 단백질 중간산물 → 아미노산으로 분해

• 담즙 : 지방을 유화시켜 소화 흡수 촉진

(3) 가금의 소화기관

① 입은 입술, 이빨, 침샘이 없고 부리로 되어 있어 먹이를 잘 쪼아 먹는다.

② **소낭(모래주머니)** : 식도가 변형된 것으로 내용물을 저장, 연화, 미생물 발효가 일어난다.

③ **선위** : 전위라고도 하며 위산과 펩신 등 위액을 분비하여 pH가 4 정도의 강산성이 되도록 한다.

④ **근위** : 두터운 근육성 벽으로 되어있어 이빨 대신 내용물을 분쇄시킨다(닭똥집).

⑤ **소장** : 포유동물과 같이 대부분의 효소가 있어 소화 작용을 한다.

⑥ **맹장** : 두 갈래의 작은 주머니 형태로 수분을 흡수, 미생물의 발효로 섬유소를 소화시킨다.

⑦ **대장** : 대단히 짧고 총배설강으로 연결되어 있다.

⑧ **총배설강** : 똥과 오줌이 함께 섞여 배설되며 난관(♀), 정관(♂) 입구와도 연결되어 있다.

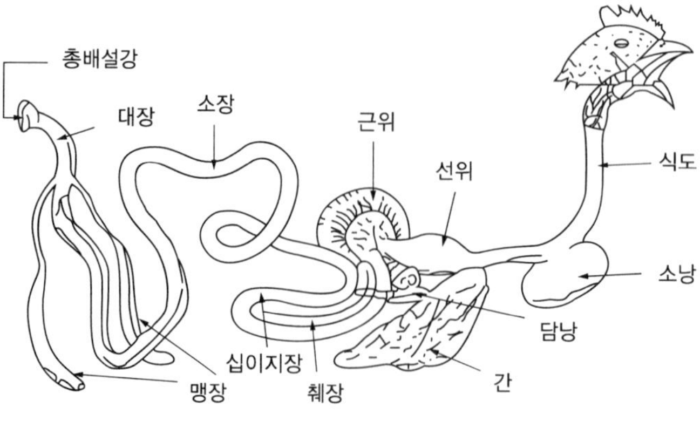

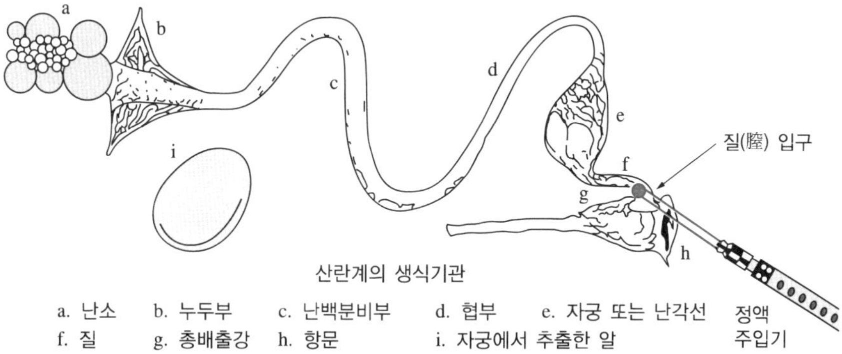

산란계의 생식기관

a. 난소 b. 누두부 c. 난백분비부 d. 협부 e. 자궁 또는 난각선
f. 질 g. 총배출강 h. 항문 i. 자궁에서 추출한 알

[닭의 소화 기관 및 총배설강 구조]

4. 영양의 가치 평가

(1) 소화율

① 가소화 영양소 = 섭취한 사료의 영양소 총량 − 분뇨의 영양소 총량

② 소화율(외관) = (소화 흡수된 영양소량/섭취한 영양소량) × 100

= [(섭취한 영양소 − 분으로 배설된 영양소량) ÷ 섭취한 영양소량] × 100

(2) 가소화 영양소 총량(TDN ; Total Digestible Nutrients)

① 사료의 영양소 함량에 소화율을 곱하여 가소화 영양소 함량을 구한다.

② 지방은 다른 영양소보다 2.25배의 열량을 발생하므로 2.25를 곱해준다.

TDN = 가소화 조단백질(%) + 가소화 조섬유(%) + 가소화 가용무기질소물(%)

+ 가소화 조지방(%) × 2.25

(3) 에너지 평가

① **총에너지** : 사료 속에 포함되어 있는 모든 에너지

② **소화에너지(DE)** : 총에너지 − 분으로 소실된 에너지

③ **대사 에너지(ME)** : 가소화 에너지 − 오줌과 가스 형태로 손실된 에너지

④ **정미 에너지(NE)** : 대사 에너지 − 열량 증가

(4) 전분가(澱粉價, SV ; Starch Value)

Kellner가 19세기 말에 발표한 일종의 정미 에너지 평가법이다. 체지방을 생산하는 데 요구되는 전분의 kg 수를 말한다.

(5) 사료 단위(FU ; Feed Unit)

Hanson에 의해 만들어진 것으로 보리 1kg의 우유생산가를 1단위로 하고 있다.

(6) 사료효율

① 성장 중인 가축에서 증체량에 대한 사료섭취량의 비율

② 사료효율 = [증체량(산란량, kg) ÷ 사료섭취량(kg)] × 100

③ 사료요구율 = 사료섭취량(kg) ÷ 증체량(kg), 1kg 증체에 필요한 사료량을 말함

④ 사료효율은 클수록 좋고(사료 이용성이 좋다는 뜻), 사료요구율은 적을수록 좋다.

(7) 영양율(단백질 에너지 비율, NR ; Nutritive ratio)

① 가소화 조단백질에 대한 무질소 영양소와의 비율을 말한다.

② NE = [가소화 조지방(%) × 6.25 + 가소화 가용무질소물(%) + 가소화 조섬유(%)] ÷ 가소화 조단백질(%)
= (TDN − DCP)/DCP

※ 4 이하 : 좁다(DCP 함량이 많다)
5~7 정도 : 중등도
8 이상 : 넓다(DCP 함량이 적다)

02 가축의 사양

1. 한우 관리

(1) 포유 : 평균 25kg/일, 젖 생산 : 자연 포유에만 사용

※ 초유 : 질병면역성(글로불린 함유), 비타민 A와 무기질이 풍부하고, 태변 배출이 원활하다.

(2) 이유 : 한우 3~4개월령(4주령에서 조기이유 시에도 성장에는 지장 없음)

(3) **사료급여** : 생후 10일 후(건초급여), 보조사료 급여(생후 1주일 후부터 2~3개월간)

(4) **제각** : 생후 7~10일경 실시(투쟁심 억제와 관리용이)

① **방법** : 털 제거 후 가성칼리(수산화칼륨) 봉으로 피가 맺힐 때까지 문지른 다음 바셀린이나, 디호닝(제각, Dehorning) 연고를 발라 준다.

② Dehorner(제각기) : 달궈진 열로 뿔 성장점을 문질러 태운다.

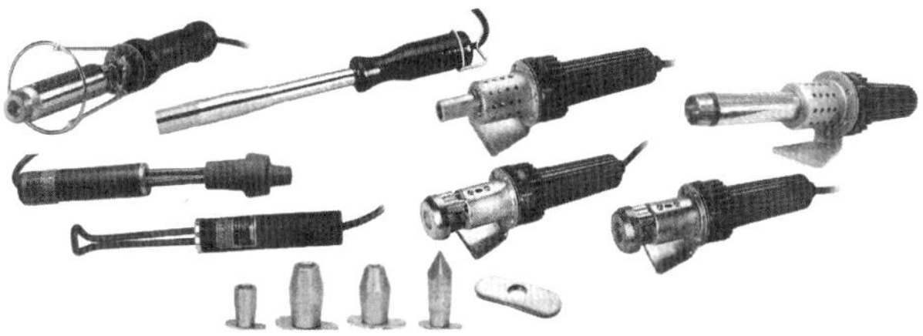

[다양한 제각기들]

(5) **발굽 관리** : 정상보행 유지, 부제병 방지 → 생산성 증대

소의 발굽은 한 달에 1회 정도 관리하는 것이 바람직하다. 제때 관리되지 않으면 보행 이상 등으로 도태의 대상이 된다.

[다양한 발굽관리(소) 및 장제관리(말) 기구들]

(6) 거세 : 성질온순, 관리용이, 육질개선(생후 4~5개월에 실시)

① 무혈 거세 : 고환 위 부분의 음낭을 고무(고무링)로 묶어서 저절로 고환이 탈락되도록 한다.

② 유혈 거세 : 음낭 위의 서혜부에 4~5cm 절개하여 양쪽 고환을 적출한 후 봉합시킨다.

③ 무혈-유혈 겸용 거세 : 다음 그림의 무혈-유혈 겸용 거세기에 의한 거세방법으로 고환 위의 음낭을 꽉 죄면 음낭 내의 정색(정관, 혈관, 신경이 함께 지나가는 통로)이 절단되어 무혈 거세효과를 제공하지만 필요시 100% 확실한 효과를 얻기 위하여 고환 이하의 음낭을 절개할 수도 있다(꽉 누른 상태로 오래 두면 함께 유착되는 무혈 효과를 제공함).

※ 무혈 거세 방법이 대세이다.

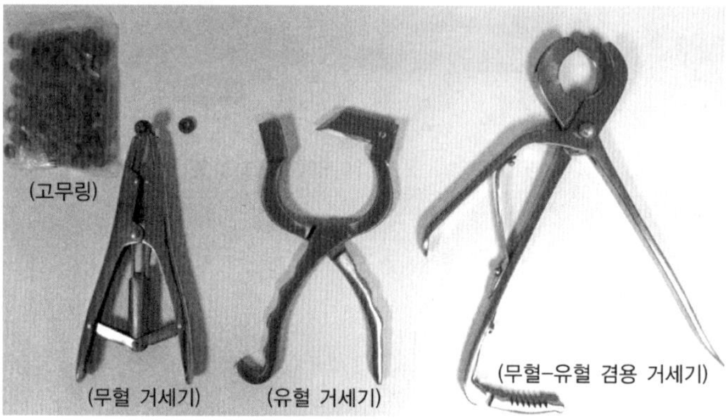

[다양한 종류의 거세기들]

2. 비육우 관리

(1) 육성 비육 : 송아지를 4~5개월부터 육성하고, 6~8개월령부터 비육된 체중 550kg에 출하하는 형태이다.

(2) 큰소 비육 : 암소는 3~4세, 수소는 18~24개월령부터 비육(육성기에는 원만한 성장으로 골격과 근육 발달, 단기간 집중 비육으로 자금 회전은 빠르지만 육질과 사료효율은 낮음)

3. 젖소 관리

(1) 건유 : 임신 말기나 산유량이 적을 때는 젖소의 휴식을 주는 기간으로 적절한 건유기간은 분만 전 50~60일 정도가 적당하다.

(2) **건유방법** : 농후사료와 다즙사료의 급여 중지, 방목중지, 질이 낮은 건초나 물만 급여 후 비유량이 7~8kg 정도에서 건유

4. 말 관리

(1) 매일 30분~1시간 정도 운동시켜야 한다.

(2) 삭제 및 장제는 1개월마다 1회 정도 실시한다. 발굽보호를 위해 편자를 붙이기도 한다.
※ 장제사 : 말의 발굽 관리사로 발굽에 편자를 붙이거나 발굽 주위의 건강을 담당하는 사람

5. 돼지 관리

(1) **포유자돈 관리** : 1.3kg 정도의 자돈을 9~11두 생산, 제대를 3~5cm 남겨서 묶고 자른 후 소독, 34~35℃로 보온, 분만 1시간 후 초유급여, 입질사료는 생후 5~7일경부터 급여

(2) **절치** : 출생한 새끼 자돈은 어미의 유두보호와 자돈 간의 투쟁 방지를 위해 아래턱과 위턱의 송곳니(8개)를 절치기를 이용해 절단한다.

(3) **꼬리 자르기**

① 생후 1주일경 비육돈에서 단미기를 이용
② **목적** : 철분과 영양부족으로 꼬리를 물어뜯거나 상처부위에서 출혈되면 나쁜 버릇(카니발리즘)이 생길 수 있으므로 예방 차원에서 실시(관리 편리)한다.

(4) **거세** : 생후 2~3주령에 실시하고, 규격돈 생산, 육질개선 효과가 있다.

(5) **철분 주사** : 어미젖의 철분 부족 때문에 빈혈증을 유발하므로, 빈혈 예방을 위해 3일령과 10일령에 100mg씩 주사한다.

(6) **이유** : 평균 21~28일 사이에 이유
※ 조기 이유(21일 전) : 모돈의 분만 회전율은 향상되나, 이유 자돈의 증체부진과 폐사율이 증가한다.

(7) 돼지의 생리적 특성

① **잡식성** : 동물성 사료, 식물성 사료, 농후 사료, 조사료 등 모두 섭취한다.

② **다산성** : 한배에 8~14마리의 새끼를 낳으며, 1년에 2.0~2.6회 분만이 가능하다(연간 36두 분만 가능).

③ **다육성** : 사료요구율이 2.0~3.5로 낮고 성장이 빨라 4~5개월이면 번식이 가능하며 100~110kg까지 성장한다.

④ **후각과 청각 발달** : 자신의 새끼를 소리와 냄새로 구분한다.

※ 세계에서 사육되는 모든 돼지의 중량이 모든 인구의 중량과 거의 같다.

(8) 돼지의 심리적 특성

① **굴토성** : 주둥이가 길고 코끝이 연골판으로 되어 있어 땅을 파고 동식물 및 미네랄 등을 섭취한다.

② **청결성** : 잠자는 곳과 배설하는 장소를 구분하는 습성이 있다.

③ **마찰성** : 피지샘과 땀샘이 퇴화되어 있어 피부가 건조하여 가려움증으로 사물에 몸을 비빈다.

④ **후퇴성** : 주둥이를 당기면 뒤로 가는 성질이 있어 돼지를 보정시킬 때 이 성질을 이용한다.

⑤ **군거성** : 무리를 지어 군거하는 성질이 있다(모계 사회를 이룬다).

(9) 돼지의 체형

① **라드형(Lard type)** : 체장이 짧고 지방층이 두터워 조숙, 조비형으로 버크셔, 중요크셔가 이에 속한다.

② **베이컨형(Bacon type)** : 체장이 길고 삼겹살이 많은 품종으로 렌드레이스, 대요크셔 종이 이에 속한다.

③ **고기형(Meat type)** : 등지방이 얇고 엉덩이(햄)가 발달된 품종으로 햄프셔, 듀록 종이 이에 속한다.

6. 양계 관리

(1) 부화 관리

온도는 37~37.8℃, 습도는 18일까지는 60%, 발생 후기에는 70% 유지한다. 전란(알을 회전시키는 것)은 1일 6~8회 실시하며, 난좌를 시간대별로 90~120°로 회전한다. 환기는 산소보충, 이산화탄소 제거에 필요하다. 검란은 1회(입란 후 5~7일경, 무정란제거), 2회(12~14일경, 발육중지란 제거), 3회(18일째, 발육중지란 및 부패란 제거) 실시한다. 이때 전란을 중지하고 발육란을 발생실로 옮긴다.

※ 가금의 부화기간 : 닭 21일, 메추리 16~19일(17일), 꿩 26일, 오리와 칠면조 28일, 공작 28~30일, 거위 34일, 타조 42일

(2) 병아리[초생추(初生雛)] 관리

부화 첫날 35℃ 정도로 유지하다가 1주일 후부터는 3℃씩 낮춰 조절한다. 입식 후에는 1~2시간 안정한 후 물 급여하고, 입추 1주일간은 점등한다. 첫 모이는 부화 후 48시간 정도(체내 난황성분 소실 되는 때)에 급여한다.

(3) 예방접종

① 계두백신, 마레크(Marak)백신은 부화 1~2일령에 실시하고 항생제, 영양제는 1~2주간 급여(투여)한다. 부리 자르기는 식우증(카니발리즘) 예방 및 사료 골라 먹기(사료 허실), 알 쪼는 습관을 제거한다.

② 방법 : 윗부리 1/2, 아랫부리 1/3을 잘라낸다.

(4) 점등 관리

① 산란계는 장일성 동물로 일조시간과 광도에 따라 산란율에 영향을 받는다. 산란간격은 25~27시간, 명암은 뇌하수체전엽호르몬인 LH에 관여하여 산란에 직접 영향을 준다.

② 점감점증법 : 20주령 시 일조시간을 조사하여 그 시간에 3시간을 가산한 시간을 8주령까지 점등을 시작하고 그 후 매주 15분씩 20주령까지 점감하고, 20주령 이후부터는 반대로 15분씩 점증하여 점등시간이 17시간에 도달하면 그 시간에 고정시키는 방법이다.

③ 점감전진법 : 일조시간이 긴 봄에 부화된 병아리를 자연일조시간에 맞춰 20주령까지 그대로 육성하고 초산이 시작되는 20주령 이후부터 점등시간을 연장시켜 17시간까지 점등관리해 주는 방법이다.

(5) 환우 관리

① 환우 : 늦여름부터 초가을에 걸쳐 목, 가슴, 꼬리, 날개 등의 우모가 빠지면서 새로 나는 털과 교체하는 것을 말한다.

② 강제 환우 목적 : 육성비 절감, 생산 시기의 조절가능, 산란율, 부화율 향상

7. 염소(산양) 관리

(1) 염소의 기원

① 염소는 포유강 소목, 소과, 여양아과, 염소속, 들염소에 속한다.

② BC 6,000년 이란과 이라크 지방에서 가축화된 동물로 산양이라고도 한다.

③ 염소의 염(髥)자는 한자로 구레나루 수염 염(髥)자로 수염이 있는 소라는 뜻이다.

(2) 염소의 특징

① 염소는 암수 모두 뿔이 있지만 면양은 뿔이 없거나 수컷만 뿔이 있다.

② 위가 4개인 반추가축이며 발굽은 소, 돼지 등과 같이 두 개로 이루어져 있다(구제역 대상).

③ 높고 건조한 곳을 좋아하며 성격이 활발하고 민첩하다.

④ 염소는 면양과 달리 턱수염과 고기수염(육염)이 있다(염색체 수는 60개로 소와 같다).

⑤ 우리나라 재래 산양(흑색, 백색)은 생시체중 1.8kg, 산자수 1.5두로 체구가 작고 발육이 늦다. 번식률은 86.5%~89.0% 정도이고 단태율 34.5%, 쌍태율 52.7% 그리고 삼태율은 12.7% 정도이다. 다태 분만 염소들의 유전력은 높은 편이다.

⑥ 재래흑염소는 흑색으로 육염이 없고 안면과 귀가 작으며 뿔은 짧고 활모양이다. 12개월령의 체중은 20kg 내외이다.

(3) 염소의 품종

① 유용종

품 종	원산지	특 징
자 넨	스위스	• 유용종 산양 중 가장 많이 사육 • 백색 털, 암수 턱수염이 있고 귀는 직립 • 비유기간 240~300일, 비유량 500~800kg
토겐부르크	스위스	• 황갈색 또는 초콜릿색, 얼굴 양쪽에 흰 줄 • 하복부 쪽은 흰색, 체질이 강건 • 비유량은 자넨보다 적음
알파인	스위스	• 털색은 흰색, 갈색, 흑색, 적색 또는 혼합색 • 성질이 온순하고 건강하여 산악지대에 적합 • 비유기간 280~300일, 비유량 1,600kg
누비안	아프리카	• 털색은 암적색, 갈색, 유백색, 흑색, 혼합색 • 머리는 짧고 크며 넓적하고 귀는 처짐 • 비유량 3~4kg/1일, 유지방 4~7%로 높음

② 육용종

품 종	원산지	특 징
한국 재래종	한 국	• 털이 검고 윤기가 나며 뿔이 있고 강건함 • 약용 내지 육용으로 쓰이며 정육률이 낮음 • 사료 이용성, 환경 적응성이 매우 우수
중국종	중 국	• 마두산양은 백색으로 뿔이 없고 귀가 처져 있고, 수컷의 체중은 약 44kg, 암컷은 34kg • 반각산양은 백색으로 뿔이 있고, 수컷의 체중은 40kg 이상, 암컷은 30kg 정도이다.
보 어	남아프리카	• 흰색에 양볼과 턱이 갈색이며 수컷의 체중은 110~135kg, 암컷은 90~100kg • 증체량과 정육률이 우수함 • 우리나라에서도 사육됨

③ 모용종

품 종	원산지	특 징
앙고라	티베트	흰색의 부드러운 털(모헤어, Mohair)을 1두당 2~3kg 생산
캐시미어	티베트	• 흰색털, 목과 어깨에 붉은 무늬 • 외부에는 10~12cm의 장모, 내부에는 단모

④ 겸용종 : 콜롬비아, 파나마, 타기, 로멜데일

(4) 염소의 번식과 육성

① 번식 적기

㉠ 흑염소 : 생후 5~6개월령에 성 성숙에 도달하며, 암컷 10kg(10개월) 이상, 수컷 20kg(12개월) 이상, 2년에 3회 분만하나 나이 들수록 분만간격이 길어진다. 연중 번식이 가능하다.

㉡ 유산양 : 암컷 30kg(10개월) 이상, 수컷 36kg(12개월) 이상, 계절번식 함(단일성 계절번식 동물)

② 발정과 교배

㉠ 일반적으로 염소는 단일성 계절번식동물로 일조시간이 짧아지는 가을~겨울철(추분~동지)에 발정한다.

㉡ 발정주기는 21일이며, 발정지속시간은 32~40시간이다. 이유 후 단발정(발정주기가 20일 이내) 발현이 높다.

㉢ 교배적기는 발정개시 후 12~20시간 이후이다(배란 시기는 발정개시 후 30~36시간).

㉣ 프리마틴의 발생률이 소보다 높은 편이다(불임 암컷의 발생률이 소보다 높다).

③ 임 신

㉠ 평균 임신기간은 150일(5개월)이며 평균 산자수는 1.8두이다.

㉡ 주로 가을에 임신하고 봄에 새끼를 낳는다.

㉢ 임신 징후로 초기에는 외음부의 탄성 증가, 식욕 왕성, 윤기가 나고 체구가 커진다(배가 불러진다).

④ 분 만

㉠ 분만 징후로는 유방 팽대, 음부가 붓고 점액이 유출되며, 오줌을 자주 누고 잘 먹지 않으며 앞발로 땅을 자주 긁는다.

㉡ 양막이 터진 후 20~30분에 태아가 나오고, 두 번째는 15~20분 뒤에 출산한다(궁부성 태반).

㉢ 탯줄을 5cm 정도 남기고 묶은 후 자르고 소독한다. 저절로 말라 떨어진 경우에도 탯줄 부위에 소독해 준다. 겨울철 분만에는 새끼가 동사(凍死)하기 쉬우므로 분만실의 보온이 매우 중요하다(격리 필요).

㉣ 3산 이상이 되면 분만율이 떨어지며 분만간격도 길어진다. 분만 1주일 전부터 야간 급여(오후 5~9시)로 주간 분만을 유도하거나 분만 예정일 24시간 전 오전 8시에 $PGF_{2}\alpha$를 주사하여 다음날 오전 중에 분만케 한다.

⑤ 육 성

㉠ 출생 후 초유를 5일 이상 포유토록 한다.

㉡ 출생 후 20~30분부터 1일 4회 이상, 0.6~1.2kg 급여한다.

㉢ 생후 2~3주부터 풀이나 사료를 먹기 시작하며 50~60일령에 이유시킨다.

(5) 염소 관리

① 거 세

㉠ 무혈 거세 시기는 생후 3~5개월(이유 후)에 실시한다.

㉡ 고무링 장착기로 정소 상단에 고무링을 장착하면 20~25일 후에 탈락되어 거세된다.

② 뿔의 제거(제각)

㉠ 제각 연고를 이용한 제작은 생후 3~7일령에 각근부에 연고를 바른다.

㉡ 제각기 사용은 생후 1주일 경 뿔의 생장점을 전기인두로 지져 준다.

③ 사양 관리

㉠ 염소는 나뭇잎을 특히 좋아하며 나무껍질도 좋아한다. 잡관목류를 40~60% 급여하되 가능한 농업부산물을 TMR 사료로 제조하여 급여하는 것이 바람직하다.

㉡ 소금을 상시 섭취하도록 별도로 급여하는 것이 바람직하며 소금으로 훈련시킬 수도 있다.

㉢ 임신 130일까지는 점차 사료량을 늘려주고 그 이후에는 양을 점차 줄여 준다.

㉣ 염소는 밟히거나 더러워진 사료는 먹지 않으므로 가능한 풀시렁이나 고상 급여기에 사료를 급여한다.

㉤ 암수 구분 사육이 유리하며 교미 또는 발정 탐지 시에만 수컷과 합사시킨다.

㉥ 만성 소모성 질병인 호흡기 질병, 내외부기생충 감염에 대한 방제 노력을 매우 높게 하여야 한다(연 2회 이상 내외부 기생충 구제 필요).

④ 염소 생산물의 이용(가공)

㉠ 염소의 젖은 소화가 잘 되며 영양분이 풍부하여 음료용으로 많이 사용된다.

㉡ 특히 결핵균의 감염이 없어 젖먹이 아이, 병약자, 노인들에 대한 최적의 영양 식품이다.

㉢ 고기는 철분을 비롯한 광물질이 풍부하여 약용이나 보양제로도 이용된다.

8. 토끼 관리

(1) 토끼의 기원

① 집토끼는 포유강, 토끼목, 토끼과 굴 토끼속에 속하는 동물로 약 150여종이 있다.

② BC 1,000년경 유럽에서 굴 토끼를 가축화하였다.

(2) 토끼의 특징

① 형태적 특성

㉠ 귀가 매우 크며 자유롭게 움직이고 혈관이 발달하여 체온 발산 역할을 한다.

㉡ 눈은 머리 위쪽에 있어 시야가 넓고 코 주위에 20여개의 긴 촉수가 있다.

㉢ 뒷다리가 앞다리에 비하여 길고 근육이 발달되어 있어 산을 잘 오른다.

㉣ 이빨은 윗니 16개, 아랫니 12개로 모두 28개이며 앞니 2개가 겹친 중지류 동물이다.

㉤ 토끼의 윗입술은 양쪽으로 갈라져 있어 물건을 씹기에 편하게 되어 있다.

② 심리·생리적 특징

㉠ 촉각이 예민하고 후각도 발달하여 냄새로 자신의 새끼를 구별한다.

㉡ 큰 귀에 청각이 뛰어나 잘 놀란다.

㉢ 땀샘은 없어 체온 조절이 잘되지 않으므로 더위에 약하다.

㉣ 초식동물로 창자는 몸길이의 약 10배에 해당한다.

㉤ 맹장이 잘 발달되고 셀룰로오스의 분해를 돕는 박테리아가 있다.

㉥ 자기 똥을 먹는 식분증(분식성)이 있다.

(3) 토끼의 품종

① 집토끼의 용도에 따른 분류

㉠ 육용종

품 종	원산지	특 징
플레미시 자이언트	프랑스	• 체중 5~8kg의 거대종 • 토끼 중 가장 큰 식용
캘리포니안	미 국	• 백색에 귀, 꼬리, 코, 네 다리 끝이 검은색 • 온순하고 체질이 강건 • 4~5회/1년 분만, 산자수 6~7두 • 체중 암컷 4.3kg, 수컷 4.1kg

㉡ 모피용종

품 종	원산지	특 징
렉 스	프랑스	• 융단 같은 촉감의 단모종으로 모피를 얻기 위해 개량 • 체중은 4kg 전후
친칠라	프랑스 영국 개량	• 검은색과 백색이 혼합된 청회색 • 체질이 약하나 번식 능력이 좋음 • 체중은 암컷 2.9kg, 수컷 3.2kg

㉢ 모피, 육 겸용종

품 종	원산지	특 징
뉴질랜드 화이트	미 국	• 백색으로 두껍고 촘촘함 • 온순하고 산자수는 6~7마리 • 체중은 암컷 5kg, 수컷 4.5kg
백색 일본종	일 본	• 백색으로 모피의 품질이 우수 • 고기의 질도 좋고 맛이 좋음

㉣ 모용종

품 종	원산지	특 징
앙고라	터 키	• 순백색 6~8cm의 긴 털 • 연간 4~5회 제모, 400~600g 생간 • 성질 온순, 산자수 4~5마리 • 체중은 암컷 2.7kg, 수컷 3.1kg

㉤ 애완종

품 종	원산지	특 징
롭이어	영국, 프랑스, 독일	• 갈색, 회색, 흑색 등 • 길게 늘어진 귀
라이언 헤드	벨기에, 네덜란드	• 얼굴에 사자갈기 같은 털 • 보통 흰색에 검정색 귀
더 치	네덜란드	신체 앞쪽은 하얗고 귀와 눈 주변, 몸 뒤쪽은 검정 혹은 갈색 소형종
드워프	네덜란드	더치 개량종으로 짧은 귀, 체중 1.0~1.5kg

(4) 번식과 육성

① 번식 정령기

㉠ 암토끼 7개월령 이후부터 1년에 3~4회씩 2~3년간 활용할 수 있다.

㉡ 수토끼는 8개월령부터 번식하는 것이 좋다.

② 발정과 교배

㉠ 토끼는 주기적으로 배란하지 않고 교미 자극으로 배란한다.

㉡ 발정징후 : 음부가 붉게 충혈, 행동 활발, 뒷발로 바닥을 구르기도 한다.

㉢ 발정주기는 10~15일이며, 3~4일간 지속된다.

㉣ 교배 장소는 일반적으로 암컷을 수컷상자에 넣는다.

③ 임신과 분만

㉠ 임신기간은 평균 31일이며 보통 5~8마리를 30분에서 1시간 사이에 분만한다.

㉡ 어미가 불안감을 느끼게 되면 새끼를 먹어버리는 식자백이 발생할 수 있다.

㉢ 임신 징후는 온순해지고, 식욕이 왕성해지며, 수컷의 접근을 허용하지 않는다.

㉣ 임신 후기는 하복부가 커지고 유선이 발달, 분만 전 3~4일에는 보금자리를 만든다.

④ 육 성

㉠ 새끼는 4~5일이면 털이 나고 9~10일이면 눈을 뜬다.

㉡ 생후 15일이면 사료 입질을 시작하며 20일 경에는 예건한 청초 등을 공급한다.

㉢ 생후 40~50일령(4~7주)이 되어 사료에 적응이 되면 이유시킨다.

㉣ 3개월 후 생식기의 모양을 보고 암수를 구별하여 분리 사육한다.

(5) 큰 토끼의 사양 관리

① 어미 토끼는 칼슘, 소금, 비타민 등을 충분히 주고 임신, 포유 중에는 사료의 양을 늘린다.

② 봄과 가을의 털갈이 시기에는 단백질이 많고 품질이 좋은 사료를 급여한다.

③ 봄철에 갑작스런 다량의 청초 급여는 고창증이 발생할 수 있으므로 서서히 바꿔준다.

④ 4~5월의 털갈이 시기에는 양질의 사료를 급여하여 체력이 떨어지지 않도록 한다.

⑤ 더위에 약하므로 차광막을 만들어 주고 물을 충분히 준다.

⑥ 사료가 부패하면 설사와 콕시듐병 등이 발생할 수 있으므로 환기와 건조를 자주 시킨다.

(6) 비육 토끼 사양

① 사료 급여 횟수는 1일 5회 정도 급여하며 농후사료는 1일 40~60g 급여한다.

② 토끼는 3~4개월 사육하면 2.5~3.0kg 되므로 육용으로 출하할 수 있다.

③ 3개월령 까지 소요되는 녹사료는 25~30kg, 농후사료는 2~3kg 정도이다.

(7) 토끼 털 깎기

① 앙고라종의 털 깎기는 생후 50일령에 1회, 7.5cm 크기는 3~4회, 5cm 크기는 4~5회 깎는다.

② 털 깎기는 등의 털을 좌우로 가른 다음 머리 쪽에서 꼬리 쪽으로 왼쪽을 깎은 후 다시 오른쪽 꼬리 쪽에서 머리 쪽으로 깎는다.

(8) 사육시설

① 토끼사의 위치는 햇볕이 잘 들고 통풍이 잘 되며 물이 잘 빠지는 곳이 좋다.

② 주위는 조용하고 개, 고양이, 족제비 등의 야생 동물로부터 안전해야 한다.

9. 사슴 관리

(1) 사슴의 특징과 품종

① 사슴의 특징

㉠ 사슴은 포유강, 유제목, 사슴과 동물이다.

㉡ 군서생활을 하는 단태동물로 계절번식을 하는 반추동물이다.

㉢ 사슴은 수컷만 뿔이 나고, 암컷은 뿔이 나지 않는다.

㉣ 순록은 암수 모두 뿔이 나며 매년 낙각이 되고 새 뿔이 나온다.

㉤ 사향사슴을 제외하고는 담낭(쓸개)이 없고 사향사슴은 뿔이 없다.

② 사슴의 품종

구 분		꽃사슴	레드디어	엘 크
분포지		한국, 일본	북아프리카, 아시아	유럽, 북아메리카
털 색		갈색에 흰 반점	여름에는 적갈색, 겨울에는 회갈색	회색과 갈색이 섞임 목에 긴 털이 있음
체 중	암	60kg	100kg	300kg
	수	100kg	160kg	350~450kg
임신기간		225일	231일	240~260일
분만두수		1	1	1
녹용생산량		900g	2.5kg	9~16kg
특 징		• 수컷만 뿔이 있고 가지 끝이 4갈래 • 일본산, 대만산, 만주산으로 분류	수컷은 목둘레에 긴 털이 있으며 꼬리 끝이 뾰족함	• 머리는 몸에 비해 작음 • 귀가 길고 꼬리는 매우 짧음

(2) 사슴의 사양 관리

① 새끼 사슴의 사양 관리

㉠ 사슴은 출생 후 2~3시간이 지나면 젖을 먹는다.

㉡ 사슴의 젖 먹는 기간은 반추위가 발달되는 3개월 정도이다.
㉢ 출생 후 2~3주가 되면 풀을 먹기 시작한다.
㉣ 이때 품질이 좋은 건초와 단백질 함량이 높은 농후 사료를 함께 급여한다.
㉤ 설사를 예방하기 위해 깨끗한 깔짚을 깔아주고 비나 이슬을 맞지 않도록 한다.

② 육성 사슴의 사양 관리
㉠ 육성사슴은 품질이 좋은 건초, 청초, 사일리지 등 조사료 위주의 사양을 한다.
㉡ 농후사료를 적정량 보충하여 소화율을 높이고 소화 기관도 발달시킬 수 있다.

③ 암사슴의 사양 관리
㉠ 임신 기간 동안에는 조사료 위주로 관리한다.
㉡ 가을철이 되면 발정이 오고 교배를 하게 된다.
㉢ 이유를 빨리하고 강정 사양을 하면 발정 시기를 빨리 오게 한다.

④ 수사슴의 사양 관리
㉠ 번식 시기에는 고단백의 사료와 양질의 건초를 공급해 체중의 감소를 최소화한다.
㉡ 서열 다툼이 일어나기 때문에 수컷끼리 분리해서 사육해야 한다.
㉢ 투쟁 시 사고사 방지를 위해 뾰족하게 자란 재생 뿔은 절단해 준다.
㉣ 보통 1마리에 암컷 10~15마리를 같은 우리에 넣어 기르는 것이 좋다.
㉤ 1~2월이 되어 교미가 완전히 끝나면 수사슴을 다른 칸으로 분리 사육한다.

(3) 임신과 분만

① 사슴은 24개월령이 되면 번식에 이용한다.
② 암사슴은 4~6세, 수사슴은 3~5세가 번식 최성기이다.
③ 암컷은 9~12월에 교미를 해서 다음해 6~7월에 분만을 한다.
④ 사슴의 임신기간은 꽃사슴 평균 225일, 레드디어 231일, 엘크 252일 정도이다.
⑤ 임신이 되면 발정중지, 성질 온순, 식욕 증가, 털 윤기, 복부 태동 감지가 가능하다.
⑥ 분만일이 가까워 오면 다른 사슴과 격리시킨다.

(4) 생산물의 이용

① 녹 용
㉠ 녹용은 조혈 기능, 면역 기능, 성장 촉진, 간 기능 강화, 노화 방지 등의 효과가 있다.
㉡ 1년에 1회 생산할 수 있으며, 녹각이 되기 전에 절단해야 한다.

② 고기와 모피
㉠ 사슴고기는 담백하고 연하며 보양식으로 애용되어 왔다.
㉡ 사슴고기는 살코기의 비율이 73~76%로 닭고기, 돼지고기보다 높다.

㉢ 단백질, 비타민 B 및 광물질 등이 높으며 칼로리와 콜레스테롤이 낮다.
㉣ 외피는 가죽으로, 털은 담요 또는 각종 장식용 재료에 이용된다.

10. 반려견 관리

(1) 반려견 선택 요령(개체가 적은 품종 : 말티즈, 치와와, 요크셔테리어, 포메라니안)

※ 건강한 개체를 선택한다.
① 기생충 감염률이 낮다.
② 소화기관이 양호하다.
③ 활기 있는 행동을 한다.
④ 피모와 콧등이 윤기가 있어야 한다.
⑤ 눈이 총명해야 한다.

(2) 신생견 관리

초유급여, 이유사료(생후 20일부터), 발톱 깎기(생후 1주일)와 단미(생후 3~4일경), 배변훈련

(3) 번식 관리

① **번식적령기** : 소형 애완견(10~12개월), 수컷(12~14개월)
② **발정주기** : 1년에 2회 발정(봄, 가을)
③ **교배적기** : 발정 개시 후 7~12일 수캐를 허용한 시기
④ **임신기간** : 62일(60~65일)
⑤ **분만과정** : 요수 → 양수 → 분만 → 30분 간격 분만. 분만 후 30~32℃ 유지

(4) 예방접종 : 개 홍역, 전염성 간염, 파보 바이러스, 전염성 기관지염, 인플루엔자

① **인수공통질병** : 광견병, 렙토스피라병
② **종합백신** : 1차 생후 4~6주령, 2차 8~10주령, 3차 12~14주령, 1년 1회 추가접종

11. 위생 관리

(1) 전염병예방법

감염원이 되는 병원체 제거(세균, 바이러스, 원충), 감염경로차단, 감염 숙주에 대한 가축개체별 저항력 증진

(2) 예방접종법

① **면역** : 동물이 어떤 병원체의 침입을 받더라도 발병하지 않도록 체내에 저항력을 얻는 것

② **백신** : 사독, 생독

㉠ 소 : 연 1회 백신(탄저, 기종저, 우결핵)

㉡ 돼지 : 콜레라, 돈단독, 파보, 전염성 위장염과 설사증, 전염성폐렴, 일본뇌염, 오제스키병

㉢ 닭 : 뉴캐슬, 계두, 마레크, 감보로, 전염성 후두기관지염

(3) 인수공통전염병

① **세균성** : 결핵, 살모넬라, 탄저, 돈단독, 브루셀라, 렙토스피라, 리스테리아, 페스트, 비브리오

② **바이러스성** : 광견병, 일본뇌염, 뉴캐슬, 구제역, 우두

③ **진균성** : 방사선균증, 크립토콕스병, 전염성 림프관염, 아스페르질루스증

④ **원충성** : 아메바증, 톡소플라스마병

(4) 구제역

① **발병동물** : 급성열성전염병으로 돼지, 소, 면양, 산양, 사슴 등에 발생

㉠ 원인 : 구제역 바이러스(FMD Virus)는 바이러스 중 가장 작은 피코나 바이러스의 라이노 바이러스 속(屬)에 포함

㉡ 침입 경로 : 구강점막, 오염된 음료수, 비말(飛沫 : 날아 흩어지거나 튀어 오르는 물방울)이나 먼지 등 공기전파에 의한 구강점막 감염

㉢ 예방 : 가성소다, 탄산소다, 석회, 포르말린

㉣ 백신 : 불활성백신

㉤ 증 상

- 잠복기는 보통 2~5일이나 경우에 따라서는 1~18일 이상
- 체온 40~41℃
- 혀, 입, 발굽 등에 물집
- 식욕감퇴
- 침을 흘리고 혀를 차며 입맛을 다심
- 제간부(발굽 사이)에 발진으로 절룩거림

(5) 광견병

① **발생동물** : 야생동물, 애완동물, 피를 가진 포유동물에서만 바이러스에 감염

② **증상** : 동물이 성난 것처럼 행동한다. 사람은 침을 삼킬 때 목의 경련으로 심한 통증(공수병)을 수반하며, 중추신경계인 뇌와 척수에 침범하고 2~3일간의 잠복기를 걸쳐 발열, 두통, 권태감 등을 나타낸다. 예방하지 않으면 전부 사망(국내 10년 이내에 발병 사례 없음)한다.

※ 환경 위생(온도, 공기, 토양, 물)이 중요

(6) 온도 : 기온, 기습, 기류

동물의 환경온도 16~19℃, 습도 60±20%, 기류는 기압의 차이에 의해 생기는 바람으로 20cm~1m 미만이 적합하다.

(7) 공기의 구성

① 산소 20%, 질소 78.9%, 아르곤 0.93%, 이산화탄소 0.03%

② 산소 15% 이하에서는 호흡수와 맥박수 증가

※ 축사 내의 공기 : 이산화탄소(CO_2), 일산화탄소(CO), 유화수소(H_2S), 암모니아(NH_3), 메탄가스(CH_4)

(8) 토양 : 토양을 통해 가축에게 질병을 옮겨주는 것(세균류, 기생충류, 원충류)

① **토양병** : 파상풍, 기종저, 악성 수종, 탄저, 닭의 콕시듐병 등

② **토양을 통해 가축이 보충하려는 물질** : 칼슘, 철분, 코발트, 구리 등

(9) 물 : 동물체의 50~70%가 수분으로 구성(어린 동물은 90%)

① 총수분의 20% 손실 시 폐사

② 음용수의 구비조건

㉠ 투명하고 냄새가 없으며, 맛이 좋아야 한다.

㉡ 겨울에는 따뜻하고 여름에는 차가운, 적당한 온도를 가지고 있어야 한다.

㉢ 중성이거나 알칼리성 물이어야 한다(pH 6~8).

㉣ 적절한 광물질을 함유한다.

㉤ 유해물질, 유독물질, 대장균이 검출되지 않아야 한다.

12. 번식 장해 관리

(1) 난소기능 이상

① **난소기능 불충분** : 성선자극호르몬의 분비 부족, 둔성 발정(성선호르몬의 분비부족)

② **난소낭종(황체낭종, 난포낭종)** : LH와 FSH 간의 불균형

㉠ 황체낭종 : 난소 내의 황체가 진성황체가 아니면서 황체가 퇴행되지 않고 병적으로 유지되고 있는 상태로 발정을 일으키지 않거나, 지연, 경미하게 발정을 일으키는 증상(둔성발정)

㉡ 난포낭종 : 난소 내에 난포가 커진 상태로 터져서 배란되지 않고 병적으로 유지되고 있는 상태로 빈발하게 발정을 일으키거나 장기간 발정을 유지하는 증상(사모광증)

③ **무발정, 미약발정** : 불임의 원인

(2) 임신과 분만 장해

① **난산** : 태아의 위치 이상이나 비대, 모체의 이상

② **유열** : 혈장 내의 칼슘과 무기물이 급속한 감소로 의식상태상실

③ **케토시스** : 혈액 내의 저혈당(분만 후 1주일 이내 발생)

④ **후산정체** : 태아의 만출 후 일정시간(소의 경우 12시간 이상)이 경과해도 태반이 만출되지 않는 증상

⑤ **장기재태** : 임신기간이 경과해도 분만이 일어나지 않는 증상(소의 경우 300일 이상인 경우)

⑥ **유 산**

㉠ 세균성 감염 : 브루셀라, 비브리오, 렙토스피라

㉡ 바이러스 감염 : 소의 유행성 유산

㉢ 원충성 감염 : 트리코모나스병

(3) 웅축의 번식 장해

① **정자형성의 장해** : 사양 조건불량, 비타민 A 부족, 잠복정소, 정소나 정소상체의 염증

② **정액과 정자의 이상** : 무정액증(정액형성이 안됨), 무정자증, 정자감소증, 정자무력 중 정자의 기형(15% 이상 시 수태율 저하)

③ **영양소 결핍**

㉠ 비타민 A : 정자두부기형

㉡ 비타민 E : 기능저하

㉢ Mn, Zn, Mo 결핍 : 정자 기능 감퇴

적중예상문제

01 동물체의 구성 성분 중 가장 많은 성분은?

① 탄수화물
② 지 방
③ 물
④ 단백질

해설
동물체는 여러 가지 성분으로 구성되어 있으나, 주성분은 수분(물)이다.

02 다음 중 필수 지방산이 아닌 것은?

① 아라키돈산
② 올레산
③ 리놀렌산
④ 리놀레산

해설
지방산은 탄소의 수가 대부분 짝수이며, 자연계에서 유리 상태로 존재하지 않고 결합된 상태로 존재한다. 동물성 지방에는 팔미트산, 올레산, 스테아르산 등이 가장 많이 분포되어 있고, 식물성 지방에는 리놀레산도 많이 들어 있다. 불포화 지방산은 하나 또는 둘 이상의 이중결합을 가지고 있으며, 상온에서 액체인 것이 특징이다. 불포화 지방산 중 2개 이상의 이중결합을 가진 리놀레산, 리놀렌산, 아라키돈산 등을 필수지방산이라고 하며, 가축이 합성할 수 없는 것이므로 사료의 형태로 공급해 주어야 한다. 이러한 필수 지방산의 공급이 부족하면 성장률이 떨어지고, 피부병이 발생하며, 상피 조직의 각질화 등이 일어난다. 포화지방산이나 콜레스테롤의 공급량이 많으면 필수 지방산의 공급량도 많아야 한다.

03 다음 중 필수아미노산이 아닌 것은?

① 리 신　② 류 신
③ 세 린　④ 트립토판

해설
단백질은 약 20개의 아미노산으로 구성되어 있으므로 그 구조가 매우 복잡하다. 아미노산 중 10개는 가축이 체내에서 합성할 수 없기 때문에 반드시 사료의 형태로 공급해 주어야 하므로 필수아미노산이라 하고, 3개의 아미노산은 경우에 따라 필수아미노산과 같이 작용하기 때문에 준필수 아미노산이라 하며, 나머지는 비필수아미노산이라 한다. 만약 꼭 있어야 할 어떤 아미노산이 부족하거나 결핍되면 전체 아미노산의 이용률은 떨어지고 남는 것이 있으면 배설되거나 지방 또는 탄수화물로 바뀌기 때문에 부족하거나 남는 것이 없도록 공급해야 한다.

- 필수 아미노산 : 리신, 아이소류신, 트립토판, 트레오닌, 히스티딘, 메티오닌, 페닐알라닌, 발린, 류신, 아르기닌
- 준필수 아미노산 : 글리신, 시스틴, 타이로신
- 비필수 아미노산 : 알라닌, 세린, 아스파르트산, 하이드록시글루탐산, 옥시글루탐산, 프롤릭, 하이드록시스폴린

04 다음 각 무기물의 기능을 설명한 것 중 잘못 연결된 것은?

① Fe – 헤모글로빈의 구성 성분
② Na – 체액 구성
③ K – 세포 삼투압조절
④ Mn – 뼈의 주성분

해설
④ 뼈의 주성분은 Ca(칼슘), P(인)이다.
체내에는 2~5%의 무기물이 들어 있다. 무기물은 주로 뼈에 분포되어 있어 지주적인 역할을 하며, 여러 가지 효소를 활성화시키거나 체액의 산-염기 평형에 관여한다.

1 ③ 2 ② 3 ③ 4 ④ 정답

05 지용성 비타민과 수용성 비타민을 비교 설명한 것 중 틀린 것은?

① 지용성 비타민은 체구성 성분으로서 체내 축적이 가능하다.
② 담즙산이 부족하면 수용성 비타민의 흡수가 장해를 받게 된다.
③ 수용성 비타민은 대사 촉매제로서 탄수화물, 지방 대사에 중요하다.
④ 수용성 비타민은 반추 동물의 반추위에서 합성이 가능하다.

해설

비타민은 그 자체가 에너지를 발생하거나 지주적 역할을 하는 것은 아니며, 각종 영양소의 대사 작용에 극히 적은 양이 필요하지만, 가축의 생명 유지나 젖, 고기, 알 등의 생산 활동에 없어서는 안 되는 유기물질이다. 비타민은 용해성에 따라 지용성 비타민(A, D, E, K)과 수용성 비타민(B, C군)으로 분류하는 것이 보통이며 일반적으로 지용성 비타민은 가축이 체내에서 합성할 수 없으나, 지용성 비타민 K와 수용성 비타민은 체내 미생물의 작용으로 합성할 수 있는 특성을 가지고 있다. 담즙산이 부족하면 지방과 지용성 비타민 흡수의 저해 또는 장해가 일어난다.

06 사료의 조단백질 함량에서 사료의 질소량을 측정하는데 그 계수는 대략 얼마나 되는가?

① 5.25 ② 6.25
③ 7.25 ④ 8.25

해설

단백질(Protein)은 가축의 체세포를 만드는 주성분이며, 젖, 고기, 알, 털 등의 축산물 생산에 없어서는 안 되는 영양소이다. 탄소, 수소, 산소 이외에 약 16%의 질소를 함유하고 있는 영양소로서, 산 또는 효소의 작용에 의하여 아미노산으로 분해되는 화합물이다(단백질은 16%의 질소를 함유하고 있으므로 계수는 100/16이므로 6.25이다).

07 비단백태질소화합물이 아닌 것은?

① 석 회 ② 뷰 렛
③ 암모늄염 ④ 요 소

해설

비단백태질소화합물(NPN ; Nonprotein Nitrogenous Compound)
가수분해에 의해서 아미노산을 생성하지 않지만 단백질과 같은 용도로 쓰일 수 있는 질소화합물질로 미생물에 의해 분해, 이용되어 아미노산으로 합성되는데, 단백질 함유량과 소화율이 높아서 반추가축의 훌륭한 단백질 공급원이 되며, 요소나 제1위에서 발효로 생성된 암모니아, 아스파르트산, 글루탐산, 뷰렛 등이 있다.

08 가축이 카로틴을 섭취하면 체내에서 어떤 물질로 전환되는가?

① 비타민 A ② 비타민 C
③ 비타민 D ④ 비타민 K

해설

비타민 A는 단백질과 결합하여 정상적인 시력을 유지시켜주며, 부족하면 야맹증에 걸리게 된다. 카로틴(Carotene)은 비타민 A의 전구물질이다.

09 Vitamin B_{12}를 구성하는 데 필요한 무기물은?

① Cu ② Mn
③ Co ④ S

해설

악성 빈혈증의 예방에 필요한 비타민으로 코발트(Co)를 함유하고 있으며, 병아리의 성장을 촉진하고 어미닭의 번식활동을 돕는다. 부족하면 부화율이 떨어지고, 그 알에서 부화된 병아리의 성장이 불량해진다.

정답 5 ② 6 ② 7 ① 8 ① 9 ③

10 무기물의 일반적 기능의 설명으로 바르지 못한 것은?

① 뼈와 알껍데기의 주요 구성 성분이다.
② 무기이온 상태로 존재하며 삼투압, pH를 조절한다.
③ 인지질, 핵단백질, 색소 단백질을 구성한다.
④ 세포의 구성 성분이며 에너지원으로 쓰인다.

해설
무기물은 보통 필수무기물, 준필수무기물, 비필수무기물, 중독무기물의 네 가지로 나눈다. 필수무기물–칼슘, 인, 마그네슘, 나트륨, 염소, 황, 칼륨, 망가니즈, 철, 구리, 아이오딘, 아연, 코발트, 셀렌, 플루오린, 몰리브데넘, 비소, 크로뮴 등 18종이며, 이중 칼슘, 인, 마그네슘, 나트륨, 염소, 황, 칼륨 등의 7가지를 다량 무기물이라 하며, 나머지 11가지는 미량 무기물이라 한다. 필수무기물은 동물의 체내에서 합성되지 않으므로 사료의 형태로 공급해 주어야 한다. 기능으로는 신체조직의 구성성분, 생체기능의 조절, 효소반응의 촉진 작용 등이 있다.

11 칼슘 흡수와 칼슘 및 인의 대사에 중요한 역할을 하는 비타민은?

① 비타민 B
② 비타민 C
③ 비타민 D
④ 비타민 E

해설
비타민 D가 부족하면 골연증, 구루병 등이 생기는데, 이것은 비타민 D가 뼈의 발육에 관계하기 때문이다. 비타민 D는 정상적인 번식활동에도 필요하며, 부족하면 산란율과 부화율이 떨어진다. 비타민 D의 첨가는 병아리의 성장률, 사료 효율 및 부화율을 향상시키며, 칼슘과 인의 흡수와 이용을 도와주고, 아연의 흡수를 촉진한다.

12 혈액 응고에 관여하는 비타민은?

① 비타민 C ② 비타민 D
③ 비타민 E ④ 비타민 K

해설
비타민 K가 부족하면 프로트롬빈의 합성 부진으로 혈액 응고가 잘되지 않아 출혈이 멈추지 않게 된다. 반추가축은 체내 합성이 가능하기 때문에 피해가 크지 않으나, 닭의 경우에는 산란율과 부화율이 모두 떨어진다. 설파제나 고에너지 사료를 줄 경우에는 비타민 K를 더욱 많이 급여해야 한다.

13 간에서 지방산 대사에 필요하고 결핍되면 지방간을 일으키는 비타민은?

① 바이오틴 ② 콜 린
③ 풀 산 ④ 코발라민

해설
콜린은 지방 대사를 원활하게 하여 지방간이 되는 것을 방지해 주는데, 병아리의 경우 콜린이 부족하면 발육이 부진하고 각약증(다리가 부실하거나 아주 약한 증세)을 일으킬 수 있다. 콜린은 레시틴의 구성분자로서 생풀이나 채소에 많이 들어 있지만, 그 밖의 사료에도 많이 들어 있다.

14 다음 중 지용성 비타민만 나열한 것은?

① 비타민 A, B, C, D
② 비타민 A, B, D, K
③ 비타민 B, C, D, K
④ 비타민 A, D, E, K

해설
- 지용성 비타민 : 비타민 A, D, E, K
- 수용성 비타민 : 비타민 B군(타이아민, 리보플라빈, 바이오틴, 니코틴산, 피리독신, 판토텐산, 콜린, 폴산, 코발라민)과 C

10 ③ 11 ③ 12 ④ 13 ② 14 ④ 정답

15 다음의 단당류 중 6탄당으로만 짝지어진 것은?

① 포도당, 과당
② 리보스, 갈락토스
③ 만노스, 아라비오스
④ 자일로스 과당

해설

탄수화물은 탄소, 수소 및 산소로 이루어진 화합물로서, 그 비율은 보통 1 : 2 : 1로 되어 마치 한 분자의 물에 탄소가 한 분자 더 붙은 모양이기 때문에 탄수화물이라는 이름이 붙었다. 자연계에서 가장 많이 분포되어 있는 영양소로서 값싼 에너지원이기도 하다. 탄수화물은 단당류, 이당류, 다당류 등으로 나뉜다. 단당류는 탄소 수에 따라 3탄당, 4탄당, 5탄당, 6탄당으로 나뉘는데 영양상 중요한 것은 5탄당과 6탄당이다.

- 5탄당 : 리보스(핵산, 리보플라빈, ATP ; Adenosine Triphosphate, 포도당의 체내 산화 생성물로서, 에너지 발생물질), 아라비노스(아라반의 구성성분), 자일로스(헤미셀룰로스의 구성성분으로 볏짚, 옥수숫대 등에 있으므로 목당이라고도 한다.)
- 6탄당 : Glucose(포도당), Fructose(과당), Galactose(갈락토스), Mannose(만노스) 네 가지가 있다. 포도당은 자연계에 널리 분포되어 있으며, 탄수화물의 최종 분해산물로서 조직 안에서 산화되어 에너지를 공급한다. 갈락토스는 포도당과 함께 젖당의 구성성분이며, 뇌와 신경 조직에도 들어 있다. 만노스는 식물계에 널리 분포되어 있으며, 과당은 꿀, 과실 등에 있는 당분이다.

16 뚱딴지(돼지감자)를 구성하고 있는 주요 탄수화물은?

① 솔라닌　　② 고시폴
③ 시나핀　　④ 이눌린

해설

- 이눌린 : 프룩토산이라고도 하며, 돼지감자에 들어 있는 탄수화물이다.
- 솔라닌 : 감자의 잎이나 줄기, 파랗게 된 감자 껍질에 들어 있는 독소
- 고시폴 : 목화씨 깻묵에 들어 있는 독성물질
- 시나핀 : 평지씨 깻묵(유채씨 깻묵)에 들어있는 쓴맛을 내는 물질

17 체내에서 수분의 역할이 아닌 것은?

① 영양소를 세포 운반한다.
② 체온을 유지한다.
③ 세포에서 생긴 노폐물을 배설시킨다.
④ 각종 질병을 예방한다.

해설

물은 ①, ②, ③ 외에 체형을 일정한 모양으로 유지시킨다.

18 가소화 에너지란?

① 사료 총에너지 – 분에너지
② 사료 총에너지 – 가스 · 요에너지
③ 대사 에너지 – 가스 · 요에너지
④ 대사 에너지 – 분에너지

19 다음 중 에너지 사료에 속하는 것은?

① 콩깻묵, 육분　　② 보리, 쌀겨
③ 소금, 석회　　④ 건초, 엔실리지

해설

에너지 사료에는 곡류와 강피류 사료가 있다.

20 동물체의 세포 속에 있으며 자외선에 의해 비타민 D_3로 변하는 것은?

① 피토스테롤　　② 콜레스테롤
③ 시토스테롤　　④ 에르고스테롤

해설

Phytosterol, Sitosterol, Ergosterol은 식물성이며 비타민 D_2로 변한다.

정답 15 ① 16 ④ 17 ④ 18 ① 19 ② 20 ②

21 출생 시에 철분이 부족한 상태로 되어 영양적인 빈혈 증세를 보이는 가축은?

① 토 끼 ② 소
③ 돼 지 ④ 산 양

22 탄수화물 사료의 특성이 아닌 것은?

① 가장 경제적인 에너지 공급원이다.
② 핵산, 뇌조직의 구성 성분이다.
③ 체지방 합성에 반드시 필요하다.
④ 에너지의 저장 형태이다.

해설

탄수화물은 ①, ②, ③ 외에 지방, 단백질의 합성원료로 쓰이며 젖당은 칼슘의 흡수를 촉진시킨다. 에너지의 저장 형태는 지방이다.

23 단백질의 영양적인 중요성이 아닌 것은?

① 헤모글로빈의 주성분으로 산소를 각 세포로 운반한다.
② 세포의 주성분으로 동물의 성장 및 발육에 꼭 필요하다.
③ 탄수화물이나 지방으로 단백질의 기능을 대체할 수 있다.
④ 각종 효소, 호르몬, 유전인자의 구성 성분이다.

해설

단백질은 생물체의 몸의 구성하는 대표적인 분자이다. 세포 내 각종 화학반응의 촉매 역할을 담당하는 물질로, 효소라고도 하는데, 현재 2,200종 이상의 효소가 알려져 있다. 또한 면역(免疫)을 담당하는 물질로 생체를 구성하고 생체 내의 반응 및 에너지 대사에 참여하는 유기물이다.

단백질의 영양적 중요성
- 단백질은 세포의 주성분이며, 생명체의 기본물질의 하나이다.
- 단백질은 유전인자의 구성성분으로, 유전현상에 관여한다.
- 단백질은 효소, 호르몬 등의 주성분으로, 신진대사를 조절한다.
- 단백질은 헤모글로빈, 핵단백질, 클로로필의 구성성분이다.
- 젖, 고기, 알 등에 들어 있는 단백질은 생명체를 발육시키는 데 쓰일 뿐만 아니라 질병에 대한 면역성도 길러준다.

24 우유 속에 있는 단백질의 주요 성분은?

① 리 신 ② 발 린
③ 알부민 ④ 카세인

해설

카세인은 유(乳)의 주된 단백질로 우유에는 2.5~3%, 사람의 모유 속에는 약 1% 포함되어 있다. 우유 중에는 카세인칼슘(Casein-Calcium)으로서 존재하며 인산칼슘과 결합하여 카세인칼슘, 인산칼슘 복합체를 이루어 콜로이드상태의 입자로 분산되어 있다. 이 입자를 카세인 미셀(Casein Micelle)이라 부르는데 이 입자의 약 95%가 단백질이고, 그 밖에 약 5%가 칼슘, 무기인산으로 구성되어 있다. 라신과 발린은 필수아미노산이고 알부민은 단순 단백질로서 계란에 다량 함유되어 있다.

21 ③ 22 ④ 23 ③ 24 ④ 정답

25 옥수수의 사료가치를 잘못 설명한 것은?

① 옥수수는 니코틴산 함량이 낮다.
② 황색 옥수수는 카로틴을 함유하고 있어 비타민 A의 효과가 높다.
③ 옥수수는 곡류 중에서 조단백질 함량이 비교적 낮은 편이고 질도 좋지 않다.
④ 옥수수는 열량이 높고 경성지방 사료이므로 비육용 사료로 나쁘다.

해설

- 지방을 희게 하는 사료 : 맥류, 밀기울, 맥강, 고구마, 감자, 전분박
- 지방을 유연하게 하는(연성지방) 사료 : 미강, 대두박, 옥수수, 번데기, 깻묵
- 지방을 딱딱하게 하는(경성지방) 사료 : 보리, 쌀, 고구마, 감자, 전분박, 강피

※ 1,000kg의 옥수수에서는 417L의 연료 에탄올이 생산되고, 주정박이 300kg, 콘오일이 0~13kg, 이산화탄소가 290~300kg 생산됨

26 수태지의 번식 적령기는?

① 생후 4개월령, 체중 80kg 이상
② 생후 6개월령, 체중 100kg 이상
③ 생후 8개월령, 체중 120kg 이상
④ 생후 10개월령, 체중 150kg 이상

27 가축의 소화율 측정법 중 직접 측정법은?

① 전분 채취법
② 표시물을 이용하는 방법
③ 사료의 성분 분석차에 의한 방법
④ 인공 소화 시험에 의한 방법

해설

소화율 측정
- 직접 측정법 : 전분 채취법
- 간접 측정법
  - 표시물을 이용하는 방법
  - 사료의 성분 분석차에 의한 방법
  - 인공 소화 시험에 의한 방법

28 닭에서 주로 정액 채취하는 방법은?

① 인공질법
② 전기자극법
③ 정관 팽대부 마사지법
④ 복부 마사지법

29 사료 효율의 계산식으로 맞는 것은?

① 증체량/사료섭취량
② 사료섭취량/증체량
③ 사료섭취량/1일 증체량
④ 단백질증가량

해설

사료요구율과 사료효율은 역수관계이다.
- 사료요구율 = 사료섭취량/증체량
- 사료효율 = 증체량/사료섭취량

사료요구율은 가축을 1kg 증체하는 데 사료가 얼마나 필요한지 나타내는 계수이며, 사료효율은 사료 1kg을 섭취했을 때 가축의 몸무게가 몇 kg 늘어나는지 나타내는 계수이다.

정답 25 ③ 26 ③ 27 ① 28 ④ 29 ①

30 우리나라의 젖소에서 가장 많이 사용되는 사양표준은?

① ARC 사양표준
② 일본 사양표준
③ NRC 사양표준
④ 한국 사양표준

해설

NRC(National Research Council) 사양표준은 미국의 가축영양위원회에서 가축의 최소영양소 요구량을 가장 과학적으로 설정한 것이다.

31 정미에너지의 설명 중 맞는 것은?

① 총에너지에서 분, 요에너지를 공제한 것이다.
② 총에너지에서 분, 요에너지와 열량증가(HI ; Heat Increment)를 제외한 것이다.
③ 총에너지에서 분, 요에너지와 Gas 에너지를 제외한 것이다.
④ 총에너지에서 분, 요에너지와 Gas 에너지, 열량증가(HI ; Heat Increment)를 제외한 것이다.

32 가소화 조단백질 12%, 가소화 조지방 5%, 가소화 가용무질소물 68%, 가소화 조섬유가 4%였을 때 TDN은 얼마인가?

① 84.7% ② 88.7%
③ 89.0% ④ 95.25%

해설

TDN = 가소화 조단백질 + 가소화 조지방 × 2.25 + 가소화 가용무질소물 + 가소화 조섬유
= 12 + (5 × 2.25) + 68 + 4 = 95.25%

33 문제 32에서 가소화 조단백질함량이 11.06 %일 때 영양률(NR)을 구하면?

① 4 ② 5
③ 6 ④ 7

해설

영양률(NR)이란 사료 중의 가소화조단백질 함유량과 다른 가소화영양소의 총계와의 비율로 나타낸 것을 말한다. 영양률이 5~9인 것을 중간 정도라고 하고, 10 이상이면 넓고, 4 이하이면 좁다고 한다.
영양률이 좁을수록 에너지 함량에 비해 가소화조단백질 함유량이 상대적으로 많은 사료이다.
{(가소화 조지방 × 2.25) + 가소화 가용무질소물 + 가소화 조섬유}/가소화 조단백질 = {(5 × 2.25) + 68 + 4} / 11.06 ≒ 7

34 우리나라에서 비육돈을 생산할 때 가장 널리 사용되는 방법으로 모체잡종강세 효과와 개체 잡종 효과를 각각 100%씩 이용할 수 있는 교배법은?

① 3원종료교배 ② 3원윤환교배
③ 종료윤환교배 ④ F_1 잡종교배

35 유지율이 3.5%, 유량 30kg인 우유를 유지율보정유(FCM)로 환산하면 얼마인가?

① 20kg ② 22kg
③ 25.25kg ④ 27.75kg

해설

FCM(Fat Corrected Milk)
= 0.4M + 15F(M : 우유의 중량, F : 지방의 무게)
= (0.4 × 30) + 15(30 × 0.035)
= 27.75kg

30 ③ 31 ④ 32 ④ 33 ④ 34 ① 35 ④ 정답

36 **쌀겨의 조단백질 함량이 20%, 소화율이 80 %라면 가소화조단백질 함량은?**

① 12%　② 14.5%
③ 16%　④ 18.5%

해설
사료의 조단백질 함유량에 소화율을 곱한 것이 가소화 조단백질이므로 20(%) × 0.8 = 16(%)

37 **소화율이 미치는 영향을 설명한 것 중 틀린 것은?**

① 재래종은 개량종에 비하여 조섬유의 소화율이 높다.
② 거친 조섬유나 규산이 많이 들어 있는 사료의 소화율은 낮다.
③ 지방을 알맞게 첨가하면 소화율이 높아진다.
④ 녹말을 첨가하면 조섬유 소화율이 높아진다.

해설
녹말을 많이 첨가하면 전분 소화 감퇴 현상이 나타나 조섬유 소화율이 저해된다. 왜냐하면 반추위 내의 미생물이 에너지를 녹말로부터 얻을 수 있고 분해하기 힘든 조섬유를 분해하기 때문이다.

38 **반추 가축의 장 내에서 수분을 가장 많이 흡수하는 기관은?**

① 제1위　② 소 장
③ 대 장　④ 맹 장

해설
물은 대장과 제3위에서 가장 많이 흡수한다.

39 **반추 동물의 위중에서 단위 동물의 위와 같이 소화액이 분비되는 곳은?**

① 제1위　② 제2위
③ 제3위　④ 제4위

해설
제1위와 제2위는 미생물에 의해 휘발성 지방산을 생산하는 기능을 가지고 있다. 제3위는 사료가 넘어가는데 체(Sieve)의 역할을 한다. 제4위는 단위 동물의 위와 같이 소화액의 분비가 왕성한 곳이다.

40 **일반적으로 단단하고 흰 지방을 생산하는 사료는?**

① 밀　② 옥수수
③ 보 리　④ 쌀 겨

41 **비반추 초식동물에서 섬유질의 발효 및 분해가 이루어지는 기관은?**

① 위　② 대 장
③ 소 장　④ 맹 장

해설
섬유소 분해 및 발효는 맹장에서 이루어진다.

42 **담즙산염(Bile Salt)의 기능을 설명한 것 중 틀린 것은?**

① 췌장 리파제를 활성화시킨다.
② 지방의 유화를 돕는다.
③ 지용성 비타민의 흡수를 돕는다.
④ 췌장 아밀라제의 작용을 억제한다.

해설
췌장 Amylise의 작용을 약간 증강시켜 탄수화물 대사를 돕는다.

정답 36 ③　37 ④　38 ③　39 ④　40 ③　41 ④　42 ④

43 다음 중 단백질 분해 효소가 아닌 것은?

① 펩 신　② 트립신
③ 펩티다아제　④ 리파제

해설
리파제는 지방 분해 효소이며, 우유단백질(카세인)은 레닌이 분해한다.

44 닭의 소화기관 중 위액을 분비하는 곳은?

① 식 도　② 소 낭
③ 선 위　④ 근 위

45 다음 설명 중 틀린 것은?

① 사료의 단백질, 탄수화물에서도 체지방이 합성된다.
② 사료의 지방성분 중 아이오딘가가 높으면 체지방은 경성지방이 된다.
③ 돼지의 체지방은 백색이지만 번데기 기름과 같은 것을 급여하면 황색이 된다.
④ 불포화 지방산이 많이 함유되어 있는 사료를 공급하면 연성지방이 생성된다.

해설
사료의 분류
- 영양가치에 따른 분류 : 조사료, 농후사료, 보충사료
- 주성분에 따른 분류 : 단백질사료, 전분질사료, 지방질사료
- 수분함량에 따른 분류 : 건조사료, 다즙사료, 액상사료
- 배합 상태에 따른 사료 : 단미사료, 혼합사료, 배합사료사료
- 가공형태에 따른 분류 : 알곡사료, 가루사료, 펠릿사료, 크럼블사료, 큐브사료, 웨이퍼(플레이크)

46 1분자의 포도당이 체내에서 완전 분해할 때에 몇 ATP가 생성되는가?

① 38ATP　② 36ATP
③ 34ATP　④ 32ATP

해설
ATP(Adenosine Triphospate, 아데노신 3인산)은 최소 에너지 물질이다. 1분자의 포도당이 체내에서 해당작용(2ATP), TCA회로(2ATP) 및 산화적인산화(34ATP)를 거치면 38ATP가 생성된다.

47 지방의 열량은 탄수화물에 비해 몇 배나 되는가?

① 2.15배　② 2.25배
③ 2.35배　④ 2.45배

해설
탄수화물의 열량은 g당 4kcal, 지방은 9kcal이므로 9 ÷ 4 = 2.25배이다.

48 사료를 영양 가치에 따라 분류했을 때 관계가 먼 것은?

① 단백질사료　② 조사료
③ 보충사료　④ 농후사료

해설
단백질사료는 주성분에 의한 분류 방법이다.

49 가루 상태의 사료에 증기를 넣어 가압하여 원통형 알갱이 형태로 만든 사료는?

① 크럼블사료　② 큐브사료
③ 플레이크사료　④ 펠릿사료

해설
플레이크사료는 곡류를 롤러로 납작하게 눌러 박편처리한 것으로 섭취량, 증체량, 사료효율을 개선할 수 있다.

43 ④ 44 ③ 45 ② 46 ① 47 ② 48 ① 49 ④ 정답

50 **농후사료와 조사료를 분류할 때 가소화 양분총량을 기본으로 한다면 농후사료는 얼마 이상의 가소화 양분총량을 함유해야 하는가?**

① 20% ② 30%
③ 40% ④ 50%

해설
TDN 기준 50% 이상은 농후사료이고, 50% 미만은 조사료로 구분한다.

51 **질이 좋은 목건포 분말에다 당밀을 섞어서 단단한 장방형으로 가온, 고압에서 성형시킨 것을 무엇이라고 하는가?**

① 크럼블(Crumble)사료
② 큐브(Cube)사료
③ 펠릿(Pellet)사료
④ 매시(Mash)사료

해설
① 크럼블(Crumble)사료 : 펠릿 사료를 다시 거칠게 부순 것
④ 매시(Mash)사료 : 원료 사료의 입자를 일정한 크기로 분해하여 배합한 것

52 **강피류 사료의 특징을 설명한 것 중 옳지 못한 것은?**

① 곡류에 비해 단백질, 비타민 B군 등의 함량이 많다.
② 인의 함량이 많으나 비타민 A, D가 적다.
③ 부피가 크고 가축의 변비 방지와 만복감을 준다.
④ 곡류 사료에 비하여 상대적으로 가격이 비싸다.

53 **다음 중 조사료를 가장 알맞게 설명한 것은?**

① 조섬유 함량이 17% 이상으로 가소화 영양소가 적은 목초, 청예 작물 등
② 조섬유 함량이 17% 이하로 가소화 영양소가 많은 곡류, 깻묵류 등
③ 조섬유 함량이 20% 이상으로 가소화 영양소가 적은 청예 작물, 엔실리지 등
④ 조섬유 함량이 20% 이하로 가소화 영양소가 많은 곡류, 어분류 등

54 **다음 사료 중 트립신 저해 물질이 들어 있는 것은?**

① 들깻묵 ② 고추씨박
③ 콩 ④ 옥수수

해설
콩을 돼지와 닭의 사료로서 급여할 때는 가열 조리하여 급여하는 것이 좋다.

55 **다음 중 동물성 단백질 사료가 아닌 것은?**

① 어분, 육분 ② 피혁분, 혈분
③ 잠용박, 제각분 ④ 골분, 탤로

해설
골분은 무기물 사료로 Ca, P의 공급원이며, 탤로는 지방질 사료이다.

56 **사료의 저장보관 중 주의사항을 설명한 것 중 옳지 못한 것은?**

① 직사광선을 피할 것
② 공기가 잘 유통되도록 보관할 것
③ 공기가 유통되지 않도록 할 것
④ 수분이 잘 흡수되어 있을 것

정답 50 ④ 51 ② 52 ④ 53 ① 54 ③ 55 ④ 56 ③

57 곡류 사료의 특성과 거리가 먼 것은?

① 일반적으로 Ca과 비타민의 함량이 높을 것
② 사료 중에 CO_2를 넣을 것
③ 영양소 소화율이 높고 기호성이 좋을 것
④ 금속성 물질의 혼입을 방지할 것

58 고시폴(Gossypol)이란 독소가 들어 있는 사료는?

① 채종박 ② 면실박
③ 아마박 ④ 낙화생박

해설
고시폴(Gossypol)은 면실박(목화씨깻묵)에 있으며, 닭에게 급여하면 난황과 고기의 노란색 색소 침착을 방해한다.

59 가축의 체지방을 단단하게 하는 경지방 사료로 묶여진 것은?

① 감자, 보리, 밀, 보릿겨
② 땅콩 깻묵, 번데기 깻묵, 쌀겨
③ 옥수수, 대두박, 콩
④ 고깃가루, 아마씨 깻묵, 해바라기씨 깻묵

해설
- 경지방 사료 : 보리, 밀, 귀리, 호밀, 감자, 고구마, 완두, 보릿겨, 탈지유, 면실박, 전분박, 야자박
- 연지방 사료 : 땅콩 깻묵, 번데기 깻묵, 아마씨 깻묵, 해바라기씨 깻묵, 생선찌꺼기, 쌀겨, 고깃가루, 콩
- 기타 중간사료 : 대두박, 옥수수 등

60 동물성 단백질 사료의 특성이 아닌 것은?

① 어린 가축의 성장을 촉진하는 미지 성장 인자의 공급원이다.
② 아미노산 중 히스티딘, 메티오닌, 리신 등이 많다.
③ 비타민 중에서 비타민 B군, 특히 비타민 B_{12}의 함량이 많다.
④ 일반적으로 비타민 A와 비타민 D의 함량이 적다.

해설
동물성 단백질인 어분에는 일반적으로 비타민 A와 비타민 D의 함량이 많다.

61 볏짚에 대한 암모니아 처리의 특성을 설명한 것 중 잘못된 것은?

① 단백질 함량이 증가된다.
② 소화율이 크게 향상된다.
③ 섭취량이 증가한다.
④ 장기간 보관이 불가능하다.

해설
조사료에 암모니아를 처리하면 곰팡이 발생이 방지되어 장기간 저장이 가능하다.

62 다음 중 휘발성 지방산이 아닌 것은?

① 아세트산
② 글루타민산
③ 부티르산
④ 프로피온산

57 ① 58 ② 59 ① 60 ④ 61 ④ 62 ② 정답

63 **건초의 품질을 결정하는 요인이 아닌 것은?**

① 수분 함량 ② 예취시기
③ 녹색도 ④ 건조 방법

해설

건초의 품질을 결정하는 요소
- 수분 함량
- 잎의 비율
- 예취 시기
- 예취 횟수
- 향기 및 촉감과 잡초의 혼입

64 **가장 양질의 Silage pH는?**

① pH 3.5~4.2
② pH 4.2~4.4
③ pH 4.5~4.8
④ pH 4.8~5.2

해설

- pH 3.5~4.2(매우 우수)
- pH 4.2~4.4(양호)
- pH 4.5~4.8(사용 가능)
- pH 4.8 이상(열의 발생)

65 **일반적인 비육 종료 시 개체당 적당한 체중은?**

① 250~350kg ② 350~450kg
③ 450~550kg ④ 550~650kg

66 **평지씨 깻묵(유채씨 깻묵)에 들어 있는 쓴맛을 내는 물질은?**

① 솔라닌 ② 시나핀
③ 리 신 ④ 타이아미나제

해설

① 솔라닌은 감자의 줄기, 잎, 껍질의 파랗게 된 부분에 들어 있는 중독성 물질이다.
③ 리신은 아주까리 깻묵에 있으며, 혈구 응집, 효소 단백질의 파괴로 소화기관의 출혈을 유발한다.
④ 타이아미나제는 고사리에 들어 있고 비타민 B_1의 결핍증을 일으켜 재생 불량성 빈혈을 일으킨다.

67 **양계용 배합사료에서 가장 많이 차지하는 원료 사료는?**

① 동물성 단백질사료
② 식물성 단백질사료
③ 에너지 사료
④ 무기물 사료

해설

양계용 배합사료에서는 에너지사료(곡류, 강피류)가 60~70%를 차지한다.

68 **한우 비육에서 가장 유리하다고 전망되는 비육 형태는?**

① 노폐우의 단기 비육
② 거세우의 육성 비육
③ 수소의 단기 비육
④ 암소의 중기 비육

해설

거세우의 육성 비육은 거세한 수소를 300~400일간 장기 비육하여 최고급의 고기를 생산하는 방법이다.

정답 63 ④ 64 ① 65 ③ 66 ② 67 ③ 68 ②

69 **육성 비육과 큰 소 비육을 비교 설명한 것 중 틀린 것은?**

① 육성 비육은 큰 소 비육에 비하여 자금 회전이 빠르다.
② 육성 비육은 증체량에 비하여 사료 요구량이 적어 큰 소 비육보다 경제적이다.
③ 큰 소 비육 시에는 특히 열량이 높은 사료를 많이 급여해야 한다.
④ 육성 비육은 생우(生牛)가격이 좋을 때를 선택하여 출하를 조절할 수 있다.

해설
육성 비육은 연간 비육 회전이 1~1.5회이다. 큰 소 비육은 단기 비육을 하기 때문에 2~5회 할 수 있어 자금회전이 빠르다.

70 **비육 시기별 사양관리 요령에 대한 설명 중 틀린 것은?**

① 전기에는 단백질이 풍부한 사료를 급여하며 근육조직을 증가시킨다.
② 중기에는 식욕이 떨어지므로 조사료를 줄이고 농후사료 급여를 증가시킨다.
③ 말기에는 육질 개선을 위하여 단백질이나 지방이 많은 사료를 급여한다.
④ 전기에는 조사료를 많이 급여하여 소화기관의 발달을 유도한다.

해설
말기에는 육질 개선기이며 증체는 거의 지방에 의한 것이다. 조사료 급여량을 줄이고 육질을 개선시키는 농후사료를 많이 먹이는데 전분질이 많은 사료를 급여한다.

71 **육질이 좋은 비육용 송아지의 선정법이 아닌 것은?**

① 피모는 가늘고 윤생하여 있을 것
② 피부는 얇고 연하여 탄력이 있을 것
③ 사지가 짧고 몸이 가늘 것
④ 발굽은 작고 얇으며 질이 보통인 것

72 **젖소의 유지 사료로서 건초는 체중의 몇 %를 급여해야 하는가?**

① 0.5~1%
② 2.0~2.5%
③ 4.5~5.5%
④ 6.5~7.5%

73 **송아지의 사양 관리에 대한 설명 중 잘못된 것은?**

① 갓 태어난 송아지에게 초유를 충분히 먹인다.
② 거세(去勢, Castration)는 생후 4~6개월령에 실시한다.
③ 대용유는 최대한 많이 급여하며 여러 종류로 바꾸지 말아야 한다.
④ 항상 인공유, 건초 및 깨끗한 물을 자유롭게 섭취할 수 있도록 한다.

해설
대용유는 양질의 것을 선택한다. 1일 급여량은 체중의 약 10%로 하고, 너무 많이 급여하지 않도록 한다.

69 ① 70 ③ 71 ③ 72 ② 73 ③ 정답

74 가축이 영양소를 섭취하여 체내에서 이용하는 순서대로 배열한 것은?

① 뇌, 신경조직 → 근육조직 → 골격조직 → 지방조직
② 뇌, 신경조직 → 골격조직 → 근육조직 → 지방조직
③ 골격조직 → 뇌, 신경조직 → 근육조직 → 지방조직
④ 골격조직 → 근육조직 → 뇌, 신경조직 → 지방조직

해설
가축이 출생 직후부터 성장하는 동안 영양소를 이용하는 순서이다. 처음에는 뇌, 그리고 신경조직, 골격조직, 근육조직, 지방조직의 순서로 발달한다.

75 반추 가축에게 요소를 급여하는 방법으로 바르지 못한 것은?

① 균형 잡힌 배합 사료와 함께 사용해야 한다.
② 적응 기간을 길게 할수록 유리하다.
③ 요소를 균일하게 혼합해야 한다.
④ 두과 사료 작물과 섞어 주면 좋다.

해설
요소를 콩과 식물과 혼합 급여하거나 물에 타서 급여해서는 안 된다.

76 반추 동물에서 요소 급여 시 농후사료의 몇 %까지 급여할 수 있는가?

① 1% ② 2%
③ 3% ④ 4%

해설
반추동물에서 요소 급여 시 농후사료의 3%, 사료전체에 대해서는 1% 이상을 초과해서는 안 된다.

77 우유 생산을 위하여 급여하는 조사료와 농후사료의 비율 중 가장 적당한 것은?

① 10 : 90 ② 40 : 60
③ 70 : 30 ④ 100 : 0

해설
착유우는 반추위 기능을 고려하여 전체 사료 중 조사료의 비율 또는 조사료 대 농사료의 비율이 중요한데, 이를 조농비라 한다. 비유전기에는 착유우가 유량이 높아 영양소를 많이 요구하므로 상대적으로 영양가치가 풍부한 농후사료를 60% 정도까지 급여할 수 있으나, 60% 이상은 급여를 삼가야 한다.

78 다음 중 지방을 희게 하는 사료들로 이루어진 것은?

① 맥류, 감자, 고구마
② 대두박, 황색 옥수수, 호박
③ 미강, 대두박, 어분
④ 보리, 호밀, 쌀

해설
- 지방을 희게 하는 사료 : 맥류, 밀기울, 맥강, 고구마, 감자, 전분박
- 지방을 황색으로 하는 사료 : 대두박, 황색, 옥수수, 호박, 청조

정답 74 ② 75 ④ 75 ④ 76 ③ 77 ② 78 ①

79 건유기의 우유 성상에 관한 설명 중 맞는 것은?

① 유지방과 단백질은 많아지고 유당은 감소한다.
② 유지방과 단백질은 많아지고 유당도 많아진다.
③ 유지방과 단백질은 감소하고 유당은 많아진다.
④ 유지방과 단백질은 감소하고 유당도 감소한다.

해설
우유 주성분은 유기에 따라 변화가 생기며 건유기에 가까워지면 지방과 단백질이 약간 많아지고 유당은 감소한다.

80 젖소의 유지율이 감소할 때 사양 관리상 중요한 것은?

① 지방질 사료를 많이 급여한다.
② 곡류 사료를 많이 급여한다.
③ 조사료를 많이 급여한다.
④ 단백질 사료를 많이 급여 한다.

해설
유지율은 반추위의 아세트산 생성 비율에 따라 좌우된다. 조사료를 공급하면 Acetic Acid(아세트산)가 많이 생성되어 유지방 함량이 높아진다.

81 젖소의 유지율 향상을 위한 조섬유 함량은 몇 % 이상이 되어야 하는가?

① 14% 이상 ② 15% 이상
③ 16% 이상 ④ 17% 이상

해설
유지방합성에 관여하는 휘발성 지방산은 아세트산이다. 조섬유 함량이 17% 이상이 되어야 미생물의 번식이 왕성하여 아세트산이 다량 생성되어 유지율이 감소되지 않는다.

82 젖소에서 능력 검정 시의 건유 기간은?

① 40일 ② 50일
③ 60일 ④ 70일

해설
능력 검정 시에는 착유일 305일, 건유기를 60일로 정한다.

83 다음 중 단단한 지방을 생산하는 사료로 구성되어 있는 것은?

① 건초, 짚, 보리, 면실박
② 면실박, 완두, 감자, 쌀겨
③ 건초, 면실박, 쌀겨, 청초류
④ 건초, 감자, 보리, 밀, 완두

해설
- 연한 유지방을 생산하는 사료 : 청초류, 콩, 아마인박, 쌀겨, 옥수수, 대두박, 어분
- 단단한 유지방을 생산하는 사료 : 건초, 짚, 보리, 면실박, 완두, 밀, 감자 등

79 ① 80 ③ 81 ④ 82 ③ 83 ① 정답

84 돼지의 사양에서 Flushing(강정사양)이란?

① 교배 전에 특별히 영양공급을 좋게 하는 것
② 교미 전에 휴식 기간을 주는 것
③ 도살 직전에 육질 향상을 위해 절식시키는 것
④ 출하하기 직전 집약적으로 비육시키는 것

해설
이유 모돈에게 포유기간 중 허약해진 체력을 회복시키기 위하여 이유식부터 재귀 발정 시까지 사료를 증량(20% 정도)하여, 단시일 내에 체력을 회복시켜 재귀일을 단축시키고, 배란수를 증가시켜 더 많은 산자수를 얻게 하는 것

85 돼지의 영양분 요구량이 가장 높은 시기는?

① 임신 전
② 임신기
③ 포유기
④ 생장 비육기

해설
포유기에는 포유하고 있는 새끼가 성장하는 만큼 영양분을 공급하기 때문에 영양분 요구량이 가장 많다.

86 생후 3일까지의 포유 자돈의 생육 적온은?

① 20~24℃
② 24~28℃
③ 30~32℃
④ 36~38℃

해설
생후 3일 30~32℃, 4~7일 28~30℃, 8~30일 22~25℃, 31~45일 20~22℃

87 포유 중인 자돈의 관리 사항에 속하지 않는 것은?

① 송곳니 자르기　② 철분 주사
③ 거 세　④ 제한급여

해설
① 출생 직후 위턱과 아래턱의 8개 송곳니를 1/2~1/3 정도 잘라준다.
② 철분 주사는 생후 1~3일령, 10~14일령 2회에 걸쳐 대퇴부나 목 부위에 100mg을 근육주사한다.
③ 거세는 2~4주령에 실시한다(현재 현장에서는 출생 당일에 대부분 처치한다).

88 돼지에서 휴양기 또는 강정기(Flushing Period)를 설명한 것은?

① 교배 전 고단백 사료를 급여하는 기간을 말한다.
② 시장 출하 전 사료를 많이 급여하는 시기이다.
③ 이유 후 재발정이 빨리 오도록 사료의 에너지 수준을 높여 주는 시기이다.
④ 포유 말기부터 모돈이 쇠약해지지 않도록 고에너지 사료를 급여하는 기간이다.

해설
이유 직후부터 재발정이 오도록 하는 것과 동시에 모돈의 쇠약해진 상태를 원상복귀시키는 기간이다. 이 시기의 사양을 Flushing Feeding이라 한다.

89 젖소의 제1위 내에서 합성되는 비타민은?

① 비타민 A
② 비타민 B
③ 비타민 D
④ 비타민 E

정답 84 ① 85 ③ 86 ③ 87 ④ 88 ③ 89 ②

90 정상적으로 산란계를 사육하였다면 최고 산란율에 도달되는 시기는 초산 후 약 몇 개월 후인가?

① 2개월 후
② 4개월 후
③ 6개월 후
④ 8개월 후

91 임신한 가축에 특히 필요한 무기물은?

① Ca, P, Fe
② P, Mg, K
③ Ca, I, Na
④ P, Fe

92 콜라겐(Collagen)태 단백질로 구성된 사료는?

① 우모분
② 모발분
③ 제각분
④ 피혁분

93 보리 1kg이 가지고 있는 우유 생산 효과를 무엇이라고 하는가?

① 전분가
② 사료단위
③ 우유생산가
④ 사료효율

94 섭취한 사료의 총에너지에서 분에너지, 요에너지, 가연성 가스를 제외한 에너지는?

① 가소화 에너지
② 대사 에너지
③ 정미 에너지
④ 유지 에너지

95 조단백질 15%, 대사에너지 2,700kcal/kg인 사료의 에너지 단백질 비율은?

① 180 ② 170
③ 160 ④ 150

해설
단백질 비율 = 대사에너지 비율/조단백질 비율

96 성장 중인 반추동물의 단백질 요구량을 결정하는 요인이 아닌 것은?

① 분뇨로 없어지는 질소량
② 체중별 증체량에 대한 축적
③ 사료 중에 함유된 질소의 생물가
④ 아미노산 화학적 등급

97 비육이 진행됨에 따라 급여하는 배합사료의 배합비율을 높여야 하는 것은?

① 곡류사료
② 강류사료
③ 유박류사료
④ 광물질사료

90 ① 91 ① 92 ④ 93 ② 94 ② 95 ① 96 ④ 97 ① 정답

98 **사료 중 단백질 함량 20%, 가소화 에너지 3,000kcal/kg, 대사 에너지 2,500kcal/kg일 때 칼로리 단백비를 구하면?**

① 80
② 10
③ 125
④ 150

해설

칼로리 단백비(CPR)
= 사료 중 대사 에너지/사료 중 단백질 함량
= 2,500/20 = 125

99 **가금류에 많이 사용하는 성장촉진제가 아닌 것은?**

① 생균제
② 효소제
③ 황산동
④ 유기비소제

100 **탄수화물의 기능을 설명한 것 중 틀린 것은?**

① 지방산, 단백질의 합성에도 쓰인다.
② 가장 경제적인 에너지 발생 영양소이다.
③ 체내에서는 지방으로만 축적된다.
④ 뇌와 신경조직의 구성성분이다.

101 **유지방의 합성에 가장 영향을 많이 미치는 지방산은?**

① Acetic Acid
② Propionic Acid
③ Butyric Acid
④ Myristic Acid

102 **16%의 조단백질을 함유하는 비육돈 사료를 만들기 위하여 기초사료(조단백질 10%)와 단백질사료(조단백질 35%)를 이용할 때 기초 사료와 단백질 사료는 어떤 비율로 섞어야 되는가?**

① 기초사료 : 단백질사료 = 10 : 35
② 기초사료 : 단백질사료 = 19 : 6
③ 기초사료 : 단백질사료 = 3 : 10
④ 기초사료 : 단백질 사료 = 13 : 25.5

해설

기초사료(CP : 10% = X), 단백질사료(CP : 35% = Y)라고 가정하면 전체 사료량(기초사료 + 단백질사료)의 CP가 16%가 되도록 해 주는 것이 목적이므로 CP는 Xx0.1 + Yx0.35 = 0.16(X + Y)이 된다.
정리하면 10X+35Y = 16X + 16Y가 되므로
35Y − 16Y = 16X − 10X는 19Y = 6X가 되며,
X : Y = 19 : 6이 된다.

※ 〈방형식〉으로 구하기

기초사료 10 ↘ ↗ 19(기초사료 부분)
16
단백질사료 35 ↗ ↘ 6(단백질사료 부분)
합 25 : (19 + 6)

- 기초사료 : 19/25 = 76%
- 단백질사료 : 6/25 = 24%

로 배합한다.

예 채종박은 단백질 함량이 35%이다. 단백질 함량이 44%인 대두박과 16%인 밀기울을 혼합하여 단백질 함량이 채종박 수준인 사료를 만들기 위해서는 대두박과 밀기울을 어떤 비율로 혼합하여야 하는가? 방형식으로 구하면

대두박 44 ↘ ↗ 19(대두박 부분)
35
밀기울 16 ↗ ↘ 9(밀기울 부분)

∴ 대두박은 19 / 28 = 18%, 밀기울은 9 / 28 = 32%로 혼합한다.

정답 98 ③ 99 ③ 100 ③ 101 ① 102 ②

03 가축사료 및 사료작물학

동물이 생명을 유지하고 생산하며 정상적인 번식 활동을 하기 위하여 영양소의 공급이 필요한데, 이 영양소의 공급원을 사료라 한다. 또한, 좋은 사료가 되려면 여러 가지 영양소가 많이 함유되어 있어야 하며, 이들 영양소의 소화율이 높아야 한다. 사료 내에 포함되어 있는 영양소가 아무리 많더라도 가축이 소화하지 못하면 필요 없는 영양소이다. 소화율이 높고 동물에게는 유해하지 않은 영양소가 포함되어 있어야 하고, 더욱 중요한 것은 신선해야 좋은 사료라 할 수 있다.

01 사료의 종류

가축의 사료는 사람이 먹는 음식만큼이나 종류가 매우 많고, 분류 방법도 다양하지만 동물의 사료가 사람의 음식과 다른 점은 맛에 크게 비중을 두지 않는다는 점이다. 사료를 영양 가치에 따라 분류하면 풀과 같이 영양소가 비교적 적은 거친 사료를 조사료(粗飼料)라 하고, 영양소 함량이 아주 많이 농축되어 있는 곡류 사료를 농후사료(濃厚飼料)라 한다. 조사료와 농후사료에 부족되기 쉬운 성분을 보충해 주는 보충사료도 있다. 또한 사료에 포함되어 있는 주영양소에 따라서 단백질 사료, 전분질 사료, 섬유질 사료, 지방질 사료, 광물질 사료로 분류한다. 사료의 구성이 한 종류로 되어 있는 사료를 단미사료, 여러 가지 곡류가 혼합되어 있는 사료를 배합사료라 하고, 배합사료와 조사료처럼 서로 다른 사료가 섞여 있으면 혼합사료라 한다. 예를 들면 비빔밥을 먹을 때 나물은 조사료에 속하고, 혼합곡식으로 만들어진 밥은 배합사료이고, 나물과 밥을 비비면 혼합사료가 된다. 이때 사용된 각각의 나물이나 곡류를 단미사료라 한다. 동물의 먹이는 사료라고 하고 사람의 먹거리는 음식이라 한다.

1. 영양 가치에 따른 분류

(1) **조사료** : 부피가 크고 조섬유가 많으며 가소화영양소가 적다. 볏짚, 청초, 건초, 엔실리지 등

(2) **농후 사료** : 가소화 양분이 많고 소화율이 높은 사료로 곡류, 강피류 등 동식물성 단백질 사료, 지방질 사료 등

① 곡류 사료의 특징

㉠ 옥수수 : 가장 많이 쓰이며, 조섬유 함량이 낮고 기호성이 좋다. 리신과 트립토판이 부족

㉡ 수수 : 니코틴산이 풍부하고 탄닌이 들어있어 기호성이 낮다.

㉢ 밀(소맥) : 주성분이 전분이며 TDN 함량도 높고 소화율도 좋다.

㉣ 보리(대맥) : 경지방 생산 사료로 비육 후기 급여 시 매우 효과적이다.

㉤ 쌀 : 등외품과 싸라기 이용, 리신과 트레오닌이 부족하다.

㉥ 기타 : 호밀, 귀리, 조, 메밀 등도 포함된다.

② 강피류 사료의 종류와 특징

㉠ 밀기울 : 조단백질이 16%, 조지방 5%, 조섬유 10%, 인은 피틴태로 소화율이 낮다.

㉡ 쌀겨(미강) : Ca이 적고 지방 함량이 높다. 탈지강은 저장성과 기호성이 우수하다.

㉢ 보릿겨(맥강) : 경지방 사료로 비육축에 적합하다.

㉣ 기타 대두박(피), 단백피(옥수수껍질), 전분박, 잠사와 잠분, 해조분 등이 있다.

(3) **보충 사료** : 소량으로 영양소나 무기물을 공급할 수 있는 사료로 무기물체, 비타민제, 항생물질 등

2. 주성분에 따른 분류

(1) **단백질 사료** : 단백질 함량이 20% 이상인 동식물성 단백질 사료로 깻묵류, 어분, 육분, 혈분 등이 있다.

① 식물성

㉠ 대두박이 가장 많이 사용되며 면실박, 임자박(깻묵), 채종박 등이 있다.

㉡ 채종박에는 시나핀, 면실박에는 고시폴이란 독성물질이 함유되어 있어 사용량을 제한해야 한다.

② 동물성

㉠ 어분, 육분, 육골분, 우모분, 혈분, 제작분, 피혁분 등이 이용된다.

㉡ 어분은 가장 많이 이용되는 동물성 사료로 단백질이 65~70%이다.

※ 단백질 사료는 단백질 함량이 20% 이상으로 가장 비싼 사료이다.

(2) **전분질 사료** : 전분이 주성분인 사료로 곡류, 강피류, 감자, 고구마, 타피오카 등이 있다.

(3) **지방질 사료** : 지방 함량이 15% 이상으로 각종 식물성 기름과 동물성 유지(탤로, 그리스) 등이 있다.

① 식물성 기름 : 옥수수기름, 콩기름, 면실유, 채종유, 팜유 등이 있다.

② **동물성 지방** : 탤로(우지, 녹는점이 40℃ 이상), 그리스(돈지, 녹는점이 40℃ 이하) 등
③ 필수 지방산과 비타민 A, D, E, K 공급원이다.
④ 성장이 빠른 돼지, 닭 사료에 주로 이용된다.
⑤ 사료 내 지방 첨가는 기호성을 향상시켜 사료섭취량을 증가시킨다.

(4) **섬유질 사료** : 조섬유 함량이 20% 이상으로 야건초, 볏짚, 보리겨 등 반추가축의 조사료로 이용된다.

(5) **무기질 사료** : 무기 영양소로 공급되는 것으로 골분, 철분, 인산칼슘 등이 있다.

(6) **비타민 사료** : 비타민 공급이 목적으로 간유 분말, 발효 탈지유 등이 있다.

3. 가공 형태에 따른 분류

(1) **알곡** : 옥수수, 수수, 밀 등과 같은 알곡으로써 주로 닭사료에 사용함

(2) **가루(Mash)** : 원료 사료를 분쇄한 것

(3) **펠릿(Pellet)** : 가루 사료를 높은 온도와 압력으로 일정한 모양과 크기로 성형한 것

(4) **크럼블(Crumble)** : 펠릿 사료를 거칠게 부순 것으로 기호성과 소화율이 좋다.

(5) **익스트루전(Extrusion)** : 원료 사료를 고온고압으로 전분을 호화해 압축, 팽창시킴

(6) **플레이크(Flake)** : 곡류를 증기처리한 후 롤러에 통과시켜 납작하게 만든 사료

(7) **큐브(Cube)** : 질 좋은 목건초를 분쇄하여 당밀과 섞어 장방형으로 만든 것

※ 펠릿 및 큐브 사료의 이점 : 섭취량 증가, 저장공간 축소, 운반 및 취급 용이, 먼지 발생 감소, 소화율 향상

02 사료작물

우리나라는 예로부터 주곡 농업으로 사료작물의 재배는 극히 미비한 생활이었으나, 1960년대 경제개발로 인한 축산장려정책과 1990년대 국민소득의 향상과 더불어 축산물 소비도 급신장하였다. 이러한 상황변화로 인한 가축의 증식에 의해 주곡생산에 영향을 주지 않는 범위 내에서 미간산지의 초지조성과 답리작 등의 토지 이용증대에 의한 사료작물의 증산을 꾀하여 왔다. 아울러 국제곡물시세에 따른 농후사료비를 감소시키고 조사료 등의 사료작물에 대한 대책도 필요하게 되었다.

사료작물은 반추위를 갖는 초식성 동물 및 가금의 사료생산을 목적으로 재배하는 작물을 말한다. 목초류는 물론이고 일반 식용작물이나 원예작물일지라도 경엽과 종실 및 과실을 가축에게 급여하기 위한 사료생산의 경우도 광범위한 사료작물에 속한다. 사료작물 단위면적당 수확량은 옥수수가 1.8~2.3t(10α당), 호밀(건물 중)이 0.9t(10α당), 이탈리안라이그래스가 0.7~0.9t(10α당), 연맥이 0.5~0.6t(10α당)이며, 옥수수가 가장 높다.

1. 사료작물의 종류

(1) 콩과 사료작물

레드클로버, 화이트클로버, 알팔파, 자운영, 대두, 완두, 땅콩, 헤어리베치, 카우피, 스위트클로버, 매듭풀, 칡

(2) 화본과 사료작물

티머시, 오처드그라스, 캔터키블루그래스, 메도페스큐, 톨페스큐, 퍼레니얼라이그래스, 이탈리안라이그래스, 레드톱, 버뮤다그래스, 달리스그래스, 옥수수, 수수, 수단그라스, 사탕수수, 피, 조, 귀리, 보리, 밀, 호밀

화본과 사료작물	두과 사료작물	십자화 사료작물
옥수수/수수 수단그라스 교잡종 진주조 호밀(호맥) 귀리(연맥) 보리(대맥) 밀(소맥) 오처드그라스 톨페스큐 켄터키블루그래스 이탈리안라이그래스 퍼레니얼라이그래스 티머시 리드카나리그래스	알팔파 화이트(라디노)클로버 레드클로버 크림슨클로버 알사익클로버 스위트클로버 버즈풋 트리포일 레스페데자 헤어리베치 자운영 루 핀 칡	유 채 무 배 추 순 무 케 일

[오처드그라스]

1. 다년생 목초(화본과)
2. 우리나라에서 생산성과 적응성이 높은 목초(방목, 건초, 사일리지용)
3. 원추화서

(3) 근채 사료작물

사료용 비트, 당근, 뚱딴지, 무

(4) 그 밖의 사료작물

① 십자화과 사료작물 : 유채, 무, 양배추, 순무, 케일

② 국화과 사료작물 : 해바라기

2. 사료작물의 이용형태에 의한 분류

이 용 / 형태상 분류	사료작물의 종류	
	화본과 사료작물	콩과 사료작물
청예용 (Soling Crops)	Corn, Sudangrass, 수수(Foragesorghum), 수수×수수 잡종(Sorrghum-Sudanhybrids), 피(Japenese Milet), 호밀(Rye), 연맥(Oats), 사료용 Beet, 유채(Rape), 순무(Turnip), 풋베기 완두(Soybean), 완두(Pea), Italian Ryegrass, Orchardgrass	Alfalafa, Red Clover, Sweet Clover, Slsike Clover, Vetch, 자운영, 칡, Korean lespedeza
방목용 (Pasture Plants)	Kentucky Bluegrass, Perennial Ryegrass, Bentgrass, Bermudagrass, Tall Fescue, Red Top, Orchardgarss, Reed Canarygrass, Timoihy, Bluerass, 잔디속(Genus zoysia grasses)	Ladino Clover, White Clover, Strawberry Clover, Sub Clover, Alsike Clover, Birdsfoot Trefoil, Korean lespedeza, Alfalfa
건초용 (Hay Crops)	Sudangrass, Orchardgrass, Timothy, Tall Fescue, Smooth Bromegrass, Italian Ryegrass, 띠	Alfalfa, Red Clover, Birdsfoot Trefoil, 자운영(Chinese Milk Vetch), 칡
사일리지용 (Silage Crops)	Corn, Forage Sorghums, Sudangrass, Sunflower, 청예맥류(麥類), Italian Ryergrass, Bromegrass, 돼지감자, 고구마 같은 서류, Turnip, Raye, 산야초 등	
그 밖에 다즙질 사료작물(Succulent Forage Crops)	무(Radish), 양배추(Cabbage), Beet, 고구마(Sweet Potato), 돼지감자(Canada Potato), 당근(Carrot), 근채류(根菜類) 등	

3. 생존 연한에 의한 분류

생육연수	사료작물의 종류
1년생(Annuals)	Corn, Sudangrass, 수수(Forage Sorghums), 청예용 대두, Korean lespedeza, 피(Japenese millet), Lupines, Sunflower, 호박, 돼지감자, 용설채, 근채류 등
월년생(Winter Annuals)	Italian Ryegrass, Crimson Clover, Bur Clover, Subtesanean Clover, Hairy Vetch, Common Vetch, Rye, Oats, 유채(Rape), 자운영
2년생(Biennials)	Common Ryegrass, Alsike Clover, Red Clover, Sweet Clover 등(2~3년생)
다년생(Perennials)	Bermudagrass, Bromegrass, Birdsfoot Trefoil, Creeping Bent Grass, Ladino Clover, Orchardgrass, Perennial Ryegrass, Tall Fescuee, Reed Canarygrass, Red Top, Timothy, Strawberry Clover, Weeping Lovegrass, White Clover, 잔디, 칡 등

4. 사료작물의 영양가

(1) 두과 사료작물

① 알팔파 : 단백질 함량도 좋고 소화율이 높으며 번식률을 증대시킬 수도 있다. 생육시기별 영양가는 개화기보다 어린 식물에서 조단백질의 함량이 높고, 조섬유 및 탄수화물의 함량은 낮으며, 조지방량은 비슷한 수준을 나타내고 있다. 예취횟수별 영양가는 생초의 경우에 1회보다 3회 예취가 가용무질소물이 우수하고 수분함량이 낮으며, 건초의 경우는 개화기보다 1회 예취한 것이 수분함량이 높다.

② 레드클로버 : 생초보다 건초가 조단백질, 조지방량이 우수하나 조섬유 함량이 높은 단점이 있다. 예취시기별 영양가는 생초의 경우에 1회 예취 때보다 2회 예취가 조단백질의 함량은 우수하나 조섬유 함량이 높은 점은 좋지 않고, 건초는 1회보다는 2회 예취가 조단백질의 함량은 높고 조섬유 함량이 낮아서 유리하다.

③ 화이트클로버 : 개화초기 생초와 건초의 영양가는 건초가 조단백질과 조지방 조정은 양호하나 조섬유의 함량은 높다.

④ 라디노클로버 : 개화 후 영양가보다 두화출현 전이 조단백질의 함량이 높고 조섬유 함량이 낮으므로 유리하다.

⑤ 옐로루핀 : 개화 중 청초와 건초의 영양가는 건초가 가용무질소물의 함량이 높고 TDN의 양도 우수하다.

⑥ 스위트클로버 : 백화종이 황화종보다 가용무질소의 함량이 높다.

⑦ 청예 콩 : 꼬투리형성기보다 만화기의 영양가를 비교하면 만화기가 단백질의 함량이 높고 조섬유의 함량이 낮으므로 이용성이 좋다.

(2) 화본과 사료작물

① 티머시 : 출수 전(초장 45cm)과 출수기(초장 60cm)의 영양가를 보면 출수 전이 조단백질 함량이 높고, 조섬유 함량이 낮기 때문에 이용성이 좋으며, TDN 함량도 우수하다.

② 오처드그라스 : 출수 전의 영양가가 개화 후보다 조단백질 함량이 높고, 조섬유 함량이 낮으며, 봄에 생육한 것이 여름철보다 가용무질소물의 함량이 높다.

③ 이탈리안라이그래스 : 출수기와 개화기의 영양가를 비교해 보면 개화기가 조단백질 함량은 우수하고 조섬유 함량은 낮으므로 이용성이 좋다.

더 알아보기 조단백질 함량

- 개화기 17.75%
- 개화 후 7.05%
- 출수 전 13.35%
- 출수기 12.32%

④ **퍼레니얼라이그래스** : 개화기보다 출수기의 영양가가 조단백질은 높고, 조섬유 함량은 낮으며, 조회분량은 높다.

⑤ **톨페스큐** : 개화기보다 출수기가 조단백질의 함량은 높고, 조회분량은 낮으며, 조섬유 함량은 비슷하다.

⑥ **메도페스큐** : 생육시기별 조다백질의 함량은 비슷하며, 출수기가 개화기보다 가용무질소의 함량이 높으며, 조섬유의 함량은 비슷하다.

⑦ **수단그라스** : 생초의 경우에 출수 전이 개화 후보다 조단백질 함량이 높고 조섬유 함량은 낮으며, 조회분도 낮다. 또한 건초는 출수 전이 개화 후보다 조단백질 함량이 높고 조섬유 함량이 낮다.

⑧ **청예 옥수수** : 생초의 경우에 웅수출현 전이 웅수개화기나 출현기보다 조단백질 함량이 우수하고, 조섬유 함량이 낮으며, 가용무질소 함량이 높다. 또한, 사일리지 사용 시에 황숙기가 유숙기보다 영양가가 높다.

⑨ **청예 호밀** : 출수기가 개화기보다 조단백질 함량은 높고 조회분 함량도 많으며 조섬유 함량은 낮다.

더 알아보기 용어해설

- 고시폴(Gossypol) : 목화의 종자에서 얻을 수 있는 황색 색소로서 고시폴 중독의 원인이 된다.
- 탄닌(Tannin) : 오배자 또는 물식자에서 얻어지는 수렴성 식물소의 일종으로 떫은맛이 있는 담갈색의 부정형성 분말을 말한다. 철학자 아리스토텔레스는 그의 저서 '동물지'에 이러한 몰식자에서 얻어지는 성분과 서양삼 기름, 유향, 올리브유 기름 등을 혼합하여 피임약을 만들었고, 이것을 클레오파트라가 피임을 위하여 삽입약제로 사용한 것으로 알려져 있다. 또한 탄닌은 잉크에도 사용된다. 잉크는 탄닌산 또는 몰식자산과 황산제일철을 주성분으로 하고, 여기에 소량의 염료를 첨가한 것이다. 잉크는 건조하면 철이 산화되어 제이철이 되면서 탄닌산과 결합하여 흑색 침전을 만든다.
- 듀린 : 듀린($C_{14}H_{17}NO_7 \cdot H_2O$)은 수수에서 얻어지는 배당체로 분해되어 청산을 만든다.
- 한해살이(일년생) 식물과 여러해살이(다년생) 식물의 차이 : 벼와 같은 몇몇 식물들은 겨울 추위를 이기지 못하고 모두 시들어 죽고 만다. 이런 식물들을 한해살이 풀이라고 하는데, 한해살이 식물은 겨울눈이 없다. 그 대신 가을에 씨를 남기고 죽는다. 반면에 잔디와 같은 식물은 겨울눈이 있기 때문에 여러해살이 식물이라고 한다.
- 청산 중독 : 수수 및 수단그라스에는 듀린(Dhunin) 물질이 들어 있으며, 이들 물질로부터 가축에게 유독한 청산(HCN ; Cyanogenic glycosides)이 만들어진다. 듀린 물질은 본래 자라고 있는 식물 체내에서는 독작용이 없는 매우 안전한 물질에 속하지만, 가축이 수수 식물체를 채식할 경우 위액에 존재하는 효소에 의해 청산이 생성하게 된다. 이때 채식한 식물체에 들어 있는 청산의 농도가 750ppm 이상으로 높으면 가축의 혈액에서 '시안 헤모글로빈'을 형성하여 산소 공급이 차단되기 때문에 가축이 질식하여 죽게 된다. 청산 중독에 의한 가축 피해는 특히 임신우(牛)일 경우 주의를 요한다.
- 질산 중독 : 식물 체내 포함되어 있는 질산(NO_3)을 과량 섭취하게 되면 반추위에 존재하는 미생물에 의하여 중간 생성물인 아질산(NO_2)이 만들어지며, 이것이 혈류로 흡수되면 헤모글로빈의 2가철이온(Fe^{2+})을 3가철이온(Fe^{3+})으로 산화시켜 농갈색의 '메틸헤모글로빈'을 형성하고 결국 산소 공급이 차단되어 가축이 죽게 된다. 사료작물 중 유채, 수수류, 클로버류, 근채류와 야초의 명아주식물에 질산 축적이 높으며, 옥수수, 맥류 사료, 사료용 피 및 벼과 목초류는 질산 함량이 낮은 작물에 속한다. 가장 간단하게 진단하는 방법으로는 가축의 질 외음부를 확인하는 방법으로 질 외음부의 색상이 검붉은 색으로 변해 있으면 질산 중독으로 판정하고 산화제인 메틸렌블루용액을 주사한다.

- 에너지란 힘을 내기 위한 물질의 대사를 말하며, 총에너지, 가소화 에너지, 대사 에너지, 정미 에너지가 있다.
- 가소화 영양소총량 = 가소화 탄수화물 + 가소화 단백질 × 1.36 + 가소화 지방 × 2.25
- 소화율 = 섭취한 사료성분량 − 분으로 배설된 사료 성분량/섭취한 사료 성분량 × 100
- 필수지방산 : 리놀렌산, 리놀레산, 아라키돈산
- 지용성 비타민 : 비타민 A, D, E, K
- 단백질 : 20개의 아미노산으로 구성되어 있으며, 효소에 의해 아미노산으로 분해 흡수되어 체내 단백질 합성에 이용된다.
- 곡류 사료 : 옥수수, 밀, 보리, 수수, 호밀 등
- 화본과 조사료 : 오처드그라스, 톨페스큐, 티머시, 이탈리안라이그래스 등
- 두과 조사료 : 알팔파, 화이트 클로버, 레드 클로버 등

가축의 정의(비교)	
1. 축산법 : “가축”이란 사육하는 소·말·면양·염소[유산양(乳山羊 : 젖을 생산하기 위해 사육하는 염소)을 포함한다]·돼지·사슴·닭·오리·거위·칠면조·메추리·타조·꿩, 그 밖에 대통령령으로 정하는 동물(動物) 등을 말한다.	1. 가축전염병예방법 : “가축”이란 소, 말, 당나귀, 노새, 면양·염소[유산양(乳山羊 : 젖을 생산하기 위해 사육하는 염소)을 포함한다], 사슴, 돼지, 닭, 오리, 칠면조, 거위, 개, 토끼, 꿀벌 및 그 밖에 대통령령으로 정하는 동물을 말한다.
2. 축산법 시행령 : 「축산법」 제2조제1호에서 “그 밖에 대통령령으로 정하는 동물 등”이란 다음 각 호의 동물을 말한다. ① 기러기 ② 노새·당나귀·토끼 및 개 ③ 꿀벌 ④ 그 밖에 사육이 가능하며 농가의 소득증대에 기여할 수 있는 동물로서 농림축산식품부장관이 정하여 고시하는 동물	2. 가축전염병예방법 시행령 : 「가축전염병예방법」 제2조제1호에서 “대통령령으로 정하는 동물”이란 다음 각 호의 동물을 말한다. ① 고양이 ② 타조 ③ 메추리 ④ 꿩 ⑤ 기러기 ⑥ 그 밖의 사육하는 동물 중 가축전염병이 발생하거나 퍼지는 것을 막기 위하여 필요하다고 인정하여 농림축산식품부장관이 정하여 고시하는 동물
3. 가축으로 정하는 기타 동물[농림축산식품부고시 제2019-36호, 2019.7.25] ① 짐승(1종) : 오소리 ② 관상용 조류(15종) : 십자매, 금화조, 문조, 호금조, 금정조, 소문조, 남양청홍조, 붉은머리청홍조, 카나리아, 앵무, 비둘기, 금계, 은계, 백한, 공작 ③ 곤충(14종) : ㉠ 갈색거저리, ㉡ 넓적사슴벌레, ㉢ 누에, ㉣ 늦반딧불이, ㉤ 머리뿔가위벌, ㉥ 방울벌레, ㉦ 왕귀뚜라미, ㉧ 왕지네, ㉨ 여치, ㉩ 애반딧불이, ㉪ 장수풍뎅이, ㉫ 톱사슴벌레, ㉬ 호박벌, ㉭ 흰점박이꽃무지 ④ 기타(1종) : 지렁이	**[신종으로 편입되는 가축(곤충)]** 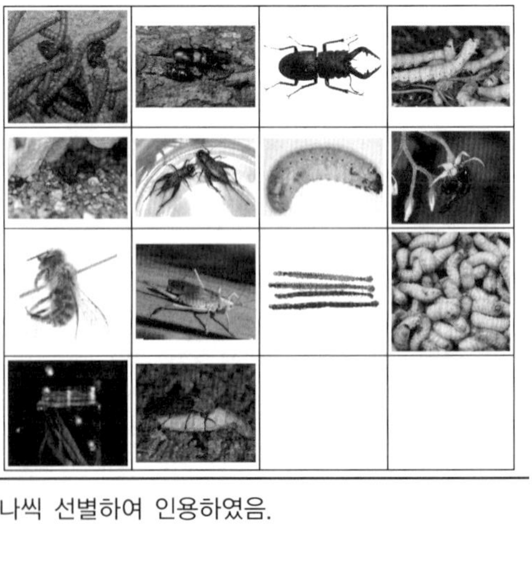

* 사진은 인터넷에 하나하나 검색하여 대표사진을 하나씩 선별하여 인용하였음.

㉠ 갈색거저리(유충), ㉡ 넓적사슴벌레, ㉢ 톱사슴벌레, ㉣ 누에,
㉤ 방울벌레, ㉥ 왕귀뚜라미(사료및 학습용), ㉦ 장수풍뎅이 및 유충, ㉧ 호박벌,
㉨ 머리뿔가위벌, ㉩ 여치, ㉪ 왕지네, ㉫ 흰점박이꽃무지 유충(굼벵이),
㉬ 애반디불이, ㉭ 늦반디불이

적중예상문제

01 다음 목초 중 청산(靑酸) 배당체가 생육 초기에 많이 함유된 것은?

① 수단그라스 ② 알팔파
③ 티머시 ④ 오처드그라스

02 옥수수 Silage 영양가에 대한 설명으로 맞지 않는 것은?

① 열량이 낮다.
② 단백질의 함량이 낮다.
③ 대부분의 광물질 함량이 낮다.
④ 가용 무질소물의 함량이 높다.

해설
전분 및 가용성 당분 함량이 높은 종실을 원료로 하기 때문에 열량이 높다.

03 청예 호밀의 조단백질이 가장 높은 시기는?

① 출수기 ② 수잉기
③ 개화기 ④ 개화 후

해설
조단백질 함량
수잉기 16.28%, 출수기 10.92%, 개화기 9.00%, 개화 후 6.14%

04 귀리를 건초 제조하였을 경우 단백질 함량이 가장 높을 때는?

① 출수 직전 ② 출수기
③ 출수 후 ④ 결실기

해설
출수 직전이 20% 이상 단백질 함량이 높으나 양과 질을 고려하여 출수기에 수확하기도 한다.

05 농후사료에 비하여 목초는 어느 영양성분이 풍부한가?

① 전분가 ② 비타민
③ TDN ④ 조단백질

해설
목초는 에너지 함량이 낮고 조섬유 함량이 높고 반추가축에 만복감을 준다. 농후사료에 비하여 미량광물질과 칼슘 함량이 높고, 두과목초는 조단백질과 비타민 B군 함량이 높고 아울러 지용성비타민의 공급원으로도 좋다.

06 고랭지에서 생산된 목초는 저지대에서 생산된 목초보다 어떤 성분이 많은가?

① 조섬유 ② 조지방
③ 탄수화물 ④ 조단백질

정답 1 ① 2 ① 3 ② 4 ① 5 ② 6 ④

07 혼파작물을 선정할 때 유의할 사항이 아닌 것은?

① 경영목적에 알맞은 작물이어야 한다.
② 혼파작물은 파종시기가 대체로 같은 것이어야 한다.
③ 혼파작물의 수는 너무 많이 선택하지 않는 것이 좋다.
④ 재배하는 지방의 표토에 알맞은 것이어야 한다.

해설
혼파작물은 수확시기가 같은 것이 좋다.

08 간작의 장점에 해당하는 것은?

① 목초는 토양의 영양분을 다양하게 이용한다.
② 목초 생산의 균형을 이룰 수 있다.
③ 합리적인 조합에 의해 지력을 유지할 수 있다.
④ 가축의 영양균형과 기호성을 높인다.

해설
①, ②는 혼파의 장점

09 윤작의 장점이 아닌 것은?

① 지력을 유지 증진시킨다.
② 토지의 이용도를 높인다.
③ 작물의 수량을 높인다.
④ 작물을 자유롭게 경작할 수 있다.

해설
작물을 자유롭게 경작할 수 있는 것은 단작의 장점이다.

10 체중이 500kg인 유우 1두당 필요한 일일 생초 급여량은?

① 10~15kg ② 40~50kg
③ 50~75kg ④ 80~100kg

해설
체중의 10~15% 정도의 생초를 급여하면 적당하다.

11 다음 중 월년생(越年生) 목초는?

① 티머시
② 톨페스큐
③ 화이트 클로버
④ 이탈리안라이그래스

해설
이탈리안라이그래스
외떡잎식물 벼목 화본과의 한해살이풀로 높이가 약 1m이다. 잎은 가늘고 길며 길이 5~30cm, 너비 0.5~1cm이고 뒷면에 윤이 난다. 이삭은 초여름에 나오고 길이 약 2cm의 작은 이삭이 이삭 축을 마주보고 어긋난다. 조생종, 만생종 등 여러 품종이 있으나, 보통 가을에 심어서 다음 해에 2~4회 베어 쓰고, 늦은 봄에 꽃이 피어 열매를 맺고 죽는다. 재생력이 강하고 생장이 빠르다. 호밀풀(Perennial Ryegrass : l. Perenne)과 비슷하지만 잎이 자랄 때 눈 안에서 말려 있고 외영(外頴 ; 화본과 식물의 꽃을 감싸는 포 중 바깥쪽에 있는 것)에 까끄라기가 있는 점이 다르다. 때로 호밀풀이 번져 나와서 자라는 것을 볼 수 있다. 겨울철에 날씨가 따뜻하고 수분이 많은 곳에서 잘 자란다.
사료 작물의 생존 연수에 따른 분류
- 1년생 사료작물 : 옥수수, 수수, 수단그라스
- 월년생 사료작물(해를 넘기는 사료작물) : 이탈리안라이그래스, 호밀, 귀리, 유채
- 다년생 사료작물 : 티머시, 오처드그라스, 톨페스큐, 잔디, 칡

7 ② 8 ③ 9 ④ 10 ③ 11 ④ 정답

12 체중이 400kg인 비육우 1두당 유지사료로 급여해야 할 1일 건초량은?

① 4kg ② 8kg
③ 12kg ④ 20kg

해설

체중의 2% 정도 급여한다.

13 작물을 선택할 때 Silage용 사료작물로 적합한 것은?

① 수량이 많고 당분이 많은 사료작물
② 잎이 잘 떨어지지 않는 사료작물
③ 수확과 건조가 용이한 사료작물
④ 풀의 키가 작은 사료작물

해설

②, ③은 건초용에 적합하고, ④는 방목용에 적합하다.
※ 사일리지(Silage)는 엔실리지(Ensilage) 또는 사일로 피드(Silo Feed)라고 하며 매장사료를 뜻한다.

14 한지형 사료작물의 생육에 적당한 온도는?

① 5~10°C ② 15~20°C
③ 22~25°C ④ 28~30°C

해설

한지형 사료작물은 5°C 이하가 되면 생육이 중지되고, 21℃ 이상이면 고온장해로 생육이 정지되거나 병해를 입는다. 난지형 사료작물은 30~35℃에서 생육이 적당하다.

15 사료작물 재배 시 질소비료를 많이 주면 어떤 현상이 나타나는가?

① 도 복
② 조기 개화
③ 단백질 함량 저하
④ 황화 현상

해설

청록색 잎의 형성이 지연되고, 연약한 조직형성으로 도복이 생기며, 병충해와 동해의 피해가 심하고 질산과다로 중독 현상이 나타난다.

16 칼리질 비료성분이 부족할 경우에는 어떤 현상이 나타나는가?

① 식물생장·생성기능 저하
② 탄수화물 감소
③ 단백질 감소
④ 높은 염농도 피해

해설

시용효과 중 사료가치는 일시에 다량 시비하는 것보다 나누어 시비하는 편이 좋고 환경의 적응성 약화로 도복이 생기고 가뭄과 냉해의 피해가 크다.

17 다음 중 인산질 비료의 효과와 관계가 없는 것은?

① 조기 개화
② 가지치기 왕성
③ 초기 생육 완성
④ 목초근의 발육 촉진

해설

생육이 양호하여 수량이 많아지고 인산과 단백질 함량이 많아서 사료가치가 향상된다.

정답 12 ② 13 ① 14 ② 15 ① 16 ④ 17 ①

18 Silage용 옥수수의 수확 적기는?

① 유숙기(乳熟期) ② 호숙기(湖熟期)
③ 황숙기(黃熟期) ④ 완숙기(完熟期)

해설

사일리지용 사초의 수확 적기
- 옥수수 : 황숙기(수분함량 70%, 흑색층 형성기)
- 수단그라스, 수수 : 호숙기
- 알팔파 : 꽃봉오리가 한창일 때~1/10 개화기
- 일반두과 : 1/4~1/2 개화기
- 화곡류(보리 등) : 수잉기~유숙기
- 고구마, 유채 : 서리오기 전

19 청예법 이용의 단점은 무엇인가?

① 영양분의 손실이 적고 기호성이 높다.
② 토지의 생산성을 고도로 높인다.
③ Ensilage 제조보다 비용이 적게 든다.
④ 재배이용에 노력이 많이 든다.

해설

건초 사일리지보다 조제·저장에 소요되는 비용이 적게 들고 방목할 때에 제상, 배분, 선택채식으로 인한 사료의 손실이 적고 다모작을 할 수 있으므로 토지의 생산성을 높인다.

20 사료작물을 Silage로 급여할 경우 그 장점이 아닌 것은?

① 겨울에도 가축이 좋아하는 다즙질 사료를 급여할 수 있다.
② 일정한 토지에 대한 가축의 사육두수를 늘릴 수 있다.
③ 일정한 장소에 저장량이 많다.
④ 경비가 적게 든다.

해설

양질의 Silage를 만들기 위해 시설 및 기구가 필요하므로 경비가 많이 든다.

21 Haylage를 제조할 때 적당한 수분 함량은?

① 10~20% ② 20~40%
③ 40~60% ④ 60~80%

해설

저수분 사일리지인 헤일리지(Haylage)는 수분이 40~60%이다.

22 Silage용 옥수수의 적당한 수분 함량은 얼마인가?

① 45~55% ② 55~65%
③ 65~75% ④ 75~85%

해설

Silage용 옥수수의 수분 함량은 70% 내외가 적당하다. 70~75%일 때는 손으로 쥐었다가 놓았을 때 손가락이 축축하고, 60~70%일 때는 쥐었다가 놓았을 때 손가락이 축축하지 않고 재료를 뭉쳐도 서서히 풀어진다.

23 엔실리지를 제조하면 무엇이 단점으로 나타나는가?

① 양분의 손실이 적음
② 사료가치가 높은 것만을 섭취하게 됨
③ 잡초방제
④ 비타민 D의 감소

해설

품질 좋은 다즙질 사료로서 청예 건조보다 남김없이 섭취할 수 있으나 천일 건조보다는 비타민 D의 함량이 낮다.

18 ③ 19 ④ 20 ④ 21 ③ 22 ③ 23 ④ **정답**

24 Silage 제조 4단계에 대한 설명 중 틀린 것은?

① 1단계 : CO_2와 열 발생
② 2단계 : Acetic Acid의 생성
③ 3단계 : 젖산생성, pH 증가
④ 4단계 : Silage 고정, 혹은 낙산 생성

해설
3단계에서 pH는 4.2 이하로 떨어진다.

25 Silage를 제조할 때의 적합한 조건이 아닌 것은?

① 탄수화물의 함량이 될 수 있는 대로 많아야 한다.
② 적당한 온도와 수분을 유지해야 한다.
③ 낙산균 이외의 잡균 번식을 없애야 한다.
④ 혐기성 상태를 유지해야 한다.

해설
Silage는 저장사료의 일종으로 매초라고도 한다. 생초에 젖산균들이 자라 젖산 발효를 일으키는 것으로 젖산(Lactic Acid)균 이외의 잡균번식을 없애야 한다.

26 엔실리지 옥수수의 절단 길이로 적당한 것은?

① 1~2cm ② 3~4cm
③ 5~6cm ④ 6~10cm

해설
재료는 가능한 한 짧게 절단하는 것이 좋다.

27 엔실리지의 품질평가 때 대단히 우수한 산도는?

① pH 3.5~4.2 ② pH 4.2~5.5
③ pH 5.5~6.7 ④ pH 6.7~7.0

해설
우수한 것은 pH 3.5~4.2, 양호한 정도는 pH 4.5~4.8, pH 4.8 이상은 불량이다.

28 체중 400kg인 유우 1두당 급여해야 할 1일 사일리지 급여량은?

① 10kg 이하 ② 10~20kg
③ 25~30kg ④ 35~40kg

해설
체중의 3~4%가 적당하다. 대체로 한우 13kg, 말 15kg, 양 3.5kg, 토끼 0.2kg이다.

29 단위 면적당 가소화 영양소 총량을 생산하는 측면에서 생산량이 가장 높은 사료 작물은?

① 옥수수 ② 수단그라스
③ 연 맥 ④ 호 밀

30 양질의 엔실리지에서는 어떤 냄새가 나는가?

① 산취(酸臭)가 전혀 나지 않음
② 달콤한 산취(酸臭)
③ 부패 냄새
④ 불쾌한 암모니아 냄새

해설
양질의 엔실리지는 달콤한 산취와 향기가 난다.

정답 24 ③ 25 ③ 26 ① 27 ① 28 ② 29 ① 30 ②

31 건초용으로 재배되는 목초는 수량이 많고 기호성 좋은 상번초이다. 다음 중 이에 속하지 않는 초종은?

① 오처드그라스 ② 티머시
③ 톨페스큐 ④ 옥수수

해설
오처드그라스는 국내에서 가장 많이 재배하는 화본과 목초이다. 옥수수는 주로 청예용이나 사일리지용으로 재배한다.
상번초(上繁草)는 목초의 생육형태가 줄기 위에 있는 잎이 무성한 풀을 말한다. 줄기가 길며 직립하고 높은 줄기에도 불구하고 잎이 무성한 초종으로 화본과에는 오처드그라스, 티머시, 이탈리안라이그래스, 톨페스큐, 수단그라스 등이 있고, 두(콩)과에는 레드클로버, 알팔파, 크림슨클로버, 스위트클로버 등이 있다.

32 화본과 작물의 잎의 형태가 아닌 것은?

① 막 형 ② 분 리
③ 모 형 ④ 부 채

33 방목용 목초로 적합하지 않은 것은?

① 화이트클로버
② 리드카나리그래스
③ 톨페스큐
④ 레드클로버

해설
방목에 적합한 목초는 퍼레니얼라이그래스, 켄터키블루그래스, 리드카나리그래스, 톨페스큐, 화이트클로버, 라디노클로버 등이 있다.

34 다음 설명 중 건초의 장점이 아닌 것은?

① 정장제로서 설사를 방지한다.
② 햇빛에 말린 건초는 비타민 D의 함량이 낮다.
③ 운반과 취급이 용이하다.
④ 손쉽게 만들 수 있다.

35 작부체계에서 옥수수 수확 후 후작으로 많이 이용되고 있는 사료작물로만 묶인 것은?

① 근채류, 피, 호밀
② 수단그라스, 유채, 연맥
③ 호밀, 연맥, 유채
④ 호밀, 피, 이탈리안라이그래스

36 수단그라스의 초지에 방목하였을 때 청산중독을 예방하기 위한 초장은?

① 10~15cm ② 15~20cm
③ 30~40cm ④ 45~60cm

해설
초장이 낮은 경우 청산 중독의 우려가 있으므로 45~60cm일 때가 이상적이다.

31 ④ 32 ② 33 ④ 34 ② 35 ③ 36 ④ 정답

37 초지 조성 시 목초를 혼파할 때의 이점은?

① 콩과 목초 우점초지를 만들 수 있다.
② 초종 간의 공간 이용에 있어서 경합을 증가시킨다.
③ 가축에 영양소가 높고, 맛있는 풀을 공급한다.
④ 화본과 목초 우점초지를 만들 수 있다.

38 고온에서 잘 생육하는 사료작물은?

① 연 맥
② 유 채
③ 호 맥
④ 수수×수단그라스

해설

수단그라스계 잡종은 고온에서 생산량이 높고 재생이 잘 되어 여름철 청예용으로 알맞다.

39 방목의 장점이 아닌 것은?

① 분뇨의 시비노력이 절약된다.
② 단위면적당 수량이 청예법에 비해 많아진다.
③ 가축의 건강과 번식에 효과적이다.
④ 기호하는 목초를 마음대로 채식할 수 있다.

40 다음 석회, 질소, 인산, 칼륨 비료의 시비효과에 관한 설명 중 잘못된 것은?

① 석회는 다른 비료성분의 흡수율을 증가시킬 수 있다.
② 질소질 비료는 몇 회로 나누어 주는 것이 좋다.
③ 인산과 칼륨질 비료는 특히 콩과(두과)에 있어서 시비효과가 크다.
④ 다량의 질소시비는 수량은 증가되나 단백질 함량은 저하된다.

41 하고현상(夏枯現象, Summer Depression)이 일어나지 않는 사료작물은?

① 오처드그라스　② 수단그라스
③ 톨페스큐　④ 연 맥

해설

하고현상
여름철에 목초의 성장이 중지되는 현상으로, 우리나라 남서부지방에서 한지형 목초에 나타난다. 생산수량과 관계가 깊으며 온도와 밀접한 관계가 있다. 내한성(耐寒性)이 강하여 월동(越冬)하는 다년생 북방형 목초에 많이 나타난다. 여름철에 생장이 쇠퇴하거나 정지하고, 심하면 황화(잎이 노란색으로 변함), 고사(枯死)하여 여름철의 목초생산량이 매우 감소하게 된다.

정답 37 ③　38 ④　39 ②　40 ④　41 ②

42 다음의 내용을 설명하고 있는 사료작물은?

> 학명은 *Brassica napus*로 십자화과(十花科)에 속하며, 토양에 대한 적응성이 높다. 옥수수 후작으로 많이 재배하며, 봄 과종의 경우 3월상, 중순이 적기이다. 파종량은 ha당 8~9kg이며, 수분함량이 높고 조섬유는 적고 가용무질소물 및 가소화 단백질 등이 풍부하여 젖소의 풋배기용으로 많이 이용된다.

① 호 밀　　② 피
③ 유 채　　④ 순 무

43 이 목초는 세포 내에 기생하는 곰팡이와 공생하여 더운 여름에 견디는 힘이 비교적 강하고, 짧은 지하경과 잎의 견고성으로 방목과 추위에도 강한 초종이다. 그러나 곰팡이에 감염된 이 목초를 섭취한 가축은 생산성이 떨어지기 때문에 종자 구입 시 주의가 요구된다. 이 초종은 어떤 것인가?

① 알팔파(Alfalfa)
② 오처드그라스(Orchardgrass)
② 톨페스큐(Tall Fescue)
④ 리드카나리그래스(Reed Canary Grass)

44 다음 중 가축의 사료 섭취량에 대한 증체량의 비율인 사료 효율을 나타내는 용어는?

① Feed Efficiency
② Nutritive Ratio
③ Nitrogen Retention
④ Feed Conversion Ratio

45 북방형(한지형)목초가 가장 잘 자라는 기온은?

① 5~10℃　　② 10~15℃
③ 15~21℃　　④ 25~30℃

해설

난지형 사료작물은 30℃, 한지형 사료작물은 15~20℃ 범위에서 정상적인 생육이 이루어진다.

46 우리나라 혼파초지 조성 시 가장 많이 이용하는 콩과 목초는?

① 알팔파
② 레드클로버
③ 라디노클로버
④ 버즈풋트레포일

해설

콩과(두과) 식물로 사일리지를 조제할 때 유리하다. 제조 시 당밀을 첨가한다.

42 ③ 43 ② 44 ① 45 ③ 46 ③ **정답**

47 다음의 광물질 중 필수 광물질로만 짝지어진 것은?

① Ca, Se ② K, Fe
③ Mn, B ④ Se, As

해설

광물질(鑛物質)이란 단백질·지방·탄수화물·비타민과 함께 5대 영양소의 하나로, 인체 내에서 여러 가지 생리적 활동에 참여하고 있다. 무기염류 중 인체를 구성하는 원소인 칼슘(Ca)·인(P)·칼륨(K)·나트륨(Na)·염소(Cl)·마그네슘(Mg)·철(Fe)·아이오딘(I)·구리(Cu)·아연(Zn)·코발트(Co)·망가니즈(Mn) 등의 원소는 미량으로도 충분하지만 없어서는 안 되는 것들이다. 따라서 이들 무기염류의 섭취가 부족하면 각종 결핍증을 유발한다. 예를 들어, 칼슘은 뼈의 구성 성분이며 근육 운동에 관여하기 때문에 칼슘이 부족하면 구루병이 생기거나 근육운동의 부조화가 일어난다. 또 나트륨은 우리 몸의 삼투압이나 pH를 조절하는 성분으로 부족하면 신경에 이상이 생기고, 망가니즈는 효소의 기능을 돕는 역할을 하는 무기염류로서 부족할 경우 불임을 초래하기도 한다. 헤모글로빈의 성분인 철이나 적혈구를 만드는 데 사용되는 구리, 코발트 등의 섭취가 부족하면 빈혈이 생길 수 있다.

- 필수광물질
  - 다량 물질 : 칼슘(Ca), 인(P), 나트륨(Na), 염소(Cl), 마그네슘(Mg), 칼륨(K), 황(S)
  - 미량 물질 : 망가니즈(Mn), 구리(Cu), 철(Fe), 아이오딘(I), 아연(Zn), 코발트(Co), 플루오린(F), 몰리브데넘(Mo), 셀렌(Se), 비소(As),
- 필수아미노산 : 라이신, 아르기닌, 히스티딘, 메티오닌, 트립토판, 발린, 페닐알라닌, 류신, 아이소류신, 트레오닌

48 다음 중 필수 아미노산이 아닌 것은?

① 알라닌 ② 라이신
③ 히스티딘 ④ 페닐알라닌

해설

필수아미노산 : 라이신, 아르기닌, 히스티딘, 메티오닌, 트립토판, 발린, 페닐알라닌, 류신, 아이소류신, 트레오닌

49 다음 비타민에 대한 설명 중 옳은 것은?

① 소량으로도 동물의 정상 발육과 생명 유지를 수행할 수 있다.
② 지용성 비타민은 A, D, E, K가 있다.
③ 가축 스스로 생산할 수 있어서 사료로 공급할 필요가 없다.
④ 열량이 높은 에너지원으로 꼭 필요한 영양소이다.

50 다음 조사료 중 두과 목초에 해당하는 것은 어느 것인가?

① 티머시 ② 알팔파
③ 옥수수 ④ 수단그라스

해설

두과 목초 : 알팔파, 라디노클로버, 레드클로버, 화이트클로버, 버즈풋트레포일 등

51 다음 야초 중 두과에 해당하는 것은 어느 것인가?

① 피 ② 쇠뜨기
③ 강아지 풀 ④ 자운영

52 사료의 에너지 중 가축의 생명 유지나 생산 활동에 이용되는 에너지는?

① 가소화 에너지(DE)
② 대사 에너지(ME)
③ 정미 에너지(NE)
④ 총 에너지(GE)

정답 47 ② 48 ① 49 ② 50 ② 51 ④ 52 ③

53 다음 설명 중 반추 가축의 반추위 설명에 알맞은 것은?

① 반추 가축의 반추위는 4개의 위 중에서 제3위와 4위를 말한다.
② 반추 가축의 반추위는 제1위를 말하며, 제1위는 단위 가축의 위와 같다.
③ 반추 가축의 위에는 가축이 섭취한 사료를 소화·흡수시키기 위한 가축으로부터 분비된 효소들이 있다.
④ 반추 가축의 반추위에는 많은 미생물이 있으며, 이들이 가축이 섭취한 사료를 분해하여 이용한다.

54 보충사료가 아닌 것은?

① 광물질 ② 비타민
③ 항생제 ④ 자운영

해설
농후 사료나 조사료만으로 가축이 요구하는 영양소를 충족시킬 수 없을 경우 또는 특수한 효과나 목적을 위하여 사용되는 사료를 보충사료라 한다.

55 아질산 중독증의 원인은?

① 질 산 ② 염 산
③ 황 산 ④ 아 연

해설
식물 체내 포함되어 있는 질산(NO_3)을 과량 섭취하게 되면 반추위에 존재하는 미생물에 의하여 중간 생성물인 아질산(NO_2)이 만들어진다. 이것이 혈류로 흡수되면 헤모글로빈의 2가철이온을 3가철이온으로 산화시켜 농갈색의 "메틸헤모글로빈"을 만들게 되고, 결국 산소 공급이 차단되어 가축이 죽게 된다.

56 사료의 총에너지 중 분으로 배설된 에너지를 제외한 에너지를 무엇이라 하는가?

① Net Energy(정미에너지)
② Gross Energy(총에너지)
③ Digestible Energy(가소화에너지)
④ Metabolizable Energy(대사에너지)

57 다음 중 사료의 총에너지를 표시한 것은?

① Metabolizable Energy
② Gross Energy
③ Digestible Energy
④ Net Energy

해설
에너지(Energy)란 간단히 정의해서 "일 할 수 있는 능력"을 말한다. 사료 중 에너지는 어떤 물질을 지칭해서 말하는 것이 아니라, 사료 중 탄수화물, 지방, 단백질이 체내 대사과정에서 생성하는 에너지를 말하며, 젖소는 대부분 요구되는 에너지를 사료 중 탄수화물로부터 공급받으며, 이때 가장 경제적이다.
※ 사료 중 발생열량(1g 당) : 탄수화물 4.1kcal, 단백질 5.4kcal, 지방 9.2kcal

58 대사에너지에서 영양소의 대사 과정 중 발생하는 열량 증가를 제외한 에너지는?

① Net Energy
② Metabolizable Energy
③ Digestible Energy
④ Gross Energy

53 ④ 54 ④ 55 ① 56 ③ 57 ② 58 ① 정답

59 **다음 중 가소화 조단백질 함량과 다른 가소화 영양소 총량과의 비율인 영양률을 나타내는 용어는?**

① Nitrogen Retention
② Feed Conversion Ratio
③ Feed Efficiency
④ Nutritive Ratio

60 **사료의 총에너지 중 분, 요, 가스 형태로 배출된 에너지를 제외한 것을 무엇이라 하는가?**

① Gross Energy
② Net Energy
③ Digestible Energy
④ Metabolizable Energy

해설

섭취된 사료 에너지의 변화

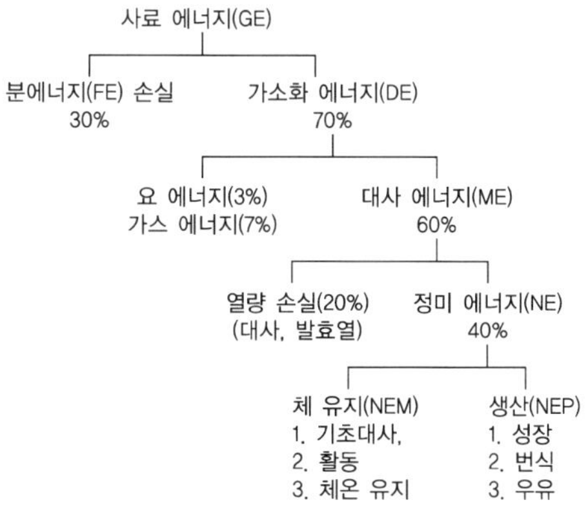

61 **즙이 많은 목초나 사료 작물을 공기가 없는 상태에서 발효시켜 보존한 조사료는?**

① Formula Feed
② Silo
③ Feed
④ Ensilage

62 **사료 중 가소화 영양소를 모두 함유한 가소화 영양소 총량을 나타낸 것은?**

① NE
② DE
③ ME
④ TDN

해설

- 가소화 양분총량(TDN ; Total Digestible Nutrient) : 사료 중 에너지 함량을 나타낼 때 TDN을 사용한다. TDN은 소화시험을 통하여 구하므로 DE와 비슷하다. DE는 KcaJ 또는 Mcal로 나타내며, TDN은 백분비(%) 또는 kg으로 나타낸다(TDN 1g은 DE 4.4 kcal로 환산 가능).
- 가소화 단백질(DCP ; Digestible Crude Protein) : 단백질의 가치를 소화, 흡수되는 단백질의 양으로 표시한다.
  DCP = TDN − 가소화 조단백질 + (가소화 조지방 × 2.25) + 가소화 가용무질소물(NFE) + 가소화 조섬유

※ 가소화 조지방에만 2.25를 곱한 것은 지방의 에너지 함량이 단백질이나 탄수화물보다 2.25배 높기 때문이다. 문제점으로 TDN에서는 총사료 에너지에서 분에너지 손실만을 고려하고, 가스에 의한 에너지 손실 및 열 증가에 의한 에너지 손실은 고려하지 않았다. 장점은 측정이 쉽고 지금까지 많은 자료를 갖고 있으며 %, kg으로 표시되어 쉽게 이해할 수 있다.

63 **다음 중 목초를 베는 기계 명칭은?**

① Rake
② Mower
③ Windrower
④ Tedder

해설

초지용 기계

- 장애물 제거용 : Bush Cutter, Rake Dozer, Rotary Cutter
- 경운용(땅파기) : Mold Board Plow, Disc Plow, Rotary
- 쇄토정지용 : Disc Harrow, Tooth Harrow
- 목초수확용 : 예토기, 목초수확절단기(Mower), Hay Rake, Tedder, Hay Baler
- 시비・파종작업기 : 비료(퇴비)살포기, 목초파종기

정답 59 ④ 60 ④ 61 ④ 62 ④ 63 ②

64 다음 중 목초를 뒤집고 모으는 기계는?

① Rake ② Hay Conditioner
③ Windrower ④ Mower

65 우리나라를 비롯하여 세계적으로 가장 널리 이용되는 사양표준의 약칭은?

① NRC ② ARC
③ KRC ④ JRC

해설

NRC는 미국의 대표적인 사양표준으로 대상동물이 다양하고, 실험동물도 포함된다. 영양소 요구량도 단백질은 조단백질, 총조단백질, 에너지는 가소화, 대사, 정미 에너지로 구체적으로 구분하고 증체, 우유, 고기 생산, 임신 등 각종 생산을 위한 에너지로 세분화하며 우리나라에서는 주로 NRC 사양표준이 사용되고 있다. ARC는 영국의 사양표준이다.

66 방목 이용법에는 여러 종류가 있는데, 그중 가장 집약적인 방목방법의 일종으로 방목구역을 전기목책으로 나누고 가축이 12시간 또는 이보다 짧은 시간 동안 한 목구에서 머물 수 있도록 초지를 할당하는 형태의 방목은?

① 고정방목 ② 윤환방목
③ 대상방목 ④ 계 목

67 사일리지(엔실리지)의 품질을 고려할 때 가장 좋은 상태의 pH는?

① 3.8~4.0 ② 4.5~5.0
③ 5.0~5.5 ④ 5.6~6.0

68 일반적으로 가공형태별로 보면 청초의 섭취량이 많고 건초의 섭취량은 적다. 다음 중 번식우에 대한 조사료의 섭취 가능량(체중비)이 틀린 것은?

① 짚류 : 3~4%
② 사일리지 : 5~6%
③ 근채류 : 6~8%
④ 청예작물 : 8~10%

69 다음 화본과 목초 중 원추화서인 것은?

① 
② 
③ 
④ 

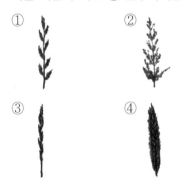

해설

원추화서
화서의 축(軸)이 수회 분지(分枝)하여 최종의 분지가 총상 화서가 되고, 전체가 원뿔 모양을 이루는 것을 이른다. 남천, 벼 등이 있다. 화본과의 대표적인 꽃차례이다.

64 ① 65 ① 66 ③ 67 ① 68 ① 69 ② 정답

70 **다음 중 우리나라 남부지방에서 답리작(논 뒷그루) 사료작물로 가장 많이 재배 이용하고 있는 것은?**

① 이탈리안라이그래스

② 호 밀

③ 오처드그라스

④ 알팔파

해설

이탈리안라이그래스

초기 생육이 왕성하고 기호성이 좋기 때문에 우리나라 남부지방의 단기 윤작 초지의 중요한 작물이며 생산성도 좋다.

71 **단파와 비교할 때 혼파의 장점은?**

① 가축의 기호성을 증가시키고 영양분의 공급이 다양해진다.

② 무기질 비료의 시비량을 증가시킨다.

③ 초종 간의 공간이용에 경합을 증가시킨다.

④ 두과 목초는 N을, 화본과 목초는 P, K 등을 많이 흡수한다.

72 **방목하는 젖소에서 가끔 발생되는 그래스테타니는 어떤 광물질 결핍되면 발생하는가?**

① Mg　　② Mn

③ Cu　　④ Co

해설

마그네슘테타니 : 혈중 마그네슘 함량이 낮아서 신경의 흥분이 심하고 근육 경련이 심해지고 혈압이 떨어져 죽게 되는 현상

73 **다음 중 1년생 사료작물에 속하는 것은?**

① 수단그라스　　② 오처드그라스

③ 알팔파　　④ 레드클로버

해설

- 1년생 : 수단그라스, 옥수수, 수수, 콩, 피
- 월년생 : 이탈리안라이그래스, 베치, 호밀, 귀리
- 2년생 : 라이그래스, 레드클로버, 스위트클로버
- 다년생 : 화이트클로버, 오처드그라스, 티머시, 톨페스큐, 퍼레니얼라이그래스

74 **초지의 관수를 할 때 사용 효과가 가장 큰 비료는?**

① 질 소　　② 인 산

③ 칼 리　　④ 퇴구비

75 **다음 사료작물 중 질산태질소의 함량이 가장 많은 작물은?**

① 티머시

② 켄터키블루그래스

③ 알팔파

④ 수단그라스

정답 70 ① 71 ① 72 ① 73 ① 74 ① 75 ④

76 알팔파는 사료가치가 매우 우수하여 목초의 여왕이라 불린다. 우리나라에서 알팔파 재배 시 제한요인이라고 생각되지 않는 것은?

① 토양의 산성 ② 월동 불가능
③ 붕소의 결핍 ④ 근류균의 부재

해설
알팔파는 재배 역사가 오래되고 단백질, 무기질, 비타민 등의 함량이 높아서 사초의 여왕이라 불린다. 곧고 깊은 직근의 발달로 가뭄에 잘 견디고 내한성도 높으나 산도가 낮은 곳에서는 수량이 매우 낮아 산도 교정과 근류균의 접종, 미량 원소인 붕소(B)의 사용이 필요하다.

77 건초의 안전 저장과 연관성이 가장 없는 것은?

① 저장 장소 ② 수분 함량
③ 퇴적 밀도 ④ 잎의 비율

해설
건초는 수분 함량이 25% 이하가 되어야 하며, 장기간 보관 시 15% 이하가 되어야 안전하다.

78 목초는 다양한 방법에 의하여 번식을 한다. 다음 목초 중 지하경이나 포복경이 없이 종자에 의해서만 번식하는 목초는?

① 톨페스큐(Tall Fescue)
② 리드카나리그래스(Reed Canarygrass)
③ 스무스브롬그래스(Smooth Bromegrass)
④ 오처드그라스(Orchardgrass)

해설
오처드그라스(Orchardgrass)
화본과 목초로 초장은 80~120cm로, 다발률 형성하며 자란다. 초봄에 생육이 빠르고 내 한성도 기대된다. 우리나라에서 가장 많이 재배되며 건물기준 8~18%의 조단백질을 함유하고 있다.

79 한지형 사료작물을 잘못 설명한 것은?

① 저온에 잘 견딘다.
② 북방형 사료작물이다.
③ 성장이 5~6월에 최고에 달한다.
④ 하고 현상이 없다.

80 수단그라스(Sudan Grass)에 대한 설명으로 맞는 것은?

① 생육이 빠르며 토양이 척박한 곳에서도 잘 자란다.
② 품종에는 윈톡(Wintok), 카유스(Cayuse), 아켈라(Akela) 등이 있다.
③ 초장이 낮은 어린시기의 것을 청예로 이용할 경우 청산중독의 위험이 있다.
④ 파종량은 조파의 경우 ha당 80~120kg 정도이다.

해설
옥수수와 함께 대표적인 여름작물로 주로 청예용으로 이용된다. 토양적응성이 옥수수보다 넓고 가뭄에도 잘 견디며, 예취 후 재생이 활발하여 연간 2~4회 이용이 가능하나, 초기 생육이 느리다. 너무 어릴 때 급여하면 청산(HCN)중독의 위험이 있어 1m 이상 성장 시 방목한다.

76 ② 77 ④ 78 ④ 79 ④ 80 ③ 정답

81 다음 설명하는 사일로의 종류는?

> 대부분 지상형으로 건축비가 싸며, 경사지를 이용하여 원료를 사일로에 충전시킬 수 있다. 사일로에 지붕을 하면 공간을 이용하여 건초 사료로도 이용할 수 있다. 반면 사일로가 크면 충전시간 및 밀봉이 늦어지며, 공기에 접하는 면적이 크므로 2차 발효가 일어나기 쉽다.

① 벙커(Bunker) 사일로
② 스택(Stack) 사일로
③ 탑형(Tower) 사일로
④ 기밀(Airtight) 사일로

82 사일리지 제조 시 첨가물과 그 작용을 연결한 것 중 잘못된 것은?

① 개미산 - pH 저하
② 초성아황산소다 - 유해발효를 억제
③ 요소 - 재료의 양분을 보강
④ 당밀 - 젖산 생성을 억제

해설

사일리지 첨가물

- 젖산균, 당밀 등과 같이 젖산발효를 촉진시키는 첨가물
- 포름산, 개미산 등과 같이 사일로 내의 pH를 저하시키는 첨가물
- 유해균 발생을 억제시키는 첨가물
- 사일리지의 영양 가치를 보강하기 위한 첨가물

83 두과(콩과) 목초의 특징이 아닌 것은?

① 근류균을 형성
② 주요 단백질 공급원
③ 잎맥은 그물모양
④ 뿌리는 섬유상의 수염뿌리

84 화본과 목초의 분얼(Tillers)에 대한 설명 중 틀린 것은?

① 온도가 높아지면 많아진다.
② 생식생장기에 많다.
③ 영양생장기 마지막에 최대에 달한다.
④ 여름과 가을을 거치면서 감소한다.

해설

분얼(Tillers)은 마디에서 곁눈이 신장되는 것을 말한다(곁가지 = 분얼경).

85 다음 목초 중 다발형 목초로 짝지어진 것은?

① 오처드그라스, 티머시
② 켄터키블루그래스, 퍼레니얼 라이그래스
③ 톨페스큐, 이탈리안 라이그래스
④ 리드카나리그래스, 레드톱

86 목초의 하고(夏藁) 현상에 대한 설명으로 가장 적합한 것은?

① 하고 현상 주요인은 높은 기온 때문이다.
② 하고 기에는 목초의 초장을 길게 유지하는 것이 좋다.
③ 하고 기에는 질소시비를 충분히 하여야 한다.
④ 병해나 하고와는 무관하다.

해설

하고 현상 : 여름철 높은 기온으로 인한 생육의 일시정지현상(북방형 목초가 해당됨)

정답 81 ① 82 ④ 83 ④ 84 ① 85 ① 86 ①

87 **사료작물의 수량을 향상시키기 위하여 재배 시 토양개량제로서 석회를 시용한다. 석회의 역할 또는 시용(施用)방법을 바르게 설명하고 있는 것은?**

① 목초의 탄수화물 대사에 관여하며 단백질의 주요한 구성 성분이다.
② 토양의 미량성분(Mn, B, Cu, 표시)의 유효 이용률을 증가시킨다.
③ 토양유기물을 분해하여 토양미생물의 생존을 돕는다.
④ 석회는 물에 쉽게 용해되므로 초지조성 바로 직전에 살포하는 것이 좋다.

88 **토양 적응성이 좋고 월동이 잘되어 우리나라 전국에서 재배가 가능하며, 특히 답리작으로 많이 재배되고 있는 사료 작물은?**

① 연 맥
② 유채(Rape)
③ 호맥(Rye)
④ 이탈리안라이그래스(Italian Ryegrass)

해설
호맥은 전국에서, 이탈리안라이그래스는 남부지방에서 답리작으로 많이 이용된다.

89 **사일리지의 발효품질을 평가할 때 pH를 지표로 할 경우의 설명으로 맞는 것은?**

① 사일리지에는 주로 낙산함량이 많아지면 저하된다.
② 저수분사일리지에서는 유산 생성이 낮아 pH를 발효품질의 지표로 사용할 수 있다.
③ 유산발효가 일어나면 암모니아태질소가 증가하여 pH가 높아진다.
④ 발효품질이 양호한 사일리지의 pH는 4.2 이상이다.

90 **알팔파, 레드클로버와 같은 두과 목초의 1차 수확 적기는?**

① 개화 초기 ② 출수 직전
③ 출수 직후 ④ 수잉기

해설
수확 적기
대부분의 두과식물은 개화초기부터 만개기까지가 수확적기이며, 스위트클로버 질이 건강해서 개화 전이 수확적기이다.

87 ③ 88 ③ 89 ② 90 ① 정답

91 콩과(荳科) 사료작물의 일반적 특징에 해당하는 것은?

① 뿌리 : 직근(곧은 뿌리)
② 열매 : 씨방벽에 융합
③ 줄기 : 둥글고 마디
④ 잎 : 나란히 맥

해설

화본과 작물의 일반적 특성

- 근계(Root System)는 수염뿌리(콩과는 하나로 되어 있거나 가지를 치는 곧은 뿌리이다)
- 줄기(Stems)는 속이 비어 있고 둥글며, 마디(Node)로 구분되어 있다.
- 잎(Leaves)은 평행맥(나란히맥)이다.
- 꽃차례(花序, Inflorescence)는 대부분 수상화서 또는 원추화서이며, 총상화서는 드물다.
- 열매(Fruit)는 씨방벽(Ovary Wall)에 융합되어 있는 하나의 종자이다.

92 남방형 목초의 생육적온은?

① 5~10℃	② 15~20℃
③ 30~35℃	④ 50~55℃

93 연맥(귀리)에 대한 설명으로 옳은 것은?

① 봄 파종의 경우 5~6월경이 파종적기이다.
② 옥수수 수확 후 가을에 파종하여 이른 봄에 청예로 이용한다.
③ 봄 연맥은 유숙기에서 호숙기 사이에 예취하여 사일리지로 한다.
④ 파종량은 가을파종에서 ha당 150kg 정도이지만 봄 파종에서는 10% 정도 증가시킨다.

94 목초 유식물의 억압력 지수는 초기 생육과 관련이 있다. 다음 중 억압력 지수가 가장 높은 초종은?

① 이탈리안라이그래스
② 오처드그라스
③ 톨페스큐
④ 벤트그래스

95 2차 발효란 사일로를 개봉한 후 사일리지가 공기에 접하면 그 부분에 효모나 곰팡이 등의 호기성 미생물이 증식하여 열을 발생하며 변패하는 것을 말한다. 2차 발효가 발생하기 쉬운 조건에 대한 설명으로 틀린 것은?

① 양질의 사일리지보다 낙산함량이 높은 불량한 사일리지에서 잘 발생한다.
② 효모와 곰팡이는 높은 기온에서 활발히 증식하므로 고온에서 조제한 사일리지에서 발생하기 쉽다.
③ 사일리지의 밀도가 낮으면 개봉 후 공기가 침입하기 쉬워지므로 발생하기 쉽다.
④ 일일 사일리지를 퍼내는 양이 적으면 퍼낸 부분의 사일리지가 항상 공기에 접하고 있어 발생하기 쉽다.

정답 91 ① 92 ③ 93 ③ 94 ① 95 ①

96 다음 사일로 중 부패손실이 가장 큰 것은?

① 탑형 사일로
② 스택 사일로
③ 벙커 사일로
④ 기밀(진공) 사일로

해설
스택(Stack) 사일로
지상의 평면에 두꺼운 비닐을 깔고 사일리지 재료를 쌓은 다음 주위를 다시 두꺼운 비닐로 덮어두는 형태의 사일로를 말한다. 시설비가 매우 저렴하나 밀폐상태로 보존할 수 없어 부패손실이 많은 단점이 있다.

97 사일리지용 옥수수의 파종시기에 대한 설명 중 틀린 것은?

① 벚꽃이 만개할 무렵
② 냉해를 받지 않는 조건에서 가능한 한 빨리 파종
③ 수단그라스계 잡종 파종 후 2~3일 후
④ 평균기온 10℃가 5일 이상 유지될 때

98 북방형 목초가 아닌 것은?

① 티머시
② 달리스그래스
③ 오처드그라스
④ 이탈리안라이그래스

99 다음 중 중부 이북지방에서 추파 월동이 어려운 목초는?

① 오처드그라스
② 티머시
③ 이탈리안라이그래스
④ 화이트 클로버

100 수수 및 수단그라스계 잡종의 듀린(Dhurrin) 물질로부터 생성되는 유독성 물질은?

① 청 산
② 질 산
③ 알칼로이드
④ 테타니병

96 ② 97 ③ 98 ② 99 ③ 100 ① 정답

축산 가공 및 경영

01 축산식품

1. 우유의 성분

(1) 성 분

수분(87~88%), 지방(3.0~3.9%), 단백질(3.3~3.4%), 유당(탄수화물 4.9%), 회분, 미량성분(비타민, 효소, 색소, 면역물질, 세포)

(2) 효 소

① 단백질 응고 효소 : 레닌(Rennin)
② 유당분해 효소 : 락타제(Lactase)
③ 지방가수분해 : 리파제(Lipase)

2. 유제품

(1) 시유(市乳)

목장에 착유된 생유(원유 - 수유 - 원유검사 - 칭량 - 여과 - 청정 - 균질 - 살균 - 냉각 - 포장된 액상우유)

① 종 류
　㉠ 백색시유 : 원유를 여과 살균시킨 우유
　㉡ 저지방유 : 지방률을 낮추어 생산한 우유
　㉢ 탈지유 : 지방을 제거하여 만든 유제품
　㉣ 강화우유 : 비타민 또는 무기질을 첨가한 우유

② 우유의 살균법
　㉠ 저온살균법 : 61℃에서 30분간 살균하는 방법으로, 결핵균이 죽는 61℃, 30분을 기준
　㉡ 고온살균법 : 72~75℃에서 15초간 살균하는 방법
　㉢ 초고온살균법 : 132~135℃에서 2~7초간 살균하는 방법

(2) 유제품

① 크림 : 원유 또는 시유에서 원심분리법에 의해서 분리된 연한 황색을 띤 유지방 1.8% 이상인 것
② 아이스크림
③ 버터 : 원유로부터 유지방을 분리하여 교동 및 연압 등의 공정을 거쳐, 유지방은 80% 이상, 수분은 16% 이하로 만든 지방성 유제품(마가린은 유지방이 50% 이상)
④ 발효유 : 유산균 발효유(요구르트), 알코올 발효유
⑤ 치즈 : 원유를 유산균에 의하여 발효시켜 레닛이나 단백질 등의 효소를 첨가하여 카세인을 응고시킨 후 유청을 제거한 것
⑥ 분유 : 원유에서 수분을 제거하여 분말로 만든 것

3. 식육의 성분

(1) 수 분

식육의 약 70%(65~75%)를 차지하고 있다.
① 결합수는 0℃ 이하에서도 얼지 않는 물이다.
② 식육의 수분은 일반적으로 70% 이상을 차지하고 있다.
③ 식육에서 수분의 존재 상태는 자유수, 결합수, 고정수로 구성되어 있다.

(2) 단백질 : 고기의 구성성분으로 약 20%(16~22%) 정도를 차지하고 있다.

(3) 지방 : 고기의 성분 중 지방 함량은 약 2.5%(2.5~5.5%)이다.

(4) 탄수화물, 비타민, 미네랄

① 고기 속에는 소량의 탄수화물, 각종 비타민, 미네랄이 존재하고 있다.
② 다른 식육(소고기, 닭고기)에 비하여 돼지고기에 특히 많이 함유된 비타민은 비타민 B_1으로, 소고기의 10배이다. 안심과 등심 부위에 많다.

4. 근육의 사후강직(Rigor Mortis)과 숙성

(1) 사후강직의 원인

① 동물의 근육은 도축 직후 부드럽고 탄력성이 좋으며 보수력도 높으나 일정시간이 지나면 굳어지고 보수성도 크게 저하되는 사후강직이 일어난다.

② 도축되면 호흡정지에 의하여 여러 기전을 거쳐 액틴(Actin), 마이오신(Myosin) 사이에 서서히 교차(Cross-Bridge)가 형성되어 사후강직이 시작된다.

③ 강직완료는 글리코겐과 ATP가 완전히 소모됨으로써 수축되어 이완되지 않는 근원섬유가 많아지면서 단단하게 굳어진다.

④ 도축 후 사후강직 개시 시간

㉠ 소, 양 : 2~8시간

㉡ 돼지 : 30분~2시간

㉢ 닭 : 수분~1시간

(2) 사후강직으로 인한 반응

① 근육이 굳는다.

② 도축 전 중성의 pH 7에서 근육 내 해당작용으로 pH 5.2~5.6까지 하락한다.

③ 근육이 pH 하락으로 산성화된다.

(3) 숙성의 원인

① 근막이 효소(Cathepsin 등)의 분해로 근단백질 극변에 이온의 확산을 허용하게 되고, 이온의 재분배가 일어나 1가이온과 결합한 단백질은 2가이온으로 치환된다.

② 단백질 분자가 모두 치환되면, 단백질 반응군들은 물과 결합하려고 한다. 이때 단백질 간에 결합하려는 힘이 줄어들어 분자의 공간효과로 친수성이 회복되며 근육의 보수성이 개선되는 상태가 된다.

③ 고기의 숙성기간

㉠ 소고기나 양고기의 경우, 4℃ 내외에서 7~14일, 10℃에서는 4~5일, 16℃에서 2일 정도이다.

㉡ 돼지고기는 4℃에서 1~2일, 닭고기는 8~24시간이면 숙성이 완료된다.

(4) 숙성에 따른 변화

① **연도개선** : 강직 중 형성된 액토마이오신 상호결합이 근육 내의 미시적 환경변화(pH 변화, 이온저성 변화 등)에 의하여 점차 변형, 약화된다.

② **자가소화** : 근육 내 단백질 분해효소에 의한 자가소화로 근원섬유 단백질 및 결합조직 단백질이 일부 분해되고 연화된다.

※ 단백질 분해효소 : Alkaline Proteases, Ca^{2+}에 의해 활성화되는 Neutral Proteases, Cathepsin 또는 Acid Proteases의 3가지 형태가 있다.

③ 근육 중의 펩타이드(Peptide)가 아미노산(Amion Acid)으로 변화되어 고기의 풍미를 향상시킨다.

④ 보수력이 증가한다.

㉠ 고기를 숙성시키는 가장 중요한 목적 : 맛과 연도의 개선

㉡ 식물성 고기 연화제 : 파인애플, 무화과, 구아바, 키위 등

5. 식육(食肉, Meat)의 관능적 품질

- 육류의 품질 : 육색, 보수성, 연도, 조직감, 풍미 등 관능적 품질과 위생적 품질, 영양적 품질로 평가된다.
- 식육의 관능적 품질 : 육색, 보수성, 연도, 조직감, 및 풍미로 평가

(1) 식육의 색(육색)

① 소비자가 식육을 구매하는 데 있어 가장 중요하게 고려하는 요소로, 소고기나 돼지고기와 같은 적색육의 고기색은 밝고 선명한 선홍색이 좋고, 광택이 있는 고기가 좋다.

② 고기색에 영향을 미치는 요인은 마이오글로빈(Myoglobin) 함량, 마이오글로빈 분자의 종류와 화학적 상태이다.

③ 소고기는 돼지보다 근육 내 마이오글로빈 함량이 많다.

④ 근육 내 마이오글로빈 함량은 가축의 종류 및 연령과 관련이 있다.

⑤ 운동을 많이 하는 근육일수록 호기성 대사를 주로 하고 육색이 짙다.

⑥ 성숙한 소, 수소는 마이오글로빈 함량이 많아 짙은 색을 보이고, 소고기는 밝은 체리(Bright Cherry Red)색이며, 송아지 고기는 옅은 핑크색(Brownish Pink)이다.

⑦ 진공포장하여 산소가 차단된 산화상태는 어두운 색, 식육이 공기와 충분히 접촉되어 있을 때 환원색소는 산소분자와 반응하여 안정된 옥시마이오글로빈(Oxymyoglobin)형으로 되고 육색은 선홍색이 된다.

※ 이상육(異常肉)

- PSE돈육 : 고기색이 창백하고(Pale), 조직의 탄력성이 없으며(Soft), 고기로부터 육즙이 분리(Exudative)되는 고기를 말하며, 주로 스트레스에 민감한 돼지에서 발생한다.
- DFD육 : 고기의 색이 어둡고(Dark), 조직이 단단하며(Firm), 표면이 건조한(Dry) 고기이며, 주로 소에서 발생한다.
- 질식육(Suffocated Meat): 생육인데도 불구하고 삶은 것과 같은 검푸른 외관을 나타내며 심한 냄새가 나는 고기이다.

(2) 식육의 보수성

① 식육이 물리적 처리(절단, 분쇄, 압착, 열처리 등)를 받을 때 수분(유리수, 고정수)을 잃지 않고 보유할 수 있는 능력으로 식육의 보수성이 좋을수록 식육 단백질 사이에 수분이 많이 함유되어 있으므로 연도가 높다.

② 식육에 존재하는 물의 세 가지 형태

㉠ 결합수 : 식육의 수분함량 중 4~5%를 차지하고, 단백질 분자와 매우 강하게 결합하여 심한 외부적 작용에도 결합상태를 유지한다.

㉡ 고정수 : 단백질 분자와의 결합력이 약화된 수분층이다.

㉢ 유리수 : 물의 표면장력에 의하여 식육에 지탱하는 물분자층으로 일반적인 육즙을 말한다.

③ 보수력에 영향을 미치는 요인

㉠ 고기의 본질적인 요인(품종, 성, 나이, 사양, 근육의 형태 및 종류, 지방축적 정도 등)

㉡ 고기의 pH, 육단백질의 상태, 이온 강도, 근절의 길이, 사후강직 정도, 온도

㉢ 세포벽의 수분투과성, 가공의 조건 등

(3) 식육의 연도

식육 내 결합조직이나 근육 내 지방의 함량이 많을수록 연도가 좋다.

(4) 식육의 조직감

식육의 강직상태, 보수성, 근내지방함량, 결합조직 함량에 따라 다르다.

(5) 식육의 풍미

일반적으로 혀에서 느끼는 맛과 코에서 느끼는 냄새, 입안에서의 느낌 등으로 판단하며, 숙성, 저장 중 산화, 화학적 분해 그리고 미생물이 증식되면서 풍미의 변화를 초래한다.

※ Methylene Blue 환원시험법

- Methylene Blue 환원능 실험은 우유 속에 존재하는 미생물의 대사량을 측정함으로써 우유의 질을 판정하는 방법으로 많은 세균이 우유 속에서 발육하면 우유 속 용존 산소가 소모됨에 따라 우유의 산화 환원 전위가 낮아진다.
- 우유 속 세균 수에 따라 세균의 호흡대사량이 달라지는 것을 이용하여 우유의 질을 판정한다.
- 색소환원시험법에는 Methylene Blue 환원시험법과 Resazurin 환원시험법이 있다.

6. 육류 가공품의 종류

(1) 식육가공은 1차 가공과 2차 가공으로 구분한다.

① 1차 가공 : 도체의 발골 및 해체(부분육, 정육)로 신선육을 생산하는 과정이다.

② 2차 가공 : 신선육을 분쇄, 혼합, 조미, 건조, 열처리 등 방법으로 식육의 고유 성질을 변형시킨 것이다.

※ 훈연의 목적 : 보존성 부여, 육색 향상, 외관과 풍미 개선, 산화 방지

(2) 육류가공품

햄류, 소시지류, 베이컨류, 건조저장육류, 양념육류, 대통령령으로 정하는 분쇄 가공육 제품(햄버거 패티・미트볼・돈가스 등), 갈비가공품, 식육 추출가공품, 식용 우지, 식용 돈지 등이 있다.

(3) 육류 가공의 주요 공정

염지(간먹이기), 훈연(Smoking), 충전(Stuffing), 세절 및 혼화

02 축산경영

1. 축산경영자원

(1) 동물자원의 경영 3대 요소 : 토지, 노동력, 자본재

(2) 토지 : 토지는 움직일 수도 없고, 증가시킬 수도 없고, 소모되지도 않는 성질을 가진다.

(3) 자본재

① 고정자본재 : 착유우, 산란계, 번식용 가축, 종돈, 토지개량설비, 축사, 트랙터 등

② 유동자본재 : 비육우, 육계, 사료, 비료, 가축약품 등

(4) 감가상각

동물자원 경영에 활용되는 건물, 농기구, 가축(젖소, 모돈 등) 등 고정 자본재는 시간이 경과함에 따라 자연적인 노후나 파손 의해 그 가치가 점차 감소하는 것을 추정하거나 또는 내용 연수에 따라 감가된 상당액을 경영비 산출 시 계상하여 평가절하시키는 것으로 감가상각이라 한다.

매년 감가상각비 = {구입가격 − 폐기 가격(잔존 가격)}/내용연수

예 어느 농장에서 모돈을 1,500,000원에 구입하였다면 매년 감가상각비는 얼마인가?(단, 잔존가격은 구입가격의 30%, 내용(사용)연수는 3년이다)

풀이) 매년 감가상각비 = {1,500,000 − 450,000}/3 = 350,000원

즉, 이 모돈은 매년 350,000원이 감가상각된다는 뜻이다.

※ 고정자본재인 토지에 대해서 감가상각을 하지 않는 이유 : 토지의 불소모성

2. 축산소득

(1) 축산소득 = 축산조수익 − 축산경영비(가축비, 사료비, 방역치료비, 제재료비, 감가상각비, 수리비, 임차료, 고용노임비)

(2) 축산순수익 = 축산조수익 − 축산생산비(경영비, 노력비, 자본용역비, 토지용역 비포함)

(3) 소득률 = (축산소득/축산조수익) × 100

(4) 유사비 = 사료구입비/우유판매액

※ 우유 1kg 생산에 소요되는 사료비용

예 유대(우유값)가 1리터당 1,000원이고 사료비가 1kg에 600원이면 유사비는 0.6이 된다. 즉, 우유 1kg 생산에 사료비가 60% 차지한다는 뜻이다. 난사비와 같은 개념

3. 양돈 경영분석 지표

발정(확인)률, 수태율, 재발정률, 임신 중 사고율, 분만율, 연간번식회전율(연간 실제 분만 총두수/평균 유효종빈돈 사육두수), 출하 일령(140~180일령), 출하 체중(90~120kg, 규격돈은 110kg)

4. 양계 경영분석 지표

(1) 산란율 = (총산란 개수/성계 상시 사육두수비) × 100

(2) 육성(출하)율 = (성계 출하 수수/입추 수수) × 100

03 축사 시설

1. 축사 입지조건

채광과 통풍이 양호한 곳, 남향이나 남동향, 배수가 잘되는 곳, 관리가 용이한 곳(교통이 편리한 곳), 급수원이 풍부한 곳이다.

2. 우사의 종류

(1) **계류식 우사** : 스탄치온, 체인이 딸린 칸막이

(2) **개방식 우사** : 개방식 우상 우사, 개방식 무우상 우사, 야외 그늘막 우사

3. 착유실의 종류

(1) **텐덤 착유실** : 단열, 복열 2~4개의 착유상으로 착유가 끝나면 대기 중인 착유우로 교체

(2) **헤링본 착유실** : 동시 착유가능, 착유가 늦은 개체로 인해 착유시간지연, 공간 활용도 증가

4. 가축 분뇨

가장 문제되는 것은 질소와 인이다.

04 적중예상문제

01 고정자본재인 토지에 대해서 감가상각을 하지 않는 이유는?

① 토지의 비이동성(非移動性)
② 토지의 불소모성(不消耗性)
③ 토지의 불가증성(不加增性)
④ 토지의 가경력(可耕力)

02 축산경영의 3대 요소가 아닌 것은?

① 기 술　② 토 지
③ 노 동　④ 자 본

03 축산소득을 계산하는 공식으로 옳은 것은?

① 축산조수입 – 축산경영비
② 축산조수입 – 축산생산비
③ 축산조수입 – 축산경영비 + 농외소득
④ 축산조수입 – 축산생산비 + 농외소득

04 다음 중 유동비율을 계산하는 공식은?

① (고정자산/자기자본) × 100
② (유동자산/유동부채) × 100
③ (유동부채/자기자본) × 100
④ (고정부채/자기자본) × 100

05 다음 중 경영조직에 의한 낙농경영의 분류가 아닌 것은?

① 초지형 낙농
② 복합경영형 낙농
③ 도시원교형 낙농
④ 착유형 낙농

06 다음 중 고정 자본재에 속하지 않는 것은?

① 축 사　② 트랙터
③ 착유우　④ 사 료

해설

- 고정자본재 : 착유우, 산란계, 번식용 가축, 종돈, 토지개량설비, 축사, 트랙터 등
- 유동자본재 : 비육우, 육계, 사료, 비료, 가축약품 등

07 가족노동력의 장점에 대한 설명으로 틀린 것은?

① 노동시간에 구애받지 않는다.
② 노동감독이 필요하지 않다.
③ 모든 일에 창의적으로 임한다.
④ 노동에 대한 책임이 없다.

08 다음 중 유동비용에 해당하지 않는 것은?

① 지 대　② 조세공과
③ 감가상각비　④ 방역치료비

정답　1 ②　2 ①　3 ①　4 ②　5 ③　6 ④　7 ④　8 ④

09 **다음 중 축산경영인이 가장 추구하는 경영 목표로 옳은 것은?**

① 농업 총수입의 극대화
② 자기자본에 대한 수익의 최소화
③ 농업소득의 극대화
④ 농업경영비의 최소화

10 **노동효율 증진을 위한 노동조직 체계화 방인이 아닌 것은?**

① 작업의 관리 및 통제
② 작업의 분업화
③ 작업의 중복화
④ 작업의 협업화

11 **비육된 소의 상강육(Marbling)에서 지방이 잘 부착되는 제2차 근섬유속을 둘러싼 막은?**

① 근내막 ② 근주막
③ 근상막 ④ 근섬막

12 **동물의 총혈액량은 생체중의 몇 % 정도가 되는가?**

① 5% ② 7%
③ 13% ④ 17%

13 **식육의 일반적인 특성에 대한 설명 중 틀린 것은?**

① 고기는 냉장숙성육이 육질이 부드러우면서 연도 측면에서 상품성이 있다.
② 냉동은 고기의 저장기간을 연장하며 육질도 향상시킨다.
③ 냉동과정 중에 발생한 얼음입자들이 고기의 근섬유 조직을 손상시킬 수 있다.
④ 육류의 화학적 조성은 가축의 종류, 성별, 연령, 사양조건, 영양상태, 건강상태 및 부위에 따라 다르다.

14 **세절 및 혼합 공정을 용이하게 하기 위하여 고기 덩어리를 잘게 갈아 전체 입자를 균일하게 하는 공정은?**

① 여 과 ② 분 쇄
③ 유 화 ④ 혼 화

해설

혼화 : 소세지 제조 시 원료육을 세절하여 접착성을 갖게 하고 다른 원료와 혼합하기 용이하도록 하는 것

15 **우유 단백질의 80% 차지하는 카세인(Casein) 중 카세인 플라스틱 용도로 쓰이는 것은?**

① 염산 카세인 ② 황산 카세인
③ 유산 카세인 ④ 레닛 카세인

9 ① 10 ③ 11 ② 12 ② 13 ② 14 ④ 15 ④ 정답

16 우유의 살균(LTLT 또는 HTST)이 이루어졌는지의 여부를 검사하는데 널리 쓰이는 시험법은?

① 포스파타제 테스트
② 알코올 테스트
③ 휘발성 지방산 측정 테스트
④ 밥콕 테스트

17 가당연유와 가당탈지연유에 첨가할 수 있는 첨가물이 아닌 것은?

① 설 탕　　② 포도당
③ 구연산　　④ 과 당

18 향신료에 대한 설명으로 틀린 것은?

① 특유의 냄새와 향미를 통하여 제품의 품질을 향상시킨다.
② 수확과정 중 오염될 수 있으므로 살균처리를 실시한다.
③ 육제품 종류에 따라 첨가량이 차이가 많이 나며 마늘이 가장 많이 사용된다.
④ 천연적으로 재배된 줄기, 열매, 씨앗, 뿌리 및 꽃을 이용한다.

19 유가공 중 균질처리 공정의 목적 및 효과가 아닌 것은?

① 커드 연성화, 단백질 이용도 향상
② 지방 미세화, 크림라인 생성방지
③ 우유 내 세균 및 미생물의 살균
④ 지방 소화흡수 향상

20 식육의 숙성이 이루어지는 이유와 관련이 없는 것은?

① Z-선의 약화
② Connnection 단백질의 약화
③ 새로운 거대 식육단백질의 합성
④ Actin과 Myosin 간의 결합력의 약화

21 축산에서 고정자본재라고 볼 수 없는 것은?

① 사일로　　② 경운기
③ 비육돈　　④ 종모돈

22 도축된 돼지의 대분할 명칭이 아닌 것은?

① 안 심　　② 목 심
③ 앞다리　　④ 사 태

해설
돼지의 대분할 명칭은 갈비, 등심, 삼겹살, 목심, 안심, 앞다리 및 뒷다리로 7가지로 구분하며 소의 대분할은 등심, 채끝, 우둔, 설도, 안심, 양지, 갈비, 사태, 앞다리, 목심으로 10가지로 구분된다.

정답 16 ① 17 ③ 18 ③ 19 ③ 20 ③ 21 ③ 22 ④

23 **햄이나 베이컨 등의 육제품 제조 시 훈연의 목적이라고 볼 수 없는 것은?**

① 지방의 산화 촉진
② 풍미 향상
③ 세균 억제
④ 저장성 증가

해설
훈연의 목적은 풍미향상, 세균억제, 저장성 증가이며 지방의 산화 방지에도 효과적이다.

24 **농장이나 종축을 평가할 때 사료요구율을 측정하거나 계산하였다면 결과에 대한 올바른 해석은?**

① 낮을수록 경영성과가 불량하다.
② 높을수록 우량한 집단이다.
③ 낮을수록 우수한 경영이다.
④ 높을수록 경영비가 적게 든다.

해설
사료요구율이 낮을수록 경제적이며 우수한 개체(농가 또는 종축)이다.

23 ① 24 ③ 정답

축산학개론 예상문제

01 젖 생산에 체지방을 동원 이용하므로 체중이 감소하는 시기는?

① 산유 말기 ② 산유 초기
③ 산유 중기 ④ 산유 후기

해설
젖의 생성분비 시 섭취하는 사료 영양소만으로 영양소 공급이 어려울 때는 체지방을 동원해서 부족한 영양소를 보충하게 된다. 이와 같은 현상은 비유 능력은 우수하나 사료 섭취량이 낮은 산유 초기(Early Lactation)에 일어난다.

02 다음 가축 중 가장 빨리 가축화가 이루어진 동물은?

① 개 ② 말
③ 소 ④ 돼 지

해설
개를 기르기 시작한 것은 12,000년 전이고, 소, 말, 돼지 등은 8,000~5,000년 전, 닭은 4,000~3,000년 전에 아시아에서 가축화되었다.

03 다자 간 세계무역기구의 약자로 세계무역 분쟁조정기능과 관세인하 요구, 반덤핑규제 등의 법적 권한과 구속력을 행사할 수 있는 세계기구는?

① UR ② WTO
③ GATT ④ FTA

해설
우루과이 라운드(UR) 이후의 세계 무역 질서를 규정짓는 다자 간 세계무역기구(World Trade Organization)를 줄여서 WTO라고 한다.

04 첨단 농업 기술 시대인 2000년대에 지향해야 할 축산업의 변화 내용으로 바른 것은?

① 동물의 유전자원을 인간이 이용
② 축력의 이용
③ 교통수단의 이용
④ 환경을 무시한 축산경영

해설
2000년 이후를 첨단 농업 기술 시대라 하는데, 이 시기의 동물 산업은 동물 유전자원을 인간에게 이용하거나 또는 인간의 유전자원을 동물에 전이시켜 필요한 생산물을 만들어 내는 시기이며, 더 나아가 동물의 장기를 인간에게 이용하는 장기 이식의 시대이다.

05 젖소의 생활 적온은?

① 0~20°C ② 13~28°C
③ 15~20°C ④ 20~25°C

해설
착유우 0~20℃, 비육우(거세) 10~20℃, 산란계 13~28℃, 육성돈 15~27℃

06 다음 중 4,000~3,000년 전에 아시아에서 가축화된 동물은?

① 개 ② 소
③ 말 ④ 닭

해설
유럽에서는 3,000~2,000년 전부터 가축화되었다.

정답 1 ② 2 ① 3 ② 4 ① 5 ① 6 ④

07 다음 중 가축의 체온 조절 방법으로 옳은 것은?

① 물을 마시거나 호흡수를 증가시킨다.
② 닭은 땀샘으로 조절한다.
③ 돼지는 땀샘의 기능이 발달되어 있다.
④ 어린 가축은 체온조절기능이 발달되어 있다.

해설
조류와 포유류는 바깥 온도가 변하여 체온을 일정하게 유지하는 생리 작용이 있으나, 온도 변화가 급격한 때에는 그 환경에 쉽게 적응하지 못한다.

08 다음 중 축사의 온도가 28℃ 이상일 경우 산란계에서 나타날 수 있는 생리현상이 아닌 것은?

① 사료섭취량 감소
② 산란 수 감소
③ 호흡수 감소
④ 식욕 감퇴

해설
축사의 온도가 28℃ 이상일 경우 산란계는 사료섭취량이 감소하며, 30°C 이상에서는 산란수가 격감하고 파란이 증가하며 호흡수가 많아진다. 40℃ 이상에서는 식욕이 감퇴하여 허탈 증상을 보인다.

09 다음 중 홀스타인의 생활적온 범위를 벗어났을 때 젖소의 생리작용에서 나타날 수 있는 증상이 아닌 것은?

① 기화 방열 급증
② 젖 생산량 감소
③ 체온 상승
④ 식욕 증대

해설
홀스타인의 경우 28℃ 이상에서는 기화 방열이 급증하며, 30℃ 이상에서는 체온이 상승하며 호흡수가 증가하고, 40℃ 이상에서는 식욕 감퇴 및 허탈 상태가 된다.

10 빛이 가축에게 미치는 영향에 대한 설명으로 옳지 않는 것은?

① 자외선은 강력한 살균 작용을 가진다.
② 비타민 D를 합성함으로써 칼슘의 대사 작용을 돕는다.
③ 명암의 주기는 닭의 산란율과 직접적인 관계가 없다.
④ 인공조명은 닭의 산란 지속성을 연장하는 효과가 있다.

해설
계절성 번식 동물에는 낮의 길이가 길어지는 시기에 번식하는 장일성 번식 동물과 낮의 길이가 짧아지는 시기에 번식하는 단일성 번식 동물이 있다. 명암주기는 닭의 산란율을 좌우하며, 인공조명은 닭의 산란 지속성을 연장하는 효과가 있다.

7 ① 8 ③ 9 ④ 10 ③ 정답

11 **가축의 음수량을 결정하는 데 고려해야 할 사항으로 올바른 것은?**

① 생체의 80% 이상이 수분으로 되어 있다.
② 전체 수분량의 10% 이상 감소하면 죽는다.
③ 대동물은 1일 20~30L의 물이 필요하다.
④ 축사, 방목장 내의 급수 시설을 마련해 주어야 한다.

해설

가축에게 물은 사료 못지않게 중요하다. 가축은 생체의 70% 이상이 수분으로 되어 있으며, 전체 수분량의 10%가 감소하면 심한 고통과 현기증을 나타내고, 20% 이상 감소하면 죽는다.

12 **보기에서 설명하는 가축의 위생적인 환경을 제공하기 위한 조치를 바르게 설명한 것은?**

> 콩 한 주먹은 주면 끝이지만, 빗질 한 번은 마음이 너그럽고 소에 대한 애정이 있어야만 할 수 있기 때문에 콩 한 주먹 주는 것보다 어려움이 많다.

① 소는 빗 등으로 피부 손질을 잘해 주면 신진 대사와 혈액 순환을 촉진시킨다.
② 생산 능력은 유전적인 능력에 의해 좌우된다.
③ 소는 좋은 사료를 주는 것만이 중요하다.
④ 사양관리는 중요하지 않다는 말이다.

해설

피부 손질은 가급적 자주 해 주는 것이 좋다는 것을 강조한 것으로, 좋은 사료를 주는 것도 중요하지만 사양관리를 잘 해 주는 것도 중요하다는 것이다.

13 **다음의 ( ) 안에 알맞은 말은?**

> 생명체의 최소 단위는 세포이며, 세포의 핵 속에는 그 개체의 유전 물질을 담고 있어서 생명의 영속성과 특성을 이어주고 있다. 유전 물질의 기본 단위는 ( )이며, 이것은 세포 분열을 통하여 어버이에서 자손에게로 전달된다.

① 유전자 ② 핵
③ 분 자 ④ 리보솜

해설

생명체의 최소 단위는 세포이며, 세포의 핵 속에는 그 개체의 유전 물질을 담고 있어서 생명의 영속성과 특성을 이어주고 있다. 유전 물질의 기본 단위는 유전자이며, 이것은 세포 분열을 통하여 어버이에서 자손에게로 전달된다.

14 **다음 중 수컷 포유류와 조류의 암컷 성염색체를 바르게 표기한 것은?**

① XY형, XX형
② ZZ형, ZW형
③ XX형, ZW형
④ XY형, ZW형

해설

포유류의 성염색체는 수컷 XY형, 암컷 XX형으로 표기하고, 조류에서 수컷은 ZZ형, 암컷은 ZW형이다.

15 **인간의 이식 장기의 생산을 위한 형질전환 동물로 많은 주목을 받는 가축은?**

① 생 쥐 ② 돼 지
③ 양 ④ 개

해설

돼지는 인간과 유전적으로 흡사하다.

정답 11 ④ 12 ① 13 ① 14 ④ 15 ②

16 양친의 대립형질 중 열성이기 때문에 자손에서는 나타나지 않았던 형질이 잡종 제2세대(F_2)에서 일정한 비율로 나타나는 현상을 분리의 법칙이라 한다. 이때 나타나는 분리의 비는?

① 3 : 1 ② 4 : 1
③ 1 : 1 ④ 2 : 1

해설
F_1의 흰색 돼지끼리 교배하면 F_2는 흰색 3과 검은색 1의 비율로 나타난다. 즉, F_1에서 나타나지 않았던 검은색 돼지가 F_2에서 4마리 중 1마리 비율로 나타나게 된다.

17 가축이 발정이 오면 교배를 하는데, 정자와 난자가 만나서 수정이 이루어지는 암컷의 생식기 부위는?

① 자 궁 ② 난 소
③ 난관팽대부 ④ 자궁경

해설
난자는 난관팽대부에서 정자와 결합하여 수정란이 되고, 자궁에 착상하여 새로운 생명체가 탄생한다. 정자의 수정능력획득, 수정 및 난할은 모두 난관 내에서 이루어진다.

18 수컷의 근원적인 생식기관으로 좌우 한 쌍으로 되어 있으며, 음낭에 싸여 있고, 난원형이며, 정자와 수컷 호르몬인 안드로겐(Androgen)을 생산, 분비하는 생식기관은?

① 음 경 ② 정 소
③ 난 관 ④ 난 소

해설
정소는 수컷의 가장 근원적인 생식기관인데, 좌우 한 쌍으로 음낭 내에 있으며, 대체로 난원형을 하고 있다. 정소는 정자를 생산하고, 수컷 호르몬인 안드로겐(Androgen)을 분비한다.

19 자궁각이 현저히 만곡되어 있으며, 많은 새끼를 생산하기에 알맞게 되어 있는 돼지의 자궁과 같은 형태의 자궁을 무엇이라 하는가?

① 단각자궁 ② 자궁경
③ 분열자궁 ④ 쌍각자궁

해설
자궁은 자궁각, 자궁체 및 자궁경으로 구성되어 있다. 돼지의 자궁은 쌍각자궁으로 자궁각이 현저하게 만곡되어 있으며, 길어서 많은 새끼를 생산하기에 알맞게 되어 있고, 말, 소 및 양의 자궁은 분열자궁으로 2개의 자궁각이 돼지보다 짧고 자궁체가 분명히 구분된다(중복자궁 : 토끼, 쥐. 단자궁 : 사람, 영장류).

20 정자와 난자가 수정을 이루면 서로 융합의 과정을 가지게 되는데, 이때 난자 내에서는 여러 가지 변화가 있게 된다. 변화의 내용이 아닌 것은?

① 난자는 정자로부터 반수의 염색체를 받아들여 한 쌍의 염색체를 가지게 된다.
② 대부분의 포유동물들은 이때 자손의 성이 결정된다.
③ 화학 물질 분비로 정자와 난자가 만난다.
④ 난자가 비활성화되어 발생을 멈춘다.

해설
수정이 되면 난자는 정자로부터 반수의 염색체를 받아들여 한 쌍의 염색체를 가지게 되며, 이때 대부분의 포유동물들은 자손의 성이 결정되고 난자를 활성화시켜 발생을 시작하게 된다.

16 ① 17 ③ 18 ② 19 ④ 20 ④ 정답

21 발생 초기 수정란의 분열을 난할이라고 하며, 난할을 계속하여 세포수가 32-세포기의 배를 형성한다. 이때의 세포기를 무엇이라고 하는가?

① 할 구 ② 상실배
③ 낭 배 ④ 포배강

해설

세포는 난할의 반복으로 세포수가 계속 증가하여 결국 32-세포기의 배를 형성하는데, 이를 상실배라 한다.

22 수정란 이식의 실시 과정이 바르게 연결된 것은?

① 공란우 선택 → 이식 → 발정동기화(수정) → 채란 → 다배란 처리
② 이식 → 다배란 처리 → 발정동기화(수정) → 채란 → 공란우 선택
③ 채란 선택 → 다배란 처리 → 이식 → 공란우 선택 → 발정동기화(수정)
④ 공란우 선택 → 다배란 처리 → 발정동기화(수정) → 채란 → 이식

해설

수정란 이식은 공란우를 선택한 후 다배란 처리, 수정란의 채취, 수정란의 검사, 수정란의 보존, 발정동기화 및 이식의 단계로 실시된다.

23 다음 중 형질 변환 동물의 이용 범위에 속하는 내용이 아닌 것은?

① 우수한 능력의 가축 생산
② 화합 물질의 생산
③ 생물 소재의 생산
④ 질병 치료의 모델 동물

해설

유전자 변환동물은 기초학문, 의학, 약학, 농업에서 광범위하게 이용할 수 있다. 인간에게 유용한 의약품(생리활성물질) 등을 우유나 달걀을 통하여 생산하거나 육질의 향상 및 산유량의 증가, 질병에 강한 품종개량 등이 가능하다. 또 의학적으로는 인간의 질병과 유사한 모델의 동물을 만들어 임상 실험 및 치료방법을 연구할 수 있으며, 인간의 장기를 대체할 수 있는 인체 유사 장기를 생산하는 목적 등에 사용하게 된다.

24 특정 외래 유전자를 수정란이나 초기 배자의 줄기세포에 도입하여 생산한 유전적 변환체 동물을 무엇이라 하는가?

① 핵이식 동물 ② 형질 전환 동물
③ 돌연변이 동물 ④ 복제 동물

해설

형질 전환 동물은 특정 외래 유전자를 수정란이나 초기 배자의 줄기세포에 도입하여 생산한, 유전적 변환체 동물을 말한다.

25 수정란의 발생 초기에 다양한 조직으로 분화 발생이 가능한 세포를 분리하고, 이를 체외 배양을 통하여 확립한 세포를 무엇이라고 하는가?

① 유전체 ② 유전자 표적
③ 유전자 ④ 줄기세포

해설

줄기세포란 수정란의 발생 초기에 다양한 조직으로 분화 발생이 가능한 세포를 분리하고, 이를 체외 배양을 통하여 확립한 세포를 말한다.

정답 21 ② 22 ④ 23 ② 24 ② 25 ④

26 **잡종 제1세대에서는 우성유전자의 작용으로 우성형질만 나타나고, 열성유전자는 잠복하여 나타나지 않는데, 이 유전의 법칙은?**

① 돌연변이 ② 분리의 법칙
③ 독립의 법칙 ④ 우열의 법칙

해설

① 돌연변이 : 자손에게 전달되는 세포유전물질의 변화로 자연발생적(유전물질의 복제과정에서 우연히 생김)으로, 또는 전자기(電磁氣) 방사선이나 화학물질 등과 같은 외부 요인에 의해 발생한다.
② 분리의 법칙 : 양친의 대립 형질 중에서 열성이기 때문에 나타나지 않았던 형질이 잡종 제2대(F_2)에서 일정한 비율로 나타나는 것
③ 독립의 법칙 : 두 쌍 이상의 대립유전자에 대해서 이형접합체일 때, 한 쌍의 유전자는 다른 유전자 쌍의 방해를 받지 않고 독립적으로 행동하여 배우자에 분리되는 현상

27 **생리활성물질을 생산하기 위한 '생체반응기'를 통하여 얻어진 유용물질을 우유나 달걀 내로 분비하는 형질 전환 동물을 이용할 경우 그 특징으로 바람직한 것은?**

① 생산되는 단백질의 품질의 저하
② 단백질의 대량생산이 불가능
③ 유전자가 전이된 형질 전환 동물이 불안정
④ 미생물 및 동물세포 배양시스템에서 드러난 제한점을 해결

해설

생체 반응기를 통하여 얻어진 생리활성물질의 생산(유용물질을 우유나 달걀 내로 분비되는 형질 전환 동물을 이용할 경우)

- 생산되는 단백질의 품질이 향상
- 단백질의 대량생산이 가능
- 유전자가 전이된 형질 전환 동물이 안정되게 연속적으로 제공
- 생산비 절감이 가능
- 미생물 및 동물세포 배양 시스템에서 드러난 제한점을 해결

28 **복제 동물을 생산하기 위해 이용되는 기법은 무엇인가?**

① 생체 반응기 ② 유전자 재조합
③ 체세포 배양 ④ 형질전환

해설

동물 복제 기술의 발달은 수정란 이식 → 체세포 분리·배양(돌리)

29 **다음 영양소 중 같은 양으로 체내에서 산화될 때 가장 많은 에너지를 발생하는 것은?**

① 비타민 ② 탄수화물
③ 단백질 ④ 지 방

해설

3대 영양소의 에너지 발생량(1g당)
탄수화물(4.1kcal) < 단백질(5.4kcal) < 지방(9.2kcal)

30 **생명체가 가지고 있는 염색체의 유전적인 염기서열을 알아내어 유전자 지도를 작성하는 작업으로, 각각의 유전자 기능은 물론 생명 현상을 분자 수준에서 이해하도록 해부도를 완성시키는 작업을 무엇이라 하는가?**

① 유전자복제
② 유전자 재조합
③ 유전자 지도 작성
④ 형질전환

해설

유전체 프로젝트(Genome Project)
생명체가 가지고 있는 염색체의 유전적인 염기서열을 알아내어 유전자 지도를 작성하는 작업, 즉 각각의 유전자 기능은 물론 유전병의 원인을 낱낱이 밝힐 수 있는 생명 현상을 분자 수준에서 이해할 수 있는 해부도를 완성시키는 작업을 말한다.

26 ④ 27 ④ 28 ③ 29 ④ 30 ③ 정답

31 **가소화 영양소 총량(TDN)의 산출 공식으로 올바른 것은?**

① 가소화 영양소 총량 = 가소화 탄수화물 + 가소화 단백질 + 가소화 지방 × 2.25
② 가소화 영양소 총량 = 총에너지 – 분에너지
③ 가소화 영양소 총량 = 체내에 이용된 영양소량/흡수된 에너지량 × 100
④ 가소화 영양소 총량 = 섭취사료 성분량 – 분 배설된 성분량/섭취 사료성분량

해설

가소화 영양소 총량 = 가소화 탄수화물 + 가소화 단백질 + 가소화 지방 × 2.25

32 **다음 비타민 중 지용성 비타민은?**

① 비타민 A ② 비타민 B_1
③ 비타민 B_2 ④ 비타민 B_{12}

해설

지용성 비타민 : 비타민 A, D, E, K

33 **최소량의 법칙은 식물이나 동물이 성장과 생산을 할 경우 공급되는 영양소 중에 부족한 영양소의 수준에 의하여 제한을 받게 된다는 이론이다. 이 이론의 제창자는 누구인가?**

① 로렌츠 ② 셀 포드
③ 다 윈 ④ 리비히

해설

리비히(Justus von Liebig, 1803~1873)의 '최소량의 법칙'이란 생물의 생장은 결핍된 원소의 양에 의해서 제한을 받게 된다.

34 **다음 비타민 중 항산화 작용을 가지고 있는 것끼리 묶은 것은?**

① 비타민 A – 비타민 C
② 비타민 B – 비타민 C
③ 비타민 A – 비타민 E
④ 비타민 B – 비타민 E

해설

비타민 A와 비타민 C는 항산화 작용(노화예방)을 한다.

35 **암퇘지를 번식에 이용하려면 최소한 몇 kg의 체중에 도달했을 때가 가장 적합한가?**

① 90~100kg ② 100~110kg
③ 110~120kg ④ 120~130kg

해설

- 암퇘지 번식 이용 시기 : 110~120kg
- 생후 8~9개월 수퇘지 번식 이용 시기 : 120~130kg

36 **다음 양돈 경영 형태 중 자본 회전율이 가장 빠른 것은?**

① 번식양돈 ② 비육양돈
③ 복합양돈 ④ 번식, 비육양돈

해설

비육양돈은 번식양돈이나 복합양돈에 비해 투입된 자본 회전율이 빠른 장점이 있다.

정답 31 ① 32 ① 33 ④ 34 ① 35 ③ 36 ②

37 목초 테타니병 발생과 관계가 없는 것은?

① 비옥한 토양
② 칼륨을 다량 시비
③ 인의 결핍
④ 마그네슘의 흡수 저하

해설

어린 목초 또는 성장 중 부드럽고 영양소 함량이 높은 목초는 성숙된 목초에 비하여 Mg 함량이 낮으며, 특히 다량의 질소와 칼륨을 비료로 살포한 직후 왕성하게 자라는 목초의 Mg 함량은 낮을 뿐만 아니라 그 이용률이 낮다. 테타니(Tetany)는 혈액 내 칼슘이나 마그네슘의 함량이 낮아서 생기는 근육 경련병을 말한다.

38 우리나라에서는 시장이나 수출용 비육돈의 출하 체중(규격돈)은 몇 kg인가?

① 70~80kg ② 100~110kg
③ 130~140kg ④ 160~170kg

해설

비육돈의 출하체중 100~110kg

39 대백(색)종이라고도 하며, 원산지는 영국이고, 얼굴은 곧고 귀는 곧게 서 있으며, 암컷의 번식 능력이 우수한 장점을 가지고 있는 돼지의 품종은?

① 랜드레이스종 ② 버크셔종
③ 두록종 ④ 대요크셔종

해설

① 랜드레이스종 : 덴마크 원산, 몸은 흰색, 귀가 크고 앞으로 늘어져 있으며, 몸이 길고, 번식능력이 우수하다.
② 버크셔종 : 영국 버크셔 지방에서 개량, 몸은 검은색이지만 육백이라는 특징(코끝, 사지끝, 꼬리끝이 희다)이 있고, 한 배 새끼 수는 7~9마리 정도이다.
③ 두록종 : 미국 뉴저지 원산, 털 색깔은 담홍색–농적색이고, 1일 증체량이 많고 사료 이용성이 좋아 아비품종으로 널리 사용한다.

40 덴마크가 원산지로 몸은 흰색이며, 머리가 비교적 작고, 귀가 앞으로 늘어져 있다. 몸이 길고 균형이 잘 잡혀 있으며, 비유 능력이 우수한 돼지의 품종은?

① 햄프셔종 ② 버크셔종
③ 두록종 ④ 랜드레이스종

해설

① 햄프셔종은 미국 켄터키 원산, 검은 바탕에 어깨에서 앞다리에 걸쳐 흰 띠가 있다.
② 버크셔종은 영국 버크셔 지방에서 개량, 몸은 검은색이지만 육백(머리, 네 다리, 꼬리의 끝이 희다)이라고 하는 특징이 있고, 한 배 새끼 수는 7~9마리 정도이다.
③ 두록종은 미국 뉴저지주 원산, 털 색깔은 담홍색~농적색이고, 1일 증체량이 많고 사료이용성이 좋아 아비품종으로 널리 사용한다.

41 급성형은 100% 폐사율을 보이며, 43℃의 고열을 내고, 녹변을 배설하며, 백신으로 예방이 가능한 질병은?

① 닭티프스 ② 닭뇌척수염
③ 계 두 ④ 뉴캐슬병

42 닭의 바이러스성 질병을 고르면?

① 호흡기성 마이코플라스마병
② 닭 회충증
③ 뉴캐슬병
④ 각기병

43 계사 내 유해 가스 중 가장 피해가 염려되는 가스는?

① 이산화탄소 ② 메 탄
③ 황화수소 ④ 암모니아

37 ③ 38 ② 39 ④ 40 ④ 41 ④ 42 ③ 43 ④ 정답

44 광물질(무기물)의 기능으로 바르지 못한 것은?

① 칼슘(Ca) : 가축의 골격 형성과 유지
② 인(P) : 단백질 합성
③ 철(Fe) : 산소운반
④ 셀렌(Se) : 효소의 구성과 합성

해설
- 골격 형성과 유지 : Ca, P, Mg, Cu, Mn
- 단백질 합성 : P, S, Zn
- 산소운반 : Fe, Cu
- 체액의 균형 : Na, Cl, K
- 효소의 구성과 합성 : Ca, P, K, Mg, Fe, Cu, Mn, Zn
- 비타민 합성 : Ca, P, Co, Se

45 돼지의 발정 지속 시간은 평균 몇 시간인가?

① 평균 28시간 ② 평균 38시간
③ 평균 48시간 ④ 평균 58시간

해설
발정 지속 시간은 평균 58시간, 교배 적기는 승가허용 후 10~26시간

46 초유 급여에 대한 설명으로 옳은 것은?

① 초유는 분만 후 처음 한 달 동안 나오는 젖이다.
② 어미돼지의 젖 분비량은 1주경에 최고에 달한다.
③ 초유는 설사 작용을 하여 태변을 배설시키는 작용을 한다.
④ 어미돼지의 비유능력이 우수할 경우 15마리까지 기를 수 있다.

해설
① 초유는 분만 후 처음 4~5일 동안 나오는 젖이다.
② 어미돼지의 젖 분비량은 2~3주경에 최고에 달한다.
④ 어미돼지의 비유능력이 우수할 경우 10~12마리까지 기를 수 있다.
※ 젖의 양은 한 배 새끼 수가 많으면 증가하는 경향이 있다.

47 돼지의 발정 주기와 임신 기간을 바르게 연결한 것은?

① 17일, 114일 ② 17일, 142일
③ 21일, 114일 ④ 21일, 142일

48 새끼 돼지는 빈혈증 예방을 위하여 철분을 2회 주사하는데, 주사 시기로 바른 것은?

① 생후 3일, 10~14일
② 생후 3일, 15~18일
③ 생후 5~7일, 10~14일
④ 생후 5~7일, 15~18일

해설
빈혈증 예방을 위해 100mg의 철분을 생후 1~3일, 10~14일 2회에 걸쳐 대퇴부 안쪽에 근육 주사한다.

정답 44 ④ 45 ④ 46 ③ 47 ③ 48 ①

49 **여러 마리의 돼지를 사육할 때 개체별로 능력을 조사하고, 혈통을 정확히 알기 위해서 개체 표시를 하는 데 가장 많이 이용되는 방법은?**

① 귀 자르기　　② 귀표붙이기

③ 입묵법　　④ 문 신

해설

여러 마리의 돼지를 기를 때 개체별로 능력을 조사하고, 혈통을 정확히 알기 위해서 개체 표시를 하는데 방법으로는 귀 자르기, 귀표붙이기, 입묵법 등이 있으나 주로 귀 자르기가 이용된다(한국종축개량협회).

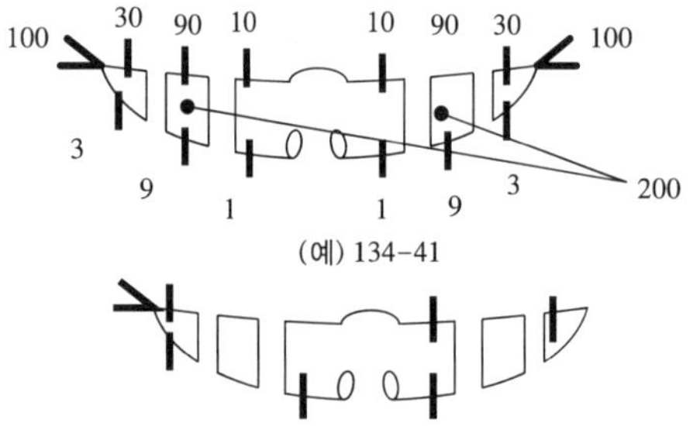

50 **새끼 돼지에게 새끼 돼지 전용사료 급여로 따로 먹이기를 실시하는 적합한 시기는?**

① 생후 1주일경

② 생후 2주일경

③ 생후 3주일경

④ 생후 4주일경

51 **다음 중 포유 중인 새끼 돼지 관리 내용으로 가장 적합한 것은?**

① 생후 1~2일 경에 거세를 하여 육질을 향상시킨다.

② 출생 직후 송곳니의 1/5~1/6을 니퍼 등으로 다듬어 준다.

③ 100mg의 철분을 3회에 걸쳐 대퇴부 안쪽에 근육 주사한다.

④ 분만실 안에 자돈 보온 상자 또는 가온 램프를 설치해야 한다.

해설

① 생후 2~3주일경에 거세를 하여 육질을 향상시킨다.

② 출생 직후 송곳니의 1/2~1/3을 니퍼 등으로 자르고 다듬어 준다.

③ 100mg의 철분을 2회에 걸쳐 대퇴부 안쪽에 근육 주사한다.

52 **종돈으로 쓰지 않을 수컷 돼지는 거세를 하면 고기의 질이 좋아지고, 성질이 순해지는 데 거세의 시기로 바른 것은?**

① 생후 2주일　　② 생후 2~3주일

③ 생후 3~4주일　　④ 생후 4~5주일

해설

종돈으로 쓰지 않을 수돼지는 거세를 하면 고기의 질이 좋아지고 성질이 온순해지며, 수출용 규격돈의 생산에도 도움이 된다. 거세 시기는 생후 2~3주일경이 좋다.

53 **새끼 돼지의 빈혈증 예방을 위한 철분 주사의 주사량은?**

① 50mg　　② 100mg

③ 150mg　　④ 200mg

해설

새끼 돼지의 빈혈증 예방을 위해 철분 주사 100mg을 1, 2회 동량으로 대퇴부 안쪽에 근육 주사한다.

49 ① 50 ③ 51 ④ 52 ② 53 ② 정답

54 어미 돼지의 피하 주사 부위로 적합한 곳은?

① 이근부 또는 슬벽부
② 넓적다리
③ 앞다리
④ 목

해설
돼지의 피하 주사 부위
- 새끼 돼지 : 넓적다리 안쪽
- 어미 돼지 : 이근부(귀 밑 부분) 또는 슬벽부(무릎 부분 슬와근)

55 번식용 후보 돼지를 육성 관리하는 요령 중 잘못된 것은?

① 운동을 시키면서 다리와 발굽을 튼튼하게 한다.
② 생후 2주경부터 사료를 섭취하며 새끼 돼지의 포유량은 생후 3주부터 계속 감소하고, 새끼 돼지는 급속히 성장하므로 부족한 영양소를 새끼 돼지 전용사료를 주어 공급한다.
③ 몸의 균형 있는 발육을 촉진하고 체질을 강건하게 하며, 다리와 발굽을 튼튼하게 해 준다.
④ 무제한 급이시킨다.

해설
번식용으로 쓸 돼지는 특히 다리와 발굽이 튼튼해야 하는데, 육성기간 중에 운동을 시키면 다리와 발굽을 튼튼하게 할 수 있을 뿐만 아니라, 몸의 균형 있는 발육을 촉진하고 체질을 강건하게 해 준다.

56 다음 중 종빈돈의 올바른 사양관리 내용은?

① 초산돈은 경산돈에 비하여 사료를 약간 줄인다.
② 임신 기간 중에는 자유 급여한다.
③ 암돼지의 몸무게가 무거우면 사료 급여량을 많게 한다.
④ 비유 기간 중에는 많은 영양소를 요구한다.

해설
임신 기간 중에 사료를 많이 주면 어미 돼지가 너무 비대해져 태아의 생존율이 떨어지고, 한 배 새끼수가 적어지며, 분만장애가 많아진다. 또한, 새끼돼지의 몸무게가 감소하여 허약해지는 경향이 있다. 따라서 임신 중인 어미 돼지에 대해서는 적절하게 제한 사양을 해야 한다.

57 고기소의 품종만으로 묶어진 것은?

① 한우, 앵거스종
② 헤리퍼드, 홀스타인종
③ 쇼트혼종, 건지종
④ 브라만종, 에어서종

해설
고기소의 품종
가장 많이 사육하는 한우와 영국 원산의 앵거스종, 헤리퍼드종, 쇼트혼종, 프랑스 원산의 샤롤레종, 리무진종 인도 원산의 브라만종 등이 있다.

정답 54 ① 55 ④ 56 ④ 57 ①

58 **백혈병 중 가장 많이 발생하고 경제적인 피해를 주는 것은?**

① 임파구성 백혈병
② 적아구성 백혈병
③ 골수구성 백혈병
④ 골화석병

해설
닭백혈병은 육종바이러스에 의한 종양성 전염병으로 난계대로 전염된다.

59 **다음 중 젖소의 발정 증상이 아닌 것은?**

① 거동이 불안하고 자주 울거나 주위를 서성거린다.
② 오줌을 조금씩 자주 누며, 사료를 적게 먹고, 비유량이 감소한다.
③ 꼬리를 추켜세우고 뛰거나 서로 올라타는 승가현상을 보인다.
④ 식욕과 유량이 증가한다.

해설
발정이 오면 암컷 생식기의 외음부에는 달걀 흰자위처럼 맑고 끈끈한 분비액을 많이 누출한다. 젖소의 발정 지속 시간은 20시간 정도로 짧기 때문에 주의 깊게 관찰하지 않으면 발견하지 못하고 그대로 지나치는 경우가 많다.

60 **홀스타인종의 평균 임신 기간은?**

① 280일　② 290일
③ 300일　④ 310일

해설
정자와 난자가 만나 수정이 되어 자궁에 착상되는 것을 임신이라고 하는데, 홀스타인종의 임신 기간은 280일이다.

61 **젖소의 유방을 마사지 하지 않거나, 놀라거나 아프게 하는 등의 자극은 젖소로 하여금 부신수질호르몬을 분비하게 하여 젖의 분비를 억제시키는데, 이 호르몬의 이름은?**

① 에피네프린　② 옥시토신
③ 에스트로겐　④ 프로게스테론

해설
젖소에게 신경질성 자극은 부신수질에서 에피네프린을 분비하게 하여 혈관을 수축하게 한다. 이렇게 되면 젖을 만들기 위하여 유방으로 가는 혈액의 양이 감소되고, 근상피 세포를 수축시키는 데 필요한 옥시토신의 양도 줄어들게 되어 젖 분비가 억제된다.
※ 부신수질호르몬 : Epinephrine(Adrenaline)

62 **다음 중 포유 중인 송아지의 사양 관리 내용으로 틀린 것은?**

① 반드시 초유를 1~2일 정도 먹인다.
② 급여량과 급여시간을 규칙적으로 한다.
③ 착유 직후의 것은 그대로 먹이지만, 그렇지 않는 것은 36℃ 정도로 따뜻하게 하여 먹인다.
④ 갓난 송아지의 제4위 용적은 1.5L 정도이므로, 1회에 먹는 액체 사료는 1.5L를 초과하지 않게 한다.

해설
분만 후 5일까지는 어미 소로부터 분비되는 초유를 반드시 먹인다. 초유에는 갓난 송아지에 필요한 영양소와 감기나 설사를 예방할 수 있는 면역물질이 들어 있으며, 초유에 포함되어 있는 성분들이 송아지의 태변 배출을 촉진시키기 때문이다.

58 ① 59 ④ 60 ① 61 ① 62 ① 정답

63 **한우의 평균임신 기간은?**

① 282~285일 ② 286~289일
③ 290~293일 ④ 300~310일

해설
한우는 젖소와 비교할 때 1개월 더 늦은 생후 16~18개월령이 되었을 때 첫 종부를 시키는 것이 보통이고, 임신기간은 282~285일이다.

64 **유방 자극, 양동이 소리, 사료의 냄새 등은 젖소의 신경자극을 통해 뇌에 전달되어 뇌하수체 후엽에서 착유에 필요한 호르몬을 분비하게 된다. 이 호르몬의 이름은?**

① 에스트로겐 ② 아드레날린
③ 에피네프린 ④ 옥시토신

해설
유방 마사지는 유두의 피부에 분포되어 있는 온도와 접촉에 민감한 신경 세포의 활성화가 이루어진다. 이러한 신경자극이 척수를 타고 뇌하수체 후엽에 전달되면 옥시토신이 분비된다.

65 **젖소가 1L의 우유를 생산하기 위해 유방을 순환하는 혈액량은?**

① 400L~500L ② 500L~600L
③ 600L~700L ④ 700L~800L

해설
유방에서 만들어진 젖은 대부분이 혈액의 성분들로 만들어지므로 유방의 혈관이 매우 잘 발달되어 있다. 젖소가 우유 1L를 생산하기 위해서는 약 400~500L의 혈액이 유방을 순환해야 한다.

66 **가축 위생 관리 측면에서 가축 방목의 단점은?**

① 환기 부족
② 과도한 먼지의 발생
③ 외부 기생충이나 유독 물질, 농약 등에 노출
④ 병원 미생물 수나 유해 가스 농도의 증가

해설
방목법은 사육 가축이 방목지의 넓은 청초를 자유로이 사료로 이용하고 운동량을 늘릴 수 있으므로 육성에 큰 도움을 준다.

67 **다음 중 호르몬의 작용상 특징이 아닌 것은?**

① 호르몬은 생체 내의 특정한 반응에 관여하며 에너지를 공급한다.
② 호르몬은 극히 미량으로도 그 기능을 발휘한다.
③ 호르몬은 혈류로부터 빠르게 소실되지만 그 효과는 서서히 계속적으로 나타난다.
④ 호르몬은 생체 내에 어떤 반응의 속도를 조절할 뿐 새로운 반응을 일으키지는 않는다.

해설
호르몬은 유기물이지만 에너지를 공급하지 않으며, 표적 세포에게만 특이성과 선택성을 가지고 작용한다.

정답 63 ① 64 ④ 65 ① 66 ③ 67 ①

68 수정란(受精卵)이식의 장점은 어떤 것인가?

① 수태율의 향상
② 특정 품종의 빠른 증식가능
③ 번식장해의 예방
④ 발정주기의 임의 조절

해설

수정란이식의 장점
- 우수한 공란우의 새끼 생산
- 국내외 간 수송이 가능
- 특정 품종의 빠른 증식이 가능
- 가축의 개량기간을 단축
- 보호동물 번식가능
- 우량유전물질의 보존가능

69 다음은 손익 계산서 내용을 경영 시산하는 공식으로 올바른 것은?

① 생산비 = 조수익 − 경영비
② 생산비 = 조수익 − 감가상각비
③ 소득률 = (소득 − 조수익) × 100
④ 소득률 = (순수익 − 조수익) × 100

해설

조수입에서 소득으로 발생되는 비율을 나타내며, 높을수록 좋다.

70 다음 중 한우 비육에서 큰 소 비육의 장점이 아닌 것은?

① 정육 생산비율이 높다.
② 보상 성장의 효과가 있다.
③ 골격이 이미 형성된 소에 살을 붙인다.
④ 사료 이용효율이 높고 질 좋은 고기생산이 가능하다.

해설

18~24개월령이 될 때까지 조사료 위주로 사육하여 체중이 250~300kg이 되는 소를 하루에 1~1.2kg씩 증체시키면서, 3~5개월간 비육하여 체중이 400~450kg이 되었을 때 출하하는 비육형태이다.

71 다음 보기의 내용은 젖소의 기계 착유 순서이다. 순서를 바르게 나열한 것은?

> 가. 유방과 유두는 소독한 물로 깨끗이 씻고, 마른 수건 또는 종이 수건으로 건조시킨다.
> 나. 스트립 컵에 우유를 1~2회 손 착유하여 유방염의 여부를 검사한다.
> 다. 유방 세척 후 1분 이내 착유기를 부착하여 착유한다.
> 라. 착유기를 과잉 가동하면 섬세한 유방 조직을 손상시켜 유방염의 원인이 된다.
> 마. 유두를 침지액 깊숙이 담가 소독한다.

① 가, 나, 라, 다, 마
② 가, 나, 다, 라, 마
③ 가, 다, 나, 마, 라
④ 나, 가, 라, 다, 마

해설

착유하는 사람은 물론 젖소도 착유 습관을 잘 들여야 하며, 그렇게 되면 젖소도 이에 잘 순응하게 된다. 최대 산유량을 얻기 위해서는 젖소의 습관을 잘 파악하고 있어야 하며, 순서에 따라 조용한 분위기에서 착유를 해야 한다.

72 가축의 장거리 수송에서 발생할 수 있는 문제점을 아닌 것은?

① 공기 정화
② 환기 불량
③ 사료와 물 공급 부족
④ 수송성 폐렴

해설

수송 시 외상의 발생이나 장거리 수송에 따른 공기의 오염, 환기불량, 온도상승, 사료와 물공급 부족, 장시간의 기립자세, 수송성 폐렴 등이 일어날 수 있으므로 세심히 관리해야 한다.

68 ② 69 ③ 70 ④ 71 ② 72 ① 정답

73 **보기에서 질병예방 활동으로 적합하지 않는 것은?**

① 축사청소 ② 예방주사
③ 해충구제 ④ 거세와 제각

해설
가축의 질병예방을 위해서는 축사청소와 소독, 예방주사, 해충구제 등을 실시해야 한다.

74 **축산 오염 물질과 이것이 미치는 영향으로 바르지 못한 것은?**

① 인 – 토양 내 축적, 식수 오염 및 곡류의 산출량을 감소
② 미량원소 – 구리, 아연 등 중금속, 토양 내 잔류
③ 질소 – 토양 내 미생물 사멸
④ 암모니아가스 – 산성 비

해설
질소가 토양 내 초과 공급될 경우 강 상류 및 수질오염으로 인해 어류의 생활사를 파괴시키며, 식수 또한 오염시킨다.

75 **다음 (   ) 안에 알맞은 말은?**

> 생물에 의해 유기물질이 산화 및 분해되어 안정화될 때까지 요구되는 산소의 양을 (   )라고 하며, 이는 ppm(mg/L)으로 나타낸다.

① DVD ② COD
③ ROD ④ BOD

해설
BOD는 물의 유기물 오염 지표로서 널리 사용되며, 폐수 중에는 여러 종류 유기물질이 함유되어 있으며, 이들의 농도를 개별적으로 측정할 수는 없기 때문에 생물 분해가 가능한 유기 물질을 일괄하여 생물학적 산소 요구량으로 측정하는 것이다.

76 **다음 중 구제역에 관한 내용이 아닌 것은?**

① 세균성 급성전염병이다.
② 구강, 발굽 부위에 수포를 형성한다.
③ 거품같이 끈적거리는 침을 많이 흘린다.
④ 효과적인 예방 접종 외에도 치료 방법이 없다.

해설
구제역은 구제역 바이러스에 의해 발생하며, 구강 또는 발굽 부위에 수포를 형성한다. 거품같이 끈적거리는 침을 많이 흘리며 소, 돼지, 양, 염소, 사슴 등 발굽이 둘로 갈라진 동물(우제류)에 감염되는 질병이다. 전염성이 매우 강하며 입술, 혀, 잇몸, 코, 발굽 사이 등에 물집(수포)이 생기고, 체온이 급격히 상승되고, 식욕이 저하되어 심하면 죽게 되는 질병으로, 국제수역사무국(OLE)에서 A급으로 분류하며, 우리나라에서는 제1종 가축전염병으로 지정되어 있다.

77 **다음 중 돼지열병과 관련된 내용이 아닌 것은?**

① 급성열성 전염병이다.
② 식욕이 떨어지며 체온이 높다.
③ 유산하거나 산자수가 감소한다.
④ 인수 공통 전염병이다.

해설
돼지열병는 바이러스 감염에 의한 열성 전염병으로 '호그콜레라'라고도 한다. 예방 접종이 우선이며 치료는 실시하지 않는다.

78 **다음 중 돼지의 중요한 경제 형질이 아닌 것은?**

① 산자수 ② 생시 체중
③ 이유 후 증체율 ④ 체 형

해설
돼지의 주요 경제형질
산자수, 이유 시 체중, 이유 후 증체율, 사료요구율, 도체 품질, 체형

정답 73 ④ 74 ③ 75 ④ 76 ① 77 ④ 78 ②

79 **해외 악성 가축전염병은 국제수역사무국에서 A, B항목과 식량농업기구에서 정한 C항목으로 구분하는데, 다음 보기에서 A항목을 모두 고르면?**

가. 구제역	나. 수포성 구내염
다. 돼지수포병	라. 탄저병
마. 돼지열병	바. 뉴캐슬병
사. 광우병	아. 우역

① 가, 나, 다, 라, 마, 바, 사
② 가, 나, 다, 마, 바, 아
③ 가, 나, 다, 라, 바, 사, 아
④ 가, 나, 다, 라, 마, 바, 사

해설
- B항목 : 탄저병, 오제스키병, 광우병
- C항목 : 리스테리아병, 톡소플라스마병

80 **다음 중 돼지일본뇌염과 관련이 없는 것은?**

① 세균성 감염에 의한다.
② 인수 공통 전염병이다.
③ 유산과 사산을 유발한다.
④ 바이러스를 가지고 있는 모기에 의하여 전파된다.

해설
돼지일본뇌염
바이러스에 의한 인수 공통 전염병으로, 질병이 유행하는 여름철 전인 3~5월경에 예방 접종을 실시한다.

81 **수퇘지의 가장 중요한 생식기인 정소로부터 분비되는 수컷호르몬(테스토스테론)의 생리적 기능이 아닌 것은?**

① 생식기 발달
② 정자 수명 연장
③ 유방의 발달
④ 생식기 기능 유지

해설
수컷의 생식기를 발달시키고, 그 기능을 유지하며, 정자의 수명을 연장하고, 수컷다운 체격과 성질을 나타나게 한다.

82 **난소에서 분비되는 호르몬으로 수정란의 착상준비, 발정의 정지, 임신의 유지, 유방의 발달 등을 조절 하는 호르몬은?**

① 테스토스테론
② 에스트로겐
③ 프로게스테론
④ 릴랙신

해설
프로게스테론(Progesterone)
황체호르몬이라고 한다. 배란된 뒤에 난소의 황체에서 생성되는 호르몬으로, 발정 현상을 억제하며, 자궁벽을 수태 가능한 상태로 하는 작용과 임신을 유지시키는 작용이 있다.

83 **병아리 개체 선택 요령으로 부적합한 것은?**

① 품종의 특징을 가진 것
② 우모가 광택이 나는 것
③ 눈이 총명하고 우는 소리가 큰 것
④ 늦게 발생한 것

해설
일반적으로 일찍 발생된 것이 건강하다.

79 ② 80 ① 81 ③ 82 ③ 83 ④ 정답

84 다음 중 돼지 인공 수정의 장점이 아닌 것은?

① 우수한 유전 형질을 빨리 전파할 수 있다.
② 노력과 경비를 절약할 수 있다.
③ 접촉에 의하여 발생하는 질병을 예방할 수 있다.
④ 비숙련자도 쉽게 수정을 실시할 수 있다.

해설
인공 수정의 장점
- 1회 사정한 정액으로 5~10마리의 암퇘지에게 수정시킬 수 있어 우수한 형질을 빨리 전파할 수 있다.
- 유지해야 할 수퇘지 수를 줄일 수 있어 노력과 경비를 절약할 수 있다.
- 돼지를 이동시키지 않아도 된다.
- 접촉에 의하여 발생하는 질병을 예방할 수 있다.
- 활력이 좋은 정액을 사용하므로 수태율을 높일 수 있다.

85 다음 중 돼지의 발정 현상이 아닌 것은?

① 외음부 붉게 부음
② 식욕 상승
③ 승 가
④ 질 점액 배출

해설
외음부가 붉게 부으며, 질점액이 흘러나온다. 소리를 지르며 불안해하고, 다른 돼지 위에 올라타기도 하며 식욕이 떨어진다.

86 분만한 새끼돼지의 관리요령으로 올바른 것은?

① 분만 예정 15일 전에 분만사로 옮긴다.
② 탯줄은 5~7cm 정도 남기고 잘라준다.
③ 분만 후 2kg 이하의 자돈은 도태시킨다.
④ 초유는 반드시 먹일 필요는 없다.

해설
분만한 새끼돼지의 관리요령
- 분만 예정 7일 전에 분만사로 이동
- 흰색 젖이 나오면 당일(10시간 이내) 분만하는 것으로 본다.
- 분만 직전이 되면 진통이 일어나고 태막이 터져 양수가 흘러나오며, 태아가 나온다.
- 태아는 5~30분 간격으로 낳으며, 2~3시간 내에 모두 낳는다.
- 새끼를 모두 낳은 다음 30분~2시간 사이에 태반이 나오는데, 이것을 후산이라고 한다.
- 헝겊으로 코와 입 주위의 양수를 닦은 다음 몸에 묻어 있는 점액을 닦아 준다.
- 탯줄은 5~7cm 정도 남기고 잘라 주며, 끝에는 소독약을 이용하여 소독한다.
- 갓난 새끼는 보온 등이 켜져 있는 곳에 놓아둔다.
- 체중 700g 이하는 도태하며, 1시간 이내에 초유를 먹인다.

87 주로 어미돼지를 사육하는 축사에 시설하여 개체 관리를 쉽게 하기 위하여 한 칸에 한 마리씩 수용하여 사육하는 방식은?

① 평지군 사육 ② 스톨 사육
③ 다두 사육 ④ 단독 사육

해설
임신한 어미돼지를 주로 사육하는 방식으로 1개의 스톨에 한 마리씩 수용하여 사육한다.

정답 84 ④ 85 ② 86 ② 87 ②

88 어미돼지의 생활사 중에서 사료 급여량이 가장 많은 시기는?

① 발정기 ② 임신 전기
③ 임신 중기 ④ 비유기

해설

비유기간 중 가장 많은 영양소를 요구하며, 포유 어미돼지의 사료 급여 기준량 = 기본량(2kg) + 산자수 × 0.5kg으로 계산한다.

89 다음 중 후보 씨 수퇘지를 선발하는 기준에 적절하지 못한 것은?

① 체중 200kg 전후에 구입하거나 선발
② 다리와 발굽이 크고 유연성이 있을 것
③ 꼬리 부착이 높은 것
④ 요루 증상이 있는 것

해설

후보 씨 수퇘지 선발 기준
- 체중 100kg 전후에 구입
- 다리와 발굽이 크고 유연성이 있을 것
- 꼬리부착이 높은 것
- 뒷다리가 충실한 것
- 털이 뻗어 있고 얼굴이 큰 것
- 요루 증상이 없는 것
- 고환이 충실한 것 등

90 후보 씨 암퇘지를 선발하는 기준이 아닌 것은?

① 체중 98kg 이상에서 구입하거나 선발
② 유두가 12개 이상이며, 좌우 대칭인 것
③ 음부의 외형이 확실하고 작은 것
④ 꼬리 부착이 높고 앞다리가 강건한 것

해설

후보 씨 암퇘지 선발 기준
- 체중 98kg 이상에서 구입하거나 선발
- 하복선이 단정하고 확실한 유두가 12개 이상이며, 좌우 대칭인 것
- 몸이 유연하고 길며, 선이 원활한 것
- 음부의 외형이 확실하고 큰 것
- 꼬리 부착이 높고 앞다리가 강건한 것

91 돼지에서 Creep Feeding을 실시하는 시기는?

① 생후 7일부터 ② 생후 14일부터
③ 생후 21일부터 ④ 생후 28일부터

해설

새끼 따로 먹이기(Creep Feeding)
모돈의 비유량이 3주일부터는 자돈의 성장에 필요한 영양분을 충분히 공급하지 못하여 자돈의 영양이 사료로 이행되도록 훈련(입질)시키는 과정이며 모돈에 대한 영양 결핍을 예방하는 효과가 있다.

92 콕시듐의 급성형 증상은 어느 것인가?

① 콧물이 나고 가래가 낀다.
② 간의 비대현상을 볼 수 있다.
③ 흰 설사를 한다.
④ 피똥을 싼다.

해설

콕시듐병의 증상 중 급성형의 경우 병아리가 갑자기 많은 양의 혈분을 배설하고 발병 후 48시간 이내에 폐사하는 것이 많다.

88 ④ 89 ④ 90 ③ 91 ③ 92 ④ **정답**

93 **가축이 임신을 하면 자궁경(Uterine Cervix)은 어떤 기능을 하는가?**

① 자궁의 운동 촉진
② 자궁의 생성 및 분비
③ 융모막과 요막의 형성
④ 세균 침입에 대한 방어력 형성

해설
자궁경관은 임신 후에 닫혀서 세균 침입을 방지하게 된다.

94 **식우성(Cannibalism)이 발생하는 원인이 아닌 것은?**

① 직사광선이 부족했을 때
② 밀사(密詞)하고 있을 때
③ 사료 중에 비타민 단백질, 무기 성분의 결핍
④ 지나친 농후 사료로 섬유질이 부족한 경우

해설
식우성(Cannibalism, 카니발리즘)
새로 난 깃털의 발육이 가장 왕성한 30~40일의 병아리에 많이 발생하기 쉬운 나쁜 버릇으로 깃털을 쪼아 먹는다거나 항문을 쪼는 성질, 발가락을 쪼는 성질이다. 원인으로는 좁은 면적에서 너무 많은 수를 기를 때, 병아리에게 직사광선이 쪼이거나 점등밝기가 너무 높을 때, 영양분의 결핍이나 영양소의 불균형, 또는 사료 내 염분의 부족일 때, 고온스트레스를 입었을 때 등이다.

95 **다음 중 단백질 요구량이 높은 순으로 되어 있는 것은?**

① 육계 초생추 – 육계 중추 – 산란계 초생추 – 산란계 중추
② 육계 초생추 – 산란계 초생추 – 육계 중추 – 산란계 중추
③ 산란계 초생추 – 육계 초생추 – 육계 중추 – 산란계 중추
④ 산란계 초생추 – 산란계 중추 – 육계 초생추 – 육계 중추

96 **새끼돼지의 생리적 특성이 아닌 것은?**

① 소화와 흡수 기능이 발달되어 있다.
② 병에 대한 저항성이 없다.
③ 체온 조절이 약하다.
④ 철분이 모자란다.

98 **산란계 사양에서 강제 환우를 시키는 목적으로 볼 수 없는 것은?**

① 육성비를 절감하기 위해
② 난중을 높이기 위해
③ 난가조절을 위해
④ 노계값이 비쌀 때

해설
노계값이 하락했을 때 강제 환우를 시켜 도태하지 않고 경제적으로 최대한 활용한다.

정답 93 ④ 94 ① 95 ② 96 ① 97 ④ 98 ④

99 **점등 관리에 관한 설명 중 옳지 못한 것은?**

① 초란 일령이 빨라진다.
② 산란율의 향상을 가져 온다.
③ 환우와 유산을 촉진한다.
④ 사료 섭취 및 활동 시간을 길게 한다.

해설
점등을 시키면 환우와 유산을 억제하고 산란지속성을 길게 한다.

100 **지방계 발생의 방지책으로 옳지 못한 것은?**

① 산란계 기별사양을 실시한다.
② 다산계를 선택한다.
③ 녹사료를 급여한다.
④ 케이지 사양을 실시한다.

101 **다산계와 과신계를 비교 설명할 것 중 잘못된 것은?**

① 다산계의 볏은 크고 선홍색을 나타내나 과산계는 위축되어 작고 퇴색되어 있다.
② 다산계의 털색은 윤기가 나고 매끈하나 과산계는 퇴색이 되어 조잡하다.
③ 다산계의 눈은 활기가 있고 총명하나 과산계는 검던가 반감하며 희미하다.
④ 다산계의 부리는 닳고 퇴색되어 있으며 과산계는 노랗게 착색되어 있다.

해설
다산계는 털색이 퇴색되어 조잡하고 체구가 작으며 행동도 민첩하다. 치골과 치골 사이가 손가락 3개 이상, 치골과 용골(가슴뼈)사이에 손가락 4개 이상 들어간다.

102 **닭에서 강제 환우 시 유의할 사항 중 틀린 것은?**

① 환우 2주 전에 예방 접종과 구충제를 투여한다.
② 환우는 계절에 관계없이 실시한다.
③ 환우시 계사 내는 어둡게 하는 것이 좋다.
④ 환우 후에는 난중이 무겁고 난질도 좋아지는 경향이 있다.

해설
환우는 닭의 생리에 맞는 가을이나 겨울에 실시하는 것이 좋다.

103 **닭에서 점등 관리상 주의할 점 중 틀린 것은?**

① 점등 시간은 산란 개시 후에 절대로 단축시켜서는 안 된다.
② 평사의 경우에는 아침 점등이 가장 효과적이다.
③ 불규칙한 점등을 해서는 안 된다.
④ 백열등보다 형광등이 더 효과적이다. 점등은 적외선에 가까운 백열등이 효과적이다.

99 ③ 100 ④ 101 ② 102 ② 103 ④ 정답

104 닭의 성숙일령을 판별하는 기준은?

① 초산 시작의 일령
② 산란율이 30%에 달했을 때의 일령
③ 산란율이 50%에 달했을 때의 일령
④ 산란율이 70%에 달했을 때의 일령

105 병아리의 1차 부리 자르기(Debeaking)는 언제 실시하는가?

① 4일령 ② 7~10일령
③ 2주령 ④ 4주령

해설
1차 부리 자르기는 7~10일령에, 2차 부리 자르기는 8~10주령에 실시한다.

106 난황의 색과 Broiler의 피부색을 노랗게 착색시키는 효과를 가지고 있는 물질은?

① Xanthophyll(잔토필)
② Carotene(카로틴)
③ Tallow(탤로)
④ Vitamin A

해설
① Xanthophyll은 난황과 피부색을 착색시키는 효과가 있다.
② Carotene은 비타민 A의 전구물질이다.
③ 탤로(Tallow)는 동물성 지방이다.

107 가축의 성장 촉진제 중 호르몬제로 된 것은?

① 바시트라신, 페니실린
② 콜리스틴, 버지니아, 마이신
③ 제라놀, 티오우라실
④ 유산균, 효모

해설
호르몬제는 ③ 이외에 다이에틸스틸베스테롤, 에스트라다이올 등이 있다.
①, ②는 항생물질 성장 촉진제로 그 외 테트라사이클린, 스트렙토마이신, 네오마이신 등이 있다.
④는 생균제이다.

108 엔실리지의 발효에 이로운 균은?

① 초산균 ② 젖산균
③ 고초균 ④ 대장균

109 다음 중 일본뇌염의 원인과 증상에 대한 내용으로 올바른 것은?

① 세균성 감염이 원인이며, 모기에 의해 전염된다.
② 큰 돼지는 감염되어도 증상을 나타내지 않는다.
③ 임신한 돼지가 감염되면 태아에는 감염되지 않는다.
④ 봄부터 여름 사이에 집단 또는 산발적으로 발병한다.

해설
돼지 일본뇌염
- 바이러스성 전염병으로 모기에 의해 전염된다.
- 큰 돼지는 감염되어도 증상을 나타내지 않는다.
- 임신한 돼지가 감염되면 태아에 감염되어 유산, 사산(미라, 흑자, 백자), 허약 새끼 돼지, 정상 새끼돼지가 같이 분만되는 것이 특징이다.
- 여름부터 가을 사이에 집단 또는 산발적으로 발병한다.
- 보건상 매우 중요한 인수공통전염병이다.

정답 104 ③ 105 ② 106 ① 107 ③ 108 ② 109 ②

110 돼지의 질병 중 제1종 법정전염병은?

① 전염성 위장염 ② 구제역
③ 일본뇌염 ④ 돼지단독

해설

돼지의 제1종 법정전염병
돼지 열병(HC), 구제역(FMD)
돼지의 제2종 법정전염병
오제스키병, 돼지 브루셀라병, 일본뇌염, 돈단독

111 한우를 수정시킨 후 외견상으로 보아 2~4 개월이 경과해도 재발정이 오지 않을 때 임신으로 판정하는 임신 감정법은?

① 외진법
② 직장 검사법
③ 초음파 진단법
④ 프로게스테론 농도 측정법

112 한우의 체중을 추정하는 공식이다. (가), (나)에 알맞은 말은?

> 추정체중(kg) = (가)(kg) − {(나)(cm) − 사체장(cm)} × 가체중에 따라 계산된 계수

	(가)	(나)
①	흉위	가체중
②	사체장	십자부고
③	가체중	흉위
④	체고	흉위

해설

추정체중(kg) = (가체중)(kg) − {(흉위)(cm) − (사체장)(cm)} × 가체중에 따라 계산된 계수

113 다음 중 전염성이 없고 돈군에 미치는 영향이 클 때 취해야 할 조치가 아닌 것은?

① 전문 수의사와 즉시 상담한다.
② 근본적인 원인 대책을 세워야 한다.
③ 필요한 경우 기록을 바탕으로 응급조치 한다.
④ 소독을 중단한다.

해설

- 질병의 형태를 정확히 파악한다. 증상, 발병 두수, 폐사 두수, 전파유무, 전파속도, 농장의 발병력, 일령, 백신 접종 여부, 니플의 상태, 사료 섭취량 등을 잘 파악해야 한다.
- 전문 수의사와 즉시 상담한다.
- 근본적인 원인 대책을 세워야 한다.
- 응급조치가 필요한 경우 기록을 바탕으로 응급조치 한다.
- 소독 횟수를 1일 2회로 증가시킨다.
- 폐사축은 즉시 소각 또는 매몰하고, 전염성이 있다고 생각되는 환돈은 격리한다.

114 소의 임신 감정을 초음파 진단기로 이용할 경우 최적 시기는?

① 수정 후 2~4개월
② 수정 후 4주 전후
③ 수정 후 60일 이후
④ 수정 후 1개월 이내

115 난소에서 분비되는 호르몬이 아닌 것은?

① Progesterone(황체호르몬)
② Testosterone(웅성호르몬)
③ Relaxin(성선호르몬)
④ Estrogen(난포호르몬)

해설

웅성호르몬(Androgen)은 정소의 간질세포에서 분비되는 스테로이드 호르몬이다. 웅성호르몬 중 생리적 활성이 가장 높은 것은 테스토스테론이다.

110 ② 111 ① 112 ③ 113 ④ 114 ② 115 ② 정답

116 한우에 대한 설명으로 옳지 않은 것은?

① 털색은 황갈색이다.
② 체중과 체구가 다른 육우에 비해 큰 편이다.
③ 무리를 이루어 눈치를 보며 뛰어가는 습성을 보인다.
④ 환경에 잘 적응하며 번식률이 80%에 달한다.

해설
한우는 털색이 황갈색으로 투박하고, 늦가을에서 6월경 털갈이를 할 때까지 꺼칠꺼칠한 상태를 유지한다. 또 생시체중과 체구가 다른 육우에 비해 작은 편이며, 여러 마리의 한우를 이동시킬 때면 겁이 많아 목적지에 도달할 때까지 무리를 이루어 눈치를 보며 뛰어가는 습성을 보인다. 한우는 다른 육우 품종에 비해 사료 섭취량이 적고 체구도 작지만 우리나라 환경에 매우 잘 적응되어 있어 조악한 사육 환경 속에서도 번식률이 80%에 달하며, 추위에 강한 특성을 가지고 있다.

117 난소의 구조와 관련된 내용이다. 다음 중 난소의 조직 중에서 볼 수 없는 것은?

① 백체(Corpus Albicans)
② 그라프 난포(Graafian Follicle)
③ 황체(Corpus Luteum)
④ 유와(Milk Well)

118 소의 발정으로 인공수정을 할 때 1회 주입되는 정액의 양은?

① 약 0.02~0.04mL
② 0.25~0.5mL
③ 2mL
④ 10mL

119 초유가 없거나 유선이 발달하지 않아 초유 급여가 원활하지 못할 경우 대용 초유를 만들어 급여할 수 있다. 다음 중 대용 초유의 재료가 아닌 것은?

① 우 유　② 끓인 물
③ 달걀흰자　④ 설 탕

해설
여분의 초유가 없거나 어미 소의 유선이 발달하지 않아 초유 급여가 원활하지 않을 때에는, 우유 0.6L와 끓인 물 0.3L, 달걀흰자(신선한 것) 1개, 식용유 2g을 혼합하여 급여하는 것으로 대신할 수 있다.

120 인공수정을 실시할 때 냉동정액 보관고에서 정액이 담긴 스트로를 융해하는 물의 온도는?

① 20~25℃　② 26~30℃
③ 30~35℃　④ 35~38℃

121 젖소의 번식과 관련하여 사육자가 주의해야 할 점이 아닌 것은?

① 발정 예정일을 예측하여 발정 여부를 관찰한다.
② 발정의 확률은 증가하는 경우가 승가를 허용한 경우보다 높다.
③ 수정 일시, 사용한 종모우 이름을 기록한다.
④ 한 발정기에 10시간 간격으로 2번 수정을 시키면 수태율을 높일 수 있다.

정답 116 ② 117 ④ 118 ② 119 ④ 120 ④ 121 ②

122 **비육 대상우의 선정 시 정육 함량이 많고, 상강도가 높은 고급육 생산에 알맞은 송아지의 특징을 모두 고른 것은?**

> 가. 귀 안의 털이 부드럽고 귀가 크며, 엷은 특징을 가지고 있다.
> 나. 어깨가 넓고, 전구의 자세가 균형 잡히게 발달되어 있다.
> 다. 털은 가늘고 밀생되어 윤기가 흐르고 있다.
> 라. 제각이 안 된 개체라면 뿔이 둥글고 두꺼우며 거칠어야 한다.
> 바. 앞다리의 무릎 아래가 가늘수록 좋다.

① 가, 나, 다 ② 다, 라, 바
③ 나, 다, 바 ④ 가, 다, 바

해설

- 귀 안의 털이 부드럽고 귀가 작으며, 엷은 특징을 가지고 있다.
- 어깨가 넓고, 전구의 자세가 균형 잡히게 발달되어 있다.
- 털은 가늘고 밀생되어 윤기가 흐르고 있다.
- 제각이 안 된 개체라면 뿔이 둥글고 가늘며 매끈해야 하고, 앞다리의 무릎 아래가 가늘수록 좋다.

123 **다음 설명 중 종모우의 사육 관리 내용으로 올바른 것은?**

① 종모우의 사양관리가 부적합해도 암소의 수태율은 저하되지 않는다.
② 비타민 A는 번식에 크게 영향을 준다.
③ 종모우의 운동은 건강유지에 좋지 않다.
④ 종모우의 비만은 충분한 운동에서만 가능하다.

해설

종모우의 사양관리가 부적합하면 암소의 수태율은 저하된다. 충분한 운동이 필요하며, 영양분이 부족하면 안 된다.

124 **한우의 정상 체온은 38.5~39.5℃이다. 정상보다 체온이 낮을 경우 의심되는 질병은?**

① 유 열 ② 유행성 감기
③ 폐 렴 ④ 암

해설

한우의 정상 체온은 38.5~39.5℃이다. 체온이 낮을 때(37.5~38.5℃)에는 유열, 중독, 식체, 만성 장염 등의 가능성이 있다. 체온이 높을 때(41℃ 이상)에는 유행성감기, 폐렴 등의 가능성이 있다.

125 **발정이 확인된 젖소의 수정 적기는?**

① 2~5시간 ② 7~15시간
③ 18~24시간 ④ 2일

해설

자궁에서 난관까지 정자가 이동하는 시간은 약 8~12시간이 걸리므로 발정 발견 후 7~15시간, 즉 배란 전 12~18시간 사이에 자연교배시키거나 인공수정을 시키면 수태율을 높일 수 있다.

126 **젖소의 습성에 대한 설명으로 올바른 것은?**

① 젖소는 성질이 온순하나 기후에 대한 적응성이 좋지 못하다.
② 더위에 강하므로 여름철에도 많은 양의 물을 필요로 하지 않는다.
③ 젖소의 임신기간은 380일이다.
④ 305일간의 착유 후에는 60일간의 건유기를 두어 다음 번 비유기를 대비한다.

해설

① 젖소는 성질이 온순하며 기후에 대한 적응성이 우수하다.
② 더위에 약하므로, 여름철에는 많은 양의 물을 필요로 한다.
③ 젖소의 임신기간은 280일이며 분만과 더불어 우유를 생산하게 된다.

122 ③ 123 ② 124 ① 125 ② 126 ④ 정답

127 **젖소의 분만 증세에 대한 설명으로 올바른 것은?**

① 분만이 가까워지면 외음부가 붓고 붉게 충혈되며 다소 외음부 주위가 부드러워진다.
② 유방은 점점 작아지고 다소 하얗게 되며 젖꼭지는 작아진다.
③ 분만 직전에 이르면 유방은 더욱 작아진다.
④ 분만 직전에는 점액이 누출되지 않는다.

해설

② 유방은 점점 커지고, 다소 붉은빛을 띤다.
③ 분만 직전에 이르면 유방은 더욱 커지고, 점액이 누출된다.
④ 마지막 단계에 돌입하여 분만이 가까워지면 소의 복부는 팽대한다.

128 **다음 보기의 내용은 젖소를 착유할 때의 유의 사항이다. 올바른 것을 모두 고르면?**

가. 사람의 손을 깨끗이 씻는다. 나. 착유 전 젖꼭지와 유방을 차가운 물수건으로 닦아준다. 다. 처음 나오는 우유도 버리지 않고 그릇에 받는다. 라. 착유는 소란스러운 상황에 실시하여야 좋다. 마. 착유한 우유는 4~5℃ 이하로 냉각하여 보관한다.

① 가, 나　　② 가, 다
③ 나, 다　　④ 가, 마

해설

나. 착유 전 젖꼭지와 유방을 따뜻한 물수건으로 닦아준다.
다. 처음 나오는 우유는 버린다.
라. 착유는 정숙한 상황에서 신속히 실시하며, 착유한 우유는 4~5℃ 이하로 냉각하여 보관한다.

129 **젖소는 임신 말기에 태아의 발육을 촉진하고, 어미의 건강과 유선의 피로회복을 위하여 착유를 중지하는 건유기를 두는데 알맞은 건유기간은?**

① 2주　　② 4주
③ 6주　　④ 8주

해설

착유우는 분만 8주 정도 전부터 착유를 중지하여 건유시킨다.

130 **동물의 생체를 이용하여 인간에게 유용한 물질이나 신소재를 끊임없이 생산하도록 하는 시스템은 무엇인가?**

① 생체반응기　　② 유전자재조합
③ 형질전환　　④ 분자유전학

131 **다음은 젖소의 질병을 조기에 발견하기 위한 외부적 관찰 내용이다. 보기에서 옳은 것을 모두 고르면?**

가. 사료급여 때 왕성한 식욕을 느낀다. 나. 콧등이 촉촉하다. 다. 피모에 광택이 없고 거칠어 보인다. 라. 점막이 창백하거나 황색을 띤다. 마. 반추 운동이 활발하다.

① 가, 나　　② 나, 다
③ 다, 라　　④ 라, 마

해설

사료 급여 때 식욕을 느끼지 않거나 반추 운동이 활발하지 않다. 콧등이 말라 있고, 피모에 광택이 없으며, 거칠어 보인다. 점막이 창백하거나 황색을 띤다.

정답 127 ① 128 ④ 129 ④ 130 ① 131 ③

132 축산 경영설계법 중 경영설계의 대상이 되는 농가와 같은 경영 형태를 가진 지역이나, 마을 단위의 평균값을 산출하여 대상농가와 직접 비교함으로써, 그 농가의 경영상 결함과 취약점을 파악하고 이를 토대로 경영 설계 계획을 세우는 방법은?

① 표준계획법
② 직접비교법
③ 간접비교법
④ 선형 계획법

133 보기의 내용은 젖소가 질병에 걸렸을 때 조치 사항들이다. 옳은 것을 모두 고르면?

> 가. 기호성이 있고 소화가 잘되며, 양분이 있는 사료를 급여한다.
> 나. 열이 있거나 일어서기 어려운 경우 깔짚을 제거한다.
> 다. 질병에 걸린 소의 배설물이나 타액, 젖, 혈액 등은 즉시 제거한다.
> 라. 그동안 나타난 증상을 모두 기록하여 수의사에게 설명한다.
> 마. 사람들의 출입을 허락한다.

① 가, 나　　② 나, 다
③ 다, 라　　④ 가, 라

해설

- 기호성이 있고 소화가 잘되며, 양분이 있는 사료를 급여한다.
- 열이 있거나 일어서기 어려운 경우 깔짚을 두껍게 깔아준다.
- 질병에 걸린 소의 배설물이나 타액, 젖, 혈액 등은 진단상 중요한 자료이므로 수의사에게 보일 때까지 잘 보관해야 하며, 그동안 나타난 증상을 모두 기록하여 수의사에게 설명한다.
- 사람들의 출입을 제한한다.

134 다음 중 고창증에 대한 설명으로 옳은 것은?

① 조사료 위주의 사료로부터 높은 농후사료 위주의 사료로 갑작스런 전환이 원인이다.
② 칼슘부족, 운동부족, 미주신경마비, 케토시스가 원인이다.
③ 증세는 왼쪽 옆구리가 부풀어 오른다.
④ 걷는 자세가 경직되거나 근육이 뒤틀리는 증세를 보인다.

해설

고창증
- 원인 : 젖소에게 농후 사료나 두과 목초를 과다하게 급여하여 반추위 내 가스 축적으로 발생한다.
- 증세 : 왼쪽 옆구리가 부풀어 오르고 사료 섭취를 일체 거부하거나 독성물질의 축적으로 급사하기도 한다.

135 다음 중 지용성 비타민으로만 묶어진 것은?

① 비타민 A, D　　② 비타민 B_1, D
③ 비타민 B_2, E　　④ 비타민 B_{12}, K

해설

지용성 비타민은 비타민 A, D, E, K이다.

136 인간의 이식 장기의 생산을 위한 형질 전환 동물로 많은 주목을 받는 가축들은?

① 생쥐, 돼지　　② 돼지, 원숭이
③ 원숭이, 양　　④ 염소, 돼지

132 ②　133 ④　134 ③　135 ①　136 ② 정답

137 **사료에 포함되어 있는 주영양소에 따른 사료의 분류는?**

① 조사료 ② 농후사료
③ 단미사료 ④ 단백질사료

해설
단백질사료로 식물성은 콩, 깻묵, 목화씨, 유채씨 등이며, 동물성은 어분, 우모분, 육분, 육골분, 혈분 등이 있다.

138 **다음 중 유방염의 원인과 증세에 대한 설명으로 틀린 것은?**

① 심각한 소화장애가 발생한다.
② 유방이 붓고 심각한 통증을 유발한다.
③ 염증성 세균에 유두 또는 유선이 감염되어 발생한다.
④ 만성인 경우 별다른 증상은 없으나 우유 내의 체세포수가 증가한다.

해설
유방염
- 원인 : 염증성 세균에 유두 또는 유선이 감염되어 발생한다.
- 증세 : 급성인 경우 유방이 부풀어 오르고, 통증을 느끼며, 사료 섭취를 꺼린다. 만성인 경우에는 별다른 증상이 없으나 우유 내의 체세포 수가 증가한다.

139 **곡류 사료 중에서 배합 사료의 원료 곡류로 가장 많이 사용되는 것은?**

① 옥수수 ② 밀
③ 보 리 ④ 수 수

140 **곡류 사료 중에 타닌을 함유하고 있는 것은?**

① 옥수수 ② 밀
③ 보 리 ④ 수 수

141 **다음의 청예사료 작물 중 청산을 함유하고 있어서 청산 중독증이 염려되는 것은?**

① 알팔파
② 퍼레니얼라이그래스
③ 레드톱
④ 수 수

142 **보기의 사료 중 식물성 유지 사료를 모두 고르면?**

가. 옥수수기름	나. 콩기름
다. 목화씨 기름	라. 채종유
마. 어 유	바. 육골분
사. 미 강	

① 가, 나, 다, 라
② 다, 라, 마
③ 마, 바, 사
④ 가, 나, 바, 사

해설
라. 채종유는 유채씨로부터 나오는 유지 사료이다.
마. 어유는 동물성 지방 사료로 항산화제로서 사용되고 있다.

정답 137 ④ 138 ① 139 ① 140 ④ 141 ④ 142 ①

143 다음 중 동물성 단백질사료가 아닌 것은?

① 혈 분 ② 아마씨깻묵
③ 우모분 ④ 육골분

해설

- 어분 : 생선의 어유(기름)를 짜고 남은 것
- 육분 : 고기부스러기를 이용하여 만든 것
- 육골분 : 가축의 뼈를 이용한 것
- 혈분 : 혈액을 건조시켜 만든 것

144 보기에서 화본과 목초를 모두 선택하면?

가. 티머시
나. 톨페스큐
다. 알팔파
라. 퍼레니얼라이그래스
마. 레드톱
바. 클로버

① 가, 나, 다, 라
② 나, 다, 라, 마
③ 가, 나, 라, 마
④ 라, 마, 바, 사

145 돼지열병의 병원체는?

① 리케차 ② 기생충
③ 바이러스 ④ 세 균

해설

돼지열병은 바이러스 병독에 의하여 감염되는 전염성이 높은 법정 전염병이다. 주로 감염된 돼지의 배설물이나 분비물에 의하여 감염된다.

146 다음 사항 중 돼지열병의 증상과 거리가 먼 것은?

① 피부의 부스럼이 마름모꼴 딱지로 떨어진다.
② 잘 걷지 못하며 물만 겨우 마신다.
③ 변비증상이 나타난 후 악취가 나는 설사를 한다.
④ 소장에 단추모양의 결절이 생기며 내장에 점상출혈이 심하다.

해설

①은 돼지 단독의 특징이다.

147 새로운 청정돈군을 형성하기 위하여 쓰이는 방법은?

① AR ② SEP
③ SP ④ MEW

해설

새로운 청정돈군을 형성하기 위한 방법으로 투약조기이유(MEW)방식을 이용할 수 있다.

143 ② 144 ③ 145 ③ 146 ① 147 ④ 정답

148 **닭 질병의 예방법으로 부적절한 것은?**

① 닭 질병에 관한 개괄적인 지식을 항상 습득한다.
② 양계장은 가능한 한 사람의 통행이 적고, 인근에 다른 양계장이 없는 곳에 위치한다.
③ 입추와 노계의 처분은 일시입사, 일시출하제(All-in, All-out-system)로 실시한다.
④ 병계는 병명이 밝혀질 때까지 잘 관리하며 죽으면 땅에 묻어 처리한다.

해설
병계는 수시로 도태하며 반드시 소각하거나 삶아서 처분한다.

149 **축산 순수익은 조수익에서 (　　)를 제외한 금액이다. (　　)에 들어갈 내용은?**

① 경영비　　② 생산비
③ 물재비　　④ 소 득

150 **젖소의 임신 증상이 아닌 것은?**

① 난소의 발정황체가 형성되며 왼쪽 복부가 커진다.
② 비유중인 젖소는 비유량이 감소한다.
③ 태아는 임신 6개월이 지나면 급격하게 성장한다.
④ 단백질, 칼슘, 인, 비타민 A를 충분히 주어야 분만 후 산유량이 많아진다.

151 **다음 중 벼를 재배한 후에 답리작으로 재배할 수 있는 작물로만 묶어진 것은?**

가. 옥수수 나. 청예호밀 다. 수수 라. 이탈리안라이그래스

① 가, 나　　② 나, 다
③ 나, 라　　④ 가, 라

152 **우리나라에서 가장 피해를 많이 주는 닭의 급성전염병은?**

① 마렉병　　② 뉴캐슬병
③ 계두병　　④ 콕시듐병

해설
뉴캐슬병
제1종 법정 전염병으로, 폐사율이 아주 높은 급성 전염병이며, 심한 호흡기증상과 녹변, 호흡기 및 소화기 계통의 출혈, 신경증상을 나타내는 특징이 있다.

153 **다음의 돼지 품종 중 전형적인 베이컨형은?**

① 대요크셔종　　② 버크셔종
③ 랜드레이스종　　④ 햄프셔종

정답 148 ④ 149 ② 150 ① 151 ③ 152 ② 153 ④

154 **다음 중 초지 중심 축산의 특징의 설명으로 올바른 것은?**

① 토지를 집약적으로 이용해야만 하는 지역
② 비교적 노동력이 부족하고 토지가 많은 지역
③ 토지가격이 비싼 도시 지역
④ 넓은 초지를 확보하여 겨울에는 방목을 할 수 있는 지역

155 **다음 중 벼를 재배한 후에 답리작으로 재배할 수 있는 작물로만 묶어진 것은?**

① 옥수수 – 수단그라스
② 청예호밀 – 이탈리안라이그래스
③ 수수 – 청예 호맥
④ 이탈리안라이그래스 – 수단그라스

156 **축산의 경영 진단 순서로 바른 것은?**

① 문제의 발견 – 경영 실태 파악 문제의 분석 – 대책 및 처방
② 경영 실태 파악 – 문제의 발견 – 대책 및 처방 – 문제의 분석
③ 경영 실태 파악 – 문제의 발견 – 문제의 분석 – 대책 및 처방
④ 문제의 발견 – 문제 외 분석 – 경영 실태 과악 – 대책 및 처방
⑤ 문제의 발견 – 경영 실태 파악 – 대책 및 처방 – 문제의 분석

157 **다음은 질병과 관련된 사양관리이다. 제일 우수한 사양관리는?**

① 가장 우수한 치료제를 사용한다.
② 질병에 걸린 닭을 발견하면 즉시 수의사에게 상의한다.
③ 예방을 철저히 하여 질병에 걸리지 않도록 한다.
④ 질병에 걸린 닭은 즉시 도태시킨다.

158 **경영의 진단지표에는 생산성, 수익성 그리고 안정성의 지표가 있다. 수익성의 진단지표 내용으로 적합한 것은?**

① 진단 농가의 기술 수준
② 자본 회전율
③ 고정 자산 구성 비율
④ 손익 계산서

159 **한 배의 새끼를 8~12마리 낳으며, 1년 동안 2.0~2.5회의 분만으로 연간 20여 마리의 새끼 돼지를 생산하는 돼지의 생리적 특성은?**

① 잡식성　　② 다산성
③ 다육성　　④ 취소성

154 ② 155 ② 156 ③ 157 ③ 158 ④ 159 ② 정답

160 초유 급여의 중요성을 설명한 것 중 맞지 않는 것은?

① 초유는 24시간 동안 3회 분할 급여한다.
② 면역물질과 각종 영양소가 많이 들어 있다.
③ 비타민 A와 칼슘은 일반우유의 9~10배 함유되어 있다.
④ 초유는 분만 후 2~3시간 후 급여해야 한다.

161 다음 중 정소상체의 기능이 아닌 것은?

① 정자의 저장
② 정자의 농축
③ 정자의 성숙
④ 온도조절

해설

정소상체의 기능
정자의 운반, 농축, 저장, 성숙

162 돼지의 수태를 위한 교배적기는 암컷이 수컷을 허용하기 시작한 후 몇 시간 정도인가?

① 5~6시간 이내
② 10~26시간
③ 20~36시간
④ 30~46시간

해설

돼지의 발정지속시간은 55시간, 배란 시기는 발정개시 후 24~36시간, 수정적기는 발정개시 후 10~26시간이다.
※ 수컷 허용 개시를 발정개시라고 한다.

163 다음 중에서 질병에 걸린 닭을 찾아내려고 할 때 식별할 수 있는 방법이 아닌 것은?

① 털이 매끄러우며 윤택이 있으면 질병이 있다.
② 배설물을 살펴 설사의 유무, 계분의 색, 혈변을 살핀다.
③ 밤에 닭의 호흡 상태를 관찰한다.
④ 볏이나 우모의 상태를 살핀다.

164 주로 어미돼지를 사육하는 축사에 시설하여 개체 관리를 쉽게 하기 위하여 한 칸에 한 마리씩 수용하여 사육하는 방식은?

① 평지군 사육 ② 스톨 사육
③ 다두 사육 ④ 단독 사육

165 난자와 정자가 수정되는 부위는?

① 난관 협부 ② 난관 팽대부
③ 난관 누두부 ④ 자궁각 선단

166 분뇨 처리를 용이하게 하기 위하여 분과 요를 분리하는 기계는?

① 고액 분리기
② 건조처리 시설
③ 발효 처리시설
④ 액상퇴비화 시설

정답 160 ④ 161 ④ 162 ② 163 ① 164 ② 165 ② 166 ①

167 임신우의 사양관리 내용으로 올바른 것은?

① 임신한 소는 태아의 발육을 좋게 하기 위해 운동을 피한다.
② 난산을 방지하기 위해 운동을 시키지 않는다.
③ 피부손질을 자주 한다.
④ 굴곡이 심한 운동장에 사육하여도 큰 피해가 없다.

168 넓은 경지 면적을 확보하고 작물이나 토양에 살포하는 분뇨처리 방법은?

① 고액 분리　　② 건 조
③ 퇴적 발효　　④ 액상 분뇨

169 보기의 내용은 종모우의 인공수정 정액채취 실습 과정이다. 순서가 바르게 연결된 것은?

가. 인공질에 바세린을 바른다.
나. 승가 행동을 유도하여 흥분시킨다.
다. 정액 채취관으로 모인 정액을 현미경으로 관찰한다.
라. 소가 흥분하여 발기할 때 인공질을 삽입한다.
마. 정액을 채취할 소를 의빈대로 인도한다.
바. 인공질의 내부 온도를 42~45°C로 맞춘다.

① 바-가-마-라-다-나
② 가-가-마-라-나-다
③ 바-가-마-다-나-라
④ 바-가-마-나-라-다

170 현재 우리나라 1등급 원유의 체세포수와 세균수의 기준은?

① 20만 마리 미만
② 20~35만 마리 미만
③ 35~50만 마리 미만
④ 50~70만 마리 미만

171 한우의 외견상 건강 진단 방법에 대한 설명으로 옳지 않은 것은?

① 누운 채 일어나기 힘들어 하는 소는 건강이 나쁜 소다.
② 맥박은 큰 소는 80~110회/분일 때 정상 맥박이다.
③ 정상적인 호흡수는 10~30회/분이다.
④ 소의 콧등은 축축하거나 이슬이 맺혀 있으면 건강이 좋다.

해설
성축을 기준으로 소의 맥박 수는 암소 60~80, 수소 36~60, 호흡수는 10~30회/분

172 한우의 예방약 사용 및 취급 요령에 대한 설명이다. 바르지 못한 것은?

① 사용 설명서는 중요하지 않다.
② 예방약은 2~5℃의 냉장고에 보관하고, 구입 때와 운반 때도 같다.
③ 유효 기간 내의 약만을 사용하고 접종 권장량을 지킨다.
④ 예방 접종 후 뜯겨져 남은 백신은 폐기처분한다.

167 ③ 168 ④ 169 ④ 170 ① 171 ② 172 ① 정답

173 **다음은 한우의 체온 측정 방법에 대한 설명이다. 순서를 바르게 연결한 것은?**

> 가. 꼬리를 천천히 들어 올려 체온계를 항문에 서서히 주입한다.
> 나. 먼저 체온계를 정상적으로 작동하는 것인지 확인한다.
> 다. 3분 정도 기다린 후에 체온을 기록한다.
> 라. 꼬리를 내린 후 체온계에 연결되어 있는 고정용 클립을 털에 고정한다.

① 가-나-다-라 ② 나-가-다-라
③ 나-가-라-다 ④ 라-다-가-나

174 **젖소의 습성에 대한 설명으로 올바른 것은?**

① 젖소는 성질이 온순하나 기후에 대한 적응성이 좋지 못하다.
② 더위에 강하므로 여름철에도 많은 양의 물을 필요로 하지 않는다.
③ 젖소의 임신기간은 380일이다.
④ 305일간의 착유 후에는 60일간의 건유기를 두어 다음 번 비유기를 대비한다.

175 **다음 중 최근 소 인공수정용 정액의 채취 방법으로 가장 많이 쓰이는 방법은?**

① 인공질법 ② 전기자극법
③ 마사지법 ④ 현미경법

해설
인공질법은 현재까지 알려진 가장 이상적인 정액채취법으로 정액을 채취하기 위하서 생식기(질)를 모방하여 만든 인공질과 웅축의 승가를 유도하기 위한 의빈대를 필요로 한다.

176 **산란계의 특수 관리인 점등 관리의 내용으로 바람직한 것은?**

① 일조시간을 연장하면 성장과 산란이 떨어진다.
② 일조시간을 단축하면 성장이 지연되고 산란율이 떨어진다.
③ 점등관리는 묵은 닭의 산란을 촉진시키기 위해 실시한다.
④ 육성기간 중에는 일조 시간을 연장시키고 산란기에는 단축시키는 점증 점등법이 유리하다.

177 **젖소의 발정지속시간은 난소에서 난포가 터져 배란하는 시기와 배란된 난자의 수정능력을 감안해야 한다. 오전 6시경 발정을 발견했다면 수정 적기는 언제인가?**

① 그날 저녁 ② 다음날 새벽
③ 발정발견 즉시 ④ 다음날 오전

178 **발정동기화(여러 마리의 발정이 동시에 오게 하는 것)의 이점이 아닌 것은?**

① 인공수정 실시가 용이하다.
② 계획번식과 생산조절이 가능하다.
③ 수태율이 향상된다.
④ 분만관리가 유리하다.

해설
발정동기화
- 장점 : 발정관찰이 정확하고, 분만관리와 자축관리가 용이하며, 계획번식과 생산조절이 가능하고, 수정란 이식기술의 발전에 기여하며, 가축의 개량과 능력검정사업을 효과적으로 수행할 수 있다.
- 단점 : 약품사용의 부작용, 과다비용지출, 숙련된 기술 필요

정답 173 ③ 174 ④ 175 ① 176 ② 177 ① 178 ③

179 특정 병원균 부재돈을 나타내는 것은?

① SPI ② SPF
③ TGE ④ PED

해설

SPF(Specific Pathogen Free) 돼지
특정 병원균 부재돈으로서 임신 말기의 모돈을 제왕절개 수술 또는 자궁절단수술하여 그 새끼를 무균적으로 들어내고 돼지의 생산성을 저해하는 만성 질병균을 배제한 돼지를 말한다.

180 한우의 비육에서 육성 비육의 장점이 아닌 것은?

① 사료의 이용 효율이 높다.
② 질이 좋은 고기를 생산한다.
③ 소값 변동에 따른 출하시기 조절 가능
④ 자금 회전이 빠르다.

해설

육성 비육은 6~8개월에 체중이 180~200kg 정도의 중송아지를 하루에 0.9~1.0kg씩 증체시키면서 10~12개월 동안 비육하여 체중이 450~500kg이 되었을 때 출하하는 형태이다. 조기 육성비육과 비교할 때 일당 증체량을 더 높게 잡아 비육기간을 짧게 한다는 특징이 있다.

181 젖소는 일반적으로 분만 전 어느 정도 건유기를 둔 다음 비유기를 대비하는가?

① 20~30일 ② 30~40일
③ 40~50일 ④ 50~60일

182 홀스타인 암컷의 첫 번식 적령기는?

① 15~17개월령 ② 17~18개월령
③ 18~19개월령 ④ 20~21개월령

183 양쪽 요각을 연결한 선과 배선이 교차되는 지점에서 지면에 이르는 수직거리를 체측기로 측정하면?

① 체 고 ② 십자부고
③ 체 장 ④ 흉 심

해설

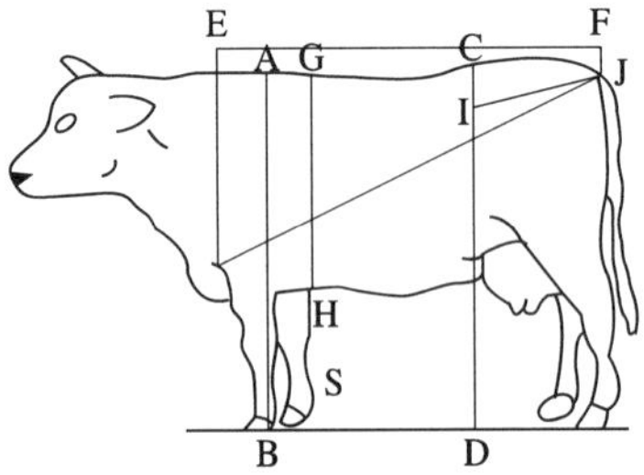

십자부고 : 지면에서 십자부(장골)까지의 거리(C–D)

184 분만촉진, 황체퇴행 및 프로게스테론 합성 억제 작용을 하는 것은?

① HCG ② PMSG
③ $PGF_2\alpha$ ④ GF

해설

$PGF_2\alpha$는 황체를 퇴행시키고 자궁근 및 위와 장도관 내 윤활근의 수축을 자극함으로써 분만 시 분만촉진제로서의 역할을 하며, 축산현장에서 $PGF_2\alpha$의 생리적 작용을 이용하여 발정동기화, 분만시기의 인위적 조절, 번식장애(황체 낭종)치료 등에 응용한다.

185 난소의 황체 세포에서 분비되는 성호르몬으로, 착상과 임신이 원활하도록 자궁을 준비시키고, 자궁근의 수축을 억제하여 임신을 유지시키는 호르몬으로 발정동기화에 이용되는 호르몬은?

① Progesterone ② Estrogen
③ $PGF_2\alpha$ ④ LH

179 ② 180 ④ 181 ④ 182 ① 183 ② 184 ③ 185 ① 정답

186 (　　)에 알맞은 말은?

> 젖소의 발정주기는 (가)일이며, 발정지속 시간은 (나)시간 정도로 짧기 때문에 잘 관찰하지 않으면 발견하지 못하는 경우가 있고, 이런 경우 다음 발정까지 기다려야 하기 때문에 주의깊게 관찰하여야 한다.

	(가)	(나)
①	18일	18~20시간
②	18일	12~16시간
③	21일	18~20시간
④	21일	24~30시간

187 그라프난포가 파열되는 이유로 옳은 것은?

① 난자와 정자의 수정을 돕기 위하여
② 성선자극호르몬을 분비하기 위하여
③ 자궁내막의 증식을 돕기 위하여
④ 난포로부터 난자를 방출하기 위하여

188 한우 거세의 목적으로 적당하지 않은 것은?

① 근내지방도 증가
② 근섬유가 가늘어짐
③ 고기의 연도 증가
④ 일당 증체량 증가

189 비유 초기의 사양관리 요령을 설명한 내용 중 맞지 않은 것은?

① 일일 산유량이 최고에 달하는 시기는 분만 후 6주경이다.
② 영양소 섭취량이 최고 수준에 달하는 시기는 분만 후 12~14주경이다.
③ 비유 초기의 젖소는 심한 영양 결핍상태에 놓이게 된다.
④ 비유 초기에는 사료의 영양소 수준을 낮춘다.

190 거세 방법 중 유혈거세로 수의사에 의해 거세되는 방법은?

① 고무줄법
② 링 법
③ 무혈거세기 이용법
④ 외과적 수술법

191 소의 인공수정을 실시할 때 액체질소정액보관고에 보관된 정액의 온도는?

① 35~38℃
② −20℃
③ −70℃
④ −196℃

정답 186 ③ 187 ④ 188 ④ 189 ④ 190 ④ 191 ④

192 (　　　)에 들어갈 알맞은 말은?

> 발정이란 암소가 수소를 받아들여 교미를 허용하도록 하는 성욕의 표현을 말하는데, 직접적으로는 난포에서 분비되는 성호르몬의 일종인 (　　　)의 작용에 의해 나타나는 생리적 현상이다.

① Progesterone　② Estrogen
③ $PGF_2\alpha$　④ 종모우

193 비육우의 육성기에 양질의 조사료를 급여해야 한다. 그 이유로 적합하지 않는 것은?

① 조사료의 거침과 부피에 의해 제1위와 소화기 전체를 충분히 발달시킬 수 있다.
② 장기간의 비육에도 지속적인 증체를 얻을 수 있다.
③ 출하 체중이 큰 고기소가 되기 위한 기초 체형을 만들 수 있다.
④ 육성기부터 내장이나 근육과 같은 근육 사이에 지방이 부착되게 하여 조기 증체를 유도할 수 있다.

194 정액을 희석할 때 정자의 생존과 활력에 영향을 주지 않도록 해야 한다. 그 조치방법의 올바르지 못한 것은?

① 삼투압 조정
② 난황구연산액 첨가
③ pH 농도 일치
④ 급속한 희석

195 정액을 주입하는 방법에는 질경법, 자궁경자법, 직장질법 등이 있는데, 주로 직장질법이 이용된다. 이때 정액의 주입부위는 어디에 해야 수정률이 향상되는가?

① 자궁 외구부　② 자궁각
③ 자궁경 심부　④ 질

196 젖소의 질병 중 모기에 의해 전파되고 기형 및 유산 사산을 일으키는 질병은?

① 유 열
② 제4위 전위증
③ 로타 · 코로나바이러스
④ 아까바네

197 젖소가 하루에 섭취할 수 있는 사료를 영양소 요구량에 맞도록 사료계산을 한 후 계산된 사료(농후사료, 조사료 및 첨가사료)를 모두 혼합하여 무제한 급여하는 사양 방식을 의미하는 말은?

① ADF　② NDF
③ TMR　④ TDN

정답 192 ② 193 ④ 194 ④ 195 ③ 196 ④ 197 ③

198 **젖소에서 가장 많이 발생하는 대사성 질병으로 유량의 감소, 혈중 낮은 Glycerol, 급격한 체중감소 등으로 나타나며 일반적으로 분만 30일 내에 주로 발생하는 질병은?**

① 제1위 식체 ② 고창증
③ 후산정체 ④ 케토시스

해설

케토시스
간의 처리능력 이상으로 혈중에 케론체 농도가 증가하는 것을 말한다. 착유우에서 분만 후 비유량이 급격히 증가할 때 발생하며 산성증을 나타내며 심한 체액의 배설로 탈수현상이 나타난다. 치료방법으로는 포도당을 정맥주사한다.

199 **FSH(Follicle Stimulating Hormone)의 중요한 기능은 무엇인가?**

① 난할의 촉진
② 임신의 유지
③ 수정란의 이동
④ 난포의 발육

200 **다음 (　　)에 들어갈 가장 적합한 말은?**

> 난자를 생산하는 외분비기능과 호르몬을 생산하는 내분비기능을 수행한다. 난소의 모양은 편도(編桃, Almond)이며, 무게는 10~20g 정도이다. 난소는 피질(皮質)과 수질(髓質)로 구성되어 있으며 난소의 바깥쪽을 구성하는 피질은 각종 발육 단계에 있는 난포(卵胞)와 황체(黃體)등이 매몰되어 있다. 소에서는 한 발정기에 한 개의 난자가 배란된다. 성숙한 난포에서는 (가)이 분비되며, 파열된 난포 또는 폐쇄 난포의 자리에 형성된 황체에서는 (나)이 분비된다.

	(가)	(나)
①	Progesterone	그라프난포
②	Progesterone	Estrogen
③	그라프난포	Estrogen
④	Estrogen	Progesterone

정답 198 ④ 199 ④ 200 ④

합격의 공식
시대에듀

교육은 우리 자신의 무지를
점차 발견해 가는 과정이다.

– 윌 듀란트

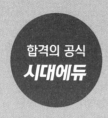

PART 02

가축번식학

CHAPTER 01 생식기의 구조와 생리

CHAPTER 02 성호르몬의 종류와 기능

CHAPTER 03 생식세포(生殖細胞, Germ Cell)

CHAPTER 04 성 성숙과 번식적령기

CHAPTER 05 수정과 배란

CHAPTER 06 난할과 착상

CHAPTER 07 임신과 분만

CHAPTER 08 비유생리(泌乳生理)

CHAPTER 09 번식장해(繁殖障害)

CHAPTER 10 번식행동 생리

01 생식기의 구조와 생리

01 웅성생식기(雄性生殖器)

1. 정소(精巢, Testis)

(1) 내분비기능(Endocrine Function)

① 간질세포(Leydig Cell) : 뇌하수체 전엽에서 분비되는 LH의 작용을 받아 테스토스테론(Testosterone) 분비

② 세르톨리세포(Sertoli Cell) : 배아세포의 영양공급, 배아세포의 대사산물 제거

(2) 외분비기능(Exocrine Function)

정자의 생산·분비 및 정소분비액 생산

더 알아보기

정소(精巢)의 심각한 외상은 생식기의 기계적 상해에서 오는 번식장해이다. 정소가 철조망, 못, 기타 기물에 의하여 외상을 입음으로써 음낭이 찢어지거나 염증이 생겨서 정소염이 되면, 영구적 또는 일시적 불임이 된다.

2. 음낭(陰囊, Scrotum) [온도조절]

(1) 체온보다 4~7℃ 낮은 온도 유지

① 추울 때 : 육양막근이 수축하여 정소를 끌어올려서 복벽에 부착시키고 음낭벽은 두껍게 주름이 형성된다.

② 더울 때 : 육양막근이 하강하여 음낭벽이 얇게 늘어지고 정소가 하강한다.

③ 혈류(血流)의 역류기전 : 정소동맥이 나선상으로 꼬여 원추체를 형성함으로써 정소에서 나가는 정맥혈류가 정소로 들어가는 동맥혈류의 온도를 저하시킨다.

더 알아보기

가축에 있어서 미하강정소(未下降精巢)는 하나 또는 모두가 음낭 내로 하강하지 못하고 복강 내에 남아 있는 수가 있는데, 이것을 잠복정소라고 한다. 정소상체는 부고환이라고도 하며, 정자의 운반·농축·성숙·저장에 관계하는데, 정관은 정자를 수용하고 저장하며, 교미할 때에 정자를 산출시키는 산출관의 역할을 한다.

3. 부정소(副精巢, Epididymis)

① 구성 : 두부(頭部, Caput), 체부(體部, Capra) 및 미부(尾部)

② 농축(Concentration)의 기능 : 정소 수출관과 두부에서 활발하며 정자부유액 60mL가 사출할 때에는 수분이 흡수되어 1mL로 완전 농축된다.

③ 성숙(成熟) : 정자의 활력(Motility)과 수정능력(Fertilizability)의 증진

④ 수송 : 상피세포의 섬모운동과 근육조직의 수축작용 등으로 정소수출관을 통하여 정자수송

⑤ 저장 : 부정소 상피세포에서 분비되는 분비물은 정자의 생존 및 저장에 필수적이다.

더 알아보기

생식기의 해부학적 결함에서 오는 번식장해 중에서는 잠복정소, 음낭 헤르니아, 음경의 기형, 프리마틴(Freemartin) 등이 있다. 잠복정소는 정소가 음낭에 하강하지 못하고 복강 내에 머물러 있는 것을 말하며, 편측성 음고(말・돼지)는 수태성에는 영향을 끼치지 않지만 양측성 음고는 불임이 된다.

4. 정관(精管, Deferent duct)

(1) 해 부

부정소의 미부와 요도골반부 사이를 연결하는 내경 2mm 정도의 관으로 좌우 2개가 있다.

(2) 기 능

① 정자를 정소상체 미부로부터 요도(Urethra)로 운반한다.

② 팽대부의 관상선에서 약간의 분비기능도 가진다.

더 알아보기

정관은 정자를 수송하고 저장하며, 교미할 때에 정자를 사출시키는 사출관으로서의 역할을 한다. 정소는 정자를 생산하고 웅성 호르몬을 분비하면, 부생식선과 외부 생식기를 발육시키며, 또한 교미욕을 일으키고 수컷으로서의 외모 특징을 나타내게 하는 두 가지 작용을 한다.

5. 부생식선(副生殖腺, Accessary Gland)

(1) 해부(解剖, Anatomy)

① 정낭선(Vesicular Glands) : 정관 말단 측면에 위치하며, 요도개구부와 합류한다. 사출 정액의 15~20%(소의 경우 50%)를 차지한다.

② **전립선(Prostate Glands)** : 정낭선 기부와 방광 경부 양쪽에 위치하고 성숙할수록 비대해지며 나이가 많을수록 수축되거나 석회침착으로 고질화된다.

③ **요도구선(Bulbourethral Glands)** : 정낭선 기부와 방광 경부 양쪽에 위치한다. 돼지의 경우 특히 크며 백색의 점성분비물을 분비하고 정액의 15~20%로 가장 많은 부분을 차지하며 사정할 경우 겔(Gell) 상으로 교양물질로 사출된다. 육식동물은 요도구선이 작은 편이고 개는 없다.

(2) 기능(機能, Function)

① **정낭선** : 분비물은 Milk White로 pH 5.7~6.2이고, 정자의 대사에 필요한 기질을 함유하고 있다.

② **전립선** : 대사기질을 함유하며, 산도는 pH 6.5이다. 동물 특유의 냄새가 난다.

③ **요도구선(Cowper's Gland)** : pH 7.3~8.2인 소량의 투명한 액체를 분비하여 요도를 중화시켜서 정자를 보호하는 역할을 한다.

6. 요도(尿道, Urethra)

(1) 요(尿)가 배출되는 통로이고, 정액이 사출되는 통로이다. 구부요도(Bulbous Urethra)와 음경부(Penile Part)로 나뉜다. 요도구선(尿道球腺)은 정소상체(부정소)에서 운반되어 온 정자와 부생식선에서 분비된 분비물을 혼합하여 정액(Semen)을 만든다.

(2) 평활근의 강력한 수축에 의하여 정액을 체외로 사출시킨다.

(3) 성적인 흥분이 일어났을 때에 배뇨를 억제한다.

7. 음경(陰莖, Penis)

(1) 3개의 해면체(海綿體, Carvnous Body)가 음경요도 주변에 분포한다.

(2) 배뇨와 발기(Erection) 및 사정(Ejaculation)의 작용을 한다.

8. 포피(包皮, Prepuce)

(1) 음경부와 전음경부(Prepenile Part)로 나누어진다.

(2) 돼지의 전음경포피는 좁은 외구(外口)와 짧은 전정(前庭)으로 되어 있으며, 요(尿)와 탈락상피가 축적되는 큰 배게실(背憩室)을 가지고 있다.

02 자성생식기(雌性生殖器)

1. 난소(卵巢, Ovary)의 기능

복강 내에 위치하며 난자를 생산하는 외분비 기능과 스테로이드(Steroid) 호르몬을 분비하는 내분비 기능을 겸비하고 있다.

(1) 내분비기능

① 에스트로겐(Estrogen) 분비 : 난포 발육

② 프로게스테론(Progesterone)과 릴랙신(Relaxin) 분비 : 황체 형성

(2) 외분비기능

난자(Ova) 생산

(3) 난포발육

① 성숙과정

㉠ 1차 난포 : 출생 전 형성되며, 편평상피세포로 둘러싸여 있음

㉡ 2차 난포 : 난자는 난포세포에 의해 두 겹으로 둘러싸이고 투명대가 형성된다.

㉢ 3차 난포 : 난포세포가 여러 겹으로 난자를 둘러싸고 난포강(Antrum)이 형성되며, 강 내에는 난포액으로 충만된다.

㉣ 그라프난포(Graafian Follicle) : 배란 직전의 난포로 과립막과 세포 내에 협막이 형성됨

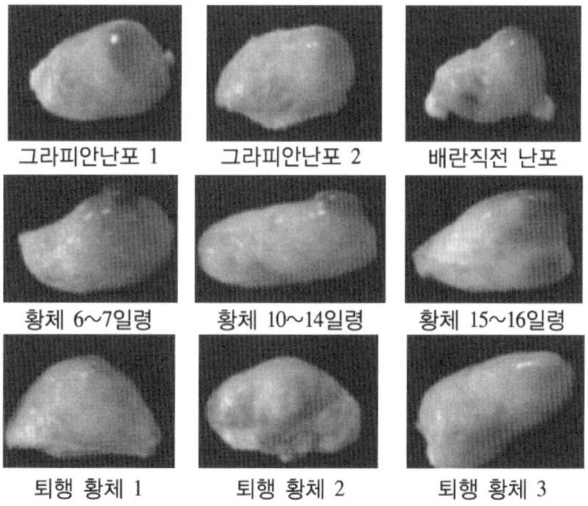

[난포의 발달과 황체 형성 과정]

② **내분비** : 협막세포에 의해 Estrogen이 분비되며 과립막세포(Granulosa Cell)에 의해 Progesterone이 분비된다.

③ **난포파열(배란, Ovulation)** : 뇌하수체 전엽에서 분비되는 LH의 급상승에 의해 파열된다.

④ **난포폐쇄(Atresia)** : 난포가 그라프난포까지 가서 파열되지 않고 도중에 퇴행하는 현상으로 임신이나 비유 중 또는 비발정기 등에 일어난다.

(4) 황체(黃體, Corpus Luteum)

① **형성** : 난포파열 후 난자가 방출된 자리에 과립막세포나 협막세포 배아상피 등이 합쳐져서 황체를 형성한다.

② **성장** : 황체의 무게는 형성 초기에 빨리 성장한다. 황체의 성장 기간은 대체로 발정 주기의 절반 길이보다 좀 길다. 소의 경우 황체의 무게와 황체호르몬의 함량은 발정주기의 3~12일 사이에 빨리 증가하며 퇴행이 시작하는 15일까지 비교적 일정하다. 임신이 진행되면 황체가 퇴행하지 않고 유지된다.

③ **구 분**

㉠ 가성황체(Corpus Luteum Spurium) : 발정과 발정 사이에 일시적으로 나타났다가 사라지는 황체

㉡ 진성황체(Corpus Luteum Verum) : 임신기간 중 계속 존재하며 기능을 발휘하는 항체

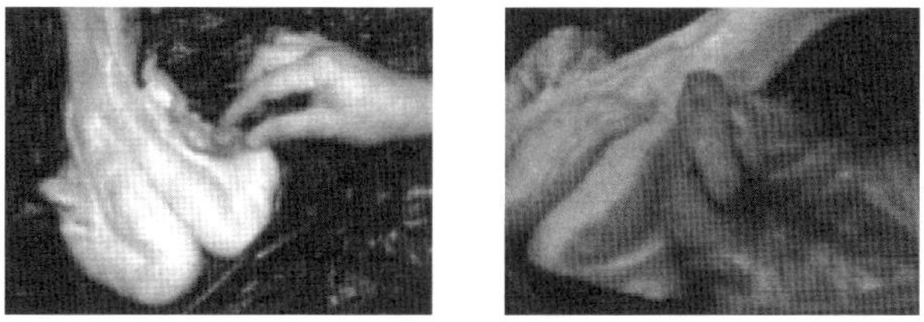

[가성 황체와 진성 황체]

④ 기 능

㉠ Progesterone을 분비하여 임신을 유지시킨다.

㉡ Relaxin을 분비하여 분만을 유기하며 유선발달을 촉진시킨다.

㉢ LTH(젖분비자극호르몬)과 협력하여 모성행동을 유발한다.

㉣ FSH와 LH의 분비를 억제하여 발정과 배란을 억제시킨다.

㉤ 발정의 인위적 조절에 이용한다.

더 알아보기 Progesterone(= Gestagen)

황체에서 분비되는 Steroid Hormone으로서 자궁 · 난관 · 유선이 표적기관이다. 그 기능으로는 자궁에 작용 임신 전 증식유발, 자궁수축을 억제함으로써 임신을 지속, 자궁선에 작용하여 자궁유의 분비 촉진, 유선포계의 발달자극, 젖분비자극호르몬(LTH ; Lactogenic Hormone)와 협력하여 모성행동 유발이다.

2. 난관(卵管, Oviduct)

(1) 해 부

① **난관채**(Fimbria) : 난관에 말단으로 복강에 개구되어 있으며, 배란된 난자를 누두부로 이동시킨다.

② **누두부**(Infundibulum) : 난소 바로 뒤에 위치한 깔때기 모양의 나팔관

③ **팽대부**(Ampulla) : 수정이 이루어지는 장소

④ **팽대 · 협곡접속부** : 정자의 첨체반응과 수정획득이 일어난다.

⑤ **난관협부**(Isthmus) : 난관이 자궁으로 들어가기 전 좁아지는 부분

⑥ **자궁난관접속부**(Uterotubal Junction) : 난관으로 올라가는 정자를 조절하며 자궁으로 내려오는 수정관의 속도를 조절한다.

(2) 기 능

① 난관채와 난관채 주변의 섬모가 배란된 난자를 수용한다.

② 근육수축, 섬모세포운동, 난관분비액 등에 의해 생식세포를 수송한다.

③ 수정이 이루어지는 장소이다.

④ 난자에 영양을 공급한다.

⑤ 정자의 수정능을 획득시킨다.

⑥ 정자의 상향과 난자의 하향을 조절한다.

3. 자궁(子宮, Uterus)

(1) 해부학적 구조 : 뮐러관으로부터 형성된다.

① 자궁각(Uterine Horn) : 2개

② 자궁체(Uterine Body) : 1개

③ 자궁경(Uterine Cervix) : 1개

(2) 기 능

① 정자를 수정부위인 난관으로 밀어올린다.

② 정자의 수정능을 획득시킨다.

③ 황체퇴행인자($PGF_2\alpha$)를 분비한다.

④ 자궁유를 분비해서 태아의 영양을 공급한다.

⑤ 태아가 착상하는 장소를 제공한다.

⑥ 분만할 때, 강력한 수축에 의하여 태아를 체외로 밀어낸다.

더 알아보기

- 쌍각자궁 : 돼지, 개, 고양이
- 분열자궁 : 소, 산양, 말
- 단자궁 : 사람, 원숭이
- 중복자궁 : 쥐, 토끼, 기니피그(자궁체가 없음), 코끼리
- 이중자궁 : 캥거루

(윤창현, 2001)

4. 자궁경(子宮頸, Uterine Cervix)

(1) **점액분비** : 상피세포에서 분비하여 정자를 보호한다.

(2) **정자수송** : 생존가능한 정자만 수송하고 집락화(集落化)를 유도하여 수정의 기회를 증대시키며 다정자 침입을 억제한다.

(3) **자궁보호** : 발정기 · 분만할 때 외에는 밀폐되어 자궁을 보호한다.

더 알아보기 자궁경관의 기능

- 점액분비
- 생존이 가능한 정자를 수송하고, 생존 능력이 없는 정자는 배출
- 다정자 침입 억제
- 집락화 현상 유도
- 발정기와 분만할 때 이외에는 밀폐되어 자궁을 보호한다.

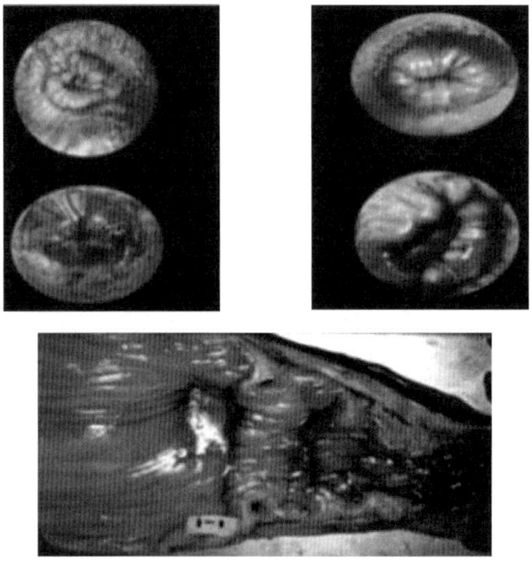

[자궁 경관 입구의 실체(박연수)]

5. 질(膣, Vagina)

(1) 질 수축에 의해 정자를 수송한다.

(2) **정자항원** : 항체작용(Sperm Antigen-antibody Teaction)을 위한 주된 부위의 하나이다.

(3) 팽창한 질구(Bulbous Vagina)는 교미 후 자궁경에 저장될 때까지 정지를 공급하는 정액저장소가 된다.

CHAPTER

01

PART 02 가축번식학

적중예상문제

01 원시 생식세포에 영양을 공급하는 곳은?

① 세정관의 배아상피
② 정소망(Rete Testis)
③ 중신관
④ 정낭선

해설
체강상피세포(Coelomic Epithelium)로부터 형성된 제1차 성색에 의해 수질 내로 운반된 원시 생식세포는 세정관의 배아상피세포로부터 영양을 공급받아 형성되며, 정소망은 중신 세관과 연결되고, 정소의 수출관이 된다.

02 정소상체의 기능이 아닌 것은?

① 정자의 저장
② 정자의 농축
③ 정자의 운반
④ 정자의 생산

해설
정소상체의 기능 : 정자의 농축, 성숙, 운반, 저장

03 부생식선에 포함되지 않는 것은?

① 정소상체 ② 정낭선
③ 전립선 ④ 요도구선

해설
비뇨생식동(Urogenital Sinus)에서 분화된 부생식선은 정낭선, 전립선, 요도구선 등이 있다.

04 정자에 영양을 공급하고, 대사산물 제거에 관여하는 것은?

① Germ Cell
② Sertoli Cell
③ Leydig Cell
④ Vascular System

해설
① Germ Cell : 정자 형성
③ Leydig Cell : Testosterone 분비
④ Vascular System : 혈관 + 림프관

05 요도를 중화시켜 정자를 보호하는 역할을 하는 곳은?

① 정낭선 ② 전립선
③ 카우퍼선 ④ 정 관

06 정소망을 싸고 있는 결합조직의 얇은 막을 무엇이라 하는가?

① 백 막
② 정소 종격
③ 정소 중막
④ 기저막

해설
① 백막 : 정소 표면을 싸고 있는 막
③ 정소 중막 : 정소 소엽을 싸고 있는 막
④ 기저막 : 곡세정관을 형성하는 막

정답 1 ① 2 ④ 3 ① 4 ② 5 ③ 6 ②

07 **포유류에 있어서 정소가 정상적인 기능을 유지하기 위해서는 체온에 비하여 어느 정도의 온도를 유지해야 좋은가?**

① 체온보다 1~2℃ 높아야 한다.
② 체온과 같아야 한다.
③ 3~4℃ 낮아야 한다.
④ 4~7℃ 낮아야 한다.

08 **성분화가 일어난 후 생식관으로 발달하여 정소상체 정관을 형성하는 것은?**

① 비뇨생식동　② 볼프관
③ 뮐러관　④ 미분화 성선

해설
② 볼프관 : 수컷 생식기관
① 비뇨생식동 : 정동, 전립, 요도구선
③ 뮐러관 : 질
④ 미분화 성선 : 난소, 정소

09 **정자의 운반 · 농축 · 성숙 및 저장에 관계하며, 두부 · 체부 · 미부로 된 웅성생식기관은?**

① 정소(精巢)
② 정소상체(精巢上體)
③ 음 낭
④ 전립선

10 **잠복정소를 바르게 설명한 것은?**

① 정소상체가 음낭 내로 하강하지 못한 것
② 정관이 음낭 내로 하강하지 못한 것
③ 전립선이 음낭 내로 하강하지 못한 것
④ 정소가 모두 음낭 내로 하강하지 못하고 복강 내에 남아 있는 것

11 **수소의 음경이 발기되어 돌출되는 이유는?**

① 음경 후인근의 신장
② S형 만곡부의 신장
③ 소변의 축적
④ 정액의 축적

해설
성적으로 흥분하게 되면, 해면체에 혈액을 충만하여 음경이 발기된다. 발기한 수소의 음경이 돌출되는 것은 S형 만곡부가 신장되기 때문이다.

12 **성숙하여 파열 직전에 이른 난포를 무엇이라 하는가?**

① 난 포　② 제2차 난포
③ 제3차 난포　④ 그라피안 난포

13 **정관의 역할을 바르게 설명한 것은?**

① 수컷의 교접기관(交接器官)의 역할
② 정자를 생산하여 웅성 호르몬을 분비하는 역할
③ 정자를 수송하고 저장하며, 교미할 때에 정자를 사출시키는 사출관의 역할
④ 정자의 운반, 농축, 성숙 및 저장의 역할

14 **각 가축당 1회 발정기에 발달하는 그라프난포 수가 옳지 않은 것은?**

① 소 : 1~2개　② 돼지 : 10~25개
③ 면양 : 1~4개　④ 말 : 5~6개

해설
소, 말은 보통 1~2개의 그라프(Graaf)난포를 방출한다.

7 ④ 8 ② 9 ② 10 ④ 11 ② 12 ④ 13 ③ 14 ④ 정답

15 음낭의 역할(기능)을 바르게 설명한 것은?

① 정소를 수용하여 보호하며, 정자생산에 알맞은 온도를 조절한다.
② 정자의 운반, 농축, 성숙 및 저장하는 역할
③ 정자를 생산하여 웅성 호르몬을 분비하는 역할
④ 수컷의 교미기관 역할

해설

음 낭
정소를 수용하여 보호하는 주름이 많은 주머니로, 정소 내의 온도를 잘 조절하도록 되어 있다. 더울 때에는 음낭이 늘어지고 추울 때에는 위축되어 몸에 달라붙어 정소 내의 온도를 체온보다 4~7℃ 낮게 유지하는 냉각기로서 정자생산에 알맞은 온도로 조절한다.

16 난소(卵巢)의 기능을 바르게 설명한 것은?

① 난자와 자성 호르몬을 생산하는 암컷의 성선이다.
② 수정란이 착상하여 태아로 발육 및 성장하는 곳이다.
③ 정자를 난관의 상단까지, 그리고 난자를 자궁까지 운반하는 역할
④ 암컷의 교접기관이다.

해설

난소는 난자와 자성 호르몬을 생산하는 암컷의 성선으로, 그 형태와 크기는 가축의 종류와 성주기의 단계에 따라 다르다. 자궁은 수정란이 착상하며 태아로 발육 및 성장하는 곳이고, 질부는 암컷의 교미기관이다.

17 자궁(子宮)의 역할을 바르게 설명한 것은?

① 정자의 운반, 농축, 성숙 및 저장하는 곳이다.
② 수정란이 착상하여 태아로 발육 성장하는 곳이다.
③ 암컷의 교접기관이다.
④ 난자와 자성 호르몬을 생산하는 암컷의 성선이다.

해설

자궁은 복강 내의 골반강(骨盤腔) 앞 직장 바로 밑에 있는 동(筒) 같은 평활근으로 된 기관이며, 수정란이 착상하여 태아로 발육 및 성장하는 곳이다.

18 분열자궁의 형태를 갖추고 있는 가축은?

① 생 쥐
② 흰쥐・토끼
③ 소・산양
④ 돼 지

19 쌍각자궁의 형태를 갖는 가축?

① 토끼・흰쥐
② 소・면양・산양・말
③ 소, 생쥐
④ 돼 지

해설

• 쌍각자궁(雙脚子宮) : 돼지
• 분열자궁 : 소・면양・산양・말 등
• 중복자궁 : 토끼・흰쥐

정답 15 ① 16 ① 17 ② 18 ③ 19 ④

20 각 가축의 난소 모양을 설명한 내용 중 틀린 것은?

① 소 : 호도 모양
② 양 : 편도 모양
③ 돼지 : 딸기 모양
④ 말 : 신장 모양

해설
①, ② 소·양 : 편도 모양
③ 돼지 : 딸기나 포도송이형
④ 말 : 신장 모양 또는 잠두형

21 다음 중 거세방법이 아닌 것은?

① 완전 거세 ② 유혈 거세
③ 화학적 거세 ④ 부분 거세

해설
거세방법
완전 거세, 무혈 거세, 화학적 거세, 부분 거세 등

22 거세의 효과가 아닌 것은?

① 영구 불임, 집단 사육이 편리
② 남성, 웅성, 제2차 성징 상실
③ 사료 효율, 성장률 촉진
④ 육질 개선

해설
거세할 때는 사료 효율과 성장률이 저하되므로 환경 여건이 고려된 거세를 하도록 한다.

23 소의 자궁 형태는?

① 복자궁 ② 쌍각자궁
③ 분열자궁 ④ 단자궁

해설
③ 분열자궁 : 소, 면양, 말
① 복자궁 : 설치류, 토끼
② 쌍각자궁 : 돼지
④ 단자궁 : 사람, 원숭이

24 정소상체의 각부의 구성을 바르게 설명한 것은?

① 체부, 두부, 마부
② 두부, 체부, 미부
③ 미부, 체부, 두부
④ 중부, 상부, 하부

해설
정소상체는 두부, 체부, 미부로 되어 있으며, 정자의 농축, 운반, 저장 등의 기능이 있다.

25 소의 성숙한 황체의 모양은?

① 표주박형
② 타원형, 난형
③ 원 형
④ 삼각형

해설
소의 성숙 황체의 모양은 타원형 및 난형이고, 말은 표주박형이다.

20 ① 21 ② 22 ③ 23 ③ 24 ② 25 ② 정답

성호르몬의 종류와 기능

01 내분비(內分泌)

1. 용 어

(1) 내분비(Endocrine Secretion)

신체의 특정한 선(腺) 또는 조직에서 만들어진 분비물이 특정한 도관을 경유하지 않고 직접 혈관이나 림프관에 들어가서 혈액과 더불어 신체의 다른 부분, 즉 표적기관(Target Organ)에 운반되어 일정한 생리적 작용을 나타내는 분비를 말한다.

(2) 호르몬(Hormone)

① 내분비 기능을 나타내는 생리적 유기물질로서 Peptide계, Amine계(Melatonin, Dopamine, Thyroxine, Epinephrine 등), Steroid계통으로 나눈다.
② 소량으로 작용하며 반응에 에너지를 공급하지는 않는다.
③ 혈액으로부터 급속히 제거된다.

더 알아보기 페로몬(Phermone)

같은 종속에 속하는 동물 개체 간 연락을 담당하는 저분자 물질이다. 공기나 물을 타고 운반되어 다른 개체의 감각기관에 수용됨으로써 기능을 발휘하며, 주로 곤충에서 의사전달 및 성적 자극원이 된다.

2. 호르몬 분비의 기전(Mechanism)

(1) Feedback Mechanism

상위기관의 호르몬에 의하여 분비된 하위기관의 호르몬이 다시 상위기관의 호르몬 분비를 조절하는 기전을 말한다.

(2) 신경계(Nervous System)에 의한 조절

어떤 동물은 교미자극과 배란 사이에 신경관계가 있어서 교미 후에만 배란이 유발된다.
교미자극 → 자궁경의 지각신경에 포착 → 척추신경 → Sex Center → 시상하부(Hypothalamus) → 뇌하수체 $\xrightarrow{LH}$ 배란(Ovulation)

(3) 대사산물에 의한 조절

부갑상샘호르몬(Parathormone) → Ca^{2+}의 농도증가 → 부갑상샘호르몬(Parathormone) 분비억제 → Ca^{2+}농도저하 → 부갑상샘호르몬(Parathormone) 분비유기 → Ca^{2+}농도증가

02 번식에 관여하는 호르몬

1. 뇌하수체 전엽(Anterior Lobe)

(1) 성선자극 호르몬(생식샘 자극호르몬, Gonadotropic Hormone)

FSH(Follicle-Stimulation Hormone)과 LH(Luteinizing Hormone)를 말한다. FSH는 난포와 정소의 Sertoli Cell에 작용하며, LH는 난포·황체 및 정소의 간질세포(Leydig Cell)에 작용한다. 그 기능을 보면 다음과 같다.

① 난포와 난모세포의 발육(FSH+LH)

② FSH : 난포를 자극하여 Estrogen분비 Sertoli Cell을 자극해서 Androgen Binding Protein (ABP)을 생산하게 한다.

③ LH : 배란유인, 황체형성, 황체를 자극하여 Progesterone 분비, Leydig Cell을 자극하여 Testosterone 분비

④ GnRH(Gonadotropin Releasing Hormone) : FSH와 LH의 방출 촉진

더 알아보기

- LTH : 배란, 황체형성을 자극, 모성 행동 유발
- STH(GH) : 조직 및 골격의 성장촉진
- TSH : 갑상선 호르몬(Thyroxine)의 분비자극
- ACTH : 부신피질호르몬의 분비자극

(2) Prolactin(= Lactogen)

① 198개의 아미노산으로 구성된 Polypeptide

② 설치류의 황체, 토끼의 유선 및 비둘기에서는 소낭이 표적기관이다.

③ 설치류의 황체를 자극하여 Progesterone 분비, 유선의 발달과 비유자극, 취소성·모성행동유기, 성장발육촉진, 생체 내 수분과 전해질의 균형 유지

④ 스테로이드 호르몬과의 상승작용

(3) 성장 호르몬(Growth Hormone)

① 표적기관 : 전신의 체세포막

② 기능 : 탄수화물·지방·단백질의 대사촉진, Steroid Hormone과 협력해서 부생식기 발달자극, 체조직의 성장자극

(4) 갑상선자극 호르몬(Thyroid Stimulating Hormone)

① 표적기관 : 갑상선

② 기능 : 갑상선을 자극해 Thyroxine을 비롯한 각종 갑상선 Hormone 분비

(5) 부신피질자극 호르몬(Adreno-Cortico-Tropic Hormone)

① 갑상선을 자극해서 Cortison, Cortisol, Corticosterone 등을 분비

② 태아의 ACTH는 분만을 개시시킨다.

2. 뇌하수체 중엽

색소세포자극 호르몬(MSH ; Melanocyte Stimulating Hormone) : Melanin 색소세포에 작용하여 Melanin 색소의 분산과 집합을 조절한다.

3. 시상하부(Hypothalamus)

(1) 내분비호르몬(LH-Releasing Hormone, LH-RH)

① 대뇌에서 오는 신경자극에 의해 분비

② 뇌하수체 전엽에 작용해서 FSH와 LH 방출유기

(2) TRH(Thyrotropin-Releasing Hormone)

① 뇌하수체 전엽에 작용하여 갑상선 자극 호르몬의 분비 촉진

② 소의 경우 Prolactind의 방출을 어느 정도 자극

(3) PRIF(Prolactin-Releasing-Inhibiting Factor)

뇌하수체 전엽에 작용하여 Prolactin의 방출을 억제

4. 뇌하수체 후엽(Posterior Pituitary)

(1) 옥시토신(Oxytocin)

① 자궁에 작용하여 정자수송 시・태아만출 시 자궁수축 촉진

② 유선의 근상피세포를 자극하여 유분비를 촉진

(2) 바소프레신(Vasopressin)

① 신세관 원위부에 작용하여 수분흡수를 촉진시킴으로써 이뇨작용 억제

② 혈관의 평활근 섬유를 수축하여 혈압 상승

더 알아보기

성호르몬(Sex Hormone)은 생산부위에 따라 시상하부, 뇌하수체 전엽과 후엽, 생식선, 태반(胎盤), 자궁 내막(內膜) 및 송과선(松果腺)의 성호르몬 등으로 분류할 수 있다. 이들 각 기관 중에는 한 조직에서 성호르몬 외에 다른 호르몬도 분비하며, 같은 종류의 성호르몬 또는 비슷한 작용을 하는 호르몬이 다른 몇 개의 조직에서 분비되기도 한다. 소장에서는 성호르몬이 생산되지 않는다.

5. 그 밖의 호르몬

(1) Androgen(= Testosterone)

① 분비기관 : 정소의 Leydig Cell, 분신피질, 난포의 협막

② Steroid Hormone

③ 기능 : 웅성생식기의 분화와 발달자극, 정자형성 촉진, 웅성 제2차 성장발현, 웅성성행동 유발, 질소축적을 촉진하고 근섬유의 비대를 유발

(2) Estrogen

① 분비기관 : 난포의 협막세포, 태반, 부신피질, 정소에서 소량

② Steroid Hormone

③ 기능 : 자궁발달촉진, 자궁수축, 질상피각화, 난관을 수축시켜 정자의 상행과 난자의 하행을 촉진, 유선의 발달자극, 발정행동 유발, 단백질대사와 사료효율증진, FSH와 LH의 분비 조절

(3) Progesterone

① 황체에서 분비됨

② Steroid Hormone

③ 기능 : 자궁의 임신 전 증식, 자궁유의 분비촉진, 임신지속, 유선포계의 발달자극, LTH와 협력하여 모성행동 유발

(4) Relaxin

① 황체에서 주로 분비되고 태반과 자궁에서도 일부가 분비됨

② Peptide Hormone

③ 기능 : Estrogen과 협력하여 치골결합 이완, 분비 시 자궁경관 확장, 임신 중에는 Progesterone과 공동작용으로 자궁근의 수축을 억제하여 임신을 유지시키며, 분만 후에는 자궁 퇴축과 유선 발달을 촉진시킨다.

(5) PMSG(Pregnant Mare's Serum Gonadotropin)

① 임신한 말의 자궁내막에서 분비

② FSH와 LH의 작용으로 겸하고 있으나, FSH의 작용이 더 강하다.

(6) HCG(Human Chorionic Gonadotropin)

① 태반에서 분비됨

② FSH와 LH의 작용으로 겸비하고 있으나 LH의 작용이 강하다.

③ 배란유기 및 황체낭종 치료 때에 사용

(7) PG(Prostaglandin)

① 모든 체세포에서 분비

② 기능 : 황체퇴행, 자궁근수축, Oxytocin 분비, Relaxin 분비

③ 분류 : PGF($PGF_2\alpha$), PGA, PGE

※ $PGF_2\alpha$: 유산, 분만 유도제

(8) 호르몬의 생화학적 작용상 특징

① 생체 내 어떠한 반응에 대해서도 에너지를 공급하지 않는다.

② 대단히 적은 양으로도 그 기능을 발휘한다.

예 Estradiol-17β는 $10^{-6}\mu g$이라도 질점막 등에 작용하여 반응을 나타낸다.

③ 혈류로부터 신속히 없어진다.

④ 어떤 반응의 속도는 조절하지만 새로운 반응을 일으키지는 않는다.

(9) 단백질계 호르몬과 지질계 호르몬의 차이점

구 분	단백질계 호르몬	지질계(Steroid) 호르몬
분자량(크기, Dalton)	300~70,000	300~400
세포막	통과 못함	통 과
수용체의 위치	표적기관의 세포막	세포질이나 핵 내
종 류	• 당단백질계 : LH, FSH, HCG, PMSG • 폴리펩타이드계 : GnRH, GH, GHRH, Oxytocin, Relaxin, Insulin, Vasopressin	Androgen, Cortisol, Progesterone, Aldosterone

03 시상하부와 뇌하수체의 피드백 메커니즘(Feedback Mechanism)

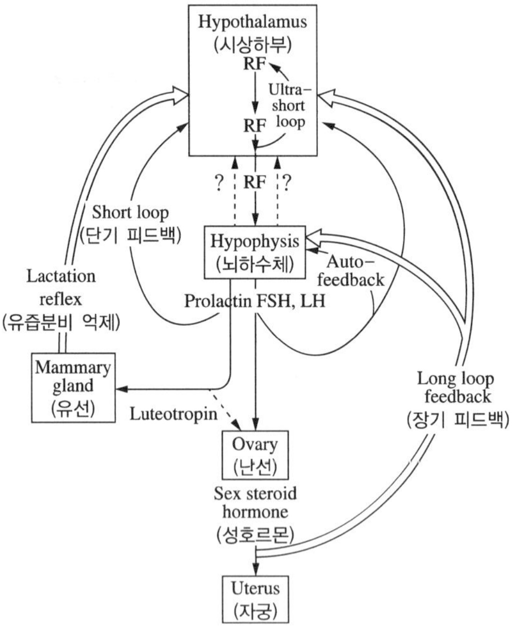

더 알아보기 호르몬 분비의 3가지 메커니즘(Feedback Mechanism) : 위 그림 참조

- 신경계에 의한 조절(Neverous System) : 어떤 동물은 교미자극과 배란 사이에 신경관계가 있기 때문에 교미 후에만 배란이 유발된다(토끼의 교미자극 배란, 흡·착유의 물리적 자극이 Prolactin 분비 등).
- 특정대사 산물에 의한 조절(Specific Metabolitis) : 대사의 결과로서 형성된 물질(Parathormone → Ca^{2+}의 농도 증가 → Parathormone 분비 억제 → Ca^{2+} 농도 저하 → Parathormone 분비 유기 → Ca^{2+} 농도 증가)
- Feedback Mechanism(피드백 메커니즘) : 뇌하수체에서 분비되는 호르몬(LH, FSH, Prolactin 등)과 표적기관(난소, 정소)에서 분비되는 호르몬(Estrogens, Progesterone, Androgen 등) 사이에 존재하는 기전으로 하위기관의 호르몬이 상위기관의 호르몬 분비를 억제하는 것을 Negative Feedback(− 또는 부의 피드백 메커니즘)이라고 하며, 반대로 하위기관에서 분비된 호르몬이 상위기관에서 분비될 호르몬의 분비를 촉진할 때 이를 Positive Feedback(+ 또는 정의 피드백 메커니즘)이라고 한다. 한편 뇌하수체 전엽에서 분비되는 호르몬(LH, FSH, Prolactin, Growth Hormone 등)들 자신의 분비기능을 조절하는 경우를 Auto Feedback이라 하며, 시상하부의 방출인자(RF ; Releasing Factor)가 직접 자신의 생성과 분비를 조절하는 경우를 Ultra Short Feedback이라 한다. 뇌하수체 후엽에서 분비되는 호르몬은 Oxytocin이다.

적중예상문제

01 호르몬에 대한 설명 중 틀린 것은?

① 생리적 유기물질이다.
② 내분비선에서 분비된다.
③ 생체의 기능을 통합하고 조정한다.
④ 특정 도관을 경유하여 신체의 다른 부분에 운반한다.

해설
특정 도관을 경유하지 않고 직접 혈관 또는 림프관에 들어가서 혈액과 더불어 신체의 다른 부분에 운반된다.

02 호르몬(Hormone)의 작용상 특징이 아닌 것은?

① 생체 내 어떠한 반응에 대해서도 결코 에너지를 공급하지 않는다.
② 생체 내 이미 존재하는 어떤 반응의 속도를 조절하며 새로운 반응을 유기한다.
③ 극히 미량을 그 기능을 발휘한다.
④ 혈류로부터 신속하게 소실된다.

해설
호르몬은 결코 새로운 반응을 유기할 수 없다.

03 성호르몬은 생산 부위에 따라 분류하는데 생산 부위가 아닌 곳은?

① 시상하부　② 뇌하수체 전엽
③ 생식선　④ 소 장

04 성호르몬에 해당하는 것은?

① 생식선 자극 호르몬
② 단백질계 호르몬
③ 색소세포자극 호르몬
④ 바소프레신

해설
성호르몬을 생리적 특징에 따라 분류하면 부생식 시에 관여하는 성스테로이드 호르몬과 생식선에 관여하는 생식선 자극 호르몬(GTH), 뇌하수체후엽 성호르몬 및 Relaxin 등이 있다.

05 화학적 조성에 따라 분류한 호르몬이 아닌 것은?

① 단백질계 호르몬
② 생체아민계 호르몬
③ 스테로이드계 호르몬
④ 뇌하수체 후엽 성호르몬

해설
화학조성에 따른 분류
단백질계 호르몬, 생체아민계 호르몬 및 스테로이드계 호르몬

정답 1 ④ 2 ② 3 ④ 4 ① 5 ④

06 성호르몬이 아닌 것은?

① 생식선 자극 호르몬(FSH)
② 황체형성 호르몬(LH)
③ 태반성 황체자극 호르몬(LTH)
④ 티록신(Thyroxine)

해설
티록신(Thyroxine)은 가금사양에 쓰이는 호르몬제이다.
성호르몬
생식선 자극 호르몬(FSH), 황체형성 호르몬(LH), 태반성 황체자극 호르몬(LH) 등

07 다음 중 호르몬 분비의 메커니즘이 아닌 것은?

① 피드백 메커니즘(Feedback Mechanism)
② 근섬유의 수축·이완에 의한 조절
③ 특정 대사산물에 의한 조절
④ 신경계에 의한 조절

08 피드백 메커니즘(Feedback Mechanism)이 아닌 것은?

① 원격 조절(Servo-mechanism)
② 단경로 피드백(Short Loop Feedback)
③ 부의 피드백(Negative Feedback)
④ 신경반사

해설
피드백 메커니즘
주로 뇌하수체에서 분비되는 각종 호르몬과 표적 기관에서 분비되는 호르몬 사이에 존재하는 기구로 원격조절이라 하며, 정의 피드백, 부의 피드백, 단경로 피드백 등으로 구분된다.

09 하위기관에서 분비되는 호르몬이 상위기관의 호르몬 분비를 촉진하는 기구는?

① 정(正)의 Feedback
② 부(負)의 Feedback
③ Auto Feedback
④ Short Loop Feedback

10 번식의 '제1의 적' 호르몬을 분비하는 내분비선이 아닌 것은?

① 뇌하수체 ② 태 반
③ 부신피질 ④ 난 소

해설
번식의 '제1의 적' 호르몬은 뇌하수체 전엽, 뇌하수체 후엽, 정소, 난소, 태반에서 분비된다.

11 뇌하수체 전엽에서 생산되는 성호르몬은?

① 릴랙신(Relaxin)
② 난포자극 호르몬(FSH)
③ 프로게스테론(Progesterone)
④ 에스트로겐(Estrogen)

해설
뇌하수체 전엽에서는 난포자극 호르몬(FSH)과 황체형성 호르몬이 분비되며, Relaxin은 황체 및 임신자궁에서, Progesterone은 난소(卵巢,胎盤)에서 Estrogen은 난소의 난포에서 주로 분비된다.

6 ④ 7 ② 8 ④ 9 ① 10 ③ 11 ② 정답

12 **뇌하수체 전엽에서 분비되는 호르몬은?**

① 안드로겐(Androgen)
② 옥시토신(Oxytocin)
③ 멜라닌(Melanin)
④ 난포자극 호르몬(FSH)

해설
뇌하수체는 간뇌의 시상하부와 뇌하수체병으로 뇌에 매달려 있는 기관이며, 여기에서 분비되는 호르몬은 난포자극 호르몬(FSH), 황체형성 호르몬(LH), 최유(催乳) 호르몬, 갑상선 자극 호르몬 등이 있다.

13 **뇌하수체 전엽에서 분비되지 않는 호르몬은?**

① FSH ② LH
③ ADH ④ STH

해설
뇌하수체 전엽에서는 FSH, LH, LTH, STH, TSH, ACTH가 분비된다.

14 **다음 중 연결이 잘못된 것은?**

① LH – 웅성 호르몬 분비와 배란
② Progesterone – 착상, 임신유지, 유선자극
③ ADH – 수분 평형
④ Parathormone – 전해질과 수분 대사

해설
상피소체에서 분비되는 Parathormone은 칼슘과 인의 대사에 관여한다.

15 **다음 중 방출인자와 관계 없는 것은?**

① FRF(FSH–RF) ② LRF(LH–RF)
③ MIF(MSH–IF) ④ CRF(C–RF)

해설
MIF는 MSH의 방출을 억제한다.

16 **난포를 성숙시키는 작용이 주작용인 호르몬은?**

① 황체형성 호르몬
② 난포자극 호르몬
③ 갑상선자극 호르몬
④ 성장 호르몬

해설
난포자극 호르몬(FSH)은 뇌하수체 전엽에서 분비되는 생식선자극 호르몬의 하나이며, 그 이름이 의미하는 바와 같이 난포를 성숙시키는 작용이 주작용이다.

17 **황체형성(黃體形成) 호르몬(LH)의 주요한 작용은?**

① 난포의 성숙
② 유선비유작용
③ 갑상선 호르몬의 분비
④ 난소의 황체형성

해설
황체형성 호르몬(LH)은 뇌하수체에서 얻어진 생식선자극 호르몬인 당단백질계 호르몬의 일종이며, 주로 난소의 황체를 형성하는 작용을 한다.

정답 12 ④ 13 ③ 14 ④ 15 ③ 16 ② 17 ④

18 유즙합성 및 비유개시작용에 관계하는 호르몬은?

① Prolactin ② Relaxin
③ Oxytocin ④ Androgen

해설
Prolactin은 주로 유즙 합성 및 비유개시작용에 관계하는 호르몬이다.

19 수컷 부생식기 자극과 정자 형성촉진에 주로 관계하는 호르몬은?

① Estrogen ② Androgen
③ Progesterone ④ Relaxin

해설
Androgen의 생리작용은 주로 수컷 부생식기를 자극하여 정자형성을 촉진한다. Progesterone은 암컷 부생식기 자극, 착상작용, 임신유지 등에 관여하는 호르몬이다.

20 암컷 부생식기 자극과 발정유기에 주로 관계하는 성호르몬은?

① Androgen ② ACTH
③ Estrogen ④ Prolactin

해설
Estrogen은 난소에서 생산되며, 암컷의 부생식기 자극과 착상작용, 발정유기에 주로 관계한다. ACTH는 부신피질 호르몬이다.

21 성선 자극 Hormone의 기능이 아닌 것은?

① 난포 발육
② 배란 유인
③ Leydig Cell 자극
④ 유선포계의 발달 자극

22 FSH와 LH의 생리적 작용을 겸하고 있으며, 다배란과 발정 유도 시에 사용하는 호르몬은?

① PMSG ② HCG
③ Oxytocin ④ PG

해설
PMSG는 난소의 난포에 작용하여 다배란을 유도한다.

23 시상하부에서 분비되는 호르몬이 아닌 것은?

① Gn-RH ② TRH
③ Oxytocin ④ Prolactin

해설
시상하부에서 분비되는 호르몬은 Gn-RH, TRH, Oxytocin, RIF, Somatostatin 등이 있으며, Prolactin은 뇌하수체 전엽에서 분비된다.

24 태반에서 분비되는 호르몬으로서 LH와 유사한 작용을 하는 것은?

① PMSG
② HCG
③ Placental Lactogen
④ Placental Luteotropin

해설
HCG(Human Chorionic Gonadotropin)
태반에서 분비되는 분자량 4만의 Glycoprotein으로서 FSH · LH의 생리적 작용을 겸하고 있으나, LH의 작용이 더 강하다. 배란유기나 황체낭종 치료 시에 사용된다.

25 뇌하수체 전엽 호르몬으로서 비유, 황체기능 자극, Progesterone 및 Testosterone의 분비를 촉진시키는 호르몬은?

① FSH ② LH
③ Prolactin ④ ACTH

18 ① 19 ② 20 ③ 21 ④ 22 ① 23 ④ 24 ② 25 ③ 정답

26 Androgen의 기능이 아닌 것은?

① 정자 형성
② 정자 형성 촉진
③ Steroid Hormone과 상승작용
④ 제2차 성징 발현

해설

스테로이드 호르몬과 상승작용을 하는 것은 Prolactin이다.

27 분만 후 자궁의 수축을 억제하며 자궁 퇴축을 촉진하는 호르몬은?

① Oxytocin ② Progesterone
③ Estrogen ④ Relaxin

해설

Relaxin은 Estrogen과 협력하여 치골결합 이완, 분비 시 자궁경관 확장, 임신 중에는 Progesterone과 공동 작용으로 자궁근의 수축을 억제하여 임신을 유지시키며, 분만 후에는 자궁 퇴축과 유선 발달을 촉진시킨다.

28 호르몬의 국제단위에 대한 설명 중 틀린 것은?

① 역가는 1국제단위(International Unit)로 정한다.
② 생물학적 검정의 성적, 역가의 표현을 통일적으로 비교한다.
③ 표준품의 일정량을 나타내는 생리적 효과를 역가라 한다.
④ 1국제단위(IU)는 호르몬 0.1mg을 의미한다.

해설

호르몬의 국제단위는 ①, ②, ③으로 제정되어 있다.

29 뇌하수체(Pituitary Gland)의 설명 중 틀린 것은?

① 뇌하수체는 접형골의 뇌하수체에 위치하는 내분비선이다.
② 선성뇌하수체(Adenohypophysis)는 원위부, 융기부, 중간부로 되어 있다.
③ 원위부와 융기부를 뇌하수체 전엽이라 하며, 중간부를 뇌하수체 후엽이라 한다.
④ 신경뇌하수체는 신경엽과 누두로 구분하며, 신경엽을 뇌하수체 후엽이라 한다.

해설

- 원위부, 융기부 : 뇌하수체 전엽
- 중간부 : 뇌하수체 중엽

30 성 Steroid Hormone이 아닌 것은?

① Androgen ② Estrogen
③ Prolactin ④ Progesterone

해설

성 Steroid Hormone은 Androgen, Eestrogen, Progesterone 등 3종류가 있다.

31 Prostaglandin(PG)의 기능이 아닌 것은?

① 황체 퇴행
② 자궁근육 수축
③ Oxtocin분비
④ 이뇨작용 억제

해설

PG의 기능은 황체 퇴행, 자궁근육 수축, Oxytocin 분비, Prolactin 방출, LHRH 방출, 이뇨작용 억제는 Vasopressin의 역할이다.

정답 26 ③ 27 ④ 28 ④ 29 ③ 30 ③ 31 ④

32 **뇌하수체 전엽과 시상하부의 관계를 설명한 내용 중 틀린 것은?**

① 상뇌하수체 동맥은 정중융기와 신경엽에서 모세 혈관층을 형성한다.

② 시색상핵과 실방핵에서 합성되어 모세혈관으로 방출된다.

③ 뇌하수체 동맥에서 정중융기 → 모세혈관층 → 시상하부 뇌하수체 문맥 → 뇌하수체병 → Capollary Plexus로 전달된다.

④ 뇌하수체 동맥은 뇌하수체 전엽과 후엽에 혈액을 공급한다.

해설

②는 뇌하수체 후엽과 시상하부의 관계를 나타낸다.

33 **성선 자극 호르몬은 스테로이드 호르몬을 생산하는 세포의 수용체와 결합함으로써 그 기능을 발휘한다. 이때 성선 자극 호르몬을 활성화시키는 효소는 무엇인가?**

① Adenylate Cyclase

② ATP

③ ADP

④ cAMP

해설

Adenylate Cyclase는 성선 자극 호르몬에 의하여 활성화되어 ATP를 cAMP로 전환시키는 역할을 한다.

34 **다음의 연결 중 틀린 것은?**

① MSH – 멜라닌 색소의 분산과 집합조절

② ACTH – 부신피질 자극, Cortison, Cortis이 분비 자극

③ PIF – Prolactin 방출 촉진

④ TSH – 갑상선 자극 호르몬 분비

해설

PIF(Prolactin Inhibiting Factor)는 Prolactin 방출을 억제한다.

35 **$PGF_2\alpha$의 이용방법이 아닌 것은?**

① 발정의 동기화

② 분만시기의 인위적 조절

③ 번식장해 치료

④ Progesterone 분비 촉진

해설

황체를 용해시키므로 Progesterone의 분비를 감소시키고, 분만기의 임신자궁에 대하여 수축하며, GnRH의 조정체로서 LH분비를 조절한다.

36 **Relaxin의 주요 생리작용은?**

① 산도개장, 골반인대 이완, 자궁운동 억제

② 자궁근 수축, 젖 분비

③ 난포 발육, 세정관 자극

④ 암컷 부생식기 자극, 착상작용, 임신유지

해설

Relaxin의 주요 생리작용은, 산도개장과 골반인대 이완, 자궁운동 억제를 한다. Oxytocin은 자궁근수축, 젖분비 등이다. 난포자극 호르몬은 난포발육과 세정관 자극 등의 생리작용을 한다.

32 ② 33 ① 34 ③ 35 ④ 36 ① 정답

37 프로락틴(Prolactin)의 기능인 것은?

① 혈관수축　② 자궁수축
③ 산란촉진　④ 취소성 야기

해설
프로락틴(Prolactin)의 기능에는 취소성(모성행동) 야기, 유즙 분비 등이 있다.

38 다음 중 성호르몬이 아닌 것은?

① FSH　② Estrogen
③ Progesterone　④ Insulin

해설
인슐린(Insulin)은 췌장에서 분비(分泌)되는 호르몬으로, 당 대사와 관계가 깊다.

39 다음 중 뇌하수체 후엽에서 분비하는 호르몬은?

① Vasopressin　② Thyroxin
③ Insulin　④ FSH

해설
Vasopressin이 뇌하수체 후엽에서 분비되는 호르몬이다. Thyroxin은 갑상선 호르몬이고, Insulin은 췌장에서, FSH는 뇌하수체 전엽에서 분비되는 호르몬이다.

40 다음 중 호르몬 중 가축이 분만할 때 자궁의 수축에 관여하는 호르몬은?

① Androgen　② Gonadotrophin
③ Oxytocin　④ Progesterone

해설
Oxytocin은 시상하부 후엽에서 생산되며, 자궁근 수축과 젖 분비에 관여한다.

41 동물체의 몸 성장을 지해하는 호르몬은?

① GH(STH)　② FSH
③ LH　④ TTH

해설
동물의 몸 성장에 필요한 호르몬은 GH(Growth Hormone)이다.
② 생식선 자극 호르몬
③ 황체형성 호르몬
④ 갑상선 자극 호르몬

42 닭은 어느 호르몬의 생산이 적어지기 때문에 거의 매일 같은 연속적으로 산란하게 되는가?

① Androgen　② Estrogen
③ Progesterone　④ Prolactin

해설
Progesterone은 난소(태반)에서 생산되며, 뇌하수체의 FSH의 분비와 LH 분비를 억제하여 난포의 발육을 중단시켜 배란을 억제하고, 이미 생산된 에스트로겐에 대한 길항작용으로 발정을 없앤다.

43 발정 호르몬(Estrogen)의 기능이 아닌 것은?

① 지방축적 감소　② 자궁근육 증식
③ 유선관계 발육　④ 성대의 변화

해설
성대의 변화는 Androgen의 기능 중 하나이다. Estrogen은 암컷의 부생식기자극 및 발정유기에 관여한다.

정답 37 ④ 38 ④ 39 ① 40 ③ 41 ① 42 ③ 43 ④

생식세포(生殖細胞, Germ Cell)

01 정자(精子, Spermatozoon)

1. 정자형성(Spermatogenesis)

정자발생(Spermatocytogenesis) + 정자완성(Spermatogenesis)

(1) 정자발생 과정

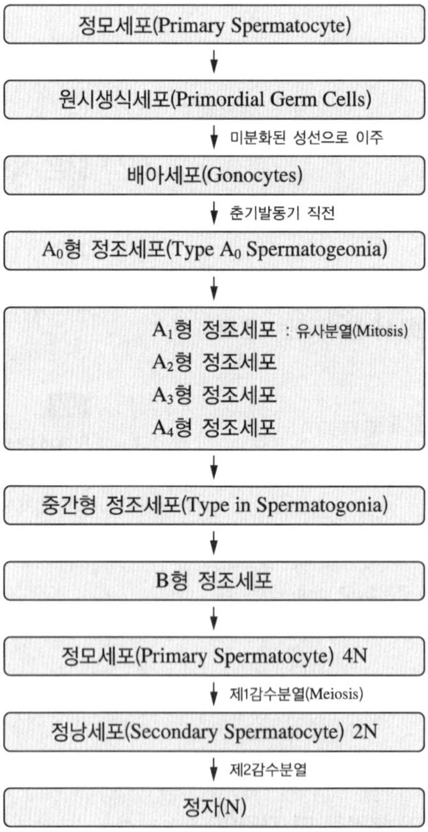

(2) 정자 완성 과정

핵염색질(Nuclear Chromation)의 농축, 정자의 추진기에 해당하는 미부의 형성 및 첨체의 발달 등으로 이루어진다.

① 골지기(Golgi期) : 전첨체 과립(Preacrosomal Granules)이 형성

② 두모기(頭帽期, Cap Phase) : 첨체과립이 정자세포에 핵표면에 확산
③ 첨체기(Acromodomal Phase) : 모든 정자세포는 첨체를 세정관의 기저막으로 향하게 된다. 핵은 주변부로 이동, 염색질은 농축, 미토콘드리아는 축사(軸絲) 주변에 집결하여 미토콘드리아초(Mitochondrial Sheath)를 형성
④ 성숙기(Maturation Phase) : 길어진 정자세포가 세정관강에 유리될 수 있는 형태로 바뀜. 수피상판이 소실되며 잔유체 형성

(3) 성염색체형

난자는 모두 X형 성염색체를 가지며, 정자는 X형과 Y형 염색체를 가진 정자가 동수로 발생한다. 따라서 포유동물에 있어서 산자(새끼)의 성(性)은 정자에 의해서 결정된다.

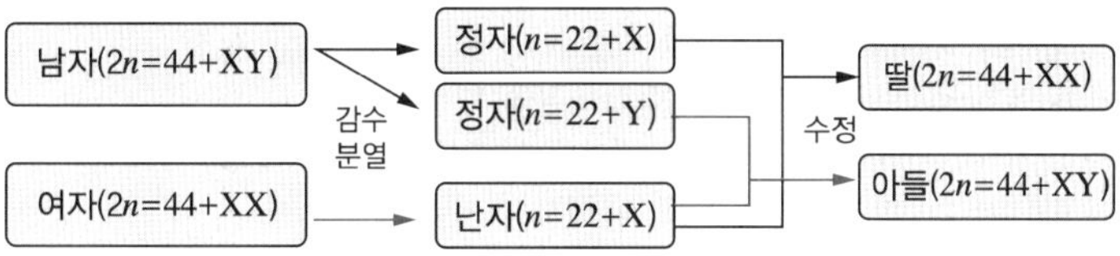

[인간의 성 결정 원리]

(4) X-정자와 Y-정자의 분리

① 생체 내에서 있어서 수정지배
㉠ 웅성생식기도 내 환경변화 : 알칼리성은 Y-정자 활성화
㉡ 영양상태의 변화
② 체외에서 수정지배 가능성
㉠ X-정자가 Y-정자보다 크다.
㉡ X-정자가 Y-정자보다 무겁다.
㉢ X-정자 표면은 (-)로, Y-정자는 (+)로 대전한다.

더 알아보기

정모 세포($2n$, XY)와 난모 세포($2n$, XX)에서 각각 정자(X, Y-정자)와 난자(X-난자, X-난자)로 발달하여 XY(수컷), XX(암컷)으로 발생하게 된다.

(5) 세정관 상피주기

일정한 발육단계에 있는 세포집단이 동심원적으로 배열되어 발달이 이루어지는데, 세정관의 어떤 부위에서 일정한 발달단계에 있는 세포군이 한 번 사라졌다가 다시 나타나는 현상이 일정한 시간적 간격을 두고 주기적으로 반복된다.

(6) 정자의 운동성

① 집단운동(Mass Movement)

② 개체운동(Individual Movement)

더 알아보기 **운동성 평가방법**

- 생존지수(Motividual Movement) : 총정자 중에서 살아 있는 정자의 비율과 살아 있는 정자가 보여 주는 운동성의 정도를 표시하는 지수
- ICF(Impedance Change Frequency) : 전기를 흘려주면 정자의 저항에 의해 나타나는 값을 곡선으로 표시하는 방법

더 알아보기 **정자의 주성(Taxis) : 정자의 운동 성질**

- 주류성(走流性, Rheotaxis) : 어떤 흐름에 거슬러 이동하는 성질
- 주전성(走電性, Gallvanotaxis) : 정자표면에 + 나 − 전기를 띠는 성질
- 주화성(走化性, Chemotaxis) : 특수한 화학물질에 대한 주성
- 주촉성(走觸性, Thigmotaxis) : 기포 및 세균 또는 먼지에 대한 주성
- 주지성(走地性, Geotaxis) : 인력의 중심에 대한 주성

(7) 정자의 수정능획득(受精能獲得, Capacitation)

① **정의** : 정자가 생체 내에서나 시험관 내에서 난자의 투명대와 난황막을 통과하여 수정시키기 위해 받는 생리적·기능적 변화를 말한다.

② **과정** : 수정능파괴인자의 제거 → Ca^{2+}유입 → 정자활성화 → 첨체반응 → Hyaluronidase 방출 → 난자 투명대 제거 → 수정

더 알아보기

- 세리톨리 세포(Seritori Cell) : 세정관 내의 정자형성 상피세포에서 형성되며, 생식세포에 영양을 공급하고 대사물질을 배설하는 작용을 한다.
- 레이딕 세포(Leydig Cell, 간질세포) : 뇌하수체 전엽에서 분비되며 LH의 작용으로 Testosterone을 분비한다.
- 기저막(Basement Membrane) : 세정관의 벽을 형성하는 막이다.

③ **정자의 운동성 평가방법**

ICF(전기저항 빈도)와 Motility Index(생존지수) 방법이 있다. 신선정자는 MI가 50 이하이거나, 동결정자의 경우 MI가 30 이하일 때는 수정에 사용하지 않는 것이 좋다.

더 알아보기

- 첨체반응(Acrosome Reaction) 시 분비되는 효소
- Hyaluronidase Release : 난구 세포군을 제거
- Corona Penetrating Enzyme Release : 방사관 제거
- Acrosin Release : 투명대 용해

④ 돼지의 정자가 수정능력을 획득하는 데 요하는 시간(Hunter와 Dziuk, 1968) 등의 연구에 의하면 자궁으로부터 난관까지(난 내 투입 확인) 약 2시간이라고 보고하였다.

⑤ 면양은 1.5시간(Mattner, 1963) 토끼의 경우(자궁으로부터 난관에) 5~6시간(Adams & Chang, 1962)소요된다고 하였다.

⑥ 흰쥐의 경우에 Austin(1951), & Noyes(1953), Austin & Braden(1954) 등은 2~3시간이라고 보고하였다.

더 알아보기

신경기전, 생화학적 기전에 의해서 난자의 수송의 지배와 정자의 첨체반응, 수정능획득이 일어난다. 신선 정자의 최외층은 당단백으로 피막되어 있으나, 자궁 및 난관 통과 시에 막이 제거되며, 수정부위에 도착하여 Acrosin을 방출해서 난자의 과립막 세포를 통과하며 Acrosomal Enzyme을 방출하여 투명대와 난황막을 제거한다.

02 난자(卵子, Ovum)

1. 난자 형성(Oogenesis) 과정

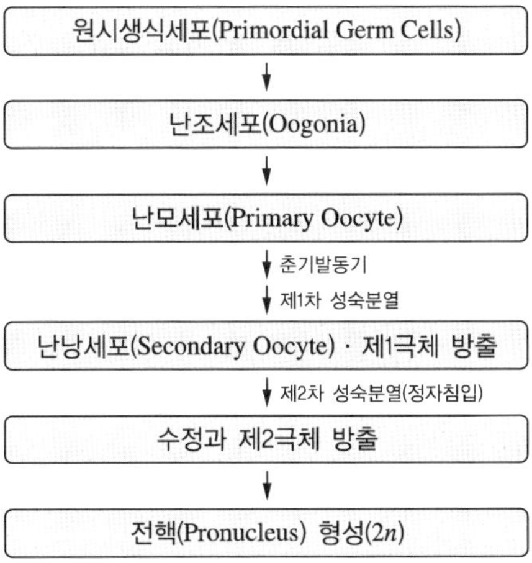

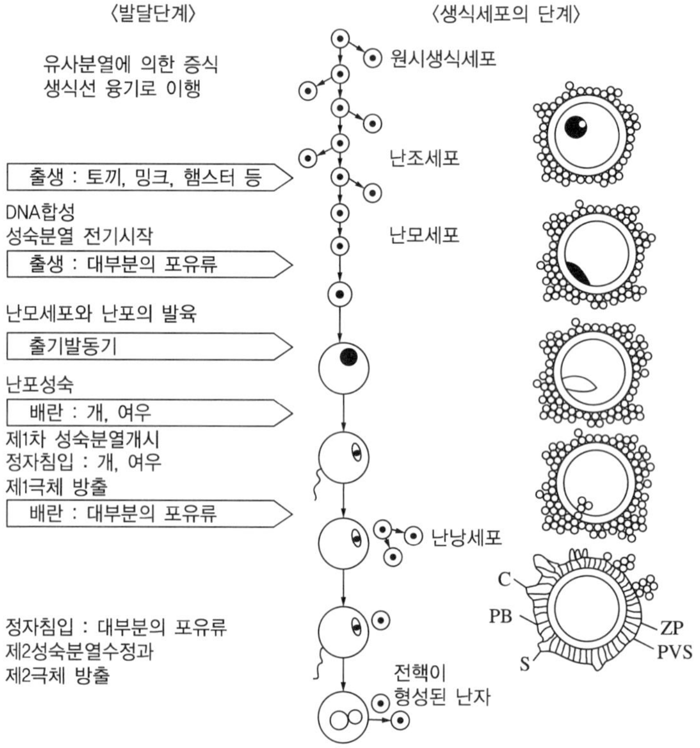

[난자의 형성 과정(가학현 등. 2009)]

원시생식세포는 난조세포를 거쳐 난모세포가 된다. 대부분의 동물들(돼지 등)은 성 성숙기에 도달되면 난모세포가 난낭세포로 발달되어져 배란되고 수정되어진다. 난모세포는 2개의 세포로 되고 한쪽의 세포는 장차 난자의 발육에 대비하여 세포 내 전체 저장영양물질(세포질)을 받아 난낭세포로 되지만 다른 한쪽은 세포질을 전혀 갖지 않은 제1극체가 되어 수정에 관계하지 않고 위난강 내에 방출되어 나중에 소실된다. 소의 경우에는 출생시부터 잠재적으로 난포강을 가지므로 외인성 호르몬을 투여하면 난모세포가 난낭세포로 발달되어 배란까지 이어질 수 있다.

2. 난자의 구조

(1) **크기** : 배란 시 포유동물의 난황층 직경은 185μm 전후이다.

(2) **방사관(放射冠, Corona Radiata)** : 수층의 과립막세포(Granulosa Cell)와 난포액층

(3) **난황막** : 물질의 확산과 능동수송

(4) **투명대(Zona Pellucida)** : 복합단백질로 구성되고 있고, 전해질이나 대사물질을 선택적으로 흡수하고 난자를 보호한다.

03 난자의 생리

1. 난자의 수용

발정기가 되면 난관채와 난관수두부가 혈류증가로 부종상태가 되어 난소와의 접촉면이 확대되므로 난자를 쉽게 수용한다.

2. 난자의 이행

난관(卵管)의 연동수축(Peristaltic Contraction)과 반연동수축으로 난자는 규칙적으로 회전하면서 서서히 난관을 이행한다.

3. 난자의 노화와 수정능력 유지시간

대개 동물난자는 배란 12~14시간 정도에서 수정능력을 유지한다. 그러나 협부(Isthmus)에 들어갈 때는 급속도로 저하되어 자궁각(子宮角)에 진입한 다음에는 수정능력을 상실한다. 난자가 수정하여 정상적인 배발육을 할 수 있는 수정능력 포유시간은 자성생식기도관 내에서 정자의 수정능력 보유시간보다 아주 짧다.

더 알아보기 난자의 수정능력 유지시간

난자가 수정하여 정상적으로 발달할 수 있는 최대한의 시간

4. 난자의 전이와 상실

유제류에서는 난자가 자궁체를 지나 흔히 자궁각을 전이한다. 그러나 이러한 난자의 전이가 일어나는 기구는 명확히 밝혀지지 않았다.

더 알아보기

성숙분열의 결과 2개의 세포가 생기는데, 그중에서 1개는 장래의 난자 발육에 대비하여 세포 내 모든 영양물을 받게 되지만, 다른 1개는 세포질이 거의 없는 극체(極體, Polar Body)가 된다. 이 극체는 수정 능력이 없으며, 위란강(圍卵腔)에 방출되어 얼마 후 소실되어 버린다.

04 수정란 이식

1. 정 의

생체 내 또는 시험관에서 만들어진 수정관을 같은 종속에 속하는 품종에 이식하여 임신·분만시키는 일련의 과정

2. 기술상의 과정

(1) 다배란(Surperovulation) 유기

발정주기 5~12일 사이에 PMSG 1900~2500IU나 FSH 50mg을 투여한다. PMSG 투여 후 48시간째에 $PGF_2\alpha$ 25mg을 근육주사하여 배란을 유기한다.

(2) 발정주기의 동기화(同期化, Synchronization)

공란우와 수란우의 발정주기를 동기화하기 위하여 공란우에 PMSG를 투여한 후 36시간째 발정주기 5~14일 사이에 있는 수란우에 25mg의 $PGF_2\alpha$를 투여한다.

(3) 생체 내 수정

수란우와 공란우의 Standing Estrus에 제1차 수정을 실시하고, 그로부터 12시간의 간격을 두고 제2·3차 수정을 실시한다.

(4) 수정란 회수

주로 배란 후 5~6일째 비외적 방법으로 회수

(5) 채취된 난자의 형태적 검사 후

이식하거나 동결보존

3. 수정란 이식을 이용한 미래의 기술

① 난자의 동결보존
② 배아의 갈라짐(Bisection of Embryo) : 난자를 2개로 나누어 각각 이식하여 일란성 쌍자 유기
③ 분할구 배양
④ 성감별 : H-Y 항체 이용
⑤ 재조합 동물(Chimeric Animal) 생산

적중예상문제

01 정자의 형성과정을 바르게 설명한 것은?

① 정원세포에서 정모세포를 거쳐 정자세포까지 분화하는 과정
② 정자세포가 그대로 증식기를 거쳐 증식하는 과정
③ 정모세포가 분열하여 정자를 형성
④ 정원세포가 분열하여 정자를 형성

해설
정자의 형성과정
• 정자형성 : 정원세포에서 정모세포를 거쳐 정자세포까지 분화되는 과정
• 정자완성 : 정자세포가 세리톨리 세포에 붙어서 영향을 받아 운동성이 있고 꼬리가 생기는 정자가 되는 과정

02 감수분열을 바르게 설명한 것은?

① 제1차 정모세포가 성장하면서 성숙분열하는 것
② 1개의 세포가 2회의 분열을 거쳐 염색체수가 반감되어 성세포를 만드는 것
③ 정원세포가 유사분열을 거듭하는 것
④ 난자만 형성하는 분열

해설
감수분열
생식세포가 만들어질 때의 분열을 말하며, 1개의 세포가 2회의 분열을 거쳐 염색체수가 반감된 4개의 세포를 만든다. 즉, 제2차 정모세포가 될 때의 분열이다.

03 소의 정자가 정소상체(精巢上體)에서 체류하는 기간은?

① 2~3일 ② 4~5일
③ 6~11일 ④ 14~15일

해설
웅축생식기 도관 내(雄畜生殖器導管內)에서 정자의 생존성은 정소상체에서 정자의 체류하는 기간. 즉, 소는 6~11일, 돼지 14일, 닭 2~4일, 토끼 4~7일, 면양 9~14일 등이다.

04 난포가 그라피안난포까지 가서 파열되지 않고 도중에서 퇴행하는 것을 무엇이라고 하는가?

① 파열(Rupture) ② 폐쇄(Atresia)
③ 가성황체 ④ 진성황체

해설
① 파열 : 배란, 뇌하수체에서 분비되는 LH에 의해 유기된다.
③ 가성황체 : 발정과 발정 사이에 일시적으로 나타났다가 사라지는 황체
④ 진성황체 : 임신 때에 나타나는 황체

05 임신 유지에 관여하는 호르몬은?

① Estrogen ② Progesterone
③ Relaxin ④ Prolactin

정답 1 ① 2 ② 3 ③ 4 ② 5 ②

06 **난관으로 올라가는 정자를 체크하고, 자궁으로 내려오는 수정란의 속도를 조절하는 장소는?**

① 난관채 ② 난관 팽대부
③ 난관 협부 ④ 난관 자궁접속부

해설
난관은 난관채(Fimbriae), 깔대기와 같은 누두부(Infundibulum), 팽대부(Ampulla) 및 자궁경에 연결되는 협부(Isthmus)로 되어 있다.

07 **다음 중 난관의 기능이 아닌 것은?**

① 근육수축, 섬모세포 운동, 난관 분비약 수송에 관여
② 난자에 영양 공급
③ 정자의 수정 능력 획득
④ 수정이 이루어지지 않는다.

해설
난관에서 수정이 이루어진다.

08 **자궁에 대한 설명 중 맞는 것은?**

① 자궁각 1개, 자궁체 1개, 자궁경 1개
② 자궁각 1개, 자궁체 2개, 자궁경 1개
③ 자궁각 2개, 자궁체 1개, 자궁경 1개
④ 자궁각 2개, 자궁체 2개, 자궁경 1개

09 **자궁소구(Coruncle)에 대한 설명 중 잘못된 것은?**

① 자궁유가 분비된다.
② 자궁내막에 분포되어 있는 버섯 모양의 비선상돌기이다.
③ 태아와 모체를 결합시키는 역할을 한다.
④ 소의 경우, 70~120개가 4열로 배열되어 있다.

해설
자궁유는 자궁선에서 분비된다.

10 **자궁의 기능이 아닌 것은?**

① 정자를 수정부위인 난관으로 밀어 올린다.
② 태아가 착상하는 장소를 제공한다.
③ 분만할 때, 강력한 수축에 의하여 태아를 체외로 밀어낸다.
④ 정자의 수정능력 획득에 필요한 환경을 제공하지 않는다.

해설
자궁액의 중요한 기능은 정자의 수정능력 획득에 필요한 적당한 환경을 제공하고, 착상이 완성될 때까지 태반에 영양을 공급하는 것이다.

11 **자궁경관의 기능이 아닌 것은?**

① 정자 수송을 촉진시킨다.
② 정자의 저장소이다.
③ 경관 점액을 분비, 정자에 영양을 공급한다.
④ 발정기와 분만할 때 외에는 밀폐되어 자궁을 보호한다.

해설
정자는 정소상체 내에서 오랫동안 생존할 수 있고 질이 정액 저장소가 된다.

6 ④ 7 ④ 8 ③ 9 ① 10 ④ 11 ② 정답

12 성 세포(Sex Cell)의 염색체 수는?

① $n-1$　② n
③ $2n$　④ $2n-1$

13 정액의 구성성분은?

① 정 액
② 정자와 정장
③ 정자와 호르몬
④ 전립선, 정낭선 분비물

해설
정액은 정자와 정장(Seminal Plasma)으로 구성되어 있다.

14 다음 중 정자의 완성과정이 아닌 것은?

① 골지기　② 두모기
③ 첨체기　④ 간 기

해설
정자는 골지기 → 두모기 → 첨체기 → 성숙기를 거쳐서 완성된다.

15 X정자와 Y정자에 대한 설명 중 틀린 것은?

① X정자가 Y정자보다 크다.
② X정자가 Y정자보다 작다.
③ X정자가 Y정자보다 무겁다.
④ X정자와 Y정자는 면역학적 특성이 서로 다르다.

해설
① Size – X정자 : 크다, Y정자 : 작다
② Weight – X정자 : 무겁다, Y정자 : 가볍다
③ 전극 – X정자 : –극으로 대전, Y정자 : +극으로 대전
④ 면역학적으로 특성이 상이하다.

16 다음 중에서 소의 염색체 수는?

① 60　② 38
③ 78　④ 44

해설
① 소　② 돼지, 고양이
③ 개　④ 토 끼

17 소의 정자가 수정능력을 획득하는 데 요하는 시간은?

① 1~2시간　② 3~4시간
③ 5~7시간　④ 8~11시간

해설
각종 포유동물들의 정자가 수정능력을 획득하는 데 필요한 시간은 연구자에 의하여 약간의 차이가 있으나, 소는(Edwards 등 연구) 대략 5~7시간 정도라고 알려져 있다.

18 생식세포에 영양을 공급하고, 생식세포에 대사산물을 배설하는 기능을 가진 곳은?

① 세리톨리 세포　② 정모 세포
③ 레이딕 세포　④ 기저막

19 정자는 어느 세포로부터 발달하는가?

① 정조세포(Spermatogonia)
② 정모세포(Primary Spermatocyte)
③ 정량세포(Secondary Spermatocyte)
④ 정자세포(Spermatids)

해설
태아가 수컷일 때, 배아세포는 춘기발동기 직전에 분화하여 A형 정조세포가 되며, 유사분열을 계속하여 정자가 된다.

정답 12 ② 13 ② 14 ④ 15 ② 16 ① 17 ③ 18 ① 19 ①

20 다음 중 정자의 두부(Head)에 대한 설명이 틀린 것은?

① 두부는 편평한 계란형이며 고도로 농축된 염색질을 함유하고 있다.
② 세포의 핵에 해당된다.
③ 정자의 운동에 필요한 에너지가 합성된다.
④ 두부핵의 전반부는 엷은 이중막인 첨체(Acrosome)로 덮여 있다.

해설
정자의 운동에 필요한 에너지는 미부의 중편부에서 합성된다.

21 가축 정자의 운동성이 가장 정상적인 활동을 유지하는 온도는?

① 32~33℃ ② 34~35℃
③ 37~38℃ ④ 39~40℃

해설
정자가 가장 정상적인 활동을 유지하는 온도는 생리적 온도인 37℃ 전후이다.

22 다음 중 정자운동의 특성이 아닌 것은?

① 주류성 ② 주촉성
③ 주지성 ④ 주염성

23 정자의 운동성을 평가하는 방법은?

① 전기저항의 빈도
② 산화반응
③ 광선에 의한 방법
④ 대사기질에 의한 방법

24 정자의 생존성과 운동성에 영향을 미치는 요인이 아닌 것은?

① pH, 삼투압, 전해질
② 온 도
③ 압 력
④ 광선과 X선

해설
정자의 생존성과 운동성에 영향을 미치는 요인은 ①, ②, ④ 외에 희석이나 Gas 등에 의하여 영향을 받는다.

25 한 개의 정소세포로부터 만들어지는 정자의 수는?

① 48개 ② 56개
③ 60개 ④ 64개

26 일반적으로 신선한 정액의 pH는?

① pH 4.0 ② pH 5.0
③ pH 6.0 ④ pH 7.0

해설
신선한 정액의 pH는 7.0 내외이며, 약산성이 되면 운동이 억제되고 알칼리성이면 운동이 촉진되나 수명은 단축된다.

27 정자가 정상적인 기능을 유지하는 데에 필요한 물질이 아닌 것은?

① K ② Mg
③ Cu ④ Fructose

해설
철이나 구리는 정자에 대하여 유해하게 작용한다.

20 ③ 21 ③ 22 ④ 23 ① 24 ③ 25 ④ 26 ④ 27 ③ 정답

28 정자의 수정능력획득이란 무엇을 말하는가?

① 정자가 난관으로 들어갈 수 있는 능력
② 정자가 난자를 뚫고 들어가 수정시킬 수 있는 능력
③ 사출되기 전 정자가 난자를 수정시킬 수 있는 능력
④ 사출되기 전 정자가 난자를 뚫고 들어갈 수 있는 능력

29 정자의 첨체반응(Acrosome Reaction) 때에 분비되는 효소가 아닌 것은?

① Hyaluronidase
② Corona penetrating enzyme
③ Protease
④ Acrosin

30 소·돼지의 난포기(Follicular Phase)는 대략 얼마인가?

① 2~3일 ② 4~5일
③ 7~8일 ④ 10~11일

해설

소·돼지의 난포기는 4~5일이다.

31 수정능력획득의 간접검정방법이 아닌 것은?

① DF의 제거 여부에 의한 판정
② 정장 부유액에 의한 판정
③ 정자의 대사 능력에 의한 판정
④ 투명대 제거, 햄스터 난자를 이용

해설

정자가 수정 능력을 획득했다는 가장 확실한 증거는 정자가 난자 내에 침입하는 현상이다. ①, ③, ④의 세 가지 방법은 간접적으로 정자의 수정능력 획득 여부를 점검하는 방법이다.

32 젖소의 황체를 퇴행시키기 위해 $PGF_2\alpha$를 투여할 때, 며칠 만에 배란이 일어나는가?

① 1일 ② 3일
③ 5일 ④ 7일

해설

$PGF_2\alpha$투여 후 대략 3일 이내에 배란이 일어나는데, 이러한 현상은 황체 퇴행이 곧바로 난포 발육을 촉진하기 때문이다.

33 돼지의 정자가 수정 능력을 획득하는 데 요하는 시간은?

① 0.5~1.0시간 ② 2.0시간
③ 3~4시간 ④ 5~6시간

34 토끼의 정자가 수정 능력을 획득하는 데 요하는 시간은?

① 1~2시간 ② 2~3시간
③ 3~4시간 ④ 5~6시간

정답 28 ② 29 ③ 30 ② 31 ② 32 ② 33 ② 34 ④

35 **일반 가축의 배란 후 난자의 수정능력 보유 시간은?**

① 12~14시간
② 9~11시간
③ 6~8시간
④ 3~5시간

36 **배란(排卵)될 때의 소·양의 난자 지름은?**

① 50~60μm
② 70~80μm
③ 90~110μm
④ 120~150μm

해설
난자의 크기는 정자나 다른 체세포보다 훨씬 커서 배란될 때의 지름이 소·양은 120~150μm, 돼지는 290~320μm가 된다.

37 **극체(極體)를 바르게 설명한 것은?**

① 세포질은 정상적이며 수정능력도 있다.
② 세포질이 거의 없으며 수정능력도 없다.
③ 세포질은 거의 없는데 수정능력도 있다.
④ 세포질과 핵인 정상적이며 염색체가 없다.

38 **그라피안난포(Grafian Follicile)를 구성하는 과립 세포의 일종으로 난자의 핵에 대해서 방사상으로 구성되어 있으며, 난포액으로부터 영양을 흡수하여 난자를 공급하는 곳은?**

① 방사관 ② 투명대
③ 난황막 ④ 난 황

해설
② 투명대(ZP) : 균질의 반투막이며 복합단백질로 구성되어 있다.
③ 난황막 : 난황의 표층이 분화되어 발달한 막으로서 확산과 능동 수송을 한다.

39 **난자의 제2차 성숙분열이 일어나는 시기는?**

① 태아기 중
② 그라피안난포 파열 시
③ 정자가 난자 내로 침입 시
④ 착상 시

해설
정자가 난자에 침입하면 제2차 성숙분열이 완성된다.

40 **소의 생식기도 내의 난자의 생존시간은 배란 후에 대략 몇 시간이나 되는가?**

① 5~10시간 ② 10~22시간
③ 12~24시간 ④ 24~48시간

35 ① 36 ④ 37 ② 38 ① 39 ③ 40 ③ 정답

41 **정자의 첨체반응과 수정능획득이 일어나는 곳(수정부위)은?**

① 자 궁
② 자궁 난관 접속부
③ 난관 협부
④ 팽대·협부접속부

42 **첨체효소가 방출되고 성숙분열이 완성되어 방사대와 투명대를 침입할 수 있는 부위는?**

① 팽대부
② 팽대·협부접속부
③ 난관 협부
④ 자궁 난관 접속부

해설
정자는 팽대부에서 첨체효소(Acrosin)를 방출하여 난자를 뚫고 들어갈 수 있는 능력을 지닌다.

43 **포유류의 정액 중에 특히 많은 양이온은?**

① Na, K
② Ca, Mg
③ Cl, C
④ Na, Cl

해설
Na와 K는 포유류의 정액 중에 특히 많은 양이온이며, 그 다음이 Ca와 Mg이다. 음이온으로는 Cl의 함량이 가장 높다.

44 **자성생식기 도관 내에서 소(牛) 정자의 생존시간은?**

① 10~19시간
② 20~29시간
③ 30~40시간
④ 41~50시간

해설
자성생식기 도관 내에서 소 정자의 생존시간은 대체로 30~40시간이며, 말은 40~60시간, 돼지는 43시간 정도이다. 또 가축에 일어서 정자의 용적은 난자의 약 1/20,000이다.

정답 41 ④ 42 ① 43 ① 44 ③

성 성숙과 번식적령기

01 춘기발동기와 성 성숙

1. 춘기발동기(春機發動期, Puberty)

성선의 발육이 개시되어 번식 기능의 일부가 명확하게 인정되는 상태에 도달하는 시기

(1) **자축(雌畜)** : 난소의 급격한 발육과 배란될 수 있는 큰 난포를 가지고 있으면서 나타나는 초회 발정(初回發情)

(2) **웅축(雄畜)** : 정소의 급격한 발육과 함께 정자형성기능이 생김으로써 정소 내에 처음으로 정자가 출현하는 것

2. 성 성숙(性成熟, Sexual Maturation)

가축이 생리적으로 번식에 관계하는 모든 기능이 완성되어 번식이 가능하게 되는 시기이다. 이 시기가 되면 생식선이 활동한다. 즉, 정소에서는 정자를 생산하고, 난소에서는 난자를 생산하는데, 초발정이 시작되는 때를 성 성숙이라 한다.

(1) **자축** : 성선과 부생식기의 발달로 완전생식주기(Complete Re-productive Cycle)가 가능한 상태에서 발정과 배란이 나타나고, 웅축과 교미하여 임신할 수 있게 되는 생리적 변화

(2) **웅축** : 조정기능(造精機能)의 능력이 완성됨과 동시에 부생식선이 발육하여 성욕(Libido)이 나타나고, 교미와 사정(Ejaculation)이 가능하게 되어 자축을 임신시킬 수 있는 상태에 도달하는 생리적 현상

02 성 성숙의 연령(번식적령)과 체중

1. 개 요

동물에 있어서 성 성숙의 도달은 동물종, 품종, 계통에 따라 차이가 있고, 육성기의 사양관리, 영양상태의 좋고 나쁨에 따라서도 차이가 생긴다. 일반적으로 성장을 지연시키는 저영양, 추위, 더위, 질병 같은 요인은 성 성숙도 지연시키는 것으로 알려져 있다.

(1) 유전적 요인

성 성숙은 일반적으로 체구가 큰 동물종보다 체구가 작은 동물종의 편이 빠르다. 또한 개에서 나타나는 바와 같이 같은 동물 종에서는 소형 품종이 빠른 경향이 있다. 순종보다는 잡종이 빠르며, 근친교배는 성 성숙이 지연되는 것으로 알려져 있다. 소에서는 ~~유용종~~이 ~~육용종~~보다 빠르다.

(2) 환경적 요인

① **영양** : 저영양은 성 성숙을 지연시킨다.

㉠ Holstein 종에서 영양 수준에 따른 초회발정의 월령과 체중

TDN 섭취	초회발정 시 월령평균(범위)	초회발정 시 체중(kg) 평균(범위)
저수준(요구량의 60%)	16.6(13.6~18.5)	540(430~575)
중수준(요구량의 100%)	11.3(8.5~12.7)	580(440~650)
고수준(요구량의 140%)	8.5(6.7~9.9)	580(460~640)

㉡ 순종과 잡종돈에서 영양수준에 따른 춘기발동일령과 체중

품 종	영양수준	춘기발동일령	체중(kg)
순 종	표준수준	215	89.0
	표준수준의 70%	262	73.5
잡 종	표준수준	179	79.5
	표준수준의 70%	209	77.5

② **계절** : 출생계절에 따라 성 성숙 시기가 크게 달라진다. 계절번식동물에 있어서는 더욱 뚜렷한데 온도와 일조시간(광주성)이 영향을 미친다. 이른 봄에 태어난 면·산양 새끼는 가을에 발정이 오는 8~10월에 이미 성 성숙 체중에 도달되어 있기 때문에 출생 당해 연도에 임신이 가능하지만 여름과 가을에 출생한 새끼는 다음해 번식계절에 임신할 수 있게 된다.

③ **기타 요인** : 성 성숙은 체중과도 밀접한 관계가 있다. 체중과 일령에서 어느 한 가지라도 도달되면 성 성숙이 일어난다. 군사(郡司) 또는 수컷과의 합사는 성 성숙을 빠르게 한다.

㉠ 빈축(牝畜, 암컷)의 춘기발동기의 월령과 체중

축 종	월 령		체중(kg)	
	평 균	범 위	평 균	범 위
소	11	7~18(8~13)	300	200~450(160~270)
면 양	7	6~9(7~10)	45	40~50(27~34)
돼 지	7	5~8(4~7)	77	70~82(68~90)
말	14	10~24(15~24)		

더 알아보기

실제로 번식에 사용할 수 있는 초임적령, 즉 번식적령은 유전 요인과 환경 요인 및 영양 요인 중에 의하여 차이가 있다. 그러나 대체적으로 소(암컷)는 18개월령 전후, 말 36~48개월, 돼지 10~12개월이다.

㉡ 모축(牡畜, 수컷)의 춘기발동기와 성 성숙 완료 시 주령

구 분	소	면 양	돼 지	말
세정관 내 정모세포 출현(주)	24	12	10	변이가 큼
세정관 내 정자 출현(주)	32	16	20	56, 변이가 큼
정소상체미부 정자 출현(주)	40	16	20	60, 변이가 큼
사출정액 내 정자 출현(주)	42(40)	18(28)	22(24)	–(72)
음경과 포피의 완전분리(주)	32	>10	20	4
번식공용개시(주)	(72~96)	(40~56)	(16~32)	(72~96)
성 성숙완료(주)	150	>24	30	90~150

㉢ 동물별 성 성숙기와 번식적령기

구 분		소	돼 지	말	면 양	산 양	개
수 컷	성 성숙기 번식적령기	8~12개월 12개월	7개월 10개월	25~28개월 3~4세	6~7개월 9~12개월	6~7개월 9~12개월	4~10개월 1~2년
암 컷	성 성숙기 번식적령기	6~18개월 18개월	6~10개월 9~10개월	15~18개월 36개월	6~7개월 9~18개월	6~7개월 12~18개월	4~10개월 1~2년

03 성 성숙에 영향을 미치는 요인

1. 유전 요인(Genetic Factor)

근친교배에 의해 성 성숙이 지연되고 잡종교배에 의해 촉진된다.

2. 환경 요인(Environmental Factor)

(1) 영 양

영양결핍 → 성 성숙 지연 → GTH의 합성·방출 지연

더 알아보기

광선의 조사가 좋고 영양이 좋은 환경에서는 나쁜 환경일 때보다 성장이 빨라지며, 따라서 성 성숙도 빨라진다. 특히 단백질, 칼로리, 무기물, 비타민 등은 어느 하나라도 부족하면 생식기의 정상 발육이 지연될 뿐만 아니라, 뇌하수체의 생식선 자극 호로몬의 내분비기능이 원활하지 못하여 성 성숙이 늦어진다.

(2) 계 절

계절번식동물은 일정한 계절에서만 번식한다.

(3) 온 도

대부분의 가축은 고온에서 FSH와 LH의 분비가 억제되어 성 성숙이 지연된다.

(4) 기타 요인

군사(群飼)할 경우 또는 수송 등의 환경변화에 의해 성 성숙이 촉진된다.

더 알아보기

성 성숙은 시상하부, 뇌하수체 전엽 및 생식선의 생리적 기구에 의해 조절되고 있으므로 그러한 기관의 생리기능에 영향을 끼치는 요인은 모두 성 성숙에 영향을 끼치는 요인이 된다. 이 요인에는 유전 요인과 환경 요인이 있다. Oxytocin은 자궁 수축에 관계하는 성호르몬이다.

04 성 성숙이 일어나는 기전과 생식주기

1. 성 성숙이 일어나는 기전

(1) 자축(雌畜, 암컷)

시상하부-뇌하수체-난소의 상호작용에 의하여 유기되며 시상하부의 성숙이 필요하다.
시상하부→ 뇌하수체 전엽 → Estrogen 증가 → FSH 감소·LH 급증 → 배란(성 성숙)

(2) 웅축(雄畜, 수컷)

주로 FSH와 Testosterone의 분비증가에 의해 일어난다.

2. 생식주기

(1) 완전생식주기

암컷이 교배해서 임신이 성립한 때에 나타나는 완전한 형태의 생식주기를 말한다. 난포발육, 배란, 수정, 착상, 임신, 분만, 포유에 이르는 일련의 과정으로 이것이 반복된다. 완전생식주기만 반복되지 않고 그 사이에 불임생식주기가 반복되기도 한다.

(2) 불임생식주기

교배가 행하여 지지 않은 경우, 혹은 교미가 행하여져도 수정 또는 착상이 이루어지지 않은 경우, 암컷은 완전생식주기에 들어가지 못하며 동물 종에 따라 각각 거의 일정한 일수를 갖고서 각기 고유의 주기를 반복하게 된다. 이를 불임생식주기 또는 불완전생식주기라고하며 일반적으로 발정주기(성 주기)라고도 한다. 성숙 암컷의 경우 비 임신 시에는 난소에서 난포의 발육, 배란, 황체형성 및 황체퇴행이 반복되는데 이것을 난소주기 또는 발정주기라고 한다.

① 소(牛)형 발정주기 : 연중 계속해서 발정주기가 반복되는 형태로 소, 돼지, 염소(일부) 등으로 다발정 동물이라고도 한다.

② 개(犬)형 발정주기 : 개는 배란 후 형성된 황체가 불임인 경우에도 퇴행하지 않고 임신기에 필적할 정도로 기능을 발휘하고 자궁 및 유선도 임신기와 비슷한 발육을 나타낸다. 이것을 위임신이라고 한다. 위임신이 끝나면 다시 번식기까지 난소는 휴지 상태를 계속한다. 따라서 개는 한 번식기에 1회의 발정만 나타내며, 이와 같은 동물을 단발정 동물이라고 한다. 개는 평균 2년에 3회 발정을 나타낸다.

③ **토끼형 주기** : 토끼는 교미배란동물로서 교미자극이 없으면 배란이 일어나지 않으며, 난포가 잠시 존재하였다가 퇴행하고 새로운 난포가 발육해서 항상 발육 난포가 존재하여 지속성 발정을 나타내지만 3~5일 간격으로 주기를 나타내는 경향이 있다. 불임교미에 의해 배란이 일어나므로 기능 황체가 형성되어 위임신으로 발전한다. 토끼도 다발정형이며 그 외에 고양이, 밍크 등이 교미배란동물이다.

④ **고양이형 주기** : 고양이는 교미배란이라는 점에서는 토끼와 같지만, 교미자극이 없으면 난포가 배란되지 않고 짧게 존재하여 곧 퇴행되고 난포기가 끝나게 된다. 따라서 새로운 난포가 발육해서 다시 난포기에 들어가 발정을 회귀하게 되는 계절(봄, 가을)적 다발정형이다. 역시 불임교미에 의해서는 위임신으로 진행된다.

⑤ **계절 주기** : 연간 어떤 일정한 계절에 한해서 번식활동이 일어나는 주기를 말한다.

㉠ 단일성 계절번식 동물(Short-day Breeder) : 일조시간이 짧아지는 시기(가을)에 번식계절이 시작되어 낮과 밤의 길이가 거의 같아지는 시기에 번식이 끝나는 동물 예 사슴, 면양 등

㉡ 장일성 계절번식동물(Long-day Breeder) : 번식계절에 있어서 일조시간이 길어지는 때 시작하여 짧아질 때 끝나는 동물 예 말(馬)

더 알아보기

성 완숙(性完熟)이란 성 성숙 과정이 완료되는 시기를 말하며, 성 성숙에 도달하는 것은 내분비의 기능 증가와 그 조화(調和)에서 이루어진다.

적중예상문제

01 성 성숙(性成熟)에 대하여 바르게 설명한 것은?

① 생식선에서 새로운 호르몬의 분비가 나타나지 않는다.
② 성장호르몬의 증가만 나타나고 초발정은 나타나지 않는다.
③ 가축의 생식에 대한 성적 기능이 시작되는 때이다.
④ 피하지방의 축적만 나타난다.

해설
성 성숙이란 가축의 생식에 대한 성적 기능이 시작되는 연령에 달하는 시기를 말한다.

02 수컷에 있어서 성 성숙(Sexual Maturity)이란 무엇을 말하는가?

① 춘기 발동기
② 춘기 발동기의 완료
③ 성선의 발육 개시기
④ 번식 능력의 일부가 명확하게 안정되는 상태

해설
춘기 발동이 시작되는 시기를 춘기 발동기라 하며, 이 시기의 완료를 성 성숙이라 한다.

03 암컷에 있어서 성 성숙이란?

① 춘기 발동기
② 완전 생식주기
③ 난소의 발육기
④ 번식적령기

해설
수정·착상·임신·분만·포육이 가능한 상태에서 발정과 배란이 나타나고, 수컷과 교미하여 임신할 수 있게 되는 생리적 변화를 말한다.

04 다음 가축의 춘기 발동기의 월령 중 틀린 것은?

① 소 : 11개월
② 돼지 : 10개월
③ 면양 : 7개월
④ 말 : 14개월

해설
돼지의 춘기 발동기 : 약 7개월령

05 성 성숙에 영향을 끼치는 요인이 아닌 것은?

① 영 양 ② 계 절
③ 온 도 ④ 습 도

해설
성 성숙에 영향을 끼치는 요인
- 유전 요인
- 환경 요인
  - 영 양
  - 계 절
  - 온 도
  - 기타(사육조건, 건강 상태, 위생상태)

1 ③ 2 ② 3 ② 4 ② 5 ④ 정답

06 **춘기 발동기의 도달과 밀접한 관계가 있는 것은?**

① 체 중　② 계 절
③ 온 도　④ 품 종

해설
춘기 발동이 일어나는 시기는 자웅 모두 연령보다는 체중에 밀접한 관계가 있다.

07 **다음 중 계절번식동물은?**

① 소　② 돼 지
③ 염 소　④ 개

해설
계절번식동물 : 염소, 면양, 사슴 등

08 **다음 중 단일번식동물(Short-day Breeder)은?**

① 소　② 돼 지
③ 산 양　④ 토 끼

해설
산양과 면양은 단일번식동물이다.

09 **다음 중 장일번식동물(Long-day Breeder)은?**

① 말　② 소
③ 돼 지　④ 염 소

해설
말은 장일번식동물이며, 1회 번식계절에 다발정이 온다.

10 **근친번식(近親繁殖)은 성 성숙 시기를 어떻게 변화시키는가?**

① 단축시킨다.
② 지연시킨다.
③ 영향을 주지 않는다.
④ 크게 단축시킨다.

해설
근친교배에 의해 성 성숙이 지연된다.

11 **성 성숙의 조절과 관계가 있는 것은?**

① Oxytocin
② Relaxin
③ 시상하부 및 뇌하수체 전엽
④ Prolactin

12 **광선(光線)의 조사(照射)가 좋고, 영양과 환경이 좋은 상태에서는 성 성숙이 어떻게 변하는가?**

① 영향을 주지 않는다.
② 보통이다.
③ 늦어진다.
④ 빨라진다.

정답 6 ① 7 ③ 8 ③ 9 ① 10 ② 11 ③ 12 ④

13 소(수컷)의 성 성숙 월령은?

① 5~7개월
② 8~12개월
③ 14~17개월
④ 18~20개월

해설

가축의 성 성숙의 대체적인 시기는 소가 8~12개월, 말 15~18개월, 면양 및 산양 6~8개월, 토끼(Doe) 5.8~8.5개월, 개 8~24개월이다.

14 돼지의 성숙의 시기는?

① 4~8개월
② 6~10개월
③ 9~11개월
④ 12~14개월

15 실제로 번식에 이용할 수 있는 소의 번식적령은?

① 10~12개월
② 12~14개월
③ 15~18개월
④ 19~21개월

16 돼지(암컷)의 번식적령은?

① 7~10개월
② 9~10개월
③ 13~15개월
④ 16~19개월

17 염소의 번식적령은?

① 6~8개월
② 9~11개월
③ 12~18개월
④ 19~22개월

18 웅축(雄蓄)의 성 성숙에 관여하는 호르몬은?

① 태반융모성 생식선자극호르몬(HCG)
② 송과선 호르몬
③ 태반성 황체자극호르몬(LTH)
④ FSH와 Testosterone

해설

① 태반융모성 생식선자극호르몬(HCG)은 LH 및 FSH와 같은 작용을 한다.
② 송과선 호르몬은 성 주기와 성 성숙 억제작용을 한다.
③ 태반성 황체자극호르몬(LTH)은 Prolactin과 같은 작용을 한다.

19 성 완숙(性完熟)이란?

① 성현상이 시작하는 시기
② 배란이 완료되는 시기
③ 초발정이 시작하는 시기
④ 성 성숙 과정이 완료되는 시기

13 ② 14 ① 15 ③ 16 ② 17 ③ 18 ④ 19 ④ 정답

수정과 배란

01 발정과 발정주기

1. 정 의

동물이 성적으로 흥분하여 상대방의 접촉을 허용하는 생리적 상태를 발정(發情, Estrus)이라 하고, 한 발정의 개시로부터 다음 발정의 개시까지를 발정주기라고 한다. 발정기에는 난포로부터 Estrogen이 분비되는 시기로서 자궁과 난관은 활발한 연동운동을 개시하여 난자의 하강 및 정자의 상행을 돕는다.

2. 발정징후(發情徵候, Estrous Sign)

(1) 소

보행수가 2~4배 많아지고 다른 암소나 수소의 승가를 허용하며 교미자세를 취한다. 이를 용모자세(容牡姿勢, Standing Estrus)라고 한다. 소의 발정이 육안으로 관찰되는 징후는 다음 그림과 같다.

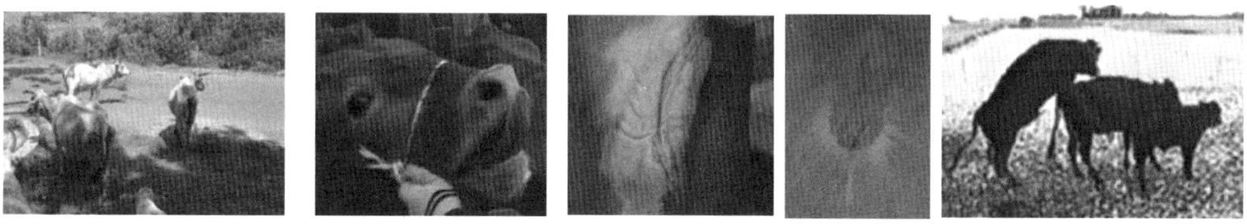

[소의 발정 징후들 좌~우 순(1~5)]

① 소의 발정 징후들

㉠ 거동 불안(배회, 보행수가 많아진다) : 발정 전기

㉡ 울음, 식욕감퇴, 유량 감소 : 발정 전기

㉢ 생식기(외음부) 종창/팽윤(최대) : 발정 전기~발정기(최대)

㉣ 점액 누출 : 거의 발정기

㉤ 승가 또는 승가허용(가장 확실한 발정) : 발정기

② 소의 발정탐지법

㉠ 카마(Kamar) : 소의 등걸(관폭 중앙)에 붙인 액체풍선(카마)의 파열 여부를 확인한다. 300kg 내외의 압력 필요하다.

ⓛ 친볼(Chin ball) : 볼펜이 쓰여지는 원리와 같이 잉크 볼펜의 복대를 수컷에게 착용시킨다.
※ 승가하면 암컷 등걸에 색칠이 된다.

ⓒ 바로미터(Barometer) : 발정이 온 암컷은 자주 배회하므로 만보계를 활용한다. 평소보다 현저히 높다.

ⓡ 시정모(試精牡) : 교미경험이 있고 정관 수술한 수컷 또는 갓 성 성숙된 어린 수컷

ⓜ 호르몬 분석 : 젖소의 경우 매일 착유하므로 발정 재귀일 때 비임신우는 유 중 Progesterone (P_4)농도가 높아진다.

ⓗ 초음파진단법 : 난소 내의 그라피안(성숙) 난포 및 황체 형성 여부와 크기 진단으로 발정 상태 확인한다.

더 알아보기

소의 정상적 발정징후는 일정하지 않으나 불안해하고 자주 운다. 난소의 황체가 소실되고 배란되며, 자궁경이 이완되고 음순이 크게 붓고 늘어진다. 식욕이 줄어들고 신경질적으로 되며, 젖소의 경우 유량이 줄어들고 유질이 약간 변화한다.

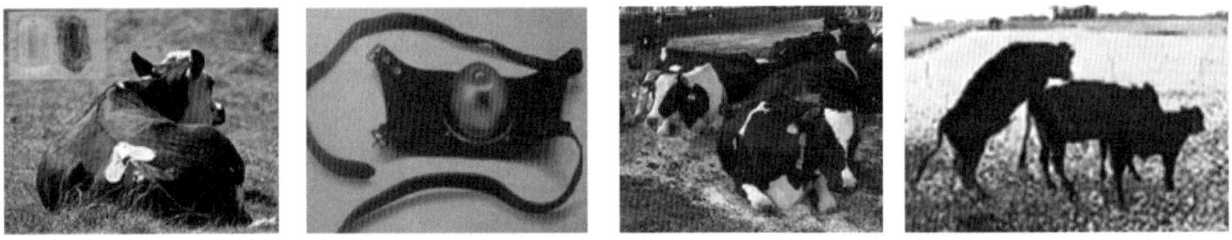

카 마 | 친 볼 | 바로미터 | 시정모 (90% 이상 탐지)

[소의 발정탐지법들]

(2) 돼 지

관리자가 손으로 허리를 누르거나 엉덩이를 밀면 특이한 소리를 내며 부동반응(不動反應, Immobile Response) 또는 교미자세를 나타낸다.

더 알아보기

암퇘지가 발정하면 외음부가 발갛게 부어오른다. 발정 전기에는 수컷을 받지 않지만 약 1일이 지나면 외음부에서 약간의 분비액이 나오는데, 이때는 수컷의 승가를 허용한다(돼지의 경우는 부동반응이라 함).

3. 발정주기(發情週期, Estrous Cycle)

(1) 단발정동물(Monoestrous Animals)

1년 중에 단 한 번의 발정기를 갖는다. 예 곰, 여우, 이리 등

(2) 다발정동물(Polyestrous Animals)

1년 중에 여러 번 발정이 반복되는 동물 예 소, 돼지, 면・산양, 개, 고양이 등

(3) 발정주기의 형태

① 완전발정주기(Complete Estrous Cycle) : 난소에서 난포의 발육, 배란, 황체형성과 퇴행이 주기적으로 반복되는 것

② 불완전발정주기(Incomplete Estrous Cycle) : 난포의 발육과 폐쇄 및 퇴행이 반복되면서도 교미 또는 그와 유사한 자극이 가해지지 않으면 배란이 일어나지 않는다. 난소 내 항상 약간의 성숙난포가 존재하면서 지속적으로 발정이 계속되는 경우 예 개(봄, 가을에 단발정), 고양이(봄, 가을에 다발정)

[동물별 발정주기 및 배란시기(Hefez, 1980)]

동물명	발정주기의 길이(일)	발정지속시간	배란시기
면 양	16~17	24~36	발정개시 후 24~30
산 양	21	32~40	발정개시 후 30~36
돼 지	19~20	48~72	발정개시 후 35~45
소	21~22	18~19	발정개시 후 10~11
말	19~25	4~8일	발정개시 전 1~2일
흰 쥐	4~5	13~15	발정개시 후 8~10
생 쥐	4~6	10	발정개시 후 2~3
골든햄스터	4~7	6~8	발정개시 후 6~10
기니피그	15~17	6~11	발정개시 후 10
토 끼	3~5	24~38	교배 후 10~11

③ 위임신(僞姙娠, Pseudopregnancy) : 수태가 되지 않았는데도 완전발정주기 경우와 마찬가지로 일정기간 황체가 존재했다가 퇴행하는 현상으로, 토끼의 경우에 잘 나타난다.

(4) 발정주기의 조절기전

발정 휴지기 : $PGF_{2}\alpha$ 분비(자궁) → 황체퇴행 → Progesterone 감소 → GnRH 분비 → FSH와 LH 분비 → 난포발육촉진 → Estrogen 분비 → LH 급증 → 발정과 배란

더 알아보기

소의 평균 발정주기는 21일이며, 계절별로 암소의 발정주기를 보면 12~2월은 평균 19.06일, 3~5월은 20.7일, 6~8월은 19.66일, 9~11월은 20.37일이다. 즉, 봄・가을에는 길고 겨울철에는 짧으며, 약 40시간의 차이가 있다. (Hefez, 1980)

4. 발정주기의 동기화(同期化)

(1) 단시일에 발정빈축의 발견·포획·수정을 끝마치므로 노동력을 줄일 수 있다.

(2) 수정주기 파악이 용이하여 수태율을 높인다.

(3) 동일한 분만시기로 임신축 및 자축의 집중적 사양관리에 유리하다.

(4) 동시에 자축이 출하하여 생산성을 제고한다.

(5) 후대검정을 위한 비유능력검정을 정확히 실시한다.

(6) 수용축(受容畜, Recipient)은 수정관 이식 성주기를 공급축(供給畜, Donor)과 맞추는 데 응용한다.

더 알아보기

소는 발정주기의 동기화를 위해 황체기 말기에 1일 50mg의 억제제를 주사하여 발정을 억제하다가 주사를 중지하면 중지한 날로부터 5일 이내에 발정이 온다. 또한, 150mg의 Progesterone을 3일마다 2~3회 주사하면 발정이 약 6일 동안 억제된다. 그리고 황체기에 Progesterone 400mg을 1회 주사하면 12~16주 동안 발정이 억제된다.

더 알아보기 개의 발정 유도 방법

CIDR 삽입(7~14일간) → 제거 및 $PGF_2\alpha$ 주사(08:00) → (12~24시간 후) PMSG 또는 FSH 주사(09:30) → 24시간 후 GnRH 주사 → 24~36시간 후 AI(인공수정)

5. 발정 전후

(1) 발정 전기(Proestrous)

발정 휴지기로부터 발정기로 이행하는 시기로서, 난포가 급속하게 발육하면서 그 속에 난포액이 충만하고, 에스트로겐의 함량이 증가한다.

(2) 발정기(Estrous)

에스트로겐이 왕성하게 분비되며, 빈축은 몹시 흥분하고 수컷의 승가를 허용한다. 소를 제외하고 대부분의 가축이 이 기간에 배란된다.

(3) 발정 후기(Metestrous)

에스트로겐 함량이 낮아지면서 발정기 때의 흥분이 가라앉고, 황체로부터 분비되는 프로게스테론의 영향을 받게 되며, 자궁내막의 자궁선이 급속도로 발달한다.

(4) 발정 휴지기(Diestrous)

발정 후기 이후부터 발정 전기 이전까지의 기간을 말하며, 난소 주기로는 황체기에 속한다.

6. 무발정을 일으킬 수 있는 요인

(1) 환경적 요인 : 계절 수유 영양

(2) 이상 난소 : 형성부전, 난포낭종, 프리마틴(Freemartin)

(3) 자궁 내 요인 : 임신 위임신, 미라(Mirra)화, 침지, 농자궁

(4) 무발정은 내분비 교란 중 난소기능의 이상에서 오는 번식장해이다. 난소발육부전, 난소기능 감퇴, 난소 휴지, 난소 위축 등이 있을 경우 동물들은 발정하지 않는 무발정이 발생한다.

더 알아보기

내분비의 교란에 의하여 오는 번식장애는 난소낭종, 무발정(둔성발정), 이상발정, 정소기능의 이상들이 있다. 난소낭종은 말이나 소에 많이 있는 난소질환의 하나로 면양이나 돼지에도 발생한다. 이 병에는 난포낭종과 황체낭종이 있다. 이러한 낭종이 있는 동물에서는 무발정(둔성발정), 사모광(思牡狂, Nyphomania), 장기 발정 등 불규칙적인 발정이 일어난다.

02 배란(排卵, Ovulation)

1. 정 의

성숙된 그라프난포가 파열하여 난자가 배출되는 현상이다.

2. 배란시기

(1) 소

소의 경우는 배란이 발정종료 후에 일어난다. 배란시기는 발정종료 후 10~14시간(평균 10.7시간)이며, 모든 암소의 75%가 된다. 즉, 발정개시 후 32~38시간째에 배란된다. 배란은 대개 1발정기에는 1개의 난자를 배란하는데, 오른쪽 난소가 왼쪽난소보다 배란율이 높아서 60~65%가 된다.

배란시기는 수정적기의 결정요인이다. 배란된 난자가 난관 내에서 생존하는 시간은 대체로 18~20% 정도이다. 따라서 가능하면 배란 후 5~6시간 이내에 정자와 결합하여 수정이 이루어지는 것이 가장 바람직하다.

(2) 돼 지

발정개시 후 35~45시간째이다.

3. 배란율

한 발정기에 좌우 1쌍의 난소로부터 배란되는 난자의 수를 배란율이라 한다. 소・말・면양 등의 단태동물(單胎動物)은 원시적으로 한 발정기에 1개의 난자만 배란하지만, 때로는 2개 이상도 배란한다. 다태동물(多胎動物)인 돼지의 경우 미경산돈(未經産豚)은 13~14개, 경산돈(經産豚)은 21~22개 정도이다.

4. 배란이 일어나는 기전

(1) 교미배란(交尾排卵, Copulatory Ovulation)

토끼 : 교미자극(자궁경에 자극) → 지각신경에 전달 → 척추신경 → 뇌 $\xrightarrow{\text{GnRH}}$ 시상하부 $\xrightarrow{\text{FSH-LH}}$ 뇌하수체 전엽 → LH 분비 → 난소 LH 난포파열 → 배란

더 알아보기 교미자극(Copulatory Stimulus) 후 배란시간

- 토끼 : 교미자극 후 약 10시간에 배란
- 고양이 : 교미자극 후 약 24~34시간에 배란
- 밍크 : 교미자극 후 약 40~50시간에 배란

(2) 자연배란(Spontaneous Ovulation)

난포발육 → Estrogen 분비증가 → 시상하부 $\xrightarrow{\text{LH-RH}}$ 뇌하수체 전엽 $\xrightarrow{\text{LH급증}}$ 배란

03 발정과 배란의 인위적 조절

1. 발정 유기

① FSH나 PMSG의 투여(난포기) → 난포발육 → Estrogen 분비 → 발정
② GnRH 투여 → FSH · LH 분비 → 난포발육 → Estrogen 분비 → 발정
③ $PGF_2\alpha$ 주사(황체기) → 황체퇴행 → Progesterone 감소 → LH-RH 분비 → 발정
④ CIDR(Progesterone 1.9g) 삽입 및 1~2mg Estradiol Benzoate 주사(근육) → 8일째 CIDR 제거 및 $PGF_2\alpha$(Lutalyse) 주사 → 9일째 Estradiol Benzoate(E_2) 0.75~1.0mg 주사 → 10일째 발정 및 수정(E_2 주사 후 24시간째에 인공수정)

2. 배란 유기

① 난포 성숙 후 HCG나 LH 투여
② 난포 성숙 후 LH-RH(또는 GnRH) 투여 → FSH-LH 분비 → 배란

04 수정(受精, Fertilization)

1. 정 의

2개의 생식세포, 즉 정자와 난자의 결합에서 시작되어 난자 내에서 양자의 핵(Nucleus)이 융합하는 현상이다.

2. 수정과정

(1) 교미에 의해 사출된 정자는 수정 장소인 난관팽대부로 운반된다.

(2) 수정 당시 난자는 제1차 성숙분열이 끝나고 제2차 성숙분열의 중기에 있으며, 제1극체를 가진다.

(3) 정자가 난관팽대부에 도달하는 시기는 소의 경우는 4~8시간이고, 돼지는 2~6시간이며, 사람의 경우는 30분 내지 1시간이다. 사정 시 경관입구에서의 정자농도는 10^7sperm 정도이나 수정부위인 난관팽대부까지 도달되는 정자의 수는 수 백마리(10^2sperm) 정도이다.

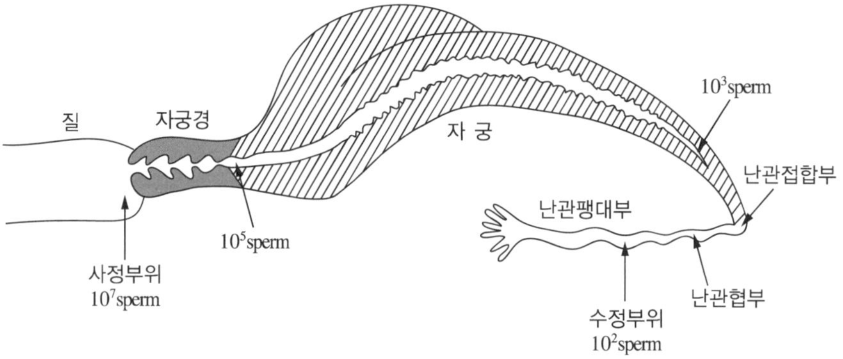

[수정 후 자궁, 난관 내 정자 이동 모식도]

(4) 정자의 침입

수정능력을 획득한 정자가 난자의 부근에 도달하면 난자 주위의 물질인 난관상피세포의 분비물, 난포액 및 난구세포군에 반응하여 정자의 원형질막과 첨체외막(尖體外膜, Outer Acromosomal Membrane)이 부분적으로 융합하여 포상화(胞狀化)되고 첨체의 내용물이 외부로 방출된다. 이와 같은 첨체의 구조적 변화를 첨체반응(尖體反應, Acrosome Reaction)이라고 한다.

정자의 첨체에서 Hyaluronidase 분비 → 난구세포 제거 → 투명대 도달 → Acrosin 분비(정자) → 투명대융해 → 위란강 내 진입 → 난황막에 부착(30분) → 난자의 활성화 → 표층과립물질(Cortical Granules) 방출 → 투명대반응(다정자침입억제) → 정자의 난황 내부 진입

(5) 난자 내 정자 침입

정자의 누부팽윤과 많은 핵소제 출현 → 성자의 핵막소실 → 웅성전핵 발달 → 난사의 세1극체 방출 → 난자핵막소실 → 자성전핵 발달 → 자웅전핵의 융합 → 제1차 유사분열 개시

3. 이상수정

(1) 다정자수정(多精子受精, Polyspermy)

1개의 난자에 2개 이상의 정자가 침입하는 현상이다.

(2) 다란핵수정(多卵劾受精, Polygyny)

정자의 침입을 받는 난자가 제2극체를 방출하지 못하고 2개의 난자유래(卵子由來)의 핵이 침입정자의 핵과 융합하여 3배채를 형성하는 것이다.

(3) 단위발생(單位發生, Parthenogenesis)

난자는 정자침입 이외에 물리화학적 자극에 의해서도 활성화되며, 드물기도 하지만 정상적인 배로 발육하여 새끼로 출산되는 수가 있다. 이것을 단위발생이라 하는데, 이것은 난자가 발생 초기에 불완전한 성숙분열의 원인이 되어 2배체가 되었기 때문이다.

(4) 웅성전핵생식(雄性前核生殖, Androgenesis)

자성전핵이 수정에 관여하지 않고 침입정자의 전핵만으로 배를 발육시키는 경우를 웅성전핵생식이라고 한다.

(5) 자성전핵생식(雌性前核生殖, Gynogenesis)

정자침입의 자극으로 난자가 활성화되는데, 정자가 수정에 관여하지 않아서 웅성전핵이 형성되지 않고 자성전핵만 발달되는 경우를 자성전핵생식이라고 한다.

더 알아보기 **성 결정의 이상**

배우자의 형성 및 수정과정에서 염색체의 미분리, 결실, 역위, 전좌 등의 원인으로 염색체 이상이 나타나는 경우가 있다. 특히 사람에 있어서 성염색체의 미분리 경우에는 X염색체 하나만 갖는 개체(XO)를 터너(Turner) 증후군이라고 하며, 여분의 X염색체를 더 갖는 개체(XXX, XXY)를 클라인펠터(Klinefelter) 증후군이라고 한다.

4. 쌍태의 발생

쌍태에는 일란성 쌍태(一卵性 雙胎, Monozygotic 또는 Idenficial Twins)와 이란성 쌍태(Dizygotic 또는 Fraternal Twins)가 있다. 단태동물의 이란성 쌍태는 한 발정기에 2개의 난자가 방출되어 이것들이 각각 별개의 정자에 의하여 수정된 것이다. 그러므로 태어나는 쌍자(雙子)는 유전적으로는 보통의 형제자매와 같다. 실제, 면・산양의 이란성 쌍자가 성이 다를 때는 평균적으로 성이 같은 쌍자인 때보다 출생 시 쌍자 간 체중차가 크다. 이러한 현상을 촉진효과(促進效果, Enhancement Effect)라 하는데, 이는 자궁 내에서 태아 간 어떤 경합이 일어나기 때문인 것으로 생각된다. 뇌하수체성 또는 융모막성 성선자극(絨毛膜性 性腺刺戟)호르몬을 투여하면 다배란(多排卵)이 일어나는데, 이 다배란에 의하여 이란성 쌍태가 발생하는 빈도가 증가한다. 이 방법은 이미 면양의 번식기술로서 실용화되어 있다. 소에서는 이란성 쌍태가 발생하는 경우가 드물지만, 일단 발생하면 융모막과 요막이 다 같이 유합한다. 그 결과 인접하고 있는 배(胚)와 배 사이에 혈관 유착이 일어나고 혈류를 공유하게 된다. 소의 이성쌍자(異性雙子)에서 혈류의 공유가 이루어지면 자성태아는 프리마틴(Freemartin)이 된다.

더 알아보기 **프리마틴(Freemartin)**

프리마틴은 소나 염소에서 많이 볼 수 있는 생식기의 기형이다. 즉, 이란성 쌍태에서 성(Sex)이 다른 쌍태 중에서 생기며, 이때 암컷은 약 93%가 프리마틴이 된다. 프리마틴의 암컷은 일부 생식기나 체형은 정상인 암컷과 같은 모양이지만 자궁, 난관, 난소 형성이 부전되어 있다. 소의 경우 성이 다른 두 태아의 태막혈관이 서로 융합되기 쉬워 발생된다. 태막혈관이 융합될 경우 수컷은 암컷보다 빠른 임신 40일경(암컷은 100일경)에 성 분화가 일어나 58일경에 완료되는데, 이때 먼저 분화된 수컷의 생식선에서 분비된 Androgen이 혈관을 통해 암컷에 작용되므로 송아지의 생식기는 정상적인 암컷으로 발달하지 못하고 암컷도 아닌 내분비성 간성의 생식기를 가지는 프리마틴이 된다. 프리마틴의 임상적 진단은 음핵의 돌출, 유두의 왜소, 질의 깊이가 정상의 1/3 정도이며, 직장검사 시 자궁, 난소가 매우 왜소하여 촉진으로도 알 수 있다. 간단한 확인 방법으로는 생식기 내에 봉을 삽입하면 10~20cm 정도의 깊이 밖에 삽입되지 않는다(생식기가 매우 작게 발달되어 있음).

05 수정 적기

1. 교배 적령기

(1) 소

빈우를 최초로 번식에 공용할 수 있는 시기는 15개월 전후이며, 소의 수정 적기는 대체로 발정이 끝나기 전의 발정기간 중기부터 후기까지가 가장 수태율이 높다. Arasida(1950)에 의하면 이때의 교미는 수태율이 93.3%라고 한다.

(2) 염소(산양)

실제로 번식에 공용할 수 있는 시기는 12~18개월이다. 발정개시 후 25~30시간이다. 번식률이 150~180%로서 쌍태수가 26.8%나 된다. 3산에 1회 꼴로 쌍태를 낳는 셈이다.

(3) 돼 지

수퇘지의 경우는 생후 10개월에 체중 115kg 이상일 때이다. 돼지의 수정 적기는 발정개시 후 10~25시간(배란 전 10~12시간)이며, 이때가 수태율이 가장 높고, 8~16시간 후 2회 교미시키면 수태율을 크게 높일 수 있다.

(4) 말

(번식에 공용)암말 → 생후 36개월, 수말은 4~5세

(5) 면 양

발정개시 후 12~25시간이다. 분만 후에 첫 교미는 다음 돌아오는 발정 계절인 그 해 가을, 즉 8~9개월 후에 한다. 면양은 무리 중에서 자유교미를 하기 때문에 한 번 임신에 대한 교미횟수를 정확히 알기 어렵다.

2. 수정 적기 결정요인

(1) 배란시기

(2) 난자의 수정능력 유지시간

(3) 정자의 수정능력 획득에 필요한 시간

(4) 수정부위까지 상행하는 데 필요한 시간

(5) 빈축의 생식기도 내에서 정자가 수정능력을 유지하는 시간 등(다음 표 참고)

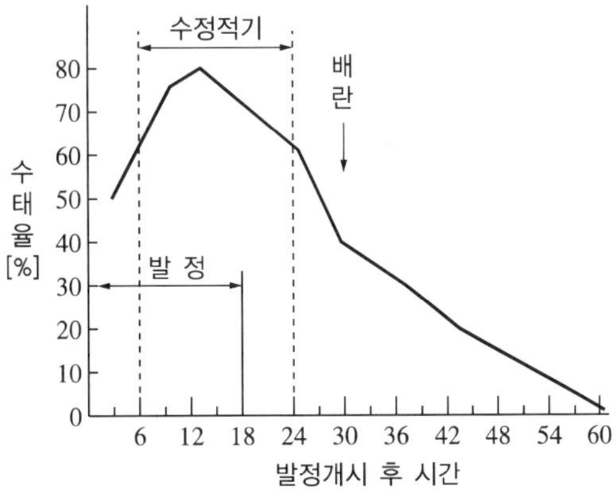

[소의 수정시기와 수태율의 관계]

[난자의 수정능력 보유시간]

가 축	최대 수정능력 보유 시간(h)
소	18~20
말	17~19
면양, 산양	24
돼 지	10~21

[암컷 생식기도 내 정자의 생존기간 및 수정능 보유시간(h)]

가 축	생존 시간(h)	수정능력 보유 시간(h)
소	30~40h	28~30
말	5~6일	5~6
면양, 산양	40시간	24
돼 지	43시간	25~30
닭	32일	

[각 가축의 수정 적기]

가 축	발정지속 시간(평균)	배란 시기(h)	수정 적기
소	12~18시간	발정개시 후 26~32 발정종료 후 8~11	발정개시 후 9~20h 발정종료 후 0~6h
돼 지	48~72시간(55)	발정개시 후 24~36	발정개시 후 10~25h
산양(면양)	32~40(24~36)	발정개시 후 30~36(24~30)	발정개시 후 15~20h
개	2~3주	발정개시 후 10~16	발정개시 후 10~14일째
말	4~8일	발정종료 직전	배란 1~2일 전

더 알아보기

집토끼는 연중 언제나 번식시킬 수 있으나 번식이 잘 되는 정도는 계절에 따라 차이가 있다. 집토끼의 경우에는 봄에 교미욕이 가장 왕성하고 수태도 가장 잘 된다. 집토끼는 9~11월에 털갈이를 하는데, 가을 환우기(換羽期)에는 수태율이 저하되는 경향이 있다. 날씨가 추운 겨울철에는 교미욕이 저하된다.

3. 수정란의 난관, 자궁 하강 시기

난관팽대부에서 정자의 침입을 받아 수정된 수정란은 난분할을 반복하면서 난관경부 자궁난관접속부 및 자궁각 선단으로 하강한다. 소의 수정란 발육단계와 분포 상황은 다음 그림과 같다.

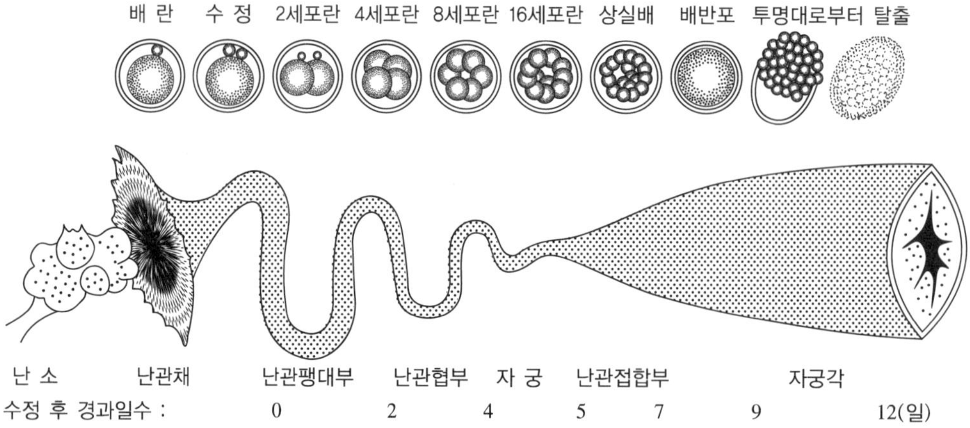

[수정 후 경과 일수에 따른 난관-자궁 내 수정란의 발생 단계와 위치
(인공수정과 수정란이식, 2008)]

수정란의 발육과 분포는 소의 개체에 따라 차이가 있으나 수정 후 4일에는 난관 내에, 5일에는 자궁난관접속부에, 6일에는 자궁각 선단에 존재하는 것이 보통이다. 따라서 채란을 위한 관류는 수정 후 4일에는 난관, 5일에는 난관과 자궁각, 6일에는 자궁각에 실시한다.

06 인공수정

1. 인공수정의 의의

인공수정이라 함은 자연교배가 아니라 인공적으로 채취한 정액을 특수한 기구로 암컷 생식기도 내에 주입하여 교배시키는 것이다. 넓은 의미의 인공수정은 정자와 난자를 체내외에서 수정시킨 체내외 수정란이나 복제, 형질전환 등의 기법으로 생산된 정자, 난자, 수정란을 주입시켜 수태시키는 것도 포함한다. 따라서 인공수정 과정은 수컷으로부터 정액을 채취하여 검사, 희석, 처리, 보존, 판정, 조작하여 난자나 암컷에게 주입하는 일련의 과정을 말한다.

(1) 인공수정의 장점

① 우수한 종모축의 이용효율을 증대시켜 개량을 촉진시킬 수 있다.
② 종모축의 유전능력을 조기에 판정할 수 있다.
③ 교배업무의 간편화, 경비 절약 및 종모축 관리시설의 향상을 도모할 수 있다.
④ 성병과 전염성 유산 및 기타 전염성 질환의 전파를 예방할 수 있다.
⑤ 종축의 원거리 이동이 불필요하다. 정액만의 수송으로 쉽게 수정시킬 수 있다.
⑥ 수태율이 향상된다.
⑦ 자연교배가 불가능한 개체도 번식에 공용할 수 있다.
⑧ 학술 연구의 수단으로 이용된다.

(2) 인공수정의 단점

① 종모축의 유전능력이 불량한 경우에는 자연교배보다 피해가 크다.
② 생식기 전염병을 만연시킬 수 있다.
③ 특별한 기술자 및 설비가 필요하다.
④ 자연교배보다 조작 시간이 더 필요하다.
⑤ 정액이 다른 정액과 바뀔 수 있다.

2. 인공수정의 역사

Van Hammen(1677)이 처음으로 정자를 발견한 후, 한 세기가 지나서 Spallanzani(1780)는 최초로 정액을 개에 인공수정시켜 강아지를 얻었다. 다시 한 세기 후에 Hoffman(1890)은 우유로 희석한 정액을 말에게 주입시켜 희석 정액을 처음으로 가축 인공수정에 시도하였다(이용빈, 1981).

[인공수정의 역사]

연 도	연구가	내 용
1780	Spallanzani	개의 인공수정에 성공
1907	Ivanov	각종 동물의 인공수정에 성공
1914	Amantea	개로 인공질에 의한 최초의 정액 채취
1931	McKenzie	개의 인공질 개발
1939	Phillips와 Lardy	난황 완충액의 발견
1940	Salisbury	현대식 소 인공질 개발
1949	Polge et al.	Dry Ice로 닭 정액의 동결보존
1952	Polge와 Rowson	소 정액의 동결보존법 개발
1955	이용빈	중앙축산기술원에서 처음으로 돼지에서 AI
1961	오대균, 임경순	농사원 축산부에서 한우, 돼지에 AI
1962	Nagase, 김선환	정제화(펠릿) 동결법 개발, 농협중앙회
1975	Polge	스트로 동결법 개발

오늘날의 인공수정은 러시아의 Ivanov(1907)에 의하여 정액의 채취, 보존, 주입 등에 관한 귀중한 연구를 발표하고, 여러 동물의 인공수정에 성공하여 인공수정 응용의 진가를 실증하였다. 실제적인 인공 수정은 1930년대 초에 정액 채취 방법의 발견에서 비롯되었다. 특히 정액 채취에 인공질을 이용하면서 정액을 위생적으로 다량 채취할 수 있게 되었으며, 다양한 종류의 희석액의 개발은 가축 인공수정의 보급을 더욱 확대시켰다. 아울러 정액의 저장 방법에서도 다양한 발전이 거듭되었다. 특히 Sorensen(1940)이 고안한 스트로는 정액의 주입이 간단하고, 정액을 주입 단위로 포장하여 수송하기 용이하다는 이점 때문에 액상정액은 물론 동결정액의 주입 용기로 이용되고 있다.

정액의 저장 용기의 발달과 더불어 정액의 체외 보존 방법에 관한 연구가 진행되었다. Polge와 Rowson(1952)은 글리세롤이 함유된 희석액으로 소의 정자를 효과적으로 동결 보존함으로써 인공수정의 새로운 시대를 열었다. 이후 정액의 동결 보존의 효율성을 높이기 위하여 정액의 희석 방법, 희석액, 충진 용기 및 동결 방법에 관하여 많은 연구가 집중되었다. 그 결과 정액을 폴리비닐 스트로에 촉진하여 액체질소나 액체질소증기에서 효율적으로 동결하게 되었다(Ploge, 1975). 동결 정액의 이용으로 인공수정을 이용한 가축의 유전적 개량이 가속화되었으며, 인공수정 산업이 국제화 경향을 띠게 되었다(이용빈, 1981).

우리나라에서는 1954년 고(故)이용빈 서울대 교수가 처음으로 인공수정 기술을 도입하였으며, 1962년 농협중앙회 가축인공수정소의 설립으로 확산되어 가축 개량에 본격적으로 활용되었다. 우리나라 가축인공수정의 역사는 1960년 농림축산식품부가 가축인공수정 실시 요령을 시달함으로써 시험연구단계에서 농가시술단계로 전환하는 계기가 되었으며, 1962년 농협중앙회에서 가축인공수정소를 만들면서 가축인공수정 사업이 시작되었다. 1964년도에는 축산법에 의거 가축인공수정사 면허제도가 마련되어 본격적인 인공수정 사업이 보급되기 시작하였다. 1960년대의 인공수정 사업은 돼지의 인공수정이 주로 보급되었으나 비위생적 시술로 중단되었으며, 1962년도의 가축인공수정 실적에 따르면 젖소가 760두, 돼지 3만700두였다. 또한 한우는 1965년도에 1,300두가 인공수정으로 번식되었는데, 20년이 지난 1983년도에는 한우 75만 1,000두, 젖소 21만 4,000두로 소 인공수정은 크게 발전하여 번식뿐만 아니라 소의 개량에도 크게 기여하였다. 1996년 국립축산기술연구소에서 이장희 박사에 의하여 돼지인공수정기술보급과 액상 및 동결정액의 무상보급으로 돼지 인공수정이 크게 활성화되면서 인공수정 기자재 산업도 함께 발달하였다.

3. 정액채취

일반적으로 동물의 정액을 채취하기 위한 방법으로는 여러 가지가 고안되어 있으며 이들의 방법은 인공수정기술의 발달과 더불어 변천, 실용적으로 개선되어 왔다. 현재 정액의 채취방법은 다음의 표와 같이 인공질법, 마사지법, 전기자극법 및 정소상체정자회수법 등으로 다양하게 이용되고 있다.

[정액채취방법]

동물명	채취방법	동물명	채취방법
소	인공질법, 전기자극법	닭	복부 마사지법
말	인공질법	개	음경 마사지법, 인공질법
면·산양	인공질법, 전기자극법	유인원	전기자극법, 인공질법
토 끼	인공질법, 전기자극법		마사지법

(1) 인공질법

인공질의 원리는 동종 자성생식기가 갖는 자극적 요인을 인공적으로 그에 가깝도록 하고 음경의 접촉부는 유연하고, 점활성이 있으며, 압력과 온도의 조절에 의해서 음경에 분포되어 있는 말초신경을 자극하여 흥분케 하는 것이다. 즉, 인공질은 경질 고무나 금속 또는 플라스틱제의 외통과 부드러운 고무제의 내통으로 구성하여 내·외통 사이에 온수 또는 보온성이 양호하고 전해질이 포함된 유성 물질(소금물 및 식용유 등의 혼합액 ; 전기적으로 가온시킬 경우) 및 공기를 넣어 온도와 압력을 조절하는 것이다.

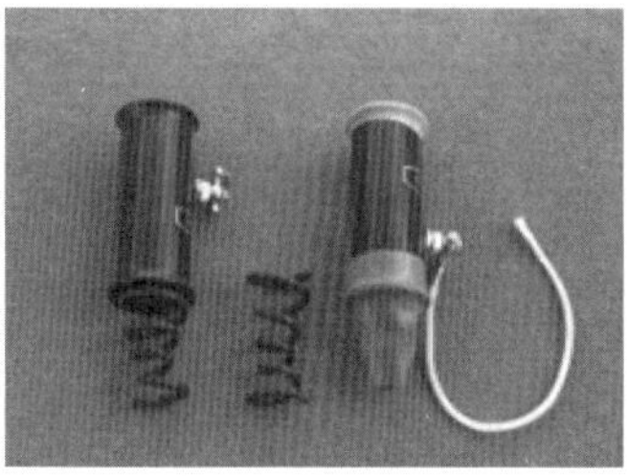

[돼지 정액 채취용 인공질]

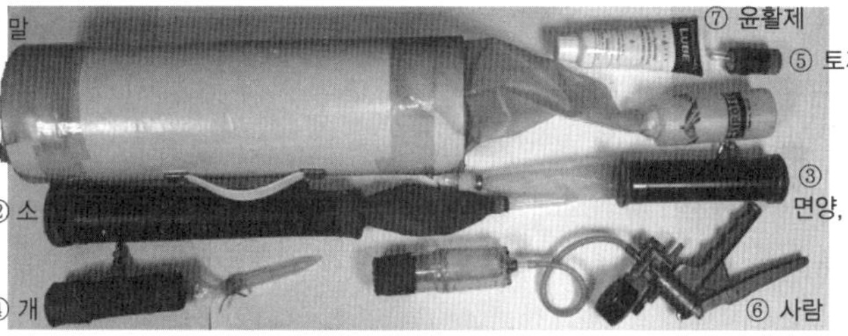

[정액 채취를 위한 인공질의 종류]

(2) 마사지법

마사지법은 대상동물의 몸의 일부를 마사지해 사정중추를 흥분시켜 인위적으로 사정케 하여 정액을 채취하는 방법으로, 동물에 따라 마사지하는 부위가 다소 다르다. 돼지, 개의 경우에는 음경 마사지법, 소의 경우에는 정관팽대부 마사지법, 닭의 경우에는 복부 마사지법으로 정액을 채취한다.

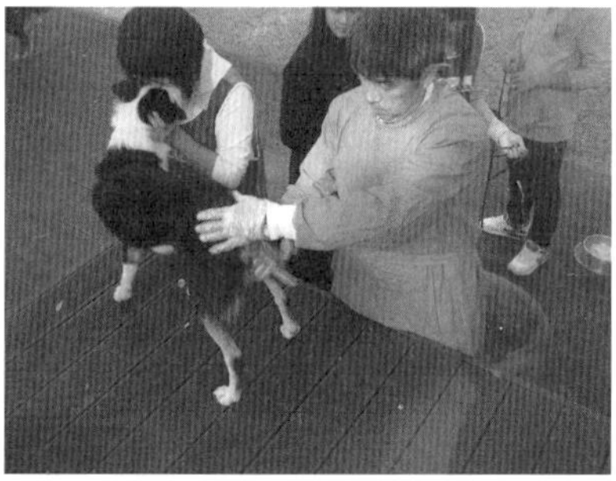

[음경 마사지법에 의한 돼지와 개의 정액채취]

(3) 전기자극법

전기자극법은 천골부위의 전기적 자극에 의해 사정중추를 흥분시켜 정액을 채취하는 방법으로 이때 전기자극의 크기, 전압(면양, 산양 ; 9~15V, 소 20~50V)과 전류(0.05~200mAMP) 및 통전시간은 품종에 따라 다르다. 이 방법은 정상적인 동물에서 인공질 및 마사지법으로 정액채취가 곤란한 경우에 강제적으로 수행하는 방법이다. 주로 인공질법에 익숙하지 않은 야생의 초식동물(산양, 면양, 사슴 등) 및 토끼와 고양이에 적용하는 것이 좋다. 소와 말 같은 대동물은 보정이 곤란하고 기구가 고가인 것이 단점이다.

전기자극 정액채취기에 의한 개 정액의 채취방법은 먼저 개를 옆으로 눕히고 직장 내에 있는 분변을 제거한 후 전기자극 Probe에 윤활제를 바른 후 직장 내에 삽입하여 천골부위에 Probe의 전극이 도달되도록 한다. 삽입된 Probe를 꼬리와 함께 잡고 연결된 전기자극기의 전압을 조절레버로 서서히 올린다. 전압이 올라가면 개는 뒷다리를 뒤로 쭉 뻗는데 이때 2~3초간 통전하고 2~3초간 절전하면서 3~5회 반복하면 사정이 이루어진다.

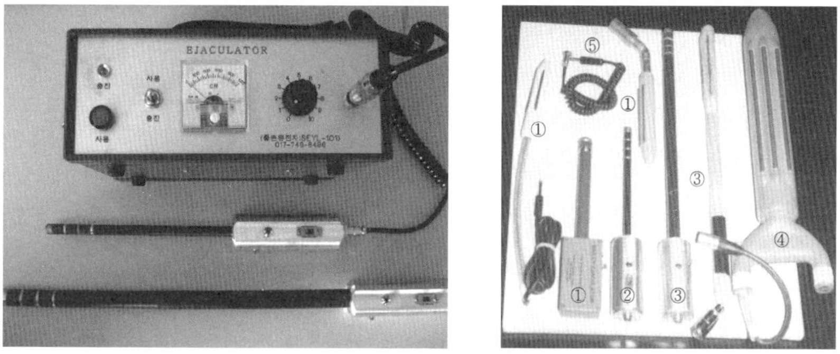

① 염소, 양
② 개, 늑대용
③ 사슴용
④ 소용
⑤ 케이블(염소용)

[정액채취기 및 프로브 종류]

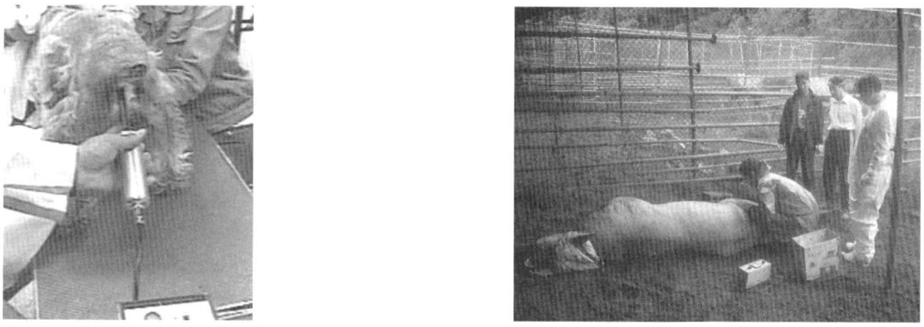

[전기자극 정액채취기를 이용한 개와 사슴의 정액채취]

(4) 정소상체미부 정자회수법

최근 체외수정기술의 발달로 정소상체미부 정자를 이용한 정자회수법이 자주 이용되고 있다. 이는 도살 후 정소상체미부를 적출하여 정관과 미부관(Epididymic Cauda Tubule)을 관류시키거나 실험동물의 경우에는 배양액 내에서 세절하여 정자를 회수하는 방법이다.

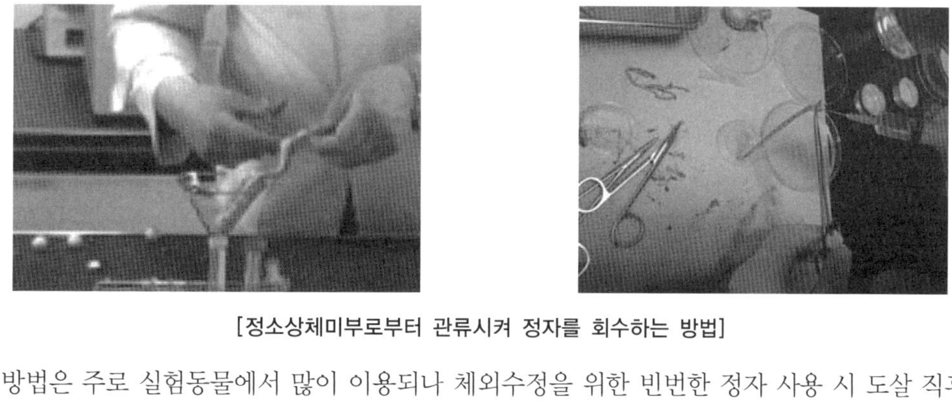

[정소상체미부로부터 관류시켜 정자를 회수하는 방법]

이 방법은 주로 실험동물에서 많이 이용되나 체외수정을 위한 빈번한 정자 사용 시 도살 직후의 가축정자를 회수할 경우에도 자주 이용된다. 최근에는 소, 개를 마취한 후 수술로 정소상체미부에 카테터(Catheter)를 삽입하여 필요시마다 정소의 압력으로 미부정자를 회수하는 방법도 이용되고 있다.

4. 정액 성상에 미치는 요인들

(1) 계 절

① 정액의 양은 보통 3~5월에 가장 많고, 6~8월에 가장 적다.

② 정액의 농도는 4~6월과 9~11월이 높고, 7~8월과 12~3월에 낮다.

(2) 영 양

① 영양의 결핍으로 체중의 감소가 20% 이상 발생하면 정자수가 현저히 감소하고 기형정자의 발현율이 높아지며, 생존기간이 단축된다.

② 영양결핍으로 인한 가장 큰 피해는 성욕감퇴이며, 어린 개일수록 영양결핍으로 인한 정액의 질 저하 현상이 심하다.

③ 에너지와 단백질의 섭취량이 정액의 성상과 양에 영향을 미친다.

(3) 기 온

① 외기 온도가 5~28℃를 벗어나면 정액성상에 나쁜 영향을 미친다.

② 29℃ 이상의 고온에서 오랫동안 방치하면 기형정자의 발현율이 높아진다.

③ 일교차가 10℃ 이상이면 정액 생산량이 저하된다.

(4) 연 령

① 정액의 양과 농도는 24~29개월까지 지속적으로 증가한다.

② 정자의 생존율과 활력은 생후 8개월 이후에 증가한다.

③ 20개월 미만까지는 종견의 일령이 증가할수록 분만율과 산자수가 증가한다.

(5) 채취 빈도

① 정액의 양과 농도는 채취 빈도가 길수록 높다.

② 생존율과 활력은 채취 빈도에 따른 영향은 거의 없다.

③ 연속 채취 시에는 정액의 양의 변화는 적으나 정자수의 감소는 심하다.

(6) 품 종

① 정액의 양은 대형견이 많고 소형견은 적다. 동일 품종 내에서는 고환이 큰 개체가 정액의 양이 많다.

② 생존율과 정자의 활력은 품종 간 차이는 적다.

5. 정액 검사

정액 및 정자의 검사는 수컷의 번식능력의 판정과 번식장애의 원인규명을 위하여 필요하다. 인공수정에 있어서는 정액의 사용 여부를 판정하고 보존, 수송, 희석 배율을 결정하기 위하여 크게 육안적 검사와 현미경적 검사로 구분한다.

(1) 육안 검사

좁은 의미로는 외관(색상), 농도(혼탁도), 양을 말하며, 넓은 의미로는 pH, 점조도, 비중, 삼투압 등을 말한다. 그러나 성상 판정의 보조 수단으로 색, 농도, 양, pH 등 4가지를 검사한다.

① **정액의 양** : 각 동물에 따라 상당한 차이가 있다. 수컷에서 채취한 정액이 과량일 경우에는 부생식선액 및 오줌이 과량 혼입되었을 가능성이 크며, 과소일 경우에는 채취 방법의 과실 또는 수컷의 이상에 의한 것이므로 주의가 필요하다.

② **색깔** : 동물의 종류에 따라 다르며, 일반적으로 회색, 유백색, 우유색, 크림색 혹은 연녹색이다. 개는 요도구선에서 나오는 교질물의 약 20% 정도이고, 말은 정낭선에서 나오는 교질물이 약 40% 정도로 백색을 나타낸다.
채취 시 음경에 토사가 부착하여 정액에 혼입될 경우에는 시험관 아래에 흑색의 토사가 남게 된다. 오줌이 혼입되면 요취와 호박색으로 나타나고, 적색일 경우는 혈액이 혼입된 것이며, 농이 혼입되었을 때는 녹색을 표시한다.

③ **냄새** : 동물의 정액은 일반적으로 무취이나, 정액의 고유한 냄새는 전립선에 함유된 단백질과 인지질의 작용에 의한 것으로 알려져 있다. 오줌, 똥, 혈액이 혼입되면 그에 해당하는 냄새가 나고, 장기간 보존하여 부패되면 부패취가 난다. 동물의 정액을 채취한 후 악취가 발산되는 것은 이물의 혼입과 이상을 증명하는 것이기 때문에 특별히 현미경 검사를 실시하여야 한다.

④ **농도** : 정액의 농도는 정액성상을 판정하는 데 대단히 중요하며, 우선적으로 육안검사를 통해 색, 투명도, 점조도 등을 보고 대체적인 농도를 알 수 있다. 정확한 농도를 알기 위해서는 광전 비색계나 혈구 계산판에 의해 산정한다. 농도는 극농도, 농후, 중등도, 희박, 극희박 등의 5종으로 평가된다.

⑤ **점조도** : 동물 정액의 점조도는 동물의 종류에 따라 다르며, 단위용적 내의 정자 수에 비례한다. 개보다는 소가 높고, 소보다는 산양이 높다.

⑥ **수소이온농도(pH)** : 신선한 원정액의 pH는 동물의 종류, 개체, 채취방법에 따라 다르나, 일반적으로 약산성 내지는 약알칼리성이다. pH의 변동은 부생식선 분비액에 의하여 좌우된다. pH의 이상은 부생식선의 이상 또는 이물이 혼입된 것으로 생각된다. 엄밀한 검사를 할 경우에는 pH Meter에 의해 전기적으로 측정하지만, 보통은 BTB 사용에 의한 비색법이 사용된다.

(2) 현미경 검사

정액의 활력, 정자의 농도, 기형률 및 생존성을 현미경으로 평가하여 수태율을 예견할 수 있다. 육안 검사에 의해서 정액이 인공수정에 사용될 수 있는 것인가 아닌가를 대체적으로 짐작은 할 수 있지만, 외관상으로는 정상으로 보이는 정액이라도 정자가 거의 사멸되어 있거나, 이상 운동을 나타내는 것 또는 형태적으로 비정상적인 정자를 가지고 있는 정액이 있다. 이러한 이상은 육안 검사만으로는 발견할 수 없으므로 현미경을 사용하여 검사해야 한다. 채취 직후의 원정액에 대해서는 먼저 100배 정도 배율에서 대체적인 정자농도와 생존율, 활력을 검사하도록 하고, 필요하다면 고배율인 400배로 확대해서 정자의 운동과 형태를 검사한다. 더욱 정밀한 검사는 1,000배 배율에서도 검사할 수 있다.

① **정자의 활력과 생존율 검사** : 정자의 활력은 현미경하에서 운동의 형태와 정도에 따라서 직접 평가하는 방법과 정자의 운동성을 기계적으로 해석하여 활력을 평가하는 방법이 있다. 정자의 활력 또는 생존율은 수정능력과 밀접한 관계가 있어 일정 한도 이하의 생존성을 나타내는 것은 인공수정에 사용할 수 없다. 생존율검사법으로 가장 보편적인 것은 정자 생체염색에 의한 생사판별법이다.

② **정자의 농도 검사** : 정액의 단위 부피당 정자의 농도(Sperm Concentration)는 개체 간, 동일 개체 내 정액 간 및 채취시기에 따라 다양하며, 한 번에 사출되는 정액량에 따라 다르다. 수소의 정액 mL당 정자의 수는 수천만에서 30억 마리의 범위에 있으며, 평균 mL당 약 10억 마리 정도이다. 정액 간 변이가 심하기 때문에 정액의 mL당 정자수를 정확하게 측정하는 것은 매우 중요하며, 측정된 정자의 농도와 정액량을 곱하여 총정자수(總精子數)를 계산할 수 있다. 계산된 총정자수는 인공 수정할 암소의 수를 결정하는 중요한 지표가 된다.

정자의 농도를 측정하기 위해 주로 혈구계산판(血球計算板, Hematocytometer)를 이용하고 있으며(Zaneveld와 Polakoski, 1977), 정자 농도를 자주 측정하는 인공수정소에서는 신속하고 객관적인 평가를 분광광도계(Photometer) 또는 투명도 검사기(Opacity Test Equipment)를 이용하기도 한다.

혈구계산판에 의하여 원정액(原精液)의 정자 농도를 측정하기 위하여 정자사멸 용액(5% NaCl)으로 20~200배로 희석하며. 용량에 맞는 마이크로피펫(20μL, 200μL, 1,000μL)를 이용하여 희석한다. 예를 들어 정액을 100배 희석한다면 정액 10μL는 20μL 마이크로피펫으로 10μL를 취하고, 정자사멸 용액은 1,000μL 마이크로피펫을 이용하여 990μL를 취하여 희석하면 100배 희석이 된다. 주의할 점은 1,000μL 마이크로피펫을 이용하여 10μL를 취하면 안 된다(2019년 축산기사 실기 문제).

혈구계산판 내 계산실은 한 변의 길이가 1mm인데, 3중선으로 5등분되어 3중선의 정사각형이 25개 있다. 3중선의 정사각형은 다시 16개의 단선의 정사각형을 가지고 있다. 정자를 셀 때는 25개의 정사각형을 전부 세지 않고 편의상 다음 그림과 같이 각 모서리 4개와 중앙 1개, 모두 5개 칸만을 세어 역산한다. 사각형 내에 있거나 위쪽과 오른쪽변의 3선 중앙선 눈금에 걸쳐 있는 정자만을 계산에 포함시킨다("ㄱ"변의 3선 중앙선). 예를 들어 100배로 희석한 정액의 경우 5칸의 정자의 총계가 80이라고 하면 정액 1mL 중 정자수는 다음과 같이 계산한다. 80마리(5방안의 정자수) $\times$ 5(25방안으로 환산) $\times 10^4$(0.1mm^3를 1mL로 환산 시) $\times$ 100(희석배율) = $400 \times 10^4 \times 100 = 4 \times 10^8$cells/mL이다.

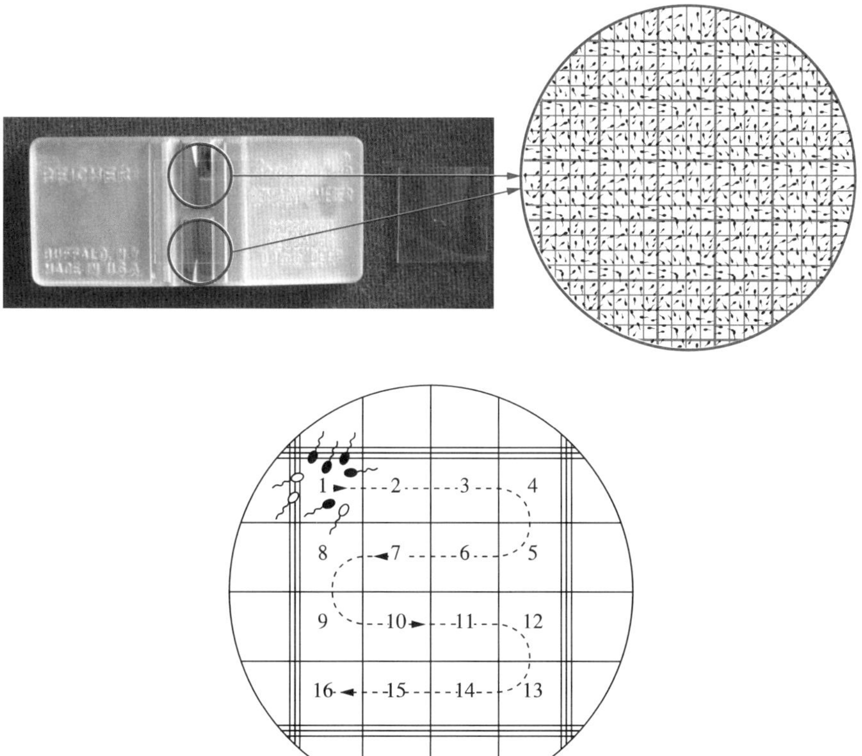

[혈구계산판에 의한 정액 검사 방법 및 결과]

(3) 기형정자의 검사

기형정자의 종류는 대단히 많으나, 그중 미부기형 특히 만곡, 굴절의 출현율이 무엇보다 많고, 미부, 중편부 기형은 정상적인 정자형성 과정을 경과한 후 생식기 내 또는 사출 후 나쁜 환경에 의해 발견되는 경우가 많다. 한편 정상적인 정액에서는 비교적 적다고 하는 두부, 경부의 기형은 주로 정자 형성 과정의 이상에 기인한다고 생각된다. 또 간혹 미성숙정자가 보일 수 있으나, 정상 정자에서의 출현은 겨우 2~3% 이하이다. 정상인 동물정자에서 기형률은 10~15%이며, 이것이 20% 넘을 경우에는 수태율의 저하를 일으킨다. 40% 이상이 되면 거의 불임 수준이라고 할 수 있다.

인공수정의 실무에서 문제가 되는 것은 기형정자이다. 보통 400~1,000배의 현미경에서 정자의 형태를 검사하면 기형 정자율이 15~20%로 이상하게 높은 경우도 쉽게 관찰된다. 다음 그림은 정액에서 나타나는 기형정자들에 대한 모식도이다. 정자의 꼬리부분에 소적(물방울)이 달려있는 미성숙정자도 기형정자에 포함된다.

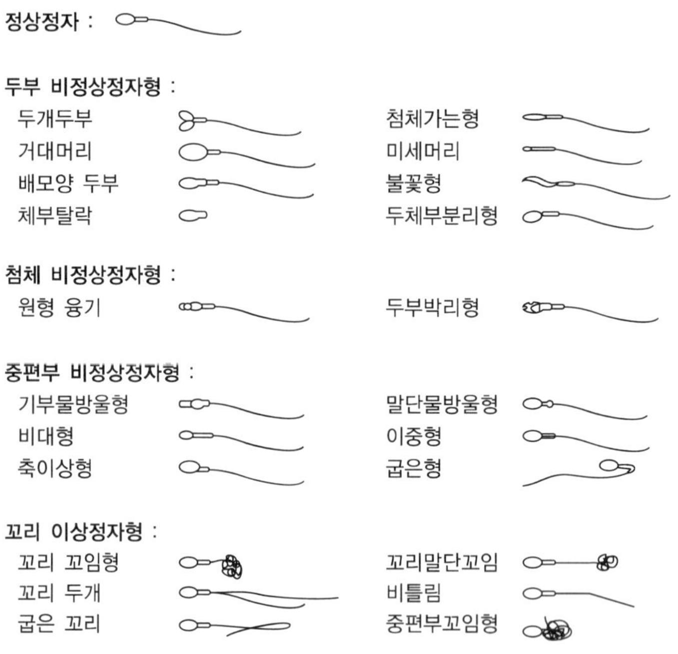

[다양한 비정상 정자 형태(Sorensen, 1971)]

6. 정액의 희석과 보존

정액성상검사가 끝난 것은 곧바로 희석보존하게 된다. 희석액으로 널리 사용되고 있는 난황완충액을 비롯해 우유나 분유를 주성분으로 한 완충액 등이 있다. 희석의 목적은 정액을 증량하고, 정자생존에 필요한 에너지원을 공급하며, 세균억제제의 첨가에 의해 정액을 청정하게 보존하고 동시에 생존을 연장시키는 것이다. 또한 정자의 대사를 가능한 한 억제하기 위해 저온 보존되지만, 온도하강 시 희석제가 저온충격의 방지에 미치는 역할도 크다. 인공수정 실시 초기에는 정액의 희석에 생리식염수, 포도당 등이 사용되었지만, 연구진에 따라 각 동물의 정액에 적절한 희석액이 국내외에서 개발되어 실용화되었으며, 주요한 것은 난황계 희석과 우유계 희석이다.

(1) 정액의 희석 목적

채취한 정액을 보존액을 이용하여 희석하는 목적은 첫째, 정액의 양을 증가시켜 우수한 종모축의 정액을 여러 마리의 암컷에 수정할 수 있으며 둘째, 체외에 사출된 정자의 불리한 환경을 개선해주어 정자의 생존성과 활력을 보존함으로써 정액 사용시간을 연장하는 데 그 목적이 있다. 그러므로 채취된 정액은 적절한 방법으로 가능한 최대한 빨리 희석하여 정자의 소실(에너지대사에 의한 수명단축 등)을 방지하여야 한다. 저온 보존을 위한 온도 하강 시 희석제가 저온충격의 방지 역할도 있다.

(2) 정액의 보존온도

채취한 정액을 실온에서 보존할 때는 적절한 보존액을 희석하여 15~20℃의 실온에서 약 2~3일간 양호한 정자의 생존성과 운동성을 유지할 수 있으며, 가정용 냉장고에 보관할 수 있는 4~5℃ 저온 보관 시는 보존기간이 다소 길어진다.

(3) 보존액

개인이 직접 정액을 채취하여 인공수정할 경우 분말형태로 만들어진 보존액을 구입하거나 액상농축 희석액을 이용하면 제조단가(인건비)를 절감하면서도 손쉽게 운용할 수 있다. 최근에는 1주일 정도 정액을 보관할 수 있는 MR-A보존액과 10일 이상 보관할 수 있는 Androhep 보존액 등이 개발되어 있다.

① 보존액의 구비조건

㉠ 수소이온농도(pH) : 수소이온농도의 높고 낮음은 정자의 운동성과 생존성에 크게 영향을 미친다. 대부분의 효소 및 세포가 적절한 범위의 pH를 요구하는 것과 마찬가지로 정자의 운동성과 생존성을 유지하기 위해서는 적절한 범위의 pH를 요구한다. 따라서 정액보존액의 pH는 원정액과 같거나 그 전후여야 한다. 완충효과를 증가시키고 pH를 조절하기 위한

시약으로는 주로 구연산염(Sodium Citrate), 인산염(Sodium Phosphate), 중탄산염(Sodium Bicarbonate) 및 주석산염(Sodium Tartrate) 등과 같은 염류와 트리스(하이드록시메틸)아미노에탄(Trishydroxymethyl Aminomethane), 구연산(Citric Acid) 및 아미노산(Amino Acid) 등과 같은 비전해질이 사용되며 이들은 보존액의 주성분인 난황을 융해하는데도 중요한 역할을 한다.

㉡ 삼투압 : 정액보존액의 삼투압은 원정액과 같아야 한다. 보존액의 삼투압이 원정액보다 지나치게 낮거나 높으면 희석충격을 받아 기형정자가 많이 발생한다.

㉢ 전해질과 비전해질 : 보존액을 만들 때 사용하는 전해질과 비전해질로 정자생존에 유해한 것은 사용할 수가 없다. 전해질을 조정하기 위한 시약으로는 Na, K, Mg 및 Ca의 양이온이 사용되며, 비전해질로는 포도당(Glucose), 과당(Fructose) 및 젖당(Lactose) 등의 당류가 첨가된다.

㉣ 정자의 보호물질과 영양물질(에너지원) : 원정액은 외부로부터의 충격을 방지하거나 보호하는 물질이 거의 없거나 적어서 37℃의 적온에서도 오래 살지 못하기 때문에 보존액에는 보호물질과 영양물질을 첨가할 필요가 있다. 보호물질로는 난황, 우유, 탈지분유, 혈청, 난포액 및 Orvuses Paste 등이 있으며, 이러한 물질들은 저온충격 및 급랭으로부터 정자를 보호한다. 영양물질로는 당류를 첨가하는데 동결 보존액에 첨가되는 당류로는 Glucose, Fructose, Lactose, Trehalose 및 Raffinose 등이 있으며 이들 영양 및 보호 물질들은 에너지원의 공급과 동해보호제 역할도 한다.

㉤ 동해보호제 : 보존액에 첨가되는 동해보호제(동해방지제)는 글리세롤(Glycerol), DMSO (Dimethyl Sulphoxide), Ethylene Glycol, Propylene Glycol, Acetamide 및 각종 알코올 등의 침투성 동해보호제와 Sucrose, Glucose, Lactose, Trehalose, Raffinose 등의 당류, Polyvinylpyrolidone, Polyethylene Glycol 및 고분자단백물질 등 비침투성 동해보호제가 있다.

㉥ 세균억제제 : 정액 중 상당수의 세균이 정액채취과정이나 희석 및 제조과정에서 유입될 수 있으며, 세균의 종류나 수는 동물 종에 따라 다소 차이가 있다. 이들 세균은 생존과 증식을 위해 대사기질을 사용한 후에 대사산물을 축적하여(산소이용에 따른 pH 변화) 정자의 생존기간을 단축할 뿐만 아니라 인공수정을 통하여 자궁 내에 들어가 생식기 질병을 유발시킬 수 있다. 이들 세균의 증식을 억제하거나 없애기 위해서 1950년대까지는 설파제가 사용되었으며, 1990년대까지는 페니실린 및 스트렙토마이신이 주로 사용되었다. 최근에는 항생제 내성에 따른 문제점 때문에 내성이 생기지 않았던 새로운 종류의 다양한 항생제가 이용되고 있다.

정액에서 주로 발견되는 세균들로는 *Staphylococcus* spp., *Pseudomonas* spp., *Escherichia* spp., *Klebsiella* spp., *Citrobacter* spp., *Micrococcus* spp., *Eubacterium* 및 *Eubacterium* suit 등이 있으며 이들 병원체에 대한 항생제로는 Gentamicin, Lincomycin, Neomycin, Polemician B, Spectinomycin 및 Kanamycin 등이 주로 사용되고 있으나 최근에는 Amikacin, Bacitracin, Colistin, Dibekacin, Erthromycin, Tylosin 및 Sulfadiazine 등도 사용되고 있다.

ⓢ 정자의 수정능획득 유기물질 : 최근에 체외수정기술의 발달로 정자의 수정률 또는 수태율을 향상시키기 위하여 여러 가지 화학제 또는 생체활성 물질들을 이용하고 있다. 이들 정자의 수정능획득 유기물질로는 Heparin, Caffeine, Calcium Ionophore 및 이들의 병용 처리와 PAF(Platelet Activiting Factor), BSA(Bovine Serum Albumin), 난포액 등의 생체활성물질들도 이용되고 있다.

더 알아보기 **보존액 희석방법 및 배율(돼지)** [2019년 축산기사 실기 문제]

채취된 정액의 온도는 32~35℃ 정도가 되며 채취즉시 정액과 같은 온도로 준비된 보존액을 채취된 정액량과 1 : 1비율로 1차 희석한 후 상온(약 20℃)에 방치한 상태에서 정액검사를 하고 정자농도에 따라서 보존액을 추가로 희석한다. 보존액 희석 배율은 채취된 총 생존 정자 수에 따라 결정해야 하지만 농후 정액만을 분리 채취했을 때는 약 10~20배(정액 1 : 보존액 10~20) 정도로 희석하는데, 최종 정자의 농도는 10mL당 3억 이상이 되도록 해야 한다.

보존액의 희석 배율을 예를 들어 보면 다음과 같다.

예
- 원정액량 : 200mL
- mL당 정자수 : 3억
- 총정자수 : 600억
- 생존율 : 80%
- 생존 총정자수 : 480억(60억 × 80%)
- 제조해야 할 정액병 수(dose) : 480억 ÷ 30억(dose당 정자수) = 16doses(병)

위의 정액을 이용하여 1회 주입분을 10mL로 하고 생존정자수를 dose당 3억 마리로 할 때 16doses의 정액을 만들 수 있으며, 두당 2회 수정 시에는 8마리를 수정시킬 수 있다.

희석된 정액의 최종량은 90mL가 되어야 하며 원정액량이 20mL이므로 희석액량은 70mL가 필요하게 된다(최종량 : 18doses × 10mL = 180mL, 180mL − 원정액 20mL = 160mL).

최종 희석된 희석액 180mL는 원정액의 9배에 해당되며, 정액의 희석배율은 1 : 9이므로 9배가 된다.

보존액은 한꺼번에 희석하지 말고 2~3회에 나누어 서서히 희석하되 빠른 시간에 17~18℃의 온도로 낮춰 준다.

② 정액의 액상보존 : 정액의 보존은 정자의 대사, 운동을 억제해 에너지 소모를 방지하기 위해 저온하에 두지만, 액상정액의 보존 시 각 동물별 보존온도 및 실용상 보존가능시간은 다음 표와 같다.

[각 동물별 정액 보존적온 및 실용상 보존 가능 기간]

동물명	보존적온(℃)	실용상 보존 가능 기간	동물명	보존적온(℃)	실용상 보존 가능 기간
소	4~5	4~5일	산 양	4~5	4~5일
말	4~5	6~12시간	개	15(5~7*)	2~3일(5일*)
면 양	4~5	4~5일	돼 지	15(5~7*)	2~3일(5일*)

* 저온 보존의 경우

정액은 희석액으로 희석된 후 소정의 온도까지 하강시키지만, 이 경우 정자의 저온충격을 방지하기 위해 다음과 같은 방법이 사용된다.

㉠ 소, 말, 면양·산양의 정액에서는 28~30℃의 미온탕 중에 희석정액이 들어 있는 정액관을 넣은 그대로 4~5℃로 조절된 냉장고 또는 항온실 내에 60~90분간 정치해 온도를 서서히 하강시킨다.

㉡ 개의 정액은 일반적으로 15℃에서 보존이 행해지지만 다른 동물에 비해 정액의 양이 많고, 보존온도도 비교적 높기 때문에, 28~30℃의 등온(같은 온도)에서 희석한 후 15℃의 항온실 내에 바로 두고 60~90분에 걸쳐서 온도를 하강시킨다.

㉢ 소와 돼지의 정액 액상보존용 희석액은 다음과 같다.

- 소의 액상보존액

[Tris 완충액]

Tris(hydroxymethyl)aminomethane	3.028g	Glycine	0.468g
Citric Acid	1.780g	Catalase	0.020g
Glucose	0.30g	Fresh Egg Yolk	20%(v/v)(20mL)
Fructose	0.30g		

이상의 시약을 80mL의 증류수에 혼합한다(최종 100mL).

[T3]

Sodium Citrate	1.5g	Potassium Sodium Tartrate	0.4
Potassium Citrate	0.3g	Glucose	1.0g
Sodium Sulfate	0.3g		

위 시약에 증류수를 가하여 100mL가 되도록 만든 다음 75mL만을 취하여 난황을 25mL를 가하여 100mL가 되도록 만든다.

이상과 같은 희석액을 제조할 때에는 시약을 정확히 달아서 충분히 교반, 혼합하여 냉장고에 보존한 후 상층액만 사용한다. 희석액은 제조 즉시 사용하는 것보다 10~20시간(하루 전)에 만들어 사용하는 것이 정자에 유리하다. 제조된 희석액의 pH는 제조 후 12시간 경과 후에야 이온상수와 함께 평형이 이루어지기 때문이다. 제조 후 2~8시간까지는 pH가 지속적으로 상승하여 거의 pH 8.0 수준까지 상승하며, 높은 pH에서는 정자가 격렬해진 다음 빠르게 사멸한다. 자주 사용되는 희석액은 10배 또는 20배 농축액으로 운용하는 것이 바람직하다. 농축보존액은 변질의 우려가 적어서 보관에 유리하며 적은 양의 사용으로도 매우 편리하다. 농축 보존액를 희석배율로 혼합한 보존액은 가능한 1~2주일 이내에 사용하여야 한다.

• 돼지의 액상보존액-개량 T_{22}

[A액]

Glucose	5.0g	Egg Yolk	3mL
Citric Acid	0.025g	Penicillin	10IU
EDTA(No. 4)	0.15g	Streptomycin	100mg

위의 시약에 증류수를 가하여 100mL가 되도록 만든다.

[B액]

Citric Acid	0.025g	Egg Yolk	3mL
Potassium Sodium Citrate	3.40g	Penicillin	10IU
EDTA(No. 4)	0.15g	Streptomycin	100mg

위 시약에 증류수를 가하여 100mL가 되도록 만든다. 이 희석액의 제조는 사용 10~20시간 전에 만들어 A액과 B액을 7 : 3의 비율로 사용 직전에 혼합하여야 한다.

(4) 정액의 동결보존

1952년 Polge와 Rowson이 글리세린을 난황구연산액에서 희석한 소 정액을 Dry Ice와 알코올에 −79℃로 2~8일간 동결보존한 후 38마리의 암소에 수정시켜 79%의 수태율을 얻었다. 그 후 많은 연구자에 의해 정액의 동결보존에 관한 기초 및 실용적 연구가 행해졌다. 또한 액체질소를 사용해서 −196℃의 초저온으로 반영구적인 보존이 가능하게 되었다.

정액을 원정액 그대로 동결시키면 정자는 사멸한다고 알려져 있다. 정자에 대한 동해로는 첫째 정자세포 내 수분의 동결로 원형질의 Colloid 상태가 파괴되어 치명적으로 된다. 이것은 특히 동결속도가 빠른 경우에 일어나기 쉽다. 둘째, 정자세포 주위의 용액으로부터 동결하기 시작하면 용질이 농축하기 때문에 이에 따라 삼투압의 상승, 용액의 pH 변화 및 세포의 탈수 등이 일어난다. 이에 대해 Glycerin, DMSO, 당류, 아마이드 등의 동해보호제가 알려져 있지만, 그중 정자에 대해 가장 유효한 것은 Glycerin이다.

① **동결보존액** : 정액을 동결하여 보존할 목적으로 여러 가지 보존액이 동물별로 개발되어 있다. 그중에서도 최근에 많이 사용되고 있는 보존액은 다음과 같다.

㉠ 소 동결 정액용 보존액

• Tris Yolk 보존액

[제1차 희석액]

Tris(hydroxymethyl)aminomethane	3.028g	Catalase	0.020g
Citric Acid	1.780g	Egg Yolk	20%(v/v)
Glucose	0.300g	물(up to)	100mL까지 채운다.
Glycine	0.468g		

[제2차 희석액]

제1차 희석액(43mL)에 Glycerol 14%(v/v, 7mL)를 첨가하여 2차 희석액을 만들면 된다.

㉡ 돼지 동결 정액용 희석액

• Tris 완충액

Basic Diluent(기초희석액 : C-5액)

Tris(hydroxymethyl)aminomethane	6.056g	Dextrose(glucose)	3.0g
Citric Acid	3.4g	EDTA(Na_4)	0.3g
Penicillin	20IU	Streptomycin	200mg

위 시약에 증류수 170mL를 가하여 완전 혼합한다.

[제1차 희석액]

C-5액 90mL + (증류수 5mL + 난황 20mL)

* 1차 희석액을 3,000rpm 정도에서 10분간 원심분리하여 최상층의 지질을 스포이드로 걷어내고 상층액을 취하여 사용하며, 1차 희석액의 1/2~1/3 정도를 취하여 2차 희석액으로 제조한다.

[제2차 희석액]

1차 희석액에 글리세롤 8%(v/v)를 첨가하여 교반기에서 30분 이상 균질화시킨다.

㉢ 정액의 희석 및 동결보존 방법

• 정액은 분류 채취하여 교질물을 제거하고 온도의 충격을 피해야 한다.
• 채취된 정액은 25~30℃에서 정액량과 제1차 희석액을 같은 온도에서 같은 양으로 정액에 희석액을 1 : 1로 2~3회 나누어서 첨가시켜 희석한다.
• 희석된 정액은 100mL의 비커와 25~35℃의 물을 50~75mL 넣어 그 안에 희석된 정액을 넣고 5℃의 냉장고에 넣어 서서히 냉각되도록 한다.
• 1시간 걸쳐 15℃로 떨어지면 정액량과 같은 양의 제2차 희석액을 15분 간격으로 10%, 20%, 30% 및 40%씩 4회에 나누어 희석한다. 이때 미리 스트로에 라벨링을 해 둔다.
• 5℃로 냉각이 되면 약 30분간 글리세롤 평형을 실시한 후 0.5mL의 스트로에 포장하여 액체질소 증기(표면의 5cm 상단 위치, 약 -79℃)에서 5~10분간 예비 동결시킨 후 침지하여 동결시킨다. 1시간 이상 동결된 정액을 융해하여 활력과 생존율을 검사한다.

※ **스트로 라벨링** : 등록번호, 정액명(종모우명), 제조자코드, 개체번호, 제조일자 등을 기입한다(인공수정증명하단 참조).

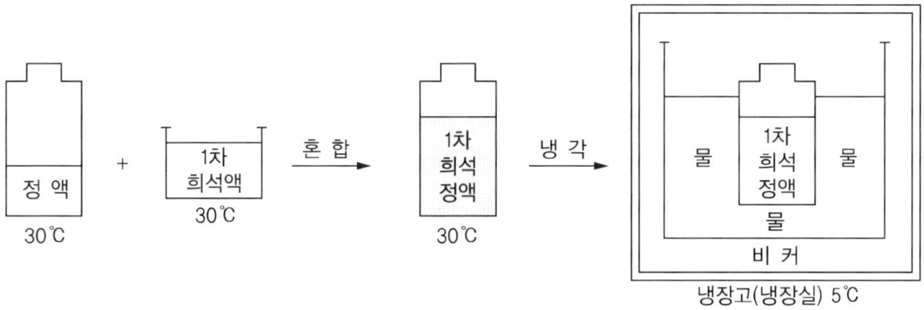

[희석 후 정액 냉각 방법]

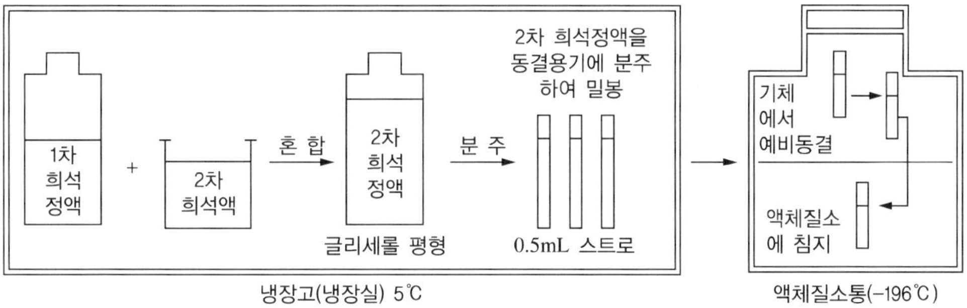

[정액의 동결 방법(과정)]

(5) 냉동정액의 융해

냉동정액의 경우 주입에 앞서 동결되어 있는 정액을 융해해야 한다. 일단 융해하면 시간의 경과와 더불어 정자의 활력 및 수정력이 저하되므로 주입 직전에 융해하는 것이 좋다. 냉동정액이 보관되어 있는 액체질소통은 다음 그림과 같다.

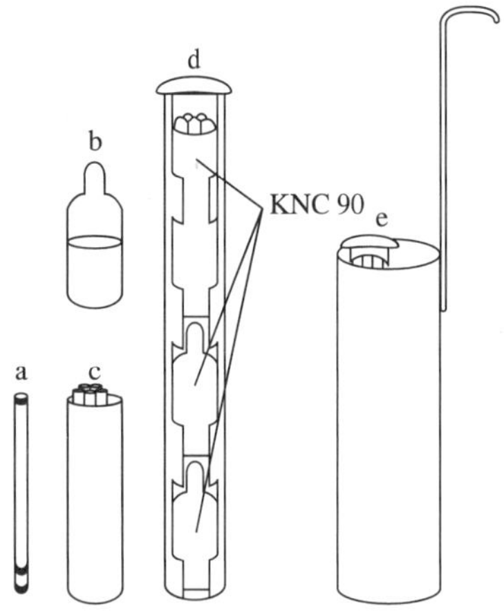

액체질소탱크에 들어가는 부품들

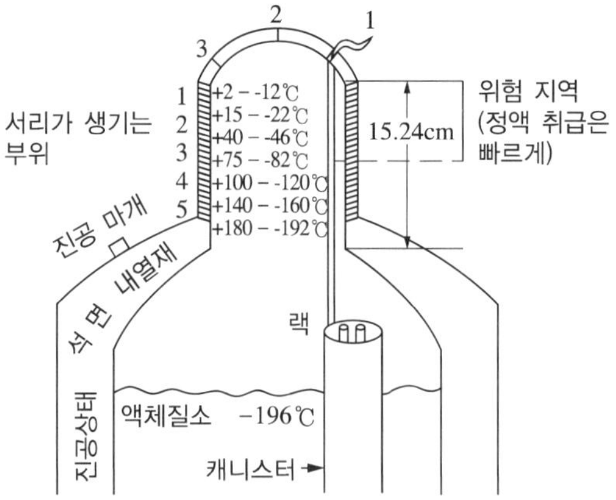

액체질소 내부의 온도

a : 스트로　　b : 유리앰플　　c : 스트로팩(Goblet)
d : 스트로팩 홀더(Gobletrack)　　e : 캐니스터

[액체 질소통 구성품 및 내부 위치에 따른 온도 분포 모식도]

냉동정액의 융해는 35℃의 미온수나 4~5℃의 저온수를 사용하여 융해한다. 가장 일반적인 냉동정액의 융해 방법은 다음 그림과 같이 35℃에서 20초간 융해하는 방법이 통용되고 있다. 융해 직후 곧바로 수정에 사용하는 경우는 35℃의 미온수에 0.5mL 스트로는 15~20초간 담가 융해한 후 곧바로 사용한다. 융해 후 1~2시간 이내에 주입하도록 해야 한다.

냉동정액의 융해는 ①~⑤의 과정을 거치며, 냉동정액의 융해 시 필요한 기자재로는 정액이 들어있는 액체질소통, 스트로 핀셋, 휴지, 수조, 온도계, 수정기록부 등이 있다. 상세한 냉동정액의 융해 과정은 다음과 같다.

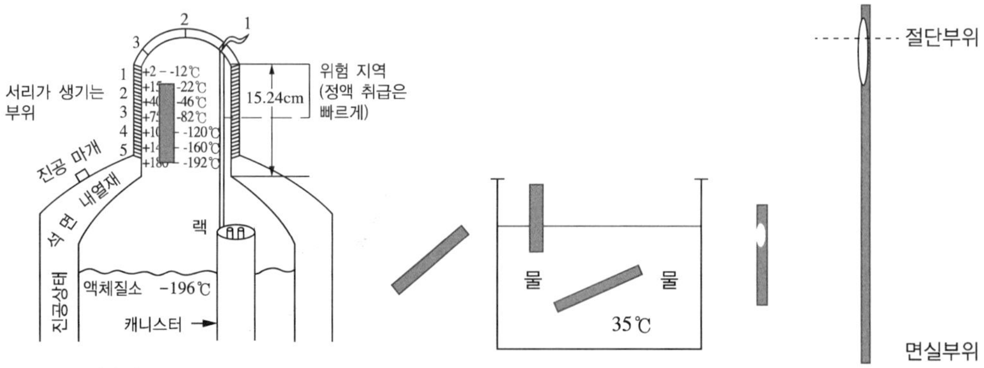

액체질소 내부의 온도

①　②　③　④　⑤

[냉동정액의 융해 과정]

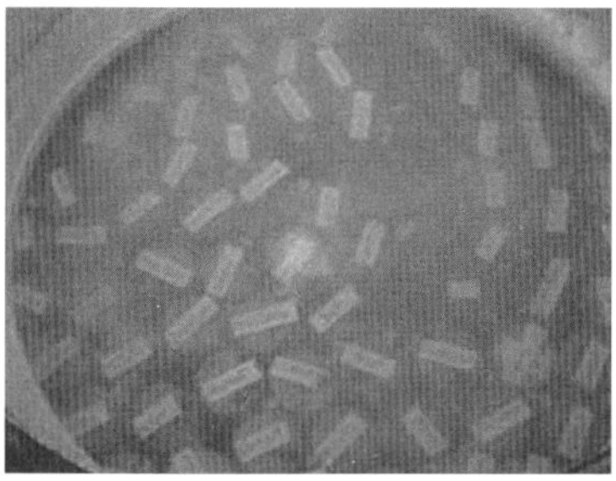

A. 정액선별

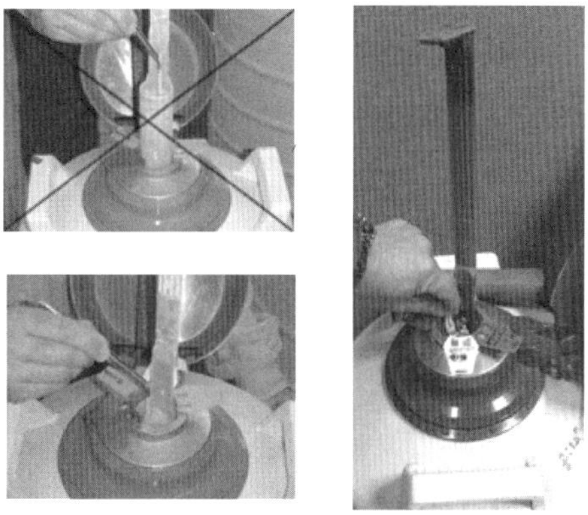

B. 정액 꺼냄

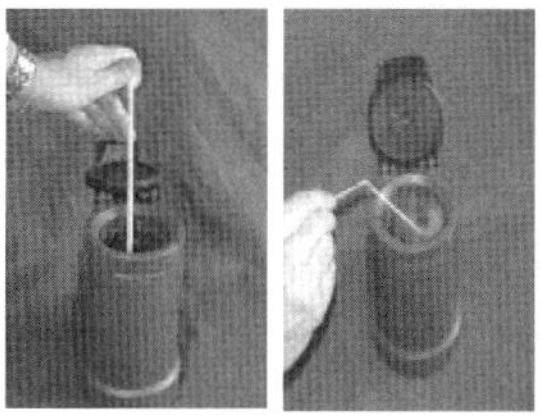

C. 융해(35~37℃에서 20초간)

D. 물기(수분) 제거

[액체질소통에 보관된 정액의 융해 과정(A → D)]

① 액체질소통을 열고 내부 정액 스트로를 꺼낼 때 : 캐니스터를 들어 올릴 때 액체질소통의 목보다 낮게 캐니스터를 위치시켜야 한다.

※ 정액을 꺼낸 후 캐니스터를 원 위치시키고 액체질소통의 뚜껑을 잊지 말고 닫아야 한다(액체질소 손실 방지 : 비용 절감 처리).

② 꺼낸 정액 표면의 액체질소를 가볍게 흔들어 기화시킨다.

③ 정액을 35℃ 수조에 침지시키고 20초간 융해시킨다.

* 이때 융해 온도와 시간을 큰 소리로 말한다.

④ 수조에서 핀셋으로 꺼낸 정액의 물기를 제거하고 수직으로 세워 기포를 정리한다.

* 정액 내부의 미세 기포(공기)들을 가볍게 튕겨서 위로 위치시킨다.

⑤ 검사 또는 장전을 위해 절단할 경우에는 스트로를 수직으로 세운 뒤 상단 기포 부분(상단 가장자리)에서 안쪽(또는 하단)으로 0.5cm 위치에서 절단한다. 이때 반드시 스트로 절단 가위나 전용 커터기를 사용한다.

※ 일반 가위를 사용하면 절단면에 각(角)이 발생하면 추후 어댑터에 잘 맞지 않게 되어 정액의 누수가 발생할 수 있다(실기 시험 시에는 감독관에게 수평으로 절단한다고 크게 말한다).

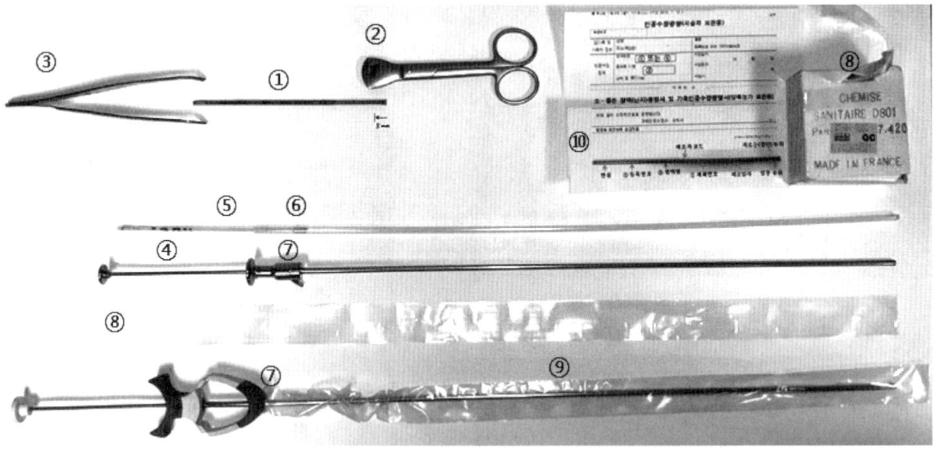

① 동결정액 ② 스트로 절단 가위 ③ 스트로 핀셋 ④ 주입기의 주입봉 ⑤ 정액 ⑥ 시스 및 시스 내 어댑터 ⑦ 시스 잠금장치 ⑧ 주입기커버(비닐) ⑨ 장전완료된 주입기 ⑩ 인공수정기록부

[정액의 주입기 및 장전에 필요한 기구들]

※ 융해된 동결정액(①)은 핀셋(③)으로 집거나 손으로 가장자리를 잡고 기포를 상단으로 위치시킨 후 스트로 절단 가위(②)로 수평으로 절단한 후 정액의 절단면이 시스(⑥) 내부의 어댑터 내에 잘 맞물리게 한 다음 정액주입기의 주입봉(④)을 스트로 길이만큼 후진시켜 둔 다음 정액이 꽂혀 있는 시스와 주입기를 결합시킨다. 이때 시스의 후반부가 주입기의 고정장치와 잘 맞물리게 하여야 한다. 그 다음 비닐로 주입기를 피복시켜 오염되지 않도록 한다(⑦, ⑧, ⑨).

[융해 과정 중 중점 점검사항(체크리스트, 작업장 평가, 역할 연기 등)]

1. 액체질소통을 열고 내부 정액스트로를 꺼낼 시 : 캐니스터를 들어 올리는 위치
   - 액체질소통의 목보다 높게 캐니스터를 위치시키지 말아야 한다.
   - 정액을 꺼낸 후 캐니스터를 원위치시키고 액체질소통의 뚜껑을 닫는지 여부(뚜껑을 반드시 닫아야 한다)

   ※ 액체질소통에서 정액스트로를 꺼낼 때 핀셋으로 집어서 꺼내기 : (손으로 집으면 감점)
2. 꺼낸 정액의 표면 액체질소를 기화 여부
   - 약간 흔들어 기체를 증발시키는가?
3. 융해 온도와 시간을 지키기 : 정액을 35℃ 수조에 침지시키고 20초간 융해시키는가?
   - 융해 온도와 기간을 말하거나 물을 때 정답 여부 확인
4. 수조에서 핀셋으로 꺼낸 정액의 물기 제거 및 기포 처리하기
   - 휴지(수건 등)로 정액 외부의 물기를 닦는지 여부?
   - 물기가 제거된 정액 스트로를 수직으로 세워 내부 기포를 위쪽으로 위치시키는가?
5. 장전하거나 정액 검사를 위해 스트로를 수직으로 세운 뒤 수평 절단 여부?
   - 수평 절단하지 않거나 절단된 단면이 수평(수직)이 아니면 감점 처리
   - 정액의 내역을 확인하거나 기록하는가의 여부

   ※ 정액의 내역(정액 명, 등록번호 등)을 확인할 수 있어야 한다.

   예 융해한 정액의 등록번호는 몇 번입니까? 정액(종모우)의 이름은 무엇입니까?
   질문 시 확인하고 답변할 수 있어야 한다.

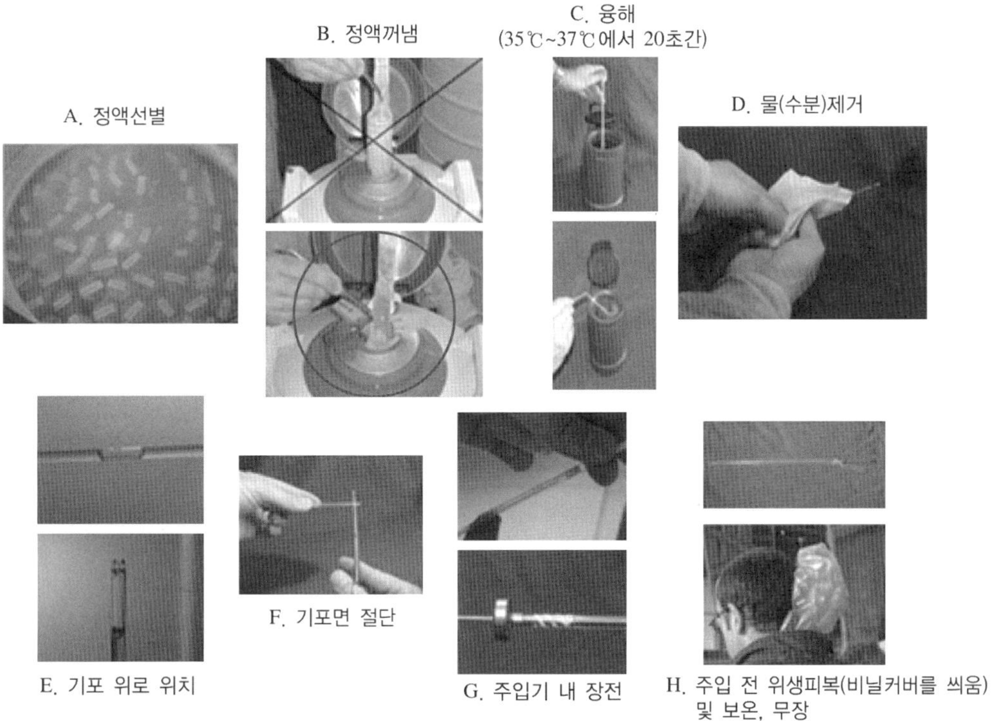

[냉동정액 융해부터 주입 준비까지 과정(A → H)]

7. 정액의 주입

정액의 주입은 인공수정의 마지막 단계로 수태율의 양부를 결정하는 중요한 기술이다. 정액의 주입 시에는 정액의 취급에 신중하고, 주입기의 소독을 엄중히 하고, 수정적기를 잘 판단한 뒤 정확한 주입 부위에 위생적인 주입을 행하는 것이 대단히 중요하다.

동물의 종류에 따라 정액주입기구, 정액주입량, 주입시기, 주입부위 및 주입방법은 서로 약간씩 다르다.

(1) 정액 주입기

① **소 정액 주입기** : 현재 우리나라에서 주로 사용되고 있는 주입기는 0.5mL 스트로 정액주입기이다. 스트로 주입기는 길이가 50cm(직장질법용)인 것과 40cm(경관겸자법용)인 것의 두 종류가 있으며, 각각에 0.25mL 스트로 겸용과 0.5mL 스트로용이 있다. 유럽에서는 0.25mL 스트로 정액주입기를 사용한다(수정란 겸용).

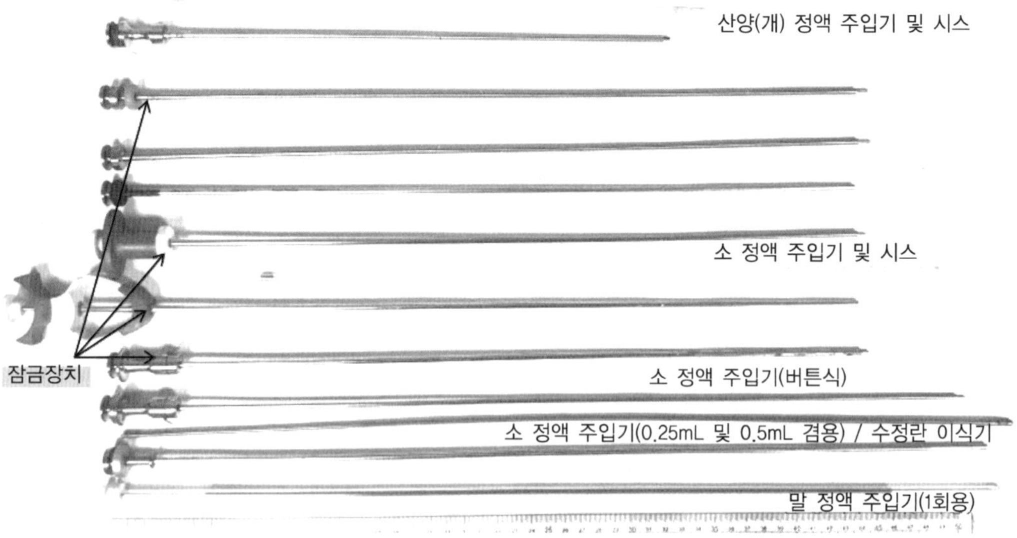

[다양한 소 정액주입기]

더 알아보기 소 정액의 주입기 장전 순서(재확인)

1. 인공수정 대상 소의 발정과 정액 내역을 확인한다.
2. 정액의 기포(상단) 부위를 수평(수직)으로 절단한다.
3. 주입기의 주입봉을 스트로 길이만큼 뒤로 후진시킨다.
4. 절단된 정액을 주입기 선단에 면실부분이 먼저 삽입되도록 넣는다.
5. 삽입된 정액의 선단이 시스 내 어댑터에 잘 맞물리도록 한다.
7. 시스(주입기 캡)가 주입기의 안쪽 잠금장치에 고정되도록 한다.
8. 비닐커버(또는 Protector)로 주입기를 씌워둔다.

② **돼지 정액 주입기** : 국내에 사용되고 있는 돼지 정액주입기에는 고무와 플라스틱 제품이 있다. 이들 주입기는 선단부가 나선상으로 만들어져 있고, 주사기 또는 정액병(폴리에틸렌 제품)에 연결해서 주입한다(다음 그림 참조). 다음 그림에서는 돼지정액 주입에 이용되는 자궁심부 주입기(수정란 이식용으로 활용 가능)도 보여 주고 있다. 경우에 따라서는 카테터도 유용하며 일회용 돼지정액 주입기가 널리 이용되고 있다.

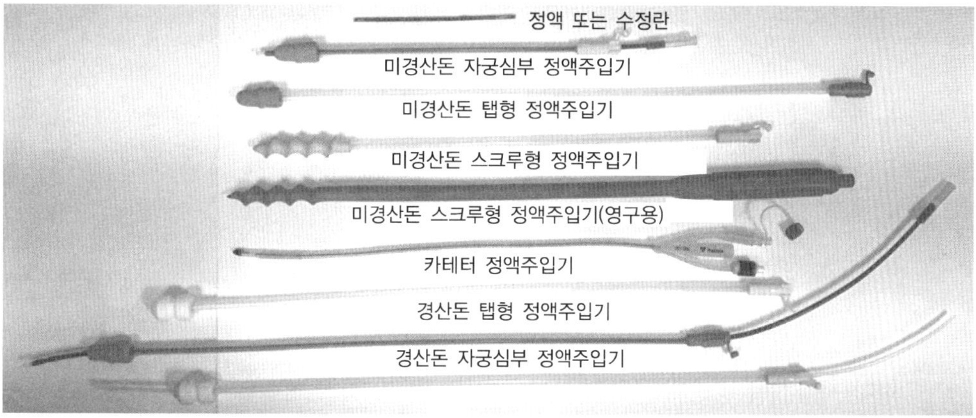

[돼지 정액 자궁 심부 주입기(수정란이식 가능)]

(2) 정액 주입 방법

① **소의 정액 주입법** : 직장질법, 경관겸자법, 질경법 등이 있다. 암소에 정액을 주입할 때에는 질경을 사용하여 자궁경(子宮頸)을 노출시킨 후 이를 겸자(Forcep)로 고정시킨 다음 주입기를 사용하여 자궁경관 심부에 정액을 주입한다. 최근에 일반화되어 있는 직장질법(Rectovaginal Method)에 의하여 정액을 주입할 때에는 직장에 넣은 손으로 자궁경을 엄지와 검지로 거머잡고 나머지 세 손가락은 주입기 선단이 경관 입구에 삽입될 수 있도록 주입기의 받침대 역할을 하도록 하여 주입기가 경관을 통과하도록 한다. 이때 경관을 잘 고정시키기 위해서는 골반 강(腔)벽에 붙여서 작업하는 것도 요령이다.

겸자법의 경우 마찬가지로 자궁경관 심부에 주입한다(실제로는 자궁체 또는 배란된 자궁각에 주입한다). 주입기를 경관에 통과시킬 때 주입기 자체로 조정하는 것보다 경관을 잡은 왼손으로 조정하는 것이 훨씬 용이하다. 질경법은 직장질법으로 경관을 거머쥐지 못하는 소형 동물(개, 고양이 등)의 인공수정 시 자궁경관을 육안으로 관찰하며 정액을 주입하는 방법이며, 소의 경우에는 초보자나 미숙련자가 자궁 경관 입구를 눈으로 관찰하며 정액을 주입하는 경우에 주로 이용된다.

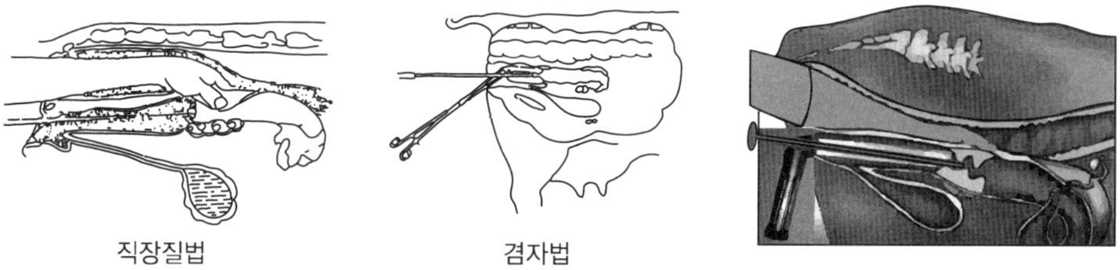

[소의 정액주입 방법(직장질법, 경관겸자법 및 질경법)]

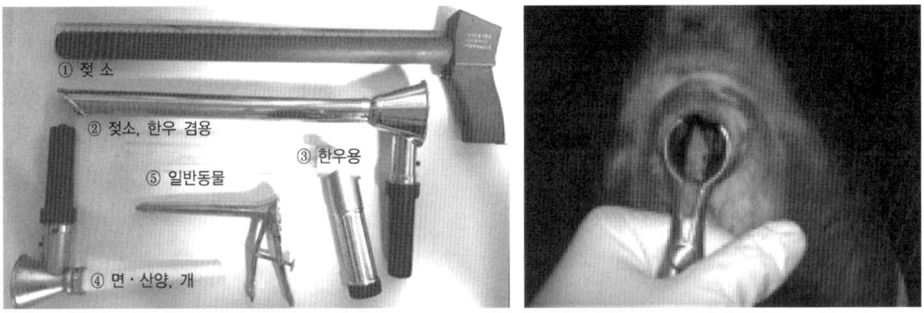

[정액주입을 위한 질경의 종류]

한편 직장질법 정액주입 시 자궁경관을 골반강의 한쪽 벽면에 밀착시키면 주입기의 경관 내 삽입 및 통과가 용이하다.

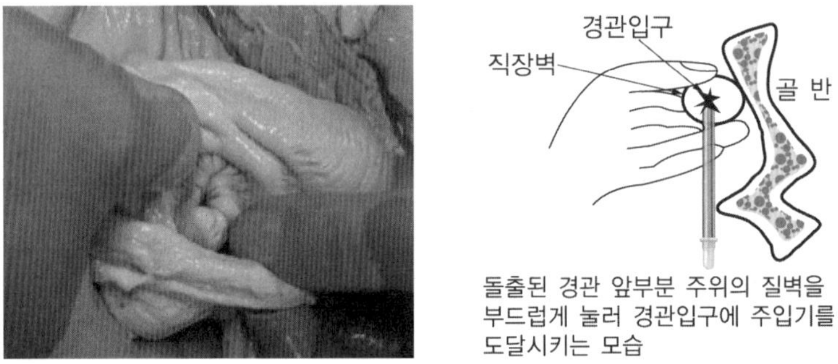

[자궁경관 입구 찾기 및 통과요령]

② **돼지의 인공수정** : 외음부를 닦고 벌려서 주입기에 윤활제를 묻힌 후 주입기를 15° 상방향으로 질 내에 삽입하여 10~20cm 전진시키고, 다시 수평으로 전진시켜 주입한다. 주입기의 선단이 자궁경관에 도달되면 시계반대방향으로 돌려서 전진시켜 주름(Folds, 추벽)을 두 개쯤 지났다고 생각될 때에 주입기가 맞물렸는지 뒤로 당겨 확인한 후 정액(병 또는 팩)을 연결시킨 후 쥐어짜서 연결된 정액을 서서히 3~5분 동안 주입한다. 경관 내에 주입기가 잘 맞물려 있지 않으면 정액이 역류되기 때문에 쉽게 알 수 있다.

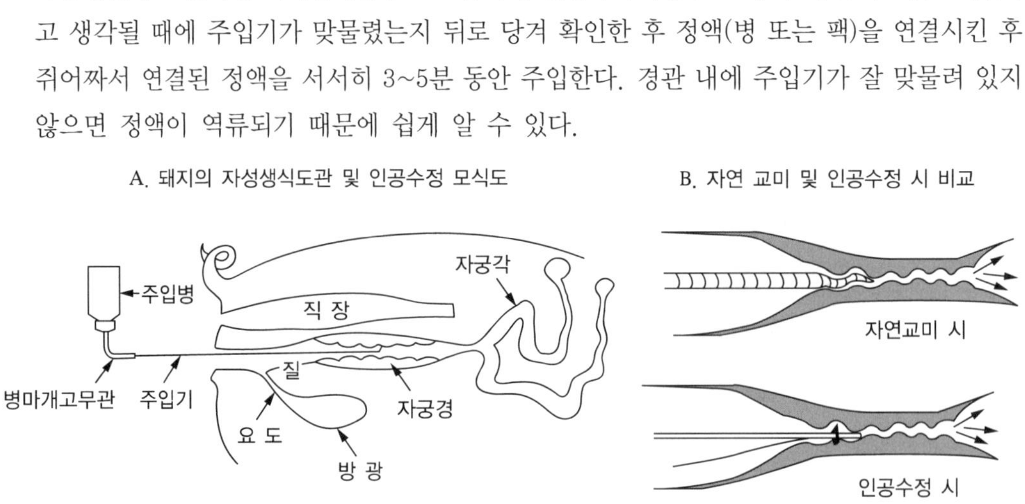

[돼지 인공수정 모식도]

(3) 정액주입량과 주입정자수

인공수정에 의해 주입된 정액은 수태에 필요한 정액량, 정자수 및 정자활력, 생존율을 감안해서 결정해야 한다. 동물별 1회 주입량 및 정자수는 대개 다음 표의 내용과 같이 하는 것이 적당하다.

[정액주입량과 주입 정자수]

동 물	주입량(mL)	총정자수(× 10^8, 억)	동 물	주입량(mL)	총정자수(× 10^8, 억)
소	0.25～0.5	0.25～0.5억	면・산양	0.25～0.5	1억 이상
돼 지	40～80	20억 이상	개	5～20	0.25～0.5억
말	20～40	10～15억	사 슴	0.25～0.5	0.1～0.3억

(4) 인공수정 후 기록

다음 서식은 소의 인공수정 후 수정증명서(제11호의 서식)에 대한 기록의 예시이다. 소의 혈통관리를 위해서는 인공수정 후 잘 기록된 수정증명서(수정기록부)에 의하여 혈통이 바르게 정립될 수 있다. 수정증명서에는 암가축 품종(이름), 사용한 정액의 이름(종모우 명), 정액의 등록번호 등을 기입한다(실기 시험에서 기록도 채점함).

돼지(비육돈) 정액 증명서도 참고할 필요가 있다(축산법 시행규칙 별지 제11호의2 서식에서 참고).

■ 축산법 시행규칙 [별지 제11호의2서식] <개정 2019. 12. 31.>

(앞쪽)

발행번호

돼지 정액(난자)증명서

정액(난자) 생산(수입)업체: 확인일자 : 년 월 일

위 업체의 정액(난자) 생산(수입)을 위한 종돈의 정보를 아래와 같이 확인합니다.

확인	종축등록기관 (인)

품종	등록 번호	정액(난자) 번호	90kg 도달일령(일)	일당 증체량(g)	사료 요구율	등지방 두께(mm)	생존새끼수

* 종돈별 혈통 및 유전능력 참고자료는 뒷면 참고

210mm×297mm[백상지(80g/㎡)]

■ 축산법 시행규칙 [별지 제11호서식] <개정 2019. 12. 31.>

(앞쪽)

인공수정증명(시술자 보관용)

발급번호			
암가축 및 사육자 정보	성명	품종	
	주소(목장명)	등록번호 또는 개체식별번호	
인공수정 정보	정액번호 ① 또는 ⑤	수정일자 년 월 일	
	종축 이름 ②	수정횟수 회	
	상태 및 특기사항	수정사	

▪ ▪ ▪ ▪ ▪ ▪ ▪ ▪ ▪ ▪ ▪ ▪ ▪ ▪ 자 르 는 선 ▪ ▪ ▪ ▪ ▪ ▪ ▪ ▪ ▪ ▪ ▪ ▪ ▪ ▪

소 정액(난자)증명서 및 가축인공수정증명서(양축농가 보관용)

[정액(난자)증명]

발급번호

정액(난자)생산업체 또는 수입업체

품종	원산지		공급수량
종축 이름	정액번호	등록번호	개체식별번호

혈통	부		등록번호	
	조부		등록번호	
	모		등록번호	
	외조부		등록번호	

공급하는 정액(난자)의 혈통을 위와 같이 증명합니다.

확인	종축등록기관 (인)

(수정증명)

암가축 및 사육자 정보	성명	품종
	주소(목장명)	등록번호 또는 개체식별번호 ① 또는 ⑤
인공수정 정보	수정일자 년 월 일	수정횟수 회
	상태 및 특기사항	재발정 예정일
		분만 예정일

위와 같이 수정하였음을 증명합니다.

가축인공수정사 · 수의사 (인)

종모축 유전능력 참고자료

210㎜×297㎜[백상지(80g/㎡)]

[소 인공수정 후 정액에 대한 수정 기록(증명) 예시]

8. 정액의 보존 및 수송

돼지 액상 정액의 경우 희석이 완료된 정액은 1회 1두 분씩(80~100mL) 주입병(또는 팩)에 담아 정액보관고(17~18℃)에서 온도충격을 받지 않도록 보관하고 필요시 하나씩 꺼내 사용하면 편리하다. 수송할 때에는 스티로폼박스 혹은 휴대용 온장고 등을 이용하여 외기 온도에 영향을 받지 않도록 세심하게 주의하여야 한다. 액체질소통(Container)에 보관 중인 동결정액의 경우 가급적 외부 충격이 가해지지 않도록 보관하며, 이동 중에도 크게 움직이지 않도록 하여야 한다. 액체질소통을 심하게 움직였거나 외부 충격(지면에 갑작이 놓거나 움직일 때)이 가해졌을 경우 또는 동결정액을 너무 자주 꺼냈다가 보관된 동결정액은 스트로에 균열이 있어 쉽게 터지게 된다. 그러므로 공기 중에 노출시켜 융해시키는 것보다 물속에서 융해시키는 것이 바람직하다. 한편 동결정액이 고블릿 랙(Goblet Rack)에 보관되어 있는 경우 랙의 손잡이가 직각으로 구부려져 있기 때문에 고블릿 내 동결정액을 꺼낼 때 정액이 파손되기 쉬우므로 랙의 손잡이를 45° 정도 또는 완전히 편상태에서 동결정액을 핀셋으로 집어낸 후 랙의 손잡이를 원상으로 되돌려 놓고 질소통의 뚜껑을 닫는다. 이때 랙을 원상복구해 두지 않은 상태에서는 캐니스터(고블릿 랙이 들어있는 홀더)가 잘 정리되지 않는다.

07 수정란 이식(受精卵移植, Ovum Transplantation)

암컷으로부터 수정란을 채취하여 다른 암컷에게 이식하고 그 배를 빌려서 새끼를 분만시키는 기술이다. 가축을 인위적으로 번식시키는 한 방법으로, '인공임신', '인공수태', '배이식(胚移植)'이라고도 한다.

1. 수정란 이식의 장단점

(1) 의 의

우량한 유전형질을 가진 암・수의 교배나 우량형질을 가진 수컷의 정자를 인공수정에 의해 광범위하게 분배함으로써 가축의 질을 높인다.

(2) 장 점

우량한 유전형질을 가진 수정란을 많이 얻을 수 있다.

※ 다배란 유기처리(多排卵 誘起處理) : '도너(Donor, 공란축)'에 호르몬 처리를 하여 난포를 발육배양시켜서 인공수정을 실시한다.

(3) 단 점

수정란을 채취해도 레시피엔트(Recipient, 수란우)의 자궁이 착상임신에 적합한 생리상태가 아니면 힘들여서 이식하여도 수태하지 않는다.

※ 수정란의 보존 및 레시피엔트의 발정조정 : 수정란을 레시피엔트가 수정할 수 있는 성주기(性周期)까지 보존하거나 레시피엔트를 수정할 수 있는 상태로 바꿔야 한다.

2. 수정란 채취

수정란을 채취하기 위해서는 '도너(Donor)'를 도살하는 방법, 개복해서 난관・자궁을 관류(灌流)하는 방법, 자궁만을 세정(洗淨)하는 방법 등이 있다(수정란 채취방법 참고).

(1) 외과적 방법

요부 전방이나 복부 정중선을 따라 10~15cm 정도 절개하여 자궁 및 난관접합부로부터 난관상단을 향해 관류액을 10mL 정도 주입해서 난관으로부터 수정란을 회수하는 방법이다. 수술 시 전신마취나 국소마취를 한다. 토끼, 생쥐, 돼지, 면양 등과 같이 취급이 용이한 가축은 수술이 쉽다.

(2) 비외과적 방법

개복수술을 하지 않고 비외과적 방법으로 수정란을 채취한다. 이 방법은 수정란이 자궁에 완전히 도달, 즉 배란 후 4~5일이 지난 후 6~7일에 특수하게 고안된 카테터(Foley Catheter)를 사용해서 관류액 약 500~800mL를 양쪽 자궁각에 각각 주입하고 자궁을 세척함으로써 얻어진 관류액 속에서 수정란을 회수하는 방법이다.

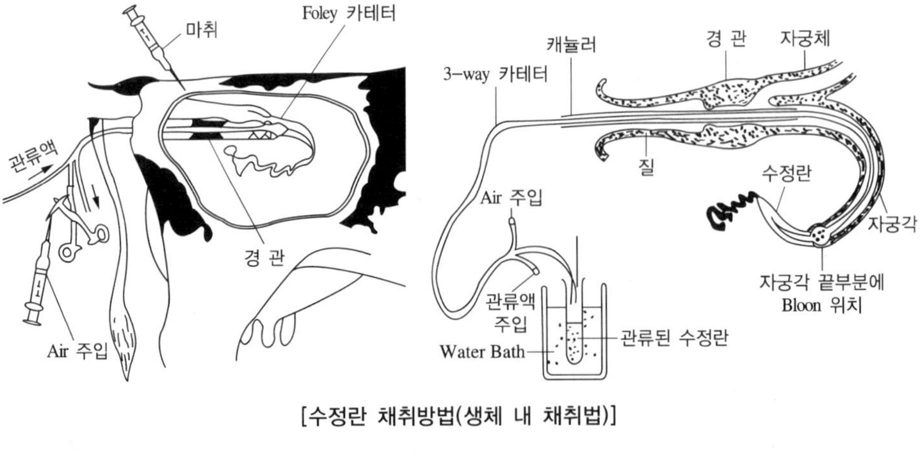

[수정란 채취방법(생체 내 채취법)]

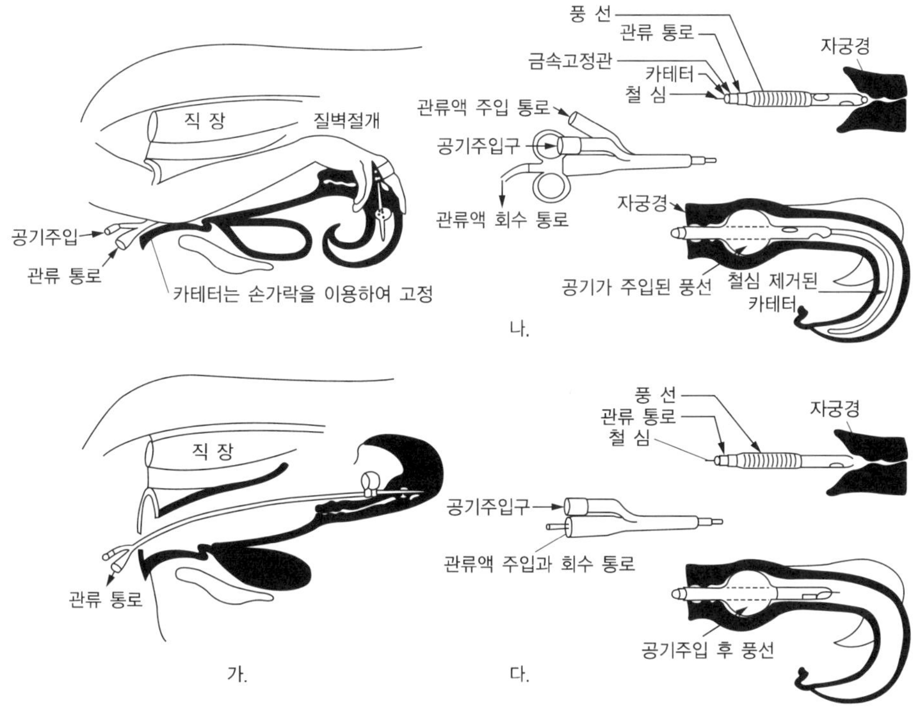

[소의 비외과적 수정란 회수 모식도(직장질법)]

더 알아보기 OPU(난자 채란) 기술

목적 : 채외수정란을 생산하기 위한 비외과적 대량 난자자원 확보
대상 : 가축 및 반려동물(개, 고양이)
방법 : 다배란 처리(자연발정)된 개체로부터 초음파 화상을 통하여 채란

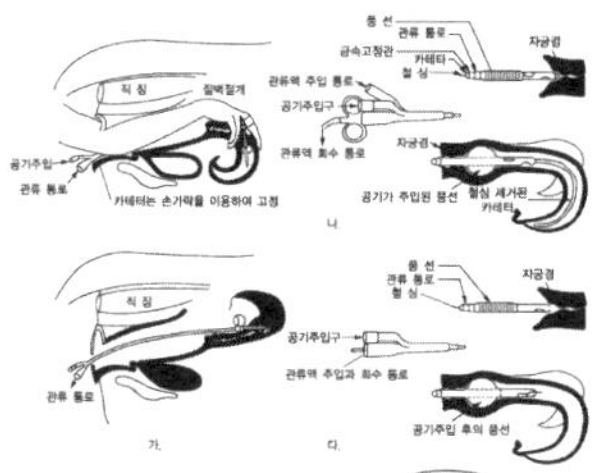

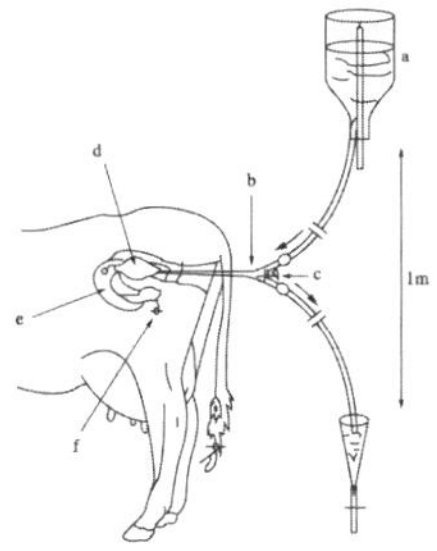

일반적인 채란(자궁관류법)

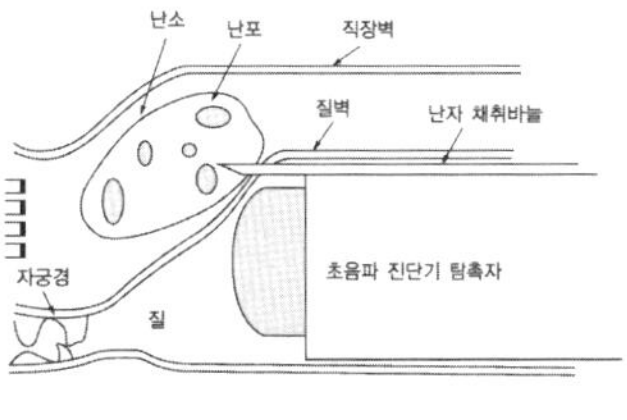

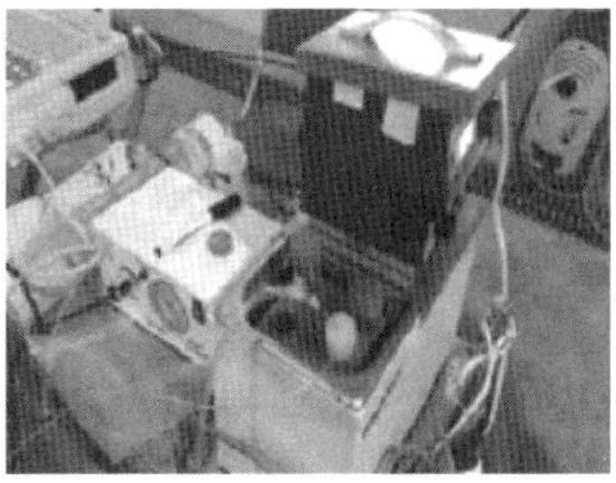

OPU 난자 채란

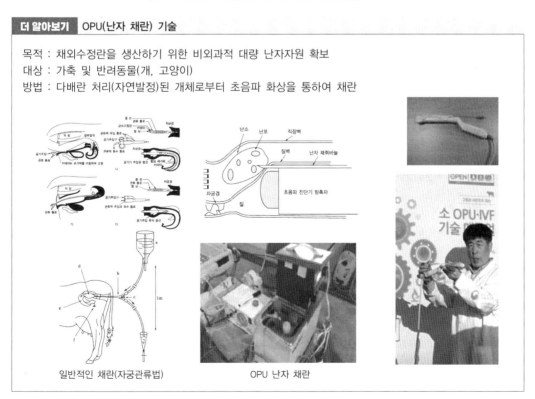

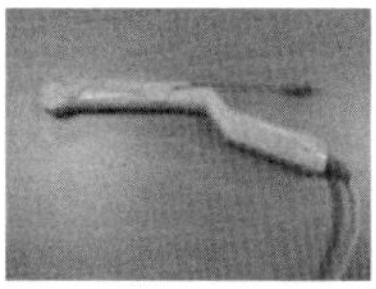

3. 수정란 이식

(1) 수정란이 발달되지 않은 경우 난관으로 이식한다(외과적).

(2) 발육되고 있는 경우는 직장질법으로 자궁에 소량의 부유액(浮游液)과 함께 이식한다.

(3) 수정란이식 시기는 공란우의 인공수정 후 6~7일째 채란하여 발정동기화된 수란우에 이식한다.
※ 공란우와 수란우의 발정주기 차이는 ±1일 이내가 적당하다.

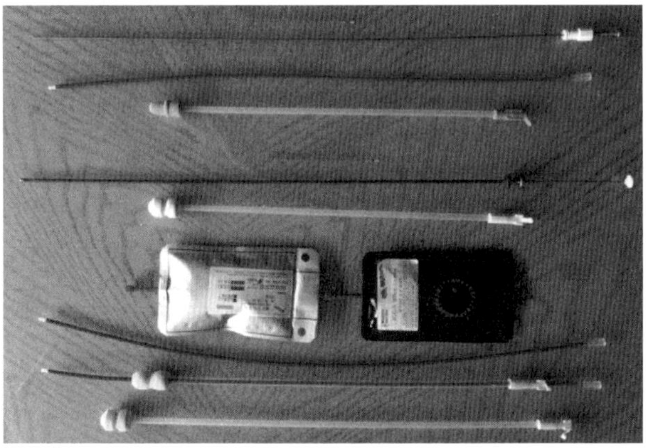

4. 수정란 이식기술의 일반화를 위한 선결문제

(1) 양질의 수성란을 나수 확보할 수 있는 방법을 획립해야 한다.

(2) 초저온에서도 수정능력을 손상시키지 않고 장기간 보존할 수 있는 방법을 개발해야 한다.

(3) 수정란의 질을 객관적으로 정확히 판정할 수 있는 방법을 개발해야 한다.

(4) 수정란 이식기술과 관련하여 수정란의 성감별과 Clone 생산 및 이식 등과 같은 기초연구를 수행해야 한다.

5. 수정란 이식수술의 산업적 이용

(1) 가축개량

(2) 특수 품종의 증식

(3) 인위적인 쌍태유기나 학문연구에 활용

(4) 새로운 가축 품종의 도입

더 알아보기 수정란 이식 학자들

① 소의 수정란 이식을 최초로 성공 : Willett(1955년)
② Arerill(1962년) 등의 보고
③ 소의 수정란 이식을 개복수술을 하지 않고 비외과적 이식을 처음으로 성공한 사람은 Mutter(1964)와 Sugie(1965)이다.

08 가축의 이상수정(異狀受精)

1. 다정자 수정(Polyspermy)

1개의 난자에 2개 이상의 정자가 침입하는 것으로, 정상교미에서 1~2%의 빈도로 나타나며, 특히 노화 난자의 경우에 출현빈도가 높다.

2. 다란핵 수정(Polygyny)

정자의 침입을 받은 난자가 제2극체를 방출하지 못하고, 2개의 난자유래의 핵이 정자의 핵과 융합하여 3배체(XXY, XXX)를 형성하는 현상으로, 배는 발생 초기에 주로 사멸한다. 사람의 경우 생존 시 클라인펠터(Klinefelter Syndrome) 증후군(XXY)이 되어 불임이 된다.

3. 단위 발생(Parthenogenesis)

난자가 정자침입 이외의 물리화학적 자극에 의하여 발생이 일어나는 현상을 단위 발생이라 한다. 단위발생을 위한 물리적 자극으로는 주로 전기적 자극을 이용한다. 자연발생에서는 파충류(일부의 도마뱀)와 꿀벌의 번식이 이에 해당한다.

적중예상문제

01 한 발정기의 개시로부터 다음 발정기 개시까지를 무엇이라 하는가?

① 발정 주기 ② 성 성숙
③ 발정 휴지기 ④ 발정 징후

02 다음 중 단발정 동물이 아닌 것은?

① 말 ② 곰
③ 여 우 ④ 이 리

03 발정주기 중 생식기가 Estrogen의 영향을 받는 시기는?

① 발정 전기 ② 발정기
③ 발정 후기 ④ 발정 휴지기

04 황체(Corpus Luteum)로부터 분비되는 Progesterone의 영향을 받는 시기로 자궁내막의 자궁선이 급격히 발달하는 시기는?

① 발정 전기 ② 발정기
③ 발정 후기 ④ 발정 휴지기

05 소의 발정징후(發情徵候)를 바르게 설명한 것은?

① 난소의 황체가 소실되고 요를 찔금거리고 자주 울며, 자궁경이 이완된다.
② 등을 눌러주면 부동반응을 나타내며 교미에 적합한 자세를 취한다.
③ 식욕이 왕성해지며, 온순해진다.
④ 유량이 늘지만 유질의 변화는 없다.

06 다음 가축의 발정지속시간 중 틀린 것은?

① 소 : 12~18시간
② 면양 : 24~36시간
③ 돼지 : 20~30시간
④ 말 : 4~8일

해설
돼지의 발정지속시간은 48~72시간이다.

07 다음 가축의 발정휴지기간 중 맞지 않는 것은?

① 소 : 발정 주기 5일부터 16~17일까지
② 면양 : 발정 주기 4일부터 13~15일까지
③ 돼지 : 발정 주기 6일부터 16~17일까지
④ 말 : 개체에 따라 차이가 많으나 14~19일 동안

해설
돼지의 발정휴지기간은 발정 주기 4일부터 13~15일

정답 1 ① 2 ① 3 ② 4 ③ 5 ① 6 ③ 7 ③

08 소의 분만 후 발정 재귀는?

① 4~5일 ② 10~20일
③ 50~60일 ④ 다음 임신 시까지

해설
대체로 30~60일에 정복되므로 분만 후에 첫 발정이 재귀되는 시기는 평균 50~60일이다.

09 소의 발정 주기는?

① 15일 ② 17일
③ 19일 ④ 21일

10 소에 있어서 발정주기 중 출혈은 언제 나타나는가?

① 발정 전기 ② 발정기
③ 발정 후기 ④ 발정휴지기

11 다음 가축 중 분만 후 발정의 재귀시간이 가장 빠른 것은?

① 소 ② 말
③ 면 양 ④ 돼 지

해설
돼지는 분만 후 3~5일에 다시 발정이 오지만 배란을 수반하지는 않는다.

12 발정을 유기시키는 호르몬이 아닌 것은?

① FSH 또는 PMSG 주사
② HCG, GnRH 주사
③ Estrogen 주사
④ $PGF_2\alpha$ 주사

해설
HCG, LH, LH-RH(GnRH)는 배란을 유기시키는 호르몬이다.

13 다음 중 발정동기화의 이점이 아닌 것은?

① 인공수정 실시가 용이하다.
② 계획번식과 생산조절이 가능하다.
③ 수태율이 향상된다.
④ 분만관리와 유축관리가 더욱 유리하다.

해설
인공수정의 장점 중 하나는 수태율이 높다는 점이다.

14 소(암컷)에서 번식에 최초로 공용할 수 있는 시기는?

① 8개월 ② 12개월
③ 15개월 ④ 18개월

해설
최초로 번식에 공용할 수 있는 시기는 신체 발육이 거의 완성되는 18개월령 전후이다.

15 교배 적기를 결정하는 생리적 요인이 아닌 것은?

① 배란시기
② 난자의 수정 능력을 유지하는 기간
③ 정자가 수정 능력을 획득하는 데 요하는 시간
④ 정자가 수정 부위까지 상행하는 데 요하는 시간

해설
가축의 교배적기는 ①, ②, ③ 외에 빈축의 생식기도 내에서 정자가 수정 능력을 유지하는 기간 등이 있다.

정답 8 ③ 9 ④ 10 ② 11 ④ 12 ② 13 ③ 14 ④ 15 ④

16 **소의 교배 적기는 발정 종료 후 대략 몇 시간 동안인가?**

① 0~6시간 ② 8~11시간
③ 13~18시간 ④ 21~25시간

17 **발정주기의 동기화 방법에 해당하는 것은?**

① 공란자와 수란자의 배란을 촉진시키는 방법
② 생식선자극 호르몬을 공란자와 수란자에 동시에 투여하는 방법
③ Estrogen을 공란자와 수란자를 5시간 간격으로 투여하는 방법
④ Progesterone을 500mg씩 매일 10시간 계속 주사한다.

해설
발정주기의 동기화 방법
• 생식선자극 호르몬은 공란자와 수란자에 동시에 투여하는 방법
• 양자의 황체를 동시에 제거하는 방법
• 양자의 배란을 억제하였다가 동시에 배란 억제제를 제거하는 방법 등

18 **소에 대한 발정주기의 동기화 방법에 속하는 것은?**

① Prolactin을 300mg 주사한다.
② Progesterone을 아무 때나 주사하여도 가능하다.
③ 황체기의 말기에 1일 50mg의 Progesterone유제를 주사한다.
④ 황체기의 전기에 5일마다 600mg의 Progesterone유제를 주사한다.

19 **돼지의 교배적기는 수퇘지를 허용한 후 얼마 만인가?**

① 20.0~25.5시간
② 25.5~30.5시간
③ 30.5~35.5시간
④ 35.5~40.5시간

20 **배란(排卵)이란 무엇을 말하는가?**

① 난포자극 호르몬이 분비되는 현상
② Progesterone이 분비되어 여포가 급증하는 것
③ 미성숙한 난포가 성숙하는 과정
④ 성숙한 난포가 파열되어 그 속에 있던 난자가 방출하는 것

21 **교미 시 자극에 의해 배란을 하는 가축은?**

① 소 ② 토 끼
③ 돼 지 ④ 면 양

해설
소 · 말 · 면양 · 돼지 등과 같이 대부분의 가축은 교미와 관계 없이 자연배란을 하지만, 토끼나 고양이와 같은 동물들은 교미자극을 해야만 배란되는 교미배란을 한다.

22 **배란와(排卵窩)에서만 배란하는 가축은?**

① 말 ② 소
③ 돼 지 ④ 산 양

해설
소 · 돼지 · 산양 등의 배란은 난소의 어느 곳에서나 배란이 일어날 수 있지만, 말은 일정한 곳인 배란와에서만 배란된다.

16 ② 17 ② 18 ③ 19 ① 20 ④ 21 ② 22 ① 정답

23 돼지의 발정 징후는?

① 난소의 황체가 그대로 존재하며 배란이 일어나지 않는다.
② 외음부가 빨갛게 부어오르고 등을 눌러 주면 부동반응으로 교미에 적합한 자세를 취한다.
③ 자궁경이 이완되지 않는다.
④ 아무 이상이 나타나지 않는다.

24 돼지의 배란시기로 옳은 것은?

① 발정 개시 후 10~23시간
② 발정 개시 후 35~45시간
③ 발정 개시 후 40시간 이후
④ 발정 폐시 전 1~2일

해설

돼지의 배란시기는 수태지를 허용하기 시작하여 33~44시간(평균 40시간)이며, 발정기의 후반부터 개시하여 약 20개의 난자를 배란하는 데 약 1~6시간(평균 3.8시간)이 걸린다.

25 돼지의 평균 발정주기는?

① 21일 ② 25일
③ 27일 ④ 30일

해설

암돼지의 발정주기는 18~23일(평균 21일)이며, 경산돈(經産豚, Sow)은 미산돈(未産豚, Gilt)보다 약간 길다. 이유 후에는 어미의 영양상태에 따라 다르지만 대개 4~5일 사이에 발정이 온다.

26 말의 발정주기는?

① 11일 ② 21일
③ 31일 ④ 41일

27 면양의 평균 발정주기는?

① 15일 ② 17일
③ 19일 ④ 21일

해설

면양의 발정주기는 16~19일(평균 17일)이고 발정기간은 종류에 따라서 다르지만 36~48시간(평균 38시간)이다.

28 산양의 발정 징후는?

① 자궁경이 이완되지 않는다.
② 식욕이 왕성하며 온순해진다.
③ 수컷이 그리워서 울고 식욕이 떨어지며, 외음부가 붓고 고리를 자주 흔든다.
④ 아무 이상이 나타나지 않는다.

해설

산양의 발정 징후는 수컷을 그리워하고 식욕이 떨어지며 외음부가 붓고 꼬리를 자주 좌우로 흔든다. 자궁경이 이완되며, 난소 내 황체가 소실되고 배란이 일어난다.

29 산양의 발정주기는?

① 13~15일 ② 16~18일
③ 19~21일 ④ 23~25일

해설

산양의 발정주기는 19~21일이다.

정답 23 ② 24 ② 25 ① 26 ② 27 ② 28 ③ 29 ③

30 이상발정이 적고 발정주기가 대체로 규칙적인 가축은?

① 말 ② 산 양

③ 토 끼 ④ 소

해설

소는 일정한 번식계절이 없기 때문에 이상발정이 적으며, 발정주기는 대체로 규칙적이지만 때때로 둔성발정(鈍性發情)이라고 하는 이상발정을 일으키기도 한다.

31 과배란(過排卵)과 관계가 깊은 것은?

① 유기 배란 ② 자연 배란

③ 교미 배란 ④ 수정란 이식

해설

생식선자극호르몬인 GTH인 HCG와 PMS를 주사하면 배란이 유기되며, 이들 호르몬을 이용하여 많은 동물에 과배란을 유기시켜 수정란 이식에 많이 이용되고 있다.

32 배란율(排卵率)을 정확히 설명한 것은?

① 한 발정기에 좌우 1쌍의 난소로부터 배란되는 난자의 수

② 한 발정기에 우측 난자로부터 배란되는 난자의 수

③ 한 발정기에 좌측 난소로부터 배란되는 난자의 수

④ 한 발정기에 배란와에서 배란되는 난자의 수

33 수정률이 높은 웅축과 교배시켜도 계속해서 발정이 나타나므로 반복교배에 의해 임신시키는 가축을 무엇이라고 하는가?

① Repeat Breeder

② Nymphomania

③ Mummification

④ Still-Dirth

34 젖소에 있어서 난소낭종의 증상으로 심한 발정행동이나 불규칙한 발정, 우유생산량의 저하를 나타내며, 사납고 다루기 힘든 정도의 이상발정 형태는?

① 둔성발정 ② 사모광

③ 비배란성발정 ④ 무발정

35 수정란이식의 산업적 이용 범위가 아닌 것은?

① 가축 개량 및 특수 품종의 증식

② 인위적인 쌍태 유기와 학문 연구에 활용

③ 다란핵 수정란의 활용 수단

④ 새로운 가축 품종의 도입 수단

36 난자가 정자의 침입 이외의 물리적 자극에 의하여 발생이 일어나는 현상을 무엇이라고 하는가?

① 다정자 수정 ② 다란핵 수정

③ 단위 발생 ④ 프리마틴

30 ④ 31 ④ 32 ① 33 ① 34 ② 35 ③ 36 ③ 정답

난할과 착상

01 난할(卵割, Cleavage)

세포의 크기는 증가하지 않고 계속해서 분열한다.

1. 배(胚)의 극성(Polarity)

(1) 동물극(Animal Pale) : 핵, 미토콘드리아, 단백질 등이 풍부

(2) 식물극(Vegetal Pale) : 세포질에 공포가 많고 지방구가 집중해 있으며, 비중이 동물극보다 가볍다.

① 제1차 난할은 웅성전핵과 자성전핵이 위치했던 곳을 지나 식물극과 동물극을 연결하는 선에서 일어난다.

② 난할과정(토끼 기준)

수정 → 2세포기 → 4세포기 → 8세포기 → 16세포기 → 상실배 → 초기 배반포기 → 확장배반포기 → 부화기 → 부화 후의 배반포

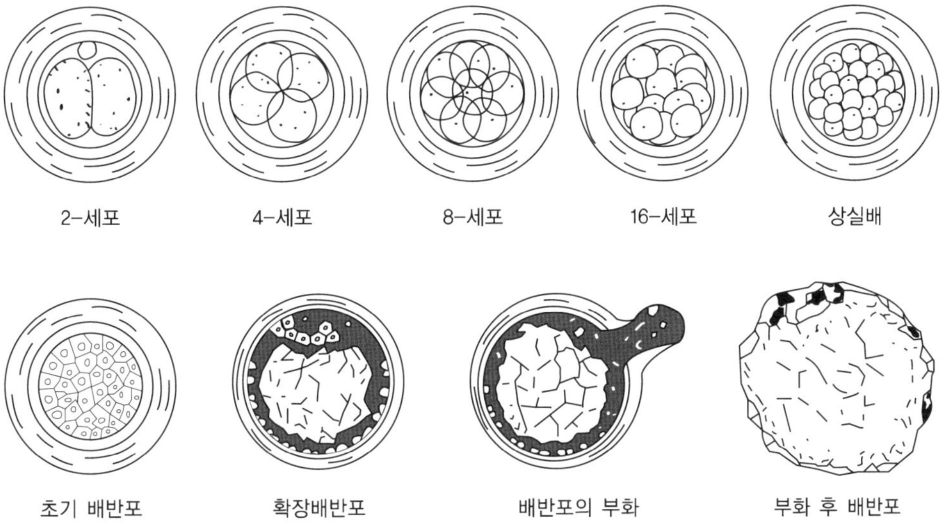

02 착상(着床, Implantation)

자궁에 도달한 배가 자궁강 내에 잠시 부유하다가 성장 후 자궁벽에 정착하여 새로운 배발육 준비를 하는 현상

1. 착상부위

가축의 배반포(Blastocyst)는 자궁간막의 반대측(Antimesometrium)에 착상한다.

2. 착상형태

(1) 중심착상(中心着床, Central Implantation)

배반포가 자궁강 내에서 팽창하여 영양막세포가 자궁상피에 부착. 소, 돼지를 비롯한 대부분의 포유동물에서의 착상 형태

(2) 편심착상(偏心着床, Eccentric Implantation)

설치류(Rodents)의 배반포와 같이 중심에서 떨어져서 착상하는 것(침팬지, 사람에서의 착상 형태)

(3) 벽내착상(壁內着床, Interstitial Implantation)

내막상피를 통과하여 내막의 내부에 착상하는 것

3. 착상시기

(1) 소 : 수정 후 33일경

(2) 돼지 : 수정 후 12~24일경

4. 착상 과정

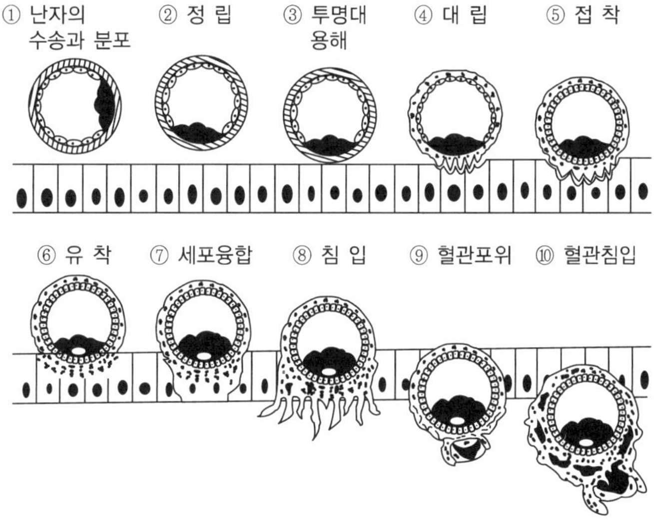

[토끼(중심 착상)와 사람(벽내 착상) 기준]

5. 착상지연(着床遲延, Delayed Implantation)

(1) 자연적 착상지연

노루, 밍크, 곰 등의 배는 자연생태에서 몇 주 또는 몇 개월 후에 착상한다.

(2) 생리적 착상지연

쥐의 경우, 이유 전 발정과 교미로 생긴 수정란이 포유하고 있는 새끼 수에 비례하여 며칠에서 2주일간 착상이 지연되는 현상이다.

03 체외수정(體外受精, In Vitro Fertilization)

1. 개 요

생체 내에서 일어나는 수정과정을 인위적으로 체외에서 재현하는 일이다.

(1) 체외수정 방법

① 정자와 난자의 준비

② 수정

③ **수정의 판정** : 세포질 내에 팽대한 정자두부, 자성전핵과 제2극체 확인 표층과립의 소실 여부

04 Clone 생산과 핵이식

1. Clone 생산

생물세포를 무성적(無性的, Asexual)으로 증식시켜 유전적으로 동일한 세포군 또는 개체군을 생산하는 것을 'Clone 생산'이라 한다.

2. 핵이식(核移植, Nuclear Transplantation)

수정란의 분할구(Blastomere)를 분리하여 배양한 다음 수정란의 핵(또는 체세포의 핵)을 꺼내어 양 전핵을 제거한 다른 수정란(또는 난자)의 세포질에 주입하는 방법으로, 우수한 형질을 가진 개체의 능력을 단시일에 전파할 수 있다.

적중예상문제

01 다음 중 인공수정의 장점이 아닌 것은?

① 가축 개량 촉진
② 종모축의 사양 관리 부담을 경감
③ 종모축의 유전력을 조기에 판정
④ 분만 관리가 용이함

해설

④ 분만 관리가 용이한 것은 발정 동기화의 이점이다.
인공수정의 장점
• 수태율의 향상
• 전염병 · 생식기병 등을 사전에 예방
• 가축개량 촉진
• 종모축의 사양, 관리 부담을 경감
• 종모축의 유전력을 조기에 판정

02 인공수정의 단점에 해당하는 것은?

① 우수한 종모축의 고도 이용이 가능하다.
② 자연교미에 비하여 많은 비용과 시간이 걸린다.
③ 수태율을 향상시킬 수 있다.
④ 수컷의 유전형질을 조기에 판정할 수 있다.

해설

인공수정은 특별한 지식과 기술, 특수한 설비가 필요하여 자연교미에 비해 많은 비용이 들어, 시간이 걸리고 이를 널리 보급할 조직망을 필요로 한다. 또 종모축을 잘못 선택하면 불량한 형질의 유전자가 급속히 넓게 퍼지므로 역효과가 생길 수도 있다.

03 다음 중 소에 있어서 가장 이상적인 정액 채취방법은?

① 전기자극법　② 인공질법
③ 마사지법　④ 누관법

해설

인공질법(Artificial Vagina Method)
현재까지 알려진 가장 이상적인 정액 채취법으로서, 질(Vagina)을 모방하여 만든 인공질 내 정액을 사정시키는 방법으로 채취할 때 인공질 내부 온도는 42~45℃가 알맞다.

04 정액의 검사항목이 아닌 것은?

① 외관과 정액량　② 운동성
③ 정자 농도　④ 비 중

해설

정액의 검사항목은 외관, 정액량, 운동성, 정자 농도, 정자 형태 등이다.

05 동결정액제조 시의 항동해 물질은?

① Glulcose　② Citric
③ Glycerol　④ 난 황

해설

항동해 물질(동해보호물질)에는 Glycerol, DMSO 등이 있다.

정답 1 ④ 2 ② 3 ② 4 ④ 5 ③

06 희석액의 구성성분 중 정자의 에너지원으로 사용되는 것은?

① Glycerol ② DMSO

③ Glucose ④ Egg Yolk

해설

Glycerol, DMSO 등은 동해방지제로 이용된다. 또한 Egg Yolk, 우유 등은 정자를 저온 충격에서 보호하는데 사용된다.

07 난자와 정자의 수정부위는?

① 자 포 ② 난 관

③ 난 소 ④ 난관 팽대부

해설

교미(Copulation)에 의하여 질(소, 면양, 토끼) 또는 자궁경(말, 돼지, 설치류) 내에 사출된 정자는 교미자극에 의한 수축운동과 흡입작용 및 정자 자신의 운동성이 첨가되어 자궁 내로 운반되고, 계속해서 난관팽내부의 수정부위로 수송된다.

08 다음 중 가축의 이상수정(異狀受精)이 아닌 것은?

① 다정자 수정

② 단위 발생

③ 다란핵 수정

④ 전핵의 발달과 융합

09 소의 수정적기(受精適期)는 언제인가?

① 발정 전기

② 발정 중기부터 후기

③ 발정 후기

④ 발정 말기

10 소의 수정완료를 요하는 시간은?

① 10~12시간

② 17~18시간

③ 16~18시간

④ 20~24시간

해설

토끼의 수정완료에 요하는 시간은 10~12시간이고, 면양은 16~18시간이지만, 소는 20~24시간으로 길다.

11 돼지의 수정 적기는?

① 발정 중기부터 후기

② 발정 개시 후 5~9시간

③ 발정 개시 후 10~25시간

④ 발정 개시 후부터 후기

6 ③ 7 ④ 8 ④ 9 ② 10 ④ 11 ③ 정답

12 **돼지의 희석 정액(액상)의 보존온도는 대략 몇 도(℃)인가?**

① 2~5℃ ② 16~18℃
③ 25~30℃ ④ 36~37℃

해설
소·면양의 희석 정액은 2~5℃, 돼지는 16~18℃(평균 17℃)에서 보존한다.

13 **면양의 수정 적기는?**

① 발정 개시 후 12~25시간
② 발정 개시 후 26~30시간
③ 발정 개시 후 31~35시간
④ 발정 개시 후 36~40시간

14 **산양의 수정 적기는?**

① 발정 개시 후 15~20시간
② 발정 개시 후 20~23시간
③ 발정 개시 후 25~30시간
④ 발정 개시 후 32~35시간

15 **토끼의 수태율이 가장 높은 계절은?**

① 봄
② 여 름
③ 가 을
④ 겨 울

16 **수정란의 착상이란 무엇을 말하는가?**

① 수정란이 영양배엽이 되는 것
② 수정란이 16세포기에서 32세포기로 되는 것
③ 수정란이 발육하는 것
④ 자궁에 도달한 수정란(배)이 자궁벽에 부착되어 새로운 배발육을 준하는 것

17 **소의 배란시기는?**

① 발정 폐지 후 8~10시간
② 발정 폐지 후 12~14시간
③ 발정 폐지 후 16~20시간
④ 발정 폐지 후 22~25시간

18 **돼지의 수정 적기의 결정요인은?**

① 발정 개시 후 5~9시간
② 발정 어느 때나 불안하고 식욕이 없을 때
③ 배란 후 40시간 이후
④ 암돼지의 등을 눌러 주면 부동반응을 나타내는 자세의 시기

해설
돼지의 수정적기의 결정요인은 여러 가지가 있으나 돼지가 발정한 이후 등을 눌러주면 부동반응을 나타내며, 교미에 적합한 자세를 취한다. 교미 적기는 발정 개시 후 10~25시간이다.

19 **다음 중에서 태아로 발생하는 것은?**

① 영양막 ② 배반포
③ 내부세포괴 ④ 상실배

해설
영양막은 태반과 태막형성에 관여하고, 내부세포괴는 태아로 발생한다.

정답 12 ② 13 ① 14 ① 15 ① 16 ④ 17 ② 18 ④ 19 ③

20 대부분의 가축이 이루는 착상형은?

① 중심 착상　② 편심 착상
③ 벽내 착상　④ 양측 착상

해설
② 편심 착상 : 설치류
③ 벽내 착상 : 사람, 침팬지

21 자궁 내에서 모체와 배 사이에 접촉이 이루어지는 것을 무엇이라고 하는가?

① 착 상　② 정 위
③ 분 화　④ 체외 수정

22 XXY의 염색체를 갖는 개체의 성은?

① 자 성　② 웅 성
③ 간 성　④ 열 성

해설
XXY개체는 웅성을 나타내며, XO개체는 자성을 나타낸다. 사람의 경우 XXY는 클라인펠터증후군이라고 하며, XO는 터너증후군이라고 한다.

23 다음 가축 중 배란 후의 배반포가 형성되는 시기가 틀린 것은?

① 소 : 7~8일
② 면양 : 5~6일
③ 돼지 : 3~4일
④ 마우스 : 4~5일

해설
돼지의 난자는 배란 후 5~6일에 배반포로 형성된다.

24 세정관의 상피주기란 무엇을 말하는가?

① 발달단계가 다른 생식세포에 동심원적으로 배열되어 있는 것
② 일정한 발달단계가 있는 세포군이 사라졌다가 다시 나타나는 편상이 일정한 간격으로 되풀이 되는 것
③ 상피세포가 주기적으로 새로운 세포로 바뀌는 현상
④ 세정관 상피세포의 함유물질이 주기적으로 바뀌는 현상

25 일란성 쌍자에 대한 설명 중 틀린 것은?

① 보통 하나의 수정란에서 두 개의 태아가 발생한다.
② 융모막을 공유하며 때로는 양막을 공유할 수도 있다.
③ 프리마틴이 된다.
④ 성(性)은 반드시 같다.

해설
프리마틴(Freemartin)은 이성 쌍자에서 자성 태아에 발생되는 현상이다.

26 반추동물에서 배아가 착상하는 곳은?

① 자궁벽　② 자궁내막
③ 궁 부　④ 난 관

해설
반추동물은 자궁에 있는 궁부에 착상하고, 이때 궁부는 모체태반이 된다.

20 ① 21 ① 22 ② 23 ③ 24 ② 25 ③ 26 ③ 정답

27 배(胚)의 위치가 결정되기 전, 수정란은 자궁에서 무엇으로 영양을 공급받는가?

① 제 대 ② 자궁유
③ 난 황 ④ 자궁동맥

해설
착상 전 수정란은 자궁에서 분비되는 자궁유를 섭취하여 영양을 공급받는다.

28 배란 후 난자의 수정 능력과 보유시간에 대한 설명 중 맞지 않는 것은?

① 난자는 노화되면 유산, 배아흡수 및 이상 발생 등이 일어날 수 있다.
② 난자는 대개의 경우 배란 후 12~24시간 정도 수정 능력을 유지한다.
③ 자성생식기관 내에서 난자의 수정능력 보유시간은 정자의 수정능력 보유시간보다 길다.
④ 인공수정시간이 늦을 경우 난자는 그 수정능력 보유 말기에 수정되기 때문에 수정란이 착상되지 못할 수 있다.

29 수정란이식(受精卵移植)의 장점인 것은?

① 유전적으로 우수한 형질을 가진 암컷으로부터 많은 새끼를 얻을 수 있게 되므로 가축의 개량이 촉진된다.
② 수정란이식은 시간과 노력만 든다.
③ 수정란이식은 후대검정에 도움이 되지 않는다.
④ 종축개량에 효과가 없다.

30 소의 수정란 이식에 있어서 자궁에 이식되는 수정란은 어느 단계가 이상적인가?

① 16세포기 ② 32세포기
③ 상실배기 ④ 포배기

해설
배반포기(Blastocyst)의 이식이 가장 바람직하며, 성공률도 높다.

31 수정란 이식 기술이 일반화되기 위해서 해결해야 할 문제가 아닌 것은?

① 양질의 수정란을 다수 확보할 수 있는 방법이 확립되어야 한다.
② 외과적인 채란과 이식의 성공률을 제고할 수 있는 보다 간편한 방법이 개발되어야 한다.
③ 초저온에서도 수정 능력을 손상시키지 않고 장기간 보존할 수 있는 방법이 개발되어야 한다.
④ 수정란의 질을 객관적으로 정확히 판정할 수 있는 방법이 개발되어야 한다.

32 수정란 이식 기술의 산업적 이용성에 적합하지 않는 것은?

① 가축개량
② 특수 품종의 증식
③ 인위적인 단태 유기
④ 가축 도입

정답 27 ② 28 ③ 29 ① 30 ④ 31 ② 32 ③

33 소의 수정란 이식을 개복수술하지 않고 처음 성공한 사람은?

① Heape(1890)
② Mutter(1964) & Sugie(1965)
③ Warwick(1934)
④ Kvansnickii(1951)

34 바람직한 수정란 채취방법은?

① 호르몬 주사법
② 마취법
③ 생체 내 채취법(외과적 방법)
④ 배란유기 처리법

35 수정란 채취방법 중 생체 외 채취법은?

① 비외과적 방법
② 개복수술 채취방법
③ 소나 면양의 경우에 과배란을 실시하고 배란되면 그 암컷을 도살하여 수정란을 채취하는 방법
④ 호르몬주사법

해설

생체 외 채취법
소나 면양의 경우 과배란을 실시하고 배란되면 그 암컷을 도살하여 즉시 생식기를 들어내 난관을 관류하여 수정란을 채취하는 방법이다. 발생이 진행된 배를 얻을 필요가 있을 때에는 자궁을 세척하여 배를 회수하면 된다.

36 수정란 이식의 비외과적 방법은?

① Mutter & Sugie(1964) 등이 개발한 개복수술을 하지 않고 주입기로 수정란을 자궁경관에 이식하는 방법
② 국소마취주입법
③ 전신마취주입법
④ 질내주입법

37 소 수정란의 비외과적 채란방법 중에서 최근에 가장 많이 사용되는 방법은?

① 외과적 방법
② Two Way식
③ Three Way식
④ Foley Catheter

해설

최근 수정란 채취방법은 인간의 방광 세척기와 같은 구조를 가진 Foley Catheter를 사용하여 채란함으로써 좋은 성적을 올리고 있다.

38 돼지, 토끼 등의 수정란 이식성적이 좋은 시기는?

① 배란 즉시의 난자
② 배란 후 4~6세포기의 난자
③ 배란 후 72시간이 경과한 8~16세포기의 난자
④ 배란 후 18~26세포기의 난자

해설

많은 연구결과에 따라 가장 이식성적이 좋은 시기는 배란 후 72시간이 경과한 8세포기에서 16세포기까지로서 그때의 난자가 가장 발육률이 좋다고 한다.

33 ② 34 ③ 35 ③ 36 ① 37 ④ 38 ③ 정답

39 수정란의 적당한 동결보존 온도는?

① −76℃
② −90℃
③ −150℃
④ −196℃

해설

최근 동결수정란은 동결정액과 같은 액체질소(−196℃) 탱크에 보존되고 있다.

40 가축의 수정란을 생리적 적온인 37℃에서 보존할 수 있는 시간 상한으로 틀린 것은?

① 소 : 24시간
② 돼지 : 48시간
③ 산양 : 28시간
④ 면양 : 120시간

해설

일반적으로 산양 수정란의 보존시간은 7시간이다.

41 소에서 다배란을 유기하여 위하여 발정주기 며칠째에 PMSG를 주사하는 것이 가장 좋은가?

① 8일
② 12일
③ 16일
④ 19일

해설

발정주기 16일째에, 3,000~4,000IU의 PSMG를 1회 피하주사하고, 그로부터 3일째와 4일째에 2~3mg의 Estradiol을 각 1회 주사하며, 이어서 발정이 오면 1,000~2,000IU의 HCG를 정맥 주사한다.

42 최초로 수정란이 이식되어 태어난 동물은?

① 소
② 돼 지
③ 토 끼
④ 면 양

해설

1890년에 Heape가 토끼의 수정란을 이식하여 4마리의 어린 토끼를 생산하였다.

정답 39 ④ 40 ② 41 ③ 42 ③

임신과 분만

01 임신(Pregnancy)

1. 임신기의 호르몬

임신(姙娠)은 황체와 태반에서 분비되는 Progesterone의 영향으로 지속된다. 임신기간 중에는 진성 황체에서 Progesterone이 아래 그림과 같이 지속적으로 분비되기 때문에 발정기보다도 높은 수준을 유지한다.

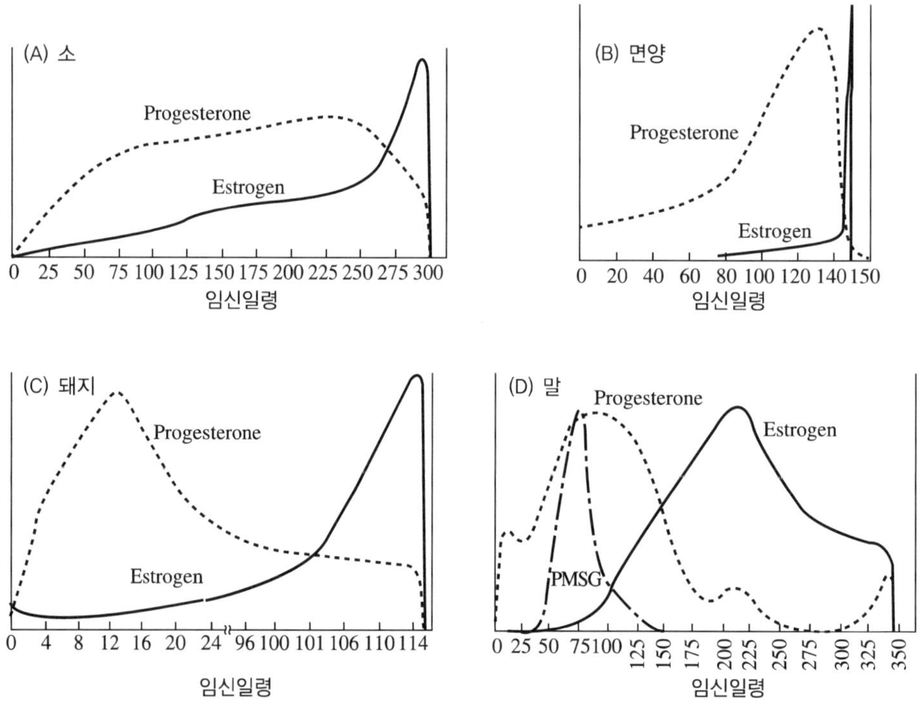

[각 동물의 임신 중 호르몬의 변화 양상]

02 태반(胎盤, Placenta)

태막(胎膜)과 자궁 내막이 접착 또는 융합하여 태아의 모체 사이에 생리적 교환이 이루어지는 기관이다.

1. 태반의 분류

(1) 산재성 태반

말과 돼지에서 볼 수 있는 형태로 태반의 전면에 융모막성 융모가 산재한다.

(2) 궁부성 태반

소와 양에서 볼 수 있는데, 융모막 표면의 곳곳에 융모군이 총모상(叢毛狀)으로 밀집하여 산재하고 이들 부위(궁부)와 자궁소구가 접착하여 태반을 형성한다. 소의 경우 궁부의 수는 80~120개 정도이다.

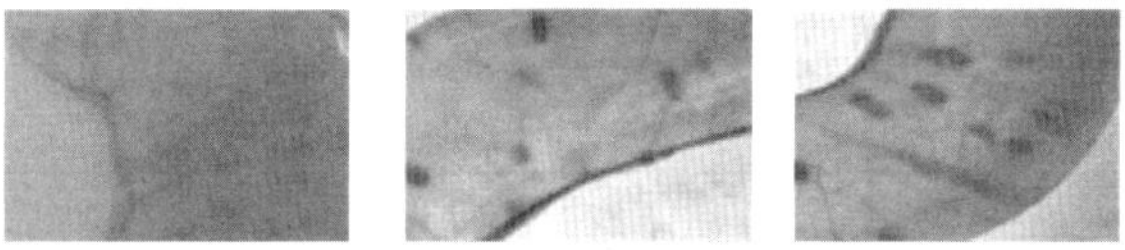

(임신 초기 자궁의 태막) (궁부 형성) (궁부의 발달)

[궁부성 태반의 발달 과정]

(3) 대상태반

개와 고양이에서 볼 수 있으며, 융모막낭의 중앙부에 횡대상으로 융모막 융모가 발달하고 이 부위에 닿는 자궁내막에 탈락막이 서로 접합하여 태반을 형성한다.

(4) 반상태반(盤床胎盤)

설치류와 영장류의 태반으로, 융모막의 일부분에 원반상으로 남은 융모와 자궁내막의 탈락막이 접합하여 형성한 태반이다.

2. 태반의 기능

(1) 물질교환 : 확산, 능동수송, 식작용, 세포흡수작용

(2) 태아의 호흡 : 산소운반

(3) 태아의 영양공급

(4) 호르몬 생산 : PMSG, Estrogen, Progesterone

03 임신기간과 진단

1. 임신기간

(1) 표준임신기간 : 실제로 수정일부터 분만일까지

① 일반적인 임신기간(Gestation Period) : 수태부터 분만까지의 빈축 상태로 있는 기간

종 류	평균(범위)	종 류	평균(범위)
한 우	285	산 양	150
젖 소	278(278~285)	개	60
말	333(310~360)	사 슴	255
돼 지	114(102~128)	토 끼	30
면 양	150(140~159)	고양이	25

② 소의 평균 임신기간 : 280~285일이며, 그 범위는 270~300일이다. 품종에 따라 임신기간에 약간 차이가 있다. Holstein 278.9일, Guernsey 283.4일, Hereford 285일, Shorthorn 281.2일(평균)이다.

③ 돼지의 평균 임신기간 : 114~115일이다. 품종, 개체에 따라 약간의 차이가 있다. 초산돈은 경산돈에 비하여 약간 길다. 만숙종은 조숙종보다 길다.

④ 면양의 평균 임신기간 : 150일이며, 그 범위는 144~158일이다. 어미의 나이가 어린 것은 늙은 것보다 길며, 수컷일 때는 암컷일 때보다 길고, 초산 때는 그 후의 분만 때보다 약간 길며 또한 어미가 큰 것일수록 길다.

⑤ 토끼의 평균 임신기간 : 30일이며, 그 범위는 28~32일이다. 토끼의 임신기간은 1개월로 본다. 가축 중에서 임신기간이 가장 짧은 편이다.

⑥ 말의 평균 임신기간 : 333일이며, 그 범위는 310~360일이다. 또 당나귀는 평균 임신기간이 360일이며, 그 범위는 348~377일이다.

⑦ 산양의 임신기간 : 150~152일이며, 그 범위는 148~188일이다. 면양은 임신기간이 150일이며, 그 범위는 144~158일이다.

⑧ 닭의 평균 부화일수 : 21일이며, 온도가 높으면 발육이 촉진되고 낮으면 지연된다. 오리는 28일, 거위는 28~32일, 칠면조는 28일의 부화기간을 갖는다.

⑨ 밍크의 임신기간 : 그 범위가 42~53일이다. 임신기간은 같은 종의 경우에 대개 일정하지만 같은 종이라고 하더라도 개체에 따라 약간의 변동이 있다. 임신기간은 유전적이지만 모체의 영양 및 연령, 태아의 성별 등에 따라서 달라진다.

(2) 임신기간에 영향을 미치는 요인

유전 요인, 암수, 산자수, 조숙성, 산차(産次), 모체의 영양상태, 분만계절 등

(3) 장기재태(長期在胎, Prolonged Gestation) : 임신기간이 긴 경우를 말하며, 소는 300일, 말은 350일 이상이다.

더 알아보기

자궁소구(Caruncle)는 자궁내막에 분포되어 있는 버섯 모양을 한 비선상 돌기로, 소의 경우는 70~120개의 4열로 배열되어 있다. 이것은 비임신 때에는 15mm 정도이나 임신 때에 직경이 10cm 정도 커진다. 또 태막으로부터 발달하는 융모막 성융모가 이곳에 침입하여 태아와 모체 사이를 결합시키는 역할을 하며, 이 결합에 의해 모자 간 영양교류가 이루어진다.

2. 임신진단

(1) 임상적 방법

① 직장검사법(Rectal Examination) : 자궁확장, 태아 혹은 태막을 촉진(觸診)하여 임신을 진단한다.

더 알아보기

임신에 의하여 일어나는 난소와 자궁 내 변화를 알아보기 위해 직장에 손을 넣어 난소, 황체의 유무, 자궁의 확장, 자궁 내 태아 유무, 태아의 크기, 자궁에 공급되는 혈관의 크기, 맥박 등을 촉진하여 임신 유무와 임신월령을 진단하는 방법인데 소는 임신 40~50일, 말은 30일 때 검사가 가능하다.

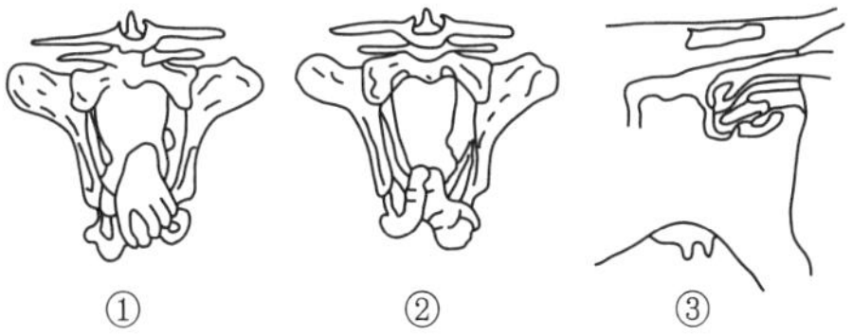

[임신 30일령의 자궁 촉진 모식도]

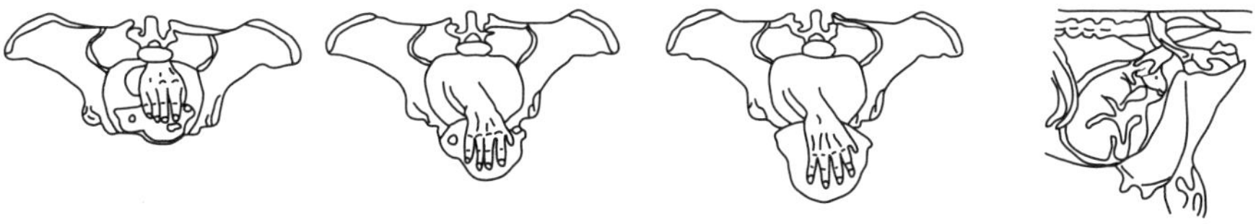

[직장검사법에 의한 임신진단(이용빈, 1980과 정길생 등, 1995)]

임신 자궁 및 황체

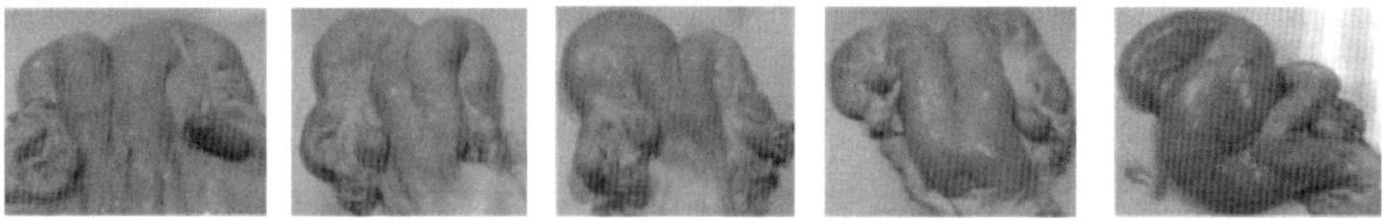

(임신 30일령) (임신 40일령) (임신 50일령) (임신 60~70일령) (임신 80~90일령)

[직장검사 시 임신 자궁의 크기 및 황체의 변화]

② 방사선 진단법

③ 초음파 진단법

④ **외진법(外診法)** : 교배 후에 2번 정도 발정주기를 넘겼을 때 임신으로 판단한다.

⑤ **질검사법(膣檢査法)** : 질 및 자궁경부의 상태에 의해 임신을 진단한다.

⑥ **혈액과 우유 중 Progesterone 검출법** : Progesterone 수준을 Radioimmunoassay법으로 측정한다.

더 알아보기

토끼의 임신여부를 감정하는 데도 교배시도나 촉진(觸診) 및 유선검사 등의 방법을 이용할 수 있다. 촉진에 의한 임신감정은 태아의 유무를 겉에서 촉진하여 감정하는 방법으로, 그 정확성이 가장 높다. 임신 10일경에는 배자가 콩알 크기만 하고, 20일경에는 호두알 크기, 25일경에는 계란 크기만 하다. 그러므로 임신 12일경이 지나면 배자의 유무를 충분히 촉진할 수 있다.

(2) 실험적 진단법

① **질점액 조직검사법** : 돼지의 발정기에는 질상피세포층이 약 16층이지만, 임신기에는 2~3층이 된다.

② **호르몬 분석법** : 혈중 Progesterone의 농도는 임신기에 감소되지 않거나 증가하며, PMSG의 농도는 임신 50~120일령에 최고에 달하고, 그 후에는 점차 감소한다.

더 알아보기

암컷에 Estrogen을 주사하면 발정을 한다. 이를 응용한 방법으로 합성발정물질인 스틸베스트롤(Stilbestrol)을 암컷에 주사한 다음, 발정의 유무, 생식기의 내외 변화, 질 점액의 변화 등을 살펴보아 임신여부를 진단하는 호르몬주사법의 한 방법(Nisikawa, 1953)이다. 소는 발정 후 17~20일에 Euvestin 3~5mg을 주사하여 3일 이내에 발정하지 않으면 임신으로 진단하고, 돼지는 발정이 끝난 후 17일에 1.0mg을 주사하여 2~3일 이내에 발정하지 않으면 임신된 것으로 진단한다. EUVESTIN(오이베스틴)을 거세우나 노폐우에 투여하면 증체(비육) 효과(20~30%)를 얻을 수도 있다.

04 분만(分娩, Parturition)

1. 분만 개시 기전

분만 개시의 생리적 기전에는 다수의 인자가 관여하고 있으며, 내분비, 신경, 기형적 요인 등의 복합적 작용에 의하여 개시된다. 직접적 기전으로는 자궁근의 흥분에 의한 수축성의 증대이다.

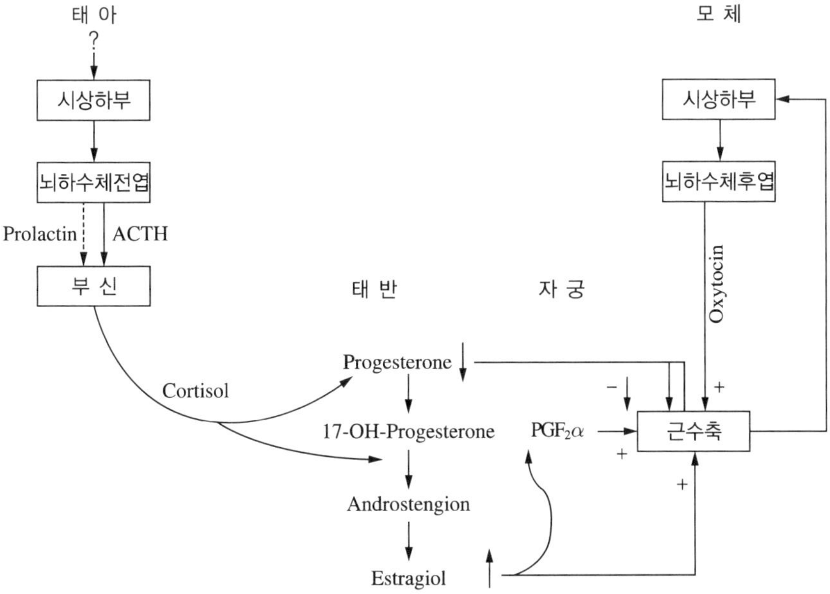

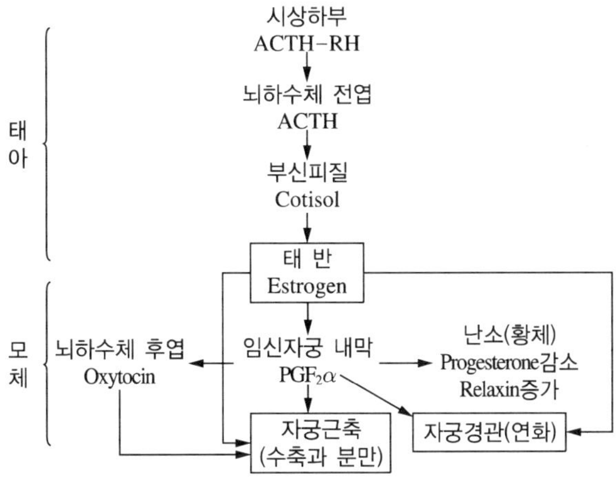

[분만 개시의 기전(이론들)]

제시되고 있는 이론	기전에 관한 설명
Progesterone 수준의 감소 Estrogen 수준의 증가 자궁용적의 증가 Oxytocin의 방출 Prostaglandins의 방출 태아의 시상하부 – 뇌하수체 – 부신체계의 활성화	임신기에 자궁근층의 수축억제 : 분만기에 이르러서는 이 억제작용이 감소됨. Progesterone에 의한 자궁근층의 수축 억제작용을 감소시키거나 자궁근층의 자연적 수축성을 증가시킴 자궁근층의 수축성을 Progesterone이 억제하는 작용을 감소시킴 Estrogen에 의하여 감수성을 획득한 자궁근층의 수축을 유도함 자궁근층의 수축을 촉진 : 황체퇴행을 유기하여 Progesterone의 농도를 감소시킴(황체의 존 축종에서) 태아의 Corticosteroids가 Progesterone을 감소시키고, Estrogen을 증가시키며 $PGF_2\alpha$의 방출을 유기함. 이들은 자궁근층의 수축성을 유도함

2. 분만 징후

(1) 골반 : 치골결합과 인대가 늦춰져서 가동성이 늘어난다(소의 경우 → 미근부 양쪽이 함몰).

(2) 외음부 : 충혈종창이 심하다(정맥 → 질 내에 고이고 누출량이 많아진다).

(3) 유방 : 커지고 유즙 분비

(4) 행동 : 불안해한다. 오줌을 찔끔거린다(말의 경우 → 땀 분비가 많다).

3. 분만과정

분만과정	기계적 만출력	기간 및 소요기간(h)	생리적 현상
자궁경관 확장기	규직적인 연동적 자궁 수축운동	자궁수축 시작에서부터 자궁경관이 충분히 확장될 때까지로서 말 : 1~4, 소 : 2~6, 면양 : 2~6, 돼지 : 2~12	모체의 불안정, 태아의 태향과 태세의 변화
태아 만출기	강력한 자궁 및 복부의 반사적 수축	자궁경관이 완전히 확장된 후부터 분만이 완료될 때까지로서 말 : 0.2~0.5, 소 : 0.5~1.0, 면양 : 0.5~2.0, 돼지 : 2.5~3.0	모체가 눕거나 긴장함, 음순에 양막 출현, 양막의 파열과 태아의 만출
태반 만출기	자궁과 질의 반사적 수축	태아만출 후부터 태반이 만출될 때까지로서 말 : 1, 소 : 4~6, 면양 : 5~8, 돼지 : 1~4	융모막 융모가 모체의 태반조직으로부터 느슨해짐, 융모막–요막이 반전되고, 모체는 긴장, 태아태막을 만출시킴

4. 분만관리

(1) 소의 경우

① 분만 2주일 전 : 분만실 청소 및 소독실시 후에 볏짚을 갈아주고 야간 조명등을 준비해 둔다.

② 분만 1주일 전 : 임신한 소를 분만실로 옮긴 후 환경을 좋게 해 준다(난방이나 통풍장치).

③ 분만 3~6일 전 : 임신한 소를 안정시킨 후 새 갈짚을 공급하고 조산용 약품 및 기구를 준비한다.

④ 분만 1~2일 전 : 임신한 소의 외음부를 깨끗하게 세척하고 사료의 양을 평상시의 $\frac{1}{3}$ 이나 $\frac{1}{4}$ 로 줄여서 공급한다.

⑤ 새끼를 낳은 어미 : 안정을 취하게 하며, 분만이 끝나면 어미에게 약간의 밀기울을 탄 따뜻한 물에 소량의 소금을 타서 먹인다. 후산이 끝나면 외음부를 닦아 주고 1~2% 크레졸액으로 소독해 준다.

(2) 돼지의 경우

① 분만이 가까워진 돼지는 분만 전에 분만실로 옮기고 분만책을 가설한다.

② 새끼의 압사방지책을 가설한다.

③ 자리 깃은 깨끗하고 마른 것을 충분히 넣어 준다.

④ 왕겨나 톱밥은 어미 또는 새끼에게 폐렴을 일으킬 염려가 있으므로 넣지 않는다.

5. 출생 전 폐사 원인

(1) 내분비 원인

(2) 비유(泌乳) 이상

(3) 염색체 이상

(4) 유전(근친교배 등)

(5) 모체의 영양 상태

(6) 모체의 연령

(7) 배(胚)의 과밀

(8) 열 스트레스

(9) 면역학적 불친화성

더 알아보기 난산의 원인

- 태아 : 태위, 태향, 태세의 이상, 발육 부진, 과대 태아, 쌍태 등이다.
- 모체 : 1차 자궁 무력, 2차 자궁 무력, 자궁경의 경련과 불완전 확장 등이다.

더 알아보기 소독액 만들기 : 5% Iodine 용액(강옥도)

Potassium Iodied 50g, Iodine 50g/1,000mL 70% alcohol용액(알코올 700mL + 증류수 300mL)
※ 40~50℃의 Hot Plate에서 천천히 용해시켜 사용함

더 알아보기 간단한 코로나 소독액 만들기 : 0.05% 차아염소산나트륨 용액

1. 먼저 2L의 페트병과 5% 1L 락스를 준비한다.
2. 2L(2,000mL) 페트병에 1L의 락스 뚜껑에 락스를 가득 담아 2회(20mL) 페트병에 붓는다.
3. 물을 페트병 가득 채운다. 이때 뜨거운 물은 차아염소산나트륨의 활성 성분을 분해해서 소독 효과가 없어지므로 냉수를 사용한다.
4. 잘 섞이도록 흔든 후 작은 병에 나누어 담아 사용한다.

적중예상문제

01 임신기간에 영향을 끼치는 요인이 아닌 것은?

① 모체의 연령 ② 태아 측 인자
③ 유전 인자 ④ 호르몬

해설
임신기간에 영향을 끼치는 인자는 모체의 연령, 태아 측 인자, 유전 인자 외에 자연환경이 있다.

02 태반의 크기가 최대로 커지는 시기는?

① 임신 초기 ② 임신 중기
③ 임신 말기 ④ 분만 시

해설
태반은 영양세포가 증식됨에 따라 점차 성장하여 임신 중기에 최대로 된다.

03 태아를 둘러싸고 있는 가장 내측의 막은?

① 양 막 ② 요 막
③ 융모막 ④ 태 막

해설
양막 → 요막 → 융모막의 순으로 되어 있다.

04 상피 융모성 태반에 대한 설명 중 맞는 것은?

① 자궁 내 자궁소구가 없고, 융모막의 융모가 태반의 표면 전체에 산재한다.
② 궁부성 태반이라고도 한다.
③ 자궁소구를 덮는 자궁상피가 없다.
④ 소의 경우 이 태반에 속한다.

해설
②, ③, ④는 인대 융모성 태반이다.

05 태막 중 자궁내막과 직접 접하고 있는 가장 외측의 막은?

① 요 막 ② 양 막
③ 융모막 ④ 태 막

해설
융모막은 제일 외측의 막으로서 양막과 동시에 형성된다. 그리고 양막은 배의 가장 내측막인데, 외배엽 외층과 체절 중배엽의 주름으로부터 융모막과 함께 형성된다.

06 태반의 기능이 아닌 것은?

① 영양 공급 ② 가스 수송
③ 수분 수송 ④ 혈액 수송

해설
태반의 기능은 영양 공급 및 가스와 수분의 수송 외에 무기물 수송과 유기물 수송 등이 있다.

정답 1 ④ 2 ② 3 ① 4 ① 5 ③ 6 ④

07 소의 평균 임신기간은?

① 250~255일 ② 260~265일
③ 270~275일 ④ 280~285일

08 소의 경우 장기재태(Prolonged Gestation)는 재태기간 며칠 이상인가?

① 180일 이상 ② 200일 이상
③ 250일 이상 ④ 300일 이상

09 소와 양에서 볼 수 있는 태반은?

① 궁부성 태반 ② 산재성 태반
③ 대상 태반 ④ 반상 태반

10 자궁유(Uterine Milk)에 대한 설명으로 옳은 것은?

① 외부의 자극으로부터 태아를 보호해야 한다.
② 분만 시에 자궁경관을 확장시킨다.
③ 태반이 형성되기 전까지의 조직 영양소이다.
④ 임신 말기에는 점액상으로 변한다.

해설
①, ②, ④는 양막액의 기능이고, 자궁유는 태반이 형성되기 전까지의 영양소이다.

11 임신된 자궁의 성장과 관계 없는 것은?

① 자궁내막의 증식
② 자궁근육의 비대
③ 자궁의 확장
④ 자궁소구의 분비퇴행

해설
임신된 자궁의 성장과 관계가 깊은 것
- 자궁근육의 비대
- 결체조직의 실질 증가
- 섬유소 및 콜라겐 함량의 증가
- 자궁의 확장

12 임신했을 때 Progesterone에 대한 설명 중 틀린 것은?

① 착상 전에는 배반포와 생명을 유지하고, 착상 후에는 임신을 유지한다.
② 태반에서도 소량의 Progesterone이 분비된다.
③ 자궁의 혈관 분포를 증가시킨다.
④ 자궁근의 운동저하 및 Oxytocin에 대한 수축을 억제한다.

해설
자궁의 혈관 분포량을 증가시키는 것은 Estrogen의 작용이다.

13 가장 널리 사용되는 젖소의 임신진단법은?

① 외진법
② 질검사법
③ 직장검사법
④ 초음파검사법

7 ④ 8 ④ 9 ① 10 ③ 11 ④ 12 ③ 13 ③ 정답

14 돼지의 평균 임신기간은?

① 114~115일 ② 124~125일
③ 134~135일 ④ 144~145일

15 면양의 임신기간은?

① 140일 ② 150일
③ 160일 ④ 170일

16 토끼의 평균 임신기간은?

① 25일 ② 30일
③ 35일 ④ 40일

17 임신진단방법 중 직장검사법(直腸檢查法)은?

① 호르몬주사법
② 방위효소법(防衛酵素法)
③ 손을 직장 안에 넣고 자궁각과 난소의 상태를 검사하는 방법
④ 임신동물의 오줌을 검사하여 진단하는 방법

해설

직장검사법
소나 말에 주로 쓰이는 것으로 손을 직장 안에 넣고 자궁각과 난소의 상태를 검사하는 방법이다.

18 임신진단방법 주호르몬주사법은?

① 질점막 조직검사법
② X선 진단법
③ Stilbestrol을 암컷에 주사한 다음, 발정의 유무 등으로 임신을 진단하는 방법
④ 외진법

19 말의 평균 임신기간은?

① 233일 ② 333일
③ 444일 ④ 555일

20 산양의 임신기간은?

① 140~149일 ② 150~152일
③ 153~160일 ④ 161~170일

21 닭의 평균 부화기간은?

① 18일 ② 21일
③ 24일 ④ 25일

22 SPF(Specific Pathogen Free Colostrum-derined Pig, Disease Free Pig)란 어떤 돼지를 말하는가?

① 분만 후 후구마비가 된 새끼돼지
② 진통촉진제를 주사하여 얻은 새끼돼지
③ 손으로 끄집어 낸 새끼돼지
④ 무균실에서 모돈(母豚)을 제왕수술하여 얻은 새끼돼지

정답 14 ① 15 ② 16 ② 17 ③ 18 ③ 19 ② 20 ② 21 ② 22 ④

23 토끼의 임신진단에 많이 쓰는 방법은?

① 교배 후에 3~4일에 호르몬 주사
② 교배 후 1~3일에 재교배
③ 교배 후 10~12일경에 촉진에 의한 감정
④ 교배 후 5~6일에 교배시도

24 태아의 만출기에 해당하는 사항은?

① 자궁경관이 확장되어 자궁과 질은 서로 연결된 원통처럼 된다.
② 제2파수가 일어나며, 자궁과 질은 반사적 수축을 일으킨다.
③ 융모막성 요막이 파괴되고 제1파수가 일어난다.
④ 자궁각정점에서 시작되는 연동운동은 융모막성 요막을 반전시킨다.

25 소나 면양의 태반은 분만 후, 몇 시간 이내에 배출되는가?

① 6시간 ② 12시간
③ 24시간 ④ 36시간

26 다음 중 분만에 작용하는 중요한 호르몬은?

① Oxytocin ② Estrogen
③ ACTH ④ FSH

해설
Oxytocin은 자궁근을 수축시킨다.

27 소의 분만 징후가 아닌 것은?

① 미근부 양쪽이 함몰된다.
② 외음부가 충혈되며, 종창이 심하다.
③ 점액성 분비물을 다량 분비한다.
④ 유방이 작아지고, 유두는 함몰한다.

해설
유방이 커지고, 유즙이 분비된다.

28 젖소의 유방은 몇 개의 유구로 구성되어 있는가?

① 1개 ② 2개
③ 4개 ④ 6개

해설
양, 산양, 말은 2개의 유구가 있다. 그리고 젖소는 4개, 돼지는 복부에 2열 배열로 8~18개가 있다.

29 가축의 분만과정은?

① 산출기, 후출기
② 진드기, 산출기
③ 개구기, 만출기, 후산기
④ 개구기, 산출기, 진통기

해설
분 만
태아가 모체의 자궁 내에서 일정기간 발육하다가 정상 임신기간을 끝내면 모체 밖으로 만출되는 것을 말한다. 그 분만과정을 개구기, 출산기(만출기), 후산기의 3기로 나눈다.

23 ③ 24 ② 25 ① 26 ① 27 ④ 28 ③ 29 ③ 정답

30 태아의 정상적인 만출형(娩出型)인 것은?

① 흉두위(胸頭位)
② 두위(頭位) 또는 전태위(前胎位)
③ 측두위(側頭位)
④ 편비절 굴절(片飛節屈折)

해설
태아의 정상적인 만출형에는 두위 또는 전태위와 다른 하나는 뒷다리가 먼저 나오는 미위(소는 약 7%)가 있다.

31 자궁퇴축(子宮退縮)이란?

① 후산이 끝난 자궁이 차차 원상태로 복귀하는 과정
② 유산의 일종
③ 후산정체의 과정
④ 미숙자 출산에서 생기는 과정

해설
후산이 끝난 자궁은 차차 원상태로 복귀되는데, 이러한 과정을 '자궁퇴축'이라고 하며, 이 기간을 산욕기(産褥期)라고 한다.

32 돼지의 분만 전 관리로 옳은 것은?

① 일반 사육실에서 그대로 분만시킨다.
② 2%의 크레졸액으로 돈사만 소독한다.
③ 암축을 분만실에 옮기고 분만책을 가설하고 새끼의 압사방지책을 가설한다.
④ 자리 깃은 어느 것이나 넣어 주어도 좋다.

33 분만이 끝난 어미 소에 대한 관리에 해당하는 것은?

① 후산이 끝난 후에는 외음부만 닦아준다.
② 외과적 치료만 하여 주고, 소금물만 먹인다.
③ 미지근한 물만 먹인다.
④ 새끼를 낳은 어미는 안정을 취하게 하고 약간의 밀기울을 탄 따뜻한 물에 소량의 소금을 타서 먹인다.

34 젖소에 있는 분만 후 재임신시키는 경우 언제가 좋은가?

① 10~20일 ② 20~30일
③ 30~40일 ④ 50~60일

해설
분만 후 재임신 시기는 자궁 퇴축과 관계가 있으며, 일반적으로 분만 후 50~60일이다.

35 분만할 때 양수의 생리적 작용을 설명한 것은?

① 태포를 형성하여 자궁경관을 수축시킨다.
② 산도를 미끄럽게 하여 태아의 만출을 쉽게 한다.
③ 진통 시 오는 태아에 대한 압력을 가한다.
④ 태아의 사지운동을 정지시킨다.

해설
분만할 때에 양수의 생리적 작용은 태포를 형성하여 자궁경관을 확장시키고 산도를 미끄럽게 하며, 태아의 만출을 쉽게 한다.

정답 30 ② 31 ① 32 ③ 33 ④ 34 ④ 35 ②

36 포배(胞胚)를 바르게 설명한 것은?

① 임신 중기의 배
② 임신 후기의 배
③ 착상 직전의 배
④ 착상 후의 배

해설
포배(胞胚)는 착상 직전의 배(胚)를 가리킨다.

37 소의 직장검사법의 실시시기는?

① 임신 20~30일인 때
② 임신 40~50일인 때
③ 임신 60~70일인 때
④ 임신 80~90일인 때

38 소의 태아기(胎兒期)는 수정 후 언제를 말하는가?

① 20~300일
② 30~310일
③ 45~288일
④ 55~388일

해설
태아기(胎兒期)는 형성된 각 기관이 성장하는 시기이며, 소는 수정 후 45~288일, 면양은 34~148일이다.

39 질점막 조직검사법을 실시하는 가축은?

① 소
② 말
③ 토 끼
④ 돼지와 면양

해설
임신에 따른 질점막 상태의 조직학적 변화(질점막상피세포의 변화)에 근거하여 임신을 진단하는 방법으로 돼지와 면양에 실시한다.

40 후산이 끝난 어미돼지의 외음부를 소독해 주는 약품과 농도는?

① 1~2% 크레졸
② 10~20% 알코올
③ 10~20% 포비돈
④ 10~20% 포르말린

해설
후산이 끝나면 외음부를 닦아 주고 1~2% 크레졸액으로 소독해 준다.

36 ③ 37 ② 38 ③ 39 ④ 40 ① 정답

비유생리(泌乳生理)

태아가 분만되면 비로소 분비가 개시된다. 내분비학적 요인을 보면 뇌하수체 전엽의 최유 호르몬인 Prolactin(PRL)이 주로 역할을 한다. 이는 조유효소계(造乳酵素系)가 Prolactin의 자극을 받아 활성화되어 혈액으로부터 공급되어 온 조유물질을 이용하여 유즙을 합성하고 방출하므로 분비가 개시된다.

더 알아보기 유방의 구조

① 유구
② 유선조직
③ 유두 : Hard Milker, Milk Leaker(유두 형성시기는 태령 65일, 태장 80mm일 때)
④ 유방의 혈관과 림프계

01 비유개시

분만
↓
① Estradiol, Progesterone 농도 감소
② 부신피질 호르몬 감소
③ 태반성 : Lactogen 소실
↓
$PGF_2\alpha$ 다량 분비
↓
Prolactin 분비
↓
유선자극
↓
비유 개시

02 비유의 유지

유즙의 분비는 분만 후 급속하게 증가하여 2~4주일 후에는 최고에 달한다. 비유 유지에는 조유효소의 활성화로 유즙을 합성하는 Prolactin과 조유물질의 공급 및 대사를 촉진하는 GH(STH), Corticoid, Thyroxin, 부갑상선 호르몬 등의 협동작용이 필요하다. 특히 GH는 비유 유지에 없어서는 안 될 호르몬이다.

1. 신경계

흡유나 착유 자극 → 비유관계 호르몬 방출

2. 호르몬

(1) 뇌하수체 전엽 : Prolactin(LTH) ACTH

Prolactin은 뇌하수체 전엽의 호산성세포 중 e-세포에서 분비되며, 포유류의 유선에 작용하여 유즙분비를 자극하는 호르몬으로서 최유 호르몬 또는 유선자극 호르몬이라고도 한다. 비유를 자극하는 물질이 뇌하수체에 있다는 것을 발견한 사람은 Stricker(1928)이다.

(2) 뇌하수체 후엽 : Oxytocin

유즙이동은 유선포 내에 고여 있는 유즙이 몸 밖으로 배출하는 것을 말하며, 유선포와 유선소관에 고여 있는 유즙을 선포강 밖으로 배출하고 도시 유선조까지 하강시키기 위해서는 뇌하수체 후엽의 Oxytocin과 Vasopressin의 작용이 필요하다.

(3) 부신피질 : Cortisol

(4) 갑상선 : Thyroxin, Thyroprotein

비유중인 동물의 갑상선을 제거하면 유량이 급히 감소되며, 반대로 유량이 감퇴 중에 있는 소에 갑상선호르몬제인 L-thyroxin 및 Thyroprotein을 투여하면 유량이 증가할 뿐만 아니라 정상으로 지속된다.

(5) 상피소체 : Parathormone

(6) 췌장 : Insulin

03 비유의 생합성

1. 개 요

(1) 혈액 : 전혈액의 약 3.7%가 유방을 통과

(2) 유즙의 생합성 단위 : 유선포의 분비상피세포(分泌上皮細胞)

(3) 단백질 성분 : Casein, Immunoglobulin

(4) 유당(乳糖) : Lactose

(5) 유지(乳脂) : Triglycerides

(6) 무기물 : Ca, P가 높음

04 유선의 발육과 우유이행

1. 유선의 발육

(1) 유구(乳區)에 유선체(乳腺體, Mammary Glands)가 있고, 그곳에 유선세포・유선포 → 유선소엽・유선엽 → 유선소관・유선관 → 유두조・유두관 등의 단계적으로 조직되어 있다.

(2) 유선세포가 포강(胞腔)하여 유선포(乳腺胞)를 형성한다.

(3) 유선포 주위에 포세혈관이 분포되어 있으며, 착유 시 옥시토신의 작용을 받아 근상피세포를 압축하며, 세유관을 통해 우유배출을 유도한다.

더 알아보기 유선세포

젖을 만드는 최소 단위로서, 유선포와 세유관(細乳管)이 모여서 집단이 형성(유선소엽, Lobule)된 후에 다시 모여 유선엽(有線葉, Lobe)으로 된다.

2. 성 성숙 후 유선발육

갑자기 유선관계가 발달한다. 즉, 성 성숙에 의하여 발정이 반복되면 난소로부터 분비되는 호르몬, 특히 Estrogen의 작용을 받아서 유선관계의 신장과 분기가 촉진된다.

3. 임신기의 유선발육

유선이 최대로 발달하는 시기이다. 임신기간 중 유선발육을 대별하여 임신 3개월까지는 유선관계의 신장기, 4~7개월은 유선포의 증식기, 말기 3개월은 유선포의 성숙 비대기이다.

4. 우유 이행

(1) 우유는 유선유조(乳腺乳槽, Gland Cistern)에 모인 후 가득 차면 유두유조(乳頭乳槽)로 이행된다.

(2) 육질 유방과 지방질 유방은 젖 생산에 어려움이 있다.

05 유즙의 방출

(1) 유즙의 방출 과정

① 유도 자극(흡유・착유)

↓

② 신경로

↓

③ 시상하부의 시색상핵과 실방핵

↓

④ 신경뇌하수체

↓

⑤ 옥시토신을 혈액 중으로 방출

↓

⑥ 유선포의 상피세포

↓

⑦ 유즙 방출

(2) 유즙의 하강(Let-down)에는 신경계(Nerve System)와 내분비계가 작용한다. 여러 가지 자극에서 유래하는 지각충동(Sensory Impulses)은 신경경로를 따라 시상하부에 전달되며, 이 충동이 신경섬유(Nerve Fibers)에 의하여 뇌하수체 후엽에 전달되어 Oxytocin과 Vasopressin의 방출을 자극한다.

더 알아보기

- 유선의 퇴행결과 : 비유기가 진행되어 분만 후에 오래될수록 선조직이 퇴행한다. 그 결과로 유즙의 분비가 저하되어 유방이 퇴축되며, 건유기(乾乳期)에 가까워지면 분비상피세포의 Prolactin(LTH)에 대한 감수성이 퇴화되어 유즙 분비활동이 저하된다.
- 외측제인대 : 유방의 외측 표면을 전체적으로 둘러싸는 인대로서, 탄력성은 적으나 유방을 옆으로 잡아당겨 흔들리지 않게 한다.

적중예상문제

01 성 성숙 후 유선의 발육은?

① 유선관계(乳腺管系)의 발달도 현저하지 않고 유방의 발달은 없다.
② 갑자기 유선관계가 발달한다. Estrogen의 작용을 받아서 유선관계의 신장과 분기가 촉진된다.
③ 유선발육은 그 개체가 얻는 유전적 요인에 의하여 이루어진다.
④ 제1차 유선아가 된다.

02 임신기의 유선 발육은?

① 유선이 최대로 발달하는 시기이며 유선관의 신장기, 유선포의 증식기, 성숙 비대기를 거친다.
② 유방의 발달이 부진하다.
③ 유선포가 형성된다.
④ 유두관이 발달한다.

03 유선의 퇴행 결과는?

① Prolactin(LTH)에 대한 감수성이 예민하다.
② 유즙 합성효소계의 활성화가 일어난다.
③ 분만 후에 오래될수록 선조직이 퇴행하며, 그 결과로 유즙의 분비가 정지되고 유방이 퇴축된다.
④ Estrogen의 작용이 활발하여진다.

04 다음 중 틀린 것은?

① 유선은 내배엽 세포에서 유래한 외분비 기관이다.
② 유선은 형태학상 복합 관상 포상선에 속한다.
③ 유선은 Apocrine선에 속한다.
④ 혈액으로부터 영양을 공급받아 유즙을 합성한다.

해설
발생학적으로 유선은 외배엽에서 유래한 외배엽기관이다.

05 탄력성은 적으나, 유방을 옆으로 잡아당기어 유방의 부탁을 굳게 하는 것은?

① 외측제인대 ② 정중제인대
③ 유방간구 ④ 치골하건

06 우유 1mL의 생산에 필요한 혈액량은?

① 10~20mL ② 20~80mL
③ 80~150mL ④ 150~500mL

해설
우유 1mL를 생산하기 위해서는 150~500mL의 혈액이 유방 내를 지나가야 한다.

1 ② 2 ① 3 ③ 4 ① 5 ① 6 ④ 정답

07 **유선관계 발육에 큰 영향을 주는 호르몬은?**

① Estrogen ② Progesterone
③ Androgen ④ Relaxin

08 **분만 후 최고의 유량에 도달하는 시기는?**

① 분만 직후~1주
② 분만 후 2~4주
③ 분만 후 4~6주
④ 분만 후 6주 후

해설
분만 후 2~4주에 최고의 유량에 도달한다.

09 **유당의 형성이 일어나는 곳은?**

① 리보솜 ② 골지장치
③ 미토콘드리아 ④ 소포체

해설
유당은 Glucose와 Galactose가 결합한 2당류로서 골지장치에서 분비된다.

10 **비유 개시의 주역할은?**

① 임신 전반기에도 비유개시가 된다.
② 임신 중반기에도 비유는 잘된다.
③ 비유 개시에는 성장호르몬이 주역할을 한다.
④ 태아가 분만되면 비로소 비유가 개시되며 내분비학적 요인을 보면 뇌하수체 전엽의 Prolactin이 주역할을 한다.

11 **비유를 개시하는 호르몬은?**

① Prolactin ② Estrogen
③ Relaxin ④ FSH

12 **다음 중 유선포계의 작용은 무엇인가?**

① 유즙의 생성과 분비
② 유즙의 저장과 배출
③ 실질조직 보호
④ 유선의 수축과 이완

해설
②는 유선관계

13 **비유 유지에 관여하는 호르몬은?**

① Prolactin ② Relaxin
③ Estrogen ④ Androgen

해설
비유 유지에는 Prolactin과 GH, Corticoid, Thyroxine, 부갑상선 호르몬 등의 협동작용이 필요하다.

14 **유량이 감퇴 중에 있는 소에 갑상선호르몬제인 L-thyroxin 및 Thyroprotein을 투여하면?**

① 유량과 유질에 변화가 없다.
② 유량이 급히 감퇴된다.
③ 비유 증진효과는 나타나지 않는다.
④ 유량이 증가할 뿐만 아니라 정상으로 지속된다.

정답 7 ① 8 ② 9 ② 10 ④ 11 ① 12 ① 13 ① 14 ④

15 **유선체의 단계적 조직으로 바르게 연결된 것은?**

① 유선포 – 유선소엽 – 유선소관 – 유선관 – 유두조 – 유두관
② 유선소엽 – 유선포 – 유선소관 – 유선관 – 유두조 – 유두관
③ 유선포 – 유선소엽 – 유선소관 – 유선관 – 유두관 – 유두조
④ 유선포 – 유선소엽 – 유선소관 – 유두조 – 유선관 – 유두관

16 **유선에 작용하며, 유즙분비를 자극하는 호르몬은?**

① Androgen ② Prolactin
③ Estrogen ④ Progesterone

17 **유즙을 유선조(乳腺槽)까지 하강시키는 호르몬은?**

① Relaxin
② Estrogen
③ Oxytocin, Vasopressin
④ Androgen

18 **다량의 혈액을 유방에 공급하는 혈관은?**

① 외음부 동맥(External Pudic Artery)
② 복피하 정맥(Subcutaneous Abdominal Vein)
③ 회음 정맥(Perineal Vein)
④ 전대 정맥(Anterior Vena Cava)

해설
유방에 다량의 혈액을 공급하는 혈관은 외음부 동맥으로서 유선동맥이라고도 한다.

19 **다음 중 유선포계에 속하지 않는 것은?**

① 유선포(Alveolus)
② 유선소엽(Mammary Lobule)
③ 유선관(Milk Duck)
④ 유선엽(Mammary Lobe)

해설
• 유선포계 : 유선포, 유선소엽, 유선엽,
• 유선관계 : 유선관, 유선조, 유두조, 유두관

20 **유선으로부터 유즙의 방출에 가장 중요한 작용을 하는 것은?**

① Hormone
② 신경 내분비 반사
③ Epinephrine의 증가
④ TCA Cycle

15 ① 16 ② 17 ③ 18 ① 19 ③ 20 ② 정답

21 초유(初乳)에 함유되어 있는 물질은?

① 면역체(免疫體)
② 항생물질(抗生物質)
③ 조유물질(造乳物質)
④ 단백질계 호르몬

해설

초 유

처음 분비된 젖을 초유라 하는데, 초유에는 상유(常乳)와는 달리, 지방단백질과 무기물 등의 함량이 많을 뿐만 아니라 면역체와 같은 특수한 성분도 함유되어 있다.

22 유방의 조직은 어떻게 이루어져 있는가?

① 지각신경섬유
② 실질조직과 기질
③ 유선포와 기질
④ 유선관계

해설

크게 실질조직과 기질로 나눌 수 있으며, 실질조직(實質組織)은 유선포계와 유선관계로 구성되어 있고 기질(基質)은 섬유성 및 지방성의 결체조직으로 되어 있다.

23 유두(乳頭)가 형성되는 시기는?

① 태령 35일인 때
② 태령 45일인 때
③ 태령 65일(태장 80mm인 때)
④ 태령 75일(태장 90mm인 때)

24 유선(乳腺)이 최대로 발달하는 시기는?

① 발정기(發情期)
② 분만 후(分娩後)
③ 포유 시(哺乳時)
④ 임신기(姙娠期)

해설

임신 3개월까지는 유선관계의 증식이 뚜렷하고, 4개월경에는 유선소엽의 윤곽이 분명해지며, 결체조직도 치밀해진다.

정답 21 ① 22 ② 23 ③ 24 ④

번식장해(繁殖障害)

01 자축의 번식장해

1. 불임증(不姙症, Sterility or Infertility)

(1) 불임(Sterility)

생식을 할 수 없게 하는 영구적인 증상

(2) 일시적 번식불능(Infertility)

동물의 종류에 따라 일정한 기간 동안 태아를 출산할 수 없는 경우

2. 난소의 기능 이상

(1) 무발정(Anestrous)

① 발정을 일으키지 않는 완전한 성적 비활동 상태이다.

② 원인 : 계절성, 착유 중, 노령, 영양결핍, 난소 및 자궁의 이상 등

(2) 이상발정(Abnormal Estrus)

① 사모광(思牡狂, Nyphomania) : 난포낭종의 한 증상으로, 심한 발정행동이나 불규칙한 발정을 나타낸다. 치료법으로는 GnRH나 LH 호르몬을 주사하여 배란을 촉진시킨다.

② 둔성발정(鈍性發情, Silentheat) : 황체낭종의 증상으로, 뚜렷한 발정 징후가 없이 배란이 일어나는 경우이다. 치료법으로는 $PGF_2\alpha$를 주사하여 황체를 퇴행시켜 정상발정이 일어나게 한다.

3. 배란 이상

(1) 비배란성 발정(Anovulatory Estrous)

정상적인 발정현상이 나타나고 난포도 배란 직전의 크기에 도달하나, 파열이 일어나지 않는 증상이다.

(2) 난소낭종(卵巣囊腫, Ovarian Cyst)

난포의 성장과 퇴축이 주기적으로 반복된다. 배란이 일어나지 않는 난포낭종(Follicular Cyst)과 황체가 오랫동안 지속되어 배란이 일어나지 않는 황체낭종(Luteal Cyst)이 있다. 난포낭종은 사모광증의 원인이 되며, 황체낭종은 둔성발정의 원인이 된다.

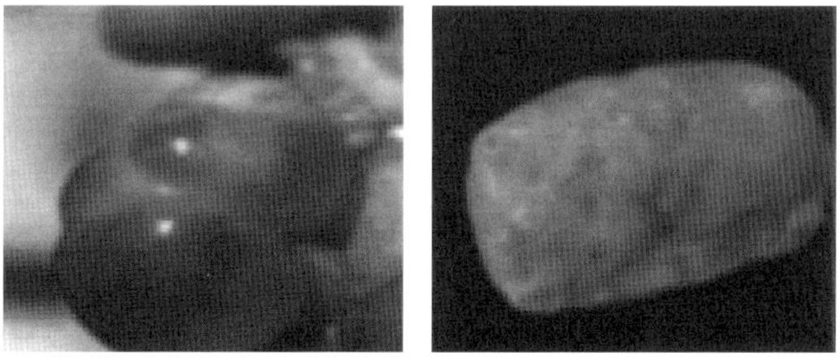

[난포낭종과 황체낭종]

4. 수정장애

(1) 이상 정자

(2) 이상 난자

5. 이상수정(異常受精)

(1) 정 의

이상수정은 배우자의 노화나 온도의 상승 등, 환경조건의 변화나 X선 조사와 같은 인위적인 조작에 의해 일어나는데, 이는 모두 불임의 원인이 된다.

① 다정자 수정(Polyspermy)
② 전핵형성의 장해
③ 자성전핵생식(Gynogenesis)
④ 웅성전핵생식(Androgenesis)

6. Repeat Breeders

수정률이 좋은 웅축과 교배를 시켜도 계속해서 발정이 일어나고 따라서 반복교배에 의해 임신을 하게 되는 자축(雌畜, 암컷)

02 간성(間性, Intersexuality)

1. 정 의

성(性)에 관한 4개의 요인, 즉 유전적 · 생식선적 · 표현형적 · 행동적 요인 사이에 볼 수 있는 모순의 의미, 또는 자성과 웅성의 생식선 조직을 동시에 가지고 있는 것을 말한다.

2. 생식기능이 없는 암송아지(Freemartin)

(1) 중간적인 양성의 생식기관

(2) 난소의 여러 가지 유사점을 가진 변이한 난소

(3) 정상적인 자성의 외부생식기

(4) 호르몬의 영향보다는 Chimera에 의하여 생긴다.

3. 진반음양(眞半陰陽, Hermaphroditism)

1개씩의 난소와 정소를 가지고 있으나, 양쪽의 생식선이 난정소(Ovotestis)인 것을 말한다.

4. 위반음양(僞半陰陽, Pseudohermaphroditism)

1개성의 생식기반을 가지고 있으나, 반대성의 특성을 다소 지닌 생식기관을 가지고 있는 것이다.

03 전염성 번식장애

1. 세균성 감염증

브루셀라병, 비브리오병, 렙토스피라병 등 주로 유산을 일으킨다.

2. 진균성 감염증

진균성 유산

3. 바이러스성 감염증

소의 유행성 유산, 돈콜레라, 과립성 질염
유행성 유산은 소를 산록의 저지대에서 방목하였을 때 주로 발생하므로 '산록유산'이라고도 한다.

4. 원충 감염증

(1) 소의 트리코모나스병 : 생식기 전염병으로 임신 초기에 유산을 일으키며 그 외에 질염, 경관염, 자궁내막염 또는 자궁축농증을 일으켜 불임증이 된다.

(2) 톡소플라스마병 : 인수공통전염병으로 특히 암면양의 생식기 감염증으로 잘 나타난다.

더 알아보기

- 트리코모나스 병 : 난자나 배의 파괴에 기인하는 불임증이 나타나며, 조기유산, 자궁축농증 등의 징후를 나타낸다.
- 톡소플라스마 : 인수공통 전염병으로서 소에서는 급속하게 진행되어 발열, 호흡곤란, 신경 증상을 수반한다. 또 임신우의 경우에는 사산이 일어나거나, 출생 후 곧 사망하는 허약한 송아지가 태어난다.

5. 생식기 전염병

브루셀라, 비브리오, 트리코모나스, 렙토스피라병 등

(1) 브루셀라병(Brucellosis)

소・돼지・산양・사람 등에 전염되는 생식기병으로 3가지형이 있다. Brucella Abortus는 주로 소의 전염성 유산을 일으키고, B. suis는 돼지에 대하여, B. melitensis는 산양에 대하여 유산을 일으킨다. 가장 좋은 예방법은 환축을 격리시키고 백신을 주사하는 것이다. 미국에서는 Brucella Abortus 19계(Strain 16)의 백신(Vaccine)이 실용화되어 4~8개월된 송아지에게 주사하고 있다.

(2) 비브리오병(Vivriosis)

Vibrio Foetus의 감염에 의해 소와 면양에서 불임과 유산을 일으키는 전염성 생식기병이다. 이 병균이 감염되는 소는 유산하게 되며, 이 병이 발생하는 지역에서는 수태율이 저하되는 현상이 나타난다.

(3) 렙토스피라병(Leptospirosis)

렙토스피라는 감염된 동물의 신장에만 국소적으로 존재하기 때문에 오줌을 통하여 배출되며, 오줌에 의하여 감염된다.

04 웅축의 번식장애

1. 정자형성에 있어서의 이상

(1) 춘기발동기의 지연

(2) **기후** : 하계불임(Summer Sterility)

(3) **잠복정소(潛伏精巢, Cryptorchid)** : 정소가 음낭 내에 하강하지 않고 복강 내에 머물러 있는 현상

(4) 정소형성과 발육의 불충분

(5) 정소의 퇴화

(6) 종모축의 연령

2. 정액의 이상

(1) 무정액증(Aspermia)

(2) 무정자증(Azoospermia)

(3) 정자감소증(Oligospermia)

(4) 정자무력증(Asthenospermia)

(5) 정자사멸증(Necrospermia)

3. 정자의 이상

(1) **제1차적 기형** : 정자형성과정에서 발생한 이상

(2) **제2차적 기형** : 웅성생식기도를 통과할 때와 체외에 사정된 후 처리과정에서 발생하는 이상

05 교미장애(交尾障碍)

1. 헤르니아(Hernia)와 복부비대

소, 말, 개에서 나타나는 헤르니아는 교미를 어렵게 한다. 어린 소의 배꼽 헤르니아는 외과적으로 교정할 수 있으나 종모동물의 경우에는 번식에 공용하지 못한다. 대부분의 헤르니아는 복부 장기가 음낭 내에 하강한 경우로 음낭이 매우 크게 부풀어져 있다. 교미장해에 의한 간접적인 불임증이 된다.

2. 음경과 포피의 결함

음경중앙, 음경의 돌기 불충분과 같은 음경의 기형은 생식기의 해부학적 결함에 의한 번식장해이다. 포피 내부의 점착으로 음경이 포피 밖으로 완전히 벗어나지 못하는 포경, 기형과 음경 발기근육의 마비, 발기불능의 발생 등은 정자를 만드는 기능에는 영향을 미치지 않는다 하더라도 교미불능의 원인이 된다. 그 밖에 음경 만곡이나 음경돌출 불충분 등도 교미를 불능하게 한다.

3. 성행동의 장해

자위나 동성애행동

4. 기 타

환경적 Stress, 비만, 부제병, 골절, 후지나 척추관절염 등이다.

06 수정과 배발생의 장해

1. 노화정자(老化精子)

배의 조기폐사의 원인이다.

2. 면역학적 요인

정자나 난자에 대한 항체가 생식기도 내에 존재하여, 정자를 응집시키거나 정자나 난자를 파괴하는 경우가 있다.

07 영양결핍

(1) 영양 부족 때에는 생식선 자극호르몬의 감소로 생식선의 기능이 감퇴되거나 생식선이 위축된다. 또한 성 성숙 지연, 수컷에 있어서 조정기능 감퇴, 무정자병, 정자기형 등이 생김으로써 정액성상이 나빠져 수태율의 저하와 불임의 원인이 된다.

(2) 영양결핍에서 오는 번식장해로는 총영양분의 결핍, 단백질의 부족, 비타민의 결핍, 무기물의 결핍 등이 있다.

(3) 비타민의 결핍은 동물의 종류와 성에 따라서 그 영향이 다르며, 수컷이 암컷보다 비타민의 감수성이 클뿐만 아니라 그 장해도 치료하기 어렵다.

(4) 일반적으로 비타민 A와 E가 생식선의 생식세포에 영향을 미치며, 비타민 D는 생장과 골격발육에 중대한 영향을 미친다.

08 번식장해의 예방

1. 자축(암컷)인 경우

(1) 항상 건강하게 돌보아야 한다.

(2) 충분한 영양 공급과 운동 및 일광욕을 자주 실시한다.

(3) 분만 후 관리를 철저히 한다.

(4) 적당한 교배시기를 지켜야 한다.

2. 일반적인 경우

(1) 사전예방이 가장 중요하다.

(2) 불합리한 사양관리 기술을 개선해야 한다.

(3) 분만 전후의 위생관리를 철저히 해야 한다.

(4) 발정의 조기발견과 적기에 수정시킴으로써 번식률을 향상시킨다.

(5) 정기적으로 또는 수시로 점검을 실시한다(개체별 기록 철저).

(6) 사양관리 철저 및 분만 전후 위생관리 철저, 번식기술의 향상, 치료와 도태의 판정 및 조기치료와 처리, 번식기록부의 철저한 관리 등 생식기의 해부학적 결함은 그 종류가 많아서 불임의 본질적 원인이 되는 경우도 있고, 또한 수태력에 영향을 끼치는 경우도 있다. 프리마틴(Freemartin)은 최초로 Lillice와 Keller(1916) 등이 발표한 생식기의 기형이며, 소에서 많이 볼 수 있다. 즉, 성이 다른 생태 중에서 생기며 암송아지는 불임이 된다.

적중예상문제

01 생식기의 해부학적 결함에서 오는 번식장해는?

① 잠복정소(潛伏精巢)
② 생식기 전염병
③ 식물성 Estrogen
④ 유전적 원인

02 가축에 있어서 무발정을 일으키는 자궁 내 요인이 아닌 것은?

① 위임신 ② 임 신
③ 미라화 ④ 난포낭종

해설
이상난소에는 형성부전, 난포낭종, 프리마틴 등이 있다.

03 가축의 무발정을 일으키는 환경 요인이 아닌 것은?

① 계 절 ② 수 유
③ 영 양 ④ 습 도

04 무발정(無發情)은 어떤 원인에 의한 번식장해인가?

① 분만의 이상
② 생식기 전염병
③ 내분비의 교란 중 난소 기능의 이상
④ 생식기의 해부학적 결함

05 가축에서 출생 전 폐사원인이 아닌 것은?

① 내분비 원인 ② 비 유
③ 건 조 ④ 유 전

06 내분비의 교란에 의하여 오는 번식장해는?

① 비브리오병 ② 트리코모나스병
③ 난소낭종 ④ 브루셀라병

07 생식기 전염병에서 오는 번식장해는?

① 프리마틴
② 백색 처녀우병
③ 난소낭종
④ 브루셀라병과 비브리오

08 영양결핍에서 오는 번식장해는?

① 환경 요인 ② 비타민의 결핍
③ 비브리오병 ④ 무발정

해설
영양결핍에서 오는 번식장해 : 총영양분의 결핍, 단백질의 부족, 비타민의 결핍, 무기물의 결핍 등

09 이상수정(異狀受精)으로 번식장해를 일으키는 것은?

① 방사성 동위원소
② 다정자 수정
③ 환경적 스트레스
④ 후산정체

정답 1 ① 2 ④ 3 ④ 4 ③ 5 ③ 6 ③ 7 ④ 8 ② 9 ②

10 생식기의 해부학적 결함에서 오는 번식장해는?

① 비브리오병
② 브루셀라병
③ 프리마틴(Freemartin)
④ 난소낭종

11 음경의 기형은 어떤 원인의 번식장해인가?

① 내분비의 교란
② 생식기의 해부학적 결함
③ 생식기의 기계적 상해
④ 생식기 전염병

12 트리코모나스병은 어떤 원인의 번식장해인가?

① 생식기의 해부학적 결함
② 생식기의 기계적 상해
③ 내분비의 교란
④ 생식기 전염병

해설

트리코모나스병(Trichomonasis)은 Trichomonas Foetus라고 하는 원충에 기인하는 소의 생식기병이다. 암소에 있어서는 유산, 태아사망, 질염, 자궁내막염 등이 일어난다.

13 총영양분의 결핍은 어떤 원인에 의한 번식장해인가?

① 영양결핍 ② 유전 원인
③ 환경 요인 ④ 내분비의 교란

14 후산정체(後産停滯)는 어떤 원인에 의한 번식장해인가?

① 환경 요인 ② 분만 이상
③ 수정 이상 ④ 유전 원인

해설

후산정체는 분만 이상에서 오는 번식장해이다. 분만이상에는 난산, 질탈, 자궁탈 등이 있다.

15 정소(精巢)의 심한 외상은 어떤 원인의 번식장해인가?

① 생식기에 대한 해부학적 결함
② 환경 원인
③ 생식기의 기계적 상해
④ 내분비의 교란

16 완전불임에 대한 설명으로 옳은 것은?

① 경산우는 분만 후 2개월까지 반복교미해도 수태되지 않는 것
② 분만 후 1개월까지 재발정이 오지 않을 때
③ 난소의 기능감퇴 등 임신이 방해받고 있지만 치료가 가능한 것
④ 생식기의 결손으로 절대로 임신할 수 없는 것

해설

불임증에는 생식기의 결손으로 절대로 임신할 수 없는 완전불임이 있고, 난소의 기능감퇴 및 자궁경의 협쇄 등의 이상으로 임신이 방해받고 있지만 그 치료가 가능한 일시적 불임이 있다.

정답 10 ③ 11 ② 12 ④ 13 ① 14 ② 15 ③ 16 ④

17 **브루셀라병으로 인한 번식장해의 예방대책으로 옳은 것은?**

① 환축을 격리시키고, 브루셀라 백신을 주사한다.
② 단백질사료를 충분히 급여한다.
③ 비타민사료를 충분히 급여한다.
④ 합성호르몬을 주사한다.

18 **소에 있어서 임의적으로 나타나는 유산은 분만 며칠 전인가?**

① 110일 전　② 260일 전
③ 290일 전　④ 360일 전

해설
소는 260일 전, 돼지는 110일 전, 말은 290일 전의 유산을 말한다.

19 **영양 결핍에 의하여 나타나는 백색근병의 원인은 무엇인가?**

① Cu 결핍　② 저혈당
③ Se 결핍　④ I 결핍

해설
- Cu 결핍 : 비만증에 의한 운동 실조
- 저혈당 : 저혈당증
- I 결핍 : 갑상선종
- Fe 결핍 : 자돈 빈혈증

20 **다음 중 난산의 기계적 원인이 아닌 것은?**

① 태아 골반의 불균형
② 태위, 태향, 태세의 이상
③ 자궁 임전
④ 선천적 기형

21 **소에 있어서 가장 중요한 생식기병이며, 급성 혹은 만성 전염병으로 유산을 일으키는 질병은?**

① 브루셀라병(Brcellosis)
② 비브리오병(Vibriosis)
③ 렙토스피라병(Leptospirosis)
④ 결 핵

해설
브루셀라병
소에 있어서 가장 중요한 생식기병의 하나이다. 감염우의 생식기로부터 누출되는 배설물이나 오염된 물, 그리고 사료의 섭취에 의해서 전염되며, 유산을 일으킨다.

22 **소의 생식기 병으로, 불임, 조기유산, 자궁축농증 등의 징후를 나타낸다. 교미할 때, 수소에 의해 전염되는 병은?**

① 진균성 유산
② 트리코모나스병(Trichomoniasis)
③ 톡소플라스마(Toxoplasmosis)
④ 뇌 염

23 **번식장해와 가장 깊은 관계가 있는 비타민은?**

① 비타민 A　② 비타민 D
③ 비타민 E　④ 비타민 K

해설
비타민 A 결핍 때에는 정액성상의 약화, 비타민 E 결핍 때에는 조정기능을 저하시켜 불임의 원인이 된다. 번식장해우에 비타민 E를 주사하면 이상정자의 정상화와 더불어 수태율이 향상된다.

17 ① 18 ② 19 ③ 20 ② 21 ① 22 ② 23 ③ 정답

24 후산정체란 태아가 만출된 후에 몇 시간이 지났을 때를 가리키는가?

① 14~22시간 ② 24~28시간
③ 34~38시간 ④ 44~48시간

해설
소의 태아가 만출된 후 후산이 배출될 때까지의 시간은 3~8시간이며, 24~28시간이 지나도록 후산이 배출되지 않는 것을 후산정체라 한다.

25 불임(不姙)과 관계 있는 황체(黃體)는?

① 발정황체 ② 진성황체
③ 영구황체 ④ 임신황체

해설
자궁 내에 이물이 있거나 난소의 기능이 약할 때, 오랫동안 존속하는 황체는 영구황체이며, 불임에 관계한다.

26 생식기 질환 중 가장 많이 발생하는 것은?

① 자궁질환 ② 자궁경관질환
③ 난관질환 ④ 난소질환

해설
생식기 질환 중 난소질환이 가장 많이 발생한다.

27 렙토스피라병(Leptosprosis)은 어떤 가축에 유산(流産)을 일으키는가?

① 소, 돼지 ② 산양과 면양
③ 말 ④ 토 끼

해설
렙토스피라병은 소와 돼지에 유산(流産)을 일으키며, 임신 후반기에 가서 주로 일어난다.

28 소에서 발생하는 유행성 유산의 병원체는?

① Brucella Abortus
② Vibrio Fetus
③ Trichomonas Foetus
④ Virus

해설
소의 유행성 유산은 바이러스에 의하여 일어난다.

29 불임의 원인이 되는 환경 요인은?

① 바 람 ② X선 조사
③ 토 양 ④ Ca와 P

해설
X선을 조사(照射)하면 그 시간과 강도에 따라서 정원세포 또는 난모세포 등이 완전히 파괴되거나 일시적으로 상해를 입게 되며, 이것이 원인이 되어 완전불임 또는 일시적 불임이 된다.

30 불임증(不姙症)이 많이 나타나는 것은?

① 품종 간 잡종
② 누진교배
③ 종간교배
④ 반형매교배

해설
불임증(不姙症)이 많이 나타나는 것은 종간잡종(種間雜種)이다.

정답 24 ② 25 ③ 26 ④ 27 ① 28 ④ 29 ② 30 ③

10 번식행동 생리

01 성행동(性行動, Sexual Behavior)

1. 옥시토신(Oxytocin)

작지만 강력한 펩타이드 호르몬으로서 뇌의 밑부분에 있는 아몬드만한 크기의 뇌하수체에서 분비되어, 출산할 때 자궁을 수축시키고 젖을 분비시키는 화학 물질로 알려져 왔다.
과학자들은, '옥시토신'이 암수 모두에게 활발히 작용하여 동물들이 사회적이며, 성적인 상호작용(암컷과 수컷 또는 부모와 자식, 그리고 이웃 간의)을 더욱 유쾌하게 만들어 준다는 사실을 알아냈다. 즉, 옥시토신이 성욕에 큰 영향을 미친다는 사실이 밝혀졌다.

2. 성행동의 구분

(1) **수소** : 발정 암소에 대한 구애와 승가 및 교미

(2) **암소** : 발정우에서만 보임, 수소의 승가를 허용하고 교미

(3) **성욕** : 신칙직인 깃이지만, 경험에 의해 높아지며, 성숙과 억제를 극복하기 위한 지도가 필요하다(특히 어린 수소 및 처음 승가하는 소의 경우).

더 알아보기 잠복정소

가축에 있어서 미하강 정소(未下降精巢)는 하나 또는 모두가 음낭 내로 하강하지 못하고 복강 내에 남아 있는 경우를 말한다. 정소상체는 부고환이라고도 하며, 정자의 운반・농축・성숙・저장에 관계하는데, 정관은 정자를 수송하고 저장하며, 교미할 때에 정자를 산출시키는 산출관의 역할을 한다.

[암컷의 성행동]

행 동	소	면양·산양	개	돼 지	말
냄새 맡기	수컷의 몸과 음부의 냄새를 맡는다.				
배 뇨	수컷에 의한 사정 후 특히 빈번하게 배뇨한다. 빈번한 배뇨는 양과 돼지에서는 발정의 징후가 아니며, 말에서는 수컷 허용 시 특징이다.				
발 정	평상시보다 울음소리며 횟수가 증가한다.			발정기 특유의 울음을 낸다.	
운 동	일반적으로 운동은 활발하고, 수컷 음부의 냄새를 맡기 위해 수컷과 방향이 반대로 되고 회전운동을 한다.				
	다른 암컷에 승가	꼬리를 흔든다. 승가는 하지 않는다.	수컷을 무서워하지 않고 접근한다.	머리와 머리를 맞대고 냄새를 맡는다.	승가하지 않는다.
자 세	수컷이 접근해 구애 중 잠시 정지한다. 승가하도록 뒤돌아선다.				
	머리를 뒤로 향하고 꼬리를 감아올린다.			양귀를 아래로 내리고, 부동반응이다.	음순을 개폐해서 음을 노출한다. 양 뒷다리를 벌리고 허리를 구부린다.
교미 후 반응	등을 활처럼 구부리고 꼬리를 높이 올린다(Lordosis).	등을 활처럼 구부리고 꼬리를 높이 올린다(Lordosis).	외음부를 핥는다.	없음	없음

※ Lordosis : 척추전말. 척추가 구부러져 앞으로 튀어나온 상태로 수컷의 사정된 순간에 나타내는 암컷의 특이한 행동(초식동물).

[수컷의 성행동]

행 동	소	면·산양	개	돼 지	말
냄새 맡기	암컷의 외음부 및 오줌의 냄새 맡기				
암컷의 오줌에 대한 반응	플레멘 반응			없음	소, 면양·산양과 같다.
배 뇨	변화 없다.		흥분 중 앞다리에 젖은 배뇨	흥분 중 율동적인 오줌 배출	암말의 배뇨한 정소에 수말도 배뇨한다.
발 성	없음	암컷과 접촉 중 짧은 구애소리를 빈번히 한다.		성적흥분 중에 자주 운다.	
암컷의 대한 접촉 자극	암컷의 외음부를 핥는다.			암컷의 아랫배를 코로 찌른다.	새끼의 등과 몸을 깨문다.
구애 중 자세	암컷의 등에 머리를 얹는다.	암컷을 호위하듯이 접근하고, 머리를 옆으로 향하고 앞다리로 암컷을 가볍게 누른다.			
교미 중 자세	머리로 암컷의 등을 누르고, 사정 시 도약한다.	사정 시 머리를 급히 뒤로 젖힌다.		사정 시 동작의 변화는 없다. 음낭이 수축한다.	암컷의 경부를 깨문다. 사정 시 꼬리를 상하로 몇 회 회전한다.
교미시간	극히 짧음(1초 정도)		5~10분	5~10분	40초
사정부위	자궁경 부근			경관 및 자궁 내	자궁 내
교미 후 반응	없음	머리와 목을 길게 뺀다.	음경을 핥는다.	없음	없음

※ **플레멘(Flehmaen)** : 반추류(소, 양, 말 등) 등의 수컷이 발정한 암컷 오줌의 냄새를 맡은 후 목을 빼면서 위를 향하여 윗입술을 반전시키면서 일으키는 반응

02 모성행동(母性行動, Maternal Behavior)

특히 돼지의 경우에 자돈 생산은 농장의 경제상황과 직결되는 사항으로, 모성행동에 따라 자돈 생존율에 영향을 미친다.

※ **프로락틴(Prolactin)** : 유선(Mammary Blands)에 작용하여 유즙분비를 자극한다. 쥐에서는 황체를 자극하여 기능을 유지시키므로 최유 호르몬(Lactogenic Hormone) 또는 황체자극 호르몬(Luteotrophic Hormone)이라고도 부른다. 중추신경에 작용하여 모성행동을 유발한다.

PART 03

가축육종학

CHAPTER 01 가축육종학개론

CHAPTER 02 가축의 유전

CHAPTER 03 유전자의 작용

CHAPTER 04 가축의 육종방법

CHAPTER 05 가축별 육종방법

가축육종학개론

01 가축육종의 의미

가축의 유전적 소질(遺傳的素質)을 개선하여 인류생활에 대한 공헌을 한층 증가시키는 농업상 기술이다.

02 가축육종의 특성

(1) 가축·가금은 고등동물로서 모두 2배체이고 양성생식(兩性生殖)이며 자웅이체이므로, 동일유전자형의 개체를 얻기가 곤란하고 유전자형의 규명도 지극히 어렵다.

(2) 번식 연한(兩性生殖)이 길기 때문에 친자(親子)·조손(祖孫)의 교배가 가능하며 기후·풍토의 영향을 비교적 적게 받는다.

(3) 국민의 기호성, 사회적 환경, 경제적 사정 등이 가축의 형질을 바꾸어 놓는 일이 있다.

(4) 가축은 몸이 크고 또 개체가 클수록 경제적 가치를 지닌다.

03 가축육종의 목표

1. 가축개량의 목표

(1) 축산물의 가축 개체당 생산량 증가

(2) 품질의 향상

(3) 가축생산의 능률화

(4) 사양한계(飼養限界)의 확대화

(5) 생산의 안전화

(6) 가축의 심미화(審美化)

(7) 경영의 합리화

2. 육종기술의 체계화

(1) 변이의 탐구와 창조 → 유전변이

(2) 변이의 선발 → 우량변이의 선발

(3) 변이의 고정 → 신종(新種)창조

(4) 신종의 증식 및 보급

04 가축개량 방법

가축을 개량하는 방법으로는 선발과 교배(인공수정)법이 주로 이용된다. 우수한 씨가축을 이용하여 다음 세대의 유전적 소질을 인간의 목적에 보다 적합하도록 변화시키는 것을 개량(육종)이라고 한다. 앞서 언급한 인공수정에 의한 가축개량효과에 따르면 돼지의 일당 증체량은 1985년도(865g/일)에 비해 20년 경과 후인 2004년(1,055g/일)에는 1985년 대비 22%가 개량되었음을 보여주고 있다. 많은 가축들 중 어느 것을 씨가축으로 쓸 것인가 하는 선발의 문제와 선발된 암수 가축을 어떻게 교배시켜야 될 것인가 하는 교배의 문제를 가장 효과적으로 판단해야 하는 것이다. 자연발생적 또는 인위적 돌연변이를 이용하여 동·식물의 개량에 이용하고 있으나 가축은 식물에 비하여 한 마리의 암컷이 생산할 수 있는 자손의 수가 적고 세대간격이 길어서 인위적인 돌연변이를 이용한 가축 개량은 실용화되지 못하고 있는 실정이다. 최근 분자유전학, 면역유전학, 세포유전학 등을 가축의 개량에 적용하는 연구가 활발히 이루어지고 있어 이 분야의 학문연구가 가축 개량에 크게 기여할 것으로 기대된다. 개량방법은 개량목표 설정 → 선발 → 교배계획 수립 → 효율적인 번식 방법 적용 → 개량효과확인 과정을 거치게 된다.

적중예상문제

01 다음 중 가축의 육종방법으로서 실용화되기가 가장 어려운 방법은?

① 돌연변이
② 근친교배
③ 잡종교배
④ 선발법

해설
가축은 암컷의 자손 수가 적고 세대 간격이 길어서 돌연변이를 이용한 육종방법은 실용화되기 어렵다.

02 다음 중 가축 개량의 목표가 아닌 것은?

① 가축 개체당 생산량 증가
② 품질의 향상
③ 가축의 심미화
④ 가축 생산의 고정화

해설
가축 개량의 목표
- 가축 개체당 생산량 증가
- 품질의 향상
- 가축 생산의 능률화
- 사양한계의 확대화
- 생산의 안전화
- 가축의 심미화
- 경영의 합리화 등

03 다음 중 가축 개량 방법이 아닌 것은?

① 수정란 이식
② 인공수정
③ 선 발
④ 세대간격

해설
가축의 개량 방법으로는 선발과 교배법이 있으며 교배법에는 인공수정과 수정란 이식도 포함된다.

04 가축 육종의 특징이 아닌 것은?

① 양성생식이므로 동일유전자형의 개체를 얻기 어렵다.
② 식물에 비해 기후, 풍토의 영향을 비교적 적게 받는다.
③ 국민의 기호성, 경제적 사정 등으로 가축의 형질을 바꿀 수 없다.
④ 가축은 몸이 클수록 경제적 가치를 지닌다.

정답 1 ① 2 ④ 3 ④ 4 ③

02 가축의 유전

01 세포분열(細胞分裂)

1. 체세포 분열(Mitosis)

(1) 전기(Prophase)

염색체가 농축하며 중심체는 2개의 중심자로 양분되어 세포의 양극에 이동하고 방추사에 의해 서로 연결된다. 핵막과 핵소체는 소실된다.

(2) 중기(Metaphase)

염색체가 적도판에 배열하고 각 염색체는 중심체가 분리한다.

(3) 후기(Anaphase)

낭염색체들이 방추사에 이끌려서 양극으로 이동한다.

(4) 말기(Telophase)

염색체가 완전히 분리되고 새로운 핵막과 핵소체인이 형성되며 세포질이 양분된다.

(5) 휴지기(Interphase)

염색체가 길어지며(Elongation), 단백질의 생합성이 활발하다.

2. 감수분열(성숙분열, Meiosis)

배우자(Gemete) 형성 때에만 일어난다.

(1) 제1분열(First Meiotic Division)

① 전기(Prophase Ⅰ) : 처음에는 염색체가 한 줄로 보이다가 상동염색체끼리 쌍으로 지어 두 개의 Chromatid로 보인다. 이때 교차(Crossing Over)가 일어난다.

② 중기(Metaphase Ⅰ) : 염색체 수가 $4n$으로 되며 방추사가 형성되고 염색체는 적도판에 정렬한다.

③ 후기(Anaphase Ⅰ) : 상동염색체 쌍이 분리되어 양극으로 이동한다.

④ 말기(Telophase Ⅰ) : 핵막과 인이 형성되며 세포질이 양분된다.

(2) 제2분열(Second Meiotic Division)

체세포분열(유사분열)과 거의 같은 양상으로 진행되며, 제1분열에서 형성된 두 개의 세포는 각각 분리되어서 4개의 반수체(Haploid)를 형성한다.

더 알아보기

- 세사기 : 염색체가 이중으로 늘어선다.
- 이중기 : 교차되어 유전물질을 교환한다.
- 비후기(이동기) : 염색체의 재정리 단계이다.
- 접합기 : 접합하여 상동염색체가 쌍을 이룬다(이분체).
- 태사기 : 염색체가 4개로 형성된다(4분체).

[세포의 1분열]

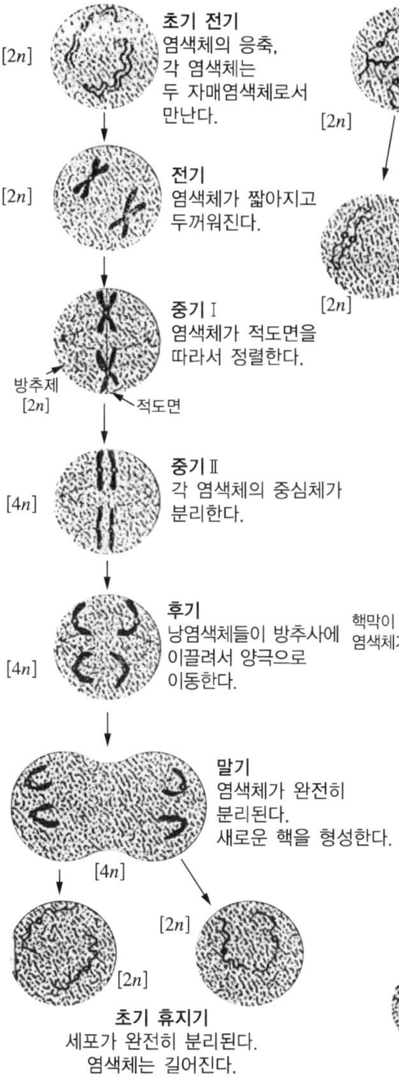

[2n]
초기 전기
염색체의 응축,
각 염색체는
두 자매염색체로서
만난다.
[2n]
전기
염색체가 짧아지고
두꺼워진다.
중기 I
염색체가 적도면을
따라서 정렬한다.
방추제
[2n]
적도면
[4n]
중기 II
각 염색체의 중심체가
분리한다.
[4n]
후기
낭염색체들이 방추사에
이끌려서 양극으로
이동한다.
말기
염색체가 완전히
분리된다.
새로운 핵을 형성한다.
[4n]
[2n]
[2n]
초기 휴지기
세포가 완전히 분리된다.
염색체는 길어진다.

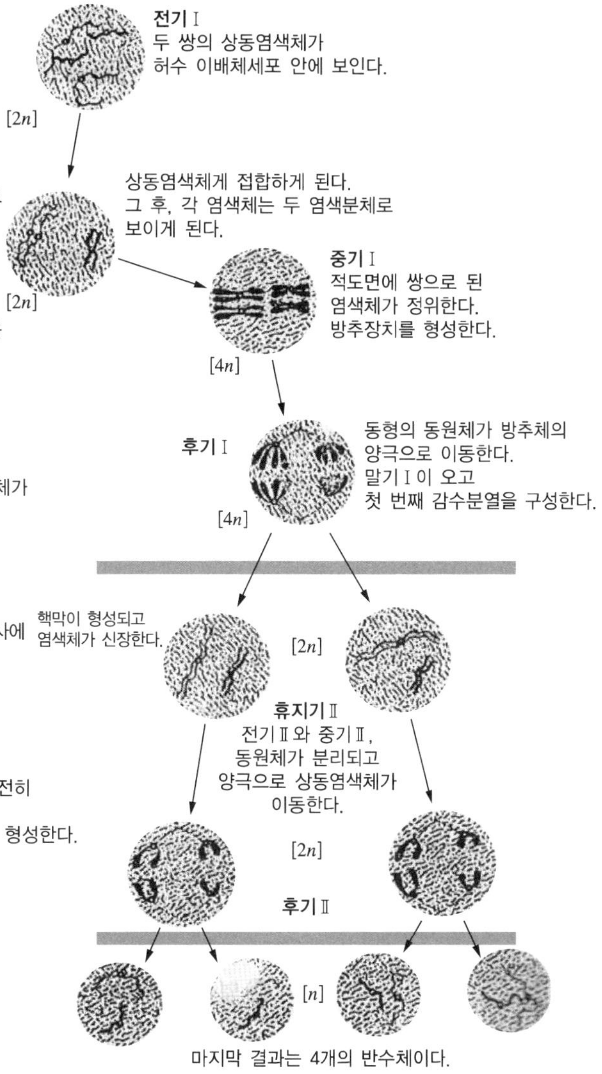

전기 I
두 쌍의 상동염색체가
허수 이배체세포 안에 보인다.
[2n]
상동염색체게 접합하게 된다.
그 후, 각 염색체는 두 염색분체로
보이게 된다.
[2n]
중기 I
적도면에 쌍으로 된
염색체가 정위한다.
방추장치를 형성한다.
[4n]
후기 I
동형의 동원체가 방추체의
양극으로 이동한다.
말기 I 이 오고
첫 번째 감수분열을 구성한다.
[4n]
핵막이 형성되고
염색체가 신장한다.
[2n]
휴지기 II
전기 II 와 중기 II ,
동원체가 분리되고
양극으로 상동염색체가
이동한다.
[2n]
후기 II
[n]
마지막 결과는 4개의 반수체이다.

[체세포 분열] **[감수 분열]**

02 배우자 형성(Gametogenesis)

고환의 세정관에서 일어난다.

1. 정자형성(Spermatogenesis)

원시정원세포(Primordial Germ Cell) $\xrightarrow{\text{증식}}$ 정원세포 → 제1정모세포(Primary Spermatocyte) $\xrightarrow{\text{제1감수분열}}$ 2개의 제2정모 세포(Secondary Spermatocyte) $\xrightarrow{\text{제2감수분열}}$ 4개의 정세포(Spermatid) $\xrightarrow{\text{변태}}$ 4개의 정자(Spermatozoon)

2. 난자형성(Oogenesis)

원시난원세포는 출생 전후까지 분열·증식하여 원시난포 안에 들어가 분열을 정지하고 성장하여 제1난모세포로 된다. 장기간의 휴지기를 가진 뒤에 성숙이 가까워지면 난포가 발달하여 난포액으로 가득 차고 발정기가 되면 배란 직전의 그라프 난포(Graafian Follicle)로 된다.

원시난원세포(Primordial Germ Cell) $\xrightarrow{\text{증식}}$ 난원세포(Oogonium) $\xrightarrow{\text{제1감수분열, 배란기}}$ 제2난모세포(Secondary Oocyte) + 제1극체(First Polar Body) $\xrightarrow{\text{제2감수분열}}$ 난세포(Ootid) + 제2극체(Second Polar Body)

03 염색체(Chromosome)

1. 염색체의 형태와 종류

(1) 염색체의 부위별 명칭

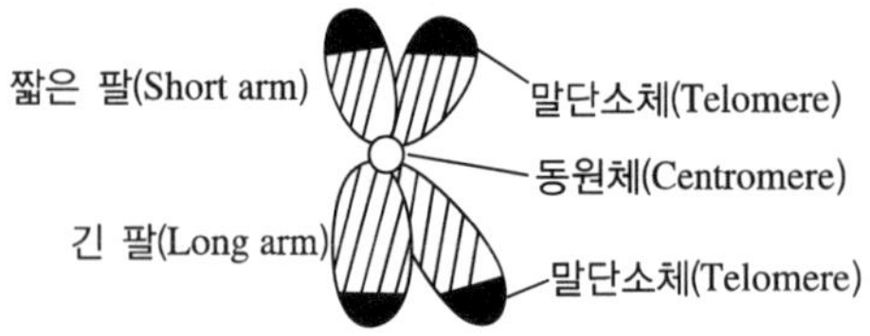

(2) 염색체의 종류

① 상염색체(Autosome) : 크기와 형태가 동일한 1쌍의 상동염색체로 되어 있다.

② 성염색체(Sex Chormosome) : 성의 결정에 관여하는 염색체로 X와 Y염색체 두 종류가 있다.

2. 염색체의 화학적 조성

(1) RNA(Ribonucleic Acid)

① 당(糖) : Ribose

② 염기(Base)

㉠ Purine 염기 : Adenine, Guanine

㉡ Pyrimidine 염기 : Uracil, Cytosine

③ 인산 : Phosphate Group

(2) DNA(Deoxyriboncleic Acid)

① 당 : Deoxyribose

② 염 기

㉠ Purine 염기 : Adenine, Guanine

㉡ Pyrimidine 염기 : Thymine, Cytosine

③ 인산 : Phosphate Group

(3) 단백질

Histone + Nonhistone Protein

04 유전자(Gene)

1. 유전자의 본체는 DNA

개체의 유전형질을 발현시키는 기초물질이다.

(1) DNA의 구조 : 2중나선 구조

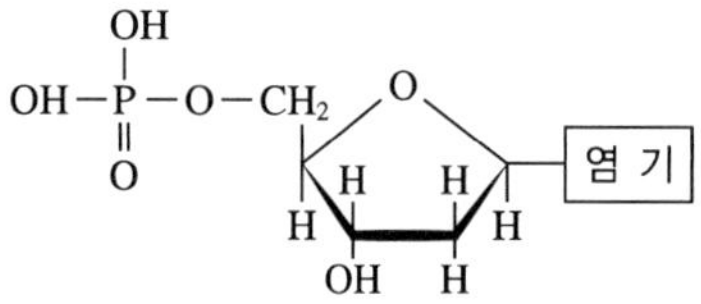

[뉴클레오타이드의 구조]

(2) 유전자의 표현

DNA(유전정보) $\xrightarrow{\text{전사}}$ m-RNA → ribosome에 부착 → t-RNA가 유전정보에 따라 amino 산 배열 → polypeptide chain(protein) 합성

더 알아보기

유전자가 우성 유전자의 발현을 피복하는 현상을 상위작용(Epistasis)이라 하며, 피복작용 하는 유전자를 상위유전자(Epistatic Gene)라 하고, 발현이 억제되는 유전자를 하위유전자(Hypostatic Gene)라 한다.

05 변이(Variation)

1. 환경변이

(1) 변이(變異, Variation)

유전형질이 한 종 내 개체 사이에 다소 간 차이를 나타내는 경우를 가리킨다.

① 환경변이(環境變異, Environmental Variation) 또는 일시적 변이(Modification) : 유전자형이 완전히 동일한 개체 사이에도 환경의 작용으로 인한 형질에 차이를 나타내는 비유전 변이

② 환경변이의 주요인 : 영양물질, 온도, 광선, 병원체와 Allergen, 관리, 화학약품

(2) 방황변이(彷徨變異, Fluctuation)

개체변이라고도 하며, 동일한 어버이에게서 동일한 유전자를 받은 자손이라고 할지라도 몸이나 기관 따위의 모양・크기・무게・생장 등에 차이가 있는데, 이런 개체 간 차이를 지닌 변이를 말한다.

예 획득형질(獲得形質) : 후천적으로 얻게 된 형질(자손에 유전되지 않음)

더 알아보기

- 수량적 변이 : 개수, 길이, 무게 등에 관한 변이를 말한다.
- 형태적 변이 : 색깔이나 형태 등에 관한 변이를 말한다.

2. 유전변이

유전변이(遺傳變異)란, 유전적 소질이 다르기 때문에 생기는 변이를 말하며, 이는 가축육종의 대상이 되는 중요한 수단이다.

(1) 염색체의 구조적 변이

염색체의 일부가 그 본체의 위치를 벗어나 다른 부분으로 이동하는 현상

① 삭제(削除, Deletion) 또는 결실(缺失, Deficiency) : 염색체에 절단이 생겨서 절단된 부분이 소실(중간삭제, 말단삭제 등)

② 위우성(僞優性, Pseudodominance) : 삭제 부위에 있었던 우성 유전자가 삭제에 의해 없어지게 되면 열성유전자가 우성인 것처럼 표현형으로 나타나는 경우

③ 치사(致死, Lethal)

㉠ 우성치사(優性致死) : 상동염색체의 하나가 완전하더라도 치사되는 경우

㉡ 열성치사(劣性致死) : 상동염색체가 모두 삭제되어야만 치사되는 경우

④ 중복(重複, Duplication) : 염색체의 어떤 부분이 동일한 염색체나 혹은 상동이 아닌 다른 염색체 위에 한 벌 이상 여분을 갖게 되는 경우

⑤ 전좌(轉座, Translocation) : 염색체가 절단되어 그 단면이 비상동염색체의 어떤 부위로 옮겨가서 유합되는 경우

㉠ 단순전좌(單純轉座) : 한 염색체의 단편이 상동염색체가 아닌 다른 염색체로 옮겨가는 경우

㉡ 상호전좌(相互轉座) : 비상동염색체 사이에서 염색체 단편이 서로 교환되는 경우

⑥ 역위(逆位, Inversion) : 한 염색체의 2개 부위에서 절단이 일어난 다음에 중간 부분의 단편이 180° 회전하여 다시 유합되는 경우 역위이형접합자 → 역위고리(Inversion Loop) 형성

⑦ 전위(轉位, Transposition) : 염색체의 단편이 한 염색체 안에서나 다른 염색체로 이동하여 끼어 들어가는 경우

예 박테리아의 전위인자인 IS, 옥수수의 조절인자, 초파리의 진홍색눈 유전자 등

(2) 염색체의 수량적 변이

1조의 Genome을 기본으로 하고, 그 산술급수적 증가관계를 표시하는 세포학적 현상을 배수성(倍數性, Polyploidy)이라고 하며, 염색체가 체세포의 Genome 중에서 1개 또는 몇 개가 완전히 증가하거나 감소하는 현상을 이수성(異數性, Heteroploidy)이라고 한다.

① **정배수성(整倍數性)** : 유성생식을 하는 생물의 종은 2벌의 기본적인 염색체조를 가지나, 경우에 따라서 염색체의 조가 증감되는 경우

㉠ 반수체(半數體, Haploids) : 배우자가 갖는 염색체수 n만큼의 염색체만으로 이루어지는 경우

㉡ 동질배수체(同質倍數體) : 3조의 게놈을 갖는 배수체를 동질 3배체, 4조의 게놈으로 배가 된 배수체를 동질 4배체라고 한다.

㉢ 이질배수체(異質倍數體) : 서로 다른 종류의 게놈이 첨가되어 게놈의 수가 증가된 경우(진화학상 진화의 촉진효과 가짐)

② **이수성(異數性, Aneuploidy)** : 한 개 또는 두 개의 염색체가 가감된 경우(n+1, n-1인 배우자 형성 → 2n+1, 2n-1인 염색체 조성을 갖게 됨)

③ **Robertsonian 변동** : 염색체 사이의 융합과 한 염색체가 2개의 염색체로 분열하는 경우(Down's 증후군 환자에게서 Robertsonian 전좌 발견)

④ **게놈 분석(Genome Analysis)** : 여러 근연식물 게놈 사이의 친화력을 조사하며 게놈의 이동을 가려내고, 다른 게놈 사이에 존재하는 친화력의 관계를 밝혔다.

3. 돌연변이

돌연변이(突然變異, Mutation)란 넓은 의미로 염색체의 지리적·수량적 변화를 말한다.

(1) 유전자 돌연변이(Gene Mutation)

① **진보적 돌연변이(Progressive Mutation)** : 생존에 유리하도록 일어난다(드물다).

② **퇴행적 돌연변이(Regressive Mutation)** : 동물의 기형을 만드는 경우(많이 일어난다.)

더 알아보기

동일 돌연변이가 반복해서 나타나는 반복 돌연변이, 개체의 생존력에 치명적으로 작용하는 치사 돌연변이도 있다.

(2) 일반적 특성

① 세포의 종류에 따라 생식세포 돌연변이(Germinal Mutation)와 체세포 돌연변이(Somatic Mutation)로 구분한다.

② 표현형을 기준으로 유해 돌연변이, 가시 돌연변이, 치사 돌연변이로 나눈다.

(3) 염기쌍치환(鹽基雙置換)

① Transition : Purine 염기끼리(A-G), 그리고 Pyrimidine 염기끼리(C-T) 대치되는 경우

② Transversion : Purine 염기가 Pyrimidine 염기로 대치되거나, 그 반대로 대치되는 경우

(4) 격자이동(格子移動, Frame Shift)

① 기주세포 내에서 DNA 복제 때 발생한다.

② 단백질의 아미노산 서열을 분석함으로써 알 수 있다.

(5) 돌연변이율(Mutation Rate)

① 총 개체수에 대한 돌연변이 빈도(Mutation Frequency)의 비율

② 돌연변이 확률이 극히 낮을 때 → Poisson 분포에 따른 돌연변이 비율을 구함

더 알아보기 **돌연변이 유발원(突然變異誘發源)**

- 방사선으로서 자외선, X선 · γ선 · β선 · α선 · 중성자 등이 있다.
- 화학물질로서 특히 작용이 강한 것은 핵산이며, 단백질과 결합하는 Alkyl 화제가 있다.
- Hemoglobin은 적혈구 속에 들어 있다.

06 Mendel의 법칙

1. 우열의 법칙(Law of Dominance)

양친의 대립형질(Allelomorph)이 잡종 1대(F_1)에서 우성형질만 나타나고 열성형질은 잠복하여 나타나지 않는 현상

2. 분리의 법칙(Law of Segregation)

열성형질이었기 때문에 F_1에서 나타나지 않았던 형질이 F_2에서 일정한 비율로 나타난다.

예 단성잡종(Monohybrid)

P ········· Yorkshire종(백색)×Berkshir종(흑색)
WW | ww
F_1 ································ Ww(백색)×Ww
F_2 ··············· WW Ww Ww ww
백색 흑색
3 : 1

3. 독립의 법칙(Law of Independence)

2쌍 이상의 대립유전자에 관해서 Hetero 접합체인 때에 각 대립유전자는 다른 쌍의 대립유전자에 방해되는 일이 없어 서로 독립적으로 행동하여 배우자에게 분배되는 현상이다.

예 양성잡종(Diphybrid)

P ········· Hamburg종(장미관 흑색)×Leghorn종(단관 백색)
RRww | rrWW
F_1 ································ RrWw(장미관 백색)×RrWw

F_2			
RRww(1)	RRww(1)	rrWW(1)	rrww(1)
RRWw(2)	Rrww(2)	rrWw(2)	
RrWW(2)			
RrWw(4)			
장미관 백색	장미관 흑색	단관 백색	단관 흑색
9 :	3 :	3 :	1

더 알아보기

Mendel, G. J.은 1865년에 유전법칙을 발견하였으나, 그 당시에는 세상에 알려지지 못하였다. 그 후 1900년에 네덜란드의 de Vries, 독일의 Corens. C, 오스트리아의 Tschermak. E 등 3인에 의해 재발견되었다.

07 유전자 평형법칙

일명 '하디-바인베르크 법칙(Hardy-Weinberg Low)'은 외적요인이 작용하지 않는다면 대립유전자 빈도는 여러 세대를 거쳐도 변하지 않고 평형을 이루게 됨을 말한다.

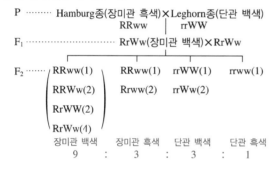

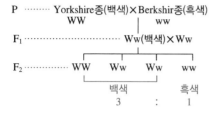

08 표현형가의 분할

표현형가(Phenotypic Value)는 유전형가(Genotypic Value) + 환경편차(Environmental Deviation), 즉 P는 G + E이다. 여기에서 유전형가는 상가적 효과(Additive Effects)와 우성효과(Dominance Effects) 및 상위성 효과(Epistatic Effects)로 구성된다.

09 유전과 환경

1. 개 요

(1) 가축의 형질 발현은 유전과 환경의 공동작용으로 나타남

① 모색(毛色) : 유전의 영향이 크다.

② 수태율 : 환경적 요인에 의한 영향이 크다.

(2) 유전과 환경의 상대적 중요성을 유전적으로 나타낸다.

(3) 아무리 환경이 좋다고 하더라도 그 개체가 태어날 때부터 가진 유전적 한계선을 초과하지 못한다.

적중예상문제

01 유전물질의 기초 단위는?

① 세포(Cell)
② 유전자(Gene)
③ 원형질(Protoplasm)
④ 핵(Nucleus)

해설
유전자는 유전물질의 기초단위로서, 자신을 복제하며 유전물질을 저장한다.

02 세포분열이 일어나지 않고 정지해 있는 기간은?

① G_1기 ② G_2기
③ S기 ④ 간기(Interphase)

해설
① G_1기 : 세포가 성장하여 DNA를 합성하는 준비기간
② G_2기 : RNA와 단백질을 합성하는 기간. 세포분열이 중지한 시기를 간기라 하며, 이 기간은 G_1기, S기, G_2기의 3기로 나누어진다.

03 유사분열 과정은 4기로 구분되는데, 이에 관계가 없는 것은?

① 전기(Prophase)
② 중기(Metaphase)
③ 후기(Anaphase)
④ 간기(Interphase)

해설
유사분열은 전기, 중기, 후기, 말기(Telophase)로 나눈다.

04 대립형질의 수가 3쌍일 때, F_2의 표현형의 종류수는?

① 3 ② 4
③ 8 ④ 16

05 다음 중 동형집합체(Homozygote)는 어느 것인가?

① AA, Bb ② aA, bB
③ aa, bb ④ Aa, bb

해설
AABB 또는 aabb같이 유전자 조합이 동일할 경우에 동형접합체라 하며, Aabb, AABb, aaBb 등과 같이 동일하지 않을 경우를 이형접합체(Heterozygote)라 한다.

06 다음 중 유전자의 공동작용이 아닌 것은?

① 변경유전자 ② 조건유전자
③ 상위와 하위 ④ 복대립유전자

해설
유전자의 공동작용에는 변경유전자, 조건유전자, 상위와 하위, 억제유전자 등이 있다.

07 감수분열기에서 염색체가 이중으로 늘어서는 기간을 무엇이라 하는가?

① 세사기 ② 접합기
③ 태사기 ④ 이중기

정답 1 ② 2 ④ 3 ④ 4 ③ 5 ③ 6 ④ 7 ①

08 다음 중 잘못 설명한 것은?

① 변경유전자(Modifying Factor)는 주인자의 작용을 변경시키는 것으로서, 표현형에 양적·질적 변화를 일으키지 않는다.
② Aa와 Bb라고 하는 2쌍의 유전자 중 A는 단독으로 작용할 수 있지만, B는 A가 없으면 단독으로 작용할 수 없는 경우에 B를 조건유전자라 한다.
③ 2쌍의 유전자가 있을 때, 그중 어느 한쪽 유전자가 다른 한쪽 유전자의 작용을 억제하여 그 형질을 나타내지 못하게 하는 것을 억제유전자라 한다.
④ 같은 형질에 대하여 그 작용이 닮은 2쌍 이상의 독립유전자를 동의유전자라 한다.

해설
변경유전자는 표현형에 있어서도 양적·질적 변화를 일으킨다.

09 비대립 관계에 있는 2쌍 이상의 유전자가 독립적으로 유전하면서 기능상 협동하여 양친에게는 없는 새로운 특정 형질을 나타내는 유전자는?

① 동의유전자
② 비대립유전자
③ 보족유전자
④ 변경유전자

해설
보족유전자는 비대립 관계에서 독립적으로 유전하며 2쌍 이상의 유전자가 새로운 특정 형질을 발현하여 일어나며, 닭의 호도관이 이에 속한다.

10 변경유전자는 어떤 유전자와 공존해야 발현하는가?

① 주유전자(Major Gene)
② 상위유전자(Epistatic Gene)
③ 동의유전자(Polymery)
④ 복다유전자(Mutiple Gene)

해설
변경유전자는 단독으로 형질 발현 작용을 못하나 특정 표현형을 지배하는 주유전자와 공존하면 표현형을 질적·양적으로 변화시킨다.

11 유전자좌에서 다른 비대립유전자가 우성유전자의 발현을 피복하는 유전자는 어느 것인가?

① 상위유전자 ② 하위유전자
③ 중다유전자 ④ 동의유전자

해설
하위유전자는 발현이 억제되며 상위유전자는 피복작용을 한다.

12 유전자 조환율에 따라 각 유전자의 염색체 상에서의 상대적 위치를 도시한 것은?

① 연 관 ② 염색체 지도
③ 교 차 ④ 표현형

해설
유전자가 염색체 상에 환상배열을 하고 있다는 원칙에 따라 조환율의 크기에 의해서 각 유전자의 염색체 상에서의 상대적 위치를 도시한 것을 염색체 지도라 한다.

정답 8 ① 9 ③ 10 ① 11 ① 12 ②

13 닭의 Brahma와 Wyandotte 품종을 교배시키면 F_1에서는 아주 새로운 형태인 호도관이 나타난다. 이것을 바르게 설명한 것은?

① Brahma 종이 우성이기 때문이다.
② Wyandotte 종이 열성이기 때문이다.
③ Brahma와 Wyandotte 품종의 유전자의 상호작용에 기인하기 때문이다.
④ Brahma 종과 Wyandotte종이 모두 중간종이기 때문이다.

14 가금의 경우 수컷의 성염색체는 어느 것인가?

① XX ② XY
③ ZZ ④ ZW

해설

- XX : 사람 · 포유류의 암컷
- XY : 사람 · 포유류의 수컷
- ZZ : 닭 · 붕어의 수컷
- ZW : 닭 · 붕어의 암컷
- ZO : 칠면조 · 오리의 암컷

15 ABO식 혈액형에 속하는 것은?

① A형, B형, AB형, RH^+형
② A형, B형, O형, RH^-형
③ A형, B형, AB형, O형
④ B형, AB형, O형, RH^-형

해설

ABO식에는 A, B, AB, O의 4형이 있는데, A형은 A 응집원과 B응집소, B형은 B응집원과 α응집소를 포함하고, AB형은 A와 B응집원만 있을 뿐이며, O형은 응집원이 아무것도 없다. 응집소는 α, β를 모두 가지고 있다. RH^+, RH^-가 있는데 RH^+는 서양인에 85%, RH^-는 15%, 동양인에 1% 정도 분포되어 있다.

16 RH^+형의 혈액형 유전자형을 바르게 표현한 것은?

① Rh rh ② Rh Rh
③ RH RH ④ rh rh

해설

RH^+의 유전형은 RhRh 또는 Rhrh이며 RH^-는 rhrh로서 RH^+는 RH^-에 대해서 단순 우성이므로 RhRh × rHrH의 F_1은 Rhrh로서 표현형은 Rh^+로 된다.

17 다음 중 한우의 염색체 수는?

① 64 ② 54
③ 38 ④ 60

해설

- 말 : 6
- 염소 : 60
- 양 : 54
- 돼지 : 38

18 다음 중 치사작용을 나타내는 유전자는?

① 우성이다.
② 불완전 우성이다.
③ 열성이다.
④ 불완전 열성이다.

해설

유전자 중에는 개체의 발생 도중 또는 출생 직후 염색체 이상 또는 생리적 결함으로 그 개체를 죽이는 유전인자가 있는데, 이를 치사유전자라 하며 일반적으로 열성인 것이 많다.

19 가축의 혈액형 분류는 무슨 반응에 의하는가?

① 응집반응 ② 용혈반응
③ 혈청반응 ④ 혈장반응

해설

- 응집반응 : 사람, 닭
- 용혈반응 : 대부분 가축

13 ③ 14 ③ 15 ③ 16 ② 17 ④ 18 ③ 19 ② 정답

20 **포유동물의 몸색깔(모색, 피부색, 홍채색 등)의 색소는?**

① 크산토필(Xanthophyll)

② 타이로신(Tyrosine)

③ 안토시안(Anthocyan)

④ 멜라닌(Melanin)

해설

포유동물의 몸색깔(모색, 피부색, 홍채색 등)의 색소는 Melanin인데, 이것은 단백질의 일종인 Tyrosine이 산화효소 Tyrosinase에 의하여 산화됨으로써 나타난 색조이다. 따라서 모색·피부색 등의 유전은 단순히 어떤 색깔 자체에 대한 유전자가 있는 게 아니고 화학물질의 분량과 작용에 관계하는 유전자에 기인한다.

21 **다음 중 멘델의 유전법칙을 재발견한 사람과 시기가 옳게 묶여진 것은?**

① de Vries, Correns, C. Tschermak, E (1990년)

② Watson, Crick, Wagner(1850년)

③ Holly, Spiegelmau, Wagner(1920년)

④ Hardy Fisher, Weinberg(1880년)

22 **닭볏의 형태, 소의 무각과 유각의 연구로 멘델법칙을 재확인하였으며, 유전학(Genetics)이라는 용어를 창시한 사람은?**

① Robert Brown

② Jensen

③ Robert Hooke

④ Bateson

해설

① Robert Brown : 세포핵 발견

② Jensen : 최초로 현미경 조작

③ Robert Hooke : 세포라고 명명

23 **Mendel이 유전실험 재료로 사용한 것은?**

① 완 두　② 닭

③ 생 쥐　④ 초파리

해설

멘델은 1985년에 완두를 재료로 하여 우열·분리·독립의 법칙을 발표하였다.

24 **멘델의 유전법칙 중 우열의 법칙을 바르게 설명한 것은?**

① 잡종 제1대에서 우성 형질이 70% 나타나는 것

② 대립형질 중에 잡종 제1대에서 우성형질만 나타나는 것

③ 잡종 제1대에서 열성만 나타나는 것

④ 잡종 제1대에서 나타나지 않는 형질

25 **돼지의 요크셔종(WW)과 바크셔종(ww)을 교배하였다. 잡종 제1대(F_1)에서는 어떤 색이 나타나는가?**

① 회색의 중간색이 나타난다.

② 갈색과 백색이 반반 나타난다.

③ 흑색만 나타난다.

④ 백색만 나타난다.

해설

요크셔의 백색이 우성이다.

26 **Holstein과 Angus의 우성인 모색은?**

① 적 색　② 백 색

③ 흑 색　④ 황 색

정답 20 ④ 21 ① 22 ④ 23 ① 24 ② 25 ④ 26 ③

27 초파리의 염색체를 대상으로 염색체의 유전 기작을 비롯하여 염색체 이상, 연관, 교차 현상을 밝혀서 세포유전학의 기초를 이룬 사람은?

① Leewenhook ② Mendel
③ Morgan ④ Müller

해설
① Leewenhook : 포유동물의 정자 발견.
④ Müller : 인위적 돌연변이(초파리에 X선 조사)

28 세포 내 얇은 막과 가는 관으로 이루어진 세망(Net Work)으로서 세포질 전역에 퍼져 있으며, 단백질을 합성하는 곳은?

① 소포체 ② 리소좀
③ 리보솜 ④ 골지장치

해설
소포체에서 단백질 합성, 지방질대사 및 세포 내 물질 수용 등의 기능을 한다.

29 세포 내에 에너지를 공급해 주며 화학반응이 일어나는 곳은?

① 소포체 ② 중심체
③ 동원체 ④ 미토콘드리아

해설
① 소포체 : 단백질 합성, 지방 대사 및 세포 내 물질 수송 등
② 중심체 : 세포분열 시 염색체의 이동에 도움을 준다.
③ 동원체 : 운동기관(근육세포에서 수축에 관한 역할)

30 양친의 대립형질(Allelomorph)이 F_1에서 우성형질만 나타나고 열성형질은 잠복되어 나타나는 현상은?

① 독립의 법칙 ② 우열의 법칙
③ 분리의 법칙 ④ 연 관

31 성 염색체에 관한 내용 중 틀린 것은?

① 포유동물의 성 염색체는 XX, XY이다.
② Y염색체는 X염색체보다 크다.
③ 조류의 성 염색체는 ZW, ZZ이다.
④ 성 염색체 이외의 모든 염색체를 상염색체라고 한다.

해설
X염색체는 Y염색체보다 크다.

32 대립형질에서 제1대 잡종에 나타나지 않는 것을 무엇이라고 하는가?

① 우성(Dominant)
② 열성(Recessive)
③ 유전자형(Genotype)
④ 표현형(Phenotype)

해설
대립형질에서 F_1에 나타나는 것을 우성이라 하며, 나타나지 않는 것을 열성이라 한다.

33 닭에 있어서 완두볏인 브라마와 장미볏인 와이언다트를 교배시켰을 때 잡종 제1대에서 나타나는 볏의 상태는?

① 장미볏 ② 삼매볏
③ 완두볏 ④ 호도볏

해설
닭에 있어서 완두볏인 브라마에서 장미볏인 와이언다트를 교배시켰을 때, 잡종 제1대에서는 아주 새로운 형태인 호도볏이 된다. 이는 유전자 P와 R의 상호 작용에 기인하기 때문이다.

27 ③ 28 ① 29 ④ 30 ② 31 ② 32 ② 33 ④ 정답

CHAPTER 03 유전자의 작용

01 대립유전자 간 상호작용

(1) 불완전우성(Incomplete Dominance)

F_1이 양친의 중간형질을 나타내는 경우를 말하며, 이때의 잡종을 중간잡종이라 한다.

예 RR × rr
적색분꽃 | 흰색분꽃
Rr
분홍분꽃

(2) 부분우성(Partial Dominance)

서로 부분적인 우성으로 작용하는 것을 말하며, 이때의 잡종을 모자이크 잡종(Mosaic Hybrid)이라고 한다.

예 Andalusian 닭의 우모색

청색×청색
흑색 : 청색 : 백색
1 : 2 : 1
흑색×백색
청색
※부분 우성 작용

(3) 복대립유전자(複對立遺傳子, Multiple Allele)

동일 유전자좌를 차지하는 3개 이상의 유전자가 있을 때 1개의 유전자가 임의의 다른 2개 이상의 유전자와 각각 대립하여 우열관계에 있는 것이다.

예 사람의 혈액형, 누에의 3개 반문(斑紋)유전자, 면양의 뿔 유무, 닭의 우모착상에 대한 지연성

더 알아보기

n개의 유전자좌에 각각 m개의 대립유전자가 있다면 F_1의 배우자 종류 수는 m^n이고, F_2의 유전자형 종류수는 $\left(\frac{m(n+1)}{2}\right)^n$이다.

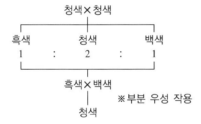

02 비대립유전자 간 상호작용

(1) 보족유전자(Complementary Gene)

비대립 관계에 있고 독립적으로 유전하며, 각 대립형질에 속하여 각자의 형질을 발현해야 할 2쌍의 유전자가 기능상 협동적으로 작용하여 양친에게 없는 새로운 형질을 발현하는 경우를 말한다.

예 닭 볏 모양의 보족작용(補足作用)

더 알아보기 Nicking

보족유전자가 우연히 집결하여 일반적으로 별로 양호하지 않은 종축 사이에서 극히 우수한 자축을 생산하는 현상

(2) 억제유전자(Inhibiting Gene)

비대립 관계에 있는 2쌍의 유전자가 특정의 형질에 관여하는 경우로, 한쪽의 유전자는 특히 표현작용이 없으면서 다른 쌍에 속하는 유전자의 작용을 억제하여 그 표현을 저지하는 유전자이다. 가축에 있어서는 닭의 우성백(백색이 우성)이나 개의 우성백 등이 이에 해당된다.

(3) 상위유전자(Epistatic Gene)

비대립 관계에 있고 각기 독자적인 형질 발현작용을 가진 2개의 유전자가 특정의 1형질에 작용하는 경우로, 한쪽의 유전자가 작용이 강하여 다른 쌍의 유전자의 발현을 피복할 때에 전자를 상위유전자라고 하며, 후자를 하위유전자(Hypostatic Gene)라고 한다.

(4) 변경유전자(Modifying Gene)

자기 자신 단독으로는 형질 발현을 할 수 없으나, 특정 표현형을 담당하는 주유전자(Major Gene)와 공존할 때에 그 작용을 변경시키는 1군의 유전자이다. Holstein 종의 백반, 마우스의 백반, 집토끼의 English종 및 Deutch종의 백반 등이 양적 변경유전자에 지배된다.

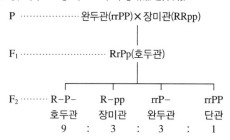

(5) 동의유전자(Polymery)

작용이 비슷하여 동일 방향에 작용하여 동일 형질을 표현하는 2쌍 이상의 독립유전자로, 토끼의 귀 길이는 동의유전자에 기인하며, 귀의 길이가 긴 것이 짧은 것에 대해서 불완전 우성이다.

(6) 중복유전자(Duplicate Gene)

대립유전자 2쌍이 같은 방향이 작용하지만, 우성 유전자 간에 누적적 효과가 없어서 우성 유전자가 2개인 경우와 1개인 경우를 구분할 수 없고, 단지 열성 유전자가 두 쌍일 경우 한해서 표현형을 달리하는 경우이다.

(7) 복다유전자(Multiple Gene)

72쌍 이상의 대립유전자가 작용이 동일 방향이고 강도도 동일하지만, 누적 효과가 있기 때문에 유전자의 수에 따라서 표현되는 형질의 정도에 차이가 생긴다.

[대립유전자의 쌍수와 F_1의 표현형 및 유전자 출현도]

대립유전자(대립형질)의 쌍수	1	2 …… N
F_2 배우자의 종류수	2	4 …… 2^n
F_2 유전자의 종류수	3	9 …… 3^n
F_2 HOMO 집합체수	2	4 …… 2^n
F_2 HETERO 집합체수	2	16 ……4^n-2^n
F_2 HOMO 유전자형 종류수	2	4 …… 2^n

(8) 중다유전자(Polygene)

복다유전자의 수가 극히 많고 각개 유전자의 작용은 미약하며, 표현형이 환경변이보다 작은 경우를 말한다.

03 유전자의 특수작용

(1) 상시유전자(Analogous Gene)

대응하는 형질이 서로 비슷한 유전자이다.

(2) 유전자의 다면작용(Pleiotropism)

1개의 유전자가 2개 이상의 형질 발현에 관계하는 경우이다.

(3) 치사유전자(Lethal Gene)

생물발육의 일정 시기, 즉 배우자 시대와 개체발생 주 또는 출생 초기에 형태적 이상 혹은 생리적 결함을 일으켜서 죽게 하는 작용을 가진 유전자이다.

04 세포유전(細胞遺傳)

1. 세포의 구조

(1) 진핵세포(Eukaryotic Cell)

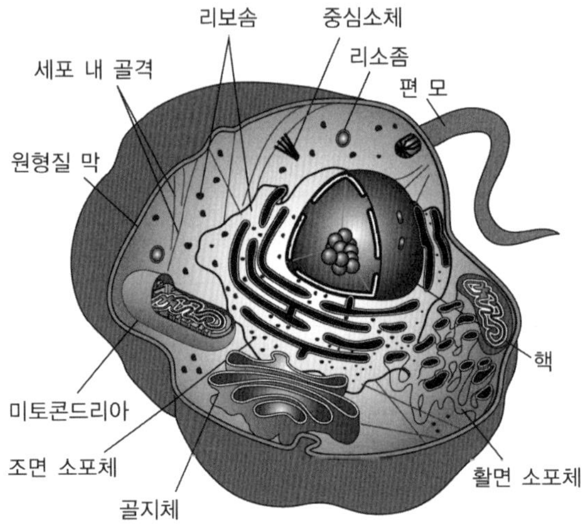

[동물세포의 구조]

(2) 원핵세포(Prokaryotic Cell) : 단세포 생물

2. 세포의 구성

(1) 핵(Nucleus) : DNA의 저장소, RNA를 생산하는 인(Nucleolus)이 있고 2중막으로 덮여 있다.

(2) 미토콘드리아(Mitochondria) : 2중막으로 덮여 있고 산소를 사용하며 ATP를 합성한다.

(3) **소포체(Endoplamic Reticulum)** : 세포질 속에 그물눈처럼 이어진 막성 주머니 모양의 기관. Rough E. R.과 Smooth E. R.로 나누며 Ribosome이 붙어 있는 Rough E. R.에서 단백질 합성, 지방질대사 및 세포 내 물질수송 등의 기능을 한다.

(4) **골지체(Golgi Body)** : 세포의 분비기능을 담당한다.

(5) **리소좀(Lysosome)** : 세포 내 불필요한 물질을 소화·가수분해 효소를 함유하는 세포 내 소화기관

(6) **리보솜(Ribosome)** : 크기가 70~80S(subunit)으로서 RNA로 구성되었으며, 효소를 함유하는 세포 내 소화기관

(7) **세포막(Cell Membrane)** : 세포에 필요한 물질의 선택적 투과를 하며, 표면에 호르몬 수용체를 지니고 있다.

3. 연관(Linkage)

(1) **정의** : 다수의 유전자가 가까이 위치하여 독립의 법칙에 따르지 않고 함께 유전하는 현상

(2) 동일한 염색체상에서 2개 이상의 유전자가 연관군을 형성한다.

(3) F_1의 배우자는 원종의 배우자와 동일 유전형의 것이 종류별로 동수씩 생기고 상인 또는 상반 현상이 나타나며, 새 유전자형의 배우자는 생기지 않는다.

(4) 완전연관보다는 불완전연관이 흔하다.

4. 교차(Crossing Over)

상동염색체가 제1성숙분열 전기의 복사기에 서로 접착하여서 연관된 2개 유전자의 좌위(Locus) 중간에 Chiasma를 형성하고 상동염색체가 부분적으로 교환되면서 새로운 유전자형을 형성(Recombination)하는 것을 말한다.

5. 염색체 이상

(1) 염색체의 수량적 변이

① 이수현상(Aneuploidy) : 염색체의 수가 1개 혹은 몇 개가 완전히 증가하거나 감소하는 현상으로, 세포분열 때에 염색체의 분리가 비정상적으로 일어나서(Non-Disjunction) 생기는 현상이다.

㉠ Trisomy : $2n+1$

㉡ Tetrasomy : $2n+2$

㉢ Monosomy : $2n-1$

㉣ Nullisomy : $2n-2$(1쌍의 상동염색체)

② 배수현상(Euploidy) : 염색체 한 벌(Genome)의 산술급수적 증감

㉠ Haploidy : n

㉡ Triploidy : $3n$

㉢ Tetraploidy : $4n$

(2) 염색체의 지리적 변화

① 절단(Breakage) : 염색체의 일부가 끊어져서 절편을 형성한 것

② 중복(Duplication) : 염색체 일부가 2개 이상이 되어 나타나는 현상으로, 전좌에 의해 발생

③ 결실(Deficiency) : 염색체 일부가 누락되어 나타나는 현상

④ 역위(Inversion) : 염색체 단편이 180° 방향을 돌려서 재결합된 상태

⑤ 전좌(Translocation) : 절단된 단편이 비상동염색체에 부착된 것

05 성유전(性遺傳)

1. 성염색체와 성결정

(1) 성염색체

① 수컷 Hetero형인 경우 : XY, 암컷은 XO형

② 암컷 Hetero형인 경우 : 조류, 파충류(ZW : ♀, ZZ : ♂)

(2) 성결정 Hetero형의 유전자에 의해 결정된다.

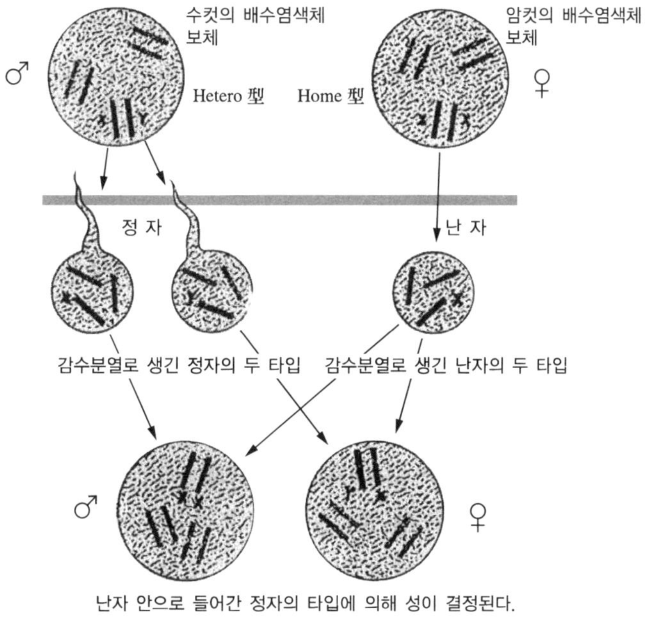

[성염색체와 성결정]

2. 간성(Inter Sexuality)

암·수의 양형질이 시간적으로 전후해서 혼합 발달했거나 한쪽 성에서 다른 쪽 성에 대한 과도적 형질을 나타낸 것이다.

(1) Freemartin(XX/XY Chimera)

외부생식기는 암컷으로 유선의 발육이 부진하고 생식능력이 없다.

(2) 진반음양(True Hermaphroditism)

난소와 정소를 공유한다.

(3) 의반음양(Pseudo Hermaphroditism)

한쪽 성의 생식선과 반대성의 생식기관을 가진 것이다.

3. 성별에 따른 유전

(1) 반성유전(Sex-linked Inheritance)

성염색체(X)에 성 이외의 형질을 지배하는 유전자가 있을 때, 이들의 유전은 성과 직접적 관련을 가진다.

(2) 한성유전(Sex-limited Inheritance)

어떤 형질에 관한 유전자가 Y염색체에 점좌하여 성과 관련하여 유전하는 현상이다.

(3) 종성유전(Sex-controlled Inheritance)

상염색체에 있는 유전자가 Hormone 등의 영향으로 한쪽 성에만 나타나거나, 한쪽 성에서는 우성으로, 다른 쪽 성에는 열성으로 잠재하는 현상이다.

06 가축의 양적형질의 유전

1. 양적형질과 질적형질

(1) 양적형질(Quantitative Trait)

비유량(泌乳量)과 같이 몇 개의 계층으로 명확히 구분하기는 어렵고 연속적으로 나타나는 형질이다. 성장률, 유지율, 증체량, 산란수와 같은 형질로서 연속적 변이를 나타낸다.

(2) 질적형질(Qualitative Trait)

뿔의 유무 등과 같은 외모상 특징이나 기형과 같이 불연속적인 변이를 나타내는 형질이다.

2. 양적형질의 유전양식

(1) 동의유전자설

하나의 형질을 나타내는데, 여러 쌍의 유전자가 누적적(累積的) 효과를 가진다.

(2) 폴리진 설(Polygene Hypothesis) : Lerner

① 형질의 유전에 관여하는 무한히 많은 수의 좌위에서 분리가 일어난다.

② 각 좌위에 있어서 대립유전자 배치의 효과는 그 형질의 전체변이에 비하면 경미하다.

③ 각기 다른 좌위에 있어서 유전자 대치효과는 상호 교체될 수 있다.

④ Polygene에 의한 형질 발현은 집단구성원에 작용하는 환경의 차이에 의하여 상당히 변화될 수 있다.

⑤ 대부분의 집단은 유전적으로 이질적이다.

⑥ Polygene은 유전자의 다면작용을 가진다.

3. 양적형질의 유전적 분석

(1) 표현형가의 분할

① 개체에 대한 표현형가는 그 개체의 유전자형과 그 개체에 주어진 환경요인에 의하여 결정된다.

P = G + E

- P(Phenotypic Value) : 표현형가
- G(Genotypic Value) : 유전자형가
- E(Environmental Deviation) : 환경변이

② 유전형가는 세 부분으로 분할될 수 있다.

G = A + D + I

- A(Breeding Value) : 육종가
- D(Dominant Effect) : 우성효과
- I(Epistatic Effect) : 상위성 효과

더 알아보기 가축의 육종가

- 상가적 유전형가의 총합이다.
- 전달능력(Transmitting Ability)의 2배이다.
- 실생산능력(Real Producing Ability)보다 항시 적다.

(2) 표현형 분산의 분할

① $\sigma P^2 = \sigma G^2 + \sigma E^2$

② $\sigma G^2 = \sigma A^2 + \sigma D^2 + \sigma I^2$

07 유전자형 빈도와 유전자 빈도

(1) 유전자형 빈도(Genotypic Frequency)

어떤 집단에서 특정한 유전자형에 속하는 개체의 비율을 %로 나타낸 것이다.

(2) 유전자 빈도(Gene Frequency)

어느 집단에서 A_1A_1형의 빈도가 P, A_1A_2형의 빈도가 H, A_2A_2형의 빈도가 Q라 할 때, $P + H + Q = 1$로 가정하면 A_1 유전자와 A_2 유전자의 빈도는

$$qA_1 = P + \frac{1}{2}H$$

$$qA_2 = Q + \frac{1}{2}H$$이다.

유전자 빈도는 돌연변이, 선발, 유전적 부동, 이주 및 결기에 의하여 변화될 수 있다.

(3) 평형(Hardy-Weinberg Equilibrium)

유전자 빈도를 변화시키는 요인인 돌연변이(Mutation), 선발(Selection), 유전적 부동(Genetic), 이주(Migration), 격리(Isolation) 등이 작용하지 않을 때 무작위 교배(Random Mating)를 하는 큰 집단의 유전자 빈도와 유전자형 빈도는 오랜 세대를 경과해도 변화하지 않는다.

적중예상문제

01 다음 중 변경유전자인 것은?

① Holstein종의 백반
② 백색 레그혼종의 백색 우모색
③ Yorkshire종의 백색
④ Berkshire종의 흑색

해설
Holstein종의 백반, 마우스의 백반, 집토끼의 English종 및 Deutch종의 백반 등이 양적 변경유전자에 지배된다.

02 복대립(複對立)유전자인 것은?

① 완두콩의 색
② 사람의 혈액형
③ 소의 혈액형
④ 알비노 백색

해설
복대립유전자에는 사람의 혈액형, 누에의 3개 반문유전자, 면양의 뿔 유무, 닭의 우모착상에 대한 지연성 등이 있다.

03 가축의 뇌하수체 전엽에서 생산되는 호르몬은?

① 릴랙신(Relaxin)
② 난포자극호르몬(FSH)
③ 프로게스테론(Progesteron)
④ 에스트로겐(Estrogen)

04 변이(變異)의 뜻을 바르게 설명한 것은?

① 생물의 종·품종·개체 사이의 형태·능력상 차이가 생기는 현상이다.
② 생물의 종에서만 차이가 생기고 품종에서는 차이가 생기지 않는다.
③ 생물의 품종에서만 차이가 생긴다.
④ 생물의 종·품종·개체 사이의 형태·능력상 차이가 생기지 않는다.

해설
변이란 유전형질이 한 종 내 개체 사이에 있어서 다소 차이를 나타내는 경우이다.

05 변이(Variation)의 설명이 틀린 것은?

① 생물은 품종에 따라 각기 그 형태 및 능력에 차이가 있다.
② 생물은 집단에 따라 각기 그 형태 및 능력에 차이가 있다.
③ 생물은 종에 따라 각기 그 형태 및 능력에 차이가 있다.
④ 생물은 개체에 따라 각기 그 형태 및 능력에 차이가 있다.

정답 1 ① 2 ② 3 ② 4 ① 5 ②

06 다음 중 변이에 속하지 않는 것은?

① 개체변이
② 유전변이
③ 환경변이
④ 돌연변이

해설
변이는 유전변이, 환경변이, 돌연변이의 3종류가 있다.

07 닭의 모색유전에서 암수감별을 할 수 있는 것은?

① 열성 백색
② 우성 백색
③ 우성 흑색
④ 횡 반

해설
횡반은 플리머스 록(Plymouth Rock)이 갖고 있는 우모색으로 전흑색에 대하여 우성이며, 반성 유전자로 암수 감별을 할 수 있다.

08 산양의 형태 유전에서 종성 유전하는 것은?

① 뿔 ② 살방울
③ 수 염 ④ 귀의 길이

해설
(육)수염은 종성 유전형질로서 수컷에서는 우성으로 나타나며, 암컷에서는 열성으로 나타난다.

09 토끼의 귀는 어느 유전자에 기인하는가?

① 동의유전자
② 종성유전자
③ 조건유전자
④ 치사유전자

해설
토끼의 귀 길이는 동의유전자에 기인하며, 귀의 길이가 긴 것이 짧은 것에 대해서 불완전 우성이다.

10 어느 농장의 Shorthorn 집단의 모색을 조사하였더니 적색우(RR)는 62.6%, 조모색(Rr) 28.6%, 백색(rr)은 8.8%였을 때에 유전자 R의 빈도는 얼마인가?

① 0.539 ② 0.624
③ 0.732 ④ 0.769

해설
$qR = P + \frac{1}{2}H$, $qr = Q + \frac{1}{2}H$
P = RR 빈도
H = Rr 빈도
Q = rr 빈도
$\therefore qR = 0.626 + \frac{1}{2} \times 0.286 = 0.769$

11 큰 집단에서 무작위 교배가 행해지면서 선발 · 도태 · 도입 · 유전 변이가 없으며, 유전자 빈도와 유전자형 빈도가 오랜 세대를 경과해도 변화되지 않는 법칙은?

① 독립의 법칙
② 우열의 법칙
③ Hardy-Weinberg 법칙
④ 연 관

6 ① 7 ④ 8 ③ 9 ① 10 ④ 11 ③ 정답

12 다음 중 양적형질에 속하지 않는 것은?

① 성장률 ② 기 형
③ 산란수 ④ 유지율

해설

양적형질이란 성장률, 산란수, 유지율, 비유량과 같이 연속적 변이를 나타낸다.

13 비유전적 변이인 것은?

① 생리적 변이
② 환경적 변이
③ 수량적 변이
④ 형태적 변이

14 색깔이나 형태 등에 관한 변이에 속하는 것은?

① 수량적 변이
② 방황변이
③ 질적 변이(형태적 변이)
④ 돌연변이

해설

색깔이나 형태 등에 관한 변이를 질적 변이 또는 형태적 변이라 하고, 개수나 길이 및 무게 등에 관한 변이를 수량적 변이라고 하며, 양적 형질에 관한 비유전적 변이를 특히 방황변이라 한다.

15 염색체의 일부가 끊어져서 비상동 염색체에 부착되는 것은?

① 전 좌 ② 절 단
③ 결 실 ④ 중 복

해설

절단된 단편이 비상동 염색체에 부착된 것을 전좌라고 한다.

16 다음 중 몽고리즘(Mongolism)의 핵형은 어느 것인가?

① 44, XY(or XX), 21+
② 45, XY(or XX), 22+
③ 46, XY(or XX), 22+
④ 47, XY(or XX), 21+

해설

몽고리즘의 핵형은 47, XY(or XX), 21+로 표시하며, 21번째 상염색체가 하나 더 존재하는 것으로서 지능장애, 백혈병, 심장기형 등의 주요한 증상을 나타낸다.

17 한 개체에 자웅의 생식기관을 동시에 갖고 있는 것은?

① 자웅동체 ② 간 성
③ 프리마틴 ④ 자웅이체

해설

고등동물은 대부분 자웅이체이나 하등동물은 자웅동체가 많다.

18 암탉에서 성전환(Sex Reversal)이 일어나는 주된 원인은?

① 수정 시 이상
② 에스트로겐의 과분비
③ 결핵, 종양
④ 난각의 이상

해설

닭의 경우에 종양이나 결핵에 의해 난소가 파괴되면 그 자리에 고환이 발생한다. 뇌하수체 호르몬이나 융모막성호르몬으로 처리하여 인공적으로 성전환을 유발시킬 수 있다.

정답 12 ② 13 ② 14 ③ 15 ① 16 ④ 17 ① 18 ③

19 가축 중 간성이 가장 많이 나타나는 것은?

① 젖 소　　② 돼 지
③ 염 소　　④ 토 끼

해설
상염색체상의 단순열성인 간성유전자에 의하여 염소에서 많이 나타난다(5~10%).

20 다음 중 간성(Intersex)을 잘 설명한 것은?

① 암·수의 양형질이 공간적으로 비혼합 발달한다.
② 한쪽의 성에서 다른 쪽 성에 대한 과도적 형질을 나타낸다.
③ 성 모자이크라고도 한다.
④ 신체의 일부는 자성, 다른 부위는 웅성으로 되어 있다.

해설
암·수의 양형질이 시간적으로 전후해서 혼합 발달했거나 한쪽 성에서 다른 쪽 성에 대한 과도적 형질을 나타낸 것

21 다음 중 사람의 간성에 속하지 않는 것은?

① 클라인 펠터증(Kline Felter's Syndrome)
② 다운증(Down's Syndrome)
③ 터너증(Tuner's Syndrome)
④ 조기 폐경증(Triple X)

해설
클라인 펠터증 : 염색체가 XXX(여), XXY(남)로 되어 있으며, 정자 생산이 없고, 유선의 발달, 고환이 작고, 여성적인 성격을 나타낸다.
터너증 : 염색체가 XO, YO로 되어 있으며, 스핑크스 얼굴, 불임, 발육부진, 정신적으로 불안하다.

22 반성유전의 특징에 속하지 않는 것은?

① 플리머스 록(Plymouth Rock)의 횡반은 수평아리에서 나타난다.
② 닭의 횡반, 만우성, 백색 다리는 반성유전을 한다.
③ 산란계의 산란성과 젖소의 비유성은 반성유전을 한다.
④ 반성유전이란 X 또는 Z염색체에 성 이외의 형질을 지배하는 유전자가 성과 연관하여 유전되는 현상이다.

해설
산란성과 비유성은 한성유전이다.
한성유전 : 어떤 형질에 한 유전자가 Y-염색체에 위치하여 유전한다.

23 가축의 피모에 색깔이 나타나는 것은 어느 물질의 작용인가?

① Erythrocyte
② Fibrinogen
③ Melanin
④ Enzyme

해설
멜라닌이라는 물질의 효소작용에 의하여 여러 색깔이 나타난다.

19 ③ 20 ② 21 ② 22 ③ 23 ③ 정답

24 돌연변이에 대한 내용이 아닌 것은?

① 염색체의 지리적 변화
② 염색체의 수량적 변화
③ 유전자의 본질적 변화
④ 각 가축의 교배 변이

해설
돌연변이란 넓은 의미로 지리적·수량적 변화를 말한다.

25 다음 중 돌연변이 유발원이 아닌 것은?

① 자외선
② β선
③ X선
④ 헤모글로빈(Hemoglobin)

해설
돌연변이 유발원은 방사선(자외선, X선, α선, γ선, 중성자)과 화학물질(핵산), 단백질과 결합하는 알킬(Alkyl)화제 등이 있다.

26 생물의 생존상 유리하게 된 돌연변이는?

① 진보적 돌연변이
② 퇴행적 돌연변이
③ 반복 돌연변이
④ 치사 돌연변이

27 체장·체중과 같이 변이가 여러 계급으로 구분되고, 또한 어떤 중앙치를 중심으로 정부(正負)의 방향으로 변이하는 변이는?

① 질적변이
② 연속변이
③ 대립변이
④ 방황변이

정답 24 ④ 25 ④ 26 ① 27 ②

04 가축의 육종방법

01 선 발

선발(Selection)이란 다음 세대의 가축을 생산하는 데 쓰일 종축(種畜, Breeding Stock)을 고르는 일을 말한다.

1. 선발의 기능

(1) 인간의 목적에 알맞은 유전자 빈도 또는 유전자형 빈도를 증가시키고, 그렇지 않은 유전자 빈도나 유전자형을 감소 또는 제거시킬 수 있다.

(2) 원하는 어떤 유전자를 고정하거나 유전자 빈도를 변화시키고자 할 때 이 유전자가 기초축(基礎畜 ; Fundation Stock) 내에 이미 존재해야 하므로 선발에 의하여 가축을 개량하고자 할 때에는 그 기초축의 선정에 유의하여야 한다.

2. 선발의 목표

경제적으로 중요한 형질의 개량

(1) **돼지** : 산자수(Litter Size), 생존율(Viability), 증체율(Rate of Gain), 사료이용률(Feed Efficiency), 도체품질(Carcass Quality)

(2) **젖소** : 비유량(Milk Yield), 유지율(Milk-Fat Percentage), 유지 생산량(Malk-Fat Yield), 수정률(Fertility)

02 유전력과 반복력

1. 변이와 선발

(1) 표본분산

$$S^2 = \frac{\sum (X - \overline{X})^2}{n-1}$$

- X : 형질의 측정치
- $\overline{X}$: 측정치의 평균
- n : 측정치의 수

(2) 가축의 어느 형질을 개량하기 위해서는 그 형질 변이의 크기가 어느 정도이며, 변이를 나타내는 데 유전 요인과 환경 요인이 각각 어느 정도 작용하였는가를 알아야 한다. 왜냐하면, 유전 원인에 의한 변이만이 선발을 통한 가축 개량에 효과적이기 때문이다.

2. 유전력의 의의

(1) 유전력(Heritability) : 전체 분산(Total Varia) 중에서 유전분산(Genetic Variance)이 차지하는 비율

$$h^2 = \frac{\sigma H^2}{\sigma P^2} = \frac{\sigma H^2}{\sigma H^2 + \sigma E^2}$$

- δH^2 : 유전분산
- δP^2 : 전체분산
- δE^2 : 환경분산

(2) 좁은 의미의 유전력

$$h^2 = \frac{\sigma A^2}{\sigma P^2}$$

(3) 넓은 의미의 유전력

$$h^2 = \frac{\sigma A^2 + \sigma D^2 + \sigma I^2}{\sigma P^2}$$

- σD^2 : 우성분산
- σI^2 : 상위성분산
- σP^2 : 상가적 유전분산

(4) 유전력의 범위

① 저도(低度)의 유전력 : $h^2 < 20\%$

② 중도(中度)의 유전력 : $20\% < h^2 < 40\%$

③ 고도(高度)의 유전력 : $h^2 > 40\%$

(5) 유전력이 높은 형질의 개량을 위해서 개체선발(Individual Selection)이 효과적이고 유전력이 낮은 형질의 개량에는 가계선발(Family Selection)이나 후대검정(Progeny Test) 등이 좋다.

3. 유전력의 추정방법

(1) 분산분석에 의한 방법

① 부친의 분산성분으로부터

$$h^2 = \frac{\Delta \sigma s}{\sigma w^2 + \sigma s^2 + \sigma d^2}$$

- σw^2 = 자손의 분산성분
- σs^2 = 부친의 분산성분
- σd^2 = 모친의 분산성분

② 모친의 분산성분으로부터

$$h^2 = \frac{4\delta d^2}{\delta w^2 + \delta d^2 + \delta s^2}$$

③ 부모 양자의 분산성분으로부터

$$h^2 = \frac{2(\delta s^2 + \delta d^2)}{\delta w^2 + \delta d^2 + \delta s^2}$$

(2) 친자 간 유사도에 의한 방법

① 부친과 모친의 평균에 대한 자식의 회귀

$$h^2 = b = \frac{\sum(X-\overline{X})(Y-\overline{Y})}{\sum(X-\overline{X})^2}$$

- b : 회귀계수
- X : 부친과 모친의 평균치
- Y : 자식에 대한 값

② 부친이나 모친에 대한 자식의 회귀 : $h^2 = 2b$

③ 동일 부친 내 모친에 대한 자식의 회귀 : 1마리의 수가축에 여러 마리의 암가축이 교배되어 축군 내에 암종축의 수가 수종축의 수보다 훨씬 많은 경우에 사용한다.

4. 반복력(Repeatability)

1개체에 대하여 어느 형질이 반복하여 발현될 수 있을 때, 같은 개체에 대한 2개의 다른 기록 사이의 상관계수

$$반복력(R) = \frac{\sigma B^2}{\sigma B^2 + \sigma W^2}$$

- σB^2 : 개체 간 분산성분
- σW^2 : 개체 내 분산성분

03 선발의 효과

1. 선발차(Selection Differential)

(1) 선발차 : 종축으로 선발된 개체의 평균(값)에서 모집단의 평균(값)을 뺀 것

$$선발차(S) = \overline{X_s} - \overline{X_p}$$

- $\overline{X_s}$: 종축으로 선발된 개체의 평균
- $\overline{X_p}$: 모집단의 평균

(2) 절단형 선발(Truncation Type of Selection)

개량하려는 형질에 대한 어느 일정한 값을 중심으로 그 이상의 개체는 전부 종축으로 선발하고 그 이하의 개체는 전부 도태하는 방법

(3) 선발강도(Selection Intensity)

측정단위가 다른 형질이나 변이의 크기가 다른 집단의 선발차를 비교할 수 있다.

$$\text{선발강도}(i) = \frac{S}{\sigma P} = \frac{\text{선발차}}{\text{표현형 표준편차}}$$

(4) 선발차를 크게 하는 데 제약요인

축군대치(畜群代置)에 소요되는 종축을 제외하고 나면 도태할 수 있는 가축의 수가 줄어들어 선발강도가 낮아진다.

2. 선발효과를 크게 하는 방법

(1) 선발차를 크게 한다.

① 개량하려는 형질의 변이가 커야 한다.

② 가축의 증식률이 높아야 한다.

③ 경제적으로 중요한 형질에 대해서만 선발한다.

(2) 유전력이 높아야 한다.

① 환경의 변이를 최소로 줄인다. 예 균일한 사양관리, 통계적 보정

② 새로운 외래 유전자를 도입한다.

③ 잡종강세(Heterosis)를 이용한다.

(3) 세대 간격을 줄인다.

① 어린 가축을 번식에 이용한다.

② 후대 검정을 피한다.

3. 유전적 개량량(Genetic Gain)

(1) 선발을 이용하여 가축을 개량할 때 : 축군의 평균이 선발에 의하여 얼마나 변화하였는가를 측정함으로써 선발효과를 알 수 있다.

(2) 선발에 의하여 집단의 평균이 유전적으로 개량된 양(선발된 종축으로부터 생산된 자손의 평균 → 종축이 속하는 원래의 축군으로 그 차이로 알 수 있다)

04 선발 방법

1. 개체선발(個體選拔, Individual Selection)

(1) 정 의

가계나 선조 또는 자손의 능력을 전혀 무시하고 개체의 표현형에만 근거를 두고 그 개체의 육종가를 추정하는 방법이다.

(2) 장단점

① 유전력이 높은 형질의 개량에 효과적이다.

② 실시가 비교적 용이하다.

③ 젖소의 비유능력과 같이 암가축에서만 발현되는 형질의 개량을 위하여 수가축에 대한 개체선발을 할 수 없다.

④ 도체에서 측정되는 형질에 대하여 실시하기 곤란하다.

2. 혈통선발(血統選拔, Pedigree Selection)

(1) 정 의

부모나 조부모와 같은 선조의 능력을 근거로 해서 종축의 가치를 판단하여 선발하는 방법이다.

① 개체와 혈연관계가 가까운 선조일수록 그 선조의 능력에 더 큰 비중을 두어야 한다.

② 개량하려는 형질의 유전력이 높거나 중(中) 정도일 때 혈연관계가 먼 선조의 능력은 고려할 필요가 없다.

③ 만일 어느 개체의 부모 유전자형을 정확히 알 수 있다면 다른 선조나 방계 친척의 능력은 고려할 필요가 없다.

④ 선조의 능력을 어느 정도 중요시해야 할 것인가?

㉠ 평가대상개체와 특정 선조 간 혈연관계가 어느 정도인가?

㉡ 선조의 능력이 얼마나 정확하고 충실하게 기록되었는가?

㉢ 평가되는 개체와 이 선조와의 사이에 있는 다른 선조의 능력이 얼마나 정확하고 충실하게 기록되어 있는가?

㉣ 개량하려는 형질의 유전력이 어느 정도인가?

㉤ 선조 상호 간 또는 선조와 평가되는 개체 사이의 환경상관은 어느 정도인가?

(2) 장 점

① 선조의 능력이 조사되어 있는 경우에 자료수집이 용이하다.

② 어린 개체나 출생되기 전의 개체에 대하여 선발이 가능하다.

③ 반성유전 형질, 도살하여야만 측정되는 형질 또는 측정에 오랜 시일이 걸리는 형질의 개량에 사용가능하다.

(3) 단 점

양친의 유전자형을 정확히 알고 있더라도 그것을 근거로 하여 그 자손의 유전자형을 정확히 추정하기 어렵다.

3. 방계 친척의 능력에 기준한 선발

(1) 방계 친척

전자매(全姉妹), 반자매(半姉妹, Half-sister), 전형제(Full-brother), 반형제(Half-brother), 숙모, 숙부

(2) 자매검정

① 개체의 육종가를 자매의 능력에 근거를 두고 추정하여 종축으로서의 가치 판단이다.

② 한쪽 성에만 발현되는 형질, 실무형질(悉無形質)의 개량에 이용할 수 있다.

4. 가계선발(家系選拔, Family Selection)

(1) 가계(전형매 또는 반형매 가계)의 능력 평균을 토대로 가계 내 개체를 전부 선발하거나 도태하는 방법이다.

(2) 가계 내 개체 간 차이는 완전히 무시되며, 가계 구성원 개별 능력은 가계의 평균 능력에만 영향을 미친다.

(3) 가계선발의 이용성 증가 조건

① 개량하려는 형질의 유전력이 낮을 때
② 가계 구성원의 수가 많을 때
③ 개량대상형질이 한쪽 성에만 발현될 때
④ 실무형질(悉無形質)에 대하여 개량할 때
⑤ 형질의 측정에 오랜 시일이 소요될 때
⑥ 가계 구성원의 육종가 간 상관계수보다 훨씬 클 때

(4) 단 점

① 많은 시설과 경비가 소요된다.
② 선발되는 가계수가 적을 때는 근친교배가 되어 능력의 저하를 초래할 위험성이 있다.

5. 가계내선발(Within-family Selection)

(1) 가계의 능력은 무시하고 가계 내 개체들의 능력을 비교하여 선발한다.

(2) 공통 환경요인이 중요한 작용을 하는 형질에 대해서 효과가 크다.

(3) 근친교배의 위험성이 적다.

(4) 가계 구성원의 육종가 간 상관계수는 작고, 표현형가 간 상관계수가 클 경우 효과가 증진된다.

(5) 개체선발에 비해 표현형 분산이 작아지므로 선발차가 작아진다.

6. 후대검정(後代檢定, Progeny Test)

(1) 후대검정의 의의

① 종축 가치를 그 개체 자손의 능력 평균에 의해 추정하여 그 개체를 계속 번식에 이용할 것인가의 여부를 결정하는 방법이다.

② 한쪽 성에만 발현되는 형질 유전력이 낮은 형질, 도살해야만 측정할 수 있는 형질의 개량이 효과적이다.

③ 검정에 오랜 시일이 걸리므로 우수하다고 입증된 개체의 나이가 많아짐으로써 번식에 이용할 수 없거나 죽어 없어지는 경우가 있다.

(2) 후대검정의 정확도를 높이는 방법

① 검정하려는 개체로부터 많은 수의 자손을 생산하여 조사하면 환경의 요인에 의한 영향을 줄일 수 있다.

② 수가축에 교배되는 암가축은 임의로 배정하여야 한다.

③ 검정되는 가축의 자손들은 가능한 한 여러 곳에서 검정하여 환경요인의 영향이 균등하게 되도록 한다.

(3) 후대검정의 성적 판정법

① 종웅지수(Sire Index)

종웅지수$(Z) = 2D - M = D + (D - M)$

- D : 딸의 평균
- M : 어미의 평균

② 회귀지수(Regression Index) = 0.5(양친등가지수) + 0.5(품종의 평균)

더 알아보기

종축의 후대검정에는 젖소의 비유량・유지율과 같이 한쪽 성(雄性)에만 나타나는 종웅지수(種雄指數)를 많이 이용한다.

7. 다수형질 개량법

(1) 선발지수법(Selection Index Method)

여러 형질을 종합적으로 고려한 후, 하나의 점수로 산출하여 이 점수를 근거해서 선발하는 방법이다.

선발지수$(I) = b_1X_1 + b_2X_2 + \cdots + b_nX_n$

- b : 각 형질의 중요도
- X : 각 형질의 측정치
- n : 형질 수

더 알아보기 **선발지수산출의 필요사항**

- 각 형질의 표현형 분산
- 각 형질의 표현형 상관관계
- 각 형질의 유전 상관관계
- 각 형질의 유전력 상관관계
- 각 형질의 상대적 경제형질

(2) 무작위 선택(Random Selection)

우선 한 형질에 대해서 선발하여 이 형질이 일정한 수준까지 개량되면 다음 둘째 형질에 대해 선발하여 한 번에 한 형질씩 개량하여 나가는 방법이다.

(3) 독립도태법(Independent Culling Method)

각 형질에 대하여 동시에 그리고 독립적으로 선발하는 방법으로, 형질마다 일정 수준을 정하여 어느 한 형질에서라도 그 수준 이하로 내려가는 개체는 무조건 도태한다.

05 교배법(交配法)

1. 근친교배(Inbreeding)

혈연관계가 비교적 가까운 개체 간 교배를 말한다.

(1) Wright의 근교계수(Coefficient of Inbreeding)

$$F_X = \sum\left[\left(\frac{1}{2}\right)^{n+n'+1}(1+F_A)\right]$$

- F_X : X의 근교계수
- n : X의 부친으로부터 공통선조까지 세대수
- n' : X의 모친으로부터 공통선조까지 세대수
- F_A : 공통선조의 근교계수

사향사슴(♂) × 고라니(♀) = F1(♀) - 50.00%(1세대 사향사슴)
F2(♀) × 사향사슴(♂) - 75.00%(2세대)
F3(♀) × 사향사슴(♂) - 87.50%(3세대)
F4(♀) × 사향사슴(♂) - 93.75%(4세대)
F5(♀) × 사향사슴(♂) - 96.88%(5세대)
F6(♀) × 사향사슴(♂) - 98.44%(6세대)
F7(♀) × 사향사슴(♂) - 99.22%(7세대)
F8(♀) × 사향사슴(♂) - 99.61%(8세대)

[사향사슴과 고라니 교배 시 근교계수]

더 알아보기

근교계수값의 범위는 0~1.0이며 이것을 %로 표시하면 0~100%가 된다. 어떤 개체의 근교계수가 0%라면 그 개체의 모친과 부친 간 혈연관계가 없다는 것을 뜻하며, 근교계수가 100%라 함은 근친교배로 인하여 호모 상태로 되어 있을 확률이 1.0이라는 것을 뜻한다.

(2) Wright의 혈연계수(Coefficient of Relationship)

$$R_{XY} = \frac{\sum\left[\left(\frac{1}{2}\right)^{n+n'}(1+F_A)\right]}{(\sqrt{1+F_X})(\sqrt{1+F_Y})}$$

(3) 근친교배의 유전적 효과

Homo성이 증가됨에 따라 각종 치사 유전자와 기형(畸形)이 나타나는 빈도가 높다. 그리고 번식능력, 성장률, 산란능력, 생존율이 나빠진다.

더 알아보기

근친교배는 동형접합체의 비율을 증가시키고, 이형접합체의 비율을 감소시킨다. 잡종강세는 양친에 비하여 성장률 · 산자수 · 생존율이 높다.

(4) 근교계통의 육성

① 기초축(Foundation Stock)은 능력이 우수한 가축으로 신중히 선택한다.

② 근친교배가 진행됨에 따라 능력이 불량한 계통은 조기에 도태한다.

③ 능력이 좋지 않으면서 도태되지 않은 계통은 계통 내에서 엄격한 도태를 실시한다.

④ 저도와 고도의 근친교배를 필요에 따라 이용한다.

⑤ 다른 개체와의 혈연관계와 상관없이 능력이 우수한 개체는 종축으로 사용한다.

(5) 근친교배의 이용

① 특정의 유전자를 고정할 때

② 불량한 열성 유전자를 제거할 때

③ 어떤 축군에서 특히 우수한 개체가 발견되어 그 개체와 혈연관계가 높은 자손을 생산하고자 할 때

④ 여러 가계를 만들어서 가계선발을 하고자 할 때

⑤ 자본의 부족으로 종모축이나 정액의 구입이 어려울 때

⑥ 열성이나 치사유전자를 지닌 개체를 알아내고자 할 때

⑦ 근교 계통 간 교배를 통하여 잡종강세를 이용하고자 할 경우에 사용한다.

더 알아보기

자매검정은 가금의 개량에 많이 이용되며, 닭의 산란성과 같이 한쪽 성에만 발현되는 형질이나 도살하여야만 측정될 수 있는 형질에 이용된다.

2. 계통교배(Line Breeding)

어느 특정한 개체의 능력이 특히 우수하고 그 원인이 유전적인 것이라 인정될 때, 이 개체와 혈연관계가 높은 자손을 만들기 위한 교배법이다.

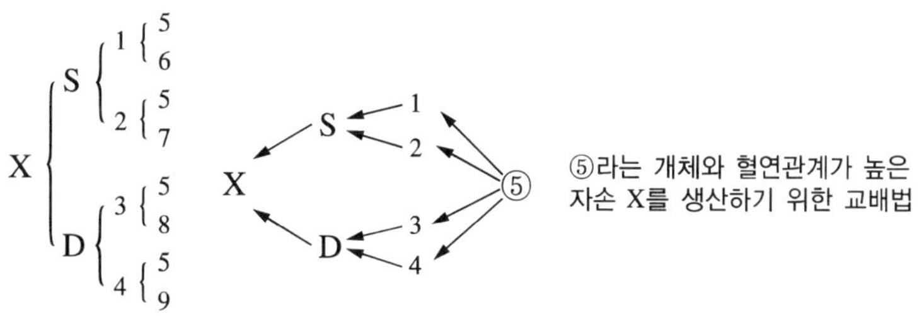

[계통교배법의 예]

3. 순종교배(Purebred Breeding)

(1) 같은 품종에 속하는 개체 간 교배를 말한다.

(2) 품종의 특징을 유지하면서 축군의 능력을 향상시키기 위하여 사용한다.

(3) 무작위교배(Random Mating)를 실시한다.

4. 품종 간 및 계통 간 교배

(1) 잡종교배(Crossbreeding)

품종 간의 교배이다.

(2) 퇴교배(退交配, Backcrossing)

2개의 다른 품종 또는 계통 간 교배에 의해 생산된 1대 잡종(F_1)을 양친의 어느 한쪽 품종이나 계통에 교배시키는 방법이다.

(3) Incross

동일한 품종 내 2개의 다른 근교계통 간 교배에 의한 F_1

(4) Incrossbred

이품종 근교계 간 교잡종으로, 다른 품종에 속하는 2개의 근교계통 간 교배에서 생산된 F_1

(5) Topcross

근교계통의 수가축과 비근교계통의 암가축에서 생산된 F_1

(6) Topcrossbred

Topcross가 2개의 다른 품종 사이의 교배인 경우

5. 누진교배(Grading Up)

능력이 불량한 재래종을 개량하는 데 사용되는 방법으로, 재래종의 암컷에다 개량종인 순종 종모축을 교배시키는 식의 교배를 몇 세대 계속하여 재래종을 개량종에 가깝게 만드는 방법이다.

6. 잡종강세(Hybrid Vigor, Heterosis)

(1) 잡종강세

잡종교배에 의해 이형접합체의 비율이 증가함에 따라 잡종이 순종에 비해 강하고 번식능력, 생존율, 성장률 등에 있어서 우수한 현상이다.

$$\text{잡종강세}(\%) = \frac{F_1\text{의 평균} - \text{양친품종의 평균}}{\text{양친품종의 평균}} \times 100$$

(2) 초우성(Overdominance)

Hetero형의 유전자형(Aa)이 Homo형 유전자(AA 또는 aa)보다 우수한 현상이다.

더 알아보기

잡종강세현상이 잘 나타난 교배법은 수나귀(♂) × 암말(♀)이다. 이들 간 정역교배(正逆交配)의 후손을 노새라고 한다.

7. 결합력(結合力, Combining Ability)

(1) 잡종강세를 이용하기 위해 어떤 계통을 다른 계통과 교배하여 얻은 자손의 능력을 양부(良否)로 표시한 것이다.

(2) 일반결합능력(General Combining Ability) : 어느 계통을 여러 개의 다른 계통과 교배시켜 나오는 각종 F_1능력의 평균

(3) 특수결합능력(Specific Combining Ability) : 2개의 특정한 계통 간에 의한 F_1의 능력과 이들 2계통의 일반결합능력에 의해 기대되는 값과의 차이를 말한다.

적중예상문제

01 다음 중 선발의 중요한 기능은?

① 특정 유전형질의 고정
② 우량 종축의 선택
③ 새로운 유전자의 획득
④ 유전자 빈도의 변화

해설
선발의 중요한 기능은 유전자 빈도를 변화시키는 데 있으며, 선발에 의해서 유전자 빈도가 변화되면 유전자형 빈도도 동시에 변화된다.

02 다음 중 선발 효과를 크게 하는 방법이 아닌 것은?

① 선발차를 크게 한다.
② 형질의 유전력이 높아야 한다.
③ 세대 간격을 짧게 한다.
④ 세대 간격을 길게 한다.

03 개체의 능력 양부에 따라 그 개체를 종축으로 선발하거나 또는 도태하는 방법은?

① 혈통선발 ② 가계선발
③ 능력선발 ④ 개체선발

해설
개체선발은 가계의 선조 또는 자손의 능력을 전혀 무시하고 개체의 표현형에만 근거를 둔다.

04 선발강도를 바르게 설명한 것은?

① 선발차를 표현형 표준편차로 나눈 값
② 같은 개체에 대한 2개의 다른 기록 사이의 상관계수
③ 선발차를 표준화된 표준편차로 곱한 것
④ 도태를 엄격히 한 것

05 혈통선발을 바르게 설명한 것은?

① 가계 능력의 평균을 토대로 선발하는 방법
② 같은 개체에 대한 2개의 다른 기록 사이의 상관계수
③ 부모나 조부모와 같은 선조의 능력을 근거로 해서 선발하는 방법
④ 개체의 능력을 기준으로 선발하는 것

06 자손의 능력에 기준을 두는 선발방법은?

① 가계내선발
② 후대검정
③ 혈통선발
④ 개체선발

1 ④ 2 ④ 3 ④ 4 ① 5 ③ 6 ② 정답

07 가계선발을 바르게 설명한 것은?

① 자손의 능력에 기준을 두는 선발방법
② 개체의 능력과 그 개체가 속하는 가계의 평균능력과의 차이에 기준한 선발방법
③ 선조 능력에 기준한 설명
④ 가계 능력의 평균을 토대로 선발하는 방법

해설
가계선발은 가계의 능력 평균을 토대로 가계 내 개체를 전부 선발하거나 도태하는 방법이다.

08 개체의 능력과 그 개체가 속하는 가계의 평균 능력과의 차이에 기준한 선발방법은?

① 가계내선발　② 가계선발
③ 개체선발　④ 결합선발

09 육종가란 무엇을 말하는가?

① 집단을 이루는 각 개체 간 차이를 말한다.
② 개체에 대한 형질을 측정하여 얻은 값이다.
③ 개체가 지니고 있는 유전자들에 대한 평균효과의 총화를 말한다.
④ 개체의 표현형가의 차이에 의한 분산을 말한다.

해설
① 변이, ② 표현형가, ③ 전체분산

10 유전력이 취할 수 있는 값의 범위는?

① −1~0　② 0~1
③ −1~+1　④ 1.0~2.0

해설
유전력$(h^2)=\frac{\sigma H^2}{\sigma P^2}=\frac{\sigma H^2}{\sigma H^2+\sigma E^2}$는 0~1.0(0~100%)의 범위를 갖는다.

11 다음에서 중도 유전력으로 맞는 것은?

① 20%　② 20~40%
③ 40~50%　④ 50~70%

해설
① 저도의 유전력
② 중도의 유전력
③ 고도의 유전력

12 유전력을 높게 하는 방법으로 옳지 않은 것은?

① 후대검정을 실시한다.
② 환경적 변이를 작게 한다.
③ 통계적 보정을 실시, 환경 분산을 작게 한다.
④ 다른 계통의 개체와 교배시킨다.

해설
유전력이 낮은 형질의 개량에는 가계선발이나 후대검정 등이 좋다.

정답 7 ④ 8 ① 9 ③ 10 ② 11 ② 12 ④

13 재래종을 개량하기 위하여 많이 쓰이는 교배법은?

① 순종교배법　　② 잡종교배법
③ 누진교배법　　④ 계통교배법

해설
능력이 불량한 재래종을 개량하는 데 사용되는 방법으로는 누진교배가 있다.

14 다음 중 고도의 유전력에 속하지 않는 것은?

① 체형, 체조성비율
② 등지방 두께
③ 난 중
④ 번식능력(수태율), 육성률

해설
- 저도의 유전력(h^2 < 0.2) : 번식능력, 육성률, 활력
- 중도의 유전력(0.2~0.4) : 성장, 사료효율, 육질, 유량

15 누진교배법에 의해 생산된 F_4는 신품종의 혈통을 몇 %나 지나게 되는가?

① 50%　　② 75%
③ 87.5%　　④ 93.75%

해설
$$F_n = F_{n-1} + \frac{1}{2}$$

16 다음 중에서 개체선발의 최소 단위는?

① 계 통　　② 가 계
③ 개 체　　④ 자 매

해설
개체선발은 유전력이 높은 형질에서 매우 효과적이고, 실시하기가 비교적 용이하다.

17 개체선발의 특성이 아닌 내용은?

① 실시하기가 용이하다.
② 유전력이 높은 형질의 개량에 효과적이다.
③ 유전력이 낮은 형질의 개량에 효과적이다.
④ 도체에서 측정되는 형질에 실시하기 곤란하다.

18 다음 중 가계선발에 대한 효과에 포함되지 않는 것은?

① 개량하려는 형질의 유전력이 낮을 때
② 가계구성원이 많을 때
③ 개량하려는 성질이 한쪽 성에만 발현될 때
④ 형질측정에 단기간의 시일을 요구할 때

해설
가계선발은 형질의 측정에 오랜 시일이 소요될 때 이용성이 증가된다.

13 ③ 14 ④ 15 ④ 16 ③ 17 ③ 18 ④ 정답

19 **다음 중 후대검정의 장점이 아닌 것은?**

① 비유능력과 같이 한족 성에만 발현되는 형질을 개량할 수 있다.
② 개량하려는 형질의 유전력이 낮아서 개체선발이 효과적으로 쓰일 수 있다.
③ 도살해야만 측정할 수 있는 형질을 개량할 수 있다.
④ 검정에 오랜 시일이 소요된다.

20 **자매검정을 효과적으로 이용할 수 있는 가축은?**

① 소 ② 닭
③ 돼 지 ④ 말

해설

자매검정은 가금의 개량에 많이 이용되며, 닭의 산란성과 같이 한쪽 성에만 발현되는 형질이나 도살하여야만 측정될 수 있는 형질에 이용된다.

21 **돼지의 산자수에 대한 측정으로 생산능력($\hat{p}$)을 추정하고자 할 때, 필요하지 않는 사항은?**

① 그 개체가 속한 축군의 평균치
② 개체의 생산기록 평균치
③ 산자수의 반복력
④ 유전력

해설

$$\hat{p} = \frac{\overline{X} + nr}{1 + (n-1) \times (X + \overline{X})} \quad n : \text{기록수}$$

22 **선발지수를 산출하는 데 필요한 사항이 아닌 것은?**

① 표현형 분산
② 유전력
③ 표현형 상관
④ 육종가

해설

선발지수산출에는 각 형질의 표현형 분산, 각 형질의 표현형 상관관계, 각 형질의 유전 상관관계, 각 형질의 유전력 상관관계, 각 형질의 상대적 경제형질이 필요하다.

23 **선발차(選拔差)를 크게 하기 위한 변이는?**

① 수량적 변이
② 유전적 변이
③ 환경적 변이
④ 돌연변이

해설

선발차를 크게 하기 위해서는 우선 개량하려는 형질의 변이가 커야 한다. 변이의 증가는 환경적 변이의 증가보다는 유전적 변이의 증가에 의하여야한다.

24 **근친교배의 뜻을 바르게 설명한 것은?**

① 혈연관계가 비교적 가까운 개체 간 교배
② 능력이 불량한 재래종을 개량하는 데 이용되는 교배방법
③ 종을 달리하는 것 사이의 교배
④ 다른 품종에 속하는 개체 사이의 교배

정답 19 ④ 20 ② 21 ④ 22 ④ 23 ② 24 ①

25 가축에서 흔히 쓰일 수 있는 근친교배는?

① 계통간교배
② 전형매간교배
③ 속간교배
④ 누진교배

해설
가축에서 흔히 쓰일 수 있는 근친교배는 전형매간교배, 반형매간교배, 부랑간교배, 모자간교배, 숙질간교배, 사촌간교배, 조손간교배 등이다. 계통간교배는 다른 계통에 속하는 개체 사이의 교배를 말한다.

26 근친교배를 유익하게 이용한 것은?

① 축군의 능력을 향상시키려 할 때
② 불량한 재래종을 개량하고자 할 때
③ 어떠한 자손의 능력을 결합하고자 할 때
④ 어떠한 유전자를 고정하려고 할 때

해설
근친교배는 불량한 열성 유전자를 제거하거나 특정 유전자를 고정할 때 등에 이용된다.

27 다음 중 근친교배에 속하지 않는 것은?

① 전형매교배
② 반형매교배
③ 사촌간교배
④ 계통간교배

28 근친교배법의 이용성에 포함되지 않는 것은?

① 어떤 유전자를 고정하려고 할 때에 사용된다.
② 불량한 열성 유전자를 제거하기 위해서 사용된다.
③ 어느 축군 내에서 특별히 우수한 개체가 발견되어 이 개체와 혈연관계가 높은 자손을 생산하려고 할 때 사용된다.
④ 어느 품종 또는 계통 내 존재하지 않는 새로운 유전자를 도입하려고 할 때 사용된다.

해설
품종 간·계통 간 교배법의 목적
• 새로운 유전자의 도입
• 새 품종, 새 계통 성립
• 잡종강세 이용 등

29 잡종강세를 가장 잘 이용한 것은?

① 말 ② 돼 지
③ 옥수수 ④ 콩

해설
옥수수는 잡종강세를 이용하여 산업적으로 큰 성공을 거두었다.

30 잡종강세현상이 잘 나타난 노새를 만드는 교배법은?

① 수나귀(♂)×암말(♀)
② 수말(♂)×암나귀(♀)
③ 수소(♂)×암나귀(♀)
④ 수나귀(♂)×암소(♀)

해설
노새는 수나귀(♂)×암말(♀)인 정역교배의 후손이다.

25 ② 26 ④ 27 ④ 28 ④ 29 ③ 30 ① 정답

31 **잡종강세의 뜻을 바르게 설명한 것은?**

① 품종의 특징을 유지하면서 축군의 능력을 향상시키기 위하여 이용된다.
② 혈연관계가 없는 개체 간 교배에서 나온 자손은 성장률, 산자수, 생존율 등이 그 양친에 비해 우수한 경향이 있다.
③ 능력이 불량한 재래종을 개량하는 데 이용된다.
④ 가축의 유전적 순수성을 유지하기 위하여 이용된다.

해설

잡종강세는 잡종교배에 의해 이형접합체의 비율이 증가함에 따라 잡종이 순종에 비해 강하고 번식능력, 생존율, 성장률 등에 있어서 우수한 현상이다.

32 **능력이 불량한 재래종을 개량하는 데 이용되는 교배법은?**

① 근친교배
② 누진교배
③ 품종간교배
④ 순종교배

33 **같은 품종에 속하는 개체 간 교배법은?**

① 누진교배
② 종간교배
③ 순종교배
④ 계통교배

34 **전형매 사이의 혈연계수는 얼마인가?**

① 0.125
② 0.25
③ 0.50
④ 0.75

35 **근친도가 높아짐에 따라 나타나는 형질이 아닌 것은?**

① 번식능력 향상
② 기형의 출현
③ 생산율 저하
④ 산란능력 저하

36 **품종 간 또는 계통 간에 교배하는 목적이 아닌 것은?**

① 새로운 유전자 도입
② 신품종 및 계통 창출
③ 불량한 열성유전자를 알기 위해서 실시
④ 잡종강세 이용

해설

불량한 열성 유전자 및 치사 유전자의 유무를 알기 위해서는 근친교배법을 이용한다.

정답 31 ② 32 ② 33 ③ 34 ③ 35 ① 36 ③

37 근교계수가 취하는 값의 범위는?

① −1~+1

② 0~+1

③ 0~50

④ 0~100

해설

근교계수 값의 범위는 0~+1.0이며 이것을 %로 표시하면 0~100%가 된다.

38 재래종을 개량하기 위하여 누진교배법으로 4세대까지 교배하였을 때, 재래종의 혈통을 몇 % 지니게 되는가?

① 2.5 ② 6.25

③ 25 ④ 50

39 돼지의 잡종강세 이용법에 속하지 않는 것은?

① 3원 교잡

② 품종간교배

③ 퇴교배

④ 상호역교배

해설

잡종강세를 이용한 교배법에는 1대 잡종이용, 퇴교배, 상호역교배, 윤환교배, 3품종 교잡종 등이 있다.

40 닭에 있어서 근교계통이라 함은?

① 자손의 근교계수가 20% 이상인 때

② 자손의 근교계수가 30% 이상인 때

③ 자손의 근교계수가 40% 이상인 때

④ 자손의 근교계수가 50% 이상인 때

해설

근교계통(In Breed Line)은 근친교배에 의하여 생산된 계통을 말한다. 닭에 있어서는 자손의 근교계수가 50% 이상인 경우에 근교계통이라고 한다.

41 품종의 특징을 유지하면서 축군의 능력을 향상시키기 위한 교배법은?

① 퇴교배

② 잡종교배

③ 순종교배

④ 누진교배

42 다른 품종에 속하는 2개의 근교계통 간 교배에 의하여 생산된 1대 잡종은?

① Incross

② Incrossbred

③ Topcross

④ Topcrossbred

해설

Incrossbred는 이품종 근교계 간의 교잡종, 다른 품종에 속하는 2개의 근교계통 간의 교배에서 생산된 F_1이다.

37 ② 38 ② 39 ② 40 ④ 41 ③ 42 ② 정답

05 가축별 육종방법

01 닭의 개량

1. 유전과 개량

(1) 산란능력

유전적 조성의 양부에 따라 지배되는 형질 → 미동인자군(微動因子群, Polygene)에 의한다.

① 산란성(産卵性) : 유전력이 낮으며, 개체선발법으로는 개량효과 적다.

더 알아보기

산란성 유전에 대하여 기초적 이론토대를 쌓아올린 사람은 Goodale과 Sanborn, 그리고 Hays 등이다.

② Goodale-Hays의 산란 5요소(초년도 산란수를 지배하는 5요소)

㉠ 조숙성(早熟性, Sexual Maturity)

㉡ 산란강도(産卵强度, Intensity of Egg Production)

㉢ 취소성(就巢性, Broodiness)

㉣ 동기휴산성(冬期休産性, Winter Pause)

㉤ 산란지속성(産卵持續性, Persistency of Egg Laying)

③ 산란능력의 개량

㉠ 능력이 월등한 기초계군을 확보하도록 한다.

㉡ 산란성 향상에 적당한 선발방법을 적용하도록 한다.

㉢ 단기검정에 의하여 세대간격을 줄이도록 한다.

㉣ 선발집단의 사육규모를 크게 함으로써 선발강도를 높이도록 한다.

더 알아보기 산란계의 선발요건

- 다산일 것
- 몸 크기를 작게 할 것
- 알 무게가 무거울 것
- 산란하는 동안 폐사율이 적을 것
- 사료 이용성이 좋을 것
- 난질이 양호한 것 등

(2) 산육능력

① 개량요소로 중요한 형질 : 닭의 추기성장 속도, 체형, 사료효율, 생존율 등

② 발육에 영향을 미치는 환경요소 : 육추 때의 온도 습도, 병아리의 사육밀도, 영양의 적부, 질병의 유무, 유추사의 양부, 사육방식, 부화계절 등

③ 품종과 성별에 따른 성장률의 차

성장률 및 체중 → 수평아리 > 암병아리

④ 닭의 성장률을 측정하는 대표적인 척도 : 정강이 길이

⑤ 개량목표 : 육성률(0~8주령)은 98% 이상으로 하고, 8주령의 체중은 2.3~2.4kg으로 한다.

(3) 기타 형질

① 달걀 형질

㉠ 난중(卵重, Egg Weight) : 개체선발이 효과적

㉡ 난형(卵形, Egg Shape) : 타원형 좋음

㉢ 난형지수(卵形指數, Egg Shape Index) : $\frac{\text{알의 넓이}}{\text{알의 길이}} \times 100$

㉣ 난각색(卵殼色, Shell Color) : 백색란과 갈색란

② 수정률과 부화율

㉠ 수정률이 낮은 닭 → 도태

㉡ 수정률(受精率, Fertility) : 환경의 영향을 많이 받는다.

㉢ 부화율(孵化率, Hatchability)

- 수정란에 대한 부화된 알의 백분비로 나타낸다.
- 유전적 성질과 환경의 영향을 받는다.
- 부화율 개량에 가계선발과 후대검정을 효과적으로 이용할 수 있다.

③ 수정률의 개량 및 항병성

㉠ 폐사율 30% 이상의 계군은 개체선발이 효과적이다.

㉡ 폐사율 극히 낮은 계군은 가계선발 및 후대검정을 이용한다.

㉢ 추백리(雛白痢) : 유전적 저항성

㉣ 백혈병 : 감수성이 저항성에 대해 우성으로 나타난다.

2. 육용계(肉用鷄)의 선발요건과 개량

(1) 선발요건

① 성장률이 우수할 것

② 우모발생속도(羽毛發生速度)가 빠를 것

③ 생존율이 우수할 것

④ 체형이 우수할 것(가슴과 넓적다리에 착육성이 좋을 것)

⑤ 사료이용성이 우수할 것

⑥ 우모색이 백색일 것
⑦ 도체율이 우수할 것
⑧ 어미닭 : 산란율, 부화율, 수정률

더 알아보기

우리나라에서의 육용계의 능력검정을 위한 급여사료수준은 중열량 사료이며, 사육방법은 배터리케이지식이다. 미국은 고열량 사료이며 평사검정이다.

(2) 개량방법

① 유전력이 높은 형질은 개체선발 또는 표현형 선발을 이용하여 성장률, 우모발생속도, 체형, 사료이용성, 우모색을 향상시킨다.
② 성장률, 체형, 착육 정도 등과 같이 다수의 유전자에 의해 결정되는 형질을 개량하기 위해서는 많은 가계를 확보하여 강력한 도태를 실시한다.
③ 종계선발 때 도체의 상품적 가치를 향상시키기 위하여 가슴과 다리 부분의 착육성을 높여야 한다.

3. 산란계의 선발요건과 개량

(1) 선발요건

① 다산일 것
② 산란기간 폐사율이 적을 것
③ 몸의 크기를 줄일 것
④ 사료이용성이 좋을 것
⑤ 알 무게가 무거울 것
⑥ 난질이 양호할 것(혈반 및 육반이 없어야 함)

더 알아보기

우리나라 산란계의 능력검정성적은 산란율 61%(미국 67.9%), 생존율 육추 시 0, 초산 시 96.4%, 초산 시 체중 1.99kg, 초산일령 181일, 산란지수(500일령) 198개, 사료효율 3.13%이다.

02 돼지의 개량

1. 돼지의 경제형질

(1) 산자수(Litter Size) : 출생 시와 이유 시 측정

이유 시 산자수는 출생 시 산자수보다 더 커질 수 없으며, 이유 시 산자수는 출생 시 산자수가 8~10마리 이상이면 우수한 편에 속한다.

(2) 이유 시 체중(Weaning Weight) : 생후 56일에 측정

$$보정된\ 56일령\ 체중 = \frac{실제체중 \times 41}{일령 - 15}$$

(3) 성장률(Growth Rate) : 이유 후 성장률로 표시하며, 이유 시부터 시장출하 체중에 도달할 때까지 일당 증체량으로 측정한다.

더 알아보기

미국에서는 돼지의 성장률을 측정하는 데 154일령 체중이 널리 이용되고 있다.

$$보정된\ 56일령\ 체중 = \frac{실제체중 \times 94}{일령 - 60}$$

(4) $사료효율 = \frac{사료소비량}{증체량}$

(5) 도체율 : 도체의 길이와 지방층 두께를 측정한다.

더 알아보기 돼지의 유전력

- 산자수 : 15%
- 이유 시 한배 새끼 전체 체중 : 17%
- 5~6개월 체중 : 30%
- 이유 후 증체율 : 29%
- 사료효율 : 31%
- 체장 : 59%
- 체형 : 38%

2. 개량목표

(1) 소비자의 요구에 따라 변화하고, 세계적 추세는 Meat Type이다.

(2) 복당 산자수(腹當産仔數)를 많게 하고, 육성률을 향상시킨다. 이유 시 한 배 새끼수 9~20두 이상을 목표로 한다.

(3) 육돈(肉豚)의 성장률을 빠르게 하고 시장출하체중 도달일수를 단축시킨다.

(4) 사료효율을 개선하여 사료비를 절감한다.

(5) 육용형(肉用型)으로 개량

① 등지방층 두께는 얇게
② 배장근(背長筋) 단면적은 넓게
③ 도체율과 정육률은 높게

(6) 스트레스 감수성(PSS) 개량

① **증상** : 절룩거리고, 근육 경련을 일으킨다. 체온 상승, 호흡이 빨라지고 입을 벌린다.
② **판정** : Halothane 검정법과 혈청 중 CPK 활성을 조사한다.
③ 저항성 강하고 PSE(Pale, Soft, Exudative) 돈육의 출현율이 낮게 개량한다.
④ Halothane 검정에 대한 양성 출현율은 Belgian Landrace종과 Pietrain종이 높다.

더 알아보기

PSS(돼지의 Stress 감수성), 혈청 중 CPK(Creatine Phosphokinase) 활성을 조사하는 방법인 Halothane 검사법을 실시하여 음성인 개체는 종돈으로 이용하지 않는다.
PSE(물돼지) : 스트레스 받은 돼지의 창백하고(Pale) 탄력성 없으며(Soft), 육즙이 삼출된(Exudative) 이상육 부위

3. 선 발

(1) 종빈돈(種牝豚)의 선발

① 개체표시
② 정상적인 유두 12개 이상, 유두배열 상태 양호한 개체를 선발
③ 암돼지 체중 90kg일 때 등지방층 두께 측정

④ 선발된 암퇘지 번식적령기 도달 시 수태성적에 따라 불량한 개체를 일부 도태
⑤ 새끼 수가 9~10두 이상, 유전적으로 불량형질이 없는 개체, 외모심사상 우수한 개체

(2) 미산돈(未産豚, Gilt)의 선발

① 한배새끼수 8~10두 이상으로 불량형질이 없다.
② 이유 시까지 발육상태가 양호하고, 정상적인 유두 12개 이상인 개체
③ 배열상태가 좋은 개체(체장이 길고, 몸이 균형을 이루며, 정육량이 많은 개체)

(3) 경산돈(經産豚, Sow)의 선발

21일령 한배새끼수의 전체 체중으로 어미돼지의 비유능력 측정

(4) 종모돈(種牡豚)의 선발

능력검정과 형매검정 및 후대결정을 통해서 선발한다.

① 종모돈의 능력검정
- ㉠ 여러 마리의 수퇘지를 일정한 사양관리 조건에서 사육하여 일당 증체량, 등지방층 두께, 체형 등을 조사해서 능력이 우수한 수퇘지를 종돈으로 선발 및 이용 → 유전적 개량 도모
- ㉡ 능력검정소에서 검정한 돼지의 조건
  - 한배새끼수 8~10두 이상의 복자(腹仔)인 개체 → 정상적 유두가 12개 이상, 배열상태가 양호해야 한다.
  - 개체는 질병이 없고, 음고(陰睾)·탈장 등의 불량형질이 없어야 한다.
  - 개체의 체중이나 일령이 출품규정이 정하는 범위 내이어야 한다.

더 알아보기 **한배새끼검정**

> 주로 돼지의 선발에 이용되는데 미국 미네소타 대학에서 돼지 개량에 이용해 왔다. 한배새끼검정을 하면 한배새끼 중 4~5마리만을 검정하는 방법에 비하여 가계 내 선발, 즉 한배새끼 내에서 개체선발을 할 수 있는 여지가 많아지고, 가계선발과 후대검정도 할 수 있다. 검정기간은 이유 시부터 생후 154일 경과할 때이다.

② 종모돈의 형매검정과 산자검정 및 후대검정
- ㉠ 형매검정 : 형제 또는 자매의 능력에 근거하여 평가하는 방법
- ㉡ 산자검정(産仔檢定)
  - 원종돈을 대상으로 한배새끼의 분만일로부터 자돈의 이유 시까지
  - 사료급여는 NRC 사양표준에 준하고, 교배는 순종교배 실시, 검정기간 동안의 사양관리는 동일한 조건에서 관행의 방법에 의한다.
  - 성적평가 검정성적에 대한 평가는 검정기관이 검정위원회 등을 구성하여 평가

㉢ 북유럽식(北歐式)의 수퇘지 후대검정 : 한배새끼 중에서 두 마리의 암퇘지의 두 마리의 수퇘지(거세된 것)의 후대검정 시, 평균체중이 암퇘지는 15kg이 되었을 때, 수퇘지는 18kg이 되었을 때 검정소에 보낸다.

㉣ 덴마크의 후대검정

- 생후 7~8주경의 한배새끼 중 암수 각 2마리를 검정소에 보내면, 검정소에서는 생체 중 20에서 90kg까지 증체율 및 사료효율 등을 측정한 후 도살하여 도체에 관한 자료를 수집한다.
- 검정위원회에서 종돈으로 인정받기 위해서는 3세대에 걸친 혈통이 알려져 있고 해당 개체의 후대검정 결과가 양호하며 체형이 좋고 품종의 특성을 구비하고 있어야 한다. 또, 혈통부에 나오는 모든 어미돼지는 생시 산자수가 평균 10마리 이상, 이유 시 산자수가 8마리 이상, 젖꼭지수는 12개 이상이어야 한다.

4. 잡종강세 이용을 위한 교배법

(1) 1대 잡종 이용

백색돼지인 요크셔(Yorkshire)와 흑색돼지인 바크셔(Berkshire)를 양친(P)으로 하여 교잡하면 1대 잡종(F_1)은 단성잡종이 되는데 모두 백색이다.

(2) 퇴교배(Backcross)

2개의 다른 품종이나 계통 간 교배에 의해 생산된 1대 잡종(F_1)을 부모 어느 한쪽 품종이나 계통과 교배시키는 것(역교배라고도 한다.)

(3) 상호역교배(Criss-crossing)

1대 잡종 암퇘지에 양친품종 중 어느 한쪽의 수퇘지를 교배시키고, 여기서 생산된 암퇘지에 다른 한쪽의 수퇘지를 교배시키는 식의 방법을 계속한다.

(4) 윤환교배(Rotation Crossing)

상호역교배와 비슷하나, 일반적으로 3~4개의 다른 품종의 수퇘지를 매 세대 교대로 이용한다.

더 알아보기

3개 품종에 대한 돼지의 윤환교배법은 둘째 세대부터는 잡종 암퇘지를 번식에 이용하는 것은 상호역교배와 비슷하다. 윤환교배에서는 일반적으로 3개 또는 4개의 다른 품종의 수퇘지를 매 세대 교대로 이용한다.

(5) 3품종 교잡종

랜드레이스♀ × 요크셔♂ = F_1♀ × 두록♂(우리나라에서의 비육돈 생산 방법)

03 젖소의 개량

1. 경제적 형질과 유전력

(1) 번식능률

분만간격, 수태당 소요되는 종부횟수, 종부개시부터 수태까지 일수 등을 측정한다.

더 알아보기

젖소는 송아지를 분만한 후부터 우유를 생산하게 되므로, 암소의 번식이 순조롭게 잘 되어야 하는 것이 경제적으로 대단히 중요하다.

(2) 비유량과 유지율

유전력과 반복력이 비교적 낮다.

(3) 생산수명

유방의 질환이나 번식장해 등이 중도도태의 주된 원인이다.

더 알아보기

젖소의 경제형질 중 하나인 생산수명은, 젖소가 오래도록 젖을 생산할 수 있어야 한다는 데 의미가 있다. 젖소는 보통 만 6세가 되어야만 완전히 성숙하며, 비유량도 가장 많아진다. 따라서 만약 젖소가 이 나이가 되기 전에 도태되어야 한다면 경제적으로 불리하다.

(4) 체형과 외모

체형은 쐐기형(Wedge Type)이 이상적이나 비유능력과의 상관관계는 낮다.

※ 젖소의 외모심사에서 중요시되는 것은 유방의 크기와 발육 정도, 젖꼭지의 부착상태, 사지의 건전도, 체적 등이다.

2. 비유능력의 검정

(1) 한국종축개량협회의 Holstein 암소 산유능력 검정

① **고등등록** : A검정 기준유지량 적용

② **본등록** : B검정 기준유지량 적용

③ **검정기간** : 분만 후 제6일부터 305일간

④ **착유횟수** : 1일 2회(1일 20kg 이상의 생산능력을 가진 개체는 최고 4회)

⑤ A검정법에서는 검정원이 검정기간 중 5회를 소정 기일 내에 입회

⑥ B검정법에서는 검정원이 3회 입회

⑦ **연형구분** : 2년형, 2년반형, 3년반형, 4년형, 4년반형, 성년형

⑧ 검정원은 현장 입회일마다 24시간 동안 착유된 유즙의 중량을 측정하고 유지율을 검정한다.

> **더 알아보기** 동기낭우비교법
>
> 유우의 유전자형검정방법으로 각각의 젖소를 동일군 내에서 동시에 착유하고 있는 다른 젖소의 기록들과 비교하는 방법이다.

(2) 비유기록의 보정

① **비유량** : 305일 간 비유기록으로 보정

② **유지량 보정유량(FCM ; Fat-Corrected Milk)**

4% FCM = 0.4M + 15F

- M : 유량
- F : 유지량(1bs)

3. 종빈우의 선발

(1) 비유능력검정 : 305일 미만의 경우 보정계수 사용[305일×2회 착유×성우(6~8세)]

(2) 추정생산능력 : 암소가 분만 후 우유를 얼마나 생산하는가를 추정하는 것

(육종가의 추정 : 암소의 능력이 얼마나 후손에게 전달될 것인가를 추정하는 것)

4. 종모우의 선발

(1) 낭우(娘牛)의 동기비교법(Daughter's Contemporary Comparison)

같은 농가에서 사육되는 다른 소의 딸 중에서 같은 시기에 출생된 암소의 능력과 비교하는 방법이다.

(2) 모낭비교법 : 딸 소의 산유량을 어미 소의 산유량과 비교하는 방법

(3) 동기 낭우 비교법 : 검정되는 암송아지의 능력을 동일 축군 내에서 같이 사육하여 착유하고 있는 다른 젖소의 능력과 비교하는 방법

5. 젖소의 교배법

(1) 이계교배(異系交配)의 이용

동일품종 내의 이계교배 : 동일품종에 속하는 암소와 수소를 교배시킨다. 이때 이들 암소와 수소는 서로 혈연관계가 먼 개체를 선택해야 한다. 이 방법은 젖소의 번식능력 및 생산능력 및 활력 등의 개량에 효과적이다.

(2) 근친교배의 방지(나쁜점)

① 후구 마비 · 관절 강직 · 태아 변성(Mummification) · 사산 등이 흔히 발생
② 생산된 송아지의 사망률 증가
③ 암소의 번식능력 저하, 수태당 교미소요 횟수 증가
④ 산유량과 유지생산량 저하
⑤ 생산된 자손의 기형 및 불량형질이 많이 발생

더 알아보기

송아지의 이유 시 체중은 송아지 자체의 근친도(近親度)뿐만 아니라 어미소의 근친도가 상승함에 따라 저하하는 경향이 있다. 이것은 어미소가 임신기간과 포유기간 동안 송아지에 영양분을 공급하므로 송아지의 발육이 영향을 미칠 수 있기 때문이다.

04 고기소의 개량

1. 경제형질과 유전력

(1) 번식능률

우군(牛群) 내의 성숙한 암·수소에 대하여 이유된 송아지의 백분율로 나타내며 유전력이 낮다.

(2) 이유 시 체중

$$210\text{일령 보정 체중} = \frac{\text{이유 시 체중} - \text{출생 시 체중}}{\text{송아지의 일령}} \times 210 + \text{출생 시 체중}$$

(3) 이유 후 증체율

사료효율과 관계가 깊고 생산비에도 중요한 영향을 미친다.

(4) 사료효율

유전력이 높아서 개체선발이 가능하다.

(5) 도체의 품질

소의 도체 등급판정은 육질(1^{++}, 1^{+}, 1, 2, 3)과 육량(A, B, C)에 따라 15종과 등외로 구분하여 16종이 있다.

(6) 외모심사 평점

장방형이 환영받음

더 알아보기

- 이유 시 체중 : 25
- 도체율 : 46%
- 배장근 단면적 : 70%
- 사료 효율 : 36%
- 지방층 두께 : 38%

2. 고기소의 개량 목표와 선발

(1) 개량 목표

① **송아지 자체 생산** : 수태당 종부횟수·번식장애 및 난산빈도 송아지의 육성 능력 등을 우선적으로 개량한다.

② **일당 증체량과 사료효율** : 기술집약형 고급육 생산체제에 알맞게 개량한다.

③ 육량(肉量)과 육질(肉質)로 도체율·정육률과 고기의 보수력(保水力)·지방함률 등을 평가해서 개량목표로 삼는다.

(2) 선 발

① 모든 개체에 대하여 이표(耳標)와 낙인(烙印) 등을 이용하여 개체를 식별한다.

② 각 개체의 생년월일과 개체번호 및 우군 내 송아지와 어미소의 수를 기록한다.

③ 이유 시 체중과 이유 시 평점을 기록한다.

④ 종축으로 이용할 암송아지는 이유 시 체중과 평점이 우수한 것으로 선택한다.

⑤ 어미소의 도태는 어미소 자체의 능력과 송아지의 이유 시 체중을 기중하여 실시한다.

⑥ 이유할 때에 종축 후보축으로 선발되어 사육된 암송아지는 생후 약 18개월 때에 체중을 측정하여 평점한다.

⑦ 이유 시 체중과 평점이 우수한 수송아지는 능력검정을 실시하되, 사육기간은 150일 이상으로 하는 것이 좋다.

⑧ 종축으로 이용될 종모우는 이상과 같은 개량사업에 참여하여 능력검정결과 증체율, 사료효율, 외모평점 등에서 우수한 성적을 보인다. 그 어미소는 이유 시 체중과 평점이 우수한 송아지를 매년 생산한 것으로 택한다.

더 알아보기 고기소의 선발방법과 그 이용

이유 시 종축 후보축으로 선발되어 사육된 암송아지는 생후 약 18개월 때에 체중을 측정하여 평점한다. 여기서 얻은 이유 후 증체율에 관한 자료는 암소 자신의 유전적 가치를 평가하는 데 이용될 뿐만 아니라 이 암소의 부친과 모친에 대한 후대검정에도 이용된다.

05 한우의 개량

1. 한우의 주요 경제형질

(1) 수태율, 분만율, 사료효율, 도체율 등

(2) 주요 경제형질에 대한 유전력

① 의의 : 주요형질들에 대한 유전능력을 높임으로써 경제가치를 제고한다.

② 이들 경제형질들을 확실하게 유전시킬 수 있는 소를 육성한다.

[경제형질과 유전력]

형 질	유전력
수태율	0~0.1
분만간격	0~0.1
분만율	0.3~0.4
출생 시 체중	0.3~0.4
이유 시 체중	0.3~0.35
이유 후 당일 체중	0.4~0.6
사료효율	0.3~0.5
18개월령 체중	0.3~0.5
등지방두께	0.4~0.51
산강도	0.5~0.6
도체율	0.35~0.4
배장근 단면적	0.55~0.6

2. 방향과 목표

(1) 개량방향 : 시대적 요청에 따라 변화된다.

(2) 개량목표 : 발육과 육질능력에 중점을 둔다.

3. 추진방법

(1) 한우혈통 등록사업

① 1969년도 제1회 한우챔피언대회 시작과 함께 시행되었다.

② 전국 250개 한우개량단지와 국·공립기관, 개량기관, 전·기업목장 등의 개량사업

③ 한국종축개량협회

㉠ 등록우에 대하여 체형과 능력을 매년 조사한다.

㉡ 혈통등록우 등을 실시하여 그에 알맞은 종모우를 지정한다.

㉢ 정부에서 한우개량농가 선정하고 계획 교배와 혈통등록사업을 실시한다.

(2) 한우능력검정사업

① 한우 검정우의 사양관리는 반입 후 20일 동안 예비사육을 실시하는데, 이때 구충제의 투약 및 주사 등을 실시하고, 검정용 사료에 대한 적응훈련을 시킨다.

② 전국의 번식암소에 대한 인공수정용 정액생산·제조 및 공급은 축협중앙회에서 담당한다.

③ 개량사업 초창기 : 전국한우챔피언 대회 및 전국축산진흥대회에서 입선한 한우를 선발하여 종축으로 활용한다.

④ 개량체계한 후 : 능력검정사업을 통하여 후대의 성적을 파악한 종모우에 한하여 인공수정용 정액을 생산 공급한다.

⑤ 이 사업은 유전능력이 높은 종축을 선발, 종축의 우수한 유전능력을 농가가 보유하고 있는 한우에게 확산(목적)시킨다.

⑥ 후보 종모우의 후대검정(발육능력, 사료효율, 도체특성 등)을 통해 매년 20두 정도의 보증 종모우를 선발한다.

더 알아보기

유전적으로 우수한 산육능력을 가진 종빈우를 발견하여 이것을 번식에 사용하는 것은 앞으로 한우를 산육능력이 높은 소로 개량하는 데 매우 중요하다. 산육능력검정법에는 간접법과 직접법의 두 가지가 있다.

(3) 한우능력평가사업

① UR협상 타결로 소고기 시장의 전면 개방에 대비하여 한우고기와 수입소고기와의 차별화, 한우 고급육 생산사업에 주력한다.

② 외국산 소고기에 비하여 증체능력은 떨어지지만 고기의 맛을 내는 올레인산 함량이 높으므로 경쟁력이 있다.

③ 가격경쟁력은 불리하더라도 품질경쟁력은 유리하다.

4. 종축관리 및 우량형질 공급

(1) 일반사항

① 한우개량의 목적은 경제적으로 우수한 개체를 생산하는 데 있다.

② 한우의 주요 경제형질(체형, 발육, 전식, 도체성적 등)이 우수한 개체를 선발하여 종축(종빈우, 종모우) 등으로 활용한다.

③ 각 매체의 모든 자료를 정확하게 기록하고 분석한 결과를 토대로 하여야 한다.

④ 종축우 관리는 정부의 위촉을 받아서 '한국종축개량협회'에서 실시하고 있다.

⑤ 한우 혈통 등록 → 기록들을 혈통에 따라 정리・보관 → 계획의 기초자료로도 활용 → 유전적 관계를 추정 → 최신 통계 기법인 개체모형(Animal Model) 등을 적용한다.

(2) 등록의 종류와 단계

① **기초 등록** : 일반 한우 중 생우 6개월 이상에서 실격조건이 없고 외모심사 결과로 한우의 순수한 특성을 지녔다고 판단되는 소에 한해서는 심사점수(암 : 70점, 수 : 75점) 이상 득점한 경우 선대의 혈통을 알 수 없더라도 기초등록 가능하다.

② **혈통 등록** : 부모가 등록우 이상으로 한우 외모심사 표준상 실격 조건이 없는 송아지로 생우 6개월 이내에 신청 가능하다.

③ **고등 등록** : 혈통 등록우로서 생후 24~36개월 사이에 등록한 암소는 외모심사 75점 이상이며, 번식능력이 양호하며, 유전적 형질이 없어야 하고, 일정기준치 이상의 체형을 갖추어야 한다. 수소의 경우 외모심사 점수 78점 이상이고 유전적으로 불량형질이 없어야 하며, 검정우는 후대검정 성적이 일정기준 이상이 되고, 후대검정 결과로 선발된 종모부에 한하여 고등 등록이 가능하다.

④ **등록우 사후관리**
종축 등록우 : 관할 축협 및 농가별로 관리한다.

(3) 종축의 관리

① 한우의 혈통등록과 심사선발에 의하여 우량한 종축이라고 판단되는 소는 암소의 경우에 양축농가가 관리한다. 수소는 공공기관(국립축산과학원, 축협 등)에서 관리한다.

② 정부에서 개량사업을 실시하고 있는 한우개량단지와 한우개량농가에서는 혈통관리와 우량종빈우 생산기반 구축의 번식능력향상을 위한 지도를 실시한다.

③ 우량한우의 보호증식, 순수 한우 개량 방법에 의한 한우의 육용형 개량사업 추진, 종모수 생산을 위한 검정 사업을 추진하여 우량종축을 지속적으로 관리한다.

5. 한우개량과 육종방안

(1) 가축개량 과정

① 혈통 등록 및 심사

② 검 정

㉠ 당대검정

㉡ 후대검정

> **더 알아보기** 한우의 산육능력검정 시에 검정을 중지하는 경우
>
> • 질병에 걸렸을 때 또는 사고가 났을 때
> • 30일 이상 체중이 증가하지 않을 때
> • 그러나 1조 6두 중 1두가 검정에서 제외되어도 남은 5두에 대하여, 검정을 실시한다.

③ 선 발

㉠ 육량 : 체중, 일당 증체량, 사료요구율, 냉도체중, 배장근단면적

㉡ 육질 : 등지방두께 및 근내지방도

④ 평 가

⑤ 교 배

(2) 우리나라 한우개량체계

① 축협 한우개량부에서 우수한 능력의 씨수소를 검정・선발하여 정액을 생산한 후 농가에 공급한다.

② 한우개량단지(개량농가)를 통하여 우수 씨암소 집단을 확보하고, 각 개체의 혈통과 발육성적 등을 조사하여 씨수소 선발을 모집단으로 활용한다.

(3) 세부추진체계

① **농림축산식품부** : 개량목표 달성을 위한 개량참여 기관을 지정・고시하고 기관별 업무 분장 및 개량사업에 필요한 예산확보・지원을 한다.

② **가축개량협의회** : 한우의 개량방향과 목표 및 방법 등에 의견을 제시한다.

③ **축산연합회, 축협개량사업본부** : 우수 씨수소 선발 및 정액 생산・공급한다.

④ **개량농가관리조합** : 지도원을 통하여 등록우를 관리함으로써 한우번식 및 개량기반을 구축한다.

(4) 문제점 요약

① 한우개량기반 구축 자료활용의 취약하다.

② 종모우 선발을 위한 능력검정사업의 성과가 미흡하다.

(5) 개선 방향

① 기본방향

㉠ 개량속도 가속화를 위한 검정체계 조정 및 검정정보 수집·활용체계를 개선한다.

㉡ 도축장의 개량기관 역할을 정립한다.

② 저비용의 한우 개량기반 구축 및 개량농가의 자발적 개량사업 참여 유도

㉠ 한우 개량단지(농가) 보유 등록우 집단을 정예화 및 조사자 제공을 현실화한다.

㉡ 개량단지(농가)의 등록우 관리를 효율화한다.

㉢ 생체 단층촬영기기를 이용한 농가보유 암소 도체 형질조사 및 선발 활용기법을 도입한다.

㉣ 육종 전문농가 육성시책을 추진한다.

적중예상문제

01 한우에 있어서 가장 중요한 육종 목표는?

① 번식 능률
② 이유 시 체중, 사료 효율
③ 증체율, 사료 효율
④ 도체 품질, 체형

02 종모우의 선발방법으로 옳은 것은?

① 체형이 큰 소를 선발
② 능력검정 후 선발
③ 후대검정 후 선발
④ 외모에 의한 선발

03 한우의 증체율 개량에 유의하여 개량해야 할 점은 무엇인가?

① 조숙성　② 만숙성
③ 사료 효율　④ 사료 이용성

해설
한우는 만숙성이므로 조숙성인 개체로 개량하여야 한다.

04 송아지의 능력검정은 생후 몇 개월째부터 실시되는가?

① 2개월　② 4개월
③ 6개월　④ 8개월

05 우리나라에서 가장 많이 이용되는 한우의 교잡종법은?

① 상호역교배
② 3원 교잡이용
③ 1대 잡종이용
④ 윤환 교배

해설
우리나라에서 흔하게 이용되는 교잡법은 한우와 샤롤레의 1대 잡종이다.

06 고기소의 경제형질에 속하는 것은?

① 체형과 체중
② 번식능률
③ 생산수명과 유지량
④ 비유량

해설
주요 경제형질로 번식능률, 이유 시 체중 및 증체율, 사료효율, 도체의 품질 등이 있다.

07 고기소의 경제형질은?

① 도체의 품질
② 비유량
③ 도체율
④ 산자수

정답 1 ③ 2 ③ 3 ② 4 ③ 5 ③ 6 ② 7 ①

08 육우의 경제형질 중에서 유전력이 가장 높은 것은?

① 이유 시 체중
② 사료효율
③ 도체율
④ 배장근 단면적

해설
④ 배장근 단면적의 유전력은 70%이다.
① 이유 시 체중 25%
② 사료효율 36%
③ 도체율 46%

09 다음 중 육우의 경제형질이 아닌 것은?

① 지방층 두께 ② 비유량
③ 이유 시 체중 ④ 도체율

해설
비유량은 젖소의 경제형질이다.

10 송아지의 이유 시 체중을 좌우하는 것은?

① 송아지의 유전적 소질과 어미소의 비유능력
② 어미소의 사료 효율
③ 산자수
④ 환경 요인

11 한우의 주요 경제형질이 아닌 것은?

① 수태율 ② 분만율
③ 도체율 ④ 자연수명

12 한우(성우) 암소체중의 개량목표는?

① 200~250kg
② 260~340kg
③ 350~400kg
④ 500~600kg

해설
한우(成牛) 암소체중의 개량목표는 350~400kg이고, 수소는 500~550kg이다.

13 한우 도육률의 개량목표는?

① 40~50% ② 51~55%
③ 58~63% ④ 65~70%

해설
한우 도육률의 개량목표는 58~63%이다.

14 한우(수소) 단기비육의 경우 일당 증체량 개량목표는?

① 0.7~0.9kg ② 1.0~1.2kg
③ 1.3~1.5kg ④ 1.6~1.8kg

해설
산육능력
단기비육의 경우는 일당 증체량 1.0~1.2kg, 육성비육의 경우는 생후 14~16개월에 430kg에 도달하도록 한다(수소).

15 고기소의 개량을 위한 선발방법으로 맞는 것은?

① 종축으로 이용할 암송아지는 이유 시 체중과 이유 시 평점이 우수한 것으로 한다.
② 후대 능력검정 평점
③ 육우의 외모 심사
④ 근친교배의 효과

정답 8 ④ 9 ② 10 ① 11 ④ 12 ③ 13 ③ 14 ② 15 ①

16 **고기소의 선발방법으로 옳은 것은?**

① 순종교배의 효과
② 이유 시에 종축 후보축으로 선발되어 사육된 암송아지는 생후 약 18개월 때 체중을 측정하여 평점한다.
③ 이유 시 체중과 평점이 우수한 송아지는 능력검정을 실시하지 않는다.
④ 잡종교배의 효과

17 **이유 후 일당 증체량과 관계 깊은 것은?**

① 도체율 ② 사료효율
③ 이유 시 체중 ④ 번식능률

해설
이유 후 증체율은 고기소의 가장 중요한 경제형질로서 사료효율과 밀접한 관계가 있다.

18 **생후 200일에 이유될 때 이유 시 체중이 180kg이었다. 생후 360일에 380kg이었을 때, 이 소의 이유 후 일당 증체량은?**

① 1.0kg ② 1.2kg
③ 1.5kg ④ 1.8kg

해설
이유 후 일당 증체량 $= \frac{380-180}{360-200} = \frac{200}{160} = 1.2\text{kg}$

19 **송아지의 근교계수나 어미소의 근교계수가 상승함에 따라서 나타날 수 있는 현상은?**

① 송아지의 이유 시 체중 저하
② 송아지의 이유 후 체중 저하
③ 송아지의 사료효율 증가
④ 이유 후 일당 증체량이 증가

20 **육우의 도체 품질개량에 효과적인 방법은?**

① 개체선발 ② 근친교배
③ 능력검정 ④ 후대검정

해설
도체형질은 개체를 도살하여야만 측정할 수 있으므로 개체선발은 이용할 수 없고, 후대검정이나 자매검정방법을 이용하여 개량할 수 있다.

21 **고기소의 신품종인 Santa Gertrudis는 어떻게 교배되어 얻은 것인가?**

① Shorthorn × Brahman
② British × Brahman
③ Angus × Hereford
④ Shorthorn × Charolais

해설
Santa Gertrudis 품종은 미국의 텍사스주에 있는 King 목장에서 Shorthorn 암소(♀)와 Brahman 수소(♂)를 교배시켜 얻은 것이다.

22 **Brangus 고기소는 어떤 품종과의 교배에서 얻은 것인가?**

① Shorthorn × Brangus
② Brahman × Angus
③ Charolais × Angus
④ Hereford × Charolais

해설
이 품종은 Brahman 수소(♂)에 Angus 암소(♀)를 교배시켜서 얻은 것이다. Brangus는 모색이 검고 무각(無角)이며, 양친품종(兩親品種)의 태반 형질을 지니고 있다.

16 ② 17 ② 18 ② 19 ① 20 ④ 21 ① 22 ② 정답

23 **고기소에 있어서 근친교배의 효과는 송아지의 이유 시 체중이 어떻게 되는가?**

① 향상되는 경향이 있다.
② 아무 관계도 없다.
③ 근친도가 상승함에 따라 더욱 체중이 증가된다.
④ 자체의 근친도와 어미소의 근친도가 상승함에 따라 저하하는 경향이 있다.

해설
송아지의 이유 시 체중은 자체의 근친도뿐만 아니라 어미소의 근친도가 상승함에 따라 저하하는 경향이 있다.

24 **한우의 번식간격(繁殖間隔)의 개량목표는?**

① 12~14개월 ② 22~24개월
③ 32~34개월 ④ 42~44개월

해설
한우개량의 목표중 번식간격은 12~14개월, 초임월령은 16~18개월로 한다.

25 **순종번식 한우와 비교하였을 때 샤롤레 수소(♂)와 한우 암소(♀)의 교잡으로 생긴 잡종 제1대의 출생 시 체중은?**

① 체중이 증가되지 않았다.
② 체중이 감소되었다.
③ 크게 증가되었다.
④ 타교잡종과의 교배보다 떨어졌다.

해설
샤롤레 수소와 한우 암소의 교잡으로, 생긴 잡종 제1대(F_1)의 출생 시 체중은 최근 축산시험장의 시험결과 순종번식 한우보다 크게 증가되어 30.6kg이었고, 외국산 육우와의 교잡종 중 샤롤레 교잡종의 체중이 가장 크게 나타났다.

26 **다음 중 젖소의 경제형질에 적합한 것은?**

① 도체(屠體)의 품질(品質)
② 역용능력(役用能力)
③ 비유량(泌乳量)과 유지량(乳脂量)
④ 성장률(成長率)과 산자수(産仔數)

27 **젖소의 경제형질 중 유전력이 높은 것은?**

① 비유량 ② 유지량
③ 유지율 ④ 수태율

해설
- 수태율 : 7%
- 비유량 : 36%
- 유지율 : 62%
- 수명 : 37%
- 우유의 전고형물량 : 36%

28 **젖소의 경제형질에 해당되지 않는 것은?**

① 번식능률
② 생산수명
③ 비유량과 유지율
④ 비육능력

29 **젖소의 개량목표와 방법에 해당하는 것은?**

① 무조건 연속변이를 일으키게 한다.
② 그 가축이 처해 있는 환경에서 최고의 효율을 나타낼 수 있는 가장 우수한 유전자형을 가지는 개체의 생산
③ 경제형질의 하나인 사료효율만 향상시킨다.
④ 변경유전자를 많이 생산시킨다.

정답 23 ④ 24 ① 25 ③ 26 ③ 27 ③ 28 ④ 29 ②

30 젖소의 가장 이상적인 체형은?

① 삼각형 ② 쐐기형
③ 장방형 ④ 사각형

해설
젖소의 체형은 쐐기형(Wedge Type)이 이상적이며 비유능력과의 상관관계는 낮다.

31 젖소의 개량목표와 방법으로 옳은 것은?

① 우수한 유전자형을 지니고 있는 가축을 육종의 목적을 위해 최대한 이용한다.
② 근친교배와 잡종교배를 교대로 한다.
③ 후대검정만 계속하면 된다.
④ 가축의 선조와 후손의 능력만 측정하면 된다.

32 젖소의 개량목표와 관계 없는 것은?

① 두당 우유 생산량을 증가시킨다.
② 유지율을 향상시킨다.
③ 유방병에 대한 항병성을 증가시킨다.
④ 도체품질을 향상시킨다.

해설
도체품질 향상은 육우에 필요하다.

33 젖소의 번식능률을 표시하는 데 포함하지 않는 사항은?

① 분만간격
② 수태당 소요되는 종부횟수
③ 종부개시부터 수태까지의 일수
④ 산자수

해설
번식능률은 분만간격, 수태당 소요되는 종부횟수, 종부개시부터 수태까지의 일수 등을 측정한다.

34 젖소의 능력검정에 있어서 비유기간은?

① 105일 ② 205일
③ 305일 ④ 405일

35 젖소의 비유능력 검정 시 산유기간은?

① 285일 ② 300일
③ 305일 ④ 360일

해설
비유기간은 일반적으로 305일을 표준으로 하나, 경우에 따라서는 365일의 비유기간을 사용하기도 한다.

36 젖소의 경우 근친교배를 함으로써 초래될 수 있는 증상이 아닌 것은?

① 후구마비
② 관절강직
③ 태아의 미라 변성
④ 유 산

37 체형과 외모에 근거한 젖소의 선발은?

① 체형과 외모는 시장가치를 가지고 있으며, 생산능력과 유전적인 관계와 건강상태를 파악할 수 있다.
② 체형과 외모는 선발에 중요하지 않다.
③ 젖소의 체형은 장방형이 좋다.
④ 젖꼭지의 부착상태 등도 중요하지 않다.

30 ② 31 ① 32 ④ 33 ④ 34 ③ 35 ③ 36 ④ 37 ① 정답

38 젖소 종모우의 선발 시 중요한 역할을 하는 것은?

① 모든 아들딸과 손자손녀의 능력
② 손녀의 능력, 5촌의 능력
③ 아들의 능력, 조카의 능력
④ 딸의 능력, 자매의 능력

해설
같은 농가에서 사육되는 다른 소의 딸 중에서 같은 시기에 출생된 암소의 능력과 비교하는 방법으로, 낭우의 동기비교법이 있다.

39 젖소에 있어서 무각(無角)과 유각(有角)의 우열관계는?

① 무각이 유각에 대하여 우성이다.
② 유각이 무각에 대하여 우성이다.
③ 무각이 유각에 대하여 열성이다.
④ 무각과 유각은 우열관계가 없다.

40 젖소에 있어서 정상적인 1일 착유횟수는?

① 1회 ② 2회
③ 3회 ④ 4회

해설
통상적으로 1일 2회이다(1일 20kg 이상의 생산능력을 가진 개체는 최고 4회까지 가능하다).

41 Ayrshire와 Jersey 젖소의 유방 형태는?

① 기형유방 ② 접시형
③ 진자형 ④ 원형유방

42 다음 중 젖소에 있어 근친교배의 방지효과를 가져 올 수 있는 교배방법은?

① 형제자매 간 교배
② 부부 간 교배
③ 모자 간 교배
④ 이계 교배

43 돼지의 이상적인 체형은?

① 베이컨형(Bacon Type)
② 라드형(Lard Type)
③ 고기형(Meat Type)
④ 살코기형(Lean Meat Type)

해설
라드형이 많이 사육되었으나 라드형 → 베이컨형 → 고기형 → 살코기형으로 전이되었다.

44 돼지의 경제형질인 것은?

① 출생 시 체중과 번식 연한
② 산자수
③ 비유량과 유지율
④ 생산수명과 유지량

해설
돼지의 경제형질은 산자수, 이유 시 체중, 성장률, 사료효율, 도체율이다.

45 다음 중 돼지의 경제형질이 아닌 것은?

① 산자수 ② 이유 시 체중
③ 성장률 ④ 모 색

정답 38 ④ 39 ① 40 ② 41 ② 42 ④ 43 ④ 44 ② 45 ④

46 돼지의 경제형질 중 유전력이 가장 낮은 것은?

① 산자수　　② 체 장
③ 체 형　　④ 사료효율

해설
① 산자수 15%　　② 체장 59%
③ 체형 38%　　④ 사료효율 31%

47 돼지의 사료효율의 유전력은?

① 15%　　② 26%
③ 31%　　④ 38%

48 PSS돈(스트레스 감수성)의 증상이 아닌 것은?

① 절룩거리며, 체온이 상승한다.
② 근육경련이 일어난다.
③ 호흡이 빨라지고, 입을 벌린다.
④ 구토 증세를 나타낸다.

해설
PSS 증상으로는 절룩거림, 근육경련, 체온 상승, 호흡이 빨라지고 입을 벌린다.

49 돼지의 생산에 이용되는 교배법이 아닌 것은?

① 3원 교잡법　　② 근친교배법
③ 윤환교배법　　④ 퇴교배법

50 1대 잡종의 생산을 위하여 많이 쓰여지는 어미돼지의 품종은?

① Chester-white종
② Landrace종
③ Poland China종
④ Duroc Jersey종

51 돼지의 잡종강세를 이용한 교배법이 아닌 것은?

① 1대 잡종이용
② 윤환교배법(輪換交配法)
③ 상호역교배(Criss-Crossing)
④ 순종교배(純種交配)

52 어미돼지 선발 시 평가기준은?

① 복당 산자수와 21일령 때의 한배새끼 전체 제중
② 이유 시 자돈의 체중
③ 일당 증체량
④ 산자수와 사료효율

해설
돼지의 선발에는 주로 한배새끼검정이 이용된다.

53 돼지의 선발에 이용되는 것은?

① 유전상관계수
② 비유능력검정
③ 비유기록의 보정
④ 한배새끼검정

46 ① 47 ③ 48 ④ 49 ② 50 ② 51 ④ 52 ① 53 ④ 정답

54 돼지의 도체형질 중 유전력이 가장 큰 것은?

① 도체장
② 배장근 단면적
③ 복부의 두께
④ 등지방 두께

해설
① 도체장 : 59%
② 배장근 단면적 : 48%
③ 복부의 두께 : 52%
④ 등지방 두께 : 49%

55 다음 중 돼지의 잡종강세의 현상이 아닌 것은?

① 새끼돼지의 사산율이 낮고, 출생 시 새끼돼지의 활력이 강하다.
② 순종 새끼돼지에 비해서 잡종 새끼돼지의 체중이 약간 더 가볍다.
③ 성장률이 빠르다.
④ 종빈돈의 산자능력이 우수하다.

해설
잡종 돼지 새끼의 체중이 더 무겁다.

56 돼지 교배법 중 가장 많이 행하여지고 있는 방법은?

① 퇴교배
② 상호 역교배
③ 3품종 교잡법
④ 윤환교배

57 모돈(牡豚)의 후대검정 시 평균체중은?

① 12kg ② 15kg
③ 18kg ④ 21kg

해설
암퇘지는 15kg, 수퇘지는 18kg이 되었을 때 검정소에 보낸다.

58 돼지의 실용축(實用畜) 생산을 위한 교배법은?

① 근친교배 ② 잡종교배
③ 퇴교배 ④ 윤환교배

해설
돼지는 다른 어느 가축보다 실용축 생산을 위하여 잡종교배를 광범위하게 이용하고 있다.

59 돼지의 산자수(産仔數)의 측정시기는?

① 임신 시(姙娠時)
② 출생 시(出生時)와 이유 시
③ 생후 90일인 때
④ 생후 120일인 때

60 돼지의 근친교배로 나타나는 증상(症狀)인 것은?

① 강건성의 향상
② 산자수, 성장률 등의 생산능력 향상
③ 산자수, 성장률 등의 생산능력 저하
④ 도체율 향상

해설
돼지의 근친교배는 일반적으로 산자수와 성장률 등 경제적으로 중요한 형질에 불량한 영향을 미치며 저하시키는 경향이 있다.

정답 54 ① 55 ② 56 ③ 57 ③ 58 ② 59 ② 60 ③

61 산란계의 선발요건인 것은?

① 다산일 것, 몸크기를 작게 할 것
② 육질이 양호한 것
③ 몸크기를 크게 할 것
④ 알무게는 보통인 것

62 닭의 산란능력은 어느 요인에 가장 크게 영향을 받는가?

① 환 경 ② 유 전
③ 내분비 ④ 생 리

해설
산란능력은 여러 가지 환경요인에 의해서 크게 영향을 받지만, 근본적으로는 유전적 조성의 양부에 의해 지배되는 형질이다.

63 산란성 유전에 대하여 기초적 이론토대를 쌓아올린 학자는?

① John Booth, Thomas Booth
② Goodale, Sanborn, Hays
③ Robert Bakewell, Rishard Booth
④ Mendel, Roberts Colling

64 일반적으로 암탉의 초산 일령으로서 표시되는 것은?

① 산란강도 ② 취소성
③ 동기휴산성 ④ 조숙성

해설
조숙성이란 성 성숙의 조만에 대한 것으로, 일반적으로 암탉의 초산 일령으로 표기한다.

65 초년도 산란수를 지배하는 요소가 아닌 것은?

① 조숙성
② 산란강도
③ 동기휴산성
④ 사료이용성

해설
초년도 산란수를 지배하는 5요소는 조숙성, 산란강도, 취소성, 동기휴산성, 산란지속성이다.

66 Goodale 등이 제시한 초년도 산란수를 지배하는 요소인 것은?

① 조숙성
② 우모발생속도
③ 생존율
④ 사료효용성

해설
Goodale과 Sanborn 그리고 Hays 등은 초년도 산란수를 지배하는 요소로서 조숙성, 산란강도, 취소성, 동기휴산성, 산란지속성 등을 제시했다.

67 산육능력의 개량에 중요한 형질은?

① 취소성
② 성장속도와 체형
③ 산란지속성
④ 동기휴산성

해설
산육능력 개량요소로서 중요한 형질은 닭의 초기성장속도, 체형, 사료효율, 생존율 등이 있다.

61 ① 62 ② 63 ② 64 ④ 65 ④ 66 ① 67 ② 정답

68 산란지속성이란 무엇을 말하는가?

① 출산일로부터 시작하여 다음해 털갈이가 시작되어 휴산하기까지의 기간
② 알을 품거나 병아리를 기르는 성질
③ 초산 후 이듬해 2~3월까지 산란율
④ 늦가을부터 겨울에 연속 4일~7일 이상 산란하지 않는 성질

해설

② 취소성
③ 산란강도
④ 동기휴산성

69 다음 중 산란계의 선발요건이 아닌 것은?

① 다산일 것
② 체형이 클 것
③ 폐사율이 적을 것
④ 사료이용성이 좋을 것

70 다산계와 직접 관련되는 성질은?

① 조숙성인 것
② 취소성인 것
③ 산란지속성인 것
④ 동기휴산성이 아닌 것

해설

동기휴산성이 없는 닭이 다산계이다.

71 다음 중 육용계의 선발요건인 것은?

① 동기휴산성
② 산란강도
③ 성장률, 생존율, 도체율 등
④ 산란지속성

72 다음 중 육용계의 선발요건이 아닌 것은?

① 성장률　② 우모발생속도
③ 산란율　④ 우모색

73 닭의 성장률을 측정하는 데 가장 대표적인 척도는?

① 근 육　② 우모색
③ 정강이 길이　④ 활 력

74 부화율 개량에 가장 좋은 방법은?

① 가계선발　② 계통선발
③ 개체선발　④ 근교교배

해설

부화율 개량에 가계선발과 후대검정을 효과적으로 이용할 수 있다.

75 알 모양의 평가는 무엇으로 표시되는가?

① 난중지수　② 난각지수
③ 난형지수　④ 난질지수

해설

$$\text{난형지수} = \frac{\text{알의 넓이}}{\text{알의 길이}} \times 100$$

정답 68 ① 69 ② 70 ④ 71 ③ 72 ③ 73 ③ 74 ① 75 ③

76 다음 중 육용계의 선발시기는?

① 1차 선별 2~4주령, 2차 선별 6~8주령
② 1차 선별 4~6주령, 2차 선별 10~12주령
③ 1차 선별 6~8주령, 2차 선별 15~18주령
④ 1차 선별 8~10주령, 2차 선별 16~18주령

77 계란의 난각색(卵殼色)은 어떤 색소(色素)에 의하여 좌우되는가?

① Chromophile ② Ooporphyrin
③ Melanin ④ Cholesterol

해설
난각색은 난각의 외각에 주로 저장되어 있는 Ooporphyrin 색소에 의하여 좌우된다. 이 색소는 혈액의 헤모글로빈과 관계가 깊다.

78 가계선발을 할 때는 어느 능력을 기초로 선발하는가?

① 부모능력
② 자손능력
③ 반형매능력(半兄妹能力)
④ 전자매능력(全姉妹能力)

해설
가계선발에 있어서는 전자매능력을 기초로 선발을 하고, 반자매능력을 고려하며 수탉을 선발하면 더욱 효과적이다.

79 한우의 산육능력검정법에는?

① 유전법과 비교법
② 간접법과 직접법
③ 공개법과 판별법
④ 산자법과 성적법

해설
산육능력검정법에는 간접법과 직접법의 두 가지가 있다.

80 한우검정우에 대한 예비 사육기간은?

① 10일 ② 20일
③ 30일 ④ 40일

해설
한우검정우의 사양관리는 반입 후 20일 동안 예비사육을 실시한다.

81 검정에 사용되는 비육용 송아지의 포유기간은?

① 생후 5~6개월
② 생후 7~8개월
③ 생후 9~10개월
④ 생후 11~12개월

해설
검정에 사용되는 비육우 중 송아지의 포유기간은 생후 5~6개월, 거세시기는 생후 2~3개월로 한다(포유 중 거세).

76 ② 77 ② 78 ④ 79 ② 80 ② 81 ① 정답

82 **한우의 후대검정의 의의는?**

① 도태가 주목적이다.
② 우성유전자의 상호작용을 평가하기 위함이다.
③ 가축을 직접 번식시켜서 생산되는 자축의 상태에 의하여 양친의 능력을 평가하는 데 있다.
④ 수태, 불수태, 유산, 조산 등을 평가하기 위한 것이다.

83 **Gaines와 Davidson이 고안한 유지량 보정 유량을 계산하는 공식은?**

① 4% FCM = 0.4M + 15F
② 5% FCM = 0.5M + 1.5F
③ 6% FCM = 0.6M + 15F
④ 7% FCM = 0.7M + 15F

84 **산란능력 형질로 주목되는 것은?**

① 착육 육질률 ② 우모 발생률
③ 주요시기 체중 ④ 조숙성

85 **유우의 유전자형 검정방법인 것은?**

① 동기낭우비교법
② 동기모우비교법
③ 종축지수법
④ 육종가추정방법

86 **빈돈의 후대검정에 이용하는 가장 알맞은 암퇘지의 체중은?**

① 10kg ② 15kg
③ 20kg ④ 25kg

해설
한배새끼 중에서 암퇘지와 수퇘지(거세된 것) 두 마리씩의 후대검정 시, 평균체중이 15kg(♀)와 18kg(♂)이 되었을 때 검정소에 보낸다.

87 **미국에서 돼지검정에 쓰여지는 수퇘지(거세되지 않은 것)의 체중은?**

① 5~10파운드 ② 11~20파운드
③ 30~50파운드 ④ 60~70파운드

해설
미국 아이오와주에서 실시되는 수퇘지 검정에 쓰이는 수퇘지의 체중은 30~50파운드로, 거세되지 않은 것이어야 하며, 거세된 수퇘지는 35~55파운드이어야 한다.

88 **돼지의 검정방법인 것은?**

① 종축지수법 ② 한배새끼검정
③ 동기비교법 ④ 육종가추정법

해설
돼지의 검정에 많이 이용하는 방법으로 한배새끼검정이 있다. 이 방법은 한배새끼 전체를 검정하는 방법으로, 미국 미네소타 대학에서 돼지의 개량에 이용하여 왔다.

정답 82 ③ 83 ① 84 ④ 85 ① 86 ② 87 ③ 88 ②

89 **한국에 있어서 산란계의 능력검정성적 중 계란 무게는?**

① 51g ② 54g
③ 57g ④ 61g

해설
우리나라에 있어서 산란계의 능력검정성적 중 계란 무게는 57g이며, 미국성적은 60g이다. 산란율은 (1969) 한국이 61%, 미국이 67.9%이다.

90 **한국 산란계의 능력검정성적 중 생존율은?**

① 93.3% ② 95.3%
③ 97.3% ④ 99.3%

해설
우리나라 산란계의 능력검정성적은 산란율 61%, 생존율(육추(Brooding) 시 0) – 초산 시 96.4% 등이다.

91 **우리나라에서 육용계의 능력검정을 위한 급여사료수준은?**

① 저열량 사료 ② 중열량 사료
③ 고열량 사료 ④ 초고열량 사료

해설
우리나라에서의 육용계의 능력검정을 위한 급여사료 수준은 중열량 사료이다.

92 **한국의 산란계 능력검정성적 중 산란율은?**

① 55% ② 58%
③ 61% ④ 68%

93 **한우의 산육능력 검정 시 검정의 조사사항 중 체중측정은?**

① 3일마다 1회씩 10시에 실시
② 5일마다 1회씩 11시에 실시
③ 7일마다 1회씩 12시에 실시
④ 10일마다, 1회씩 오후 1시에 실시

94 **한우의 산육능력검정 시 어떤 경우에 검정을 중지하는가?**

① 5일 이상 체중이 증가하지 않을 때
② 질병에 걸렸을 때 또는 사고가 있을 때
③ 10일 이상 체중이 증가하지 않을 때
④ 1조(組) 6두 중 1두가 제외되었을 때

95 **젖소의 검정기간은?**

① 분만 후 언제든지
② 분만 후 제6일부터 시작하여 10개월간
③ 생후 3개월 때만 검정
④ 생후 6개월 때만 검정

해설
분만 후 제6일부터 시작하여 10개월간(305일간)으로 한다.

96 **돼지에 있어 한배새끼 검정기간은?**

① 출생 시부터 60일이 될 때까지
② 출생 시부터 90일이 될 때까지
③ 이유 시부터 생후 154일이 될 때까지
④ 생후 6개월 때만 검정

해설
한배새끼 전체를 검정하는 방법으로, 그 검정기간은 이유 시부터 생후 154일이 될 때까지 검정한다.

89 ③ 90 ① 91 ② 92 ③ 93 ④ 94 ② 95 ② 96 ③ 정답

PART 04

축산법

CHAPTER 01 축산법
CHAPTER 02 축산법 시행령
CHAPTER 03 축산법 시행규칙

01 축산법

[시행 2023. 1. 1.] [법률 제18445호, 2021. 8. 17, 타법개정]

1. 총 칙

(1) 목적(축산법 제1조)

이 법은 가축의 개량·증식, 축산환경 개선, 축산업의 구조개선, 가축과 축산물의 수급조절·가격 안정 및 유통개선 등에 관한 사항을 규정하여 축산업을 발전시키고 축산농가의 소득을 증대시키며 축산물을 안정적으로 공급하는 데 이바지하는 것을 목적으로 한다.

(2) 정의(축산법 제2조)

이 법에서 사용하는 용어의 뜻은 다음과 같다.

1. "가축"이란 사육하는 소·말·면양·염소[유산양(乳山羊 : 젖을 생산하기 위해 사육하는 염소)을 포함한다. 이하 같다]·돼지·사슴·닭·오리·거위·칠면조·메추리·타조·꿩, 그 밖에 대통령령으로 정하는 동물(動物) 등을 말한다.
2. "토종가축"이란 제1호의 가축 중 한우, 토종닭 등 예로부터 우리나라 고유의 유전특성과 순수혈통을 유지하며 사육되어 외래종과 분명히 구분되는 특징을 지니는 것으로 농림축산식품부령으로 정하는 바에 따라 인정된 품종의 가축을 말한다.
3. "종축"이란 가축개량 및 번식에 활용되는 가축으로서 농림축산식품부령으로 정하는 기준에 해당하는 가축을 말한다.
4. "축산물"이란 가축에서 생산된 고기·젖·알·꿀과 이들의 가공품·원피[가공 전의 가죽을 말하며, 원모피(原毛皮)를 포함한다]·원모, 뼈·뿔·내장 등 가축의 부산물, 로얄제리·화분·봉독·프로폴리스·밀랍 및 수벌의 번데기를 말한다.
5. "축산업"이란 종축업·부화업·정액등처리업 및 가축사육업을 말한다.
6. "종축업"이란 종축을 사육하고, 그 종축에서 농림축산식품부령으로 정하는 번식용 가축 또는 씨알을 생산하여 판매(다른 사람에게 사육을 위탁하는 것을 포함한다)하는 업을 말한다.
7. "부화업"이란 닭, 오리 또는 메추리의 알을 인공부화 시설로 부화시켜 판매(다른 사람에게 사육을 위탁하는 것을 포함한다)하는 업을 말한다.
8. "정액등처리업"이란 종축에서 정액·난자 또는 수정란을 채취·처리하여 판매하는 업을 말한다.
9. "가축사육업"이란 판매할 목적으로 가축을 사육하거나 젖·알·꿀을 생산하는 업을 말한다.
10. "축사"란 가축을 사육하기 위한 우사·돈사·계사 등의 시설과 그 부속시설로서 대통령령으로 정하는 것을 말한다.

11. “가축거래상인”이란 소 · 돼지 · 닭 · 오리 · 염소, 그 밖에 대통령령으로 정하는 가축을 구매하거나 그 가축의 거래를 위탁받아 제3자에게 알선 · 판매 또는 양도하는 행위(이하 “가축거래”라 한다)를 업(業)으로 하는 자로서 제34조의2에 따라 등록한 자를 말한다.
12. “국가축산클러스터”란 국가가 축산농가 · 축산업과 관련되어 있는 기업 · 연구소 · 대학 및 지원시설을 일정 지역에 집중시켜 상호연계를 통한 상승효과를 만들어 내기 위하여 형성한 집합체를 말한다.
13. “축산환경”이란 축산업으로 인해 사람과 가축에 영향을 미치는 환경이나 상태를 말한다.

(3) 축산발전시책의 강구(축산법 제3조)

① 농림축산식품부장관은 가축의 개량 · 증식, 토종가축의 보존 · 육성, 축산환경 개선, 축산업의 구조개선, 가축과 축산물의 수급조절 · 가격안정 · 유통개선 · 이용촉진, 사료의 안정적 수급, 축산 분뇨의 처리 및 자원화, 가축 위생 등 축산 발전에 필요한 계획과 시책을 종합적으로 수립 · 시행하여야 한다.
② 국가 또는 지방자치단체는 제1항에 따른 시책을 수행하기 위하여 필요한 사업비의 전부나 일부를 예산의 범위에서 지원할 수 있다.

(4) 축산발전심의위원회(축산법 제4조)

① 제3조에 따른 축산발전시책에 관한 사항을 심의하기 위하여 농림축산식품부장관 소속으로 축산발전심의위원회(이하 “위원회”라 한다)를 둔다.
② 위원회는 다음 각 호의 자로 구성한다.
1. 관계 공무원
2. 생산자 · 생산자단체의 대표
3. 학계 및 축산 관련 업계의 전문가 등
③ 위원회의 업무를 효율적으로 추진하기 위하여 필요한 경우 분과위원회를 설치 · 운영할 수 있다.
④ 그 밖에 위원회 및 분과위원회의 구성 · 운영 등에 관하여 필요한 사항은 농림축산식품부령으로 정한다.

2. 가축 개량 및 인공수정 등

(1) 개량목표의 설정(축산법 제5조)

① 농림축산식품부장관은 대통령령으로 정하는 바에 따라 개량 대상 가축별로 기간을 정하여 가축의 개량목표를 설정하고 고시하여야 한다.

② 특별시장 · 광역시장 · 특별자치시장 · 도지사 · 특별자치도지사(이하 "시 · 도지사"라 한다)는 제1항에 따른 개량목표를 달성하기 위하여 해당 특별시 · 광역시 · 특별자치시 · 도 · 특별자치도의 가축개량추진계획을 수립 · 시행하여야 한다.

③ 농림축산식품부장관은 제1항에 따른 개량목표를 달성하고 가축개량업무를 효율적으로 추진하기 위하여 축산 관련 기관 및 단체 중에서 가축개량총괄기관과 가축개량기관을 지정하여야 한다.

④ 농림축산식품부장관은 제2항에 따른 가축개량추진계획의 시행과 제3항에 따라 지정받은 기관의 가축개량업무 추진에 필요한 우량종축 및 사업비 등을 지원할 수 있다.

⑤ 제3항에 따른 가축개량총괄기관과 가축개량기관의 지정 기준과 지정 절차 등에 관하여 필요한 사항은 대통령령으로 정한다.

(2) 가축개량센터의 설치 · 운영(축산법 제5조의2)

시 · 도지사는 가축개량 업무를 수행하는 가축개량센터를 설치 · 운영할 수 있다.

(3) 가축의 등록(축산법 제6조)

① 농림축산식품부장관은 제5조제1항에 따른 개량목표를 달성하기 위하여 필요한 경우에 축산 관련 기관 및 단체 중에서 등록기관을 지정하여 가축의 혈통 · 능력 · 체형 등 필요한 사항을 심사하여 등록하게 할 수 있다.

② 제1항에 따른 등록기관의 지정 기준과 지정 절차, 등록 대상 가축, 심사 · 등록의 절차 및 기준 등에 필요한 사항은 농림축산식품부령으로 정한다.

(4) 가축의 검정(축산법 제7조)

① 농림축산식품부장관은 가축의 능력 개량 정도를 확인 · 평가하기 위하여 필요한 경우에는 축산 관련 기관 및 단체 중에서 검정기관을 지정하여 다음 각 호의 가축을 검정하게 할 수 있다.

1. 제6조에 따라 등록한 가축
2. 농림축산식품부령으로 정하는 씨알을 생산하기 위한 목적으로 사육하는 가축

② 제1항에 따른 검정기관의 지정 기준과 지정 절차, 검정의 신청절차, 검정의 종류 및 기준 등에 필요한 사항은 농림축산식품부령으로 정한다.

(5) 보호가축의 지정 등(축산법 제8조)

① 특별자치시장, 특별자치도지사, 시장, 군수 또는 자치구의 구청장(이하 "시장 · 군수 또는 구청장"이라 한다)은 가축을 개량하고 보호하기 위하여 필요한 경우에는 가축의 보호지역 및 그 보호지역 안에서 보호할 가축을 지정하여 고시할 수 있다.

② 농림축산식품부장관, 시·도지사 및 시장·군수 또는 구청장은 제1항에 따른 보호지역 안의 가축을 개량하고 보호하기 위하여 보호지원금을 지급하거나 그 밖에 필요한 조치를 할 수 있다.

(6) 동물 유전자원 보존 및 관리 등(축산법 제9조)

농림축산식품부장관은 동물 유전자원의 다양성을 확보하기 위하여 동물 유전자원의 수집·평가·보존 및 관리 등에 관한 사항을 정하여 고시할 수 있다.

(7) 종축의 대여 및 교환(축산법 제10조)

농림축산식품부장관 또는 시·도지사는 가축의 개량·증식과 사육을 장려하기 위하여 필요하다고 인정하면 농림축산식품부령 또는 조례로 정하는 바에 따라 국가 또는 지방자치단체가 소유하는 종축을 타인에게 무상으로 대여하거나 타인이 소유한 종축과 교환할 수 있다.

(8) 가축의 인공수정 등(축산법 제11조)

① 가축 인공수정사(이하 "수정사"라 한다) 또는 수의사가 아니면 정액·난자 또는 수정란을 채취·처리하거나 암가축에 주입하여서는 아니 된다. 다만, 살아있는 암가축에서 수정란을 채취하기 위하여 암가축에 성호르몬 및 마취제를 주사하는 행위는 수의사가 아니면 이를 하여서는 아니 된다.

② 다음 각 호의 어느 하나에 해당하는 경우에는 제1항을 적용하지 아니한다.

1. 학술시험용으로 필요한 경우
2. 자가사육가축(自家飼育家畜)을 인공수정하거나 이식하는 데에 필요한 경우

(9) 수정사의 면허(축산법 제12조)

① 다음 각 호의 어느 하나에 해당하는 자는 농림축산식품부령으로 정하는 바에 따라 시·도지사의 면허를 받아 수정사가 될 수 있다.

1. 「국가기술자격법」에 따른 기술자격 중 대통령령으로 정하는 축산 분야 산업기사 이상의 자격을 취득한 자
2. 시·도지사가 시행하는 수정사 시험에 합격한 자
3. 농촌진흥청장이 수정사 인력의 적정 수급을 위하여 농림축산식품부령으로 정하는 바에 따라 시행하는 수정사 시험에 합격한 자

② 다음 각 호의 어느 하나에 해당하는 자는 수정사가 될 수 없다.

1. 피성년후견인 또는 피한정후견인(질병, 장애 등의 사유로 인한 정신적 제약 때문에 사법상의 행위능력이 제한되는 자)

2. 「정신보건법」 제3조제1호에 따른 정신질환자. 다만, 정신건강의학과전문의가 수정사로서 업무를 수행할 수 있다고 인정하는 사람은 그러하지 아니하다.
3. 「마약류관리에 관한 법률」 제40조에 따른 마약류중독자. 다만, 정신건강의학과전문의가 수정사로서 업무를 수행할 수 있다고 인정하는 사람은 그러하지 아니하다.

③ 제1항제2호에 따른 수정사 시험의 과목, 시험의 일부 면제 및 합격 기준 등 수정사 시험에 필요한 사항은 농림축산식품부령으로 정한다.

④ 수정사는 다른 사람에게 그 명의를 사용하게 하거나 다른 사람에게 그 면허를 대여해서는 아니 된다.

⑤ 누구든지 수정사의 면허를 취득하지 아니하고 그 명의를 사용하거나 면허를 대여받아서는 아니 되며, 명의의 사용이나 면허의 대여를 알선해서도 아니 된다.

(10) 수정사의 교육(축산법 제13조)

① 농림축산식품부장관 및 시・도지사는 수정사의 자질을 높이기 위한 교육을 실시할 수 있다.

② 국가 또는 지방자치단체는 제1항에 따른 교육에 필요한 경비를 지원할 수 있다.

③ 제1항에 따른 교육대상, 교육내용 등 교육에 필요한 사항은 농림축산식품부령으로 정한다.

(11) 수정사의 면허취소(축산법 제14조)

① 시・도지사는 수정사가 다음 각 호의 어느 하나에 해당하는 때에는 그 면허를 취소하거나 6개월 이내의 기간을 정하여 면허를 정지할 수 있다. 다만, 제1호나 제2호에 해당하는 경우에는 면허를 취소하여야 한다.

1. 거짓이나 그 밖의 부정한 방법으로 면허를 받은 때
2. 제12조제2항 각 호의 어느 하나에 해당하게 된 때
3. 고의 또는 중대한 과실로 제18조제2항의 증명서를 사실과 다르게 발급한 경우
4. 제12조제4항을 위반하여 다른 사람에게 면허증을 사용하게 하거나 다른 사람에게 그 면허를 대여한 경우
5. 제12조제5항을 위반하여 수정사의 명의의 사용이나 면허의 대여를 알선한 경우
6. 면허정지 기간 중에 수정사의 업무를 한 경우

② 제1항에 따른 면허취소 등 처분의 세부기준은 농림축산식품부령으로 정한다.

(12) 수정소의 개설신고 등(축산법 제17조)

① 정액 또는 수정란을 암가축에 주입 또는 이식하는 업을 영위하기 위하여 가축 인공수정소[(家畜人工授精所), 이하 “수정소”라 한다]를 개설하려는 자는 그에 필요한 시설 및 인력을 갖추어 시장・군수 또는 구청장에게 신고하여야 한다.

② 시장·군수 또는 구청장은 제1항에 따른 신고를 받은 경우 그 내용을 검토하여 이 법에 적합하면 신고를 수리하여야 한다.

③ 제1항에 따른 수정소의 시설 및 인력에 관한 기준과 그 밖에 신고에 필요한 사항은 농림축산식품부령으로 정한다.

④ 제1항에 따라 수정소의 개설을 신고한 자(이하 "수정소개설자"라 한다)가 다음 각 호의 어느 하나에 해당하면 그 사유가 발생한 날부터 30일 이내에 시장·군수 또는 구청장에게 신고하여야 한다.

1. 영업을 휴업한 경우
2. 영업을 폐업한 경우
3. 휴업한 영업을 재개한 경우
4. 신고사항 중 농림축산식품부령으로 정하는 사항을 변경한 경우

(13) 정액증명서 등(축산법 제18조)

① 정액 등 처리업을 경영하는 자는 그가 처리한 정자·난자 또는 수정란에 대하여 농림축산식품부령으로 정하는 바에 따라 제6조에 따른 등록기관의 확인을 받아 정액증명서·난자증명서 또는 수정란증명서를 발급하여야 한다.

② 수정사 또는 수의사가 가축인공수정을 하거나 수정란을 이식하면 농림축산식품부령으로 정하는 바에 따라 가축인공수정 증명서 또는 수정란이식 증명서를 발급하여야 한다.

(14) 정액 등의 사용제한(축산법 제19조)

다음 각 호의 어느 하나에 해당하는 정액·난자 또는 수정란은 가축 인공수정용으로 공급·주입하거나 암가축에 이식하여서는 아니 된다. 다만, 학술시험용이나 자가사육가축에 대한 인공수정용 또는 이식용으로 사용하는 경우에는 그러하지 아니하다.

1. 제18조제1항에 따른 정액증명서·난자증명서 또는 수정란증명서가 없는 정액·난자 또는 수정란
2. 농림축산식품부령으로 정하는 기준에 미달하는 정액·난자 또는 수정란

(15) 수정소개설자에 대한 감독(축산법 제20조)

① 시·도지사, 시장·군수 또는 구청장, 가축개량총괄기관의 장은 농림축산식품부령으로 정하는 바에 따라 수정소개설자에게 가축의 개량을 위하여 필요한 사항을 명하거나 소속 공무원 또는 제6조에 따른 등록기관에게 해당 시설과 장부·서류, 그 밖의 물건을 검사하게 할 수 있다.

② 제1항에 따라 검사를 하는 공무원 등은 그 권한을 표시하는 증표를 지니고 이를 관계인에게 내보여야 한다.

(16) 우수 정액 등 처리업체 등의 인증(축산법 제21조)

① 농림축산식품부장관은 정액 등 처리업과 종축업의 위생관리 수준을 높이고 가축을 개량하기 위하여 우수업체를 인증할 수 있다.

② 농림축산식품부장관은 농림축산식품부령으로 정하는 바에 따라 제1항에 따른 우수업체를 인증할 인증기관을 지정할 수 있다.

③ 제1항에 따라 우수업체 인증을 받으려는 자는 농림축산식품부령으로 정하는 바에 따라 제2항에 따른 인증기관에 신청하여야 한다.

④ 농림축산식품부장관은 제1항에 따라 우수업체 인증을 받은 자가 다음 각 호의 어느 하나에 해당하는 경우에는 그 인증을 취소할 수 있다. 다만, 제1호에 해당하는 경우에는 그 인증을 취소하여야 한다.

1. 거짓이나 그 밖의 부정한 방법으로 인증을 받은 경우
2. 제5항에 따른 인증기준에 적합하지 아니하게 된 경우

⑤ 제1항 및 제4항에 따른 우수업체 인증의 기준·절차 및 취소 등에 필요한 사항은 농림축산식품부령으로 정한다.

3. 축산물의 수급 등

(1) 축산업의 허가 등(축산법 제22조)

① 다음 각 호의 어느 하나에 해당하는 축산업을 경영하려는 자는 대통령령으로 정하는 바에 따라 해당 영업장을 관할하는 시장·군수 또는 구청장에게 허가를 받아야 한다. 허가받은 사항 중 가축의 종류 등 농림축산식품부령으로 정하는 중요한 사항을 변경할 때에도 또한 같다.

1. 종축업
2. 부화업
3. 정액 등 처리업
4. 가축 종류 및 사육시설 면적이 대통령령으로 정하는 기준에 해당하는 가축사육업

② 제1항의 허가를 받으려는 자는 다음 각 호의 요건을 갖추어야 한다.

1. 「가축분뇨의 관리 및 이용에 관한 법률」 제11조에 따라 배출시설의 허가 또는 신고가 필요한 경우 해당 허가를 받거나 신고를 하고, 같은 법 제12조에 따른 처리시설을 설치할 것

2. 대통령령으로 정하는 바에 따라 가축전염병 발생으로 인한 살처분·소각 및 매몰 등에 필요한 매몰지를 확보할 것. 다만, 토지임대계약, 소각 등 가축처리계획을 수립하여 제출하는 경우에는 그러하지 아니하다.
3. 대통령령으로 정하는 축사, 악취저감 장비·시설 등을 갖출 것
4. 가축사육규모가 대통령령으로 정하는 단위면적당 적정사육기준에 부합할 것
5. 닭 또는 오리에 관한 종축업·가축사육업의 경우 축사가 「가축전염병예방법」 제2조제7호에 따른 가축전염병 특정매개체로 인해 고병원성 조류인플루엔자 발생 위험이 높은 지역으로서 대통령령으로 정하는 지역에 위치하지 아니할 것
6. 닭 또는 오리에 관한 종축업·가축사육업의 경우 축사가 기존에 닭 또는 오리에 관한 가축사육업의 허가를 받은 자의 축사로부터 500m 이내의 지역에 위치하지 아니할 것
7. 그 밖에 축사가 축산업의 허가 제한이 필요한 지역으로서 대통령령으로 정하는 지역에 위치하지 아니할 것

③ 제1항제4호에 해당하지 아니하는 가축사육업을 경영하려는 자는 대통령령으로 정하는 바에 따라 해당 영업장을 관할하는 시장·군수 또는 구청장에게 등록하여야 한다.

④ 제3항의 등록을 하려는 자는 다음 각 호의 요건을 갖추어야 한다.

1. 「가축분뇨의 관리 및 이용에 관한 법률」 제11조에 따라 배출시설의 허가 또는 신고가 필요한 경우 해당 허가를 받거나 신고를 하고, 같은 법 제12조에 따른 처리시설을 설치할 것
2. 대통령령으로 정하는 바에 따라 가축전염병 발생으로 인한 살처분·소각 및 매몰 등에 필요한 매몰지를 확보할 것. 다만, 토지임대계약, 소각 등 가축처리계획을 수립하여 제출하는 경우에는 그러하지 아니하다.
3. 대통령령으로 정하는 축사, 악취저감 장비·시설 등을 갖출 것
4. 가축사육규모가 대통령령으로 정하는 단위면적당 적정사육기준에 부합할 것
5. 닭, 오리, 그 밖에 대통령령으로 정하는 가축에 관한 가축사육업의 경우 축사가 기존에 닭 또는 오리에 관한 가축사육업의 허가를 받은 자의 축사로부터 500m 이내의 지역에 위치하지 아니할 것

⑤ 제3항에도 불구하고 가축의 종류 및 사육시설 면적이 대통령령으로 정하는 기준에 해당하는 가축사육업을 경영하려는 자는 등록하지 아니할 수 있다.

⑥ 제1항에 따라 축산업의 허가를 받거나 제3항에 따라 가축사육업의 등록을 한 자가 다음 각 호의 어느 하나에 해당하면 그 사유가 발생한 날부터 30일 이내에 시장·군수 또는 구청장에게 신고하여야 한다.

1. 3개월 이상 휴업한 경우
2. 폐업(3년 이상 휴업한 경우를 포함한다)한 경우
3. 3개월 이상 휴업하였다가 다시 개업한 경우

4. 등록한 사항 중 가축의 종류 등 농림축산식품부령으로 정하는 중요한 사항을 변경한 경우(가축사육업을 등록한 자에게만 적용한다)

⑦ 국가나 지방자치단체는 제1항 및 제3항에 따라 축산업을 허가받거나 가축사육업을 등록하려는 자에 대하여 축사·장비 등을 갖추는 데 필요한 비용의 일부를 대통령령으로 정하는 바에 따라 지원할 수 있다.

⑧ 국가 또는 지방자치단체는 다음 각 호의 어느 하나에 해당하는 자가 대통령령으로 정하는 바에 따라 축사·장비 등과 사육방법 등을 개선하는 경우 이에 필요한 비용의 일부를 예산의 범위에서 지원할 수 있다.

1. 제1항에 따라 축산업의 허가를 받은 자
2. 제3항에 따라 가축사육업의 등록을 한 자

(2) 축산업의 허가 등에 관한 정보의 통합 활용(축산법 제22조의2)

① 농림축산식품부장관은 제22조제1항·제3항에 따라 시장·군수·구청장이 허가 또는 등록한 정보를 효율적으로 통합·활용하기 위하여 관계 중앙행정기관의 장 및 지방자치단체의 장에게 정보의 제공을 요청할 수 있다.

② 제1항의 요청을 받은 관계 중앙행정기관의 장 및 지방자치단체의 장은 특별한 사유가 없으면 이에 따라야 한다.

③ 제1항에 따른 대상 정보의 범위 등 그 밖에 정보의 통합·활용을 위해 필요한 사항은 대통령령으로 정한다.

(3) 축산업 허가 등의 결격사유(축산법 제23조)

① 다음 각 호의 어느 하나에 해당하는 자는 제22조제1항에 따른 축산업 허가를 받을 수 없다.

1. 제25조제1항에 따라 허가가 취소된 후 2년이 지나지 아니한 자
2. 제53조제1호 또는 제3호에 따라 징역의 실형을 선고받고 그 집행이 끝나거나(집행이 끝난 것으로 보는 경우를 포함한다) 집행이 면제된 날부터 2년이 지나지 아니한 자
3. 제53조제1호 또는 제3호에 따라 징역형의 집행유예를 선고받고 그 유예기간 중에 있는 자
4. 대표자가 제1호부터 제3호까지의 규정 중 어느 하나에 해당하는 법인

② 제25조제2항에 따라 등록이 취소된 후 1년이 지나지 아니한 자는 제22조제3항에 따른 가축사육업의 등록을 할 수 없다.

(4) 영업의 승계(축산법 제24조)

① 제22조제1항에 따라 축산업의 허가를 받거나 같은 조 제3항에 따라 가축사육업의 등록을 한 자가 사망하거나 영업을 양도한 때 또는 법인의 합병이 있는 때에는 그 상속인, 양수인 또는 합병 후에 존속하는 법인이나 합병에 의하여 설립된 법인은 그 영업자의 지위를 승계한다.

② 제1항에 따라 그 영업자의 지위를 승계한 자는 농림축산식품부령으로 정하는 바에 따라 승계한 날부터 30일 이내에 시장·군수 또는 구청장에게 신고하여야 한다.

③ 제1항에 따른 승계에 관하여는 제23조를 준용한다.

(5) 축산업의 허가취소 등(축산법 제25조)

① 시장·군수 또는 구청장은 제22조제1항에 따라 축산업의 허가를 받은 자가 다음 각 호의 어느 하나에 해당하면 대통령령으로 정하는 바에 따라 그 허가를 취소하거나 1년 이내의 기간을 정하여 영업의 전부 또는 일부의 정지를 명할 수 있다. 다만, 제1호 또는 제4호에 해당하면 그 허가를 취소하여야 한다.

1. 거짓이나 그 밖의 부정한 방법으로 제22조제1항에 따른 허가를 받은 경우
2. 정당한 사유 없이 제22조제1항에 따라 허가받은 날부터 1년 이내에 영업을 시작하지 아니하거나 같은 조 제6항에 따라 신고하지 아니하고 1년 이상 계속하여 휴업한 경우
3. 다른 사람에게 그 허가 명의를 사용하게 한 경우
4. 제22조제2항제3호에 따른 축사·장비 등 중 대통령령으로 정하는 중요한 축사·장비 등을 갖추지 아니한 경우
5. 「가축전염병예방법」 제5조제3항의 외국인 근로자 고용신고·교육·소독 등 조치 또는 같은 조 제6항에 따른 입국 시 국립가축방역기관장의 조치를 위반하여 가축전염병을 발생하게 하였거나 다른 지역으로 퍼지게 한 경우
6. 「가축전염병예방법」 제20조제1항(「가축전염병예방법」 제28조에서 준용하는 경우를 포함한다)에 따른 살처분(殺處分) 명령을 위반한 경우
7. 「가축분뇨의 관리 및 이용에 관한 법률」 제17조제1항을 위반하여 같은 법 제18조에 따라 배출시설의 설치허가취소 또는 변경허가취소 처분을 받은 경우
8. 「약사법」 제85조제3항을 위반하여 같은 법 제98조제1항제10호에 따른 처분을 받은 경우
9. 제22조제2항제3호에 따른 축사·장비 등에 관한 규정 또는 「가축전염병예방법」 제17조에 따른 소독설비 및 실시 등에 관한 규정을 위반하여 가축전염병을 발생하게 하였거나 다른 지역으로 퍼지게 한 경우
10. 「농약관리법」 제2조에 따른 농약을 가축에 사용하여 그 축산물이 「축산물 위생관리법」 제12조에 따른 검사 결과 불합격 판정을 받은 경우

② 시장·군수 또는 구청장은 제22조제3항에 따라 가축사육업의 등록을 한 자가 다음 각 호의 어느 하나에 해당하면 대통령령으로 정하는 바에 따라 그 등록을 취소하거나 6개월 이내의 기간을 정하여 영업의 전부 또는 일부의 정지를 명할 수 있다. 다만, 제1호 또는 제5호에 해당하면 그 등록을 취소하여야 한다.

1. 거짓이나 그 밖의 부정한 방법으로 제22조제3항에 따른 등록을 한 경우
2. 정당한 사유 없이 제22조제3항에 따른 등록을 한 날부터 2년 이내에 영업을 시작하지 아니하거나 같은 조 제6항에 따라 신고하지 아니하고 1년 이상 계속하여 휴업한 경우
3. 다른 사람에게 그 등록 명의를 사용하게 한 경우
4. 마지막 영업정지 처분을 받은 날부터 최근 1년 이내에 세 번 이상 영업정지 처분을 받은 경우
5. 제22조제4항제3호에 따른 축사·장비 등 중 대통령령으로 정하는 중요한 축사·장비 등을 갖추지 아니한 경우

③ 제1항에 따른 허가취소 처분을 받은 자는 6개월 이내에 가축을 처분하여야 한다.

④ 시장·군수 또는 구청장은 제22조제1항에 따라 축산업의 허가를 받거나 같은 조 제3항에 따라 가축사육업의 등록을 한 자가 같은 조 제2항제3호 또는 제4항제3호에 따른 축사·장비 등을 갖추지 아니한 경우에는 대통령령으로 정하는 바에 따라 필요한 시정을 명할 수 있다.

⑤ 제1항 및 제2항에 따른 허가 및 등록의 취소, 영업정지 처분, 제4항에 따른 시정명령의 구체적인 기준은 대통령령으로 정한다.

(6) 과징금 처분(축산법 제25조의2)

① 시장·군수 또는 구청장은 제25조제1항제3호부터 제10호까지에 따라 영업정지를 명하여야 하는 경우로서 그 영업정지가 가축처분의 곤란, 그 밖에 공익에 현저한 지장을 줄 우려가 있다고 인정되는 경우에는 영업정지처분을 갈음하여 1억원 이하의 과징금을 부과할 수 있다.

② 시장·군수 또는 구청장은 제1항에 따른 과징금을 부과받은 자가 납부기한까지 과징금을 내지 아니하면 「지방행정제재·부과금의 징수 등에 관한 법률」에 따라 징수한다.

③ 시장·군수 또는 구청장은 제1항에 따라 징수한 과징금을 축산업 발전사업의 용도로만 사용하여야 한다.

④ 제1항에 따른 과징금을 부과하는 대상 및 사육규모·매출액 등에 따른 과징금의 금액, 그 밖에 필요한 사항은 대통령령으로 정한다.

(7) 축산업 허가를 받은 자 등의 준수사항(축산법 제26조)

① 제22조제1항에 따라 축산업의 허가를 받거나 같은 조 제3항에 따라 가축사육업의 등록을 한 자는 가축의 개량, 가축질병의 예방, 축산물의 위생수준 향상과 가축분뇨처리 및 악취저감을 위하여 농림축산식품부령으로 정하는 사항을 지켜야 한다.

② 제22조제1항제1호에 따른 종축업의 허가를 받은 자는 종축이 아닌 오리로부터 번식용 알을 생산하여서는 아니 된다.

(8) 축산업 허가를 받은 자 등에 대한 정기점검 등(축산법 제28조)

① 시장・군수 또는 구청장은 가축의 개량, 가축질병의 예방, 축산물의 위생수준 향상 및 「가축분뇨의 관리 및 이용에 관한 법률」에 따른 가축분뇨의 적정한 처리를 확인하기 위하여 소속 공무원으로 하여금 제22조제1항에 따라 축산업 허가를 받은 자에 대하여 1년에 1회 이상 정기점검을 하도록 하고, 같은 조 제3항에 따라 가축사육업의 등록을 한 자에 대하여는 필요한 경우 점검하게 할 수 있다.

② 시장・군수 또는 구청장은 제1항에 따라 정기점검 등을 실시한 때에는 농림축산식품부령으로 정하는 바에 따라 그 시설의 개선과 업무에 필요한 사항을 명할 수 있다.

③ 시장・군수 또는 구청장은 제1항에 따라 정기점검 등을 실시한 때에는 30일 이내에 농림축산식품부장관 및 시・도지사에게 정기점검 결과 및 허가・등록 현황을 보고하여야 한다.

④ 농림축산식품부장관 및 시・도지사는 필요한 경우 제22조제1항에 따라 축산업 허가를 받은 자와 같은 조 제3항에 따라 가축사육업의 등록을 한 자에 대하여 점검할 수 있으며, 점검결과에 따라 해당 시・군・구에 처분을 요구할 수 있다.

⑤ 제1항 및 제4항에 따라 점검을 하는 관계 공무원(제51조에 따라 위탁받은 업무에 종사하는 축산 관련 법인 및 단체의 임직원을 포함한다)은 그 권한을 표시하는 증표를 지니고 이를 관계인에게 내보여야 한다.

(9) 종축 등의 수출입 신고(축산법 제29조)

① 농림축산식품부령으로 정하는 종축, 종축으로 사용하려는 가축 및 가축의 정액・난자・수정란을 수출입하려는 자는 농림축산식품부장관에게 신고하여야 한다.

② 농림축산식품부장관은 제1항에 따른 신고를 받은 경우 그 내용을 검토하여 이 법에 적합하면 신고를 수리하여야 한다.

③ 농림축산식품부장관은 제1항에 따른 수출입 신고의 대상이 되는 종축 등의 생산능력・규격 등 필요한 기준을 정하여 고시하여야 한다.

(10) 축산물 등의 수입 추천 등(축산법 제30조)

① 「세계무역기구 설립을 위한 마라케쉬 협정」에 따른 대한민국 양허표(讓許表)의 시장접근물량에 적용되는 양허세율로 축산물 및 제29조에 따른 종축 등을 수입하려는 자는 농림축산식품부장관의 추천을 받아야 한다.

② 농림축산식품부장관은 제1항에 따른 축산물 및 종축 등의 수입 추천 업무를 시·도지사에게 위임하거나 농림축산식품부장관이 지정하는 비영리법인이 대행하도록 할 수 있다. 이 경우 품목별 추천 물량·추천 기준, 그 밖에 필요한 사항은 농림축산식품부장관이 정한다.

(11) 수입 축산물의 관리(축산법 제31조)

농림축산식품부장관은 수입 축산물의 관리·부정유통 방지, 그 밖에 소비자보호를 위하여 특히 필요하다고 인정하면 제30조에 따른 추천을 받은 자, 「관세법」 제71조에 따른 할당관세의 적용을 받아 축산물을 수입하는 자 또는 수입된 해당 축산물을 판매 또는 가공하는 자에게 농림축산식품부령으로 정하는 바에 따라 다음 각 호의 사항을 명하거나 이에 관한 사항을 정하여 고시할 수 있다.

1. 수입 축산물의 판매가격·방법 및 시기
2. 수입 축산물의 용도 제한
3. 수입 축산물의 사용량 및 재고량에 관한 보고

(12) 송아지생산안정사업(축산법 제32조)

① 농림축산식품부장관은 송아지를 안정적으로 생산·공급하고 소 사육농가의 생산기반을 유지하기 위하여 송아지의 가격이 제4조에 따른 축산발전심의위원회의 심의를 거쳐 결정된 기준가격 미만으로 하락할 경우 송아지 생산농가에 송아지생산안정자금을 지급하는 송아지생산안정사업을 실시한다. 이 경우 송아지생산안정사업의 대상이 되는 소의 범위는 농림축산식품부령으로 정한다.

② 제1항에 따라 송아지생산안정자금을 지급받으려는 송아지 생산농가는 제3항에 따른 업무규정으로 정하는 바에 따라 송아지생산안정사업에 참여하여야 한다.

③ 농림축산식품부장관이 제1항에 따라 송아지생산안정사업을 실시하는 때에는 다음 각 호의 사항이 포함된 업무규정을 정하여 고시하여야 한다.

1. 참여 자격
2. 참여기간·참여방법 및 참여절차
3. 송아지생산안정자금의 지급조건·지급금액 및 지급절차
4. 송아지생산안정사업의 자금조성 및 관리
5. 그 밖에 송아지생산안정사업의 실시에 필요한 사항

④ 농림축산식품부장관은 제3항제4호에 따른 송아지생산안정사업 자금을 조성하기 위하여 송아지생산안정사업에 참여하는 송아지 생산 농가에게 송아지생산안정자금 지급한도액의 100분의 5 범위에서 농림축산식품부장관이 정하는 금액을 부담하게 할 수 있다.

⑤ 국가 또는 지방자치단체는 송아지생산안정사업을 원활하게 추진하기 위하여 해당 사업 운영에 필요한 자금의 전부 또는 일부를 지원할 수 있다.

⑥ 송아지생산안정자금의 총 지급금액이 다음 각 호의 어느 하나를 초과하여 송아지생산안정자금이 지급되지 아니하거나 적게 지급될 때에는 그 지급되지 아니하거나 적게 지급된 금액을 다음 연도에 지급할 수 있다.

1. 해당 연도의 송아지생산안정사업 예산액
2. 「세계무역기구 설립을 위한 마라케쉬 협정」에 따른 해당 연도의 보조금 최소 허용한도액

(13) 국가축산클러스터의 지원 · 육성(축산법 제32조의2)

① 농림축산식품부장관은 국가축산클러스터의 지원과 육성에 관한 종합계획(이하 이 조에서 “종합계획”이라 한다)을 수립하여야 한다.

② 종합계획에는 다음 각 호의 사항이 포함되어야 한다.

1. 국가축산클러스터 지원·육성의 기본방향에 관한 사항
2. 국가축산클러스터의 추진을 위한 축산단지의 조성 및 지원에 관한 사항
3. 환경친화적인 국가축산클러스터 조성에 관한 사항
4. 가축전염병 예방을 위한 방역 시설·장비의 설치 및 운영에 관한 사항
5. 국가축산클러스터 참여 업체 및 기관들의 역량 강화에 관한 사항
6. 국가축산클러스터 참여 업체 및 기관들의 상호 연계 활동의 지원에 관한 사항
7. 국가축산클러스터 지원기관의 설립 및 운영에 관한 사항
8. 국내 축산 관련 산업과의 연계 강화를 위한 사항
9. 국내외 다른 지역 및 다른 산업들과의 연계 강화를 위한 사항
10. 국가축산클러스터의 국내외 투자유치와 축산물의 수출 촉진에 관한 사항
11. 국가축산클러스터에 대한 투자와 재원조달에 관한 사항
12. 그 밖에 국가축산클러스터의 육성을 위한 사항

③ 농림축산식품부장관이 종합계획을 수립하기 위하여는 위원회의 심의를 거쳐야 한다.

④ 농림축산식품부장관은 종합계획을 수립하거나 변경하려는 경우에는 관할 지방자치단체의 장의 의견을 듣고 관계 중앙행정기관의 장과 협의하여야 한다. 다만, 대통령령으로 정하는 경미한 사항을 변경하는 경우에는 그러하지 아니하다.

⑤ 농림축산식품부장관은 국가축산클러스터가 조성되는 지역을 관할하는 지방자치단체에 재정지원을 할 수 있다.

⑥ 국가 또는 지방자치단체는 국가축산클러스터를 조성하는 경우 가축전염병 발생으로 인한 살처분·소각 및 매몰 등에 필요한 매몰지, 소각장 및 소각시설을 국가축산클러스터 내에 갖추어야 한다.

⑦ 국가 또는 지방자치단체는 국가축산클러스터의 활성화를 위하여 국가 또는 지방자치단체의 재정지원을 통하여 이루어지는 여러 가지 사업을 추진할 때에 국가축산클러스터에 참여하는 업체와 기관들을 우선 지원할 수 있다.

⑧ 국가축산클러스터의 조성 절차·방법 및 육성·지원 등에 필요한 사항은 대통령령으로 정한다.

(14) 국가축산클러스터지원센터의 설립 등(축산법 제32조의3)

① 농림축산식품부장관은 국가축산클러스터의 육성·관리와 참여 업체 및 기관들의 활동 지원을 위하여 국가축산클러스터지원센터(이하 이 조에서 "지원센터"라 한다)를 설립한다.

② 지원센터는 법인으로 하고, 주된 사무소의 소재지에서 설립등기를 함으로써 성립한다.

③ 지원센터는 다음 각 호의 사업을 수행한다.

1. 국가축산클러스터와 축산업집적에 관한 정책개발 및 연구
2. 축산단지의 조성 및 관리에 관한 사업
3. 국가축산클러스터 참여 업체 및 기관들에 대한 지원 사업
4. 국가축산클러스터 참여 업체 및 기관들 간의 상호 연계 활동 촉진 사업
5. 국가축산클러스터 활성화를 위한 연구, 대외협력, 홍보 사업
6. 그 밖에 농림축산식품부장관이 위탁하는 사업

④ 제3항 각 호의 사업을 수행하기 위하여 지원센터에 농림축산식품부령으로 정하는 부설기관을 설치할 수 있다.

⑤ 국가 또는 지방자치단체는 지원센터의 설립 및 운영에 사용되는 경비의 전부 또는 일부를 예산의 범위에서 지원할 수 있다.

⑥ 농림축산식품부장관은 지원센터에 대하여 제3항 각 호의 사업을 지도·감독하며, 필요하다고 인정할 때에는 사업에 관한 지시 또는 명령을 할 수 있다.

⑦ 지원센터에 관하여 이 법에서 정한 것을 제외하고는 「민법」 중 재단법인에 관한 규정을 준용한다.

(15) 축산물수급조절협의회의 설치 및 기능 등(축산법 제32조의4)

① 가축 및 축산물(「낙농진흥법」 제2조제2호 및 제3호에 따른 원유 및 유제품은 제외한다)의 수급조절 및 가격안정과 관련된 중요 사항에 대한 자문(諮問)에 응하기 위하여 농림축산식품부장관 소속으로 축산물수급조절협의회(이하 "수급조절협의회"라 한다)를 둔다.

② 수급조절협의회는 다음 각 호의 사항에 대하여 자문에 응한다.

1. 축산물의 품목별 수급상황 조사·분석 및 판단에 관한 사항
2. 축산물 수급조절 및 가격안정에 관한 제도 및 사업의 운영·개선 등에 관한 사항
3. 축종별 수급안정을 위한 대책의 수립 및 추진에 관한 사항

4. 그 밖에 가축과 축산물의 수급조절 및 가격안정에 관한 사항으로서 농림축산식품부장관이 자문하는 사항

③ 수급조절협의회는 위원장 1명을 포함한 15명 이내의 위원으로 구성하며, 위원은 가축 및 축산물의 수급조절 및 가격안정에 관한 학식과 경험이 풍부한 사람과 관계 공무원 중에서 농림축산식품부장관이 임명 또는 위촉한다.

④ 이 법에서 규정한 사항 외에 수급조절협의회의 구성·운영에 관한 세부사항과 축종별 소위원회 및 그 밖에 필요한 사항은 대통령령으로 정한다.

(16) 축산자조금의 지원(축산법 제33조)

① 농림축산식품부장관은 「축산자조금의 조성 및 운용에 관한 법률」에 따른 축산단체가 축산물의 판로 확대 등을 위하여 축산자조금을 설치·운영하는 경우에는 제43조에 따른 축산발전기금의 일부를 그 축산단체에 보조금으로 지급할 수 있다.

② 제1항에 따른 보조금의 지급기준, 그 밖에 필요한 사항은 대통령령으로 정한다.

(17) 축산업 허가자 등의 교육 의무(축산법 제33조의2)

① 다음 각 호의 어느 하나에 해당하는 자는 제33조의3제1항에 따라 지정된 교육운영기관에서 농림축산식품부령으로 정하는 교육과정을 이수하여야 한다.

1. 제22조제1항에 따른 축산업의 허가를 받으려는 자
2. 제22조제3항에 따른 가축사육업의 등록을 하려는 자
3. 제34조의2제1항에 따라 가축거래상인으로 등록을 하려는 자

② 제1항의 교육과정 이수 대상자 중 농림축산식품부령으로 정하는 축산 또는 수의(獸醫) 관련 교육과정을 이수한 자에 대하여는 교육의 일부를 면제할 수 있다.

③ 제22조제1항에 따른 축산업의 허가를 받은 자는 1년에 1회 이상, 제22조제3항 또는 제34조의2 제1항에 따라 가축사육업 또는 가축거래상인의 등록을 한 자는 2년에 1회 이상 농림축산식품부령으로 정하는 바에 따라 제33조의3제1항에 따라 지정된 교육운영기관에서 실시하는 보수교육을 받아야 한다.

④ 제3항에 따른 보수교육 이수 대상자 중 질병·휴업·사고 등으로 보수교육을 받기에 적당하지 아니한 경우 등 농림축산식품부령으로 정하는 사유에 해당하는 자에 대하여는 3개월의 범위에서 그 기한을 연장할 수 있다.

(18) 교육기관 등의 지정 및 취소(축산법 제33조의3)

① 농림축산식품부장관은 제33조의2제1항 각 호에 해당하는 자 등의 교육을 위하여 교육총괄기관 및 교육운영기관(이하 이 조에서 "교육기관 등"이라 한다)을 지정·고시할 수 있다.

② 교육운영기관은 제33조의2제1항 각 호에 해당하는 자 등의 교육신청에 따른 교육을 하여야 하며, 교육총괄기관에 교육 계획 및 실적 등을 매년 1월 31일까지 보고하여야 한다.

③ 교육총괄기관은 교육교재 및 교육과정을 개발하고 교육대상자 관리 업무를 수행하며, 제2항에 따라 보고받은 교육 계획 및 실적 등을 종합하여 농림축산식품부장관에게 매년 2월 말까지 보고하여야 한다.

④ 제3항에 따라 교육 계획 및 실적 등을 보고받은 농림축산식품부장관은 보고받은 내용을 확인·점검한 결과 필요한 경우에는 교육기관 등에 시정을 명할 수 있다.

⑤ 농림축산식품부장관은 교육기관 등이 다음 각 호의 어느 하나에 해당하는 경우에는 그 지정을 취소할 수 있다. 다만, 제1호의 경우에는 그 지정을 취소하여야 한다.

1. 거짓이나 그 밖의 부정한 방법으로 지정을 받은 경우
2. 교육실적을 거짓으로 보고한 경우
3. 제4항에 따른 시정명령을 이행하지 아니한 경우
4. 교육운영기관 지정일부터 2년 이상 교육실적이 없는 경우
5. 교육기관 등으로서의 업무를 수행하기가 어렵다고 판단되는 경우

⑥ 교육기관 등의 지정기준, 지정절차 및 교육내용 등 교육기관 등의 지정·운영에 필요한 사항은 농림축산식품부령으로 정한다.

4. 가축시장과 축산물의 등급화

(1) 가축시장의 개설 등(축산법 제34조)

① 다음 각 호의 어느 하나에 해당하는 자로서 가축시장을 개설하려는 자는 농림축산식품부령으로 정하는 시설을 갖추어 시장·군수 또는 구청장에게 등록하여야 한다.

1. 「농업협동조합법」 제2조에 따른 지역축산업협동조합 또는 축산업의 품목조합
2. 「민법」 제32조에 따라 설립된 비영리법인으로서 축산을 주된 목적으로 하는 법인(비영리법인의 지부를 포함한다)

② 시장·군수 또는 구청장은 농림축산식품부령으로 정하는 바에 따라 가축시장을 개설한 자에게 가축시장 관리에 필요한 시설의 개선 및 정비, 그 밖에 필요한 사항을 명하거나 소속 공무원에게 해당 시설과 장부·서류, 그 밖의 물건을 검사하게 할 수 있다.

③ 제2항에 따라 검사를 하는 공무원은 그 권한을 표시하는 증표를 지니고 이를 관계인에게 내보여야 한다.

(2) 가축거래상인의 등록(축산법 제34조의2)

① 가축거래상인이 되려는 자는 제33조의2에 따른 교육을 이수하고 농림축산식품부령으로 정하는 바에 따라 주소지를 관할하는 시장·군수 또는 구청장에게 등록하여야 한다.

② 가축거래상인이 다음 각 호의 어느 하나에 해당하면 그 사유가 발생한 날부터 30일 이내에 농림축산식품부령으로 정하는 바에 따라 시장·군수 또는 구청장에게 신고하여야 한다.

1. 3개월 이상 휴업한 경우
2. 폐업한 경우
3. 3개월 이상 휴업하였다가 다시 개업한 경우
4. 등록한 사항 중 농림축산식품부령으로 정하는 중요한 사항을 변경한 경우

(3) 가축거래상인 등록의 결격사유(축산법 제34조의3)

다음 각 호의 어느 하나에 해당하는 자는 제34조의2제1항에 따른 가축거래상인의 등록을 할 수 없다.

1. 피성년후견인 또는 피한정후견인
2. 제34조의4에 따라 등록이 취소(제34조의3제1호에 해당하여 등록이 취소된 경우는 제외한다)된 날부터 1년이 지나지 아니한 자
3. 「가축전염병예방법」 제11조제1항 또는 제20조제1항(「가축전염병예방법」 제28조에서 준용하는 경우를 포함한다)을 위반하여 징역의 실형을 선고받고 그 집행이 끝나거나(집행이 끝난 것으로 보는 경우를 포함한다) 집행이 면제된 날부터 1년이 지나지 아니한 자
4. 「가축전염병예방법」 제11조제1항 또는 제20조제1항을 위반하여 징역형의 집행유예를 선고받고 그 유예기간 중에 있는 자

(4) 가축거래상인의 등록취소 등(축산법 제34조의4)

시장·군수 또는 구청장은 가축거래상인이 다음 각 호의 어느 하나에 해당하면 대통령령으로 정하는 바에 따라 그 등록을 취소하거나 6개월 이내의 기간을 정하여 영업의 전부 또는 일부의 정지를 명할 수 있다. 다만, 제1호 또는 제2호, 제6호 또는 제7호에 해당하면 그 등록을 취소하여야 한다.

1. 거짓이나 그 밖의 부정한 방법으로 제34조의2제1항에 따른 등록을 한 경우
2. 제34조의3 각 호의 어느 하나에 해당하는 경우
3. 제34조의5에 따른 가축거래상인의 준수사항을 따르지 아니한 경우
4. 다른 사람에게 그 등록 명의를 사용하게 한 경우
5. 영업정지기간 중 영업을 한 경우
6. 마지막 영업정지 처분을 받은 날부터 최근 1년 이내에 세 번 이상 영업정지 처분을 받은 경우

7. 정당한 사유 없이 등록을 한 날부터 2년 이내에 영업을 시작하지 아니하거나 2년 이상 계속하여 휴업한 경우

(5) 가축거래상인의 준수사항(축산법 제34조의5)

가축거래상인은 가축질병의 예방을 위하여 농림축산식품부령으로 정하는 사항을 지켜야 한다.

(6) 가축거래상인에 대한 감독(축산법 제34조의6)

가축거래상인으로 등록한 자에 대한 감독에 관하여는 제28조를 준용한다. 이 경우 "가축사육업"은 "가축거래상인"으로 본다.

(7) 축산물의 등급판정(축산법 제35조)

① 농림축산식품부장관은 축산물의 품질을 높이고 유통을 원활하게 하며 가축 개량을 촉진하기 위하여 농림축산식품부령으로 정하는 축산물에 대하여는 그 품질에 관한 등급을 판정(이하 "등급판정"이라 한다)받게 할 수 있다.

② 제1항에 따른 등급판정의 방법·기준 및 적용조건, 그 밖에 등급판정에 필요한 사항은 농림축산식품부령으로 정한다.

③ 농림축산식품부장관은 제1항에 따라 등급판정을 받은 축산물 중 농림축산식품부령으로 정하는 축산물에 대하여는 그 거래 지역 및 시행 시기 등을 정하여 고시하여야 한다.

④ 제3항에 따라 거래 지역으로 고시된 지역(이하 "고시지역"이라 한다) 안에서 「농수산물유통 및 가격안정에 관한 법률」 제22조에 따른 농수산물도매시장의 축산부류도매시장법인(이하 "도매시장법인"이라 한다) 또는 같은 법 제43조에 따른 축산물공판장(이하 "공판장"이라 한다)을 개설한 자는 등급판정을 받지 아니한 축산물을 상장하여서는 아니 된다.

⑤ 고시지역 안에서 「축산물위생관리법」 제2조제11호에 따른 도축장(이하 "도축장"이라 한다)을 경영하는 자는 그 도축장에서 처리한 축산물로서 등급판정을 받지 아니한 축산물을 반출하여서는 아니 된다. 다만, 학술연구용·자가소비용 등 농림축산식품부령으로 정하는 축산물은 그러하지 아니하다.

(8) 축산물품질평가원(축산법 제36조)

① 축산물 등급판정·품질평가 및 유통 업무를 효율적으로 수행하기 위하여 축산물품질평가원(이하 "품질평가원"이라 한다)을 설립한다.

② 품질평가원은 법인으로 한다.

③ 품질평가원은 그 주된 사무소의 소재지에서 설립등기를 함으로써 성립한다.

④ 품질평가원은 다음 각 호의 사업을 한다.
  1. 축산물 등급판정
  2. 축산물 등급에 관한 교육 및 홍보
  3. 축산물 등급판정 기술의 개발
  4. 제37조제1항에 따른 축산물품질평가사의 양성
  5. 축산물 등급판정·품질평가 및 유통에 관한 조사·연구·교육·홍보사업
  6. 「가축 및 축산물 이력관리에 관한 법률」에 따른 가축 및 축산물 이력제에 관한 업무
  7. 제1호부터 제6호까지의 규정과 관련한 국제협력사업 및 국가·지방자치단체, 그 밖의 자에게서 위탁 또는 대행받은 사업 및 그 부대사업
⑤ 농림축산식품부장관은 제4항 각 호의 사업에 드는 경비를 지원할 수 있다.
⑥ 농림축산식품부장관은 농림축산식품부령으로 정하는 바에 따라 품질평가원에 제4항 각 호의 사업 수행에 필요한 명령이나 보고를 하게 하거나, 소속 공무원에게 해당 시설과 장부·서류, 그 밖의 물건을 검사하게 할 수 있다.
⑦ 제6항에 따라 검사를 하는 공무원은 그 권한을 표시하는 증표를 지니고 이를 관계인에게 내보여야 한다.
⑧ 품질평가원에 관하여 이 법에 규정된 것 외에는 「민법」 중 재단법인에 관한 규정을 준용한다.

(9) 축산물품질평가사(축산법 제37조)

① 품질평가원에 등급판정 업무를 담당할 축산물품질평가사(이하 "품질평가사"라 한다)를 둔다.
② 품질평가사는 다음 각 호의 어느 하나에 해당하는 자로서 품질평가원이 시행하는 품질평가사 시험(이하 "품질평가사시험"이라 한다)에 합격하고 농림축산식품부령으로 정하는 품질평가사 양성교육을 이수한 자로 한다.
  1. 전문대학 이상의 축산 관련 학과를 졸업하거나 이와 같은 수준의 학력이 있다고 인정된 자
  2. 품질평가원에서 등급판정과 관련된 업무에 3년 이상 종사한 경험이 있는 자
③ 품질평가사시험, 품질평가사의 임면 등에 필요한 사항은 농림축산식품부장관의 승인을 받아 품질평가원이 정한다.

(10) 품질평가사의 업무(축산법 제38조)

① 품질평가사의 업무는 다음 각 호와 같다.
  1. 등급판정 및 그 결과의 기록·보관
  2. 등급판정인(等級判定印)의 사용 및 관리
  3. 등급판정 관련 설비의 점검·관리
  4. 그 밖에 등급판정 업무의 수행에 필요한 사항

② 품질평가사가 등급판정을 하는 때에는 품질평가사의 신분을 표시하는 증표를 지니고 이를 관계인에게 내보여야 한다.
③ 누구든지 품질평가사가 제35조에 따라 등급판정을 받아야 하는 축산물에 등급판정하는 것을 거부·방해 또는 기피하여서는 아니 된다.

(11) 도축장 경영자의 준수사항(축산법 제39조)

고시지역 안에서 도축장을 경영하는 자는 등급판정이 원활하게 이루어질 수 있도록 등급판정에 필요한 시설·공간을 확보하는 등 농림축산식품부령으로 정하는 사항을 준수하여야 한다.

(12) 등급의 표시 등(축산법 제40조)

① 품질평가사는 등급판정을 한 축산물에 등급을 표시하고 그 신청인 또는 해당 축산물의 매수인에게 등급판정확인서를 내주어야 한다.
② 도매시장법인 및 공판장을 개설한 자는 등급판정을 받은 축산물을 상장하는 때에는 그 등급을 공표하여야 한다.
③ 제1항 및 제2항에 따른 등급의 표시·등급판정확인서 및 등급의 공표 등에 필요한 사항은 농림축산식품부령으로 정한다.

(13) 전자민원창구의 설치·운영(축산법 제40조의2)

① 농림축산식품부장관은 제40조제1항에 따른 등급판정확인서와 가축과 축산물 관련 서류의 열람, 발급신청 및 발급에 관한 서비스를 제공하기 위하여 전자민원창구를 설치·운영할 수 있다.
② 농림축산식품부장관은 민원인에게 제1항에 따른 서비스를 제공하기 위하여 중앙행정기관과 그 소속 기관, 지방자치단체 및 공공기관(이하 "중앙행정기관 등"이라 한다)의 장과 협의하여 제1항에 따른 전자민원창구와 다른 중앙행정기관 등의 정보시스템을 연계할 수 있다. 이 경우 연계된 정보를 결합하여 새로운 서비스를 개발·제공할 수 있다.
③ 제1항에 따른 전자민원창구의 설치·운영에 필요한 사항은 농림축산식품부령으로 정한다.

(14) 영업정지 처분 등의 요청(축산법 제41조)

① 농림축산식품부장관 또는 시·도지사는 다음 각 호의 어느 하나에 해당하는 자에게 일정 기간의 영업정지(영업정지를 갈음하는 과징금의 부과를 포함한다) 처분을 하거나 그 밖에 필요한 조치를 하여 줄 것을 그 영업에 관한 처분권한을 가진 관계 행정기관의 장에게 요청할 수 있다.

1. 제35조제4항을 위반하여 등급판정을 받지 아니한 축산물을 상장한 도매시장법인 또는 공판장의 개설자
2. 제35조제5항을 위반하여 등급판정을 받지 아니한 축산물을 반출한 도축장의 경영자
3. 제38조제3항을 위반하여 등급판정 업무를 거부·방해 또는 기피한 도축장의 경영자

② 제1항에 따른 요청을 받은 관계 행정기관의 장은 그 조치결과를 농림축산식품부장관 또는 시·도지사에게 알려야 한다.

(15) 도매시장법인 등에 대한 감독(축산법 제42조)

① 농림축산식품부장관 또는 시·도지사는 등급판정 업무를 원활하게 추진하기 위하여 농림축산식품부령으로 정하는 바에 따라 도매시장법인 또는 공판장의 개설자 및 도축장의 경영자에게 시설의 개선 등 필요한 사항을 명하거나 소속 공무원에게 해당 시설과 장부·서류, 그 밖의 물건을 검사하게 할 수 있다.

② 제1항에 따라 검사를 하는 공무원은 그 권한을 표시하는 증표를 지니고 이를 관계인에게 내보여야 한다.

(16) 축무항생제축산물의 인증(축산법 제42조의2)

① 농림축산식품부장관은 무항생제축산물의 산업 육성과 소비자 보호를 위하여 무항생제축산물에 대한 인증을 할 수 있다.

② 농림축산식품부장관은 제42조의8제1항에 따라 지정받은 인증기관(이하 "인증기관"이라 한다)으로 하여금 제1항에 따른 무항생제축산물에 대한 인증을 하게 할 수 있다.

③ 무항생제축산물 인증의 대상과 무항생제축산물의 생산 또는 취급[축산물의 저장, 포장(소분 및 재포장을 포함한다), 운송 또는 판매 활동을 말한다. 이하 같다]에 필요한 인증기준 등은 농림축산식품부령으로 정한다.

(17) 무항생제축산물의 인증 신청 및 심사 등(축산법 제42조의3)

① 무항생제축산물을 생산 또는 취급하는 자는 무항생제축산물의 인증을 받으려면 농림축산식품부령으로 정하는 서류를 갖추어 인증기관에 인증을 신청하여야 한다.

② 다음 각 호의 어느 하나에 해당하는 자는 제1항에 따른 인증을 신청할 수 없다.

1. 제42조의7제1항(같은 항 제4호는 제외한다)에 따라 인증이 취소된 날부터 1년이 지나지 아니한 자. 다만, 최근 10년 동안 인증이 2회 취소된 경우에는 마지막으로 인증이 취소된 날부터 2년, 최근 10년 동안 인증이 3회 이상 취소된 경우에는 마지막으로 인증이 취소된 날부터 5년이 지나지 아니한 자로 한다.

2. 제42조의7제1항에 따른 인증표시의 제거·사용정지 또는 시정조치 명령이나 제42조의10 제8항제2호 또는 제3호에 따른 명령을 받아서 그 처분기간 중에 있는 자
3. 제53조제9호부터 제21호까지 또는 제54조제9호에 따라 벌금 이상의 형을 선고받고 형이 확정된 날부터 1년이 지나지 아니한 자

③ 인증기관은 제1항에 따른 신청을 받은 경우 제42조의2제3항에 따른 무항생제축산물의 인증기준에 맞는지를 농림축산식품부령으로 정하는 바에 따라 심사한 후 그 결과를 신청인에게 알려주고 그 기준에 맞는 경우에는 인증을 해 주어야 한다. 이 경우 인증심사를 위하여 신청인의 사업장에 출입하는 자는 그 권한을 표시하는 증표를 지니고 이를 신청인에게 보여주어야 한다.

④ 제3항에 따라 무항생제축산물의 인증을 받은 사업자(이하 "인증사업자"라 한다)는 동일한 인증기관으로부터 연속하여 2회를 초과하여 인증(제42조의4제2항에 따른 갱신을 포함한다. 이하 이 항에서 같다)을 받을 수 없다. 다만, 제42조의12에 따라 준용되는 「친환경농어업 육성 및 유기식품 등의 관리·지원에 관한 법률」 제32조의2에 따라 실시한 인증기관 평가에서 농림축산식품부령으로 정하는 기준 이상을 받은 인증기관으로부터 인증을 받으려는 경우에는 그러하지 아니하다.

⑤ 제3항에 따른 인증심사 결과에 이의가 있는 자는 인증심사를 한 인증기관에 재심사를 신청할 수 있다.

⑥ 제5항에 따른 재심사 신청을 받은 인증기관은 농림축산식품부령으로 정하는 바에 따라 재심사 여부를 결정하여 해당 신청인에게 통보하여야 한다.

⑦ 인증기관은 제5항에 따른 재심사를 하기로 결정하였을 때에는 지체 없이 재심사를 하고 해당 신청인에게 그 재심사 결과를 통보하여야 한다.

⑧ 인증사업자가 인증받은 내용을 변경하려는 경우에는 그 인증을 한 인증기관으로부터 농림축산식품부령으로 정하는 바에 따라 미리 인증 변경승인을 받아야 한다.

⑨ 제1항부터 제8항까지에서 규정한 사항 외에 인증의 신청, 심사, 재심사 및 인증 변경승인 등에 필요한 구체적인 절차와 방법 등은 농림축산식품부령으로 정한다.

(18) 인증의 유효기간 등(축산법 제42조의4)

① 제42조의3에 따른 인증의 유효기간은 인증을 받은 날부터 1년으로 한다.

② 인증사업자가 인증의 유효기간이 끝난 후에도 계속하여 제42조의3제3항에 따라 인증을 받은 무항생제축산물(이하 "인증품"이라 한다)의 인증을 유지하려면 그 유효기간이 끝나기 2개월 전까지 인증을 한 인증기관에 갱신 신청을 하여 그 인증을 갱신하여야 한다. 다만, 인증을 한 인증기관의 지정이 취소되거나 업무가 정지된 경우, 인증기관이 파산 또는 폐업 등으로 인증 갱신업무를 수행할 수 없는 경우에는 다른 인증기관에 갱신 신청을 할 수 있다.

③ 제2항에 따른 인증 갱신을 하지 아니하려는 인증사업자가 인증의 유효기간 내에 생산한 인증품의 출하를 유효기간 내에 종료하지 못한 경우에는 인증을 한 인증기관에 출하를 종료하지 못한 인증품에 대해서만 1년의 범위에서 그 유효기간의 연장을 신청할 수 있다. 다만, 인증의 유효기간이 끝나기 전에 출하된 인증품은 그 제품의 소비기한이 끝날 때까지 제42조의6제1항에 따른 인증표시를 유지할 수 있다.

④ 제2항에 따른 인증 갱신 및 제3항에 따른 유효기간 연장에 대한 심사결과에 이의가 있는 자는 심사를 한 인증기관에 재심사를 신청할 수 있다.

⑤ 제4항에 따른 재심사 신청을 받은 인증기관은 농림축산식품부령으로 정하는 바에 따라 재심사 여부를 결정하여 해당 인증사업자에게 통보하여야 한다.

⑥ 인증기관은 제4항에 따른 재심사를 하기로 결정하였을 때에는 지체 없이 재심사를 하고 해당 인증사업자에게 그 재심사 결과를 통보하여야 한다.

⑦ 제2항부터 제6항까지의 규정에 따른 인증 갱신, 유효기간 연장 및 재심사에 필요한 구체적인 절차와 방법 등은 농림축산식품부령으로 정한다.

(19) 인증사업자의 준수사항(축산법 제42조의5)

① 인증사업자는 인증품의 생산·취급 또는 판매 실적을 농림축산식품부령으로 정하는 바에 따라 정기적으로 인증을 한 인증기관에 알려야 한다.

② 인증사업자는 농림축산식품부령으로 정하는 바에 따라 인증심사와 관련된 서류 등을 보관하여야 한다.

(20) 무항생제축산물의 표시 등(축산법 제42조의6)

① 인증사업자는 생산하거나 취급하는 인증품에 직접 또는 인증품의 포장, 용기, 납품서, 거래명세서, 보증서 등에 인증표시(무항생제 또는 이와 같은 의미의 도형이나 글자의 표시를 말한다. 이하 같다)를 할 수 있다. 이 경우 포장을 하지 아니한 상태로 판매하거나 낱개로 판매하는 때에는 표시판 또는 푯말에 인증표시를 할 수 있다.

② 농림축산식품부장관은 인증사업자에게 인증품의 생산방법과 사용자재 등에 관한 정보를 소비자가 쉽게 알아볼 수 있도록 표시할 것을 권고할 수 있다.

③ 제42조의2에 따른 인증을 받지 아니한 사업자는 인증품의 포장을 해체하여 재포장한 후 인증표시를 하여 이를 저장, 운송 또는 판매할 수 없다.

④ 제1항에 따른 인증표시에 필요한 도형이나 글자, 세부 표시사항 등 표시방법에 관하여 필요한 사항은 농림축산식품부령으로 정한다.

(21) 인증의 취소 등(축산법 제42조의7)

① 농림축산식품부장관 또는 인증기관은 인증사업자가 다음 각 호의 어느 하나에 해당하는 경우에는 그 인증을 취소하거나 인증표시의 제거・사용정지 또는 시정조치를 명할 수 있다. 다만, 제1호에 해당하는 경우에는 인증을 취소하여야 한다.

1. 거짓이나 그 밖의 부정한 방법으로 인증을 받은 경우
2. 제42조의2제3항에 따른 인증기준에 맞지 아니하게 된 경우
3. 정당한 사유 없이 제42조의10제8항에 따른 명령에 따르지 아니한 경우
4. 전업(轉業), 폐업 등의 사유로 인증품을 생산하지 못한다고 인정하는 경우

② 농림축산식품부장관 또는 인증기관은 제1항에 따라 인증을 취소한 경우 지체 없이 인증사업자에게 그 사실을 알려야 하고, 인증기관은 농림축산식품부장관에게도 그 사실을 알려야 한다.

③ 제1항 및 제2항에서 규정한 사항 외에 인증의 취소, 인증표시의 제거 및 사용정지 등에 필요한 절차와 처분의 기준 등은 농림축산식품부령으로 정한다.

(22) 인증기관의 지정 등(축산법 제42조의8)

① 농림축산식품부장관은 무항생제축산물 인증과 관련하여 필요한 인력・시설 및 인증업무규정을 갖춘 기관 또는 단체를 무항생제축산물 인증업무를 수행하는 인증기관으로 지정할 수 있다.

② 제1항에 따라 인증기관으로 지정받으려는 기관 또는 단체는 농림축산식품부령으로 정하는 바에 따라 농림축산식품부장관에게 인증기관의 지정을 신청하여야 한다.

③ 제1항에 따른 인증기관 지정의 유효기간은 지정을 받은 날부터 5년으로 하고, 유효기간이 끝난 후에도 무항생제축산물의 인증업무를 계속하려는 인증기관은 유효기간이 끝나기 3개월 전까지 농림축산식품부장관에게 갱신 신청을 하여 그 지정을 갱신하여야 한다.

④ 농림축산식품부장관은 제1항에 따른 인증기관 지정업무와 제3항에 따른 지정갱신업무의 효율적인 운영을 위하여 인증기관 지정 및 지정갱신을 위한 평가업무를 대통령령으로 정하는 법인, 기관 또는 단체에 위임하거나 위탁할 수 있다.

⑤ 인증기관은 지정받은 내용이 변경된 경우에는 농림축산식품부장관에게 변경신고를 하여야 한다. 다만, 농림축산식품부령으로 정하는 중요 사항을 변경하려는 경우에는 농림축산식품부장관으로부터 승인을 받아야 한다.

⑥ 제1항부터 제5항까지에서 규정한 사항 외에 인증기관의 지정기준, 인증업무의 범위, 인증기관의 지정과 지정갱신 관련 절차 및 인증기관의 변경신고 등에 필요한 사항은 농림축산식품부령으로 정한다.

(23) 인증 등에 관한 부정행위의 금지(축산법 제42조의9)

① 누구든지 다음 각 호의 어느 하나에 해당하는 행위를 해서는 아니 된다.

1. 거짓이나 그 밖의 부정한 방법으로 제42조의3에 따른 인증심사, 재심사 및 인증 변경승인, 제42조의4에 따른 인증 갱신, 유효기간 연장 및 재심사 또는 제42조의8제1항 및 제3항에 따른 인증기관의 지정・갱신을 받는 행위
2. 거짓이나 그 밖의 부정한 방법으로 제42조의3에 따른 인증심사, 재심사 및 인증 변경승인, 제42조의4에 따른 인증 갱신, 유효기간 연장 및 재심사를 하거나 받을 수 있도록 도와주는 행위
3. 거짓이나 그 밖의 부정한 방법으로 제42조의12에 따라 준용되는 「친환경농어업 육성 및 유기식품 등의 관리・지원에 관한 법률」 제26조의2에 따른 인증심사원의 자격을 부여받는 행위
4. 인증을 받지 아니한 제품과 제품을 판매하는 진열대에 인증표시나 이와 유사한 표시(인증품으로 잘못 인식할 우려가 있는 표시 및 이와 관련된 외국어 또는 외래어 표시를 포함한다)를 하는 행위
5. 인증품에 인증받은 내용과 다르게 표시하는 행위
6. 제42조의3제1항에 따른 인증 또는 제42조의4제2항에 따른 인증 갱신을 신청하는 데 필요한 서류를 거짓으로 발급하여 주는 행위
7. 인증품에 인증을 받지 아니한 제품 등을 섞어서 판매하거나 섞어서 판매할 목적으로 저장, 운송 또는 진열하는 행위
8. 제4호 또는 제5호의 행위에 따른 제품임을 알고도 인증품으로 판매하거나 판매할 목적으로 저장, 운송 또는 진열하는 행위
9. 제42조의7제1항에 따라 인증이 취소된 제품임을 알고도 인증품으로 판매하거나 판매할 목적으로 저장, 운송 또는 진열하는 행위
10. 인증을 받지 아니한 제품을 인증품으로 광고하거나 인증품으로 잘못 인식할 수 있도록 광고(무항생제 또는 이와 같은 의미의 문구를 사용한 광고를 포함한다)하는 행위 또는 인증받은 내용과 다르게 광고하는 행위

② 제1항제4호에 따른 인증표시와 유사한 표시의 세부기준은 농림축산식품부령으로 정한다.

(24) 인증품 및 인증사업자의 사후관리(축산법 제42조의10)

① 농림축산식품부장관은 농림축산식품부령으로 정하는 바에 따라 소속 공무원 또는 인증기관으로 하여금 매년 다음 각 호의 조사(인증기관은 인증을 한 인증사업자에 대한 제2호의 조사에 한정한다)를 하게 하여야 한다. 이 경우 조사 대상자로부터 시료를 무상으로 제공받아 검사하거나 조사 대상자에게 자료 제출 등을 요구할 수 있다.

1. 판매・유통 중인 인증품에 대한 조사

2. 인증사업자의 사업장에서 인증품의 생산 또는 취급 과정이 제42조의2제3항에 따른 인증기준에 맞는지 여부에 대한 조사

② 제1항에 따라 조사를 하려는 경우에는 미리 조사의 일시, 목적 및 대상 등을 조사 대상자에게 알려야 한다. 다만, 긴급한 경우나 미리 알리면 그 목적을 달성할 수 없다고 인정되는 경우에는 그러하지 아니하다.

③ 제1항에 따라 조사를 하거나 자료 제출을 요구하는 경우 인증사업자 또는 인증품의 유통업자는 정당한 사유 없이 이를 거부・방해하거나 기피해서는 아니 된다.

④ 제1항에 따른 조사를 위하여 인증사업자 또는 인증품의 유통업자의 사업장에 출입하는 자는 그 권한을 표시하는 증표를 지니고 이를 관계인에게 보여주어야 한다.

⑤ 농림축산식품부장관 또는 인증기관은 제1항에 따른 조사를 한 경우에는 인증사업자 또는 인증품의 유통업자에게 조사 결과를 통지하여야 한다. 이 경우 조사 결과 중 제1항 후단에 따라 제공한 시료의 검사 결과에 이의가 있는 인증사업자 또는 인증품의 유통업자는 시료의 재검사를 요청할 수 있다.

⑥ 제5항에 따른 재검사 요청을 받은 농림축산식품부장관 또는 인증기관은 농림축산식품부령으로 정하는 바에 따라 재검사 여부를 결정하여 해당 인증사업자 또는 인증품의 유통업자에게 통보하여야 한다.

⑦ 농림축산식품부장관 또는 인증기관은 제6항에 따른 재검사를 하기로 결정하였을 때에는 지체 없이 재검사를 하고 해당 인증사업자 또는 인증품의 유통업자에게 그 재검사 결과를 통보하여야 한다.

⑧ 농림축산식품부장관 또는 인증기관은 제1항에 따른 조사를 한 결과 제42조의2제3항에 따른 인증기준 또는 제42조의6에 따른 무항생제축산물의 표시방법을 위반하였다고 판단한 때에는 인증사업자 또는 인증품의 유통업자에게 다음 각 호의 조치를 명할 수 있다.

1. 제42조의7제1항에 따른 인증취소, 인증표시의 제거・사용정지 또는 시정조치
2. 인증품의 판매금지・판매정지・회수・폐기
3. 세부 표시사항 변경

⑨ 농림축산식품부장관은 제8항에 따른 조치명령을 받은 인증품의 인증기관에 필요한 조치를 하도록 요청할 수 있다. 이 경우 요청을 받은 인증기관은 특별한 사정이 없으면 이에 따라야 한다.

⑩ 농림축산식품부장관은 인증사업자 또는 인증품의 유통업자가 제8항제2호에 따른 인증품의 회수・폐기 명령을 이행하지 아니하는 경우에는 관계 공무원에게 해당 인증품을 압류하게 할 수 있다. 이 경우 관계 공무원은 그 권한을 표시하는 증표를 지니고 이를 관계인에게 보여주어야 한다.

⑪ 농림축산식품부장관은 제8항 각 호에 따른 조치명령의 내용을 공표하여야 한다.

⑫ 제5항에 따른 조사 결과 통지 및 제7항에 따른 시료의 재검사 절차와 방법, 제8항 각 호에 따른 조치명령의 세부기준, 제10항에 따른 압류 및 제11항에 따른 공표에 필요한 사항은 농림축산식품부령으로 정한다.

(25) 인증사업자 등의 승계(축산법 제42조의11)

① 다음 각 호의 어느 하나에 해당하는 자는 인증사업자 또는 인증기관의 지위를 승계한다.
  1. 인증사업자가 사망한 경우 : 그 인증품을 계속하여 생산 또는 취급하려는 상속인
  2. 인증사업자나 인증기관이 그 사업을 양도한 경우 : 그 양수인
  3. 인증사업자나 인증기관이 합병한 경우 : 합병 후 존속하는 법인이나 합병으로 설립되는 법인

② 제1항에 따라 인증사업자의 지위를 승계한 자는 인증심사를 한 인증기관(그 인증기관의 지정이 취소되거나 업무가 정지된 경우, 인증기관이 파산 또는 폐업 등으로 인하여 인증업무를 수행할 수 없는 경우에는 다른 인증기관을 말한다)에 그 사실을 신고하여야 하고, 인증기관의 지위를 승계한 자는 농림축산식품부장관에게 그 사실을 신고하여야 한다.

③ 농림축산식품부장관 또는 인증기관은 제2항에 따른 신고를 받은 날부터 1개월 이내에 신고수리 여부를 신고인에게 통지하여야 한다.

④ 농림축산식품부장관 또는 인증기관이 제3항에서 정한 기간 내에 신고수리 여부 또는 민원 처리 관련 법령에 따른 처리기간의 연장을 신고인에게 통지하지 아니하면 그 기간(민원 처리 관련 법령에 따라 처리기간이 연장 또는 재연장된 경우에는 해당 처리기간을 말한다)이 끝난 날의 다음 날에 신고를 수리한 것으로 본다.

⑤ 제1항에 따른 지위의 승계가 있는 때에는 종전의 인증사업자 또는 인증기관에게 한 제42조의7 제1항, 제42조의10제8항 각 호, 제42조의12에 따라 준용되는 「친환경농어업 육성 및 유기식품 등의 관리·지원에 관한 법률」 제29조제1항에 따른 행정처분의 효과는 그 지위를 승계한 자에게 승계되며, 행정처분의 절차가 진행 중일 때에는 그 지위를 승계한 자에 대하여 그 절차를 계속 진행할 수 있다.

⑥ 제2항에 따른 신고에 필요한 사항은 농림축산식품부령으로 정한다.

(26) 준용규정(축산법 제42조의12)

인증기관에 관하여 이 법에서 규정한 것 외에는 「친환경농어업 육성 및 유기식품 등의 관리·지원에 관한 법률」 제26조의2부터 제26조의4까지, 제27조부터 제29조까지, 제32조, 제32조의2 및 제57조를 준용한다.

(27) 축산환경 개선계획 수립(축산법 제42조의13)

① 농림축산식품부장관은 축산환경 개선을 위해 5년마다 축산환경 개선 기본계획을 세우고 시행하여야 한다.

② 시·도지사는 제1항의 기본계획에 따라 5년마다 시·도 축산환경 개선계획을 세우고 시행하여야 하며, 농림축산식품부장관에게 보고하여야 한다.

③ 시장·군수·구청장은 축산환경 개선 기본계획 및 시·도 축산환경 개선계획에 따라 1년마다 시·군·구 축산환경 개선 실행계획을 세우고 시행하여야 하며, 시·도지사에게 보고하여야 한다.

④ 제1항부터 제3항까지의 계획에 포함되어야 할 사항은 다음 각 호와 같다.

1. 축사의 설치·운영 현황과 개선에 관한 사항
2. 축산악취, 분뇨처리 등 축산환경에 관한 현황과 개선에 관한 사항
3. 그 밖에 축산환경 개선을 위하여 농림축산식품부령으로 정하는 사항

(28) 축산환경 개선 전담기관 지정(축산법 제42조의14)

① 농림축산식품부장관은 축산환경 개선 업무를 효율적으로 수행하기 위하여 「가축분뇨의 관리 및 이용에 관한 법률」 제38조의2제1항에 따른 축산환경관리원 등 축산환경 관련 기관을 축산환경 개선 전담기관으로 지정할 수 있다.

② 축산환경 개선 전담기관은 다음 각 호의 업무를 수행한다.

1. 축산환경 지도·점검
2. 축산환경 조사
3. 축산환경 개선을 위한 종사자 교육 및 컨설팅
4. 축산환경 개선기술 개발·보급
5. 축산환경 개선 전문인력 양성
6. 그 밖에 축산환경 개선을 위하여 농림축산식품부장관이 정하는 업무

5. 축산발전기금

(1) 축산발전기금의 설치(축산법 제43조)

① 정부는 축산업을 발전시키고 축산물 수급을 원활하게 하며 가격을 안정시키는 데에 필요한 재원을 확보하기 위하여 축산발전기금(이하 "기금"이라 한다)을 설치한다.

② 정부는 예산의 범위에서 기금에 보조 또는 출연할 수 있다.

(2) 기금의 재원(축산법 제44조)

① 기금은 다음 각 호의 재원으로 조성한다.

1. 제43조제2항에 따른 정부의 보조금 또는 출연금
2. 제2항에 따른 한국마사회의 납입금
3. 제45조에 따른 축산물의 수입이익금
4. 제46조에 따른 차입금
5. 「초지법」 제23조제6항에 따른 대체초지조성비
6. 기금운용 수익금
7. 「전통소싸움경기에 관한 법률」 제15조제1항제1호에 따른 결산상 이익금

② 한국마사회장은 한국마사회의 특별적립금 중 「한국마사회법」 제42조제4항에 따른 금액을 기금에 내야 한다.

③ 「농업협동조합법」 제161조의2에 따른 농협경제지주회사는 법률 제10522호 농업협동조합법 일부개정법률 부칙 제6조에 따른 경제사업의 이관에 따라 농업협동조합중앙회로부터 인수한 축산부문 고정자산을 계속 소유하지 아니하고 다른 자에게 양도하는 경우에는 해당 양도가액을 기금에 납입하여야 한다. 다만, 농림축산식품부장관의 승인을 얻어 해당 축산부문 고정자산을 이전하거나 다른 축산부문 고정자산과 교환하는 경우에는 그러하지 아니하다.

(3) 수입이익금의 징수 등(축산법 제45조)

① 농림축산식품부장관은 제30조제1항에 따른 추천을 받아 축산물을 수입하는 자 중 농림축산식품부령으로 정하는 품목을 수입하는 자에게 농림축산식품부령으로 정하는 바에 따라 국내가격과 수입가격의 차액의 범위에서 수입이익금을 부과·징수할 수 있다.

② 제1항에 따른 수입이익금은 농림축산식품부령으로 정하는 바에 따라 기금에 내야 한다.

③ 제1항에 따른 수입이익금을 소정의 기한 내에 내지 아니하면 국세 체납처분의 예에 따라 징수할 수 있다.

(4) 자금의 차입(축산법 제46조)

농림축산식품부장관은 기금운용을 위하여 필요하면 기금의 부담으로 금융기관, 다른 기금 또는 다른 회계에서 자금을 차입할 수 있다.

(5) 기금의 용도(축산법 제47조)

① 기금은 다음 각 호의 사업에 사용한다.

1. 축산업의 구조개선 및 생산성 향상
2. 가축과 축산물의 수급 및 가격 안정

3. 가축과 축산물의 유통 개선
4. 「낙농진흥법」 제3조제1항에 따른 낙농진흥계획의 추진
5. 사료의 수급 및 사료 자원의 개발
6. 가축 위생 및 방역
7. 축산 분뇨의 자원화·처리 및 이용
8. 대통령령으로 정하는 기금사업에 대한 사업비 및 경비의 지원
9. 「축산자조금의 조성 및 운용에 관한 법률」에 따른 축산자조금에 관한 지원
10. 말의 생산·사육·조련·유통·이용 등 말산업 발전에 관한 사업
11. 그 밖에 축산 발전에 필요한 사업으로서 농림축산식품부령으로 정하는 사업

② 제1항 각 호의 사업을 수행하기 위하여 필요한 경우에는 기금에서 보조금을 지급할 수 있다.
③ 제2항에 따른 보조금의 신청 방법 및 교부 절차 등에 필요한 사항은 대통령령으로 정한다.

(6) 기금의 운용·관리(축산법 제48조)

① 기금은 농림축산식품부장관이 운용·관리한다.
② 농림축산식품부장관은 대통령령으로 정하는 바에 따라 기금의 운용 및 관리 사무를 「농업협동조합법」에 따른 농업협동조합중앙회(농협경제지주회사를 포함한다. 이하 "농업협동조합중앙회"라 한다)에 위탁할 수 있다.
③ 농림축산식품부장관은 담보능력이 부족한 가축사육인 등에게 기금 지원을 쉽게 하는 등 제47조제1항 각 호의 사업을 원활하게 추진하기 위하여 필요한 때에는 기금대손보전에 관한 계정을 설치·운영할 수 있다.
④ 기금의 운용·관리에 필요한 사항은 대통령령으로 정한다.

6. 보 칙

(1) 수수료(축산법 제49조)

① 다음 각 호의 어느 하나에 해당하는 자는 농림축산식품부령으로 정하는 수수료를 내야 한다.
1. 제12조제1항에 따른 면허를 받으려는 자
2. 제42조의3에 따라 인증 또는 인증 변경승인을 받거나 제42조의4제2항·제3항에 따라 인증의 갱신 또는 유효기간 연장을 받으려는 자
3. 제42조의8에 따라 인증기관으로 지정받거나 인증기관 지정을 갱신하려는 자

② 품질평가원은 제35조제1항에 따른 등급판정을 받으려는 자에게서 농림축산식품부령으로 정하는 등급판정 수수료를 받을 수 있다. 이 경우 징수한 수수료를 등급판정 업무에 드는 경비 외의 용도로 사용하여서는 아니 된다.

③ 제2항에 따른 등급판정 수수료는 농림축산식품부령으로 정하는 바에 따라 「축산물위생관리법」 제2조제11호에 따른 작업장의 경영자 및 같은 법 제24조에 따른 축산물판매업의 신고를 한 자 중 대통령령으로 정하는 자가 징수하여 품질평가원에 내야 한다. 이 경우 품질평가원은 농림축산식품부령으로 정하는 바에 따라 「축산물위생관리법」 제2조제11호에 따른 작업장의 경영자 및 같은 법 제24조에 따른 축산물판매업의 신고를 한 자 중 대통령령으로 정하는 자에게 수수료의 징수에 필요한 경비를 지급하여야 한다.

(2) 청문(축산법 제50조)

시·도지사 또는 시장·군수 또는 구청장은 다음 각 호의 어느 하나에 해당하는 처분을 하려면 청문을 하여야 한다.

1. 제14조에 따른 수정사의 면허취소
2. 제25조제1항에 따른 축산업의 허가취소
3. 제25조제2항에 따른 가축사육업의 등록취소
4. 제34조의4에 따른 가축거래상인의 등록취소

(3) 권한의 위임·위탁(축산법 제51조)

① 이 법에 따른 농림축산식품부장관의 권한은 그 일부를 대통령령으로 정하는 바에 따라 시·도지사 또는 소속 기관의 장에게 위임할 수 있다.

② 이 법에 따른 시·도지사의 권한은 그 일부를 대통령령으로 정하는 바에 따라 시장·군수 또는 구청장에게 위임할 수 있다.

③ 시·도지사는 대통령령으로 정하는 바에 따라 제13조제1항에 따른 수정사에 대한 교육을 축산 관련 법인 및 단체에 위탁하여 실시할 수 있다.

④ 농림축산식품부장관 또는 시장·군수·구청장은 대통령령으로 정하는 바에 따라 제28조에 따른 정기점검 등의 업무 중 일부를 축산 관련 법인 및 단체 중 대통령령으로 정하는 축산 관련 법인 및 단체에 위탁할 수 있다.

⑤ 농림축산식품부장관은 대통령령으로 정하는 바에 따라 제29조제1항에 따른 종축 등의 수출입 신고 업무를 축산 관련 법인 및 단체에 위탁할 수 있다.

⑥ 농림축산식품부장관은 제32조제1항에 따른 송아지생산안정사업 업무를 「농업·농촌 및 식품산업 기본법」 제3조제4호에 따른 생산자단체 중 대통령령으로 정하는 생산자단체에게 위탁할 수 있다.

⑦ 농림축산식품부장관은 대통령령으로 정하는 바에 따라 제40조의2에 따른 전자민원창구의 설치·운영에 관한 업무를 축산 관련 법인 및 단체에 위탁할 수 있다.

(4) 벌칙 적용에서의 공무원 의제(축산법 제52조)

다음 각 호의 어느 하나에 해당하는 사람은 「형법」 제129조부터 제132조까지의 규정을 적용할 때 공무원으로 본다.

1. 제37조제1항에 따라 등급판정 업무에 종사하는 품질평가사
2. 제42조의8제1항에 따라 인증업무에 종사하는 인증기관의 임직원
3. 제42조의8제4항에 따라 위탁받은 업무에 종사하는 법인·기관·단체의 임직원

7. 벌 칙

(1) 벌칙(축산법 제53조)

다음 각 호의 어느 하나에 해당하는 자는 3년 이하의 징역 또는 3천만원 이하의 벌금에 처한다.

1. 제22조제1항에 따른 허가를 받지 아니하고 축산업을 경영한 자
2. 거짓이나 그 밖의 부정한 방법으로 제22조제1항에 따른 축산업의 허가를 받은 자
3. 제25조제1항에 따른 허가취소 처분을 받은 후 같은 조 제3항에도 불구하고 6개월 후에도 계속 가축을 사육하는 자
4. 제31조에 따른 명령을 위반한 자
5. 제34조의2제1항에 따른 등록을 하지 아니하고 가축거래를 업으로 한 자
6. 제35조제4항을 위반하여 등급판정을 받지 아니한 축산물을 농수산물도매시장 또는 공판장에 상장한 자
7. 제35조제5항을 위반하여 등급판정을 받지 아니한 축산물을 도축장에서 반출한 자
8. 제42조의8제1항에 따른 인증기관의 지정을 받지 아니하고 인증업무를 한 자
9. 제42조의8제3항에 따른 인증기관 지정의 유효기간이 지났음에도 인증업무를 한 자
10. 제42조의9제1항제1호를 위반하여 거짓이나 그 밖의 부정한 방법으로 제42조의3에 따른 인증심사, 재심사 및 인증 변경승인, 제42조의4에 따른 인증 갱신, 유효기간 연장 및 재심사 또는 제42조의8제1항 및 제3항에 따른 인증기관의 지정·갱신을 받은 자
11. 제42조의9제1항제2호를 위반하여 거짓이나 그 밖의 부정한 방법으로 제42조의3에 따른 인증심사, 재심사 및 인증 변경승인, 제42조의4에 따른 인증 갱신, 유효기간 연장 및 재심사를 하거나 인증을 받을 수 있도록 도와준 자
12. 제42조의9제1항제3호를 위반하여 거짓이나 그 밖의 부정한 방법으로 인증심사원의 자격을 부여받은 자
13. 제42조의9제1항제4호를 위반하여 인증을 받지 아니한 제품과 제품을 판매하는 진열대에 인증표시나 이와 유사한 표시(인증품으로 잘못 인식할 우려가 있는 표시 및 이와 관련된 외국어 또는 외래어 표시를 포함한다)를 한 자

14. 제42조의9제1항제5호를 위반하여 인증품에 인증받은 내용과 다르게 표시를 한 자
15. 제42조의9제1항제6호를 위반하여 인증 또는 인증 갱신을 신청하는 데 필요한 서류를 거짓으로 발급한 자
16. 제42조의9제1항제7호를 위반하여 인증품에 인증을 받지 아니한 제품 등을 섞어서 판매하거나 섞어서 판매할 목적으로 저장, 운송 또는 진열한 자
17. 제42조의9제1항제8호를 위반하여 인증을 받지 아니한 제품에 인증표시나 이와 유사한 표시를 한 것임을 알거나 인증품에 인증받은 내용과 다르게 표시한 것임을 알고도 인증품으로 판매하거나 판매할 목적으로 저장, 운송 또는 진열한 자
18. 제42조의9제1항제9호를 위반하여 인증이 취소된 제품임을 알고도 인증품으로 판매하거나 판매할 목적으로 저장·운송 또는 진열한 자
19. 제42조의9제1항제10호를 위반하여 인증을 받지 아니한 제품을 인증품으로 광고하거나 인증품으로 잘못 인식할 수 있도록 광고(무항생제 또는 이와 같은 의미의 문구를 사용한 광고를 포함한다)하거나 인증받은 내용과 다르게 광고한 자
20. 제42조의12에 따라 준용되는 「친환경농어업 육성 및 유기식품 등의 관리·지원에 관한 법률」 제29조제1항에 따라 인증기관의 지정취소 처분을 받았음에도 인증업무를 한 자

(2) 벌칙(축산법 제54조)

다음 각 호의 어느 하나에 해당하는 자는 1년 이하의 징역 또는 1천만원 이하의 벌금에 처한다.

1. 제11조제1항을 위반한 자
2. 제12조제4항을 위반하여 다른 사람에게 수정사의 명의를 사용하게 하거나 그 면허를 대여한 자
3. 제12조제5항을 위반하여 수정사의 면허를 취득하지 아니하고 그 명의를 사용하거나 면허를 대여받은 자 또는 이를 알선한 자
4. 제19조를 위반하여 정액·난자 또는 수정란을 가축 인공수정용으로 공급·주입하거나 이를 암가축에 이식한 자
5. 제26조제2항을 위반하여 종축이 아닌 오리로부터 번식용 알을 생산한 자
6. 제34조제1항을 위반하여 시장·군수 구청장에게 등록하지 아니하고 가축시장을 개설한 자
7. 거짓이나 그 밖의 부정한 방법으로 제34조의2제1항에 따른 가축거래상인으로 등록한 자
8. 제35조제3항에 따라 거래 지역이 고시된 등급판정 대상 축산물을 등급판정을 받지 아니하고 고시지역 안에서 판매하거나 영업을 목적으로 가공·진열·보관 또는 운반한 자
9. 제38조제3항을 위반하여 품질평가사가 하는 등급판정을 거부·방해 또는 기피한 자
10. 제39조에 따른 준수사항을 위반한 자
11. 제42조제1항에 따른 명령을 위반하거나 검사를 거부·방해 또는 기피한 자
12. 제42조의10제8항에 따른 인증품의 인증표시 제거·사용정지 또는 시정조치, 인증품의 판매금지·판매정지·회수·폐기나 세부 표시사항의 변경 등의 명령에 따르지 아니한 자

(3) 양벌규정(축산법 제55조)

법인의 대표자나 법인 또는 개인의 대리인, 사용인, 그 밖의 종업원이 그 법인 또는 개인의 업무에 관하여 제53조 또는 제54조의 위반행위를 하면 그 행위자를 벌하는 외에 그 법인 또는 개인에게도 해당 조문의 벌금형을 과(科)한다. 다만, 법인 또는 개인이 그 위반행위를 방지하기 위하여 해당 업무에 관하여 상당한 주의와 감독을 게을리하지 아니한 경우에는 그러하지 아니하다.

(4) 과태료(축산법 제56조)

① 다음 각 호의 어느 하나에 해당하는 자에게는 1천만원 이하의 과태료를 부과한다.

1. 제22조제1항 후단을 위반하여 변경허가를 받지 아니한 자
2. 제22조제6항에 따른 신고를 하지 아니한 자
3. 제24조제2항에 따른 신고를 하지 아니한 자
4. 제25조제1항 및 제2항에 따른 명령을 위반한 자
5. 제25조제4항에 따른 시정명령을 이행하지 아니한 자
6. 제26조제1항에 따른 준수사항을 위반한 자
7. 제28조제1항 및 제2항에 따른 정기점검 등을 거부·방해 또는 기피하거나 명령을 위반한 자(제34조의6에서 준용하는 경우를 포함한다)

② 다음 각 호의 어느 하나에 해당하는 자에게는 500만원 이하의 과태료를 부과한다.

1. 제17조제1항 및 제4항에 따른 신고를 하지 아니한 자
2. 제22조제3항에 따른 등록을 하지 아니하고 가축사육업을 경영한 자
3. 거짓이나 그 밖의 부정한 방법으로 제22조제3항에 따른 가축사육업을 등록한 자
4. 제33조의2제3항에 따른 교육을 받지 아니한 자
5. 제34조제2항에 따른 명령을 위반하거나 검사를 거부·방해 또는 기피한 자
6. 제34조의2제2항에 따른 신고를 하지 아니한 자
7. 제34조의4에 따른 등록취소 또는 영업정지 명령을 위반하여 계속 영업한 자
8. 제34조의5에 따른 가축거래상인의 준수사항을 위반한 자
9. 제42조의3제8항을 위반하여 해당 인증기관의 장으로부터 승인을 받지 아니하고 인증받은 내용을 변경한 자
10. 제42조의5제1항을 위반하여 인증품의 생산·취급 또는 판매 실적을 정기적으로 인증기관의 장에게 알리지 아니한 자
11. 제42조의5제2항을 위반하여 인증심사와 관련된 서류를 보관하지 아니한 자
12. 제42조의6제1항에 따른 표시방법을 위반한 자
13. 인증을 받지 아니한 사업자로서 제42조의6제3항을 위반하여 인증품의 포장을 해체하여 재포장한 후 인증표시를 한 자

14. 제42조의8제5항 본문을 위반하여 변경사항을 신고하지 아니하거나 같은 항 단서를 위반하여 중요 사항을 승인받지 아니하고 변경한 자
15. 정당한 사유 없이 제42조의10제1항 또는 제42조의12에 따라 준용되는 「친환경농어업 육성 및 유기식품 등의 관리·지원에 관한 법률」 제32조제1항에 따른 조사를 거부·방해하거나 기피한 자
16. 제42조의11을 위반하여 인증기관이나 인증사업자의 지위를 승계한 사실을 신고하지 아니한 자
17. 제42조의12에 따라 준용되는 「친환경농어업 육성 및 유기식품 등의 관리·지원에 관한 법률」 제27조제1항제4호를 위반하여 인증 결과 및 사후관리 결과 등을 보고하지 아니하거나 거짓으로 보고한 자
18. 제42조의12에 따라 준용되는 「친환경농어업 육성 및 유기식품 등의 관리·지원에 관한 법률」 제28조를 위반하여 신고하지 아니하고 인증업무의 전부 또는 일부를 휴업하거나 폐업한 자

③ 제1항 및 제2항에 따른 과태료는 대통령령으로 정하는 바에 따라 농림축산식품부장관, 시·도지사나 시장·군수 또는 구청장(이하 "부과권자"라 한다)이 부과·징수한다.

축산법 시행령

[시행 2023. 12. 12.] [대통령령 제33913호, 2023. 12. 12, 타법개정]

1. 총 칙

(1) 목적(축산법 시행령 제1조)

이 영은 「축산법」에서 위임된 사항과 그 시행에 필요한 사항을 규정함을 목적으로 한다.

(2) 개량목표의 설정(축산법 시행령 제10조)

① 농림축산식품부장관은 법 제5조제1항에 따라 개량 대상 가축별로 기간을 정하여 개량목표를 설정하려는 경우에는 해당 가축종류의 생산자단체와 학계·업계 등 관련 전문가의 의견을 들어야 한다.

② 제1항에 따른 개량 대상 가축의 범위는 농림축산식품부령으로 정한다.

(3) 가축개량총괄기관의 지정 등(축산법 시행령 제11조)

① 농림축산식품부장관은 법 제5조제3항에 따라 가축개량총괄기관을 지정하려는 경우에는 가축개량에 관한 업무를 담당하고 있는 농촌진흥청 소속 기관 중에서 이를 지정해야 한다.

② 농림축산식품부장관은 법 제5조제3항에 따라 가축개량기관을 지정하려는 경우에는 다음 각 호의 어느 하나에 해당하는 인력 1명 이상과 개량업무 처리를 위한 시설·장비를 갖추고 가축개량에 관한 업무를 담당하고 있는 축산 관련 기관 및 단체 중에서 가축종류를 정하여 지정해야 한다.

1. 가축육종·유전 분야의 석사학위 이상의 학력이 있는 사람
2. 「고등교육법」 제2조 각 호에 따른 학교의 축산 관련 학과를 졸업한 후 가축육종·유전 분야에서 3년 이상 종사한 경력이 있는 사람
3. 「국가기술자격법」에 따른 축산기사 이상의 자격을 취득한 사람
4. 「국가기술자격법」에 따른 축산산업기사의 자격을 취득한 후 가축육종·유전 분야에서 2년 이상 종사한 경력이 있는 사람

③ 농림축산식품부장관은 제1항 및 제2항에 따라 가축개량총괄기관 및 가축개량기관을 지정한 때에는 이를 고시하여야 한다.

④ 제3항에 따라 가축개량총괄기관으로 지정·고시된 기관은 가축개량에 관한 국내·외의 정보를 수집·분석·평가하고, 이를 토대로 가축종류별 개량에 관한 계획을 작성하여 농림축산식품부장관에게 보고하여야 한다. 이 경우 전년도 개량실적을 첨부하여야 한다.

(4) 수정사의 면허(축산법 시행령 제12조)

법 제12조제1항제1호에서 "대통령령으로 정하는 축산 분야 산업기사 이상의 자격을 취득한 자"란 축산산업기사 이상의 자격을 취득한 자를 말한다.

(5) 허가를 받아야 하는 가축사육업(축산법 시행령 제13조)

법 제22조제1항제4호에서 "가축 종류 및 사육시설 면적이 대통령령으로 정하는 기준에 해당하는 가축사육업"이란 다음 각 호의 구분에 따른 가축사육업을 말한다.

1. 2015년 2월 22일 이전 : 다음 각 목의 가축사육업
   가. 사육시설 면적이 600m^2를 초과하는 소 사육업
   나. 사육시설 면적이 1천m^2를 초과하는 돼지 사육업
   다. 사육시설 면적이 1천400m^2를 초과하는 닭 사육업
   라. 사육시설 면적이 1천300m^2를 초과하는 오리 사육업
2. 2015년 2월 23일부터 2016년 2월 22일까지 : 다음 각 목의 가축사육업
   가. 사육시설 면적이 300m^2를 초과하는 소 사육업
   나. 사육시설 면적이 500m^2를 초과하는 돼지 사육업
   다. 사육시설 면적이 950m^2를 초과하는 닭 사육업
   라. 사육시설 면적이 800m^2를 초과하는 오리 사육업
3. 2016년 2월 23일 이후 : 사육시설 면적이 50m^2를 초과하는 소·돼지·닭 또는 오리 사육업

(6) 축산업 허가의 절차 및 요건(축산법 시행령 제14조)

① 법 제22조제1항에 따라 축산업 허가(허가받은 사항을 변경하는 허가를 포함한다. 이하 이 조에서 같다)를 받으려는 자는 농림축산식품부령으로 정하는 허가신청서에 농림축산식품부령으로 정하는 서류를 첨부하여 특별자치시장, 특별자치도지사, 시장, 군수 또는 자치구의 구청장(이하 "시장·군수 또는 구청장"이라 한다)에게 제출(전자문서에 의한 제출을 포함한다)하여야 한다.

② 제1항에 따라 축산업 허가를 받으려는 자가 법 제22조제2항제2호부터 제5호까지 및 제7호에 따라 갖추어야 하는 시설·장비 및 단위면적당 적정사육두수와 위치에 관한 요건은 별표 1과 같다.

③ 허가신청을 받은 시장·군수 또는 구청장은 별표 1에 따른 요건을 갖추었음이 확인되면 허가를 하고 신청인에게 농림축산식품부령으로 정하는 축산업허가증을 발급하여야 한다.

④ 시장·군수 또는 구청장은 제3항에 따라 축산업허가증을 발급하면 농림축산식품부령으로 정하는 바에 따라 축산업허가대장을 갖추어 작성·관리하여야 한다.

(7) 가축사육업 등록의 절차 및 요건(축산법 시행령 제14조의2)

① 법 제22조제3항에 따라 가축사육업의 등록을 하려는 자는 농림축산식품부령으로 정하는 등록신청서에 농림축산식품부령으로 정하는 서류를 첨부하여 시장·군수 또는 구청장에게 제출(전자문서에 의한 제출을 포함한다)하여야 한다.

② 제1항에 따라 가축사육업의 등록을 하려는 자가 법 제22조제4항제2호부터 제4호까지의 규정에 따라 갖추어야 하는 요건은 별표 1과 같다.

③ 법 제22조제4항제5호에서 “그 밖에 대통령령으로 정하는 가축”이란 거위·칠면조·메추리·타조·꿩 및 기러기를 말한다.

④ 등록신청서를 받은 시장·군수 또는 구청장은 그 내용을 검토하여 별표 1에 따른 요건을 갖추었음이 확인되면 신청인에게 농림축산식품부령으로 정하는 가축사육업 등록증을 발급하여야 한다.

⑤ 시장·군수 또는 구청장은 제3항에 따라 가축사육업 등록증을 발급하면 농림축산식품부령으로 정하는 바에 따라 가축사육업 등록대장을 갖추어 작성·관리하여야 한다.

(8) 등록대상에서 제외되는 가축사육업(축산법 시행령 제14조의3)

법 제22조제5항에 따라 등록하지 아니할 수 있는 가축사육업은 다음 각 호와 같다.

1. 가축 사육시설의 면적이 $10m^2$ 미만인 닭, 오리, 거위, 칠면조, 메추리, 타조, 꿩 또는 기러기 사육업
2. 말 등 농림축산식품부령으로 정하는 가축의 사육업

(9) 비용의 지원(축산법 시행령 제14조의4)

① 농림축산식품부장관은 법 제22조제7항에 따라 축산업을 허가받거나 가축사육업을 등록하려는 자에 대하여 허가 또는 등록에 소요되는 총비용 등을 고려하여 별표 1에 따른 시설과 장비를 갖추는 데 필요한 비용의 일부를 지원할 수 있다.

② 농림축산식품부장관은 법 제22조제8항 각 호의 자에게 별표 1에 따른 축사·장비 등과 사육방법 등의 개선에 필요한 비용의 일부를 예산의 범위에서 지원할 수 있다.

③ 제1항에 따른 비용의 지원 범위 및 절차 등에 관하여 필요한 세부사항은 농림축산식품부장관이 정하여 고시한다.

(10) 통합 활용 대상 정보의 범위 등(축산법 시행령 제14조의5)

① 법 제22조의2제1항에 따른 제공 요청 대상 정보의 범위는 다음 각 호와 같다.

1. 법 제22조제1항에 따른 축산업의 허가 및 같은 조 제3항에 따른 가축사육업의 등록에 관한 정보

2. 「가축분뇨의 관리 및 이용에 관한 법률」 제11조에 따른 배출시설 허가·변경허가·신고·변경신고 및 같은 법 제12조에 따른 처리시설에 관한 정보
3. 「가축분뇨의 관리 및 이용에 관한 법률」 제27조에 따른 신고 정보 및 같은 법 제28조에 따른 허가에 관한 정보

② 농림축산식품부장관은 제1항에 따른 정보를 통합·활용하기 위하여 시스템을 구축·운영할 수 있다.

(11) 축산업 허가자 등에 대한 행정처분의 기준 등(축산법 시행령 제15조)

① 법 제25조제1항제4호에서 "대통령령으로 정하는 중요한 축사·장비 등"이란 다음 각 호의 구분에 따른 시설·장비 등을 말한다.

1. 종축업
   가. 종돈업 : 별표 1에 따른 종돈 사육시설
   나. 종계업 : 별표 1에 따른 종계 사육시설
   다. 종오리업 : 별표 1에 따른 종오리 사육시설
2. 부화업 : 별표 1에 따른 부화기
3. 정액 등 처리업 : 별표 1에 따른 종축의 보유 두수
4. 가축사육업 : 별표 1에 따른 사육시설(사육시설을 신축하기 위하여 「건축물관리법」 제30조에 따라 종전의 사육시설에 대한 해체 허가를 받거나 신고를 한 후 해체한 경우는 제외한다)

② 법 제25조제2항제1호에서 "대통령령으로 정하는 중요한 시설·장비 등"이란 환기시설(돼지 또는 닭을 사육하는 경우만 해당하며, 해당 사육시설 자체가 통풍이 가능한 구조로 되어 있는 경우는 제외한다)을 말한다.

③ 법 제25조제1항·제2항 및 제5항에 따른 허가 및 등록의 취소, 영업정지 처분에 관한 기준은 별표 2와 같다.

(12) 축산업 허가자 등에 대한 시정명령(축산법 시행령 제16조)

시장·군수 또는 구청장은 법 제25조제4항에 따라 시정명령을 하는 경우에는 시설·장비 등을 갖추는 데 드는 기간 등을 고려하여 3개월의 범위 안에서 그 이행기간을 정하여 서면으로 알려야 한다.

(13) 과징금의 부과기준(축산법 시행령 제16조의2)

법 제25조의2제1항에 따라 부과하는 과징금의 부과기준은 별표 2의2와 같다.

(14) 과징금의 부과 및 납부(축산법 시행령 제16조의3)

① 시장·군수 또는 구청장은 법 제25조의2제1항에 따라 과징금을 부과하려는 때에는 그 위반행위의 종류, 과징금의 금액 및 납부기한을 명시하여 이를 납부할 것을 과징금 부과대상자에게 서면으로 통지해야 한다.

② 제1항에 따라 통지를 받은 자는 과징금의 납부기한까지 과징금을 시장·군수 또는 구청장이 정하는 수납기관에 납부해야 한다.

③ 제2항에 따라 과징금의 납부를 받은 수납기관은 그 납부자에게 영수증을 발급해야 한다.

④ 과징금의 수납기관이 제2항에 따라 과징금을 수납한 때에는 납부받은 사실을 지체 없이 시장·군수 또는 구청장에게 통보해야 한다.

(15) 과징금의 납부기한 연기 및 분할 납부(축산법 시행령 제16조의4)

시장·군수 또는 구청장은 「행정기본법」 제29조 단서에 따라 법 제25조의2제1항에 따른 과징금의 납부기한을 연기하거나 분할 납부하게 하는 경우 납부기한의 연기는 그 납부기한의 다음 날부터 1년을 초과할 수 없고, 각 분할된 납부기한 간의 간격은 4개월 이내로 하며, 분할 납부의 횟수는 3회 이내로 한다.

(16) 국가축산클러스터의 조성절차(축산법 시행령 제16조의5)

농림축산식품부장관 또는 지방자치단체의 장은 법 제32조의2에 따라 국가축산클러스터를 조성하는 경우에는 사전에 공청회를 개최하여 해당 지역 축산업자 등 이해관계인의 의견을 들어야 한다.

(17) 경미한 사항의 변경(축산법 시행령 제16조의6)

법 제32조의2제4항 단서에서 "대통령령으로 정하는 경미한 사항을 변경하는 경우"란 다음 각 호의 어느 하나에 해당하는 경우를 말한다.

1. 해당 사업연도 내에서 사업의 시행 시기 또는 기간을 변경하는 경우
2. 계산착오, 오기(誤記), 누락, 그 밖에 이에 준하는 사유로서 그 변경 근거가 분명한 사항을 변경하는 경우

(18) 축산물수급조절협의회의 구성 등(축산법 시행령 제16조의7)

① 법 제32조의4제1항에 따라 농림축산식품부장관 소속으로 두는 축산물수급조절협의회(이하 "수급조절협의회"라 한다)의 위원은 다음 각 호의 사람 중에서 농림축산식품부장관이 임명하거나 위촉하는 사람으로 한다.

1. 기획재정부 소속으로 물가 관련 업무를 담당하는 4급 이상 공무원

2. 농림축산식품부 소속으로 가축·축산물의 수급조절 및 가격안정 관련 업무를 담당하는 4급 이상 공무원
3. 통계청 소속으로 가축동향조사 관련 업무를 담당하는 4급 이상 공무원
4. 「농업협동조합법」 제161조의2에 따른 농협경제지주회사에서 축산물 수급관리 관련 업무를 담당하는 집행간부
5. 법 제36조에 따른 축산물품질평가원의 장
6. 「소비자기본법」 제2조제3호에 따른 소비자단체의 대표
7. 「공공기관의 운영에 관한 법률」 제4조에 따른 공공기관, 그 밖의 법인·단체에서 가축·축산물의 수급조절 및 가격안정 관련 업무에 종사한 경력 또는 전문지식이 있는 사람
8. 법률·경제·경영 및 축산 관련 분야 학문을 전공하고 대학이나 공인된 연구기관에서 7년 이상 부교수 이상 또는 이에 상당하는 직에 있거나 있었던 사람
9. 축산업 관련 생산자단체·유통업계의 대표 및 축산업 관련 전문가

② 수급조절협의회의 위원장(이하 "위원장"이라 한다)은 공무원이 아닌 위원 중에서 호선(互選)하고, 부위원장은 위원장이 지명하는 위원으로 한다.

③ 공무원이 아닌 위원의 임기는 2년으로 하되, 연임할 수 있다.

④ 위원 중 결원이 생긴 때에는 제1항에 따라 보궐위원을 위촉해야 하며, 그 보궐위원의 임기는 전임자의 남은 임기로 한다.

⑤ 위원은 다음 각 호의 어느 하나에 해당하는 경우에는 해당 위원을 해촉할 수 있다.
1. 자격정지 이상의 형을 선고받은 경우
2. 심신장애로 직무를 수행할 수 없게 된 경우
3. 직무와 관련된 비위사실이 있는 경우
4. 직무태만, 품위손상이나 그 밖의 사유로 위원으로 적합하지 않다고 인정되는 경우
5. 위원 스스로 직무를 수행하는 것이 곤란하다고 의사를 밝히는 경우

(19) 위원장의 직무(축산법 시행령 제16조의8)

① 위원장은 수급조절협의회를 대표하고, 수급조절협의회의 업무를 총괄한다.

② 위원장이 부득이한 사유로 직무를 수행할 수 없을 때에는 부위원장이 그 직무를 대행하고, 위원장과 부위원장이 모두 부득이한 사유로 직무를 수행할 수 없을 때에는 위원회가 미리 정하는 위원이 그 직무를 대행한다.

(20) 수급조절협의회의 운영(축산법 시행령 제16조의9)

① 위원장은 수급조절협의회의 회의를 소집하고, 그 의장이 된다.

② 수급조절협의회의 회의는 위원장이 필요하다고 인정하거나 재적위원 2분의 1 이상이 소집을 요청한 경우 위원장이 소집한다.

③ 위원장은 수급조절협의회의 회의를 소집하려면 회의 개최 7일 전까지 회의의 일시, 장소 및 안건을 위원에게 서면으로 통보해야 한다. 다만, 긴급한 경우에는 그렇지 않다.

④ 수급조절협의회의 회의는 재적위원 과반수의 출석으로 개의하고, 출석위원 과반수의 찬성으로 의결한다.

⑤ 회의에 출석하는 위원에 대해서는 예산의 범위에서 수당과 여비를 지급할 수 있다. 다만, 공무원인 위원이 그 소관 업무와 직접적으로 관련되어 회의에 출석하는 경우에는 그렇지 않다.

⑥ 수급조절협의회는 심의에 필요한 경우 관계 기관·단체 등에 자료 및 의견의 제출 등 필요한 협조를 요청할 수 있다.

⑦ 제1항부터 제6항까지에서 규정한 사항 외에 수급조절협의회의 운영에 필요한 사항은 농림축산식품부장관이 정한다.

(21) 축종별 소위원회의 구성·운영(축산법 시행령 제16조의10)

① 수급조절협의회의 효율적인 심의를 위해 다음 각 호의 축종별 소위원회를 둔다.

1. 한우·육우 소위원회
2. 돼지 소위원회
3. 육계 소위원회
4. 산란계 소위원회
5. 오리 소위원회

② 제1항에 따른 축종별 소위원회의 구성 및 운영에 필요한 사항은 농림축산식품부장관이 정한다.

(22) 보조금의 지급 기준(축산법 시행령 제17조)

법 제33조제1항에 따른 보조금은 「세계무역기구 설립을 위한 마라케시 협정」에서 허용하는 범위에서 이를 지급하되, 「축산자조금의 조성 및 운용에 관한 법률」 제6조제1호에 따른 거출금의 금액을 초과할 수 없다.

(23) 가축거래상인 등록자에 대한 행정처분의 기준 등(축산법 시행령 제17조의2)

법 제34조의4에 따른 가축거래상인의 등록취소, 영업정지 처분에 관한 기준은 별표 3과 같다.

(24) 무항생제축산물 인증기관 평가업무의 위탁(축산법 시행령 제17조의3)

법 제42조의8제4항에서 "대통령령으로 정하는 법인, 기관 또는 단체"란 다음 각 호의 법인, 기관 또는 단체를 말한다.

1. 「정부출연연구기관 등의 설립·운영 및 육성에 관한 법률」에 따라 설립된 한국농촌경제연구원
2. 「과학기술분야 정부출연연구기관 등의 설립·운영 및 육성에 관한 법률」에 따라 설립된 한국식품연구원
3. 「한국농수산대학교 설치법」에 따른 한국농수산대학교
4. 「고등교육법」에 따른 학교 또는 그 부설 기관

(25) 기금사업비 등의 지원범위(축산법 시행령 제18조)

법 제47조제1항제8호에 따라 법 제43조의 축산발전기금(이하 "기금"이라 한다)에서 사업비 및 경비를 지원받을 수 있는 기금사업은 다음 각 호와 같다.

1. 가축의 개량·증식사업
2. 가축위생 및 방역사업
3. 축산물의 생산기반조성·가공시설개선 및 유통개선을 위한 사업
4. 사료의 개발 및 품질관리사업
5. 축산발전을 위한 기술의 지도·조사·연구·홍보 및 보급에 관한 사업
6. 기금재산의 관리·운영
7. 동물유전자원의 보존·관리 등에 관한 사업

(26) 기금의 보조(축산법 시행령 제19조)

① 법 제47조제2항에 따라 기금에서 보조금을 지급받으려는 자는 보조금지급신청서에 보조금을 지급받으려는 사업의 명칭·목적·주체·기간·내용 및 사업비 등을 기재한 사업계획서를 첨부하여 농림축산식품부장관에게 제출하여야 한다.

② 농림축산식품부장관은 제1항에 따른 보조금지급신청서를 제출받으면 이를 검토하여 제21조에 따른 연간기금운용계획에 부합된다고 인정하는 경우에는 보조금의 교부를 결정하고, 이를 신청인에게 통지하여야 한다.

③ 기금의 보조금지급에 관하여 이 영에서 정한 것 외에는 농림축산식품부장관이 정한다.

(27) 기금의 융자(축산법 시행령 제20조)

① 농림축산식품부장관은 법 제47조제1항 각 호의 사업을 위하여 기금을 융자하는 경우에는 「농업협동조합법」에 따른 조합과 농협은행, 「새마을금고법」에 따른 새마을금고와 새마을금고연합회, 「신용협동조합법」에 따른 신용협동조합과 신용협동조합중앙회 및 「은행법」에 따른 은행을 통하여 이를 행한다. 다만, 수출과 관련된 자금을 위한 융자는 「한국농수산식품유통공사법」에 따른 한국농수산식품유통공사를 통하여 이를 행할 수 있다.

② 기금의 융자방법과 융자조건에 관한 세부사항은 농림축산식품부장관이 정한다. 다만, 융자금리를 정하려는 때에는 미리 기획재정부장관과 협의하여야 한다.

(28) 기금의 운용 및 관리 사무의 위탁(축산법 시행령 제21조)

① 농림축산식품부장관은 법 제48조제2항에 따라 기금의 운용 및 관리 사무 중 다음 각 호의 사무를 「농업협동조합법」 제161조의2에 따른 농협경제지주회사(이하 "농협경제지주회사"라 한다)에 위탁한다.

1. 기금의 수입 및 지출
2. 기금재산의 취득·운용 및 처분
3. 법 제48조제3항에 따른 기금대손보전계정의 설치 및 운용
4. 제24조에 따른 기금의 여유자금의 운용
5. 그 밖에 기금의 운용 및 관리에 관한 것으로서 농림축산식품부령으로 정하는 사항

② 제1항에 따라 기금의 운용 및 관리 사무를 위탁받은 농협경제지주회사는 기금의 운용 및 관리를 명확히 하기 위하여 기금을 다른 회계와 구분하여 회계처리하여야 한다.

(29) 기금의 회계기관(축산법 시행령 제22조)

① 농림축산식품부장관은 기금의 수입과 지출에 관한 사무를 수행하게 하기 위하여 소속 공무원 중에서 기금수입징수관·기금재무관·기금지출관 및 기금출납공무원을 임명한다.

② 농림축산식품부장관은 제21조제1항 각 호의 사무를 수행하게 하기 위하여 농협경제지주회사의 임원 중에서 기금수입 담당 임원과 기금지출원인행위 담당 임원을, 농협경제지주회사의 직원 중에서 기금지출직원과 기금출납직원을 각각 임명하여야 한다. 이 경우 기금수입 담당 임원은 기금수입징수관의 직무를, 기금지출원인행위 담당 임원은 기금재무관의 직무를, 기금지출직원은 기금지출관의 직무를, 기금출납직원은 기금출납공무원의 직무를 각각 수행한다.

(30) 기금계정의 설치(축산법 시행령 제23조)

농림축산식품부장관은 기금의 수입과 지출을 명확히 하기 위하여 한국은행에 기금계정을 설치하여야 한다.

(31) 여유자금의 운용(축산법 시행령 제24조)

농림축산식품부장관은 기금의 여유자금을 다음 각 호의 방법으로 운용할 수 있다.

1. 「은행법」에 따른 은행에의 예치
2. 국채·공채 그 밖에 「자본시장과 금융투자업에 관한 법률」 제4조에 따른 증권의 매입

(32) 등급판정수수료의 징수(축산법 시행령 제25조)

법 제49조제3항 전단 및 후단에서 "대통령령으로 정하는 자"란 각각 「축산물 위생관리법」 제22조 제1항에 따라 도축업, 축산물가공업, 식용란선별포장업, 식육포장처리업의 허가를 받은 자와 같은 법 제24조제1항에 따라 같은 법 시행령 제21조제7호바목의 식용란수집판매업 신고를 한 자를 말한다.

(33) 권한의 위임·위탁(축산법 시행령 제26조)

① 농림축산식품부장관은 법 제51조제1항에 따라 다음 각 호의 권한을 국립농산물품질관리원장에게 위임한다.

1. 법 제42조의2에 따른 무항생제축산물에 대한 인증
2. 법 제42조의6제2항에 따른 인증품의 생산방법과 사용자재 등에 관한 정보 표시의 권고
3. 법 제42조의7제1항에 따른 인증의 취소, 인증표시의 제거·사용정지 또는 시정조치 명령
4. 법 제42조의7제2항에 따른 인증사업자에 대한 인증 취소의 통지 및 인증기관의 인증 취소 사실 보고의 수리
5. 법 제42조의8제1항에 따른 인증기관의 지정
6. 법 제42조의8제2항부터 제5항까지의 규정에 따른 인증기관의 지정 신청의 접수, 지정갱신, 평가업무의 위임·위탁, 변경신고의 수리 및 변경 승인
7. 법 제42조의10제1항에 따른 인증품 및 인증사업자에 대한 조사의 실시, 시료의 무상 제공 요청·검사 및 자료 제출 등의 요구
8. 법 제42조의10제5항부터 제7항까지의 규정에 따른 조사 결과의 통지, 시료의 재검사 요청 접수, 재검사 여부 결정·통보 및 재검사 결과 통보
9. 법 제42조의10제8항부터 제11항까지의 규정에 따른 인증 취소 등의 조치명령 및 인증기관에 대한 조치 요청, 인증품의 압류 및 조치명령의 내용 공표
10. 법 제42조의11제2항 및 제3항에 따른 인증기관의 지위 승계 신고의 수리 및 신고수리 여부의 통지
11. 법 제42조의12에 따라 준용되는 다음 각 목의 규정에 따른 권한
    가. 「친환경농어업 육성 및 유기식품 등의 관리·지원에 관한 법률」(이하 이 호에서 "법"이라 한다) 제26조의2제1항에 따른 인증심사원의 자격 부여
    나. 법 제26조의2제2항에 따른 인증심사원의 자격을 부여받으려는 자에 대한 교육
    다. 법 제26조의2제3항에 따른 인증심사원의 자격 취소·정지 또는 시정조치 명령
    라. 법 제27조제1항제2호에 따른 인증기관에 대한 접근 및 정보·자료 제공의 요청
    마. 법 제27조제1항제4호에 따른 인증기관의 인증 결과 및 사후관리 결과 등에 대한 보고의 수리

바. 법 제27조제1항제5호에 따른 인증사업자에 대한 불시(不時) 심사 및 그 결과의 기록·관리

사. 법 제28조에 따른 인증기관의 인증업무 휴업·폐업 신고의 수리

아. 법 제29조제1항 및 제2항에 따른 인증기관의 지정취소·업무정지 또는 시정조치 명령 및 그 지정취소·업무정지 처분사실의 인터넷 홈페이지 게시

자. 법 제32조제1항에 따른 인증기관에 대한 조사

차. 법 제32조제2항에 따른 인증기관에 대한 지정취소·업무정지 또는 시정조치 명령

카. 법 제32조의2제1항 및 제2항에 따른 인증기관의 평가·등급결정 및 결과 공표, 평가·등급결정 결과의 인증기관 관리·지원·육성 등에의 반영

타. 법 제57조제1항제2호 및 제3호에 따른 인증심사원의 자격 취소 및 인증기관의 지정취소에 대한 청문

12\. 법 제49조제1항제3호에 따른 수수료의 수납

13\. 법 제56조제3항에 따른 과태료의 부과·징수(같은 조 제2항제9호부터 제18호까지의 규정에 따른 위반행위로 한정한다)

② 국립농산물품질관리원장은 제1항에 따라 위임받은 권한의 일부를 농림축산식품부장관의 승인을 받아 소속기관의 장에게 재위임할 수 있다. 이 경우 국립농산물품질관리원장은 그 재위임한 내용을 고시해야 한다.

③ 시·도지사는 법 제51조제3항에 따라 법 제13조제1항에 따른 수정사에 대한 교육의 실시를 법 제5조제3항에 따라 지정한 가축개량기관에 위탁한다.

④ 법 제51조제4항에서 "대통령령으로 정하는 축산 관련 법인 및 단체"란 법 제36조에 따른 축산물품질평가원(이하 이 조에서 "축산물품질평가원"이라 한다), 「가축전염병예방법」 제9조에 따른 가축위생방역 지원본부, 「가축분뇨의 관리 및 이용에 관한 법률」 제38조의2에 따른 축산환경관리원 및 농림축산식품부장관이 별도로 고시하는 축산 관련 기관을 말한다.

⑤ 농림축산식품부장관은 법 제51조제5항에 따라 법 제29조제1항에 따른 종축 등의 수출입 신고에 관한 업무를 농림축산식품부장관이 지정·고시하는 종축개량업무를 행하는 비영리법인에 위탁한다. 다만, 종계와 종란의 수출입 신고에 관한 업무는 농림축산식품부장관이 지정·고시하는 양계 관련 업무를 담당하는 비영리법인에 이를 위탁한다.

⑥ 농림축산식품부장관은 법 제51조제6항에 따라 법 제32조제1항에 따른 송아지생산안정사업에 관한 업무를 농업협동조합중앙회에 위탁한다.

⑦ 농림축산식품부장관은 법 제51조제7항에 따라 법 제40조의2에 따른 전자민원창구의 설치·운영에 관한 업무를 축산물품질평가원에 위탁한다.

(34) 민감정보 및 고유식별정보의 처리(축산법 시행령 제26조의2)

농림축산식품부장관, 농촌진흥청장, 지방자치단체의 장(해당 권한이 위임·위탁된 경우에는 그 권한을 위임·위탁받은 자를 포함한다), 법 제33조의3에 따른 교육총괄기관 및 교육운영기관(이하 이 조에서 "교육기관 등"이라 한다)은 다음 각 호의 사무를 수행하기 위하여 불가피한 경우 「개인정보 보호법」 제23조에 따른 건강에 관한 정보 또는 같은 법 시행령 제19조제1호에 따른 주민등록번호가 포함된 자료를 처리할 수 있다.

1. 법 제12조에 따른 가축 인공수정사 면허 및 시험의 관리
2. 법 제22조제1항 또는 제3항에 따라 축산업 허가를 받은 자 및 가축사육업 등록자의 관리
3. 법 제33조의2에 따른 의무교육 이수자의 관리
4. 법 제34조의2제1항에 따른 가축거래상인 등록자의 관리
5. 법 제40조의2에 따른 전자민원창구의 설치·운영
6. 법 제47조제2항 및 이 영 제19조에 따른 기금의 보조
7. 제20조제1항에 따른 기금의 융자

(35) 규제의 재검토(축산법 시행령 제26조의3)

농림축산식품부장관은 제11조제1항 및 제2항에 따른 가축개량총괄기관 및 가축개량기관의 지정에 대하여 2016년 1월 1일을 기준으로 3년마다(매 3년이 되는 해의 1월 1일 전까지를 말한다) 그 타당성을 검토하여 개선 등의 조치를 하여야 한다.

(36) 과태료의 부과기준(축산법 시행령 제27조)

법 제56조제1항 및 제2항에 따른 과태료의 부과기준은 별표 4와 같다.

03 축산법 시행규칙

[시행 2023. 12. 8.] [농림축산식품부령 제617호, 2023. 12. 8, 일부개정]

1. 총 칙

(1) 목적(축산법 시행규칙 제1조)

이 규칙은 「축산법」 및 같은 법 시행령에서 위임된 사항과 그 시행에 필요한 사항을 규정함을 목적으로 한다.

(2) 토종가축의 인정 등(축산법 시행규칙 제2조의2)

① 「축산법」(이하 "법"이라 한다) 제2조제1호의2에 따른 토종가축은 한우, 돼지, 닭, 오리, 말 및 꿀벌 중 예로부터 우리나라 고유의 유전특성과 순수혈통을 유지하며 사육되어 외래종과 분명히 구분되는 특징을 지니는 가축으로 한다.

② 제1항에 따른 토종가축의 인정기준, 절차, 그 밖에 인정업무에 필요한 사항에 대해서는 농림축산식품부장관이 정하여 고시한다.

(3) 종축의 기준(축산법 시행규칙 제3조)

법 제2조제2호에서 "농림축산식품부령으로 정하는 기준에 해당하는 가축"이란 법 제6조에 따라 가축의 등록을 하거나 법 제7조에 따라 가축의 검정을 받은 결과 번식용으로 적합한 특징을 갖춘 것으로 판정된 가축을 말한다.

(4) 종축업의 대상(축산법 시행규칙 제5조)

법 제2조제5호에서 "농림축산식품부령으로 정하는 번식용 가축 또는 씨알"이란 다음 각 호의 것을 말한다.

1. 돼지・닭・오리
2. 법 제7조에 따른 검정 결과 종계・종오리로 확인된 닭・오리에서 생산된 알로서 그 종계・종오리 고유의 특징을 가지고 있는 알
3. 「가축전염병예방법」 제2조제2호에 따른 가축전염병에 대한 검진 결과가 음성인 닭・오리에서 생산된 알

(5) 축산발전심의위원회의 구성(축산법 시행규칙 제5조의2)

① 법 제4조제1항에 따른 축산발전심의위원회(이하 "위원회"라 한다)는 위원장과 부위원장 각 1명을 포함한 25명 이내의 위원으로 구성한다.

② 위원장은 농림축산식품부차관이 되고, 부위원장은 농림축산식품부장관이 농림축산식품부의 고위공무원단에 속하는 일반직공무원 중에서 지명한다.

③ 위원은 다음 각 호의 사람이 된다.

1. 기획재정부장관·농림축산식품부장관·보건복지부장관 및 환경부장관이 해당 부처의 3급 공무원 또는 고위공무원단에 속하는 일반직공무원 중에서 지명하는 사람 각 1명
2. 다음 각 목의 사람 중에서 농림축산식품부장관이 성별을 고려하여 위촉하는 사람
   가. 「농업협동조합법」 제2조제2호에 따른 지역축산업협동조합의 임원
   나. 「농업협동조합법」 제2조제3호에 따른 품목별·업종별 협동조합의 임원
   다. 「농업협동조합법」 제2조제4호에 따른 농업협동조합중앙회(이하 "농업협동조합중앙회"라 한다)의 임원
   라. 「농업협동조합법」 제105조제2항에 따른 농업인
   마. 축산 관련 단체의 장
   바. 학계와 축산 관련 업계의 전문가

(6) 위원의 해촉(축산법 시행규칙 제5조의3)

① 제5조의2제3항제1호에 따라 위원을 지명한 자는 해당 위원이 다음 각 호의 어느 하나에 해당하는 경우에는 그 지명을 철회할 수 있다.

1. 심신장애로 인하여 직무를 수행할 수 없게 된 경우
2. 직무와 관련된 비위사실이 있는 경우
3. 직무태만, 품위손상이나 그 밖의 사유로 인하여 위원으로 적합하지 아니하다고 인정되는 경우
4. 위원 스스로 직무를 수행하는 것이 곤란하다고 의사를 밝히는 경우

② 농림축산식품부장관은 제5조의2제3항제2호에 따른 위원이 제1항 각 호의 어느 하나에 해당하는 경우에는 해당 위원을 해촉(解囑)할 수 있다.

(7) 분과위원회(축산법 시행규칙 제5조의4)

① 법 제4조제3항에 따른 위원회의 효율적인 운영을 위하여 위원회에 가축종류별 분과위원회와 축산계열화 분과위원회를 둘 수 있다.

② 분과위원회의 구성과 운영에 필요한 사항은 위원회의 의결을 거쳐 위원장이 정한다.

(8) 위원회의 기능(축산법 시행규칙 제5조의5)

위원회는 다음 각 호의 사항을 심의한다.

1. 법 제3조제1항에 따른 축산발전계획

2. 축산발전과 관련된 사항으로서 농림축산식품부장관이 회의에 부치는 사항

(9) 위원장의 직무 등(축산법 시행규칙 제5조의6)

① 위원장은 위원회를 대표하고, 위원회의 업무를 총괄한다.
② 부위원장은 위원장을 보좌하고, 위원장이 부득이한 사유로 직무를 수행할 수 없는 경우에는 그 직무를 대행한다.

(10) 회의(축산법 시행규칙 제5조의7)

① 위원장은 위원회의 회의를 소집하고, 그 의장이 된다.
② 위원회의 회의는 재적위원 과반수의 출석과 출석위원 과반수의 찬성으로 의결한다.

(11) 의견의 청취(축산법 시행규칙 제5조의8)

위원장은 위원회의 심의사항과 관련하여 필요하다고 인정하는 경우에는 이해관계인 또는 관계전문가를 출석시켜 그 의견을 들을 수 있다.

(12) 간사(축산법 시행규칙 제5조의9)

① 위원회의 서무를 처리하게 하기 위하여 위원회에 간사 1명을 둔다.
② 간사는 위원장이 농림축산식품부 소속 공무원 중에서 지명한다.

(13) 수당(축산법 시행규칙 제5조의10)

위원회에 출석한 위원과 제5조의8에 따른 이해관계인 또는 관계전문가에 대하여는 예산의 범위 안에서 수당과 여비를 지급할 수 있다. 다만, 공무원인 위원이 그 소관 업무와 직접 관련하여 위원회에 출석하는 경우에는 그러하지 아니하다.

2. 가축의 개량 · 등록 · 검정 등

(1) 개량 대상 가축(축산법 시행규칙 제6조)

「축산법 시행령」(이하 "영"이라 한다) 제10조제2항에 따른 개량 대상 가축은 한우 · 젖소 · 돼지 · 닭 · 오리 · 말 및 염소로 한다.

(2) 가축개량총괄기관의 업무(축산법 시행규칙 제7조)

① 법 제5조제3항에 따라 지정된 가축개량총괄기관(이하 “가축개량총괄기관”이라 한다)의 업무는 다음 각 호와 같다.

1. 가축종류별 개량목표 설정 등을 위한 개량계획의 작성
2. 개량계획에 따른 사업의 점검·평가
3. 가축개량기관간의 개량사업의 협의·조정
4. 가축개량 관련 정보의 수집·분석·평가·실적 보고 및 주요 가축종류의 국가단위 유전능력 평가
5. 그 밖에 농림축산식품부장관이 가축개량 촉진에 필요하다고 인정하는 업무

② 가축개량총괄기관은 제1항에 따른 업무의 추진을 위하여 법 제5조제3항에 따라 지정된 가축개량기관(이하 “가축개량기관”이라 한다)에 대하여 개량사업 계획·개량사업 결과, 그 밖의 필요한 자료를 제출하도록 요청할 수 있다.

(3) 등록기관의 지정(축산법 시행규칙 제8조)

농림축산식품부장관은 법 제6조제2항에 따라 가축의 등록기관을 지정하려는 때에는 등록대상 가축을 정하여 다음 각 호의 인력 및 시설·장비를 확보한 축산 관련 기관 및 단체 중에서 지정하여야 한다.

① 다음 각 목의 인력

1. 가축육종·유전 분야의 석사학위 이상의 학력이 있거나 「고등교육법」 제2조에 따른 학교의 축산 관련 학과를 졸업하고 가축육종·유전 분야에서 3년 이상 종사한 경력이 있는 자 또는 「국가기술자격법」에 따른 축산기사 이상의 자격을 취득한 자 1인 이상
2. 전산프로그램을 전담하는 인력 1인 이상

② 다음 각 목의 시설·장비

1. $24m^2$ 이상의 사무실
2. 체형 측정기·간이 체중 측정기·개체식별용 장치 부착기 및 인식기
3. 보조기억장치가 1테라바이트 이상이고 연산처리장치가 6개 이상의 서버능력 및 관계형 데이터베이스의 전산장비

(4) 가축의 등록 등(축산법 시행규칙 제9조)

① 법 제6조에 따라 가축을 등록하려는 자는 축산 관련 기관 및 단체 중에서 농림축산식품부장관이 지정·고시하는 등록기관(이하 “종축등록기관”이라 한다)에 등록을 신청하여야 한다.

② 제1항에 따른 등록 대상 가축은 소·돼지·말·토끼 및 염소로 한다.

③ 제1항에 따라 등록신청을 받은 종축등록기관은 등록 대상 가축의 외모・체형・특징 등을 고려하여 정한 심사기준에 따라 심사를 하고, 그 심사 결과가 등록 대상 가축의 우수성 정도와 혈통 등을 고려하여 정한 등록기준에 적합하다고 인정하면 이에 상응하는 등록을 하여야 한다.

④ 제3항에 따른 심사기준・등록기준, 그 밖의 등록업무의 수행에 필요한 세부적인 사항은 종축등록기관이 관련 기관, 학계 및 업계 등의 의견을 들어 정한 후 이를 공고하여야 한다. 다만, 심사기준과 등록기준에 대해서는 가축개량총괄기관의 장과 사전에 협의하여야 한다.

(5) 검정기관의 지정(축산법 시행규칙 제10조)

농림축산식품부장관은 법 제7조에 따라 가축의 검정기관을 지정하려는 때에는 검정 대상 가축을 정하여 다음 각 호의 인력 및 시설・장비를 확보한 축산 관련 기관 및 단체 중에서 지정하여야 한다.

① 다음 각 목의 인력

1. 가축육종・유전 분야의 석사학위 이상의 학력이 있거나 「고등교육법」 제2조에 따른 학교의 축산 관련 학과를 졸업한 후 가축육종・유전 분야에서 3년 이상 종사한 경력이 있는 사람 또는 「국가기술자격법」에 따른 축산기사 이상의 자격을 취득한 사람 1명 이상
2. 전산프로그램을 담당하는 인력 1명 이상

② 제11조제4항에서 정하는 검정기준에 따라 가축의 경제성을 검정할 수 있는 시설과 검정성적을 기록・분석・평가할 수 있는 체중계 등 측정기구

(6) 가축의 검정(축산법 시행규칙 제11조)

① 법 제7조제1항제2호에서 "농림축산식품부령으로 정하는 씨알"이란 종계・종오리(법 제2조제2호에 따른 종축 중 같은 계통의 씨암탉과 씨수탉, 씨암오리와 씨숫오리를 말한다. 이하 같다)로부터 생산된 알을 말한다.

② 법 제7조에 따른 가축의 검정은 서류심사 및 외모를 확인하기 위한 일반검정(종계・종오리만 해당한다)과 가축의 자질 및 경제성을 확인・평가하기 위한 능력검정으로 구분하여 실시한다.

③ 제2항에 따른 검정을 받으려는 자는 농림축산식품부장관이 지정・고시하는 검정기관(이하 "종축검정기관"이라 한다)에 검정을 신청하여야 한다.

④ 제3항에 따라 검정신청을 받은 종축검정기관은 농림축산식품부장관이 검정 대상 가축별로 검정의 종류・기간・방법 및 조사사항 등을 정하여 고시하는 검정기준에 따라 검정을 실시하여야 한다.

⑤ 제3항에 따른 가축의 검정신청절차, 그 밖의 검정에 필요한 사항은 종축검정기관이 관련 기관, 학계 및 업계 등의 의견을 들어 정한 후 이를 공고하여야 한다.

(7) 종축의 대여 및 교환대상자(축산법 시행규칙 제12조)

법 제10조에 따른 종축의 대여 및 교환은 다음 각 호의 자와 행한다.

1. 가축개량총괄기관 및 가축개량기관
2. 법 제22조제1항제1호에 따른 종축업자
3. 법 제22조제1항제3호에 따른 정액 등 처리업자
4. 농림축산식품부장관, 특별시장·광역시장·특별자치시장·도지사·특별자치도지사(이하 "시·도지사"라 한다)가 가축의 개량·증식 또는 사육을 장려하기 위하여 필요하다고 인정하는 자

(8) 종축의 대여(축산법 시행규칙 제13조)

법 제10조에 따른 종축의 대여는 종축사육기관과 제12조에 따른 종축대여대상자와의 계약에 의하되, 계약서에는 대여기간, 대여종축의 관리 및 반납, 사고시의 처리방법 및 계약해지조건 등 대여목적의 달성에 필요한 사항을 명시하여야 한다.

(9) 종축의 교환(축산법 시행규칙 제14조)

법 제10조에 따른 종축의 교환은 종축사육기관과 제12조에 따른 종축교환대상자와의 계약에 의하되, 교환 대상 종축간의 가격에 차이가 있으면 그 차액을 정산하여야 한다.

3. 가축의 인공수정 등

(1) 가축인공수정사의 면허(축산법 시행규칙 제15조)

① 법 제12조에 따른 가축인공수정사(이하 "수정사"라 한다)의 면허를 받으려는 자는 별지 제1호서식의 가축인공수정사 면허신청서에 다음 각 호의 서류를 첨부하여 시·도지사에게 제출하여야 한다.

1. 법 제12조제1항 각 호에 따른 자격증 사본 또는 수정사시험합격증 사본
2. 법 제12조제2항제2호·제3호에 해당하지 아니함을 증명할 수 있는 건강진단서

② 시·도지사는 수정사의 면허를 한 때에는 그 신청인에게 별지 제2호서식의 수정사면허증을 교부하여야 하며, 별지 제3호서식의 수정사면허대장에 그 면허사항을 기재하고 비치하여야 한다.

③ 수정사는 면허증이 헐어 못쓰게 되거나 면허증을 잃어버린 경우에는 별지 제4호서식의 수정사면허증 재발급신청서에 따라 시·도지사에게 재발급신청을 할 수 있다. 이 경우 면허증이 헐어 못쓰게 된 경우에는 그 면허증을 첨부하여야 하며, 면허증을 잃어버린 경우에는 그 사유서를 첨부하여야 한다.

④ 제3항에 따라 인공수정사면허증 재발급 신청을 받은 시·도지사는 이를 확인하여 재발급하되, 해당 면허를 발급한 시·도지사의 확인이 필요한 경우에는 신속히 확인 절차를 거쳐야 한다. 이 경우 해당 면허를 발급한 시·도지사는 신청서를 받은 후 즉시, 해당 면허를 발급하지 아니한 시·도지사는 신청서를 받은 후 10일 이내에 재발급하여야 한다.

(2) 수정사시험(축산법 시행규칙 제16조)

① 시·도지사 또는 농촌진흥청장(이하 "시험 시행기관의 장"이라 한다)은 법 제12조제1항제2호 및 제3호에 따라 수정사시험(이하 "시험"이라 한다)을 시행하려는 때에는 시험시행일 60일 전까지 다음 각 호의 사항을 해당 시·도 또는 농촌진흥청(이하 "시험 시행기관"이라 한다)의 인터넷 홈페이지 등에 공고하여야 한다.

1. 응시자격
2. 시험 일시·장소 및 응시절차
3. 시험과목 및 합격자 결정기준
4. 응시원서 등의 수령·제출 방법 및 제출기한
5. 합격자 발표 일시 및 방법
6. 그 밖에 시험 시행에 필요한 사항

② 시험에 응시하려는 자는 별지 제5호서식의 가축인공수정사시험 응시원서를 시험 시행기관의 장에게 제출하여야 한다.

③ 시험과목, 평가요소 및 출제유형 등은 별표 1과 같다.

④ 필기시험의 합격자는 매 과목 100점을 만점으로 하여 40점 이상, 전 과목 평균 60점 이상을 득점한 자로 하고, 실기시험 합격자는 매 과목 100점을 만점으로 하여 전 과목 평균 60점 이상을 득점한 자로 한다.

⑤ 시험 시행기관의 장은 시험에 합격한 자에게 별지 제6호서식의 합격증을 교부하여야 한다.

(3) 시험위원회(축산법 시행규칙 제18조)

① 시험 시행기관의 장은 시험을 시행할 때마다 다음 각 호의 사항을 심의하기 위하여 시험위원회를 구성한다.

1. 시험일시·장소 및 응시절차 등에 관한 사항
2. 시험문제의 출제 및 채점 방법
3. 시험 합격자의 결정
4. 그 밖에 시험에 관하여 위원회의 위원장이 회의에 부치는 사항

② 시험위원회는 위원장 1명을 포함하여 9명 이내의 위원으로 구성하되, 시험 시행기관의 공무원이 아닌 위원이 과반수가 되도록 해야 한다.

③ 시험위원회의 위원은 다음 각 호의 어느 하나에 해당하는 사람 중에서 임명 또는 위촉하고, 위원장은 시험 시행기관의 장이 위원 중에서 임명한다.
1. 「고등교육법」 제2조에 따른 학교의 수의학과 또는 축산 관련 학과의 교수
2. 농업직 · 농업연구직 · 농촌지도직 · 수의직 · 수의연구직공무원, 그 밖의 축산 관계 공무원
3. 5년 이상 실무에 종사하고 있는 수정사

④ 시험위원회 회의는 재적위원 과반수의 출석과 출석위원 과반수의 찬성으로 의결한다.

⑤ 시험위원에 대하여는 예산의 범위 안에서 수당을 지급할 수 있다.

⑥ 시험위원회의 운영 등에 필요한 사항은 시험 시행기관의 장이 정한다.

(4) 수정사의 교육(축산법 시행규칙 제19조)

① 법 제13조제1항 및 제51조제3항에 따라 수정사의 교육을 실시하려는 가축개량기관의 장은 교육의 장소 · 시간 등 교육에 필요한 사항을 그 시행일 30일 전까지 해당 가축개량기관의 인터넷 홈페이지 등에 공고하여야 한다.

② 수정사 교육의 대상은 수정사 면허를 보유하고 있는 사람 중 다음 각 호의 사람으로 한다.
1. 법 제17조제1항에 따라 가축인공수정소(이하 "수정소"라 한다)를 개설하여 운영 중인 사람
2. 가축인공수정 업무에 종사하고 있는 사람

③ 교육과정은 6시간 이상으로 구성하고, 교육내용에는 축산시책, 가축번식학, 인공수정 및 수정란 이식 등을 포함해야 한다.

(5) 수정사에 대한 행정처분 기준(축산법 시행규칙 제20조)

제14조제1항에 따른 수정사에 대한 행정처분의 세부기준은 별표 2와 같다.

(6) 가축인공수정소의 개설신고(축산법 시행규칙 제22조)

① 수정소의 개설신고를 하려는 자는 정액 · 난자 또는 수정란의 검사 · 주입 및 보관에 필요한 기구와 설비를 갖추어야 한다.

② 제1항에 따른 수정소의 개설신고를 하려는 자는 별지 제9호서식에 따른 가축인공수정소 개설신고서에 다음 각 호의 서류를 첨부하여 특별자치시장, 특별자치도지사, 시장, 군수 또는 자치구의 구청장(이하 "시장 · 군수 또는 구청장"이라 한다)에게 제출하여야 한다.
1. 수정사 또는 수의사의 면허증 사본(개설자가 수정사 또는 수의사가 아닌 경우에는 고용된 수정사 또는 수의사의 면허증 사본)
2. 정액 · 난자 또는 수정란의 검사 · 주입 및 보관에 필요한 기구와 설비명세서

③ 시장 · 군수 또는 구청장은 수정소의 개설신고를 받은 경우에는 별지 제10호서식의 가축인공수정소 신고확인증을 교부하여야 한다.

④ 수정소의 개설신고를 한 자(이하 “수정소개설자”라 한다)가 법 제17조제4항에 따라 영업의 휴업·폐업·휴업한 영업의 재개를 신고하려는 때에는 그 사유가 발생한 날부터 30일 이내에 별지 제9호서식에 따른 가축인공수정소 휴업·폐업·영업재개신고서에 가축인공수정소 신고확인증(휴업·폐업신고의 경우로 한정한다)을 첨부하여 시장·군수 또는 구청장에게 제출해야 한다. 다만, 영업의 폐업을 신고하려는 수정소개설자가 가축인공수정소 신고확인증을 분실한 때에는 신고서에 분실사유를 기재하면 가축인공수정소 신고확인증을 첨부하지 않을 수 있다.

⑤ 법 제17조제4항제4호에서 “농림축산식품부령으로 정하는 사항”이란 다음 각 호의 사항을 말한다.

1. 명칭
2. 사업장의 소재지
3. 수정사 또는 수의사

⑥ 수정소개설자가 제5항 각 호의 어느 하나에 해당하는 사항을 변경한 때에는 법 제17조제4항에 따라 그 사유가 발생한 날부터 30일 이내에 별지 제9호서식에 따른 가축인공수정소 신고사항 변경신고서에 다음 각 호의 서류를 첨부하여 시장·군수 또는 구청장에게 제출하여야 한다.

1. 가축인공수정소 신고확인증
2. 변경내용을 증명하는 서류

⑦ 제4항에 따라 폐업신고를 하려는 자가 「부가가치세법」 제8조제6항에 따른 폐업신고를 같이 하려는 경우에는 제4항에 따른 폐업신고서와 「부가가치세법 시행규칙」 별지 제9호서식의 폐업신고서를 함께 제출하거나 「민원 처리에 관한 법률 시행령」 제12조제10항에 따른 통합 폐업신고서를 제출하여야 한다. 이 경우 해당 시장·군수 또는 구청장은 함께 제출받은 폐업신고서 또는 통합 폐업신고서를 즉시 관할 세무서장에게 송부(전자적 방법을 이용한 송부를 포함한다. 이하 제28조 및 제37조의3에서와 같다)하여야 한다.

⑧ 「부가가치세법 시행령」 제13조제5항에 따라 관할 세무서장이 제4항에 따른 폐업신고서를 받아 이를 해당 시장·군수 또는 구청장에게 송부한 경우에는 관할 세무서장에게 제4항에 따른 폐업신고서를 제출한 날에 시장·군수 또는 구청장에게 제출한 것으로 본다.

(7) 정액증명서 및 가축인공수정증명서 등(축산법 시행규칙 제23조)

① 법 제18조제1항에 따라 정액 등 처리업을 경영하는 자 및 가축인공수정용의 정액·난자 또는 수정란을 수입하여 공급하려는 자는 해당 정액·난자 또는 수정란을 제공한 종축의 혈통에 관하여 다음 각 호의 구분에 따라 종축등록기관으로부터 확인을 받아 증명서를 발급하여야 한다.

1. 소 정액(난자)증명서 : 별지 제11호서식

2. 돼지 정액(난자)증명서 : 별지 제11호의2서식

3. 수정란증명서 : 별지 제12호서식

② 법 제18조제2항에 따라 수정사 또는 수의사가 가축인공수정을 하거나 수정란을 이식하면 별지 제11호서식의 가축인공수정증명서 또는 별지 제12호서식의 수정란이식증명서를 발급하여야 한다.

■ 축산법 시행규칙 [별지 제11호서식] <개정 2021. 10. 8.>

(앞쪽)

인공수정증명(시술자 보관용)

발급번호

암가축 및 사육자 정보	성명	품종
	주소(목장명)	등록번호 또는 개체식별번호
인공수정 정보	정액번호	수정일자 년 월 일
	종축 이름	수정횟수 회
	상태 및 특기사항	수정사

························ 자 르 는 선 ························

소 정액(난자)증명서 및 가축인공수정증명서(양축농가 보관용)

[정액(난자)증명]

발급번호

정액(난자)생산업체 또는 수입업체

품종	원산지		공급수량
종축 이름	정액번호	등록번호	개체식별번호

혈통	부		등록번호	
	조부		등록번호	
	모		등록번호	
	외조부		등록번호	

공급하는 정액(난자)의 혈통을 위와 같이 증명합니다.

확인	종축등록기관 (인)

(수정증명)

암가축 및 사육자 정보	성명	품종
	주소(농장명)	등록번호 또는 개체식별번호
인공수정 정보	수정일자 년 월 일	수정횟수 회
	상태 및 특기사항	재발정 예정일
		분만 예정일

위와 같이 수정하였음을 증명합니다.

가축인공수정사 · 수의사 (인)

종축의 유전능력 참고자료

210㎜×297㎜[백상지(80g/㎡)]

■ 축산법 시행규칙 [별지 제11호의2서식] <개정 2019. 12. 31.>

(앞쪽)

발행번호

돼지 정액(난자)증명서

정액(난자) 생산(수입)업체: 확인일자 : 년 월 일

위 업체의 정액(난자) 생산(수입)을 위한 종돈의 정보를 아래와 같이 확인합니다.

확인	종축등록기관 (인)

품종	등록 번호	정액(난자) 번호	90kg 도달일령(일)	일당 증체량(g)	사료 요구율	등지방 두께(mm)	생존새끼수

* 종돈별 혈통 및 유전능력 참고자료는 뒷면 참고

210㎜×297㎜[백상지(80g/㎡)]

■ 축산법 시행규칙 [별지 제12호서식] <개정 2021. 10. 8.>

(앞쪽)

수정란증명(시술자 보관용)

발급번호

대리모 및 사육자 정보	성명	주소(목장명)		
	등록번호 또는 개체식별번호	수정란	부	
			모	
시술정보	시술일자 년 월 일	수정횟수 회		
	상태 및 특기사항	시술자 소속	시술자	

- - - - - - - - - - - - 자 르 는 선 - - - - - - - - - - - -

수정란증명서 및 수정란이식증명서(양축농가 보관용)

(수정란증명)

발급번호

수정란 생산업체 또는 수입업체

품종	원산지	용도구분 [ ]자가, [ ]학술	
종모우 이름	정액번호	등록번호	개체식별번호

혈통	부		등록번호	
	조부		등록번호	
	모		등록번호	
	외조부		등록번호	

공란우 이름	등록번호	개체식별번호

혈통	부		등록번호	
	조부		등록번호	
	모		등록번호	
	외조부		등록번호	

공급하는 수정란의 혈통을 위와 같이 증명합니다.

확인	종축등록기관 (인)

(수정란이식증명)

대리모 및 사육자 정보	성명	주소(목장명)
	등록번호 또는 개체식별번호	
시술정보	시술일자 년 월 일	시술횟수 회
	상태 및 특기사항	

위와 같이 시술하였음을 증명합니다.

가축인공수정사 · 수의사 (인)

유전능력 참고자료

210㎜×297㎜[백상지 80g/㎡(재활용품)]

(8) 정액 등의 사용제한(축산법 시행규칙 제24조)

법 제19조제2호에 따라 가축인공수정용으로 공급·주입·이식할 수 없는 정액 등은 다음 각 호와 같다.

1. 혈액·뇨 등 이물질이 섞여 있는 정액
2. 정자의 생존율이 100분의 60 이하거나 기형률이 100분의 15 이상인 정액. 다만, 돼지 동결정액의 경우에는 정자의 생존율이 100분의 50 이하이거나 기형률이 100분의 30 이상인 정액
3. 정액·난자 또는 수정란을 제공하는 종축이 다음 각 목의 어느 하나에 해당하는 질환의 원인미생물로 오염되었거나 오염되었다고 추정되는 정액·난자 또는 수정란
   가. 전염성질환과 의사증(전염성 질환으로 의심되는 병)
   나. 유전성질환
   다. 번식기능에 장애를 주는 질환
4. 수소이온농도가 현저한 산성 또는 알카리성으로 수태에 지장이 있다고 인정되는 정액·난자 또는 수정란

(9) 수정소개설자에 대한 감독(축산법 시행규칙 제25조)

① 법 제20조제1항에 따라 시·도지사, 시장·군수 또는 구청장, 가축개량총괄기관의 장은 소속 공무원 또는 법 제6조에 따른 등록기관으로 하여금 수정소개설자가 공급하는 정액 등이 제24조 각 호의 어느 하나에 해당하는지의 여부를 검사하게 할 수 있다.

② 제1항에 따라 검사를 하는 공무원 등의 증표는 별지 제13호서식과 같다.

(10) 우수 정액 등 처리업체 등의 인증기관 지정 등(축산법 시행규칙 제26조)

① 농림축산식품부장관은 법 제21조제2항에 따라 우수 정액 등 처리업체 또는 우수 종축업체(이하 “우수업체”라 한다)를 인증하게 하기 위하여 농촌진흥청 국립축산과학원(이하 “국립축산과학원”이라 한다)을 인증기관으로 지정한다.

② 법 제21조제3항에 따라 우수업체로 인증을 받으려는 자는 별지 제14호서식의 우수업체인증신청서에 다음 각 호의 서류를 첨부하여 국립축산과학원의 장에게 제출하여야 한다.

1. 정액 등 처리업허가증 사본 또는 종축업허가증 사본
2. 가축개량기관 또는 종축검정기관이 가축의 외모 및 능력을 평가하고 발급한 서류
3. 가축개량기관 또는 종축검정기관이 젖소의 유전능력을 평가하고 발급한 서류(젖소에 한한다)
4. 가축개량기관 또는 종축검정기관이 돼지의 스트레스증후군 유전자를 검사하고 발급한 서류(돼지에 한한다)

5. 해당 정액 등 처리업체 또는 종축업체가 별표 3 제2호, 별표 3의2 제1호나목 또는 제2호나목의 요건을 충족하였음을 증명하는 서류(관할 시・도가축방역기관이 발행한 서류로 한정한다)

③ 법 제21조제5항에 따른 우수업체의 인증기준은 별표 3 및 별표 3의2와 같다.

④ 국립축산과학원의 장은 우수업체의 인증신청이 별표 3 또는 별표 3의2의 인증기준에 적합하다고 인정되면 그 신청인에게 별지 제15호서식의 우수업체인증서를 교부하여야 한다.

⑤ 국립축산과학원의 장은 우수업체의 인증을 받은 업체에 대하여 매년 1회 이상 지도・점검을 실시하여야 한다.

더 알아보기

<u>우수정액 등처리업체 인증기준</u>(축산법 시행규칙 제26조제3항 관련 [별표 3])

구 분	인증기준
1. 종 축	가. 소

가. 소

1) 보유하고 있는 씨수소의 50% 이상이 제9조에 따라 농림축산식품부장관이 지정한 종축등록기관이 공고한 가축외모심사기준에 따른 외모심사의 성적이 80점 이상일 것

2) 보유하고 있는 소가 제11조제4항에 따라 농림축산식품부장관이 고시한 가축별 검정기준에 의한 검정성적이 다음 각 호에 해당할 것

가) 한우 : 보유하고 있는 씨수소의 40% 이상이 후대검정성적(後代檢定成績) 기준 일당 증체량(日當增體量) 0.7kg, 육질등급 2등급, 등심부위 근육면적 75cm^2 이상일 것

나) 젖소 : 보유하고 있는 젖소의 40% 이상이 국내산의 경우에는 가축개량총괄기관이 매년 실시하는 젖소유전능력평가의 성적이 상위 10% 이내이고, 수입 젖소의 경우에는 원산국이 공인한 유전능력평가의 성적이 미국은 상위 15% 이내, 캐나다 및 일본은 상위 5% 이내, 호주는 상위 2.5% 이내일 것

나. 돼지

1) 종돈의 능력이 다음 표의 90kg 도달 일령 또는 1일 체중 증가량, 사료 요구율, 등지방 두께, 생존새끼 수 등 4개 항목 중 2개 이상의 항목 기준에 적합하여야 하고, 이에 해당하는 개체가 50% 이상이어야 한다.

<table>
<tr><th rowspan="3">품 종</th><th colspan="3">90kg 도달 일령 또는
1일 체중 증가량</th><th rowspan="3">사료
요구율</th><th rowspan="3">등지방
두께
(cm)</th><th rowspan="3">생존
새끼 수
(마리)</th></tr>
<tr><th rowspan="2">90kg 도달
일령(일)</th><th colspan="2">1일 체중 증가량(g)</th></tr>
<tr><th>농 장</th><th>검정소</th></tr>
<tr><td>랜드레이스, 요크셔</td><td rowspan="2">131 이하</td><td rowspan="2">720 이상</td><td rowspan="4">1,000
이상</td><td rowspan="5">2.2 이하</td><td rowspan="4">1.5 이하</td><td>15 이상</td></tr>
<tr><td>두 록</td><td rowspan="4"></td></tr>
<tr><td>버크셔, 햄프셔 및 그 밖의 품종</td><td>145 이하</td><td>640 이상</td></tr>
<tr><td>번식용 씨돼지</td><td>125 이하</td><td>750 이상</td></tr>
<tr><td>재래돼지</td><td>210 이하</td><td>320 이상</td><td></td><td>2.0 이하</td></tr>
</table>

비 고

1. 1일 체중 증가량 산출기준 : 농장 검정(태어난 때부터 90kg까지), 검정소 검정(30kg부터 90kg까지)
2. 생존새끼 수는 종축등록기관의 새끼돼지 등기 자료를 기준으로 산출하며 분만 시 태어난 모든 새끼돼지 마릿수 중 사산과 미라는 제외함

<table>
<tr><th>구 분</th><th>인증기준</th></tr>
<tr><td>1. 종 축</td><td>3. 생존새끼 수는 선발대상축 어미의 분만기록을 토대로 계산하며 여러 번 분만한 기록이 있을 경우 각 분만 회차별 생존새끼 수를 아래의 분만 회차별 보정계수로 보정한 생존새끼 수의 평균으로 산정함
<table>
<tr><th rowspan="2">분만 회차</th><th colspan="2">보정계수</th><th rowspan="2">분만 회차</th><th colspan="2">보정계수</th></tr>
<tr><th>랜드레이스</th><th>요크셔</th><th>랜드레이스</th><th>요크셔</th></tr>
<tr><td>1</td><td>1.08</td><td>1.11</td><td>5</td><td>1.01</td><td>1.01</td></tr>
<tr><td>2</td><td>1.04</td><td>1.04</td><td>6</td><td>1.03</td><td>1.02</td></tr>
<tr><td>3</td><td>1.01</td><td>1.00</td><td>7</td><td>1.06</td><td>1.04</td></tr>
<tr><td>4</td><td>1.00</td><td>1.00</td><td>8</td><td>1.08</td><td>1.06</td></tr>
</table>
※ 보정방법 : 랜드레이스 어미 돼지 1회차 새끼 수가 8이면 4회차 새끼 수는 8.6 (8 × 1.08 = 8.6)
2) 돼지스트레스 증후군에 대한 DNA검사결과가 음성일 것(다만, 부모가 음성일 경우 검사 없이 부모가 음성임을 증명하는 서류로 대체함).
3) 보유 씨수돼지의 혈통, 이동 및 도태기록을 모두 유지할 것</td></tr>
<tr><td>2. 위생・방역</td><td>가. 소 : 브루셀라병・소렙토스피라병・소바이러스성설사증・캠필로박터감염증・트리코모나스감염증이 최근 1년 이내에 발생한 사실이 없을 것
나. 돼지 : 구제역, 돼지열병, 돼지오제스키병, 돼지브루셀라병 및 돼지생식기호흡기증후군이 최근 1년 이내에 발생한 사실이 없고, 톡소플라즈마병, 돼지써코바이러스, 렙토스피라병, 돼지일본뇌염 및 돼지파보바이러스감염증 중 4종 이상이 발생한 사실이 없을 것</td></tr>
<tr><td>3. 정액품질 관리 등</td><td>가. 생산된 정액의 개체별 정액농도・생존율 및 미생물 오염여부 등 수정율에 영향을 미치는 항목에 대하여 적합한 방법으로 검사된 기록을 유지할 것
나. 정액의 채취・제조・샘플검사 및 판매 기록을 반드시 유지할 것</td></tr>
<tr><td>4. 인력・시설 및 장비</td><td>가. 인력 : 정액의 생산인력과 판매인력을 구분하여 운용할 것
나. 시설
1) 외부에서 들여온 종축의 사육시설을 별도로 보유할 것
2) 출입차량 및 출입자를 소독할 수 있는 시설・장비를 보유할 것
다. 장비 : 정액수송을 위한 전용차량을 보유할 것</td></tr>
<tr><td>5. 그 밖의 사항</td><td>제1호부터 제4호까지에서 규정한 사항 외에 국립축산과학원장이 정액등처리업의 위생관리 및 가축개량을 위하여 필요하다고 인정하여 고시한 기준에 적합할 것</td></tr>
</table>

4. 축산업의 등록 및 축산물의 수급 등

(1) 축산업의 허가절차 등(축산법 시행규칙 제27조)

① 영 제14조제1항에 따른 허가신청서는 축산업의 종류에 따라 각각 별지 제16호서식부터 별지 제19호서식까지 및 별지 제19호의2서식부터 별지 제19호의4서식의 서식과 같다.

② 영 제14조제1항에서 "농림축산식품부령으로 정하는 서류"란 다음 각 호의 구분에 따른 서류를 말한다.

1. 축산업 허가

가. 영 별표 1에 따른 요건을 충족하는 매몰지, 축사・장비, 가축사육규모 등의 현황을 적은 서류

나. 축산 관련 학과 졸업증명서, 축산기사 이상의 자격증 사본 또는 종축업체 근무 경력증명서(종축업만 해당한다)

다. 가축인공수정사 또는 수의사의 면허증 사본(정액 등 처리업만 해당한다)

라. 「가축분뇨의 관리 및 이용에 관한 법률」 제11조에 따른 배출시설로서 허가받은 사실을 증명하는 서류 또는 신고한 사실을 증명하는 서류 및 같은 법 제12조에 따른 처리시설의 설치를 증명하는 서류(부화업은 제외한다)

마. 가축분뇨처리 및 악취저감 계획

바. 법 제33조의2제1항에 따른 교육과정을 이수하였음을 증명하는 서류

2. 허가받은 사항을 변경하는 경우 : 변경 내용을 증명할 수 있는 서류

③ 제1항에 따른 신청서 제출 시 담당 공무원은 「전자정부법」 제36조제1항에 따른 행정정보의 공동이용을 통하여 다음 각 호의 서류를 확인하여야 한다. 다만, 신청인이 확인에 동의하지 아니하는 경우에는 해당 서류를 첨부하도록 하여야 한다.

1. 법인 등기사항증명서(신청인이 법인인 경우만 해당한다) 또는 「소득세법」 제168조제5항에 따른 고유번호 증명 서류(신청인이 법인이 아닌 단체인 경우만 해당한다)
2. 축산업 허가증(변경 허가신청의 경우만 해당한다)
3. 「건축법」 제38조에 따른 건축물대장 또는 「건축법 시행규칙」 제13조제3항에 따른 가설건축물 관리대장(「건축법」 상 건축허가, 건축신고, 가설건축물 건축허가 또는 축조신고 대상인 경우만 해당한다)
4. 「건축법 시행령」 제82조에 따른 토지이용계획 관련 정보

④ 영 제14조제4항에 따른 축산업의 허가증은 축산업의 종류에 따라 각각 별지 제21호서식부터 별지 제24호서식까지 및 별지 제24호의2서식부터 별지 제24호의4서식까지의 서식과 같다.

⑤ 시장・군수 또는 구청장은 축산업허가증을 발급한 경우에는 축산업 허가를 받은 자(이하 "축산업허가자"라 한다)에 대한 고유번호를 부여하고, 별지 제25호서식의 관리카드를 작성・관리하여야 한다. 다만, 폐업한 후 6개월이 경과하지 않은 영업장에서 이전 축산업허가자의 가축을 계속해서 사육하는 경우에는 새로운 고유번호를 부여하지 않고 이전 축산업허가자의 고유번호를 그대로 사용한다.

⑥ 영 제14조제5항에 따른 축산업허가대장은 축산업의 종류에 따라 각각 별지 제26호서식부터 별지 제29호서식까지의 서식과 같다.

⑦ 제6항의 축산업허가대장은 전자적 처리가 불가능한 특별한 사유가 있는 경우를 제외하고는 전자적 방법으로 작성・관리하여야 한다.

(2) 축산업 허가사항의 변경(축산법 시행규칙 제27조의2)

법 제22조제1항 후단에서 "농림축산식품부령으로 정하는 중요한 사항을 변경할 때"란 다음 각 호의 어느 하나에 해당하는 경우를 말한다.

1. 허가를 받은 법인 또는 단체의 대표자가 변경되는 경우
2. 가축사육시설의 건축면적 또는 가축사육 면적을 100분의 10 이상 변경시키려는 경우
3. 부화업 허가를 받은 자가 부화능력을 100분의 10 이상 증가시키는 경우
4. 부화업 허가를 받은 자가 부화대상 알을 변경하는 경우
5. 정액 등 처리업 허가를 받은 자가 그 취급품목을 변경하려는 경우
6. 가축사육업 또는 종축업 허가를 받은 자가 사육하는 가축의 종류를 변경하려는 경우(가축사육업의 경우에는 한우, 육우, 젖소 및 산란계, 육계 간의 변경을 포함한다)
7. 닭사육업 허가를 받은 자가 육용 씨수탉과 산란용 암탉 간의 교배에 의한 알을 생산·공급하려는 경우
8. 축산업 허가를 받은 자가 영업의 종류를 변경하려는 경우

(3) 가축사육업의 등록(축산법 시행규칙 제27조의3)

① 영 제14조의2제1항에 따른 등록신청서는 별지 제29호의2서식과 같다.

② 영 제14조의2제1항에서 "농림축산식품부령으로 정하는 서류"란 다음 각 호의 서류를 말한다.

1. 영 별표 1에 따른 요건을 충족하는 매몰지, 축사·장비, 가축사육규모 등의 현황을 적은 서류
2. 「가축분뇨의 관리 및 이용에 관한 법률」 제11조에 따른 배출시설로서 허가받은 사실을 증명하는 서류 또는 신고한 사실을 증명하는 서류 및 같은 법 제12조에 따른 처리시설의 설치를 증명하는 서류
3. 가축분뇨처리 및 악취저감 계획
4. 법 제33조의2제1항에 따른 교육과정을 이수하였음을 증명하는 서류

③ 제1항에 따른 신청서 제출 시 담당 공무원은 「전자정부법」 제36조제1항에 따른 행정정보의 공동이용을 통하여 법인 다음 각 호의 서류를 확인하여야 한다. 다만, 신청인이 확인에 동의하지 않는 경우에는 해당 서류를 첨부하도록 해야 한다.

1. 법인 등기사항증명서(신청인이 법인인 경우만 해당한다) 또는 「소득세법」 제168조제5항에 따른 고유번호 증명 서류(신청인이 법인이 아닌 단체인 경우만 해당한다)
2. 「건축법」 제38조에 따른 건축물대장 또는 「건축법 시행규칙」 제13조제3항에 따른 가설건축물 관리대장(「건축법」상 건축허가, 건축신고, 가설건축물 건축허가 또는 축조신고 대상인 경우만 해당한다)
3. 「건축법 시행령」 제82조에 따른 토지이용계획 관련 정보

④ 영 제14조의2제3항에 따른 가축사육업 등록증은 별지 제29호의3서식과 같다.
⑤ 시장·군수 또는 구청장은 제4항에 따른 가축사육업 등록증을 발급한 경우에는 등록자에 대한 고유번호를 부여하고, 별지 제25호서식의 관리카드를 작성·관리하여야 한다.
⑥ 영 제14조의2제5항에 따른 가축사육업 등록대장은 별지 제29호서식과 같다.
⑦ 제6항의 가축사육업 등록대장은 전자적 처리가 불가능한 특별한 사유가 있는 경우를 제외하고는 전자적 방법으로 작성·관리하여야 한다.

(4) 등록대상에서 제외되는 가축사육업(축산법 시행규칙 제27조의4)

영 제14조의3제2호에서 "말 등 농림축산식품부령으로 정하는 가축"이란 말, 노새, 당나귀, 토끼, 개, 꿀벌 및 그 밖에 영 제2조제4호에 따른 동물 중 농림축산식품부장관이 정하여 고시하는 가축을 말한다.

(5) 축산업의 변경신고 등(축산법 시행규칙 제28조)

① 법 제22조제6항에 따라 휴업·폐업·휴업한 영업의 재개 또는 등록사항 변경의 신고를 하려는 자는 축산업의 종류에 따라 각각 별지 제16호서식부터 별지 제18호서식까지의 서식 및 별지 제29호의4서식에 따른 신고서에 다음 각 호의 서류를 첨부하여 시장·군수 또는 구청장에게 제출하여야 한다.

1. 보유종축의 능력 및 혈통을 확인할 수 있는 증명서(정액 등 처리업의 영업재개 신고의 경우만 해당한다)
2. 변경내용을 증명할 수 있는 서류(등록사항 변경신고의 경우에 한한다)

② 제1항에 따른 신고서 제출 시 담당 공무원은 「전자정부법」 제36조제1항에 따른 행정정보의 공동이용을 통하여 법인 등기사항증명서(신고인이 법인인 법인인 경우만 해당한다), 「소득세법」 제168조제5항에 따른 고유번호 증명 서류(신고인이 법인이 아닌 단체인 경우만 해당한다), 축산업 허가증(휴업·폐업신고의 경우만 해당한다) 및 가축사육업 등록증(등록사항 변경신고의 경우만 해당한다)을 확인하여야 한다. 다만, 신고인이 확인에 동의하지 아니하는 경우에는 해당 서류를 첨부하도록 하여야 한다.
③ 법 제22조제6항제4호에서 "농림축산식품부령으로 정하는 중요한 사항"이란 다음 각 호의 어느 하나에 해당하는 사항을 말한다.

1. 사육하는 가축의 종류
2. 가축사육시설의 건축면적 또는 가축사육 면적의 100분의 20 이상 변경

④ 시장·군수 또는 구청장은 제1항에 따른 신고를 받은 때에는 별지 제25호서식의 관리카드와 별지 제30호서식에 따른 신고대장에 그 신고내용을 기록·비치하고, 변경신고의 경우에는 변경사항을 적은 가축사육업 등록증을 신고인에게 교부하여야 한다.

⑤ 제1항에 따라 폐업신고를 하려는 자가 「부가가치세법」 제8조제6항에 따른 폐업신고를 같이 하려는 경우에는 제1항에 따른 폐업신고서와 「부가가치세법 시행규칙」 별지 제9호서식의 폐업 신고서를 함께 제출하거나 「민원 처리에 관한 법률 시행령」 제12조제10항에 따른 통합 폐업신고서를 제출하여야 한다. 이 경우 해당 시장·군수 또는 구청장은 함께 제출받은 폐업신고서 또는 통합 폐업신고서를 즉시 관할 세무서장에게 송부하여야 한다.

⑥ 「부가가치세법 시행령」 제13조제5항에 따라 관할 세무서장이 제1항에 따른 폐업신고서를 받아 이를 해당 시장·군수 또는 구청장에게 송부한 경우에는 관할 세무서장에게 제1항에 따른 폐업신고서를 제출한 날에 시장·군수 또는 구청장에게 제출한 것으로 본다.

(6) 영업자 지위승계 신고(축산법 시행규칙 제29조)

① 법 제24조제2항에 따라 영업자 지위승계 신고를 하려는 자는 별지 제31호서식의 영업자 지위승계 신고서에 다음 각 호의 서류를 첨부하여 시장·군수 또는 구청장에게 제출하여야 한다.

1. 영 별표 1에 따른 요건을 충족하는 축사·장비, 가축사육규모 현황을 적은 서류
2. 양도·양수계약서 사본(양도의 경우에 한한다)
3. 상속인임을 증명할 수 있는 서류(상속의 경우에 한한다)
4. 가축분뇨처리 및 악취저감 계획
5. 법 제33조의2제1항에 따른 교육과정을 이수하였음을 증명하는 서류

② 제1항에 따른 신고서 제출시 담당 공무원은 「전자정부법」 제36조제1항에 따른 행정정보의 공동이용을 통하여 다음 각 호의 서류를 확인하여야 한다. 다만, 신고인이 확인에 동의하지 아니하는 경우에는 이를 첨부하도록 하여야 한다.

1. 축산업 허가증 또는 가축사육업 등록증
2. 합병 후의 법인 등기사항증명서(법인합병의 경우만 해당한다)
3. 양도·양수를 증명할 수 있는 법인 등기사항증명서, 토지등기사항증명서, 건물등기사항증명서 또는 「건축법」 제38조에 따른 건축물대장(영업양도의 경우만 해당한다)
4. 토지등기사항증명서, 건물등기사항증명서 또는 「건축법」 제38조에 따른 건축물대장(상속의 경우만 해당한다)

③ 시장·군수 또는 구청장은 제1항에 따른 신고를 받은 때에는 별지 제25호서식의 관리카드, 별지 제26호서식부터 별지 제29호서식까지의 서식에 따른 축산업허가대장 및 가축사육업 등록대장 및 별지 제32호서식의 영업자 지위승계 신고대장에 그 신고내용을 각각 기록·비치하고, 승계사항을 적은 축산업허가증 또는 가축사육업 등록증을 신고인에게 교부하여야 한다.

(7) 과징금의 납부기한 연기 또는 분할 납부 신청서(축산법 시행규칙 제29조의2)

영 제16조의4제2항에 따른 과징금의 납부기한 연기 또는 분할 납부 신청서는 별지 제32호의2서식에 따른다.

(8) 축산업허가자 등의 준수사항(축산법 시행규칙 제30조)

축산업허가자 및 가축사육업의 등록을 한 자가 법 제26조제1항에 따라 준수하여야 할 사항은 별표 3의3과 같다.

(9) 축산업허가자 등에 대한 정기점검 등(축산법 시행규칙 제33조)

① 법 제28조 및 제34조의6에 따라 시장·군수 또는 구청장이 소속 공무원으로 하여금 검사하게 할 수 있는 사항은 다음 각 호와 같다.

1. 법 제22조에 따라 허가를 받거나 등록한 자의 경우 해당 축산업 시설 등이 영 별표 1의 요건에 적합한지 여부
2. 제30조 또는 제37조의4에 따른 준수사항을 이행하는지의 여부
3. 법 제22조1항에 따라 가축의 종류 등 중요한 사항을 변경한 후 시장·군수·구청장의 허가를 받았는지 여부
4. 법 제22조제6항, 제24조제2항 및 제34조의2제2항에 따라 휴업, 폐업, 중요한 등록사항 변경 및 영업의 승계 등의 사유가 발생한 후 시장·군수·구청장에 적정하게 신고하였는지 여부
5. 법 제25조 및 제34조의4에 따른 영업정지 및 허가·등록취소 사유에 해당하는지 여부
6. 법 제33조의2제3항에 따른 보수교육 이수 여부

② 제1항에 따라 검사를 하는 공무원의 증표는 별지 제35호서식의 축산업검사공무원증에 의한다.

③ 법 제28조제2항 및 제34조의6에 따라 시장·군수 또는 구청장이 시설 또는 업무의 개선을 명할 때에는 개선에 필요한 기간 등을 고려하여 2개월의 범위 안에서 그 이행 기간을 정하여 서면으로 알려야 한다.

(10) 수출입 신고 대상 종축 등(축산법 시행규칙 제34조)

① 법 제29조에 따라 수출의 신고를 하여야 하는 종축 등은 다음 각 호와 같다.

1. 한 우
2. 한우정액
3. 한우수정란

② 법 제29조에 따라 수입의 신고를 하여야 하는 종축 등은 다음 각 호와 같다.

1. 혈통등록이 되어 있는 소·돼지 및 염소

2. 혈통을 보증할 수 있는 닭·오리 및 그 종란
3. 혈통등록이 되어 있는 소·돼지 및 염소로부터 생산된 정액·난자 또는 수정란

(11) 축산물수입자 등에 대한 명령(축산법 시행규칙 제35조)

농림축산식품부장관은 법 제31조에 따른 수입축산물의 관리에 관한 명령은 서면으로 하되, 이에 관한 사항을 정하여 고시하는 경우에는 적용 대상자 및 적용 대상 품목을 정하여 함께 고시하여야 한다.

(12) 송아지생산안정사업 대상(축산법 시행규칙 제36조)

법 제32조제1항 후단에 따른 송아지생산안정사업의 대상이 되는 소는 국내에서 태어난 한우 암소가 생산하는 한우 송아지로 한다.

(13) 교육과정 등(축산법 시행규칙 제36조의2)

① 법 제33조의2제1항 각 호의 어느 하나에 해당하는 자가 이수하여야 하는 교육과정은 별표 3의4와 같다. 이 경우 축산업의 허가를 신청하거나 가축사육업 또는 가축거래상인의 등록을 신청하기 전 2년 이내에 이수한 경우에만 법 제33조의2제1항에 따른 교육과정을 이수한 것으로 본다.

② 법 제33조의2제2항에 따라 교육의 일부를 면제 할 수 있는 대상자 및 교육과목별 면제시간은 별표 3의5와 같다.

③ 제2항에 따라 교육의 일부를 면제받으려는 자는 다음 각 호의 서류를 법 제33조의3제1항에 따른 교육운영기관에 제출하여야 한다.
1. 「수의사법 시행규칙」 제3조에 따른 수의사 면허증의 사본
2. 법 제33조의2제1항 및 「가축전염병예방법」 제17조의3제5항에 따른 교육을 이수하였음을 증명하는 증명서 사본

④ 법 제33조의2제3항에 따른 보수교육의 과정은 별표 3의4와 같다.

⑤ 제1항 및 제4항에 따른 교육과정을 이수하여야 하는 자가 국가·지방자치단체 또는 법인인 경우에는 그 대표자 또는 대표자의 위임을 받은 자가 교육을 이수하여야 한다.

더 알아보기

교육과정(축산법 시행규칙 제36조의2제1항 및 제4항 관련[별표 3의4])

1. 축산업 허가를 받으려는 자 : 총 24시간

교육과목	교육시간	세부과목
축산 관련 법령	2	가축전염병 관련 법령, 가축분뇨 관련 법령, 축산업 관련 법령, 축산물위생 및 안전 관련 법령, 가축복지 관련 법령, 가축이력 관련 법령
가축방역 및 질병관리	2	가축질병 위기관리 메뉴얼, 차단방역 및 소독시설 설치·운영, 살처분가축 처리요령(매몰 등), 국경검역의 이해, 역학조사의 이해, 주요가축 악성전염병 발생 사례, 디지털 가축방역 체계의 이해, 차단방역 및 소독요령
	3	축종별 질병예방 관리, 구제역의 이해, 구제역 백신접종요령, 조류인플루엔자의 이해, 인수공통감염병 예방 및 관리
친환경 동물복지·축산환경	3	축사시설 및 환경, 동물복지형 축사 및 사육방식, 이상기후 대처요령, 가축분뇨 처리
		가축분뇨 에너지화, 퇴비·액비 농경지 이용
위생·안전 관리 책임의식	2	동물용 의약품등의 올바른 사용방법, 진드기 예방 및 대책방안, 진드기 방제 우수사례
안전관리인증기준	2	안전관리인증기준(HACCP)의 개념, 적용단계, 인증절차, 사후관리
실 습	6	사양, 견학 등 교육기관이 자율적으로 선택
자율선택	4	개량, 사양, 경영, 유통, 축산차량 등록요령 등 교육기관이 자율적으로 선택
계	24	

2. 축산업 허가를 받으려는 자 중 사육경력 3년 이상인 자(가축사육업 등록자 또는 가축사육업 허가자의 지위를 승계하려는 동거가족만 해당한다)

교육과목	교육시간	세부과목
축산 관련 법령	1	가축전염병 관련 법령, 가축분뇨 관련 법령, 축산업 관련 법령, 축산물위생 및 안전 관련 법령, 가축복지 관련 법령, 가축이력 관련 법령
가축방역 및 질병관리	3	가축질병 위기관리 메뉴얼, 차단방역 및 소독시설 설치·운영, 살처분가축 처리요령(매몰 등), 국경검역의 이해, 역학조사의 이해, 주요가축 악성전염병 발생 사례, 디지털 가축방역 체계의 이해, 차단방역 및 소독요령
		축종별 질병예방 관리, 구제역의 이해, 구제역 백신접종요령, 조류인플루엔자의 이해, 인수공통감염병 예방 및 관리
친환경 동물복지·축산환경	2	축사시설 및 환경, 동물복지형 축사 및 사육방식, 이상기후 대처요령, 가축분뇨 처리, 가축분뇨 에너지화, 퇴비·액비 농경지 이용
위생·안전 관리 책임의식	2	동물용 의약품 등의 올바른 사용방법, 진드기 예방 및 대책 방안, 진드기 방제 우수사례
계	8	

비 고

1. 사육경력 3년 이상인 가축사육업 등록자란 「축산법」 제22조제3항에 따라 가축사육업 등록을 하고 실제로 가축사육업을 3년 이상(휴업한 기간은 제외한다) 경영한 자를 말한다.
2. 가축사육업 허가자의 지위를 승계하려는 사육경력 3년 이상인 동거가족이란 주민등록상 동거인으로 등재되어 있는 자 중 「농어업경영체 육성 및 지원에 관한 법률」 제4조제1항에 따라 농어업경영정보(경영주 외 농업인)를 등록하고 3년 이상(휴업한 기간은 제외한다) 가축사육업에 종사한 자를 말한다.

3. 가축사육업 등록을 하려는 자 : 총 6시간

교육과목	교육시간	세부과목
축산 관련 법령 및 축산차량 등록제	1	가축전염병 관련 법령, 가축분뇨 관련 법령, 축산업 관련 법령, 축산물위생 및 안전 관련 법령, 가축복지 관련 법령, 가축이력 관련 법령, 축산차량등록제
가축방역 및 질병관리	3	가축질병 위기관리 메뉴얼, 차단방역 및 소독시설 설치·운영, 살처분가축 처리요령(매몰 등), 국경검역의 이해, 역학조사의 이해, 주요가축 악성전염병 발생 사례, 디지털 가축방역 체계의 이해, 차단방역 및 소독요령
		축종별 질병예방 관리, 구제역의 이해, 구제역 백신접종요령, 조류인플루엔자의 이해, 인수공통감염병 예방 및 관리, 위생·안전관리 책임의식
친환경 동물복지·축산환경	2	축사시설 및 환경, 동물복지형 축사 및 사육방식, 이상기후 대처요령, 가축분뇨 처리
		가축분뇨 에너지화, 퇴비·액비 농경지 이용
계	6	

4. 가축거래상인 등록을 하려는 자 : 총 6시간

교육과목	교육시간	세부과목
축산 관련 법령	1	가축전염병 관련 법령, 가축분뇨 관련 법령, 축산업 관련 법령, 축산물위생 및 안전 관련 법령, 가축복지 관련 법령, 가축이력 관련 법령
가축방역 및 질병관리	3	가축질병 위기관리 메뉴얼, 차단방역 및 소독시설 설치·운영, 살처분가축 처리요령(매몰 등), 국경검역의 이해, 역학조사의 이해, 주요가축 악성전염병 발생 사례, 차단방역 및 소독요령
		축종별 질병예방 관리, 구제역의 이해, 구제역 백신접종요령, 조류인플루엔자의 이해, 인수공통감염병 예방 및 관리, 위생·안전관리 책임의식
축산차량 등록요령	2	디지털가축방역체계의 이해, 축산차량 등록요령, 차량무선장치 운영요령
계	6	

5. 축산업허가자 및 가축사육업 등록자 보수교육 : 총 6시간

교육과목	교육시간	세부과목
축산 관련 법령 및 축산차량 등록제	1	가축전염병 관련 법령, 가축분뇨 관련 법령, 축산업 관련 법령, 축산물위생 및 안전 관련 법령, 가축복지 관련 법령, 가축이력 관련 법령, 축산차량등록제
가축방역 및 질병관리	3	가축질병 위기관리 메뉴얼, 차단방역 및 소독시설 설치·운영, 살처분가축 처리요령(매몰 등), 국경검역의 이해, 역학조사의 이해, 주요가축 악성전염병 발생 사례, 디지털 가축방역 체계의 이해, 차단방역 및 소독요령
		축종별 질병예방 관리, 구제역의 이해, 구제역 백신접종요령, 조류인플루엔자의 이해, 인수공통감염병 예방 및 관리, 위생·안전관리 책임의식
친환경 동물복지·축산환경	2	축사시설 및 환경, 동물복지형 축사 및 사육방식, 이상기후 대처요령, 가축분뇨 처리
		가축분뇨 에너지화, 퇴비·액비 농경지 이용
계	6	

6. 가축거래상인 보수교육 : 총 4시간

교육과목	교육시간	세부과목
축산 관련 법령 및 축산차량 등록제	1	가축전염병 관련 법령, 가축분뇨 관련 법령, 축산업 관련 법령, 축산물위생 및 안전 관련 법령, 가축복지 관련 법령, 가축이력 관련 법령, 축산차량등록제
가축방역 및 질병관리	3	가축질병 위기관리 메뉴얼, 차단방역 및 소독시설 설치·운영, 살처분가축 처리요령(매몰 등), 국경검역의 이해, 역학조사의 이해, 주요가축 악성전염병 발생 사례, 디지털 가축방역 체계의 이해, 차단방역 및 소독요령
		축종별 질병예방 관리, 구제역의 이해, 구제역 백신접종요령, 조류인플루엔자의 이해, 인수공통감염병 예방 및 관리, 위생·안전관리 책임의식
계	4	

7. 기 타

가. 법 제33조의2제3항에 따라 축산업 허가자는 허가를 받은 날의 다음 연도의 1월 1일부터 기산하여 매 1년이 되는 날까지 1년에 1회 이상 보수교육을 받아야 하고, 가축사육업 등록자 및 가축거래상인은 등록한 날의 다음 연도의 1월 1일부터 기산하여 매 2년이 되는 날까지 2년에 1회 이상 보수교육을 받아야 한다. 다만, 2020년 1월 1일 전에 축산업 허가를 받거나 가축사육업 또는 가축거래상인 등록을 한 자의 보수교육 기산점은 2020년 1월 1일로 한다.

나. 법 제33조의2제4항에 따라 질병·사고 등으로 인해 기한까지 보수교육을 받을 수 없는 경우에는 증명서류(병원진단서 등)를 허가를 받거나 등록을 한 지방자치단체에 제출해야 한다. 이 경우 3개월의 범위에서 기한을 연장할 수 있도록 하되, 보수교육의 이수주기에 대해서는 가목을 준용한다.

다. 제2호의 교육과정을 이수하려는 자는 사육경력을 증명하는 서류(가축사육업 등록증, 주민등록등본, 농업경영체 증명서 및 농업경영체 등록 확인서 등)를 교육을 받으려는 교육운영기관에 제출해야 한다.

라. 온라인교육과 집합교육을 혼합하여 교육을 진행하는 경우에는 과목별 교육시간을 조정하여 실시할 수 있다.

(14) 교육총괄기관 등의 지정 및 운영(축산법 시행규칙 제36조의3)

① 법 제33조의3제1항에 따라 교육총괄기관으로 지정받으려는 기관·단체는 농림축산식품부장관에게, 교육운영기관으로 지정받으려는 기관·단체는 교육총괄기관에 지정신청서를 제출하여야 하며, 지정신청서를 제출받은 교육총괄기관은 농림축산식품부장관에게 그 지정신청서를 제출하여야 한다. 이 경우 제출방법은 이메일, 팩스 등 전자적인 방법을 포함한다.

② 제1항에 따른 교육총괄기관 및 교육운영기관의 지정기준은 별표 3의6과 같다.

③ 농림축산식품부장관은 제1항에 따른 지정신청서를 제출받으면 별표 3의6에 따른 지정기준에 적합한지 여부를 검토하여 교육총괄기관 또는 교육운영기관을 지정하여야 한다.

④ 제3항에 따라 지정받은 교육총괄기관의 장은 교육대상자별 교육과목, 과목별 배정시간, 교육강사의 자격기준, 강사운용 기준, 교육비 정산, 교육실적 및 계획 보고 등 교육과정 운영에 필요한 기준을 정하여 시행하여야 한다.

5. 가축시장 및 축산물의 품질향상 등

(1) 가축시장의 시설 등(축산법 시행규칙 제37조)

① 법 제34조제1항 후단에서 "농림축산식품부령으로 정하는 시설"이란 다음 각 호의 시설을 말한다.

1. 면적이 150m^2 이상이고 50마리 이상의 가축을 수용할 수 있는 계류시설
2. 「가축전염병예방법」 제17조제1항에 따른 소독설비 및 방역시설
3. 출하하는 가축의 체중을 측정할 수 있는 체중계
4. 관리 사무실

② 법 제34조제1항에 따라 가축시장을 개설하려는 자는 별지 제35호의2서식의 등록신청서(전자문서로 된 신청서를 포함한다)에 제1항 각 호의 시설을 갖추었음을 증명하는 서류(전자문서를 포함한다)를 첨부하여 시장·군수 또는 구청장에게 제출해야 한다. 이 경우 신청을 받은 담당

공무원은 「전자정부법」 제36조제1항에 따른 행정정보의 공동이용을 통해 법인 등기사항증명서를 확인해야 한다.

③ 시장・군수 또는 구청장은 제2항에 따른 신청을 받으면 제1항 각 호의 시설을 갖추고 있는지를 확인하고, 해당 시설을 모두 갖춘 경우에는 별지 제35호의3서식의 가축시장 등록증을 신청인에게 발급해야 한다.

④ 시장・군수 또는 구청장은 법 제34조제2항에 따라 계류시설, 소독설비, 방역시설, 체중계, 관리 사무실 등 가축시장의 관리에 필요한 시설의 개선 및 정비 등의 명령을 하려면 해당 시설의 종류 등을 고려하여 시설개선 등에 필요한 기간을 정하여 이를 명시한 서면으로 하여야 한다.

(2) 가축거래상인의 등록(축산법 시행규칙 제37조의2)

① 법 제34조의2제1항에 따라 가축거래상인으로 등록하려는 자는 별지 제35호의4서식의 신청서에 다음 각 호의 서류를 첨부하여 주소지를 관할하는 시장・군수 또는 구청장에게 제출해야 한다. 다만, 신청인이 동의하는 경우 교육이수 증명서 사본을 첨부하는 대신 전산시스템을 통하여 교육이수 여부를 확인할 수 있다.

1. 법 제33조의2제1항에 따른 교육과정을 이수하였음을 증명하는 교육이수 증명서 사본
2. 법 제33조의2제2항에 따른 교육 면제를 증명하는 서류(교육을 면제받은 경우만 해당한다)
3. 「가축전염병예방법 시행규칙」 제20조의4에 따른 축산관계시설 출입차량 등록증(차량을 이용하여 영업을 하는 경우만 해당한다)

② 시장・군수 또는 구청장은 제1항에 따라 가축거래상인의 등록을 한 자에게 별지 제35호의5서식의 가축거래상인 등록증(이하 "거래상 등록증"이라 한다)을 발급해야 한다.

③ 시장・군수 또는 구청장은 제2항에 따라 거래상 등록증을 발급한 경우에는 등록자에 대한 고유번호를 부여하고, 별지 제35호의6서식의 등록대장에 기록하고 비치해야 한다.

④ 거래상 등록증을 분실하였거나 훼손되어 못쓰게 되어 재발급 신청을 하려는 경우에는 별지 제35호의7서식의 재발급신청서를 시장・군수 또는 구청장에게 제출해야 한다.

⑤ 제3항의 등록대장은 전자적 처리가 불가능한 특별한 사유가 있는 경우를 제외하고는 전자적 방법으로 작성・관리하여야 한다.

(3) 가축거래상인의 변경신고(축산법 시행규칙 제37조의3)

① 가축거래상인으로 등록한 자가 법 제34조의2제2항에 따라 영업의 휴업, 폐업, 휴업한 영업의 재개 또는 등록사항 변경의 신고를 하는 경우에는 별지 제35호의4서식에 따른 신고서에 가축거래상인 등록증(휴업・폐업 및 등록사항 변경신고의 경우만 해당한다)을 첨부하여 시장・군수 또는 구청장에게 제출해야 한다. 이 경우 등록사항 변경신고의 경우에는 변경내용을 증명할 수 있는 서류를 첨부해야 한다.

② 법 제34조의2제2항제4호에서 "농림축산식품부령으로 정하는 중요한 사항"이란 다음 각 호의 사항을 말한다.

1. 주소지
2. 거래하는 가축의 종류
3. 계류장(繫留場, 가축을 거래하기 전 임시로 가축을 사육하는 장소를 말한다. 이하 같다) 소재지 주소 및 면적(계류장을 사용하는 가축거래상인만 해당한다)

③ 시장·군수 또는 구청장은 제1항에 따른 신고를 받으면 별지 제35호의6서식의 신고대장에 그 신고내용을 기록·비치하고, 등록사항 변경신고의 경우에는 변경사항을 반영한 거래상 등록증을 신고인에게 새로 발급하여야 한다.

④ 제1항에 따라 폐업신고를 하려는 자가 「부가가치세법」 제8조제6항에 따른 폐업신고를 같이 하려는 경우에는 제1항에 따른 폐업신고서와 「부가가치세법 시행규칙」 별지 제9호서식의 폐업신고서를 함께 제출하거나 「민원 처리에 관한 법률 시행령」 제12조제10항에 따른 통합 폐업신고서를 제출하여야 한다. 이 경우 해당 시장·군수 또는 구청장은 함께 제출받은 폐업신고서 또는 통합 폐업신고서를 즉시 관할 세무서장에게 송부하여야 한다.

⑤ 「부가가치세법 시행령」 제13조제5항에 따라 관할 세무서장이 제1항에 따른 폐업신고서를 받아 이를 해당 시장·군수 또는 구청장에게 송부한 경우에는 관할 세무서장에게 제1항에 따른 폐업신고서를 제출한 날에 시장·군수 또는 구청장에게 제출한 것으로 본다.

(4) 가축거래상인의 준수사항(축산법 시행규칙 제37조의4)

가축거래상인이 법 제34조의5에 따라 준수해야 하는 사항은 다음 각 호와 같다.

1. 농가 또는 농장 등 축산관련 시설을 출입할 때 해당 시설 관계자가 요구하는 경우 거래상 등록증을 제시할 것
2. 가축을 거래할 때마다 별지 제35호의9서식의 가축거래내역 관리대장에 거래일자, 구입 또는 의뢰받은 농가 및 거래처·거래수량 등 그 내역을 적고, 이를 1년 이상 보관할 것
3. 법 제22조제1항 및 제2항에 따라 축산업의 허가를 받거나 가축사육업의 등록을 한 장소를 계류장으로 사용할 것(계류장을 사용하는 가축거래상인만 해당한다)
4. 「가축 및 축산물 이력관리에 관한 법률」 제4조를 위반하여 농장식별번호를 부여받지 않은 가축사육시설에서 출하된 가축이나 같은 법 제5조를 위반하여 신고를 하지 않은 가축을 거래하지 않을 것

(5) 등급판정의 신청 및 실시(축산법 시행규칙 제38조)

① 법 제35조제1항에서 "농림축산식품부령으로 정하는 축산물"이란 계란, 꿀과 「축산물 위생관리법」 제16조에 따라 합격표시된 소·돼지·말·닭 및 오리의 도체(도축하여 머리 및 장기 등을 제거한 몸체를 말한다. 이하 같다)와 닭의 부분육을 말한다.

② 법 제35조제1항에 따라 축산물의 등급판정을 받으려는 자는 별지 제36호서식, 별지 제37호서식, 별지 제37호의2서식 또는 별지 제37호의3서식에 따른 축산물등급판정신청서를 다음 각 호의 구분에 따른 자를 거쳐 축산물품질평가사(이하 "품질평가사"라 한다)에게 제출(전자적 방법을 이용한 제출을 포함한다)해야 한다.

1. 계란 : 「축산물 위생관리법」 제22조제1항에 따른 축산물가공업·식용란선별포장업의 허가를 받은 자, 같은 법 제24조제1항 및 같은 법 시행령 제21조제7호바목에 따른 식용란수집판매업 신고를 한 자
2. 소·돼지·말의 도체 : 「축산물 위생관리법」 제22조제1항에 따른 도축업의 허가를 받은 자
3. 닭·오리의 도체 및 닭의 부분육 : 「축산물 위생관리법」 제22조제1항에 따른 도축업 또는 식육포장처리업의 허가를 받은 자
4. 꿀 : 「식품위생법」 제37조제4항 및 같은 법 시행령 제25조제5호에 따른 식품소분업 신고를 한 자

③ 품질평가사는 제2항에 따른 신청을 받은 때에는 등급판정을 실시하여야 한다. 다만, 다음 각 호의 어느 하나에 해당하는 경우에는 이를 거부할 수 있다.

1. 제43조제4호에 따른 도축장 경영자의 준수사항이 이행되지 아니한 소·돼지·말의 도체
2. 제52조제6항에 따른 납입촉구기한 만료일까지 수수료를 납입하지 아니한 제2항제1호부터 제3호까지에 해당하는 자(이하 "도축장경영자등"이라 한다)를 거쳐 신청한 계란, 소·돼지·말·닭·오리의 도체 또는 닭의 부분육

④ 법 제35조제2항에 따른 등급판정의 방법·기준 및 적용조건은 별표 4와 같다.

⑤ 법 제35조제3항에서 "농림축산식품부령으로 정하는 축산물"이란 소 및 돼지의 도체를 말한다.

더 알아보기

등급판정의 방법 · 기준 및 적용조건(축산법 시행규칙 제38조제4항 관련 [별표 4])

1. 소 도체

도축한 후 0℃ 내외의 냉장시설에서 냉장하여 등심부위의 내부온도가 5℃ 이하가 된 이후에 반도체(도체를 2등분으로 절단한 것을 말한다. 이하 같다) 중 좌반도체의 제1허리뼈와 마지막 등뼈 사이(이하 "소 등급판정부위"라 한다)를 절개하여 30분이 지난 후 절개면을 보고 다음의 방법에 따라 판정한다. 다만, 도축과정에서 좌반도체의 소 등급판정부위가 훼손되어 판정이 어려울 경우에는 우반도체로 판정할 수 있다.

가. 육량(고기량)등급 : 도체의 중량, 등심 부위의 외부지방 등의 두께, 등심 부위 근육의 크기 등을 종합적으로 고려하여 A·B·C등급으로 판정한다.

나. 육질(고기질)등급 : 근내지방도를 9단계로 측정하고, 고기의 색깔, 고기의 조직 및 탄력, 지방의 색깔과 뼈의 성숙도 등을 종합적으로 고려하여 1^{++}·1^{+}·1·2·3등급으로 판정한다.

다. 등외등급 : 비육 상태(살이 붙은 상태를 말한다. 이하 같다) 및 육질이 불량한 경우에는 등외등급으로 판정한다.

라. 등급의 종류 : 1^{++}A·1^{++}B·1^{++}C·1^{+}A·1^{+}B·1^{+}C·1A·1B·1C·2A·2B·2C·3A·3B·3C·등외등급

2. 돼지 도체

가. 도축한 후 냉장하지 않은 상태에서 반도체 중 좌반도체(도축과정에서 좌반도체의 돼지 등급판정부위가 훼손되어 판정이 어려울 경우에는 우반도체를 말한다)의 절개면을 보고 다음의 방법에 따라 판정한다.

1) 도체등급 : 도체의 중량과 등 부위 지방두께에 따라 1차 등급을 판정하고 비육 상태, 삼겹살 상태, 지방부착 상태, 지방 침착 정도, 고기의 색깔·조직감, 지방의 색깔·질, 결함 상태 등에 따라 2차 등급을 판정하여 최종 1^+, 1, 2등급으로 판정한다.

2) 등외등급 : 비육 상태 및 육질이 불량한 경우에는 등외등급으로 판정한다.

3) 등급의 종류 : 1^+, 1, 2, 등외등급

나. 신청인이 희망하는 경우에는 다음의 측정방법 및 측정항목에 따라 냉도체 육질측정을 추가로 실시한다.

1) 측정방법 : 도축한 후 0℃ 내외의 냉장시설에서 냉장하여 등심부위의 내부온도가 5℃ 이하가 된 이후에 반도체 중 좌반도체의 제4등뼈와 제5등뼈 사이 또는 제5등뼈와 제6등뼈 사이(이하 "돼지 냉도체 육질측정부위"라 한다)를 절개하여 15분이 지난 후 절개면을 보고 측정한다. 다만, 도축과정에서 좌반도체의 돼지 냉도체 육질측정부위가 훼손되어 측정이 어려울 경우에는 우반도체로 측정할 수 있다.

2) 측정항목 : 근육 내 지방 분포 정도, 근간지방 두께, 고기의 색깔·조직감, 지방의 색깔·조직감 등

3. 닭·오리 도체

도축한 후 도체의 내부 온도가 10℃ 이하가 된 이후에 중량 규격별로 선별하여 다음의 방법에 따라 판정한다.

가. 품질등급 : 도체의 비육 상태 및 지방의 부착 상태 등을 종합적으로 고려하여 1^+·1·2등급으로 판정한다.

나. 중량규격 : 도체의 중량에 따라 5호부터 30호까지 100g 단위로 구분한다.

4. 닭 부분육 : 도축한 후 부분육의 내부 온도가 10℃ 이하가 된 이후에 부위별로 선별하여 부위별 품질수준, 결함 등을 종합적으로 고려하여 1·2등급으로 품질등급을 판정한다.

5. 계 란

물 등을 통한 세척으로 이물질을 제거한 후 냉장하지 아니한 상태에서 중량규격별로 선별하여 다음의 방법에 따라 판정한다. 다만, 가공용 계란의 경우에는 등급판정 후 이물질 제거 작업을 할 수 있다.

가. 품질등급 : 계란의 외부 형태, 기실(공기주머니)의 크기, 흰자 및 노른자의 상태 등을 종합적으로 고려하여 1^+·1·2등급으로 판정한다.

나. 중량규격 : 계란의 중량에 따라 왕란·특란·대란·중란·소란으로 구분한다.

6. 말 도체

도축한 후 0℃ 내외의 냉장시설에서 냉장하여 등심부위의 내부온도가 5℃ 이하가 된 이후에 반도체 중 좌반도체의 제1허리뼈와 마지막 등뼈 사이(이하 "말 등급판정부위"라 한다)를 절개하여 30분이 지난 후 절개면을 보고 다음의 방법에 따라 판정한다. 다만, 도축과정에서 좌반도체의 말 등급판정부위가 훼손되어 판정이 어려울 경우에는 우반도체로 판정할 수 있다.

가. 육량(고기량)등급 : 도체의 중량, 등심 부위의 외부지방 등의 두께, 등심 부위 근육의 크기 등을 종합적으로 고려하여 A·B·C등급으로 판정한다.

나. 육질(고기질)등급 : 근내지방도, 고기의 색깔, 고기의 조직 및 탄력, 지방의 색깔과 뼈의 성숙도 등을 종합적으로 고려하여 1·2·3등급으로 판정한다.

다. 등외등급 : 비육 상태 및 육질이 불량한 경우에는 등외등급으로 판정한다.

라. 등급의 종류 : 1A·1B·1C·2A·2B·2C·3A·3B·3C·등외등급

7. 꿀

「식품위생법」 제14조의 공전에 따른 벌꿀 규격(수분항목은 제외한다)에 부합하는 꿀을 주밀원(主蜜原)의 종류별로 구분하여 꿀의 수분 함량, 포도당에 대한 과당의 비율, 하이드록시메틸푸르푸랄(Hydroxymethylfurfural), 향미, 색도, 결함 등을 종합적으로 고려하여 1^+등급, 1등급, 2등급으로 품질등급을 판정한다.

8. 제1호부터 제7호까지에서 규정한 사항 외에 등급판정에 필요한 세부적인 사항은 농림축산식품부장관이 정하여 고시한다.

(6) 등급판정 제외 대상 축산물(축산법 시행규칙 제39조)

① 법 제35조제5항 단서에서 "농림축산식품부령으로 정하는 축산물"이란 다음 각 호의 축산물을 말한다.

1. 학술연구용으로 사용하기 위하여 도살하는 축산물
2. 자가소비, 바베큐 또는 제수용으로 도살하는 축산물
3. 소 도체 중 앞다리 또는 우둔부위(축산물등급판정을 신청한 자가 별지 제36호서식에 따른 축산물등급판정신청서에 부위를 기재하여 등급판정을 받지 아니하기를 원하는 경우에 한한다)

② 제1항제1호 및 제2호에 따라 등급판정을 받지 아니하고 축산물을 반출하려는 자는 별지 제38호서식의 축산물등급판정제외대상확인신청서에 연구계획서(제1항제1호의 경우에 한한다)를 첨부하여 도축장의 경영자를 거쳐 품질평가사에게 제출하여 등급판정 제외 대상 확인서를 발급받아야 한다.

(7) 품질평가사 양성교육 등(축산법 시행규칙 제40조)

① 법 제37조제2항에 따라 품질평가사시험에 합격한 자는 법 제36조에 따른 축산물품질평가원(이하 "품질평가원"이라 한다)에서 등급판정의 이론과 실기 등에 관한 소정의 교육을 받아야 한다.

② 품질평가원의 장(이하 "품질평가원장"이라 한다)은 제1항에 따른 교육을 이수한 자에게 별지 제39호서식의 품질평가사증을 교부하고, 별지 제40호서식의 품질평가사증 발급대장에 이를 기재하여야 한다.

③ 제2항의 품질평가사증 발급대장은 전자적 처리가 불가능한 특별한 사유가 있는 경우를 제외하고는 전자적 방법으로 작성・관리하여야 한다.

(8) 등급판정사항의 보고 등(축산법 시행규칙 제41조)

① 농림축산식품부장관은 법 제36조제6항에 따라 품질평가원으로 하여금 제38조에 따라 실시한 등급판정 결과를 월별로 분석하여 다음 달 10일까지 보고하게 하고, 시・도지사 및 가축개량총괄기관 등 관계 기관에 이를 통보하게 할 수 있다.

② 제1항에 따라 통보를 받은 시・도지사는 필요한 경우 시장・군수 또는 구청장으로 하여금 등급판정 결과를 관할 구역 내 축산농가의 가축개량과 사양관리(알맞은 영양소를 공급하여 잘 자라고 생산을 잘하도록 하는 일련의 활동)에 활용될 수 있도록 하여야 한다.

(9) 품질평가원의 감독(축산법 시행규칙 제42조)

① 법 제36조제6항에 따라 농림축산식품부장관이 소속 공무원으로 하여금 품질평가원에 대하여 검사하게 할 수 있는 사항은 다음 각 호와 같다.

1. 품질평가원 운영예산의 편성・집행
2. 등급판정수수료의 징수 및 수수료 징수비용의 지급
3. 품질평가사의 복무, 업무수행 및 등급판정인 등 장비의 관리
4. 각종 보고서 및 등급판정확인서의 발급
5. 품질평가사의 시험 및 교육
6. 그 밖에 농림축산식품부장관이 등급판정업무의 효율적 수행에 필요하다고 인정하는 업무

② 제1항에 따라 검사를 하는 공무원의 증표는 별지 제41호서식의 품질평가원 검사공무원증에 의한다.

(10) 도축장 경영자의 준수사항(축산법 시행규칙 제43조)

법 제39조에 따라 도축장의 경영자가 준수하여야 하는 사항은 다음 각 호와 같다.

1. 도축장안에 등급판정을 위한 판정공간 및 사무실을 확보할 것. 이 경우 판정공간에는 220lx 이상의 조명시설을 갖추어야 한다.
2. 별지 제42호서식의 등급판정 상황을 작성하여 품질평가사에게 제출할 것
3. 등급판정을 신청하는 때에는 신청 대상 가축의 개체식별번호(소만 해당한다), 도체번호 및 중량을 표시할 것. 다만, 계량장치를 통하여 별도로 도체중량이 표시되는 경우에는 중량의 표시를 생략할 수 있다.
4. 도체의 냉각 또는 절개 등 등급판정에 필요한 준비를 다음 각 목의 구분에 따라 할 것
   가. 소・말 도체의 경우 : 도체를 좌・우로 2등분하여야 하며, 등심부위의 내부온도가 5℃ 이하가 되도록 냉각처리한 후 제1허리뼈와 마지막 등뼈 사이를 절개할 것
   나. 돼지 도체의 경우 : 도체를 좌・우로 2등분할 것. 다만, 별표 4에 따른 냉도체 육질측정 신청이 있는 경우에는 도체를 좌・우로 2등분하고 등심부위의 내부온도가 5℃ 이하가 되도록 냉각처리한 후 제4등뼈와 제5등뼈 사이 또는 제5등뼈와 제6등뼈 사이를 절개할 것
5. 그 밖에 등급판정업무의 수행에 지장을 주는 행위를 하거나 시설을 설치하지 아니할 것

(11) 등급의 표시(축산법 시행규칙 제44조)

법 제40조제1항에 따른 등급의 표시방법 및 등급판정인의 규격은 별표 5에 따르며, 등급판정인의 재료 및 등급표시용 색소의 제조기준 등에 관한 사항은 「축산물 위생관리법」 제5조제1항에 따라 식품의약품안전처장이 고시하는 규격 등에 따른다.

등급의 표시방법 및 등급판정인의 규격(축산법 시행규칙 제44조 관련 [별표 5])

1. 등급의 표시방법
   가. 품질평가사는 등급판정 즉시 등급을 해당 소·돼지·말의 도체 또는 닭·계란 또는 꿀의 포장지·포장용기에 인력 또는 기계적 방법으로 다음의 방법에 따라 표시하여야 한다. 다만, 품질평가사의 지시를 받아 도축장의 경영자, 축산물가공업자, 식용란선별포장업자, 식육포장처리업자, 식용란수집판매업자 또는 식품소분업자가 본문에 따른 표시를 할 수 있다.
      1) 소·말 도체 : 육질등급 또는 등외등급만 표시하되, 신청인이 원하는 경우에는 육량등급을 함께 표시할 수 있다.
      2) 돼지 도체 : 도체등급 또는 등외등급을 표시한다.
      3) 닭·오리의 도체, 닭 부분육, 계란 및 꿀 : 닭·오리의 도체와 계란은 품질등급과 중량규격을 표시하며, 닭 부분육과 꿀은 품질등급을 표시한다. 이 경우 표시 크기는 포장지·포장용기의 종류에 따라 달리 적용할 수 있으나 소비자가 알아보기 쉽도록 하여야 한다.
   나. 다른 검사표시와 겹치지 않도록 표시한다.

2. 표시 위치
   가. 소·말 도체 : 좌·우 반도체의 등심 부위에 각각 표시해야 한다. 다만, 해당 부위에 표시가 어려운 경우에는 등심 주변의 잘 보이는 부위에 표시할 수 있다.
   나. 돼지 도체 : 도체의 잘 보이는 부위에 표시하여야 한다.
   다. 닭·오리의 도체, 닭 부분육, 계란 및 꿀 : 포장지·포장용기의 잘 보이는 곳에 표시하여야 한다.
3. 등급판정인의 규격(예시)
   가. 소 도체

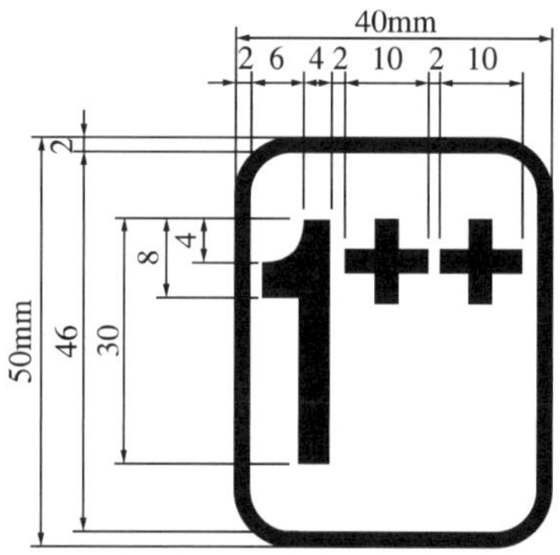

1^{++} : 육질등급

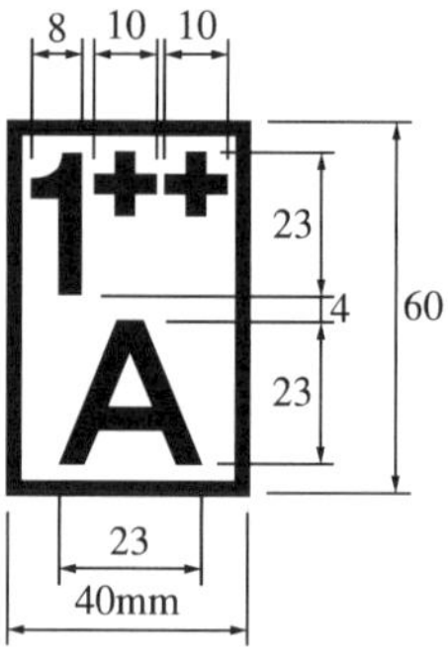

1^{++} : 육질등급, A : 육량등급
(육량등급 표시를 원하는 경우)

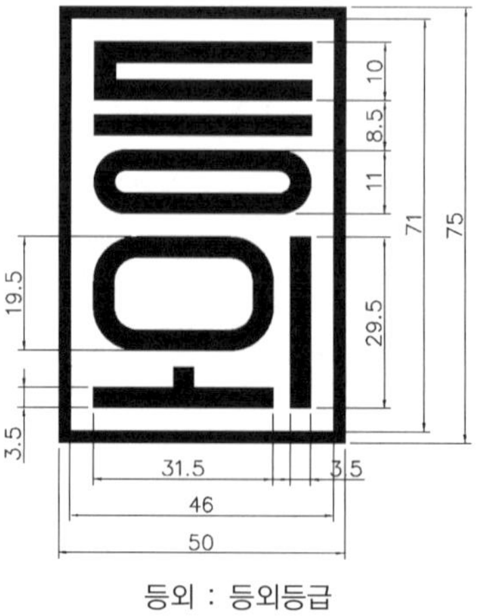

등외 : 등외등급

나. 돼지 도체

1) 인력으로 표시하는 경우

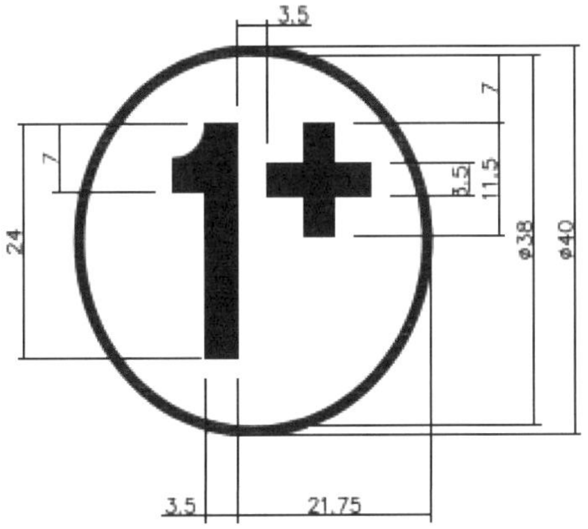

1+ : 도체등급

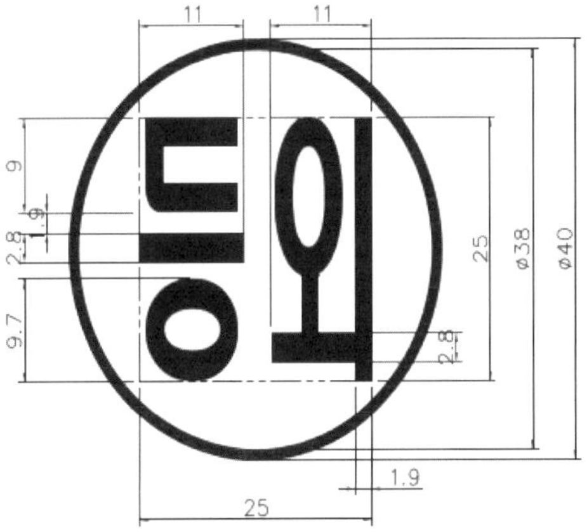

등외 : 등외등급

2) 기계적 방법으로 표시하는 경우에는 1)의 규격 중 지름을 30mm 이상 50mm 이하의 범위에서 달리 표시할 수 있다.

다. 닭·오리의 도체 및 닭 부분육

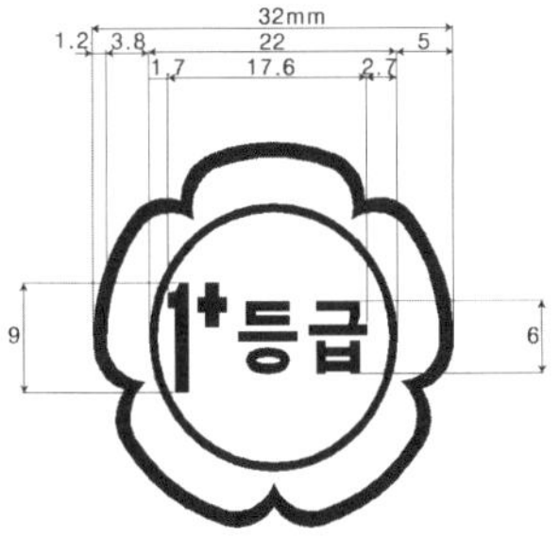

1+ : 품질등급

중량규격	5호

5호 : 중량규격

라. 계 란

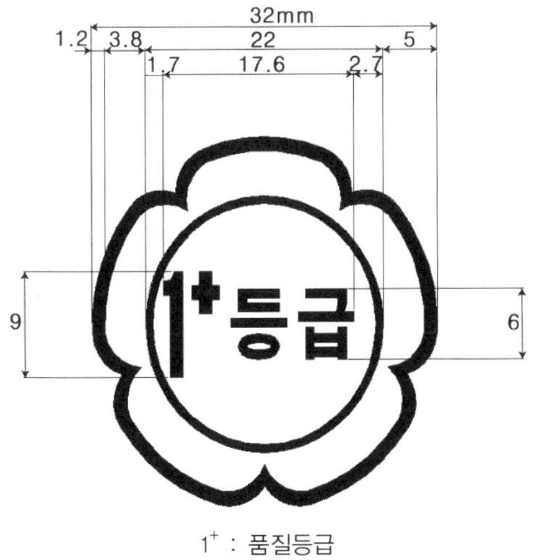

1+ : 품질등급

중량규격
왕란
특란
대란
중란
소란

특란 : 중량규격

마. 말 도체

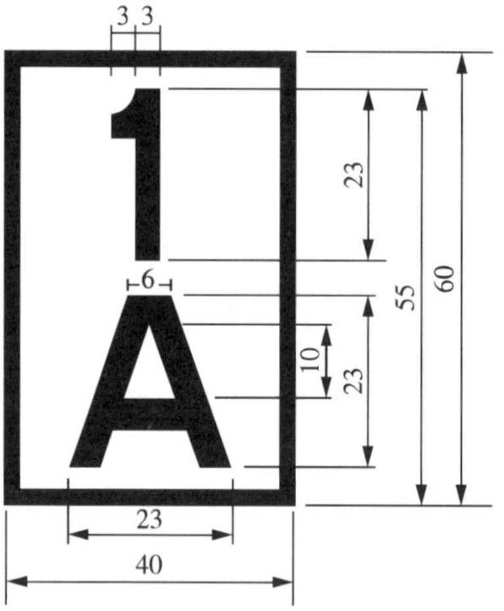

1 : 육질, A :육량

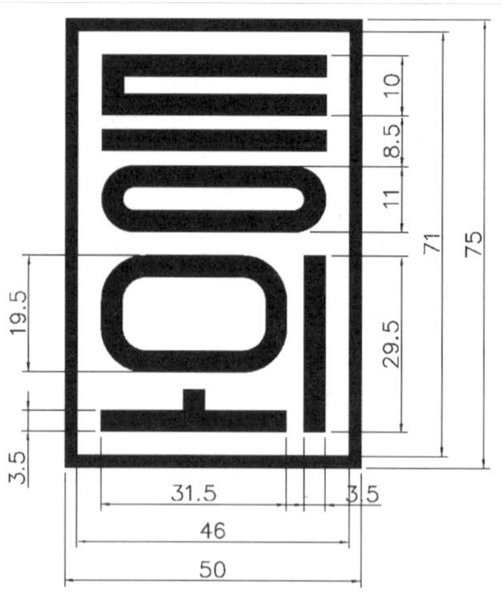

등외 : 등외등급

바. 꿀

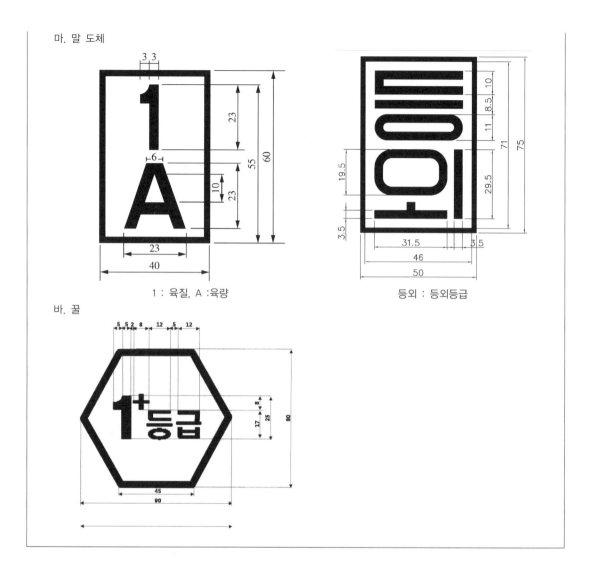

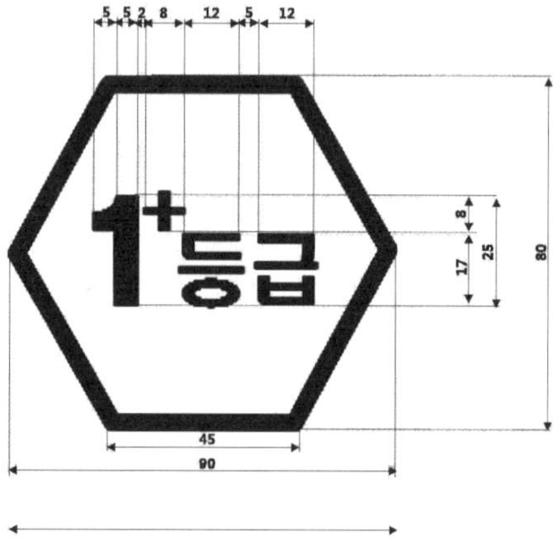

(12) 축산물등급판정확인서의 발급(축산법 시행규칙 제45조)

① 법 제40조제1항에 따라 품질평가사는 등급판정을 받은 축산물의 매수인 또는 등급판정의 신청인에게 별지 제43호서식, 별지 제44호서식, 별지 제44호의2서식, 별지 제44호의3서식 또는 별지 제45호서식에 따른 축산물등급판정확인서를 발급(전자적 방법을 이용한 발급을 포함한다. 이하 이 조에서 같다)하여야 한다(꿀의 등급판정을 받으려는 자는 제외한다). 다만, 수출하려는 축산물의 경우에는 농림축산식품부장관이 따로 정하여 고시하는 서식으로 발급할 수 있다.

② 품질평가사는 도매시장법인·공판장의 개설자·도축장의 경영자 및 「축산물 위생관리법」 제21조에 따른 축산물가공업자가 발행하는 공급명세서(거래명세서를 포함한다)에 등급판정 결과를 표기하여 발급하는 경우에는 제1항에 따른 축산물등급판정확인서를 발급하지 아니할 수 있다.

③ 등급판정을 받은 축산물의 매수인 또는 등급판정의 신청인은 다음 각 호의 사유로 축산물등급판정확인서를 재발급받으려면 별지 제45호의2서식의 축산물등급판정확인서(재발급 · 추가발급)신청서를 작성하여 품질평가사에게 신청(전자적 방법을 이용한 신청을 포함한다. 이하 이 조에서 같다)할 수 있다.

1. 축산물등급판정확인서가 헐어 못쓰게 된 경우
2. 축산물등급판정확인서를 잃어버린 경우

④ 등급판정을 받은 축산물의 매수인 또는 등급판정의 신청인은 학교나 음식점 납품 등의 사유로 축산물등급판정확인서를 추가로 발급받으려면 별지 제45호의2서식의 축산물등급판정확인서(재발급 · 추가발급)신청서를 작성하여 품질평가사에게 신청할 수 있다.

⑤ 제3항제1호에 따라 축산물등급판정확인서를 재발급받으려는 자는 별지 제45호의2서식의 축산물등급판정확인서(재발급 · 추가발급)신청서에 종전의 등급판정확인서를 첨부하여야 한다.

⑥ 제3항 및 제4항에 따른 신청을 받은 품질평가사는 즉시 그 사실을 확인하여 축산물등급판정확인서를 발급하여야 한다.

(13) 등급 등의 공표(축산법 시행규칙 제46조)

① 법 제40조제2항에 따라 도매시장법인 또는 공판장의 개설자가 등급판정을 받은 축산물을 상장하는 때에는 장내방송 · 전광판에 의한 표시 등의 방법으로 다음 각 호의 사항을 거래 상대방이 쉽게 알 수 있도록 하여야 한다.

1. 도체별 등급
2. 소 도체의 경우 도체별 예측정육률
3. 제38조 및 별표 4에 따른 등급판정 결과 등급이 1^{++}인 소 도체의 경우 근내지방도(등심부위 절개면의 지방분포 정도를 말한다. 이하 같다)

② 제1항에 따른 공표사항의 세부기준은 농림축산식품부장관이 정하여 고시한다.

(14) 전자민원창구의 설치 · 운영(축산법 시행규칙 제46조의2)

법 제40조의2제1항에 따른 전자민원창구를 통해 제공하는 서비스는 다음 각 호와 같다.

1. 제38조에 따른 축산물등급판정신청서의 제출
2. 제45조에 따른 축산물등급판정확인서의 발급
3. 「가축 및 축산물 이력관리에 관한 법률」 제25조에 따른 이력정보의 공개
4. 「가축전염병예방법 시행규칙」 제19조에 따른 검사증명서의 발급
5. 「농림축산식품부 소관 친환경농어업 육성 및 유기식품 등의 관리 · 지원에 관한 법률 시행규칙」 제13조제1항에 따른 인증서의 발급
6. 「축산물 위생관리법 시행규칙」 제7조의2에 따른 안전관리인증기준 적용 확인서의 발급

7. 「축산물 위생관리법 시행규칙」 제13조에 따른 도축검사증명서의 발급
8. 별지 제45호의3서식부터 별지 제45호의6서식까지의 축산물거래정보통합증명서의 발급

(15) 도매시장법인 등에 대한 업무감독(축산법 시행규칙 제47조)

① 법 제42조제1항에 따라 농림축산식품부장관 또는 시・도지사가 소속 공무원으로 하여금 도매시장법인・공판장의 개설자 및 도축장의 경영자에 대하여 검사하게 할 수 있는 사항은 다음 각 호와 같다.

1. 등급판정을 받지 아니한 축산물의 상장 또는 반출 여부
2. 도축장의 경영자의 준수사항 이행 및 등급판정수수료의 징수 여부
3. 그 밖에 등급판정업무의 추진에 필요한 서류・장부 및 물건

② 시・도지사가 제1항에 따라 검사를 한 경우에는 검사내용과 조치 결과를 별지 제46호서식의 축산물등급판정업무 지도・감독 상황보고에 의하여 농림축산식품부장관에게 보고하여야 한다.

③ 제1항에 따라 검사를 하는 공무원의 증표는 별지 제47호서식의 축산물등급판정 검사공무원증에 의한다.

(16) 무항생제축산물의 인증대상(축산법 시행규칙 제47조의2)

① 법 제42조의2제1항에 따른 무항생제축산물의 인증대상은 다음 각 호와 같다.

1. 무항생제축산물을 생산하는 자
2. 무항생제축산물을 취급[축산물의 저장, 포장(소분 및 재포장을 포함한다), 운송 또는 판매 활동을 말한다. 이하 이 장에서 같다]하는 자

② 제1항에 따른 인증대상에 관한 세부사항은 국립농산물품질관리원장이 정하여 고시한다.

(17) 무항생제축산물의 인증기준(축산법 시행규칙 제47조의3)

① 법 제42조의2제3항에 따른 무항생제축산물의 생산 또는 취급에 필요한 인증기준은 별표 6과 같다.

② 제1항에 따른 인증기준에 관한 세부사항은 국립농산물품질관리원장이 정하여 고시한다.

(18) 무항생제축산물의 인증 신청(축산법 시행규칙 제47조의4)

법 제42조의3제1항에 따라 무항생제축산물의 인증을 받으려는 자는 별지 제48호서식 또는 별지 제49호서식에 따른 인증신청서에 다음 각 호의 서류를 첨부하여 법 제42조의8제1항에 따라 지정을 받은 인증기관(이하 이 장에서 "인증기관"이라 한다)에 제출해야 한다.

1. 별지 제50호서식에 따른 인증품 생산계획서 또는 별지 제51호서식에 따른 인증품 취급계획서
2. 별표 7의 경영 관련 자료

3. 사업장의 경계면을 표시한 지도
4. 무항생제축산물의 생산 또는 취급에 관련된 작업장의 구조와 용도를 적은 도면(작업장이 있는 경우로 한정한다)
5. 무항생제축산물 인증에 관한 교육 이수 증명자료(전자적 방법으로 확인이 가능한 경우는 제외한다)
6. 법 제22조제1항제4호 또는 같은 조 제3항에 따른 가축사육업의 허가증 또는 등록증 사본(무항생제축산물을 생산하는 자로 한정한다)
7. 「축산물 위생관리법」 제22조제1항 또는 제24조제1항에 따른 영업 허가증 또는 신고필증 사본(무항생제축산물을 취급하는 자로 한정한다)

(19) 무항생제축산물의 인증심사 등(축산법 시행규칙 제47조의5)

① 인증기관은 다음 각 호의 어느 하나에 해당하는 신청을 받은 경우에는 10일 이내에 신청인에게 인증심사 일정과 함께 법 제42조의12에 따라 준용되는 「친환경농어업 육성 및 유기식품 등의 관리·지원에 관한 법률」 제26조의2제1항에 따른 인증심사원(이하 "인증심사원"이라 한다) 명단을 알리고, 법 제42조의3제3항 전단에 따른 인증심사를 해야 한다.

1. 제47조의4에 따른 인증 신청
2. 제47조의8에 따른 인증 변경승인 신청
3. 제47조의9에 따른 인증 갱신 또는 유효기간의 연장 신청

② 제1항에 따른 인증심사의 절차와 방법은 다음 각 호의 구분에 따른다.

1. 서류심사 : 제1항 각 호에 따른 신청 시 첨부하여 제출한 서류가 제47조의3에 따른 인증기준에 적합한지를 심사
2. 현장심사 : 현장을 직접 방문하여 사업장 및 시설물이 제47조의3에 따른 인증기준에 적합한지를 심사

③ 인증기관은 법 제42조의3제3항 전단에 따라 무항생제축산물의 인증을 한 경우에는 신청인에게 별지 제52호서식 또는 별지 제53호서식에 따른 인증서를 발급해야 한다.

④ 법 제42조의3제3항 후단에 따라 인증심사를 위해 신청인의 사업장에 출입하는 인증심사원은 별지 제54호서식에 따른 인증심사원증을 지니고 신청인에게 보여주어야 한다.

⑤ 제2항에 따른 인증심사의 절차 및 방법에 관한 세부사항은 국립농산물품질관리원장이 정하여 고시한다.

(20) 인증기관의 등급 기준(축산법 시행규칙 제47조의6)

법 제42조의3제4항 단서에서 "농림축산식품부령으로 정하는 기준 이상을 받은 인증기관"이란 「친환경농어업 육성 및 유기식품 등의 관리·지원에 관한 법률」 제32조의2에 따른 평가 및 등급결정 결과 우수, 양호 또는 보통 등급으로 결정된 인증기관을 말한다.

(21) 재심사 신청 등(축산법 시행규칙 제47조의7)

① 인증심사 결과에 대해 이의가 있는 자가 법 제42조의3제5항에 따라 재심사를 신청하려는 경우에는 같은 조 제3항 전단에 따라 인증심사 결과를 통지받은 날부터 7일 이내에 별지 제55호서식에 따른 인증 재심사 신청서에 재심사 신청사유를 증명하는 자료를 첨부하여 그 인증심사를 한 인증기관에 제출해야 한다.

② 제1항에 따른 재심사 신청을 받은 인증기관은 법 제42조의3제6항에 따라 재심사 신청을 받은 날부터 7일 이내에 인증 재심사 여부를 결정하여 신청인에게 통보해야 한다.

③ 법 제42조의3제7항에 따른 재심사는 제1항에 따라 재심사를 신청한 항목에 대해서만 실시한다.

④ 법 제42조의3제7항에 따른 재심사의 절차 및 방법, 인증서의 발급 등에 관하여는 제47조의5제2항부터 제5항까지의 규정을 준용한다.

(22) 인증 변경승인 등(축산법 시행규칙 제47조의8)

① 법 제42조의3제3항에 따라 무항생제축산물의 인증을 받은 사업자(이하 "인증사업자"라 한다)가 인증을 받은 다음 각 호의 내용을 변경할 때에는 같은 조 제8항에 따라 인증 변경승인을 받아야 한다.

1. 법 제42조의3제3항에 따라 인증을 받은 무항생제축산물(이하 "인증품"이라 한다) 품목
2. 인증 사업장의 규모(축소하려는 경우로 한정한다)
3. 인증사업자명, 인증사업자의 주소 또는 인증 부가조건

② 법 제42조의3제8항에 따라 인증 변경승인을 받으려는 인증사업자는 별지 제56호서식에 따른 인증 변경승인 신청서에 다음 각 호의 서류를 첨부하여 인증을 한 인증기관에 제출해야 한다.

1. 인증서
2. 변경하려는 내용 및 사유를 적은 서류

③ 법 제42조의3제8항에 따른 인증 변경승인의 절차 및 방법, 인증서의 발급 등에 관하여는 제47조의5제2항부터 제5항까지의 규정을 준용한다.

(23) 인증의 갱신 등(축산법 시행규칙 제47조의9)

① 법 제42조의4제2항에 따라 인증 갱신 신청을 하거나 같은 조 제3항에 따른 인증의 유효기간 연장을 신청하려는 인증사업자는 그 유효기간이 끝나기 2개월 전까지 별지 제48호서식 또는 별지 제49호서식에 따른 인증신청서에 다음 각 호의 서류를 첨부하여 인증을 한 인증기관(법 제42조의4제2항 단서에 해당하여 인증을 한 인증기관에 신청을 할 수 없는 경우에는 다른 인증기관을 말한다)에 제출해야 한다. 다만, 제1호 및 제3호부터 제7호까지의 서류는 변경사항이 없는 경우에는 제출하지 않을 수 있다.

1. 별지 제50호서식에 따른 인증품 생산계획서 또는 별지 제51호서식에 따른 인증품 취급계획서
2. 별표 7의 경영 관련 자료
3. 사업장의 경계면을 표시한 지도
4. 인증품의 생산 또는 취급에 관련된 작업장의 구조와 용도를 적은 도면(작업장이 있는 경우로 한정한다)
5. 무항생제축산물의 생산 또는 취급에 관한 교육 이수 증명자료(인증 갱신 신청을 하려는 경우로 한정하며, 전자적 방법으로 확인이 가능한 경우는 제외한다)
6. 법 제22조제1항제4호 또는 같은 조 제3항에 따른 가축사육업의 허가증 또는 등록증 사본(무항생제축산물을 생산하는 자로 한정한다)
7. 「축산물 위생관리법」 제22조제1항 또는 제24조제1항에 따른 영업 허가증 또는 신고필증 사본(무항생제축산물을 취급하는 자로 한정한다)

② 인증사업자는 법 제42조의4제2항 단서에 따라 다른 인증기관에 인증 갱신 신청서 또는 유효기간 연장 신청서를 제출하려는 경우에는 원래 인증을 한 인증기관으로부터 그 인증의 신청에 관한 일체의 서류와 수수료 정산액(수수료를 미리 낸 경우로 한정한다)을 반환받아 인증업무를 새로 맡게 된 다른 인증기관에 낼 수 있다.

③ 인증기관은 인증의 유효기간이 끝나기 3개월 전까지 인증사업자에게 인증 갱신 또는 유효기간 연장의 절차와 함께 유효기간이 끝나는 날까지 인증 갱신을 하지 않거나 유효기간 연장을 받지 않으면 인증을 유지할 수 없다는 사실을 미리 알려야 한다.

④ 제3항에 따른 통지는 서면(전자문서를 포함한다. 이하 같다), 문자메시지, 전자우편, 팩스 또는 전화 등의 방법으로 할 수 있다.

⑤ 법 제42조의4제2항 및 제3항에 따른 인증 갱신 또는 유효기간 연장의 절차 및 방법, 인증서의 발급 등에 관하여는 제47조의5제2항부터 제5항까지의 규정을 준용한다.

(24) 인증 갱신 등의 재심사(축산법 시행규칙 제47조의10)

① 법 제42조의4제4항에 따라 재심사를 신청하려는 자는 같은 조 제2항 또는 제3항에 따른 심사결과를 통지받은 날부터 7일 이내에 별지 제55호서식에 따른 인증 갱신·유효기간 연장 재심사 신청서에 재심사 신청사유를 증명하는 자료를 첨부하여 심사를 한 인증기관에 제출해야 한다.

② 제1항에 따른 재심사 신청을 받은 인증기관은 법 제42조의4제5항에 따라 재심사 신청을 받은 날부터 7일 이내에 인증 갱신 또는 유효기간 연장 재심사 여부를 결정하여 신청인에게 통보해야 한다.

③ 법 제42조의4제6항에 따른 재심사는 제1항에 따라 재심사를 신청한 항목에 대해서만 실시한다.

④ 법 제42조의4제6항에 따른 재심사의 절차 및 방법, 인증서의 발급에 관하여는 제47조의5제2항부터 제5항까지의 규정을 준용한다.

(25) 인증서의 재발급(축산법 시행규칙 제47조의11)

다음 각 호의 어느 하나에 해당하여 인증서를 발급받은 자는 그 인증서를 잃어버리거나 헐어서 못 쓰게 된 경우에는 재발급 사유를 적은 서류 및 인증서(인증서가 헐어서 못 쓰게 된 경우로 한정한다)를 그 인증서를 발급한 인증기관에 제출하여 인증서를 재발급받을 수 있다.

1. 제47조의4에 따른 인증(제47조의7에 따른 재심사로 인증을 받은 경우를 포함한다)
2. 제47조의8에 따른 인증 변경승인
3. 제47조의9에 따른 인증 갱신 또는 인증의 유효기간 연장(제47조의10에 따른 재심사로 인증 갱신 또는 유효기간 연장을 받은 경우를 포함한다)

(26) 인증사업자의 준수사항(축산법 시행규칙 제47조의12)

① 인증사업자는 법 제42조의5제1항에 따라 매년 1월 20일까지 별지 제57호서식에 따른 실적 보고서에 인증품의 전년도 생산·취급 또는 판매 실적을 적어 해당 인증기관에 제출하거나 「친환경농어업 육성 및 유기식품 등의 관리·지원에 관한 법률」 제53조에 따른 친환경 인증관리 정보시스템(이하 “친환경 인증관리 정보시스템”이라 한다)에 등록해야 한다.

② 인증사업자는 법 제42조의5제2항에 따라 인증심사와 관련된 다음 각 호의 자료 및 서류를 그 생산연도의 다음 해부터 2년간 보관해야 한다.

1. 무항생제축산물의 생산 또는 취급에 필요한 원료, 재료와 자재의 사용에 관한 자료 및 서류
2. 인증품의 생산, 취급 또는 판매 실적에 관한 자료 및 서류

(27) 무항생제축산물의 표시(축산법 시행규칙 제47조의13)

① 법 제42조의6제1항 전단에 따른 인증표시(무항생제 또는 이와 같은 의미의 도형이나 글자의 표시를 말하며, 이하 “무항생제표시”라 한다)의 기준은 별표 8과 같다.

② 제1항에 따른 무항생제표시를 하려는 인증사업자는 무항생제표시와 함께 인증사업자의 성명 또는 업체명, 전화번호, 사업장 소재지, 인증번호 및 생산지 등 무항생제축산물의 인증정보를 별표 9의 무항생제축산물의 인증정보 표시방법에 따라 표시해야 한다.

(28) 인증취소 등의 처분 기준 및 절차(축산법 시행규칙 제47조의14)

법 제42조의7제1항에 따른 인증취소, 인증표시의 제거·사용정지 및 시정조치 명령의 기준 및 절차는 별표 10과 같다.

(29) 인증업무의 범위(축산법 시행규칙 제47조의15)

① 인증기관의 인증업무의 범위는 다음 각 호의 구분에 따른다.

1. 다음 각 목의 인증대상에 따른 인증업무의 범위
   가. 무항생제축산물을 생산하는 자
   나. 무항생제축산물을 취급하는 자
2. 인증대상 지역에 따른 인증업무의 범위 : 전국 단위 또는 특정 지역 단위를 기준으로 하는 제1호 각 목에 따른 인증

② 인증기관은 인증품의 거래를 위해 필요한 경우에는 인증사업자에게 거래품목, 거래물량 등 거래명세가 적힌 별지 제58호서식에 따른 거래인증서를 발급할 수 있다.

(30) 인증기관의 지정기준(축산법 시행규칙 제47조의16)

인증기관의 지정기준은 별표 11과 같다.

(31) 인증기관의 지정 신청(축산법 시행규칙 제47조의17)

① 국립농산물품질관리원장은 법 제42조의8제1항에 따라 인증기관을 지정하려는 경우에는 해당 연도의 1월 31일까지 지정 신청기간 등 인증기관의 지정에 관한 사항을 국립농산물품질관리원의 인터넷 홈페이지 및 친환경 인증관리 정보시스템 등에 10일 이상 공고해야 한다.

② 법 제42조의8제2항에 따라 인증기관의 지정을 신청하려는 기관 또는 단체는 제1항에 따른 지정 신청기간에 별지 제59호서식에 따른 인증기관 지정 신청서에 다음 각 호의 서류를 첨부하여 국립농산물품질관리원장에게 제출해야 한다.

1. 인증업무의 범위 등을 적은 사업계획서
2. 제47조의16에 따른 인증기관의 지정기준을 갖추었음을 증명하는 서류

(32) 인증기관의 지정 절차(축산법 시행규칙 제47조의18)

① 국립농산물품질관리원장은 제47조의17제2항에 따라 인증기관의 지정 신청을 받은 경우에는 심사계획서를 작성하여 신청인에게 통지하고, 그 심사계획서에 따라 심사를 해야 한다.

② 국립농산물품질관리원장은 제1항에 따른 심사 결과 제47조의16에 따른 지정기준을 갖춘 경우에는 해당 기관 또는 단체를 인증기관으로 지정하고, 별지 제60호서식에 따른 인증기관 지정서를 발급해야 한다.

③ 국립농산물품질관리원장은 제2항에 따라 인증기관을 지정한 경우에는 다음 각 호의 사항을 친환경 인증관리 정보시스템에 게시해야 한다.

1. 인증기관의 명칭, 인력 및 대표자
2. 주사무소 및 지방사무소의 소재지

3. 인증업무의 범위 및 인증업무규정

4. 인증기관의 지정번호 및 지정일

④ 제1항부터 제3항까지에서 규정한 사항 외에 인증기관의 지정 절차에 필요한 사항은 국립농산물품질관리원장이 정하여 고시한다.

(33) 인증기관의 지정갱신 절차(축산법 시행규칙 제47조의19)

① 법 제42조의8제3항에 따라 인증기관의 지정을 갱신하려는 인증기관은 인증기관 지정의 유효기간이 끝나기 3개월 전까지 별지 제59호서식에 따른 인증기관 지정갱신 신청서에 다음 각 호의 서류를 첨부하여 국립농산물품질관리원장에게 제출해야 한다.

1. 인증업무의 범위 등을 적은 사업계획서

2. 제47조의16에 따른 인증기관의 지정기준을 갖추었음을 증명하는 서류

3. 인증기관 지정서

② 국립농산물품질관리원장은 제1항에 따른 인증기관의 지정갱신 신청을 받으면 해당 인증기관이 제47조의16에 따른 인증기관의 지정기준에 적합한지를 심사하여 지정갱신 여부를 결정해야 한다. 이 경우 인증기관의 지정갱신 절차에 관하여는 제47조의18을 준용한다.

③ 국립농산물품질관리원장은 인증기관 지정의 유효기간이 끝나기 4개월 전까지 인증기관에 지정갱신 절차와 함께 유효기간이 끝나는 날까지 갱신을 하지 않으면 무항생제축산물의 인증업무를 계속할 수 없다는 사실을 미리 알려야 한다.

④ 제3항에 따른 통지는 서면, 문자메시지, 전자우편, 팩스 또는 전화 등의 방법으로 할 수 있다.

(34) 인증기관의 지정 및 지정갱신 관련 평가업무의 위탁(축산법 시행규칙 제47조의20)

법 제42조의8제4항에 따른 인증기관 지정 및 지정갱신을 위한 평가업무의 위탁에 필요한 사항은 국립농산물품질관리원장이 정하여 고시한다.

(35) 인증기관의 지정내용 변경신고 등(축산법 시행규칙 제47조의21)

① 인증기관은 법 제42조의8제5항 본문에 따라 지정받은 내용 중 다음 각 호의 어느 하나에 해당하는 사항이 변경된 경우에는 변경된 날부터 1개월 이내에 별지 제61호서식에 따른 인증기관 지정내용 변경신고서에 지정내용이 변경되었음을 증명하는 서류를 첨부하여 국립농산물품질관리원장에게 제출해야 한다.

1. 인증기관의 명칭, 인력 및 대표자

2. 주사무소 및 지방사무소의 소재지

② 법 제42조의8제5항 단서에서 "농림축산식품부령으로 정하는 중요 사항"이란 다음 각 호의 어느 하나에 해당하는 사항을 말한다.

1. 인증업무의 범위
2. 인증업무규정

③ 인증기관은 법 제42조의8제5항 단서에 따라 제2항 각 호에 해당하는 사항의 변경에 대해 승인을 받으려는 경우에는 별지 제61호서식에 따른 인증기관 지정내용 변경승인 신청서에 변경하려는 사항이 제47조의16에 따른 인증기관의 지정기준에 적합함을 증명하는 서류를 첨부하여 국립농산물품질관리원장에게 제출해야 한다.

④ 국립농산물품질관리원장은 법 제42조의8제5항 본문에 따른 변경신고를 수리하거나 같은 항 단서에 따라 변경승인을 한 때에는 변경사항을 반영하여 인증기관에 별지 제60호서식에 따른 인증기관 지정서를 발급하고, 친환경 인증관리 정보시스템에 게시해야 한다.

(36) 인증표시와 유사한 표시(축산법 시행규칙 제47조의22)

① 법 제42조의9제1항제4호에 따른 인증표시나 이와 유사한 표시(이하 "인증표시"라 한다)는 다음 각 호의 어느 하나에 해당하는 표시를 말한다.

1. "무항생제"라는 문구(문구의 일부 또는 전부를 한자로 표기하는 경우를 포함한다)가 포함된 문자 또는 도형의 표시
2. "Non Antibiotic" 등 제1호에 따른 문구와 관련된 외국어 또는 외래어가 포함된 문자 또는 도형의 표시
3. 그 밖에 인증품으로 잘못 인식할 우려가 있는 표시 및 이와 관련된 외국어 또는 외래어 표시로서 국립농산물품질관리원장이 정하여 고시하는 표시

② 제1항에 따른 인증표시의 세부기준은 국립농산물품질관리원장이 정하여 고시한다.

(37) 인증품 및 인증사업자의 사후관리(축산법 시행규칙 제47조의23)

① 법 제42조의10제1항에 따라 국립농산물품질관리원장 또는 인증기관이 매년 실시하는 판매·유통 중인 인증품 및 인증사업자에 대한 조사는 다음 각 호의 구분에 따라 실시한다.

1. 정기조사 : 인증품 판매·유통 사업장 또는 인증사업자의 사업장 중 일부를 선정하여 정기적으로 실시
2. 수시조사 : 특정업체의 위반사실에 대한 신고·민원·제보 등이 접수되는 경우에 실시
3. 특별조사 : 국립농산물품질관리원장이 필요하다고 인정하는 경우에 실시

② 제1항에 따른 조사의 방법 및 사항은 다음 각 호의 구분에 따른다.

1. 잔류물질 검정조사 : 인증품이 인증기준에 맞는지의 확인

2. 서류조사 또는 현장조사 : 인증품의 표시사항이 표시기준에 맞는지 및 인증품의 생산, 취급 또는 판매·유통 과정이 인증기준 또는 표시기준에 맞는지의 확인

③ 법 제42조의10제4항에 따라 인증사업자 또는 인증품의 유통업자(이하 "인증사업자등"이라 한다)의 사업장에 출입하는 사람은 그 권한을 표시하는 다음 각 호의 구분에 따른 증표를 지니고 관계인에게 보여주어야 하며, 사업장에 출입할 때에는 성명·출입시간 및 출입목적 등이 기재된 문서를 관계인에게 내주어야 한다.

1. 공무원의 경우 : 별지 제62호서식에 따른 조사 공무원증
2. 인증심사원의 경우 : 별지 제54호서식에 따른 인증심사원증

④ 국립농산물품질관리원장 또는 인증기관은 법 제42조의10제5항 전단에 따라 같은 조 제1항에 따른 조사 결과를 통지하려는 때에는 서면, 문자메시지, 전자우편, 팩스 또는 전화 등의 방법으로 할 수 있다.

⑤ 법 제42조의10제5항 후단에 따라 시료의 재검사를 요청하려는 인증사업자등은 제4항에 따른 통지를 받은 날부터 7일 이내에 별지 제63호서식에 따른 인증품 재검사 요청서에 재검사 요청 사유를 적고, 그 요청사유를 증명하는 자료를 첨부하여 국립농산물품질관리원장 또는 인증기관에 제출해야 한다.

⑥ 제5항에 따른 재검사 요청을 받은 국립농산물품질관리원장 또는 인증기관은 법 제42조의10제6항에 따라 재검사 요청을 받은 날부터 7일 이내에 재검사 요청사유 및 증명자료를 확인하여 재검사가 필요하다고 인정되는 경우에는 재검사 여부를 결정하여 해당 인증사업자등에게 통보해야 한다.

⑦ 국립농산물품질관리원장 또는 인증기관은 법 제42조의10제7항에 따라 재검사 결과를 통보하려는 때에는 서면, 문자메시지, 전자우편, 팩스 또는 전화 등의 방법으로 할 수 있다.

⑧ 제1항부터 제7항까지에서 규정한 사항 외에 조사 및 재검사에 필요한 사항은 국립농산물품질관리원장이 정하여 고시한다.

(38) 인증취소 등 조치명령의 세부기준(축산법 시행규칙 제47조의24)

법 제42조의10제8항에 따른 인증취소, 인증표시의 제거·사용정지 또는 시정조치, 인증품의 판매금지·판매정지·회수·폐기 또는 세부 표시사항 변경 등 조치명령의 세부기준은 별표 10과 같다.

(39) 인증품의 압류(축산법 시행규칙 제47조의25)

법 제42조의10제10항 전단에 따라 국립농산물품질관리원장이 관계 공무원에게 인증품을 압류하게 한 때에는 별지 제64호서식에 따른 압류증을 발급해야 한다.

(40) 조치명령 내용의 공표(축산법 시행규칙 제47조의26)

① 국립농산물품질관리원장은 법 제42조의10제11항에 따라 같은 조 제8항 각 호에 따른 조치명령의 내용을 친환경 인증관리 정보시스템을 통해 공표해야 한다.

② 제1항에서 규정한 사항 외에 공표 방법 및 기간 등에 관한 사항은 국립농산물품질관리원장이 정하여 고시한다.

(41) 인증사업자 및 인증기관의 지위 승계 신고(축산법 시행규칙 제47조의27)

① 법 제42조의11제1항에 따라 인증사업자의 지위를 승계한 자는 같은 조 제2항에 따라 그 지위를 승계한 날부터 1개월 이내에 별지 제65호서식에 따른 인증사업자 지위 승계신고서에 다음 각 호의 서류를 첨부하여 인증심사를 한 인증기관(그 인증기관의 지정이 취소된 경우에는 다른 인증기관을 말한다)에 제출해야 한다.

1. 별지 제50호서식에 따른 인증품 생산계획서 또는 별지 제51호서식에 따른 인증품 취급계획서
2. 법 제42조의11제1항 각 호에 따른 인증사업자의 지위 승계를 증명하는 자료
3. 상속·양도 등을 한 자의 인증서

② 법 제42조의11제1항에 따라 인증기관의 지위를 승계한 자는 같은 조 제2항에 따라 그 지위를 승계한 날부터 1개월 이내에 별지 제66호서식에 따른 인증기관 지위 승계신고서에 다음 각 호의 서류를 첨부하여 국립농산물품질관리원장에게 제출해야 한다.

1. 인증업무의 범위 등을 적은 사업계획서
2. 법 제42조의11제1항제2호 또는 제3호에 따른 인증기관의 지위 승계를 증명하는 자료
3. 제47조의16에 따른 인증기관의 지정기준을 갖추었음을 증명하는 서류
4. 양도 등을 한 자의 인증기관 지정서

③ 국립농산물품질관리원장은 제2항에 따른 인증기관 지위 승계신고서를 제출받으면 「전자정부법」 제36조 제1항에 따른 행정정보의 공동이용을 통해 사업자등록증명 또는 법인 등기사항증명서(법인인 경우로 한정한다)를 확인해야 한다. 다만, 신고인이 사업자등록증명 확인에 동의하지 않는 경우에는 해당 서류를 직접 제출하도록 해야 한다.

④ 인증기관은 법 제42조의11제2항에 따른 인증사업자 지위 승계 신고를 수리(같은 조 제4항에 따라 신고를 수리한 것으로 보는 경우를 포함한다)하는 때에는 별지 제52호서식 또는 별지 제53호서식에 따른 인증서를 발급하고, 그 지위 승계 내용을 친환경 인증관리 정보시스템에 반영해야 한다.

⑤ 국립농산물품질관리원장은 법 제42조의11제2항에 따른 인증기관 지위 승계 신고를 수리(같은 조 제4항에 따라 신고를 수리한 것으로 보는 경우를 포함한다)하는 때에는 별지 제60호서식에 따른 인증기관 지정서를 발급하고, 그 지위 승계 내용을 국립농산물품질관리원의 인터넷 홈페이지 및 친환경 인증관리 정보시스템 등에 게시해야 한다.

(42) 준용규정(축산법 시행규칙 제47조의28)

법 제42조의12에 따라 인증심사원의 자격 기준, 인증심사원의 교육, 인증기관의 준수사항, 인증업무의 휴업·폐업 신고, 인증기관의 지정취소 등의 세부기준, 인증기관의 평가 및 등급결정 등에 관하여는 「농림축산식품부 소관 친환경농어업 육성 및 유기식품 등의 관리·지원에 관한 법률 시행규칙」 제39조부터 제43조까지 및 제49조부터 제51조까지의 규정을 준용한다.

(43) 축산환경 개선계획에 포함되어야 할 사항(축산법 시행규칙 제47조의29)

법 제42조의13제4항제3호에서 "농림축산식품부령으로 정하는 사항"이란 다음 각 호의 사항을 말한다.

1. 「가축분뇨의 관리 및 이용에 관한 법률」에 따른 가축분뇨의 자원화에 관한 현황과 개선에 관한 사항
2. 축산 환경 개선 목표 및 가축분뇨의 위탁처리 활성화에 관한 사항
3. 관할 구역의 지리적 환경 및 연도별·구역별·가축별 사육현황(법 제42조의2제2항 및 제3항에 따른 시·도 축산환경 개선계획 및 시·군·구 축산환경 개선 실행계획만 해당한다)

6. 축산발전기금

(1) 수입이익금의 징수 등(축산법 시행규칙 제48조)

① 농림축산식품부장관이 법 제45조에 따라 수입이익금을 부과·징수할 수 있는 품목 및 금액산정의 방법은 다음 각 호와 같다.

1. 천연꿀 : 해당 품목의 수입자로 결정된 자가 수입자 결정 시 납입하기로 한 금액
2. 그 밖에 축산물의 수급 원활과 유통질서의 문란 방지를 위하여 농림축산식품부장관이 정하여 고시하는 품목
   가. 「세계무역기구 설립을 위한 마라케시 협정」에 따른 대한민국양허표상의 시장접근물량의 경우 : 해당 품목의 수입자로 결정된 자가 수입자 결정 시 납입하기로 한 금액
   나. 「세계무역기구 협정 등에 의한 양허관세 규정」 제7조에 따라 가목의 시장접근물량보다 증량된 물량의 경우(농림축산식품부장관이 정하여 고시하는 특정 용도에 쓰이는 물량의 경우를 제외한다) : 농림축산식품부장관이 증량된 물량의 수입자결정방법에 따라 제1호에 따른 금액 중 증량된 물량별로 정하여 고시하는 금액

② 법 제45조에 따라 수입이익금을 납부하여야 하는 자는 제1항에 따른 수입이익금을 법 제30조제1항에 따른 수입추천을 받기 전까지 법 제43조에 따른 축산발전기금(이하 "기금"이라 한다)에 납입하여야 한다.

(2) 사업의 종류(축산법 시행규칙 제49조)

법 제47조제1항제9호에서 "농림축산식품부령으로 정하는 사업"이란 다음 각 호의 사업을 말한다.

1. 축산통계 · 정보 및 관계 자료의 수집 · 처리 · 교환과 발간
2. 축산발전을 위한 조사 · 분석과 연구
3. 축산발전에 관한 홍보
4. 농업협동조합중앙회, 농협경제지주회사 및 축산업협동조합의 경영안정을 위한 지원
5. 축산사업에 대한 대출촉진을 위한 지원
6. 가축보호를 위한 사업
7. 축산 분야의 신기술 또는 지식을 이용하여 사업화하는 기업에 대한 투자 또는 출자
8. 제1호부터 제7호까지의 규정에 따른 사업 외에 기금증식을 위하여 농림축산식품부장관이 승인한 사업

(3) 기금의 관리 및 운용실적의 보고 등(축산법 시행규칙 제50조)

① 법 제48조제1항에 따른 기금관리자(이하 "기금관리자"라 한다)는 기금을 다른 회계와 구분하여 운용 · 관리하여야 한다.

② 영 제20조제1항에 따른 기금융자취급기관은 매 회계연도 말 융자실적을 별지 제48호서식의 축산발전기금 융자실적보고에 의하여 매 회계연도 종료 후 30일 이내에 기금관리자에게 통보하고, 기금관리자는 이를 종합하여 지체 없이 농림축산식품부장관에게 보고하여야 한다.

③ 영 제22조제2항에 따른 매월 말일 현재의 기금의 수납 및 운용상황의 보고는 별지 제49호서식의 축산발전기금 운용상황보고에 의한다.

④ 농림축산식품부장관은 필요하다고 인정하는 경우 기금관리자 및 기금사용자에 대하여 기금의 집행상황 등을 조사 · 확인할 수 있다.

7. 보 칙

(1) 수수료(축산법 시행규칙 제51조)

① 법 제49조제1항에 따른 수수료의 납부대상자 및 금액은 다음과 같다.

1. 법 제12조제1항에 따른 가축인공수정사면허의 신청자 : 6천원
2. 법 제12조제1항제2호 및 제3호 따라 시험 시행기관의 장이 시행하는 수정사 필기시험의 응시자 : 2만5천원
3. 법 제12조제1항제2호 및 제3호 따라 시험 시행기관의 장이 시행하는 수정사 실기시험의 응시자 : 3만원

4. 법 제42조의3에 따른 인증, 인증 변경승인을 받으려는 자 : 별표 12에 따른 수수료
5. 법 제42조의4제2항·제3항에 따른 인증 갱신 또는 유효기간의 연장을 받으려는 자 : 별표 12에 따른 수수료
6. 법 제42조의8에 따른 인증기관의 지정 또는 인증기관의 지정갱신을 받으려는 자 : 별표 12에 따른 수수료

② 법 제49조제2항에 따른 등급판정 수수료는 등급판정에 소요되는 비용 등을 고려하여 농림축산식품부장관이 가축종류별로 정하여 고시한다.

(2) 등급판정수수료의 징수절차 등(축산법 시행규칙 제52조)

① 축산물의 등급판정을 받으려는 자(꿀의 등급판정을 받으려는 자는 제외한다)는 제51조제2항에 따른 수수료를 제38조에 따라 등급판정을 신청하는 때에 도축장경영자등에게 납부하여야 한다.

② 도축장경영자등은 제1항에 따라 등급판정 수수료를 받은 때에는 그 등급판정을 신청하기 위하여 제출한 별지 제36호서식, 별지 제37호서식 또는 별지 제37호의2서식에 따른 축산물등급판정신청서에 별표 6에 따른 수수료납부인을 날인하여야 한다.

③ 품질평가원장은 매월 별지 제50호서식에 따른 축산물등급판정수수료납입고지서를 다음 달 10일까지 도축장경영자등에게 송부하여야 하며, 별지 제51호서식의 축산물등급판정수수료관리대장에 납입고지 및 납입사항을 기재하여 이를 5년간 보관하여야 한다.

④ 도축장경영자등은 제3항에 따라 고지된 수수료를 품질평가원장이 정하는 금융기관(이하 "수납기관"이라 한다)에 매월 15일까지 납입하여야 한다.

⑤ 수납기관은 제4항에 따라 수수료를 수납한 때에는 별지 제50호서식에 따른 축산물등급판정수수료납입영수증을 납입자에게 교부하여야 하며, 수납한 수수료를 매월 20일까지 품질평가원장이 지정한 계좌에 납입하고 별지 제50호서식에 따른 축산물등급판정수수료납입통지서를 품질평가원장에게 송부하여야 한다.

⑥ 품질평가원장은 도축장경영자등이 제4항에 따른 기한 내에 수수료를 납입하지 아니한 경우 10일의 기간을 정하여 납입을 촉구하고, 당해 기간 동안 수수료를 납입하지 아니하는 경우에는 제38조제3항제2호에 따라 등급판정을 거부할 수 있다는 내용을 해당 영업장의 잘 보이는 곳에 게시하여 등급판정을 받으려는 자가 등급판정을 신청하기 전에 미리 알 수 있도록 하여야 한다.

⑦ 제3항의 축산물등급판정수수료관리대장은 전자적 처리가 불가능한 특별한 사유가 있는 경우를 제외하고는 전자적 방법으로 작성·관리하여야 한다.

(3) 등급판정수수료 징수비용의 지급 등(축산법 시행규칙 제53조)

① 법 제49조제3항 후단에 따라 품질평가원장은 도축장경영자등에게 등급판정수수료 납입액의 100분의 3이내의 금액을 징수비용으로 지급하여야 한다.

② 제1항에 따른 비용은 납입고지서를 발급하는 때에 공제하고 납입하게 할 수 있다.

(4) 규제의 재검토(축산법 시행규칙 제54조)

농림축산식품부장관은 다음 각 호의 사항에 대하여 다음 각 호의 기준일을 기준으로 3년마다(매 3년이 되는 해의 기준일과 같은 날 전까지를 말한다) 그 타당성을 검토하여 개선 등의 조치를 하여야 한다.

1. 제8조에 따른 가축의 등록기관 지정을 위한 인력 및 시설·장비의 기준 : 2017년 1월 1일
2. 제9조에 따른 가축의 등록 절차 등 : 2017년 1월 1일
3. 제10조에 따른 검정기관의 지정에 필요한 인력 및 시설·장비 : 2016년 1월 1일
4. 제11조에 따른 가축의 검정 절차 : 2017년 1월 1일
5. 제16조에 따른 수정사시험 : 2017년 1월 1일
6. 제23조, 별지 제11호서식 및 별지 제12호서식에 따른 정액증명서 및 가축인공수정증명서 등 : 2017년 1월 1일
7. 제27조에 따른 축산업의 허가절차 등 : 2017년 1월 1일
8. 제27조의2에 따른 축산업 허가사항의 변경 사항 : 2017년 1월 1일
9. 제30조 및 별표 3의3에 따른 축산업허가자 등의 준수사항 : 2017년 1월 1일
10. 제34조에 따른 수출입 신고 대상 종축 등 : 2017년 1월 1일
11. 제36조의3 및 별표 3의6에 따른 교육총괄기관 등의 지정절차·기준 및 운영 : 2017년 1월 1일
12. 제47조제1항에 따른 도매시장법인 등에 대한 업무감독 : 2017년 1월 1일
13. 제48조에 따른 수입이익금의 징수 등 : 2017년 1월 1일

PART 04 적중예상문제

01 축산법의 제정 목적이 아닌 것은?

① 가축의 개량과 증식
② 축산인의 권익보호
③ 축산업의 구조개선
④ 축산물 수급조절과 가격안정 및 유통개선

해설

목적(축산법 제1조)

이 법은 가축의 개량·증식, 축산환경 개선, 축산업의 구조개선, 가축과 축산물의 수급조절·가격안정 및 유통개선 등에 관한 사항을 규정하여 축산업을 발전시키고 축산농가의 소득을 증대시키며 축산물을 안정적으로 공급하는 데 이바지하는 것을 목적으로 한다.

02 프로폴리스는 어떤 가축에서 생산된 축산물인가?

① 소 ② 염소, 양
③ 돼 지 ④ 벌

해설

정의(축산법 제2조제3호)

"축산물"이란 가축에서 생산된 고기·젖·알·꿀과 이들의 가공품·원피[가공 전의 가죽을 말하며, 원모피(原毛皮)를 포함한다]·원모, 뼈·뿔·내장 등 가축의 부산물, 로얄제리·화분·봉독·프로폴리스·밀랍 및 수벌의 번데기를 말한다.

03 다음 중 대통령령에서 지정한 가축이 아닌 것은?

① 닭 ② 말
③ 나 비 ④ 지렁이

해설

정의(축산법 제2조제1호)

"가축"이란 사육하는 소·말·면양·염소[유산양(乳山羊 : 젖을 생산하기 위해 사육하는 염소)을 포함한다]·돼지·사슴·닭·오리·거위·칠면조·메추리·타조·꿩, 그 밖에 대통령령으로 정하는 동물(動物) 등을 말한다.

가축의 종류(축산법 시행령 제2조)

「축산법」(이하 "법"이라 한다) 제2조제1호에서 "그 밖에 대통령령으로 정하는 동물(動物) 등"이란 다음 각 호의 동물을 말한다.

1. 기러기
2. 노새·당나귀·토끼 및 개
3. 꿀벌
4. 그 밖에 사육이 가능하며 농가의 소득증대에 기여할 수 있는 동물로서 농림축산식품부장관이 정하여 고시하는 동물

농림축산식품부 고시 – 가축으로 정하는 기타 동물

1. 짐승(1종) : 오소리
2. 관상용 조류(15종) : 십자매, 금화조, 문조, 호금조, 금정조, 소문조, 남양청홍조, 붉은머리청홍조, 카나리아, 앵무, 비둘기, 금계, 은계, 백한, 공작
3. 곤충(14종) : 갈색거저리, 넓적사슴벌레, 누에, 늦반딧불이, 머리뿔가위벌, 방울벌레, 왕귀뚜라미, 왕지네, 여치, 애반딧불이, 장수풍뎅이, 톱사슴벌레, 호박벌, 흰점박이꽃무지
4. 기타(1종) : 지렁이

1 ② 2 ④ 3 ③ 정답

04 우수 정액 등 처리업체의 인증기관은?

① 국립축산과학원
② 농업협동조합
③ 방역협회
④ 농림축산식품부

해설

우수 정액 등 처리업체 등의 인증기관 지정 등(축산법 시행규칙 제26조제1항)
농림축산식품부장관은 법 제21조제2항에 따라 우수 정액등처리업체 또는 우수 종축업체(이하 "우수업체"라 한다)를 인증하게 하기 위하여 농촌진흥청 국립축산과학원(이하 "국립축산과학원"이라 한다)을 인증기관으로 지정한다.

05 가축 개량을 위한 등록대상 가축이 아닌 것은?

① 소 ② 닭
③ 돼 지 ④ 말

해설

가축의 등록 등(축산법 시행규칙 제9조제2항)
제1항에 따른 등록대상 가축은 소·돼지·말·토끼 및 염소로 한다.

06 축산물 및 사료의 기준가격을 고시하는 자는?

① 농림축산식품부장관
② 도지사
③ 군 수
④ 대통령

해설

축산물 등의 수입 추천 및 관리(축산법 제30조 및 제31조)
축산물의 수입은 농림축산식품부장관의 추천을 받아야 하며 이에 관한 사항을 고시할 수 있다.

07 축산발전심의위원회의 위원이 될 수 없는 자는?

① 관계 공무원
② 소비자·소비자단체의 대표
③ 생산자·생산자단체의 대표
④ 학계 및 축산 관련 업계의 전문가

해설

축산발전심의위원회(축산법 제4조제2항)
위원회는 다음 각 호의 자로 구성한다.
1. 관계 공무원
2. 생산자·생산자단체의 대표
3. 학계 및 축산 관련 업계의 전문가 등

08 종축의 수출 시 신고대상이 아닌 것은?

① 한 우 ② 한우정액
③ 한우수정란 ④ 종 란

해설

수출입 신고대상 종축 등(축산법 시행규칙 제34조제1항)
법 제29조에 따라 수출의 신고를 하여야 하는 종축 등은 다음 각 호와 같다.
1. 한우
2. 한우정액
3. 한우수정란

09 종축으로 사용할 가축 또는 정액을 수출·수입할 때 신고하는 기관은?

① 농림축산식품부장관
② 국립검역소장
③ 특별시장, 광역시장, 도지사
④ 시장, 군수, 구청장

해설

종축 등의 수출입 신고(축산법 제29조제1항)
농림축산식품부령으로 정하는 종축, 종축으로 사용하려는 가축 및 가축의 정액·난자·수정란을 수출입하려는 자는 농림축산식품부장관에게 신고하여야 한다.

정답 4 ① 5 ② 6 ① 7 ② 8 ④ 9 ①

10 인공수정을 제한하는 종축의 질환이 아닌 것은?

① 전염성 질환과 그 의사증
② 유전성 질환
③ 영양결핍
④ 번식장애질환

해설

정액 등의 사용제한(축산법 시행규칙 제24조)
법 제19조제2호에 따라 가축인공수정용으로 공급·주입·이식할 수 없는 정액 등은 다음 각 호와 같다.

1. 혈액·뇨 등 이물질이 섞여 있는 정액
2. 정자의 생존율이 100분의 60 이하거나 기형률이 100분의 15 이상인 정액. 다만, 돼지 동결정액의 경우에는 정자의 생존율이 100분의 50 이하이거나 기형률이 100분의 30 이상인 정액
3. 정액·난자 또는 수정란을 제공하는 종축이 다음 각 목의 어느 하나에 해당하는 질환의 원인미생물로 오염되었거나 오염되었다고 추정되는 정액·난자 또는 수정란
   가. 전염성 질환과 의사증(전염성 질환으로 의심되는 병)
   나. 유전성 질환
   다. 번식기능에 장애를 주는 질환
4. 수소이온농도가 현저한 산성 또는 알카리성으로 수태에 지장이 있다고 인정되는 정액·난자 또는 수정란

11 가축인공수정용 정액으로 사용 가능한 정액은?

① 혈액·뇨 등 이물질이 섞여 있는 정액
② 생존율 100분의 60 이상, 기형률 100분의 15 이하인 정액
③ 질환의 원인미생물로 오염되었거나 오염되었다고 추정되는 정액
④ 수소이온농도가 수태에 지장이 있다고 인정되는 정액

12 인공수정사 면허증의 발급자는?

① 농림축산식품부장관
② 시·도지사
③ 군수, 시장
④ 대통령

해설

가축인공수정사의 면허(축산법 시행규칙 제15조제2항)
시·도지사는 수정사의 면허를 한 때에는 그 신청인에게 별지 제2호서식의 수정사 면허증을 교부하여야 하며, 별지 제3호서식의 수정사면허대장에 그 면허사항을 기재하고 비치하여야 한다.

13 인공수정사 면허의 발급 대상자가 아닌 자는?

① 축산산업기사 취득자
② 축산기사 취득자
③ 가축인공수정사 시험 합격자
④ 축산기능사 취득자

해설

수정사의 면허(축산법 제12조제1항)
다음 각 호의 어느 하나에 해당하는 자는 농림축산식품부령으로 정하는 바에 따라 시·도지사의 면허를 받아 수정사가 될 수 있다.

1. 「국가기술자격법」에 따른 기술자격 중 대통령령으로 정하는 축산 분야 산업기사 이상의 자격을 취득한 자
2. 시·도지사가 시행하는 수정사 시험에 합격한 자
3. 농촌진흥청장이 수정사 인력의 적정 수급을 위하여 농림축산식품부령으로 정하는 바에 따라 시행하는 수정사 시험에 합격한 자

10 ③ 11 ② 12 ② 13 ④ **정답**

14 다음 중 수정사 자격이 제한되는 자는?

① 정신질환자
② 색맹인자
③ 신체가 허약한자
④ 근시 또는 원시

해설

수정사의 면허(축산법 제12조제2항)
다음 각 호의 어느 하나에 해당하는 자는 수정사가 될 수 없다.
1. 피성년후견인 또는 피한정후견인
2. 「정신보건법」 제3조제1호에 따른 정신질환자. 다만, 정신건강의학과전문의가 수정사로서 업무를 수행할 수 있다고 인정하는 사람은 그러하지 아니하다.
3. 「마약류관리에 관한 법률」 제40조에 따른 마약류 중독자. 다만, 정신건강의학과전문의가 수정사로서 업무를 수행할 수 있다고 인정하는 사람은 그러하지 아니하다.

15 도지사는 인공수정사 시험공고를 시행일 며칠 전에 해야 하는가?

① 20일　② 30일
③ 50일　④ 60일

해설

수정사시험(축산법 시행규칙 제16조제1항)
시·도지사 또는 농촌진흥청장(이하 "시험 시행기관의 장"이라 한다)은 법 제12조제1항제2호 및 제3호에 따라 수정사시험(이하 "시험"이라 한다)을 시행하려는 때에는 시험시행일 60일 전까지 다음 각 호의 사항을 해당 시·도 또는 농촌진흥청(이하 "시험 시행기관"이라 한다)의 인터넷 홈페이지 등에 공고하여야 한다.
1. 응시자격
2. 시험 일시·장소 및 응시절차
3. 시험과목 및 합격자 결정기준
4. 응시원서 등의 수령·제출 방법 및 제출기한
5. 합격자 발표 일시 및 방법
6. 그 밖에 시험 시행에 필요한 사항

16 가축인공수정소 등록 및 취소권자는?

① 농림축산식품부장관
② 도지사, 광역시장
③ 시장, 군수, 구청장
④ 읍장, 면장

해설

축산업의 허가 취소 등(축산법 제25조)
시장·군수 또는 구청장은 제22조 제1항에 따라 축산업의 허가를 받은 자가 위반하였을 경우 대통령령이 정하는 바에 따라 그 허가를 취소하여야 한다.

17 가축인공수정사 시험에 응시할 수 없는 자는?

① 외국에서 수정사 면허를 받은 자
② 피성년후견인 또는 피한정후견인, 정신질환자, 마약류중독자
③ 외국에서 1개월 이상 가축인공수정에 관한 교육을 이수한 자
④ 농림축산식품부장관이 지정한 기관에서 30일 이상 인공수정 교육을 이수한 자

해설

수정사의 면허(축산법 제12조제2항)
다음 각 호의 어느 하나에 해당하는 자는 수정사가 될 수 없다.
1. 피성년후견인 또는 피한정후견인
2. 「정신보건법」 제3조제1호에 따른 정신질환자. 다만, 정신건강의학과전문의가 수정사로서 업무를 수행할 수 있다고 인정하는 사람은 그러하지 아니하다.
3. 「마약류관리에 관한 법률」 제40조에 따른 마약류 중독자. 다만, 정신건강의학과전문의가 수정사로서 업무를 수행할 수 있다고 인정하는 사람은 그러하지 아니하다.

정답 14 ① 15 ④ 16 ③ 17 ②

18 농림축산식품부장관이 인정할 수 있는 토종 가축의 대상이 아닌 동물은?

① 한 우 ② 꿀 벌
③ 기러기 ④ 돼 지

해설

토종가축의 인정 등(축산법 시행규칙 제2조의2제1항)
법 제2조제1호의2에 따른 토종가축은 한우, 돼지, 닭, 오리, 말 및 꿀벌 중 예로부터 우리나라 고유의 유전특성과 순수혈통을 유지하며 사육되어 외래종과 분명히 구분되는 특징을 지니는 가축으로 한다.

19 개량대상 가축이 아닌 것은?

① 한우, 젖소
② 돼지, 말
③ 닭, 오리
④ 토끼, 칠면조

해설

개량대상 가축(축산법 시행규칙 제6조)
「축산법 시행령」 제10조제2항에 따른 개량대상 가축은 한우·젖소·돼지·닭·오리·말 및 염소로 한다.

20 농림부장관이 고시한 정액의 기준에 미달되는 것은?

① pH가 약산성(6.8)인 정액
② 정자의 생존율이 60% 이상인 정액
③ 기형률이 30%인 정액
④ 혈액, 뇨, 분 등 이물이 없는 정액

21 가축시장을 개설하고 관리할 수 있는 자에 해당되지 않는 것은?

① 축산업협동조합
② 방역심의회
③ 축산을 주된 목적으로 하는 법인
④ 비영리축산업 관련 협회

해설

가축시장의 개설 등(축산법 제34조)
① 다음 각 호의 어느 하나에 해당하는 자로서 가축시장을 개설하려는 자는 농림축산식품부령으로 정하는 시설을 갖추어 시장·군수 또는 구청장에게 등록하여야 한다.
1. 「농업협동조합법」 제2조에 따른 지역축산업협동조합 또는 축산업의 품목조합
2. 「민법」 제32조에 따라 설립된 비영리법인으로서 축산을 주된 목적으로 하는 법인(비영리법인의 지부를 포함한다)

② 시장·군수 또는 구청장은 농림축산식품부령으로 정하는 바에 따라 가축시장을 개설한 자에게 가축시장 관리에 필요한 시설의 개선 및 정비, 그 밖에 필요한 사항을 명하거나 소속 공무원에게 해당 시설과 장부·서류, 그 밖의 물건을 검사하게 할 수 있다.
③ 제2항에 따라 검사를 하는 공무원은 그 권한을 표시하는 증표를 지니고 이를 관계인에게 내보여야 한다.

22 가축거래상인의 등록을 취소할 수 있는 사람은?

① 시장·군수 또는 구청장
② 도지사
③ 농림축산식품부장관
④ 대통령

해설

가축거래상인의 등록취소 등(축산법 제34조의4)
시장·군수 또는 구청장은 가축거래상인이 다음 각 호의 어느 하나에 해당하면 대통령령으로 정하는 바에 따라 그 등록을 취소하거나 6개월 이내의 기간을 정하여 영업의 전부 또는 일부의 정지를 명할 수 있다.

18 ③ 19 ④ 20 ③ 21 ② 22 ① **정답**

23 가축을 등록할 경우 심사대상이 아닌 것은?

① 가축의 능력 ② 가축의 혈통
③ 가축의 체형 ④ 가축의 연령

해설

가축의 등록(축산법 제6조제1항)
농림축산식품부장관은 제5조 제1항에 따른 개량목표를 달성하기 위하여 필요한 경우에 축산 관련 기관 및 단체 중에서 등록기관을 지정하여 가축의 혈통·능력·체형 등 필요한 사항을 심사하여 등록하게 할 수 있다.

24 닭 도체의 등급판정에서 도체의 품질등급은 몇 개로 판정하는가?

① 2개 ② 3개
③ 4개 ④ 5개

해설

닭·오리 도체 : 도축한 후 도체의 내부온도가 10℃ 이하가 된 이후에 중량규격별로 선별하여 다음의 방법에 따라 판정한다(식육상식).

가. 품질등급 : 도체의 비육상태 및 지방의 부착상태 등을 종합적으로 고려하여 1^+, 1, 2등급으로 판정한다.
나. 중량규격 : 도체의 중량에 따라 5호부터 30호까지 100g 단위로 구분한다.

25 다음 중 시·도지사 또는 시장·군수 또는 구청장이 청문을 하여 처분하는 사항이 아닌 것은?

① 수정사의 면허취소
② 축산업의 허가취소
③ 가축사육업의 등록취소
④ 가축시장의 등록취소

해설

청문(축산법 제50조)
시·도지사 또는 시장·군수 또는 구청장은 다음 각 호의 어느 하나에 해당하는 처분을 하려면 청문을 하여야 한다.

1. 제14조에 따른 수정사의 면허취소
2. 제25조제1항에 따른 축산업의 허가취소
3. 제25조제2항에 따른 가축사육업의 등록취소
4. 제34조의4에 따른 가축거래상인의 등록취소

26 보호가축을 등록하거나 처리할 수 있는 사람은?

① 동 장
② 시장·군수 또는 구청장
③ 농림축산식품부장관
④ 대통령

해설

보호가축의 지정 등(축산법 제8조제1항)
특별자치시장, 특별자치도지사, 시장, 군수 또는 자치구의 구청장(이하 "시장·군수 또는 구청장"이라 한다)은 가축을 개량하고 보호하기 위하여 필요한 경우에는 가축의 보호지역 및 그 보호지역 안에서 보호할 가축을 지정하여 고시할 수 있다.

정답 23 ④ 24 ② 25 ④ 26 ②

27 검정기관의 지정 시 필요 인력이 아닌 것은?

① 가축육종 분야의 석사학위 이상의 학력
② 축산기사 이상의 자격증을 소지한자
③ 가축육종 분야에서 6개월 이상의 경력이 있는 자
④ 전산프로그램을 전담하는 1인

해설

검정기관의 지정(축산법 시행규칙 제10조)
농림축산식품부장관은 법 제7조에 따라 가축의 검정기관을 지정하려는 때에는 검정 대상 가축을 정하여 다음 각 호의 인력 및 시설·장비를 확보한 축산 관련 기관 및 단체 중에서 지정하여야 한다.
1. 다음 각 목의 인력
   가. 가축육종·유전 분야의 석사학위 이상의 학력이 있거나 「고등교육법」 제2조에 따른 학교의 축산 관련 학과를 졸업한 후 가축육종·유전 분야에서 3년 이상 종사한 경력이 있는 사람 또는 「국가기술자격법」에 따른 축산기사 이상의 자격을 취득한 사람 1명 이상
   나. 전산프로그램을 담당하는 인력 1명 이상
2. 제11조 제4항에서 정하는 검정기준에 따라 가축의 경제성을 검정할 수 있는 시설과 검정성적을 기록·분석·평가할 수 있는 체중계 등 측정기구

28 축산발전기금의 재원이 아닌 것은?

① 한국마사회의 납입금
② 정부의 보조금
③ 축산물의 수입이익금
④ 양축가의 세금

해설

기금의 재원(축산법 제44조제1항)
기금은 다음 각 호의 재원으로 조성한다.
1. 제43조 제2항에 따른 정부의 보조금 또는 출연금
2. 제2항에 따른 한국마사회의 납입금
3. 제45조에 따른 축산물의 수입이익금
4. 제46조에 따른 차입금
5. 「초지법」 제23조 제6항에 따른 대체초지조성비
6. 기금운용 수익금
7. 「전통소싸움경기에 관한 법률」 제15조 제1항 제1호에 따른 결산상 이익금

29 품질평가사의 업무에 속하지 않는 것은?

① 등급판정인(印)의 사용 및 관리
② 등급판정 관련 설비의 점검·관리
③ 등급판정 및 그 결과의 기록·보관
④ 축산물의 가공 및 유통관리

해설

품질평가사의 업무(축산법 제38조 제1항)
품질평가사의 업무는 다음 각 호와 같다.
1. 등급판정 및 그 결과의 기록·보관
2. 등급판정인(等級判定印)의 사용 및 관리
3. 등급판정 관련 설비의 점검·관리
4. 그 밖에 등급판정 업무의 수행에 필요한 사항

30 수정사시험위원회의 구성위원이 될 수 없는 사람은?

① 5년 이상 실무에 종사하고 있는 수정사
② 개업수의사
③ 농업연구직공무원
④ 「고등교육법」 제2조에 따른 학교의 축산 관련 학과의 교수

해설

시험위원회(축산법 시행규칙 제18조제3항)
시험위원회의 위원은 다음 각 호의 어느 하나에 해당하는 사람 중에서 임명 또는 위촉하고, 위원장은 시험 시행기관의 장이 위원 중에서 임명한다.
1. 「고등교육법」 제2조에 따른 학교의 수의학과 또는 축산 관련 학과의 교수
2. 농업직·농업연구직·수의직·가축위생연구직 공무원, 그 밖의 축산 관계 공무원
3. 5년 이상 실무에 종사하고 있는 수정사

27 ③ 28 ④ 29 ④ 30 ② 정답

31 **축산발전심의위원회에 관한 설명 중 옳은 것은?**

① 위원장은 당연직으로, 농림축산식품부장관이 겸직한다.
② 위원은 위원장, 부위원장을 포함한 25명 이내로 한다.
③ 재적의원 1/3 이상의 요구로 위원회의 회의를 소집할 수 있다.
④ 가축의 개량목표를 설정하고, 설정된 개량목표를 보완할 수 있다.

해설

축산발전심의위원회의 구성(축산법 시행규칙 제5조의2 제1항)
법 제4조제1항에 따른 축산발전심의위원회(이하 "위원회"라 한다)는 위원장과 부위원장 각 1명을 포함한 25명 이내의 위원으로 구성한다.

32 **동물 유전자원 보존 및 관리 등을 정하여 이를 고시할 수 있는 자는?**

① 시・도지사
② 농림축산식품부장관
③ 시장・군수・구청장
④ 가축검역원

해설

동물 유전자원 보존 및 관리 등(축산법 제9조)
농림축산식품부장관은 동물 유전자원의 다양성을 확보하기 위하여 동물 유전자원의 수집・평가・보존 및 관리 등에 관한 사항을 정하여 고시할 수 있다.

33 **가축인공수정소의 등록 변경권자는?**

① 광역시장, 도지사
② 시장, 군수, 구청장
③ 축협중앙회장
④ 한국종축계량협회장

해설

축산업의 변경신고 등(축산법 제28조)
휴업, 폐업, 휴업한 영업의 재개 또는 등록사항 변경의 신고를 하려는 자는 축산업의 종류에 따라 신고서를 첨부하여 시장・군수 또는 구청장에게 제출하여야 한다.

34 **종축업, 부화업, 정액 등 처리업 등은 누구에게 허가를 받아야 하는가?**

① 시장・군수・구청장
② 농림축산식품부장관
③ 도지사
④ 특별시장

해설

축산업의 허가 등(축산법 제22조제1항)
다음 각 호의 어느 하나에 해당하는 축산업을 경영하려는 자는 대통령령으로 정하는 바에 따라 해당 영업장을 관할하는 시장・군수 또는 구청장에게 허가를 받아야 한다. 허가받은 사항 중 가축의 종류 등 농림축산식품부령으로 정하는 중요한 사항을 변경할 때에도 또한 같다.

1. 종축업
2. 부화업
3. 정액 등 처리업
4. 가축 종류 및 사육시설 면적이 대통령령으로 정하는 기준에 해당하는 가축사육업

정답 31 ② 32 ② 33 ② 34 ①

35 종축 수입 시 농림축산식품부장관에게 신고해야 되는 종축이 아닌 것은?

① 혈통등록이 되어 있는 소·돼지 및 염소
② 혈통을 보증할 수 있는 닭·오리 및 그 종란
③ 혈통증명이 있는 애완견
④ 혈통등록이 되어 있는 소·돼지 및 염소로부터 생산된 정액·난자 및 수정란

해설

수출입 신고대상 종축 등(축산법 시행규칙 제34조제2항)
법 제29조에 따라 수입의 신고를 하여야 하는 종축 등은 다음 각 호와 같다.
1. 혈통등록이 되어 있는 소·돼지 및 염소
2. 혈통을 보증할 수 있는 닭·오리 및 그 종란
3. 혈통등록이 되어 있는 소·돼지 및 염소로부터 생산된 정액·난자 또는 수정란

36 축산법에서 정하는 축산물이 아닌 것은?

① 고기, 젖, 알, 꿀
② 곰쓸개, 녹용
③ 뼈, 뿔, 내장
④ 로얄제리, 화분

해설

정의(축산법 제2조제3호)
"축산물"이란 가축에서 생산된 고기·젖·알·꿀과 이들의 가공품·원피[가공 전의 가죽을 말하며, 원모피(原毛皮)를 포함한다]·원모, 뼈·뿔·내장 등 가축의 부산물, 로얄제리·화분·봉독·프로폴리스·밀랍 및 수벌의 번데기를 말한다.

37 가축인공수정소 개설을 신고한 자가 사유가 발생한 날부터 30일 이내에 시장·군수 또는 구청장에게 신고하여야 하는 항목이 아닌 것은?

① 영업을 폐업한 경우
② 영업을 휴업한 경우
③ 휴업한 영업을 재개한 경우
④ 신고사항 중 시·도지사가 정하는 사항을 변경한 경우

해설

수정소의 개설신고 등(축산법 제17조제4항)
제1항에 따라 수정소의 개설을 신고한 자(이하 "수정소 개설자"라 한다)가 다음 각 호의 어느 하나에 해당하면 그 사유가 발생한 날부터 30일 이내에 시장·군수 또는 구청장에게 신고하여야 한다.
1. 영업을 휴업한 경우
2. 영업을 폐업한 경우
3. 휴업한 영업을 재개한 경우
4. 신고사항 중 농림축산식품부령으로 정하는 사항을 변경한 경우

38 송아지생산안정사업자금을 조성하기 위해서 생산농가에게 부담하게 할 수 있는 금액의 범위는?

① 지급한도금액의 1/100
② 지급한도금액의 2/100
③ 지급한도금액의 5/100
④ 지급한도금액의 10/100

해설

송아지생산안정사업(축산법 제32조제4항)
농림축산식품부장관은 제3항제4호에 따른 송아지생산안정사업 자금을 조성하기 위하여 송아지생산안정사업에 참여하는 송아지 생산 농가에게 송아지생산안정자금 지급한도액의 100분의 5 범위에서 농림축산식품부장관이 정하는 금액을 부담하게 할 수 있다.

35 ③ 36 ② 37 ④ 38 ③ **정답**

39 보호가축의 지정 및 고시를 할 수 있는 기관이 아닌 것은?

① 농림축산식품부장관
② 시 장
③ 군 수
④ 구청장

해설

보호가축의 지정 등(축산법 제8조제1항)

특별자치시장, 특별자치도지사, 시장, 군수 또는 자치구의 구청장(이하 "시장·군수 또는 구청장"이라 한다)은 가축을 개량하고 보호하기 위하여 필요한 경우에는 가축의 보호지역 및 그 보호지역 안에서 보호할 가축을 지정하여 고시할 수 있다.

40 다음 중 가축인공수정사가 해서는 안 되는 일은?

① 정액, 난자, 수정란을 채취하는 일
② 암가축에 성호르몬 및 마취제를 주사하는 행위
③ 정자, 난자, 수정란을 암가축에 주입하는 행위
④ 자가사육가축에 마취제를 주사하는 행위

해설

가축의 인공수정 등(축산법 제11조)

① 가축인공수정사(이하 "수정사"라 한다) 또는 수의사가 아니면 정액·난자 또는 수정란을 채취·처리하거나 암가축에 주입하여서는 아니 된다. 다만, 살아 있는 암가축에서 수정란을 채취하기 위하여 암가축에 성호르몬 및 마취제를 주사하는 행위는 수의사가 아니면 이를 하여서는 아니 된다.
② 다음 각 호의 어느 하나에 해당하는 경우에는 제1항을 적용하지 아니한다.
  1. 학술시험용으로 필요한 경우
  2. 자가사육가축(自家飼育家畜)을 인공수정하거나 이식하는 데에 필요한 경우

41 가축의 인공수정용으로 주입할 수 없는 정액은?

① 생존율이 65/100인 정액
② 기형률이 13/100인 정액
③ 중성인 정액
④ 정액증명서가 없는 정액

해설

정액 등의 사용제한(축산법 시행규칙 제24조)

법 제19조제2호에 따라 가축인공수정용으로 공급·주입·이식할 수 없는 정액 등은 다음 각 호와 같다.

1. 혈액·뇨 등 이물질이 섞여 있는 정액
2. 정자의 생존율이 100분의 60 이하거나 기형률이 100분의 15 이상인 정액. 다만, 돼지 동결정액의 경우에는 정자의 생존율이 100분의 50 이하이거나 기형률이 100분의 30 이상인 정액
3. 정액·난자 또는 수정란을 제공하는 종축이 다음 각 목의 어느 하나에 해당하는 질환의 원인미생물로 오염되었거나 오염되었다고 추정되는 정액·난자 또는 수정란
   가. 전염성 질환과 의사증(전염성 질환으로 의심되는 병)
   나. 유전성 질환
   다. 번식기능에 장애를 주는 질환
4. 수소이온농도가 현저한 산성 또는 알카리성으로 수태에 지장이 있다고 인정되는 정액·난자 또는 수정란

정답 39 ① 40 ② 41 ④

42 다음 중 종축의 대여 및 교환대상자가 아닌 것은?

① 가축개량총괄기관

② 종축업자

③ 정액 등 처리업자

④ 시장·군수 또는 구청장이 필요하다고 인정하는 자

해설

종축의 대여 및 교환대상자(축산법 시행규칙 제12조)
법 제10조에 따른 종축의 대여 및 교환은 다음 각 호의 자와 행한다.

1. 가축개량총괄기관 및 가축개량기관
2. 법 제22조제1항제1호에 따른 종축업자
3. 법 제22조제1항제3호에 따른 정액 등 처리업자
4. 농림축산식품부장관, 특별시장·광역시장·특별자치시장·도지사·특별자치도지사(이하 "시·도지사"라 한다)가 가축의 개량·증식 또는 사육을 장려하기 위하여 필요하다고 인정하는 자

43 축산물품질평가사의 자격이 없는 자는?

① 전문대학 이상의 축산 관련 학과를 졸업한 자

② 축산물품질평가원에서 등급판정과 관련된 업무에 3년 이상 종사한 자

③ 축산물품질평가시험에 합격하고 축산물품질평가사 양성교육을 이수한 자

④ 도축장 관계자

해설

축산물품질평가사(축산법 제37조제2항)
품질평가사는 다음 각 호의 어느 하나에 해당하는 자로서 품질평가원이 시행하는 품질평가사시험(이하 "품질평가사시험"이라 한다)에 합격하고 농림축산식품부령으로 정하는 품질평가사 양성교육을 이수한 자로 한다.

1. 전문대학 이상의 축산 관련 학과를 졸업하거나 이와 같은 수준의 학력이 있다고 인정된 자
2. 품질평가원에서 등급판정과 관련된 업무에 3년 이상 종사한 경험이 있는 자

44 정액 등 처리업자가 종축에 대하여 질병검사주기와 결과보관기한을 바르게 짝지은 것은?

① 연 3회 이상 – 2년간 보관

② 연 2회 이상 – 3년간 보관

③ 연 1회 이상 – 1년간 보관

④ 연 2회 이상 – 2년간 보관

해설

축산업허가자 등의 준수사항 – 정액 등 처리업(축산법 시행규칙 [별표 3의3])

가. 처리한 정액, 난자 및 수정란을 판매할 때에는 법 제18조제1항에 따른 정액증명서·난자증명서 또는 수정란증명서를 매수인에게 발급할 것
   1) 돼지 정액을 판매할 때에는 아래 정보를 추가로 제공할 것
      가) 정액 제조일자
      나) 정액유통(사용가능)기간(보관온도 표시)
      다) 정액의 용량
      라) 최소 처리 단위당 유효 정자수

나. 법 제19조에 따라 사용이 제한된 정액·난자 또는 수정란을 인공수정용으로 공급·주입하거나 암가축에 이식하지 않을 것

다. 정액·난자 또는 수정란을 제공하는 종축이 다음 1)부터 3)까지의 어느 하나에 해당하는 질병에 감염되어 있는지의 여부를 확인하기 위해 연 2회 이싱 관할 가축위생 담당기관이나 축산 관련 연구기관으로부터 개체별 검진을 받고, 그 검진 결과가 나온 날부터 3년 동안 이를 기록·보관할 것
   1) 결핵 등 전염성 질환과 의사증
   2) 구개열(입천장갈림증) 등 유전성 질환
   3) 브루셀라 등 번식기능에 지장을 주는 질환

라. 다목에 따른 검진 결과 감염이 확인된 종축과 이들로부터 생산된 정액·난자 및 수정란은 다음 1) 및 2)에 따라 처리할 것
   1) 다목1) 또는 3)에 해당하는 질병에 감염된 종축은 격리치료를 해야 하며, 완치가 확인될 때까지 정액·난자 및 수정란의 생산을 중단할 것
   2) 다목2)에 해당하는 질병에 감염된 종축은 즉시 도태시켜야 하며, 이들로부터 생산되어 공급·비축된 정액·난자 및 수정란은 즉시 회수하여 폐기할 것

42 ④ 43 ④ 44 ② 정답

45 등급의 표시 · 등급판정확인서 및 등급의 공표를 정할 수 있는 자는?

① 광역시장 · 도지사
② 시장 · 군수 · 구청장
③ 축협중앙회장
④ 농림축산식품부장관

해설

등급의 표시 등(축산법 제40조)
① 품질평가사는 등급판정을 한 축산물에 등급을 표시하고 그 신청인 또는 해당 축산물의 매수인에게 등급판정확인서를 내주어야 한다.
② 도매시장법인 및 공판장을 개설한 자는 등급판정을 받은 축산물을 상장하는 때에는 그 등급을 공표하여야 한다.
③ 제1항 및 제2항에 따른 등급의 표시 · 등급판정확인서 및 등급의 공표 등에 필요한 사항은 농림축산식품부령으로 정한다.

46 가축인공수정소 개설신고를 한 자가 영업을 휴업하거나 휴업한 영업을 재개한 경우 신고기간과 미신고 시 과태료 부과액은?

① 10일 이내 – 500만원 이하
② 20일 이내 – 300만원 이하
③ 30일 이내 – 500만원 이하
④ 40일 이내 – 500만원 이하

해설

과태료(축산법 제56조제2항)
다음 각 호의 어느 하나에 해당하는 자에게는 500만원 이하의 과태료를 부과한다.
1. 제17조제1항 및 제4항에 따른 신고를 하지 아니한 자

수정소의 개설신고 등(축산법 제17조제4항)
제1항에 따라 수정소의 개설을 신고한 자(이하 "수정소 개설자"라 한다)가 다음 각 호의 어느 하나에 해당하면 그 사유가 발생한 날부터 30일 이내에 시장 · 군수 또는 구청장에게 신고하여야 한다.
1. 영업을 휴업한 경우
2. 영업을 폐업한 경우
3. 휴업한 영업을 재개한 경우
4. 신고사항 중 농림축산식품부령으로 정하는 사항을 변경한 경우

47 농림축산식품부령이 정하는 종축, 종축으로 사용하고자 하는 가축 및 가축의 정액 · 난자 · 수정란을 수출입하고자 하는 자는 누구에게 신고하여야 하는가?

① 관계 공무원
② 농림축산식품부장관
③ 시 · 도지사
④ 시장 · 군수 · 구청장

해설

종축 등의 수출입 신고(축산법 제29조제1항)
농림축산식품부령으로 정하는 종축, 종축으로 사용하려는 가축 및 가축의 정액 · 난자 · 수정란을 수출입하려는 자는 농림축산식품부장관에게 신고하여야 한다.

48 가축인공수정소의 개설신고는 누구에게 하는가?

① 시장 · 군수 또는 구청장
② 농림축산식품부장관
③ 시 · 도지사
④ 특별시장

해설

수정소의 개설신고 등(축산법 제17조제1항)
정액 또는 수정란을 암가축에 주입 또는 이식하는 업을 영위하기 위하여 가축인공수정소[(家畜人工授精所), 이하 "수정소"라 한다]를 개설하려는 자는 그에 필요한 시설 및 인력을 갖추어 시장 · 군수 또는 구청장에게 신고하여야 한다.

정답 45 ④ 46 ③ 47 ② 48 ①

49 소의 도체 등급판정은 몇 가지 종류로 분류되는가?

① 10종 ② 14종
③ 16종 ④ 18종

해설

소의 도체 등급판정은 육질(1^{++}, 1^{+}, 1, 2, 3)과 육량(A, B, C)에 따라 분류한 15종과 등외로 구분하여 총 16종이다.

50 다음 축산업의 허가를 취소하여야 하는 경우가 아닌 것은?

① 거짓이나 부정한 방법으로 허가를 받은 경우
② 다른 사람에게 그 허가명의를 사용하게 한 경우
③ 대통령령이 정하는 중요한 시설 및 장비를 갖추지 못한 경우
④ 정당한 사유 없이 허가 받은 날부터 6개월 이내에 영업을 시작하지 아니할 경우

해설

축산업의 허가취소 등(축산법 제25조제1항)

시장・군수 또는 구청장은 제22조제1항에 따라 축산업의 허가를 받은 자가 다음 각 호의 어느 하나에 해당하면 대통령령으로 정하는 바에 따라 그 허가를 취소하거나 1년 이내의 기간을 정하여 영업의 전부 또는 일부의 정지를 명할 수 있다. 다만, 제1호 또는 제4호에 해당하면 그 허가를 취소하여야 한다.

1. 거짓이나 그 밖의 부정한 방법으로 제22조제1항에 따른 허가를 받은 경우
2. 정당한 사유 없이 제22조제1항에 따라 허가받은 날부터 1년 이내에 영업을 시작하지 아니하거나 같은 조 제6항에 따라 신고하지 아니하고 1년 이상 계속하여 휴업한 경우
3. 다른 사람에게 그 허가명의를 사용하게 한 경우
4. 제22조제2항제3호에 따른 축사・장비 등 중 대통령령으로 정하는 중요한 축사・장비 등을 갖추지 아니한 경우
5. 「가축전염병예방법」 제5조제3항의 외국인 근로자 고용신고・교육・소독 등 조치 또는 같은 조 제6항에 따른 입국 시 국립가축방역기관장의 조치를 위반하여 가축전염병을 발생하게 하였거나 다른 지역으로 퍼지게 한 경우
6. 「가축전염병예방법」 제20조제1항(「가축전염병예방법」 제28조에서 준용하는 경우를 포함한다)에 따른 살처분(殺處分) 명령을 위반한 경우
7. 「가축분뇨의 관리 및 이용에 관한 법률」 제17조제1항을 위반하여 같은 법 제18조에 따라 배출시설의 설치허가취소 또는 변경허가취소 처분을 받은 경우
8. 「약사법」 제85조제3항을 위반하여 같은 법 제98조제1항제10호에 따른 처분을 받은 경우
9. 제22조제2항제3호에 따른 축사・장비 등에 관한 규정 또는 「가축전염병예방법」 제17조에 따른 소독설비 및 실시 등에 관한 규정을 위반하여 가축전염병을 발생하게 하였거나 다른 지역으로 퍼지게 한 경우
10. 「농약관리법」 제2조에 따른 농약을 가축에 사용하여 그 축산물이 「축산물 위생관리법」 제12조에 따른 검사 결과 불합격 판정을 받은 경우

49 ③ 50 ④ 정답

51 다음 중 축산발전기금의 용도가 아닌 것은?

① 가축 개량 및 증식에 관한 사업
② 축산이 아닌 업종에 관한 사업
③ 동물유전자의 보존·관리에 관한 사업
④ 축산 발전을 위한 기술의 지도, 조사, 연구, 홍보 및 보급에 관한 사업

해설

기금의 용도(축산법 제47조제1항)

기금은 다음 각 호의 사업에 사용한다.

1. 축산업의 구조 개선 및 생산성 향상
2. 가축과 축산물의 수급 및 가격 안정
3. 가축과 축산물의 유통 개선
4. 「낙농진흥법」 제3조제1항에 따른 낙농진흥계획의 추진
5. 사료의 수급 및 사료자원의 개발
6. 가축위생 및 방역
7. 축산 분뇨의 자원화·처리 및 이용
8. 대통령령으로 정하는 기금사업에 대한 사업비 및 경비의 지원
9. 「축산자조금의 조성 및 운용에 관한 법률」에 따른 축산자조금에 관한 지원
10. 말의 생산·사육·조련·유통·이용 등 말산업 발전에 관한 사업
11. 그 밖에 축산 발전에 필요한 사업으로서 농림축산식품부령으로 정하는 사업

기금사업비 등의 지원범위(축산법 시행령 제18조)

1. 가축의 개량·증식사업
2. 가축위생 및 방역사업
3. 축산물의 생산기반조성·가공 시설 개선 및 유통 개선을 위한 사업
4. 사료의 개발 및 품질관리사업
5. 축산발전을 위한 기술의 지도, 조사, 연구, 홍보 및 보급에 관한 사업
6. 기금 재산의 관리·운영
7. 동물유전자원의 보존·관리 등에 관한 사업

52 다음 중 가축인공수정사 시험의 시험위원회의 구성에 대한 설명으로 틀린 것은?

① 5년 이상 실무에 종사하고 있는 수정사
② 시·도지사가 시행하는 수정사교육을 받은 농민
③ 「고등교육법」 제2조에 따른 학교의 수의학과 또는 축산 관련 학과의 교수
④ 농업직·농업연구직·수의직·가축위생연구직공무원, 그 밖의 축산 관계 공무원

해설

시험위원회(축산법 시행규칙 제18조제1항)

시험위원회의 위원은 다음 각 호의 어느 하나에 해당하는 사람 중에서 임명 또는 위촉하고, 위원장은 시험시행기관의 장이 위원 중에서 임명한다.

1. 「고등교육법」 제2조에 따른 학교의 수의학과 또는 축산 관련 학과의 교수
2. 농업직·농업연구직·수의직·가축위생연구직 공무원, 그 밖의 축산 관계 공무원
3. 5년 이상 실무에 종사하고 있는 수정사

53 다음 중 가축인공수정사가 될 수 없는 자는?

① 피성년후견인 또는 피한정후견인
② 알코올중독자
③ 축산산업기사 자격증 소지자
④ 축산인공수정사 시험에 합격한 자

해설

수정사의 면허(축산법 제12조제2항)

다음 각 호의 어느 하나에 해당하는 자는 수정사가 될 수 없다.

1. 피성년후견인 또는 피한정후견인
2. 「정신보건법」 제3조제1호에 따른 정신질환자. 다만, 정신건강의학과전문의가 수정사로서 업무를 수행할 수 있다고 인정하는 사람은 그러하지 아니하다.
3. 「마약류관리에 관한 법률」 제40조에 따른 마약류 중독자. 다만, 정신건강의학과전문의가 수정사로서 업무를 수행할 수 있다고 인정하는 사람은 그러하지 아니하다.

정답 51 ② 52 ② 53 ①

54 축산업을 등록한 자가 등록한 사항 중 농림축산식품부령으로 정하는 중요한 사항을 변경한 때에는 며칠 이내에 시장·군수 또는 구청장에게 보고해야 하는가?

① 사유가 발생한 날부터 7일 이내
② 사유가 발생한 날부터 15일 이내
③ 사유가 발생한 날부터 30일 이내
④ 사유가 발생한 날부터 40일 이내

해설

축산업의 허가 등(축산법 제22조제6항)
제1항에 따라 축산업의 허가를 받거나 제3항에 따라 가축사육업의 등록을 한 자가 다음 각 호의 어느 하나에 해당하면 그 사유가 발생한 날부터 30일 이내에 시장·군수 또는 구청장에게 신고하여야 한다.

1. 3개월 이상 휴업한 경우
2. 폐업(3년 이상 휴업한 경우를 포함한다)한 경우
3. 3개월 이상 휴업하였다가 다시 개업한 경우
4. 등록한 사항 중 가축의 종류 등 농림축산식품부령으로 정하는 중요한 사항을 변경한 경우(가축사육업을 등록한 자에게만 적용한다)

55 송아지생산안정사업에 관한 내용으로 알맞은 것은?

① 위원장 1명을 포함하여 15명 이하의 위원으로 구성한다.
② 위원은 농림축산식품부장관이 임명 또는 위촉하는 자로 한다.
③ 송아지생산안정자금 지급한도액의 100분의 5 범위에서 금액을 부담하게 수 있다.
④ 시·도지사에 의해 송아지생산안정사업이 이루어진다.

해설

송아지생산안정사업(축산법 제32조제4항)
농림축산식품부장관은 제3항제4호에 따른 송아지생산안정사업 자금을 조성하기 위하여 송아지생산안정사업에 참여하는 송아지 생산 농가에게 송아지생산안정자금 지급한도액의 100분의 5 범위에서 농림축산식품부장관이 정하는 금액을 부담하게 할 수 있다.

56 다음 중 축산물품질평가사의 업무에 해당하지 않는 것은?

① 등급판정 및 그 결과의 기록·보관
② 등급판정인(印)의 사용 및 관리
③ 등급판정 관련 설비의 점검·관리
④ 축산물등급판정기술의 개발

해설

품질평가사의 업무(축산법 제38조제1항)
품질평가사의 업무는 다음 각 호와 같다.

1. 등급판정 및 그 결과의 기록·보관
2. 등급판정인(等級判定印)의 사용 및 관리
3. 등급판정 관련 설비의 점검·관리
4. 그 밖에 등급판정 업무의 수행에 필요한 사항

57 국가축산클러스터지원센터의 사업수행에 관한 업무에 해당되지 않는 것은?

① 국가축산클러스터와 축산업집적에 관한 정책 개발 및 연구
② 축산단지의 조성 및 관리에 관한 사업
③ 지역브랜드 개발 및 지역축산물의 홍보
④ 국가축산클러스터 참여 업체 및 기관들에 대한 지원 사업

해설

국가축산클러스터지원센터의 설립 등(축산법 제32조의3 제3항)
지원센터는 다음 각 호의 사업을 수행한다.

1. 국가축산클러스터와 축산업집적에 관한 정책 개발 및 연구
2. 축산단지의 조성 및 관리에 관한 사업
3. 국가축산클러스터 참여 업체 및 기관들에 대한 지원사업
4. 국가축산클러스터 참여 업체 및 기관들 간의 상호 연계활동 촉진사업
5. 국가축산클러스터 활성화를 위한 연구, 대외협력, 홍보사업
6. 그 밖에 농림축산식품부장관이 위탁하는 사업

54 ③ 55 ③ 56 ④ 57 ③ 정답

58 가축인공수정소의 영업을 휴업·폐업하거나 다시 영업을 재개하고자 할 때 신고해야 하는 대상은?

① 농림축산식품부장관
② 광역시장, 도지사
③ 시장·군수·구청장
④ 읍·면장

해설

수정소의 개설신고 등(축산법 제17조제4항)
제1항에 따라 수정소의 개설을 신고한 자(이하 "수정소 개설자"라 한다)가 다음 각 호의 어느 하나에 해당하면 그 사유가 발생한 날부터 30일 이내에 시장·군수 또는 구청장에게 신고하여야 한다.
1. 영업을 휴업한 경우
2. 영업을 폐업한 경우
3. 휴업한 영업을 재개한 경우
4. 신고사항 중 농림축산식품부령으로 정하는 사항을 변경한 경우

59 검정기관이 확보해야 하는 인력이 아닌 것은?

① 가축육종·유전 분야의 석사학위 이상의 학력 소지자
② 축산 관련 학과 졸업 후 가축육종·유전 분야에서 3년 이상 종사한 경력 소지자
③ 축산기사 이상의 자격 소지자
④ 관계 공무원

해설

검정기관의 지정(축산법 시행규칙 제10조)
농림축산식품부장관은 법 제7조에 따라 가축의 검정기관을 지정하려는 때에는 검정 대상 가축을 정하여 다음 각 호의 인력 및 시설·장비를 확보한 축산 관련 기관 및 단체 중에서 지정하여야 한다.
1. 다음 각 목의 인력
   가. 가축육종·유전 분야의 석사학위 이상의 학력이 있거나 「고등교육법」 제2조에 따른 학교의 축산 관련 학과를 졸업한 후 가축육종·유전 분야에서 3년 이상 종사한 경력이 있는 사람 또는 「국가기술자격법」에 따른 축산기사 이상의 자격을 취득한 사람 1명 이상
   나. 전산프로그램을 담당하는 인력 1명 이상
2. 제11조제4항에서 정하는 검정기준에 따라 가축의 경제성을 검정할 수 있는 시설과 검정성적을 기록·분석·평가할 수 있는 체중계 등 측정기구

60 증명서가 없는 정액, 난자 또는 수정란을 가축인공수정용으로 공급·주입하거나 이를 암가축에 이식하면 어떤 처벌을 받는가?

① 1년 이하의 징역 또는 1,000만원 이하의 벌금
② 2년 이하의 징역 또는 2,000만원 이하의 벌금
③ 1년 이하의 징역 또는 2,000만원 이하의 벌금
④ 2년 이하의 징역 또는 1,000만원 이하의 벌금

해설

벌칙(축산법 제54조)
다음 각 호의 어느 하나에 해당하는 자는 1년 이하의 징역 또는 1천만원 이하의 벌금에 처한다.
1. 제11조제1항을 위반한 자
2. 제12조제4항을 위반하여 다른 사람에게 수정사의 명의를 사용하게 하거나 그 면허를 대여한 자
3. 제12조제5항을 위반하여 수정사의 면허를 취득하지 아니하고 그 명의를 사용하거나 면허를 대여받은 자 또는 이를 알선한 자
4. 제19조를 위반하여 정액·난자 또는 수정란을 가축 인공수정용으로 공급·주입하거나 이를 암가축에 이식한 자
5. 제26조제2항을 위반하여 종축이 아닌 오리로부터 번식용 알을 생산한 자
6. 제34조제1항을 위반하여 가축시장을 개설한 자
7. 거짓이나 그 밖의 부정한 방법으로 제34조의2제1항에 따른 가축거래상인으로 등록한 자
8. 제35조제3항에 따라 거래 지역이 고시된 등급판정 대상 축산물을 등급판정을 받지 아니하고 고시지역 안에서 판매하거나 영업을 목적으로 가공·진열·보관 또는 운반한 자
9. 제38조제3항을 위반하여 품질평가사가 하는 등급판정을 거부·방해 또는 기피한 자
10. 제39조에 따른 준수사항을 위반한 자

정답 58 ③ 59 ④ 60 ①

11. 제42조제1항에 따른 명령을 위반하거나 검사를 거부·방해 또는 기피한 자
12. 제42조의10제8항에 따른 인증품의 인증표시 제거·사용정지 또는 시정조치, 인증품의 판매금지·판매정지·회수·폐기나 세부 표시사항의 변경 등의 명령에 따르지 아니한 자

61 다음 중 등급판정 제외대상 축산물이 아닌 것은?

① 학술연구용 ② 자가소비용
③ 바비큐 ④ 원료육

해설

등급판정 제외대상 축산물(축산법 시행규칙 제39조제1항)
법 제35조제5항 단서에서 "농림축산식품부령으로 정하는 축산물"이란 다음 각 호의 축산물을 말한다.
1. 학술연구용으로 사용하기 위하여 도살하는 축산물
2. 자가소비, 바비큐 또는 제수용으로 도살하는 축산물
3. 소 도체 중 앞다리 또는 우둔 부위(축산물등급판정을 신청한 자가 별지 제36호서식에 따른 축산물등급판정신청서에 부위를 기재하여 등급판정을 받지 아니하기를 원하는 경우에 한한다)

62 축산업의 승계요령으로 맞는 것은?

① 승계한 날로부터 30일 이내 시장·군수 또는 구청장에게 신고한다.
② 승계한 날로부터 30일 이내 시장·군수 또는 구청장에게 등록한다.
③ 승계한 날로부터 30일 이내 농림축산부장관에게 신고한다.
④ 승계한 날로부터 20일 이내 시장·군수 또는 구청장에게 신고한다.

해설

영업의 승계(축산법 제24조제2항)
제1항에 따라 그 영업자의 지위를 승계한 자는 농림축산식품부령으로 정하는 바에 따라 승계한 날부터 30일 이내에 시장·군수 또는 구청장에게 신고하여야 한다.

63 등급판정 준비사항으로 틀린 것은?

① 소 도체의 경우 2등분으로 도체 후 등심부위의 중심온도가 5℃ 이하
② 소 도체의 경우 2등분으로 도체 후 제1허리뼈와 마지막 등뼈 절개
③ 돼지 도체의 경우 2등분으로 도체 후 삼겹 부위의 중심온도 5℃ 이하
④ 돼지 도체의 경우 2등분으로 도체 후 제4등뼈와 제5등뼈 사이 절개

해설

도체의 냉각 또는 절개 등 등급판정에 필요한 준비를 다음 각 목의 구분에 따라 할 것
가. 소 도체의 경우 : 도체를 좌우로 2등분하여야 하며, 등심 부위의 내부온도가 5℃ 이하가 되도록 냉각처리한 후 제1허리뼈와 마지막 등뼈 사이를 절개할 것
나. 돼지 도체의 경우
  1) 냉도체 판정방법으로 신청된 경우 : 도체를 좌우로 2등분하여야 하며, 등심 부위의 내부온도가 5℃ 이하가 되도록 냉각처리한 후 제4등뼈와 제5등뼈 사이 또는 제5등뼈와 제6등뼈 사이를 절개할 것
  2) 온도체 판정방법으로 신청된 경우 : 도채를 좌우로 2등분할 것
다. 닭 도체의 경우 : 도축한 후 노제의 내부온도가 10℃ 이하가 된 이후에 중량규격별로 선별할 것

61 ④ 62 ① 63 ③ 정답

64 다음 중 3년 이하의 징역 또는 3천만원 이하의 벌금형이 아닌 항목은?

① 허가를 받지 아니하고 축산업을 경영한 자
② 허가를 받지 아니하고 가축시장을 개설한 자
③ 등급판정을 받지 아니한 축산물을 도축장에서 반출한 자
④ 등급판정을 받지 아니한 축산물을 농수산물도매시장 또는 공판장에 상장한 자

해설

벌칙(축산법 제53조)
다음 각 호의 어느 하나에 해당하는 자는 3년 이하의 징역 또는 3천만원 이하의 벌금에 처한다.

1. 제22조제1항에 따른 허가를 받지 아니하고 축산업을 경영한 자
2. 거짓이나 그 밖의 부정한 방법으로 제22조제1항에 따른 축산업의 허가를 받은 자
3. 제25조제1항에 따른 허가취소 처분을 받은 후 같은 조 제3항에도 불구하고 6개월 후에도 계속 가축을 사육하는 자
4. 제31조에 따른 명령을 위반한 자
5. 제34조의2제1항에 따른 등록을 하지 아니하고 가축거래를 업으로 한 자
6. 제35조제4항을 위반하여 등급판정을 받지 아니한 축산물을 농수산물도매시장 또는 공판장에 상장한 자
7. 제35조제5항을 위반하여 등급판정을 받지 아니한 축산물을 도축장에서 반출한 자
8. 제42조의8제1항에 따른 인증기관의 지정을 받지 아니하고 인증업무를 한 자
9. 제42조의8제3항에 따른 인증기관 지정의 유효기간이 지났음에도 인증업무를 한 자
10. 제42조의9제1항제1호를 위반하여 거짓이나 그 밖의 부정한 방법으로 제42조의3에 따른 인증심사, 재심사 및 인증 변경승인, 제42조의4에 따른 인증 갱신, 유효기간 연장 및 재심사 또는 제42조의8제1항 및 제3항에 따른 인증기관의 지정・갱신을 받은 자
11. 제42조의9제1항제2호를 위반하여 거짓이나 그 밖의 부정한 방법으로 제42조의3에 따른 인증심사, 재심사 및 인증 변경승인, 제42조의4에 따른 인증 갱신, 유효기간 연장 및 재심사를 하거나 인증을 받을 수 있도록 도와준 자
12. 제42조의9제1항제3호를 위반하여 거짓이나 그 밖의 부정한 방법으로 인증심사원의 자격을 부여받은 자
13. 제42조의9제1항제4호를 위반하여 인증을 받지 아니한 제품과 제품을 판매하는 진열대에 인증표시나 이와 유사한 표시(인증품으로 잘못 인식할 우려가 있는 표시 및 이와 관련된 외국어 또는 외래어 표시를 포함한다)를 한 자
14. 제42조의9제1항제5호를 위반하여 인증품에 인증받은 내용과 다르게 표시를 한 자
15. 제42조의9제1항제6호를 위반하여 인증 또는 인증 갱신을 신청하는 데 필요한 서류를 거짓으로 발급한 자
16. 제42조의9제1항제7호를 위반하여 인증품에 인증을 받지 아니한 제품 등을 섞어서 판매하거나 섞어서 판매할 목적으로 저장, 운송 또는 진열한 자
17. 제42조의9제1항제8호를 위반하여 인증을 받지 아니한 제품에 인증표시나 이와 유사한 표시를 한 것임을 알거나 인증품에 인증받은 내용과 다르게 표시한 것임을 알고도 인증품으로 판매하거나 판매할 목적으로 저장, 운송 또는 진열한 자
18. 제42조의9제1항제9호를 위반하여 인증이 취소된 제품임을 알고도 인증품으로 판매하거나 판매할 목적으로 저장・운송 또는 진열한 자
19. 제42조의9제1항제10호를 위반하여 인증을 받지 아니한 제품을 인증품으로 광고하거나 인증품으로 잘못 인식할 수 있도록 광고(무항생제 또는 이와 같은 의미의 문구를 사용한 광고를 포함한다)하거나 인증받은 내용과 다르게 광고한 자
20. 제42조의12에 따라 준용되는 「친환경농어업 육성 및 유기식품 등의 관리・지원에 관한 법률」 제29조제1항에 따라 인증기관의 지정취소 처분을 받았음에도 인증업무를 한 자

정답 64 ②

65 축산발전기금의 용도로 맞지 않는 것은?

① 가축위생 및 방역
② 축산업의 구조 개선 및 생산성 향상
③ 사료의 수급 및 사료자원의 개발
④ 축산물소비자의 권익보호

해설

기금의 용도(축산법 제47조제1항)
기금은 다음 각 호의 사업에 사용한다.
1. 축산업의 구조 개선 및 생산성 향상
2. 가축과 축산물의 수급 및 가격 안정
3. 가축과 축산물의 유통 개선
4. 「낙농진흥법」 제3조제1항에 따른 낙농진흥계획의 추진
5. 사료의 수급 및 사료자원의 개발
6. 가축위생 및 방역
7. 축산 분뇨의 자원화 · 처리 및 이용
8. 대통령령으로 정하는 기금사업에 대한 사업비 및 경비의 지원
9. 「축산자조금의 조성 및 운용에 관한 법률」에 따른 축산자조금에 관한 지원
10. 말의 생산 · 사육 · 조련 · 유통 · 이용 등 말산업 발전에 관한 사업
11. 그 밖에 축산 발전에 필요한 사업으로서 농림축산식품부령으로 정하는 사업

66 축산법에서 사용된 용어의 정의가 잘못된 것은?

① 축산물은 육, 유, 란, 충을 말한다.
② 종축업은 번식용 가축 또는 종란을 생산 · 판매하는 업이다.
③ 모돈은 번식용 돼지 중 1회 이상 교미하거나 수정된 것이다.
④ 종축은 품종의 순수한 특징을 지닌 번식용 가축으로, 혈통증명서가 있는 가축을 말한다.

해설

정의(축산법 제2조제3호)
"축산물"이란 가축에서 생산된 고기 · 젖 · 알 · 꿀과 이들의 가공품 · 원피[원모피(原毛皮)를 포함한다] · 원모, 뼈 · 뿔 · 내장 등 가축의 부산물, 로얄제리 · 화분 · 봉독 · 프로폴리스 · 밀랍 및 수벌의 번데기를 말한다.

67 다음 중 종축업 허가 신청조건에 해당되는 자격은?

① 축산산업기사 이상의 자격 소지자
② 축산기사 이상의 자격 소지자
③ 축산 관련 대학교(4년제) 이상의 졸업자
④ 축산 관련 전문대학(2년제) 이상의 졸업자

해설

축산업의 허가절차 등(축산법 시행규칙 제27조제2항)
영 제14조제1항에서 "농림축산식품부령으로 정하는 서류"란 다음 각 호의 구분에 따른 서류를 말한다.
1. 축산업 허가
   가. 영 별표 1에 따른 요건을 충족하는 매몰지, 축사 · 장비, 가축사육규모 등의 현황을 적은 서류
   나. 축산 관련 학과 졸업증명서, 축산기사 이상의 자격증 사본 또는 종축업체 근무 경력증명서(종축업만 해당한다)
   다. 가축인공수정사 또는 수의사의 면허증 사본(정액 등 처리업만 해당한다)
   라. 「가축분뇨의 관리 및 이용에 관한 법률」 제11조에 따른 배출시설로서 허가받은 사실을 증명하는 서류 또는 신고한 사실을 증명하는 서류 및 같은 법 제12조에 따른 처리시설의 설치를 증명하는 서류(부화업은 제외한다)
   마. 가축분뇨처리 및 악취저감 계획
   바. 법 제33조의2제1항에 따른 교육과정을 이수하였음을 증명하는 서류
2. 허가받은 사항을 변경하는 경우 : 변경 내용을 증명할 수 있는 서류

65 ④ 66 ① 67 ② 정답

68 다음 중 인공수정증명서에 기록해야 할 정보가 아닌 것은?

① 정액번호
② 종모축 이름
③ 수정일자
④ 수정사 별명

해설
축산법 시행규칙 별지 제11호서식 참고

69 다음 중 축산업 허가를 받으려는 자는 축산 관련 교육을 몇 시간 이상 받아야 하는가?

① 6시간 ② 8시간
③ 12시간 ④ 24시간

해설
축산업 허가자 등의 교육 의무(축산법 제33조의2제1항)
다음 각 호의 어느 하나에 해당하는 자는 제33조의3제1항에 따라 지정된 교육운영기관에서 농림축산식품부령으로 정하는 교육과정을 이수하여야 한다.
1. 제22조제1항에 따른 축산업의 허가를 받으려는 자
2. 제22조제3항에 따른 가축사육업의 등록을 하려는 자
3. 제34조의2제1항에 따라 가축거래상인으로 등록을 하려는 자

교육과정 – 축산업 허가를 받으려는 자(축산법 시행규칙 [별표 3의4])

교육과목	교육시간
축산 관련 법령	2
가축방역 및 질병관리	2
	3
친환경 동물복지 · 축산환경	3
위생 · 안전 관리 책임의식	2
안전관리인증기준	2
실 습	6
자율선택	4
계	24

70 다음 중 우수 정액 등 처리업체의 인증기관은?

① 국립축산과학원
② 한국종축개량협회
③ 가축인공수정사협회
④ 농협중앙회

해설
우수 정액 등 처리업체 등의 인증기관 지정 등(축산법 시행규칙 제26조제1항)
농림축산식품부장관은 법 제21조제2항에 따라 우수 정액등처리업체 또는 우수 종축업체(이하 "우수업체"라 한다)를 인증하게 하기 위하여 농촌진흥청 국립축산과학원(이하 "국립축산과학원"이라 한다)을 인증기관으로 지정한다.

71 우수정액등처리업체 인증기준에서 돼지의 경우 보유 종돈의 요구 능력 항목이 아닌 것은?

① 1일 체중 증체량(일당 증체량)
② 사료요구율
③ 등지방 함량
④ 생존 새끼수

해설
종돈의 요구 능력 항목은 등지방두께이다.

72 우수정액등처리업체 인증기준에서 한우의 경우 보유 씨수소의 요구 검정 성적 항목이 아닌 것은?

① 일당 증체량 1.0kg 이상
② 육질등급 2등급 이상
③ 등심부위 근육면적 75cm^2 이상
④ 외모심사 성적 80% 이상

해설
한우(씨수소)의 요구 검정 성적 항목은 일당 증체량이 0.7kg이다.

정답 68 ④ 69 ④ 70 ① 71 ③ 72 ①

합격의 공식
시대에듀

우리 인생의 가장 큰 영광은

결코 넘어지지 않는 데 있는 것이 아니라

넘어질 때마다 일어서는 데 있다.

– 넬슨 만델라

PART 05

가축전염병예방법

CHAPTER 01 가축전염병예방법

CHAPTER 02 가축전염병예방법 시행령

CHAPTER 03 가축전염병예방법 시행규칙

가축전염병예방법

[시행 2024. 9. 15.] [법률 제19706호, 2023. 9. 14, 일부개정]

1. 총 칙

(1) 목적(가축전염병예방법 제1조)

이 법은 가축의 전염성 질병이 발생하거나 퍼지는 것을 막음으로써 축산업의 발전과 가축의 건강 유지 및 공중위생의 향상에 이바지함을 목적으로 한다.

(2) 정의(가축전염병예방법 제2조)

이 법에서 사용하는 용어의 뜻은 다음과 같다.

1. "가축"이란 소, 말, 당나귀, 노새, 면양·염소[유산양(乳山羊 : 젖을 생산하기 위해 사육하는 염소)을 포함한다], 사슴, 돼지, 닭, 오리, 칠면조, 거위, 개, 토끼, 꿀벌 및 그 밖에 대통령령으로 정하는 동물을 말한다.
2. "가축전염병"이란 다음의 제1종 가축전염병, 제2종 가축전염병 및 제3종 가축전염병을 말한다.
   가. 제1종 가축전염병 : 우역(牛疫), 우폐역(牛肺疫), 구제역(口蹄疫), 가성우역(假性牛疫), 블루텅병, 리프트계곡열, 럼피스킨병, 양두(羊痘), 수포성구내염(水疱性口內炎), 아프리카마역(馬疫), 아프리카돼지열병, 돼지열병, 돼지수포병(水疱病), 뉴캐슬병, 고병원성 조류(鳥類)인플루엔자 및 그 밖에 이에 준하는 질병으로서 농림축산식품부령으로 정하는 가축의 전염성 질병
   나. 제2종 가축전염병 : 탄저(炭疽), 기종저(氣腫疽), 브루셀라병, 결핵병(結核病), 요네병, 소해면상뇌증(海綿狀腦症), 큐열, 돼지오제스키병, 돼지일본뇌염, 돼지테센병, 스크래피(양해면상뇌증), 비저(鼻疽), 말전염성빈혈, 말바이러스성동맥염(動脈炎), 구역(구疫), 말전염성자궁염(傳染性子宮炎), 동부말뇌염(腦炎), 서부말뇌염, 베네수엘라말뇌염, 추백리(雛白痢 : 병아리흰설사병), 가금(家禽)티푸스, 가금콜레라, 광견병(狂犬病), 사슴만성소모성질병(慢性消耗性疾病) 및 그 밖에 이에 준하는 질병으로서 농림축산식품부령으로 정하는 가축의 전염성 질병
   다. 제3종 가축전염병 : 소유행열, 소아카바네병, 닭마이코플라스마병, 저병원성 조류인플루엔자, 부저병(腐疽病) 및 그 밖에 이에 준하는 질병으로서 농림축산식품부령으로 정하는 가축의 전염성 질병
3. "검역시행장"이란 제31조에 따른 지정검역물에 대하여 검역을 하는 장소를 말한다.
4. "면역요법"이란 특정 가축전염병을 예방하거나 치료할 목적으로 농장의 가축으로부터 채취한 혈액, 장기(臟器), 똥 등을 가공하여 그 농장의 가축에 투여하는 행위를 말한다.

5. “병성감정”(病性鑑定)이란 죽은 가축이나 질병이 의심되는 가축에 대하여 임상검사, 병리검사, 혈청검사 등의 방법으로 가축전염병 감염 여부를 확인하는 것을 말한다.
6. “특정위험물질”이란 소해면상뇌증 발생 국가산 소의 조직 중 다음 각 목의 것을 말한다.
   가. 모든 월령(月齡)의 소에서 나온 편도(扁桃)와 회장원위부(回腸遠位部)
   나. 30개월령 이상의 소에서 나온 뇌, 눈, 척수, 머리뼈, 척주
   다. 농림축산식품부장관이 소해면상뇌증 발생 국가별 상황과 국민의 식생활 습관 등을 고려하여 따로 지정·고시하는 물질
7. “가축전염병 특정매개체”란 전염병을 전파시키거나 전파시킬 우려가 큰 매개체 중 야생조류 또는 야생멧돼지와 그 밖에 농림축산식품부령으로 정하는 것을 말한다.
8. “가축방역위생관리업”이란 가축전염병 예방을 위한 소독을 하거나 안전한 축산물 생산을 위한 방제를 하는 업을 말한다.

(3) 국가와 지방자치단체의 책무(가축전염병예방법 제3조)

① 농림축산식품부장관, 특별시장·광역시장·도지사·특별자치도지사(이하 “시·도지사”라 한다) 및 특별자치시장·시장(특별자치도의 행정시장을 포함한다)·군수·구청장(구청장은 자치구의 구청장을 말하며, 이하 “시장·군수·구청장”이라 한다)은 가축전염병을 예방하고 그 확산을 방지하기 위하여 다음 각 호의 사업을 포함하는 가축전염병 예방 및 관리대책(이하 “가축전염병 예방 및 관리대책”이라 한다)을 3년마다 수립하여 시행하여야 한다.

1. 가축전염병의 예방 및 조기 발견·신고 체계 구축
2. 가축전염병별 긴급방역대책의 수립·시행
3. 가축전염병 예방·관리에 관한 사업계획 및 추진체계
4. 가축방역을 위한 관계 기관과의 협조대책
5. 가축방역에 대한 교육 및 홍보
6. 가축방역에 관한 정보의 수집·분석 및 조사·연구
7. 가축방역 전문인력 육성
8. 살처분·소각·매몰·화학적 처리 등 가축방역에 따른 주변환경의 오염방지 및 사후관리 대책
9. 가축의 살처분 및 소각·매몰·화학적 처리에 직접 관여한 자 등에 대한 사후관리 대책(심리적·정신적 안정을 위한 치료를 포함한다)
10. 가축전염병 비상대응 매뉴얼의 개발 및 보급
11. 가축전염병 발생에 대한 감시·예측 능력 향상을 위한 조사·연구, 기술의 개발·보급 및 민관 협조체계 구축
12. 그 밖에 가축방역시책에 관한 사항

② 시장·군수·구청장은 제22조제2항 본문, 제23조제1항 및 제3항에 따른 가축의 사체 또는 물건의 매몰에 대비하여 농림축산식품부령으로 정하는 기준에 적합한 매몰 후보지를 미리 선정하여 관리하여야 한다.

③ 농림축산식품부장관은 특별시·광역시·특별자치시·도·특별자치도에 소속되어 가축방역 업무를 수행하는 기관(이하 "시·도 가축방역기관"이라 한다)의 인력·장비·기술 등의 보강을 위한 지원을 강화하여야 한다.

④ 농림축산식품부장관, 시·도지사 및 시장·군수·구청장은 제1항에 따라 가축전염병 예방 및 관리대책을 수립할 때 기존 계획의 타당성을 검토하여 그 결과를 반영하여야 한다.

⑤ 농림축산식품부장관은 가축전염병 예방 및 관리대책을 효과적으로 추진하기 위하여 필요한 경우 가축전염병 방역 요령 및 세부 방역기준을 따로 정하여 고시할 수 있다.

(4) 가축전염병 발생 현황에 대한 정보공개(가축전염병예방법 제3조의2)

① 농림축산식품부장관, 시·도지사 및 특별자치시장은 가축전염병을 예방하고 그 확산을 방지하기 위하여 농장에 대한 가축전염병의 발생 일시 및 장소 등 대통령령으로 정하는 정보를 공개하여야 한다.

② 농림축산식품부장관, 시·도지사 및 시장·군수·구청장은 외국에서 가축전염병이 발생하는 경우 국내 유입을 예방하기 위하여 가축전염병의 종류, 발생 국가·일시·지역 및 여행객의 유의사항 등을 공개하여야 한다.

③ 농림축산식품부장관, 관계 행정기관의 장, 시·도지사 또는 시장·군수·구청장은 가축전염병 특정매개체를 통하여 가축전염병이 확산되고 있는 경우에는 가축전염병 특정매개체의 검사 결과 및 이동 경로 등을 공개하여야 한다.

④ 제1항에 따른 정보공개의 대상 농장 및 가축전염병, 정보공개의 절차 및 방법 등은 대통령령으로 정하며, 제3항 및 제4항에 따른 공개의 구체적인 내용, 범위, 절차 및 방법 등은 농림축산식품부령으로 정한다.

(5) 국가가축방역통합정보시스템의 구축·운영(가축전염병예방법 제3조의3)

① 농림축산식품부장관은 가축전염병을 예방하고 가축방역 상황을 효율적으로 관리하기 위하여 전자정보시스템(이하 "국가가축방역통합정보시스템"이라 한다)을 구축하여 운영할 수 있다.

② 국가가축방역통합정보시스템의 구축·운영 등에 필요한 사항은 농림축산식품부령으로 정한다.

③ 농림축산식품부장관은 가축전염병의 확산을 방지하기 위하여 필요하다고 인정하면 시장·군수·구청장에게 농림축산식품부령으로 정하는 바에 따라 축산관계자 주소, 축산 관련 시설의 소재지 및 가축과 그 생산물의 이동 현황 등에 대하여 국가가축방역통합정보시스템에 입력을 명할 수 있다.

(6) 중점방역관리지구(가축전염병예방법 제3조의4)

① 농림축산식품부장관은 제1종 가축전염병이 자주 발생하였거나 발생할 우려가 높은 지역을 중점방역관리지구로 지정할 수 있다.

② 농림축산식품부장관, 시・도지사 및 시장・군수・구청장은 가축전염병을 예방하거나 그 확산을 방지하기 위하여 필요하다고 인정되는 경우 제1항에 따라 지정된 중점방역관리지구(이하 "중점방역관리지구"라 한다)에 대하여 가축 또는 가축전염병 특정매개체 등에 대한 검사・예찰(豫察)・점검 등의 조치를 할 수 있다.

③ 중점방역관리지구에서 가축 사육이나 축산 관련 영업을 하는 자(제17조제1항 각 호의 어느 하나에 해당하는 자만 해당한다)는 농림축산식품부령으로 정하는 바에 따라 신발・손 소독 등을 위한 전실(前室) 등 소독설비 및 울타리・담장 등 방역시설을 갖추고 연 1회 이상 방역교육을 이수하여야 한다.

④ 제3항에도 불구하고 농림축산식품부장관은 제17조제1항 각 호의 어느 하나에 해당하는 자가 중점방역관리지구로 지정되기 전부터 그 지역에서 가축 사육이나 해당 영업 등을 하고 있었던 경우에는 중점방역관리지구로 지정된 날부터 1년 이내에(가축전염병이 발생하거나 퍼지는 것을 막기 위하여 긴급한 경우에는 농림축산식품부장관이 정하는 기간까지) 제3항에 따른 소독설비 및 방역시설을 갖추도록 할 수 있으며, 그 소요비용의 일부를 지원할 수 있다.

⑤ 시장・군수・구청장은 가축전염병의 확산을 막기 위하여 농림축산식품부령으로 정하는 바에 따라 중점방역관리지구 내에서 해당 가축의 사육제한을 명할 수 있다.

⑥ 농림축산식품부장관은 중점방역관리지구로 지정된 지역의 가축전염병 발생 상황, 가축 사육 현황 등을 고려하여 가축전염병의 발생 위험도가 낮다고 인정되는 경우에는 그 지정을 해제하여야 한다.

⑦ 중점방역관리지구의 지정 기준・절차, 제2항에 따른 조치의 내용・실시시기・방법, 제6항에 따른 지정 해제의 기준・절차 등에 필요한 사항은 농림축산식품부령으로 정한다.

(7) 가축방역심의회(가축전염병예방법 제4조)

① 가축방역과 관련된 주요 정책을 심의하기 위하여 농림축산식품부장관 소속으로 중앙가축방역심의회를 두고, 시・도지사 및 특별자치시장 소속으로 지방가축방역심의회를 둔다.

② 중앙가축방역심의회는 다음 각 호의 사항을 심의한다.

1. 가축전염병 예방 및 관리대책의 수립 및 시행
2. 가축전염병에 관한 조사 및 연구
3. 가축전염병별 긴급방역대책의 수립 및 시행
4. 가축방역을 위한 관계 기관과의 협조대책
5. 수출 또는 수입하는 동물과 그 생산물의 검역대책 수립 및 검역제도의 개선에 관한 사항

6. 그 밖에 가축전염병의 관리 및 방역에 관하여 농림축산식품부장관 또는 위원장이 필요하다고 인정하여 심의회의 심의에 부치는 사항

③ 지방가축방역심의회는 다음 각 호의 사항을 심의한다. 다만, 지방가축방역심의회의 심의 결과가 중앙가축방역심의회의 심의 결과와 다른 경우에는 중앙가축방역심의회의 심의 결과에 따른다.

1. 관할 구역 내 가축전염병 예방 및 관리대책의 수립 및 시행
2. 관할 구역 내 가축전염병에 관한 조사 및 연구
3. 관할 구역 내 가축전염병별 긴급방역대책의 수립 및 시행
4. 관할 구역 내 가축방역을 위한 관계 기관과의 협조대책
5. 그 밖에 가축전염병의 관리 및 방역에 관하여 시·도지사 및 특별자치시장 또는 위원장이 필요하다고 인정하여 심의회의 심의에 부치는 사항

④ 중앙가축방역심의회와 지방가축방역심의회에는 수의(獸醫)·축산·의료·환경 등 관련 분야에 전문지식을 가진 사람을 참여하게 하여야 한다.

⑤ 중앙가축방역심의회에 가축전염병의 관리 및 방역에 관한 국제동향 및 질병별 방역요령을 조사·연구할 연구위원을 둘 수 있다.

⑥ 제5항에 따른 연구위원의 임무는 다음 각 호와 같다.

1. 세계동물보건기구에서 제시한 가축전염병 방역기준 및 요령의 조사·연구
2. 국제동물위생 규약의 조사·연구에 필요한 외국정부, 관련 생산자·소비자 단체 및 국제기구와의 상호협력
3. 외국의 가축방역기준·질병별 대응요령에 관한 정보 및 자료 등의 조사·연구
4. 질병별 발생원인·전파확산 요인·차단방역·소독방법·진단요령·백신접종 방법 및 근절방안 등에 관한 조사·연구
5. 그 밖에 농림축산식품부령으로 정하는 사항

⑦ 중앙가축방역심의회의 구성 및 운영 등에 필요한 사항은 농림축산식품부령으로 정하고, 지방가축방역심의회의 구성 및 운영 등에 필요한 사항은 해당 지방자치단체의 조례로 정한다.

(8) 가축의 소유자 등의 방역 및 검역 의무(가축전염병예방법 제5조)

① 가축의 소유자 또는 관리자(이하 "소유자 등"이라 한다)는 축사와 그 주변을 청결히 하고 주기적으로 소독하여 가축전염병이 발생하는 것을 예방하여야 하며, 국가와 지방자치단체의 가축방역대책에 적극 협조하여야 한다.

② 국가는 가축전염병이 국내로 유입되는 것을 예방하기 위하여 「항만법」 제2조제2호에 따른 무역항, 「공항시설법」 제2조제3호에 따른 공항(국제항공노선이 있는 경우에 한정한다), 「남북교류협력에 관한 법률」 제2조제1호에 따른 출입장소 등의 지역에 대통령령으로 정하는 바에 따라 검역 및 방역에 필요한 시설을 설치하고 운영하여야 한다.

③ 가축의 소유자 등은 외국인 근로자를 고용한 경우 시장·군수·구청장에게 외국인 근로자 고용신고를 하여야 하며, 외국인 근로자에 대한 가축전염병 예방 교육 및 소독 등 가축전염병의 발생을 예방하기 위하여 필요한 조치를 하여야 한다.

④ 가축 방역·검역 업무를 수행하는 대통령령으로 정하는 국가기관의 장(이하 "국립가축방역기관장"이라 한다)은 제3조의2제3항에 따라 공개된 가축전염병 발생 국가(이하 "가축전염병 발생 국가"라 한다)에 체류하거나 해당 국가를 거쳐 입국하는 사람에게 해당 국가에서의 체류 등에 관한 서류를 제출하고 필요한 경우 신체·의류·휴대품 및 수하물에 대하여 질문·검사·소독 등 필요한 조치를 받아야 함을 고지하여야 한다.

⑤ 가축전염병 발생 국가에서 입국하는 사람은 대통령령으로 정하는 바에 따라 해당 국가에서의 체류 등에 관한 사항을 기재한 서류를 국립가축방역기관장에게 제출하여야 한다. 이 경우 국립가축방역기관장은 축산농가를 방문하는 등 가축전염병을 옮길 위험이 상당하다고 판단하면 신체·의류·휴대품 및 수하물에 대하여 질문·검사·소독 등 필요한 조치를 할 수 있다.

⑥ 제5항에도 불구하고 다음 각 호의 사람은 가축전염병 발생 국가에 체류하거나 해당 국가를 거쳐 입국하는 경우 도착하는 항구나 공항의 국립가축방역기관장에게 입국 사실 등을 신고하여야 하고, 신체·의류·휴대품 및 수하물에 대하여 도착하는 항구나 공항에서 국립가축방역기관장의 질문·검사·소독 등 필요한 조치에 따라야 하며, 가축전염병 발생 국가를 방문하려는 경우에는 출국하는 항구나 공항의 국립가축방역기관장에게 출국 사실 등을 신고하여야 한다.

1. 가축의 소유자 등과 그 동거 가족
2. 가축의 소유자 등에게 고용된 사람과 그 동거 가족
3. 수의사, 가축인공수정사 중 수의·축산 관련 업무에 종사하는 사람으로서 농림축산식품부령으로 정하는 사람
4. 가축방역사
5. 동물약품 및 사료를 판매하는 사람
6. 가축분뇨를 수집·운반하는 사람
7. 「축산법」 제34조에 따른 가축시장의 종사자
8. 「축산물위생관리법」 제2조제5호의 원유를 수집·운반하는 사람
9. 도축장의 종사자
10. 그 밖에 가축전염병 예방을 위하여 질문·검사·소독 등 조치가 필요한 자로서 농림축산식품부령으로 정하는 사람

⑦ 국립가축방역기관장은 제5항 및 제6항에 따라 질문·검사·소독 등 필요한 조치를 받은 자의 입국신고 내용을 해당 시장·군수·구청장에게 통보하여야 한다.

⑧ 국립가축방역기관장 또는 제7항에 따라 통보를 받은 시장·군수·구청장은 가축전염병의 예방 등을 위하여 필요한 경우 가축의 소유자 등에게 해당 가축사육시설에 대하여 소독을 실시할 것을 명하거나 직접 소독을 실시할 수 있다.

⑨ 농림축산식품부장관은 가축전염병의 국내 유입을 차단하고, 방역·검역 조치 및 사후관리 대책을 효율적으로 시행하기 위하여 제6항에 규정된 사람에게 가축전염병 예방과 검역에 필요한 자료 또는 정보의 제공을 요청할 수 있다. 이 경우 자료 또는 정보의 제공을 요청받은 사람은 특별한 사유가 없으면 이에 따라야 한다.

⑩ 제3항부터 제6항까지에 따른 외국인 근로자에 대한 고용신고·교육·소독, 입국하는 사람에 대한 고지의 방법, 질문·검사·소독 등의 필요한 조치에 따르거나 입국·출국 사실을 신고하여야 하는 사람의 구체적인 범위, 가축의 소유자 등의 입국·출국 신고 및 국립가축방역기관장의 조치의 구체적인 기준·절차·방법 등에 필요한 사항은 농림축산식품부령으로 정한다.

(9) 방역관리 책임자(가축전염병예방법 제5조의2)

① 농림축산식품부령으로 정하는 규모 이상의 가축의 소유자 등은 가축전염병의 발생을 예방하고 가축전염병의 확산을 방지하기 위하여 농림축산식품부령으로 정하는 바에 따라 수의학 또는 축산학에 관한 전문지식을 갖춘 사람을 방역관리 책임자로 선임하여야 한다. 다만, 가축의 소유자 등이 농림축산식품부령으로 정하는 바에 따라 시장·군수·구청장의 인가를 받아 방역업체 및 방역전문가와 계약을 통하여 정기적으로 방역관리를 하는 경우에는 그러하지 아니하다.

② 방역관리 책임자는 다음 각 호의 업무를 수행한다.

1. 가축전염병 방역관리를 위한 교육
2. 가축전염병 예방을 위한 소독 및 교육
3. 가축의 예방접종
4. 그 밖에 가축방역과 관련하여 농림축산식품부령으로 정하는 업무

③ 방역관리 책임자는 농림축산식품부령으로 정하는 바에 따라 방역교육을 이수하여야 한다.

④ 가축의 소유자 등은 제1항에 따라 방역관리 책임자를 선임 또는 해임하는 경우에는 30일 이내에 이를 시장·군수·구청장에게 신고하여야 한다.

⑤ 가축의 소유자 등은 방역관리 책임자를 해임한 경우 30일 이내에 다른 방역관리 책임자를 선임하여야 한다. 다만, 그 기간 내에 선임할 수 없으면 시장·군수·구청장의 승인을 받아 그 기간을 연장할 수 있다.

⑥ 제1항에 따른 방역관리 책임자의 자격조건 및 그 밖에 필요한 사항은 농림축산식품부령으로 정한다.

(10) 가축방역위생관리업의 신고 등(가축전염병예방법 제5조의3)

① 가축방역위생관리업을 하려는 자는 농림축산식품부령으로 정하는 시설·장비 및 인력을 갖추어 시장·군수·구청장에게 신고하여야 한다. 신고한 사항을 변경하려는 경우에도 또한 같다.

② 제1항에 따라 가축방역위생관리업의 신고를 한 자(이하 "방역위생관리업자"라 한다)가 그 영업을 30일 이상 휴업하거나 폐업 또는 재개업하려면 농림축산식품부령으로 정하는 바에 따라 시장·군수·구청장에게 신고하여야 한다.

③ 시장·군수·구청장은 방역위생관리업자가 다음 각 호의 어느 하나에 해당하면 가축방역위생관리업 신고가 취소된 것으로 본다.

1. 「부가가치세법」 제8조제6항에 따라 관할 세무서장에게 폐업 신고를 한 경우
2. 「부가가치세법」 제8조제7항에 따라 관할 세무서장이 사업자등록을 말소한 경우
3. 제2항에 따른 휴업이나 폐업 신고를 하지 아니하고 가축방역위생관리업에 필요한 시설 등이 없어진 상태가 6개월 이상 계속된 경우

④ 방역위생관리업자는 농림축산식품부령으로 정하는 기준과 방법에 따라 소독 또는 방제를 하여야 하며, 방역위생관리업자가 소독 또는 방제를 하였을 때에는 농림축산식품부령으로 정하는 바에 따라 그 소독 또는 방제에 관한 사항을 기록·보존하여야 한다.

⑤ 시장·군수·구청장은 방역위생관리업자가 다음 각 호의 어느 하나에 해당하면 영업소의 폐쇄를 명하거나 6개월 이내의 기간을 정하여 영업의 정지를 명할 수 있다. 다만, 제5호에 해당하는 경우에는 영업소의 폐쇄를 명하여야 한다.

1. 제1항에 따른 변경신고를 하지 아니하거나 제2항에 따른 휴업, 폐업 또는 재개업 신고를 하지 아니한 경우
2. 제1항에 따른 시설·장비 및 인력 기준을 갖추지 못한 경우
3. 제4항에 따른 소독 및 방제의 기준에 따르지 아니하고 소독 및 방제를 실시하거나 소독 및 방제 실시 사항을 기록·보존하지 아니한 경우
4. 제17조제7항제5호에 따른 관계 서류의 제출 요구에 따르지 아니하거나 소속 공무원의 검사 및 질문을 거부·방해 또는 기피한 경우
5. 영업정지기간 중에 가축방역위생관리업을 한 경우

⑥ 제5항에 따른 행정처분의 기준은 그 위반행위의 종류와 위반 정도 등을 고려하여 농림축산식품부령으로 정한다.

(11) 방역위생관리업자에 대한 교육 등(가축전염병예방법 제5조의4)

① 국가와 지방자치단체는 방역위생관리업자(법인인 경우에는 그 대표자를 말한다. 이하 이 조에서 같다) 및 방역위생관리업자에게 고용된 소독 및 방제업무 종사자(이하 "소독 및 방제업무 종사자"라 한다)에게 농림축산식품부령으로 정하는 바에 따라 소독 및 방제에 관한 교육을

실시하여야 한다.

② 방역위생관리업자, 소독 및 방제업무 종사자는 제1항에 따른 교육을 연 1회 이상 이수하여야 한다.

③ 방역위생관리업자는 제1항 및 제2항에 따른 교육을 받지 아니한 종사자를 소독 및 방제업무에 종사하게 하여서는 아니 된다.

④ 국가 및 지방자치단체는 필요한 경우 제1항에 따른 교육을 농림축산식품부령으로 정하는 소독 및 방제업무 전문기관 또는 단체에 위탁할 수 있다.

(12) 가축방역교육(가축전염병예방법 제6조)

① 국가와 지방자치단체는 농림축산식품부령으로 정하는 가축의 소유자와 그에게 고용된 사람에게 가축방역에 관한 교육을 하여야 한다.

② 국가 및 지방자치단체는 필요한 경우 제1항에 따른 교육을 「농업협동조합법」에 따른 농업협동조합중앙회 등 농림축산식품부령으로 정하는 축산 관련 단체(이하 "축산 관련 단체"라 한다)에 위탁할 수 있다.

③ 제1항에 따른 가축방역교육에 필요한 사항은 농림축산식품부령으로 정한다.

(13) 계약사육농가에 대한 방역교육 등(가축전염병예방법 제6조의2)

① 「축산계열화사업에 관한 법률」 제2조제5호에 따른 축산계열화사업자(이하 "축산계열화사업자"라 한다)는 같은 법 제2조제6호에 따른 계약사육농가(이하 "계약사육농가"라 한다)에 대하여 농림축산식품부령으로 정하는 바에 따라 방역교육을 실시하여야 한다.

② 축산계열화사업자(계약사육농가와 사육계약을 체결하고, 가축·사료 등 사육자재의 전부 또는 일부를 무상공급하는 축산계열화사업자만 해당한다)는 계약사육농가에 대하여 농림축산식품부령으로 정하는 바에 따라 제17조의6제1항에 따른 방역기준 준수에 관한 사항 및 「축산법」 제22조에 따른 축산업 허가기준 준수 여부를 점검하여야 한다.

③ 제1항에 따라 방역교육을 실시하거나 제2항에 따라 방역기준 준수에 관한 사항 및 축산업 허가기준 준수 여부를 점검한 축산계열화사업자는 그 교육실시 및 점검 결과를 농림축산식품부령으로 정하는 바에 따라 계약사육농가의 소재지를 관할하는 시장·군수·구청장에게 통지하여야 한다.

④ 제3항에 따른 통지를 받은 시장·군수·구청장(특별자치시장은 제외한다)은 통지받은 내용을 시·도지사에게 보고하고, 시·도지사 또는 특별자치시장은 통지 또는 보고받은 내용을 농림축산식품부장관과 국립가축방역기관장에게 보고하거나 통보하여야 한다.

(14) 가축방역관(가축전염병예방법 제7조)

① 국가, 지방자치단체 및 대통령령으로 정하는 행정기관에 가축방역에 관한 사무를 처리하기 위하여 대통령령으로 정하는 바에 따라 가축방역관을 둔다.

② 제1항에 따른 가축방역관은 수의사여야 한다.

③ 가축방역관은 가축전염병에 의하여 오염되었거나 오염되었다고 믿을 만한 역학조사, 정밀검사 결과나 임상증상이 있으면 다음 각 호의 장소에 들어가 가축이나 그 밖의 물건을 검사하거나 관계자에게 질문할 수 있으며 가축질병의 예찰에 필요한 최소한의 시료(試料)를 무상으로 채취할 수 있다.

1. 가축시장・축산진흥대회장・경마장 등 가축이 모이는 장소
2. 축사・부화장(孵化場)・종축장(種畜場) 등 가축사육시설
3. 도축장・집유장(集乳場) 등 작업장
4. 보관창고, 운송차량 등

④ 가축방역관이 제3항에 따라 질병예방을 위한 검사 및 예찰을 할 때에는 누구든지 정당한 사유 없이 거부・방해 또는 회피하여서는 아니 된다.

⑤ 농림축산식품부장관, 시・도지사 또는 특별자치시장은 제1항에 따른 지방자치단체 및 행정기관의 가축방역관 인력에 대한 지원을 강화하여야 하며, 검사, 예찰 및 사체 등의 처분 등 가축방역에 관하여 농림축산식품부령으로 정하는 바에 따라 정기적으로 교육을 실시하여야 한다.

⑥ 제1항에 따라 가축방역관을 두는 자는 대통령령으로 정하는 가축방역관의 기준 업무량을 고려하여 그 적정 인원을 배치하도록 노력하여야 한다.

(15) 가축방역사(가축전염병예방법 제8조)

① 농림축산식품부장관 또는 지방자치단체의 장은 농림축산식품부령으로 정하는 교육과정을 마친 사람을 가축방역사로 위촉하여 가축방역관의 업무를 보조하게 할 수 있다.

② 가축방역사는 가축방역관의 지도・감독을 받아 제7조제3항의 업무를 농림축산식품부령으로 정하는 범위에서 수행할 수 있다.

③ 가축방역사의 질병예방을 위한 검사 및 예찰에 관하여는 제7조제4항을 준용한다.

④ 가축방역사의 자격과 수당 등에 필요한 사항은 농림축산식품부령으로 정한다.

(16) 가축위생방역 지원본부(가축전염병예방법 제9조)

① 가축방역 및 축산물위생관리에 관한 업무를 효율적으로 수행하기 위하여 가축위생방역 지원본부(이하 "방역본부"라 한다)를 설립한다.

② 방역본부는 법인으로 한다.

③ 방역본부는 그 주된 사무소의 소재지에서 설립등기를 함으로써 성립한다.

④ 방역본부의 정관에는 다음 각 호의 사항이 포함되어야 한다.

1. 목 적
2. 명 칭
3. 주된 사무소가 있는 곳
4. 자산에 관한 사항
5. 임원 및 직원에 관한 사항
6. 이사회의 운영
7. 사업범위 및 내용과 그 집행
8. 회 계
9. 공고의 방법
10. 정관의 변경
11. 그 밖에 방역본부의 운영에 관한 중요 사항

⑤ 방역본부가 정관의 기재사항을 변경하려는 경우에는 농림축산식품부장관의 인가를 받아야 한다.

⑥ 방역본부는 다음 각 호의 사업을 한다.

1. 가축의 예방접종, 약물목욕, 임상검사 및 검사시료 채취
2. 축산물의 위생검사
3. 가축전염병 예방을 위한 소독 및 교육·홍보
4. 제3조의3제1항에 따른 국가가축방역통합정보시스템의 운영에 필요한 가축사육시설 관련 정보의 수집·제공
5. 제8조에 따른 가축방역사 및「축산물위생관리법」제14조에 따른 검사원의 교육 및 양성
6. 제42조에 따른 검역시행장의 관리수의사 업무
7. 제1호부터 제5호까지의 사업과 관련하여 국가와 지방자치단체로부터 위탁받은 사업 및 그 부대사업

⑦ 방역본부는 제6항제1호에 따른 검사시료를 채취하거나 같은 항 제3호의2에 따른 가축사육시설 관련 정보를 수집할 때에는 구두 또는 서면으로 미리 가축의 소유자 등의 동의를 받아야 한다.

⑧ 국가와 지방자치단체는 제6항의 사업 수행에 필요한 경비의 전부 또는 일부를 지원할 수 있다.

⑨ 농림축산식품부장관, 시·도지사 또는 특별자치시장은 방역본부에 대하여 농림축산식품부령으로 정하는 바에 따라 제6항 각 호의 사업에 관한 보고를 하게 하거나 감독을 할 수 있다.

⑩ 방역본부에 관하여는 이 법에 규정된 것을 제외하고는「민법」중 사단법인에 관한 규정을 준용한다.

⑪ 방역본부의 임원 및 직원은「형법」제129조부터 제132조까지의 규정을 적용할 때에는 공무원으로 본다.

(17) 가축전염병기동방역기구의 설치 등(가축전염병예방법 제9조의2)

① 가축전염병의 확산방지 및 방역지도 등 신속한 대응을 위하여 농림축산식품부장관 소속으로 가축전염병기동방역기구를 둘 수 있다.

② 가축전염병기동방역기구의 구성 및 운영 등에 필요한 사항은 대통령령으로 정한다.

(18) 수의과학기술 개발계획 등(가축전염병예방법 제10조)

① 농림축산식품부장관은 가축의 전염성 질병의 예방, 진단, 예방약 개발 및 공중위생 향상에 관한 기술 개발 등을 포함하는 종합적인 수의과학기술 개발계획을 수립하여 시행하여야 한다.

② 제1항에 따른 수의과학기술 계발계획의 수립 및 시행에 필요한 사항은 대통령령으로 정한다.

③ 농림축산식품부장관은 지방자치단체, 축산 관련 단체 및 축산 관련 기업 등의 의뢰를 받아 수의과학기술에 관한 시험 또는 분석을 할 수 있다. 이 경우 시험 또는 분석의 기준, 방법 등에 필요한 사항은 농림축산식품부령으로 정한다.

2. 가축의 방역

(1) 죽거나 병든 가축의 신고(가축전염병예방법 제11조)

① 다음 각 호의 어느 하나에 해당하는 가축(이하 "신고대상 가축"이라 한다)의 소유자 등, 신고대상 가축에 대하여 사육계약을 체결한 축산계열화사업자, 신고대상 가축을 진단하거나 검안(檢案)한 수의사, 신고대상 가축을 조사하거나 연구한 대학·연구소 등의 연구책임자 또는 신고대상 가축의 소유자 등의 농장을 방문한 동물약품 또는 시료 판매자는 신고대상 가축을 발견하였을 때에는 농림축산식품부령으로 정하는 바에 따라 지체 없이 국립가축방역기관장, 신고대상 가축의 소재지를 관할하는 시장·군수·구청장 또는 시·도 가축방역기관의 장(이하 "시·도 가축방역기관장"이라 한다)에게 신고하여야 한다. 다만, 수의사 또는 제12조제6항에 따른 가축병성감정 실시기관(이하 "수의사 등"이라 한다)에 그 신고대상 가축의 진단이나 검안을 의뢰한 가축의 소유자 등과 그 의뢰사실을 알았거나 알 수 있었을 동물약품 또는 사료 판매자는 그러하지 아니하다.

1. 병명이 분명하지 아니한 질병으로 죽은 가축
2. 가축의 전염성 질병에 걸렸거나 걸렸다고 믿을 만한 역학조사·정밀검사·간이진단키트검사 결과나 임상증상이 있는 가축

② 신고대상 가축의 진단이나 검안을 의뢰받은 수의사 등은 검사 결과를 지체 없이 당사자에게 통보하여야 하고 검사 결과 가축전염병으로 확인된 경우에는 수의사 등과 그 신고대상 가축의 소유자 등은 지체 없이 국립가축방역기관장, 신고대상 가축의 소재지를 관할하는 시장·군수·구청장 또는 시·도 가축방역기관장에게 신고하여야 한다.

③ 철도, 선박, 자동차, 항공기 등 교통수단으로 가축을 운송하는 자(이하 "가축운송업자"라 한다)는 운송 중의 가축이 신고대상 가축에 해당하면 지체 없이 그 가축의 출발지 또는 도착지를 관할하는 시장·군수·구청장에게 신고하여야 한다.

④ 제1항부터 제3항까지의 신고를 받은 행정기관의 장은 지체 없이 시·도지사 또는 특별자치시장에게 보고하거나 통보하여야 하며, 시·도지사 또는 특별자치시장은 그 내용을 국립가축방역기관장, 시장·군수·구청장 또는 시·도 가축방역기관장에게 통보하여야 한다.

⑤ 제1항제2호에 따라 신고를 받은 행정기관의 장은 「감염병의 예방 및 관리에 관한 법률」 제14조 제1항 각 호에 해당하는 인수공통감염병인 경우에는 즉시 질병관리청장에게 통보하여야 한다.

⑥ 제1항부터 제5항까지의 규정에 따라 신고·보고 또는 통보를 받은 행정기관의 장은 신고자의 요청이 있는 때에는 신고자의 신원을 외부에 공개하여서는 아니 된다.

(2) 병성감정 등(가축전염병예방법 제12조)

① 제11조제1항 본문 또는 제2항부터 제4항까지의 규정에 따라 신고한 자 또는 신고·통보를 받은 시장·군수·구청장은 관할 시·도 가축방역기관장 또는 국립가축방역기관장에게 해당 가축의 질병진단 등 병성감정을 의뢰할 수 있다.

② 제1항에 따라 의뢰받은 병성감정을 한 결과 가축전염병으로 확인된 경우에는 시·도 가축방역기관장은 관할 시·도지사 또는 특별자치시장에게 이를 보고하여야 하고, 국립가축방역기관장은 농림축산식품부장관에게 이를 보고하고 해당 시·도지사 또는 특별자치시장에게 통보하여야 하며, 인수공통전염병(人獸共通傳染病)의 경우에는 국립가축방역기관장은 질병관리청장에게 통보하여야 한다.

③ 국립가축방역기관장 또는 시·도 가축방역기관장은 가축의 소유자 등의 신청을 받은 경우 또는 가축전염병의 국내 발생상황, 예방주사에 따른 면역 형성 여부 등을 파악하기 위하여 필요하다고 인정하는 경우에는 전국 또는 지역을 지정하여 가축 또는 가축전염병 특정매개체에 대하여 혈청검사를 할 수 있다.

④ 국립가축방역기관장 또는 시·도 가축방역기관장은 제3항에 따른 혈청검사 중 가축전염병 감염이 우려되는 동물 및 이를 사육하는 축산시설에 대하여 지속적으로 점검하여야 한다. 다만, 검사 대상 가축전염병, 검사 물량 및 시기 등에 관한 사항은 농림축산식품부장관이 별도로 정할 수 있다.

⑤ 병성감정 요령, 병성감정을 위한 시료의 안전한 포장, 운송 및 취급처리 등에 필요한 사항은 국립가축방역기관장이 정하여 고시한다.

⑥ 국립가축방역기관장은 가축 소유자 등의 편의를 도모하기 위하여 가축의 질병진단 등 병성감정을 할 수 있는 시설과 능력을 갖춘 대학, 민간 연구소 등을 가축병성감정 실시기관으로 지정할 수 있다.

⑦ 제6항에 따른 가축병성감정 실시기관의 지정기준 등에 필요한 사항은 농림축산식품부령으로 정한다.

(3) 지정취소 등(가축전염병예방법 제12조의2)

① 국립가축방역기관장은 가축병성감정 실시기관이 다음 각 호의 어느 하나에 해당하면 그 지정을 취소하거나 6개월 이내의 기간을 정하여 업무의 정지를 명할 수 있다. 다만, 제1호 및 제5호에 해당하는 경우에는 그 지정을 취소하여야 한다.

1. 거짓이나 그 밖의 부정한 방법으로 가축병성감정 실시기관으로 지정받은 경우
2. 가축전염병에 걸린 가축을 검안하거나 진단한 후 신고하지 아니한 경우
3. 제12조제5항에 따른 병성감정 요령 등을 따르지 아니한 경우
4. 제12조제7항에 따른 지정기준을 충족하지 못하게 된 경우
5. 업무정지 기간에 병성감정을 한 경우

② 제1항에 따른 가축병성감정 실시기관의 지정취소 또는 업무정지 처분의 구체적인 기준은 농림축산식품부령으로 정한다.

(4) 역학조사(가축전염병예방법 제13조)

① 국립가축방역기관장, 시・도지사 및 시・도 가축방역기관장은 농림축산식품부령으로 정하는 가축전염병이 발생하였거나 발생할 우려가 있다고 인정할 때에는 지체 없이 역학조사(疫學調査)를 하여야 한다.

② 제1항에 따른 역학조사를 하기 위하여 국립가축방역기관장 및 시・도 가축방역기관장, 시・도지사 소속으로 각각 역학조사반을 둔다. 이 경우 제3항에 따른 역학조사관을 포함하여 구성하여야 한다.

③ 제1항에 따른 역학조사를 효율적으로 추진하기 위하여 국립가축방역기관장, 시・도지사 및 시・도 가축방역기관장은 다음 각 호의 어느 하나에 해당하는 사람을 미리 역학조사관으로 지정하여야 한다.

1. 가축방역 또는 역학조사에 관한 업무를 담당하는 소속 공무원
2. 「수의사법」 제2조제1호에 따른 수의사
3. 그 밖에 「의료법」 제2조제1항에 따른 의료인 등 전염병 또는 역학 관련 분야의 전문가

④ 국립가축방역기관장은 제3항에 따라 지정된 역학조사관에 대하여 정기적으로 역학조사에 관한 교육・훈련을 실시하여야 한다.

⑤ 국립가축방역기관장, 시・도지사 및 시・도 가축방역기관장은 제3항에 따라 지정된 역학조사관에게 예산의 범위에서 직무 수행에 필요한 비용을 지원할 수 있다. 다만, 공무원인 역학조사관이 그 소관 업무와 직접적으로 관련되는 직무를 수행하는 경우에는 그러하지 아니하다.

⑥ 국립가축방역기관장, 시·도지사 및 시·도 가축방역기관장이 제1항에 따른 역학조사를 할 때에는 누구든지 다음 각 호의 행위를 해서는 아니 된다.

1. 정당한 사유 없이 역학조사를 거부·방해 또는 회피하는 행위
2. 거짓으로 진술하거나 거짓 자료를 제출하는 행위
3. 고의적으로 사실을 누락·은폐하는 행위

⑦ 국립가축방역기관장, 시·도지사 및 시·도 가축방역기관장은 제1항에 따른 역학조사를 위하여 필요한 경우에는 관계 기관의 장에게 관련 자료의 제출을 요청할 수 있다. 이 경우 자료의 제출을 요청받은 관계 기관의 장은 특별한 사유가 없으면 이에 따라야 한다.

⑧ 농림축산식품부령으로 정하는 시·도의 경우 제2항에 따른 역학조사반과 제3항에 따른 역학조사관을 두지 아니할 수 있다.

⑨ 제1항부터 제5항까지의 규정에 따른 역학조사의 시기·내용, 역학조사반의 구성·임무·권한, 역학조사관의 지정, 교육·훈련 및 비용지원 등에 필요한 사항은 농림축산식품부령으로 정한다.

(5) 가축전염병 병원체 분리신고 및 보존·관리(가축전염병예방법 제14조)

① 시·도 가축방역기관장 또는 제12조제6항에 따른 가축병성감정 실시기관의 장은 가축전염병 병원체를 분리한 경우에는 국립가축방역기관장에게 보고하거나 신고하여야 한다.

② 가축전염병을 연구·검사하는 기관의 장은 제1종 가축전염병의 병원체를 분리한 경우에는 국립가축방역기관장에게 보고하거나 신고하여야 한다.

③ 가축전염병 병원체를 분리한 경우 그 신고 절차 및 병원체의 보존·관리 등에 필요한 사항은 국립가축방역기관장이 정하여 고시한다.

(6) 검사·주사·약물목욕·면역요법 또는 투약 등(가축전염병예방법 제15조)

① 농림축산식품부장관, 시·도지사 또는 시장·군수·구청장은 가축전염병이 발생하거나 퍼지는 것을 막기 위하여 필요하다고 인정하면 예방접종 방법 등 농림축산식품부령으로 정하는 바에 따라 가축의 소유자 등에게 가축에 대하여 다음 각 호의 어느 하나에 해당하는 조치를 받을 것을 명할 수 있다.

1. 검사·주사·약물목욕·면역요법 또는 투약
2. 주사·면역요법을 실시한 경우에는 그 주사·면역요법을 실시하였음을 확인할 수 있는 표시(이하 "주사·면역표시"라 한다)
3. 주사·면역요법 또는 투약의 금지

② 농림축산식품부장관, 시·도지사 또는 시장·군수·구청장은 제1항에 따른 명령에 따라 검사, 주사, 주사·면역표시, 약물목욕, 면역요법 또는 투약을 한 가축의 소유자 등의 청구를 받으면

농림축산식품부령으로 정하는 바에 따라 검사, 주사, 주사·면역표시, 약물목욕, 면역요법 또는 투약을 한 사실의 증명서를 발급하여야 한다.

③ 농림축산식품부장관, 시·도지사 또는 시장·군수·구청장은 가축방역을 효율적으로 추진하기 위하여 필요하다고 인정하면 가축의 소유자 등 또는 축산 관련 단체로 하여금 제1항에 따른 검사, 주사, 주사·면역표시, 약물목욕, 면역요법, 투약 등의 가축방역업무를 농림축산식품부령으로 정하는 바에 따라 공동으로 하게 할 수 있다.

④ 제1항에 따른 조치 명령을 받은 가축의 소유 등은 농림축산식품부장관이 정하여 고시한 가축의 종류별 항체양성률 이상 항체양성률이 유지되도록 해당 조치 명령을 이행하여야 한다.

⑤ 시장·군수·구청장은 제1항 또는 제4항을 위반하여 과태료 처분을 받은 자로 하여금 시장·군수·구청장이 지정한 수의사에 의하여 예방접종이 실시되도록 하거나 예방접종 과정을 확인하도록 명하여야 한다. 이 경우 예방접종 및 혈청검사 등에 드는 비용은 해당 가축의 소유자 등이 부담한다.

(7) 가축의 입식 사전 신고(가축전염병예방법 제15조의2)

① 닭, 오리 등 농림축산식품부령으로 정하는 가축의 소유자 등은 해당 가축을 농장에 입식(入殖 : 가축 사육시설에 새로운 가축을 들여놓는 행위)하기 전에 가축의 종류, 입식 규모, 가축의 출하 부화장 또는 농장 등 농림축산식품부령으로 정하는 사항을 시장·군수·구청장에게 신고하여야 한다.

② 제1항에 따른 신고 방법과 기간 및 절차 등에 관한 사항은 농림축산식품부령으로 정한다.

(8) 가축 등의 출입 및 거래 기록의 작성·보존 등(가축전염병예방법 제16조)

① 농림축산식품부장관은 가축전염병이 퍼지는 것을 방지하기 위하여 필요하다고 인정하면 다음 각 호의 어느 하나에 해당하는 자에게 해당 가축 또는 가축의 알의 출입 또는 거래 기록을 작성·보존하게 할 수 있다.

1. 가축의 소유자 등
2. 식용란(「축산물 위생관리법」 제2조제6호에 따른 식용란을 말한다. 이하 같다)의 수집판매업자
3. 부화장의 소유자 또는 운영자
4. 가축거래상인(「축산법」 제2조제9호에 따른 가축거래상인을 말한다. 이하 "가축거래상인"이라 한다)

② 농림축산식품부장관은 제1항에 따라 출입 또는 거래 기록을 작성·보존하게 할 때에는 대상 지역, 대상 가축 또는 가축의 알의 종류, 기록의 서식 및 보존기간 등을 정하여 고시하여야 한다.

③ 가축의 소유자 등, 식용란의 수집판매업자, 부화장의 소유자 또는 운영자 및 가축거래상인은 제1항에 따라 출입 또는 거래 기록을 작성·보존할 때 농림축산식품부령으로 정하는 바에 따라 국가가축방역통합정보시스템에 입력하는 방법으로 할 수 있다.

④ 시·도지사 또는 시장·군수·구청장은 소속 공무원 또는 가축방역관에게 가축 또는 가축의 알의 출입 또는 거래 기록을 열람하게 하거나 점검하게 할 수 있다.

⑤ 농림축산식품부장관, 시·도지사 또는 시장·군수·구청장은 가축전염병이 퍼지는 것을 방지하기 위하여 필요하다고 인정하면 가축의 소유자 등과 가축운송업자에게 가축을 이동할 때에 검사증명서, 예방접종증명서 또는 제19조제1항 각 호 외의 부분 단서 및 제19조의2제4항에 따라 이동 승인을 받았음을 증명하는 서류를 지니게 하거나 예방접종을 하였음을 가축에 표시하도록 명할 수 있다.

⑥ 제5항에 따른 검사증명서 및 예방접종증명서의 발급·표시 등에 필요한 사항은 농림축산식품부령으로 정한다.

(9) 소독설비·방역시설 구비 및 소독 실시 등(가축전염병예방법 제17조)

① 가축전염병이 발생하거나 퍼지는 것을 막기 위하여 다음 각 호의 어느 하나에 해당하는 자는 농림축산식품부령으로 정하는 바에 따라 소독설비 및 방역시설을 갖추어야 한다.

1. 가축사육시설(50m^2 이하는 제외한다)을 갖추고 있는 가축의 소유자 등. 다만, 50m^2 이하의 가축사육시설을 갖추고 있는 가축의 소유자 등은 분무용 소독장비, 신발소독조 등의 소독설비 및 울타리, 방조망 등 방역시설을 갖추어야 한다.
2. 「축산물 위생관리법」에 따른 도축장 및 집유장의 영업자
3. 「축산물 위생관리법」에 따른 식용란선별포장업자 및 식용란의 수집판매업자
4. 「사료관리법」에 따른 사료제조업자
5. 「축산법」에 따른 가축시장·가축검정기관·종축장 등 가축이 모이는 시설 또는 부화장의 운영자 및 정액 등 처리업자
6. 가축분뇨를 주원료로 하는 비료제조업자
7. 「가축분뇨의 관리 및 이용에 관한 법률」 제28조제1항제2호에 따른 가축분뇨처리업의 허가를 받은 자

② 제1항 각 호의 자(50m^2 이하 가축사육시설의 소유자 등을 포함한다)는 해당 시설 및 가축, 출입자, 출입차량 등 오염원을 소독하고 쥐, 곤충을 없애야 한다. 이 경우 다음 각 호의 자는 농림축산식품부령으로 정하는 바에 따라 방역위생관리업자를 통한 소독 및 방제를 하여야 한다.

1. 농림축산식품부령으로 정하는 일정 규모 이상의 농가
2. 소독 및 방제 미흡으로 「축산물 위생관리법」에 따른 식용란 검사에 불합격한 농가

3. 그 밖에 전문적인 소독과 방제가 필요하다고 농림축산식품부령으로 정하는 자

③ 가축, 원유, 동물약품, 사료, 가축분뇨 등을 운반하는 자, 제1항 각 호의 어느 하나에 해당하는 자가 운영하는 해당 시설에 출입하는 수의사·가축인공수정사, 그 밖에 농림축산식품부령으로 정하는 자는 그 차량과 탑승자에 대하여 소독을 하여야 한다.

④ 제3항에 따른 소독의 경우 농림축산식품부령으로 정하는 제1종 가축전염병이 퍼질 우려가 있는 지역에 출입하는 때에는 탑승자를 포함한 모든 출입자가 소독 후 방제복을 착용하여야 한다.

⑤ 제2항 및 제3항에 따른 소독의 방법 및 실시기준은 농림축산식품부령으로 정한다. 다만, 가축방역을 위하여 긴급히 소독하여야 하는 경우에는 농림축산식품부장관이 이를 따로 정하여 고시할 수 있다.

⑥ 시장·군수·구청장은 제2항 및 제3항에 따라 소독을 하여야 하는 자에게 농림축산식품부령으로 정하는 바에 따라 소독실시기록부를 갖추어 두고 소독에 관한 사항을 기록하게 할 수 있다.

⑦ 농림축산식품부장관, 시·도지사 또는 시장·군수·구청장은 소속 공무원, 가축방역관 또는 가축방역사에게 다음 각 호의 사항을 수시로 확인하게 할 수 있다.

1. 제1항에 따라 소독설비 및 방역시설을 갖추어야 하는 자가 소독설비 및 방역시설을 갖추었는지 여부
2. 제2항 및 제3항에 따라 소독을 하여야 하는 자가 소독을 하였는지 여부
3. 제2항에 따라 쥐·곤충을 없애야 하는 자가 쥐·곤충을 없앴는지 여부
4. 제2항 또는 제3항에 따라 소독을 하여야 하는 자가 제6항에 따른 소독실시기록부를 갖추어 두고 기록하였는지 여부
5. 제5조의3제4항에 따라 방역위생관리업자가 소독 또는 방제에 관한 사항을 기록·보존하였는지 여부

⑧ 시·도지사 및 시장·군수·구청장은 소속 공무원, 가축방역관 또는 가축방역사로 하여금 제1항에 따라 소독설비 및 방역시설을 갖추어야 하는 자에 대해서는 연 1회 이상 정기점검을 하도록 하여야 한다.

⑨ 제1항 각 호의 자는 제1항에 따른 소독설비 및 방역시설이 훼손되거나 정상적으로 작동하지 아니하는 경우에는 즉시 필요한 조치를 하여야 한다.

⑩ 농림축산식품부장관, 시·도지사 또는 시장·군수·구청장은 제7항 및 제8항에 따른 확인 또는 점검 결과 제1항에 따른 소독설비 및 방역시설이 훼손되거나 정상적으로 작동하지 아니한 것이 발견된 경우에는 제1항 각 호의 자에게 그 소독설비 및 방역시설의 정비·보수 등을 명할 수 있다.

⑪ 제7항 및 제8항에 따라 확인 또는 점검을 하는 공무원, 가축방역관 또는 가축방역사는 그 권한을 표시하는 증표를 지니고 이를 관계인에게 내보여야 한다.

⑫ 가축운송업자는 농림축산식품부령으로 정하는 바에 따라 가축의 분뇨가 차량 외부로 유출되지 아니하도록 관리하여야 하며, 외부로 유출되는 경우 즉시 필요한 조치를 취하여야 한다. (시행일 : 2024.9.15.)

(10) 출입기록의 작성 · 보존 등(가축전염병예방법 제17조의2)

① 제17조제1항 각 호에 해당하는 자는 농림축산식품부령으로 정하는 바에 따라 해당 시설을 출입하는 자 및 차량에 대한 출입기록을 작성하고 보존하여야 한다. 이 경우 출입기록의 보존기간은 기록한 날부터 1년으로 한다.

② 농림축산식품부장관 및 지방자치단체의 장은 가축전염병의 예방을 위하여 필요한 경우 소속 공무원, 가축방역관 또는 가축방역사에게 제1항에 따른 출입기록의 내용을 수시로 확인하게 할 수 있다.

③ 제1항에 따른 출입기록의 작성방법 및 기록보존에 필요한 사항은 농림축산식품부령으로 정한다.

(11) 차량의 등록 및 출입정보 관리 등(가축전염병예방법 제17조의3)

① 다음 각 호의 어느 하나에 해당하는 목적으로 제17조제1항 각 호의 어느 하나에 해당하는 자가 운영하는 시설(제17조제1항제1호의 경우에는 $50m^2$ 이하의 가축사육시설을 포함하며, 이하 "축산관계시설"이라 한다)에 출입하는 차량으로서 농림축산식품부령으로 정하는 차량(이하 "시설출입차량"이라 한다)의 소유자는 그 차량의 「자동차관리법」에 따른 등록지 또는 차량 소유자의 사업장 소재지를 관할하는 시장 · 군수 · 구청장에게 농림축산식품부령으로 정하는 바에 따라 해당 차량을 등록하여야 한다.

1. 가축 · 원유 · 알 · 동물약품 · 사료 · 조사료 · 가축분뇨 · 퇴비 · 왕겨 · 쌀겨 · 톱밥 · 깔짚 · 난좌(卵座 : 가축의 알을 운반 · 판매 등의 목적으로 담아두거나 포장하는 용기) · 가금부산물 운반
2. 진료 · 예방접종 · 인공수정 · 컨설팅 · 시료채취 · 방역 · 기계수리
3. 가금 출하 · 상하차 등을 위한 인력운송
4. 가축사육시설의 운영 · 관리(제17조제1항제1호에 해당하는 자가 소유하는 차량의 경우에 한정한다)
5. 그 밖에 농림축산식품부령으로 정하는 사유

② 제1항에 따라 등록된 차량의 소유자는 농림축산식품부령으로 정하는 바에 따라 해당 차량의 축산관계시설에 대한 출입정보(이하 "차량출입정보"라 한다)를 무선으로 인식하는 장치(이하 "차량무선인식장치"라 한다)를 장착하여야 하며, 운전자는 운행을 하거나 축산관계시설, 제19조제1항제1호에 따른 조치 대상 지역 또는 농림축산식품부장관이 환경부장관과 협의한 후 정하여 고시하는 철새 군집지역을 출입하는 경우 차량무선인식장치의 전원을 끄거나 훼손 · 제거하여서는 아니 된다.

③ 시설출입차량의 소유자 및 운전자는 차량무선인식장치가 정상적으로 작동하는지 여부를 항상 점검 및 관리하여야 하며, 정상적으로 작동되지 아니하는 경우에는 즉시 필요한 조치를 취하여야 한다.

④ 제17조제1항 각 호의 어느 하나에 해당하는 자는 해당 시설에 출입하는 차량의 등록 여부를 확인하여야 한다.

⑤ 시설출입차량의 소유자 및 운전자는 농림축산식품부령으로 정하는 바에 따라 가축방역 등에 관한 교육을 받아야 한다.

⑥ 차량무선인식장치는 「전파법」에 따른 무선설비로서의 성능과 기준에 적합하여야 하며, 농림축산식품부령으로 정하는 기능을 갖추어야 한다.

⑦ 국가와 지방자치단체는 제1항 및 제2항에 따른 시설출입차량의 등록 및 차량무선인식장치의 장착과 정보수집에 필요한 비용의 전부 또는 일부를 지원할 수 있다.

⑧ 제1항에 따라 등록된 차량의 소유자는 해당 차량의 운전자가 변경되는 등 등록사항이 변경된 경우에는 변경등록을 하여야 한다.

⑨ 제1항에 따라 등록된 차량의 소유자는 해당 차량이 더 이상 축산관계시설에 출입하지 아니하는 경우에는 말소등록을 하여야 한다. 다만, 시장·군수·구청장은 다음 각 호의 어느 하나에 해당하는 경우에는 직권으로 등록을 말소할 수 있다.

1. 「자동차관리법」 제13조에 따라 말소등록한 경우
2. 「자동차관리법」 제26조에 따라 자동차를 폐차한 경우
3. 축산관계시설에 출입하지 아니하게 되었으나 말소등록을 하지 아니한 경우
4. 거짓이나 그 밖의 부정한 방법으로 등록한 경우

⑩ 시설출입차량의 등록 기준과 절차, 변경등록·말소등록의 기준과 절차, 차량무선인식장치의 장착 등에 필요한 사항은 농림축산식품부령으로 정한다.

⑪ 제1항에 따라 등록된 차량의 소유자는 농림축산식품부령으로 정하는 바에 따라 시설출입차량 표지를 차량외부에서 확인할 수 있도록 붙여야 한다.

⑫ 국가 또는 지방자치단체는 제17조제1항 각 호의 어느 하나에 해당하는 자가 운영하는 시설에 제1항에 따른 출입차량을 자동으로 인식하는 장치를 설치하고 차량출입정보(영상정보를 포함한다)를 수집할 수 있다.

(12) 차량출입정보의 수집 및 열람(가축전염병예방법 제17조의4)

① 농림축산식품부장관은 차량출입정보를 목적에 필요한 최소한의 범위에서 수집하여야 하며, 차량출입정보를 수집, 관리·운영하는 자는 차량출입정보를 목적 외의 용도로 사용하여서는 아니 된다.

② 농림축산식품부장관은 차량출입정보를 수집 및 유지・관리하기 위한 차량출입정보 관리체계를 구축・운영하여야 한다.

③ 시・도지사 또는 시장・군수・구청장은 가축전염병이 퍼지는 것을 방지하기 위하여 필요하다고 인정하면 농림축산식품부장관에게 차량출입정보의 열람을 청구할 수 있다.

(13) 시설출입차량에 대한 조사 등(가축전염병예방법 제17조의5)

① 농림축산식품부장관, 시・도지사 또는 시장・군수・구청장은 소속 공무원으로 하여금 시설출입차량 또는 시설출입차량 소유자의 사업장에 출입하여 시설출입차량의 등록 여부와 차량무선인식장치의 장착・작동 여부를 조사하게 할 수 있다.

② 시설출입차량의 소유자 등은 정당한 사유 없이 제1항에 따른 출입 또는 조사를 거부・방해 또는 기피하여서는 아니 된다.

③ 제1항에 따라 출입 또는 조사를 하는 공무원은 그 권한을 표시하는 증표를 지니고 이를 관계인에게 보여주어야 한다.

(14) 방역기준의 준수(가축전염병예방법 제17조의6)

① 제17조제1항제1호에 따른 가축의 소유자 등은 가축전염병이 발생하거나 퍼지는 것을 예방하기 위하여 다음 각 호의 사항에 대해 농림축산식품부령으로 정하는 방역기준을 준수하여야 한다.

1. 죽거나 병든 가축의 발견 및 임상관찰 요령
2. 축산관계시설을 출입하는 사람 및 차량 등에 대한 방역조치 방법
3. 야생동물의 농장 내 유입을 차단하기 위한 조치 요령
4. 가축의 신규 입식 및 거래 시에 방역 관련 준수사항
5. 그 밖에 가축전염병 예방을 위하여 필요한 방역조치 방법 및 요령

② 농림축산식품부장관, 시・도지사 또는 시장・군수・구청장은 가축방역관에게 제1항에 따른 방역기준의 준수 여부를 확인하게 할 수 있다.

(15) 질병관리등급의 부여(가축전염병예방법 제18조)

① 농림축산식품부장관, 시・도지사 또는 시장・군수・구청장은 농장 또는 마을 단위로 가축질병 방역 및 사육환경 등 위생관리 실태를 평가하여 가축질병 관리수준의 등급을 부여할 수 있다.

② 제1항에 따른 질병관리 등급기준 등에 필요한 사항은 농림축산식품부령으로 정한다.

③ 국가나 지방자치단체는 농가의 자율방역의식을 높이기 위하여 질병관리 수준이 우수한 농가 또는 마을에 소독 등 가축질병 관리에 필요한 경비의 일부를 지원할 수 있다.

(16) 격리와 가축사육시설의 폐쇄명령 등(가축전염병예방법 제19조)

① 시장·군수·구청장은 가축전염병이 발생하거나 퍼지는 것을 막기 위하여 농림축산식품부령으로 정하는 바에 따라 다음 각 호의 조치를 명할 수 있다. 다만, 제4호 또는 제6호에 따라 이동이 제한된 사람과 차량 등의 소유자는 부득이하게 이동이 필요한 경우에는 농림축산식품부령으로 정하는 바에 따라 시·도 가축방역기관장에게 신청을 하여 승인을 받아야 하며, 이동 승인신청을 받은 시·도 가축방역기관장은 농림축산식품부령으로 정하는 바에 따라 이동을 승인할 수 있다.

1. 제1종 가축전염병에 걸렸거나 걸렸다고 믿을 만한 역학조사·정밀검사 결과나 임상증상이 있는 가축의 소유자 등이나 제1종 가축전염병이 발생한 가축사육시설과 가까워 가축전염병이 퍼질 우려가 있는 지역에서 사육되는 가축의 소유자 등에 대하여 해당 가축 또는 해당 가축의 사육장소에 함께 있어서 가축전염병의 병원체에 오염될 우려가 있는 물품으로서 농림축산식품부령으로 정하는 물품(이하 “오염우려물품”이라 한다)을 격리·억류하거나 해당 가축사육시설 밖으로의 이동을 제한하는 조치
2. 제1종 가축전염병에 걸렸거나 걸렸다고 믿을 만한 역학조사·정밀검사 결과나 임상증상이 있는 가축의 소유자 등과 그 동거 가족, 해당 가축의 소유자에게 고용된 사람 등에 대하여 해당 가축사육시설 밖으로의 이동을 제한하거나 소독을 하는 조치
3. 제1종 가축전염병에 걸렸거나 걸렸다고 믿을 만한 역학조사·정밀검사 결과나 임상증상이 있는 가축 또는 가축전염병 특정매개체가 있거나 있었던 장소를 중심으로 일정한 범위의 지역으로 들어오는 다른 지역의 사람, 가축 또는 차량에 대하여 교통차단, 출입통제 또는 소독을 하는 조치
4. 제13조에 따른 역학조사 결과 가축전염병을 전파시킬 우려가 있다고 판단되는 사람, 차량 및 오염우려물품 등에 대하여 해당 가축전염병을 전파시킬 우려가 있는 축산관계시설로의 이동을 제한하는 조치
5. 가축전염병 특정매개체로 인하여 가축전염병이 확산될 우려가 있는 경우 가축사육시설을 가축전염병 특정매개체로부터 차단하기 위한 조치
6. 가축전염병 특정매개체로 인하여 가축전염병이 발생할 우려가 높은 시기에 농림축산식품부장관이 정하는 기간 동안 가축전염병 특정매개체가 있거나 있었던 장소를 중심으로 농림축산식품부장관이 정하는 일정한 범위의 지역에 들어오는 사람, 가축 또는 시설출입차량에 대하여 교통차단, 출입통제 또는 소독을 하는 조치

② 농림축산식품부장관 또는 시·도지사는 제1종 가축전염병이 발생하여 전파·확산이 우려되는 경우 해당 가축전염병의 병원체를 전파·확산시킬 우려가 있는 가축 또는 오염우려물품의 소유자 등에 대하여 해당 가축 또는 오염우려물품을 해당 시(특별자치시를 포함한다)·도(특별자치도를 포함한다) 또는 시(특별자치도의 행정시를 포함한다)·군·구 밖으로 반출하지 못하도록 명할 수 있다.

③ 농림축산식품부장관 또는 시·도지사는 제1종 가축전염병이 발생하여 전파·확산이 우려되는 경우 해당 가축전염병에 감염될 수 있는 가축의 소유자 등에 대하여 일정 기간 동안 가축의 방목을 제한할 수 있다. 다만, 제1종 가축전염병을 차단할 수 있는 시설 또는 장비로서 농림축산식품부령으로 정하는 시설 또는 장비를 갖춘 경우에는 가축을 방목하도록 할 수 있다.

④ 시장·군수·구청장은 다음 각 호의 어느 하나에 해당하는 가축의 소유자 등에 대하여 해당 가축사육시설의 폐쇄를 명하거나 6개월 이내의 기간을 정하여 가축사육의 제한을 명할 수 있다.

1. 제1항제1호에 따른 가축 또는 오염우려물품의 격리·억류·이동제한 명령을 위반한 자
2. 제5조제3항에 따른 외국인 근로자에 대한 고용신고·교육·소독 등을 하지 아니하여 가축전염병을 발생하게 하였거나 다른 지역으로 퍼지게 한 자
3. 제5조제5항에 따른 입국신고를 하지 아니하여 가축전염병을 발생하게 하였거나 다른 지역으로 퍼지게 한 자
4. 제5조제6항에 따른 국립가축방역기관장의 질문에 대하여 거짓으로 답변하거나 국립가축방역기관장의 검사·소독 등의 조치를 거부·방해 또는 기피하여 가축전염병을 발생하게 하였거나 다른 지역으로 퍼지게 한 자
5. 제11조제1항에 따른 신고를 지연한 자
6. 제15조제1항에 따른 명령을 3회 이상 위반한 자
7. 제17조에 따른 소독설비·방역시설의 구비 및 소독 실시 등을 위반한 자

⑤ 시장·군수·구청장은 가축의 소유자 등이 제4항에 따른 폐쇄명령 또는 사육제한 명령을 받고도 이행하지 아니하였을 때에는 관계 공무원에게 해당 가축사육시설을 폐쇄하고 다음 각 호의 조치를 하게 할 수 있다.

1. 해당 가축사육시설이 명령을 위반한 시설임을 알리는 게시물 등의 부착
2. 해당 가축사육시설을 사용할 수 없게 하는 봉인

⑥ 제4항에 따라 시장·군수·구청장이 폐쇄명령 또는 사육제한 명령을 하려면 청문을 하여야 한다.

⑦ 제4항 및 제5항에 따른 가축사육시설의 폐쇄명령, 가축사육제한 명령 및 가축사육시설의 폐쇄조치에 관한 절차·기준 등에 필요한 사항은 대통령령으로 정한다.

⑧ 시장·군수·구청장은 제1항제1호에 따른 격리·억류·이동제한 명령에 대한 가축 소유자 등의 위반행위에 적극적으로 협조한 가축운송업자, 도축업 영업자에 대하여 6개월 이내의 기간을 정하여 그 업무의 전부 또는 일부의 정지를 명할 수 있다. 이 경우 청문을 하여야 한다.

⑨ 제8항에 따른 업무정지 명령에 관한 절차 및 기준 등에 필요한 사항은 대통령령으로 정한다.

(17) 가축 등에 대한 일시 이동중지 명령(가축전염병예방법 제19조의2)

① 농림축산식품부장관, 시·도지사 또는 특별자치시장은 구제역 등 농림축산식품부령으로 정하는 가축전염병으로 인하여 다음 각 호의 상황이 발생한 경우 해당 가축전염병의 전국적 확산을 방지하기 위하여 해당 가축전염병의 전파가능성이 있는 가축, 시설출입차량, 수의사·가축방역사·가축인공수정사 등 축산 관련 종사자(이하 이 조에서 "종사자"라 한다)에 대하여 일시적으로 이동을 중지하도록 명할 수 있다.

1. 가축전염병의 임상검사 또는 간이진단키트검사를 실시한 결과 등에 따라 가축이 가축전염병에 걸렸다고 가축방역관이 판단하는 경우
2. 가축전염병이 발생한 경우
3. 가축전염병이 전국적으로 확산되어 국가경제에 심각한 피해가 발생할 것으로 판단되는 경우

② 제1항의 명령에 따른 일시 이동중지는 48시간을 초과할 수 없다. 다만, 농림축산식품부장관, 시·도지사 또는 특별자치시장은 가축전염병의 급속한 확산 방지를 위한 조치를 완료하기 위하여 일시 이동중지 기간의 연장이 필요한 경우 1회 48시간의 범위에서 그 기간을 연장할 수 있다.

③ 제1항에 따른 명령을 받은 일시 이동중지 대상 가축의 소유자 등은 해당 가축을 현재 가축이 사육되는 장소 외의 장소로 이동시켜서는 아니 되며, 일시 이동중지 대상 시설출입차량 및 종사자는 가축사육시설이나 축산 관련 시설을 방문하는 등 이동을 하여서는 아니 된다. 다만, 부득이하게 이동이 필요한 경우에는 시·도 가축방역기관장에게 신청하여 승인을 받아야 한다.

④ 제3항 단서에 따른 이동승인 신청을 받은 시·도 가축방역기관장은 해당 차량 등의 이동이 부득이하게 필요하다고 판단하는 경우 소독 등 필요한 방역조치를 한 후 이동을 승인할 수 있다.

⑤ 농림축산식품부장관, 시·도지사 및 시장·군수·구청장은 일시 이동중지 명령이 차질 없이 이행될 수 있도록 농림축산식품부령으로 정하는 바에 따라 명령의 공표, 대상자에 대한 고지 등 필요한 조치를 하고, 일시 이동중지 기간 동안 해당 가축전염병의 확산을 방지하기 위하여 필요한 조치를 하여야 한다.

⑥ 제3항 단서에 따른 이동승인 신청의 절차 및 방법과 제4항에 따른 이동승인의 기준 및 절차 등에 관하여 필요한 사항은 농림축산식품부령으로 정한다.

(18) 살처분 명령(가축전염병예방법 제20조)

① 시장·군수·구청장은 농림축산식품부령으로 정하는 제1종 가축전염병이 퍼지는 것을 막기 위하여 필요하다고 인정하면 농림축산식품부령으로 정하는 바에 따라 가축전염병에 걸렸거나 걸렸다고 믿을 만한 역학조사·정밀검사 결과나 임상증상이 있는 가축의 소유자에게 그 가축의 살처분(殺處分)을 명하여야 한다. 다만, 우역, 우폐역, 구제역, 돼지열병, 아프리카돼지열병 또는 고병원성 조류인플루엔자에 걸렸거나 걸렸다고 믿을 만한 역학조사·정밀검사 결과나 임상증상이 있는 가축 또는 가축전염병 특정매개체의 경우(가축전염병 특정매개체는 역학조사 결과 가축전염병 특정매개체와 가축이 직접 접촉하였거나 접촉하였다고 의심되는 경우 등 농림축산식품부령으로 정하는 경우에 한정한다)에는 그 가축 또는 가축전염병 특정매개체가 있거나 있었던 장소를 중심으로 그 가축전염병이 퍼지거나 퍼질 것으로 우려되는 지역에 있는 가축의 소유자에게 지체 없이 살처분을 명할 수 있다.

② 시장·군수·구청장은 다음 각 호의 어느 하나에 해당하는 경우에는 가축방역관에게 지체 없이 해당 가축을 살처분하게 하여야 한다. 다만, 병성감정이 필요한 경우에는 농림축산식품부령으로 정하는 기간의 범위에서 살처분을 유예하고 농림축산식품부령으로 정하는 장소에 격리하게 할 수 있다.

1. 가축의 소유자가 제1항에 따른 명령을 이행하지 아니하는 경우
2. 가축의 소유자를 알지 못하거나 소유자가 있는 곳을 알지 못하여 제1항에 따른 명령을 할 수 없는 경우
3. 가축전염병이 퍼지는 것을 막기 위하여 긴급히 살처분하여야 하는 경우로서 농림축산식품부령으로 정하는 경우

③ 시장·군수·구청장은 광견병 예방주사를 맞지 아니한 개, 고양이 등이 건물 밖에서 배회하는 것을 발견하였을 때에는 농림축산식품부령으로 정하는 바에 따라 소유자의 부담으로 억류하거나 살처분 또는 그 밖에 필요한 조치를 할 수 있다.

(19) 도태의 권고(가축전염병예방법 제21조)

① 시장·군수·구청장은 농림축산식품부령으로 정하는 제1종 가축전염병이 다시 발생하거나 퍼지는 것을 막기 위하여 필요하다고 인정할 때에는 제20조에 따라 살처분된 가축과 함께 사육된 가축으로서 제19조제1항제1호에 따라 격리·억류·이동제한된 가축에 대하여 그 가축의 소유자 등에게 도태(淘汰)를 목적으로 도축장 등에 출하(出荷)할 것을 권고할 수 있다. 이 경우 그 가축에 농림축산식품부령으로 정하는 표시를 할 수 있다.

② 시장·군수·구청장은 우역, 우폐역, 구제역, 돼지열병, 아프리카돼지열병 또는 고병원성 조류인플루엔자가 발생하거나 퍼지는 것을 막기 위하여 긴급한 조치가 필요한 때에는 가축의 소유자 등에게 도태를 목적으로 도축장 등에 출하할 것을 명령할 수 있다.

③ 제1항에 따른 도태 권고와 제2항에 따른 도태 명령 대상 가축의 범위, 기준, 출하 절차 및 도태 방법에 필요한 사항은 농림축산식품부령으로 정한다.

(20) 사체의 처분제한(가축전염병예방법 제22조)

① 제11조제1항제1호에 따른 가축 사체의 소유자 등은 가축방역관의 지시 없이는 가축의 사체를 이동・해체・매몰・화학적 처리 또는 소각하여서는 아니 된다. 다만, 수의사의 검안 결과 가축전염병으로 인하여 죽은 것이 아닌 가축의 사체로 확인된 경우에는 그러하지 아니하다.

② 가축전염병에 걸렸거나 걸렸다고 믿을 만한 역학조사・정밀검사 결과나 임상증상이 있는 가축 사체의 소유자 등이나 제20조제2항에 따라 가축을 살처분한 가축방역관은 농림축산식품부령으로 정하는 바에 따라 지체 없이 해당 사체를 소각하거나 매몰 또는 화학적처리를 하여야 한다. 다만, 병성감정 또는 학술연구 등 다른 법률에서 정하는 바에 따라 허가를 받거나 신고한 경우와 대통령령으로 정하는 바에 따라 재활용하기 위하여 처리하는 경우에는 그러하지 아니하다.

③ 제2항에 따라 사체를 소각・매몰・화학적 처리 또는 재활용하려는 자 및 시장・군수・구청장은 농림축산식품부령으로 정하는 바에 따라 주변 환경의 오염방지를 위하여 필요한 조치를 제24조제1항에서 정하는 기간 동안 하여야 한다. 다만, 시장・군수・구청장은 매몰지의 규모나 주변 환경 여건 등을 고려하여 그 기간을 연장 또는 단축할 수 있다.

④ 제2항에 따라 소각・매몰・화학적 처리 또는 재활용하여야 할 가축의 사체는 가축방역관의 지시 없이는 다른 장소로 옮기거나 손상 또는 해체하지 못한다.

⑤ 시장・군수・구청장은 제2항에 따라 가축의 사체를 매몰한 토지 등에 대한 관리실태를 농림축산식품부령으로 정하는 바에 따라 매년 농림축산식품부장관에게 보고하여야 한다.

⑥ 농림축산식품부장관 및 환경부장관은 제3항에 따른 조치에 필요한 지원을 할 수 있다.

(21) 오염물건의 소각 등(가축전염병예방법 제23조)

① 가축전염병의 병원체에 의하여 오염되었거나 오염되었다고 믿을 만한 역학조사・정밀검사 결과나 임상증상이 있는 물건의 소유자 등은 농림축산식품부령으로 정하는 바에 따라 가축방역관의 지시에 따라 그 물건을 소각・매몰・화학적 처리 또는 소독하여야 한다.

② 제1항의 물건의 소유자 등은 가축방역관의 지시 없이는 그 물건을 다른 장소로 옮기거나 세척하지 못한다.

③ 가축방역관은 가축전염병이 퍼지는 것을 막기 위하여 긴급한 경우 또는 소유자 등이 제1항의 지시에 따르지 아니할 경우에는 제1항의 물건을 직접 소각・매몰・화학적 처리 또는 소독할 수 있다.

(22) 사체 등의 처분에 필요한 장비 등의 구비(가축전염병예방법 제23조의2)

시장·군수·구청장은 대통령령으로 정하는 바에 따라 제22조제2항 본문, 제23조제1항 및 제3항에 따른 사체 및 물건의 위생적 처분에 필요한 장비, 자재 및 약품 등의 확보에 관한 대책을 미리 수립하여야 한다.

(23) 매몰한 토지의 발굴 금지 및 관리(가축전염병예방법 제24조)

① 누구든지 제22조제2항 본문, 제23조제1항 및 제3항에 따른 가축의 사체 또는 물건을 매몰한 토지는 3년(탄저·기종저의 경우에는 20년을 말한다) 이내에는 발굴하지 못하며, 매몰 목적 이외의 가축사육시설 설치 등 다른 용도로 사용하여서는 아니 된다. 다만, 시장·군수·구청장이 농림축산식품부장관 및 환경부장관과 미리 협의하여 허가하는 경우에는 그러하지 아니하다.

② 시장·군수·구청장은 제1항에도 불구하고 주변환경에 미칠 영향 등을 고려하여 농림축산식품부장관이 환경부장관과 협의하여 고시하는 사유에 해당하는 경우에는 농림축산식품부령으로 정하는 방법에 따라 2년의 범위에서 그 기간을 연장할 수 있다. 이 경우 시장·군수·구청장은 농림축산식품부장관 및 환경부장관에게 이를 보고하여야 한다.

③ 시장·군수·구청장은 제1항에 따라 매몰한 토지에 농림축산식품부령으로 정하는 표지판을 설치하여야 한다.

(24) 주변 환경조사 등(가축전염병예방법 제24조의2)

① 시장·군수·구청장은 제22조제2항에 따른 매몰지로 인한 환경오염 피해예방 및 사후관리 대책을 수립하기 위하여 환경부장관이 정하는 바에 따라 매몰지 주변 환경조사를 실시하여야 한다.

② 시장·군수·구청장은 제1항에 따른 매몰지 주변 환경조사 결과가 환경부장관이 정한 기준을 초과한 경우에는 환경부장관이 정하는 바에 따라 정밀조사 및 정화 조치 등을 실시하여야 한다. 다만, 환경부장관은 긴급한 경우 직접 정밀조사 및 정화 조치를 실시할 수 있다.

③ 시장·군수·구청장은 제1항 및 제2항에 따른 매몰지 주변 환경조사, 정밀조사 및 정화 조치 등의 결과를 농림축산식품부장관과 환경부장관에게 제출하여야 한다.

④ 환경부장관은 시장·군수·구청장이 실시하는 제1항 및 제2항의 매몰지 주변 환경조사 및 정화 조치 등에 대하여 적정 여부를 확인하고, 이에 따른 조치에 필요한 지원을 할 수 있다.

(25) 축사 등의 소독(가축전염병예방법 제25조)

① 가축전염병에 걸렸거나 걸렸다고 믿을 만한 역학조사·정밀검사 결과나 임상증상이 있는 가축 또는 그 사체가 있던 축사, 선박, 자동차, 항공기 등의 소유자 등은 농림축산식품부령으로 정하는 바에 따라 소독하여야 한다.

② 시장·군수·구청장은 가축전염병이 퍼지는 것을 막기 위하여 필요하다고 인정할 때에는 소속 공무원, 가축방역관 또는 가축방역사에게 제1항의 소독을 하게 할 수 있다.

(26) 항해 중인 선박에서의 특례(가축전염병예방법 제26조)

항해 중인 선박에서 가축전염병에 걸렸거나 걸렸다고 믿을 만한 역학조사·정밀검사 결과나 임상증상이 있는 가축이 죽거나 물건 또는 그 밖의 시설이 가축전염병의 병원체에 의하여 오염되었거나 오염되었다고 믿을 만한 역학조사 또는 정밀검사 결과가 있을 때에는 제22조·제23조 및 제25조에도 불구하고 선장이 농림축산식품부령으로 정하는 바에 따라 소독이나 그 밖에 필요한 조치를 하여야 한다.

(27) 가축집합시설의 사용정지 등(가축전염병예방법 제27조)

시장·군수·구청장은 가축전염병이 퍼지는 것을 막기 위하여 필요하다고 인정하면 농림축산식품부령으로 정하는 바에 따라 경마장, 축산진흥대회장, 가축시장, 도축장, 그 밖에 가축이 모이는 시설의 소유자 등에게 그 시설의 사용정지 또는 사용제한을 명할 수 있다.

(28) 제2종 가축전염병에 대한 조치(가축전염병예방법 제28조)

제2종 가축전염병에 대하여는 제19조제1항제1호·제3호, 같은 조 제2항부터 제4항까지 및 제8항, 제20조제1항 본문 및 제2항, 제21조를 준용한다.

(29) 제3종 가축전염병에 대한 조치(가축전염병예방법 제28조의2)

제3종 가축전염병에 대하여는 제19조제1항제1호 및 같은 조 제2항부터 제4항까지 및 제8항을 준용한다. 다만, 가축방역관의 지도에 따라 가축전염병의 전파 방지를 위한 세척·소독 등 방역조치를 한 후 도축장으로 출하하거나 계약사육농가로 이동하려는 경우 이동제한에 관하여는 제19조제1항제1호를 준용하지 아니한다.

(30) 명예가축방역감시원(가축전염병예방법 제29조)

① 농림축산식품부장관, 국립가축방역기관장, 시·도지사, 시장·군수·구청장은 신고대상 가축이 있는 경우에는 이를 신속하게 신고하게 하고, 가축 전염성 질병에 관한 예찰 및 방역관리에 관한 지도·감시를 효율적으로 수행하게 하기 위하여 가축의 소유자 등, 사료 판매업자, 동물약품 판매업자 또는 「축산물 위생관리법」에 따른 검사원 및 그 밖에 농림축산식품부령으로 정하는 자를 명예가축방역감시원으로 위촉할 수 있다.

② 제1항에 따른 명예가축방역감시원의 위촉 절차, 임무 및 수당 지급 등에 필요한 사항은 농림축산식품부령으로 정한다.

3. 수출입의 검역

(1) 동물검역관의 자격 및 권한(가축전염병예방법 제30조)

① 이 법에서 규정한 동물검역업무에 종사하도록 하기 위하여 대통령령으로 정하는 행정기관(이하 "동물검역기관"이라 한다)에 동물검역관(이하 "검역관"이라 한다)을 둔다.

② 검역관은 수의사여야 한다.

③ 검역관은 이 법에 규정된 직무를 수행하기 위하여 필요하다고 인정하면 제31조에 따른 지정검역물을 실은 선박, 항공기, 자동차, 열차, 보세구역 또는 그 밖에 필요한 장소에 출입할 수 있으며 소독 등 필요한 조치를 할 수 있다.

④ 검역관은 제31조에 따른 지정검역물과 그 용기, 포장 및 그 밖의 여행자 휴대품 등 검역에 필요하다고 인정되는 물건을 검사하거나 관계자에게 질문을 할 수 있으며, 검사에 필요한 최소량의 물건이나 용기, 포장 등을 무상으로 수거할 수 있다. 이 경우 필요하다고 인정하면 제31조에 따른 지정검역물에 대하여 소독 등 필요한 조치를 할 수 있다.

(2) 지정검역물(가축전염병예방법 제31조)

수출입 검역 대상 물건은 다음 각 호의 어느 하나에 해당하는 물건으로서 농림축산식품부령으로 정하는 물건(이하 "지정검역물"이라 한다)으로 한다.

1. 동물과 그 사체
2. 뼈·살·가죽·알·털·발굽·뿔 등 동물의 생산물과 그 용기 또는 포장
3. 그 밖에 가축 전염성 질병의 병원체를 퍼뜨릴 우려가 있는 사료, 사료원료, 기구, 건초, 깔짚, 그 밖에 이에 준하는 물건

(3) 수입금지(가축전염병예방법 제32조)

① 다음 각 호의 어느 하나에 해당하는 물건은 수입하지 못한다.

1. 농림축산식품부장관이 지정・고시하는 수입금지지역에서 생산 또는 발송되었거나 그 지역을 거친 지정검역물
2. 동물의 전염성 질병의 병원체
3. 소해면상뇌증이 발생한 날부터 5년이 지나지 아니한 국가산 30개월령 이상 쇠고기 및 쇠고기 제품
4. 특정위험물질

② 제1항에도 불구하고 다음 각 호의 어느 하나에 해당하는 물건은 수입할 수 있다.

1. 시험 연구 또는 예방약 제조에 사용하기 위하여 농림축산식품부장관의 허가를 받은 물건
2. 항공기・선박의 단순기항 또는 밀봉된 컨테이너로 차량・열차에 싣고 제1항제1호의 수입금지지역을 거친 지정검역물
3. 동물원 관람 목적으로 수입되는 동물(농림축산식품부장관이 수입위생조건을 별도로 정한 경우에 한정한다)

③ 농림축산식품부장관은 제2항에 따라 수입을 허가할 때에는 수입 방법, 수입된 지정검역물 등의 사후관리 또는 그 밖에 필요한 조건을 붙일 수 있다.

④ 제2항제2호의 단순기항에 해당되는 기항에 관하여는 농림축산식품부령으로 정한다.

⑤ 농림축산식품부장관은 수출국의 정부기관의 요청에 따라 제1항제1호에 따른 지정검역물의 수입금지지역을 해제하거나 같은 항 제3호에 따른 수입금지를 해제하려는 경우 각 지정검역물의 수입으로 인한 동물의 전염성 질병 유입 가능성에 대한 수입위험 분석을 하여야 한다.

⑥ 농림축산식품부장관은 제1항제1호에 따른 지정검역물의 수입금지지역을 해제한 이후 또는 같은 항 제3호에 따른 수입금지를 해제한 이후에도 국제기준의 변경, 수출국의 가축위생 제도의 변경 등으로 필요하다고 인정되는 경우에는 수입위험 분석을 다시 실시할 수 있다.

⑦ 제5항 및 제6항에 따른 수입위험 분석의 방법 및 절차에 필요한 사항은 농림축산식품부장관이 정하여 고시한다.

(4) 소해면상뇌증이 발생한 수출국에 대한 쇠고기 수입 중단 조치(가축전염병예방법 제32조의2)

① 농림축산식품부장관은 제34조제2항에 따라 위생조건이 이미 고시되어 있는 수출국에서 소해면상뇌증이 추가로 발생하여 그 위험으로부터 국민의 건강과 안전을 보호하기 위하여 긴급한 조치가 필요한 경우 쇠고기 또는 쇠고기 제품에 대한 일시적 수입 중단 조치 등을 할 수 있다.

② 농림축산식품부장관은 제1항에 따라 수입을 중단하거나 재개하려는 경우 제4조제1항에 따른 중앙가축방역심의회의 심의를 거쳐야 한다.

(5) 수입금지 물건 등에 대한 조치(가축전염병예방법 제33조)

① 검역관은 수입된 지정검역물이 다음 각 호의 어느 하나에 해당하는 경우 그 화물주(대리인을 포함한다. 이하 같다)에게 반송(제3국으로의 반출을 포함한다. 이하 같다)을 명할 수 있으며, 반송하는 것이 가축방역에 지장을 주거나 반송이 불가능하다고 인정하는 경우에는 소각, 매몰 또는 농림축산식품부장관이 정하여 고시하는 가축방역상 안전한 방법(이하 "소각·매몰 등"이라 한다)으로 처리할 것을 명할 수 있다.

1. 제32조제1항에 따라 수입이 금지된 물건
2. 제34조제1항 본문에 따라 수출국의 정부기관이 발행한 검역증명서를 첨부하지 아니한 경우
3. 부패·변질되었거나 부패·변질될 우려가 있다고 판단되는 경우
4. 그 밖에 지정검역물을 수입하면 국내에서 가축방역상 또는 공중위생상 중대한 위해가 발생할 우려가 있다고 판단되는 경우로서 농림축산식품부장관의 승인을 받은 경우

② 제1항에 따른 명령을 받은 화물주는 그 지정검역물을 반송하거나 소각·매몰 등을 하여야 하며, 농림축산식품부령으로 정하는 기한까지 명령을 이행하지 아니할 때에는 검역관이 직접 소각·매몰 등을 할 수 있다.

③ 검역관은 제1항에도 불구하고 해당 지정검역물의 화물주가 분명하지 아니하거나 화물주가 있는 곳을 알지 못하여 제1항에 따른 명령을 할 수 없는 경우에는 해당 지정검역물을 직접 소각·매몰 등을 할 수 있다.

④ 검역관은 제2항 및 제3항에 따라 지정검역물에 대한 조치를 하였을 때에는 그 사실을 해당 지정검역물의 통관 업무를 관장하는 기관의 장에게 통보하여야 한다.

⑤ 제2항 및 제3항에 따라 반송하거나 소각·매몰 등을 하여야 할 지정검역물은 검역관의 지시 없이는 다른 장소로 옮기지 못한다.

⑥ 제2항 및 제3항에 따라 처리되는 지정검역물에 대한 보관료, 사육관리비 및 반송, 소각·매몰 등 또는 운반 등에 드는 각종 비용은 화물주가 부담한다. 다만, 화물주가 분명하지 아니하거나 있는 곳을 알 수 없는 경우 또는 수입 물건이 소량인 경우로서 검역관이 부득이하게 처리하는 경우에는 그 반송, 소각·매몰 등 또는 운반 등에 드는 각종 비용은 국고에서 부담한다.

(6) 수입을 위한 검역증명서의 첨부(가축전염병예방법 제34조)

① 지정검역물을 수입하는 자는 다음 각 호의 구분에 따라 검역증명서를 첨부하여야 한다. 다만, 동물검역에 관한 정부기관이 없는 국가로부터의 수입 등 농림축산식품부령으로 정하는 경우와 동물검역기관의 장이 인정하는 수출국가의 정부기관으로부터 통신망을 통하여 전송된 전자문서 형태의 검역증이 동물검역기관의 주전산기에 저장된 경우에는 그러하지 아니하다.

1. 제2항에 따라 위생조건이 정해진 경우 : 수출국의 정부기관이 동물검역기관의 장과 협의한 서식에 따라 발급한 검역증명서

2. 제2항에 따라 위생조건이 정해지지 아니한 경우 : 수출국의 정부기관이 가축전염병의 병원체를 퍼뜨릴 우려가 없다고 증명한 검역증명서

② 농림축산식품부장관은 가축방역 또는 공중위생을 위하여 필요하다고 인정하는 경우에는 검역증명서의 내용에 관련된 수출국의 검역 내용, 위생 상황 및 검역시설의 등록・관리 절차 등을 규정한 위생조건을 정하여 고시할 수 있다.

③ 제2항에도 불구하고 최초로 소해면상뇌증 발생 국가산 쇠고기 또는 쇠고기 제품을 수입하거나 제32조의2에 따라 수입이 중단된 쇠고기 또는 쇠고기 제품의 수입을 재개하려는 경우 해당 국가의 쇠고기 및 쇠고기 제품의 수입과 관련된 위생조건에 대하여 국회의 심의를 받아야 한다.

(7) 동물수입에 대한 사전 신고(가축전염병예방법 제35조)

① 지정검역물 중 농림축산식품부령으로 정하는 동물을 수입하려는 자는 수입 예정 항구・공항 또는 그 밖의 장소를 관할하는 동물검역기관의 장에게 동물의 종류, 수량, 수입 시기 및 장소 등을 미리 신고하여야 한다.

② 동물검역기관의 장은 제1항에 따라 신고를 받았을 때에는 신고된 검역 물량, 다른 검역업무 및 처리 우선순위 등을 고려하여 수입의 수량・시기 또는 장소를 변경하게 할 수 있다.

③ 제1항 및 제2항에 따른 사전 신고의 절차・방법 등에 필요한 사항은 농림축산식품부령으로 정한다.

(8) 수입 검역(가축전염병예방법 제36조)

① 지정검역물을 수입한 자는 지체 없이 농림축산식품부령으로 정하는 바에 따라 동물검역기관의 장에게 검역을 신청하고 검역관의 검역을 받아야 한다. 다만, 여행자 휴대품으로 지정검역물을 수입하는 자는 입국 즉시 농림축산식품부령으로 정하는 바에 따라 출입공항・항만 등에 있는 동물검역기관의 장에게 신고하고 검역관의 검역을 받아야 한다.

② 검역관은 지정검역물 외의 물건이 가축 전염성 질병의 병원체에 의하여 오염되었다고 믿을 만한 역학조사 또는 정밀검사 결과가 있을 때에는 지체 없이 그 물건을 검역하여야 한다.

③ 검역관은 검역업무를 수행하기 위하여 필요하다고 인정하는 경우에는 제1항에 따른 신청, 신고 또는 「관세법」 제154조에 따른 보세구역 화물관리자의 요청이 없어도 보세구역에 장치(藏置)된 지정검역물을 검역할 수 있다.

(9) 수입 장소의 제한(가축전염병예방법 제37조)

지정검역물은 농림축산식품부령으로 정하는 항구, 공항 또는 그 밖의 장소를 통하여 수입하여야 한다. 다만, 동물검역기관의 장이 지정검역물을 수입하는 자의 요청에 따라 항구, 공항 또는 그 밖의 장소를 따로 지정하는 경우에는 그러하지 아니하다.

(10) 화물 목록의 제출(가축전염병예방법 제38조)

① 동물검역기관의 장은 수입화물을 수송하는 선박회사, 항공사 및 육상운송회사로 하여금 지정검역물을 실은 선박, 항공기, 열차 또는 화물자동차가 도착하기 전 또는 도착 즉시 화물 목록을 제출하게 할 수 있다.

② 동물검역기관의 장은 제1항에 따른 화물 목록을 받았을 때에는 검역관에게 지정검역물의 적재 여부 확인 등 농림축산식품부령으로 정하는 바에 따라 선박, 항공기, 열차 또는 화물자동차에서 검사를 하게 할 수 있다.

③ 검역관은 제2항에 따른 검사의 결과 불합격한 지정검역물에 대하여는 하역을 금지하고, 화물주에게 반송을 명할 수 있으며 반송하면 가축방역에 지장을 주거나 반송이 불가능하다고 인정하는 경우에는 소각·매몰 등을 명할 수 있다.

④ 제3항에 따른 불합격한 지정검역물의 반송 또는 소각·매몰 등의 처리에 관하여는 제33조제2항부터 제6항까지의 규정을 준용한다.

(11) 우편물 또는 탁송품으로서의 수입(가축전염병예방법 제39조)

① 지정검역물을 우편물 또는 탁송품으로 수입하는 자는 그 우편물 또는 탁송품을 받으면 지체 없이 그 우편물 또는 탁송품을 첨부하여 그 사실을 동물검역기관의 장에게 신고하고, 농림축산식품부령으로 정하는 바에 따라 검역관의 검역을 받아야 한다. 다만, 제3항에 따라 검역을 받은 우편물 또는 탁송품의 경우에는 그러하지 아니하다.

② 우체국장 또는 「관세법」 제222조제1항제6호에 따라 등록한 탁송품 운송업자(이하 "탁송업자"라 한다)는 검역을 받지 아니한 지정검역물을 넣은 수입 우편물 또는 탁송품의 국내 송부를 위탁받았을 때에는 지체 없이 그 사실을 동물검역기관의 장에게 통보하여야 한다.

③ 제2항에 따른 통보를 받은 동물검역기관의 장은 해당 우편물 또는 탁송품을 지체 없이 검역하여야 한다.

④ 제3항에 따른 검역은 해당 우편물 또는 탁송품의 수취인이 참여한 가운데 실시하여야 한다. 다만, 해당 우편물 또는 탁송품의 수취인이 검역을 거부하거나 정당한 사유 없이 참여하지 아니한 경우에는 우체국 직원 또는 탁송업자의 직원이 참여한 가운데 검역을 할 수 있다.

(12) 검역증명서의 발급 등(가축전염병예방법 제40조)

검역관은 제36조 또는 제39조에 따른 검역에서 그 물건이 가축 전염성 질병의 병원체를 퍼뜨릴 우려가 없다고 인정할 때에는 농림축산식품부령으로 정하는 바에 따라 검역증명서를 발급하거나 지정검역물에 낙인이나 그 밖의 표지를 하여야 한다. 다만, 제36조제2항에 따라 검역한 경우에는 신청을 받았을 때에만 검역증명서를 발급하거나 표지를 한다.

(13) 수출 검역 등(가축전염병예방법 제41조)

① 지정검역물을 수출하려는 자는 농림축산식품부령으로 정하는 바에 따라 검역관의 검역을 받아야 한다. 다만, 수입 상대국에서 검역을 요구하지 아니한 지정검역물을 수출하는 경우에는 그러하지 아니하다.

② 지정검역물 외의 동물 및 그 생산물 등의 수출 검역을 받으려는 자는 신청을 하여 검역관의 검역을 받을 수 있다.

③ 제1항 및 제2항의 수출 검역은 상대국의 정부기관이 요구하는 기준과 방법 등에 따른다. 다만, 상대국의 정부기관이 요구하는 기준과 방법 등이 없는 경우에는 수입자가 요구하는 기준과 방법 등에 따를 수 있다.

④ 동물검역기관의 장은 수출검역과 관련하여 필요하다고 인정하면 지방자치단체의 장에게 그 소속 가축방역관 또는 「축산물위생관리법」에 따른 검사관이 가축 및 축산물에 대하여 검사, 투약, 예방접종한 것 등에 관한 자료 제출을 요청할 수 있다. 이 경우 지방자치단체의 장은 정당한 사유가 없으면 요청을 거부하여서는 아니 된다.

⑤ 검역관은 제1항부터 제3항까지의 규정에 따른 검역에서 그 물건에 가축 전염성 질병의 병원체가 없다고 인정할 때에는 농림축산식품부령으로 정하는 바에 따라 검역증명서를 발급하여야 한다.

(14) 검역시행장(가축전염병예방법 제42조)

① 제36조제1항 및 제41조제1항 본문에 따른 지정검역물의 검역은 동물검역기관의 검역시행장에서 하여야 한다. 다만, 다음 각 호의 어느 하나에 해당할 때에는 동물검역기관의 장이 지정하는 검역시행장에서도 검역을 할 수 있다.

1. 제36조제1항에 따른 수입검역물 중 동물검역기관의 검역시행장에서 검역하는 것이 불가능하거나 부적당하다고 인정되는 것이 있을 때
2. 제41조제1항 및 제2항에 따른 수출검역물이 시설·장비 등 검역 요건이 갖추어진 가공제품 공장·집하장에 있을 때
3. 국내 가축방역 상황에 비추어 가축전염병의 병원체가 퍼질 우려가 없다고 인정할 때

② 제1항 단서에 따른 검역시행장의 지정을 받으려는 자는 검역에 필요한 인력과 시설을 갖추어야 하며, 검역시행장의 지정 대상・기간, 시설기준, 운영, 그 밖에 필요한 사항은 농림축산식품부령으로 정한다.

③ 검역시행장의 지정을 받은 자는 농림축산식품부령으로 정하는 검역시행장의 관리기준을 준수하여야 한다.

④ 제1항 단서에 따른 검역시행장에는 농림축산식품부령으로 정하는 바에 따라 방역본부 소속의 관리수의사를 근무하게 하거나 관리수의사를 두게 할 수 있다. 다만, 수입 원피(原皮 : 가공 전의 가죽) 가공장 등 농림축산식품부령으로 정하는 검역시행장에는 검역관리인을 두게 할 수 있다.

⑤ 제4항 단서에 따른 검역관리인의 자격과 임무 등에 필요한 사항은 대통령령령으로 정한다.

⑥ 동물검역기관의 장은 다음 각 호의 어느 하나에 해당할 때에는 검역시행장의 지정을 받은 자에게 시정을 명할 수 있다.

1. 제2항에 따른 검역시행장의 지정 요건을 충족하지 못하게 되었을 때
2. 제3항에 따른 관리기준을 준수하지 아니하였을 때

⑦ 동물검역기관의 장은 다음 각 호의 어느 하나에 해당하는 검역시행장에 대하여는 지정을 취소하거나 6개월 이내의 기간을 정하여 업무의 정지를 명할 수 있다. 다만, 제1호에 해당할 때에는 그 지정을 취소하여야 한다.

1. 거짓이나 그 밖의 부정한 방법으로 검역시행장의 지정을 받았을 때
2. 제6항에 따른 시정명령을 이행하지 아니하였을 때

⑧ 동물검역기관의 장은 제7항에 따라 검역시행장의 지정을 취소하려면 청문을 하여야 한다.

⑨ 제7항에 따른 행정처분의 기준 및 절차, 그 밖에 필요한 사항은 농림축산식품부령으로 정한다.

(15) 검역물의 관리인 지정 등(가축전염병예방법 제43조)

① 동물검역기관의 장은 검역시행장의 질서유지와 지정검역물의 안전관리를 위하여 필요하다고 인정할 때에는 농림축산식품부령으로 정하는 바에 따라 지정검역물의 운송・입출고조작(入出庫操作) 또는 사육 및 보관 관리에 필요한 기준을 정할 수 있으며, 사육관리인, 보관관리인, 운송차량을 지정할 수 있다.

② 다음 각 호의 어느 하나에 해당하는 사람은 사육관리인 또는 보관관리인이 될 수 없다.

1. 「국가공무원법」 제33조 각 호의 어느 하나에 해당하는 사람
2. 사육관리인 또는 보관관리인의 지정취소를 받은 날부터 3년이 지나지 아니한 사람

③ 동물검역기관의 장은 제1항에 따라 지정된 사육관리인 또는 보관관리인이 다음 각 호의 어느 하나에 해당하면 그 지정을 취소할 수 있다. 다만, 제1호 및 제3호에 해당할 때에는 그 지정을 취소하여야 한다.

1. 부정한 방법으로 사육관리인 또는 보관관리인 지정을 받았을 때
2. 제1항에 따른 사육 및 보관 관리기준을 위반하였을 때
3. 제5항을 위반하여 지정검역물의 관리에 필요한 비용을 징수하였을 때

④ 동물검역기관의 장은 제1항에 따라 지정검역물의 운송차량으로 지정된 운송차량이 다음 각 호의 어느 하나에 해당하면 그 지정을 취소할 수 있다. 다만, 제1호부터 제3호까지에 해당할 때에는 그 지정을 취소하여야 한다.

1. 해당 운송차량의 소유자에 대하여 「화물자동차 운수사업법」에 따른 화물자동차 운수사업의 허가가 취소되었을 때
2. 해당 운송차량의 소유자에 대하여 「관세법」에 따른 보세운송업자의 등록이 취소되었을 때
3. 「자동차관리법」 제13조에 따라 자동차등록이 말소되었을 때
4. 제1항에 따른 지정검역물 운송차량 설비조건을 갖추지 아니하였을 때
5. 제6항에 따른 운송차량 소독 등의 명령을 위반하였을 때

⑤ 검역시행장의 사육관리인 또는 보관관리인은 지정검역물을 관리하는 데 필요한 비용을 화물주로부터 징수할 수 있다. 이 경우 그 금액은 동물검역기관의 장의 승인을 받아야 한다.

⑥ 동물검역기관의 장은 검역을 위하여 필요하다고 인정할 경우에는 지정검역물의 화물주나 운송업자에게 지정검역물이나 운송차량에 대하여 지정검역물 화물주의 부담으로 농림축산식품부령으로 정하는 바에 따라 소독을 명하거나 쥐·곤충을 없앨 것을 명할 수 있다.

⑦ 동물검역기관의 장은 제3항 또는 제4항에 따라 지정을 취소하려면 청문을 하여야 한다.

(16) 불합격품 등의 처분(가축전염병예방법 제44조)

① 검역관은 제36조, 제39조, 제41조제1항 본문 및 제2항에 따라 검역을 하는 중에 다음 각 호의 어느 하나에 해당하는 지정검역물을 발견하였을 때에는 화물주에게 소각·매몰 등의 방법으로 처리할 것을 명하거나 폐기할 수 있다.

1. 제34조제2항에 따른 위생조건을 준수하지 아니한 것
2. 가축전염병의 병원체에 의하여 오염되었거나 오염되었을 것으로 인정되는 것
3. 유독·유해물질이 들어 있거나 들어 있을 것으로 인정되는 것
4. 썩었거나 상한 것으로서 공중위생상 위해가 발생할 것으로 인정되는 것
5. 다른 물질이 섞여 들어갔거나 첨가되었거나 그 밖의 사유로 공중위생상 위해가 발생할 것으로 인정되는 것

② 동물검역기관의 장은 제1항에 따라 수입 지정검역물을 처리하게 하거나 폐기하였을 때에는 그 사실을 그 지정검역물의 통관 업무를 관장하는 기관의 장에게 알려야 한다.

③ 제1항 각 호의 어느 하나에 해당하는 지정검역물을 처리하는 데 드는 비용에 관하여는 제33조 제6항을 준용한다.

(17) 선박 · 항공기 안의 음식물 확인 등(가축전염병예방법 第45條)

① 검역관은 외국으로부터 우리나라에 들어온 선박 또는 항공기에 출입하여 남아 있는 음식물의 처리 상황을 확인할 수 있으며, 가축방역을 위하여 필요한 경우에는 관계 행정기관의 장에게 관계 법령에 따라 그 처리에 필요한 조치를 하여줄 것을 요청할 수 있다.

② 검역관은 외국으로부터 우리나라에 들어온 선박 또는 항공기 안에 남아 있는 음식물을 처리하는 업체에 출입하여 그 처리 상황을 검사하거나 필요한 자료 제출을 요구할 수 있다.

4. 보 칙

(1) 수수료(가축전염병예방법 第46條)

① 다음 각 호의 어느 하나에 해당하는 자는 농림축산식품부령으로 정하는 수수료를 내야 한다.

1. 제12조제1항에 따른 병성감정 의뢰자
2. 제12조제3항에 따른 혈청검사 신청자
3. 제36조제1항, 제39조제1항 본문 또는 제41조제1항 본문 및 제2항에 따라 검역을 받으려는 자
4. 제42조에 따라 검역시행장으로 지정받은 자로서 방역본부 소속의 관리수의사로부터 현물검사를 받으려는 자

② 제10조제3항에 따라 시험 · 분석을 의뢰하는 자는 농림축산식품부령으로 정하는 수수료를 내야 한다.

(2) 승계인에 대한 처분의 효력(가축전염병예방법 第47條)

① 이 법 또는 이 법에 따른 명령이나 처분은 그 명령이나 처분의 목적이 된 가축 또는 물건의 소유자로부터 권리를 승계한 자 또는 새로운 권리의 설정에 의하여 관리자가 된 자에 대하여도 효력이 있다.

② 제1항에 따라 이 법 또는 이 법에 따른 명령이나 처분의 목적이 된 가축 또는 물건을 다른 자에게 양도하거나 관리하게 한 자는 명령이나 처분을 받은 사실과 그 내용을 새로운 권리의 취득자에게 알려야 한다.

(3) 보상금 등(가축전염병예방법 第48條)

① 국가나 지방자치단체는 다음 각 호의 어느 하나에 해당하는 자에게는 대통령령으로 정하는 바에 따라 보상금을 지급하여야 한다.

1. 제3조의4제5항에 따른 사육제한 명령에 의하여 폐업 등 손실을 입은 자

2. 제15조제1항에 따른 검사, 주사, 주사·면역표시, 약물목욕, 면역요법, 투약으로 인하여 죽거나 부상당한 가축(사산되거나 유산된 가축의 태아를 포함한다)의 소유자

3. 제20조제1항 및 제2항 본문(제28조에서 준용하는 경우를 포함한다)에 따라 살처분한 가축의 소유자. 다만, 가축의 소유자가 축산계열화사업자인 경우에는 계약사육농가의 수급권 보호를 위하여 계약사육농가에 지급하여야 한다.

3의2. 제21조제2항에 따라 도태한 가축의 소유자. 다만, 가축의 소유자가 축산계열화사업자인 경우에는 계약사육농가의 수급권 보호를 위하여 계약사육농가에 지급하여야 한다.

4. 제23조제1항 및 제3항에 따라 소각하거나 매몰 또는 화학적 처리를 한 물건의 소유자

5. 제11조제1항에 따라 병명이 불분명한 질병으로 죽은 가축이나 가축전염병에 걸렸다고 믿을 만한 임상증상이 있는 가축을 신고한 자 중에서 병성감정 실시 결과 가축전염병으로 확인되어 이동이 제한된 자

6. 제27조에 따라 사용정지 또는 사용제한의 명령을 받은 도축장의 소유자

② 제21조제1항(제28조에서 준용하는 경우를 포함한다)에 따라 도태를 목적으로 도축장 등에 출하된 가축의 소유자에게는 예산의 범위에서 장려금을 지급할 수 있다.

③ 국가나 지방자치단체는 제1항에 따라 보상금을 지급할 때 다음 각 호의 어느 하나에 해당하는 자에게는 대통령령으로 정하는 바에 따라 제1항의 보상금의 전부 또는 일부를 감액할 수 있다.

1. 제5조제3항·제6항, 제6조의2, 제11조제1항 각 호 외의 부분 본문 및 같은 조 제2항, 제13조제6항, 제17조제1항·제2항, 제17조의3제1항·제2항·제5항 또는 제17조의6제1항을 위반한 자

2. 제3조의4제5항, 제15조제1항, 제19조제1항(제28조에서 준용하는 경우를 포함한다), 제19조의2제1항, 제20조제1항(제28조에서 준용하는 경우를 포함한다) 또는 제23조제1항·제2항에 따른 명령을 위반한 자

3. 구제역 등 대통령령으로 정하는 가축전염병에 감염된 것으로 확인된 가축의 소유자 등

4. 동일한 가축사육시설에서 동일한 가축전염병(제3호에 따른 가축전염병만 해당한다)이 2회 이상 발생한 가축의 소유자 등

5. 「축산법」 제22조를 위반하여 등록·허가를 받지 아니한 자 또는 단위면적당 적정사육두수를 초과하여 사육한 가축의 소유자 등

④ 제3항에도 불구하고 제18조제1항 또는 제2항에 따른 질병관리등급이 우수한 자 등 대통령령으로 정하는 자에 대해서는 대통령령으로 정하는 바에 따라 보상금 감액의 일부를 경감할 수 있다. 이 경우 경감한 후 최종적으로 지급하는 보상금은 제1항에 따른 보상금의 100분의 80을 넘어서는 아니 된다.

⑤ 시장·군수·구청장은 제1항제1호에 따라 보상금을 지급받은 자가 제3조의4제5항에 따른 사육제한 명령을 위반한 경우에는 그 보상금을 환수하여야 한다.

⑥ 제5항에 따라 보상금을 반환하여야 하는 자가 보상금을 반환하지 아니하는 때에는 「지방행정제재·부과금의 징수 등에 관한 법률」에 따라 환수금을 징수한다.
⑦ 제5항에 따른 보상금의 환수에 필요한 사항은 대통령령으로 정한다.

(4) 폐업 등의 지원(가축전염병예방법 제48조의2)

① 농림축산식품부장관, 시·도지사 및 시장·군수·구청장은 중점방역관리지구로 지정되기 전부터 「축산법」 제22조제1항 또는 제3항에 따른 축산업 허가를 받거나 등록을 하고 축산업을 영위하던 자가 중점방역관리지구에서 제3조의4제5항에 따른 사육제한 명령을 받지 아니하였으나 경영악화 등 대통령령으로 정하는 사유로 「축산법」 제22조제6항제2호에 따라 폐업신고를 한 경우에는 폐업에 따른 지원금 지급 등 필요한 지원시책을 시행할 수 있다.
② 제1항에 따른 폐업지원금 지급대상 가축의 종류, 지급기준, 산출방법, 지급절차 및 시행기간 등 필요한 사항은 대통령령으로 정한다.

(5) 가축전염병피해보상협의회 구성 등(가축전염병예방법 제48조의3)

① 가축전염병으로 피해를 입은 가축 소유자 또는 시설 등에 대한 신속하고 합리적인 보상 및 지원을 위하여 시·도지사 소속으로 가축전염병피해보상협의회(이하 "협의회"라 한다)를 둔다.
② 협의회는 가축전염병 피해자 등의 피해 보상요구가 있으면 지체없이 보상여부를 결정하여 그 결과를 신청자에게 통보하여야 한다. 이 경우 협의회는 피해 보상에 대하여 신청자와 사전에 협의하여야 한다.
③ 제1항에 따른 협의회의 구성 및 운영 등에 필요한 사항은 해당 지방자치단체의 조례로 정한다.
④ 제2항에 따른 보상금 지급 신청절차와 방법, 영업손실의 범위 및 대상, 협의 절차 등에 관하여 필요한 사항은 대통령령으로 정한다.

(6) 생계안정 등 지원(가축전염병예방법 제49조)

① 국가 또는 지방자치단체는 제20조제1항에 따른 살처분 명령 또는 제21조제2항에 따른 도태명령을 이행한 가축의 소유자(가축을 위탁 사육한 경우에는 위탁받아 실제 사육한 자)에게 예산의 범위에서 생계안정을 위한 비용을 지원할 수 있다.
② 국가 또는 지방자치단체는 제19조제1항에 따른 이동제한 조치 명령 또는 같은 조 제2항에 따른 반출금지 명령을 이행한 가축의 소유자(가축을 위탁 사육한 경우에는 위탁받아 실제 사육한 자를 말한다)에게 예산의 범위에서 소득안정을 위한 비용을 지원할 수 있다.
③ 제1항 및 제2항에 따른 생계안정 비용의 지원 범위·기준 및 절차 등에 필요한 사항은 대통령령으로 정한다.

(7) 심리적 · 정신적 치료(가축전염병예방법 제49조의2)

① 국가 또는 지방자치단체는 국립 · 공립 병원, 보건소 또는 민간의료시설을 다음 각 호의 어느 하나에 해당하는 사람의 심리적 안정과 정신적 회복을 위한 전담의료기관으로 지정할 수 있다.

1. 제20조제1항(제28조에서 준용하는 경우를 포함한다)에 따른 살처분 명령을 이행한 가축의 소유자 등과 그 동거 가족 및 가축의 소유자 등에게 고용된 사람과 그 동거 가족
2. 제20조제2항 본문(제28조에서 준용하는 경우를 포함한다)에 따라 가축을 살처분한 가축방역관, 가축방역사 및 관계 공무원
3. 제22조제2항에 따라 가축 사체를 소각하거나 매몰 또는 화학처리를 한 가축의 소유자 등과 그 동거 가족, 가축의 소유자 등에게 고용된 사람과 그 동거 가족, 가축방역관, 가축방역사 및 관계 공무원
4. 그 밖에 자원봉사자 등 대통령령으로 정하는 사람

② 국가 또는 지방자치단체는 가축의 살처분 및 소각 · 매몰 · 화학적 처리(이하 "살처분 등"이라 한다)를 하기 전에 제1항 각 호의 사람 중 살처분 등에 참여하는 자에게 살처분 등의 작업환경, 스트레스 관리 및 심리적 안정과 정신적 회복을 위한 치료지원에 관한 사항을 설명하여야 한다.

③ 국가 또는 지방자치단체는 가축의 살처분 등을 시행한 날부터 90일 이내에 제1항 각 호의 사람(심리검사에 동의한 자에 한정한다)에게 가축의 살처분 등 후 심리적 · 정신적 변화 및 증상에 관한 심리검사를 실시하고, 심리상담 또는 치료가 필요한 사람에게 심리상담 또는 치료를 받도록 권고하여야 한다.

④ 제1항 각 호의 사람 가운데 심리적 안정과 정신적 회복을 위한 치료를 받으려는 사람은 시장 · 군수 · 구청장에게 신청하여야 하고, 시장 · 군수 · 구청장은 제1항에 따라 지정된 전담의료기관에 치료를 요청하여야 하며, 요청을 받은 전담의료기관은 치료를 하여야 한다.

⑤ 국가 또는 지방자치단체는 제4항에 따른 치료를 위한 비용의 전부 또는 일부를 지원할 수 있다.

⑥ 전담의료기관의 지정, 심리검사, 치료 신청의 절차 및 방법, 치료 요청의 절차 및 방법, 비용 지원의 구체적인 범위 · 기준 및 절차 등에 필요한 사항은 대통령령으로 정한다.

(8) 비용의 지원 등(가축전염병예방법 제50조)

① 국가나 지방자치단체는 제3조의4, 제13조, 제15조제1항 및 제3항, 제17조, 제17조의3, 제19조, 제20조, 제21조제2항, 제22조제2항 및 제3항, 제23조제1항 및 제3항, 제24조, 제24조의2, 제25조제2항 또는 제48조의2에 따라 강화된 소독설비 및 방역시설의 구비, 투약, 소독, 역학조사, 이동제한, 살처분, 도태 등을 하는 데 드는 비용이나 가축의 사체 또는 물건의 소각 · 매몰 · 화학적 처리, 매몰지의 관리, 매몰지 주변 환경조사, 정밀조사 및 정화 조치 등에 드는 비용,

주민 교육·홍보 등 지방자치단체의 방역활동에 필요한 비용 및 폐업지원에 드는 비용의 전부 또는 일부를 대통령령으로 정하는 바에 따라 지원할 수 있다.

② 국가는 구제역 등 가축전염병이 확산되는 것을 막기 위하여 소요되는 비용을 대통령령으로 정하는 바에 따라 발생지역 및 미발생지역의 지방자치단체에 추가로 지원하여야 한다.

③ 제15조제3항에 따라 축산 관련 단체가 공동으로 가축방역을 하는 경우에 그 축산 관련 단체는 대통령령으로 정하는 바에 따라 해당 가축의 소유자 등으로부터 수수료를 받을 수 있다.

(9) 보고(가축전염병예방법 제51조)

① 농림축산식품부장관, 시·도지사 또는 특별자치시장은 가축 전염성 질병을 예방하기 위하여 필요하다고 인정할 때에는 농림축산식품부령으로 정하는 바에 따라 다음 각 호의 어느 하나에 해당하는 자로 하여금 필요한 사항에 관하여 보고를 하게 할 수 있다.

1. 동물의 소유자 등
2. 가축 전염성 질병 병원체의 소유자 등
3. 경마장, 축산진흥대회장, 가축시장, 도축장, 그 밖에 가축이 모이는 시설의 소유자 등
4. 축산 관련 단체

② 시·도지사 또는 특별자치시장은 이 법에 따라 가축전염병이 발생하거나 퍼지는 것을 막기 위한 조치를 하였을 때에는 농림축산식품부령으로 정하는 바에 따라 농림축산식품부장관에게 보고하고 국립가축방역기관장, 관계 시·도지사 및 특별자치시장에게 알려야 한다.

(10) 가축전염병 관리대책의 평가(가축전염병예방법 제51조의2)

① 농림축산식품부장관은 가축전염병의 발생을 예방하고 그 확산을 방지하기 위하여 매년 지방자치단체를 대상으로 제3조제1항에 따른 가축전염병 예방 및 관리대책의 수립·시행 등에 관한 사항을 평가하고, 평가결과가 우수한 지방자치단체에 대해서는 예산의 범위에서 포상할 수 있다.

② 제1항에 따른 가축전염병 예방 및 관리대책의 평가 및 포상의 구체적인 방법·절차 등은 농림축산식품부장관이 정하여 고시한다.

(11) 신고포상금 등(가축전염병예방법 제51조의3)

① 농림축산식품부장관은 다음 각 호의 어느 하나에 해당하는 자에 대해서는 예산의 범위에서 포상금을 지급할 수 있다.

1. 신고대상 가축을 신고한 자(제11조제1항 본문, 같은 조 제2항 및 제3항에 따른 신고 의무자는 제외한다)
2. 제17조의3제1항 또는 제2항을 위반한 자를 신고 또는 고발한 자

3. 제36조제1항 또는 제39조제1항을 위반한 자를 신고 또는 고발한 자

② 제1항에 따른 포상금의 지급 대상·기준·방법 및 절차 등에 관한 구체적인 사항은 농림축산식품부장관이 정하여 고시한다.

(12) 농림축산식품부장관 등의 지시(가축전염병예방법 제52조)

① 농림축산식품부장관 또는 국립가축방역기관장은 가축전염병 중 농림축산식품부령으로 정하는 가축전염병 또는 가축전염병 외의 가축 전염성 질병이 발생하거나 퍼짐으로써 가축의 생산 또는 건강의 유지에 중대한 영향을 미칠 우려가 있고 긴급한 조치를 할 필요가 있을 때에는 지방자치단체의 장에게 제3조의4제2항·제5항, 제15조제1항, 제16조, 제17조, 제19조, 제20조, 제21조, 제27조 또는 제28조에 따른 조치를 할 것을 지시할 수 있다. 이 경우 국립가축방역기관장이 지방자치단체의 장에게 필요한 조치를 지시한 때에는 지체 없이 그 지시의 내용 및 사유를 농림축산식품부장관에게 보고하여야 한다.

② 농림축산식품부장관은 가축 전염성 질병의 국내 유입을 방지하기 위하여 동물검역기관의 장에게 검역 중단, 검역시행장 등에 보관 중인 지정검역물의 출고 중지 등 수입 검역에 관하여 필요한 조치를 지시할 수 있다.

③ 제2항에 따라 동물검역기관의 장이 취할 조치에 관하여는 제44조를 준용한다.

④ 농림축산식품부장관은 지방자치단체의 장이 제1항에 따른 농림축산식품부장관 또는 국립가축방역기관장의 지시(제20조에 따른 조치에 관한 지시만 해당한다)를 이행하지 아니한 경우에는 제48조제1항에 따른 보상금과 제50조제1항·제2항에 따른 지원금 중 국가가 부담하는 금액의 전부 또는 일부를 대통령령으로 정하는 바에 따라 감액할 수 있다.

(13) 행정기관 간의 업무협조(가축전염병예방법 제52조의2)

① 국가 또는 지방자치단체(법령 또는 자치법규에 따라 행정권한을 가지고 있거나 위임 또는 위탁받은 공공단체나 기관 또는 사인을 포함한다)는 가축전염병의 발생 및 확산을 방지하고 방역·검역 조치 및 사후관리 대책을 효율적으로 집행하기 위하여 서로 협조하여야 한다.

② 농림축산식품부장관은 관계 행정기관의 장, 시·도지사 또는 시장·군수·구청장 등에게 가축전염병의 발생 및 확산을 방지하고 방역·검역 조치 및 사후관리 대책을 효율적으로 집행하기 위하여 다음 각 호의 정보를 요청할 수 있다. 이 경우 협조를 요청받은 관계 행정기관의 장, 시·도지사 또는 시장·군수·구청장 등은 특별한 사유가 없으면 협조하여야 한다.

1. 제3조의3에 따른 국가가축방역통합정보시스템의 구축·운영에 필요한 가축전염병의 발생 현황, 예방 및 방역조치, 사후관리 등에 관한 정보

2. 제5조제5항 및 제6항에 따라 가축전염병 발생 국가에서 입국하거나 가축전염병 발생 국가로 출국할 때 신고서를 제출하여야 하는 사람 등의 여권발급 정보, 출국 및 입국 정보, 주민등록번호, 주소 및 항공권 예약번호
3. 제17조제7항 및 제8항에 따른 확인·점검 결과
4. 그 밖에 가축전염병의 국내 유입 차단과 확산 방지를 위한 조치에 필요한 정보

③ 제2항에 따라 관계 행정기관의 장, 시·도지사 또는 시장·군수·구청장 등에게 정보를 요청하는 경우에는 문서 또는 전자문서 등의 방법으로 요청하되, 긴급한 경우에는 구두로 요청할 수 있다.

④ 농림축산식품부장관은 제2항 각 호의 정보를 그 목적에 필요한 최소한의 범위에서 수집하여야 하며, 목적 외에 다른 용도로 사용하여서는 아니 된다.

(14) 정보 제공 요청 등(가축전염병예방법 제52조의3)

① 농림축산식품부장관 또는 국립가축방역기관장은 가축전염병 예방 및 전파 차단을 위하여 필요한 경우 농림축산식품부령으로 정하는 제1종 가축전염병이 발생한 농장의 농장소유주(관리인을 포함한다)에 대하여 「개인정보 보호법」 제2조에 따른 개인정보 중 개인차량의 고속도로 통행정보를 「위치정보의 보호 및 이용 등에 관한 법률」 제15조 및 「개인정보 보호법」 제18조에도 불구하고 「위치정보의 보호 및 이용 등에 관한 법률」 제5조제7항에 따른 개인위치정보사업자, 「유료도로법」 제10조에 따른 유료도로관리권자에게 요청할 수 있다.

② 농림축산식품부장관 또는 국립가축방역기관장으로부터 제1항의 요청을 받은 자는 정당한 사유가 없으면 이에 따라야 한다.

③ 농림축산식품부장관 또는 국립가축방역기관장은 제1항 및 제2항에 따라 수집한 정보를 중앙행정기관의 장, 지방자치단체의 장, 가축전염병 방역관련 업무를 수행 중인 단체 등에 제공할 수 있다. 다만, 정보를 제공하는 경우 가축전염병 예방 및 확산 방지를 위하여 해당 기관의 업무에 관련된 정보로 한정한다.

④ 제3항에 따라 정보를 제공받은 자는 이 법에 따른 가축전염병 방역관련 업무 이외의 목적으로 정보를 사용할 수 없으며, 업무 종료 시 지체 없이 파기하고 농림축산식품부장관에게 통보하여야 한다.

⑤ 농림축산식품부장관 또는 국립가축방역기관장은 제1항 및 제2항에 따라 수집된 정보의 주체에게 다음 각 호의 사실을 통보하여야 한다.
1. 가축전염병 예방 및 확산 방지를 위하여 필요한 정보가 수집되었다는 사실
2. 제1호의 정보가 다른 기관에 제공되었을 경우 그 사실
3. 제2호의 경우에도 이 법에 따른 가축전염병 방역관련 업무 이외의 목적으로 정보를 사용할 수 없으며, 업무 종료 시 지체 없이 파기된다는 사실

⑥ 제3항에 따라 정보를 제공받은 자는 이 법에서 규정된 것을 제외하고는 「개인정보 보호법」에 따른다.

⑦ 제3항에 따른 정보 제공의 대상・범위 및 제5항에 따른 통보의 방법 등에 필요한 사항은 농림축산식품부령으로 정한다.

(15) 가축전염병 안내・교육(가축전염병예방법 제52조의4)

① 제5조제2항에 따른 무역항과 공항 등의 시설관리자는 농림축산식품부령으로 정하는 바에 따라 가축전염병 발생 현황 정보, 가축전염병 발생 국가 등을 방문하는 자가 유의하여야 하는 사항, 여행자휴대품 신고의무 등(이하 "가축전염병 정보"라 한다)을 시설을 이용하는 자에게 안내하여야 한다.

② 동물검역기관의 장은 필요한 경우 선박 또는 항공기 등의 운송수단을 운영하는 자(이하 이 조에서 "운송인"이라 한다)에게 승무원 및 승객을 대상으로 가축전염병 정보에 관한 안내 및 교육을 실시하도록 요청할 수 있다. 이 경우 동물검역기관의 장은 가축전염병 정보에 관한 안내 및 교육 자료를 운송인에게 제공하여야 하며, 요청을 받은 운송인은 정당한 사유가 없으면 이에 따라야 한다.

(16) 가축방역기관장의 방역조치 요구(가축전염병예방법 제53조)

국립가축방역기관장, 시・도지사 또는 시・도 가축방역기관장은 제12조 및 제13조에 따른 병성감정, 혈청검사 또는 역학조사 결과 방역조치를 할 필요가 있다고 인정하는 경우에는 해당 시・도지사, 시장・군수・구청장에게 제15조제1항, 제17조, 제19조, 제20조, 제21조, 제23조, 제25조, 제27조 또는 제28조에 따른 방역조치를 요구할 수 있다.

(17) 가축방역관 등의 증표(가축전염병예방법 제54조)

이 법에 따라 직무를 수행하는 가축방역관, 검역관 및 가축방역사는 농림축산식품부령으로 정하는 바에 따라 그 신분을 표시하는 증표를 지니고 이를 관계인에게 보여 주어야 한다.

(18) 권한의 위임・위탁(가축전염병예방법 제55조)

① 이 법에 따른 농림축산식품부장관의 권한은 그 일부를 대통령령으로 정하는 바에 따라 시・도지사 또는 소속 기관의 장에게 위임할 수 있으며, 이 법에 따른 시・도지사의 권한은 그 일부를 대통령령으로 정하는 바에 따라 시장・군수・구청장에게 위임할 수 있다.

② 농림축산식품부장관, 시・도지사 또는 시장・군수・구청장은 대통령령으로 정하는 바에 따라 제7조제3항의 검사 업무 중 시료 채취에 관한 업무를 축산 관련 단체에 위탁할 수 있다.

③ 농림축산식품부장관은 대통령령으로 정하는 바에 따라 제18조제1항 및 제2항에 따른 질병관리 등급의 부여·조정에 관한 업무를 방역본부 또는 축산 관련 단체에 위탁할 수 있다.
④ 농림축산식품부장관, 시·도지사 또는 시장·군수·구청장은 제2항 및 제3항에 따른 위탁관리에 드는 경비의 전부 또는 일부를 지원할 수 있다.

5. 벌 칙

(1) 벌칙(가축전염병예방법 제55조의2)

다음 각 호의 어느 하나에 해당하는 자는 5년 이하의 징역 또는 5천만원 이하의 벌금에 처한다.
1. 제11조제1항 본문 또는 제2항을 위반하여 신고를 하지 아니한 가축의 소유자 등, 해당 가축에 대하여 사육계약을 체결한 축산계열화사업자, 수의사 또는 대학·연구소 등의 연구책임자
2. 제17조의4제1항을 위반하여 차량출입정보를 목적 외 용도로 사용한 자
3. 제52조의3제4항을 위반하여 가축전염병 방역관련 업무 이외의 목적으로 정보를 사용한 자

(2) 벌칙(가축전염병예방법 제56조)

다음 각 호의 어느 하나에 해당하는 자는 3년 이하의 징역 또는 3천만원 이하의 벌금에 처한다.
1. 제20조제1항(제28조에서 준용하는 경우를 포함한다)에 따른 명령을 위반한 자
2. 제32조제1항, 제33조제1항·제5항(제38조제4항에서 준용하는 경우를 포함한다), 제34조제1항 본문 또는 제37조 본문을 위반한 자
3. 제36조제1항 본문에 따른 검역을 받지 아니하거나 검역과 관련하여 부정행위를 한 자
4. 제38조제3항을 위반하여 불합격한 지정검역물을 하역하거나 반송 등의 명령을 위반한 자

(3) 벌칙(가축전염병예방법 제57조)

다음 각 호의 어느 하나에 해당하는 자는 1년 이하의 징역 또는 1천만원 이하의 벌금에 처한다.
1. 제3조의4제5항에 따른 가축의 사육제한 명령을 위반한 자
2. 제5조제6항에 따른 국립가축방역기관장의 질문에 대하여 거짓으로 답변하거나 국립가축방역기관장의 검사·소독 등의 조치를 거부·방해 또는 기피한 자
3. 제11조제1항 본문 또는 같은 조 제3항을 위반하여 신고하지 아니한 동물약품 및 사료의 판매자 또는 가축운송업자
4. 거짓이나 그 밖의 부정한 방법으로 가축병성감정 실시기관으로 지정을 받은 자
5. 제17조의3제1항을 위반하여 등록을 하지 아니한 자

6. 제17조의3제2항을 위반하여 차량무선인식장치를 장착하지 아니한 소유자 및 차량무선인식장치의 전원을 끄거나 훼손·제거한 운전자
7. 제19조제1항(제28조에서 준용하는 경우를 포함한다)제1호부터 제5호까지, 같은 조 제2항부터 제4항까지 또는 제27조에 따른 명령을 위반한 자
8. 제19조제8항에 따른 가축의 소유자 등의 위반행위에 적극 협조한 가축운송업자 또는 도축업 영업자
9. 제19조의2제3항 본문을 위반한 자
10. 제31조제2항에 따른 명령을 위반한 자
11. 제22조제2항 본문(가축방역관은 제외한다)·제4항 또는 제47조제2항을 위반한 자
12. 거짓이나 그 밖의 부정한 방법으로 검역시행장의 지정을 받은 자
13. 부정한 방법으로 사육관리인 또는 보관관리인으로 지정을 받은 사람
14. 제52조의3제2항을 위반하여 정보 제공 요청을 거부한 자

(4) 벌칙(가축전염병예방법 제58조)

다음 각 호의 어느 하나에 해당하는 자는 300만원 이하의 벌금에 처한다.

1. 제5조의3제1항에 따른 가축방역위생관리업 신고를 하지 아니하거나 거짓 또는 그 밖의 부정한 방법으로 신고하고 가축방역위생관리업을 영위한 자
2. 제13조제6항 각 호의 어느 하나에 해당하는 행위를 한 자
3. 제14조제1항, 제22조제1항 본문·제3항, 제23조제1항·제2항, 제24조제1항 본문 또는 제35조제1항을 위반한 자
4. 제39조제1항 본문에 따른 검역을 받지 아니하거나 검역과 관련하여 부정행위를 한 자
5. 제44조제1항에 따른 명령을 위반한 자

(5) 벌칙 적용에서 공무원 의제(가축전염병예방법 제58조의2)

농림축산식품부장관이 제55조제2항 또는 제3항에 따라 위탁한 업무에 종사하는 단체의 임직원은 「형법」 제129조부터 제132조까지의 규정을 적용할 때에는 공무원으로 본다.

(6) 양벌규정(가축전염병예방법 제59조)

법인의 대표자나 법인 또는 개인의 대리인, 사용인, 그 밖의 종업원이 그 법인 또는 개인의 업무에 관하여 제56조부터 제58조까지의 어느 하나에 해당하는 위반행위를 하면 그 행위자를 벌하는 외에 그 법인 또는 개인에게도 해당 조문의 벌금형을 과(科)한다. 다만, 법인 또는 개인이 그 위반행위를 방지하기 위하여 해당 업무에 관하여 상당한 주의와 감독을 게을리하지 아니한 경우에는 그러하지 아니하다.

(7) 과태료(가축전염병예방법 제60조)

① 다음 각 호의 어느 하나에 해당하는 자에게는 1천만원 이하의 과태료를 부과한다.

1. 제3조의4제3항 또는 제4항을 위반하여 방역교육을 이수하지 아니하거나 소독설비 또는 방역시설을 갖추지 아니한 자
2. 제5조제3항을 위반하여 외국인 근로자에 대한 고용신고·교육·소독을 하지 아니한 자
3. 제5조제5항에 따른 서류의 제출을 거부·방해 또는 기피하거나 거짓 서류를 제출한 자
4. 제5조제5항에 따른 국립가축방역기관장의 질문에 대하여 거짓으로 답변하거나 국립가축방역기관장의 검사·소독 등의 조치를 거부·방해 또는 기피한 자
5. 제5조제6항에 따른 신고를 하지 아니하거나 거짓으로 신고한 자
6. 제5조의2제1항에 따른 방역관리 책임자를 두지 아니한 가축의 소유자 등
7. 제5조의2제3항에 따른 방역교육을 이수하지 아니한 방역관리 책임자
8. 제5조의4제2항을 위반하여 소독 및 방제에 관한 교육을 연 1회 이상 받지 아니한 방역위생관리업자
9. 제5조의4제3항을 위반하여 소독 및 방제에 관한 교육을 연 1회 이상 받지 아니한 종사자를 소독 및 방제업무에 종사하게 한 방역위생관리업자
10. 제6조의2제1항부터 제3항까지의 규정을 위반하여 방역교육 및 점검을 실시하지 아니하거나 그 결과를 통지하지 아니한 축산계열화사업자
11. 제7조제4항(제8조제3항에서 준용하는 경우를 포함한다)에 따른 가축방역관 및 가축방역사의 검사, 예찰을 거부·방해 또는 회피한 자
12. 제15조제1항·제4항·제5항, 제16조제5항 또는 제43조제6항에 따른 명령을 위반한 자
13. 제15조의2제1항에 따른 입식 사전 신고를 하지 아니하고 가축을 입식한 자
14. 제16조제1항을 위반하여 가축 또는 가축의 알의 출입 또는 거래기록을 작성·보존하지 아니하거나 거짓으로 기록한 자
15. 제17조제1항에 따른 소독설비 또는 방역시설을 갖추지 아니한 자
16. 제17조제9항을 위반하여 필요한 조치를 취하지 아니한 자
17. 제17조제10항을 위반하여 소독설비 및 방역시설의 정비·보수 등의 명령을 이행하지 아니한 자
18. 제17조제12항을 위반하여 차량 외부로 유출된 가축의 분뇨에 대하여 필요한 조치를 취하지 아니한 가축운송업자 (시행일 : 2024.9.15.)
19. 제17조의3제3항을 위반하여 필요한 조치를 취하지 아니한 소유자 및 운전자
20. 제17조의3제5항을 위반하여 가축방역 등에 관한 교육을 받지 아니한 소유자 및 운전자
21. 제17조의3제8항을 위반하여 변경사유가 발생한 날부터 1개월 이내에 변경등록을 신청하지 아니한 소유자

22. 제17조의3제9항을 위반하여 말소사유가 발생한 날부터 1개월 이내에 말소등록을 신청하지 아니한 소유자
23. 제17조의3제11항을 위반하여 시설출입차량 표지를 차량외부에서 확인할 수 있도록 부착하지 아니한 소유자
24. 제17조의6제1항을 위반하여 방역기준을 준수하지 아니한 자
25. 제19조제1항제6호에 따른 명령을 위반한 자
26. 제36조제1항 단서를 위반하여 신고하지 아니한 자

② 다음 각 호의 어느 하나에 해당하는 자에게는 300만원 이하의 과태료를 부과한다.
1. 제5조제6항에 따른 출국 사실을 신고를 하지 아니하거나 거짓으로 신고한 자
2. 제17조제2항 전단 또는 제3항을 위반하여 소독을 하지 아니한 자
3. 제17조제2항 후단을 위반하여 방역위생관리업자를 통한 소독 및 방제를 하지 않은 자
4. 제17조제6항을 위반하여 소독실시기록부를 갖추어 두지 아니하거나 거짓으로 기재한 자
5. 제17조의2제1항 전단을 위반하여 출입기록을 하지 아니하거나 거짓으로 출입기록을 한 자
6. 제17조의2제1항 후단을 위반하여 보존기한까지 출입기록을 보관하지 아니한 자
7. 제17조의2제2항에 따른 가축방역관 또는 가축방역사의 확인을 거부·방해 또는 회피한 자
8. 제17조의5제2항을 위반하여 관계 공무원의 출입 또는 조사를 거부·방해 또는 기피한 자
9. 제25조제1항 또는 제26조를 위반한 자
10. 제30조제3항 및 제4항에 따른 검역관의 출입·검사 또는 물건 등의 무상 수거를 거부·방해 또는 기피한 자
11. 제36조제2항에 따른 검역을 거부·방해 또는 기피한 자
12. 제38조제1항을 위반하여 화물 목록을 제출하지 아니한 자
13. 제39조제2항을 위반하여 지정검역물을 넣은 탁송품을 동물검역기관의 장에게 통보하지 아니한 탁송업자
14. 제41조제1항 본문에 따른 검역을 받지 아니하고 지정검역물을 수출한 자
15. 제45조제2항에 따른 검역관의 음식물 처리 검사를 거부·방해 또는 기피한 자
16. 제45조제2항에 따른 검역관의 자료 제출 요구를 따르지 아니하거나 거짓 자료를 제출한 자
17. 제51조제1항에 따라 보고하여야 하는 자가 보고를 하지 아니하거나 거짓으로 보고한 자
18. 제52조의4제2항을 위반하여 정당한 사유 없이 요청에 따르지 아니한 자

③ 제1항 및 제2항에 따른 과태료는 대통령령으로 정하는 바에 따라 농림축산식품부장관, 동물검역기관의 장, 시·도지사, 시장·군수·구청장이 부과한다.

02 가축전염병예방법 시행령

[시행 2024. 3. 15.] [대통령령 제34289호, 2024. 3. 5, 일부개정]

1. 총 칙

(1) 목적(가축전염병예방법 시행령 제1조)

이 영은 「가축전염병예방법」에서 위임된 사항과 그 시행에 필요한 사항을 규정함을 목적으로 한다.

(2) 가축의 범위(가축전염병예방법 시행령 제2조)

「가축전염병예방법」(이하 "법"이라 한다) 제2조제1호에서 "대통령령으로 정하는 동물"이란 다음 각 호의 동물을 말한다.

1. 고양이
2. 타조
3. 메추리
4. 꿩
5. 기러기
6. 그 밖의 사육하는 동물 중 가축전염병이 발생하거나 퍼지는 것을 막기 위하여 필요하다고 인정하여 농림축산식품부장관이 정하여 고시하는 동물

(3) 가축전염병 발생 현황에 대한 정보공개(가축전염병예방법 시행령 제2조의2)

① 법 제3조의2제1항에서 "농장에 대한 가축전염병의 발생 일시 및 장소 등 대통령령으로 정하는 정보"란 다음 각 호의 정보를 말한다.

1. 가축전염병명
2. 가축전염병이 발생한 농장명(농장명이 없는 경우에는 농장주명) 및 농장 소재지(읍・면・동・리까지로 하며, 번지는 제외한다)
3. 가축전염병이 발생한 농장이 「축산계열화사업에 관한 법률」 제2조제6호에 따른 계약사육농가인 경우 해당 농가와 사육계약을 체결한 축산계열화사업자명
4. 가축전염병 발생 일시
5. 가축전염병에 걸린 가축의 종류 및 규모
6. 그 밖에 농림축산식품부장관 또는 특별시장・광역시장・특별자치시장・도지사・특별자치도지사(이하 "시・도지사"라 한다)가 가축전염병의 예방 및 확산을 방지하기 위하여 필요하다고 인정하는 정보

② 법 제3조의2제1항에 따른 정보공개 대상 농장은 소, 면양·염소(유산양을 포함한다), 돼지, 닭, 사슴, 오리, 거위, 칠면조 및 메추리를 사육하는 농장으로 한다.

③ 법 제3조의2제1항에 따른 정보공개의 대상 가축전염병은 다음 각 호의 가축전염병으로 한다.

1. 구제역(口蹄疫)
2. 아프리카돼지열병
3. 돼지열병
4. 돼지오제스키병
5. 돼지생식기호흡기증후군
6. 브루셀라병
7. 결핵병
8. 고병원성조류인플루엔자
9. 추백리(雛白痢)
10. 가금(家禽)티푸스
11. 뉴캐슬병
12. 사슴만성소모성질병
13. 낭충봉아부패병(囊蟲蜂兒腐敗病)
14. 그 밖에 농림축산식품부장관이 정하여 고시하는 가축전염병

④ 제1항에 따른 정보는 농림축산식품부, 특별시·광역시·특별자치시·도·특별자치도, 농림축산검역본부 및 제3조제1항에 따른 시·도가축방역기관의 홈페이지에 공개해야 하며, 그 밖에 인터넷 홈페이지나 신문·잡지 등에도 공개할 수 있다.

(4) 검역 및 방역 시설 설치·운영(가축전염병예방법 시행령 제2조의3)

법 제5조제2항에 따라 농림축산식품부장관이 「항만법」 제2조제2호에 따른 무역항, 「공항시설법」 제2조제3호에 따른 공항(국제항공노선이 있는 경우에 한한다) 및 「남북교류협력에 관한 법률」 제2조제1호에 따른 출입장소 등의 지역에 설치하고 운영하여야 하는 검역 및 방역에 필요한 시설은 다음 각 호와 같다.

1. 휴대품 및 수하물 검사대. 다만, 다른 기관이 설치하여 운영하고 있는 시설을 공동으로 이용할 수 있는 경우에는 그 시설로 갈음할 수 있다.
2. 옷, 신발, 휴대품 및 수하물을 소독할 수 있는 시설(이동식 소독 장비를 포함한다)

(5) 가축방역·검역 수행 기관(가축전염병예방법 시행령 제2조의4)

법 제5조제4항에서 "가축방역·검역 업무를 수행하는 대통령령으로 정하는 국가기관의 장"이란 농림축산검역본부장을 말한다.

(6) 가축전염병 발생 국가에서 입국 시 제출할 서류(가축전염병예방법 시행령 제2조의5)

법 제5조제5항에 따라 가축전염병 발생 국가의 축산농가를 방문한 사람은 농림축산식품부령으로 정하는 바에 따라 동물검역 신고서를 작성하여 농림축산검역본부장에게 제출하여야 한다.

(7) 가축방역관을 두는 기관 등(가축전염병예방법 시행령 제3조)

① 법 제7조제1항에서 "대통령령으로 정하는 행정기관"이란 농림축산검역본부, 농촌진흥청 국립축산과학원 및 시·도지사 소속 가축방역기관(이하 "시·도가축방역기관"이라 한다)을 말한다.

② 법 제7조제1항에 따른 가축방역관(이하 "가축방역관"이라 한다)은 농림축산식품부장관, 지방자치단체의 장, 농림축산검역본부장, 농촌진흥청 국립축산과학원장 또는 시·도가축방역기관의 장이 소속공무원으로서 수의사의 자격을 가진 자나 「공중방역수의사에 관한 법률」 제2조에 따른 공중방역수의사 중에서 임명하거나 지방자치단체의 장이 「수의사법」 제21조에 따라 동물진료업무를 위촉받은 수의사중에서 위촉한다.

③ 가축방역관은 소속기관장의 명을 받아 가축전염병의 예방과 관련된 조사·연구·계획·지도·감독 및 예방조치 등에 관한 업무를 담당한다.

④ 법 제7조제6항에 따른 가축방역관의 기준 업무량 및 적정 인원의 배치기준은 별표 1과 같다.

⑤ 가축방역관의 업무수행에 관하여 필요한 세부사항은 농림축산식품부장관이 정한다.

(8) 가축전염병기동방역기구의 설치 등(가축전염병예방법 시행령 제3조의2)

① 법 제9조의2에 따른 가축전염병기동방역기구(이하 "기동방역기구"라 한다)는 농림축산식품부에서 방역 관련 업무를 담당하는 고위공무원단에 속하는 공무원이 총괄하며, 상황총괄반, 이동통제반, 소독실시반, 매몰지원반으로 구성한다.

② 기동방역기구는 농림축산식품부장관의 명령에 따라 주요 가축전염병이 발생한 특별자치시·시(특별자치도의 행정시를 포함한다)·군·자치구에 대하여 신속한 상황실 설치, 이동통제, 소독 및 매몰조치 등을 위한 현장 지도·지원 업무를 담당한다.

③ 기동방역기구의 구성·임무 및 운영 등에 대한 세부사항은 농림축산식품부장관이 정하여 고시한다.

(9) 수의과학기술개발계획 등(가축전염병예방법 시행령 제4조)

① 법 제10조제2항에 따른 수의과학기술개발계획(이하 "수의과학기술개발계획"이라 한다)에는 다음 각 호의 사항이 포함되어야 한다.

1. 수의과학기술개발의 목표 및 중점방향
2. 가축전염성질병의 예방·진단기술 및 예방약의 개발

3. 가축관련 공중위생향상과 관련된 기술개발
4. 수의과학기술과 관련된 국내외의 연구기관 및 단체 등과의 공동연구
5. 수의과학기술개발성과의 활용계획
6. 수의과학기술개발을 위한 소요재원의 조달 및 집행
7. 그 밖에 수의과학기술개발을 위하여 필요한 사항

② 농림축산식품부장관은 수의과학기술개발계획을 수립 또는 시행하는 때에는 관련 행정기관·지방자치단체·대학·연구기관 및 농업단체 등과 수의과학기술의 공동연구, 연구성과의 활용 그 밖에 연구의 중복을 방지하기 위하여 필요한 사항을 협의할 수 있다.

(10) 가축사육시설의 폐쇄명령 등(가축전염병예방법 시행령 제6조)

① 특별자치시장·시장(특별자치도의 행정시장을 포함한다)·군수 또는 구청장(구청장은 자치구의 구청장을 말하며, 이하 "시장·군수·구청장"이라 한다)은 법 제19조제4항(법 제28조 및 제28조의2에서 준용하는 경우를 포함한다. 이하 이 조 및 별표 1의2에서 같다)에 따라 가축사육시설의 폐쇄명령 또는 가축사육의 제한명령을 하려는 경우에는 농림축산식품부령으로 정하는 바에 따라 미리 해당 가축의 소유자 또는 관리자(이하 "소유자 등"이라 한다)에게 문서(소유자 등이 원하는 경우에는 전자문서를 포함한다)로 알려야 한다.

② 법 제19조제4항에 따른 가축사육시설의 폐쇄 및 가축사육제한 명령에 관한 세부기준은 별표 1의2와 같다.

③ 시장·군수·구청장은 법 제19조제4항에 따른 가축사육시설의 폐쇄명령 또는 가축사육의 제한명령을 한 경우에는 해당 가축사육시설의 명칭·소재지, 가축의 소유자 등 및 명령일자를 관할 시·도지사, 농림축산검역본부장 및 다른 시·도지사에게 통보하여야 한다.

(11) 가축사육시설의 폐쇄조치 등(가축전염병예방법 시행령 제7조)

① 시장·군수·구청장은 관계 공무원에게 제19조제5항에 따른 조치를 하게 하려는 경우에는 미리 해당 가축의 소유자 등에게 문서(소유자 등이 원하는 경우에는 전자문서를 포함한다)로 알려야 한다. 다만, 급박한 사유가 있으면 그러하지 아니하다.

② 법 제19조제5항에 따른 조치는 필요한 최소한의 범위에 그쳐야 한다.

③ 법 제19조제5항에 따른 조치를 하는 공무원은 그 권한을 표시하는 증표를 지니고 이를 관계인에게 보여주어야 한다.

(12) 사체의 재활용 등(가축전염병예방법 시행령 제8조)

① 법 제22조제2항 단서에 따라 재활용할 수 있는 가축의 사체는 다음 각 호와 같다.

1. 법 제20조제1항 단서에 따라 살처분된 가축의 사체

2. 다음 각 목의 가축전염병에 감염된 가축의 사체
가. 브루셀라병
나. 돼지오제스키병
다. 결핵병
라. 그 밖에 농림축산식품부장관이 정하여 고시하는 가축전염병

② 제1항에 따른 가축의 사체를 재활용하려면 다음 각 호의 어느 하나에 해당하는 시설에서 가축전염병의 병원체가 퍼질 우려가 없도록 처리하고 확인하는 절차를 거쳐야 한다.
1. 「사료관리법」 제8조제2항에 따른 사료제조시설
2. 랜더링(Rendering) 처리시설(고온·고압으로 멸균처리하는 시설) 등 농림축산식품부장관이 정하여 고시하는 열처리시설
3. 농림축산식품부장관이 정하여 고시하는 발효처리시설

③ 제2항에 따라 처리된 가축의 사체는 동물[소·양 등 반추(反芻)류 가축은 제외한다]의 사료의 원료, 비료의 원료, 공업용 원료 또는 바이오에너지 원료로 사용할 수 있다.

④ 제3항에 따라 비료의 원료로 사용하는 경우에는 「비료관리법」 제4조에 따른 공정규격에 적합해야 한다.

(13) 사체 등의 처분에 필요한 장비 등의 확보에 관한 대책 수립(가축전염병예방법 시행령 제8조의2)

법 제23조의2에 따른 사체 및 물건의 위생적 처분에 필요한 장비, 자재 및 약품 등의 확보에 관한 대책에는 다음 각 호의 사항이 포함되어야 한다.

1. 굴착기, 지게차, 사체 운반차량, 이동식 소독장비, 소독차량, 고온고압 분무소독기 등 장비의 적정 수량 및 그 확보방안
2. 대형 또는 간이 저장조, 개인 보호용구(안전모·작업복 등) 등 각종 기자재의 적정 수량 및 그 확보방안
3. 소독약품, 석회수, 생석회 등 약품의 적정 수량 및 그 확보방안
4. 사체 및 물건의 신속한 처분을 위한 적정 인력 및 그 확보방안

(14) 동물검역관을 두는 기관(가축전염병예방법 시행령 제9조)

법 제30조제1항에서 "대통령령으로 정하는 행정기관"이란 농림축산검역본부를 말한다.

(15) 검역관리인의 자격·임무(가축전염병예방법 시행령 제10조)

① 법 제42조제5항에 따른 검역관리인(이하 "검역관리인"이라 한다)의 자격은 4년제 이상의 대학에서 수의학·의학·약학·간호학·축산학·화학 또는 물리학 분야를 전공하고 졸업한 자

또는 이와 동등 이상의 학력을 가진 자로서 가축방역업무에 1년 이상 종사한 자로 한다.

② 검역관리인의 임무는 다음 각호와 같다.

1. 지정검역물의 입고·출고·이동 및 소독에 관한 사항
2. 지정검역물의 현물검사, 검역시행장의 시설검사 및 관리에 관한 사항
3. 지정검역물의 검사시료의 채취 및 송부에 관한 사항
4. 검역시행장의 종사원 및 관계인의 방역에 관한 교육과 출입자의 통제에 관한 사항
5. 그 밖에 검역관이 지시한 사항의 이행 등에 관한 사항

(16) 보상금 등(가축전염병예방법 시행령 제11조)

① 법 제48조제1항, 제3항 및 제4항에 따른 보상금의 지급 및 감액 기준은 별표 2와 같다.

② 제1항의 보상금 지급기준에 의한 가축 등에 대한 평가의 기준 및 방법, 가축의 종류별 평가액의 산정기준 그 밖의 가축 등의 평가에 관한 세부적인 사항은 농림축산식품부장관이 정하여 고시한다.

③ 법 제48조제2항에 따른 장려금의 지급대상 및 지급기준 등에 관하여 필요한 사항은 농림축산식품부장관이 정하여 고시한다.

④ 법 제48조제3항제3호에서 "구제역 등 대통령령으로 정하는 가축전염병"이란 다음 각 호의 가축전염병을 말한다.

1. 구제역
2. 아프리카돼지열병
3. 돼지열병
4. 뉴캣슬병
5. 고병원성 조류인플루엔자
6. 브루셀라병(소의 경우만 해당한다)
7. 결핵병(사슴의 경우만 해당한다)

⑤ 법 제48조제1항제1호의 자에게 지급하는 보상금(법 제48조제3항 및 제4항에 따라 감액조정된 최종 보상금을 말한다. 이하 같다)은 해당 특별자치시·시(특별자치도의 행정시장이 법 제3조의4제5항에 따른 사육제한 명령을 한 경우에는 해당 특별자치도를 말한다)·군·구(자치구를 말한다. 이하 같다)가 지급한다. 다만, 법 제3조의4제1항에 따라 지정된 중점방역관리지구(이하 "중점방역관리지구"라 한다) 중 고병원성 조류인플루엔자의 발생 위험도가 높은 지역의 오리 사육 농가에 대하여 농림축산식품부장관이 법 제52조제1항에 따라 지방자치단체의 장에게 법 제3조의4제5항에 따른 사육제한을 명할 것을 지시한 경우에는 농림축산식품부장관이 정하는 손실평가액을 보상금으로 지급하되, 보상금의 100분의 50에 해당하는 금액은 국가가 지급하고, 그 나머지 금액은 다음 각 호의 구분에 따라 지방자치단체가 지급한다.

1. 특별자치시 및 특별자치도의 행정시 : 해당 특별자치시 및 특별자치도가 전부 지급
2. 제1호 외의 지역 : 특별시 · 광역시 · 도 · 특별자치도(관할 구역 안에 지방자치단체인 시 · 군이 있는 특별자치도에 한정한다)와 시 · 군 · 구가 각각 100분의 50의 비율로 분담하여 지급

⑥ 제5항 각 호 외의 부분 단서에서 “고병원성 조류인플루엔자의 발생 위험도가 높은 지역”이란 다음 각 호의 어느 하나에 해당하는 지역으로서 농림축산식품부장관이 지정하는 지역을 말한다.

1. 최근 5년간 반경 3km 이내의 농가에서 고병원성 조류인플루엔자가 2회 이상 발생한 지역
2. 최근 5년간 야생 조류에서 고병원성 조류인플루엔자 항원 또는 항체가 검출된 지점의 반경 10km 이내 지역 중 최근 5년간 고병원성 조류인플루엔자가 발생한 농가가 있는 지역
3. 닭, 오리 등 가금 사육 농가의 수가 반경 500m 이내 10호 이상이거나 반경 1km 이내 20호 이상인 지역으로서 농림축산식품부장관이 고병원성 조류인플루엔자의 발생 위험도가 높다고 인정하는 지역

⑦ 법 제48조제1항제2호부터 제6호까지의 자에게 지급하는 보상금의 100분의 80 이상에 해당하는 금액은 국가가 지급하고, 그 나머지 금액은 다음 각 호의 구분에 따라 지방자치단체가 지급한다.

1. 특별자치시 및 특별자치도의 행정시 : 해당 특별자치시 및 특별자치도가 전부 지급
2. 제1호 외의 지역 : 특별시 · 광역시 · 도 · 특별자치도(관할 구역 안에 지방자치단체인 시 · 군이 있는 특별자치도에 한정한다)와 시 · 군 · 구가 각각 100분의 50의 비율로 분담하여 지급

⑧ 시장 · 군수 · 구청장은 법 제48조제5항에 따라 보상금을 환수하려면 그 대상자에게 환수사유, 환수금액, 납부기한, 납부기관 및 납부방법 등을 서면으로 통지해야 한다. 이 경우 납부기한은 환수처분 통지일부터 30일 이상으로 한다.

(17) 폐업지원금의 지급 등(가축전염병예방법 시행령 제11조의2)

① 법 제48조의2제1항에서 “경영악화 등 대통령령으로 정하는 사유”란 다음 각 호의 어느 하나에 해당하는 사유를 말한다.

1. 법 제3조의4제3항에 따른 소독설비 또는 방역시설의 설치로 인한 비용의 증가로 경영이 악화되어 축산업을 계속 영위하는 것이 곤란한 경우
2. 인근 지역의 가축 또는 가축전염병 특정매개체에 의해 아프리카돼지열병의 발생 위험이 높아 축산업을 계속 영위하는 것이 곤란한 경우

② 법 제48조의2제1항에 따라 지급하는 폐업에 따른 지원금(이하 “폐업지원금”이라 한다)의 지급 대상 가축은 돼지로 한다.

③ 폐업지원금은 「축산법」 제22조제1항 또는 제3항에 따른 축산업 허가를 받거나 등록을 하고 축산업을 영위하던 자가 제1항 각 호의 어느 하나에 해당하는 사유로 같은 법 제22조제6항제2호에 따라 폐업신고를 하고, 같은 법 제2조제8호의2에 따른 축사(이하 "축사"라 한다)를 원래의 목적으로 사용하지 못하도록 용도를 변경하거나 철거 또는 폐기한 경우에 지급한다.

④ 제3항에도 불구하고 다음 각 호의 어느 하나에 해당하는 경우에는 폐업지원금을 지급하지 않는다.

1. 중점방역관리지구의 지정일 직전 1년 이상의 기간 동안 폐업지원금의 지급대상 가축을 사육하지 않거나 축사를 철거 또는 폐기한 경우
2. 축산업 외의 목적으로 사용하기 위해 건축물 등의 건축, 도로 개설 및 그 밖의 시설물 설치 등의 절차를 진행하거나 축사를 철거 또는 폐기한 경우
3. 그 밖에 다른 법령에 따른 보상이 확정된 경우

⑤ 제3항 및 제4항에서 정한 사항 외에 폐업지원금의 지급기준에 필요한 사항은 농림축산식품부장관이 정하여 고시한다.

(18) 폐업지원금의 산출방법 등(가축전염병예방법 시행령 제11조의3)

① 폐업지원금은 다음의 계산식에 따라 산출한 금액으로 한다. 다만, 농림축산식품부장관은 가축의 사육형태 등을 고려할 때 다음의 계산식에 따라 폐업지원금을 산출하는 것이 적절하지 않다고 인정되는 경우에는 그 산출방법을 달리 정하여 고시할 수 있다.

폐업지원금 금액 = 가축의 연간 출하 마릿수 × 연간 마리당 순수익액 × 2년

② 폐업지원금의 상한액은 축산농가의 평균소득 등을 고려하여 농림축산식품부장관이 정하여 고시한다.

(19) 폐업지원금의 지급절차 및 시행기간(가축전염병예방법 시행령 제11조의4)

① 폐업지원금의 지급을 신청하려는 자는 농림축산식품부령으로 정하는 폐업지원금 지급신청서에 가축의 사육 현황 및 폐업지원금의 산출내역을 첨부하여 시장・군수・구청장에게 제출해야 한다.

② 제1항에 따른 폐업지원금의 지급 신청은 중점방역관리지구의 지정일부터 6개월 이내에 해야 한다.

③ 시장・군수・구청장은 제1항에 따른 신청을 받으면 폐업지원금의 지급대상 가축의 사육 현황 및 폐업신고 여부 등 폐업지원금의 지급을 위해 필요한 사항을 조사해야 한다.

④ 시장・군수・구청장은 제3항에 따른 조사 결과 신청인에게 폐업지원금을 지급하는 것이 적합하다고 인정되는 경우에는 농림축산식품부령으로 정하는 바에 따라 신청인에게 그 사실을 알리고 폐업지원금을 지급해야 한다.

⑤ 제4항에 따른 폐업지원금의 지급은 중점방역관리지구의 지정일부터 1년 이내에 지급한다.
⑥ 제3항 및 제4항에 따른 폐업지원금의 지급을 위한 조사 및 지급에 필요한 사항은 농림축산식품부장관이 정하여 고시한다.

(20) 가축전염병 피해 보상금의 지급 신청 등(가축전염병예방법 시행령 제11조의5)

① 법 제48조의3제1항에 따른 가축전염병으로 피해를 입은 가축 소유자 또는 시설 등(이하 "가축전염병 피해자등"이라 한다)에 대한 보상 및 지원은 다음 각 호의 구분에 따른 영업손실을 대상으로 한다.

1. 법 제48조제1항제1호의 경우 : 폐업 등으로 가축사육시설을 원래의 목적으로 사용하지 못하게 됨으로써 발생하는 비용
2. 법 제48조제1항제2호의 경우 : 죽거나 부상당한 가축 및 사산 또는 유산된 가축의 태아에 대한 검사 등의 실시 당시의 평가액
3. 법 제48조제1항제3호의 경우 : 살처분한 가축의 살처분 당시의 평가액
4. 법 제48조제1항제4호의 경우 : 소각, 매몰 또는 화학적 처리를 한 물건의 소각, 매몰 또는 화학적 처리 당시의 평가액
5. 법 제48조제1항제5호의 경우 : 이동 제한으로 활용하지 못한 인력 비용
6. 법 제48조제1항제6호의 경우 : 사용정지 또는 사용제한 명령으로 도축장을 원래의 목적으로 사용하지 못하게 됨으로써 발생하는 비용

② 가축전염병 피해자등은 법 제48조의3제2항에 따라 피해 보상을 요구하려는 때에는 농림축산식품부령으로 정하는 피해 보상요구서에 제1항 각 호의 구분에 따른 영업손실에 관한 자료를 첨부하여 시장・군수・구청장에게 제출해야 한다.
③ 제2항에 따른 피해 보상요구서를 제출받은 시장・군수・구청장은 농림축산식품부령으로 정하는 바에 따라 피해사실 여부 및 제1항 각 호의 구분에 따른 영업손실의 범위를 확인한 후 피해 사실확인서를 작성해야 한다.
④ 시장・군수・구청장(특별자치시장은 제외한다)은 제2항에 따른 피해 보상요구서에 제3항에 따른 피해 사실확인서를 첨부하여 시・도지사에게 제출하고, 법 제48조의3제1항에 따른 가축전염병피해보상협의회(이하 "협의회"라 한다)의 개최를 요청해야 한다.
⑤ 협의회는 법 제48조의3제2항 후단에 따라 피해 보상에 대하여 신청자와 사전에 협의하려는 경우에는 특별한 사유가 없으면 제4항에 따른 협의회의 개최 요청을 받은 날부터 30일 이내에 해야 한다.

(21) 생계안정비용 등(가축전염병예방법 시행령 제12조)

① 법 제49조제1항에 따른 생계안정을 위한 비용(이하 "생계안정비용"이라 한다)은 법 제20조제1항 본문・단서 또는 법 제21조제2항에 따라 우역・우폐역・구제역・돼지열병・아프리카돼지열

병, 고병원성조류인플루엔자 또는 농림축산식품부장관이 정하여 고시하는 가축전염병으로 인하여 살처분하거나 도태를 목적으로 가축을 도축장 등에 출하한 가축의 소유자(가축을 위탁 사육한 경우에는 위탁받아 실제 사육한 자를 말한다. 이하 이 조 및 제12조의2에서 같다)에게 지원한다. 다만, 다음 각 호의 어느 하나에 해당하는 가축의 소유자에 대하여는 생계안정비용을 지원하지 아니할 수 있다.

1. 가축의 소유자가 「농업·농촌 및 식품산업 기본법」 제3조제2호에 따른 농업인에 해당되지 아니하는 자
2. 법 제11조제1항제2호에 해당하는 가축을 발견하고도 법 제11조제1항 각 호 외의 부분 본문에 따라 지체 없이 신고를 하지 아니한 가축의 소유자
3. 검사결과 가축전염병으로 확인된 경우로서 법 제11조제2항에 따라 지체 없이 신고를 하지 아니한 가축의 소유자
4. 해당 가축을 살처분한 경우 법 제17조제2항에 따른 소독을 실시하지 않았거나 법 제19조제1항의 명령을 이행하지 않은 가축의 소유자

② 생계안정비용은 「통계법」 제3조제3호에 따른 통계작성기관이 조사·발표하는 농가경제조사통계의 전국축산농가 평균가계비의 6개월분을 그 상한액으로 하고, 살처분 가축의 종류별·두수별 지원액 그 밖에 생계안정비용의 지원에 관하여 필요한 사항은 농림축산식품부장관이 정하여 고시한다.

③ 제2항에도 불구하고 농림축산식품부장관은 제1항 본문에 따른 가축전염병의 종류, 가축의 소유자의 피해 규모 등을 고려하여 그 상한액을 상향 조정할 수 있다.

④ 생계안정비용은 해당 비용의 10분의 7 이상은 국가가 지원하고, 그 나머지금액은 다음 각 호의 구분에 따라 지방자치단체가 지원한다.

1. 특별자치시 및 특별자치도의 행정시 : 해당 특별자치시 및 특별자치도가 전부 지원
2. 제1호 외의 지역 : 특별시·광역시·도·특별자치도(관할 구역 안에 지방자치단체인 시·군이 있는 특별자치도에 한정한다)와 시·군·구가 협의하는 바에 따라 각각 분담하여 지원

(22) 소득안정비용 등(가축전염병예방법 시행령 제12조의2)

① 법 제49조제2항에 따른 소득안정을 위한 비용(이하 "소득안정비용"이라 한다)은 법 제19조제1항에 따른 이동제한 조치 명령 또는 같은 조 제2항에 따른 반출금지 명령의 이행으로 가축의 소유자가 입은 피해에 대해 농림축산식품부장관이 정하여 고시하는 기준에 따라 지원할 수 있다. 다만, 다음 각 호의 어느 하나에 해당하는 가축의 소유자에 대해서는 소득안정비용을 지원하지 않을 수 있다.

1. 「축산법」 제22조제1항에 따른 허가를 받지 않거나, 같은 조 제3항에 따른 등록을 하지 않은 가축의 소유자

2. 「축산법」 제33조의2에 따른 의무 교육을 이수하지 않은 가축의 소유자

② 소득안정비용의 100분의 50 이상에 해당하는 금액은 국가가 지원하고, 그 나머지 금액은 다음 각 호의 구분에 따라 지방자치단체가 지원한다.

1. 특별자치시 및 특별자치도의 행정시 : 해당 특별자치시 및 특별자치도가 전부 지원
2. 제1호 외의 지역 : 특별시·광역시·도·특별자치도(관할 구역 안에 지방자치단체인 시·군이 있는 특별자치도에 한정한다)와 시·군·구가 협의하는 바에 따라 각각 분담하여 지원

③ 제1항 및 제2항에서 규정한 사항 외에 소득안정비용 지원에 필요한 사항은 농림축산식품부장관이 정하여 고시한다.

(23) 심리적·정신적 치료(가축전염병예방법 시행령 제12조의3)

① 법 제49조의2제1항제4호에서 "자원봉사자 등 대통령령령으로 정하는 사람"이란 자원봉사자 및 가축을 살처분하거나 소각, 매몰 또는 화학적 처리를 한 사람으로서 법 제49조의2제1항제1호부터 제3호까지의 규정에 해당하지 않는 사람을 말한다.

② 법 제49조의2제3항에 따른 심리검사는 같은 조 제1항에 따라 지정된 전담의료기관에서 실시한다.

③ 법 제49조의2제4항에 따라 치료신청을 받은 시장·군수·구청장은 서면이나 전자문서로 진료기관에 치료 요청을 하고, 치료 신청자에게 해당 진료기관을 알려주어야 한다.

④ 제3항에 따라 치료 요청을 받은 진료기관은 치료 신청자에게 전문가를 배정하여 상담치료를 받을 수 있도록 하고, 상담한 전문가가 추가적인 치료가 필요하다고 판단하는 경우 치료 신청자에게 해당 진료기관을 알려주어야 한다.

⑤ 법 제49조의2제5항에 따라 비용을 지원하는 치료는 전문가 상담치료와 상담한 전문가가 필요하다고 인정하는 약물치료 등 추가적인 치료로 하되, 치료에 따른 비용은 국가와 지방자치단체가 100분의 50을 각각 부담한다.

(24) 비용의 지원(가축전염병예방법 시행령 제13조)

① 법 제50조제1항에 따른 살처분 등에 소요되는 비용에 대한 국가 또는 지방자치단체의 지원비율은 다음 각 호와 같다.

1. 법 제13조에 따른 역학조사에 소요되는 비용, 법 제15조제1항 및 제3항에 따른 검사·주사·주사표시·약물목욕 또는 투약에 소요되는 비용, 법 제17조제1항부터 제3항까지, 제19조제1항에 따른 이동제한에 소요되는 비용 및 법 제25조제2항에 따른 소독에 소요되는 비용 : 해당비용의 100분의 50 이상은 국가가 지원하고, 그 나머지는 지방자치단체가 지원

2. 법 제20조에 따른 살처분의 실시, 법 제22조제2항 · 제3항에 따른 사체의 소각, 매몰, 화학적 처리, 재활용, 법 제23조제1항 · 제3항에 따른 오염물건의 소각, 매몰, 화학적 처리 및 소독(이하 이 호에서 "살처분 등"이라 한다)에 소요되는 비용 : 지방자치단체가 지원. 다만, 제1종 가축전염병 중 구제역, 고병원성 조류인플루엔자 또는 아프리카돼지열병의 발생 및 확산 방지 등을 위해 다음 각 목의 어느 하나에 해당하는 경우에는 해당 목에서 정하는 바에 따라 국가가 일부를 지원할 수 있으며, 국가가 일부를 지원하는 경우 본문에 따른 지방자치단체의 지원금액은 특별자치시 및 특별자치도의 행정시의 경우에는 해당 특별자치시 및 특별자치도가 전부 부담하고, 그 외의 지역의 경우에는 특별시 · 광역시 · 도 · 특별자치도(관할 구역 안에 지방자치단체인 시 · 군이 있는 특별자치도에 한정한다)와 시 · 군 · 구가 협의하는 바에 따라 각각 분담한다.

가. 해당 특별자치시 · 시(특별자치도의 행정시를 포함한다) · 군 · 구에서 사육하는 가축 전부에 대해 살처분 등을 하는 경우 : 농림축산식품부장관과 기획재정부장관이 협의하여 결정된 비율로 지원

나. 해당 가축의 전국 사육두수의 100분의 1 이상을 사육하는 특별자치시 · 시(특별자치도의 행정시를 포함한다) · 군 · 구에서 해당 가축의 일부에 대해서 살처분 등을 하는 경우 : 다음 표의 기준에 따라 지원

재정 자립도	해당 가축 살처분 등 비율	국비 지원 보조율
50% 이상 100%	50% 이상	국비 20%
40% 이상 50% 미만	40% 이상	국비 20%
30% 이상 40% 미만	30% 이상	국비 20%
20% 이상 30% 미만	20% 이상	국비 30%
10% 이상 20% 미만	10% 이상	국비 40%
10% 미만	5% 이상	국비 50%

3. 법 제24조에 따른 매몰지의 관리, 법 제24조의2에 따른 매몰지 주변 환경조사, 정밀조사 및 정화 조치 등에 드는 비용 : 해당 비용의 100분의 40 이상은 국가가 지원하고, 그 나머지는 지방자치단체가 지원

4. 법 제48조의2에 따른 폐업지원에 드는 비용 : 해당 비용의 100분의 70 이상은 국가가 지원하고, 그 나머지는 지방자치단체가 지원

② 지방자치단체의 장이 제1항에 따른 비용을 지원하는 경우에는 그 사실여부를 확인한 후 이를 지급하여야 한다.

③ 법 제50조제2항에 따라 국가가 지방자치단체에 추가로 지원하는 비용은 구제역, 고병원성조류인플루엔자 및 아프리카돼지열병이 확산되는 것을 막기 위하여 통제초소 운영과 소독 등에 소요되는 비용의 100분의 50 이상으로 하고, 그 나머지는 해당 지방자치단체가 부담한다.

(25) 수수료(가축전염병예방법 시행령 제14조)

① 축산 관련 단체가 법 제50조제3항에 따라 공동가축방역의 실시에 대하여 소유자 등으로부터 받을 수 있는 수수료는 다음 각호의 구분에 따른 금액을 기준으로 한다.

1. 검사・주사・약물목욕 또는 투약 등에 소요되는 주사기 및 약품 등의 재료구입비
2. 검사・주사・약물목욕 또는 투약 등에 소요되는 인건비

② 농림축산식품부장관은 원활한 공동가축방역의 실시를 위하여 필요하다고 인정하는 때에는 제1항에 따른 수수료의 최고 한도액을 정하는 등 수수료의 조정을 위한 조치를 할 수 있다.

(26) 보상금 등의 감액(가축전염병예방법 시행령 제14조의2)

법 제52조제4항에 따라 농림축산식품부장관이 법 제48조제1항에 따른 보상금과 제50조제1항・제2항에 따른 지원금 중 국가가 부담하는 금액을 감액할 수 있는 경우와 그 감액비율은 다음 각 호와 같다.

1. 농림축산식품부장관 또는 농림축산검역본부장의 살처분 명령일부터 1일 지연 : 국가 부담분의 100분의 10
2. 농림축산식품부장관 또는 농림축산검역본부장의 살처분 명령일부터 2일 지연 : 국가 부담분의 100분의 20
3. 농림축산식품부장관 또는 농림축산검역본부장의 살처분 명령일부터 3일 지연 : 국가 부담분의 100분의 30
4. 농림축산식품부장관 또는 농림축산검역본부장의 살처분 명령일부터 4일 지연 : 국가 부담분의 100분의 50
5. 농림축산식품부장관 또는 농림축산검역본부장의 살처분 명령일부터 5일 지연 : 국가 부담분 전액

(27) 권한의 위임 및 위탁(가축전염병예방법 시행령 제15조)

① 농림축산식품부장관은 법 제55조제1항에 따라 다음 각 호의 권한을 농림축산검역본부장에게 위임한다.

1. 법 제3조의2에 따른 정보의 공개
2. 법 제3조의3제1항에 따른 국가가축방역통합정보시스템의 구축 및 운영
3. 법 제3조의3제3항에 따른 국가가축방역통합정보시스템 입력 명령
4. 법 제5조제2항에 따른 무역항, 공항 및 출입장소 등에서의 검역 및 방역 시설의 설치 및 운영
5. 법 제5조제9항에 따른 가축전염병의 예방과 검역에 필요한 자료 또는 정보의 제공 요청
6. 법 제10조제1항에 따른 수의과학기술 개발계획의 수립 및 시행

7. 법 제10조제3항에 따른 수의과학기술에 관한 시험 또는 분석
8. 법 제17조제7항 각 호에 따른 소독설비 등 확인
9. 법 제17조제10항에 따른 소독설비 및 방역시설의 정비·보수 등 명령
10. 법 제17조의4제1항에 따른 차량출입정보의 수집
11. 법 제17조의4제2항에 따른 차량출입정보 관리체계의 구축·운영 및 수행기관의 지정·운영
12. 법 제17조의4제3항에 따른 차량출입정보 열람청구의 접수 및 처리
13. 법 제17조의5제1항에 따른 시설출입차량의 등록 여부와 차량무선인식장치의 장착·작동 여부 확인을 위한 출입·조사
14. 법 제32조제2항제1호에 따른 시험연구용 또는 예방약제조에 사용하기 위하여 수입하는 물건의 수입허가

② 농림축산식품부장관 또는 시·도지사는 법 제55조제2항에 따라 법 제7조제3항의 검사업무중 구제역·돼지열병·돼지오제스키병 및 뉴캣슬병 그 밖에 농림축산식품부장관이 정하는 가축전염병의 시료채취에 관한 업무를 법 제9조에 따른 가축위생방역지원본부(이하 "방역본부"라 한다)에 위탁한다.

③ 농림축산식품부장관은 법 제55조제3항에 따라 농림축산식품부장관이 정하여 고시하는 「농업협동조합법」에 따른 농업협동조합중앙회·농협경제지주회사, 방역본부 또는 축산관련업무를 행하는 비영리법인에게 법 제18조제1항에 따른 질병관리등급의 부여 및 관리에 관한 업무를 위탁한다.

(28) 고유식별정보의 처리(가축전염병예방법 시행령 제15조의2)

농림축산식품부장관, 지방자치단체의 장(해당 권한이 위임·위탁된 경우에는 그 권한을 위임·위탁받은 자를 포함한다), 농림축산검역본부장 및 시·도가축방역기관의 장은 다음 각 호의 사무를 수행하기 위하여 불가피한 경우 「개인정보 보호법 시행령」 제19조에 따른 주민등록번호, 여권번호, 운전면허의 면허번호 또는 외국인등록번호가 포함된 자료를 처리할 수 있다.

1. 법 제3조의3에 따른 국가가축방역통합정보시스템의 구축·운영 사무
2. 법 제5조에 따른 가축 방역 및 검역 사무
3. 법 제17조의3에 따른 차량의 등록 및 출입정보 관리 등의 사무
4. 법 제36조에 따른 수입 검역 사무

(29) 과태료의 부과기준(가축전염병예방법 시행령 제16조)

법 제60조에 따른 과태료의 부과기준은 별표 3과 같다.

가축전염병예방법 시행규칙

[시행 2024. 4. 23.] [농림축산식품부령 제646호, 2024. 4. 23, 일부개정]

1. 총 칙

(1) 목적(가축전염병예방법 시행규칙 제1조)

이 규칙은 「가축전염병예방법」 및 같은 법 시행령에서 위임된 사항과 그 시행에 필요한 사항을 규정함을 목적으로 한다.

(2) 제2종 및 제3종가축전염병 등(가축전염병예방법 시행규칙 제2조)

① 「가축전염병예방법」(이하 "법"이라 한다) 제2조제2호나목에서 "농림축산식품부령으로 정하는 가축의 전염성 질병"이란 타이레리아병(Theileriosis, 타이레리아 팔바 및 애눌라타만 해당한다)·바베시아병(Babesiosis, 바베시아 비제미나 및 보비스만 해당한다)·아나플라즈마(Anaplasmosis, 아나플라즈마 마지날레만 해당한다)·오리바이러스성간염·오리바이러스성장염·마(馬)웨스트나일열·돼지인플루엔자(H5 또는 H7 혈청형 바이러스 및 신종 인플루엔자 A(H1N1) 바이러스만 해당한다)·낭충봉아부패병을 말한다.

② 법 제2조제2호다목에서 "농림축산식품부령으로 정하는 가축의 전염성 질병"이란 소전염성비기관염(傳染性鼻氣管染)·소류코시스(Leukosis, 지방병성소류코시스만 해당한다)·소렙토스피라병(Leptospirosis)·돼지전염성위장염·돼지단독·돼지생식기호흡기증후군·돼지유행성설사·돼지위축성비염·닭뇌척수염·닭전염성후두기관염·닭전염성기관지염·마렉병(Marek's disease)·닭전염성에프(F)낭(囊)병·토끼출혈병·토끼점액종증·야토병을 말한다.

③ 법 제2조제7호에서 "농림축산식품부령으로 정하는 것"이란 다음 각 호의 어느 하나에 해당하는 것을 말한다.

1. 가축에 아프리카돼지열병을 전염시킬 우려가 있는 물렁진드기
2. 그 밖에 농림축산식품부장관이 정하여 고시하는 가축전염병 매개체

(3) 가축전염병 예찰(가축전염병예방법 시행규칙 제3조)

① 농림축산식품부장관, 특별시장·광역시장·도지사·특별자치도지사(이하 "시·도지사"라 한다) 및 특별자치시장·시장(특별자치도의 행정시장을 포함한다)·군수·구청장(구청장은 자치구의 구청장을 말하며, 이하 "시장·군수·구청장"이라 한다)은 법 제3조제1항제1호·제2호 및 제5호에 규정된 업무를 효율적으로 수립·시행하고, 신속한 방역조치업무를 수행하기 위하여 가축전염병에 관한 예찰(豫察)을 실시할 수 있다.

② 농림축산식품부장관, 시·도지사 및 시장·군수·구청장은 제1항에 따른 예찰을 실시하는 때에는 그 실시방법과 예찰결과에 따른 방역조치에 관하여 법 제6조제2항에 따른 축산 관련 단체 및 축산관련기업의 대표, 가축방역전문가 등의 의견을 들어야 한다.
③ 가축전염병에 관한 예찰의 방법·절차 등에 관하여 필요한 세부사항은 농림축산식품부장관이 정한다.

(4) 매몰 후보지의 선정(가축전염병예방법 시행규칙 제3조의2)

법 제3조제2항에 따른 매몰 후보지에 관한 기준은 별표 5 제2호가목에 따른 매몰 장소에 관한 기준과 같다.

(5) 축전염병 발생 현황에 대한 정보공개(가축전염병예방법 시행규칙 제3조의3)

① 법 제3조의2제3항에 따른 정보공개 대상 가축전염병은 다음 각 호와 같다.
1. 구제역
2. 고병원성조류인플루엔자
3. 아프리카돼지열병
4. 그 밖에 농림축산식품부장관이 정하여 고시하는 가축전염병

② 법 제3조의2제3항에 따른 정보공개의 내용과 범위는 다음 각 호와 같다.
1. 가축전염병명
2. 가축전염병이 발생한 국가명 및 지역명
3. 가축전염병 발생 일시
4. 가축전염병에 걸린 가축의 종류
5. 별표 1에 따른 가축전염병 발생국 등을 여행하는 자가 유의해야 하는 사항
6. 그 밖에 농림축산식품부장관이 방역 및 검역에 필요하다고 인정하는 사항

③ 농림축산검역본부장(이하 "검역본부장"이라 한다)이 제1항 및 제2항에 따라 공개하는 정보의 출처는 세계동물보건기구(OIE)로 한다.
④ 법 제3조의2제5항에 따른 정보공개의 절차 및 방법은 다음 각 호의 구분에 따른다.
1. 검역본부장 : 제2항에 따른 정보공개 내용 및 범위에 대한 최신 정보를 농림축산검역본부의 홈페이지에 공개하고, 농림축산식품부장관, 시·도지사(특별자치시장을 포함한다. 이하 제3조의5제2항·제3항, 제4조제3항, 제11조제1항·제2항, 제45조의3제2항, 제46조제1항 각 호 외의 부분 및 같은 조 제2항 각 호 외의 부분에서 같다) 및 축산관련 단체의 장에게 정보통신망 등을 이용하여 통보한다. 이 경우 시·도지사는 검역본부장으로부터 통보받은 정보를 시장·군수·구청장에게 통보하여야 한다.

2. 농림축산식품부장관, 관계 행정기관의 장, 시・도지사, 시장・군수・구청장 : 제2항에 따른 정보 공개 내용・범위와 법 제3조의2제4항에 따른 공개 대상을 홈페이지, 정보통신망 또는 기관 소식지 등에 공개한다.

(6) 국가가축방역통합정보시스템의 구축・운영(가축전염병예방법 시행규칙 제3조의4)

① 다음 각 호의 업무는 법 제3조의3제1항에 따른 국가가축방역통합정보시스템(이하 "방역정보시스템"이라 한다)을 통하여 처리하여야 한다. 다만, 방역정보시스템이 정상적으로 운영되지 아니하는 경우에는 다른 방법으로 우선 처리한 후, 방역정보시스템이 정상적으로 운영되면 그 처리 내용을 방역정보시스템에 입력하여야 한다.

1. 법 제3조제1항제1호에 따른 가축전염병의 예방 및 조기 발견・신고 체계 구축에 관한 업무
2. 법 제3조제1항제2호에 따른 가축전염병별 긴급방역대책의 수립・시행에 관한 업무
3. 법 제3조제1항제6호에 따른 가축방역에 관한 정보의 수집・분석 및 조사・연구에 관한 업무
4. 법 제3조제1항제8호에 따른 살처분・소각・매몰・화학적 처리 등 가축방역에 따른 주변환경의 오염방지 및 사후관리 대책 수립・시행에 관한 업무
5. 법 제12조제2항에 따른 병성감정 결과의 보고
6. 법 제14조에 따른 가축전염병 병원체의 분리보고・신고 및 보존・관리에 관한 업무
7. 법 제17조의4제2항에 따른 차량출입정보의 수집・유지・관리에 관한 업무
8. 제15조제4항에 따른 역학조사 결과의 제출

② 농림축산식품부장관은 법 제3조의3제3항에 따라 축산관계자 주소, 축산 관련 시설의 소재지, 가축과 그 생산물의 이동 현황 및 다음 각 호의 정보에 대하여 방역정보시스템에 입력을 명할 수 있다.

1. 「축산법」 제2조제9호에 따른 가축거래상인 현황
2. 시장・군수・구청장이 실시한 방역 관련 점검 결과
3. 그 밖에 가축전염병의 확산을 방지하기 위하여 농림축산식품부장관이 정하여 고시하는 정보

③ 법 제3조의3제3항에 따라 정보 입력의 명을 받은 시장・군수・구청장은 입력한 사항이 변경되었을 때에는 방역정보시스템에 즉시 변경된 내용을 반영해야 한다.

④ 제1항부터 제3항까지에서 규정한 사항 외에 방역정보시스템의 구축・운영 등에 필요한 사항은 검역본부장이 정하여 고시한다.

(7) 중점방역관리지구 지정 등(가축전염병예방법 시행규칙 제3조의5)

① 법 제3조의4제1항에 따라 농림축산식품부장관은 법 제4조제1항에 따른 중앙가축방역심의회(이하 "심의회"라 한다)의 심의를 거쳐 다음 각 호의 지역을 중점방역관리지구로 지정한다.

1. 고병원성 조류인플루엔자가 발생할 위험이 높은 다음 각 목의 어느 하나에 해당하는 지역
   가. 고병원성 조류인플루엔자가 최근 5년간 2회 이상 발생한 지역. 이 경우 고병원성 조류인플루엔자가 발생하여 해를 넘겨 지속되는 때에는 1회로 본다.
   나. 닭, 오리, 칠면조, 거위, 타조, 메추리, 꿩, 기러기(이하 "가금"이라 한다) 사육농가 수가 반경 500m 이내 10호 이상 또는 1km 이내 20호 이상인 지역
   다. 철새도래지 반경 10km 이내 지역
2. 아프리카돼지열병이 발생할 위험이 높은 다음 각 목의 어느 하나에 해당하는 지역
   가. 아프리카돼지열병이 최근 5년간 1회 이상 발생한 지역
   나. 야생멧돼지 등 가축전염병 특정매개체 또는 물·토양 등 환경에서 아프리카돼지열병 바이러스가 검출된 지역
3. 그 밖에 제1종 가축전염병이 발생할 위험이 높은 다음 각 목의 어느 하나에 해당하는 지역
   가. 제1종 가축전염병이 최근 5년간 2회 이상 발생한 지역
   나. 가축 사육농가 수가 반경 500m 이내 10호 이상 또는 1km 이내 20호 이상인 지역

② 법 제3조의4제2항에 따라 농림축산식품부장관은 중점방역관리지구에 대하여 가축 및 가축전염병 특정매개체에 대한 임상·환경 모니터링 검사 및 그 밖에 가축전염병 예방을 위해 필요한 사항에 관한 조치계획을 수립하여 시·도지사에게 통보해야 한다.

③ 제2항에 따라 조치계획을 통보받은 시·도지사는 1개월 이내에 관할 중점방역관리지구에 대한 조치계획을 수립하고 이를 시장·군수·구청장에게 통보해야 하며, 시장·군수·구청장은 조치계획을 통보받은 날부터 1개월 이내에 관할 중점방역관리지구에 대한 조치계획을 수립하여 시행해야 한다.

④ 법 제3조의4제3항에 따라 중점방역관리지구에서 가축 사육이나 축산 관련 영업(돼지에 관한 사육이나 축산 관련 영업은 제외한다)을 하려는 자는 다음 각 호의 소독설비 및 방역시설을 갖추어야 한다.

1. 방역복 착용 등을 위한 전실(前室, 농장 또는 축사의 입구에 방역복 착용 및 신발소독조 설치 등을 위하여 설치한 소독설비를 말한다. 이하 같다)
2. 울타리 또는 담장
3. 농장 내 출입차량 세척시설 및 차량의 바퀴·흙받기를 소독할 수 있는 고압분무기

⑤ 법 제3조의4제3항에 따라 중점방역관리지구에서 돼지에 관한 사육이나 축산 관련 영업을 하려는 자는 별표 1의2에 따른 소독설비 및 방역시설을 갖추어야 한다.

⑥ 농림축산식품부장관은 법 제3조의4제6항에 따라 다음 각 호에 해당하는 경우 심의회의 심의를 거쳐 중점방역관리지구의 지정을 해제할 수 있다.

1. 제1항제1호가목에 해당하여 중점방역관리지구로 지정된 이후 3년간 고병원성 조류인플루엔자의 발생이 없는 경우
2. 제1항제1호나목에 해당하여 중점방역관리지구로 지정된 이후 가금 사육농가 수가 감소하여 중점방역관리지구의 지정 기준을 충족하지 않는 경우
3. 제1항제1호다목에 해당하여 중점방역관리지구로 지정된 이후 철새도래지에서 제외된 경우
4. 제1항제2호가목에 해당하여 중점방역관리지구로 지정된 이후 3년간 아프리카돼지열병의 발생이 없는 경우
5. 제1항제2호나목에 해당하여 중점방역관리지구로 지정된 이후 3년간 야생멧돼지 등 가축전염병 특정매개체 또는 물·토양 등 환경에서 아프리카돼지열병 바이러스가 검출되지 않는 경우

⑦ 제1항부터 제6항까지의 규정에 따른 세부사항은 가축전염병별로 농림축산식품부장관이 정하여 고시한다.

(8) 사육제한 명령 등(가축전염병예방법 시행규칙 제4조)

① 시장·군수·구청장은 다음 각 호의 어느 하나에 해당하는 명령을 하려는 경우에는 미리 해당 가축의 소유자 또는 관리자(이하 "소유자 등"이라 한다)에게 서면 또는 전자문서로 그 사실을 알려야 한다.

1. 법 제3조의4제5항에 따라 중점방역관리지구 내에서 가축사육제한 명령을 하려는 경우
2. 법 제19조제4항(법 제28조 및 제28조의2에서 준용하는 경우를 포함한다)에 따라 가축사육시설의 폐쇄명령 또는 가축사육제한 명령을 하려는 경우

② 제1항제1호 및 제2호에 따른 명령은 별지 제1호서식에 따른다.

③ 시장·군수·구청장(특별자치시장은 제외한다)은 제1항제1호 및 제2호에 따른 명령을 한 경우에는 해당 가축사육시설의 명칭, 소재지, 가축의 소유자, 명령일자 및 이행기간 등을 시·도지사에게 통보하고, 시·도지사는 해당 사항을 농림축산식품부장관 및 다른 시·도지사에게 통보하여야 한다.

(9) 심의회의 구성 및 운영(가축전염병예방법 시행규칙 제5조)

① 심의회는 위원장 1명과 부위원장 2인을 포함한 100명 이내의 위원으로 성별을 고려하여 구성한다.

② 위원장은 농림축산식품부 소속의 축산 관련 업무를 담당하는 고위공무원단에 속하는 공무원(직무등급이 가등급에 해당하는 공무원에 한정한다)이 되고, 부위원장은 농림축산식품부 소속의 고위공무원단에 속하는 가축방역 또는 검역업무를 담당하는 공무원과 위원중에서 호선한 1명으로 한다.

③ 위원장은 심의회를 대표하고, 심의회의 업무를 총괄한다.

④ 위원장이 부득이한 사유로 직무를 수행할 수 없는 때에는 호선된 부위원장, 농림축산식품부 소속의 고위공무원단에 속하는 가축방역 또는 검역업무를 담당하는 공무원 및 위원장이 미리 지명한 위원의 순으로 그 직무를 대행한다.

⑤ 심의회의 위원은 수의(獸醫)·축산·의료·환경 분야 등에 학식과 경험이 풍부한 자중에서 농림축산식품부장관이 임명 또는 위촉한다. 이 경우 시민단체(「비영리민간단체 지원법」 제2조의 규정에 의한 비영리민간단체를 말한다)가 추천하는 위원이 1명 이상 포함되도록 하여야 한다.

⑥ 위원 중 공무원이 아닌 위원의 임기는 2년으로 하되, 연임할 수 있다.

⑦ 위원회에는 질병·축종 등에 따른 전문분야 심의회를 둘 수 있다.

⑧ 전문분야별 심의회의 회의는 제6조를 준용한다.

(10) 심의회의 회의(가축전염병예방법 시행규칙 제6조)

① 위원장은 심의회의 회의를 소집하고, 그 의장이 된다.

② 위원장은 농림축산식품부장관 또는 위원 3분의 1 이상의 요구가 있는 때에는 지체없이 회의를 소집하여야 한다.

③ 심의회의 회의는 위원장, 부위원장 및 위원장이 회의 시마다 지정하는 위원을 포함하여 30명 이내로 구성한다.

④ 심의회는 제3항에 따른 구성원 과반수의 출석으로 개의(開議)하고, 출석위원 과반수의 찬성으로 의결한다.

⑤ 심의회는 심의사항과 관련하여 필요하다고 인정하는 경우에는 관계인을 출석시켜 의견을 들을 수 있다.

(11) 위원의 해임 및 해촉(가축전염병예방법 시행규칙 제6조의2)

농림축산식품부장관은 위원이 다음 각 호의 어느 하나에 해당하는 경우에는 해당 위원을 해임 또는 해촉(解囑)할 수 있다.

1. 심신장애로 인하여 직무를 수행할 수 없게 된 경우
2. 직무와 관련된 비위사실이 있는 경우
3. 직무태만, 품위손상이나 그 밖의 사유로 인하여 위원으로 적합하지 아니하다고 인정되는 경우

4. 위원 스스로 직무를 수행하는 것이 곤란하다고 의사를 밝히는 경우

(12) 심의회의 간사 등(가축전염병예방법 시행규칙 제7조)

① 심의회에 간사 1인을 두되, 간사는 농림축산식품부 소속 공무원 중에서 가축방역 또는 검역업무를 담당하는 과장이 된다.

② 심의회에 출석한 위원에게는 예산의 범위안에서 수당과 여비 그 밖에 필요한 경비를 지급할 수 있다. 다만, 공무원인 위원이 그 소관업무와 직접 관련하여 심의회에 출석하는 경우에는 그러하지 아니하다.

③ 이 규칙에 규정된 사항 외에 심의회 및 전문분야별 심의회의 운영에 필요한 사항은 심의회의 의결을 거쳐 위원장이 정한다.

(13) 외국인 근로자 고용 신고 등(가축전염병예방법 시행규칙 제7조의2)

① 법 제5조제3항 및 제10항에 따라 가축의 소유자 등이 관할 시장·군수·구청장에게 외국인 근로자 고용신고를 할 때에는 별지 제1호의2서식에 따른 외국인 근로자 고용신고서를 작성하여 제출하거나 팩스 또는 그 밖에 시장·군수·구청장이 정하는 방법으로 신고할 수 있다.

② 가축의 소유자 등으로부터 외국인 근로자의 고용신고를 받은 시장·군수·구청장은 신고사항을 별지 제1호의3서식에 따른 외국인 근로자 고용신고 관리대장에 기록하여 관리하고, 방역정보시스템에 신고사항을 입력하여야 하며, 분기별 1회 이상 외국인 근로자의 고용 여부를 확인하여 고용의 해지 등 변경 사항이 발생한 경우에는 방역정보시스템에 즉시 변경된 내용을 반영해야 한다.

③ 가축의 소유자 등은 외국인 근로자를 고용하여 처음으로 가축사육시설에 들이는 경우 해당 외국인 근로자에 대하여 가축방역 관련 예방 교육 및 의류·신발·소지품 등에 대한 소독을 먼저 실시하여야 한다.

④ 가축의 소유자 등은 제3항에 따른 가축방역예방교육 실시 사항과 소독실시 내용을별지 제6호서식에 따른 소독실시기록부에 기록하여야 한다.

⑤ 시장·군수·구청장은 가축전염병의 예방 및 확산 방지를 위하여 필요한 경우에는 가축방역관 또는 소속 공무원 등에게 외국인 근로자를 고용한 농장을 방문해 가축의 소유자 등의 외국인 근로자에 대한 예방 교육 및 소독 실시 여부를 확인하게 할 수 있다.

(14) 질문·검사·소독 고지 및 소독 등 실시(가축전염병예방법 시행규칙 제7조의3)

① 검역본부장은 법 제5조제4항에 따라 질문·검사·소독에 관한 사항을 고지할 때 인터넷 홈페이지·안내방송·서면·문자메시지 또는 그 밖에 검역본부장이 정하는 방법으로 하여야 한다.

② 검역본부장은 법 제5조제5항 및 제6항에 따라 가축전염병 발생국가에서 입국하는 사람 등에 대하여 다음 각 호의 조치를 한다.

1. 가축전염병 발생국가 체류 또는 경유 여부 및 가축사육시설 방문여부에 대한 질문 또는 확인과 검사
2. 제1호의 사실이 확인된 경우 제20조에 따른 소독 실시
3. 가축전염병발생국가에서 입국한 날부터 5일 이내에는 가축사육시설에 들어가지 않도록 방역교육 실시

(15) 가축의 소유자 등의 범위 및 입국·출국 신고 등(가축전염병예방법 시행규칙 제7조의4)

① 법 제5조제6항에 따른 질문·검사·소독 등 필요한 조치에 따르거나 입국·출국 사실 등을 신고하여야 하는 사람의 구체적인 범위는 다음 각 호와 같다. 이 경우 신고 대상자의 확인 방법 및 절차에 필요한 사항은 검역본부장이 정하여 고시할 수 있다.

1. 가축의 소유자 등 : 「축산법」 제2조에 따른 소, 산양, 면양, 돼지, 닭과 같은 법 시행규칙 제2조에 따른 사슴, 오리, 거위, 칠면조, 메추리를 사육하는 사람
2. 가축의 소유자 등에게 고용된 사람 : 고용계약 체결 유·무와 상관없이 가축의 소유자 등에게 사실상 노무를 제공하는 사람
3. 동거가족 : 제1호 또는 제2호에 해당하는 사람과 거소를 같이 하는 가족
4. 수의사 : 「수의사법」 제4조에 따른 수의사 면허를 받은 사람으로서 다음 각 목의 어느 하나에 해당하는 사람
   가. 「수의사법」에 따른 동물병원 개설자 및 그에 고용된 사람
   나. 「국가공무원법」 및 「지방공무원법」에 따른 공무원 중 수의·축산 관련 업무를 수행하는 공무원
   다. 「공중방역수의사에 관한 법률」에 따른 공중방역수의사
   라. 「고등교육법」에 따른 수의학, 축산학 또는 동물자원학을 전공하는 대학의 교수, 부교수, 조교수, 강사 및 대학원에 재학중인 사람
   마. 제8조에 따른 축산관련 단체에 고용된 사람
   바. 「도시공원 및 녹지 등에 관한 법률」, 「자연공원법 시행령」 또는 「박물관 및 미술관 진흥법 시행령」에 따라 동물원에 고용된 사람
   사. 「국립생태원의 설립 및 운영에 관한 법률」에 따라 국립생태원에 고용된 사람
5. 「축산법」 제17조에 따른 가축인공수정소 개설자와 그에 고용된 사람
6. 가축방역사 : 법 제8조에 따라 가축방역사로 위촉된 사람
7. 동물약품을 판매하는 자 : 다음 각 목의 어느 하나에 해당하는 자와 그에 고용된 사람
   가. 「동물용 의약품등 취급규칙」 제3조에 따른 동물약국 개설자

나. 「동물용 의약품등 취급규칙」제4조에 따른 동물용의약품제조업자
다. 「동물용 의약품등 취급규칙」제16조에 따른 동물용의약품수입판매업자
라. 「동물용 의약품등 취급규칙」 제20조에 따른 동물용의약품도매상 소유자
8. 사료를 판매하는 자 : 다음 각 목의 어느 하나에 해당하는 자와 그에 고용된 사람
가. 「사료관리법」 제8조에 따라 등록한 사료제조업자
나. 「사료관리법」에 따른 판매업자
9. 가축분뇨를 수집·운반하는 사람
10. 「축산법」 제34조에 따른 가축시장의 종사자
11. 「축산물위생관리법」 제2조제5호의 원유를 수집·운반하는 사람
12. 도축장의 종사자
13. 그 밖에 수의·축산 관련 업무에 종사하여 가축전염병 예방을 위하여 질문·검사·소독 등 조치가 필요하다고 검역본부장이 정하여 고시하는 사람

② 검역본부장은 가축전염병 발생국에서 입국하는 사람이 해당 국가의 축산농가를 방문하였는지 여부를 세관장의 협조를 얻어 「관세법」 제241조제2항에 따라 관세청장이 정하여 고시하는 여행자(승무원) 세관신고서 등으로 확인할 수 있다.

③ 「가축전염병예방법 시행령」(이하 "영"이라 한다) 제2조의5에 따른 동물검역 신고서는 별지 제1호의4서식으로 한다.

④ 검역본부장은 법 제5조제5항 및 같은 조 제6항에 따라 전염병발생국가에서 입국하는 사람 등에 대하여 소독을 실시하는 경우 별지 제1호의5서식에 따른 소독 확인증을 발급할 수 있다.

⑤ 가축의 소유자 등과 그 동거가족 등의 법 제5조제6항에 따른 입국·출국사실 등의 신고는 다음 각 호의 어느 하나의 방법에 의한다.
1. 방역정보시스템을 통한 신고
2. 별지 제1호의6서식에 따른 축산관계자 입국·출국 신고서를 작성하여 도착하거나 출발하는 항구, 공항 또는 그 밖의 장소에서 검역본부장에게 직접 제출하거나 팩스 등 전자문서로 제출
3. 별지 제1호의6서식에 따른 신고사항을 검역본부장에게 전화로 신고

⑥ 검역본부장은 법 제5조제5항 및 같은 조 제6항에 따라 제출받은 입국자 동물 검역신고서 및 축산관계자 입국·출국 신고서를 정보화 처리하고 정보기록매체 등에 수록하여 관리 및 유지할 수 있다.

(16) 방역관리 책임자(가축전염병예방법 시행규칙 제7조의5)

① 법 제5조의2제1항 본문에서 "농림축산식품부령으로 정하는 규모 이상의 가축"이란 10만 마리 이상의 닭 또는 오리를 말한다.

② 법 제5조의2제1항 본문에 따른 방역관리 책임자와 법 제5조의2제1항 단서에 따른 방역업체 및 방역전문가의 자격기준은 다음 각 호와 같다.

1. 방역관리 책임자 및 방역전문가 : 「고등교육법」 제2조에 따른 학교에서 수의학 또는 축산학 분야를 전공하고 졸업한 사람 또는 이와 동등 이상의 학력을 가진 사람으로서 해당 학력을 취득한 후 방역관련 분야에 3년 이상 종사한 사람
2. 방역업체 : 제1호에 해당하는 사람을 2명 이상 고용한 업체

③ 제1항에 따른 가축의 소유자 등은 법 제5조의2제1항 단서에 따라 방역업체 및 방역전문가와 계약을 통하여 정기적으로 방역관리를 하는 경우에는 별지 제1호의7서식의 방역관리 인가신청서에 다음 각 호의 서류를 첨부하여 시장・군수・구청장에게 제출하여야 한다.

1. 제2항 각 호의 자격을 증명하는 서류
2. 사업자등록증(방역업체인 경우만 해당한다)
3. 정기적 방역관리에 관한 계약서

④ 제3항에 따른 신청서를 받은 시장・군수・구청장은 「전자정부법」 제36조제1항에 따른 행정정보의 공동이용을 통하여 사업자등록증을 확인하여야 한다. 다만, 신청인이 사업자등록증의 확인에 동의하지 아니하는 경우에는 그 서류를 첨부하도록 하여야 한다.

⑤ 법 제5조의2제2항제4호에 따른 가축방역 관련 업무는 다음 각 호와 같다.

1. 가축전염병 예방 및 진단을 위한 분뇨 수집 등 시료채취
2. 법 제17조에 따른 소독설비 및 방역시설 기준 준수 및 이행 관리
3. 법 제17조의6에 따른 방역기준의 준수 및 이행 관리
4. 그 밖에 가축전염병 예방을 위하여 필요한 업무로서 농림축산식품부장관이 정하여 고시하는 업무

⑥ 법 제5조의2제3항에 따른 가축방역교육은 매년 4시간 이상으로 하며, 교육의 내용・방법 등 교육에 필요한 세부사항은 검역본부장이 정하여 고시한다.

⑦ 제1항에 따른 가축의 소유자 등은 법 제5조의2제4항에 따라 방역관리 책임자를 선임하거나 해임하는 때에는 별지 제1호의8서식의 방역관리 책임자 선임(해임)신고서에 제2항제1호의 자격을 증명하는 서류를 첨부하여 시장・군수・구청장에게 제출하여야 한다.

(17) 가축방역위생관리업의 신고(가축전염병예방법 시행규칙 제7조의6)

① 법 제5조의3제1항 전단에 따라 가축방역위생관리업을 하려는 자가 갖추어야 하는 시설・장비 및 인력 기준은 별표 1의3과 같다.

② 법 제5조의3제1항 전단에 따라 가축방역위생관리업을 하려는 자는 별지 제1호의9서식의 가축방역위생관리업 신고서에 시설・장비 및 인력 명세서를 첨부하여 시장・군수・구청장에게 제출해야 한다.

③ 시장·군수·구청장은 제2항에 따라 신고를 수리(受理)했을 때에는 별지 제1호의10서식의 가축방역위생관리업 신고증을 신고자에게 발급해야 한다.

(18) 신고사항의 변경(가축전염병예방법 시행규칙 제7조의7)

① 법 제5조의3제1항에 따라 가축방역위생관리업의 신고를 한 자(이하 "방역위생관리업자"라 한다)가 같은 항 후단에 따라 신고사항을 변경하려는 경우에는 별지 제1호의11서식의 가축방역위생관리업 신고사항 변경신고서에 가축방역위생관리업 신고증과 변경사항을 증명할 수 있는 서류를 첨부하여 시장·군수·구청장에게 제출해야 한다.

② 제1항에 따른 변경신고를 받은 시장·군수·구청장은 신고사항을 가축방역위생관리업 신고증 뒤쪽에 적어 이를 신고자에게 발급해야 한다.

(19) 가축방역위생관리업의 휴업 등의 신고(가축전염병예방법 시행규칙 제7조의8)

① 법 제5조의3제2항에 따라 휴업·폐업 또는 재개업을 신고하려는 방역위생관리업자는 별지 제1호의12서식의 신고서(전자문서를 포함한다)에 가축방역위생관리업 신고증을 첨부하여 시장·군수·구청장에게 제출해야 한다.

② 제1항에도 불구하고 「부가가치세법 시행령」 제13조제5항에 따라 관할 세무서장이 송부한 제1항의 신고서를 관할 시장·군수·구청장이 접수한 경우에는 제1항에 따라 신고서를 제출한 것으로 본다.

③ 제1항 또는 제2항에 따른 신고서를 접수한 시장·군수·구청장은 신고사항을 가축방역위생관리업 신고증 뒤쪽에 적어 이를 신고자에게 발급해야 한다. 다만, 폐업신고의 경우에는 발급하지 않는다.

(20) 소독·방제의 기준 및 기록 등(가축전염병예방법 시행규칙 제7조의9)

① 법 제5조의3제4항에 따른 소독·방제의 기준과 방법은 별표 1의4와 같다.

② 법 제5조의3제4항에 따라 소독 또는 방제를 실시한 방역위생관리업자는 별지 제1호의13서식의 소독·방제증명서를 소독 또는 방제를 실시한 시설의 관리·운영자에게 발급해야 한다.

③ 방역위생관리업자는 법 제5조의3제4항에 따라 별지 제1호의14서식의 소독·방제실시대장에 소독·방제에 관한 사항을 기록하고, 이를 2년간 보존해야 한다.

(21) 행정처분의 기준(가축전염병예방법 시행규칙 제7조의10)

법 제5조의3제6항에 따른 행정처분의 세부 기준은 별표 1의5와 같다.

(22) 방역위생관리업자 등에 대한 교육(가축전염병예방법 시행규칙 제7조의11)

① 방역위생관리업자(법인인 경우에는 그 대표자를 말한다. 이하 이 조에서 같다)는 가축방역위생관리업의 신고를 한 날부터 6개월 이내에 법 제5조의4제1항 및 제2항에 따라 별표 1의6의 교육과정에 따른 소독 및 방제에 관한 교육을 받아야 한다.

② 방역위생관리업자는 고용한 소독 및 방제업무 종사자(이하 "소독 및 방제업무 종사자"라 한다)에게 해당 업무에 종사한 날부터 6개월 이내에 소독 및 방제에 관한 교육을 받게 해야 하고, 이후에는 직전의 교육을 받은 연도의 다음 연도 12월 31일까지 매년 1회 이상 보수교육을 받게 해야 한다.

③ 법 제5조의4제4항에서 "농림축산식품부령으로 정하는 소독 및 방제업무 전문기관 또는 단체"란 다음 각 호의 단체를 말한다.

1. 법 제9조제1항에 따른 가축위생방역 지원본부(이하 "방역본부"라 한다)
2. 「수의사법」 제23조에 따라 설립된 수의사회(이하 "수의사회"라 한다)

④ 제1항 및 제2항에 따른 교육에 필요한 경비는 교육을 받는 자가 부담한다.

(23) 가축방역교육 실시 등(가축전염병예방법 시행규칙 제8조)

① 법 제6조제2항에서 "농림축산식품부령으로 정하는 축산 관련 단체"란 다음 각 호의 단체(이하 "축산 관련 단체"라 한다)를 말한다.

1. 방역본부
2. 「농업협동조합법」에 의한 농업협동조합중앙회(농협경제지주회사를 포함한다)
3. 수의사회
4. 그 밖에 가축방역업무에 필요한 조직과 인원을 갖춘 축산과 관련되는 단체로서 농림축산식품부장관이 정하여 고시하는 단체

② 법 제6조제1항에서 "농림축산식품부령으로 정하는 가축의 소유자와 그에게 고용된 사람"이란 다음 각 호의 자를 말한다.

1. $50m^2$ 이상의 소·돼지·닭·오리·사슴·면양 또는 산양의 사육시설을 갖추고 있는 해당 가축의 소유자와 그에게 고용된 사람
2. 그 밖에 농림축산식품부장관 또는 지방자치단체의 장이 가축전염병이 발생하거나 퍼지는 것을 막기 위하여 가축방역교육이 필요하다고 인정하는 가축의 소유자 또는 그에게 고용된 사람

(24) 가축방역교육의 지원 등(가축전염병예방법 시행규칙 제9조)

① 농림축산식품부장관 또는 지방자치단체의 장은 법 제6조제2항에 따라 가축방역교육을 실시하는 축산 관련 단체에 예산의 범위안에서 교육교재의 편찬, 강사수당 등 가축방역교육에 소요되는 경비를 지원할 수 있다.

② 그 밖에 교육시간・교육교재편찬・교육실시결과보고 등 가축방역교육에 관하여 필요한 사항은 농림축산식품부장관이 정하여 고시한다.

(25) 계약사육농가에 대한 방역교육 실시 등(가축전염병예방법 시행규칙 제9조의2)

① 법 제6조의2제1항 및 제2항에 따라 「축산계열화사업에 관한 법률」 제2조제5호에 따른 축산계열화사업자(이하 "축산계열화사업자"라 한다)는 같은 법 제2조제6호에 따른 계약사육농가(이하 "계약사육농가"라 한다)에 대하여 분기별 1회 이상 방역교육 및 방역기준・축산업 허가기준 준수 여부에 관한 점검을 각각 실시하고, 매분기 종료 후 5일 이내에 교육 및 점검 결과를 계약사육농가의 소재지를 관할하는 시장・군수・구청장에게 통지해야 한다.

② 제1항에 따른 방역교육에는 다음 각 호의 사항이 포함되어야 한다.

1. 가축질병 위기관리 매뉴얼
2. 차단방역 및 소독시설 설치・운영 방법
3. 구제역 또는 고병원성 조류인플루엔자 임상예찰 및 신고 방법
4. 외국인근로자가 준수하여야 할 방역수칙
5. 구제역 백신 접종 방법[우제류(偶蹄類 : 소, 돼지, 양, 염소, 사슴 및 야생 반추류 등과 같이 발굽이 둘로 갈라진 동물) 계약사육농가만 해당한다]
6. 그 밖에 농림축산식품부장관이 필요하다고 정하여 고시한 사항

③ 제1항에도 불구하고 계약사육농가가 「축산법」 제33조의3제1항에 따라 지정된 교육운영기관에서 교육과정을 이수한 경우 축산계열화사업자가 계약사육농가에 대하여 해당 연도의 교육을 실시한 것으로 본다.

④ 축산계열화사업자는 제3항에 따른 계약사육농가의 교육 이수 여부를 확인하여 계약사육농가의 소재지를 관할하는 시장・군수・구청장에게 통보하여야 한다.

(26) 가축방역관에 대한 교육 실시 등(가축전염병예방법 시행규칙 제9조의3)

법 제7조제5항에 따른 가축방역관의 교육은 매년 4시간 이상으로 하며, 교육의 내용・방법 등 교육에 필요한 세부사항은 농림축산식품부장관이 정하는 바에 따른다.

(27) 가축방역사(가축전염병예방법 시행규칙 제10조)

① 법 제8조제4항의 규정에 따라 가축방역사로 위촉할 수 있는 자는 다음 각호의 1에 해당하는 자로 한다.

1. 「국가기술자격법」에 의한 축산산업기사 이상의 자격이 있는 자
2. 「고등교육법」에 의한 전문대학 이상의 대학에서 수의학・축산학・생물학 또는 보건학 분야를 전공하고 졸업한 자 또는 이와 동등 이상의 학력을 가진 자
3. 국가・지방자치단체 및 영 제3조제1항의 규정에 의한 행정기관에서 가축방역업무를 6월 이상 수행한 경험이 있는 자
4. 축산 관련 단체에서 가축방역에 관한 업무에 1년 이상 종사한 경험이 있는 자

② 농림축산식품부장관 또는 지방자치단체의 장은 제1항의 규정에 의한 가축방역사의 자격을 갖춘 자 중 방역본부가 실시하는 24시간 이상의 교육과정을 이수한 자를 가축방역사로 위촉한다.

③ 법 제8조제2항의 규정에 의한 가축방역사의 업무범위는 다음 각호와 같다.

1. 가축방역관의 지도・감독을 받아 가축시장 또는 가축사육시설에 들어가 가축의 소유자 등에 대하여 행하는 가축방역에 관한 질문
2. 가축방역관의 지도・감독을 받아 가축시장・가축사육시설 또는 도축장에 들어가 가축질병 예찰에 필요한 시료의 채취
3. 그 밖에 법 제7조제3항의 규정에 따라 가축방역관이 행하는 업무의 보조

④ 농림축산식품부장관 또는 지방자치단체의 장은 가축방역사로 하여금 제3항 각 호의 업무를 수행하게 하려면 미리 그 상대방에게 구두・서면 또는 전자문서로 알려야 한다.

⑤ 농림축산식품부장관 또는 지방자치단체의 장은 가축방역사의 업무수행을 위하여 예산의 범위 안에서 수당을 지급할 수 있다.

(28) 방역본부에 대한 보고지시 및 감독(가축전염병예방법 시행규칙 제11조)

① 농림축산식품부장관 또는 시・도지사는 법 제9조제9항에 따라 같은 조 제6항 각 호의 사업에 관한 사업실적을 보고하게 할 수 있다.

② 농림축산식품부장관 또는 시・도지사는 법 제9조제9항의 규정에 따라 관계공무원으로 하여금 방역본부가 같은 조 제6항 각 호의 사업을 적정하게 수행하고 있는지 여부를 감독하게 할 수 있다.

(29) 수의과학기술에 관한 시험・분석 등(가축전염병예방법 시행규칙 제12조)

① 법 제10조제3항 전단의 규정에 따라 수의과학기술에 관한 시험 또는 분석을 의뢰하고자 하는 자는 별지 제1호의15서식의 의뢰서에 수의과학기술의 특성에 관한 설명서 등 시험 또는 분석에

필요한 자료를 첨부하여 검역본부장에게 제출하여야 한다.

② 제1항에 따라 수의과학기술에 관한 시험 또는 분석을 의뢰받은 검역본부장은 시료의 특성을 고려하여 이화학적 방법, 공중위생학적 방법, 독성학적 방법, 생물학적 방법, 미생물학적 방법, 혈청학적 방법, 역학적 방법 등으로 시험 또는 분석을 실시한다.

③ 검역본부장은 제2항의 규정에 따라 시험 또는 분석을 마친 때에는 지체없이 그 결과를 의뢰인에게 통보하여야 한다.

④ 그 밖에 수의과학기술의 시험 또는 분석에 관하여 필요한 사항은 검역본부장이 정하여 고시한다.

(30) 죽거나 병든 가축의 신고(가축전염병예방법 시행규칙 제13조)

① 법 제11조제1항 및 제3항에 따른 신고는 구두·서면 또는 전자문서로 하되, 다음 각 호의 사항이 포함되어야 한다.

1. 신고대상 가축의 소유자 등의 성명(축산계열화사업자의 경우에는 회사·법인명으로 한다) 및 신고대상 가축의 사육장소 또는 발견장소
2. 신고대상 가축의 종류 및 두수
3. 질병명(수의사의 진단을 받지 아니한 때에는 신고자가 추정하는 병명 또는 발견당시의 상태)
4. 죽은 연월일(죽은 연월일이 분명하지 아니한 때에는 발견 연월일)
5. 신고자의 성명 및 주소
6. 그 밖에 가축이 죽거나 병든 원인 등 신고에 관하여 필요한 사항

② 법 제11조제1항 각 호의 가축이 다음 각 호의 어느 하나에 해당되는 경우에는 같은 항에 따른 신고를 하지 아니할 수 있다.

1. 대학, 수의관련 연구기관 또는 가축병성감정실시기관이 사육중인 가축을 대상으로 학술연구활동을 수행하는 과정에서 당해 가축이 법 제11조제1항 각호의 가축에 해당하게 된 경우
2. 「약사법」에 의하여 의약품제조업 허가를 받은 자가 사육중인 가축을 대상으로 의약품 제조 및 시험활동을 수행하는 과정에서 당해 가축이 법 제11조제1항 각호의 가축에 해당하게 된 경우
3. 수출입 가축이 검역중 죽은 경우

③ 시장·군수·구청장은 법 제11조제1항 및 제3항에 따라 죽거나 병든 가축의 신고를 받은 때에는 가축방역관 또는 「수의사법」 제21조에 따른 공수의(이하 "공수의"라 한다)로 하여금 이를 검안 또는 진단하게 하거나 같은 법 제17조에 따라 동물병원을 개설하고 있는 수의사(이하 "동물병원개설자"라 한다)에게 검안 또는 진단을 의뢰하여야 한다.

④ 제3항에 따라 죽거나 병든 가축의 검안 또는 진단을 의뢰받은 가축방역관·공수의 또는 동물병원개설자는 지체 없이 해당 가축을 검안 또는 진단하고 시장·군수·구청장에게 「수의사법」 제12조에 따른 검안서 또는 진단서(가축방역관의 경우에는 검안 또는 진단한 내용을 기재한 서류)를 교부하여야 한다.

(31) 혈청검사 결과보고(가축전염병예방법 시행규칙 제14조)

① 특별시·광역시·도 또는 특별자치도에 소속되어 가축방역업무를 수행하는 기관의 장(이하 "시·도가축방역기관장"이라 한다)은 법 제12조제3항에 따라 가축 또는 가축전염병 특정매개체의 혈청검사를 실시한 때에는 그 결과를 다음 달 10일까지 검역본부장에게 제출하여야 한다.

② 검역본부장은 법 제12조제3항의 규정에 따라 실시한 혈청검사의 결과와 제1항의 규정에 따라 시·도가축방역기관장으로부터 제출받은 혈청검사의 결과를 종합하여 매분기 종료후 다음 달 20일까지 농림축산식품부장관에게 보고하여야 한다.

(32) 가축병성감정실시기관의 지정 등(가축전염병예방법 시행규칙 제14조의2)

① 검역본부장은 법 제12조제6항 및 제7항에 따라 가축병성감정실시기관을 질병별·검사항목별로 지정할 수 있다.

② 제1항에 따라 가축병성감정실시기관의 지정을 받으려는 자는 별표 1의7의 지정기준에 따른 인력과 시설 등을 갖추고 별지 제1호의6서식의 가축병성감정실시기관 지정(지정변경) 신청서에 다음 각 호의 서류를 첨부하여 검역본부장에게 제출해야 하고, 검역본부장은 가축병성감정실시기관의 지정기준에 적합하다고 인정하면 별지 제1호의17서식의 가축병성감정실시기관지정서를 신청인에게 발급하고, 관할 시·도가축방역기관장에게 그 내용을 알려야 한다.

1. 조직·인원 및 사무분장표
2. 가축병성감정책임자의 이력서
3. 가축병성감정책임자 및 병성감정담당자의 수의사 면허증 사본
4. 시설 및 실험기자재 내역

③ 제2항에 따라 가축병성감정실시기관으로 지정받은 자가 다음 각 호의 어느 하나에 해당하는 사항을 변경하려면 별지 제1호의16서식의 가축병성감정실시기관 지정(지정변경) 신청서에 가축병성감정실시기관지정서와 변경사항을 증명할 수 있는 서류를 첨부하여 검역본부장에게 제출하여야 하고, 검역본부장은 해당 신청서를 검토한 후 별지 제1호의17서식의 가축병성감정실시기관지정서를 재발급하거나 가축병성감정실시기관지정서의 뒤쪽에 그 변경사항을 적어 발급할 수 있다.

1. 기관명(법인명)
2. 대표자 또는 전문인력

3. 소재지

4. 제1항에 따른 질병 및 검사항목

④ 가축병성감정실시기관을 휴지·폐지 또는 재개하려는 자는 별지 제1호의18서식에 따른 병성감정업무의 휴지·폐지 또는 재개 신청서를 검역본부장에게 제출하여야 한다.

⑤ 가축병성감정실시기관의 장은 별지 제1호의19서식에 따른 월별 가축병성감정실적을 다음 달 10일까지 검역본부장에게 제출하여야 한다.

⑥ 가축병성감정실시기관의 장은 가축병성감정실시 결과 법 제2조제2호에 따른 가축전염병으로 판명한 때에는 방역정보시스템에 그 내용을 입력하고, 해당 가축(검사물)의 소유자 등과 농장 소재지를 관할하는 시장·군수·구청장에게 문서나 정보통신망으로 즉시 통보하여야 한다.

⑦ 검역본부장은 병성감정 결과에 대한 신뢰성 확보를 위하여 특별시·광역시·도 또는 특별자치도에 소속되어 가축방역업무를 수행하는 기관과 가축병성감정실시기관의 검사능력 관리에 필요한 조치를 할 수 있다.

⑧ 제7항에 따른 검사능력의 관리에 필요한 사항은 검역본부장이 정하여 고시한다.

(33) 행정처분의 기준(가축전염병예방법 시행규칙 제14조의3)

법 제12조의2제2항에 따른 가축병성감정 실시기관의 지정취소 또는 업무정지의 구체적인 처분기준은 별표 1의8과 같다.

(34) 역학조사의 대상 등(가축전염병예방법 시행규칙 제15조)

① 법 제13조제1항에서 "농림축산식품부령으로 정하는 가축전염병"이란 다음 각 호의 가축전염병을 말한다.

1. 우역·우폐역·구제역·아프리카돼지열병·돼지열병·고병원성조류인플루엔자 및 소해면상뇌증

2. 그 밖의 가축전염병중 농림축산식품부장관 또는 검역본부장이 역학조사가 필요하다고 인정하는 가축전염병

② 검역본부장, 시·도 가축방역기관장은 제1항 각 호에 따른 가축전염병이 발생하였거나 발생할 우려가 있다고 인정하는 경우에는 지체없이 다음 각 호의 구분에 따라 역학조사를 실시하여야 한다. 이 경우 가축전염병의 방역을 위하여 긴급한 경우에는 검역본부장, 시·도지사 및 시·도 가축방역기관장이 공동으로 실시하여야 한다.

1. 검역본부장이 역학조사를 하여야 하는 경우

가. 2 이상의 시·도에서 제1항 각 호에 따른 가축전염병이 발생하였거나 발생할 우려가 있는 경우

나. 제1항 각 호에 따른 가축전염병에 대한 시·도지사 또는 시·도 가축방역기관장의 역학조사가 불충분하거나 기술·장비 등의 부족으로 역학조사가 곤란하다고 판단되는 경우

2. 시·도지사 및 시·도 가축방역기관장이 역학조사를 하여야 하는 경우

가. 관할구역 안에서 제1항 각 호에 따른 가축전염병이 발생하였거나 발생할 우려가 있는 경우

나. 제1항 각 호에 따른 가축전염병이 다른 시·도에서 발생한 경우로서 그 가축전염병의 발생이 관할구역과 역학적으로 연관성이 있다고 의심되는 경우

③ 제1항 각 호에 따른 가축전염병에 대한 역학조사의 내용은 다음 각 호와 같다.

1. 가축전염병에 걸렸거나 걸렸다고 의심이 되는 가축의 발견일시·장소·종류·성별·연령 등 일반현황
2. 가축전염병에 걸렸거나 걸렸다고 의심이 되는 가축의 사육환경 및 분포
3. 가축전염병의 감염원인 및 경로
4. 가축전염병 전파경로의 차단 등 예방요령
5. 그 밖에 해당 가축전염병의 발생과 관련된 사항

④ 시·도지사 및 시·도 가축방역기관장이 제2항제2호의 규정에 따라 역학조사를 하는 때에는 그 결과를 검역본부장에게 제출하여야 하고, 검역본부장은 역학조사를 추가로 실시하여야 할 필요가 있다고 인정되는 경우에는 시·도 가축방역기관장에게 추가로 역학조사를 하게 할 수 있다.

(35) 역학조사반의 구성·임무 등(가축전염병예방법 시행규칙 제16조)

① 법 제13조제2항의 규정에 따라 검역본부장 소속하에 중앙역학조사반을, 시·도지사 및 시·도 가축방역기관장 소속하에 시·도역학조사반을 각각 두되, 중앙역학조사반원은 검역본부장이, 시·도역학조사반원은 시·도지사 및 시·도 가축방역기관장이 다음 각 호의 어느 하나에 해당하는 자중에서 임명 또는 위촉하는 자로 한다.

1. 가축방역 또는 역학조사에 관한 업무를 담당하는 공무원
2. 수의학에 관한 전문지식과 경험이 있는 자
3. 축산분야에 관한 학식과 경험이 풍부한 자
4. 가축전염병 역학조사분야에 관한 학식과 경험이 풍부한 자
5. 그 밖에 가축전염병 역학조사를 위하여 검역본부장이 필요하다고 인정하는 자

② 중앙역학조사반 및 시·도역학조사반의 임무는 다음 각호와 같다.

1. 역학조사계획의 수립·실시 및 평가
2. 역학조사 실시기준 및 방법의 개발
3. 가축전염병과 관련된 국내·외 자료의 수집 및 분석

4. 시·도역학조사반의 활동에 대한 기술지도(중앙역학조사반에 한한다)

5. 그 밖에 역학조사와 관련된 조사·연구

③ 제1항의 규정에 의한 역학조사반원은 역학조사를 실시하는 때에는 별지 제2호서식의 역학조사반원임을 표시하는 증표를 지니고, 관계인의 요청이 있는 때에는 이를 내보여야 한다.

④ 검역본부장, 시·도지사 및 시·도 가축방역기관장은 역학조사반원으로 임명 또는 위촉되어 역학조사를 실시하는 자에 대하여는 예산의 범위안에서 역학조사활동에 필요한 수당과 여비 그 밖에 필요한 경비를 지급할 수 있다. 다만, 역학조사반원이 공무원인 경우에는 그러하지 아니하다.

(36) 역학조사관의 지정 등(가축전염병예방법 시행규칙 제16조의2)

① 법 제13조제3항에 따라 검역본부장은 20명 이상의 역학조사관을, 시·도지사 및 시·도 가축방역기관장은 각각 2명 이상의 역학조사관을 지정해야 한다.

② 검역본부장은 법 제13조제3항에 따라 지정된 역학조사관에 대해 별표 1의9에 따라 교육·훈련을 실시해야 한다.

③ 검역본부장, 시·도지사 및 시·도 가축방역기관은 법 제13조제5항에 따라 같은 조 제3항에 따라 지정된 역학조사관에게 다음 각 호에 따른 비용의 전부 또는 일부를 지원할 수 있다.

1. 역학조사 업무 수행에 드는 비용
2. 역학조사관의 교육·훈련에 드는 비용
3. 역학조사에 필요한 장비 구입에 드는 비용

④ 법 제13조제8항에 따라 특별시장·광역시장 및 특별시·광역시 소속 시·도 가축방역기관장은 역학조사관을 두지 않을 수 있다.

⑤ 제1항 및 제2항에 따른 역학조사관의 지정 및 교육·훈련에 필요한 사항은 검역본부장이 정하여 고시한다.

(37) 검사·주사·약물목욕 또는 투약의 실시명령 등(가축전염병예방법 시행규칙 제17조)

① 농림축산식품부장관, 시·도지사, 시장·군수·구청장은 법 제15조제1항에 따라 가축에 대한 검사·주사·약물목욕·면역요법·투약 또는 주사·면역요법을 실시하였음을 확인할 수 있는 표시(이하 "주사·면역표시"라 한다)의 명령을 하거나 주사·면역요법 또는 투약의 금지를 명하려면 다음 각 호의 사항을 그 실시일 또는 금지일 10일 전까지 고시하여야 한다. 다만, 가축전염병의 예방을 위하여 긴급한 때에는 그 기간을 단축하거나 그 실시일 또는 금지일 당일에 고시할 수 있다.

1. 목 적
2. 지 역

3. 대상 가축명과 가축전염병의 종류
4. 실시기간
5. 그 밖에 가축에 대한 검사・주사・약물목욕・면역요법・투약 또는 주사・면역표시, 주사・면역요법 또는 투약의 금지 등에 필요한 사항

② 법 제15조제2항에 따른 증명서는 각 호의 서식과 같다.
1. 검사증명서 : 별지 제3호서식
2. 주사・면역표시증명서 : 별지 제4호서식
3. 약물목욕・면역요법 또는 투약 증명서 : 별지 제5호서식

③ 농림축산식품부장관은 가축에 대한 검사・주사・약물목욕・면역요법・투약 또는 주사・면역표시의 적정을 기하기 위하여 필요한 때에는 그 실시범위・방법・기준, 명령이행 여부의 확인 등에 필요한 사항을 정하여 고시할 수 있다.

(38) 가축방역업무의 공동실시(가축전염병예방법 시행규칙 제18조)

① 농림축산식품부장관, 시・도지사 또는 시장・군수・구청장은 법 제15조제3항에 따라 가축의 소유자 등 또는 축산 관련 단체로 하여금 가축방역업무를 공동으로 실시하게 하려면 다음 각 호의 구분에 따라 실시하게 해야 한다. 이 경우 해당 가축의 소유자 등에 대하여 가축방역업무를 공동으로 실시하게 하려면 축산 관련 단체와 함께 실시하게 해야 한다.
1. 구제역, 돼지열병, 돼지오제스키병, 고병원성 조류인플루엔자 예방주사와 그 주사표시의 경우 : 해당 가축의 소유자 등, 방역본부, 「농업협동조합법」에 의한 농업협동조합중앙회, 농협경제지주회사 및 수의사회 중 2 이상의 자로 하여금 공동으로 실시하게 할 수 있다.
2. 광견병 예방주사와 그 주사표시의 경우 : 당해 가축의 소유자 등과 수의사회로 하여금 공동으로 실시하게 할 수 있다.
3. 브루셀라병・결핵병・추백리(雛白痢 : 병아리흰설사병) 및 가금티프스 검사 : 해당 가축의 소유자 등 및 제8조제1항 각 호의 단체 중 2 이상의 자로 하여금 공동으로 실시하게 할 수 있다.

② 농림축산식품부장관 또는 지방자치단체의 장은 제1항의 규정에 따라 가축방역업무를 공동으로 실시하게 하는 경우에는 축산 관련 단체에 대하여 가축방역업무에 필요한 약품류 등을 지원할 수 있다.

③ 그 밖에 가축방역업무의 공동실시에 관하여 필요한 세부사항은 농림축산식품부장관이 정하여 고시한다.

(39) 가축의 입식 사전 신고(가축전염병예방법 시행규칙 제18조의2)

① 법 제15조의2제1항에서 "농림축산식품부령으로 정하는 가축"이란 「축산법」 제22조제1항제1호에 따른 종축업 및 같은 항 제4호에 따른 가축사육업의 허가를 받은 자가 사육하는 닭 또는 오리를 말한다.

② 법 제15조의2제1항에서 "농림축산식품부령으로 정하는 사항"이란 다음 각 호의 사항을 말한다.

1. 입식(入殖 : 가축 사육시설에 새로운 가축을 들여놓는 행위를 말한다)하려는 가축의 종류
2. 현재의 가축사육 규모 및 입식 규모
3. 입식 일령(日齡) 및 입식 예정일
4. 가축사육시설의 규모 및 사육 형태
5. 가축의 출하 예정일
6. 입식하려는 가축의 출하 부화장 또는 농장
7. 축산계열화사업자에 관한 정보(계약사육농가만 해당한다)
8. 법 제17조에 따른 소독설비 및 방역시설의 설치 현황 및 정상 작동 여부

③ 법 제15조의2제1항에 따라 가축의 소유자 등이 시장·군수·구청장에게 가축의 입식 사전 신고를 하려는 때에는 별지 제5호의2서식에 따른 가축의 입식 사전 신고서를 작성하여 입식하기 7일 전까지 시장·군수·구청장에게 제출하거나 팩스 또는 그 밖에 시장·군수·구청장이 정하는 방법으로 신고할 수 있다.

④ 제3항에 따라 가축의 소유자 등으로부터 가축의 입식 사전 신고를 받은 시장·군수·구청장은 신고사항을 방역본부의 장(이하 "방역본부장"이라 한다)에게 통보해야 한다.

(40) 검사증명서의 휴대 등(가축전염병예방법 시행규칙 제19조)

① 농림축산식품부장관, 시·도지사 또는 시장·군수·구청장이 법 제16조제5항에 따라 가축의 소유자 및 가축운송업자에게 가축을 이동할 때에 검사증명서, 예방접종증명서나 법 제19조제1항 각 호 외의 부분 단서 또는 법 제19조의2제4항에 따라 이동승인을 받았음을 증명하는 서류(이하 "이동승인서"라 한다)를 휴대하게 하거나 예방접종을 하였음을 가축에 표시하도록 명할 수 있는 가축전염병은 다음 각 호와 같다.

1. 검사증명서 또는 예방접종증명서 휴대 : 구제역·돼지열병·뉴캐슬병·브루셀라병·결핵병·돼지오제스키병 그 밖에 농림축산식품부장관이 정하여 고시하는 가축전염병
2. 이동승인서 휴대 : 구제역, 고병원성 조류인플루엔자, 그 밖에 농림축산식품부장관이 정하여 고시하는 가축전염병
3. 예방접종 표시 : 우역·구제역·돼지열병·광견병 그 밖에 농림축산식품부장관이 정하여 고시하는 가축전염병

② 농림축산식품부장관, 시・도지사 또는 시장・군수・구청장은 법 제16조제5항에 따라 가축의 소유자 등 또는 가축운송업자에게 가축을 이동할 때에 검사증명서, 예방접종증명서 또는 이동승인서를 휴대하게 하거나 가축에 대하여 예방접종을 하였음을 확인할 수 있는 표시를 하도록 명령하려는 때에는 다음 사항을 그 실시일 10일 전까지 고시하여야 한다. 다만, 가축전염병의 예방을 위하여 긴급한 때에는 그 기간을 단축하거나 그 실시일 당일에 고시할 수 있으며, 이동승인서를 발급한 경우에는 고시를 생략할 수 있다.

1. 목 적
2. 지 역
3. 대상 가축명과 가축전염병의 종류
4. 명령의 내용
5. 그 밖에 검사증명서・예방접종증명서・이동승인서의 휴대, 예방접종 확인표시 등에 관하여 필요한 사항

③ 국가 또는 지방자치단체는 가축의 소유자 등으로부터 검사증명서 또는 예방접종증명서의 청구가 있는 때에는 별지 제3호서식 및 별지 제4호서식에 의한 증명서를 발급하여야 한다.

④ 법 제16조제5항의 규정에 따라 예방접종을 하였음을 가축에 표시하는 방법은 낙인・천공(穿孔)・귀표・목걸이 그 밖에 예방접종을 하였음을 외부에서 알 수 있도록 표시하는 방법으로 한다.

(41) 소독설비 및 실시 등(가축전염병예방법 시행규칙 제20조)

① 법 제17조제1항에 따른 대상자별 소독설비 및 방역시설의 설치기준은 별표 1의10과 같다.

② 법 제17조제2항제1호에서 “농림축산식품부령으로 정하는 일정 규모 이상의 농가”란 5만 마리 이상의 산란계를 사육하는 농가를 말한다.

③ 제2항에 따른 농가는 매년 1회 이상 방역위생관리업자를 통해 소독 및 방제를 해야 한다.

④ 법 제17조제2항제2호에 따른 소독 및 방제 미흡으로 「축산물 위생관리법」에 따른 식용란 검사에 불합격한 농가는 부적합 통보일 이후 1개월 이내에 방역위생관리업자를 통한 소독 및 방제를 해야 한다.

⑤ 법 제17조제5항 본문, 제23조제1항, 제25조제1항, 제26조 및 제43조제6항에 따른 소독방법은 별표 2와 같다.

⑥ 법 제17조제3항에서 “농림축산식품부령으로 정하는 자”란 다음 각 호의 자를 말한다.

1. 계란을 운반하는 자
2. 육류를 운반하는 자
3. 가축의 정액을 운반하는 자
4. 왕겨 또는 톱밥을 운반하는 자

5. 그 밖의 축산관련 출입자

⑦ 법 제17조제4항에서 “농림축산식품부령으로 정하는 제1종 가축전염병”이란 다음 각 호의 전염병을 말한다.

1. 구제역
2. 고병원성조류인플루엔자
3. 아프리카돼지열병
4. 그 밖에 농림축산식품부장관이 정하여 고시하는 가축전염병

⑧ 법 제17조제5항 본문에 따른 소독실시기준은 다음 각 호와 같다.

1. 법 제17조제1항제1호부터 제3호까지 및 제5호에 규정된 자($50m^2$ 미만의 가축사육시설의 소유자 등을 포함한다)와 같은 항 제4호 중 종축장 운영자 : 가축사육시설 · 도축장 · 종축장 등 가축 또는 원유 · 식용란 등 가축의 생산물 등이 집합되는 시설 또는 장소에 대하여 주 1회 이상 소독을 실시
할 것
2. 법 제17조제1항제4호에 규정된 자(종축장 운영자는 제외한다) : 가축이 집합되는 시설의 경우에는 가축이 집합하기 전과 가축이 해산 후, 부화장의 경우에는 알이 부화하기 전과 부화한 후 각각 소독을 실시할 것
3. 법 제17조제3항에 따른 운반차량의 운전자 : 가축사육시설 그 밖에 가축이 집합되는 시설 또는 장소에 출입할 때마다 차량에 대한 소독을 실시할 것

⑨ 법 제17조제6항에 따른 소독실시기록부는 별지 제6호서식 또는 별지 제7호서식에 의하고, 최종 기재일부터 1년간 이를 보관(전자적 방법을 통한 보관을 포함한다)하여야 한다.

⑩ 제1항, 제5항 및 제8항의 규정에 의한 소독설비의 운영, 가축종류별 특성에 따른 소독방법 등에 관하여 필요한 세부사항은 농림축산식품부장관이 정하여 고시한다.

(42) 출입기록의 작성 · 보존 등(가축전염병예방법 시행규칙 제20조의2)

① 법 제17조제1항 각 호에 해당하는 자는 법 제17조의2제1항에 따라 해당 시설을 출입하는 자 및 차량에 대한 출입기록을 별지 제6호서식에 따라 기록(전자적 방법의 기록을 포함한다)해야 한다.

② 법 제17조제1항 각 호에 해당하는 자는 법 제17조의2제2항에 따라 소속 공무원, 가축방역관 또는 가축방역사가 출입기록 내용의 확인을 요구할 경우 이에 따라야 한다.

(43) 시설출입차량 등록 신청(가축전염병예방법 시행규칙 제20조의3)

① 법 제17조의3제1항에 따라 시장 · 군수 · 구청장에게 등록하여야 하는 차량(이하 “시설출입차량”이라 한다)은 별표 2의2와 같다.

② 시설출입차량을 등록하려는 자는 별지 제7호의3서식의 등록신청서에 차량 임대차 계약서(차량을 임차한 경우만 해당한다)를 첨부하여 시장・군수・구청장에게 제출하여야 한다.

③ 제3항에 따른 신청을 받은 시장・군수・구청장은 「전자정부법」 제36조제1항에 따른 행정정보의 공동이용을 통하여 다음 각 호의 서류를 확인하여야 하며, 신청인이 확인에 동의하지 아니하는 경우(법인 등기사항 증명서는 제외한다)에는 이를 첨부하도록 하여야 한다.

1. 주민등록표 초본(법인인 경우에는 법인 등기사항증명서)
2. 자동차 등록원부 등본
3. 사업자등록증(개인인 경우에는 제외한다)

④ 제3항에 따른 신청을 받은 시장・군수・구청장은 시설출입차량으로 등록한 후 3개월 이내에 해당 지방자치단체에서 운영하는 축산 관련 행정정보 시스템(이하 "축산행정정보시스템"이라 한다)을 통하여 제20조의6에 따른 교육수료 결과를 확인하여야 하며, 신청인이 확인에 동의하지 아니하는 경우에는 제20조의6에 따른 교육수료 결과를 제출하도록 하여야 한다.

(44) 시설출입차량 등록증의 발급 등(가축전염병예방법 시행규칙 제20조의4)

① 시장・군수・구청장은 제20조의3에 따라 등록한 차량에 대하여 별지 제7호의4서식의 시설출입차량 등록증과 별표 2의3에 따른 시설출입차량표지를 발급하고, 축산행정정보시스템에 관련 정보를 입력한 후 방역정보시스템에 전송하여야 한다.

② 제1항에 따라 등록증을 발급받은 자는 등록증을 분실하거나 등록증이 손상된 경우에는 시장・군수・구청장에게 별지 제7호의5서식의 재발급 신청서 및 손상된 등록증(등록증이 손상되어 재발급받으려는 경우만 해당한다)을 제출하여 재발급받을 수 있다.

(45) 차량무선인식장치의 장착 등(가축전염병예방법 시행규칙 제20조의5)

① 법 제17조의3제2항에 따라 시설출입차량의 소유자는 차량무선인식장치를 시설출입차량 앞면 또는 차량무선인식장치를 쉽게 확인할 수 있는 위치에 장착하여야 한다.

② 제1항에서 규정한 사항 외에 차량무선인식장치의 장착 및 운영에 필요한 사항은 검역본부장이 정하여 고시한다.

(46) 시설출입차량의 소유자・운전자에 대한 가축방역 등에 관한 교육(가축전염병예방법 시행규칙 제20조의6)

① 법 제17조의3제5항에 따라 시설출입차량의 소유자 및 운전자는 검역본부장이 정하여 고시하는 바에 따라 시설출입차량 등록 3개월 전부터 등록 후 3개월까지 6시간의 교육을 받아야 하며, 해당 교육 수료일을 기준으로 매 4년이 되는 해의 12월 31일까지 4시간의 보수교육을 받아야 한다. 다만, 시설출입차량의 소유자 및 운전자가 재해의 발생, 질병・부상 그 밖에 부득이한

사유로 정해진 기간 안에 교육 또는 보수교육을 받을 수 없을 때에는 검역본부장이 정하여 고시하는 바에 따라 그 사유가 종료된 날부터 30일 이내에 교육 또는 보수교육을 받아야 한다. (시행일 : 2025.1.1.)

② 제1항에 따라 교육을 받아야 하는 시설출입차량의 소유자 및 운전자 중 검역본부장이 정하여 고시하는 기준에 해당하는 자는 교육의 전부 또는 일부를 면제한다.

③ 검역본부장은 제1항에 따른 교육을 실시하기 위하여 교육총괄기관을 지정할 수 있고, 교육총괄기관의 장은 교육운영기관을 지정할 수 있다.

④ 제3항에 따라 지정받은 교육총괄기관은 제1항에 따른 교육 결과를 축산행정정보시스템에 전송해야 한다.

⑤ 제1항부터 제4항까지에서 규정한 사항 외에 시설출입차량의 소유자 및 운전자의 교육, 교육총괄기관・교육운영기관의 지정 및 교육 결과 보고에 관한 사항은 검역본부장이 정하여 고시한다.

(47) 차량무선인식장치의 기능(가축전염병예방법 시행규칙 제20조의7)

① 법 제17조의3제6항에 따른 차량무선인식장치는 법 제17조의3제1항에 따른 축산관계시설(이하 "축산관계시설"이라 한다)을 출입하는 차량의 위치정보 등을 실시간으로 전송하는 기능을 제공하여야 한다.

② 제1항에서 규정한 사항 외에 차량무선인식장치 기능에 필요한 사항은 검역본부장이 정하여 고시한다.

(48) 시설출입차량의 변경 및 말소 등록(가축전염병예방법 시행규칙 제20조의8)

① 법 제17조의3제8항 및 제9항에 따라 시설출입차량의 변경등록 또는 말소등록을 하려는 자는 별지 제7호의6서식의 시설출입차량 변경등록 신청서 또는 별지 제7호의7서식의 시설출입차량 말소등록 신청서를 시장・군수・구청장[「자동차관리법」에 따른 등록지(이하 "등록지"라 한다) 또는 차량 소유자의 사업장 소재지(이하 "사업장 소재지"라 한다)가 다른 특별자치시・시(특별자치도의 행정시를 포함한다)・군・구(자치구를 말하며, 이하 "시・군・구"라 한다)로 변경된 경우에는 새로운 등록지 또는 사업장 소재지를 관할하는 시장・군수・구청장을 말한다]에게 제출하여야 한다. 이 경우 시・군・구간 변경등록 신청을 받은 시장・군수・구청장의 서류 확인에 관하여는 제20조의3제4항을 준용한다. (시행일 : 2025.1.1.)

② 시장・군수・구청장은 변경등록을 한 차량에 대해서는 별지 제7호의4서식의 시설출입차량 등록증과 별표 2의3에 따른 시설출입차량 표지를 다시 발급 하고, 축산행정정보시스템에 관련 정보를 입력한 후 방역정보시스템에 전송하여야 한다.

③ 시장・군수・구청장은 변경등록을 하거나 등록을 말소한 차량에 대해서는 별지 제7호의4서식의 시설출입차량 등록증과 별표 2의3에 따른 시설출입차량 표지를 회수하고, 축산행정정보시

스템에 관련 정보를 입력한 후 방역정보시스템에 전송하여야 한다. (시행일 : 2025.1.1.)

④ 시장·군수·구청장은 법 제17조의3제9항 각 호에 해당하는 차량에 대하여 직권으로 등록을 말소하려는 경우에는 다음 각 호의 절차에 따른다.

1. 등록사항 말소 예정사실을 해당 차량의 소유자 및 운전자에게 사전 통지할 것. 다만, 소재불명 또는 연락두절 등의 사유가 있을 경우 사전 통지 절차를 생략할 수 있다.
2. 등록사항 말소 예정사실을 해당 기관 게시판과 인터넷 홈페이지에 20일 이상 예고할 것

(49) 가축소유자 등의 방역기준(가축전염병예방법 시행규칙 제20조의9)

법 제17조의6제1항에 따른 가축소유자 등의 방역기준은 별표 2의4와 같다.

(50) 질병관리 등급기준 등(가축전염병예방법 시행규칙 제21조)

① 법 제18조제2항의 규정에 의한 가축질병관리수준에 대한 등급부여의 적용대상 가축·질병 및 등급부여기준은 별표 3과 같다.

② 검역본부장 또는 시·도가축방역기관장은 영 제15조제4항의 규정에 따라 가축질병관리등급의 부여 및 관리업무를 위탁받은 축산 관련 단체 등으로부터 가축질병관리등급의 부여와 관련하여 혈청검사를 의뢰받거나 가축전염병 발생사실의 확인 등을 요청받은 때에는 이에 협조하여야 한다.

(51) 격리 등의 명령(가축전염병예방법 시행규칙 제22조)

① 법 제19조제1항(법 제28조 및 법 제28조의2에서 준용하는 경우를 포함한다)에 따른 명령은 별지 제8호서식에 따른다.

② 시장·군수·구청장은 법 제19조제1항(법 제28조 및 법 제28조의2에서 준용하는 경우를 포함한다)에 따라 이동제한·교통차단 또는 출입통제의 조치를 명하려는 때에는 다음 각 호의 사항을 공고하여야 한다.

1. 목 적
2. 지 역
3. 대상 가축·사람 또는 차량
4. 기 간
5. 그 밖에 이동제한, 교통차단, 출입통제 조치에 필요한 사항

③ 시장·군수·구청장은 운송을 위하여 항구·공항·기차역 또는 정류장에 소재하고 있는 가축에 대하여 법 제19조제1항(법 제28조 및 법 제28조의2에서 준용하는 경우를 포함한다)에 따른 격리·억류 또는 이동제한을 명한 때에는 지체 없이 해당 시설의 관리자 등에게 그 사실을 알려야 한다.

④ 농림축산식품부장관은 가축·사람·차량 또는 제22조의3에 따른 오염우려물품에 대하여 격리·억류·이동제한·교통차단 또는 출입통제의 적정을 기하기 위하여 필요한 때에는 그 방법·기준 등을 정할 수 있다.

(52) 이동승인 신청(가축전염병예방법 시행규칙 제22조의2)

① 법 제19조제1항 단서에 따라 이동승인을 받으려는 자는 별지 제8호의2서식의 이동승인 신청서를 작성하여 시·도가축방역기관장에게 제출(전자적 방법을 통한 제출을 포함한다)하여야 한다.

② 제1항에 따라 이동승인 신청을 받은 시·도가축방역기관장은 해당 지역의 가축전염병 발생 및 확산 상황 등을 고려하여 사람 또는 차량의 소유자가 다음 각 호의 요건을 모두 충족하는 경우에는 이동을 승인한다.

1. 축산관계시설을 방문하지 않을 것
2. 법 제19조의2제1항에 따른 축산 관련 종사자를 만나지 않을 것

(53) 오염우려물품(가축전염병예방법 시행규칙 제22조의3)

법 제19조제1항제1호에 따른 "오염우려물품"이란 다음 각 호의 물품을 말한다.

1. 사료·조사료
2. 동물약품
3. 가축사육시설에서 바닥재료로 사용되는 깔짚, 왕겨 등
4. 액상 및 고형 분뇨
5. 축산 도구 및 기자재
6. 신발·작업복·장갑·모자 등
7. 원유·식용란 등 가축의 생산물
8. 남은 음식물
9. 그 밖에 가축전염병이 발생하거나 퍼지는 것을 막기 위하여 농림축산식품부장관이 필요하다고 인정하는 물품

(54) 방목가능 시설 또는 장비 등(가축전염병예방법 시행규칙 제22조의4)

법 제19조제3항 단서에 따라 다음 각 호에 해당하는 시설 또는 장비를 모두 갖춘 경우에는 가축의 방목을 허용할 수 있다.

1. 별표 1의10에 따른 소독설비 및 방역시설
2. 쥐·곤충을 없애는 시설
3. 야생조류의 출입을 막을 수 있는 그물망(가금류의 방목에 한한다)

4. 외부 사람·차량의 출입을 막을 수 있는 시설

(55) 일시 이동중지 명령(가축전염병예방법 시행규칙 제22조의5)

① 법 제19조의2제1항에 따라 가축 등에 대한 일시 이동중지 명령을 내릴 수 있는 가축전염병은 다음 각 호와 같다.

1. 구제역
2. 고병원성조류인플루엔자
3. 아프리카돼지열병
4. 그 밖에 농림축산식품부장관이 정하여 고시하는 가축전염병

② 법 제19조의2제3항 단서에 따라 부득이하게 이동승인을 받으려는 가축의 소유자 등은 별지 제8호의2서식의 이동승인 신청서를 작성하여 시·도가축방역기관장에게 제출(전자적 방법을 통한 제출을 포함한다)하여야 한다.

③ 제2항에 따라 이동승인 신청을 받은 시·도가축방역기관장은 이동승인을 신청한 자가 다음 각 호의 어느 하나에 해당하는 경우에는 이동을 승인한다.

1. 원유 및 사료의 보관·공급 등의 목적으로 불가피하게 이동하여야 하는 경우
2. 가축의 치료 등을 목적으로 불가피하게 축산관계시설 등을 출입하여야 하는 경우
3. 그 밖에 시·도가축방역기관장이 해당 지역의 가축전염병 발생 및 확산 상황을 고려하여 이동승인이 필요하다고 인정하는 경우

④ 법 제19조의2제5항에 따라 농림축산식품부장관, 시·도지사 및 시장·군수·구청장이 가축 등에 대한 일시 이동중지 명령을 내리려는 경우에는 해당 가축전염병을 전파할 가능성이 있는 가축의 소유자, 시설출입차량 운전자, 축산 관련 종사자 등에게 문서, 전자우편, 팩스, 전화 또는 휴대전화 문자메시지 등의 방법으로 일시 이동중지 명령을 미리 알리고, 다음 각 호의 사항을 공고하여야 한다.

1. 목 적
2. 지 역
3. 대상 가축·사람 또는 차량
4. 기 간
5. 그 밖에 이동중지 조치에 필요한 사항

(56) 이동승인서(가축전염병예방법 시행규칙 제22조의6)

시·도 가축방역기관장은 제22조의2제2항 및 제22조의5제3항에 따라 이동을 승인한 경우에 별지 제8호의3서식의 이동승인서를 신청자에게 내주어야 한다.

(57) 살처분 명령 등(가축전염병예방법 시행규칙 제23조)

① 법 제20조제1항 본문(법 제28조에서 준용하는 경우를 포함한다)에 따라 살처분을 명하여야 하는 가축전염병은 다음 각 호와 같다.

1. 제1종가축전염병 : 우역 · 우폐역 · 구제역 · 아프리카돼지열병 · 돼지열병 · 뉴캐슬병 · 고병원성조류인플루엔자
2. 제2종가축전염병 : 브루셀라병 · 결핵병 · 소해면상뇌증 · 돼지오제스키병 · 돼지인플루엔자(H5 또는 H7 혈청형 바이러스만 해당한다) · 광견병 · 사슴만성소모성질병 · 스크래피(양해면상뇌증)
3. 그 밖에 가축전염병이 퍼지는 것을 막기 위하여 긴급하다고 인정하여 농림축산식품부장관이 정하는 제1종가축전염병 또는 제2종가축전염병

② 법 제20조제1항(법 제28조에서 준용하는 경우를 포함한다)에 따른 살처분 명령은 별지 제9호서식에 따른다.

③ 법 제20조제1항(법 제28조에서 준용하는 경우를 포함한다)의 규정에 따라 살처분 명령을 받은 자는 해당 가축을 사살 · 전살(電殺 : 전기를 이용한 살처분 방법) · 타격 · 약물사용 등의 방법으로 즉시 살처분하여야 한다. 다만, 살처분명령의 대상이 되는 가축의 병성감정상 필요하다고 인정되어 시장 · 군수 · 구청장으로부터 다음의 기간을 초과하지 아니하는 범위에서 기간과 격리장소를 정하여 살처분의 연기명령을 받은 때에는 그에 따른다.

1. 브루셀라병에 걸린 가축 : 70일
2. 결핵병에 걸린 소 : 70일
3. 그 밖의 가축전염병에 걸린 가축 : 7일

④ 법 제20조제1항 단서에서 "농림축산식품부령으로 정하는 경우"란 다음 각 호의 어느 하나에 해당하는 경우를 말한다.

1. 역학조사 결과 가축전염병 특정매개체와 가축이 직접 접촉하였거나 접촉하였다고 의심되는 경우
2. 가축전염병 특정매개체로 인해 아프리카돼지열병이 집중적으로 발생하거나 확산될 우려가 있다고 인정되는 경우(발생 장소를 관할하는 법 제4조에 따른 지방가축방역심의회의 심의를 거친 경우로 한정한다)

⑤ 시장 · 군수 · 구청장은 법 제20조제3항에 따라 광견병 예방주사를 받지 아니한 개 · 고양이에 대하여 억류 · 살처분 그 밖에 필요한 조치를 하려면 해당 조치의 10일 전까지 다음 사항을 공고하여야 한다.

1. 목 적
2. 지 역
3. 기 간

4. 방 법
5. 그 밖에 억류·살처분 등의 조치에 필요한 사항

⑥ 시장·군수·구청장은 법 제20조제3항에 따라 개·고양이를 억류한 때에는 억류의 일시와 장소, 품종, 외모, 억류기간 등 필요한 사항을 공고하여야 한다.

⑦ 시장·군수·구청장은 제5항에 따라 공고한 후 억류기간이 경과하여도 개·고양이의 소유자 등으로부터 반환청구가 없는 때에는 이를 직접 처분할 수 있다.

(58) 도태의 권고 및 명령(가축전염병예방법 시행규칙 제24조)

① 법 제21조제1항 전단(법 제28조에서 준용하는 경우를 포함한다)에 따라 도태를 목적으로 도축장 등에 출하를 권고할 수 있는 가축전염병은 다음 각 호와 같다.

1. 제1종가축전염병 : 우역·우폐역·구제역·아프리카돼지열병·돼지열병·고병원성 조류인플루엔자
2. 제2종가축전염병 : 브루셀라병(소만 해당한다)·결핵병(소만 해당한다)·돼지오제스키병·추백리·가금티프스
3. 그 밖에 가축전염병이 다시 발생하거나 퍼지는 것을 막기 위하여 긴급하다고 인정하여 농림축산식품부장관이 정하는 가축전염병

② 시장·군수·구청장은 법 제21조제1항(법 제28조에서 준용하는 경우를 포함한다)에 따라 도태를 목적으로 가축의 출하를 권고하는 때에는 별지 제10호서식의 도태권고서를 도태기한 10일 전까지 발급해야 한다.

③ 법 제21조제1항 후단에서 "농림축산식품부령으로 정하는 표시"란 낙인·천공·귀표·목걸이·페인트칠 등의 방법으로 도태 권고대상 가축임을 표시하는 것을 말한다.

④ 시장·군수·구청장은 법 제21조제2항(법 제28조에서 준용하는 경우를 포함한다)에 따라 도태를 목적으로 가축의 출하를 명령하는 때에는 별지 제10호의2서식의 도태 명령서를 도태기간 10일 전까지 발급해야 한다.

⑤ 법 제21조제3항(법 제28조에서 준용하는 경우를 포함한다)에 따른 도태 권고 및 도태 명령 대상 가축의 범위·기준·출하절차 및 도태방법은 별표 4와 같다.

(59) 사체 등의 소각·매몰기준(가축전염병예방법 시행규칙 제25조)

법 제22조제2항, 법 제23조제1항 및 법 제33조에 따른 소각 또는 매몰기준은 별표 5와 같다.

(60) 환경오염 방지조치(가축전염병예방법 시행규칙 제26조)

① 법 제22조제3항에 따라 가축의 사체를 소각·매몰 또는 재활용하고자 하는 자가 주변환경의 오염방지를 위하여 취하여야 하는 조치는 별표 6과 같다.

② 시장·군수·구청장은 제1항에 따라 주변환경의 오염방지조치를 한 때에는 해당 매몰지를 관리하는 책임관리자를 지정하여 관리하여야 한다.

(61) 매몰지의 표지 등(가축전염병예방법 시행규칙 제27조)

① 시장·군수·구청장은 법 제24조제1항 단서의 규정에 따라 매몰한 가축의 사체 또는 물건의 발굴을 허가하는 때에는 가축전염병이 퍼지는 것을 막기 위하여 해당 가축의 사체나 물건의 소유자 또는 토지의 소유자로 하여금 발굴한 가축의 사체나 물건을 가축방역관의 참관하에 별표 5의 기준에 따라 소각 또는 매몰하게 하여야 한다.

② 시장·군수·구청장은 법 제24조제2항 전단에 따라 발굴 금지 기간을 연장하려는 경우에는 발굴 금지 기간이 만료되기 전 2개월 이내에 연장결정을 하고 그 사실을 해당 토지의 소유자 및 관리자에게 알려야 한다. 이 경우 연장결정을 한 날부터 10일 이내에 농림축산식품부 및 환경부장관에게 연장사실을 보고하여야 한다.

③ 법 제24조제3항에서 "농림축산식품부령으로 정하는 표지판"이란 다음 각 호의 사항을 적어 놓은 표지판을 말한다.

1. 매몰된 사체 또는 오염물건과 관련된 가축전염병
2. 매몰된 가축 또는 물건의 종류 및 마릿수 또는 개수
3. 매몰연월일 및 발굴금지기간
4. 책임관리자
5. 그 밖에 매몰과 관련된 사항

(62) 항해중 사체의 처분(가축전염병예방법 시행규칙 제28조)

선장은 항해중인 선박안에 법 제26조에 규정된 사체·물건 그 밖의 시설이 있는 때에는 별표 2의 방법에 따라 소독하거나 「해양환경관리법」의 규정에 따라 처리하여야 한다.

(63) 가축집합시설에 대한 사용정지 등(가축전염병예방법 시행규칙 제29조)

시장·군수·구청장이 법 제27조에 따라 경마장·축산진흥대회장·가축시장·도축장 그 밖에 가축이 집합되는 시설의 사용정지 또는 사용제한을 명하려는 경우에는 별지 제11호서식에 따른다. 이 경우 사용정지 또는 사용제한 기간은 필요한 최소한의 기간으로 한정하여야 한다.

(64) 명예가축방역감시원의 위촉·임무 등(가축전염병예방법 시행규칙 제30조)

① 농림축산식품부장관, 국립가축방역기관장, 시·도지사, 시장·군수·구청장이 법 제29조에 따라 명예가축방역감시원으로 위촉할 수 있는 사람은 다음 각 호의 어느 하나에 해당하는 사람으로 한다.

1. 가축의 소유자 등
2. 사료판매업자 또는 동물약품판매업자
3. 「축산물위생관리법」에 따른 검사원
4. 가축방역사
5. 축산 관련 단체의 소속 임직원 중에서 당해 단체의 장이 추천하는 자
6. 그 밖에 가축방역업무에 종사하였거나 가축전염병의 방역에 관한 지식이 있는 자

② 명예가축방역감시원의 임무는 다음 각 호와 같다.

1. 병명이 불분명한 질병으로 죽은 가축 또는 가축의 전염성질병에 걸렸거나 걸렸다고 믿을 만한 임상증상 등이 있는 가축의 신고
2. 가축전염병 그 밖의 가축전염성질병에 대한 예찰
3. 축산관계시설의 방역관리에 관한 지도·감시
4. 그 밖에 농림축산식품부장관, 국립가축방역기관장, 시·도지사, 시장·군수·구청장이 부여하는 가축방역과 관련된 임무

③ 농림축산식품부장관, 국립가축방역기관장, 시·도지사, 시장·군수·구청장은 예산의 범위에서 명예가축방역감시원에게 그 임무수행에 필요한 수당을 지원할 수 있다.

④ 명예가축방역감시원은 제2항에 따른 직무를 수행할 때에는 부정한 행위를 하거나 권한을 남용하여서는 아니 된다.

⑤ 제1항부터 제4항까지에서 정한 사항 외에 명예가축방역감시원의 위촉 및 운영에 필요한 사항은 농림축산식품부장관이 정한다.

(65) 지정검역물(가축전염병예방법 시행규칙 제31조)

① 법 제31조의 규정에 의한 지정검역물은 다음 각호와 같다.

1. 우제류(偶蹄類) 및 기제류(奇蹄類)의 동물
2. 개·고양이
3. 토 끼
4. 닭·칠면조·오리·거위
5. 꿀 벌
6. 제1호 내지 제4호의 규정에 의한 동물외의 조류 및 포유동물(고래를 제외한다)
7. 제1호 내지 제6호의 규정에 의한 동물의 정액·난자 및 수정란
8. 원유(原乳)
9. 멸균처리되지 아니한 햄·소시지·베이컨 등 수육(獸肉)가공품, 난백(卵白)·난분(卵粉) 등 알가공품 및 살균처리되지 아니한 유가공품

10. 가공처리되지 아니하거나 멸균처리되지 아니한 제1호 내지 제6호의 규정에 의한 동물의 사체・살・뼈・가죽・털・깃털・뿔・발굽・힘줄・내장・알・지방・피・혈분・뇌・골수・오물・추출물・육골분 및 우모분(羽毛粉)

11. 제1호 내지 제10호의 물건을 넣는 용기 또는 포장

12. 가축전염성질병의 병원체 및 이를 포함한 진단액류(診斷液類)가 들어있는 물건

13. 가축전염성질병의 병원체를 퍼뜨릴 우려가 있는 것으로서 검역본부장이 정하여 고시하는 사료・사료원료・기구・건초・깔짚 그 밖에 이에 준하는 물건

② 제1항제9호・제10호 및 제13호의 멸균・살균・가공의 범위, 기준 및 확인방법은 검역본부장이 이를 정하여 고시한다.

(66) 시험연구・예방약제조용 물건의 수입허가(가축전염병예방법 시행규칙 제32조)

① 법 제32조제2항제1호에 따라 검역본부장의 허가를 받아야 하는 물건에는 동물의 전염성질병의 병원체가 들어있는 진단액류를 포함한다.

② 법 제32조제2항제1호에 따른 허가를 받으려는 자는 별지 제12호서식의 허가신청서를 검역본부장에게 제출하여야 한다.

③ 검역본부장은 제2항의 규정에 따라 신청을 받은 경우로서 해당 물건에 대하여 방역이 가능하고 시험연구 또는 예방약제조에 필요하다고 인정되는 때에는 신청인에게 별지 제13호서식의 허가증명서를 교부하여야 한다.

(67) 수입금지 지역 등(가축전염병예방법 시행규칙 제33조)

① 농림축산식품부장관은 법 제32조제1항제1호에 따라 수입금지지역을 지정검역물별로 지정・고시하여야 한다.

② 법 제32조제2항제2조에 따른 단순기항은 지정검역물을 실은 항공기 또는 선박이 급유・재난, 그 밖의 사정으로 수입금지지역에 기항하는 경우로서 그 기간동안 지정검역물을 가축전염병의 병원체를 퍼뜨릴 우려가 없는 밀봉된 컨테이너 또는 항공기・선박 안의 전용구역에 원상 그대로 둔 경우를 말한다.

③ 제1항에 따른 수입금지지역에서 생산 또는 발송되었거나 그 지역을 거친 지정검역물을 우리나라를 거쳐 다른 지역으로 운송하려는 자는 해당 지정검역물을 가축전염병의 병원체를 퍼뜨릴 우려가 없는 밀봉된 컨테이너로 차량 또는 열차에 탑재하여 출항지까지 운송하거나 항공기・선박 안의 전용구역에 원상 그대로 두어야 한다.

(68) 수입금지물건 등에 대한 조치명령 및 이행기간(가축전염병예방법 시행규칙 제34조)

① 법 제30조제1항에 따른 동물검역관(이하 "검역관"이라 한다)이 법 제33조제1항에 따라 수입금지물건 등에 대하여 반송·소각·매몰 또는 농림축산식품부장관이 가축방역상 안전하다고 정하여 고시하는 방법(이하 "소각·매몰 등"이라 한다)으로 처리하도록 명하는 경우 그 시기는 다음 각 호와 같다.

1. 법 제32조에 따라수입이 금지된 물건의 경우 : 수입 후 지체 없이
2. 법 제34조제1항 본문에 따라 수출국의 정부기관이 가축전염병의 병원체를 퍼뜨릴 우려가 없다고 증명한 검역증명서를 첨부하지 아니하거나 수출국의 검역증명서가 같은 조 제2항에 따라 농림축산식품부장관이 고시하는 위생조건을 갖추지 아니한 경우 : 동물인 지정검역물에 대하여는 수입한 날부터 1월 이내, 동물외의 지정검역물에 대하여는 수입한 날부터 4월 이내
3. 부패·변질되었거나 부패·변질될 우려가 있다고 판단되는 경우 : 수입후 지체없이
4. 그 밖에 지정검역물의 수입으로 국내 가축방역이나 공중위생상 중대한 위해가 발생할 우려가 있다고 판단되는 경우로서 농림축산식품부장관의 승인을 얻은 경우 : 수입후 지체없이

② 법 제33조제1항에 따라 반송 또는 소각·매몰 등의 명령을 받은 화물주(그 대리인을 포함한다)는 명령을 받은 날부터 30일 이내에 명령을 이행하여야 한다. 다만, 재해 그 밖의 부득이한 사유가 있는 경우에는 검역본부장의 승인을 얻어 그 기간을 연장할 수 있다.

(69) 수입을 위한 검역증명서(가축전염병예방법 시행규칙 제35조)

① 법 제34조제1항 단서에서 "농림축산식품부령으로 정하는 경우"란 지정검역물 중 다음 각 호의 어느 하나에 해당하는 물건을 수입하는 경우를 말한다.

1. 박제품
2. 여행자 휴대품 또는 우편물로 수입되는 녹용·녹각·우황·사향·쓸개·동물의 음경 등의 지정검역물로서 건조된 것
3. 동물검역에 관한 정부기관이 없는 국가로부터 수입되는 지정검역물로서 미리 검역본부장의 승인을 얻은 지정검역물
4. 이화학적 소독방법에 따라 방역상 안전한 상태로 가공처리된 지정검역물로서 검역본부장이 정하는 것
5. 법 제32조제2항제1호에 따라 검역본부장의 허가를 받은 동물의 전염성질병의 병원체(그 병원체가 들어 있는 진단액류를 포함한다) 등의 물건
6. 법 제32조제1항제1호에 따라 농림축산식품부장관이 지정·고시하는 수입금지지역이 아닌 지역에서 생산된 육류로서 검역본부장이 정하여 고시하는 수출국의 합격표지가 표시되어 있는 포장용기 등으로 포장한 것을 휴대하여 수입하는 것

7. 법 제32조제1항제1호에 따라 농림축산식품부장관이 지정・고시하는 수입금지지역이 아닌 지역에서 생산된 것으로서 「부가가치세법」 제21조에 따른 중계무역 방식으로 반입되어 실온에서 보관・유통이 가능하도록 밀봉처리한 지정검역물
8. 「관세법」 제240조제1항에 따라 적법하게 수입된 것으로 보는 물품 중 같은 항 제3호부터 제5호까지에 규정된 물품(지정검역물만 해당한다) 또는 1년 이상 검역창고 등에 보관된 지정검역물 중 건조된 것으로서 그로 인하여 가축전염병 병원체의 전파의 우려가 없는 녹용・녹각・우황・사향・쓸개・동물의 음경 등의 것
9. 법 제41조제5항에 따라 발급받은 검역증명서를 구비한 개・고양이

② 법 제34조제2항에 따라 위생조건이 고시된 경우에는 같은 조 제1항제1호에 따른 검역증명서에 수출국의 검역내용・위생상황 등 위생조건의 준수에 관한 사항을 적어야 한다.

③ 동물검역기관의 장은 법 제34조제1항제1호에 따라 수출국의 정부기관이 검역증명서 서식의 협의를 요청한 경우에는 해당 서식이 법 제34조제2항에 따라 고시된 위생조건을 준수하는지 여부를 검토하고, 위생조건을 준수한다고 판단되면 해당 서식을 승인하고 해당 수출국의 정부기관에 통보하여야 한다.

(70) 동물수입의 사전신고 등(가축전염병예방법 시행규칙 제36조)

① 법 제35조제1항에서 "농림축산식품부령으로 정하는 동물"이란 다음 각 호의 동물을 말한다.
1. 소・말・면양・산양・돼지・꿀벌・사슴 및 원숭이
2. 10두 이상의 개・고양이[그 어미와 함께 수입하는 포유기(哺乳期)인 어린 개・고양이와 시험연구용으로 수입되는 개・고양이는 제외한다]

② 제1항의 규정에 의한 동물을 수입하고자 하는 자는 법 제35조제1항의 규정에 따라 신고대상동물별로 검역본부장이 정하는 동물수입신고서를 검역본부장에게 제출하여야 한다.

③ 제2항에 따른 동물수입신고서의 제출기한은 신고대상동물별로 연간 수입물량 등을 고려하여 검역본부장이 정하여 고시한다.

④ 검역본부장은 제2항에 따른 신고를 받은 경우 검역물량, 다른 검역업무 및 처리우선순위 등을 고려하여 법 제35조제2항의 규정에 따라 수입의 수량・시기 또는 장소를 변경하게 하고자 하는 때에는 지체없이 그 내용을 신고인에게 통지해야 한다.

(71) 검역신청과 검역기준(가축전염병예방법 시행규칙 제37조)

① 법 제36조제1항 본문에 따라 수입검역을 받으려거나 법 제41조제1항 본문에 따라 수출검역을 받으려는 자는 별지 제14호서식 또는 별지 제15호서식의 검역신청서에 법 제34조제1항에 따른 검역증명서를 첨부하여 검역본부장에게 제출하여야 한다. 이 경우 수입검역을 받으려는 자는 다음 각 호의 구분에 따라 첨부서류를 함께 제출하여야 한다.

1. 동물의 검역을 신청하는 경우
   가. 수출국의 정부기관이 가축전염병의 병원체를 퍼뜨릴 우려가 없다고 증명한 검역증명서(국내로 수입되는 개, 고양이의 경우 마이크로칩 이식번호 및 광견병 항체가(抗體價) 등 검역본부장이 정하여 고시하는 사항을 적은 검역증명서를 말한다) 1부(해당 동물이 제35조제1항 각 호에 해당하는 경우는 제외한다)
   나. 제32조제3항에 따른 수입허가증명서 1부(법 제32조제2항제1호에 따라 수입허가를 받은 경우에만 해당한다)
2. 동물 외의 수입검역물에 대하여 검역을 신청하는 경우
   가. 수출국의 정부기관이 가축전염병의 병원체를 퍼뜨릴 우려가 없다고 증명한 검역증명서 1부(해당 지정검역물이 제35조제1항 각 호에 해당하는 경우는 제외한다)
   나. 제32조제3항에 따른 수입허가증명서 1부(법 제32조제2항제1호에 따라 수입허가를 받은 경우만 해당한다)

② 제1항에 따른 검역신청서의 제출은 서면으로 하거나 검역본부장이 정하여 고시하는 방법에 따라 전자문서로 할 수 있다.

③ 법 제41조제2항에 따라 지정검역물 외의 동물 및 그 생산물 등의 수출검역을 받으려는 자에 관하여는 제1항의 규정을 준용한다.

④ 법 제36조, 법 제39조 및 법 제41조제1항 본문에 따른 검역방법은 별표 7과 같고, 검역기간은 별표 8과 같다.

⑤ 검역본부장은 지정검역물이 다음 각 호의 어느 하나에 해당하는 때에는 제4항에도 불구하고 검역방법 및 검역기간을 따로 정할 수 있다.

1. 흥행·경기 또는 전시의 목적으로 우리나라에 단기간 체류하는 동물. 다만, 법 제2조제1호에 따른 가축은 제외한다.
2. 우리나라에 단기간 여행하는 자가 휴대하는 개·고양이 및 조류
3. 앞을 보지 못하는 사람을 인도하는 개
4. 특별한 관리방법을 통하여 사육되거나 생산되어 특정한 병원체가 없다고 검역본부장이 인정하는 지정검역물

(72) 휴대검역물의 신고(가축전염병예방법 시행규칙 제38조)

① 법 제36조제1항 단서의 규정에 따라 여행자 휴대품인지정검역물(이하 "휴대검역물"이라 한다)에 관한 수입신고를 하고자 하는 자는 수입자의 성명, 휴대검역물의 종류·수량, 출발지 등을 기재한 서면을 출입공항·항만 등에 소재하는 동물검역기관의 장에게 제출하여야 한다.

② 휴대검역물을 수입하는 자가 관세청장이 정하는 여행자휴대품신고서에 휴대검역물에 관한 사항을 기재하여 신고하거나 휴대검역물의 종류 및 수량을 출입공항·항만 등에 소재하는

동물검역기관의 검역관에게 구두로 알린 때에는 제1항의 규정에 의한 신고를 한 것으로 본다.

(73) 수입장소의 지정(가축전염병예방법 시행규칙 제39조)

법 제37조 본문에서 "농림축산식품부령으로 정하는 항구, 공항 또는 그 밖의 장소"란 다음 각 호의 장소를 말한다.

1. 「관세법」 제133조에 따른 개항 및 같은 법 제134조제1항 단서에 따라 출입의 허가를 받은 장소
2. 「관세법」 제148조에 따른 통관역 및 통관장

(74) 적하목록의 제출 등(가축전염병예방법 시행규칙 제40조)

① 법 제38조제1항에 따른 적하목록의 제출은 서면으로 하거나 검역본부장이 정하여 고시하는 방법에 따라 전자문서로 할 수 있다.

② 검역관은 법 제38조제2항에 따라 지정검역물에 대한 검사를 실시하는 때에는 선박·항공기·열차 또는 화물자동차에 적재된 지정검역물과 제출받은 화물목록이 일치하는지를 확인하고, 지정검역물이 법 제32조제1항제1호에 따라 농림축산식품부장관이 지정·고시하는 수입금지지역에서 생산 또는 발송되었는지 등을 검사하여야 한다.

(75) 검역증명서의 교부 등(가축전염병예방법 시행규칙 제41조)

① 검역관은 법 제36조, 제39조 또는 제41조에 따라 검역을 마친 경우에는 법 제40조 및 제41조제5항에 따라 별지 제16호서식 또는 별지 제17호서식의 검역증명서를 발급하여야 한다. 이 경우 검역물이 다음 각 호의 어느 하나에 해당하는 경우에는 지정검역물 또는 통관 서류에 제4항에 따른 표지를 하는 것으로 검역증명서의 발급을 갈음할 수 있다.

1. 공항·항만·우체국 그 밖의 장소에서 현장검역을 하는 지정검역물(휴대검역물을 포함한다)
2. 견본품
3. 역학조사의 대상이 되는 지정검역물
4. 정부의뢰검역물
5. 법 제32조제2항제1호에 따라 검역본부장의 수입허가를 받은 물건

② 제1항 본문의 규정에 의한 검역증명서의 교부는 서면으로 하거나 검역본부장이 정하여 고시하는 방법에 따라 전자문서로 할 수 있다.

③ 수입지정검역물의 소유권에 관하여 소송이 진행중인 경우 등으로서 지정검역물을 수입하는 자가 분명하지 아니한 경우에 지정검역물을 수송하는 선박회사·항공사 또는 육상운송회사가 법 제34조제1항 본문의 규정에 의한 검역증명서를 제출하는 때에는 제37조제1항 전단의 규정에 의한 검역신청이 없더라도 검역을 실시하고, 동검역증명서를 제출한 자에게 별지 제16호서

식 또는 별지 제17호서식의 검역증명서를 교부할 수 있다.

④ 법 제40조의 규정에 의한 지정검역물의 표지는 별표 9 내지 별표 14에 의한다.

(76) 검역시행장의 지정 등(가축전염병예방법 시행규칙 제42조)

① 법 제42조제1항 각 호 외의 부분 단서에 따라 동물검역기관의 장이 지정하는 검역시행장의 지정대상은 다음 각 호와 같다.

1. 수입 야생조수류, 초생추(병아리, 오리 및 타조 등), 실험동물 및 돼지 등을 격리·사육할 수 있는 시설
   가. 야생조수류 검역시행장
   나. 초생추 검역시행장
   다. 실험용 동물 검역시행장(연구기관·대학·기업체 등에서 시험연구용으로 사용할 것임을 증명하는 서류가 첨부된 것만 해당한다)
   라. 소·돼지 검역시행장(수급안정을 위해 긴급조치가 필요한 경우로 한정한다)
   마. 그 밖의 동물의 검역시행장(국제경기 참가를 목적으로 우리나라에 단기체류하는 동물 또는 외국에서 개최되는 국제경기에 참가하기 위하여 외국에 단기체류하고 우리나라로 되돌아오는 동물의 경우로 한정한다)
2. 수입 식육, 털·원피(原皮 : 가공 전의 가죽)·모피류 등을 보관하거나 가공할 수 있는 시설
   가. 식육가공장 검역시행장
   나. 식용 축산물보관장 검역시행장
   다. 털·원피 보관장 검역시행장
   라. 원피 가공장 검역시행장
   마. 모피류 가공장 검역시행장
   바. 털 가공장 검역시행장(세척가공시설을 갖춘 업체만 해당한다)
   사. 종란 검역시행장
   아. 천연케이싱 검역시행장
   자. 애완동물사료 보관장 검역시행장(법 제32조제1항제1호에 해당하는 동물의 생산물이 사용된 애완동물사료는 제외한다)
   차. 그 밖의 비식용(非食用) 축산물의 가공장 또는 보관장 검역시행장
3. 수출동물을 격리·사육할 수 있는 시설
4. 수출축산물을 보관 또는 가공할 수 있는 시설

② 「축산물위생관리법」 제22조에 따라 도축업 영업허가를 받은 자가 그 작업장을 수출용 도축을 위한 검역시행장으로 이용하기 위하여 검역본부장에게 신고를 한 때에는 당해 작업장을 제1항

에 따라 지정을 받은 검역시행장으로 본다.

③ 제1항에 따라 다음 각 호의 어느 하나에 해당하는 시설을 검역시행장으로 지정받으려는 자는 법 제42조제4항에 따라 다음 각 호 중 제1호, 제2호 및 제5호부터 제7호까지의 시설에는 관리수의사를, 제2호의2의 시설에는 방역본부 소속 관리수의사를, 제3호 및 제4호의 시설에는 검역관리인을 각각 두어야 한다. 다만, 검역본부장이 검역대상이 되는 지정검역물이 적은 경우, 그 밖에 관리수의사 또는 검역관리인을 두기에 적합하지 아니하다고 인정하는 경우에는 그러하지 아니하다.

1. 수입동물의 털(깃털을 포함한다. 이하 같다) 또는 수입원피의 전용보관창고
2. 수출입육류의 가공장
3. 수입 식용 축산물보관장
4. 수출입원피 또는 수입모피의 가공장
5. 수입동물의 털의 가공장
6. 수입 천연케이싱 보관장
7. 수입 애완동물사료 보관장
8. 그 밖의 수입 비식용 축산물의 가공장 또는 보관장

④ 제1항에 따라 검역시행장을 지정하는 경우 그 지정기간은 다음 각 호와 같다.

1. 동물검역시행장 : 3개월 이내(수입의 경우에는 한 번에 수입되는 것으로 한정한다)
2. 축산물검역시행장 : 2년 이내. 다만, 종란의 경우는 3개월 이내(한 번에 수입되거나 수출되는 것으로 한정한다)로 하고, 「축산물위생관리법」 제21조제1항에 따른 도축업·축산물가공업 및 축산물보관업의 시설, 원피·모피류 등의 가공장은 기간을 한정하지 아니한다.

⑤ 검역시행장의 지정절차 및 시설기준 등은 다음 각 호와 같다.

1. 검역시행장으로 지정받으려는 자는 별표 14의2의 검역시행장 시설기준에 적합한 시설을 갖추고 별지 제17호의2서식의 검역시행장 지정(지정변경) 신청서에 다음 각 호의 서류를 첨부하여 검역본부장에게 제출하여야 한다. 이 경우 담당공무원은 수입축산물의 경우에는 「전자정부법」 제36조제1항에 따른 행정정보의 공동이용을 통하여 건물등기부등본을 확인하여야 한다.
   가. 「축산물위생관리법」 제22조에 따른 영업허가증 사본(도축업·축산물가공업 또는 축산물보관업자만 해당한다)
   나. 시설 평면도
   다. 관리수의사·검역관리인 채용신고서[제3항에 따라 관리수의사나 검역관리인을 두어야 하는 검역시행장(방역본부 소속 관리수의사를 두어야 하는 검역시행장은 제외한다)만 해당한다]
   라. 가공처리공정서(제품을 가공하는 검역시행장만 해당한다)

2. 수입초생추 검역시행장으로 지정받으려는 자는 해당 시설에 수입예정일 30일 전부터 조류 또는 타조류의 사육을 금지하여야 한다.
3. 검역본부장은 제1호 및 제2호에 따라 검역시행장 지정을 신청 받은 때는 현지조사를 실시하여 시설기준과 방역업무에 지장이 없다고 인정될 경우 검역시행장으로 지정하고 별지 제17호의3서식에 따른 검역시행장지정서를 발급하여야 한다. 다만, 검역본부장은 수입 식용 축산물보관장을 검역시행장으로 지정하는 경우 방역본부 소속 관리수의사의 수급상황 등을 고려할 수 있다.
4. 제3호에 따라 검역시행장으로 지정받은 사항을 변경하려는 경우에는 별지 제17호의2서식의 검역시행장 지정(지정변경) 신청서에 검역시행장지정서를 첨부하여 검역본부장에게 제출하여야 한다.
5. 검역본부장은 제4호에 따라 검역시행장 지정변경의 신청을 받은 때는 시설기준과 방역에 지장이 없는 지를 판단하여 변경된 사항을 검역시행장지정서의 뒤쪽에 적은 후 교부할 수 있다. 다만, 식용 축산물보관장 검역시행장 및 식육가공장 검역시행장의 면적변경 등에 대하여는 해당 검역시행장에 근무하는 관리수의사가 실시한 현장조사 내용으로 처리할 수 있다.

⑥ 원피 및 모피류의 보관 또는 가공장이 장비나 시설 등을 공동으로 관리・운용하거나 모피류의 탈지세척 등 같은 가공시설을 이용하는 업체의 경우에는 공동검역시행장으로 지정받을 수 있다.

(77) 관리수의사 및 검역관리인의 임무 등(가축전염병예방법 시행규칙 제42조의2)

① 법 제42조제4항에 따라 검역시행장에 두는 관리수의사는「수의사법」제4조에 따른 수의사 면허를 받아야 하고, 그 임무는 다음 각 호와 같다.
1. 지정검역물의 입고・출고・이동 및 소독에 관한 사항
2. 지정검역물의 현물검사, 검역시행장의 시설검사 및 관리에 관한 사항
3. 지정검역물의 검사시료의 채취 및 송부에 관한 사항
4. 검역시행장의 종사원 및 관계인의 방역에 관한 교육과 출입자의 통제에 관한 사항
5. 그 밖에 검역관이 지시한 사항의 이행 등에 관한 사항

② 법 제42조제4항에 따라 검역관리인을 두는 경우 직선으로 2km 내의 거리에 위치한 2개의 수입원피가공검역시행장에는 공동검역관리인을 두게 할 수 있다.

③ 검역관리인은 영 제10조제2항에 따른 임무, 관리수의사는 제1항에 따른 임무의 일일 업무수행 결과를 업체별로 작성하여 다음 달 5일까지 검역본부장에게 서면 또는 전자문서로 제출하여야 한다. 다만, 제42조제3항제2호의2에 따른 수입식육보관장에 근무하는 관리수의사의 일일 업무수행 결과는 방역본부장이 제출하여야 한다.

④ 검역시행장으로 지정받은 자는 제3항의 관리수의사 또는 검역관리인이 변경되면 별지 제17호의5서식의 관리수의사·검역관리인 채용서 또는 별지 제17호의6서식의 (공동)검역관리인 채용신고서에 경력증명서(검역관리인만 해당한다)를 첨부하여 검역본부장에게 제출하여야 한다.

(78) 검역시행장의 관리기준 등(가축전염병예방법 시행규칙 제42조의3)

① 법 제42조제1항에 따라 지정검역물에 대한 수입검역은 입항지에 소재한 검역시행장에서 실시함을 원칙으로 한다. 다만, 입항지에 검역시행장이 소재하지 아니하거나 수입자가 수입축산물을 입항지 외의 검역시행장에서 검역받기를 원하는 경우에는 별지 제17호의7호서식에 따른 수입검역물 운송신청서(통보서)에 상대국 검역증명서 사본을 첨부하여 검역본부장에게 서면 또는 전자문서로 제출한 후 입항지 외의 검역시행장에서 실시할 수 있다.

② 법 제42조제3항에 따라 검역시행장으로 지정받은 자의 준수사항은 별표 14의3과 같다.

③ 지정검역물 중 검역시행장이 아닌 시설에서 검역을 실시할 수 있는 대상은 다음 각 호와 같다.

1. 역학조사 대상 검역물
   가. 탈지세척수모류(우제류 동물 또는 그 생산물 수입허용지역산)
   나. 탈모 후 산처리된 수피류(우제류 동물 또는 그 생산물 수입허용지역산)
   다. 육골분 및 우모분(상대국 검역증명서에 습열 섭씨 115℃에서 1시간 또는 건열 섭씨 140℃ 이상에서 3시간 이상 처리된 사항이 명시된 것)
   라. 검역본부장이 역학조사 대상검역물로 정한 지정검역물
2. 타로우 및 지정검역물 외의 의뢰검역물
3. 검역본부장이 정하는 사료
4. 현장검사가 가능한 휴대품 및 소포 우편검역물, 도착당일 검역이 완료되는 정부의뢰검역물·견본품·애완동물·실험연구용 동물 및 축산물
5. 멸균처리된 소해면상뇌증 관련 품목
6. 단순히 경유하는 지정검역물

④ 초생추 검역시행장에 대한 관리사항은 다음 각 호와 같다.

1. 수입초생추 검역시행장으로 지정받은 자는 별표 14의5의 수입 초생추 검역시행장 관리요령에 따른 별지 제17호의8서식의 조류관리일지를 작성·비치하여야 한다.
2. 검역본부장은 수출 초생추의 경우 검역시행장 내의 종계·종란·초생추 및 부화 등 위생관리를 전담할 수 있도록 전임수의사를 두게 할 수 있다.
3. 제2호에 따른 전임수의사는 별지 제17호의9서식의 수출초생추 관리일지 및 별지 제17호의10서식의 수출초생추 임상검사표를 작성하여 검역본부장에게 제출하여야 한다.

⑤ 검역본부장은 관리수의사 또는 검역관리인의 검역업무 수행, 검역시행장 및 지정검역물의 관리 등을 매년 2회 이상 지도·점검을 실시하여야 한다. 다만, 국내 가축전염병 발생으로

수출검역이 중단된 수출검역시행장에 대하여는 그 기간 동안 지도·점검을 실시하지 아니할 수 있다.

(79) 검역시행장에 대한 행정처분의 기준(가축전염병예방법 시행규칙 제42조의4)

법 제42조제9항에 따른 행정처분의 기준은 별표 14의6과 같다.

(80) 검역물의 관리 등(가축전염병예방법 시행규칙 제43조)

① 법 제43조제1항에 따른 검역시행장에서의 지정검역물의 운송·입출고조작 또는 사육 및 보관관리에 관한 기준은 별표 15와 같다.

② 법 제43조제5항에 따라 검역본부장의 승인을 얻어 징수할 수 있는 지정검역물의 관리에 필요한 비용은 다음 각 호와 같다.

1. 동물의 사육관리에 필요한 비용
2. 사육관리기간중 동물의 분뇨·퇴비 등 오물과 동물의 수송용기(輸送容器)의 수거·처리에 필요한 비용
3. 검역시행장에서의 동물을 제외한 지정검역물의 보관비
4. 검역시행장에서의 지정검역물의 입출고 및 하역에 필요한 비용
5. 검역기간중의 지정검역물에 대한 소독비

③ 검역본부장이 법 제43조제6항에 따라 하는 소독명령이나 쥐·곤충을 없앨 것을 명하는 경우에는 별지 제18호서식에 따른다. 다만, 긴급을 요하거나 통상적으로 실시할 수 있는 소독명령 또는 쥐·곤충의 방제에 관한 명령은 이를 구두로 할 수 있다.

(81) 사육관리인·보관관리인 등의 지정 등(가축전염병예방법 시행규칙 제44조)

① 검역본부장은 검역시행장의 질서유지와 지정검역물의 안전관리를 위하여 필요하다고 인정하는 때에는 법 제43조제1항의 규정에 따라 가축방역업무 또는 지정검역물의 검역업무에 종사한 경력이 있는 자를 사육관리인 또는 보관관리인으로 지정할 수 있다.

② 검역본부장은 검역시행장의 질서유지와 지정검역물의 안전한 운송을 위하여 필요하다고 인정하는 때에는 법 제43조제1항의 규정에 따라 「화물자동차 운수사업법」에 의한 화물자동차운수사업의 등록을 하고, 「관세법」에 의한 보세운송업자로 등록한 자의 운송차량을 검역물운송차량으로 지정할 수 있다.

③ 제1항에 따라 사육관리인 또는 보관관리인을 지정하는 경우에는 다음 각 호의 조건을 붙일 수 있다.

1. 지정기간 : 2년
2. 겸직금지

3. 피해보상을 위한 재정보증 제출 : 5,000만원 이상 이행보증 보험증권

④ 그 밖에 사육관리인・보관관리인・지정검역물운송차량의 지정・관리 등에 관하여 필요한 세부적인 사항은 검역본부장이 정하여 고시한다.

(82) 선박・항공기안의 음식물 확인・검사 등(가축전염병예방법 시행규칙 제45조)

법 제45조의 규정에 의한 외국으로부터 우리나라에 들어온 선박 또는 항공기안에 남아있는 음식물의 처리상황의 확인, 음식물처리업체의 처리상황 검사 등에 관하여 필요한 구체적인 사항은 검역본부장이 정하여 고시한다.

(83) 수수료 적용대상 등(가축전염병예방법 시행규칙 제45조의2)

법 제46조에 따른 수수료는 다음 각 호의 구분에 따른다.

1. 법 제46조제1항제1호에 따른 병성감정 수수료 : 별표 17
2. 법 제46조제1항제2호에 따른 혈청검사 수수료 : 별표 18
3. 법 제46조제1항제3호에 따른 검역 수수료 : 별표 19
4. 법 제46조제1항제4호에 따른 현물검사 수수료 : 별표 20
5. 법 제46조제1항제5호에 따른 시험・분석 수수료 : 별표 21

(84) 수수료의 납부방법(가축전염병예방법 시행규칙 제45조의3)

① 수수료의 납부는 다음 각 호의 구분에 따른다.

1. 검역본부장 또는 방역본부장에게 납부하는 수수료 : 현금, 신용카드, 직불카드 또는 정보통신망을 이용한 전자결제
2. 시・도가축방역기관장에게 납부하는 수수료 : 해당 지방자치단체의 수입증지 또는 신용카드

② 제1항에서 정한 것 외에 수수료의 납부방법 및 절차 등에 관한 세부사항은 검역본부장(방역본부장에게 납부하는 것을 포함한다)과 시・도지사가 각각 정하여 고시한다.

(85) 수수료의 면제 등(가축전염병예방법 시행규칙 제45조의4)

검역본부장, 방역본부장 또는 시・도가축방역기관장은 다음 각 호의 어느 하나에 해당하는 경우에는 수수료를 면제할 수 있다.

1. 국가기관 또는 지방자치단체가 검사등을 신청하거나 의뢰하는 경우
2. 법 제11조제1항에 따라 죽거나 병든 가축을 신고한 가축의 소유자 등 또는 이러한 가축을 진단하였거나 가축의 사체를 검안한 수의사나 그 가축의 소유자 등에게 동물약품 또는 사료를 판매한 자가 병성감정을 의뢰하는 경우

3. 법 제15조제3항에 따라 축산 관련 단체가 가축방역 업무를 수행하기 위하여 혈청검사를 신청하는 경우
4. 법 제40조 본문에 따라 지정검역물에 낙인, 그 밖의 표시로 검역증명서의 교부에 갈음하는 경우
5. 법 제41조제1항 본문 및 제2항에 따라 수출축산물을 검역하는 경우
6. 제37조제2항에 따라 수입축산물의 검역을 전자문서로 신청하는 경우
7. 「관세법」 등 다른 법률에 따라 보세구역에서 압류·몰수한 지정검역물을 검역하는 경우
8. 「남북교류협력에 관한 법률」에 따라 무상으로 지원되는 지정검역물을 검역하는 경우

(86) 검사시료 및 수수료의 처리(가축전염병예방법 시행규칙 제45조의5)

검사를 위하여 채취하거나 제출된 검사시료와 제45조의3에 따라 납부한 수수료는 반환하지 아니한다. 다만, 검사의뢰인이 검사의뢰 시 해당 시료의 반환을 요구할 경우 검사를 실시한 검사자는 검사완료 후 7일 이내에 그 사용가치가 남아있고, 가축전염병 전파의 위험이 없다고 판단될 때에는 이를 반환하여야 한다.

(87) 폐업지원금 지급절차(가축전염병예방법 시행규칙 제45조의6)

① 영 제11조의4제1항에 따른 폐업지원금 지급신청서는 별지 제18호의2서식에 따른다.
② 시장·군수·구청장은 영 제11조의4제4항에 따라 폐업지원금을 지급하는 것이 적합하다고 인정되면 신청인에게 구두 또는 서면으로 그 사실을 알려야 한다.

(88) 가축전염병 피해 보상요구서 등(가축전염병예방법 시행규칙 제45조의7)

① 영 제11조의5제2항에 따른 피해 보상요구서는 별지 제18호의3서식에 따른다.
② 영 제11조의5제3항에 따라 시장·군수·구청장이 작성하는 피해 사실확인서는 별지 제18호의4서식에 따른다.

(89) 보고 및 통보사항(가축전염병예방법 시행규칙 제46조)

① 농림축산식품부장관 또는 시·도지사는 법 제51조제1항에 따라 가축전염성질병의 예방을 위하여 다음 각 호의 사항을 보고(전자적 방법을 통한 보고를 포함한다)하게 할 수 있다. 이 경우 제3호의 보고 내용, 방법 등 세부사항은 농림축산식품부장관이 정하여 고시한다.
  1. 가축사육 현황
  2. 의사환축(擬似患畜 : 임상검사, 정밀검사 또는 역학조사 결과 가축전염병에 걸렸다고 믿을 만한 상당한 이유가 있는 가축) 발생여부
  3. 폐사율 및 산란율

4. 방역조치 사항
5. 그 밖에 농림축산식품부장관이 가축전염성질병의 예방을 위하여 필요하다고 인정하는 사항

② 시·도지사가 가축전염병이 발생하거나 퍼지는 것을 막기 위하여 필요한 조치를 한 경우 법 제51조제2항에 따라 농림축산식품부장관에게 보고(정보통신망을 통한 보고를 포함한다)하고 검역본부장 및 관계 시·도지사에게 통보하여야 할 사항은 다음 각 호와 같다.

1. 목 적
2. 지 역
3. 대상가축명
4. 기 간
5. 조치내용
6. 그 밖에 필요한 사항

(90) 농림축산식품부장관의 지시(가축전염병예방법 시행규칙 제47조)

법 제52조제1항에서 "농림축산식품부령으로 정하는 가축전염병"이란 제1종가축전염병·제2종가축전염병 및 제3종가축전염병을 말한다.

(91) 정보 제공 대상 등(가축전염병예방법 시행규칙 제47조의2)

① 법 제52조의3제1항에서 "농림축산식품부령으로 정하는 제1종 가축전염병"이란 우역, 우폐역, 구제역, 아프리카돼지열병, 돼지열병 및 고병원성 조류인플루엔자를 말한다.

② 농림축산식품부장관 또는 국립가축방역기관장은 법 제52조의3제3항에 따라 정보를 제공하는 경우에 국가가축방역통합정보시스템을 활용할 수 있다.

③ 법 제52조의3제5항에 따라 통보할 때에는 전자우편·서면·팩스·전화 또는 이와 유사한 방법 중 어느 하나의 방법으로 해야 한다.

(92) 가축방역관 등의 증표(가축전염병예방법 시행규칙 제48조)

법 제54조의 규정에 의한 가축방역관 및 검역관의 증표는 별지 제19호서식에 의하고, 동조의 규정에 의한 가축방역사의 증표는 별지 제20호서식에 의한다.

(93) 검사시료의 채취 등(가축전염병예방법 시행규칙 제49조)

가축방역관·가축방역사 또는 검역관은 법 제7조제3항, 법 제8조제2항 또는 법 제30조제4항의 규정에 따라 검사에 필요한 시료를 채취하거나 물건 등을 수거하는 경우 소유자 등의 요청이 있는 때에는 당해 소유자 등에게 별지 제21호서식의 수거증을 교부하여야 한다.

(94) 규제의 재검토(가축전염병예방법 시행규칙 제50조)

농림축산식품부장관은 다음 각 호의 사항에 대하여 다음 각 호의 기준일을 기준으로 3년마다(매 3년이 되는 해의 기준일과 같은 날 전까지를 말한다) 그 타당성을 검토하여 개선 등의 조치를 해야 한다.

1. 제10조제1항・제2항에 따른 가축방역사의 자격요건 : 2017년 1월 1일
2. 제13조에 따른 죽거나 병든 가축의 신고 내용 및 절차 등 : 2017년 1월 1일
3. 제14조의2 및 별표 1의7에 따른 가축병성감정실시기관의 지정기준 및 지정 절차 등 : 2017년 1월 1일
4. 제19조에 따른 검사증명서, 예방접종증명서 또는 이동승인서의 휴대 명령 등 : 2017년 1월 1일
5. 제20조제1항 및 별표 1의10에 따른 소독설비 및 방역시설의 설치기준 : 2017년 1월 1일
6. 제20조제5항 및 별표 2에 따른 소독 방법 : 2017년 1월 1일
7. 제20조제6항 및 제7항에 따른 소독 실시 의무자 및 대상 가축전염병 : 2017년 1월 1일
8. 제20조제8항에 따른 소독실시기준 : 2017년 1월 1일
9. 제20조의2에 따른 출입기록의 작성 및 보존 방법 : 2017년 1월 1일
10. 제20조의3 및 별표 2의2에 따른 시설출입차량의 등록 대상 및 절차 : 2017년 1월 1일
11. 제20조의4에 따른 시설출입차량 등록증의 발급 및 재발급 절차 : 2017년 1월 1일
12. 제20조의5에 따른 차량무선인식장치의 장착 방법 등 : 2017년 1월 1일
13. 제20조의6제1항에 따른 시설출입차량의 소유자・운전자에 대한 교육 : 2017년 1월 1일
14. 제22조의2에 따른 이동승인의 절차 및 요건 : 2017년 1월 1일
15. 제22조의5에 따른 일시 이동중지 명령의 대상・절차 및 이동승인의 절차 : 2017년 1월 1일
16. 제25조 및 별표 5에 따른 소각 또는 매몰 기준 : 2017년 1월 1일
17. 제31조에 따른 지정검역물의 범위 : 2017년 1월 1일
18. 제32조에 따른 시험연구・예방약제조용 물건의 수입허가 대상 및 절차 : 2017년 1월 1일
19. 제33조제3항에 따른 지정검역물의 운송 방법 : 2017년 1월 1일
20. 제34조에 따른 수입금지물건 등에 대한 조치명령 및 이행기간 : 2017년 1월 1일
21. 제36조에 따른 동물수입의 사전신고 대상 및 절차 : 2017년 1월 1일
22. 제42조 및 별표 14의2에 따른 검역시행장의 지정 대상・요건・기간・절차 및 시설기준 등 : 2017년 1월 1일
23. 제42조의2에 따른 관리수의사 및 검역관리인의 자격・임무 및 변경절차 등 : 2017년 1월 1일
24. 제42조의3에 따른 검역시행장의 관리기준 등 : 2017년 1월 1일
25. 제46조제1항에 따른 보고 사항 : 2017년 1월 1일

적중예상문제

01 병든 가축의 신고는 누구에게 하여야 하는가?

① 이장, 반장
② 시장, 군수
③ 도지사, 장관
④ 동물검역소장

해설

죽거나 병든 가축의 신고(가축전염병예방법 제11조 제1항)

다음 각 호의 어느 하나에 해당하는 가축(이하 "신고대상 가축"이라 한다)의 소유자 등, 신고대상 가축에 대하여 사육계약을 체결한 축산계열화사업자, 신고대상 가축을 진단하거나 검안(檢案)한 수의사, 신고대상 가축을 조사하거나 연구한 대학·연구소 등의 연구책임자 또는 신고대상 가축의 소유자 등의 농장을 방문한 동물약품 또는 사료 판매자는 신고대상 가축을 발견하였을 때에는 농림축산식품부령으로 정하는 바에 따라 지체 없이 국립가축방역기관장, 신고대상 가축의 소재지를 관할하는 시장·군수·구청장 또는 시·도 가축방역기관의 장(이하 "시·도 가축방역기관장"이라 한다)에게 신고하여야 한다. 다만, 수의사 또는 제12조제6항에 따른 가축병성감정 실시기관(이하 "수의사 등"이라 한다)에 그 신고대상 가축의 진단이나 검안을 의뢰한 가축의 소유자 등과 그 의뢰사실을 알았거나 알 수 있었을 동물약품 또는 사료 판매자는 그러하지 아니하다.

1. 병명이 분명하지 아니한 질병으로 죽은 가축
2. 가축의 전염성 질병에 걸렸거나 걸렸다고 믿을 만한 역학조사·정밀검사·간이진단키드 결과나 임상증상이 있는 가축

02 환축의 신고계통으로 옳은 것은?

① 소유자 – 시장, 군수 – 도지사, 광역시장, 특별시장
② 관리자 – 시장, 군수 – 특별시장, 농림축산식품부장관
③ 수의사 – 읍, 면장 – 시장, 군수 – 도지사 – 농림축산식품부장관
④ 시장, 군수 – 광역시장, 도지사 – 농림축산식품부장관 – 대통령

03 가축에게 주사, 검사, 투약 실시를 명할 경우 며칠 전에 고시하여야 하는가?

① 10일 ② 20일
③ 30일 ④ 40일

해설

검사·주사·약물목욕 또는 투약의 실시 명령 등(가축전염병예방법 시행규칙 제17조제1항)

농림축산식품부장관, 시·도지사, 시장·군수·구청장은 법 제15조제1항에 따라 가축에 대한 검사·주사·약물목욕·면역요법·투약 또는 주사·면역요법을 실시하였음을 확인할 수 있는 표시(이하 "주사·면역표시"라 한다)의 명령을 하거나 주사·면역요법 또는 투약의 금지를 명하려면 그 실시일 또는 금지일 10일 전까지 고시하여야 한다. 다만, 가축전염병의 예방을 위하여 긴급한 때에는 그 기간을 단축하거나 그 실시일 또는 금지일 당일에 고시할 수 있다.

정답 1 ② 2 ① 3 ①

04 가축의 살처분 명령은 누가 내리는가?

① 농림축산식품부장관
② 도지사
③ 군수, 시장, 구청장
④ 가축방역관

해설

살처분 명령(가축전염병예방법 제20조제1항)
시장·군수·구청장은 농림축산식품부령으로 정하는 제1종 가축전염병이 퍼지는 것을 막기 위하여 필요하다고 인정하면 농림축산식품부령으로 정하는 바에 따라 가축전염병에 걸렸거나 걸렸다고 믿을 만한 역학조사·정밀검사 결과나 임상증상이 있는 가축의 소유자에게 그 가축의 살처분(殺處分)을 명하여야 한다. 다만, 우역, 우폐역, 구제역, 돼지열병, 아프리카돼지열병 또는 고병원성 조류인플루엔자에 걸렸거나 걸렸다고 믿을 만한 역학조사·정밀검사 결과나 임상증상이 있는 가축 또는 가축전염병 특정매개체의 경우(가축전염병 특정매개체는 역학조사 결과 가축전염병 특정매개체와 가축이 직접 접촉하였거나 접촉하였다고 의심되는 경우 등 농림축산식품부령으로 정하는 경우에 한정한다)에는 그 가축 또는 가축전염병 특정매개체가 있거나 있었던 장소를 중심으로 그 가축전염병이 퍼지거나 퍼질 것으로 우려되는 지역에 있는 가축의 소유자에게 지체 없이 살처분을 명할 수 있다.

05 살처분 가축의 병성감정상 필요한 경우 며칠을 연기할 수 있는데 그 기간은?

① 5일 ② 7일
③ 9일 ④ 14일

해설

살처분 명령 등(가축전염병예방법 시행규칙 제23조제3항)
법 제20조제1항(법 제28조에서 준용하는 경우를 포함한다)의 규정에 따라 살처분 명령을 받은 자는 해당 가축을 사살·전살(電殺 : 전기를 이용한 살처분 방법)·타격·약물사용 등의 방법으로 즉시 살처분하여야 한다. 다만, 살처분 명령의 대상이 되는 가축의 병성감정상 필요하다고 인정되어 시장·군수·구청장으로부터 다음의 기간을 초과하지 아니하는 범위에서 기간과 격리장소를 정하여 살처분의 연기명령을 받은 때에는 그에 따른다.

1. 브루셀라병에 걸린 가축 : 70일
2. 결핵병에 걸린 소 : 70일
3. 그 밖의 가축전염병에 걸린 가축 : 7일

06 폐사된 가축의 소각, 매물 등은 누구의 지시를 받아야 하는가?

① 경찰관 ② 가축방역관
③ 수의사 ④ 도지사

07 가축전염병예방법상 사전 수입신고 대상동물이 아닌 것은?

① 소 ② 말
③ 닭 ④ 돼 지

해설

동물수입의 사전신고 등(가축전염병예방법 시행규칙 제36조)

1. 소·말·면양·산양·돼지·꿀벌·사슴 및 원숭이
2. 10두 이상의 개·고양이[그 어미와 함께 수입하는 포유기(哺乳期)인 어린 개·고양이와 시험연구용으로 수입되는 개·고양이는 제외한다]

4 ③ 5 ② 6 ② 7 ③ 정답

08 탄저나 기종저를 제외한 전염병으로 폐사한 가축을 매몰했을 때 발굴 금지기간은?

① 2년
② 3년
③ 4년
④ 5년

해설

매몰한 토지의 발굴 금지 및 관리(가축전염병예방법 제24조제1항)
누구든지 제22조제2항 본문, 제23조제1항 및 제3항에 따른 가축의 사체 또는 물건을 매몰한 토지는 3년(탄저·기종저의 경우에는 20년을 말한다) 이내에는 발굴하지 못하며, 매몰 목적 이외의 가축사육시설 설치 등 다른 용도로 사용하여서는 아니 된다. 다만, 시장·군수·구청장이 농림축산식품부장관 및 환경부장관과 미리 협의하여 허가하는 경우에는 그러하지 아니하다.

09 가축방역관의 검사, 주사, 약욕, 투약 등으로 폐사한 가축의 보상금은 평가액의 얼마를 지급하는가?

① 전 액
② 20/100
③ 40/100
④ 80/100

해설

보상금의 지급 및 감액 기준(가축전염병예방법 시행령 [별표 2])
법 제15조제1항제1호에 따른 검사·주사·약물목욕·면역요법 또는 투약의 실시로 인하여 죽은 가축과 사산 또는 유산된 가축의 태아의 경우 : 검사 등의 실시 당시의 해당 가축 및 가축의 태아의 평가액의 100분의 80

10 소독기록과 약물투여 등의 조치를 취하고 신고를 필한 가축의 살처분 보상금은 평가액의 얼마를 지급하는가?

① 10/100
② 20/100 이상 70/100 이하
③ 80/100
④ 전 액

해설

보상금의 지급 및 감액 기준(가축전염병예방법 시행령 [별표 2])
법 제20조제1항 및 제2항 각 호 외의 부분 본문(법 제28조에서 준용하는 경우를 포함한다)에 따라 가축을 살처분한 경우 : 살처분을 한 날을 기준으로 한 살처분한 가축의 평가액(이하 "가축평가액"이라 한다)의 전액

11 지정검역물을 수입할 때 어느 기관에 신고하여 검역을 받아야 하는가?

① 가축보건소
② 동물검역소
③ 가축위생연구소
④ 농림축산식품부

정답 8 ② 9 ④ 10 ④ 11 ②

12 휴대검역물을 신고해야 하는 곳은?

① 동물검역기관의 장
② 관세청장
③ 농림축산식품부장관
④ 수의사

해설

휴대검역물의 신고(가축전염병예방법 시행규칙 제38조)
여행자 휴대품인 지정검역물(이하 "휴대검역물"이라 한다)에 관한 수입신고를 하고자 하는 자는 서면 신고서를 해당 공항·항만 등에 소재하는 동물검역기관의 장에게 제출하여야 한다.

13 검역관리인 또는 관리수의사의 임무가 아닌 것은?

① 지정검역물의 입출고, 이동 및 소독에 관한 사항
② 지정검역물의 현물검사에 관한 사항
③ 지정검역물의 검역증명서 교부에 관한 사항
④ 지정검역물의 검사시료의 채취 및 송부에 관한 사항

해설

관리수의사 및 검역관리인의 임무 등(가축전염병예방법 시행규칙 제42조의2제1항)
법 제42조제4항에 따라 검역시행장에 두는 관리수의사는 「수의사법」 제4조에 따른 수의사 면허를 받아야 하고, 그 임무는 다음 각 호와 같다.

1. 지정검역물의 입고·출고·이동 및 소독에 관한 사항
2. 지정검역물의 현물검사, 검역시행장의 시설검사 및 관리에 관한 사항
3. 지정검역물의 검사시료의 채취 및 송부에 관한 사항
4. 검역시행장의 종사원 및 관계인의 방역에 관한 교육과 출입자의 통제에 관한 사항
5. 그 밖에 검역관이 지시한 사항의 이행 등에 관한 사항

14 수입 금지된 물건에 취할 수 있는 조치가 아닌 것은?

① 화주의 소재를 찾을 수 없을 때 처리비용은 화주가 부담한다.
② 부패한 물건은 반송조치를 명할 수 있다.
③ 수입금지물은 검역관의 지시 없이 이동 금지한다.
④ 수입금지물을 반송 불가능 시 검역관이 소각매몰을 명할 수 있다.

해설

수입금지 물건 등에 대한 조치(가축전염병예방법 제33조제6항)
지정검역물에 대한 보관료, 사육관리비 및 반송, 소각·매몰 등 또는 운반 등에 드는 각종 비용은 화물주가 부담한다. 다만, 화물주가 분명하지 아니하거나 있는 곳을 알 수 없는 경우 또는 수입 물건이 소량인 경우로서 검역관이 부득이하게 처리하는 경우에는 그 반송, 소각·매몰 등 또는 운반 등에 드는 각종 비용은 국고에서 부담한다.

15 가축위생방역 지원본부에 대한 설명이 잘못된 것은?

① 가축위생법상 법무법인에 해당
② 가축전염병 예방을 위한 소독 및 교육
③ 가축방역사 및 검사원의 교육 및 양성
④ 국가, 지역단체 위탁 업무 수행

해설

가축위생방역 지원본부(가축전염병예방법 제9조제6항)
방역본부는 다음 각 호의 사업을 한다.

1. 가축의 예방접종, 약물목욕, 임상검사 및 검사시료 채취
2. 축산물의 위생검사
3. 가축전염병 예방을 위한 소독 및 교육·홍보
4. 국가가축방역통합정보시스템의 운영에 필요한 가축사육시설 관련 정보의 수집·제공
5. 가축방역사 및 「축산물위생관리법」에 따른 검사원의 교육 및 양성
6. 검역시행장의 관리수의사 업무
7. 제1호부터 제6호까지의 사업과 관련하여 국가와 지방자치단체로부터 위탁받은 사업 및 그 부대사업

12 ① 13 ③ 14 ① 15 ① 정답

16 광견병 예방접종을 한 개·고양이의 수출 시 검역기간은 얼마인가?

① 1일 ② 2일
③ 7일 ④ 10일

해설
검역기간 – 개·고양이(가축전염병예방법 시행규칙 제37조제4항 관련 [별표 8])
1. 수출 : 1일
2. 수입
   • 생후 90일 이상인 경우
     – 마이크로칩을 이식하여 개체 확인이 되고 광견병 중화항체가가 0.5IU/mL 이상인 경우 : 당일
     – 마이크로칩 이식을 하지 않은 경우 : 마이크로칩 이식 완료일까지
     – 광견병 중화항체검사를 하지 않은 경우 : 광견병 예방접종 후 중화항체가 0.5IU/mL 이상 확인일까지
     – 중화항체가가 0.5IU/mL 이하인 경우 : 중화항체가 0.5IU/mL 이상 확인일까지
     – 마이크로칩 이식과 광견병 중화항체검사를 하지 않은 경우 : 마이크로칩 이식과 광견병 예방접종 후 중화항체가 0.5IU/mL 이상 확인일까지
   • 생후 90일 미만 또는 광견병 비발생 지역산은 마이크로칩을 이식하여 개체 확인이 되는 경우 : 당일. 다만, 마이크로칩 이식을 하지 않은 경우에는 마이크로칩 이식 완료일까지로 한다.

17 전염성 질병에 걸릴 우려가 있는 가축의 수출입 시 그 검역기간은?

① 60일
② 90일
③ 100일
④ 전염병에 걸리지 않음을 확인할 때까지

해설
검역기간 – 가축의 전염성 질병에 걸렸거나 걸릴 우려가 있는 동물 및 이와 함께 사육동물(가축전염병예방법 시행규칙 제37조제4항 관련 [별표 8])
가축의 전염성 질병에 전염되지 아니하였음을 확인할 수 있는 기간까지

18 소의 수입 시 그 검역기간은?

① 3일 ② 7일
③ 15일 ④ 20일

해설
검역기간 – 우제류 동물(가축전염병예방법 시행규칙 제37조제4항 관련 [별표 8])
1. 수출 : 7일
2. 수입 : 15일

19 가축방역관이 될 수 없는 자는?

① 축산직공무원
② 수의사
③ 공중방역수의사
④ 담당공무원 중 수의사 자격소지자

해설
가축방역관을 두는 기관 등(가축전염병예방법 시행령 제3조제2항)
법 제7조제1항에 따른 가축방역관(이하 "가축방역관"이라 한다)은 농림축산식품부장관, 지방자치단체의 장, 농림축산검역본부장, 농촌진흥청 국립축산과학원장 또는 시·도가축방역기관의 장이 소속공무원으로서 수의사의 자격을 가진 자나 「공중방역수의사에 관한 법률」 제2조에 따른 공중방역수의사 중에서 임명하거나 지방자치단체의 장이 「수의사법」 제21조에 따라 동물진료업무를 위촉받은 수의사 중에서 위촉한다.

정답 16 ① 17 ④ 18 ③ 19 ①

20 **가축에 대한 검사·주사·약물목록 등을 실시하였음을 확인할 수 있는 표시(이하 "주사·면역표시"라 한다)의 명령사항에 포함되지 않는 것은?**

① 목 적
② 지 역
③ 대상가축과 가축전염병의 종류
④ 실시기관

해설

검사, 주사, 약물목욕 또는 투약의 실시 명령 등(가축전염병예방법 시행규칙 제17조제1항)

농림축산식품부장관, 시·도지사, 시장·군수·구청장은 법 제15조제1항에 따라 가축에 대한 검사·주사·약물목욕·면역요법·투약 또는 주사·면역요법을 실시하였음을 확인할 수 있는 표시(이하 "주사·면역표시"라 한다)의 명령을 하거나 주사·면역요법 또는 투약의 금지를 명하려면 다음 각 호의 사항을 그 실시일 또는 금지일 10일 전까지 고시하여야 한다. 다만, 가축전염병의 예방을 위하여 긴급한 때에는 그 기간을 단축하거나 그 실시일 또는 금지일 당일에 고시할 수 있다.

1. 목 적
2. 지 역
3. 대상 가축명과 가축전염병의 종류
4. 실시기간
5. 그 밖에 가축에 대한 검사·주사·약물목욕·면역요법·투약 또는 주사·면역표시, 주사·면역요법 또는 투약의 금지 등에 필요한 사항

21 **수입금지지역을 지정·고시하는 자는?**

① 국립동물검역소장
② 농림축산식품부장관
③ 시장, 군수, 구청장
④ 도지사, 광역시장

해설

수입금지(가축전염병예방법 제32조제1항)

다음 각 호의 어느 하나에 해당하는 물건은 수입하지 못한다.

1. 농림축산식품부장관이 지정·고시하는 수입금지지역에서 생산 또는 발송되었거나 그 지역을 경유한 지정검역물
2. 동물의 전염성 질병의 병원체
3. 소해면상뇌증이 발생한 날부터 5년이 지나지 아니한 국가산 30개월령 이상 쇠고기 및 쇠고기 제품
4. 특정위험물질

22 **가축방역심의회에 대한 설명 중 틀린 것은?**

① 중앙가축방역심의회는 농림축산식품부장관 소속하에 둔다.
② 지방가축방역심의회는 시·도지사 및 특별자치시장 소속하에 둔다.
③ 가축전염병별 긴급방역대책의 수립 및 시행을 심의한다.
④ 위원장 포함 20명 이내의 위원으로 구성한다.

해설

가축방역심의회(가축전염병예방법 제4조제1항)

가축방역과 관련된 주요 정책을 심의하기 위하여 농림축산식품부장관 소속으로 중앙가축방역심의회를 두고, 시·도지사 및 특별자치시장 소속으로 지방가축방역심의회를 둔다.

※ 중앙가축방역심의회는 다음의 사항을 심의한다.
1. 가축전염병 예방 및 관리대책의 수립 및 시행
2. 가축전염병에 관한 조사 및 연구
3. 가축전염병별 긴급방역대책의 수립 및 시행
4. 가축방역을 위한 관계 기관과의 협조대책
5. 수출 또는 수입하는 동물과 그 생산물의 검역대책 수립 및 검역제도의 개선에 관한 사항

20 ④ 21 ② 22 ④ **정답**

23 **제1종 가축전염병이 다시 발생하거나 퍼지는 것을 막기 위하여 필요하다고 인정할 때 그 가축의 소유자에게 도태를 목적으로 출하를 권고할 수 있는 자가 아닌 것은?**

① 시 장　　② 군 수
③ 방역관　　④ 구청장

해설

도태의 권고(가축전염병예방법 제21조제1항)
시장 · 군수 · 구청장은 농림축산식품부령으로 정하는 제1종 가축전염병이 다시 발생하거나 퍼지는 것을 막기 위하여 필요하다고 인정할 때에는 제20조에 따라 살처분된 가축과 함께 사육된 가축으로서 제19조제1항제1호에 따라 격리 · 억류 · 이동제한된 가축에 대하여 그 가축의 소유자 등에게 도태(淘汰)를 목적으로 도축장 등에 출하(出荷)할 것을 권고할 수 있다. 이 경우 그 가축에 농림축산식품부령으로 정하는 표시를 할 수 있다.

24 **가축전염병으로 죽은 사체의 처분 제한 내용이 아닌 것은?**

① 이 동　　② 해 체
③ 시 식　　④ 소 각

해설

사체의 처분 제한(가축전염병예방법 제22조제1항)
제11조제1항제1호에 따른 가축 사체의 소유자 등은 가축방역관의 지시 없이는 가축의 사체를 이동 · 해체 · 매몰 · 화학적 처리 또는 소각하여서는 아니 된다. 다만, 수의사의 검안 결과 가축전염병으로 인하여 죽은 것이 아닌 가축의 사체로 확인된 경우에는 그러하지 아니하다.

25 **가축전염병의 병원체에 오염된 가축의 사체 또는 물건을 매몰한 토지는 몇 년까지 발굴하지 못하는가?**

① 1년　　② 3년
③ 5년　　④ 10년

해설

매몰한 토지의 발굴 금지 및 관리(가축전염병예방법 제24조제1항)
누구든지 제22조제2항 본문, 제23조제1항 및 제3항에 따른 가축의 사체 또는 물건을 매몰한 토지는 3년(탄저 · 기종저의 경우에는 20년을 말한다) 이내에는 발굴하지 못하며, 매몰 목적 이외의 가축사육시설 설치 등 다른 용도로 사용하여서는 아니 된다. 다만, 시장 · 군수 · 구청장이 농림축산식품부장관 및 환경부장관과 미리 협의하여 허가하는 경우에는 그러하지 아니하다.

26 **지정검역물의 관리사항 중 틀린 것은?**

① 검역물의 수송 · 검역에 관한 기준은 국립수의과학검역원장이 정한다.
② 사양관리인은 손해배상 책임을 이행키 위해 보험계약을 체결한다.
③ 사양관리인은 가축방역 또는 검역업무 3년 이상의 경력자로 한다.
④ 사양관리 중 사망한 가축의 보상은 동물검역소장이 한다.

해설

수입금지 물건 등에 대한 조치(가축전염병예방법 제33조제6항)
지정검역물에 대한 보관료, 사육관리비 및 반송, 소각 · 매몰 등 또는 운반 등에 드는 각종 비용은 화물주가 부담한다. 다만, 화물주가 분명하지 아니하거나 있는 곳을 알 수 없는 경우 또는 수입 물건이 소량인 경우로서 검역관이 부득이하게 처리하는 경우에는 그 반송, 소각 · 매몰 등 또는 운반 등에 드는 각종 비용은 국고에서 부담한다.

정답 23 ③ 24 ③ 25 ② 26 ④

27 **검역본부장이 검역 기간 및 방법을 예외로 정할 수 있는 것이 아닌 것은?**

① 흥행, 경기, 전시, 목적으로 단기간 체류하는 동물

② 단기간 여행하는 자가 휴대하는 개, 고양이, 조류

③ 앞을 못 보는 사람을 인도하는 개

④ 도살한 가축의 뼈, 살, 가죽, 털, 날개, 생유 및 정액

28 **검역물의 검역기간 중의 관리비 · 보관료는 누가 부담하는가?**

① 검역신청인

② 동물검역소

③ 농림축산식품부

④ 국립축산과학원

29 **검역에 관한 사항 중 맞는 것은?**

① 검역신청서는 검역본부장에게 제출한다.

② 우편에 의한 우체국의 현장검역 시는 신청서를 제출치 않는다.

③ 수입국의 검역증명서 첨부

④ 검역신청서 제출은 전자문서로 할 수 없다.

해설

검역신청과 검역기준(가축전염병예방법 시행규칙 제37조)

법 제36조제1항 본문에 따라 수입검역을 받으려거나 법 제41조제1항 본문에 따라 수출검역을 받으려는 자는 별지 제14호서식 또는 별지 제15호서식의 검역신청서에 법 제34조제1항에 따른 검역증명서를 첨부하여 검역본부장에게 제출하여야 한다. 이 경우 수입검역을 받으려는 자는 다음 각 호의 구분에 따라 첨부서류를 함께 제출하여야 한다.

1. 동물의 검역을 신청하는 경우
   - 가. 수출국의 정부기관이 가축전염병의 병원체를 퍼뜨릴 우려가 없다고 증명한 검역증명서(국내로 수입되는 개, 고양이의 경우 마이크로칩 이식번호 및 광견병 항체가(抗體價) 등 검역본부장이 정하여 고시하는 사항을 적은 검역증명서를 말한다) 1부(해당 동물이 제35조제1항 각 호에 해당하는 경우는 제외한다)
   - 나. 제32조제3항에 따른 수입허가증명서 1부(법 제32조제2항제1호에 따라 수입허가를 받은 경우에만 해당한다)
2. 동물 외의 수입검역물에 대하여 검역을 신청하는 경우
   - 가. 수출국의 정부기관이 가축전염병의 병원체를 퍼뜨릴 우려가 없다고 증명한 검역증명서 1부(해당 지정검역물이 제35조제1항 각 호에 해당하는 경우는 제외한다)
   - 나. 제32조제3항에 따른 수입허가증명서 1부(법 제32조제2항제1호에 따라 수입허가를 받은 경우만 해당한다)

27 ④ 28 ① 29 ① **정답**

30 죽거나 병든 가축을 신고할 때 필요 없는 사항은?

① 소유자의 성명 및 가축의 사육장소
② 가축의 종류 및 두수
③ 질병명
④ 환축의 구입 장소 및 구입 연/월/일

해설

죽거나 병든 가축의 신고(가축전염병예방법 시행규칙 제13조제1항)
법 제11조제1항 및 제3항에 따른 신고는 구두・서면 또는 전자문서로 하되, 다음 각 호의 사항이 포함되어야 한다.

1. 신고대상 가축의 소유자 등의 성명(축산계열화사업자의 경우에는 회사・법인명으로 한다) 및 신고대상 가축의 사육장소 또는 발견장소
2. 신고대상 가축의 종류 및 두수
3. 질병명(수의사의 진단을 받지 아니한 때에는 신고자가 추정하는 병명 또는 발견당시의 상태)
4. 죽은 연월일(죽은 연월일이 분명하지 아니한 때에는 발견 연월일)
5. 신고자의 성명 및 주소
6. 그 밖에 가축이 죽거나 병든 원인 등 신고에 관하여 필요한 사항

31 가축집합시설의 사용정지 명령은 누가 내리나?

① 농림축산식품부장관
② 시장・군수・구청장
③ 가축방역관
④ 국립동물검역소장

해설

가축집합시설의 사용정지 등(가축전염병예방법 제27조)
시장・군수・구청장은 가축전염병이 퍼지는 것을 막기 위하여 필요하다고 인정하면 농림축산식품부령으로 정하는 바에 따라 경마장, 축산진흥대회장, 가축시장, 도축장, 그 밖에 가축이 모이는 시설의 소유자 등에게 그 시설의 사용정지 또는 사용제한을 명할 수 있다.

32 가축전염병 발생 시 교통차단과 이동제한 명령자는?

① 농림축산식품부장관
② 시장・군수・구청장
③ 가축방역관
④ 동물검역소장・경찰서장

해설

격리와 가축사육시설의 폐쇄명령 등(가축전염병예방법 제19조제1항)
시장・군수・구청장은 가축전염병이 발생하거나 퍼지는 것을 막기 위하여 농림축산식품부령으로 정하는 바에 따라 다음 각 호의 조치를 명할 수 있다.

33 살처분 명령을 내릴 수 없는 병명은?

① 구제역, 뉴캐슬, 우폐역
② 광견병, 고병원성 조류인플루엔자
③ 아프리카 돼지열병, 우역
④ 소 유행열, 돼지 단독

해설

살처분 명령(가축전염병예방법 제20조제1항)
시장・군수・구청장은 농림축산식품부령으로 정하는 제1종 가축전염병이 퍼지는 것을 막기 위하여 필요하다고 인정하면 농림축산식품부령으로 정하는 바에 따라 가축전염병에 걸렸거나 걸렸다고 믿을 만한 역학조사・정밀검사 결과나 임상증상이 있는 가축의 소유자에게 그 가축의 살처분(殺處分)을 명하여야 한다. 다만, 우역, 우폐역, 구제역, 돼지열병, 아프리카돼지열병 또는 고병원성 조류인플루엔자에 걸렸거나 걸렸다고 믿을 만한 역학조사・정밀검사 결과나 임상증상이 있는 가축 또는 가축전염병 특정매개체의 경우(가축전염병 특정매개체는 역학조사 결과 가축전염병 특정매개체와 가축이 직접 접촉하였거나 접촉하였다고 의심되는 경우 등 농림축산식품부령으로 정하는 경우에 한정한다)에는 그 가축 또는 가축전염병 특정매개체가 있거나 있었던 장소를 중심으로 그 가축전염병이 퍼지거나 퍼질 것으로 우려되는 지역에 있는 가축의 소유자에게 지체 없이 살처분을 명할 수 있다.

정답 30 ④ 31 ② 32 ② 33 ④

34 기제류(말)의 수출과 수입 시 검역기간이 맞는 것은?

① 2일, 3일 ② 1일, 5일
③ 5일, 10일 ④ 7일, 15일

해설

검역기간 – 기제류 동물(가축전염병예방법 시행규칙 제37조제4항 관련 [별표 8])

검역물의 종류	수 출	수 입
3. 기제류동물(제11호 및 제12호의 동물은 제외한다)	5일	10일

35 살처분을 연기할 수 있는 자는?

① 농림축산식품부장관
② 가축방역관
③ 도지사
④ 시장・군수・구청장

해설

살처분 명령(가축전염병예방법 제20조제2항)
시장・군수・구청장은 다음 각 호의 어느 하나에 해당하는 경우에는 가축방역관에게 지체 없이 해당 가축을 살처분하게 하여야 한다. 다만, 병성감정이 필요한 경우에는 농림축산식품부령으로 정하는 기간의 범위에서 살처분을 유예하고 농림축산식품부령으로 정하는 장소에 격리하게 할 수 있다.
1. 가축의 소유자가 제1항에 따른 명령을 이행하지 아니하는 경우
2. 가축의 소유자를 알지 못하거나 소유자가 있는 곳을 알지 못하여 제1항에 따른 명령을 할 수 없는 경우
3. 가축전염병이 퍼지는 것을 막기 위하여 긴급히 살처분하여야 하는 경우로서 농림축산식품부령으로 정하는 경우

36 죽은 가축의 신고를 꼭 해야 되는 것은?

① 병성 감정 또는 학술 연구용으로 사용하는 경우
② 의약품 제조용으로 사용하는 경우
③ 수출입 가축이 검역 중 사망한 경우
④ 소, 말 등의 가축이 불분명한 질병으로 죽은 경우

해설

죽거나 병든 가축의 신고(가축전염병예방법 제11조제1항)
다음 각 호의 어느 하나에 해당하는 가축(이하 "신고대상 가축"이라 한다)의 소유자 등, 신고대상 가축에 대하여 사육계약을 체결한 축산계열화사업자, 신고대상 가축을 진단하거나 검안(檢案)한 수의사, 신고대상 가축을 조사하거나 연구한 대학・연구소 등의 연구책임자 또는 신고대상 가축의 소유자 등의 농장을 방문한 동물약품 또는 사료 판매자는 신고대상 가축을 발견하였을 때에는 농림축산식품부령으로 정하는 바에 따라 지체 없이 국립가축방역기관장, 신고대상 가축의 소재지를 관할하는 시장・군수・구청장 또는 시・도 가축방역기관의 장(이하 "시・도 가축방역기관장"이라 한다)에게 신고하여야 한다. 다만, 수의사 또는 제12조제6항에 따른 가축병성감정 실시기관(이하 "수의사 등"이라 한다)에 그 신고대상 가축의 진단이나 검안을 의뢰한 가축의 소유자 등과 그 의뢰사실을 알았거나 알 수 있었을 동물약품 또는 사료 판매자는 그러하지 아니하다.
1. 병명이 분명하지 아니한 질병으로 죽은 가축
2. 가축의 전염성 질병에 걸렸거나 걸렸다고 믿을 만한 역학조사・정밀검사 결과나 임상증상이 있는 가축

37 죽은 가축을 반드시 신고해야 하는 경우는?

① 신고대상 가축의 소유자
② 병명이 불분명하게 죽은 가축의 소유자가 수의사에게 검역의뢰한 경우
③ 수출입 검역 중에 죽은 가축
④ 수의사에게 질병진단을 의뢰한 가축의 소유자

34 ③ 35 ④ 36 ④ 37 ① **정답**

38 **동물 검역에 관한 정부기관이 없는 국가로부터 지정검역물을 수입하고자 할 때 누구의 허가를 받아야 하는가?**

① 농림축산식품부장관
② 국립동물검역소장
③ 도지사
④ 수의과학연구소

해설

수입을 위한 검역증명서의 첨부(가축전염병예방법 제34조제1항)

지정검역물을 수입하는 자는 다음 각 호의 구분에 따라 검역증명서를 첨부하여야 한다. 다만, 동물검역에 관한 정부기관이 없는 국가로부터의 수입 등 농림축산식품부령으로 정하는 경우와 동물검역기관의 장이 인정하는 수출국가의 정부기관으로부터 통신망을 통하여 전송된 전자문서 형태의 검역증이 동물검역기관의 주전산기에 저장된 경우에는 그러하지 아니하다.

1. 제2항에 따라 위생조건이 정해진 경우 : 수출국의 정부기관이 동물검역기관의 장과 협의한 서식에 따라 발급한 검역증명서
2. 제2항에 따라 위생조건이 정해지지 아니한 경우 : 수출국의 정부기관이 가축전염병의 병원체를 퍼뜨릴 우려가 없다고 증명한 검역증명서

39 **가축전염병예방법에서 가축사육시설의 폐쇄명령을 할 수 있는 대상 가축전염병이 아닌 것은?**

① 브루셀라병
② 뉴캐슬병
③ 돼지열병
④ 구제역

해설

가축사육시설의 폐쇄명령 등(가축전염병예방법 시행령 제6조)

① 특별자치시장 · 시장(특별자치도의 행정시장을 포함한다) · 군수 또는 구청장(구청장은 자치구의 구청장을 말하며, 이하 "시장 · 군수 · 구청장"이라 한다)은 법 제19조제4항(법 제28조 및 제28조의2에서 준용하는 경우를 포함한다. 이하 이 조 및 별표 1의2에서 같다)에 따라 가축사육시설의 폐쇄명령 또는 가축사육의 제한명령을 하려는 경우에는 농림축산식품부령으로 정하는 바에 따라 미리 해당 가축의 소유자 또는 관리자(이하 "소유자 등"이라 한다)에게 문서(소유자 등이 원하는 경우에는 전자문서를 포함한다)로 알려야 한다.
② 법 제19조제4항에 따른 가축사육시설의 폐쇄 및 가축사육제한 명령에 관한 세부기준은 별표 1의2와 같다.
③ 시장 · 군수 · 구청장은 법 제19조제4항에 따른 가축사육시설의 폐쇄명령 또는 가축사육의 제한명령을 한 경우에는 해당 가축사육시설의 명칭 · 소재지, 가축의 소유자 등 및 명령일자를 관할 시 · 도지사, 농림축산검역본부장 및 다른 시 · 도지사에게 통보하여야 한다.

※ 폐쇄명령 대상 가축전염병은 제1종가축전염병이다(뉴캐슬병, 돼지열병, 구제역 등).

40 **검역신청서는 누구에게 제출해야 하는가?**

① 농림축산식품부장관
② 검역본부장
③ 가축방역관
④ 수의과학연구소장

해설

검역신청과 검역기준(가축전염병예방법 시행규칙 제37조제1항)

법 제36조제1항 본문에 따라 수입검역을 받으려거나 법 제41조제1항 본문에 따라 수출검역을 받으려는 자는 별지 제14호서식 또는 별지 제15호서식의 검역신청서에 법 제34조제1항에 따른 검역증명서를 첨부하여 검역본부장에게 제출하여야 한다.

정답 38 ① 39 ① 40 ②

41 90일령 이내의 개, 고양이 수입 시 검역기간은?

① 7일　② 당 일
③ 15일　④ 20일

해설

검역기간 – 개 · 고양이(가축전염병예방법 시행규칙 제37조제4항 관련 [별표 8])

1. 수출 : 1일
2. 수 입
   - 생후 90일 이상인 경우
     - 마이크로칩을 이식하여 개체 확인이 되고 광견병 중화항체가가 0.5IU/mL 이상인 경우 : 당일
     - 마이크로칩 이식을 하지 않은 경우 : 마이크로칩 이식 완료일까지
     - 광견병 중화항체검사를 하지 않은 경우 : 광견병 예방접종 후 중화항체가 0.5IU/mL 이상 확인일까지
     - 중화항체가가 0.5IU/mL 이하인 경우 : 중화항체가 0.5IU/mL 이상 확인일까지
     - 마이크로칩 이식과 광견병 중화항체검사를 하지 않은 경우 : 마이크로칩 이식과 광견병 예방접종 후 중화항체가 0.5IU/mL 이상 확인일까지
   - 생후 90일 미만 또는 광견병 비발생 지역산은 마이크로칩을 이식하여 개체 확인이 되는 경우 : 당일. 다만, 마이크로칩 이식을 하지 않은 경우에는 마이크로칩 이식 완료일까지로 한다.

42 가축전염병예방법에서 죽거나 병든 가축을 신고해야 되는 사람이 아닌 것은?

① 신고대상 가축소유자
② 검안한 수의사
③ 소유자의 농장을 방문한 동물약품 판매자
④ 이웃 양축농가

해설

죽거나 병든 가축의 신고(가축전염병예방법 제11조제1항)
다음 각 호의 어느 하나에 해당하는 가축의 소유자등, 신고대상 가축에 대하여 사육계약을 체결한 축산계열화사업자, 신고대상 가축을 진단하거나 검안(檢案)한 수의사, 신고대상 가축을 조사하거나 연구한 대학 · 연구소 등의 연구책임자 또는 신고대상 가축의 소유자 등의 농장을 방문한 동물약품 또는 사료 판매자는 신고대상 가축을 발견하였을 때에는 농림축산식품부령으로 정하는 바에 따라 지체 없이 국립가축방역기관장, 신고대상 가축의 소재지를 관할하는 시장 · 군수 · 구청장 또는 시 · 도 가축방역기관의 장에게 신고하여야 한다.

43 가축전염병예방법의 목적이 아닌 것은?

① 가축전염성 질병의 발생 · 예방
② 가축전염성 질병의 전파 방지
③ 가축전염성 질병의 치료
④ 축산업 발전

해설

목적(가축전염병예방법 제1조)
이 법은 가축의 전염성 질병이 발생하거나 퍼지는 것을 막음으로써 축산업의 발전과 가축의 건강 유지 및 공중위생의 향상에 이바지함을 목적으로 한다.

44 가축방역관이 될 수 있는 자는?

① 수의 담당 공무원 중 수의사 자격증 소지자
② 축산기사자격소지자
③ 축산 담당 공무원
④ 축산 연구직공무원

41 ② 42 ④ 43 ③ 44 ① 정답

45 가축전염병예방법에 따라 가축의 살처분 후 땅을 파고 그 위에 석회를 뿌린 후 흙으로 메우고 나서 성토를 할 때 지면으로부터 몇 m 높이로 해야 하는가?

① 0.5m ② 1.0m
③ 1.5m ④ 2.0m

해설
소각 또는 매몰기준 – 사체의 매몰(가축전염병예방법 시행규칙 제25조 관련 [별표 5])
사체를 흙으로 40cm 이상 덮은 다음 5cm 두께 이상으로 생석회를 뿌린 후 지표면까지 흙으로 메우고, 지표면에서 1.5m 이상 성토(흙쌓기)를 한 후, 생석회를 마지막에 도포한다.

46 병원체의 오염으로 인하여 소각・매몰한 물품에 대한 보상금은 평가액의 얼마를 지급하는가?

① 전 액 ② 20/100
③ 60/100 ④ 80/100

47 가축전염병예방법의 목적은?

① 가축의 개량 및 증식
② 축산물의 수급조절
③ 가축전염병의 발생 및 전파 방지
④ 축산진흥기금의 조달

48 가축전염병예방법에서 정한 가축이 아닌 것은?

① 사슴, 토끼
② 오리, 거위
③ 칠면조, 개
④ 밍크, 메추리

해설
정의(가축전염병예방법 제2조제1호)
"가축"이란 소, 말, 당나귀, 노새, 면양・염소[유산양(乳山羊 : 젖을 생산하기 위해 사육하는 염소)을 포함한다], 사슴, 돼지, 닭, 오리, 칠면조, 거위, 개, 토끼, 꿀벌 및 그 밖에 대통령령으로 정하는 동물을 말한다.
가축의 범위(가축전염병예방법 시행령 제2조)
「가축전염병예방법」 제2조제1호에서 "대통령령으로 정하는 동물"이란 고양이, 타조, 메추리, 꿩, 기러기, 그 밖의 사육하는 동물 중 가축전염병이 발생하거나 퍼지는 것을 막기 위하여 필요하다고 인정하여 농림축산식품부장관이 정하여 고시하는 동물을 말한다.

49 가축전염병예방법에서 정한 가축의 종류는?

① 10종 ② 12종
③ 16종 ④ 19종

해설
정의(가축전염병예방법 제2조제1호)
"가축"이란 소, 말, 당나귀, 노새, 면양・염소[유산양(乳山羊 : 젖을 생산하기 위해 사육하는 염소)을 포함한다], 사슴, 돼지, 닭, 오리, 칠면조, 거위, 개, 토끼, 꿀벌 및 그 밖에 대통령령으로 정하는 동물을 말한다.

정답 45 ③ 46 ① 47 ③ 48 ④ 49 ③

50 **가축방역관과 검역관에 대한 설명 중 바르지 못한 것은?**

① 가축방역관은 행정기관에, 검역관은 동물검역기관에 둔다.

② 가축방역관을 두는 기관은 축산기술연구소와 수의과학연구소이다.

③ 검역관의 임무는 가축전염병에 관한 조사, 연구, 지도, 감독 및 예방조치이다.

④ 가축방역관은 축산직공무원이나 수의직공무원 중에서 위촉한다.

해설

가축방역관(가축전염병예방법 제7조제2항)
제1항에 따른 가축방역관은 수의사여야 한다.

51 **전염병에 걸린 가축의 신고의무자가 아닌 것은?**

① 가축의 소유자 또는 관리자

② 가축의 진단 및 사체를 검안한 수의사

③ 가축의 운송업자

④ 축협조합장

52 **제1종 가축전염병이 아닌 것은?**

① 우역, 우폐역

② 수포성구내염, 뉴캐슬병

③ 구제역, 블루텅병

④ 소유행열, 돼지일본뇌염

해설

정의(가축전염병예방법 제2조제2호)
"가축전염병"이란 다음의 제1종 가축전염병, 제2종 가축전염병 및 제3종 가축전염병을 말한다.

가. 제1종 가축전염병 : 우역(牛疫), 우폐역(牛肺疫), 구제역(口蹄疫), 가성우역(假性牛疫), 블루텅병, 리프트계곡열, 럼피스킨병, 양두(羊痘), 수포성구내염(水疱性口內炎), 아프리카마역(馬疫), 아프리카돼지열병, 돼지열병, 돼지수포병(水疱病), 뉴캐슬병, 고병원성 조류(鳥類)인플루엔자 및 그 밖에 이에 준하는 질병으로서 농림축산식품부령으로 정하는 가축의 전염성 질병

나. 제2종 가축전염병 : 탄저(炭疽), 기종저(氣腫疽), 브루셀라병, 결핵병(結核病), 요네병, 소해면상뇌증(海綿狀腦症), 큐열, 돼지오제스키병, 돼지일본뇌염, 돼지테센병, 스크래피(양해면상뇌증), 비저(鼻疽), 말전염성빈혈, 말바이러스성동맥염(動脈炎), 구역(구疫), 말전염성자궁염(傳染性子宮炎), 동부말뇌염(腦炎), 서부말뇌염, 베네수엘라말뇌염, 추백리(雛白痢 : 병아리흰설사병), 가금(家禽)티푸스, 가금콜레라, 광견병(狂犬病), 사슴만성소모성질병(慢性消耗性疾病) 및 그 밖에 이에 준하는 질병으로서 농림축산식품부령으로 정하는 가축의 전염성 질병

다. 제3종 가축전염병 : 소유행열, 소아카바네병, 닭마이코플라스마병, 저병원성 조류인플루엔자, 부저병(腐疽病) 및 그 밖에 이에 준하는 질병으로서 농림축산식품부령으로 정하는 가축의 전염성 질병

50 ④ 51 ④ 52 ④ **정답**

53 **전염병 예방을 위한 소독에 관한 설명이 바르지 못한 것은?**

① 소독의 경비는 전액 국가가 지원한다.

② 소독의무자는 가축의 소유자, 운송업자이다.

③ 50m^2 이상의 축사시설을 갖춘 자는 매주 1회 이상 소독해야 한다.

④ 소독의 명령권자는 시장・군수・구청장이다.

해설

비용의 지원(가축전염병예방법 시행령 제13조제1항)
법 제50조제1항에 따른 살처분 등에 소요되는 비용에 대한 국가 또는 지방자치단체의 지원비율은 다음 각 호와 같다.

1. 법 제13조에 따른 역학조사에 소요되는 비용, 법 제15조제1항 및 제3항에 따른 검사・주사・주사표시・약물목욕 또는 투약에 소요되는 비용, 법 제17조제1항부터 제3항까지, 제19조제1항에 따른 이동제한에 소요되는 비용 및 법 제25조제2항에 따른 소독에 소요되는 비용 : 해당비용의 100분의 50 이상은 국가가 지원하고, 그 나머지는 지방자치단체가 지원
2. 법 제20조에 따른 살처분의 실시, 법 제22조제2항・제3항에 따른 사체의 소각, 매몰, 화학적 처리, 재활용, 법 제23조제1항・제3항에 따른 오염물건의 소각, 매몰, 화학적 처리 및 소독(이하 이 호에서 "살처분 등"이라 한다)에 소요되는 비용 : 지방자치단체가 지원. 다만, 제1종 가축전염병 중 구제역, 고병원성 조류인플루엔자 또는 아프리카돼지열병의 발생 및 확산 방지 등을 위해 다음 각 목의 어느 하나에 해당하는 경우에는 해당 목에서 정하는 바에 따라 국가가 일부를 지원할 수 있으며, 국가가 일부를 지원하는 경우 본문에 따른 지방자치단체의 지원금액은 특별자치시 및 특별자치도의 행정시의 경우에는 해당 특별자치시 및 특별자치도가 전부 부담하고, 그 외의 지역의 경우에는 특별시・광역시・도・특별자치도(관할 구역 안에 지방자치단체인 시・군이 있는 특별자치도에 한정한다)와 시・군・구가 협의하는 바에 따라 각각 분담한다.
   가. 해당 특별자치시・시(특별자치도의 행정시를 포함한다)・군・구에서 사육하는 가축 전부에 대해 살처분 등을 하는 경우 : 농림축산식품부장관과 기획재정부장관이 협의하여 결정된 비율로 지원
   나. 해당 가축의 전국 사육두수의 100분의 1 이상을 사육하는 특별자치시・시(특별자치도의 행정시를 포함한다)・군・구에서 해당 가축의 일부에 대해서 살처분 등을 하는 경우 : 다음 표의 기준에 따라 지원

재정 자립도	해당 가축 살처분 등 비율	국비 지원 보조율
50% 이상 100%	50% 이상	국비 20%
40% 이상 50% 미만	40% 이상	국비 20%
30% 이상 40% 미만	30% 이상	국비 20%
20% 이상 30% 미만	20% 이상	국비 30%
10% 이상 20% 미만	10% 이상	국비 40%
10% 미만	5% 이상	국비 50%

3. 법 제24조에 따른 매몰지의 관리, 법 제24조의2에 따른 매몰지 주변 환경조사, 정밀조사 및 정화 조치 등에 드는 비용 : 해당 비용의 100분의 40 이상은 국가가 지원하고, 그 나머지는 지방자치단체가 지원
4. 법 제48조의2에 따른 폐업지원에 드는 비용 : 해당 비용의 100분의 70 이상은 국가가 지원하고, 그 나머지는 지방자치단체가 지원

54 **질병으로 죽은 가축을 신고하지 않아도 되는 경우는?**

① 병성감정 또는 학술연구용으로 사용하는 경우

② 항공 또는 배로 운송 중 죽은 경우

③ 가축전염병의 예방접종을 실시한 경우

④ 국가 및 공공기관에서 사육하는 가축

정답 53 ① 54 ①

55 동물의 수입 시 사전신고 내용에 들지 않은 것은?

① 동물의 종류
② 수 량
③ 수입시기 및 장소
④ 동물 모색 및 특징

해설

동물수입에 대한 사전 신고(가축전염병예방법 제35조제1항)

지정검역물 중 농림축산식품부령으로 정하는 동물을 수입하려는 자는 수입 예정 항구·공항 또는 그 밖의 장소를 관할하는 동물검역기관의 장에게 동물의 종류, 수량, 수입시기 및 장소 등을 미리 신고하여야 한다.

56 지정검역물 중 수출국의 검역증명서를 첨부하지 않고 수입할 수 있는 것은?

① 이화학적 방법으로 가공처리된 지정검역물과 박제품
② 닭, 칠면조, 오리, 거위 등 가금류의 수입 시
③ 정액 및 수정란
④ 동물의 뼈, 가죽, 털, 내장 및 포장용기

해설

수입을 위한 검역증명서(가축전염병예방법 시행규칙 제35조제1항)

법 제34조제1항 단서에서 "농림축산식품부령으로 정하는 경우"란 지정검역물 중 다음 각 호의 어느 하나에 해당하는 물건을 수입하는 경우를 말한다.

1. 박제품
2. 여행자 휴대품 또는 우편물로 수입되는 녹용·녹각·우황·사향·쓸개·동물의 음경 등의 지정검역물로서 건조된 것
3. 동물검역에 관한 정부기관이 없는 국가로부터 수입되는 지정검역물로서 미리 검역본부장의 승인을 얻은 지정검역물
4. 이화학적 소독방법에 따라 방역상 안전한 상태로 가공처리된 지정검역물로서 검역본부장이 정하는 것
5. 법 제32조제2항제1호에 따라 검역본부장의 허가를 받은 동물의 전염성질병의 병원체(그 병원체가 들어 있는 진단액류를 포함한다) 등의 물건
6. 법 제32조제1항제1호에 따라 농림축산식품부장관이 지정·고시하는 수입금지지역이 아닌 지역에서 생산된 육류로서 검역본부장이 정하여 고시하는 수출국의 합격표지가 표시되어 있는 포장용기 등으로 포장한 것을 휴대하여 수입하는 것
7. 법 제32조제1항제1호에 따라 농림축산식품부장관이 지정·고시하는 수입금지지역이 아닌 지역에서 생산된 것으로서 「부가가치세법」 제21조에 따른 중계무역 방식으로 반입되어 실온에서 보관·유통이 가능하도록 밀봉처리한 지정검역물
8. 「관세법」 제240조제1항에 따라 적법하게 수입된 것으로 보는 물품 중 같은 항 제3호부터 제5호까지에 규정된 물품(지정검역물만 해당한다) 또는 1년 이상 검역창고 등에 보관된 지정검역물 중 건조된 것으로서 그로 인하여 가축전염병 병원체의 전파의 우려가 없는 녹용·녹각·우황·사향·쓸개·동물의 음경 등의 것
9. 법 제41조제5항에 따라 발급받은 검역증명서를 구비한 개·고양이

57 사체의 매몰 규정이 바르지 않는 것은?

① 사체를 구덩이에 넣었을 때 지표까지 2m 이상 되어야 한다.

② 사체 위에는 포르말린이나 승홍의 약제를 살포한다.

③ 매몰장소는 가옥, 수원지, 하천, 도로에 인접하지 않은 장소이어야 한다.

④ 매몰 후 병명, 가축의 종류, 매물일자, 발굴금지기간을 표시한다.

해설

소각 또는 매몰기준 – 사체의 매몰(가축전염병예방법 시행규칙 [별표 5])

- 매몰 구덩이는 사체를 넣은 후 해당 사체의 상부부터 지표까지의 간격이 2m 이상이 되도록 파야 하며, 매몰 구덩이의 바닥면은 2% 이상의 경사를 이루도록 한다.
- 구덩이의 바닥과 벽면은 두께 0.2mm 이상인 이중 비닐 등 불침투성 재료로 덮는다.
- 구덩이의 바닥에는 비닐에서부터 1m 높이 이상의 흙과 5cm 높이 이상의 생석회를 투입하고, 생석회 위에 40cm 높이 이상으로 흙을 덮은 후 2m 높이 이하로 사체를 투입한다.
- 사체를 흙으로 40cm 이상 덮은 다음 5cm 두께 이상으로 생석회를 뿌린 후 지표면까지 흙으로 메우고, 지표면에서 1.5m 이상 성토(흙쌓기)를 한 후, 생석회를 마지막에 도포한다.

58 우제류 동물의 수출과 수입 시 검역기간이 맞는 것은?

① 5일, 10일 ② 7일, 15일

③ 2일, 10일 ④ 2일, 3일

59 3년 이하의 징역 또는 3,000만원 이하의 벌금을 처할 수 있는 사항은?

① 살처분 명령을 위반한 자

② 사체의 도축 명령 불이행자

③ 병명 불명인 가축의 사체를 임의로 이동, 해체, 매몰·소각한 자

④ 매몰한 사체를 정한 발굴기간 내에 발굴한 자

해설

벌칙(가축전염병예방법 제56조)

다음 각 호의 어느 하나에 해당하는 자는 3년 이하의 징역 또는 3,000만원 이하의 벌금에 처한다.

1. 살처분 명령을 위반한 자
2. 수입금지, 수입금지 물건 등에 대한 조치, 수입을 위한 검역증명서의 첨부 또는 수입 장소의 제한을 위반한 자
3. 검역을 받지 아니하거나 검역과 관련하여 부정행위를 한 자
4. 불합격한 지정검역물을 하역하거나 반송 등의 명령을 위반한 자

60 동물의 수입 시 신고대상이 아닌 것은?

① 소, 말 ② 닭, 토끼

③ 돼지, 꿀벌 ④ 면양, 산양

해설

동물수입의 사전신고 등(가축전염병예방법 시행규칙 제36조)

1. 소·말·면양·산양·돼지·꿀벌·사슴 및 원숭이
2. 10두 이상의 개·고양이[그 어미와 함께 수입하는 포유기(哺乳期)인 어린 개·고양이와 시험연구용으로 수입되는 개·고양이는 제외한다]

정답 57 ② 58 ② 59 ① 60 ②

61 **외국인 근로자에 대한 고용신고·교육·소독을 하지 아니한 자의 벌칙은?**

① 3년 이하의 징역 또는 1,000만원 이하의 벌금
② 1년 이하의 징역 또는 300만원 이하의 벌금, 구류, 과료
③ 1,000만원 이하의 과태료
④ 300만원 이하의 벌금, 구류, 과료

해설

과태료(가축전염병예방법 제60조제1항)
다음 각 호의 어느 하나에 해당하는 자에게는 1,000만원 이하의 과태료를 부과한다.
2. 제5조제3항을 위반하여 외국인 근로자에 대한 고용신고·교육·소독을 하지 아니한 자

62 **다음 중 제1종 살처분 법정 가축전염병인 것은?**

① 탄 저 ② 기종저
③ 돼지오제스키 ④ 구제역

해설

살처분 명령(가축전염병예방법 제20조제1항)
시장·군수·구청장은 농림축산식품부령으로 정하는 제1종 가축전염병이 퍼지는 것을 막기 위하여 필요하다고 인정하면 농림축산식품부령으로 정하는 바에 따라 가축전염병에 걸렸거나 걸렸다고 믿을 만한 역학조사·정밀검사 결과나 임상증상이 있는 가축의 소유자에게 그 가축의 살처분(殺處分)을 명하여야 한다. 다만, 우역, 우폐역, 구제역, 돼지열병, 아프리카돼지열병 또는 고병원성 조류인플루엔자에 걸렸거나 걸렸다고 믿을 만한 역학조사·정밀검사 결과나 임상증상이 있는 신고대상 가축에 대하여 사육계약을 체결한 축산계열화사업자, 있거나 있었던 장소를 중심으로 그 가축전염병이 퍼지거나 퍼질 것으로 우려되는 지역에 있는 가축의 소유자에게 지체 없이 살처분을 명할 수 있다.

63 **탄저나 기종저로 폐사하여 매몰한 가축의 발굴 금지기간은?**

① 3년 ② 5년
③ 10년 ④ 20년

해설

매몰한 토지의 발굴 금지 및 관리(가축전염병예방법 제24조제1항)
누구든지 제22조제2항 본문, 제23조제1항 및 제3항에 따른 가축의 사체 또는 물건을 매몰한 토지는 3년(탄저·기종저의 경우에는 20년을 말한다) 이내에는 발굴하지 못하며, 매몰 목적 이외의 가축사육시설 설치 등 다른 용도로 사용하여서는 아니 된다. 다만, 시장·군수·구청장이 농림축산식품부장관 및 환경부장관과 미리 협의하여 허가하는 경우에는 그러하지 아니하다.

64 **가축방역교육을 실시하는 행정기관 및 단체가 아닌 것은?**

① 가축위생방역지원본부
② 가축방역심의회
③ 농협중앙회
④ 수의사회

해설

가축방역교육(가축전염병예방법 제6조)
① 국가와 지방자치단체는 농림축산식품부령으로 정하는 가축의 소유자와 그에게 고용된 사람에게 가축방역에 관한 교육을 하여야 한다.
② 국가 및 지방자치단체는 필요한 경우 제1항에 따른 교육을 「농업협동조합법」에 따른 농업협동조합중앙회 등 농림축산식품부령으로 정하는 축산 관련 단체(이하 "축산 관련 단체"라 한다)에 위탁할 수 있다.
③ 제1항에 따른 가축방역교육에 필요한 사항은 농림축산식품부령으로 정한다.
* 가축방역심의회는 교육업무가 없다.

61 ③ 62 ④ 63 ④ 64 ② 정답

65 **병명이 불분명한 질병으로 폐사한 가축의 신고의무자가 아닌 자는?**

① 소유자
② 당해 가축소유자에게 약품을 판매한자
③ 당해 가축을 검안한 수의사
④ 수의사에게 당해 가축의 진단을 의뢰한 관리자

66 **가축사육시설의 폐쇄명령에 관한 설명으로 옳지 않는 것은?**

① 가축사육시설의 폐쇄명령권자는 시장·군수이다.
② 반드시 청문을 거쳐야 한다.
③ 폐쇄명령을 받고도 이행하지 아니하는 경우 명령위반시설임을 알리는 게시물의 부착 및 해당 가축사육시설의 봉인을 할 수 있다.
④ 우역, 소해면상뇌증, 돼지열병, 뉴캐슬병에 걸렸다고 믿을 만한 상당한 이유가 있는 경우 즉시 해당 가축사육시설의 폐쇄명령을 내릴 수 있다.

67 **수입금지지역을 고시하는 자는?**

① 국립동물검역소장
② 농림축산식품부장관
③ 도지사
④ 국립수의과학연구원장

해설

수입금지(가축전염병예방법 제32조제1항)
다음 각 호의 어느 하나에 해당하는 물건은 수입하지 못한다.

1. 농림축산식품부장관이 지정·고시하는 수입금지 지역에서 생산 또는 발송되었거나 그 지역을 거친 지정검역물
2. 동물의 전염성 질병의 병원체
3. 소해면상뇌증이 발생한 날부터 5년이 지나지 아니한 국가산 30개월령 이상 쇠고기 및 쇠고기 제품
4. 특정위험물질

68 **폐사한 가축의 신고를 반드시 하여야 하는 경우는?**

① 학술연구용으로 대학에서 사육한 경우
② 의약품 제조허가를 받은 자가 의약품 제조용으로 사육한 경우
③ 수입가축이 검역 중 폐사한 경우
④ 불분명한 병명으로 가축이 폐사한 경우

해설

죽거나 병든 가축의 신고(가축전염병예방법 제11조제1항)
다음 각 호의 어느 하나에 해당하는 가축(이하 "신고대상 가축"이라 한다)의 소유자 등(축산계열화사업자의 경우에는 회사·법인명으로 한다), 신고대상 가축을 진단하거나 검안(檢案)한 수의사, 신고대상 가축을 조사하거나 연구한 대학·연구소 등의 연구책임자 또는 신고대상 가축의 소유자 등의 농장을 방문한 동물약품 또는 사료 판매자는 신고대상 가축을 발견하였을 때에는 농림축산식품부령으로 정하는 바에 따라 지체 없이 국립가축방역기관장, 신고대상 가축의 소재지를 관할하는 시장·군수·구청장 또는 시·도 가축방역기관의 장(이하 "시·도 가축방역기관장"이라 한다)에게 신고하여야 한다. 다만, 수의사 또는 제12조제6항에 따른 가축병성감정 실시기관(이하 "수의사 등"이라 한다)에 그 신고대상 가축의 진단이나 검안을 의뢰한 가축의 소유자 등과 그 의뢰사실을 알았거나 알 수 있었을 동물약품 또는 사료 판매자는 그러하지 아니하다.

1. 병명이 분명하지 아니한 질병으로 죽은 가축
2. 가축의 전염성 질병에 걸렸거나 걸렸다고 믿을 만한 역학조사·정밀검사·간이진단키트 결과나 임상증상이 있는 가축

정답 65 ② 66 ④ 67 ② 68 ④

69 다음 중 지정검역물이 아닌 것은?

① 가축전염성 질병의 병원체 및 진단액
② 동물의 정액, 난자 및 수정란
③ 동물과 같이 수입된 깔짚, 기구, 건초
④ 파충류, 갑각류 등 멸종위기의 동물

해설

지정검역물(가축전염병예방법 제31조)
수출입 검역 대상 물건은 다음 각 호의 어느 하나에 해당하는 물건으로서 농림축산식품부령으로 정하는 물건(이하 "지정검역물"이라 한다)으로 한다.
1. 동물과 그 사체
2. 뼈·살·가죽·알·털·발굽·뿔 등 동물의 생산물과 그 용기 또는 포장
3. 그 밖에 가축전염성 질병의 병원체를 퍼뜨릴 우려가 있는 사료, 사료원료, 기구, 건초, 깔짚, 그 밖에 이에 준하는 물건

70 가축의 살처분 명령에 관한 설명으로 옳지 않은?

① 보상금은 살처분을 한 가축평가액의 100분의 80에 해당하는 금액이다.
② 법정가축전염병에 걸렸다고 믿을 만한 상당한 이유가 있는 경우 시장 또는 군수는 가축의 소유자에게 당해 가축의 살처분을 명할 수 있다.
③ 우역, 구제역, 돼지열병 등에 걸렸다고 믿을 만한 상당한 이유가 있는 경우 시장 또는 군수는 해당 가축의 전염병이 퍼질 우려가 있는 지역 안의 가축소유자에게 살처분을 명할 수 있다.
④ 브루셀라, 오제스키, 결핵 등 제2종 법정 가축전염병의 경우 해당 가축전염병이 퍼질 위험이 중대한 때에는 살처분을 명할 수 있다.

해설

보상금 등(가축전염병예방법 시행령 제11조제1항)
법 제48조제1항, 제3항 및 제4항에 따른 보상금의 지급 및 감액 기준은 별표 2와 같다.
보상금의 지급 및 감액 기준(가축전염병예방법 시행령 [별표 2])
법 제48조제1항에 따라 보상금을 지급하는 경우 다음 각 목의 기준에 따른다.
가. 법 제3조의4제5항에 따른 사육제한 명령으로 손실을 입은 경우 : 지방자치단체의 조례로 정하는 손실평가액의 전액

71 가축전염병예방법에서 방역과 관련된 내용이다. 맞지 않는 것은?

① 가축의 소유자 등도 소독실시 등의 방역 의무가 있다.
② 죽거나 병든 가축에 대한 신고를 지연한 경우에는 가축의 사육제한 명령을 할 수 있다.
③ 살처분은 신속히 이루어져야 하며 긴급할 경우에는 가축이 죽은 것이 확인되기 전이라도 매몰 또는 소각할 수 있다.
④ 가축전염병에 걸리지 않은 가축도 살처분 대상이 될 수 있다.

해설

소각 또는 매몰기준 – 사체의 매몰(가축전염병예방법 시행규칙 [별표 5])
가축의 매몰은 살처분 등으로 가축이 죽은 것으로 확인된 후 실시하여야 한다.

69 ④ 70 ① 71 ③ 정답

72 가축전염병예방법상 의무적으로 소독을 실시해야 하는 자가 아닌 자는?

① 축산물보관업의 영업자
② $300m^2$ 이상의 가축사육시설을 갖춘 소유자
③ 도축업의 영업자
④ 가축시장 운영자

해설

소독설비 · 방역시설 구비 및 소독 실시 등(가축전염병예방법 제17조제1항)

가축전염병이 발생하거나 퍼지는 것을 막기 위하여 다음 각 호의 어느 하나에 해당하는 자는 농림축산식품부령으로 정하는 바에 따라 소독설비 및 방역시설을 갖추어야 한다.

1. 가축사육시설($50m^2$ 이하는 제외한다)을 갖추고 있는 가축의 소유자 등. 다만, $50m^2$ 이하의 가축사육시설을 갖추고 있는 가축의 소유자 등은 분무용 소독장비, 신발소독조 등의 소독설비 및 울타리, 방조망 등 방역시설을 갖추어야 한다.
2. 「축산물 위생관리법」에 따른 도축장 및 집유장의 영업자
3. 식용란의 수집판매업자
4. 「사료관리법」에 따른 사료제조업자
5. 「축산법」에 따른 가축시장 · 가축검정기관 · 종축장 등 가축이 모이는 시설 또는 부화장의 운영자 및 정액 등 처리업자
6. 가축분뇨를 주원료로 하는 비료제조업자
7. 「가축분뇨의 관리 및 이용에 관한 법률」 제28조제1항제2호에 따른 가축분뇨처리업의 허가를 받은 자

73 가축전염병예방법상 죽거나 병든 가축의 신고에 관한 설명이다. 맞지 않은 것은?

① 신고 방법은 서면, 구두 모두 가능하다.
② 당해 가축 진단하였을 때 사체를 검안한 수의사는 어느 경우나 신고의무가 있다.
③ 당해 가축에 대한 진단 또는 검안은 가축방역관, 공수의 또는 동물 병원 개설 수의사가 한다.
④ 항공기, 선박, 철도 등의 교통수단으로 운송하는 도중에 죽은 가축의 경우에는 신고하지 아니할 수 있다.

해설

죽거나 병든 가축의 신고(가축전염병예방법 제11조제3항)

철도, 선박, 자동차, 항공기 등 교통수단으로 가축을 운송하는 자(이하 "가축운송업자"라 한다)는 운송 중의 가축이 신고대상 가축에 해당하면 지체 없이 그 가축의 출발지 또는 도착지를 관할하는 시장 · 군수 · 구청장에게 신고하여야 한다.

74 가축전염병 발생지역에 대한 이동제한, 교통차단, 출입통제의 조치를 취할 경우에 공고하여야 하는 사항과 거리가 먼 것은?

① 목 적　　② 지 역
③ 기 간　　④ 위반사항

해설

격리 등의 명령(가축전염병예방법 시행규칙 제22조제2항)

시장 · 군수 · 구청장은 법 제19조제1항(법 제28조 및 법 제28조의2에서 준용하는 경우를 포함한다)에 따라 이동제한 · 교통차단 또는 출입통제의 조치를 명하려는 때에는 다음 각 호의 사항을 공고하여야 한다.

1. 목 적
2. 지 역
3. 대상 가축 · 사람 또는 차량
4. 기 간
5. 그 밖에 이동제한, 교통차단, 출입통제 조치에 필요한 사항

정답 72 ① 73 ④ 74 ④

75 가축전염병예방법상 수입금지물이 수입되었을 시 조치가 아닌 것은?

① 반송명령
② 반송 불가 시 소각 또는 매몰명령
③ 명령 불이행 시 검사관이 직접 매몰명령
④ 오염이 되지 않는 밀폐장소에 정리보관

해설

수입금지 물건 등에 대한 조치(가축전염병예방법 제33조)

검역관은 수입된 지정검역물이 다음 각 호의 어느 하나에 해당하는 경우 그 화주(貨主, 대리인을 포함한다)에게 반송(제3국으로의 반출을 포함한다)을 명할 수 있으며, 반송하는 것이 가축방역에 지장을 주거나 반송이 불가능하다고 인정하는 경우에는 소각, 매몰 또는 농림축산식품부장관이 정하여 고시하는 가축방역상 안전한 방법(이하 "소각·매몰 등"이라 한다)으로 처리할 것을 명할 수 있다.

1. 제32조제1항에 따라 수입이 금지된 물건
2. 제34조제1항 본문에 따라 수출국의 정부기관이 발행한 검역증명서를 첨부하지 아니한 경우
3. 부패·변질되었거나 부패·변질될 우려가 있다고 판단되는 경우
4. 그 밖에 지정검역물을 수입하면 국내에서 가축방역상 또는 공중위생상 중대한 위해가 발생할 우려가 있다고 판단되는 경우로서 농림축산식품부장관의 승인을 받은 경우

76 다음 중 검역시행장에서 근무할 검역관리인이 되기 위한 자격요건이 아닌 것은?

① 의학, 약학
② 낙농학을 전공하고 가축방역업무에 6개월 이상 종사한 경우
③ 물리학
④ 수의학

해설

검역관리인의 자격·임무(가축전염병예방법 시행령 제10조제1항)

법 제42조제5항에 따른 검역관리인(이하 "검역관리인"이라 한다)의 자격은 4년제 이상의 대학에서 수의학·의학·약학·간호학·축산학·화학 또는 물리학 분야를 전공하고 졸업한 자 또는 이와 동등 이상의 학력을 가진 자로서 가축방역업무에 1년 이상 종사한 자로 한다.

77 다음 질병 중 발생 시 역학조사를 하여야 하는 질병은?

① 뉴캐슬병
② 광견병
③ 저병원성 조류인플루엔자
④ 돼지열병

해설

역학조사의 대상 등(가축전염병예방법 시행규칙 제15조제1항)

법 제13조제1항에서 "농림축산식품부령으로 정하는 가축전염병"이란 다음 각 호의 가축전염병을 말한다.

1. 우역·우폐역·구제역·아프리카돼지열병·돼지열병·고병원성조류인플루엔자 및 소해면상뇌증
2. 그 밖의 가축전염병중 농림축산식품부장관 또는 검역본부장이 역학조사가 필요하다고 인정하는 가축전염병

75 ④ 76 ② 77 ④ 정답

78 **가축전염병예방법의 규정에 의해 소독설비를 갖추어야 하는 자에 해당되지 않는 자는?**

① 사료관리법에 의한 사료제조업자
② 축산물 가공처리법에 의한 도축장 및 집유장의 영업자
③ 가축 분뇨를 주원료로 하는 비료제조업자
④ $50m^2$ 이하의 가축사육시설 가축의 소유자

해설

소독설비 · 방역시설 구비 및 소독 실시 등(가축전염병예방법 제17조제1항)

가축전염병이 발생하거나 퍼지는 것을 막기 위하여 다음 각 호의 어느 하나에 해당하는 자는 농림축산식품부령으로 정하는 바에 따라 소독설비 및 방역시설을 갖추어야 한다.

1. 가축사육시설($50m^2$ 이하는 제외한다)을 갖추고 있는 가축의 소유자 등. 다만, $50m^2$ 이하의 가축사육시설을 갖추고 있는 가축의 소유자 등은 분무용 소독장비, 신발소독조 등의 소독설비 및 울타리, 방조망 등 방역시설을 갖추어야 한다.
2. 「축산물 위생관리법」에 따른 도축장 및 집유장의 영업자
3. 식용란의 수집판매업자
4. 「사료관리법」에 따른 사료제조업자
5. 「축산법」에 따른 가축시장 · 가축검정기관 · 종축장 등 가축이 모이는 시설 또는 부화장의 운영자 및 정액 등 처리업자
6. 가축분뇨를 주원료로 하는 비료제조업자
7. 「가축분뇨의 관리 및 이용에 관한 법률」 제28조제1항제2호에 따른 가축분뇨처리업의 허가를 받은 자

79 **가축전염병예방법상 질병 발생 또는 발생 우려 시 지체 없이 역학조사를 하여야 할 질병이 아닌 것은?**

① 구제역
② 아프리카돼지열병
③ 우 역
④ 저병원성 조류인플루엔자

80 **동물계류장 사용관계로 수입 전 사전에 수의과학 검역원장에게 신고할 필요가 없는 것은?**

① 원숭이
② 꿀 벌
③ 시험용 쥐
④ 개, 고양이(10두 이상)

해설

동물수입의 사전신고 등(가축전염병예방법 시행규칙 제36조)

1. 소 · 말 · 면양 · 산양 · 돼지 · 꿀벌 · 사슴 및 원숭이
2. 10두 이상의 개 · 고양이[그 어미와 함께 수입하는 포유기(哺乳期)인 어린 개 · 고양이와 시험연구용으로 수입되는 개 · 고양이는 제외한다]

81 **A군에서 수해로 인해 건강한 돼지가 익사하여 죽었다. 민원이 발생하기 전에 돼지가 전염병에 오염되지 않는 빠른 시간 내에 수거하여 소각, 매몰, 등 안전하게 처리해야 한다면 무슨 법령에 의거하여 처리해야 하는가?**

① 가축전염병예방법령
② 수의사법령
③ 폐기물관리법령
④ 축산법령

해설

죽은 동물에 대한 처리는 폐기물관리법령에 따라야 한다.

정답 78 ④ 79 ④ 80 ③ 81 ③

82 **가축전염병예방법상 제2종 가축전염병에 대한 조치로 맞지 않는 것은?**

① 가축의 격리, 억류 또는 이동제한 조치
② 전염병 발생신고를 지연한 가축의 소유자 등에 대하여 가축사육시설의 폐쇄명령
③ 가축의 억류, 격리 명령위반자에게 6월의 기간을 정하여 업무정지조치
④ 인근지역 가축에 대한 살처분 명령

해설

격리와 가축사육시설의 폐쇄명령 등(가축전염병예방법 제19조) 참고

83 **가축전염병예방법상 사체를 재활용할 수 없는 경우는?**

① 가축전염병에 걸리지 않았을 때
② 브루셀라병
③ 돼지오제스키병
④ 구제역

해설

사체의 재활용 등(가축전염병예방법 시행령 제8조제1항)
법 제22조제2항 단서에 따라 재활용할 수 있는 가축의 사체는 다음 각 호와 같다.

1. 법 제20조제1항 단서에 따라 살처분된 가축의 사체
2. 다음 각 목의 가축전염병에 감염된 가축의 사체
   가. 브루셀라병
   나. 돼지오제스키병
   다. 결핵병
   라. 그 밖에 농림축산식품부장관이 정하여 고시하는 가축전염병

84 **다음 중 축산관계시설에 출입하는 차량으로 등록 및 출입정보를 관리해야 하는 대상이 아닌 것은?**

① 가축·원유·알·동물약품·사료·조사료·가축분뇨·퇴비 등을 운반하는 차량
② 진료·예방접종·인공수정·컨설팅·시료채취·방역·기계수리하는 차량
③ 가금 출하·상하차 등을 위한 인력운송 차량
④ 축산관계시설에 출입하지 않는 일반 사무용 차량

해설

차량의 등록 및 출입정보 관리 등(가축전염병예방법 제17조의3제1항)
다음 각 호의 어느 하나에 해당하는 목적으로 제17조제1항 각 호의 어느 하나에 해당하는 자가 운영하는 시설(제17조제1항제1호의 경우에는 50m^2 이하의 가축사육시설을 포함하며, 이하 "축산관계시설"이라 한다)에 출입하는 차량으로서 농림축산식품부령으로 정하는 차량(이하 "시설출입차량"이라 한다)의 소유자는 그 차량의 「자동차관리법」에 따른 등록지 또는 차량 소유자의 사업장 소재지를 관할하는 시장·군수·구청장에게 농림축산식품부령으로 정하는 바에 따라 해당 차량을 등록하여야 한다.

1. 가축·원유·알·동물약품·사료·조사료·가축분뇨·퇴비·왕겨·쌀겨·톱밥·깔짚·난좌·가금부산물 운반
2. 진료·예방접종·인공수정·컨설팅·시료채취·방역·기계수리
3. 가금 출하·상하차 등을 위한 인력운송
4. 가축사육시설의 운영·관리(제17조제1항제1호에 해당하는 자가 소유하는 차량의 경우에 한정한다)
5. 그 밖에 농림축산식품부령으로 정하는 사유

82 ④ 83 ④ 84 ④ 정답

85 다음 중 폐쇄명령에 대한 설명 중 틀린 것은?

① 가축주가 신고해야 할 질병을 신고 안 했을 경우
② 억류명령을 위반하였을 경우
③ HPAI(고병원성 가금인플루엔자)에 감염된 경우
④ 한 번 폐쇄명령 받은 곳에서는 절대 재사육을 할 수 없다.

해설

격리와 가축사육시설의 폐쇄명령 등(가축전염병예방법 제19조) 참고

86 가축전염병예방법상 가축의 소유자 및 운송업자에게 가축을 이송할 때 검사증명서를 휴대하도록 할 수 있는 질병이 아닌 것은?

① 소해면상뇌증　② 브루셀라병
③ 돼지오제스키병　④ 구제역

해설

검사증명서의 휴대 등(가축전염병예방법 시행규칙 제19조제1항)

농림축산식품부장관, 시·도지사 또는 시장·군수·구청장이 법 제16조제5항에 따라 가축의 소유자 및 가축운송업자에게 가축을 이동할 때에 검사증명서, 예방접종증명서나 법 제19조제1항 각 호 외의 부분 단서 또는 법 제19조의2제4항에 따라 이동승인을 받았음을 증명하는 서류(이하 "이동승인서"라 한다)를 휴대하게 하거나 예방접종을 하였음을 가축에 표시하도록 명할 수 있는 가축전염병은 다음 각 호와 같다.

1. 검사증명서 또는 예방접종증명서 휴대 : 구제역·돼지열병·뉴캐슬병·브루셀라병·결핵병·돼지오제스키병 그 밖에 농림축산식품부장관이 정하여 고시하는 가축전염병
2. 이동승인서 휴대 : 구제역, 고병원성 조류인플루엔자, 그 밖에 농림축산식품부장관이 정하여 고시하는 가축전염병
3. 예방접종 표시 : 우역·구제역·돼지열병·광견병 그 밖에 농림축산식품부장관이 정하여 고시하는 가축전염병

87 가축전염병의 예방과 전염의 방지를 위한 방역과정 중 유산, 사산한 가축의 태아 보상금은 평가액의 얼마를 지급하는가?

① 전 액　② 20/100
③ 40/100　④ 80/100

해설

보상금의 지급 및 감액 기준(가축전염병예방법 시행령 [별표 2])

법 제15조제1항제1호에 따른 검사·주사·약물목욕·면역요법 또는 투약의 실시로 인하여 죽은 가축과 사산 또는 유산된 가축의 태아의 경우 : 검사 등의 실시 당시의 해당 가축 및 가축의 태아의 평가액의 100분의 80

정답 85 ④ 86 ① 87 ④

합격의 공식
시대에듀

얼마나 많은 사람들이
책 한 권을 읽음으로써
인생에 새로운 전기를 맞이했던가.

– 헨리 데이비드 소로

부 록

기출문제 + 모의고사

제1회 기출문제

제2회 기출문제

제1회 모의고사

제2회 모의고사

제3회 모의고사

제 1 회 기출문제

제1과목 축산학개론

01 경영비 중 고정자본재가 아닌 것은?

① 농기계 ② 착유우
③ 건 물 ④ 새끼돼지

해설

- 동물자원의 경영 3대 요소 : 토지, 노동력, 자본재
- 감가상각 : 동물자원 경영에 활용되는 건물, 농기구, 가축 등의 고정자본재는 시간이 경과함에 따라 자연적인 노후나 파손 등으로 가치가 점차 감소하는데, 이를 추정하거나, 내용연수에 감가된 상당액을 경영비 산출 시 계상하여 평가절하시키는 것을 감가상각이라 한다.

02 제각과 거세의 방법으로 맞지 않은 것은?

① 돼지의 경우 거세는 생후 1일경에 한다.
② 생후 즉시 송곳니를 자른다.
③ 제각 시기는 생후 1~2월령이다.
④ 송아지의 거세는 1~3개월령에 한다.

해설

돼지 거세 : 생후 2~3주령에 실시하며 규격돈 생산, 육질 개선효과가 있다.

03 닭의 췌장에서 분비되는 소화효소와 그 기능이 잘못 연결된 것은?

① 트립신 - 단백질
② 펩티다아제 - 섬유소 분해효소
③ 아밀라제 - 탄수화물 분해효소
④ 리파제 - 지방 분해효소

해설

췌장에서 십이지장까지의 화학적 소화에 관여하는 효소로는 아밀라제(탄수화물 소화), 리파제(지방 소화), 키모트립신(단백질 소화), 트립신(단백질 소화)이 있다.

04 반추위 내의 미생물이 탄수화물을 분해하고 여러 과정을 거처 최종적으로 생성되는 물질 은 무엇인가?

① 휘발성 지방산(VFA)
② 포도당(Glucose)
③ 아미노산(Amino Acid)
④ 비타민 A(Vitamin A)

해설

가축의 체내에 유입된 영양소는 소화효소의 작용으로 분자단계로 분해되는데, 탄수화물은 포도당과 같은 단당류로, 단백질은 아미노산으로 그리고 지방은 지방산과 글리세롤로 분해되어 소장의 유문관에서 흡수된다.

정답 1 ④ 2 ① 3 ② 4 ②

05 젖소가 1L의 우유를 생산하기 위해 유방을 순환하는 혈액량은?

① 10~20L
② 20~80L
③ 80~150L
④ 400~500L

해설

젖소의 젖은 대부분이 혈액의 성분들로 만들어지므로 유방의 혈관이 매우 잘 발달되어 있다. 젖소가 우유 1L를 생산하기 위해서는 약 400~500L의 혈액이 유방을 순환해야 한다.

06 어린가축이 다량 섭취 시 메트헤모글로빈혈증을 유발하는 것은?

① 고사리
② 질산염
③ 낙 산
④ 초 산

해설

메트헤모글로빈혈증
산소를 운반할 수 없는 메트헤모글로빈이 많아서 세포가 질식하는 병으로, 위 속에서 질산염이 아질산염으로 변화된 후 이것이 혈관 속의 헤모글로빈과 결합되어 메트헤모글로빈이 된다.

07 겨울에서 봄 사이에 새끼돼지의 도폐사가 가장 높은 질병은?

① 돼지열병
② 위축성 비염
③ 돼지생식기호흡기증후군
④ 전염성 위장염

해설

돼지 전염성 위장염(TGE)
연중 발생하지만 주로 기온이 낮은 겨울철이나 초봄에 많이 발생하는 급성설사병이다. 모든 일령의 돼지에 발병하지만, 특히 1주령 미만의 포유 자돈에 발병하면 대부분의 자돈이 폐사되는 무서운 전염병이다.

08 돼지의 평균 지육률은?

① 60%
② 65%
③ 70%
④ 75%

해설

돼지의 평균 지육률은 65%이다.

09 화본과 목초와 두과 목초의 차이점 중 틀린 것은?

① 두과 목초는 공중에서 질소 흡수 후 질산을 만든다.
② 화본과 목초가 같은 넓이에서 생산 시 더 많이 생산된다.
③ 화본과 목초는 두과 목초에 비하여 단백질 함량이 낮다.
④ 화본과 목초는 두과 목초에 비하여 섬유소 함량이 낮다.

해설

화본과 목초는 두과 목초에 비하여 섬유소 함량이 높다.

10 돼지의 위탁 포유에 대한 설명으로 틀린 것은?

① 포유 시 적정 두수는 8~12두 내외이다.
② 되도록 일찍 이유사료를 급여한다.
③ 허약한 자돈은 가슴부분의 젖꼭지를 물린다.
④ 허약한 어미를 선택한다.

해설

위탁 포유는 모체가 허약하거나 산자수가 많을 때 또는 자돈이 허약할 때 실시한다.

5 ④ 6 ② 7 ④ 8 ② 9 ④ 10 ④ 정답

11 다음 중 자식의 능력을 평가하는 방법은?

① 후대검정 ② 개체선발
③ 가계선발 ④ 근친교배

해설
어느 개체의 종축 가치를 그 후손들의 능력에 근거하여 선발하는 것을 후대검정이라고 한다. 장차 종축으로 계속하여 사용할지 여부를 결정하는 방법으로, 젖소의 종모우 선발에 이용한다.

12 눈, 호흡기, 번식장애와 연관된 비타민은?

① 비타민 A ② 비타민 B
③ 비타민 E ④ 비타민 D

해설
비타민 A는 단백질과 결합하여 정상적인 시력을 유지시켜 준다.

13 유즙의 분비에 관여하는 호르몬?

① 프로게스테론 ② 아드레날린
③ 에스트로겐 ④ 옥시토신

해설
옥시토신(Oxytocin)은 유두나 유방의 자극, 기타 여러 가지 관련 자극들이 시상하부로 전달되어 시상하부의 조절작용에 의해 뇌하수체에서 분비되는 호르몬으로, 분만을 위한 자궁 수축, 유선조직의 수축 등으로 유즙을 분비하도록 하는 생리작용을 한다.

14 분뇨 처리방법 중 가장 많이 이용하는 방법?

① 활성오니법 ② 해양투기
③ 방 류 ④ 액비처리

해설
활성오니법은 호기성 미생물의 집합체인 활성오니를 이용하는 방법으로, 분뇨 속의 유기물을 분해하여 고형물은 덩어리가 되어 가라앉게 하고, 액체는 방류시키는 방법이다.

15 일광에 장시간 조사되거나 대기 중에 방치하면 약 90% 이상 파괴되는 건초의 성분은?

① 카로틴 ② 당 질
③ 단백질 ④ 지 방

16 어린 송아지가 농후사료와 두과 청초를 과다 섭취 시 일어날 수 있는 증상은?

① 유 열 ② 테타니
③ 케토시스 ④ 고창증

해설
고창증은 콩과 목초를 많이 먹였을 때와 사료를 급변시켰을 때 발생하며 호흡곤란, 식욕부진, 되새김 중지 등의 증상이 나타나는 질병이다.

17 젖소의 분만 후 최고 유량이 나오는 시기는?

① 분만 직후
② 분만 후 2~4주
③ 분만 후 4~10주
④ 분만 후 6개월 이상

해설
착유우의 유량은 분만 후 4~10주령에 최고 유량에 도달한다.

정답 11 ① 12 ① 13 ④ 14 ① 15 ① 16 ④ 17 ③

18 콩과 목초 중 목초의 여왕이라 불리는 것은?

① 알팔파
② 수단그라스
③ 오처드그라스
④ 티머시

해설
알팔파는 사료가치가 매우 우수하여 목초의 여왕이라 불린다.

19 돼지의 유전력 중 유전력이 가장 낮은 것은?

① 한배산자수
② 체 장
③ 생후 180일 체중
④ 등지방두께

해설
돼지의 유전력은 산자수 15%, 이유 시 한배새끼 전체체중 17%, 5~6개월 체중 30%, 이유 후 증체율 29%, 체형 39%, 체장 59% 정도이다.

20 다음 중 소의 분만관리에 대한 내용으로 틀린 것은?

① 분만 전에 운동을 적게 시킨다.
② 분만 후기의 일일 증체량을 0.4kg로 관리한다.
③ 임신 초기 사료량을 늘리지 않아도 된다.
④ 임신 6개월이 되면 자궁 속의 태아가 급격히 성장한다.

해설
착유 중인 젖소는 분만 60일 전부터 건유를 시키며 건유우는 비만하게 되면 여러 가지 대사성 질병이 발생할 수 있다.

제2과목 가축번식학

21 닭의 산란능력이 아닌 것은?

① 산란강도 ② 산란지속성
③ 취소성 ④ 사료요구율

22 닭의 점등관리에서 난포자극호르몬과 같은 역할을 하는 호르몬은?

① LH(황체형성 호르몬)
② PMSG
③ 릴랙신
④ 에스트로겐

해설
PMSG은 난포자극호르몬(FSH)과 비슷한 작용을 한다.
※ 황체형성호르몬(LH)은 뇌하수체에서 얻어진 생식선 자극호르몬인 당단백질계 호르몬의 일종이며, 주로 난소의 황체를 형성하는 작용을 한다.

23 소에서 임신 5~6개월 시 주로 하는 임신 감정방법은?

① 중자궁동맥 촉진법
② 초음파검사법
③ 태아촉진법
④ 프로게스테론 농도 측정법

해설
직장질법을 통한 자궁각감별법
임신 30일령부터 임신된 자궁각 쪽(임신황체가 존재하는 쪽)의 전방 1/3 부위에서 요막 내 요수가 저류됨에 따라 가볍게 부풀어 오르는데, 직장검사로 부풀어 오른 부위를 확인하고 그 부푼 곳의 파동감으로 임신 유무를 감정한다. 중자궁동맥법은 좌우 측 중자궁의 혈류속도를 손가락으로 감지하는 방법으로, 5~6개월에 주로 실시한다.

18 ① 19 ① 20 ① 21 ④ 22 ② 23 ① 정답

24 자궁의 근육을 수축시켜 분만을 돕고 유즙의 분비를 돕는 호르몬은?

① 옥시토신

② 황체형성호르몬

③ 릴랙신

④ 테스토스테론

해설

옥시토신(Oxytocin)은 시상하부에서 합성되어 뇌하수체 후엽으로 이행·저장되어 있다가 필요시 방출된다. 옥시토신은 자궁근육의 수축을 유발하여 분만 시 태아와 태반의 만출을 용이하게 할 뿐만 아니라 분만 후에는 자궁의 복귀를 돕는 작용을 한다. 또한 난관의 수축빈도를 증가시켜 난관 내에서 난자와 정자의 이송에 관여하며, 유선에서의 유즙 배출을 돕는다.

25 하위기관에서 분비되는 호르몬이 상위기관 호르몬 분비를 촉진하는 것은?

① Positive Feedback

② Negative Feedback

③ Auto Feedback

④ Short Loop Feedback

해설

피드백 메커니즘은 주로 뇌하수체에서 분비되는 각종 호르몬과 표적기관에서 분비되는 호르몬 사이에 존재하는 기구로서 원격조절이라 하며, 정(+ 또는 Positive)의 피드백(하위기관에서 분비되는 호르몬이 상위기관의 호르몬을 촉진), 부(− 또는 Negative)의 피드백(상위기관에서 분비된 호르몬의 자극에 의해 하위기관의 호르몬이 다시 상위기관의 호르몬을 억제), 단경로피드백, 오토피드백(ACTH와 FSH와 같이 뇌하수체 전엽에서 분비된 호르몬이 직접 뇌하수체 전엽에 작용하여 그 자신의 분비기능을 조절)이 있다.

26 암돼지의 수정 적기로 적당한 것은?

① 수퇘지 허용 후 1~2시간

② 수퇘지 허용 후 5~8시간

③ 수퇘지 허용 후 10~26시간

④ 수퇘지 허용 후 28~36시간

해설

돼지의 수정 적기는 발정 개시 후 15~20시간이다.

27 난자에서 투명대의 가장 중요한 역할은?

① 다정자 침입 방지

② 호르몬 분비

③ 내분비호르몬 분비

④ 발정호르몬 분비

해설

정자의 세포막과 투명대 표면의 수용체 간 상호작용을 통해 첨체반응이 일어나게 된다. 첨체반응 효소는 투명대 막을 녹이게 되고 정자의 침투가 가능하게 된다. 투명대를 통과한 정자는 난황막에 부착하여 수정이 일어나게 되는데, 최초의 정자가 난자와 결합하게 되면 동시에 원형질막의 차단을 통해 다른 정자의 접근을 막는다. 만약 다른 정자의 침입이 일어나는 경우에는 수정란이 조기에 유실된다. 이 과정을 통해 하나의 정자가 수정에 성공하게 되면 정자의 핵이 풀어져 난자의 핵과 함께 전핵을 형성하게 된다.

28 요도를 기계적으로 깨끗이 하고 음경의 윤활제 역할을 하는 곳은?

① 요도구선 ② 전립선

③ 정낭선 ④ 정 소

해설

요도구선은 전립선의 뒤쪽, 요도 배면에 위치한 한 쌍의 작은 구형의 선체로, 한 쌍의 배출관이 요도구에 개구한다. 요도구선의 분비액은 회분과 염소가 많이 함유되어 있는 알칼리성으로, 사정에 앞서 요도의 세척 및 중화작용을 한다.

정답 24 ① 25 ① 26 ③ 27 ① 28 ①

29 다음 중 소의 자궁 형태는?

① 분열자궁 ② 쌍각자궁
③ 중복자궁 ④ 단자궁

해설

자궁의 형태
- 쌍각자궁 : 돼지, 개, 고양이
- 분열자궁 : 소, 산양, 말
- 단자궁 : 사람, 원숭이
- 중복자궁 : 쥐, 토끼, 코끼리
- 이중자궁 : 캥거루

30 발정을 유도할 때 사용되는 호르몬은?

① FSH, PMSG ② LH, LTH
③ HCG, PMSG ④ LH, FSH

해설

- 난포자극호르몬(FSH ; Follicle Stimulating Hormone)은 뇌하수체 전엽의 성선자극세포에서 분비되는 당단백질 호르몬으로서 난포의 성장과 성숙을 자극하는 작용을 한다.
- 임마혈청성 성선자극호르몬(PMSG ; Pregnant Mare Serum Gonadotropin)는 임신 초기 말의 혈청에서 발견되는 단백질호르몬으로, 말의 배(胚)가 자궁내막에 착상될 때 형성되는 자궁내막 배에서 분비된다. FSH나 LH의 생리작용을 겸비하고 있지만 LH의 작용에 비하여 FSH의 작용이 강하다.
- 융모막성 성선자극호르몬(HCG ; Human Chorionic Gonadotropin)은 임신 중인 포유류(사람)의 태반에서 분비되는 생식선자극호르몬으로, FSH의 작용보다 LH의 작용이 크다.

31 발정 지속시간이 가장 긴 가축은?

① 소 ② 말
③ 염 소 ④ 돼 지

해설

소는 21시간, 말은 7일, 양은 30시간, 돼지는 58시간 정도이다.

32 다음 중 단발정 동물은?

① 여 우 ② 면 양
③ 돼 지 ④ 토 끼

해설

단발정 동물은 1년에 1회 발정하는 동물로 곰, 이리, 여우 등이 있고, 개는 1년에 2회(봄, 가을) 발정한다. 장일성 계절번식은 말(5~6월), 단일성 계절번식은 면양, 산양, 사슴(9~11월) 등이다.

33 호르몬에 대한 설명 중 틀린 것은?

① 에너지를 공급한다.
② 표적기관에만 작용한다.
③ 내분비선에서 합성된 후 혈액 속으로 분비된다.
④ 양을 일정하게 유지한다.

해설

호르몬의 특징
- 내분비선에서 합성된 후 혈액 속으로 분비된다.
- 미량으로도 충분히 생리조절이 가능하다.
- 표적기관(특정기관)에만 작용한다.
- 척추동물에서는 종 특이성이 존재하지 않기 때문에 모든 종에 호환이 가능하다. → 항원-항체반응을 하지 않는다(항체를 생성하지 않음).
- 과다증과 과소증(과다증과 결핍증이 나타남)이 있기 때문에 피드백작용으로 양을 일정하게 유지한다.
- 분비되는 곳과 작용하는 곳(표적기관)이 다르다.

29 ① 30 ① 31 ② 32 ① 33 ① 정답

34 **포유류에 있어서 정소가 정상적인 기능을 하기 위해서는 체온에 비해서 어느 정도의 온도를 유지해야 하는가?**

① 체온보다 1~2℃ 높아야 한다.

② 체온과 같아야 한다.

③ 체온보다 3~4℃ 낮아야 한다.

④ 체온보다 4~7℃ 낮아야 한다.

해설

음낭은 정소를 수용하여 보호하는 주름이 많은 주머니로, 정소 내의 온도를 잘 조절하도록 되어 있다. 더울 때에는 음낭이 늘어지고, 추울 때에는 수축되어 몸에 달라붙어 정소 내의 온도를 체온보다 4~7℃ 낮게 하는 냉각기로서 정자 생산에 알맞은 온도로 조절한다.

35 **정소가 모두 음낭 내에 하강하지 못하고 복강 내에 남아 있는 것은?**

① 잠복정소　　② 헤르니아

③ 음낭탈　　④ 귀두포피염

해설

잠복정소

정소가 음낭 내로 하강하지 않고 복강 내에 머물러 있는 것으로, 양측성과 편측성인 경우가 있다. 하강하지 못한 정소의 배아상피는 정상적인 발육을 하지 못하기 때문에 정자 형성이 정상적으로 이루어지지 않는다.

※ 잠복정소의 발생빈도는 소와 면양에 비해 돼지나 말에서 높다(돼지·말 > 기타).

※ 가축에서 정소의 하강장애가 발생하는 원인은 유전적 요인으로 생각되지만 아직 정확하게 밝혀지지 않고 있다. 한 개라도 하강된 정소를 가진 그 웅축은 번식이 가능하지만, 이런 웅축은 번식용으로 이용해서는 안 된다.

36 **태아를 둘러싸고 있는 막(膜) 중 가장 바깥쪽부터 순서대로 나열한 것은?**

① 융모막 - 요막 - 양막

② 융모막 - 양막 - 요막

③ 양막 - 요막 - 융모막

④ 양막 - 융모막 - 요막

해설

배 막

- 장막(융모막) : 배를 둘러싸고 있는 가장 바깥쪽 막
- 요막 : 노폐물의 저장과 배설
- 난황막 : 난황을 저장하고 있는 막
- 양막 : 배를 직접 둘러싸는 막

37 **젖소의 비유기 중 2개월령 시 비유량이 줄어들었을 때 주사할 수 있는 주사제는?**

① 프로락틴

② 릴랙신

③ 성장호르몬

④ 갑상선자극호르몬

해설

프로락틴은 유선에 작용하여 유즙 분비를 자극하는 기능을 하며, 황체를 자극하여 기능을 유지시키므로 최유호르몬(Lactogenic Hormone) 또는 황체자극호르몬(LTH ; Luteotrophic Hormone)이라고도 불리고 중추신경계에 작용하여 모성행동(Maternal Behavior)을 유발하기도 한다.

※ 몽골의 마두금 : 낙타에게 모성애가 유발되도록 함

정답 34 ④　35 ①　36 ①　37 ①

38 **수정란이 자궁으로 내려오는 속도를 조절하는 곳은?**

① 난관채 ② 협 부
③ 자궁난관접속부 ④ 난관팽대부

해설
③ 자궁난관접속부 : 난관으로 올라가는 정자와 자궁으로 내려오는 수정란의 속도를 조절
① 난관채 : 난관의 끝부분으로, 난관에서 배란된 난자를 누두부로 이동시키는 역할
④ 난관팽대부 : 수정이 이루어지는 곳

39 **후손의 능력에 근거하여 선발하며, 장차 종축으로 사용할 개체를 선발하는 방법은?**

① 후대검정 ② 개체선발
③ 가계선발 ④ 형매검정

해설
후대검정은 자손의 능력에 기준을 두는 선발방법으로, 개체의 종축가치를 그 개체 자손의 평균능력에 의해 추정하여 결정하는 방법이다.

40 **세포에서 태아로 바뀌는 것은?**

① 포배강 ② 내부세포괴
③ 상실배 ④ 난 할

해설
내부세포괴는 미분화 배아세포의 포배강 내에 형성되는 동물 극세포 집락으로, 약 30~40개의 세포군집이며 증식 후 백만 개의 분화된 세포로 태아의 몸을 구성하게 된다. 배반포기가 되면 성질이 같았던 배세포는 배의 겉쪽을 구축하는 영양아층과 포배강 내변연부의 한쪽에 집괴상으로 형성되는 내부세포집괴 2종류의 세포 집단으로 분류되는데, 이것은 포유류의 초기발생에서 최초의 분화이다. 내부세포집괴의 세포에는 전능성이 있어 장차 태아, 양막, 난황낭 등이 발생한다.

제3과목 가축육종학

41 **근친교배의 유전적 효과는?**

① 유전자의 Hetero성 증가
② 종체 및 도체의 품질 개량
③ 번식력·성장률 증가
④ 유전자의 Homo성 증가

42 **잡종강세 현상이 잘 나타나는 노새를 만드는 교배법은?**

① 암말×수나귀
② 암소×수나귀
③ 암나귀×수말
④ 암말×수소

43 **돼지 개량에 있어 스트레스 감수성(PSS) 돼지를 판정하는 방법이 아닌 것은?**

① 할로테인(Halothane)검정법
② CPK활성조사법
③ DNA검사법
④ 도체검사법

44 **종모우 선발에 이용될 수 없는 방법은?**

① 개체선발
② 후대검정
③ 혈통선발
④ 자매검정

38 ③ 39 ① 40 ② 41 ④ 42 ① 43 ④ 44 ④ 정답

45 육우의 왜소증(Dwarfism)은 정상우에 대하여 열성이다. 정상우(DD)와 왜소증우(dd)가 교배하였을 경우 F_1의 표현형과 유전형을 바르게 표시한 것은?

① 정상(DD)　② 정상(Dd)
③ 왜소(Dd)　④ 왜소(dd)

46 한우 검정요령에 관한 설명 중 틀린 것은?

① 당대검정이라 함은 후보종우를 선발하기 위하여 당대 수소의 능력을 검정하는 것을 말한다.
② 후대검정이란 보증종모우를 선발하기 위하여 후보종모우 자손의 능력을 검정하는 것을 말한다.
③ 후보종모우라 함은 당대검정을 위하여 검정장으로 이동된 수소를 말한다.
④ 보증종모우란 후대검정을 통하여 선발된 능력이 공인된 소를 말한다.

47 부모, 조부모 등의 선조능력에 근거하여 종축의 가치를 판단하여 선발하는 방법은?

① 후대검정　② 가계선발
③ 자매검정　④ 혈통선발

48 다음 중 순종교배에 속하지 않는 것은?

① 근친교배
② 동일 품종 내 이계교배
③ 무작위 교배
④ 누진교배

49 근친교배가 유익하게 이용될 수 있는 경우로 적합하지 않은 것은?

① 유전자를 고정하고자 할 때
② 불량한 열성유전자를 제거하고자 할 때
③ 혈연관계가 높은 자손을 생산하고자 할 때
④ 이형접합체를 증가시키고자 할 때

50 연간 산란수에 가장 크게 영향을 주는 형질은?

① 성 성숙　② 산란강도
③ 산란지속성　④ 동기휴산성

51 다음 육우 중 Brangus종의 육종에 사용된 기초 품종은?

① Brahman종과 Shorthorn
② Angus종과 Hereford
③ Brahman종과 Angus
④ Hereford종과 Santa Gertrudis

52 젖소의 근친교배 방지방안으로 적절한 것은?

① 종부나 인공수정에 이용할 수소는 암소와 혈연관계가 가까운 것으로 선택한다.
② 종부에 사용할 종모우는 최소 두수로 유지하여 너무 많지 않게 한다.
③ 특정 지역에서 이용하는 종모우는 상호 혈연관계가 가까운 것을 이용한다.
④ 특정 지역 젖소의 근친교배 방지를 위해 종모우를 교환하여 이용한다.

정답 45 ② 46 ③ 47 ④ 48 ④ 49 ④ 50 ③ 51 ③ 52 ④

53 **닭의 체중과 가장 밀접한 상관관계를 가지는 형질은?**

① 정강이 길이
② 생존율
③ 산란율
④ 사료효율

54 **개체선발을 이용하여 가장 효과적으로 개량할 수 있는 돼지의 형질은?**

① 사료효율
② 등 지방층 두께
③ 이유 후 일당 증체량
④ 복당 산자수

55 **소, 돼지, 면양 등에 있어서 성 성숙을 지연시키는 것은?**

① 누진교배
② 근친교배
③ 잡종교배
④ 이계교배

56 **돼지에 있어서 근친교배를 시킬 경우 어떤 현상이 나타나는가?**

① 번식능률이 우수해진다.
② 성장률이 좋아진다.
③ 자손의 능력이 향상된다.
④ 산자수가 적어진다.

57 **닭의 산육능력과 가장 관계 깊은 요소는?**

① 성장속도
② 부화율
③ 휴산성
④ 산란지속성

58 **초년도 산란수를 지배하는 요소와 관계없는 것은?**

① 동기휴산성
② 산란지속성
③ 산란강도
④ 사료요구율

59 **선발의 효과를 크게 하는 방법이 아닌 것은?**

① 선발차를 크게 한다.
② 형질의 유전력을 높인다.
③ 세대간격을 줄인다.
④ 집단의 변이를 줄인다.

60 **다음 중 젖소의 근친교배를 피할 수 있는 방법은?**

① 인공수정으로 동일한 종모우의 정액을 이용한다.
② 지역별로 일정 기간마다 종모우를 교환하여 이용한다.
③ 종부에 이용할 종모우의 수를 최소한으로 유지한다.
④ 종부할 수소 선택 시 혈연관계가 가능한 가까운 것으로 선택한다.

53 ① 54 ② 55 ② 56 ④ 57 ① 58 ④ 59 ④ 60 ② 정답

제4과목 축산법

61 닭 도체의 등급판정에서 중량규격은 몇 개로 나뉘는가?

① 2개 ② 5개
③ 10개 ④ 25개

해설

등급판정의 방법·기준 및 적용조건 – 닭·오리 도체(축산법 시행규칙 [별표 4])
도축한 후 도체의 내부 온도가 10℃ 이하가 된 이후에 중량 규격별로 선별하여 다음의 방법에 따라 판정한다.
가. 품질등급 : 도체의 비육 상태 및 지방의 부착 상태 등을 종합적으로 고려하여 1^{+}·1·2등급으로 판정한다.
나. 중량규격 : 도체의 중량에 따라 5호부터 30호까지 100g 단위로 구분한다.

62 다음 중 시·도지사 또는 시장·군수 또는 구청장이 청문을 하여 처분하는 사항이 아닌 것은?

① 수정사의 면허취소
② 축산업의 허가취소
③ 가축거래상인의 등록취소
④ 가축시장의 등록취소

해설

청문(축산법 제50조)
시·도지사 또는 시장·군수 또는 구청장은 다음 각 호의 어느 하나에 해당하는 처분을 하려면 청문을 하여야 한다.
1. 제14조에 따른 수정사의 면허취소
2. 제25조제1항에 따른 축산업의 허가취소
3. 제25조제2항에 따른 가축사육업의 등록취소
4. 제34조의4에 따른 가축거래상인의 등록취소

63 정액처리업자가 사용이 제한되는 정액, 난자 또는 수정란을 인공수정용으로 공급·주입하거나 암가축에 이식한 위반이 1회 적발되었을 때 행정처분은?

① 영업정지 1개월 ② 영업정지 3개월
③ 영업정지 6개월 ④ 영업정지 1년

해설

정액 등 처리업의 등록취소 등(축산법 제16조)
시·도지사는 정액 등 처리업자가 다음 각 호의 어느 하나에 해당하면 그 등록을 취소하거나 6개월 이내의 기간을 정하여 그 영업의 정지를 명할 수 있다.
1. 제15조제2항에 따른 시설 기준 및 인력 기준에 미달하게 된 때
2. 제15조제4항에 따른 준수사항을 위반한 때
3. 제18조제1항을 위반하여 증명서를 발급하지 아니하거나, 거짓 그 밖의 부정한 방법으로 증명서를 발급한 때
4. 제19조를 위반하여 사용이 제한되는 정액, 난자 또는 수정란을 가축의 인공수정용으로 공급·주입하거나 암가축에 이식한 때
※ 해당 조항은 2012.2.22 삭제되었습니다.

64 부화업은 누구에게 등록해야 하는가?

① 시장·군수·구청장
② 농림축산식품부장관
③ 도지사
④ 특별시장

해설

축산업의 허가 등(축산법 제22조제1항)
다음 각 호의 어느 하나에 해당하는 축산업을 경영하려는 자는 대통령령으로 정하는 바에 따라 해당 영업장을 관할하는 시장·군수 또는 구청장에게 허가를 받아야 한다. 허가받은 사항 중 가축의 종류 등 농림축산식품부령으로 정하는 중요한 사항을 변경할 때에도 또한 같다.
1. 종축업
2. 부화업
3. 정액 등 처리업
4. 가축 종류 및 사육시설 면적이 대통령령으로 정하는 기준에 해당하는 가축사육업

정답 61 ④ 62 ④ 63 ③ 64 ①

65 수출 신고 시 신고항목이 아닌 것은?

① 한 우
② 한우정액
③ 한우수정란
④ 한우난자

해설
수출입 신고대상 종축 등(축산법 시행규칙 제34조제1항)
법 제29조에 따라 수출의 신고를 하여야 하는 종축 등은 다음 각 호와 같다.
1. 한 우
2. 한우정액
3 한우수정란

66 송아지생산안정사업자금을 조성하기 위해서 생산농가에게 부담하게 할 수 있는 금액의 범위는?

① 지급한도금액의 1/100
② 지급한도금액의 2/100
③ 지급한도금액의 5/100
④ 지급한도금액의 10/100

해설
송아지생산안정사업(축산법 제32조제4항)
농림축산식품부장관은 송아지생산안정사업 자금을 조성하기 위하여 송아지생산안정사업에 참여하는 송아지 생산농가에게 송아지생산안정자금 지급한도액의 100분의 5 범위에서 농림축산식품부장관이 정하는 금액을 부담하게 할 수 있다.

67 축산발전심의위원회의 구성에서 위원장은?

① 농림축산식품부장관
② 농림축산식품부 관계 공무원
③ 농림축산식품부차관
④ 농민대표

해설
축산발전심의위원회의 구성(축산법 시행규칙 제5조의2 제2항)
위원장은 농림축산식품부차관이 되고, 부위원장은 농림축산식품부장관이 농림축산식품부의 고위공무원단에 속하는 일반직공무원 중에서 지명한다.

68 수정소 개설을 신고한 자가 사유가 발생한 날부터 30일 이내에 시장·군수 또는 구청장에게 신고하여야 하는 항목이 아닌 것은?

① 영업을 폐업한 경우
② 영업을 휴업한 경우
③ 휴업한 영업을 재개한 경우
④ 신고사항 중 시·도지사가 정하는 사항을 변경한 경우

해설
수정소의 개설신고 등(축산법 제17조제4항)
제1항에 따라 수정소의 개설을 신고한 자(이하 "수정소 개설자"라 한다)가 다음 각 호의 어느 하나에 해당하면 그 사유가 발생한 날부터 30일 이내에 시장·군수 또는 구청장에게 신고하여야 한다.
1. 영업을 휴업한 경우
2. 영업을 폐업한 경우
3. 휴업한 영업을 재개한 경우
4. 신고사항 중 농림축산식품부령으로 정하는 사항을 변경한 경우

65 ④ 66 ③ 67 ③ 68 ④ 정답

69 보호가축을 등록하거나 처리할 수 있는 사람은?

① 시장 · 군수 또는 구청장
② 농림축산식품부장관
③ 동 장
④ 면 장

해설

보호가축의 지정 등(축산법 제8조제1항)
특별자치시장, 특별자치도지사, 시장 · 군수 또는 자치구의 구청장(이하 "시장 · 군수 또는 구청장"이라 한다)은 가축을 개량하고 보호하기 위하여 필요한 경우에는 가축의 보호지역 및 그 보호지역 안에서 보호할 가축을 지정하여 고시할 수 있다.

70 축산발전기금의 용도로 맞지 않은 것은?

① 축산업의 구조 개선과 생산성 향상
② 축산 분뇨의 자원화 · 처리 및 이용
③ 가축의 질병 개선
④ 사료의 수급 및 사료자원의 개발

해설

기금의 용도(축산법 제47조제1항)
기금은 다음 각 호의 사업에 사용한다.
1. 축산업의 구조개선 및 생산성 향상
2. 가축과 축산물의 수급 및 가격 안정
3. 가축과 축산물의 유통 개선
4. 「낙농진흥법」 제3조제1항에 따른 낙농진흥계획의 추진
5. 사료의 수급 및 사료 자원의 개발
6. 가축 위생 및 방역
7. 축산 분뇨의 자원화 · 처리 및 이용
8. 대통령령으로 정하는 기금사업에 대한 사업비 및 경비의 지원
9. 「축산자조금의 조성 및 운용에 관한 법률」에 따른 축산자조금에 관한 지원
10. 말의 생산 · 사육 · 조련 · 유통 · 이용 등 말산업 발전에 관한 사업
11. 그 밖에 축산 발전에 필요한 사업으로서 농림축산식품부령으로 정하는 사업

71 축산법의 목적이 아닌 것은?

① 가축의 개량 · 증식
② 축산업의 구조개선
③ 가축과 축산물의 수급조절
④ 가축질병 개선

해설

목적(축산법 제1조)
이 법은 가축의 개량 · 증식, 축산환경 개선, 축산업의 구조개선, 가축과 축산물의 수급조절 · 가격안정 및 유통개선 등에 관한 사항을 규정하여 축산업을 발전시키고 축산농가의 소득을 증대시키며 축산물을 안정적으로 공급하는 데 이바지하는 것을 목적으로 한다.

72 검정기관의 지정 시 필요인력이 아닌 것은?

① 가축육종 · 유전 분야의 석사학위 이상의 학력
② 축산기사 이상의 자격증을 소지한 사람
③ 가축육종 · 유전 분야에서 6개월 이상의 경력이 있는 사람
④ 전산프로그램을 전담하는 1인

해설

검정기관의 지정(축산법 시행규칙 제10조)
농림축산식품부장관은 법 제7조에 따라 가축의 검정기관을 지정하려는 때에는 검정대상 가축을 정하여 다음 각 호의 인력 및 시설 · 장비를 확보한 축산 관련 기관 및 단체 중에서 지정하여야 한다.
1. 다음 각 목의 인력
   가. 가축육종 · 유전 분야의 석사학위 이상의 학력이 있거나 「고등교육법」 제2조에 따른 학교의 축산 관련 학과를 졸업하고 가축육종 · 유전 분야에서 3년 이상 종사한 경력이 있는 사람 또는 「국가기술자격법」에 따른 축산기사 이상의 자격을 취득한 사람 1명 이상
   나. 전산프로그램을 담당하는 인력 1명 이상
2. 제11조제4항에서 정하는 검정기준에 따라 가축의 경제성을 검정할 수 있는 시설과 검정성적을 기록 · 분석 · 평가할 수 있는 체중계 등 측정기구

정답 69 ① 70 ③ 71 ④ 72 ③

73 다음 중 종축으로 등록할 수 있는 대상이 아닌 것은?

① 말　② 소
③ 돼 지　④ 닭

해설

가축의 등록 등(축산법 시행규칙 제9조제2항)
제1항에 따른 등록대상 가축은 소 · 돼지 · 말 · 토끼 및 염소로 한다.

74 사용 가능한 정액에서 정자의 생존율과 기형률로 맞는 것은?

① 생존율 100분의 60 이상 기형률 100분의 15 이하
② 생존율 100분의 60 이하 기형률 100분의 15 이상
③ 생존율 100분의 70 이상 기형률 100분의 20 이하
④ 생존율 100분의 70 이하 기형률 100분의 20 이상

해설

정액 등의 사용제한(축산법 시행규칙 제24조)
법 제19조제2호에 따라 가축인공수정용으로 공급 · 주입 · 이식할 수 없는 정액 등은 다음 각 호와 같다.

1. 혈액 · 뇨 등 이물질이 섞여 있는 정액
2. 정자의 생존율이 100분의 60 이하거나 기형률이 100분의 15 이상인 정액. 다만, 돼지 동결정액의 경우에는 정자의 생존율이 100분의 50 이하이거나 기형률이 100분의 30 이상인 정액
3. 정액 · 난자 또는 수정란을 제공하는 종축이 다음 각 목의 어느 하나에 해당하는 질환의 원인미생물로 오염되었거나 오염되었다고 추정되는 정액 · 난자 또는 수정란
   가. 전염성 질환과 의사증(전염성 질환으로 의심되는 병)
   나. 유전성 질환
   다. 번식기능에 장애를 주는 질환
4. 수소이온농도가 현저한 산성 또는 알칼리성으로 수태에 지장이 있다고 인정되는 정액 · 난자 또는 수정란

75 우수 정액 등 처리업체의 인증기관은?

① 국립축산과학원
② 농업협동조합
③ 방역협회
④ 농림축산식품부

해설

우수 정액 등 처리업체 등의 인증기관 지정 등(축산법 시행규칙 제26조제1항)
농림축산식품부장관은 법 제21조제2항에 따라 우수 정액 등 처리업체 또는 우수 종축업체(이하 "우수업체"라 한다)를 인증하게 하기 위하여 농촌진흥청 국립축산과학원(이하 "국립축산과학원"이라 한다)을 인증기관으로 지정한다.

76 정액 등 처리업자가 관할 가축위생 담당기관이나 축산 관련 연구기관으로부터 개체별 검사를 받고 그 검진결과를 보존해야 하는 기간은?

① 3년　② 2년
③ 1년　④ 6개월

해설

축산업허가자 등의 준수사항 – 정액 등 처리업(축산법 시행규칙 [별표 3의3])
정액 · 난자 또는 수정란을 제공하는 종축이 다음 1)부터 3)까지의 어느 하나에 해당하는 질병에 감염되어 있는지의 여부를 확인하기 위해 연 2회 이상 관할 가축위생 담당기관이나 축산 관련 연구기관으로부터 개체별 검진을 받고, 그 검진결과가 나온 날부터 3년 동안 이를 기록 · 보관할 것

1) 결핵 등 전염성 질환과 의사증
2) 구개열(입천장갈림증) 등 유전성 질환
3) 브루셀라 등 번식기능에 지장을 주는 질환

73 ④ 74 ① 75 ① 76 ① 정답

77 **가축을 사육할 때 허가받아야 하는 경우가 아닌 것은?**

① $50m^2$ 미만 양계업
② $50m^2$ 초과 소사육업
③ $50m^2$ 초과 양돈업
④ $50m^2$ 초과 오리사육업

해설

허가를 받아야 하는 가축사육업(축산법 시행령 제13조제3호)
2016년 2월 23일 이후 : 사육시설 면적이 $50m^2$를 초과하는 소·돼지·닭 또는 오리 사육업

78 **농림축산식품부령에서 정한 가축이 아닌 것?**

① 닭　② 말
③ 고양이　④ 오 리

해설

정의(축산법 제2조제1호)
"가축"이란 사육하는 소·말·면양·염소[유산양(乳山羊 : 젖을 생산하기 위해 사육하는 염소)을 포함한다]·돼지·사슴·닭·오리·거위·칠면조·메추리·타조·꿩, 그 밖에 대통령령으로 정하는 동물(動物) 등을 말한다.
가축의 종류(축산법 시행령 제2조)
「축산법」 제2조제1호에서 "그 밖에 대통령령으로 정하는 동물 등"이란 다음 각 호의 동물을 말한다.
1. 기러기
2. 노새·당나귀·토끼 및 개
3. 꿀 벌
4. 그 밖에 사육이 가능하며 농가의 소득증대에 기여할 수 있는 동물로서 농림축산식품부장관이 정하여 고시하는 동물

농림축산식품부 고시 – 가축으로 정하는 기타 동물
1. 짐승(1종) : 오소리
2. 관상용 조류(15종) : 십자매, 금화조, 문조, 호금조, 금정조, 소문조, 남양청홍조, 붉은머리청홍조, 카나리아, 앵무, 비둘기, 금계, 은계, 백한, 공작
3. 곤충(14종) : 갈색거저리, 넓적사슴벌레, 누에, 늦반딧불이, 머리뿔가위벌, 방울벌레, 왕귀뚜라미, 왕지네, 여치, 애반딧불이, 장수풍뎅이, 톱사슴벌레, 호박벌, 흰점박이꽃무지
4. 기타(1종) : 지렁이

79 **「축산법」에서 정의하는 축산업이 아닌 것은?**

① 가축사육업
② 도축업
③ 부화업
④ 정액 등 처리업

해설

정의(축산법 제2조제4호)
"축산업"이란 종축업·부화업·정액 등 처리업 및 가축사육업을 말한다.

80 **「축산법」 제11조에서 가축의 인공수정에서 수의사만 할 수 있는 조치인 것은?**

① 수정란 채취
② 수정란 이식(주입)
③ 가축인공수정
④ 호르몬 처리

해설

가축의 인공수정 등(축산법 제11조제1항)
가축인공수정사(이하 "수정사"라 한다) 또는 수의사가 아니면 정액·난자 또는 수정란을 채취·처리하거나 암가축에 주입하여서는 아니 된다. 다만, 살아 있는 암가축에서 수정란을 채취하기 위하여 암가축에 성호르몬 및 마취제를 주사하는 행위는 수의사가 아니면 이를 하여서는 아니 된다.

정답 77 ① 78 ③ 79 ② 80 ④

제5과목 가축전염병예방법

81 **다음 중 가축방역사가 될 수 있는 자의 조건에 해당되지 않는 것은?**

① 축산기사 이상의 자격증 소지자
② 행정기관에서 가축방역업무를 6개월 이상 수행한 경험이 있는 자
③ 축산 관련 단체에서 가축방역에 관한 업무를 6개월 이상 수행한 경험이 있는 자
④ 전문대학 이상의 대학에서 수의학・축산학・생물학 또는 보건학 분야를 전공하고 졸업한 자

해설

가축방역사(가축전염병예방법 시행규칙 제10조제1항)
법 제8조제4항의 규정에 따라 가축방역사로 위촉할 수 있는 자는 다음 각 호의 1에 해당하는 자로 한다.
1. 「국가기술자격법」에 의한 축산산업기사 이상의 자격이 있는 자
2. 「고등교육법」에 의한 전문대학 이상의 대학에서 수의학・축산학・생물학 또는 보건학 분야를 전공하고 졸업한 자 또는 이와 동등 이상의 학력을 가진 자
3. 국가・지방자치단체 및 「가축전염병예방법 시행령」(이하 "영"이라 한다) 제3조제1항의 규정에 의한 행정기관에서 가축방역업무를 6월 이상 수행한 경험이 있는 자
4. 축산 관련 단체에서 가축방역에 관한 업무에 1년 이상 종사한 경험이 있는 자

82 **가축전염병 발생 현황에 대한 정보공개의 항목으로 바르지 못한 것은?**

① 발생한 농장명 및 소재지
② 발생일시
③ 가축전염병명
④ 농장주 이름 및 연락처

해설

가축전염병 발생 현황에 대한 정보공개(가축전염병예방법 시행령 제2조의2제1항)
법 제3조의2제1항에서 "농장에 대한 가축전염병의 발생 일시 및 장소 등 대통령령으로 정하는 정보"란 다음 각 호의 정보를 말한다.
1. 가축전염병명
2. 가축전염병이 발생한 농장명(농장명이 없는 경우에는 농장주명) 및 농장 소재지(읍・면・동・리까지로 하며, 번지는 제외한다)
3. 가축전염병이 발생한 농장이 「축산계열화사업에 관한 법률」 제2조제6호에 따른 계약사육농가인 경우 해당 농가와 사육계약을 체결한 축산계열화사업자명
4. 가축전염병 발생일시
5. 가축전염병에 걸린 가축의 종류 및 규모
6. 그 밖에 농림축산식품부장관 또는 특별시장・광역시장・특별자치시장・도지사・특별자치도지사(이하 "시・도지사"라 한다)가 가축전염병의 예방 및 확산을 방지하기 위하여 필요하다고 인정하는 정보

81 ③ 82 ④ 정답

83 가축전염병예방법에서 역학조사의 항목이 아닌 것?

① 치료제의 용량
② 가축의 발견일시
③ 감염원인 및 경로
④ 가축의 사육환경 및 분포

해설

역학조사의 대상 등(가축전염병예방법 시행규칙 제15조 제3항)
제1항 각 호에 따른 가축전염병에 대한 역학조사의 내용은 다음 각 호와 같다.
1. 가축전염병에 걸렸거나 걸렸다고 의심이 되는 가축의 발견일시 · 장소 · 종류 · 성별 · 연령 등 일반 현황
2. 가축전염병에 걸렸거나 걸렸다고 의심이 되는 가축의 사육환경 및 분포
3. 가축전염병의 감염원인 및 경로
4. 가축전염병 전파경로의 차단 등 예방요령
5. 그 밖에 해당 가축전염병의 발생과 관련된 사항

84 다음 중 제1종 가축전염병 발생 시 관할담당 신고지는?

① 시장 · 군수 · 구청장
② 농림축산식품부
③ 농업협동조합중앙회
④ 방역협회

해설

죽거나 병든 가축의 신고(가축전염병예방법 제11조제2항)
신고대상 가축의 진단이나 검안을 의뢰받은 수의사 등은 검사 결과를 지체 없이 당사자에게 통보하여야 하고 검사 결과 가축전염병으로 확인된 경우에는 수의사 등과 그 신고대상 가축의 소유자 등은 지체 없이 국립가축방역기관장, 신고대상 가축의 소재지를 관할하는 시장 · 군수 · 구청장 또는 시 · 도 가축방역기관장에게 신고하여야 한다.

85 다음 중 지정검역물이 아닌 것은?

① 동물의 사체
② 뼈 · 살 · 뿔 등의 부산물과 그 용기 또는 포장
③ 가축전염병 질병의 병원체를 퍼뜨릴 우려가 있는 사료
④ 정액 · 수정란

해설

지정검역물(가축전염병예방법 제31조)
수출입 검역 대상 물건은 다음 각 호의 어느 하나에 해당하는 물건으로서 농림축산식품부령으로 정하는 물건(이하 "지정검역물"이라 한다)으로 한다.
1. 동물과 그 사체
2. 뼈 · 살 · 가죽 · 알 · 털 · 발굽 · 뿔 등 동물의 생산물과 그 용기 또는 포장
3. 그 밖에 가축전염성 질병의 병원체를 퍼뜨릴 우려가 있는 사료, 사료원료, 기구, 건초, 깔짚, 그 밖에 이에 준하는 물건

86 특정위험물질에 해당되지 않는 것은?

① 12개월령의 편도
② 30개월령의 척수
③ 30개월령 이상의 뇌
④ 30개월령 미만의 고기

해설

정의(가축전염병예방법 제2조제6호)
"특정위험물질"이란 소해면상뇌증 발생 국가산 소의 조직 중 다음 각 목의 것을 말한다.
가. 모든 월령(月齡)의 소에서 나온 편도(扁桃)와 회장 원위부(回腸遠位部)
나. 30개월령 이상의 소에서 나온 뇌, 눈, 척수, 머리뼈, 척주
다. 농림축산식품부장관이 소해면상뇌증 발생 국가별 상황과 국민의 식생활 습관 등을 고려하여 따로 지정 · 고시하는 물질

정답 83 ① 84 ① 85 ④ 86 ④

87 다음 중 검역시행장이 아닌 시설에서 검역을 실시할 수 있는 대상이 아닌 것은?

① 탈지세척수모류
② 탈모 후 산처리된 수피류
③ 가열처리 사항이 없는 우모분
④ 타로우

해설

검역시행장의 관리기준 등(가축전염병예방법 시행규칙 제42조의3제3항)

지정검역물 중 검역시행장이 아닌 시설에서 검역을 실시할 수 있는 대상은 다음 각 호와 같다.

1. 역학조사 대상검역물
   가. 탈지세척수모류(우제류 동물 또는 그 생산물 수입허용지역산)
   나. 탈모 후 산처리된 수피류(우제류 동물 또는 그 생산물 수입허용지역산)
   다. 육골분 및 우모분(상대국 검역증명서에 습열 섭씨 115도에서 1시간 또는 건열 섭씨 140도 이상에서 3시간 이상 처리된 사항이 명시된 것)
   라. 검역본부장이 역학조사 대상검역물로 정한 지정검역물
2. 타로우 및 지정검역물 외의 의뢰검역물
3. 검역본부장이 정하는 사료
4. 현장검사가 가능한 휴대품 및 소포 우편검역물, 도착 당일 검역이 완료되는 정부의뢰검역물・견본품・애완동물・실험연구용 동물 및 축산물
5. 멸균처리된 소해면상뇌증 관련 품목
6. 단순히 경유하는 지정검역물

88 다음의 질병 중 가축사육시설의 폐쇄명령을 내릴 수 있는 질병이 아닌 것은?

① 구제역 ② 뉴캐슬병
③ 우 역 ④ 브루셀라병

해설

정의(가축전염병예방법 제2조제2호가목)

우역(牛疫), 우폐역(牛肺疫), 구제역(口蹄疫), 가성우역(假性牛疫), 블루텅병, 리프트계곡열, 럼피스킨병, 양두(羊痘), 수포성구내염(水疱性口內炎), 아프리카마역(馬疫), 아프리카돼지열병, 돼지열병, 돼지수포병(水疱病), 뉴캐슬병, 고병원성 조류(鳥類)인플루엔자 및 그 밖에 이에 준하는 질병으로서 농림축산식품부령으로 정하는 가축의 전염성 질병

89 탄저나 기종저로 죽은 가축의 사체를 매몰한 경우 발굴하지 못하는 기간은?

① 1년 ② 3년
③ 10년 ④ 20년

해설

매몰한 토지의 발굴 금지 및 관리(가축전염병예방법 제24조제1항)

누구든지 제22조제2항 본문, 제23조제1항 및 제3항에 따른 가축의 사체 또는 물건을 매몰한 토지는 3년(탄저・기종저의 경우에는 20년을 말한다) 이내에는 발굴하지 못하며, 매몰 목적 이외의 가축사육시설 설치 등 다른 용도로 사용하여서는 아니 된다. 다만, 시장・군수・구청장이 농림축산식품부장관 및 환경부장관과 미리 협의하여 허가하는 경우에는 그러하지 아니하다.

90 방역교육을 실시할 수 없는 기관은?

① 가축위생방역본부
② 농업협동조합중앙회
③ 수의사회
④ 가축방역협의회

해설

가축방역교육 실시 등(가축전염병예방법 시행규칙 제8조제1항)

법 제6조제2항에서 "농림축산식품부령으로 정하는 축산 관련 단체"란 다음 각 호의 단체(이하 "축산 관련 단체"라 한다)를 말한다.

1. 방역본부
2. 「농업협동조합법」에 의한 농업협동조합중앙회(농협경제지주회사를 포함한다)
3. 수의사회
4. 그 밖에 가축방역업무에 필요한 조직과 인원을 갖춘 축산과 관련되는 단체로서 농림축산식품부장관이 정하여 고시하는 단체

87 ③ 88 ④ 89 ④ 90 ④ 정답

91 방역교육을 받지 아니하여도 되는 사항?

① $10m^2$ 이상의 소유자
② 가축위생방역교육
③ 농업협동조합교육
④ 수의사회교육

해설

가축방역교육(가축전염병예방법 제6조제1항)
국가와 지방자치단체는 농림축산식품부령으로 정하는 가축의 소유자와 그에게 고용된 사람에게 가축방역에 관한 교육을 하여야 한다.
가축방역교육 실시 등(가축전염병예방법 시행규칙 제8조제2항)
법 제6조제1항에서 "농림축산식품부령으로 정하는 가축의 소유자와 그에게 고용된 사람"이란 다음 각 호의 자를 말한다.
1. $50m^2$ 이상의 소・돼지・닭・오리・사슴・면양 또는 산양의 사육시설을 갖추고 있는 해당 가축의 소유자와 그에게 고용된 사람
2. 그 밖에 농림축산식품부장관 또는 지방자치단체의 장이 가축전염병이 발생하거나 퍼지는 것을 막기 위하여 가축방역교육이 필요하다고 인정하는 가축의 소유자 또는 그에게 고용된 사람

92 사체의 재활용을 할 수 없는 질병은?

① 우결핵
② 브루셀라병
③ 돼지의 오제스키병
④ 탄저병

해설

사체의 재활용 등(가축전염병예방법 시행령 제8조제1항)
법 제22조제2항 단서에 따라 재활용할 수 있는 가축의 사체는 다음 각 호와 같다.
1. 법 제20조제1항 단서에 따라 살처분된 가축의 사체
2. 다음 각 목의 가축전염병에 감염된 가축의 사체
   가. 브루셀라병
   나. 돼지오제스키병
   다. 결핵병
   라. 그 밖에 농림축산식품부장관이 정하여 고시하는 가축전염병

93 지정검역물 운송차량의 지정취소 사유가 아닌 것은?

① 보건증을 휴대하지 않은 경우
② 화물자동차 운수사업의 허가가 취소된 경우
③ 지정검역물 운송차량 설비조건을 가추지 아니한 경우
④ 운송차량 소독 등의 명령을 위반한 경우

해설

검역물의 관리인 지정 등(가축전염병예방법 제43조제4항)
동물검역기관의 장은 제1항에 따라 지정검역물의 운송차량으로 지정된 운송차량이 다음 각 호의 어느 하나에 해당하면 그 지정을 취소할 수 있다. 다만, 제1호부터 제3호까지에 해당할 때에는 그 지정을 취소하여야 한다.
1. 해당 운송차량의 소유자에 대하여 「화물자동차 운수사업법」에 따른 화물자동차 운수사업의 허가가 취소되었을 때
2. 해당 운송차량의 소유자에 대하여 「관세법」에 따른 보세운송업자의 등록이 취소되었을 때
3. 「자동차관리법」 제13조에 따라 자동차등록이 말소되었을 때
4. 제1항에 따른 지정검역물 운송차량 설비조건을 갖추지 아니하였을 때
5. 제6항에 따른 운송차량 소독 등의 명령을 위반하였을 때

94 수입신고 대상 종축이 아닌 것?

① 혈통 소・돼지
② 혈통 말
③ 혈통 닭・오리
④ 혈통 정액

해설

닭・오리는 혈통등록 대상 가축이 아님

정답 91 ① 92 ④ 93 ① 94 ③

95 다음 중 제1종 가축전염병이 아닌 것은?

① 브루셀라
② 구제역
③ 우 역
④ 돼지열병

해설

정의(가축전염병예방법 제2조제2호가목)

제1종 가축전염병 : 우역(牛疫), 우폐역(牛肺疫), 구제역(口蹄疫), 가성우역(假性牛疫), 블루텅병, 리프트계곡열, 럼피스킨병, 양두(羊痘), 수포성구내염(水疱性口內炎), 아프리카마역(馬疫), 아프리카돼지열병, 돼지열병, 돼지수포병(水疱病), 뉴캐슬병, 고병원성 조류(鳥類)인플루엔자 및 그 밖에 이에 준하는 질병으로서 농림축산식품부령으로 정하는 가축의 전염성 질병

96 자기 농장의 가축을 대상으로 혈액을 채취하여 백신을 만든 후 접종하는 방법은?

① 면역요법
② 능동적 주사법
③ 수동적 주사법
④ 혈액주사법

해설

정의(가축전염병예방법 제2조제4호)

"면역요법"이란 특정 가축전염병을 예방하거나 치료할 목적으로 농장의 가축으로부터 채취한 혈액, 장기(臟器), 똥 등을 가공하여 그 농장의 가축에 투여하는 행위를 말한다.

97 돼지열병의 내용 중 틀린 것은?

① 세균성 질병이다.
② 식욕이 떨어진다.
③ 체온이 높고 변비 후 설사를 보인다.
④ 주로 소화기 호흡기를 통하여 감염된다.

해설

돼지열병

바이러스 감염에 의한 돼지의 급성열성 전염병으로 호그콜레라(Hog Cholera)라고도 불린다. 주요증상으로 5~7일간 아무런 증상을 보이지 않으며 식욕이 떨어지고 체온이 높고 변비 후 설사를 보인다. 임신돼지에 감염 시 새끼의 수가 감소하거나 새끼가 죽는다. 경과가 길어지면 세균성 폐렴이 발병하여 기침, 콧물을 보이고 호흡이 어려워진다. 유입경로는 주로 소화기, 호흡기를 통해 감염되며 몸의 전신에서 바이러스가 증식한다.

98 분만 후 2개월 후부터 유량이 감소할 때 비유량을 증가시킬 목적으로 주사할 수 있는 주사제는?

① 프로락틴
② 티록신
③ 인슐린
④ 프로게스테론

해설

프로락틴은 포유류에서는 유선의 발육, 유즙분비, 황체자극, 전립선과 정낭의 발육을 촉진시키는 역할을 한다.

95 ① 96 ① 97 ① 98 ① 정답

99 동물에 인위적으로 백신을 접종하였을 때 생기는 면역은?

① 인공획득능동면혁
② 자연획득능동면혁
③ 자연획득수동면혁
④ 인공획득수동면혁

해설

- 인공획득활동면역 : 보통 백신에 의한 면역이다.
- 인공획득피동면역 : 활동면역이 있는 동물 또는 사람의 항혈청을 인공적으로 다른 개체에 주어서 면역시킬 때 면역혈청의 주사에 의한 것이다. 인공활동면역에 비하여 일반적으로 면역이 성립될 때까지 필요한 시간은 극히 짧으나, 지속기간이 짧고 면역력이 약하다.

100 구제역의 설명으로 맞지 않는 것은?

① 예방접종 시 사독백신을 주사
② 구강 혹은 발굽부위에 수포를 형성한다.
③ 전파속도가 다른 원인체에 비하여 매우 빠르다.
④ 성축이 감염되었을 때 폐사율이 높다.

해설

구제역

- 병인체 : 구제역 바이러스(Picornavirus속의 FMD virus)에 의한다.
- 주요증상 : 구강 혹은 발굽부위에 수포를 형성한다. 침을 많이 흘리며 거품같이 끈적거린다. 젖소의 경우 유량감소, 식욕감소, 수포로 인해 걷기도 어려워진다. 폐사율은 일반적으로 5% 이하이지만 어린 돼지는 폐사율이 50%에 이르는 경우도 있다.
- 유입경로 : 대부분 접촉이나 호흡을 통해 감염되며 오염된 사료나 물에 의한 구강전파도 가능하다. 구제역은 전파속도가 다른 원인체에 비하여 매우 빠르며 감염된 소가 전파 매개체로서 작용할 수 있다.
- 예방 및 치료 : 엄격한 검역을 통해 오염국으로부터 동물 및 축산물의 수입을 금지한다. 발생한 경우에는 신속히 병축을 도살처분하고 땅에 묻고 소각시킨다. 접촉가능성이 있는 분변, 축사, 사료, 수송차 등은 소독하고 사람과 가축의 이동을 엄격히 통제한다. 효과적인 예방 주사 외에는 치료방법이 없다.

정답 99 ④ 100 ④

제 2 회 기출문제

제1과목 축산학개론

01 돼지에 가장 많이 쓰이는 교배법은 무엇인가?

① 퇴교배 ② 자연교배
③ 3원교잡법 ④ 순종교배

02 인공수정의 효과로 옳지 않은 것은 무엇인가?

① 전염병 예방
② 분만간격을 단축
③ 수태율 향상
④ 개체관리에 용이

03 인공수정 적기를 판단하기 위해 고려해야 할 것이 아닌 것은?

① 정자의 첨체반응시간
② 정자의 수정능력 획득시간
③ 난자의 수정능력 보유시간
④ 정자가 팽대부로 이동하는 시간

04 젖소 종모우 선발법은 무엇인가?

① 혈통선발 ② 개체선발
③ 후대검정 ④ 가계선발

05 정자의 생존에 알맞은 온도를 설명한 것 중 옳은 것은 무엇인가?

① 체온보다 4~7℃ 낮아야 한다.
② 체온보다 1~3℃ 낮아야 한다.
③ 체온보다 4~7℃ 높아야 한다.
④ 체온보다 1~3℃ 높아야 한다.

06 정자에서 미토콘드리아의 위치는 어디인가?

① 두 부
② 중편부
③ 편 모
④ 경 부

07 완전 발정주기의 암소에서 난소의 변화를 바르게 설명한 것은?

① 백체 – 배란 – 황체 – 난포
② 난포 – 배란 – 황체 – 백체
③ 백체 – 황체 – 배란 – 난포
④ 난포 – 황체 – 배란 – 백체

1 ③ 2 ② 3 ① 4 ③ 5 ① 6 ② 7 ② 정답

08 영양가치에 따른 사료의 분류가 아닌 것은?

① 조사료 ② 농후사료
③ 보충사료 ④ 자급사료

해설

사료의 분류
- 영양가치에 따른 분류 : 조사료, 농후사료, 보충사료
- 주성분에 따른 분류 : 단백질사료, 전분질사료, 지방질사료
- 수분함량에 따른 분류 : 건조사료, 다즙사료, 액상사료
- 배합 상태에 따른 사료 : 단미사료, 혼합사료, 배합사료사료
- 가공형태에 따른 분류 : 알곡사료, 가루사료, 펠릿사료, 크럼블사료, 큐브사료, 웨이퍼(플레이크)

09 돼지의 수정적기는?

① 수퇘지 허용 후 1~2시간
② 수퇘지 허용 후 5~10시간
③ 수퇘지 허용 후 10~26시간
④ 수퇘지 허용 후 25~40시간

10 다음 중 정자의 성질이 아닌 것은?

① 주류성 ② 주화성
③ 주촉성 ④ 주광성

해설

- 주류성 : 어떤 흐름에 거슬러 가는 성질
- 주화성 : 산(酸)에는 Negative, 알칼리에는 Positive인 성질
- 주촉성 : 기포나 세포조각에 두부를 부착하고 모여드는 성질
- 주전성 : 정자 표면에 +, − 전하가 분포되는 성질
- 주지성 : 지구의 중력을 향하여 이동하는 성질

11 다음 중 정자의 생존성에 영향이 없는 것은?

① 삼투압 ② 산 도
③ 온 도 ④ 압 력

12 산욕기란 무엇인가?

① 임신 전의 상태로 회복되기까지의 기간을 말한다.
② 자궁이 열리고 태아가 모체 밖으로 나오는 것을 말한다.
③ 임신이 되어 있는 기간을 말한다.
④ 태아가 나오고 후산이 나오는 단계를 말한다.

해설

분만 후 모체가 정상적인 비임신 상태로 회복될 때까지의 기간을 산욕기라고 하며, 이 기간 중 주요 변화는 자궁내막의 재생, 자궁의 퇴축 및 발정재귀이다. 산욕기에 생식기로부터 배출되는 액을 오로라고 하는데, 이것은 점액, 혈액, 태아태막 및 자궁소구의 파편들로 구성된다.

13 브루셀라병의 증상으로 옳은 것은?

① 유산이 되지 않는다.
② 임신 초기에 유산이 특징이다.
③ 임신 말기에 유산이 특징이다.
④ 임신 중기에 유산이 특징이다.

해설

브루셀라병
생식기와 태막이 염증을 일으켜 유산, 태반정체, 불임, 정소염, 정소상피염 및 번식장해를 일으키고, 사람에 감염되면 발열, 오한, 관절통, 두통 및 전신성 통증을 일으키는 인수공통전염병이자 소의 법정 전염병으로, 임신 7~8개월령에 유산하거나 출생 후 바로 폐사하는 것이 특징이다.

정답 8 ④ 9 ③ 10 ④ 11 ④ 12 ① 13 ③

14 소의 배란시간은 언제인가?

① 발정 폐지 후 8~10시간
② 발정 폐지 후 12~14시간
③ 발정 폐지 후 16~20시간
④ 발정 폐지 후 11~25시간

15 소에서의 장기재태는 며칠을 말하는가?

① 100일 ② 200일
③ 300일 ④ 400일

해설

장기재태

평균 임신기간인 280일을 지나 300일 이상을 경과하여도 태아가 분만되지 않을 때를 말하며, 일명 거대태아라고도 한다. 간혹 임신 중 발정에 수정하여 임신기간을 잘못 산정하는 경우도 있는데 이 경우는 정상분만으로 간주하여야 한다.

16 임신 중 비유, 분만과 관련된 호르몬은 무엇인가?

① LH ② FSH
③ 옥시토신 ④ 바소프레신

해설

뇌하수체 후엽 호르몬인 옥시토신(Oxytocin, 뇌하수체 후엽 또는 난소에서도 생성)은 분만, 자궁 수축, 유즙 배출, 정자 및 난자의 이행, 황체 퇴행기능, 젖방출 촉진 등의 작용을 한다.

17 임신을 유지시키는 호르몬은 무엇인가?

① $PGF_2\alpha$ ② LH
③ 프로게스테론 ④ 에스트로겐

해설

프로게스테론(Progesterone)은 황체에서 분비되며 암컷 부생식기 자극, 착상작용, 임신 유지 등에 관여하는 호르몬이다.

18 소의 임신 중 발정은 어느 정도인가?

① 1~2% ② 2~3%
③ 3~5% ④ 10%

해설

교배 후 발정예정일에 발정이 오지 않는 것은 임신되었다는 중요한 징후이지만, 수태가 되었음에도 발정이 오는 경우가 있는데, 소의 경우 대체적으로 3~5% 정도의 임신우에서 발정이 오고, 임신 중 발정은 임신 3개월 미만에 주로 일어난다. 임신 중에도 간혹 난포가 발달되어 생기는데 성숙난포가 되어 배란되는 경우도 있어서 만약 이때 수정을 시키면 극히 드물게 임신되어 중복임신이 되기도 한다. 그러나 이러한 경우 어린 배아나 태아가 조기사망하거나 유산될 위험성을 배제할 수 없다.

19 번식장해와 관련되지 않은 것은?

① 영구황체 ② 임신황체
③ 난소낭종 ④ 난소위축

해설

동물의 발정주기 중 배란된 난자가 수정되어 임신이 이루어진 경우에는 임신황체 또는 진성황체라고 한다. 배란 후에 발생된 황체를 말하며, 다음 발정주기가 시작되기 전에 퇴행되는데 발정주기황체, 주기황체 또는 가성황체라고도 한다.

20 소의 이란성 쌍태에서 나타나는 것을 무엇이라고 하는가?

① 사모광 ② 프리마틴
③ 둔성발정 ④ 난소위축

해설

프리마틴은 소의 이란성 쌍태의 이성 쌍태 중 90~96%의 비율로 나타나며, 웅성호르몬이 자성 태아의 성선 발육을 억제하여 발생한다.

정답 14 ② 15 ③ 16 ③ 17 ③ 18 ③ 19 ② 20 ②

제2과목 가축번식학

21 콩과 목초지 방목 중 배가 볼록하게 가스가 차는 질병은?

① 고창증
② 제4위전위
③ 창상성 제2위염
④ 브루셀라병

해설

고창증은 젖소에게 농후사료나 두과 목초를 과다하게 급여하여 반추위 내 가스가 축적되어 발생하며, 증세로는 왼쪽 옆구리가 부풀어 오르고, 사료 섭취를 일체 거부하거나, 독성물질의 축적으로 인해 급사하기도 한다.

22 골격과 관련된 무기물은?

① Co, Na ② Ca, P
③ Mg, Ag ④ Na, Cl

해설

광물질의 주요 기능

- 가축의 골격 형성과 유지 : Ca, P, Mg, Cu, Mn 등
- 단백질 합성 : P, S, Zn 등
- 산소 운반 : Fe, Cu 등
- 체액의 균형 : Na, Cl, K 등
- 효소의 구성과 합성 : Ca, P, K, Mg, Fe, Cu, Mn, Zn 등
- 비타민 합성 : Ca, P, Co, Se 등

23 4개월 송아지에게 급여하면 안 되는 사료는?

① 건 초 ② 사일리지
③ 인공모유 ④ 농후사료

24 가루사료를 고온 · 고압으로 처리하여 알곡으로 가공한 것은 무엇이라 하는가?

① 크럼블사료 ② 펠릿사료
③ 매시사료 ④ 큐브사료

해설

펠릿(Pellet)사료는 가루 상태의 사료를 가압하여 원통형 알갱이 형태로 만든 사료를 말하며, 크럼블사료는 펠릿사료를 다시 거칠게 부순 것이다. 매시사료는 원료사료의 입자를 일정한 크기로 분해하여 배합한 것을 말한다.

25 돼지의 철분주사 횟수와 양은?

① 1회, 100mg ② 2회, 100mg
③ 1회, 200mg ④ 2회, 200mg

해설

철분주사는 생후 1~3일령, 10~14일령에 2회에 걸쳐 대퇴부나 목 부위에 100mg을 근육주사한다.

26 반추위를 발달시키기 위해서 어떻게 하여야 하는가?

① 농후사료 과다급여
② 양질조사료 공급
③ 액상사료 급여
④ 무기질사료 급여

정답 21 ① 22 ② 23 ② 24 ② 25 ② 26 ②

27 초유 급여방법이 바른 것은?

① 초유는 바로 급여하는 것이 좋다.
② 초유는 5시간 이후에 천천히 급여한다.
③ 초유는 10시간 이후에 천천히 급여한다.
④ 초유는 급여하지 않는 것이 좋다.

해설

분만 후 5일까지는 어미 소로부터 분비되는 초유를 반드시 먹인다. 초유에는 갓난 송아지에게 필요한 영양소와 감기나 설사를 예방할 수 있는 면역물질이 들어 있으며, 초유에 포함되어 있는 성분들이 송아지의 태변 배출을 촉진시키기 때문이다(소화기관의 정상화).

28 한우 구입방법을 바르게 설명한 것은?

① 털이 윤기 있고 체장이 넓고 굵직한 것
② 발굽에 상처가 있는 것
③ 코가 말라 있는 것
④ 체장이 얇고 가는 것

29 돼지 거세의 장점이 아닌 것은?

① 육질의 향상
② 성질이 온순
③ 농가수익 증대
④ 일당 증체량 증가

해설

거세로 인해 성질이 온순해지고, 육질이 향상되어 농가수익를 증대시킬 수 있다.

30 다배란 처리에 이용할 수 없는 호르몬은?

① HCG ② 옥시토신
③ FSH ④ PMSG

해설

- FSH(Follicle Stimulating Hormone, 난포자극호르몬)은 뇌하수체 전엽의 염기호성 성선자극세포에서 분비되는 당단백질 호르몬으로, 난포의 성장과 성숙을 자극하여 수정란 이식을 위한 다배란 유도에 쓰인다. 그러나 FSH 단독으로는 난포를 완전히 성숙시키지 못하며, Estrogen의 분비도 일으키지 못하는데, LH의 협력하에서 이러한 기능을 수행한다.
- PMSG(Pregnant Mare Serum Gonadotropin, 임마혈청성 성선자극호르몬)은 임신초기 말의 혈청에서 생성되는 단백질호르몬으로, FSH나 LH의 생리작용을 겸비하고 있지만, LH의 작용에 비하여 FSH의 작용을 훨씬 강하게 나타낸다.

※ 옥시토신은 주로 유도 분만에 이용된다.

31 수정란 이식을 할 때 수정란을 수란우에 주입시키는 시기는 발정개시 후 며칠인가?

① 1일 ② 3일
③ 7일 ④ 10일

해설

수정란의 회수는 인공수정 후 5~7일째에 난소검사를 실시하여 황체수를 확인한 후 수란우를 준비한다. 수정란의 이식은 발정개시 후 6~7일째 비외과적으로 이식하며, 공란우와 수란우의 발정주기의 차이는 ±1일 이내가 좋다.

27 ① 28 ① 29 ④ 30 ② 31 ③ **정답**

32 발정의 징후로 알맞지 않은 것은?

① 보행수 증가
② 승가 허용
③ 외음부에 출혈을 보임
④ 자주 울며 서성거림

해설

가축의 발정징후는 가축의 종에 따라 약간씩 다르지만 보통 발정이 오면 육안으로 그 징후를 알 수 있는데, 소의 경우 소리(울음)를 지르고, 다른 암소에 올라타거나 다른 암소가 올라타도 그대로 있는다(승가 또는 승가 허용). 또한 외음부는 붉어지면서 팽창(팽윤·종창)하고, 맑은 점액이 외음부 밖으로 흘러내린다(점액 누출).

33 배란은 있으나 발정이 미흡한 것은 무엇이라고 하는가?

① 난포낭종 ② 난소낭종
③ 무발정 ④ 둔성발정

해설

이상발정으로는 미약발정과 둔성발정이 있는데, 황체낭종인 경우 둔성발정을 일으킨다. 미약발정이란 배란이 없는 것을 말하며, 둔성발정이란 배란이 있는 것을 말한다. 이상발정은 운동량이 부족한 동절기나 고능력우에서 많이 발생되며, 자궁이나 난소의 상태가 정상인 경우 조기에 발견하여 수정하면 수태가 가능하다. 이 증상은 FSH나 LH 또는 에스트로겐과 프로게스테론의 균형이 이루어지지 못한 데 그 원인이 있는 경우가 많다.

34 국내에서 가장 많이 재배하는 화본과 목초는?

① 티모시
② 오처드그라스
③ 이탈리안라이그래스
④ 수단그라스

해설

화본과 목초인 오처드그라스는 과수원에서도 생산 가능한 목초이기에 우리나라에서 가장 많이 재배하는 실정이다.

35 송아지의 설사증상으로 옳지 않은 것은?

① 탈수증상 ② 체온 상승
③ 털이 거칠 ④ 안구 함몰

해설

급성으로 일어나는 설사병의 일반적인 증상은 탈수(안구의 함몰)와 체액이상(저나트륨, 고칼륨, 저칼로리), 산성혈증(혈액 pH 7.38 이하)이며, 초기에는 고혈당을 나타내지만 만성화되면 저영양상태에 빠진다. 설사병에 걸린 송아지에 나타나는 산성혈증의 증상은 분변 중에 중탄산염 손실과 혈액량 감소에 의한 조직 중에 젖산 축적, 순환혈액량의 저하로 신장에서의 산성(Acid)배설 저하 등이다. 설사병으로 만성화되어 치료 곤란한 송아지는 저혈당, 저단백혈증(혈청 알부민량 저하), 저지방 혈증(혈청 콜레스테롤량 저하)이 나타나 저체온증이나, 원기 소실, 탈모가 일어나며, 특히 뒷다리의 하부에 차가운 부종, 기립 곤란 또는 불능상태에 이르게 된다. 또한 제4위 궤양이 나타나기도 한다.

36 소의 체온 측정 부위가 아닌 것은?

① 코 ② 귀
③ 뿔 ④ 항 문

정답 32 ③ 33 ④ 34 ② 35 ② 36 ③

37 자궁내막염 치료법을 바르게 설명한 것이 아닌 것은?

① 소독제로 세척
② 페니실린제 주사
③ 항생제 주사
④ 포도당 주사

해설

자궁내막염

자궁내막에 발생하는 염증으로, 원발성 자궁감염증 또는 2차적 감염에 의해서 야기되며 세균감염, 내분비이상, 전염성 질병 등에 감염되어 발생한다. 자궁내막염은 주로 분만 시 거칠고 불결한 조산, 난산 처치, 후산의 인위적 배출, 자궁탈 등으로 자궁내막의 일부가 손상되어 감염증을 일으킨다. 자궁내막염의 발생과 난소호르몬의 작용은 밀접한 관계가 있으며, 자궁내막염에 의한 병적 변화는 불임증의 원인이 되기도 한다.

38 다음 중 원충성 질병이 아닌 것은?

① 콕시듐 ② 렙토스피라
③ 트리코모나스 ④ 타일레니아

해설

원충성 질병으로는 콕시듐, 트리코모나스, 타일레니아 등이며, 세균성 질병으로는 렙토스피라병, 브루셀라병 등이 있다.

39 광견병 예방을 공동실시할 수 있는 것은?

① 가축소유자, 수의사
② 농협중앙회
③ 축산업협동조합
④ 가축방역본부

해설

광견병 예방은 가축소유자와 수의사가 공동으로 실시할 수 있다.

40 순화백신과 불활화백신의 설명 중 맞는 것은?

① 순화백신은 면역이 낮다.
② 순화백신은 살아 있는 것이고, 불활화백신은 죽은 것이다.
③ 불활화백신은 병원체의 회복 가능성이 있다.
④ 불활화백신은 병원균의 부작용 가능성이 있다.

해설

구분	생독백신 (순화백신)	사독백신 (불활화백신)
장점	• 면역성이 높고, 백신의 제조단가 및 생산비가 적게 든다. • 면역 지속시간이 길고, 동결사용이 가능하다.	• 백신의 안정성이 높고, 다른 병원체의 오염 가능성이 적으며, 혼합백신을 만들기가 용이하다. • 개발기간이 짧다.
단점	• 병원성으로 인한 부작용 가능성이 있다. • 다른 동물에 대한 전염가능성이 있고, 다른 병원체의 오염 가능성이 있으며, 또 병원체의 회복 가능성이 있다.	• 생독백신에 비해 많은 양의 농축과 보존제가 필요하며, 대부분 1회 이상의 추가 접종이 필요하다. • 화학반응 시 잔존할 수 있는 화학제에 의한 부작용(과민반응, 주사 부위 농양 및 육아조직 형성)이 있을 수 있다.
종류	돈단독, 전염성 위장염, 일본뇌염, 돈콜레라백신 등	대부분의 호흡기백신, 대장균백신, 파보백신 등

37 ④ 38 ② 39 ① 40 ② **정답**

제3과목 가축육종학

41 소독약 사용 시 틀린 것은?

① 농도가 높을수록 좋다.
② 지시한 용법대로 사용한다.
③ 소독에 대한 저항성은 각각 다르다.
④ 존재하는 유기물에 의해 소독효과가 감소한다.

해설

소독이란 감염원이 될 수 있는 환축, 사양환경(불결한 축사, 유해 가스 등), 기구, 출입자 등에 대해 미생물을 사멸시키는 것을 말하며, 전염병 발생에 따른 피해를 극소화하고, 질병의 발생·전파의 확산을 저지할 목적으로 실시하는 모든 위생적인 처리가 중요하다. 각종 병원체의 소독약에 대한 저항성은 각각 다르며, 동종의 병원체라도 균주의 차이나 아포의 유무에 따라 차이가 있으며, 소독 시 저항력의 차이에 따른 병원체와 같이 존재하는 유기물(똥, 오줌 등)에 의해 소독효과가 크게 감소된다는 것을 명심해야 한다. 농도가 높다고 반드시 좋지는 않으며, 오남용을 방지하기 위해서는 적정 농도이어야 한다.

42 돼지의 생산비 중 가장 많이 드는 것을 순서대로 나열한 것은?

① 노동비 – 자돈비 – 사료비
② 사료비 – 자돈비 – 노동비
③ 자돈비 – 사료비 – 노동비
④ 사료비 – 노동비 – 자돈비

해설

돼지의 생산비는 사료비 > 자돈비 > 노동비 순이다.

43 세균성 질병에 대한 설명 중 옳은 것은?

① 소 해면상뇌증은 세균성 질병이다.
② 탄저는 세균성 질병으로 아포를 형성한다.
③ 구제역은 세균성 질병으로 수포를 형성한다.
④ 류코사이토준병은 세균성 질병이다.

해설

소 해면상뇌증과 구제역은 바이러스성 질병으로 수포를 형성하고, 류코사이토준병은 닭에 발병하는 원충성 질병이며, 탄저와 기종저는 세균성 질병으로 아포를 형성한다.

44 다음 중 소의 발정징후가 아닌 것은?

① 소리에 민감해진다.
② 승가현상을 나타낸다.
③ 보행수가 증가한다.
④ 음부에 출혈이 있다.

45 소의 임신진단법 중 보편적으로 활용되는 방접은?

① 질내검사법
② 정액검사법
③ 직장검사법
④ 호르몬분석법

정답 41 ① 42 ② 43 ② 44 ④ 45 ③

46 농림축산식품부령이 정하는 동물은?

① 소 ② 말
③ 면 양 ④ 토 끼

해설

가축의 종류(축산법 시행령 제2조)
「축산법」 제2조제1호에서 "그 밖에 대통령령으로 정하는 동물 등"이란 다음 각 호의 동물을 말한다.
1. 기러기
2. 노새·당나귀·토끼 및 개
3. 꿀 벌
4. 그 밖에 사육이 가능하며 농가의 소득증대에 기여할 수 있는 동물로서 농림축산식품부장관이 정하여 고시하는 동물

47 인공수정소의 휴업·폐업 및 영업의 재개를 신고하려는 자는 그 사유가 발생한 날부터 며칠 이내에 하여야 하는가?

① 10일 ② 20일
③ 30일 ④ 40일

해설

수정소의 개설신고 등(축산법 제17조제4항)
제1항에 따라 수정소의 개설을 신고한 자(이하 "수정소 개설자"라 한다)가 다음 각 호의 어 하나에 해당하면 그 사유가 발생한 날부터 30일 이내에 시장·군수 또는 구청장에게 신고하여야 한다.
1. 영업을 휴업한 경우
2. 영업을 폐업한 경우
3. 휴업한 영업을 재개한 경우
4. 신고사항 중 농림축산식품부령으로 정하는 사항을 변경한 경우

48 농림축산식품부장관의 허가사항과 거리가 먼 것은?

① 인공수정소의 개설
② 가축의 개량
③ 가축의 검정
④ 수출입 신고대상의 능력, 규격 고시

해설

수정소의 개설신고 등(축산법 제17조제1항)
정액 또는 수정란을 암가축에 주입 또는 이식하는 업을 영위하기 위하여 가축인공수정소[(家畜人工授精所), 이하 "수정소"라 한다)를 개설하려는 자는 그에 필요한 시설 및 인력을 갖추어 시장·군수 또는 구청장에게 신고하여야 한다.

49 등급판정의 대상 축산물이 아닌 것은?

① 계 란
② 자가소비용 도체
③ 소·돼지의 도체
④ 닭·오리의 도체

해설

등급판정 제외 대상 축산물(축산법 시행규칙 제39조제1항)
법 제35조제5항 단서에서 "농림축산식품부령으로 정하는 축산물"이란 다음 각 호의 축산물을 말한다.
1. 학술연구용으로 사용하기 위하여 도살하는 축산물
2. 자가소비, 바베큐 또는 제수용으로 도살하는 축산물
3. 소 도체 중 앞다리 또는 우둔 부위(축산물등급판정을 신청한 자가 별지 제36호서식에 따른 축산물등급판정신청서에 부위를 기재하여 등급판정을 받지 아니하기를 원하는 경우에 한한다)

46 ④ 47 ③ 48 ① 49 ② 정답

50 소독설비 및 방역시설을 갖춰야 하는 곳이 아닌 것은?

① 사료공장(사료제조업자)
② $50m^2$ 이하의 과수농장(소유자)
③ 가축분뇨를 사용하는 퇴비회사
④ 도축장(또는 집유장의 영업자)

해설

소독설비 · 방역시설 구비 및 소독 실시 등(가축전염병예방법 제17조제1항)

가축전염병이 발생하거나 퍼지는 것을 막기 위하여 다음 각 호의 어느 하나에 해당하는 자는 농림축산식품부령으로 정하는 바에 따라 소독설비 및 방역시설을 갖추어야 한다.

1. 가축사육시설($50m^2$ 이하는 제외한다)을 갖추고 있는 가축의 소유자 등
2. 「축산물 위생관리법」에 따른 도축장 및 집유장의 영업자
3. 식용란의 수집판매업자
4. 「사료관리법」에 따른 사료제조업자
5. 「축산법」에 따른 가축시장 · 가축검정기관 · 종축장 등 가축이 모이는 시설 또는 부화장의 운영자 및 정액등처리업자
6. 가축분뇨를 주원료로 하는 비료제조업자
7. 「가축분뇨의 관리 및 이용에 관한 법률」 제28조제1항제2호에 따른 가축분뇨처리업의 허가를 받은 자

51 보상과 관련된 내용으로 옳지 않은 것은?

① 난산 중 사망 시 전액보상
② 돼지콜레라에 걸렸다고 믿을 만한 상당한 이유가 있는 가축
③ 농림축산식품부령이 정하는 바에 의하여 검사, 주사 투약의 실시로 죽은 가축
④ 가축방역관의 지시를 받아 매몰 또는 소각한 가축

해설

보상금 등(가축전염병예방법 제48조제1항)

국가나 지방자치단체는 다음 각 호의 어느 하나에 해당하는 자에게는 대통령령으로 정하는 바에 따라 보상금을 지급하여야 한다.

1. 제3조의4제5항에 따른 사육제한 명령에 의하여 폐업 등 손실을 입은 자
2. 제15조제1항에 따른 검사, 주사, 주사 · 면역표시, 약물목욕, 면역요법, 투약으로 인하여 죽거나 부상당한 가축(사산되거나 유산된 가축의 태아를 포함한다)의 소유자
3. 제20조제1항 및 제2항 본문(제28조에서 준용하는 경우를 포함한다)에 따라 살처분한 가축의 소유자. 다만, 가축의 소유자가 축산계열화사업자인 경우에는 계약사육농가의 수급권 보호를 위하여 계약사육농가에 지급하여야 한다.
4. 제23조제1항 및 제3항에 따라 소각하거나 매몰 또는 화학적 처리를 한 물건의 소유자
5. 제11조제1항에 따라 병명이 불분명한 질병으로 죽은 가축이나 가축전염병에 걸렸다고 믿을 만한 임상증상이 있는 가축을 신고한 자 중에서 병성감정 실시 결과 가축전염병으로 확인되어 이동이 제한된 자
6. 제27조에 따라 사용정지 또는 사용제한의 명령을 받은 도축장의 소유자

정답 50 ② 51 ①

52 송아지생산안정사업의 내용으로 옳지 않는 것은?

① 기준가격 미만으로 하락할 경우 생산농가에게 안정자금을 지급한다.
② 송아지생산지급을 받으려면 송아지생산안정사업에 참여하여야 한다.
③ 송아지생산안정자금 지급한도액의 100분의 20 범위 안에서 농림축산식품부장관이 정하는 금액을 부담하게 할 수 있다.
④ 국가 또는 지방자치단체는 송아지생산안정사업의 원활한 추진을 위하여 해당 사업운영에 소요되는 자금의 전부 또는 일부를 지원할 수 있다.

해설

송아지생산안정사업(축산법 제32조제4항)
농림축산식품부장관은 제3항제4호에 따른 송아지생산안정사업 자금을 조성하기 위하여 송아지생산안정사업에 참여하는 송아지 생산 농가에게 송아지생산안정자금 지급한도액의 100분의 5 범위에서 농림축산식품부장관이 정하는 금액을 부담하게 할 수 있다.

53 가축방역관의 자격 조건으로 옳은 것은?

① 축산 관련 소비자단체
② 가축수의사
③ 가축의 소유자 또는 관리자
④ 동물의약품 또는 사료 판매자

해설

가축방역관(가축전염병예방법 제7조제2항)
제1항에 따른 가축방역관은 수의사여야 한다.

54 가축방역사의 자격 조건으로 옳은 것은?

① 축산기사의 자격이 있는 자
② 축산 관련 단체에서 6개월 이상 종사한 경험이 있는 자
③ 가축인공수정사 면허를 발급받은 자
④ 소비자단체, 축산 관련 생산단체

해설

가축방역사(가축전염병예방법 시행규칙 제10조제1항)
법 제8조제4항의 규정에 따라 가축방역사로 위촉할 수 있는 자는 다음 각호의 1에 해당하는 자로 한다.

1. 「국가기술자격법」에 의한 축산산업기사 이상의 자격이 있는 자
2. 「고등교육법」에 의한 전문대학 이상의 대학에서 수의학・축산학・생물학 또는 보건학 분야를 전공하고 졸업한 자 또는 이와 동등 이상의 학력을 가진 자
3. 국가・지방자치단체 및 영 제3조제1항의 규정에 의한 행정기관에서 가축방역업무를 6월 이상 수행한 경험이 있는 자
4. 축산 관련 단체에서 가축방역에 관한 업무에 1년 이상 종사한 경험이 있는 자

55 사체 매몰 시 옳은 것은?

① 탄저는 30년 이내 발굴을 금한다.
② 사체로부터 지표까지는 1m 이하여야 한다.
③ 매몰한 사체 위에는 석회석을 뿌린다.
④ 매몰한 후 발굴 금지기간을 표시하지 않아도 된다.

해설

소각 또는 매몰기준 – 사체의 매몰(가축전염병예방법 시행규칙 [별표 5])
사체를 흙으로 40cm 이상 덮은 다음 5cm 두께 이상으로 생석회를 뿌린 후 지표면까지 흙으로 메우고, 지표면에서 1.5m 이상 성토(흙쌓기)를 한 후, 생석회를 마지막에 도포한다.

52 ③ 53 ② 54 ① 55 ③ 정답

56 **검사증명서가 필요한 것으로 옳지 않는 것은?**

① 인플루엔자
② 브루셀라병
③ 돼지열병
④ 돼지오제스키병

해설

검사증명서의 휴대 등(가축전염병예방법 시행규칙 제19조제1항)

농림축산식품부장관, 시·도지사 또는 시장·군수·구청장이 법 제16조제5항에 따라 가축의 소유자 및 가축운송업자에게 가축을 이동할 때에 검사증명서, 예방접종증명서나 법 제19조제1항 각 호 외의 부분 단서 또는 법 제19조의2제4항에 따라 이동승인을 받았음을 증명하는 서류(이하 "이동승인서"라 한다)를 휴대하게 하거나 예방접종을 하였음을 가축에 표시하도록 명할 수 있는 가축전염병은 다음 각 호와 같다.

1. 검사증명서 또는 예방접종증명서 휴대 : 구제역·돼지열병·뉴캐슬병·브루셀라병·결핵병·돼지오제스키병 그 밖에 농림축산식품부장관이 정하여 고시하는 가축전염병
2. 이동승인서 휴대 : 구제역, 고병원성 조류인플루엔자, 그 밖에 농림축산식품부장관이 정하여 고시하는 가축전염병
3. 예방접종 표시 : 우역·구제역·돼지열병·광견병 그 밖에 농림축산식품부장관이 정하여 고시하는 가축전염병

57 **가축방역관을 고용하여야 하는 곳이 아닌 곳은?**

① 농협협동조합
② 가축시장
③ 축사, 부화장, 종축장
④ 경마장

해설

가축방역관(가축전염병예방법 제7조제3항)

가축방역관은 가축전염병에 의하여 오염되었거나 오염되었다고 믿을 만한 역학조사, 정밀검사 결과나 임상증상이 있으면 다음 각 호의 장소에 들어가 가축이나 그 밖의 물건을 검사하거나 관계자에게 질문할 수 있으며 가축질병의 예찰에 필요한 최소한의 시료(試料)를 무상으로 채취할 수 있다.

1. 가축시장·축산진흥대회장·경마장 등 가축이 모이는 장소
2. 축사·부화장(孵化場)·종축장(種畜場) 등 가축 사육시설
3. 도축장·집유장(集乳場) 등 작업장
4. 보관창고, 운송차량 등

58 **명예가축방역감시원으로 알맞지 않은 사람은?**

① 가축의 소유자 ② 관계 공무원
③ 동물약품판매업자 ④ 가축방역사

해설

명예가축방역감시원의 위촉·임무 등(가축전염병예방법 시행규칙 제30조제1항)

농림축산식품부장관, 국립가축방역기관장, 시·도지사, 시장·군수·구청장이 법 제29조에 따라 명예가축방역감시원으로 위촉할 수 있는 사람은 다음 각 호의 어느 하나에 해당하는 사람으로 한다.

1. 가축의 소유자 등
2. 사료판매업자 또는 동물약품판매업자
3. 「축산물위생관리법」에 따른 검사원
4. 가축방역사
5. 축산 관련 단체의 소속 임직원 중에서 당해 단체의 장이 추천하는 자
6. 그 밖에 가축방역업무에 종사하였거나 가축전염병의 방역에 관한 지식이 있는 자

정답 56 ① 57 ① 58 ②

59 다음 중 제1종 가축전염병인 것은?

① 우 역
② 브루셀라병
③ 아카바네
④ 결 핵

해설

정의(가축전염병예방법 제2조제2호가목)
제1종 가축전염병 : 우역(牛疫), 우폐역(牛肺疫), 구제역(口蹄疫), 가성우역(假性牛疫), 블루텅병, 리프트계곡열, 럼피스킨병, 양두(羊痘), 수포성구내염(水疱性口內炎), 아프리카마역(馬疫), 아프리카돼지열병, 돼지열병, 돼지수포병(水疱病), 뉴캐슬병, 고병원성 조류(鳥類)인플루엔자 및 그 밖에 이에 준하는 질병으로서 농림축산식품부령으로 정하는 가축의 전염성 질병

60 살처분 명령의 미이행 시 벌칙은?

① 1년 이하의 징역, 1천만원 이하의 벌금
② 1년 이하의 징역, 3천만원 이하의 벌금
③ 3년 이하의 징역, 1천만원 이하의 벌금
④ 3년 이하의 징역, 3천만원 이하의 벌금

해설

벌칙(가축전염병예방법 제56조)
다음 각 호의 어느 하나에 해당하는 자는 3년 이하의 징역 또는 3천만원 이하의 벌금에 처한다.

1. 살처분 명령을 위반한 자
2. 수입금지, 수입금지 물건 등에 대한 조치, 수입을 위한 검역증명서의 첨부 또는 수입장소의 제한을 위반한 자
3. 검역을 받지 아니하거나 검역과 관련하여 부정행위를 한 자
4. 불합격한 지정검역물을 하역하거나 반송 등의 명령을 위반한 자

제4과목 축산법

61 질병을 일으키는 다음 병(病) 중 가장 작은 것은?

① 바이러스 ② 박테리아
③ 프로토조아 ④ 리케차

62 축산발전심의위원회의 위원장은 누가 되는가?

① 농림축산식품부장관
② 농림축산식품부차관
③ 농축산관련 단체의 장
④ 학계와 축산 관련 업계의 전문가

해설

축산발전심의위원회의 구성(축산법 시행규칙 제5조의2 제2항)
위원장은 농림축산식품부차관이 되고, 부위원장은 농림축산식품부장관이 농림축산식품부의 고위공무원단에 속하는 일반직공무원 중에서 지명한다.

63 소독기록대장은 몇 년간 보관하게 되어있는가?

① 1년 ② 2년
③ 3년 ④ 4년

해설

소독설비 · 방역시설 구비 및 소독 실시 등(가축전염병예방법 시행규칙 제20조제9항)
법 제17조제6항에 따른 소독실시기록부는 별지 제6호서식 또는 별지 제7호서식에 의하고, 최종 기재일부터 1년간 이를 보관(전자적 방법을 통한 보관을 포함한다)하여야 한다.

59 ① 60 ④ 61 ① 62 ② 63 ① **정답**

64 축산법의 목적이 아닌 것은?

① 가축의 개량·증식
② 축산업의 구조개선
③ 축산인의 단체조직과 친목도모
④ 가축과 축산물의 수급조절

해설

목적(축산법 제1조)
이 법은 가축의 개량·증식, 축산환경 개선, 축산업의 구조개선, 가축과 축산물의 수급조절·가격안정 및 유통개선 등에 관한 사항을 규정하여 축산업을 발전시키고 축산농가의 소득을 증대시키며 축산물을 안정적으로 공급하는 데 이바지하는 것을 목적으로 한다.

65 가축인공수정으로 사용할 수 있는 정액은?

① 혈, 뇨 등 이물질이 섞인 것
② 생존율이 60% 이상인 정액
③ 기형률 15% 이상인 정액
④ 전염병에 걸린 종모우의 정액

해설

정액 등의 사용제한(축산법 시행규칙 제24조)
법 제19조제2호에 따라 가축인공수정용으로 공급·주입·이식할 수 없는 정액 등은 다음 각 호와 같다.
1. 혈액·뇨 등 이물질이 섞여 있는 정액
2. 정자의 생존율이 100분의 60 이하거나 기형률이 100분의 15 이상인 정액. 다만, 돼지 동결정액의 경우에는 정자의 생존율이 100분의 50 이하이거나 기형률이 100분의 30 이상인 정액
3. 정액·난자 또는 수정란을 제공하는 종축이 다음 각 목의 어느 하나에 해당하는 질환의 원인미생물로 오염되었거나 오염되었다고 추정되는 정액·난자 또는 수정란
   가. 전염성 질환과 의사증(전염성 질환으로 의심되는 병)
   나. 유전성 질환
   다. 번식기능에 장애를 주는 질환
4. 수소이온농도가 현저한 산성 또는 알카리성으로 수태에 지장이 있다고 인정되는 정액·난자 또는 수정란

66 등록(허가)대상이 아닌 축산업은?

① $200m^2$ 미만의 소사육업
② $200m^2$ 미만의 양계업
③ $200m^2$ 미만의 오리사육업
④ $50m^2$ 미만의 양돈업

해설

허가를 받아야 하는 가축사육업(축산법 시행령 제13조제3호)
2016년 2월 23일 이후 : 사육시설 면적이 $50m^2$를 초과하는 소·돼지·닭 또는 오리 사육업

67 축산발전심의위원회의 구성원으로 틀린 것은?

① 지역축산업협동조합의 임원
② 축산 관련 단체의 장
③ 학계 및 축산 관련 업계의 전문가
④ 지역시민

해설

축산발전심의위원회의 구성(축산법 시행규칙 제5조의2 제3항)
위원은 다음 각 호의 사람이 된다.
1. 기획재정부장관·농림축산식품부장관·보건복지부장관 및 환경부장관이 해당 부처의 3급 공무원 또는 고위공무원단에 속하는 일반직공무원 중에서 지명하는 사람 각 1명
2. 다음 각 목의 사람 중에서 농림축산식품부장관이 성별을 고려하여 위촉하는 사람
   가. 「농업협동조합법」 제2조제2호에 따른 지역축산업협동조합의 임원
   나. 「농업협동조합법」 제2조제3호에 따른 품목별·업종별 협동조합의 임원
   다. 「농업협동조합법」 제2조제4호에 따른 농업협동조합중앙회(이하 "농업협동조합중앙회"라 한다)의 임원
   라. 「농업협동조합법」 제105조제2항에 따른 농업인
   마. 축산 관련 단체의 장
   바. 학계와 축산 관련 업계의 전문가

정답 64 ③ 65 ② 66 ④ 67 ④

68 등록대상 가축이 아닌 것은?

① 소 ② 닭
③ 토 끼 ④ 말

해설

가축의 등록 등(축산법 시행규칙 제9조제2항)
제1항에 따른 등록대상 가축은 소·돼지·말·토끼 및 염소로 한다.

69 가축인공수정사 면허의 발급자는 누구인가?

① 농림축산식품부장관
② 시·도지사
③ 시장·군수 또는 구청장
④ 읍·면장

해설

수정사의 면허(축산법 제12조제1항)
다음 각 호의 어느 하나에 해당하는 자는 농림축산식품부령으로 정하는 바에 따라 시·도지사의 면허를 받아 수정사가 될 수 있다.

1. 「국가기술자격법」에 따른 기술자격 중 대통령령으로 정하는 축산 분야 산업기사 이상의 자격을 취득한 자
2. 시·도지사가 시행하는 수정사 시험에 합격한 자
3. 농촌진흥청장이 수정사 인력의 적정 수급을 위하여 농림축산식품부령으로 정하는 바에 따라 시행하는 수정사 시험에 합격한 자

70 허가(등록)받아야 할 축산업종과 거리가 먼 것은?

① $40m^2$ 이하의 양돈업
② $300m^2$ 초과하는 소사육업
③ $100m^2$ 초과하는 오리사육업
④ $50m^2$ 초과하는 양계업

해설

허가를 받아야 하는 가축사육업(축산법 시행령 제13조제3호)
2016년 2월 23일 이후 : 사육시설 면적이 $50m^2$를 초과하는 소·돼지·닭 또는 오리 사육업

71 정액·난자·수정란의 수출 시 신고하는 곳은?

① 농림축산식품부장관
② 동물검역소
③ 대통령
④ 시·도지사

해설

종축 등의 수출입 신고(축산법 제29조제1항)
농림축산식품부령으로 정하는 종축, 종축으로 사용하려는 가축 및 가축의 정액·난자·수정란을 수출입하려는 자는 농림축산식품부장관에게 신고하여야 한다.

72 가축인공수정사 자격이 제한되는 자는?

① 축산산업기사 자격증 소지자
② 축산기사 자격증 소지자
③ 피성년후견인, 피한정후견인
④ 고등학교 졸업자

해설

수정사의 면허(축산법 제12조제2항)
다음 각 호의 어느 하나에 해당하는 자는 수정사가 될 수 없다.

1. 피성년후견인 또는 피한정후견인
2. 「정신보건법」 제3조제1호에 따른 정신질환자. 다만, 정신건강의학과전문의가 수정사로서 업무를 수행할 수 있다고 인정하는 사람은 그러하지 아니하다.
3. 「마약류관리에 관한 법률」 제40조에 따른 마약류 중독자. 다만, 정신건강의학과전문의가 수정사로서 업무를 수행할 수 있다고 인정하는 사람은 그러하지 아니하다.

68 ② 69 ② 70 ① 71 ① 72 ③ 정답

73 축산발전기금의 재원이 아닌 것은?

① 한국마사회의 납입금
② 정부의 보조금 또는 출연금
③ 축산물의 수입이익금
④ 가축질병예방 및 방역비

해설

기금의 재원(축산법 제44조제1항)

기금은 다음 각 호의 재원으로 조성한다.

1. 제43조제2항에 따른 정부의 보조금 또는 출연금
2. 제2항에 따른 한국마사회의 납입금
3. 제45조에 따른 축산물의 수입이익금
4. 제46조에 따른 차입금
5. 「초지법」 제23조제6항에 따른 대체초지조성비
6. 기금운용 수익금
7. 「전통소싸움경기에 관한 법률」 제15조제1항제1호에 따른 결산상 이익금

74 다음 생독백신의 장점이 아닌 것은?

① 접종이 간편하다.
② 생독백신은 사독백신보다 안전하다.
③ 백신의 효과가 좋다.
④ 대량생산이 가능하다.

75 성우(成牛)의 위 중에 가장 작은 위는?

① 반추위
② 벌집위
③ 겹주름위
④ 주름위

76 축산법상 가축이 아닌 것은?

① 닭　② 소
③ 면 양　④ 곰

해설

정의(축산법 제2조제1호)

"가축"이란 사육하는 소·말·면양·염소[유산양(乳山羊 : 젖을 생산하기 위해 사육하는 염소)을 포함한다]·돼지·사슴·닭·오리·거위·칠면조·메추리·타조·꿩, 그 밖에 대통령령으로 정하는 동물(動物) 등을 말한다.

가축의 종류(축산법 시행령 제2조)

「축산법」 제2조제1호에서 "그 밖에 대통령령으로 정하는 동물 등"이란 다음 각 호의 것을 말한다.

1. 기러기
2. 노새·당나귀·토끼 및 개
3. 꿀 벌
4. 그 밖에 사육이 가능하며 농가의 소득증대에 기여할 수 있는 동물로서 농림축산식품부장관이 정하여 고시하는 동물

농림축산식품부 고시 - 가축으로 정하는 기타 동물

1. 짐승(1종) : 오소리
2. 관상용 조류(15종) : 십자매, 금화조, 문조, 호금조, 금정조, 소문조, 남양청홍조, 붉은머리청홍조, 카나리아, 앵무, 비둘기, 금계, 은계, 백한, 공작
3. 곤충(14종) : 갈색거저리, 넓적사슴벌레, 누에, 늦반딧불이, 머리뿔가위벌, 방울벌레, 왕귀뚜라미, 왕지네, 여치, 애반딧불이, 장수풍뎅이, 톱사슴벌레, 호박벌, 흰점박이꽃무지
4. 기타(1종) : 지렁이

77 영양소 중 질소의 함량이 가장 많은 것은?

① 탄수화물
② 단백질
③ 지 방
④ 비타민

정답 73 ④ 74 ② 75 ② 76 ④ 77 ②

78 엔실리지에 들어 있지 않은 것은?

① 젖 산 ② 초 산
③ 낙 산 ④ 염 산

해설

사일리지의 품질은 향취, 맛, 색, 촉감, 기호성 등에 있어 재료의 고유한 특징을 가지고 있어야 하며, 유기산 조성에 있어서는 낙산, 초산에 비하여 젖산의 비율이 높고 3.5~4.1 정도의 낮은 pH를 유지하는 것이 좋다. 염산은 수분을 만나면 가열되거나 폭발하는 위험물질이다.

79 소와 돼지의 임신기간이 바르게 짝지어진 것은?

① 소 280일 – 돼지 200일
② 소 300일 – 돼지114일
③ 소 285일 – 돼지114일
④ 소 114일 – 돼지 280일

80 성 성숙 시기가 틀린 것은 어느 것인가?

① 소 15~18개월
② 돼지 6~9개월
③ 양 6~7개월
④ 말 25~28개월

제5과목 가축전염병예방법

81 가축이 임신할 경우 자궁경부는 어떤 기능을 하는가?

① 세균 침입에 대한 방어력 형성
② 자궁유의 생성
③ 자궁의 운동 촉진
④ 자궁유의 분비

82 교잡종의 아비품종으로 널리 쓰이는 돼지는?

① 랜드레이스 ② 햄프셔
③ 두 록 ④ 버크셔

83 동결수정란의 저장온도는?

① −196℃ ② −150℃
③ −100℃ ④ 0℃

84 돼지의 배란시기를 바르게 설명한 것은?

① 발정개시 후 10~25시간
② 발정개시 후 15~20시간
③ 발정개시 후 17~20시간
④ 발정개시 후 25~32시간

78 ④ 79 ③ 80 ① 81 ① 82 ③ 83 ① 84 ④ 정답

85 우리나라에서 산란계로 가장 많이 쓰이는 품종은?

① 브라마 ② 레그혼

③ 코 친 ④ 코니시

86 고시 지역 안 도축장에서 처리한 축산물로서 등급판정 제외 대상 축산물이 아닌 것은?

① 학술연구용으로 사용하기 위하여 도살하는 축산물

② 자가소비, 바비큐 또는 제수용으로 도살하는 축산물

③ 소 도체 중 앞다리 또는 우둔 부위

④ 고시 지역 안에서 도축된 축산물

해설

등급판정 제외 대상 축산물(축산법 시행규칙 제39조제1항)

법 제35조제5항 단서에서 "농림축산식품부령으로 정하는 축산물"이란 다음 각 호의 축산물을 말한다.

1. 학술연구용으로 사용하기 위하여 도살하는 축산물
2. 자가소비, 바비큐 또는 제수용으로 도살하는 축산물
3. 소 도체 중 앞다리 또는 우둔 부위(축산물등급판정을 신청한 자가 별지 제36호서식에 따른 축산물등급판정신청서에 부위를 기재하여 등급판정을 받지 아니하기를 원하는 경우에 한한다)

87 가축개량목표의 설정은 누가 하는가?

① 국무총리

② 농협중앙회장

③ 농림축산식품장관

④ 시・도지사

해설

개량목표의 설정(축산법 제5조제1항)

농림축산식품부장관은 대통령령으로 정하는 바에 따라 개량대상 가축별로 기간을 정하여 가축의 개량목표를 설정하고 고시하여야 한다.

88 다음 중 축산물품질평가사의 업무가 아닌 것은?

① 등급판정 및 그 결과의 기록・보관

② 등급판정인(印)의 사용 및 관리

③ 등급판정 관련 설비의 점검・관리

④ 도축 전반에 관한 행정업무

해설

품질평가사의 업무(축산법 제38조제1항)

품질평가사의 업무는 다음 각 호와 같다.

1. 등급판정 및 그 결과의 기록・보관
2. 등급판정인(等級判定印)의 사용 및 관리
3. 등급판정 관련 설비의 점검・관리
4. 그 밖에 등급판정 업무의 수행에 필요한 사항

89 수정 후 착상이 가장 빠른 가축은?

① 소 ② 말

③ 돼 지 ④ 면 양

정답 85 ② 86 ④ 87 ③ 88 ④ 89 ③

90 **다음 중 대사성 칼슘대사 이상으로 발생하는 것은?**

① 유 열 ② 고창증
③ 소해면상뇌증 ④ 창상성 제2위염

91 **한우의 임신진단을 하는 이유가 아닌 것은?**

① 공태기간을 줄이기 위해서
② 번식효율 향상을 위하여
③ 암수를 구별하기 위하여
④ 번식상태의 점검을 위하여

92 **난소에서 생산된 난자가 자궁까지 내려오는 경로는?**

① 난소 – 난관체 – 팽대부 – 자궁각 – 자궁체
② 난소 – 팽대부 – 난관체 – 자궁각 – 자궁체
③ 난소 – 난관 – 난관체 – 자궁체 – 자궁각
④ 난관체 – 난소 – 난관 – 자궁각 – 자궁체

93 **근친교배의 설명 중 올바른 것은?**

① 표준체형보다 체구가 큰 대형체형으로 개량된다.
② 질병에 대한 저항력이 증가한다.
③ 불구, 기형아가 출현될 수 있다.
④ 수태율이 증가한다.

94 **축산발전심의위원회의 기금운영에 대해 틀린 것은?**

① 기금의 운용 및 관리에 관한 사무를 농협중앙회에 위탁할 수 있다.
② 축산 발전을 위한 기술의 지도, 조사, 연구, 홍보 및 보급에 관한 사업에 이용된다.
③ 가축의 개량·증식사업에 이용된다.
④ 사료의 개발 및 품질관리사업에는 이용되지 않는다.

해설

기금사업비 등의 지원범위(축산법 시행령 제18조)
법 제47조제1항제7호에 따라 축산발전기금(이하 "기금"이라 한다)에서 사업비 및 경비를 지원받을 수 있는 기금사업은 다음 각 호와 같다.
1. 가축의 개량·증식사업
2. 가축위생 및 방역사업
3. 축산물의 생산기반조성·가공시설개선 및 유통개선을 위한 사업
4. 사료의 개발 및 품질관리사업
5. 축산발전을 위한 기술의 지도·조사·연구·홍보 및 보급에 관한 사업
6. 기금재산의 관리·운영
7. 동물유전자원의 보존·관리 등에 관한 사업

95 **제2종 가축전염병이 아닌 것은?**

① 소해면상뇌증
② 결 핵
③ 고병원성 조류인플루엔자
④ 브루셀라병

90 ① 91 ③ 92 ① 93 ③ 94 ① 95 ③ 정답

96 **가축전염병이 발생하거나 퍼지는 것을 막기 위해 소독설비를 갖추어야 하는 곳이 아닌 것은?**

① $50m^2$ 이상의 소 사육시설 소유자
② 도축장 및 집유장의 영업자
③ 부화장 운영자
④ 가축분뇨 주위의 비료제조업자

해설

소독설비 · 방역시설 구비 및 소독 실시 등(가축전염병예방법 제17조제1항)

가축전염병이 발생하거나 퍼지는 것을 막기 위하여 다음 각 호의 어느 하나에 해당하는 자는 농림축산식품부령으로 정하는 바에 따라 소독설비 및 방역시설을 갖추어야 한다.

1. 가축사육시설($50m^2$ 이하는 제외한다)을 갖추고 있는 가축의 소유자 등
2. 「축산물 위생관리법」에 따른 도축장 및 집유장의 영업자
3. 「축산물 위생관리법」에 따른 식용란선별포장업자 및 식용란의 수집판매업자
4. 「사료관리법」에 따른 사료제조업자
5. 「축산법」에 따른 가축시장 · 가축검정기관 · 종축장 등 가축이 모이는 시설 또는 부화장의 운영자 및 정액등처리업자
6. 가축분뇨를 주원료로 하는 비료제조업자
7. 「가축분뇨의 관리 및 이용에 관한 법률」 제28조제1항제2호에 따른 가축분뇨처리업의 허가를 받은 자

97 **축산업 승계에 필요한 서류가 아닌 것은?**

① 축산업허가증
② 양도 · 양수계약서
③ 상속인 증명서류
④ 가축의 종류

해설

영업자 지위승계 신고(축산법 시행규칙 제29조제1항)

법 제24조제2항에 따라 영업자 지위승계 신고를 하려는 자는 별지 제31호서식의 영업자 지위승계 신고서에 다음 각 호의 서류를 첨부하여 시장 · 군수 또는 구청장에게 제출하여야 한다.

1. 영 별표 1에 따른 요건을 충족하는 축사 · 장비, 가축사육규모 현황을 적은 서류
2. 양도 · 양수계약서 사본(양도의 경우에 한한다)
3. 상속인임을 증명할 수 있는 서류(상속의 경우에 한한다)
4. 가축분뇨처리 및 악취저감 계획
5. 법 제33조의2제1항에 따른 교육과정을 이수하였음을 증명하는 서류

98 **등급판정의 기준으로 맞는 것은?**

① 털색, 지방색
② 육색, 지방색, 지방교잡도
③ 체장단면적, 육량
④ 등지방두께, 체장단면적

해설

- 육량(고기량)등급 : 도체의 중량, 등심 부위의 외부지방 등의 두께, 등심 부위 근육의 크기 등을 종합적으로 고려하여 A, B, C등급으로 판정한다.
- 육질(고기질)등급 : 등심 부위 절개면의 지방분포 정도, 고기의 색깔, 조직 및 탄력, 지방의 색깔과 뼈의 성숙도 등을 종합적으로 고려하여 1^{++}, 1^{+}, 1, 2, 3등급으로 판정한다.
- 등외등급 : 비육상태 및 육질이 불량한 경우에는 등외등급으로 판정한다.
- 등급의 종류 : $1A^{++}$, $1B^{++}$, $1C^{++}$, $1A^{+}$, $1B^{+}$, $1C^{+}$, 2A, 2B, 2C, 3A, 3B, 3C, 등외등급

정답 96 ④ 97 ④ 98 ②

99 **다음 중 수출 시 반드시 신고하여야 하는 것이 아닌 것은?**

① 한 우

② 한우정액

③ 한우수정란

④ 곰

해설

수출입 신고대상 종축 등(축산법 시행규칙 제34조제1항)
법 제29조에 따라 수출의 신고를 하여야 하는 종축 등은 다음 각 호와 같다.

1. 한 우
2. 한우정액
3. 한우수정란

100 **축산발전심의위원회의 설명 중 틀린 것은?**

① 위원장은 농림축산식품부차관이 된다.

② 위원장과 부위원장을 포함한 25명 이내의 위원으로 구성한다.

③ 부위원장은 농림축산식품부장관이 농림축산식품부의 고위공무원단에 속하는 일반직공무원 중에서 지명한다.

④ 농업협동조합중앙회의 직원은 위원이 될 수 있다.

해설

축산발전심의위원회의 구성(축산법 시행규칙 제5조의 2)

① 법 제4조제1항에 따른 축산발전심의위원회(이하 "위원회"라 한다)는 위원장과 부위원장 각 1명을 포함한 25명 이내의 위원으로 구성한다.

② 위원장은 농림축산식품부차관이 되고, 부위원장은 농림축산식품부장관이 농림축산식품부의 고위공무원단에 속하는 일반직공무원 중에서 지명한다.

③ 위원은 다음 각 호의 사람이 된다.

1. 기획재정부장관 · 농림축산식품부장관 · 보건복지부장관 및 환경부장관이 해당 부처의 3급 공무원 또는 고위공무원단에 속하는 일반직공무원 중에서 지명하는 사람 각 1명
2. 다음 각 목의 사람 중에서 농림축산식품부장관이 성별을 고려하여 위촉하는 사람
   가. 「농업협동조합법」 제2조제2호에 따른 지역축산업협동조합의 임원
   나. 「농업협동조합법」 제2조제3호에 따른 품목별 · 업종별 협동조합의 임원
   다. 「농업협동조합법」 제2조제4호에 따른 농업협동조합중앙회(이하 "농업협동조합중앙회"라 한다)의 임원
   라. 「농업협동조합법」 제105조제2항에 따른 농업인
   마. 축산 관련 단체의 장
   바. 학계와 축산 관련 업계의 전문가

99 ④ 100 ④ **정답**

제 1 회 모의고사

제1과목 축산학개론

01 젖의 식품적 가치로 알맞지 않은 것은?

① 각 영양소의 소화율이 다른 식품보다 우수하다.
② 인간이 필요로 하는 5대 영양소를 골고루 포함하고 있다.
③ 젖 가공품의 성분을 임의로 조절할 수 있어 종류가 매우 다양하다.
④ 서로 다른 식품 원료를 배합하여 가공할 경우 첨가 및 용해시키기가 어렵다.

해설

젖 중 유청단백은 식물성단백질인 대두단백질에 비하여 용해성이 매우 우수하며 가공 시 다른 식품 원료와 배합할 경우 첨가와 용해가 쉽다.

02 가축 사육을 위한 자연 환경에 대한 설명으로 알맞은 것은?

① 태양빛은 동물의 건강 유지에 꼭 필요한 요소이다.
② 돼지는 땀샘이 있어 땀을 흘려 체온을 조절할 수 있다.
③ 고도가 100m 높아짐에 따라 기온은 0.8°C씩 낮아진다.
④ 생활 적온이 산란계는 15~45°C, 젖소는 21~30°C이다.

해설

② 돼지는 땀샘이 기능을 못하므로 땀을 흘려 체온을 조절할 수가 없다. 소는 땀샘이 있기는 하나 그 기능이 약하다. 닭은 땀샘이 없다.
③ 해발 3,000m 이상을 고해발 환경이라 한다. 고도가 100m 높아짐에 따라 기온은 0.6°C, 기압은 10hPa(헥토파스칼)씩 낮아진다.
④ 산란계의 생활 적온은 13~28°C이며, 젖소는 0~20℃이다.

정답 1 ④ 2 ①

03 다음 글의 내용이 뜻하는 것은?

> 콩 한주먹은 주면 끝이지만, 빗질 한 번은 마음이 너그럽고 소에 대한 애정이 있어야만 할 수 있기 때문에 콩 한 주먹 주는 것보다 어려움이 많다.

① 좋은 시설이 생산성을 높인다.
② 가축의 사양관리가 가장 중요하다.
③ 소에게 좋은 사료를 주는 것이 중요하다.
④ 소는 피부 관리에 의해 생산성이 좌우된다.

해설
소는 빗 등으로 피부 손질을 잘 해주면 신진대사와 혈액 순환을 촉진시켜 생산 능력이 좋아질 뿐만 아니라 소와 친밀해져서 거친 성질도 온순해지기 때문에, 피부 손질은 가급적 자주 해주는 것이 좋으며, 좋은 사료를 주는 것도 중요하지만 사양 관리를 잘 해주는 것이 더 중요하다는 것이다.

04 개체의 유전물질을 담고 있어서 생명의 영속성과 특성을 이어주는 물질은?

① 핵 ② 골지체
③ 리보솜 ④ 미토콘드리아

해설
생명체의 최소 기본 단위는 세포이며, 세포의 핵 속에는 그 개체의 유전물질을 담고 있어서 생명의 영속성과 특성을 이어주고 있다. 또한 동물의 몸을 구성하는 세포는 구조적으로 원형질과 핵으로 이루어지며 원형질 내에는 골지체, 리보솜, 미토콘드리아, 리소좀, 소포체 등이 들어 있고, 핵은 염색질과 핵인 등으로 구성되어 있다.

05 야생 동물에 관한 설명으로 옳지 않은 것은?

① 야생 동물은 인간과 함께 자연과 더불어 공존해야 한다.
② 우리나라에 살고 있는 젖먹이동물의 수는 약 100종에 이른다.
③ 야생 동물을 보호하기 위하여 정부와 사회단체의 활동이 필요하다.
④ 야생 동물 멸종의 위기가 본격화된 것은 8·15광복 이후부터이다.

해설
야생 동물을 멸종의 위기로 몰아넣은 것은 일제 강점기부터이다. 짧은 기간에 많은 맹수들이 죽음을 당했기 때문에 번식이 어렵게 되었고, 점차 이 땅에서 맹수들의 자취를 감추게 되었다.

06 가축 사육을 위한 시설 환경에 대한 설명으로 알맞은 것은?

① 전체 수분량의 5%가 감소하면 죽는다.
② 큰 동물은 1일 8~12L의 물이 필요하다.
③ 겨울에는 축사 내의 열과 수분을 많이 배출하기 위해 환기량을 최대로 한다.
④ 쇠파리, 이 등과 같이 피를 빨아먹는 곤충은 가축을 괴롭혀 사료 섭취량을 감소시킨다.

해설
① 전체 수분량의 10%가 감소하면 심한 고통과 현기증을 나타내고, 20% 이상 감소하면 죽는다.
② 큰 동물은 1일 40~50L, 작은 동물은 8~12L의 물이 필요하다.
③ 겨울에는 가축이 배출한 열을 축사 내에 유지하면서 신선한 공기가 공급될 수 있도록 환기량을 최소로 해야 한다.

3 ② 4 ① 5 ④ 6 ④ 정답

07 꽃사슴의 평균 임신기간은?

① 31일 ② 114일
③ 225일 ④ 280일

해설
① 토끼 31일
② 돼지 114일
④ 젖소(홀스타인) 280일

08 출생 직후의 평균 돼지 체중과 출하하는 고기용 돼지의 몸무게가 올바르게 짝지어진 것은?

① 평균 1.4kg, 평균 110kg
② 평균 1.4kg, 평균 150kg
③ 평균 2.8kg, 평균 110kg
④ 평균 2.8kg, 평균 150kg

해설
출생 직후의 평균 돼지 체중은 1.4kg이고, 고기용 돼지의 평균 출하체중은 110kg이다.

09 염소의 특징으로 알맞지 않은 것은?

① 소와 같은 되새김을 하는 반추동물이다.
② 채식량의 비율이 다른 가축에 비해 높다.
③ 조사료 이용성이 낮아 농후사료를 이용한다.
④ 연중번식을 하여 증식이 빠르다는 장점이 있다.

해설
소와 같은 반추동물로 목초는 물론, 야초까지 사료로서 광범위하게 이용이 가능해 조사료 이용성이 높아 채식량의 비율이 다른 가축에 비해 높다.

10 관상어의 수조꾸미기를 바르게 짝지은 것은?

① 모래 씻기 – 여과기 설치 – 모래를 넣고 물 넣기 – 수초심기 – 산소투입
② 수초심기 – 모래 씻기 – 여과기 설치 – 모래를 넣고 물 넣기 – 산소투입
③ 모래 씻기 – 수초심기 – 모래를 넣고 물 넣기 – 여과기 설치 – 산소투입
④ 모래 넣고 물 넣기 – 여과기 설치 – 수초심기 – 모래 씻기 – 산소투입

해설
모래 씻기 – 여과기 설치 – 모래를 넣고 물 넣기 – 수초심기 – 산소투입

11 버터의 일반적인 제조 과정 중 다음 괄호 안에 알맞은 것은?

> 원유 → 중화 → (가) → 숙성 → (나) → 수세 → (다) → 성형 → 포장 → 제품

① (가) 연압, (나) 교동, (다) 살균
② (가) 교동, (나) 연압, (다) 살균
③ (가) 교동, (나) 살균, (다) 연압
④ (가) 살균, (나) 교동, (다) 연압

해설
버터의 일반적인 제조 과정은 원유를 중화 → 살균 → 숙성 → 교동 → 수세 → 연압 → 성형 → 포장 → 제품 생산 순서이다.

- 살균 : 병원균을 포함한 미생물과 lipase와 같은 효소를 파괴하여 저장성을 높이고, 위생상 안전한 버터를 만들며 발효 시 젖산균의 발육을 저해하는 물질을 파괴한다.
- 교동 : 버터 제조 공정 중의 하나로, 교동기에 크림을 넣고 교동시킴으로써 크림 안에 있는 지방 입자가 서로 부딪쳐서 버터 알갱이로 뭉쳐지게 한다.
- 연압 : 지방입자가 덩어리로 뭉쳐있는 것을 짓이기는 것. 버터 조직을 부드럽게 해주며 기포를 없애 주고, 소금을 수분에 완전히 녹여 분산시키며 색소를 균일하게 혼합시킨다.

정답 7 ③ 8 ① 9 ③ 10 ① 11 ④

12 우유의 살균 방법에 대한 설명으로 옳은 것은?

① 저온 장시간 살균법 : 살균기 내의 우유는 130~150°C로 0.5~5초 동안 열처리 살균한다.

② 저온 장시간 살균법 : 대규모의 우유처리에 적당하고, 기계의 운전 조작이 어렵다.

③ 고온 단시간 살균법 : 열교환기를 이용하여 원유를 72~75°C로 15~20초 동안 살균한다.

④ 고온 단시간 살균법 : 살균효과는 초고온 멸균법과 같지만 경제적이지 않다.

해설

- 저온 장시간 살균법 : 일반적으로 살균기 내에서 우유를 63~65°C로 30분 동안 열처리하여 살균하는 방법이다. 작은 규모의 우유 처리에 적당하고, 기계의 운전 조작이 쉽다.
- 고온 단시간 살균법 : 열교환기를 이용하여 원유를 72~75°C로 15~20초 동안 살균하는 방법이다. 살균효과는 저온장시간 살균법과 같지만 노동비가 절감되고, 열을 효율적으로 이용할 수 있으므로 경제적이며, 일반적으로 하루에 3,000kg 이상의 원유를 처리하는 공장에서 이용한다.
- 초고온 멸균법 : 원유를 특수한 열교환 장치에서 130~150°C로 0.5~5초 동안 처리하여 일반 실온에서 자랄 수 있는 모든 미생물을 완전히 사멸시킴으로써 상온에서 저장할 수 있는 멸균 시유를 만드는 데 적합한 멸균 방법이다.

13 탄수화물의 일반식으로 옳은 것은?

① $Fe_n(H_2O)_m$　② $C_n(H_2O)_m$

③ $C_n(HO)_m$　④ $H_n(CO_2)_m$

해설

탄수화물은 C(탄소)와 H_2O(물)이 1 : 1로 결합되어 있는 화합물이다.

14 새끼돼지의 사양관리로 옳지 않은 것은?

① 개체 표시를 한다.

② 철분 주사를 2회에 걸쳐 주사한다.

③ 생후 60일경 젖을 떼고 이유를 시킨다.

④ 종돈으로 쓰지 않을 수퇘지는 거세를 한다.

해설

일반적으로 새끼돼지는 생후 30일경 젖을 떼고 이유를 시킨다.

15 종모돈의 번식기 사양관리 중 옳지 않은 것은?

① 충분히 운동시켜 너무 살이 찌지 않도록 한다.

② 몸의 균형을 유지하도록 한다.

③ 한 돈방에 한 마리씩 수용한다.

④ 종부를 시키기 전 사료를 급여한다.

해설

종모돈의 경우 종부시키기 전 사료를 급여하면 교미욕에 지장을 준다.

12 ③　13 ②　14 ③　15 ④ 정답

16 보기에서 말의 형태적 특징을 모두 고르면?

보기
가. 미간이 넓고, 시야가 360° 확보되어 있다.
나. 귀는 10개의 근육으로 구성, 귀 바퀴는 180° 범위 안에서 움직인다.
다. 말의 더듬이 털은 물질이나 사료의 성질, 땅의 진동까지 감지한다.
라. 앞 이빨과 어금니 사이에 빈 공간이 특징이며, 이빨의 마멸 상태에 따라 정확한 나이를 측정한다.

① 가, 나　② 나, 다
③ 나, 다, 라　④ 가, 다, 라

해설
귀는 총 16개의 근육으로 이루어져 있으며, 귓바퀴는 180° 범위 안에서 자유자재로 움직일 수 있다.

17 지방성 우유 가공품의 종류로 알맞은 것은?

① 크 림　② 치 즈
③ 요구르트　④ 멜로린

해설
지방성 우유 가공품의 종류에는 크림, 버터, 저지방 크림이 있으며, 치즈와 요구르트는 발효성 우유가공품, 멜로린은 모조 우유가공품, 셔벗은 냉동 우유가공품에 속한다.

18 괄호에 들어갈 말로 알맞은 것은?

경주마의 경우 운동능력 향상과 발굽마멸의 방지, 그리고 발굽 질환 예방을 위하여 발굽에 편자를 달아 주는데 이 작업을 (　)라 한다.

① 이 각　② 제 각
③ 장 제　④ 털갈이

해설
말의 발굽은 사람의 손톱과 같이 한 달에 9mm 정도 자라기 때문에 한 달에 한 번 정도 굽을 깎고 새 편자로 갈아 주어야 한다.

19 반려동물의 의미로 가장 올바른 것은?

① 돈을 벌기위한 수단으로 이용되는 동물
② 식량부족을 해결하기 위하여 기르는 동물
③ 사람들의 만족감을 얻기 위하여 기르는 동물
④ 실생활에 필요한 재료를 얻기 위하여 이용되는 동물

해설
오랜 기간에 걸쳐서 인간에 동화되어 단순히 기르는 즐거움과 보람 등의 애완 목적을 뛰어 넘어 서로를 위하며, 인생을 영위해 가는 동물을 반려동물이라 한다.

20 애완조류 관리로 알맞지 않은 것은?

① 모이 상태를 점검한다.
② 아침마다 신선한 물로 갈아준다.
③ 모이통이 비어있지 않아도 모이를 준다.
④ 새장의 청소는 매일 하는 것이 좋으나 번식기에는 자제하도록 한다.

해설
모이통이 거의 비어 있으면 채워준다.

정답 16 ④ 17 ① 18 ③ 19 ③ 20 ③

제2과목 가축번식학

21 난자의 난황막내에 다수의 정자가 침입하는 것을 무엇이라 하는가?

① 정자과잉 침입
② 다정자 침입
③ 이중 침입
④ 중복 침입

22 다음 중 소의 프리마틴에 대하여 맞는 설명은 어느 것인가?

① 일란성 쌍태에서는 주로 발생한다.
② 이란성 쌍태에서 100% 발생한다.
③ 수정 상태 여부와는 관계없다.
④ 이란성 쌍태의 성이 다를 때 발생한다.

23 다음 난소의 이상 중에서 사모광의 원인은 어느 것인가?

① 난포낭종 ② 황체낭종
③ 영구황체 ④ 둔성발정

24 소의 자궁내막에 분포되어 있는 궁부의 수는 얼마나 되는가?

① 20~30개 ② 40~50개
③ 70~120개 ④ 150~200개

25 다음 사항 중에서 임신진단법이 아닌 것은 어느 것인가?

① 직장 촉진법
② 초음파진단법
③ 호르몬 분석법
④ 자궁경관 확장법

26 돼지의 정액채취 빈도는 며칠 간격 가장 좋은가?

① 1~2일 ② 5~6일
③ 10~14일 ④ 한 달

27 소의 정액채취 빈도는 주 몇 회가 가장 좋은가?

① 1회 ② 2회
③ 3회 ④ 4회

28 닭에서 가장 널리 사용되는 정액채취 방법은?

① 복부 마사지법
② 국부 마사지법
③ 좌골 마사지법
④ 정강이 마사지법

21 ② 22 ④ 23 ① 24 ③ 25 ④ 26 ② 27 ② 28 ① 정답

29 둔성 발정은 다음 호르몬 중에서 어느 것이 부족해서 발생하는가?

① 황체호르몬
② 발정호르몬
③ 난포자극호르몬
④ 항이뇨호르몬

30 다음 사항 중에서 습관성 유산의 원인은 어느 것인가?

① 황체호르몬의 분비 부족
② 발정호르몬의 분비 부족
③ 유산을 일으키는 세균 감염
④ 사양 환경의 급속한 변화

31 젖소의 교배적기는 언제인가?

① 발정 전 하루
② 발정 초기
③ 발정 후기부터 발정 종료 직후
④ 배란 직후

32 가축인공수정의 장점이 아닌 것은?

① 종축의 고도이용
② 열성인자의 확산
③ 수태율의 향상
④ 유전능력의 조기판정

33 소의 보편적인 정액주입 방법은?

① 질경법
② 겸자법
③ 직장법
④ 주사법

34 냉동정액용 동해보호제로 가장 널리 사용되는 것은?

① 포도당
② 글리세롤
③ 바세린
④ 황 산

35 돼지의 정액 주입(수정) 부위는?

① 질 내
② 경관 입구
③ 경관의 제2~3추벽 내
④ 자궁각 내

36 소의 수정(授精) 부위는?

① 질 심부
② 자궁 경관 심부
③ 자궁 체내
④ 자궁각 내

정답 29 ① 30 ① 31 ③ 32 ② 33 ③ 34 ② 35 ③ 36 ②

37 다음 중 소의 발정 징후가 아닌 것은?

① 소리에 민감해진다.
② 승가 현상을 나타낸다.
③ 보행수가 증가 한다.
④ 음부에 출혈이 있다.

38 M.R.T란?

① 메틸알코올 생산량
② 물질대사
③ 정액의 성상검사
④ 메틸렌블루 환원시간

39 일반적으로 우(牛) 냉동 정액 희석액 중 Egg yolk의 첨가량은 몇 %(v/v)인가?

① 4% ② 10%
③ 20% ④ 40%

40 정자의 수정(受精)에 가장 관계가 깊은 효소는?

① Phosphohkinase
② Glycosidase
③ Hyaluronidase
④ Oxydase

제3과목 가축육종학

41 세포 내에 에너지를 공급해 주며 화학반응이 일어나는 곳은?

① 소포체 ② 중심체
③ 동원체 ④ 미토콘드리아

해설
- 중심체 : 세포분열 시 염색체 이동에 도움을 준다.
- 동원체 : 운동기관(근육세포에서 수축에 관한 역할)

42 성 염색체에 관한 내용 중 틀린 것은?

① 포유동물의 성 염색체는 XX, XY이다.
② Y염색체는 X염색체보다 크다.
③ 조류의 성 염색체는 ZW, ZZ이다.
④ 성 염색체 이외의 모든 염색체를 상염색체라고 한다.

해설
X염색체는 Y염색체보다 크다.

43 양친의 대립형질(Allelomorph)이 F_1에서 우성형질만 나타나고 열성형질은 잠복되어 나타나는 현상은?

① 독립의 법칙
② 우열의 법칙
③ 분리의 법칙
④ 연 관

37 ④ 38 ④ 39 ③ 40 ③ 41 ④ 42 ② 43 ② 정답

44 대립형질에서 제1대 잡종에 나타나지 않는 것을 무엇이라고 하는가?

① 우성(Dominant)
② 열성(Recessive)
③ 유전자형(Genotype)
④ 표현형(Phenotype)

해설

대립형질에서 F_1에 나타나는 것을 우성이라 하며, 나타나지 않는 것을 열성이라 한다.

45 닭에 있어서 완두볏인 브라마와 장미볏인 와이안닷트를 교배시켰을 때 잡종 제1대에서 나타나는 볏의 상태는?

① 장미볏　② 삼매볏
③ 완두볏　④ 호도볏

해설

닭에 있어서 완두볏인 브라마에서 장미볏인 와이안닷트를 교배시켰을 때, 잡종 1대에서는 아주 새로운 형태인 호도볏이 된다. 이는 유전자 P와 R의 상호 작용에 기인하기 때문이다.

46 육종가란 무엇을 말하는가?

① 집단을 이루는 각 개체 간의 차이를 말한다.
② 개체에 대한 형질을 측정하여 얻은 값이다.
③ 개체가 지니고 있는 유전자들에 대한 평균효과의 총화를 말한다.
④ 개체의 표현형가의 차이에 의한 분산을 말한다.

해설

① 변 이
② 표현형가
③ 전체분산

47 유전력이 취할 수 있는 값의 범위는?

① −1~0　② 0~1
③ −1~+1　④ 1.0~2.0

해설

유전력$(h^2) = \frac{\sigma H^2}{\sigma P^2} = \frac{\sigma H^2}{\sigma H^2 + \sigma E^2}$

E는 0~1.0(0~100%)의 범위를 갖는다.

48 다음에서 중도 유전력으로 맞는 것은?

① 20%　② 20~40%
③ 40~50%　④ 50~70%

해설

① 저도의 유전력
② 중도의 유전력
③ 고도의 유전력

49 유전력을 높게 하는 방법이 아닌 내용은?

① 후대검정을 실시한다.
② 환경적 변이를 작게 한다.
③ 통계적 보정을 실시, 환경 분산을 작게 한다.
④ 다른 계통의 개체와 교배시킨다.

해설

유전력이 낮은 형질의 개량에는 가계선발이나 후대검정 등이 좋다.

정답 44 ② 45 ④ 46 ③ 47 ② 48 ② 49 ④

50 **근친교배를 유익하게 이용한 것은?**

① 축군의 능력을 향상시키려 할 때
② 불량한 재래종을 개량하고자 할 때
③ 어떠한 자손의 능력을 결합하고자 할 때
④ 어떠한 유전자를 고정하려고 할 때

해설
근친교배는 불량한 열성 유전자를 제거하거나 특정의 유전자를 고정할 때 등에 이용된다.

51 **잡종강세현상이 잘 나타난 노새를 만드는 교배법은?**

① 수나귀(♂) × 암말(♀)
② 수말(♂) × 암나귀(♀)
③ 수소(♂) × 암나귀(♀)
④ 수나귀(♂) × 암소(♀)

해설
노새는 수나귀(♂) × 암말(♀)인 정역교배의 후손이다.

52 **전형매 사이의 혈연계수는 얼마인가?**

① 0.125 ② 0.25
③ 0.50 ④ 0.75

53 **초년도 산란수를 지배하는 요소가 아닌 것은?**

① 조숙성 ② 산란강도
③ 동기휴산성 ④ 사료이용성

해설
초년도 산란수를 지배하는 5요소는 조숙성, 산란강도, 취소성, 동기휴산성, 산란지속성이다.

54 **한우의 증체율 개량에 유의하여 개량해야 할 점은 무엇인가?**

① 조숙성 ② 만숙성
③ 사료 효율 ④ 사료 이용성

해설
한우는 만숙성이므로 조숙성인 개체로 개량하여야 한다.

55 **잡종강세를 가장 잘 이용한 것은?**

① 말 ② 돼 지
③ 옥수수 ④ 콩

해설
옥수수는 잡종강세를 이용하여 산업적으로 큰 성공을 거두었다.

56 **송아지의 능력검정은 생후 몇 개월째부터 실시되는가?**

① 2개월 ② 4개월
③ 6개월 ④ 8개월

57 **한우(성우) 암소체중의 개량목표는?**

① 200~250kg ② 260~340kg
③ 350~400kg ④ 500~600kg

해설
한우(성우) 암소체중의 개량목표는 350~400kg이다. 수소는 500~550kg이다.

50 ④ 51 ① 52 ③ 53 ④ 54 ② 55 ③ 56 ③ 57 ③ 정답

58 한우 도육률의 개량목표는?

① 40~50%

② 51~55%

③ 58~63%

④ 65~70%

해설

한우 도육률의 개량목표는 58~63%이다.

59 젖소의 가장 이상적인 체형은?

① 삼각형 ② 쐐기형

③ 장방형 ④ 사각형

해설

젖소의 체형은 쐐기형(Wedge Type)이 이상적이며 비유능력과의 상관관계는 낮다.

60 PSS돈(스트레스 감수성)의 증상이 아닌 것은?

① 절룩거리며, 체온이 상승한다.

② 근육경련이 일어난다.

③ 호흡이 빨라지고, 입을 벌린다.

④ 구토 증세를 나타낸다.

해설

PSS 증상으로는 절룩거림, 근육경련, 체온 상승, 호흡이 빨라지고 입을 벌린다.

제4과목 축산법

61 축산발전심의위원회의 구성원이 아닌 것은?

① 생산자단체의 대표

② 학계 및 축산 관련 업계의 전문가

③ 관계 공무원

④ 지역시민

해설

축산발전심의위원회(축산법 제4조제2항)

위원회는 다음 각 호의 자로 구성한다.

1. 관계 공무원
2. 생산자·생산자단체의 대표
3. 학계 및 축산 관련 업계의 전문가 등

62 대통령령으로 정하는 가축은?

① 소 ② 말

③ 면 양 ④ 토 끼

해설

가축의 종류(축산법 시행령 제2조)

「축산법」(이하 "법"이라 한다) 제2조제1호에서 "그 밖에 대통령령으로 정하는 동물(動物) 등"이란 다음 각 호의 동물을 말한다.

1. 기러기
2. 노새·당나귀·토끼 및 개
3. 꿀 벌
4. 그 밖에 사육이 가능하며 농가의 소득증대에 기여할 수 있는 동물로서 농림축산식품부장관이 정하여 고시하는 동물

정답 58 ③ 59 ② 60 ④ 61 ④ 62 ④

63 인공수정소 휴업·폐업영업의 재개를 신고는 사유발생 며칠 이내에 하여야하는가?

① 10일　② 20일
③ 30일　④ 40일

해설

가축인공수정소의 개설신고(축산법 시행규칙 제22조제4항)

수정소의 개설신고를 한 자(이하 "수정소개설자"라 한다)가 법 제17조제4항에 따라 영업의 휴업·폐업·휴업한 영업의 재개를 신고하려는 때에는 그 사유가 발생한 날부터 30일 이내에 별지 제9호서식에 따른 가축인공수정소 휴업·폐업·영업재개신고서에 가축인공수정소 신고확인증(휴업·폐업신고의 경우로 한정한다)을 첨부하여 시장·군수 또는 구청장에게 제출해야 한다. 다만, 영업의 폐업을 신고하려는 수정소개설자가 가축인공수정소 신고확인증을 분실한 때에는 신고서에 분실사유를 기재하면 가축인공수정소 신고확인증을 첨부하지 않을 수 있다.

64 닭 도체의 등급판정에서 도체의 품질등급은 몇 개로 판정하는가?

① 2개　② 3개
③ 4개　④ 5개

해설

등급판정의 방법·기준 및 적용조건 – 닭·오리 도체(축산법 시행규칙 [별표 4])

도축한 후 도체의 내부온도가 10℃ 이하가 된 이후에 중량규격별로 선별하여 다음의 방법에 따라 판정한다.

가. 품질등급 : 도체의 비육상태 및 지방의 부착상태 등을 종합적으로 고려하여 1^{+}, 1, 2등급으로 판정한다(3가지).

나. 중량규격 : 도체의 중량에 따라 5호부터 30호까지 100g 단위로 구분한다.

65 농림축산식품부장관의 허가사항과 거리가 먼 것은?

① 인공수정소 개설
② 가축의 개량
③ 가축의 검정
④ 수출입 신고대상의 능력, 규격 고시

해설

가축인공수정소의 개설신고(축산법 시행규칙 제22조제2항)

제1항에 따른 수정소의 개설신고를 하려는 자는 별지 제9호서식에 따른 가축인공수정소 개설신고서에 다음 각 호의 서류를 첨부하여 특별자치시장, 특별자치도지사, 시장, 군수 또는 자치구의 구청장(이하 "시장·군수 또는 구청장"이라 한다)에게 제출하여야 한다.

1. 수정사 또는 수의사의 면허증 사본(개설자가 수정사 또는 수의사가 아닌 경우에는 고용된 수정사 또는 수의사의 면허증 사본)
2. 정액·난자 또는 수정란의 검사·주입 및 보관에 필요한 기구와 설비명세서

66 품질평가의 업무로 옳지 않은 것은?

① 등급판정 관련 설비의 점검
② 축산물의 수입
③ 등급 판정 및 결과의 기록 보관
④ 축산물의 등급판정

해설

품질평가사의 업무(축산법 제38조)

1. 등급판정 및 그 결과의 기록·보관
2. 등급판정인의 사용 및 관리
3. 등급판정 관련설비의 점검·관리
4. 그 밖에 등급판정 업무의 수행에 필요한 사항

63 ③　64 ②　65 ①　66 ②　정답

67 **다음 중 축산법에서 정의하고 있는 가축에서 관상조류에 해당하지 않는 것은?**

① 십자매 ② 토종닭
③ 문 조 ④ 금화조

해설
농림축산식품부 고시 – 가축으로 정하는 기타 동물
1. 짐승(1종) : 오소리
2. 관상용 조류(15종) : 십자매, 금화조, 문조, 호금조, 금정조, 소문조, 남양청홍조, 붉은머리청홍조, 카나리아, 앵무, 비둘기, 금계, 은계, 백한, 공작
3. 곤충(14종) : 갈색거저리, 넓적사슴벌레, 누에, 늦반딧불이, 머리뿔가위벌, 방울벌레, 왕귀뚜라미, 왕지네, 여치, 애반딧불이, 장수풍뎅이, 톱사슴벌레, 호박벌, 흰점박이꽃무지
4. 기타(1종) : 지렁이

68 **농림축산식품부장관이 가축개량총괄기관을 지정할 때 지정기관에서 확보가 필요한 인력의 조건에 속하지 않는 것은?**

① 전산전문가
② 「고등교육법」 제2조에 따른 학교의 축산 관련 학과를 졸업하고 가축육종・유전 분야에서 3년 이상 종사한 경력이 있는 자
③ 「국가기술자격법」에 따른 축산기사 이상의 자격을 취득한 자
④ 가축육종・유전 분야의 석사학위 이상의 학력이 있는 자

해설
가축개량총괄기관의 지정 등(축산법 시행령 제11조제2항)
농림축산식품부장관은 법 제5조제3항에 따라 가축개량기관을 지정하려는 경우에는 다음 각 호의 어느 하나에 해당하는 인력 1명 이상과 개량업무 처리를 위한 시설・장비를 갖추고 가축개량에 관한 업무를 담당하고 있는 축산 관련 기관 및 단체 중에서 가축종류를 정하여 지정하여야 한다.
1. 가축육종・유전 분야의 석사학위 이상의 학력이 있는 사람
2. 「고등교육법」 제2조 각 호에 따른 학교의 축산 관련 학과를 졸업한 후 가축육종・유전 분야에서 3년 이상 종사한 경력이 있는 사람
3. 「국가기술자격법」에 따른 축산기사 이상의 자격을 취득한 사람

69 **송아지생산안정사업 내용으로 옳지 않는 것은?**

① 기준가격 미만으로 하락할 경우 생산농가에게 안정자금을 지급한다.
② 송아지생산안정자금 받으려면 송아지생산안정사업에 참여하여야 한다.
③ 송아지생산안정자금 지급한도액의 100분의 20 범위 안에서 농림축산식품부장관이 정하는 금액을 부담하게 할 수 있다.
④ 국가 또는 지방자치단체는 송아지생산안정사업의 원활한 추진을 위하여 당해 사업운영에 소요되는 자금의 전부 또는 일부를 지원할 수 있다.

해설
송아지생산안정사업(축산법 제32조제4항)
농림축산식품부장관은 제3항제4호에 따른 송아지생산안정사업 자금을 조성하기 위하여 송아지생산안정사업에 참여하는 송아지 생산 농가에게 송아지생산안정자금 지급한도액의 100분의 5 범위에서 농림축산식품부장관이 정하는 금액을 부담하게 할 수 있다.

정답 67 ② 68 ① 69 ③

70 축산법 제19조(정액 등의 사용제한)를 위반하여 정액, 난자 또는 수정란을 가축인공수정용으로 공급, 주입하거나 이를 암가축에게 이식한 자의 벌칙은?

① 1년 이하의 징역 또는 1천만원 이하의 벌금
② 1년 이상의 징역 또는 1천만원 이상의 벌금
③ 3년 이하의 징역 또는 3천만원 이하의 벌금
④ 3년 이상의 징역 또는 3천만원 이상의 벌금

해설

벌칙(축산법 제54조)
다음 각 호의 어느 하나에 해당하는 자는 1년 이하의 징역 또는 1천만원 이하의 벌금에 처한다.
2. 제19조를 위반하여 정액·난자 또는 수정란을 가축 인공수정용으로 공급·주입하거나 이를 암가축에 이식한 자

71 "법인의 대표자나 법인 또는 개인의 대리인, 사용인, 그 밖의 종업원이 그 법인 또는 개인의 업무에 관하여 축산법 제53조 또는 제54조의 위반행위를 하면 그 행위자를 벌하는 외에 그 법인 또는 개인에게도 해당 조문의 벌금형을 과(課)한다."는 것은 어떤 규정을 말하는가?

① 동시규정 ② 양벌규정
③ 과태료부과 ④ 벌칙부과

해설

양벌규정(축산법 제55조)
법인의 대표자나 법인 또는 개인의 대리인, 사용인, 그 밖의 종업원이 그 법인 또는 개인의 업무에 관하여 제53조 또는 제54조의 위반행위를 하면 그 행위자를 벌하는 외에 그 법인 또는 개인에게도 해당 조문의 벌금형을 과(科)한다. 다만, 법인 또는 개인이 그 위반행위를 방지하기 위하여 해당 업무에 관하여 상당한 주의와 감독을 게을리하지 아니한 경우에는 그러하지 아니하다.

72 다음 중 축산발전기금의 재원이 될 수 없는 것은?

① 정부의 보조금 또는 출연금
② 한국마사회의 납입금
③ 축산물의 수출이익금
④ 기금 운용 수익금

해설

기금의 재원(축산법 제44조)
기금은 다음 각 호의 재원으로 조성한다.
1. 제43조제2항에 따른 정부의 보조금 또는 출연금
2. 제2항에 따른 한국마사회의 납입금
3. 제45조에 따른 축산물의 수입이익금
4. 제46조에 따른 차입금
5. 「초지법」 제23조제6항에 따른 대체초지조성비
6. 기금운용 수익금
7. 「전통소싸움경기에 관한 법률」 제15조제1항제1호에 따른 결산상 이익금

73 정액등처리업자가 농림축산식품부령으로 정하는 등록기관의 확인을 받아 발급할 수 있는 것이 아닌 것은?

① 혈통등록증명서 ② 난자증명서
③ 수정란증명서 ④ 정액증명서

해설

정액증명서 등(축산법 제18조)
① 정액등처리업을 경영하는 자는 그가 처리한 정자·난자 또는 수정란에 대하여 농림축산식품부령으로 정하는 바에 따라 제6조에 따른 등록기관의 확인을 받아 정액증명서·난자증명서 또는 수정란증명서를 발급하여야 한다.
② 수정사 또는 수의사가 가축인공수정을 하거나 수정란을 이식하면 농림축산식품부령으로 정하는 바에 따라 가축인공수정 증명서 또는 수정란이식 증명서를 발급하여야 한다.

70 ① 71 ② 72 ③ 73 ① 정답

74 **2016년 2월 23일 이후, 허가를 받아야 하는 가축사육업(가축의 종류와 사육시설)에 해당하지 않는 것?**

① $50m^2$를 초과하는 염소사육업
② $50m^2$를 초과하는 돼지사육업
③ $50m^2$를 초과하는 소사육업
④ $50m^2$를 초과하는 닭사육업

해설
허가를 받아야 하는 가축사육업(축산법 시행령 제13조제3호)
축산법 제22조제1항제4호에서 "가축 종류 및 사육시설 면적이 대통령령으로 정하는 기준에 해당하는 가축사육업"이란 $50m^2$를 초과하는 소 · 돼지 · 닭 또는 오리 사육업을 말한다.

75 **다음 중 종축업에 해당되지 않은 것은?**

① 종토업 ② 종계업
③ 종돈업 ④ 종오리업

해설
종축업의 대상(축산법 시행규칙 제5조)
축산법 제2조제5호에서 "농림축산식품부령으로 정하는 번식용 가축 또는 씨알"이란 다음 각 호의 것을 말한다.
1. 돼지 · 닭 · 오리
2. 법 제7조에 따른 검정 결과 종계 · 종오리로 확인된 닭 · 오리에서 생산된 알로서 그 종계 · 종오리 고유의 특징을 가지고 있는 알
3. 「가축전염병예방법」 제2조제2호에 따른 가축전염병에 대한 검진 결과가 음성인 닭 · 오리에서 생산된 알

76 **다음 중 국가축산클러스터지원센터에서 수행하는 사업이 아닌 것은?**

① 농림축산식품부장관은 지원센터의 사업에 관해서는 지시 또는 명령하여 관여할 수 없다.
② 국가축산클러스터와 축산업집적에 관한 정책개발 및 연구
③ 축산단지의 조성 및 관리에 관한 사업
④ 국가축산클러스터 활성화를 위한 연구, 대외협력, 홍보 사업

해설
국가축산클러스터지원센터의 설립 등(축산법 제32조의3 제3항)
지원센터는 다음 각 호의 사업을 수행한다.
1. 국가축산클러스터와 축산업집적에 관한 정책개발 및 연구
2. 축산단지의 조성 및 관리에 관한 사업
3. 국가축산클러스터 참여 업체 및 기관들에 대한 지원 사업
4. 국가축산클러스터 참여 업체 및 기관들 간의 상호연계 활동 촉진 사업
5. 국가축산클러스터 활성화를 위한 연구, 대외협력, 홍보 사업
6. 그 밖에 농림축산식품부장관이 위탁하는 사업

77 **축산법의 목적이 아닌 것은?**

① 가축의 개량증식
② 축산업의 구조개선
③ 축산인의 단체조직과 친목도모
④ 가축과 축산물의 수급조절

정답 74 ① 75 ① 76 ① 77 ③

78 가축(소) 인공수정으로 사용할 수 있는 정액은?

① 혈, 뇨 이물질이 섞인 것
② 생존율 60% 이상이 된 정액
③ 기형률 15% 이상인 정액
④ 전염병에 걸린 종모우의 정액

79 축산법의 기준으로 소 정자의 기형률이 몇 % 이상이면 인공수정에 사용하지 못하도록 되어 있는가?

① 5% ② 10%
③ 15% ④ 20%

해설

정액 등의 사용제한(축산법 시행규칙 제24조)
법 제19조제2호에 따라 가축인공수정용으로 공급·주입·이식할 수 없는 정액 등은 다음 각 호와 같다.
1. 혈액·뇨 등 이물질이 섞여 있는 정액
2. 정자의 생존율이 100분의 60이하거나 기형률이 100분의 15이상인 정액. 다만, 돼지 동결 정액의 경우에는 정자의 생존율이 100분의 50 이하이거나 기형률이 100분의 30 이상인 정액
3. 정액·난자 또는 수정란을 제공하는 종축이 다음 각 목의 어느 하나에 해당하는 질환의 원인미생물로 오염되었거나 오염되었다고 추정되는 정액·난자 또는 수정란
   가. 전염성질환과 의사증(전염성 질환으로 의심되는 병)
   나. 유전성질환
   다. 번식기능에 장애를 주는 질환
4. 수소이온농도가 현저한 산성 또는 알카리성으로 수태에 지장이 있다고 인정되는 정액·난자 또는 수정란

80 다음 중 등록대상에서 제외되는 가축사육업은?

① 가축사육시설의 면적이 10m^2 미만인 양잠업
② 가축사육시설의 면적이 10m^2 미만인 거위, 칠면조사육업
③ 가축사육시설의 면적이 10m^2 미만인 닭, 오리사육업
④ 말 등 가축사육시설의 면적이 10m^2 미만인 당나귀사육업

제5과목 가축전염병예방법

81 살처분한 가축의 사체재활용이 가능한 질병은?

① 브루셀라 ② 구제역
③ 탄 저 ④ 기종저

82 제1종 가축전염병이 아닌 것은?

① 브루셀라
② 구제역
③ 돼지열병
④ 고병원성 조류인플루엔자

해설

정의(가축전염병예방법 제2조제2호가목)
제1종 가축전염병 : 우역(牛疫), 우폐역(牛肺疫), 구제역(口蹄疫), 가성우역(假性牛疫), 블루텅병, 리프트계곡열, 럼피스킨병, 양두(羊痘), 수포성구내염(水疱性口內炎), 아프리카마역(馬疫), 아프리카돼지열병, 돼지열병, 돼지수포병(水疱病), 뉴캐슬병, 고병원성 조류(鳥類)인플루엔자 및 그 밖에 이에 준하는 질병으로서 농림축산식품부령으로 정하는 가축의 전염성 질병

78 ② 79 ③ 80 ① 81 ① 82 ① 정답

83 가축인공수정사가 차량등록하고 받는 교육 시간은?

① 3시간 ② 6시간
③ 10시간 ④ 12시간

84 기종저에 잘 감염되는 가축은?

① 말 ② 소
③ 돼 지 ④ 닭

85 축사에서 근무하는 외국인 근로자에 대한 고용신고는 누구에게 해야 하는가?

① 농림축산식품부장관
② 시도지사
③ 시장, 군수, 구청장
④ 읍면장

해설

가축의 소유자 등의 방역 및 검역 의무(가축전염병예방법 제5조제3항)
가축의 소유자 등은 외국인 근로자를 고용한 경우 시장·군수·구청장에게 외국인 근로자 고용신고를 하여야 하며, 외국인 근로자에 대한 가축전염병 예방교육 및 소독 등 가축전염병의 발생을 예방하기 위하여 필요한 조치를 하여야 한다.

86 유산이 되며 인수공통전염병으로 자궁에 문제가 될 수 있고 수정사가 감염될 수 있는 질병은?

① 브루셀라 ② 구제역
③ 광견병 ④ 광우병

87 구제역 발생 시 이동중지 명령의 대상에 해당하지 않는 것은?

① 수의사 ② 인공수정사
③ 사료배달차량 ④ 가축방역사

88 다음 중 3종 전염병인 것은?

① 소유행열 ② 고병원성 AI
③ 구제역 ④ 우 역

해설

정의(가축전염병예방법 제2조제2호다목)
제3종 가축전염병 : 소유행열, 소아카바네병, 닭마이코플라스마병, 저병원성 조류인플루엔자, 부저병(腐疽病) 및 그 밖에 이에 준하는 질병으로서 농림축산식품부령으로 정하는 가축의 전염성 질병

89 다음 항목 중 보상대상이 아닌 것은?

① 난산 중 사망
② 검사, 주사, 면역표시, 약물목욕, 면역요법, 투약으로 인하여 죽거나 부상당한 가축
③ 살처분한 가축의 소유자
④ 소각하거나 매몰 또는 화학적 처리를 한 물건의 소유자

정답 83 ② 84 ② 85 ③ 86 ① 87 ④ 88 ① 89 ①

90 **시장·군수·구청장은 가축 또는 오염우려 물품의 격리·억류·이동제한 명령을 위반한 자에게 어떤 조치를 명할 수 있는가?**

① 폐쇄 또는 18개월 이내의 가축사육 제한
② 폐쇄 또는 12개월 이내의 가축사육 제한
③ 폐쇄 또는 9개월 이내의 가축사육 제한
④ 폐쇄 또는 6개월 이내의 가축사육 제한

해설
격리와 가축사육시설의 폐쇄명령 등(가축전염병예방법 제19조제4항)
시장·군수·구청장은 다음 각 호의 어느 하나에 해당하는 가축의 소유자 등에 대하여 해당 가축사육시설의 폐쇄를 명하거나 6개월 이내의 기간을 정하여 가축사육의 제한을 명할 수 있다.

91 **전염병에 감염된 병원체의 병성감정 기관은?**

① 국립가축방역기관장
② 농림축산식품부
③ 수의사회
④ 축산발전심의회

92 **가축전염병발생 현황에 대한 정보공개 대상이 아닌 것은?**

① 가축전염병명
② 발생농장명
③ 농장주이름
④ 발생일시

93 **사체의 재활용 처리 중 올바른 것은?**

① 열처리, 발효처리
② 발골처리
③ 도축처리
④ 분쇄처리

94 **가축매몰 시 20년간 매몰한 토지의 발굴을 금지하는 전염병은?**

① 탄저병
② 브루셀라
③ 아프리카 돼지열병
④ 결 핵

95 **가축 매몰 시 표기해야 하는 내용이 아닌 것은?**

① 매몰된 사체 또는 오염물건과 관련된 가축전염병
② 매몰된 가축 또는 물건의 종류 및 마릿수 또는 개수
③ 매몰연월일 및 발굴금지기간
④ 매몰된 사체의 무게

해설
매몰지의 표지 등(가축전염병예방법 시행규칙 제27조제3항)
법 제24조제3항에서 "농림축산식품부령으로 정하는 표지판"이란 다음 각 호의 사항을 적어 놓은 표지판을 말한다.
1. 매몰된 사체 또는 오염물건과 관련된 가축전염병
2. 매몰된 가축 또는 물건의 종류 및 마릿수 또는 개수
3. 매몰연월일 및 발굴금지기간
4. 책임관리자
5. 그 밖에 매몰과 관련된 사항

90 ④ 91 ① 92 ③ 93 ① 94 ① 95 ④ 정답

96 가축인공수정사 차량에 부착해야 하는 것은?

① 노트북
② 스마트폰
③ 무선인식장치
④ 내비게이션

해설

차량의 등록 및 출입정보 관리 등(가축전염병예방법 제17조의3제2항)
제1항에 따라 등록된 차량의 소유자는 농림축산식품부령으로 정하는 바에 따라 해당 차량의 축산관계시설에 대한 출입정보를 무선으로 인식하는 장치(이하 "차량무선인식장치"라 한다)를 장착하여야 하며, 운전자는 운행을 하거나 축산관계시설, 제19조제1항제1호에 따른 조치 대상 지역 또는 농림축산식품부장관이 환경부장관과 협의한 후 정하여 고시하는 철새 군집지역을 출입하는 경우 차량무선인식장치의 전원을 끄거나 훼손·제거하여서는 아니 된다.

97 인공수정을 제한하는 종축의 질환이 아닌 것은?

① 번식장애질환
② 유전적 질환
③ 영양결핍
④ 전염성질환과 그 의사증

98 다음의 질병 중 가축사육시설의 폐쇄 명령을 내릴 수 있는 질병이 아닌 것은?

① 우 역
② 우폐역
③ 돼지 유행성 설사병
④ 돼지열병

99 가축인공수정사가 걸릴 수 있는 인수공통전염병은?

① 광우병
② 결 핵
③ 기종저
④ 우폐역

100 전염성 질병에 걸릴 우려가 있는 가축의 수출입 시 그 검역 기간은?

① 60일
② 90일
③ 100일
④ 전염병에 걸리지 않음을 확인할 때까지

정답 96 ③ 97 ③ 98 ③ 99 ② 100 ④

제 2 회 모의고사

제1과목 축산학개론

01 정자와 난자가 수정을 이루면 서로 융합의 과정을 가지게 되는데, 이때 난자 내에서는 여러 가지 변화가 있게 된다. 변화의 내용이 아닌 것은?

① 난자는 정자로부터 반수의 염색체를 받아들여 한 쌍의 염색체를 가지게 된다.
② 대부분의 포유동물들은 이때 자손의 성이 결정된다.
③ 화학 물질 분비로 정자와 난자가 만난다.
④ 난자가 비활성화되어 발생을 멈춘다.

02 덴마크가 원산지로 몸은 흰색이며, 머리가 비교적 작고, 귀가 앞으로 늘어져 있다. 또한 몸이 길고 균형이 잘 잡혀 있으며, 비유 능력이 우수한 돼지의 품종은?

① 햄프셔종
② 버크셔종
③ 두록종
④ 랜드레이스종

03 홀스타인종의 평균 임신 기간은?

① 280일 ② 290일
③ 300일 ④ 310일

04 다음 중 돼지 일본뇌염과 관련이 없는 것은?

① 세균성 감염에 의한다.
② 인수 공통 전염병이다.
③ 유산과 사산을 유발한다.
④ 바이러스를 가진 모기로 전파된다.

05 지방계 발생의 방지책으로 옳지 못한 것은?

① 산란계 기별사양을 실시한다.
② 다산계를 선택한다.
③ 녹사료를 급여한다.
④ 케이지 사양을 실시한다.

06 곡류 사료 중 타닌을 함유하고 있는 것은?

① 옥수수 ② 수 수
③ 보 리 ④ 밀

07 초유 급여의 중요성을 설명한 것 중 맞지 않는 것은?

① 초유는 24시간 동안 3회 분할 급여한다.
② 면역물질과 각종 영양소가 많이 들어 있다.
③ 비타민 A와 칼슘은 일반 우유의 9~10배 함유되어 있다.
④ 초유는 분만 후 2~3시간 후 급여해야 한다.

1 ④ 2 ④ 3 ① 4 ① 5 ④ 6 ② 7 ④ 정답

08 한우의 비육에서 육성 비육의 장점이 아닌 것은?

① 사료의 이용 효율이 높다.
② 질이 좋은 고기를 생산한다.
③ 소값 변동에 따른 출하시기 조절 가능
④ 자금 회전이 빠르다.

09 인공수정을 실시 할 때 냉동정액 보관고에서 정액이 담긴 스트로를 융해하는 물의 온도는?

① 20~25℃　② 26~30℃
③ 30~35℃　④ 35~38℃

10 다음 ( )에 들어갈 가장 적합한 호르몬을 순서대로 나열한 것은?

> 난자를 생산하는 외분비기능과 호르몬을 생산하는 내분비기능을 수행한다. 난소의 모양은 편도(編桃, almond)이며, 무게는 10~20 g 정도이다. 난소는 피질(皮質)과 수질(髓質)로 구성되어 있으며 난소의 바깥쪽을 구성하는 피질은 각종 발육 단계에 있는 난포(卵胞)와 황체(黃體) 등이 매몰되어 있다. 난포 중 배란에 임박한 가장 큰 난포를 그라프난포 난포라 한다. 소에서는 한 발정기에 한 개의 난자가 배란된다. 성숙한 난포에서는 (가)이 분비되며, 파열된 난포의 자리에 형성된 황체에서는 (나)이 분비된다.

	(가)	(나)
①	Estrogen	Progesterone
②	Progesterone	Estrogen
③	FHS	PMSG
④	PMSG	FHS

11 우수한 수컷을 활용하여 인위적으로 가축을 빠르게 개량할 수 있는 방법?

① 수정란이식
② 인공수정
③ 형질전환
④ 자연 교배

12 인간의 장기 이식을 위한 형질전환 동물로 많이 쓰이는 가축은?

① 닭　② 소
③ 말　④ 돼 지

13 닭의 염색체 수는 몇 개인가?

① 60　② 64
③ 78　④ 80

정답 8 ④ 9 ④ 10 ① 11 ② 12 ④ 13 ③

14 다음 중 필수아미노산이 아닌 것은?

① 리 신　　② 류 신
③ 세 린　　④ 트립토판

15 비단백태질소 화합물이 아닌 것은?

① 석 회　　② 뷰 렛
③ 암모늄염　　④ 요 소

16 도축된 소의 대분할 명칭이 아닌 것은?

① 안 심　　② 양 지
③ 뒷다리　　④ 사 태

17 청예 호밀의 조단백질이 가장 높은 시기는?

① 출수기　　② 수잉기
③ 개화기　　④ 개화 후

18 혼파작물을 선정할 때 유의할 사항이 아닌 것은?

① 경영목적에 알맞은 작물이여야 한다.
② 혼파작물은 파종시기가 대체로 같은 것이어야 한다.
③ 혼파작물의 수는 너무 많이 선택하지 않는 것이 좋다.
④ 재배하는 지방의 표토에 알맞은 것이어야 한다.

19 윤작의 장점이 아닌 것은?

① 지력 유지를 증진시킨다.
② 토지의 이용도를 높인다.
③ 작물의 수량을 높인다.
④ 작물을 자유롭게 경작할 수 있다.

20 체중이 500kg인 유우 1두당 필요한 일일 생초 급여량은?

① 10~15kg　　② 40~50kg
③ 50~75kg　　④ 80~100kg

14 ③ 15 ① 16 ③ 17 ② 18 ② 19 ④ 20 ③ 정답

제2과목 가축번식학

21 호르몬(Hormone)의 작용상 특징이 아닌 것은?

① 생체 내의 어떠한 반응에 대해서도 결코 에너지를 공급하지 않는다.
② 생체 내에 이미 존재하는 어떤 반응의 속도를 조절하며 새로운 반응을 유기한다.
③ 극히 미량으로 그 기능을 발휘한다.
④ 혈류로부터 신속하게 소실된다.

22 정소상체의 기능이 아닌 것은?

① 정자의 저장
② 정자의 농축
③ 정자의 운반
④ 정자의 생산

23 감수분열을 바르게 설명한 것은?

① 제1차 정모세포가 성장하면서 성숙분열하는 것
② 1개의 세포가 2회의 분열을 거쳐 염색체 수가 반감되어 성세포를 만드는 것
③ 정원세포가 유사분열을 거듭하는 것
④ 난자만 형성하는 분열

24 수컷에 있어서 성 성숙(Sexual Maturity)이란 무엇을 말하는가?

① 춘기 발동기
② 춘기 발동기의 완료
③ 성선의 발육 개시기
④ 번식 능력의 일부가 명확하게 안정되는 상태

25 다음 중 단발정 동물이 아닌 것은?

① 말　② 곰
③ 여 우　④ 이 리

26 인공수정의 단점에 해당하는 것은?

① 우수한 종모축의 고도 이용이 가능하다.
② 자연교미에 비하여 많은 비용과 시간이 걸린다.
③ 수태율을 향상시킬 수 있다.
④ 수컷의 유전형질을 조기에 판정할 수 있다.

27 소의 수정란 이식에 있어서 자궁에 이식되는 수정란은 어느 단계가 이상적인가?

① 16세포기　② 32세포기
③ 상실배기　④ 포배기

정답 21 ② 22 ④ 23 ② 24 ② 25 ① 26 ② 27 ④

28 태반의 크기가 최대로 커지는 시기는?

① 임신 초기 ② 임신 중기
③ 임신 말기 ④ 분만 시

29 임신기의 유선 발육은?

① 유선이 최대로 발달하는 시기이며 유선관의 신장기, 유선포의 증식기, 성숙 비대기를 거친다.
② 유방의 발달이 지지 부진하다.
③ 유선포가 형성된다.
④ 유두관이 발달한다.

30 가축에 있어서 무발정을 일으키는 자궁 내의 요인이 아닌 것은?

① 위임신 ② 임 신
③ 미이라화 ④ 난포낭종

31 성호르몬에 해당하는 것은?

① 생식선자극 호르몬
② 단백질계 호르몬
③ 생식선
④ 소 장

32 정자에 영양을 공급하고, 대사산물 제거에 관여하는 것은?

① Germ Cell
② Sertoli Cell
③ Leydig Cell
④ Vascular System

33 난포가 그라피안 난포까지 가서 파열되지 않고 도중에서 퇴행하는 것을 무엇이라고 하는가?

① 파열(Rupture) ② 폐쇄(Atresia)
③ 가성황체 ④ 진성황체

34 다음 가축의 춘기 발동기의 월령 중 틀린 것은?

① 소 : 11개월 ② 돼지 : 12개월
③ 면양 : 7개월 ④ 말 : 14개월

35 황체(Corpus Luteum)로부터 분비되는 Progesterone의 영향을 받는 시기로 자궁내막의 자궁선이 급격히 발달하는 시기는?

① 발정전기 ② 발정기
③ 발정후기 ④ 발정휴지기

36 정액의 검사항목이 아닌 것은?

① 외관과 정액량
② 운동성
③ 정자 농도
④ 비 중

28 ② 29 ① 30 ④ 31 ① 32 ② 33 ② 34 ② 35 ③ 36 ④ 정답

37 수정란 이식 기술의 산업적 이용성에 합당하지 않는 것은?

① 가축개량
② 특수 품종의 증식
③ 인위적인 단태 유기
④ 가축 도입

38 상피 융모성 태반에 대한 설명 중 맞는 것은?

① 자궁 내 자궁소구가 없고, 융모막의 융모가 태반의 표면 전체에 산재한다.
② 궁부성 태반이라고도 한다.
③ 자궁소구를 덮는 자궁상피가 없다.
④ 소의 경우, 이 태반에 속한다.

39 유선에 대한 설명으로 틀린 것은?

① 유선은 내배엽 세포에서 유래한 외분비기관이다.
② 유선은 형태학상 복합 관상 포상선에 속한다.
③ 유선은 Apocrine선에 속한다.
④ 혈액으로부터 영양을 공급받아 유즙을 합성한다.

40 무발정(無發情)은 어떤 원인에 의한 번식장해인가?

① 분만의 이상
② 생식기 전염병
③ 내분비의 교란 중 난소 기능의 이상
④ 생식기의 해부학적 결함

제3과목 가축육종학

41 돼지의 요크셔종(WW)과 바크셔종(ww)을 교배하였다. 잡종 제1대(F_1)에서는 어떤 색이 나타나는가?

① 회색의 중간색이 나타난다.
② 갈색과 백색이 반반 나타난다.
③ 흑색만 나타난다.
④ 백색만 나타난다.

42 다음 중 동형집합체(Homozygote)는 어느 것인가?

① AA, Bb　② aA, bB
③ aa, bb　④ Aa, bb

43 산양의 형태 유전에서 종성 유전하는 것은?

① 뿔　② 살방울
③ 수 염　④ 귀의 길이

44 혈통선발을 바르게 설명한 것은?

① 가계 능력의 평균을 토대로 선발하는 방법
② 같은 개체에 대한 2개의 다른 기록 사이의 상관계수
③ 부모나 조부모와 같은 선조의 능력을 근거로 해서 종축의 가치를 판단하여 선발하는 방법
④ 도태를 엄격히 한 것

정답 37 ③ 38 ① 39 ① 40 ③ 41 ④ 42 ③ 43 ③ 44 ③

45 근친교배법의 이용성에 포함되지 않는 것은?

① 어떤 유전자를 고정하려고 할 때에 사용된다.
② 불량한 열성 유전자를 제거하기 위해서 사용된다.
③ 어느 축군 내에서 특별히 우수한 개체가 발견되어 이 개체와 혈연관계가 높은 자손을 생산하려고 할 때 사용된다.
④ 어느 품종 또는 계통 내 존재하지 않는 새로운 유전자를 도입하려고 할 때 사용된다.

46 송아지의 능력검정은 생후 몇 개월째부터 실시되는가?

① 2개월 ② 4개월
③ 6개월 ④ 8개월

47 젖소의 가장 이상적인 체형은?

① 삼각형 ② 쐐기형
③ 장방형 ④ 사각형

48 돼지의 사료효율의 유전력은?

① 15% ② 26%
③ 31% ④ 38%

49 초년도 산란수를 지배하는 요소가 아닌 것은?

① 조숙성
② 산란강도
③ 동기휴산성
④ 사료이용성

50 산란능력 형질로 주목되는 것은?

① 착육 육질률
② 우모 발생률
③ 주요시기 체중
④ 조숙성

51 양친의 대립형질(Allelomorph)이 F_1에서 우성형질만 나타나고 열성형질은 잠복되어 나타나는 현상은?

① 독립의 법칙
② 우열의 법칙
③ 분리의 법칙
④ 연 관

52 유전자 좌에서 다른 비대립유전자가 우성 유전자의 발현을 피복하는 유전자는 어느 것인가?

① 상위유전자
② 하위유전자
③ 중다유전자
④ 동의유전자

45 ④ 46 ③ 47 ② 48 ③ 49 ④ 50 ④ 51 ② 52 ① 정답

53 색깔이나 형태 등에 관한 변이에 속하는 것은?

① 수량적 변이 ② 방황변이
③ 질적 변이 ④ 돌연 변이

54 다음에서 중도 유전력으로 맞는 것은?

① 20% ② 20~40%
③ 40~50% ④ 50~70%

55 전형매 사이의 혈연계수는 얼마인가?

① 0.125 ② 0.25
③ 0.50 ④ 0.75

56 한우의 주요 경제형질이 아닌 것은?

① 수태율 ② 분만율
③ 도체율 ④ 자연수명

57 젖소의 있어서 근친교배를 함으로써 초래될 수 있는 증상이 아닌 것은?

① 후구마비
② 관절강직
③ 태아의 미이라 변성
④ 유 산

58 돼지의 선발에 이용되는 것은?

① 유전상관계수
② 비유능력검정
③ 비유기록의 보정
④ 한배새끼검정

59 다음 중 육용계의 선발요건인 것은?

① 동기휴산성
② 산란강도
③ 성장률, 생존율, 도체율 등
④ 산란지속성

60 한국에 있어서 산란계의 능력검정성적 중 계란 무게는?

① 51g ② 54g
③ 57g ④ 61g

정답 53 ③ 54 ② 55 ③ 56 ④ 57 ④ 58 ④ 59 ③ 60 ③

제4과목 축산법

61 축산물 및 사료의 기준가격을 고시하는 자는?

① 농림축산식품부장관
② 도지사
③ 군 수
④ 대통령

해설
축산발전시책의 강구(축산법 제3조제1항)
농림축산식품부장관은 가축의 개량·증식, 토종가축의 보존·육성, 축산환경 개선, 축산업의 구조개선, 가축과 축산물의 수급조절·가격안정·유통개선·이용촉진, 사료의 안정적 수급, 축산 분뇨의 처리 및 자원화, 가축 위생 등 축산 발전에 필요한 계획과 시책을 종합적으로 수립·시행하여야 한다.

62 인공수정사 면허증의 발급자는?

① 농림축산식품부장관
② 광역시장, 도지사
③ 군수, 시장
④ 대통령

63 농림축산식품부장관이 인정할 수 있는 토종가축의 대상이 아닌 동물은?

① 한 우
② 꿀 벌
③ 기러기
④ 돼 지

64 닭 도체의 등급판정에서 도체의 품질등급은 몇 개로 판정하는가?

① 2개 ② 3개
③ 4개 ④ 5개

해설
등급판정의 방법·기준 및 적용조건 – 닭·오리 도체(축산법 시행규칙 [별표 4])
도축한 후 도체의 내부 온도가 10℃ 이하가 된 이후에 중량 규격별로 선별하여 다음의 방법에 따라 판정한다.
가. 품질등급 : 도체의 비육 상태 및 지방의 부착 상태 등을 종합적으로 고려하여 1^+·1·2등급으로 판정한다.
나. 중량규격 : 도체의 중량에 따라 5호부터 30호까지 100g 단위로 구분한다.

65 축산발전심의위원회에 관한 설명 중 옳은 것은?

① 위원장은 당연직으로 농림축산식품부장관이 겸직한다.
② 위원은 위원장, 부위원장을 포함한 25명 이내로 한다.
③ 재적의원 1/3 이상의 요구로 위원회의 회의를 소집할 수 있다.
④ 가축의 개량목표를 설정하고 설정된 개량목표를 보완할 수 있다.

66 축산법에서 정하는 축산물이 아닌 것은?

① 고기, 젖, 알, 꿀
② 곰쓸개, 녹용
③ 뼈, 뿔, 내장
④ 로얄제리, 화분

61 ① 62 ② 63 ③ 64 ② 65 ② 66 ② 정답

67 **다음 중 종축의 대여 및 교환대상자가 아닌 것은?**

① 가축개량총괄기관
② 종축업자
③ 정액등처리업자
④ 시장, 군수가 필요하다고 인정하는 자

68 **다음 축산업의 허가를 취소하여야 하는 경우가 아닌 것은?**

① 거짓 부정한 방법으로 등록을 한 경우
② 다른 사람이 그 등록 명의를 사용하게 하는 경우
③ 대통령령이 정하는 중요한 시설 장비를 갖추지 못한 경우
④ 정당한 사유 없이 허가 받은 날부터 6개월 이내에 영업을 시작하지 아니할 경우

69 **축산업을 등록한 자가 등록된 사항 중 농림부령이 정하는 중요한 사항을 변경한 때에는 며칠 이내 시장군수에게 보고해야 하는가?**

① 사유가 발생한 날부터 7일 이내
② 사유가 발생한 날부터 15일 이내
③ 사유가 발생한 날부터 30일 이내
④ 사유가 발생한 날부터 40일 이내

해설

가축거래상인의 등록(축산법 제34조의2제2항)
가축거래상인이 다음 각 호의 어느 하나에 해당하면 그 사유가 발생한 날부터 30일 이내에 농림축산식품부령으로 정하는 바에 따라 시장·군수 또는 구청장에게 신고하여야 한다.

1. 3개월 이상 휴업한 경우
2. 폐업한 경우
3. 3개월 이상 휴업하였다가 다시 개업한 경우
4. 등록한 사항 중 농림축산식품부령으로 정하는 중요한 사항을 변경한 경우

70 **증명서가 없는 정액, 난자, 또는 수정란을 가축인공수정용으로 공급, 주입하거나 이를 암 가축에게 이식하면 어떤 처벌을 받는가?**

① 1년 이하의 징역 또는 1,000만원 이하의 벌금
② 1년 이하의 징역 또는 2,000만원 이하의 벌금
③ 2년 이하의 징역 또는 1,000만원 이하의 벌금
④ 2년 이하의 징역 또는 2,000만원 이하의 벌금

71 **축산법에서 정한 용어의 정의가 잘못된 것은?**

① 축산물은 육, 유, 란을 말한다.
② 종축업은 번식용 가축 또는 종란을 생산, 판매하는 업이다.
③ 모돈은 번식용 돼지 중 1회 이상 교미하거나 수정된 것이다.
④ 종축은 품종의 순수한 특징을 지닌 번식용 가축으로 혈통증명서가 있는 가축을 말한다.

72 **인공수정사면허의 발급 대상자가 아닌 자는?**

① 축산산업기사 취득자
② 축산기사 취득자
③ 가축인공수정사 시험 합격자
④ 축산기능사 자격 취득자

정답 67 ④ 68 ④ 69 ③ 70 ① 71 ① 72 ④

73 다음 중 대통령령에서 지정한 가축이 아닌 것은?

① 개　② 토 끼
③ 멧돼지　④ 꿀 벌

74 가축을 등록할 경우 심사대상이 아닌 것은?

① 가축의 능력　② 가축의 혈통
③ 가축의 체형　④ 가축의 연령

75 가축인공수정소의 등록 취소권자는?

① 광역시장, 도지사
② 시장, 군수, 구청장
③ 축협 중앙회장
④ 한국 종축계량 협회장

76 축산물품질평가사로 자격이 없는 자는?

① 전문대 이상의 축산학과 졸업 학력 이상
② 축산물품질평가원에서 등급판정과 관련된 업무 3년 이상 종사자
③ 축산물품질평가시험 합격하고 축산물품질평가사 양성교육을 이수자
④ 도축장 관계자

해설

축산물품질평가사(축산법 제37조제2항)

품질평가사는 다음 각 호의 어느 하나에 해당하는 자로서 품질평가원이 시행하는 품질평가사시험(이하 "품질평가사시험"이라 한다)에 합격하고 농림축산식품부령으로 정하는 품질평가사 양성교육을 이수한 자로 한다.

1. 전문대학 이상의 축산 관련 학과를 졸업하거나 이와 같은 수준의 학력이 있다고 인정된 자
2. 품질평가원에서 등급판정과 관련된 업무에 3년 이상 종사한 경험이 있는 자

77 다음 중 가축인공수정사가 될 수 없는 자는?

① 금치산자 또는 한정치산자
② 알코올중독자
③ 축산산업기사 자격증 소지자
④ 인공수정면허에 합격한자

78 등급판정 준비 사항으로 틀린 것은?

① 소 도체의 경우 2등분 도체 후 등심부위 중심온도가 5℃ 이하
② 소 도체의 경우 2등분 도체 후 제1허리뼈와 마지막 등뼈 절개
③ 돼지 도체의 경우 2등분 도체 후 삼겹 부위의 중심온도 5℃ 이하
④ 돼지 도체의 경우 2등분 도체 후 제4등뼈와 제5등뼈 사이 절개

79 축산법의 제정 목적이 아닌 것은?

① 가축의 개량과 증식
② 축산인의 권익보호
③ 축산업의 구조개선
④ 축산물 수급조절과 가격안정 및 유통개선

80 프로폴리스는 어떤 가축에서 생산된 축산물인가?

① 소　② 염소, 양
③ 돼 지　④ 벌

73 ③ 74 ④ 75 ② 76 ④ 77 ① 78 ③ 79 ② 80 ④ 정답

제5과목 가축전염병예방법

81 탄저나 기종저를 제외한 전염병으로 폐사한 가축을 매몰했을 때 발굴 금지 기간은?

① 2년 ② 3년
③ 4년 ④ 5년

82 가축위생방역 지원본부에 대한 설명이 잘못된 것은?

① 가축 위생법상 법무법인에 해당
② 예방, 소독 교육, 질병 예찰
③ 가축방역사 및 검사원의 교육 및 양성
④ 국가, 지역단체 위탁 업무 수행

83 도축장의 경영 허가권자는?

① 농림축산식품부장관
② 보건복지부장관
③ 도지사
④ 군 수

84 교통차단과 이동제한 명령자는?

① 농림축산식품부장관
② 시장, 군수, 구청장
③ 가축방역관
④ 동물검역소장, 경찰서장

85 수출입 검역을 위해 검역 신청서는 누구에게 제출해야 하는가?

① 농림축산식품부장관
② 검역본부장
③ 가축방역관
④ 수의과학연구소장

해설

검역신청과 검역기준(가축전염병예방법 시행규칙 제37조제1항)
법 제36조제1항 본문에 따라 수입검역을 받으려거나 법 제41조제1항 본문에 따라 수출검역을 받으려는 자는 별지 제14호서식 또는 별지 제15호서식의 검역신청서에 법 제34조제1항에 따른 검역증명서를 첨부하여 검역본부장에게 제출하여야 한다.

86 가축전염병예방법에서 정한 가축이 아닌 것은?

① 사슴, 토끼 ② 오리, 거위
③ 칠면조, 개 ④ 밍크, 메추리

87 지정 검역물 중 수출국의 검역 증명서를 첨부하지 않고 수입할 수 있는 것은?

① 이화학적 방법으로 가공 처리된 지정 검역물과 박제품
② 닭, 칠면조, 오리, 거위 등 가금류
③ 정액 및 수정란
④ 동물의 뼈, 가죽, 털, 내장 및 포장 용기

정답 81 ② 82 ① 83 ③ 84 ② 85 ② 86 ④ 87 ①

88 **가축전염병예방법상 의무적으로 소독을 실시해야 하는 자가 아닌 자는?**

① 축산물보관업의 영업자
② 50m^2 이상의 가축사육시설을 갖춘 소유자
③ 도축업의 영업자
④ 가축시장 운영자

해설

소독설비 · 방역시설 구비 및 소독 실시 등(가축전염병예방법 제17조제1항)
가축전염병이 발생하거나 퍼지는 것을 막기 위하여 다음 각 호의 어느 하나에 해당하는 자는 농림축산식품부령으로 정하는 바에 따라 소독설비 및 방역시설을 갖추어야 한다.

1. 가축사육시설(50m^2 이하는 제외한다)을 갖추고 있는 가축의 소유자 등
2. 「축산물 위생관리법」에 따른 도축장 및 집유장의 영업자
3. 식용란의 수집판매업자
4. 「사료관리법」에 따른 사료제조업자
5. 「축산법」에 따른 가축시장 · 가축검정기관 · 종축장 등 가축이 모이는 시설 또는 부화장의 운영자 및 정액 등 처리업자
6. 가축분뇨를 주원료로 하는 비료제조업자
7. 「가축분뇨의 관리 및 이용에 관한 법률」 제28조제1항제2호에 따른 가축분뇨처리업의 허가를 받은 자

89 **동물계류장 사용관계로 수입 전 사전에 수의과학 검역원장에게 신고할 필요가 없는 동물은?**

① 토 끼
② 꿀 벌
③ 시험용 쥐
④ 개, 고양이(5두 이상)

90 **가축방역교육을 실시하는 행정기관 및 단체가 아닌 것은?**

① 가축위생방역지원본부
② 가축방역협의회
③ 농협중앙회
④ 수의사회

해설

가축방역교육(가축전염병예방법 제6조제2항)
국가 및 지방자치단체는 필요한 경우 제1항에 따른 교육을 「농업협동조합법」에 따른 농업협동조합중앙회 등 농림축산식품부령으로 정하는 축산 관련 단체(이하 "축산관련단체"라 한다)에 위탁할 수 있다.

91 **가축전염병예방법상 사전 수입신고 대상 동물이 아닌 것은?**

① 소　② 말
③ 닭　④ 돼 지

92 **전염성 질병에 걸릴 우려가 있는 가축의 수출입 시 그 검역 기간은?**

① 60일
② 90일
③ 100일
④ 전염병에 걸리지 않음을 확인할 때까지

88 ① 89 ③ 90 ② 91 ③ 92 ④ 정답

93 **검역에 관한 사항 중 맞지 않은 것은?**

① 검역신청서는 검역본부장에게 제출한다.
② 우편에 의한 우체국의 현장 검역 시에는 신청서를 제출하지 않는다.
③ 지정검역물은 선상 또는 기상검사 후 하역해야 한다.
④ 납입된 검역 수수료는 반환할 수 없다.

94 **정부기관이 없는 국가로부터의 수입 시 검역증명서를 첨부하지 않아도 되는 경우는?**

① 농림축산식품부 장관이 정하는 경우
② 시장, 군수, 구청장이 정하는 경우
③ 도지사가 정하는 경우
④ 국립의과학원장이 정하는 경우

해설

수입을 위한 검역증명서의 첨부(가축전염병예방법 제34조제1항)

지정검역물을 수입하는 자는 다음 각 호의 구분에 따라 검역증명서를 첨부하여야 한다. 다만, 동물검역에 관한 정부기관이 없는 국가로부터의 수입 등 농림축산식품부령으로 정하는 경우와 동물검역기관의 장이 인정하는 수출국가의 정부기관으로부터 통신망을 통하여 전송된 전자문서 형태의 검역증이 동물검역기관의 주전산기에 저장된 경우에는 그러하지 아니하다.

1. 제2항에 따라 위생조건이 정해진 경우 : 수출국의 정부기관이 동물검역기관의 장과 협의한 서식에 따라 발급한 검역증명서
2. 제2항에 따라 위생조건이 정해지지 아니한 경우 : 수출국의 정부기관이 가축전염병의 병원체를 퍼뜨릴 우려가 없다고 증명한 검역증명서

95 **가축전염병예방법의 목적은?**

① 가축의 개량 및 증식
② 축산물의 수급조절
③ 가축 전염병의 발생 및 전파방지
④ 축산 진흥 기금의 조달

96 **사체의 매몰 규정이 바르지 않는 것은?**

① 사체를 구덩이에 넣었을 때 지표까지 2m 이상 되어야 한다.
② 사체 위에는 포르말린이나 승홍의 약제를 살포한다.
③ 매몰 장소는 가옥, 수원지, 하천, 도로에 인접하지 않은 장소이어야 한다.
④ 매몰 후 병명, 가축의 종류, 매몰 일자, 발굴 금지 기간을 표시한다.

97 **수입금지지역을 고시하는 자는?**

① 국립동물검역소장
② 농림축산식품부장관
③ 도지사
④ 국립수의과학연구원장

정답 93 ④ 94 ① 95 ③ 96 ② 97 ②

98 다음 질병 중 발생 시 역학조사를 하여야 하는 질병은?

① 닭 뉴캐슬병
② 광견병
③ 저병원성 조류인플루엔자
④ 돼지열병

99 가축 전염병의 예방과 전염의 방지를 위한 방역 과정 중 유산, 사산한 가축의 태아 보상금은 평가액의 얼마를 지급하는가?

① 전 액
② 20/100
③ 40/100
④ 80/100

100 병든 가축의 신고는 누구에게 하여야 하는가?

① 이장, 반장
② 시장, 군수, 구청장
③ 도지사, 장관
④ 동물 검역소장

98 ④ 99 ④ 100 ② 정답

제 3 회 모의고사

제1과목 축산학개론

01 가축 사육을 위한 자연 환경에 대한 설명으로 알맞은 것은?

① 태양빛은 동물의 건강 유지에 꼭 필요한 요소이다.
② 돼지는 땀샘이 있어 땀을 흘려 체온을 조절할 수 있다.
③ 고해발에서는 고도가 100m 높아짐에 따라 기온은 0.8℃씩 낮아진다.
④ 생활 적온이 산란계는 15~45℃, 젖소는 21~30℃이다.

02 다음 중 장일성 동물로만 묶여진 것은?

① 말, 닭(산란계)
② 소, 돼지
③ 사슴, 염소
④ 개, 고양이

03 골격 형성과 유지에 관여하는 광물질이 아닌 것은?

① Ca ② Zn
③ Mg ④ P

04 다음 중 월년생 사료작물로만 묶여진 것은?

① 이탈리안라이그래스, 오처드그라스
② 오처드그라스, 수수
③ 이탈리안라이그래스, 유채
④ 옥수수, 칡

05 유식세포분리기(Flowcytometry)에서 분리된 X-정자와 Y-정자들 간의 차이점은?

① 정자의 크기
② DNA의 함유량
③ 정자의 운동성
④ 정자의 수

06 제1정모세포가 제1감수분열의 중기, 후기, 말기를 거쳐 2개의 제2정모세포를 형성하는데 이때의 염색체 구성은?

① n ② $2n$
③ $2n+1$ ④ $4n$

07 출생 시 철분이 부족한 상태로 되어 영양적인 빈혈 증세를 보이는 가축은?

① 토 끼 ② 소
③ 돼 지 ④ 산 양

정답 1 ① 2 ① 3 ② 4 ③ 5 ② 6 ① 7 ③

08 돼지의 사양에서 Flushing(강정사양)이란?

① 교배 전에 특별히 영양공급을 좋게 하는 것
② 교미 전에 휴식 기간을 주는 것
③ 도살직전에 육질 향상을 위해 절식시키는 것
④ 출하하기 직전 집약적으로 비육시키는 것

09 탄수화물의 기능을 설명한 것 중 틀린 것은?

① 지방산, 단백질의 합성에도 쓰인다.
② 가장 경제적인 에너지 발생 영양소이다.
③ 체내에서는 지방으로만 축적된다.
④ 뇌와 신경조직의 구성성분이다.

10 엔실리지 양질의 품질에서는 어떤 냄새가 나는가?

① 산취(酸臭)가 전혀 나지 않음
② 달콤한 산취(酸臭)
③ 부패 냄새
④ 불쾌한 암모니아 냄새

11 사료 중 가소화 영양소를 모두 합한 가소화 영양소 총량을 나타낸 것은?

① NE ② DE
③ ME ④ TDN

12 알팔파, 레드클로버와 같은 두과 목초의 1차 수확적기는?

① 개화 초기 ② 출수 직전
③ 출수 직후 ④ 수잉기

13 다음 중 수컷 포유류와 조류의 암컷 성염색체를 바르게 표기한 것은?

① XY형, XX형 ② ZZ형, ZW형
③ XX형, ZW형 ④ XY형, ZW형

14 발생 초기 수정란의 분열을 난할이라고 하며, 난할을 계속하여 세포수가 32세포기의 배(胚)를 형성한다. 이때의 세포기를 무엇이라고 하는가?

① 할 구 ② 상실배
③ 낭 배 ④ 포배강

15 급성형은 100% 폐사율을 보이며, 43℃의 고열을 내고, 녹변을 배설한다. 백신으로 예방이 가능한 질병은?

① 닭티프스 ② 닭뇌척수염
③ 계 두 ④ 뉴캐슬병

16 돼지의 발정 주기와 임신 기간을 바르게 연결한 것은?

① 17일, 114일 ② 17일, 142일
③ 21일, 114일 ④ 21일, 142일

8 ① 9 ③ 10 ② 11 ④ 12 ① 13 ④ 14 ② 15 ④ 16 ③ 정답

17 다음 중 고기소의 품종만으로 묶어진 것은?

① 한우, 앵거스종
② 헤리퍼드, 홀스타인종
③ 쇼트혼종, 건지종
④ 브라만종, 에어서종

18 난소의 황체 세포에서 분비되는 성호르몬으로, 착상과 임신이 원활하도록 자궁을 준비시키고, 자궁근의 수축을 억제하여 임신을 유지시키는 호르몬으로 발정동기화에 이용되는 호르몬은?

① Progesterone ② Estrogen
③ $PGF_2\alpha$ ④ LH

19 생식기의 해부학적 결함에서 오는 번식장해는?

① 비브리오병 ② 브루셀라병
③ 프리마틴 ④ 난소낭종

20 다음 설명하는 사일로의 종류는?

> 대부분 지상형으로 건축비가 싸며, 경사지를 이용하여 원료를 사일로에 충전시킬 수 있다. 사일로에 지붕을 하면 공간을 이용하여 건초 사료로도 이용할 수 있다. 반면 사일로가 크면 충전시간 및 밀봉이 늦어지며, 공기에 접하는 면적이 크므로 2차 발효가 일어나기 쉽다.

① 벙커(Bunker) 사일로
② 스택(Stack) 사일로
③ 탑형(Tower) 사일로
④ 기밀(Airtight) 사일로

제2과목 가축번식학

21 분만 후 소의 첫 발정은 언제가 적당한가?

① 분만 후 10일
② 분만 후 20일
③ 분만 후 60일
④ 분만 후 180일

22 번식의 계절성을 지배하는 가장 중요한 요인은 무엇인가?

① 일조시간 ② 영양수준
③ 축사위생 ④ 관리방법

23 다음 난소의 이상 중에서 사모광의 원인은 어느 것인가?

① 난포낭종 ② 황체낭종
③ 영구황체 ④ 둔성발정

24 둔성발정은 다음 호르몬 중 어느 것에서 영향을 받는가?

① 황체호르몬
② 발정호르몬
③ 난포자극호르몬
④ 항이뇨호르몬

정답 17 ① 18 ① 19 ③ 20 ① 21 ③ 22 ① 23 ① 24 ①

25 다음 중에서 습관성 유산의 원인은 어느 것인가?

① 황체호르몬의 분비 부족
② 발정호르몬의 분비 부족
③ 유산을 일으키는 세균 감염
④ 사양환경의 급속한 변화

26 젖소의 교배적기는 언제인가?

① 발정 전 하루
② 발정 초기
③ 발정 후기부터 발정 종료 직후
④ 배란 직후

27 냉동정액용 항동해제(동해보호제)로 가장 널리 사용되는 것은?

① 포도당 ② 글리세롤
③ 바세린 ④ 난 황

28 돼지의 정액 주입 부위는?

① 질 내
② 경관 입구
③ 경관의 추벽 내
④ 자궁각 내

29 소의 동결 정액 희액중 Egg Yolk의 첨가량(100mL 중)은?

① 4mL ② 10mL
③ 20mL ④ 50mL

30 자궁의 근육을 수축시켜 분만을 돕고 유즙의 분비를 돕는 호르몬은?

① 옥시토신
② 황체형성호르몬
③ 릴랙신
④ 테스토스테론

31 난자에서 투명대의 가장 중요한 역할은?

① 다정자 침입 방지
② 호르몬 분비
③ 내분비호르몬 분비
④ 발정호르몬 분비

32 태아를 둘러싸고 있는 막중 가장 바깥쪽부터 안쪽까지의 순서대로 나열한 것은?

① 융모막 – 요막 – 양막
② 융모막 – 양막 – 요막
③ 양막 – 요막 – 융모막
④ 양막 – 융모막 – 요막

25 ① 26 ③ 27 ② 28 ③ 29 ③ 30 ① 31 ① 32 ① 정답

33 발정동기화처리에 이용되는 호르몬들로만 짝지어진 것이 아닌 것은?

① GnRH, PMSG, Progesterone
② FSH, TRH, Testosterone
③ GnRH, $PGF_2\alpha$, Estradiol-17β
④ $PGF_2\alpha$, GnRH, PMSG

34 다음에서 설명하는 물질로 옳은 것은?

같은 종에 속하는 동물 개체 간의 연락을 담당하는 저분자물질이다. 공기나 물을 타고 운반되어 다른 개체의 감각기관에 수용됨으로써 기능을 발휘하며, 주로 곤충에서 의사전달 및 성적 자극을 일으킨다.

① 호르몬 ② 아 민
③ 도파민 ④ 페로몬

35 하위기관에서 분비되는 호르몬이 상위기관의 호르몬 분비를 촉진하는 기구는?

① 정(正)의 Feedback
② 부(負)의 Feedback
③ Auto Feedback
④ Ultra Short Feedback

36 자궁소구(Caruncle)에 대한 설명 중 잘못된 것은?

① 자궁유가 분비된다.
② 자궁내막에 분포되어 있는 버섯 모양의 비선상돌기이다.
③ 태아와 모체를 결합시키는 역할을 한다.
④ 소의 경우, 70~120개가 4열로 배열되어 있다.

37 가축의 무발정을 일으키는 환경적 요인이 아닌 것은?

① 계 절 ② 수 유
③ 영 양 ④ 습 도

38 소의 정자가 수정능력을 획득하는 데 요하는 시간은?

① 1~2시간 ② 3~4시간
③ 5~7시간 ④ 8~11시간

39 다음 가축의 발정지속시간 중 틀린 것은?

① 소 : 12~18시간
② 면양 : 24~36시간
③ 돼지 : 20~30시간
④ 말 : 4~8일

40 다음 중에서 태아로 발생하는 것은?

① 영양막 ② 배반포
③ 내부 세포괴 ④ 상실배

정답 33 ② 34 ④ 35 ① 36 ① 37 ④ 38 ③ 39 ③ 40 ③

제3과목 가축육종학

41 근친교배의 유전적 효과는?

① 유전자의 Hetero성 증가
② 증체 및 도체의 품질 개량
③ 번식력과 성장률 증가
④ 유전자의 Homo성 증가

42 닭의 체중과 가장 밀접한 상관 관계를 가지는 형질은?

① 정강이 길이
② 생존율
③ 산란율
④ 사료효율

43 한우 검정 요령에 관한 설명 중 틀린 것은?

① 당대 검정이라 함은 후보 종모우를 선발하기 위하여 당대 수소의 능력을 검정하는 것을 말한다.
② 후대 검정이란 보증 종모우를 선발하기 위하여 후보 종모우 자손의 능력을 검정하는 것을 말한다.
③ 후보 종모우라 함은 당대검정을 위하여 검정장으로 이동된 수소를 말한다.
④ 보증 종모우란 후대 검정을 통하여 선발된 능력이 공인된 소를 말한다.

44 한우 암소의 개량 대상이 되는 형질 중 번식형질에 속하는 것은?

① 생시체중, 이유시 체중
② 사료요구율, 체형과 외모
③ 초산일령, 발정재귀일수
④ 육질등급, 육량등급

45 돼지의 모돈생산능력지수(SPI)에 대한 설명으로 옳은 것은?

① 모돈의 생시복당체중과 보정된 21일령 한배새끼 전체 체중을 이용하여 계산한다.
② 모돈의 번식, 육성능력이 산차에 따라 달라지므로 모돈생산능력지수는 산차에 대해서 보정한다.
③ 정확한 모돈생산능력지수 계산을 위해 복당 포유자돈수에는 위탁포유돈을 포함하지 않는다.
④ 21일령 한배새끼 전체 체중은 복당 포유개사 자돈 전체 체중에 대해 보정계수를 가산하여 보정한다.

46 다음 중 젖소의 번식능률을 표기하는 데 이용되지 않는 것은?

① 분만간격
② 수태당 소요되는 종부 횟수
③ 종부 개시일부터 수태일까지의 소요 일수
④ 발정 지속시간

41 ④ 42 ① 43 ③ 44 ③ 45 ② 46 ④ 정답

47 닭의 산육능력의 유전에 관한 설명 중 틀린 것은?

① 성장률에 대한 유전력은 0.4~0.5 정도이다.
② 생체중과 정강이길이 간은 높은 상관관계를 갖는다.
③ 근친교배종이 잡종교배종보다 성장률이 빠르다.
④ 수병아리가 암병아리보다 성장률이 빠르다.

48 닭의 모색유전에서 암수감별을 할 수 있는 것은?

① 열성 백색　② 우성 백색
③ 우성 흑색　④ 횡 반

49 염색체의 일부가 끊어져서 비상동 염색체에 부착되는 것은?

① 전 좌　② 절 단
③ 결 실　④ 중 복

50 성 염색체에 관한 내용 중 틀린 것은?

① 포유동물의 성 염색체는 XX, XY이다.
② Y염색체는 X염색체보다 크다.
③ 조류의 성 염색체는 ZW, ZZ이다.
④ 성 염색체 이외의 모든 염색체를 상염색체라고 한다.

51 다음 중 한우의 염색체 수는?

① 38　② 54
③ 60　④ 64

52 돼지의 요크셔종(WW)과 버크셔종(ww)을 교배하였다. 잡종 제 1대(F_1)에서는 어떤 색이 나타나는가?

① 회색의 중간색이 나타난다.
② 갈색과 백색이 반반 나타난다.
③ 흑색만 나타난다.
④ 백색만 나타난다.

53 가축의 혈액형 분류는 무슨 반응에 의하는가?

① 응집반응　② 용혈반응
③ 혈청반응　④ 혈장반응

54 가축 중 간성이 가장 많이 나타나는 것은?

① 젖 소　② 돼 지
③ 염 소　④ 토 끼

55 가축의 피모에 색깔이 나타나는 것은 어느 물질의 작용인가?

① Erythrocyte　② Fibrinogen
③ Melanin　④ Enzyme

정답 47 ③ 48 ④ 49 ① 50 ② 51 ③ 52 ④ 53 ② 54 ③ 55 ③

56 다음 중 돌연변이 유발원이 아닌 것은?

① 자외선
② β선
③ X선
④ 헤모글로빈(Hemoglobin)

57 다음 중 선발 효과를 크게 하는 방법이 아닌 것은?

① 선발차를 크게 한다.
② 형질의 유전력이 높아야 한다.
③ 세대 간격을 짧게 한다.
④ 세대 간격을 길게 한다.

58 누진교배법에 의해 생산된 F_4는 신품종의 혈통을 몇 %나 지니게 되는가?

① 50% ② 75%
③ 87.5% ④ 93.75%

59 한우에 있어서 가장 중요한 육종 목표는?

① 번식 능률
② 이유 시 체중, 사료 효율
③ 증체율, 사료 효율
④ 도체 품질, 체형

60 젖소의 검정기간은?

① 분만 후 언제든지
② 분만 후 제 6일부터 시작하여 10개월 간 (305일 간)
③ 생후 3개월 때만 검정
④ 생후 6개월 때만 검정

제4과목 축산법

61 다음 중 농림축산식품부장관이 가축으로 지정한 동물이 아닌 것?

① 오소리 ② 십자매
③ 갈색거저리 ④ 나 비

62 농림축산식품부장관의 허가 사항과 거리가 먼 것은?

① 가축인공수정소 개설
② 가축의 개량
③ 가축의 검정
④ 수출입 신고대상의 능력, 규격 고시

63 품질평가사의 업무가 아닌 것은?

① 등급판정 관련 설비의 점검
② 축산물의 수입
③ 축산물의 등급판정
④ 등급판정 결과의 기록·보관

64 보상과 관련된 내용으로 옳지 않은 것은?

① 난산 중 사망 시 전액 보상
② 돼지콜레라에 걸렸다고 믿을 만한 상당한 이유가 있는 가축
③ 농림축산식품부 장관이 정하는 바에 의하여 검사, 주사 투약의 실시로 죽은 가축
④ 가축방역관의 지시를 받아 매몰 또는 소각한 가축

56 ④ 57 ④ 58 ④ 59 ③ 60 ② 61 ④ 62 ① 63 ② 64 ① 정답

65 종축 등록 대상 가축이 아닌 것은?

① 소 ② 토 끼
③ 돼 지 ④ 닭

해설

가축의 등록 등(축산법 시행규칙 제9조제2항)
제1항에 따른 등록 대상 가축은 소·돼지·말·토끼 및 염소로 한다.

66 가축을 등록할 경우 심사대상이 아닌 것은?

① 가축의 능력
② 가축의 혈통
③ 가축의 체형
④ 가축의 연령

67 축산물품질평가사로 자격이 없는 자는?

① 전문대 이상의 축산학과 졸업 학력 이상
② 축산물품질평가원에서 등급판정과 관련된 업무 3년 이상 종사자
③ 축산물품질평가시험 합격하고 축산물품질평가사 양성교육을 이수자
④ 도축장 관계자

68 다음 중 가축인공수정사가 될 수 없는 자는?

① 금치산자 또는 한정치산자
② 알코올중독자
③ 축산산업기사 자격증 소지자
④ 인공수정면허에 합격한자

69 우수정액처리업체 인증기관은?

① 국립축산과학원
② 농업협동조합
③ 방역협회
④ 농림축산식품부

해설

우수 정액등처리업체 등의 인증기관 지정 등(축산법 시행규칙 제26조제1항)
농림축산식품부장관은 법 제21조제2항에 따라 우수 정액등처리업체 또는 우수 종축업체(이하 "우수업체"라 한다)를 인증하게 하기 위하여 농촌진흥청 국립축산과학원(이하 "국립축산과학원"이라 한다)을 인증기관으로 지정한다.

70 인공수정을 제한하는 종축의 질환이 아닌 것은?

① 번식장애질환
② 유전적 질환
③ 영양결핍
④ 전염성질환과 그 의사증

해설

정액 등의 사용제한(축산법 시행규칙 제24조제3호)
정액·난자 또는 수정란을 제공하는 종축이 다음 각 목의 어느 하나에 해당하는 질환의 원인미생물로 오염되었거나 오염되었다고 추정되는 정액·난자 또는 수정란
가. 전염성질환과 의사증(전염성 질환으로 의심되는 병)
나. 유전성질환
다. 번식기능에 장애를 주는 질환

정답 65 ④ 66 ④ 67 ④ 68 ① 69 ① 70 ③

71 「축산법」에서 정한 축산업에 해당하지 않는 것은?

① 가축사육업
② 도축업
③ 부화업
④ 정액등처리업

72 종축업의 대상 동물이 아닌 것은?

① 돼 지 ② 토 끼
③ 닭 ④ 오 리

73 가축인공수정용 정액으로 사용 가능한 정액은?

① 혈액·뇨 등 이물질이 섞여 있는 정액
② 생존율 100분의 60 이상 기형률 100분의 15 이하인 정액
③ 질환의 원인미생물로 오염되었거나 오염되었다고 추정되는 정액
④ 수소이온농도가 수태에 지장이 있다고 인정되는 정액

74 가축에 있어서 수입제한되는 특정 위험물질이 아닌 것은?

① 12개월령의 편도
② 12개월령의 척수
③ 30개월 미만의 고기
④ 30개월령 이상의 뇌, 눈

75 구제역의 설명으로 맞지 않은 것은?

① 예방접종 시 사독백신을 주사
② 구강 또는 발굽 부위에 수포를 형성한다.
③ 전파속도가 다른 원인체에 비하여 매우 빠르다.
④ 성축이 감염되었을 때 폐사율이 높다.

76 가축인공수정사 시험 공고는 시행일 며칠 전에 해야 하는가?

① 20일 ② 30일
③ 50일 ④ 60일

77 농림축산식품부장관이 고시한 정액의 기준에 미달되는 것은?

① pH가 약산성(6.8)인 정액
② 정자의 생존율이 60% 이상인 정액
③ 기형률이 30%인 정액
④ 혈액, 뇨, 분 등 이물이 없는 정액

78 다음 중 원충성 질병이 아닌 것은?

① 콕시듐
② 렙토스피라
③ 트리코모나스
④ 타일레니아

71 ② 72 ② 73 ② 74 ③ 75 ④ 76 ④ 77 ③ 78 ② 정답

79 등급판정 준비 사항으로 틀린 것은?

① 소 도체의 경우 2등분 도체 후 등심부위 중심온도가 5℃ 이하
② 소 도체의 경우 2등분 도체 후 제1허리뼈와 마지막 등뼈 절개
③ 돼지 도체의 경우 2등분 도체 후 삼겹부위의 중심온도 5℃ 이하
④ 돼지 도체의 경우 2등분 도체 후 제4등뼈와 제5등뼈 사이 절개

80 다음 중 등급판정 제외 대상 축산물이 아닌 것은?

① 학술 연구용
② 자가 소비용
③ 바베큐
④ 원료육

해설

등급판정 제외 대상 축산물(축산법 시행규칙 제39조제1항)
법 제35조제5항 단서에서 "농림축산식품부령으로 정하는 축산물"이란 다음 각 호의 축산물을 말한다.

1. 학술연구용으로 사용하기 위하여 도살하는 축산물
2. 자가소비, 바베큐 또는 제수용으로 도살하는 축산물
3. 소 도체 중 앞다리 또는 우둔부위(축산물등급판정을 신청한 자가 별지 제36호서식에 따른 축산물등급 판정신청서에 부위를 기재하여 등급판정을 받지 아니하기를 원하는 경우에 한한다)

제5과목 가축전염병예방법

81 다음 중 제1종 살처분 법정 가축전염병인 것은?

① 탄 저
② 기종저
③ 돼지 오제스키
④ 구제역

82 살처분한 가축의 사체 재활용이 가능한 질병은?

① 브루셀라
② 결 핵
③ 기종저
④ 광우병

83 다음 중 원충성 질병이 아닌 것은?

① 콕시듐
② 렙토스피라
③ 트리코모나스
④ 타일레니아

84 다음의 질병 중 가축사육 시설의 폐쇄 명령을 내릴 수 있는 질병이 아닌 것은?

① 우 역
② 우폐역
③ 돼지 유행성 설사병
④ 돼지열병

정답 79 ③ 80 ④ 81 ④ 82 ① 83 ② 84 ③

85 **소독기록과 약물투여 등의 조치를 취하고 신고를 필한 가축의 살처분 보상금은 평가액의 얼마인가?**

① 10/100　　② 20/100
③ 60/100　　④ 전 액

86 **가축전염병예방법상 소독을 주1회 이상 실시해야 할 시설, 장소가 아닌 곳은?**

① 종축장
② 가축시장
③ 사료제조회사
④ 도축장

87 **다음 중 제1종 살처분 법정 가축전염병이 아닌 것은?**

① 우 역
② 구제역
③ 아프리카돼지열병
④ 기종저

88 **병든 가축을 신고할 때 필요 없는 사항은?**

① 소유자, 관리자의 주소와 성명, 사육장소
② 가축의 종류, 성별, 연령, 두수
③ 신고자의 주소와 성명
④ 환축의 구입 장소 및 구입 연/월/일

89 **가축의 살처분 명령에 관한 설명으로 옳지 않은 것은?**

① 보상금은 살처분한 가축 평가액의 100분의 80에 해당하는 금액이다.
② 법정가축전염병에 걸렸다고 믿을 만한 상당한 이유가 있는 경우 시장 또는 군수는 가축의 소유자에게 당해 가축의 살처분을 명할 수 있다.
③ 우역, 구제역, 돼지콜레라 등에 걸렸다고 믿을 만한 상당한 이유가 있는 경우 시장 또는 군수는 당해 가축의 전염병이 퍼질 우려가 있는 지역 안의 가축소유자에게 살처분을 명할 수 있다.
④ 브루셀라, 오제스키, 결핵 등 제2종 법정 가축전염병의 경우 당해 가축전염병이 퍼질 위험이 중대한 때에는 살처분을 명할 수 있다.

90 **가축전염병예방법에서 방역과 관련된 내용으로 맞지 않는 것은?**

① 가축의 소유자 등도 소독실시 등의 방역 의무가 있다.
② 죽거나 병든 가축에 대한 신고를 지연한 경우에는 가축의 사육제한 명령을 할 수 있다.
③ 살처분은 신속히 이루어져야 하며 긴급할 경우에는 가축이 죽은 것이 확인되기 전이라도 매몰 또는 소각할 수 있다.
④ 가축전염병에 걸리지 않은 가축도 살처분 대상이 될 수 있다.

85 ④ 86 ③ 87 ④ 88 ④ 89 ① 90 ③ 정답

91 **기제류(말)의 수출과 수입 시 검역 기간이 맞는 것은?**

① 2일, 3일 ② 1일, 5일

③ 5일, 10일 ④ 7일, 15일

92 **전염병 예방을 위한 소독에 관한 설명이 바르지 못한 것은?**

① 소독의 경비는 전액 정부에서 지원한다.

② 소독 의무자는 가축의 소유자, 운송업자이다.

③ $50m^2$ 이상의 축사 시설을 갖춘 자는 매주 1회 이상 소독해야 한다.

④ 소독의 명령권자는 시장, 군수 구청장이다.

93 **동물의 수입 시 신고 대상이 아닌 것은?**

① 소, 말

② 닭, 토끼

③ 돼지, 꿀벌

④ 면양, 산양

94 **가축전염병발생지역에 대한 이동제한, 교통차단, 출입통제의 조치를 취할 경우에 공고 하여야 하는 사항과 거리가 먼 것은?**

① 목 적

② 지 역

③ 기 간

④ 위반사항

95 **가축전염병예방법의 목적은?**

① 가축의 개량 및 증식

② 축산물의 수급조절

③ 가축 전염병의 발생 및 전파방지

④ 축산 진흥 기금의 조달

96 **사체의 매몰 규정이 바르지 않는 것은?**

① 사체를 구덩이에 넣었을 때 지표까지 2m 이상 되어야 한다.

② 사체 위에는 포르말린이나 승홍의 약제를 살포한다.

③ 매몰 장소는 가옥, 수원지, 하천, 도로에 인접하지 않은 장소이어야 한다.

④ 매몰 후 병명, 가축의 종류, 매몰 일자, 발굴 금지 기간을 표시한다.

97 **가축방역관과 검역관에 대한 설명 중 바르지 못한 것은?**

① 가축방역관은 행정기관에, 검역관은 동물검역 기관에 둔다.

② 가축방역관을 두는 기관은 축산 기술연구소, 수의과학연구소이다.

③ 검역관의 임무는 가축전염병에 관한 조사, 연구, 지도, 감독, 예방 조치이다.

④ 가축 방역관은 축산직 공무원이나 수의직 공무원 중에서 위촉한다.

정답 91 ③ 92 ① 93 ② 94 ④ 95 ③ 96 ② 97 ④

98 **A군에서 수해로 인해 건강한 돼지가 익사하여 죽었다. 민원이 발생하기 전에 돼지가 전염병에 오염되지 않는 빠른 시간 내에 수거하여 소각, 매몰 등 안전하게 처리해야 한다면 무슨 법령에 의거하여 처리해야 하는가?**

① 가축전염병예방법령
② 수의사법령
③ 폐기물관리법령
④ 축산법령

99 **3년 이하의 징역 또는 3천만원 이하의 벌금을 처할 수 있는 사항은?**

① 병든 가축 또는 죽은 가축의 신고를 위반한 수의사, 대학·연구소 등의 연구책임자 또는 가축의 소유자 등
② 사체의 소각 매몰 명령 불이행자
③ 병명 불명인 가축의 사체를 임의로 이동 해체 매몰, 소각한 자
④ 매몰한 사체를 정한 발굴 기간 내 발굴한자

해설

벌칙(가축전염병예방법 제56조)
다음 각 호의 어느 하나에 해당하는 자는 3년 이하의 징역 또는 3천만원 이하의 벌금에 처한다.
1. 제11조제1항 본문 또는 제2항을 위반하여 신고를 하지 아니한 수의사, 대학·연구소 등의 연구책임자 또는 가축의 소유자 등
2. 제20조제1항(제28조에서 준용하는 경우를 포함한다)에 따른 명령을 위반한 자
3. 제32조제1항, 제33조제1항·제5항(제38조제4항에서 준용하는 경우를 포함한다), 제34조제1항 본문 또는 제37조 본문을 위반한 자
4. 제36조제1항 본문에 따른 검역을 받지 아니하거나 검역과 관련하여 부정행위를 한 자
5. 제38조제3항을 위반하여 불합격한 지정검역물을 하역하거나 반송 등의 명령을 위반한 자

100 **농림축산식품부령으로 정하는 바에 따라 소독설비를 갖추어야 하는 대상자에 해당되지 않은 것은?**

① 사육시설이 $50m^2$ 이하인 가축의 소유자
② 「축산물위생관리법」에 따른 도축장 및 집유장의 영업자
③ 「사료관리법」에 따른 사료제조업자
④ 「축산법」에 따른 가축시장·종축장 등 가축이 모이는 시설 또는 부화장의 운영자

98 ③ 99 ① 100 ① **정답**

실 기

가축인공수정 이론 및 실기

CHAPTER 01 실기 이론

CHAPTER 02 서술형/질의응답 예상문제

CHAPTER 03 실기 작업형 이론

실기 이론

01 가축의 발정과 수정적기

1. 소의 발정

(1) 소의 발정징후

① 질점막이 충혈하여 광택을 띤다.
② 외음부는 종창하여 주름이 없어진다.
③ 외음부로부터 발정점액이 누출된다.
④ 눈은 충혈하여 불안한 상태에 빠진다.
⑤ 큰소리로 운다.
⑥ 종모우의 승가를 허용하거나 능가한다.

(2) 소의 발정주기 일수, 분만 후의 발정재귀, 발정 지속시간

① **발정주기** : 21일 전후
② **분만 후 발정재귀** : 20~135일(평균 58일 전후)
③ **발정 지속시간** : 10.5~30.1시간으로 평균 21.6시간

(3) 소의 배란시기

대부분의 경우, 배란은 발정종료 후에 일어난다. 즉, 발정개시 후 배란까지의 기간은 29~32시간으로서 이는 발정종료 후 8~11시간에 해당된다.

(4) 배란된 난자의 수정능력 보유시간

배란된 난자가 난관에서 생존하는 시간은 대체로 18~20시간 정도이다. 배란 후 5~6시간 이내에 수정해야 한다.

(5) 정자의 상행시간과 수정능력 획득 및 보유시간

① **상행시간** : 정자가 난관 팽대부에 출현하는 것은 4~6시간 이후
② **수정능력 획득시간** : 6~7시간
③ **수정능력 유지시간** : 24~40시간

2. 돼지의 발정

(1) 돼지의 발정징후

① 외음부가 충혈하여 종창한다.
② 외음부로부터 물과 같은 유백색 점액이 누출된다.
③ 거동이 불안하다.
④ 허리 압박 시 부동자세를 취한다.
⑤ 오줌을 자주 배출한다.
⑥ 승가를 허용하거나 능가한다.

(2) 돼지의 발정주기 일수와 발정 지속시간

① 발정주기 일수는 평균 21일이다.
② 발정 지속시간은 경산돈이 평균 70시간, 미경산돈이 평균 50시간 내외이다.

(3) 돼지의 분만 후 발정재귀

대체로 이유 후 2~17일이며, 평균 이유 후 7일이다.

3. 수정적기와 결정요인

(1) 수정적기를 결정하는 요인

① 배란시기
② 난자가 빈축의 생식기도 내에서 수정능력을 유지하는 시간이다.
③ 정자의 생식기도 수정 부위에까지 상행하는 데 요하는 시간과 수정능력을 획득하는 데 요하는 시간이다.
④ 빈축의 생식기도 내에 주입된 정자가 수정능력을 유지하는 시간이다.

(2) 소의 수정적기

소의 수정적기는 발정개시로부터 12~30시간 또는 배란 전 13~18시간과 발정종료 후 0~6시간 때이다. 다음 그림을 참조해서 수정시키면 수태에 유리하다.

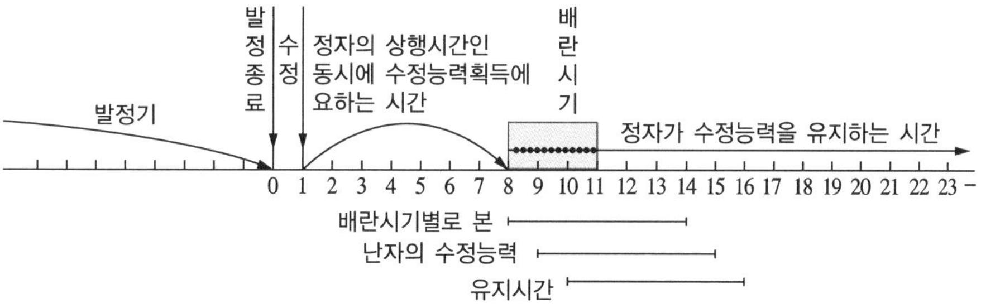

[발정종료 및 배란시기와 정자 및 난자의 수정능력 유지시간의 관계]

발정전 시기 (6~10시간)	용모 자세 발정기 (20시간)		발정 종료 후 시기 (10시간)		난자의 시기 (6~10시간)
시간 수정 시간	0 11 너무 빠름	12 18 적 당	19 25 최적기	30 적 당	31(배란) 40 너무 늦음
 1. 다른 소의 냄새를 맡음 2. 다른 소를 승가하려 함 3. 외음부가 습윤, 충혈, 종창함	 1. 용모 자세를 취함 2. 큰 소리로 울부짖음 3. 신경질적이고 흥분됨 4. 다른 소를 승가함 5. 사료 섭취 및 유생산량 저하 6. 외음부 습윤하고 충혈됨 7. 맑고 투명한 질점액 흘러내림 8. 동공이 확장됨		 1. 다른 소의 승가를 허용치 않고 승가하려 함 2. 다른 소 냄새 맡음 3. 질 점액량 감소 및 정조도 높음		1. 배란된 난자의 수명 : 약 24시간 2. 최적 시간 : 배란 후 5시간 이내

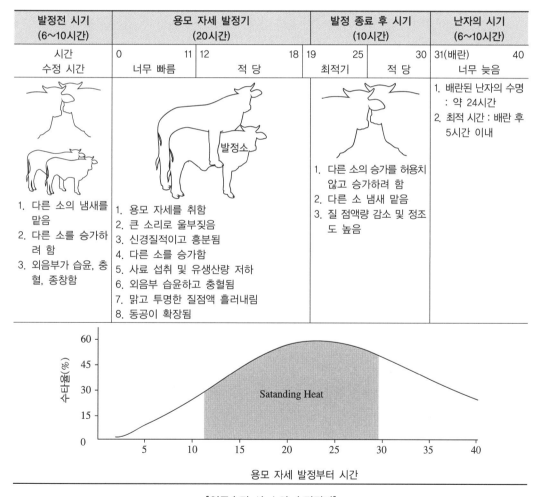

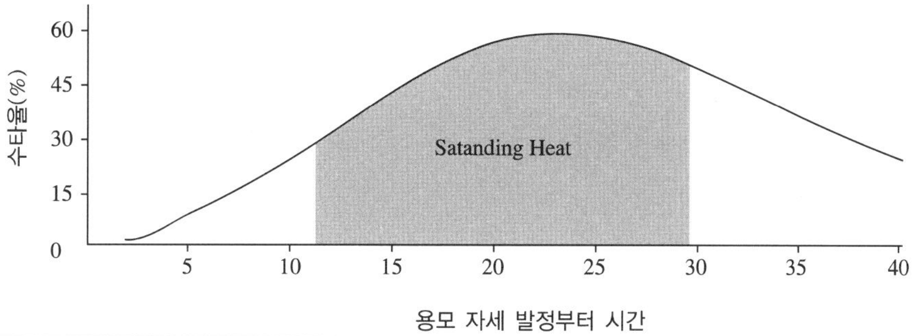

[인공수정 시 소의 수정적기]

(3) 돼지의 수정적기

수정에 충분한 수의 정자가 난관에 도착하는 시간 15~16시간, 수정능력 획득에 요하는 시간 2시간 전후, 수정능력 유지시간 25~30시간 전후 등을 고려할 때, 수퇘지 허용 때부터 10~25.5시간 전후이다.

[인공수정 적기(승가 허용시간으로부터)]

구 분	액상정액		동결정액	
	1회 수정	2회 수정	1회 수정	2회 수정
미경산돈	24시간	1차 : 18 2차 : 28	29시간	1차 : 24 2차 : 30
경산돈	28시간	1차 : 22 2차 : 32	33시간	1차 : 24 2차 : 34

다음 그림은 발정 후 종부시기와 수태율 및 산자수의 관계를 나타낸 것으로 배란 전 16시간 전부터 배란 시까지 종부(수정)되는 것이 수태율과 산자수를 동시에 높일 수 있음을 보여 준다. 이제부터는 돼지 인공수정에서도 수태율과 산자수를 동시에 높일 수 있는 기술적 접근에 힘써야 한다. 이유 후 수정적기는 그 다음 그림에서 보는 바와 같이 이유 후 발정 지속시간의 상태에 따라 1~3회 수정시키는 요령을 나타내고 있다(Weitze, 1996). 일반적으로 이유 후 발정이 빨리 재개되는 개체는 발정 지속시간도 길며(3회 수정), 늦게 발현되는 개체는 발정 지속시간도 짧다(1회 수정). 발정 지속시간에 따라 적절히 수정횟수를 조절하는 것도 수태율을 높이는 방법이다.

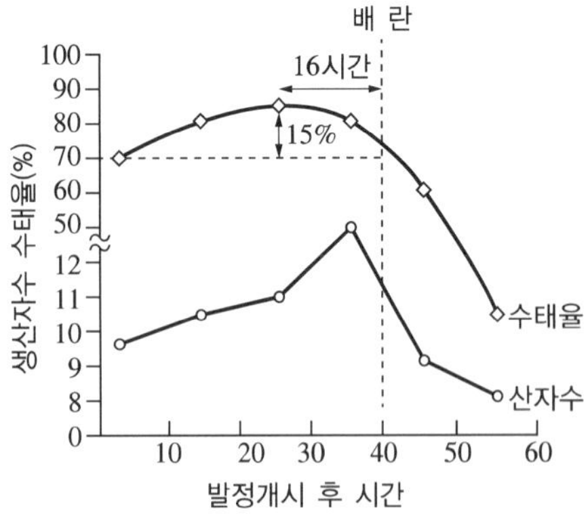

[발정개시 후 종부시기와 수태율 및 산자수의 관계]

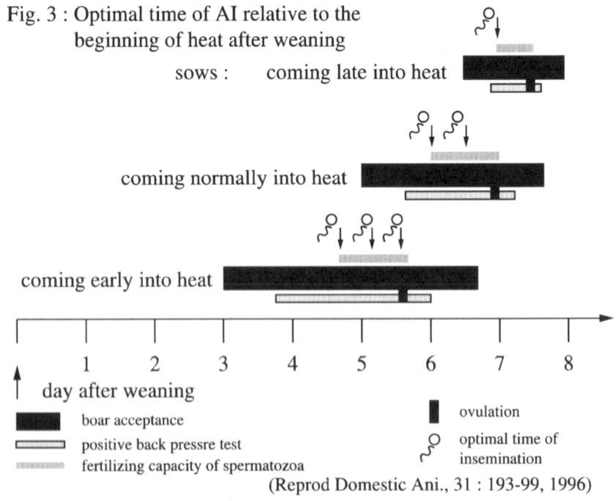

[이유 후 모돈의 발정발현 양상과 인공수정 요령]

02 가축의 인공수정

1. 정액의 채취방법

(1) 사정의 Mechanism(기전)

이성(異性)에 의한 자극을 비롯하여 여러 가지 자극이 모축(牡畜)의 성적 흥분(Sex Excitement)을 불러일으키고, 이 흥분이 뇌중추로부터 척수신경을 통하여 요선부(腰仙部)의 사정중추에 전달되어 사정을 불러일으킨다.

(2) 정액 채취방법

① 재래식 : 정소상체 정액채취법, 누관법, 해면체법, 질내채취법, 콘돔법, 페서리법

② 개량식(현대식) : 마사지법, 전기자극법, 인공질법 등

(3) 마사지(Massage)법

모축(牡畜)의 몸 일부를 마사지하여 사정중추를 흥분시켜 인위적으로 사정시킨 다음 이를 채취하는 방법이다. 마사지하는 부위에 따라 음경마사지법(돼지, 개), 정관팽대부 마사지법(소), 복부마사지법(닭, 조류) 등이 있다.

(4) 의빈대(Dummy) 사용 시 주의사항

① 의빈대는 가급적 빈축(牝畜)을 닮도록 제작해야 한다.

② 의빈대의 상부와 측면에는 유연한 물질을 충전하여 부드러운 감촉을 주도록 해야 한다.

③ 의빈대 위에 빈축(牝畜)의 요(尿)나 질 분비물을 발라 승가욕을 고조시킨다.

④ 노령이거나 자연교미에 길든 모축(牡畜)은 좀처럼 승가하지 않으므로 위의 방법을 동원하여 끈기 있게 조교(調敎)한다.

(5) 채취 전 준비

① 채취기술자 : 온화하고 끈기를 갖춘 특정인이 계속적으로 실시한다.

② 종모축(種牡畜) : 종모축의 하복부와 포피 내의 잔뇨를 물로 씻어 낸 다음, 생리적 식염수나 기타 세척액으로 재차 세척한다.

③ 기구류

㉠ 종모축의 수만큼 인공질을 확보한다. 고무 내통을 외통에 장치할 때는 내통 양단의 보강부를 접어 외통의 양단에 씌우고, 내통벽의 온도를 40~42℃로 맞춘다.

㉡ 기타 기구 : 현미경, 가온장치, pH미터, 백금이, 정자계산기, 회석용 기구

㉢ 소독 : 정액의 채취에 사용되는 일체의 기구류는 사전에 세척하여 소독하여 둔다.

(6) 채취상 주의사항

① 위생관념이 투철할 것
② 온도충격을 피할 것
③ 유해한 광선을 피할 것
④ 채취 전에 모축의 성적 흥분을 앙등시킬 것
⑤ 정액은 오전 중에 채취할 것(가능한 새벽, 사료 급여 전에 실시)
⑥ 사출된 정액의 손실을 줄일 것(최대한 빠른 시간 내에 희석)

(7) 인공질(人工膣)로 종모우에서 정액을 채취하는 방법

① 정액채취자는 인공질을 의빈대나 대용축의 옆에 위치시켜 수소가 승가할 때 포피개구부의 바로 뒷부분을 다른 손으로 잡아 음경을 인공질에 삽입하게 한다.
② 사정할 때 수소는 전방으로 돌진하므로 인공질도 이에 따라 맞추어 준다.
③ 사정 후에는 인공질의 전부를 서서히 밑으로 기울이고, 인공질 내의 온수를 빼낸 다음 정액이 채취관으로 흐르도록 한다.

(8) 소와 돼지의 이상적인 채취빈도

① 소는 1일 100억 전후의 정자를 생산하며, 약 730억의 정자가 항상 저장되어 있기 때문에 1일 1회의 정액 채취가 가능하지만 주 2~3회, 매회 두 번 연속채취가 이상적이다.
② 돼지는 2~3일 간격으로도 가능하지만, 이상적인 채취기간은 5~6일이다.

(9) 정액 채취에 이용되는 기구류 소독방법

① **초자제품, 금속제품** : 건열멸균
② **고무제품, 플라스틱제품** : 자비(煮沸)소독 또는 알코올(Alcohol)소독
③ **소독할 때 유의할 점** : 소독제를 잘못 사용하면 정자의 생존성을 해치는 수가 있다.
예 석탄산, 크레졸, 승홍제 등

(10) 전기자극법

직장 내에 Probe(+, −전극)를 투입한 후 통전에 의하여 사정중추를 자극함으로써 사정시키는 방법으로, 노령이나 후구질환으로 교미동작이 되지 않거나 교미욕이 없어 인공질로 채취할 수 없는 개체에 이용한다.

(11) 돼지의 정액채취법

① 의빈대나 대축(암퇘지)에 수퇘지를 접근시켜 승가하면 돌출한 음경을 깨끗한 물이나 생리 식염수로 포피구부터 음경선단까지 깨끗이 세척한 다음, 교미동작을 몇 회 반복시킨 후 본격적인 사정 동작을 시작하면 음경을 인공질로 유도한다.

② 음경이 인공질 내에 들어가면 적당한 온감과 압박감을 느끼게 되므로 돼지는 음경을 회전시키며, 자궁경에 해당하는 인공질의 링(Ring)을 찾아 음경을 길게 신장시켜 음경의 선단부가 링 속에 삽입되면 압박감을 느껴 사정을 시작하게 되고 이를 채취한다.

③ 마사지법(누압법)으로 채취할 경우에도 의빈대나 암가축에 수퇘지를 접근시켜 승가하면 인공질법과 마찬가지로 발기된 음경의 귀두부를 손으로 잡고 압박감을 가하면서 착유하듯 손가락으로 마사지하여 사정하게 한다.

2. 정액의 검사방법

(1) 정액의 검사법

① **육안 검사법** : 정액량, 점도, 농도, 비중, 색, 냄새, 운무상, 수소이온농도(pH)

② **현미경 검사법** : 정자의 농도, 정자생존율, 정자활력, 정자의 기형률, 첨체이상, 정자수

(2) 수소이온농도(pH)의 측정

① **지시지법** : 정액을 지시지에 발라서 측정(pH 6.0~7.7 범위의 지시지 사용)

② **글라스 전극법** : pH-meter를 이용하여 측정하는 방법

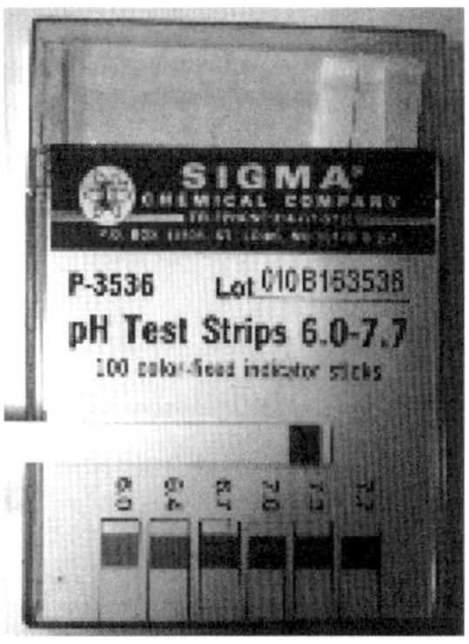

[pH-meter]

3. 정자의 활력 및 생존율 검사

(1) 정액성상 검사법

① **검사관법** : 검사판의 중앙에 커버글라스를 덮어서 1~2방울(약 10~15mL)의 정액을 스며들게 한 후 가온판 위에 놓고, 현미경으로 정자의 활력과 생존율을 검사한다.

② **검사결과 표기법** : 운동의 종류에 따라 그 정자의 활력을 5단계, 즉 卌, 卄, +, ±, −로 나누고, 필요시 백분율로 평가한다(10% 단위로 ; 60%, 90% 활력).

(2) 염색에 의한 생존율의 계산

정자가 사멸하면 세포막의 투과성이 증대하므로 사멸한 정자 내에는 염색액, 즉 Eosin이나 Trypan Blue 등의 색소가 용이하게 침투하여 색소의 염색 여부로 생사를 판별한다. 염색되지 않는 것이 생존정자이므로 100개의 정자를 임의의 3구획에서 세어서 불염색 정자율을 구하면 이것이 생존율이다.

(3) I.C.F. 측정법

정자 중에 전류를 통과시켜 I.C.F.를 측정하면 정자활력의 강약에 의하여 촬영되어 나오는 영상에 차이가 생긴다.

(4) 기형정자의 검사

① 새로 도입한 종모축의 정액 혹은 저수태(低受胎)의 원인 규명 때는 정자의 기형률을 측정하여 알 수 있다.

② **검사순서** : 청정(세척) → 도말 → 풍건 → 염색 → 고정 200~400배로 확대하여 생존율을 구하는 방식과 같이 기형정자율을 계산한다.

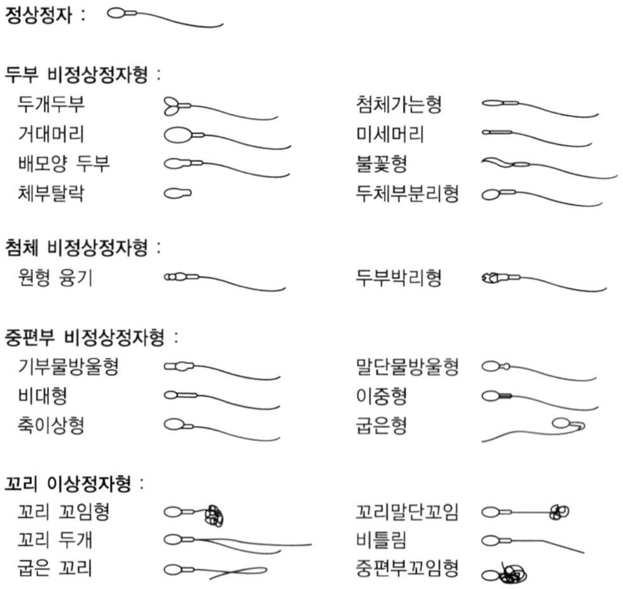

[정자의 형태]

(5) 정자수의 계산

① 혈구계산판에 의한 검사법

② 네탁법에 의한 계산

(6) 정자의 강도 검사

① 메틸렌블루 환원시간(Methylen Blue Reduction Time) : 청색이 백색으로 환원되는 시간을 측정하여 정자의 운동성, 대사능력 및 강도 등을 검사한다. 양호한 정액은 5~10분 정도 소요된다.

② 레사주린 환원시간(Resazurin Reduction Time)

(7) 충격에 대한 정자의 저항성을 검사하는 방법

① 저온충격을 가하는 방법

② 식염수로 희석하는 방법

③ 고온조건에서 보관하는 방법

④ pH의 변화를 조사하는 방법

(8) 정자활력의 5단계 표기법

① ⧻ : 가장 활발한 전진운동

② ⧺ : 활발한 전진운동

③ + : 완만한 전진운동

④ ± : 진자운동

⑤ − : 운동하지 않는다.

(9) 정자의 생존자수에 의한 활력정도 측정방법

⧻ : 100, ⧺ : 75, + : 50, ± : 25, − : 0이라는 계수를 주어 각 부호에 해당하는 생존율과 이 계수를 곱한 수치를 합하여 100으로 나눈다.

예 (⧻ : 50, ⧺ : 10, + : 10, ± : 20, − : 10)라는 정액의 생존지수는 다음과 같이 계산한다.

(100% × 50 + 75% × 10 + 50% × 10 + 25% × 20 + 10% × 0) = (50 + 7.5 + 5.0 + 5.0) = 67.5

즉, 이 정액 중 정자의 생존지수는 67.5이다.

4. 정액의 희석

(1) 정액희석의 목적과 필요성

① 정액의 양을 증가시켜 우수한 종모우를 널리 이용하기 위해

② 정자의 생존성과 보존성을 연장시키기 위해

③ 정자의 장기생존에 불리한 원정액의 조건을 개선시키기 위해

(2) 희석액의 구비조건

① pH : 정액과 비슷하고, 완충효과가 강해야 한다.

② **삼투압** : 가축의 정액과 비슷해야 한다.

③ **전해질** : 정자의 생존성에 적극적으로 유리하게 작용하는 것만 이용한다.

④ **비전해질 및 보호교질** : 당류의 첨가로 삼투압이 유지되고, 대사기질로 이용되며, 저온충격으로부터 정자를 보호한다.

⑤ **Gas(가스)** : 공기와의 접촉을 억제하며, 대사억제 및 노화방지를 위해 희석액에 CO_2를 첨가한다.

⑥ **특수약재** : Thyroxine, 비타민 B, TPD, 로만산 등을 첨가하여 생존성과 활동성을 보장한다.

⑦ **세균억제제** : 세균의 발육을 억제하면서도 정자의 생존성이나 활력에 나쁜 영향을 끼치지 않는 것이다.

예 Gentamycin, Ganamycin, Neomycin, 페니실린 등

(3) 희석방법의 일반원칙(4대 원칙)

① 채취한 정액은 바로 희석해야 한다.

② 정액과 희석액은 등온이어야 한다.

③ 희석은 서서히 실시하여야 한다.

④ 고배율로 희석할 때는 몇 차례로 나누어 실시한다.

(4) 소 정액의 희석방법(원칙)

소와 같이 정자의 농도가 높은 정액은 10~20배, 경우에 따라서는 몇백 배로 희석할 필요가 있다. 그러나 한 번에 최종배율까지 희석액을 첨가하면 아무리 조심하여 희석해도 정자는 희석충격을 받게 된다. 따라서 고배율로 희석할 때는 보통 2회로 나누어 실시한다. 채취 직후 30℃ 전후에서 4~5배까지 희석한 다음, 90~120분에 걸쳐 4~5℃까지 서서히 냉각하여 이 온도에서 최종배율까지 희석한다. 이때 희석하는 희석액의 온도는 정액과 동일한 4~5℃로 조절되어 있어야 한다.

(5) 돼지 정액의 희석방법

① 돼지 정액은 정자의 농도가 낮기 때문에 고배율로 희석하면 정자의 생존성을 저해한다. 따라서 2~3배 정도로 희석배율을 제한하는 것이 좋다. 단, 분리채취(Fractional Collection)에 의하여 농후정액만을 채취하였을 때는 4~50배까지 희석해도 무방하다.

② **희석할 때의 주의사항** : 희석충격을 받지 않도록 정액의 온도를 30℃로 유지하면서 여기에 30℃로 조절된 희석액을 서서히 첨가해야 한다.

(6) 동결보존 희석액의 종류

① 글리세롤 함유 난황 구연산나트륨액(난구액)

② 동결용 Neoseminan-L

③ 난황 탈지분유 희석액

④ 연구자마다 글리세롤(Glycerol) 함량이 다르다(최종 농도 : 4~8%).

(7) 글리세롤 함유 난황 구연산나트륨액의 제조와 희석방법

① A액 : 제1차 희석액

㉠ 구연산나트륨(Sodium Citrate) 5.6g

㉡ 멸균증류수 194.4mL를 가하여 자비(煮沸)멸균 후에 냉각한다.

㉢ 이 구연산나트륨액 160mL에 신선한 난황(卵黃) 40mL(20%)를 첨가하여 혼합한다. 원심분리하여 침전물을 제거한 후 사용한다(분리 후 상층액만 사용).

② B액 : 제2차 희석액

㉠ 상기(上記) A액 86mL

㉡ 글리세롤 14mL(v/v)를 첨가하여 혼합한 후 균질화시킨다(약 10~30분간 교반).

㉢ 항생물질

- 상기 A액과 B액에 각각 수용성 페니실린 500~1,000IU/mL와 스트렙토마이신 500~1,000IU/mL를 첨가한다. 위 희석액으로 정액을 희석할 때에는 2차에 나누어 희석한다. 즉, 25~30℃의 온도조건에서 A액을 사용하여 제1차 희석을 실시한다. 이때 Dose당 mL 정자수의 2배 농도로 맞춘다. 희석된 정액을 60~120분간에 걸쳐 5℃까지 냉각시킨 다음, 최종 희석정액량의 1/2이 되도록 정액과 같은 온도(5℃)로 냉각된 A액을 재차 첨가한다.
- 1차 희석이 끝나면 다음에는 5℃의 등온조건에서 제1차 희석정액과 같은 양의 B액을 4~5회에 나누어 10~15분 간격으로 첨가하여 제2차 희석을 실시한다. 희석이 끝나면 마개를 사용하여 충분히 혼합한다. 이때 글리세롤의 종말농도는 7%(v/v)가 된다. 이 밖에도 희석액의 종류에 따라 희석방법과 제조방법은 각기 다르다.

※ 200mL 채취한 돼지 정액이 mL당 정자농도가 3억 마리라면 총정자수는 600억 마리가 되며, Dose(5mL Maxi Straw)당 30억 마리로 동결정액을 만든다면 5mL Maxi Straw 20개를 만들 수 있다. 최종 희석된 양은 100mL가 되어야 하므로 채취한 정액을 1:1로 A액(제1차 희석액)으로 희석시킨 후(400mL) 원심분리시켜 50mL를 남기고 상층액을 버린다. A액으로 1차 희석된 농축정액 50mL를 냉각시킨 후 B액(제2차 희석액)과 1:1로 희석하면 최종 100mL가 되며, 5mL Maxi Straw 20개에 포장하여 동결시킨다. 동결방법은 포장된 Maxi Straw를 액체질소 표면 5cm 위에 수평으로 정치시켜 10~30분간 예비동결 후 액체질소(-196℃) 내에 침지시켜 동결한다.

5. 정액의 보존 및 동결방법

정액의 보존방법은 희석한 정액을 4~5℃에서 액상 그대로 보존하는 액상보존법, 또는 -79℃(드라이아이스)나 -196℃(액체질소)에서 동결하여 보존하는 동결보존법이 있다.

(1) 보존적온과 적온 유지

소, 면양, 산양, 말 등의 보존적온은 4~5℃이다. 이보다 더 낮은 온도인 0~4℃에서는 정자의 운동 지속시간은 연장되지만 수정률이 낮아진다. 돼지의 경우 15~20℃의 보존적온을 유지할 때 에너지 소모를 방지하여 정자의 생존성이 보장된다.

(2) 급속냉각의 영향

① 생존성 저하로 수정능력이 저하
② 정자의 대사능력 및 화학적 조성의 변화
③ **형태상 변화** : 첨체에 가장 많은 이상 발생

(3) 온도충격의 방지책

냉각속도를 느리게 해야 한다. 온도하강법은 30℃ 전후의 희석정액이 들어 있는 정액병을 같은 온도의 물이나 거즈(Gauze)에 싸서 4~5℃의 항온실이나 냉장고에 넣어 두는 방법이 주로 이용된다.

(4) 동결처리가 정액성상에 미치는 영향

① 생존율의 저하
② 지질의 감소
③ 무기물의 침입과 누출
④ 고분자 물질의 누출
⑤ 대사능력의 저하
⑥ 형태상의 변화

(5) 동해의 원인

① **급랭충격에 의한 장해** : 정액을 급속하게 동결할 때 정자의 생존율 저하
② 과냉각에 의한 장해

③ 세포 외 동결에 의한 장해
   ㉠ 삼투압의 상승
   ㉡ 용액의 pH 변화
   ㉢ 세포의 탈수
   ㉣ 지질의 용해
   ㉤ 기계적 압력 등에 의해 생존성 저하
④ 세포 내 동결에 의한 장해 : 동결속도와 세포막의 투과성 및 용질의 성질 등을 들 수 있다.
⑤ 동결보존 중 장해
   ㉠ 정자의 노화
   ㉡ 대사의 불균형

(6) 동해보호제의 구비조건

① 중성물질이어야 한다.
② 친수성이 강해야 한다.
③ 세포막에 대한 투과성이 좋아야 한다.
④ 세포에 대한 독성이 적어야 한다.

(7) 동해보호제의 종류와 동결속도

① 당·다가 알코올류 : OH기가 많으므로 급속동결(0℃에서 −79℃까지 2~60초에 냉각)로 피해를 방지한다.
② 글리세롤 등은 분자량이 적고, 공정점이 낮기 때문에 완만한 동결이 요구된다.
③ 세포 내외의 동결장해를 방지하기 위해 2단동결법(二段凍結法)을 이용한다.

(8) 동해보호제의 분류

① 침투성 동해보호제 : Glycerol, DMSO(Dimethyl Sulphoxide), Ethylene Glycol, Propylene Glycol, Acetamide 및 각종 알코올류
② 비침투성 동해보호제 : Glucose 등의 각종 당류, Polyethylene Glycol

(9) 가축정액의 동결보존과정 - 희석액 제조와 희석

글리세롤 함유 난황 구연산나트륨액(희석액)을 25~30℃에서 희석배율 5배 이내로 1차 희석한 다음, 희석된 정액을 60~120분에 걸쳐서 5℃로 냉각한 후 최종 희석정액량의 1/2만큼 희석한다. 이후 2차 희석액을 4~5회로 나누어 10~15분 간격으로 첨가하여 2차 희석을 완료하면 글리세롤의 종말농도는 7%(v/v)가 된다.

(10) 정액의 동결건조

생물학적 재료를 동결시켜 진공압으로 흡인하면 승화라는 현상에 의하여 수분이 제거된다. 생물학적 재료는 변질되지 않은 채 생명을 유지하면서 완전히 건조되는 것을 이용하여, 정액을 건조시켜 분말상태로 상온에서 보존하는 것을 동결건조법이라고 한다.

(11) 정액 수송 시 유의사항

① 액체질소 탱크 교환 시 -130℃ 이상 상승하지 않게 한다.
② 수송 도중 심한 충격이나 진동을 방지한다.
③ 액체질소를 충분히 확보한다.
④ 동결정액을 지소에서 일반농가로 운반할 때는 4~5℃를 유지한다.
⑤ 매사 신속히 처리하여 융해 후 5~6시간 이내에 주입(注入)하도록 한다.

(12) 동결정액을 보존할 때의 준수사항

① 동결기 속에서 동결된 정액을 보관기로 옮길 때 -130℃ 이상 상승하지 않도록 한다.
② 액체질소량이 보관기 용량의 1/4~1/3까지 감소하면 액체질소를 재보급하여 정자의 폐사를 방지해야 한다.

※ -130℃ 이상으로 동결정액의 온도가 상승하면 빙정(氷晶)이 불안정한 상태로 되어 빙정의 재결정이 이루어지며, 이에 따라 정자의 생존성은 현저한 저해를 받게 되므로 주의해야 한다. 일반적으로 공기 중에 4~5초 이상 노출시키면 -130℃ 이상 상승하므로 4~5초 이내에 동결정액(Ampoule or Straw)을 처리해야 한다.

6. 동결정액의 융해방법

(1) 빙수(氷水)융해법

4~5℃의 빙수를 사용하여 액체질소 중에 보관된 스트로나 앰플을 들어 내어 재빨리 이 빙수 중에 침적(浸積)한다. 4~5분이 지나면 정액이 완전 융해되므로 곧 빈축(牝畜)에 주입토록 한다. 융해 후 4~5℃의 온도조건이라면 수정능력을 상실하지 않고 10시간 정도 보유할 수 있다. 가급적이면 융해 후 1~2시간 이내에 주입하는 것이 좋다.

(2) 온수(30~35℃)융해법

융해한 정액을 즉시 주입할 때는 30~35℃의 온수 중에서 융해하기도 한다. 이때는 정액 용기에 따라서 온수 중에 침지하는 시간이 달라지는데 0.5mL의 스트로(Straw)라면 15~20초, 1.0mL의 스트로(Straw)라면 40~45초로 충분하다. 정액을 고온에서 융해했을 때는 즉시 주입해야 한다.

7. 정액의 주입요령

(1) 소의 정액 주입기구

① 주입기 : 피펫형, 앰플용, 스트로용의 세 가지가 있다.

② 질 경

③ 경관겸자

(2) 소의 정액 주입방법

① 자궁외구 주입법

② 자궁경관 심부주입법 : 직장질법, 겸자법, 질경법

㉠ 직장질법(直腸膣法, Recto-vaginal Method)

- 정액이 들어 있는 주입기를 질 내에 미리 삽입해 두고, 손을 직장 내에 넣어 자궁경을 파지한 다음, 다른 손으로 주입기를 밀어 넣어 경관심부에 주입하는 방법이 있다.
- 우선 항문 안으로 손을 넣어 직장벽을 통하여 자궁경을 잡은 다음, 주입기를 질 내에 삽입하여 자궁경관심부에 주입하는 방법이 있다.

㉡ 겸자법(鉗子法) : 질경을 사용하여 질을 벌려 놓고 겸자로 자궁경을 찍어 이를 음문 가까운 곳까지 끌어 내어 고정한 다음, 주입기를 삽입하여 자궁경관심부에 정액을 주입하는 방법이다.

㉢ 질경법(膣鏡法) : 질경(경관 입구까지 도달되는 질경)을 사용하여 경관 입구를 육안으로 관찰하여 경관 내에 주입기 선단이 삽입되도록 하여 정액을 주입하는 방법이다. 초보자들이 처음에 시술하는 방법으로 용이하다.

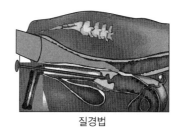

직장질법 겸자법 질경법

[소 인공수정 시 자궁경관심부 주입법(3가지)]

③ 소의 정액주입량과 주입정자수 그리고 정자의 활력

㉠ 주입정액량은 액상정액이든 동결정액이든 0.5~0.01mL 정도이다.

㉡ 정자수는 자궁외구부 주입 시에는 최소 1억, 자궁경관심부나 자궁 내 주입 시에는 500~1,000만 정도를 주입한다.

㉢ 활력은 40卌 이상이어야 한다.

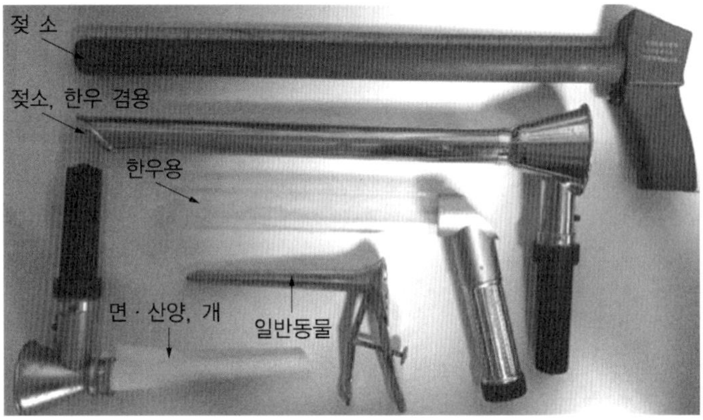

[정액주입을 위한 질경의 종류]

(3) 돼지의 정액 주입요령

① 발정한 돼지를 비보정법(鼻保定法)으로 보정하고, 외음부를 깨끗이 씻는다.

② 왼손으로 음순을 연 후, 오른손으로 주입관을 질 내에 삽입시킨다.

③ 처음 10~15cm 깊이까지는 약간 위로 향하여 삽입함으로써 요도 외구에 상처가 나지 않도록 한다.

④ 약 25~30cm 깊이에 이르면 주입기의 선단에서 저항감을 느끼게 되는데, 이때 좌우로 돌리면서 힘껏 밀어 넣으면 자궁경의 추벽을 2~3개 지나는 촉감을 느낄 수 있다.

⑤ 여기에서 힘을 약간 계속 주면서 정액을 서서히 주입시키는데, 이때 정액이 흘러나오지 않도록 해야 한다.

㉠ 동결정액 혹은 24시간 이상 경과한 정액은 50mL 이상 주입한다.

㉡ 사정 후 4시간 이내의 원정액은 30mL 정도의 양으로도 충분하지만, 반드시 1 : 1 이상으로 희석시켜 사용하는 것이 바람직하다.

⑥ 돼지의 정액주입량은 보통 50~100(평균 80)mL이다.

⑦ 돼지의 1회 주입정자수는 10~50억(평균 30억)이며, 활력은 70卌(70%) 이상이어야 한다.

(4) 케이지(Cage) 사양 시 닭의 정액 주입 요령

① 오른손으로 닭의 양다리를 잡아 몸의 절반을 모이통으로 끌어낸 다음, 손을 바꾸어 왼손으로 닭의 대퇴부를 밑으로 잡는다.

② 엄지손가락으로는 닭의 왼쪽 복부를 압박하고 다른 손가락으로는 두 다리를 교차시켜 대퇴부를 강하게 잡으면 총배설강이 반전노출된다.

③ 이때 총배설강 개구부에 정액이 든 주입기의 선단을 대고 질(膣) 속에 삽입하여 정액을 주입한다.

㉠ 닭의 정액 주입시기와 주입기구 : 닭 정액의 주입시기는 산란 직후가 바람직하며, 보통 오후 2~3시가 적합하다. 주입기구는 투베르쿨린 주사통과 초자제의 캐뉼러(Cannula)가 있는데, 최근에는 후자가 많이 쓰인다.

㉡ 정자주입량과 주입정자수 : 원정액을 주입할 때는 0.01mL 이상이면 충분한데 0.01mL 중에 5,000만 마리 이상의 정자가 함유되어야 한다.

※ 닭 정액의 질내주입법(케이지 외의 일반적 방법)

- 보정자는 암탉의 넓적다리를 오른손으로 잡고 닭의 후구를 주입자 쪽으로 향하게 한 다음, 머리가 약간 아래로 내려가도록 하고 왼손 엄지는 닭의 복부를, 나머지 네 손가락은 꼬리털을 감싸면서 척추 부위를 잡은 후에 가볍게 좌측 후부를 앞쪽 상방으로 압박하면 총배설강 개구부가 돌출된다.
- 주입자는 왼손으로 항문의 양측을 좌우로 가볍게 당기면서 앞으로 민다. 이때 총배설강이 노출되며 계분 같은 것이 배출되면 탈지면으로 깨끗이 닦아 준다.
- 노출된 총배설강을 자세히 관찰하면 마치 국화 꽃잎과 같은 난관개구부가 노출되는데, 이때 정액이 든 주입기의 앞끝을 난관 속에 살며시 삽입한 후 왼손을 떼고 복부에 가한 압박을 조금씩 늦추면서 서서히 주입한다.

[주요 가축별 배란시기와 수정적기]

가축구분	소	말	면 양	돼 지	산 양
배란시기	발정종료 후 8~11시간	발정종료 직전	발정개시 후 24~30시간	수태지 허용 후 24~36시간	발정개시 후 30~36시간
정자의 상행시간	4~6시간	5시간	6시간	15~16시간	6시간
주입적기	발정종료 전 1시간~종료 후 3시간	배란 1~2일 전	발정개시 후 25~30시간	수태지 허용 후 10~25시간	발정개시 후 15~20시간

03 인공수정의 산업화 기술

1. 소 인공수정의 산업화 기술

소(한우)의 발정동기화 및 인공수정(수정란이식) 방법

(1) 프로스타글란딘(PGF$_2\alpha$)에 의한 발정 유도(동기화) 방법

① **1회 주사법** : PGF$_2\alpha$나 PGF$_2\alpha$ 유사체(Lutelyse, 25mg/두)를 발정주기 5일부터 16일 사이에 있는 개체에 투여하여 발정을 유기시키는 방법이다. PGF$_2\alpha$ 투여 후 2~4일 이내에 발정이 발현된다.

② **2회 주사법** : PGF$_2\alpha$ 2회 투여로 발정을 유도하는데 1차와 2차 투여는 11일 간격을 두고 투여해야 한다. 이 방법은 발정주기를 모르는 경우에 실시하며, 1회 투여 시에는 발정 주기를 난포기의 상태로 만들게 되어(제로 베이스) 2회 투여 시에는 어떤 경우라도 황체기에 해당되므로 PGF$_2\alpha$ 2회째의 주사는 황체를 퇴행시켜 2~4일 후에 발정을 유도하는 방법이다.

㉠ PGF$_2\alpha$는 발정주기 중 황체기에만 작용하기 때문에 난포기에는 아무런 효과가 없을 뿐만 아니라 임신우에게 투여할 경우 임신황체의 소멸로 유산이 발생할 수 있어 이 제재를 사용하기 전에 임신을 확인하고 사용하여야 한다(분만 유도제로도 쓰임. 주사 후 24시간 후에 분만 됨).

㉡ 분만예정일 산출법 : 인공수정월 - 3, 인공수정일 +10

예 6월 11일 수정 시 익년 3월 21일이 분만 예정일(한우 임신기간 : 283~285일)

㉢ 대동물 주사법 : 주사기와 주사침을 분리하고, 주사침의 뒷부분을 검지로 파지하여 주사부위에 2~3회 먼저 두드려서 긴장을 풀게 한 다음, 주사침을 찌르고 주사기와 연결하여 약제를 주입한다.

(2) Progesterone 처리에 의한 방법

① **질 내 삽입법** : 사이더-플러스(CIDR-PLUS), 프리더, 큐메이트(Cue-Mate)

㉠ 사이더-플러스(CIDR-PLUS)는 프리더와 유사한 제품으로 T자형의 질 내 삽입기구이다. 사이더-플러스를 암소의 질 내에 삽입하였다가 8~12일 후에 제거하면 2~3일 후에 발정이 오게 된다. 사이더-플러스가 빠져나오는 것을 방지하기 위해서 삽입 후 사이더-플러스에 부착된 끈을 외음부에서 5cm 정도 남겨두고 잘라준다. 프리더나 사이더-플러스를 제거할 때에 PGF$_2\alpha$(또는 PMSG)를 주사하면 프리더나 사이더-플러스를 단독으로 사용하는 것보다 수태율이 좋다. 이때 제거 후 48시간에 1차 AI, 72시간에

2차 AI하는 것이 좋으며 1회 수정 시에는 56시간에 수정하는 것이 좋다.

㉡ 큐메이트(Cue-Mate)는 사이더-플러스와 유사한 제품으로 Y자형 질 내 삽입기구이다. 큐메이트를 질 내 삽입 시 생식기 입구 주위를 깨끗이 세척하고 소독하여 오염되지 않도록 한다. 사이더 삽입 위치가 매우 중요하므로 그림을 참조한다.

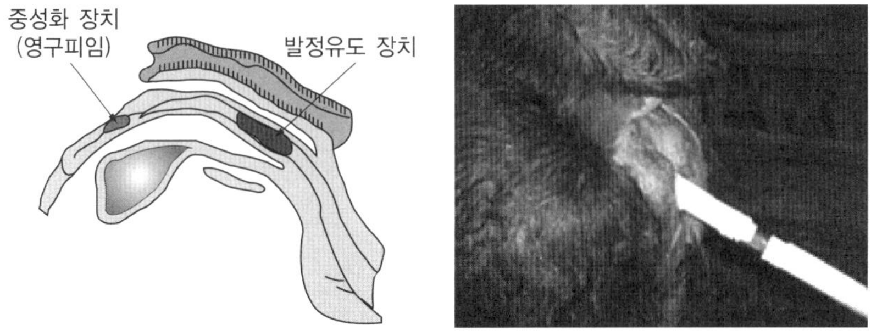

[사이더-플러스의 삽입 위치 : 질 내(요도개구부 안쪽)]

② **급여식(경구 투여)** : 합성 Progesterone 제제인 MPA(Medroxyprogesterone Acetate, 120~140mg/day) 또는 MGA(Melengestrol Acetate, 0.2~2.0mg/day)를 사료에 첨가하여 매일 급여(7~14일간)한 후 중단하면 발정이 발현된다. MPA는 사슴 낙각 유도제로도 사용할 수 있다.

③ **Progestogen의 적용**(황체 호르몬 = Progesterone(P4) = Gestagen = Corpus Luteum Hormone = Progestin)

㉠ 분비기관 : 황체세포, Placenta, Testis

㉡ 분비자극 호르몬 : (Mamma) : AP의 LH, (Rodents) : AP의 LTH

㉢ 표적기관 : 자궁(Uterus), 난관(Oviduct), 유선(Mammary Gland)

㉣ 생 리

- 임신 전 자궁의 증식유발 → 착상유도 및 임신유지
- Uterine Milk의 분비자극
- 자궁과 난관의 수축억제
- 유선포계(Alveoli of Mammary Gland)를 발달시킴
- 발정징후 나타나게 함(Estrogen과 협력하여)
- 모성행동(Maternal Behavior) 유발
- 근력 강화 및 사슴의 낙각 유도

㉤ 적용(Application) : Birth Control Pills(to Prevent The LH-surge for Next Ovulation)

- cow
  - Norgestomet(합성 Progesterone)-Synchronize the Estrus Cycle(발정동기화)

    예 상품명 Synchromat B

- MGA(Melangesterol Acetate)-성장촉진제 : 처녀소에게만 효과적이다.
계속 투여 시에는 LH 방출억제 → 배란억제(반면에 난포 형성 촉진)

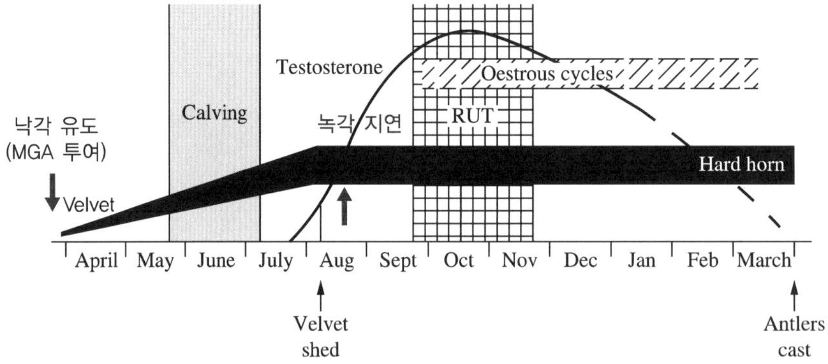

[Reproductive acticity in the res deer(*Cervus elaphus*) in the UK(From Perry, 1971.)]
*P4는 사슴에 있어서 초봄의 낙각 유도 및 녹용의 녹각화 지연에 적용

(3) DES(Diethylstilbesterol) 처리에 의한 방법

DES(합성 Estrogen)을 매일 사료에 첨가 또는 주사(75μg/kg)하고, 발정이 올 때까지 급여하여 발정이 오면 중단하고 교배 또는 수정시킨다. 최대 14일까지만 급여한다. 합성 Estrogen(DES, Estradiol Benzoate, Estradiol Cypionate 등)은 낙태제로도 사용된다. 교미 후 1~7일 이내에 주사 또는 경구복용하면 착상이 이루어지지 않는다.

(4) 발정 및 배란동기화 방법

수정대상 암소에 GnRH 제제 100μg을 주사하고, 그 후 7일째에 $PGF_2\alpha$를 주사하며, 48시간 후 GnRH 제제 100μg을 다시 주사한다. 그리고 16~20시간 후에 수정을 실시한다. 호르몬처리는 자궁과 난소의 상태를 확인한 후 처리하는 것이 효과적이므로 전문가적 자질이 필요하다.

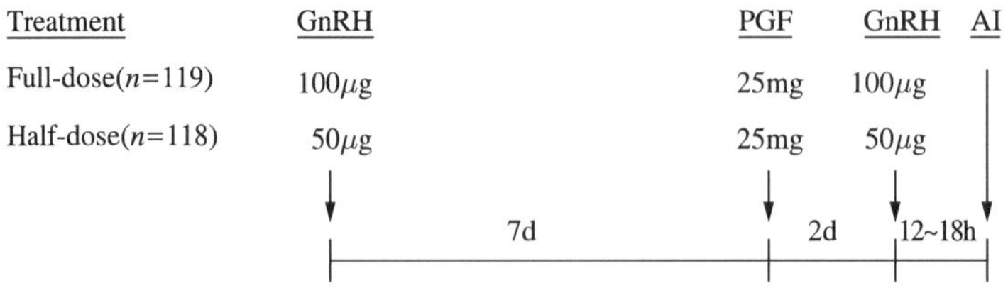

Protocol for synchronization of ovulation and timed AI in lactaring dairy cows using $PGF_2\alpha$(PGF) and either 100μg(Full-dose) or 50μg(Half-dose) of GnRH per injection.

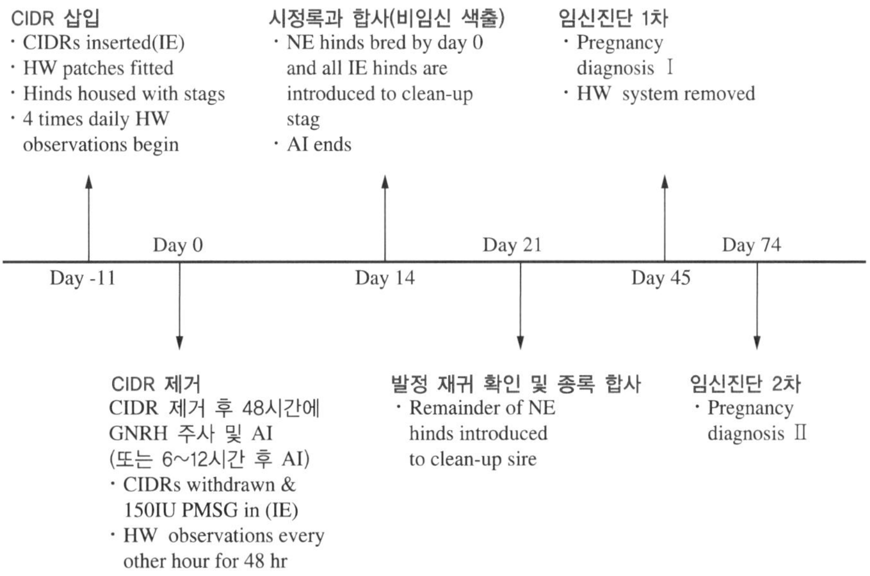

(5) 소 집약화 및 규모화 인공수정(월간 관리)

첫째 월요일 아무 때나 (가능하면 매월)	수정가능 암소 전체 GnRH 1차 투여 (GnRH 50~100μg/두, M)	리셉탈, 콘세랄, 부세린
둘째 월요일 오후 3~4시	대상 암소에게 $PGF_{2}\alpha$(25~35mg/두) 근주	루텔라이스
둘째 수요일 오후 3~4시	모든 암소에게 GnRH 2차 투여 (GnRH 50~100μg/두, M)	
둘째 목요일 오전 8시	모든 암소에게 수정시킴	
규모에 따라 격주, 매월 또는 격월 처리	기대되는 결과 • 수태율 40% 수준 • 업무 집중 수행 • 전문 수정사 시술 권고(50회 이상 수정 후 결과 분석)	

(헤리월트 모멘트, 1999. 한국수정란이식학회 추계학술대회지 p. 11–17)
– Momont, H.W., Univ. Wisconsin–Madison, Vet. Medicine.

① 미국의 경우 낙농가들의 발정발견효율은 40% 수준, 그중 수태율은 40% 수준이며, 이 경우의 분만율은 16%가 된다. 즉, 100두 중 16두만 분만한다.

② Ov–synch의 경우 발정확인 불필요, 수정요구율은 100%, 그중 수태율이 40% 수준이라면 분만율은 약 40%, 즉 100두 중 40두가 분만하게 된다. 결국 최대 두당 2.5회 수정으로 수태되게 된다.

[소의 규모화 인공수정(매월 둘째주 목요일 일괄 수정)]

(6) 수정란 채란(비외과적) 및 이식(발정 주기의 5~7일) 방법

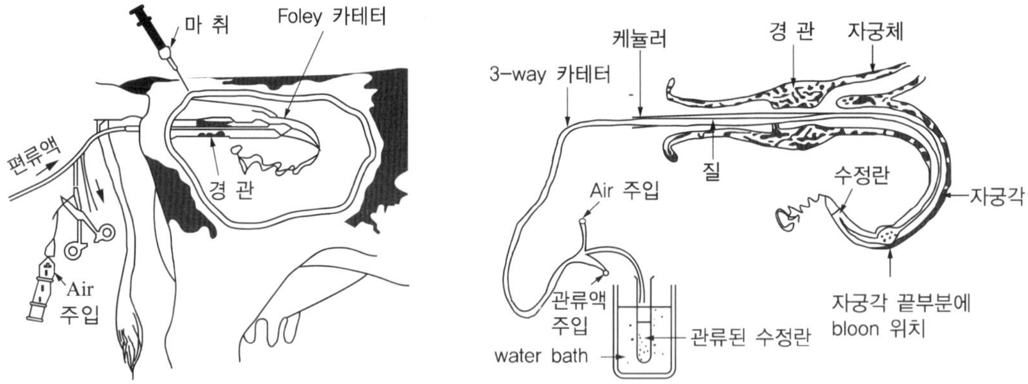

가.

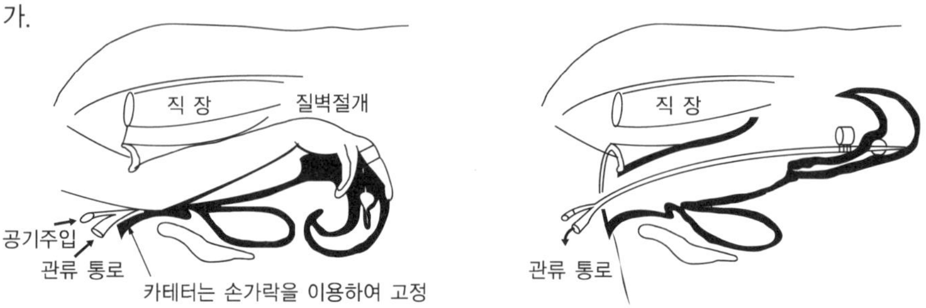

나.

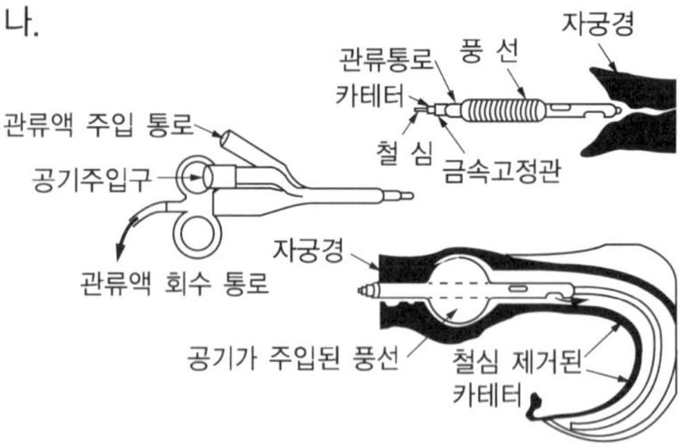

다.

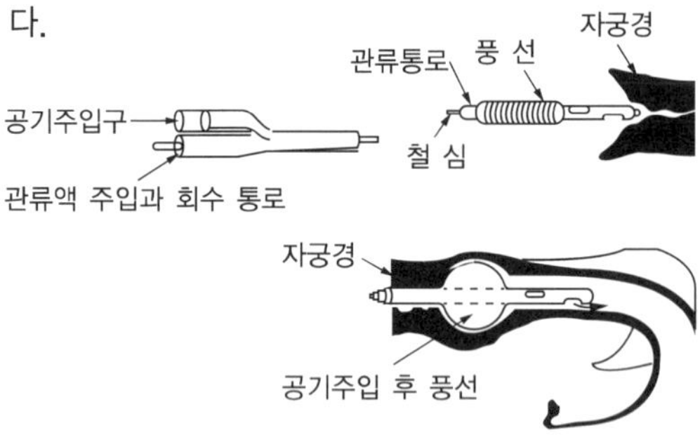

[수정란의 간편 채란 및 이식 기술 확립 필요]

음압 이용 신속 채란 장치

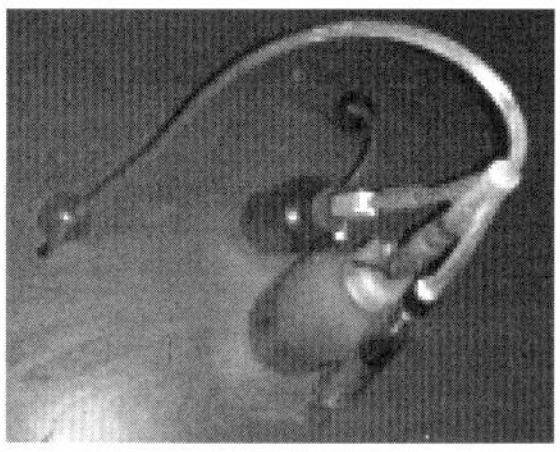

관류액 : 500~1,000mL ⇨ 관류액 : 50~100mL
소요시간 : 30분~1시간 ⇨ 소요시간 : 5~10분

단축가능

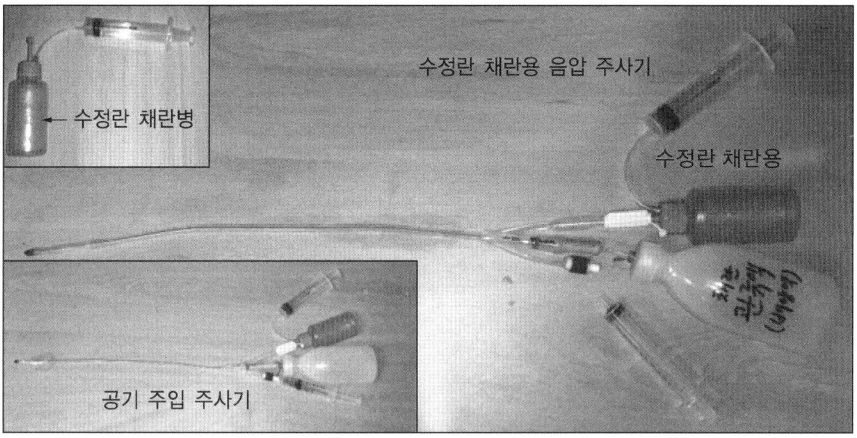

[간편 수정란 채란 장치]

2. 돼지 인공수정의 산업화 기술

목적 : 번식경영비 절감, 동기령 생산관리 및 출하

(1) 후보돈/임의의 경산돈에 대한 인공수정 방법

Ring-CIDR (11~14일) 또는 Regumate 4~5mL/일 투약(Altrenogest 30mg) ↓							Ring-CIDR 제거 (08:00) ↓	hCG(300IU) 또는 PG 600 (08:00) ↓ 발정유도	GnRH (300μg) 주사(15:00) ↓ 배란유도	인공수정 1차 AI (17:00) ↓	인공수정 2차 AI (08:00) ↓
Day 1 (수요일)	2	3	4	~	13	14	**15(수)**	**16(목)**	**19(일)**	**18(월)**	**19(화)**

(2) 이유 모돈에 대한 인공수정 방법(매주 목요일 이유)

이 유 (스톨로 이동) 오전 ↓	HCG(300IU) 또는 PG 600 주사 (08:00) ↓ 발정유도		GnRH(300μg) 주사(15:00) ↓ 배란유도	인공수정 1차 AI (17:00) ↓	인공수정 2차 AI (08:00) ↓ * 필요시 3차 AI(17:00)
Day 1 (목요일)	2 (금)	3 (토)	4 (일요일)	5 (월)	6 (화)

(3) 돼지 주간관리 체계하의 예정시각 인공수정

주 간	일과중 시간	Sows(경산돈)	Gilts(미경산돈)
일	오후 (16:00)	GnRH(300μg)투여	15:00시 GnRH
월	오후(16:00)	1차 AI	17:00시 1차 AI
화	오전(10:00)	AI	08:00시 2차 AI
수	오전(07:00)	매주 또는 격주(월간)로 실시	Altrenogest(Regumate) 처리일 및 최종일(미경산돈) 분만
목	오전(07:00)	이유 및 이유돈군 이동	eCG 투여(처리 단위별) 분만
금	오전(08:00)	eCG(600−800IU) 투여	

※ 매주 월요일, 화요일만 인공수정, 수요일−목요일에 분만시키는 기술

[모돈 및 정액 상태에 따른 인공수정 적기(승가 허용 시간으로부터)]

구 분	액상정액		동결정액	
	1회 수정	2회 수정	1회 수정	2회 수정
미경산돈	24시간	1차 : 18 2차 : 28	29시간	1차 : 24 2차 : 30
경산돈	28시간	1차 : 22 2차 : 32	33시간	1차 : 24 2차 : 34

※ 돼지의 수정 적기(발정개시 후 10~25시간)

- (일) 저녁 허용 → (월) 저녁 교배 24H
- (월) 오전 허용 → (화) 오전 교배 24H
- (월) 저녁 허용 → (화) 오전 교배 24H
- (화) 오후 허용 → 12H 이후 교배
- (목) 이후 허용 → 허용과 동시에 교배

[산업현장에서의 돼지 인공수정 요령]

일 Day3	월 Day4	화 Day5	수 Day6	목 (이유) Day0	금 Day1	토 Day2
	발정 →	(교배) 발정 ↓	교배 (발정) ↓	교배 발정 교배	발정 교배	
발정 →	발정 (교배)	교배 (발정)	교배 (발정)	발정 교배	발정 교배	
발정이 빠른 편이며, 지속기간이 길다(초산)	발정이 정상적임 (2~3산)	발정이 정상적임 (3~4산)	발정재귀가 다소 늦음 (4~5산)	발정재귀가 많이 늦음 (5~6산)	발정재귀가 매우 늦음 (7산 이상)	토~일요일 발정 개체는 후보돈과 합사

※ 월, 화, 수요일 교배 → 수, 목, 금요일 분만(주말 분만 배제)

[교배 및 인공수정 방법(수정적기)]

돼지의 수정적기는 발정개시 후 10~25시간(배란 전 10~12시간)이며, 이때가 수태율이 가장 높고, 8~16시간 후 2회 교미시키면 수태율을 크게 높일 수 있다.

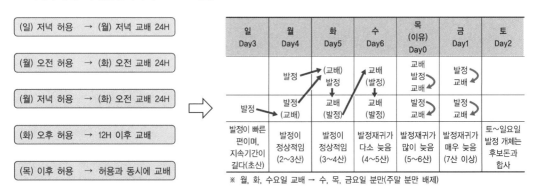

(4) 수태율 및 산자수 증대를 위한 인공수정 방법

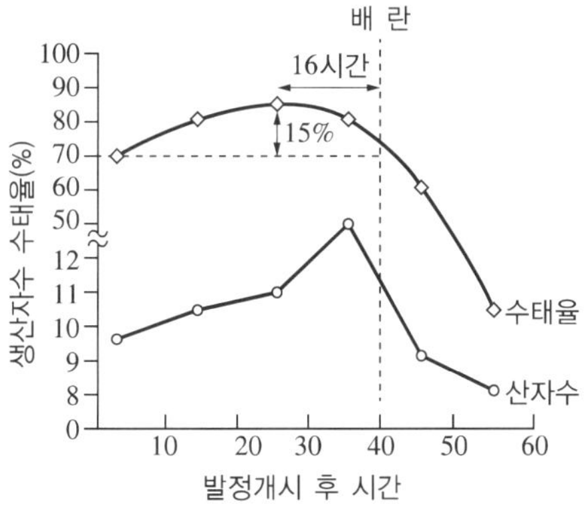

[발정개시 후 종부시기와 수태율 및 산자수의 관계]

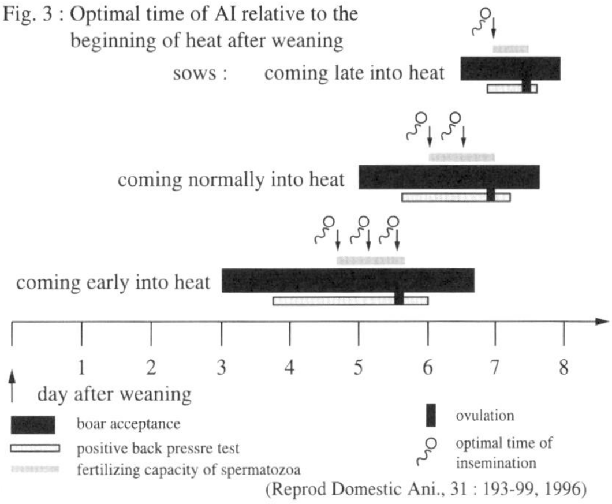

[이유 후 모돈의 발정발현 양상과 인공수정 요령]

(5) 돼지 인공수정 시 정자 수 감축 방안

자궁 심부 주입기에 의한 5천만 마리~1억 마리 정자수에 의한 인공수정 확립 필요

경관통과 자궁체 심부 주입(25억 마리)

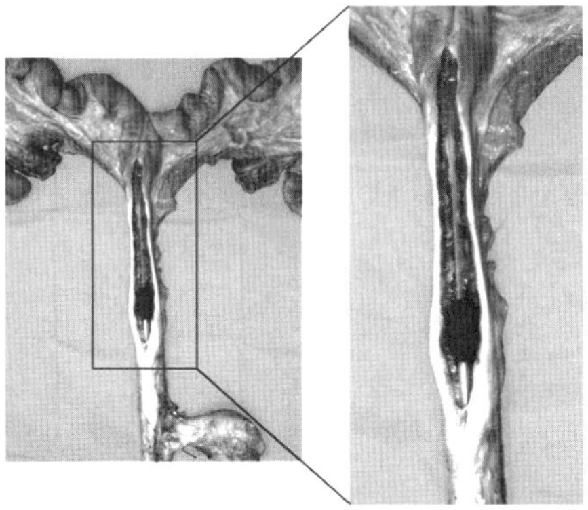

VS

경관통과 자궁각 심부 주입(5천만 마리/dose)

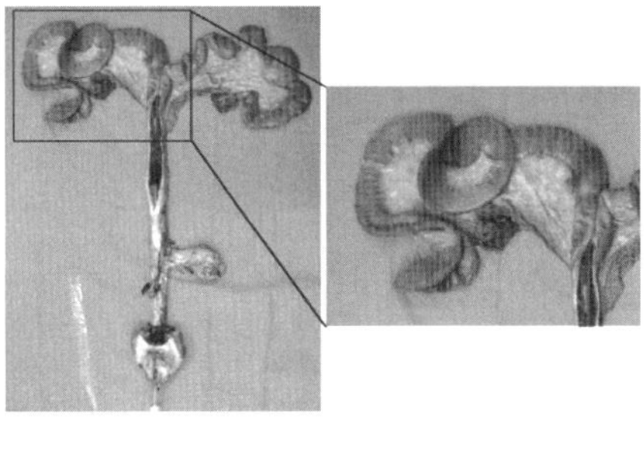

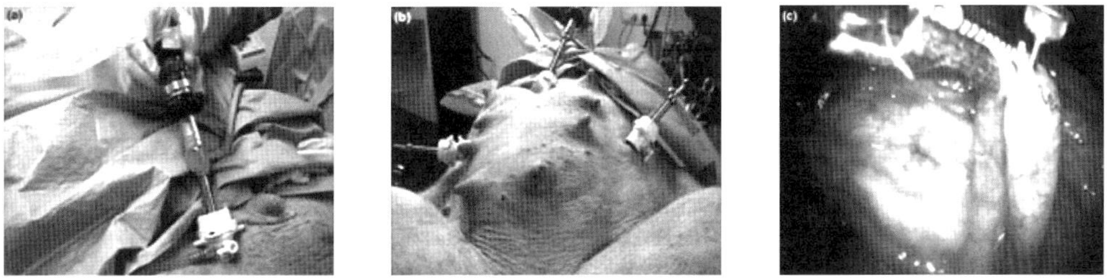

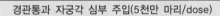

[내시경에 의한 난관 내 정자 주입(5천 마리/dose)]

(6) 새로운 발정동기화법에 의한 모돈 연간 36두 자돈 생산 방법

De Rensis 등(2003)은 경산돈의 새로운 발정-배란 유도 인공수정방법으로 이유 전 2일에 PG600(eCG 400IU + hCG 200IU)을 주사하거나, 이유 당일에 PG600 또는 GnRH(10μg, Receptal)을 주사하면 이유 후 7일 이내에 대조구(무처리, 68.8%와 6.1일)에 비해 81.3~82.9%가 발정이 발현되며, 이유-발정까지도 4.5~5.1일로 짧아진다고 하였다(이때 분만율은 62.7 vs 77.0%). 이유 4일 전에 PG600을 주사하고 이유 당일에 hCG 750IU 또는 GnRH(10μg, Receptal)을 주사한 경우에는 이유-발정까지 평균 1.1일 걸렸으며(PG 600만 처리된 대조구는 5.1일 걸림) 생시 산자수는 차이가 없다고 보고하였다(이때 분만율은 94.8 vs 78.5%). 이러한 발정유도 및 인공수정방법은 모돈의 연간 자돈 생산성을 36두 이상으로 끌어 올릴 수 있는 새로운 방법이다.

※ 발정관련 호르몬을 종전보다 2배 투여할 경우 발정징후 및 수태율이 다소 개선될 수 있다(2009년 농진청 연구사업결과).

3. 사슴 인공수정

(1) 인공수정의 목적

① 종족 개량에 의한 소득 증대

㉠ 국내 종록 평균 녹용 생산성 : 8kg/두 이내, 연(6년생 기준) 15~20kg/두 이상으로 개량

- 녹용 생산성 증대와 자록 가격 상승, 녹용 생산 및 번식 신기술 도입 수단
- 낙각 유도법, 각화 연장법, 발정, 배란 유도법, 수정란 이식기술 도입 기반 마련

㉡ 사양 관리의 합리화 : 동기령 생산, 녹용의 일괄 생산 등

㉢ 수태율 향상

- 번식 계절 도래 직전(8월 말~9월 초) 수정으로 수태율 증대
- 계획 교배에 의한 혈통 확립

② 국제 경쟁력 강화 및 번식 경영비 절감

㉠ 러시아, 캐나다, 뉴질랜드, 중국 등 양록 선진국 진입 및 가격경쟁력 증대 : 생산성 및 품질 우위 확보 필요(국내 녹용소비량의 90% 이상 수입에 의존)

㉡ 녹용 생산성 증대 기술 : 종록의 조기 개량 도입으로 개량 속도 증대, 낙각-각화 지연법 적용

(2) 번식생리 및 생식기 구조

① 수컷 : 9월 22일 임신, 5월 30일 출생 → 익년 2~3월 첫 뿔 성장 → 6~7월 절각(첫 뿔) → 9월 정액 생산가능(AI) → 동기령(암컷) 임신 가능(16개월령, 성 성숙 완료)

※ 조기 개량에 적극 도입

② 암 컷

㉠ 5~6월 출생 → 익년 9월 첫 발정(성 성숙, 임신 가능) - 16개월령

㉡ 6~7월 출생 → 2년 후 발정에 의한 임신 가능 - 26개월령

㉢ 익년 번식계절의 후미에 발정 발현으로 임신 곤란(임신 시에는 자록 육성율 저하 초래)

㉣ 즉, 5~6월 출생 새끼는 다음해에 번식 가능, 7월 이후 출생 새끼는 2년 후 번식 가능으로 경영에 불리(개량 지연 및 번식율 저하 : 녹용 생산성 및 자록 생산 저하 초래 → 소득 감소)

㉤ 임신기간 : 엘크 248일, 꽃사슴 225일

※ 주로 추분(9월 22일경)에 임신함

※ 암컷 서열에 따라 임신 순서 정해짐(임신은 암컷의 권력) 예 미어캣

암컷 생식기 구조

꽃사슴	엘 크
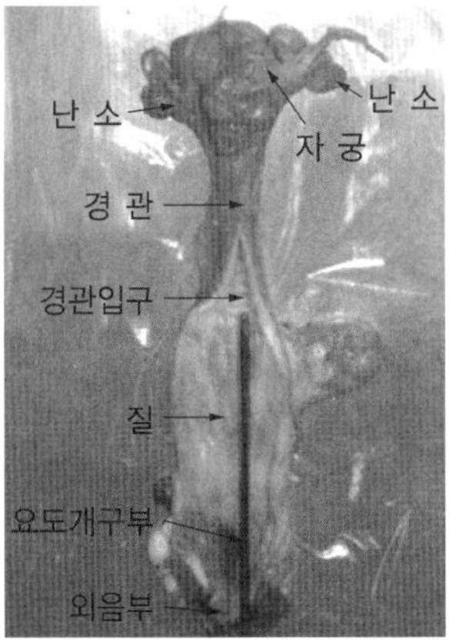	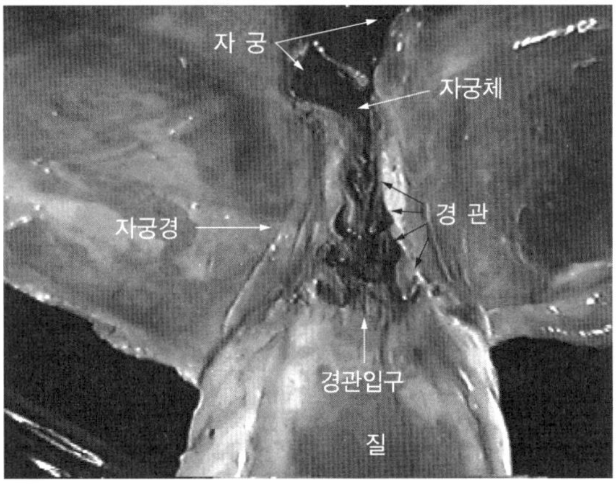

(3) 발정동기화 처리

① CIDR의 질 내 삽입

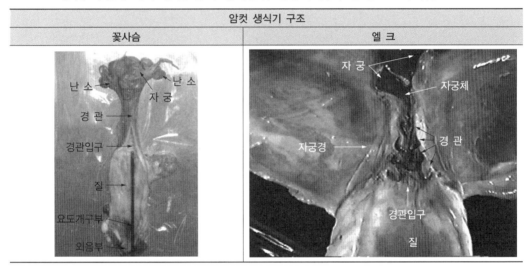

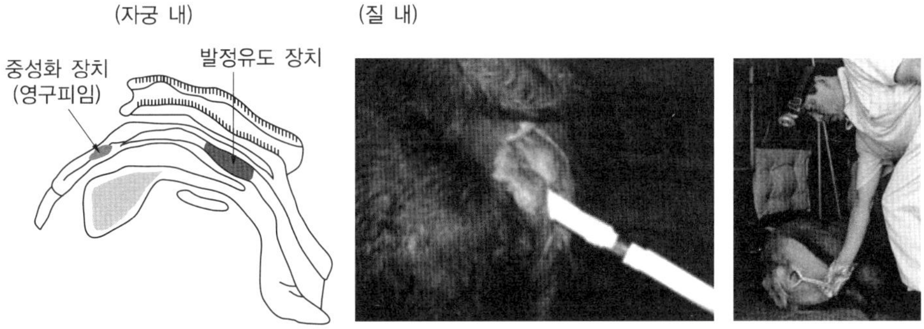

[사이더-플러스 삽입 위치 : 질 내(요도개구부 안쪽)]

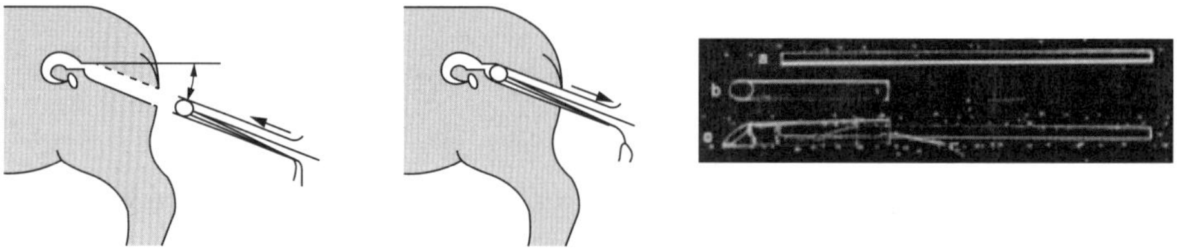

[발정동기화 처리를 위한 CIDR 삽입 방법]

② 호르몬 처리에 의한 발정유도 방법

	GnRH 주사	PGF$_{2\alpha}$ 주사	GnRH 주사	인공 수정
Treatment	GnRH	PGF	GnRH	AI
Full-dose(n=119)	100μg (Frlclose etal., 1996. Therlog., SD : 1257~1264)	25mg	100μg	
Half-dose(n=118)	50μg	25mg	50μg	
	7d	2d	12~18h	

③ 발정동기화 처리 과정

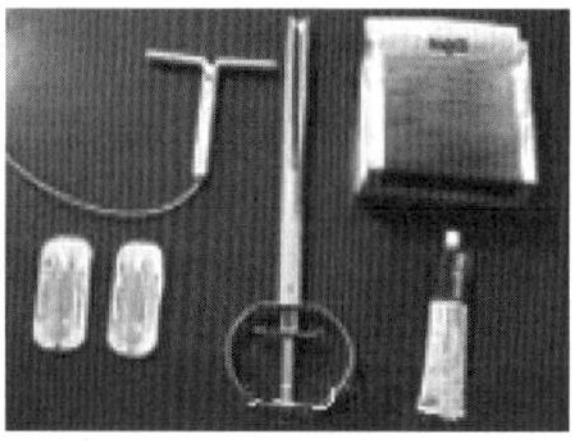

CIDR 주입기구

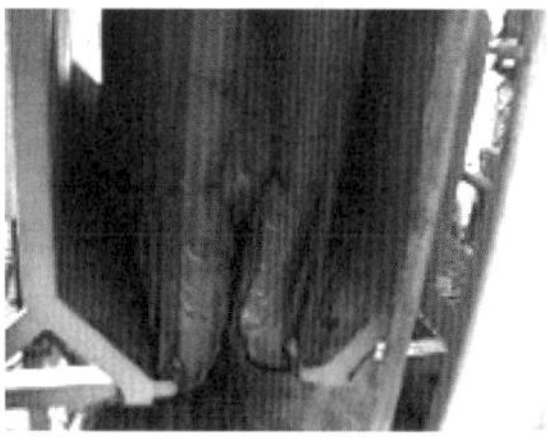

CIDR insert vagina

⇩

for 12~14days

⇩

- CIDR 제거
- FMSG IM(200~250IU)
- Kamar adhere(카마 부착)

⇩

for 54~60hrs

⇩

- Estrus dectection
- vasectomized buck

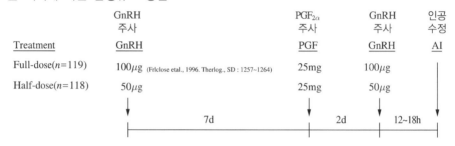

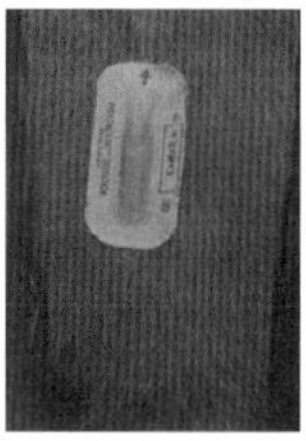

카마 부착

(4) 정액 및 생산

① 정액 채취 과정

전기자극 정액 채취기

블루건 마취

완전마취 확인

자세 조정 및 보정

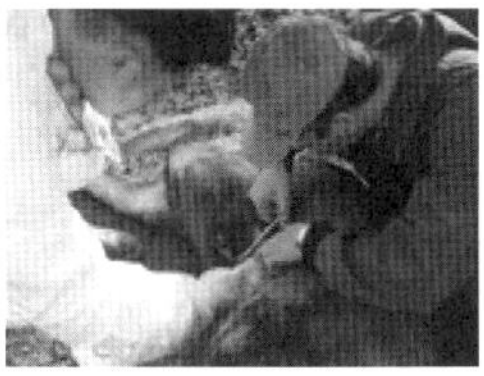
포피 주변 제모 및 소독

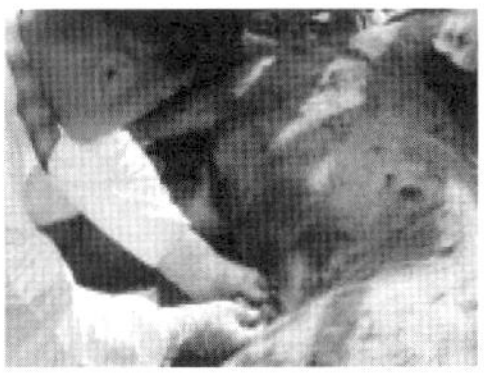
음경 노출 준비

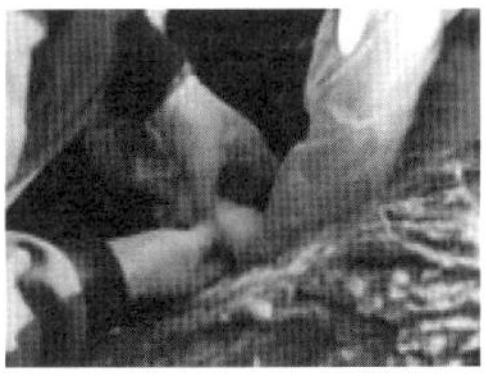
음경 퇴로 방지

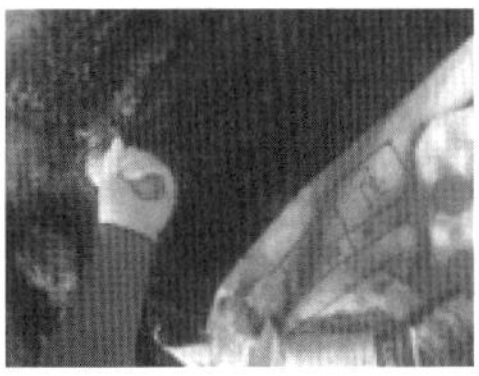
음경 보정 및 채취병 준비

프로브의 직장 삽입

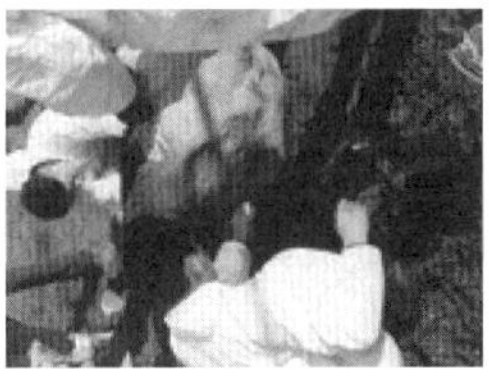
전기자극(통전 vs 절전) 반복

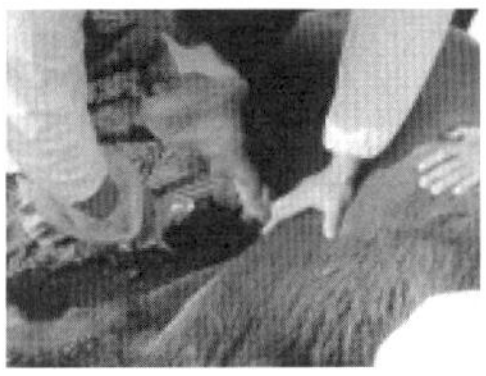
정액 채집(1~5병 분리 채집)

포피 소독(필요시 링거 주사)

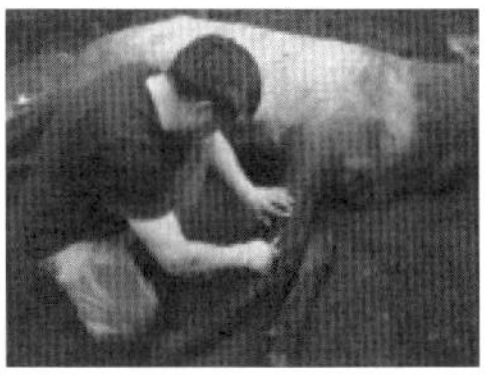
회복제 주사 및 회복 확인

② 사슴(소) 정액의 생산량(Straw) 구하기

㉠ 채취된 정액의 성상이 원정액 3mL, mL당 정자수 5억 마리, 생존율 80%라면

- 총 정자수 : 15억 마리(소는 50억 마리)
- 생존(유효) 총 정자 수 : 12억(15억 × 80%)마리(소는 50억 × 80% = 40억 마리)

㉡ ㉠의 정액을 이용하여 1회 주입분을 0.5mL(straw)에 생존 정자수 3천만 마리로 포장할 경우 40straws의 정액을 만들 수 있다(12억 ÷ 3천만 마리 = 40straws).

㉢ 희석된 정액의 최종량은 20mL가 되어야 하며 원정액량이 3mL이므로 필요로 하는 1차 + 2차 희석액량은 17mL가 되어야 한다(포장 시 손실율 감안하여 최종 120%가 되도록 희석하는 것이 바람직하다. 즉 최종 24mL가 되도록 희석).

- 이론상 최종량 : 40straws × 0.5mL = 20mL

• 필요로 하는 희석액량 : 20mL – 원정액 3mL = 17mL(희석배율 = 20mL ÷ 3mL = 6.67배)

• 120%로 희석 시에는 희석된 정액의 최종량이 24mL, 즉 희석배율 = 24mL ÷ 3mL = 8배

※ 소는 총 유효정자수 40억 마리 ÷ 2천만 마리 = 200straws를 만들 수 있다.
동결을 위한 최종 희석된 양이 100mL가 되어야 한다(0.5mL straw 포장 시).
손실율 감안 시에는 120mL로 최종 희석하는 것이 바람직하다.

㉣ 동결융해 후 활력이 최소 60% 이상이 되어야 사용가능한 정액으로 판정한다.

(5) 인공수정 전 준비 사항

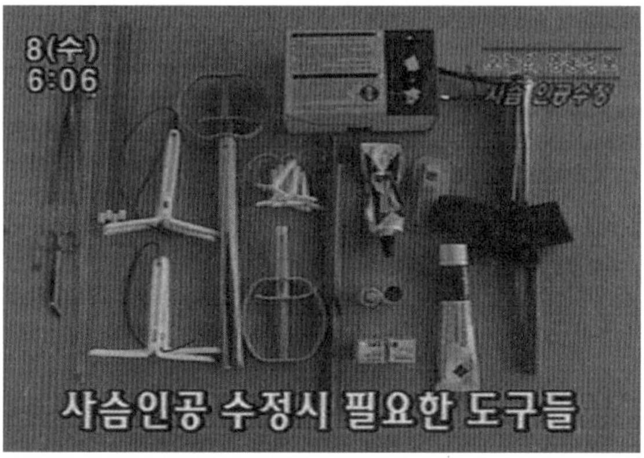

① 경산록의 포유 지록 이유 및 격리 실시

② 미경산록(초임록)은 경산록과 분리 사육(암사슴의 서열 경쟁으로 합사 시 많은 스트레스 야기 – 수태에 지장 초래)

③ 인공수정을 위해서 최소 3회 보정하는 관계로 암사슴의 개체 관리를 위한 개체 표시할 것

④ 인공수정 대상 암사슴은 수태율 증진을 위한 강정사양 필요

⑤ 필요 약제, 관리기구 준비

- 포유 자록 이유
- 불량개체 제외
- 개체 표식

CIDR 질 내 삽입

- 번식계절 도래시기
  (8월 하순~9월 초순)
  ※ 6주 이내 조기 처리 가능

⇩

12~14일간 정치
(과배란 처리)

⇩

- CIDR 제거
- PMSG 근육주사(200 ~250IU)

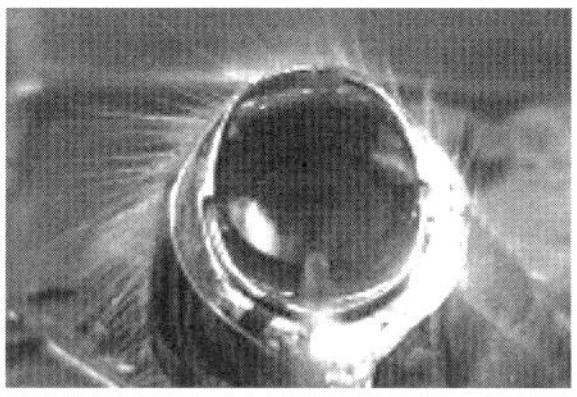

⇩

60~63시간 후

⇩

- LHRH주사(배란 유도)
  (콘세랄 2mL)
- 예정시각 인공수정

(6) 인공수정(정액 주입) : 직장 질법으로 실시(소와 같음)

① 정액 주입 과정

㉠ 사슴 보정 및 외음부 소독

㉡ 정액 융해(37℃ 물에 15초간 융해) 및 주입기 내 정액 장전

㉢ 직장내 분(糞) 제거

㉣ 직장 내 자궁경관을 슬며시 거머쥔다.

㉤ 오른손으로는 정액 주입기를 질 내에 삽입하고 주입기 선단이 질을 통과하여 자궁경관 입구에 도달할 수 있도록 주입기를 서서히 전진한다.

㉥ 질을 통하여 자궁경관 입구까지 삽입된 주입기 선단을 왼손이 거머쥐고 있는 자궁경관 내로 실을 꿰듯 유도하여 경관을 통과시킨다.

㉦ 직장 내에 있는 왼손의 검지(둘째손가락)로 자궁경관을 통과한 주입기 선단을 확인 후 정액을 서서히 자궁 내에 주입하고 정액 주입기를 몸체 밖으로 꺼낸다.

㉧ 정액 주입 후 외음부 마사지 및 주입기 소독

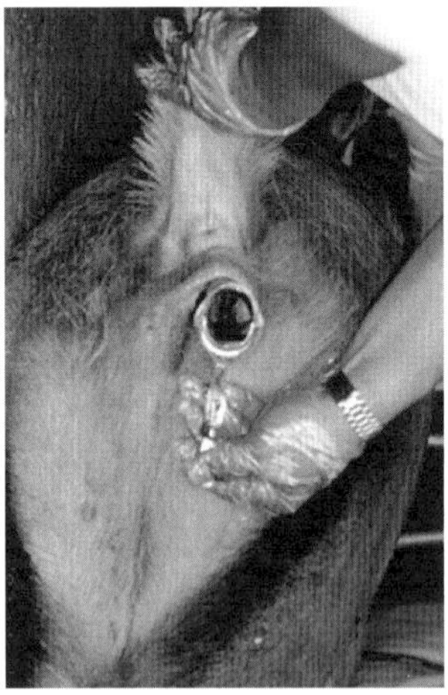

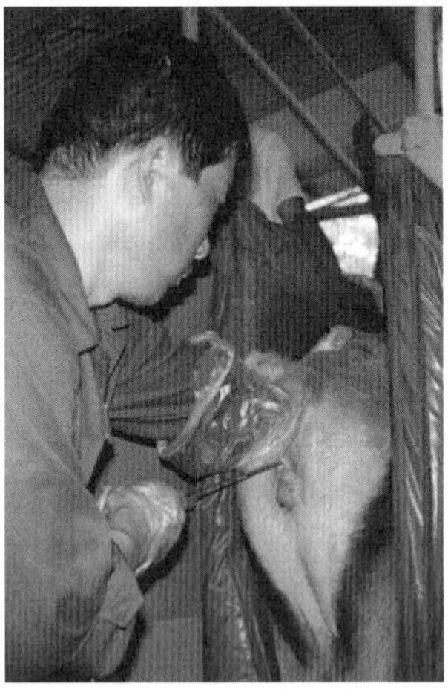

[정액 주입(인공수정) 장면]

② **예정시각 인공수정 전후의 관리** : 사슴은 단일성 계절번식동물이므로 9월 추분 경에 번식(발정)을 시작하게 된다. 인공수정의 경우에는 번식계절 도래 20~30일 이전에 실시하여 개량을 촉진시키고, 미 수태 개체가 발생할 경우 차기 발정예정일인 추분(9월 22일)경에 발정이 발현되도록 한다. 이때 자연종부가 이루어지도록 하면 전체적인 수태율은 높아지게 된다. 아래 그림과 같이 추분 이전 9월 2일경에 인공수정 되도록 하기 위해서는 발정동기화 처리로 인공수정 예정일의 14일 전인 8월 18일에 CIDR를 암사슴의 질 내에 삽입시킨다. 그리고 8월 30일에 CIDR를 제거하고 호르몬 처리로 발정 및 배란 동기화를 실시한 다음 9월 2일 예정된 시간에 인공수정을 실시한다(가능한 저녁). 인공수정 후 14일 경(9월 16일)에 비임신 암사슴을 색출하기 위하여 9월 19일까지 시정록과 합사시킨 후 격리시키고, 비임신 사슴의 수태를 위하여 발정예정일인 9월 20일~23일 동안에는 종록과 합사시킨다. 9월 23일 오후에는 합사된 종록을 암사슴과 격리시킨다. 전체적인 수태율은 오히려 자연종부보다 높아지게 되며 나중에 동기령 출산으로 사양관리가 용이해지며, 더 나아가 생산된 자록들의 성숙이 빨라져 이듬해 녹용채취나 임신이 가능하게 된다(매우 중요). 암사슴의 경우에도 서열이 존재하여 서열이 높은 개체는 일찍 임신하게 되고 서열이 낮은 암사슴은 수태되지 않거나 늦게 임신하게 된다. 늦게 임신되어 분만한 암사슴은 다음에 새끼의 포유 관계로 다시 늦게 임신되거나 임신되지 않기가 쉽다. 물론 새끼도 치여서 육성율이 매우 낮거나 도태되기 쉽다. 암사슴의 임신도 권력이다. 자기 새끼가 다른 새끼보다 일찍 태어나도록 하여 우세하도록 하기 위함이다. 이러한 원리는 소에서도 같다(소도 계절번식성이 남아 있다. 가을 임신이 유리하다).

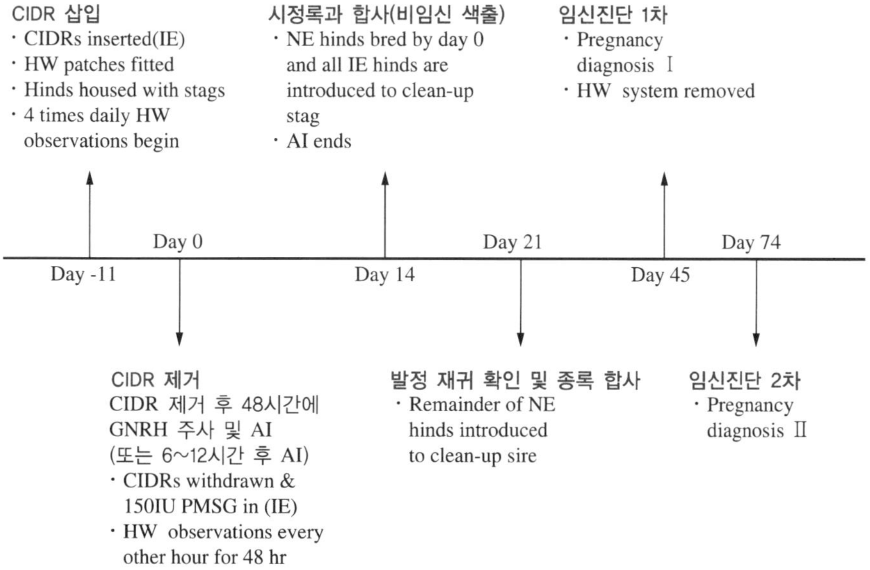

[발정동기화 및 인공수정 후 번식 관리]

(7) 인공수정 후 번식효율 향상을 위한 사양 관리

① 축군(암사슴)을 젊게 유지

② 사양 관리의 합리화 및 특색화

③ TMR사료 급여체계 전환, 기능성 사슴 사양(약초사슴 등)

④ 조기 이유 및 자록 개체 관리 - 육성율 향상

⑤ 8월 전 이유 및 어미 사슴의 강정 사양

⑥ 수사슴 정관수술(또는 거세)

⑦ 계획 교배, 발정 확인, 경쟁관계의 에너지 소실 방지

⑧ 안전 최우선 관리시스템 확립(대피 장소 확보, 호신 무기, 위험 발생 감지-통보시스템)

⑨ 농장 간 거리 적절하게 유지 : 지속적 경쟁(소리) 관계에 의한 종록 폐사 우려 발생

⑩ 규모화 인공수정 또는 발정동기화(동기령 자록 생산)

⑪ 분만 관리(야간 분만이 대부분임) 전환 : 주간 분만, 오전 분만 유도

⑫ 자록 육성율 향상(제대염 및 설사 방지)

⑬ 소모성 질병(기침, 설사, 피부병, 제대염, 부제병 등)의 발생 억제

(8) 낙각 유도 및 각화 지연 처리

Progestogen의 활용(황체 H. = Progestrone = Gesragen) (Deer)합성 P4 호르몬제

MGA(Melangesterol Acetate) : 낙각유도 및 각화지연, 성장 촉진, 근력 강화

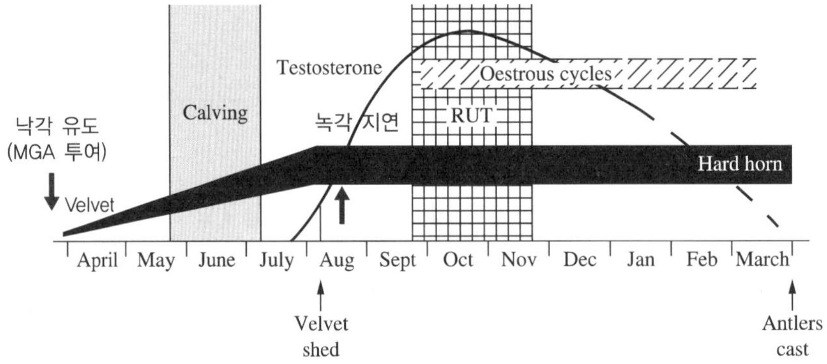

[낙각유도 원리와 방법]

① 낙각의 그룹화 처리

㉠ 2월 중 두 그룹으로 나누어 낙각 처리

㉡ Progesterone의 사료 첨가 급여(7일간)

② 각화 지연

㉠ 8월 중 두 그룹으로 나누어 각화지연 처리

㉡ Progesterone의 사료 첨가 급여(7~14일간)

4. 개 인공수정

(1) 정액 채취

① 인공질법 : 음압에 의한 발기 유도로 정액 채취

② 마사지법 : 귀경(음경) 부위의 압박과 마사지로 정액 채취

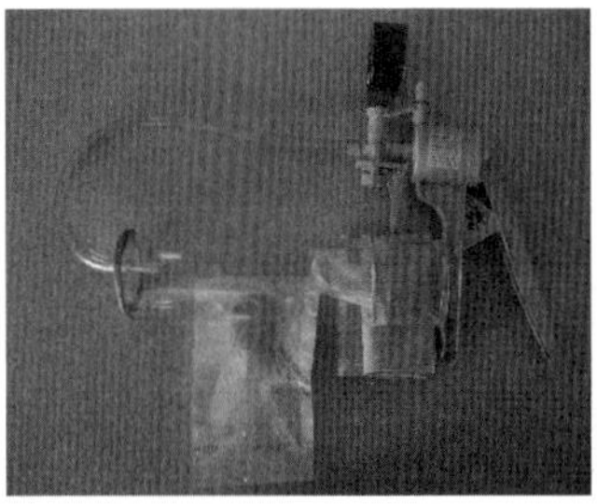

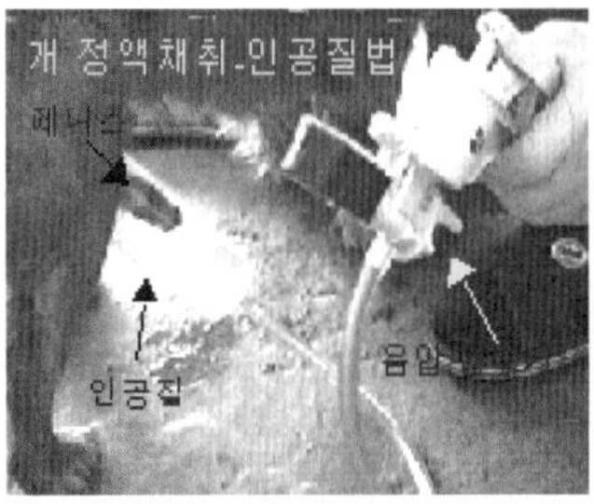

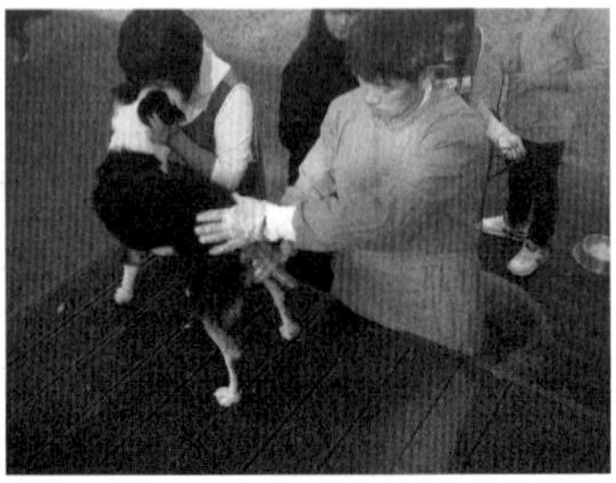

[인공질법(음압을 이용) 및 마사지법에 의한 정액 채취]

(2) 정액 희석

정액의 양을 증가시켜 우수한 수컷의 정액을 여러 마리의 암컷에 수정할 수 있다. 사출된 정자의 불리한 환경을 개선해주어 정자의 생존성과 활력을 보존함으로써 정액 사용시간을 연장시킬 수 있다. 채취된 정액의 적절한 희석 방법은 가능한 최대한 빨리 희석액과 희석하여 정자의 소실(에너지대사에 의한 수명단축 등)을 방지하여야 한다. 최근에는 1주일 정도 정액을 보관할 수 있는 MR-A보존액과 10일 이상 보관할 수 있는 Androhep 보존액 등이 개발되어 있다.

(3) 인공수정 기구

개 인공수정기구는 사실 상품화되어 있는 제품이 거의 없다. 여기에서 인공수정기구는 단순히 정액을 주입하는 기구를 말한다(다음 그림 참조). 개는 돼지와 마찬가지로 다산동물이기 때문에 돼지 정액 주입기를 변형하여 용이하게 주입할 수 있다. 주사기, 벌룬카테터, 짧게 변형한 돼지 정액 1회용 및 심부 주입기 등을 이용할 수 있으며, 0.25mL 동결정액의 경우에는 산양용 정액 주입기를 이용하여 정액을 주입할 수 있다.

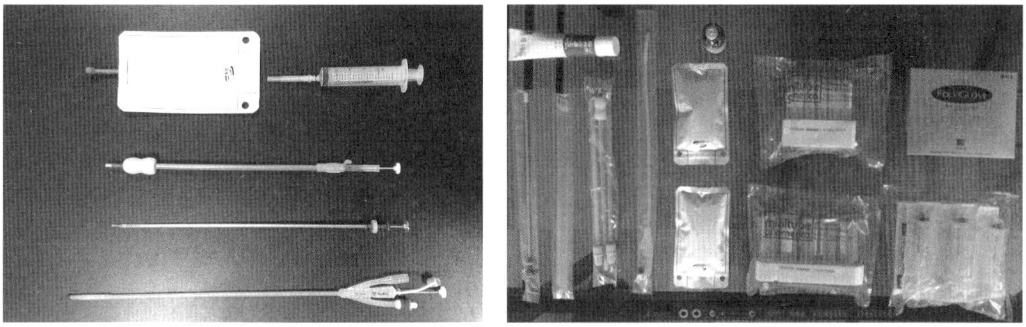

출처 : 바이오컬쳐㈜

[개 정액 주입기의 구성 및 용품]

(4) 정액 주입(인공수정)

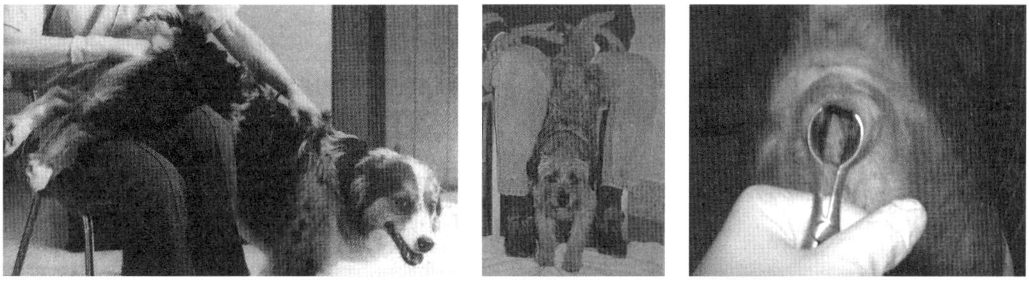

[개 정액 주입요령(방법 2 : 질경법)]

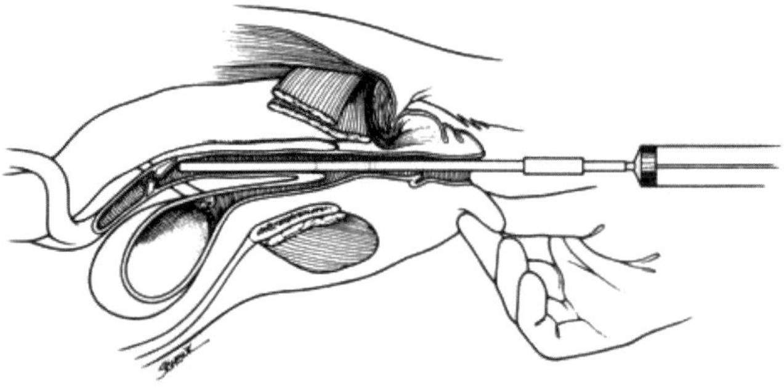

[개 인공수정 모식도]

5. 고양이 인공수정

(1) 정액 채취

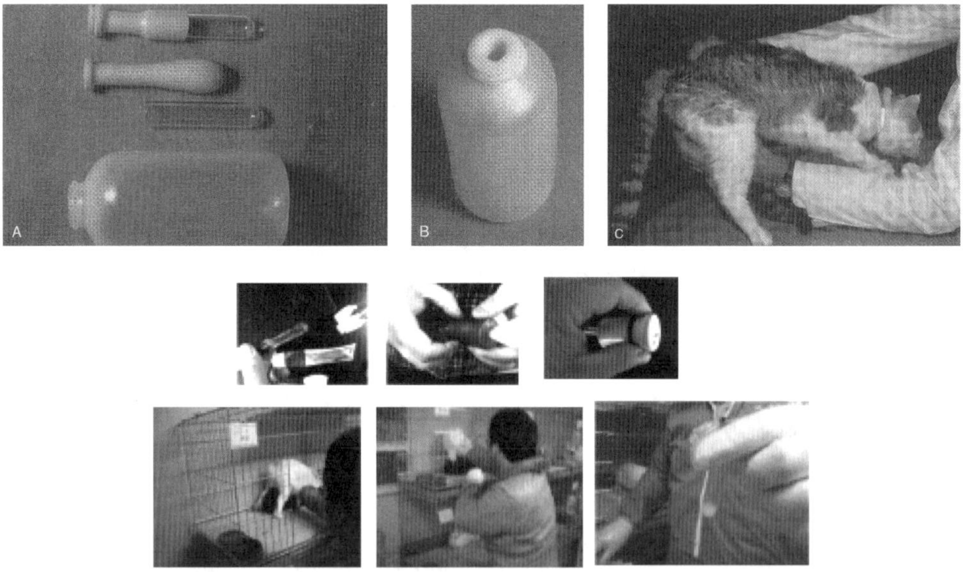

고양이 및 토끼의 정액 채취를 위한 인공질의 구성 및 정액 채취 장면
[반려동물 인공수정 및 수정란이식(2018)]

(2) 정액 희석

정액의 주입은 발정 온 고양이에게 50~250IU HCG 호르몬을 피하주사하여 배란을 유도한 후, 정자 농도를 원정액과 희석액을 1 : 1~10배로 희석하여 1회 주입량(0.1mL)당 0.5~5.0 $\times 10^6$cell로 조정한다. 주입방법은 다음 그림과 같이 1mL 주사기에 캐뉼러 또는 끝이 부드러운 실리콘튜브를 연결하여 경관 입구 또는 자궁 내에 정액(100μL)을 주입한다. 발정 유도에 의한 인공수정은

PMSG 50IU를 5~6일간 매일 근육(피하)주사하고, 주사 시마다 외음부를 자극시킨다. 마지막 날에 세다젝트(진정제) 20μg/kg을 주사하고 15분 후에 케타민(마취제) 0.2~0.4mg/kg을 주사한 다음 인공수정하거나, FSH를 3~7일간 매일 2mg씩 주사하고 마지막 다음날 HCG 250IU와 GnRH 25μg을 주사(배란 촉진)한 후 인공수정(정액 주입)한다(농림부 연구보고서. 경상대, 공일근).

(3) 인공수정 기구

개와 유사하게 인공질로 정액을 채취한다.

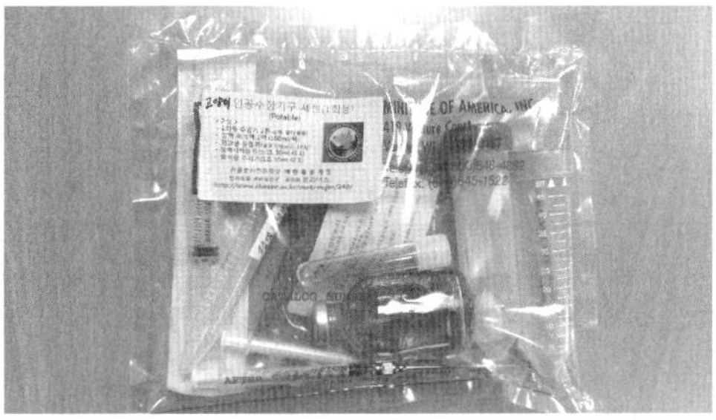

(4) 쟁액 주입(인공수정)

고양이는 닭, 토끼와 마찬가지로 주사침 끝이 둥근 것으로 연결하여 정액을 주입한다.

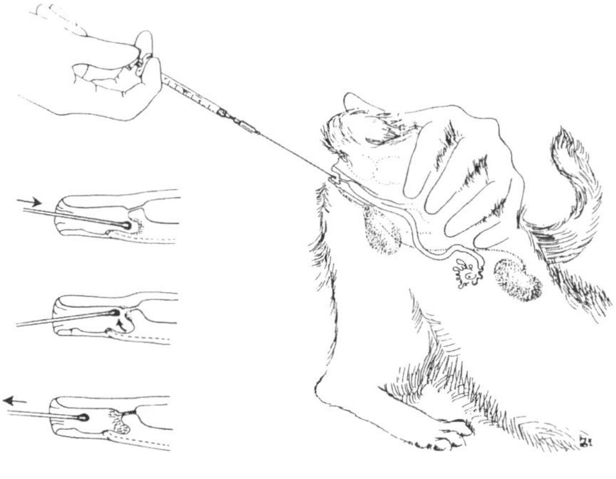

[고양이 인공수정(정액 주입) 모식도]

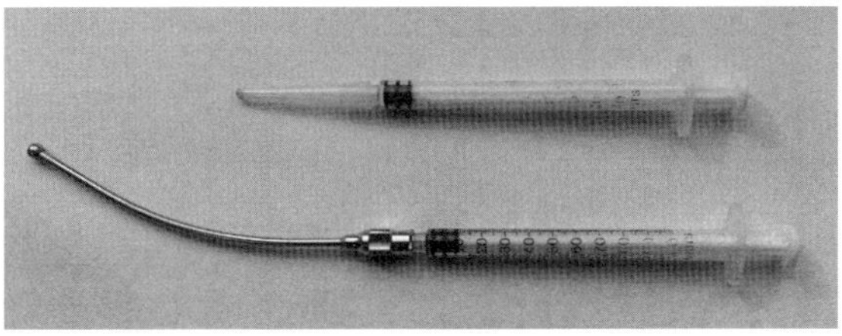

고양이(토끼) 정액 주입 방법 및 주입기
[반려동물 인공수정 및 수정란이식(2018)]

서술형/질의응답 예상문제

2020~2023 실기 평가 방법

구 분	평점요소	배 점
가.	발정현상 및 수정적기	10점
나.	돼지정액 주입	22점
다.	동결정액 융해절차 및 액상정액 사용방법	18점
라.	주입기 장착	15점
마.	소정액 주입	25점
바.	현미경 정액검사	10점
총 점		100점

※ 실기시험 합격기준 : 100점 만점기준 평균 60점 이상을 득점한 자

2018 실기 평가 방법

구 분	평점요소	배 점
가.	발정현상 및 수정적기	10점
나.	동결정액 융해절차 및 액상정액 사용방법	20점
다.	현미경 정액검사	15점
라.	주입기 장착	15점
마.	소정액 주입	20점
바.	돼지정액 주입	20점
총 점		100점

※ 최종합격자 결정 : 필기합격자(필기시험 점수) + 실기시험 점수 ≤ 총점 360점 이상인 자

- 2018년 가축인공수정사 최종 합격 수준은 응시자의 23.4% 수준이었음(612명 응시에 최종 143명 합격).
- 필기 합격자(점수) : 합격 점수 260점(평균 52점) 이상(2018년), 300점(평균 60점) 이상(2020년), 과목별 낙제(40점 이하) 없이 500점(5과목) 만점에 한하였음.

실기 평가 셀프 체크리스트

반복 연습(암기)

<table>
<tr><th>평점(배점)</th><th colspan="2">채점 포인트 (총 100점)</th><th>중요도/점수</th></tr>
<tr><td rowspan="7">가. 발정현상, 탐지, 유도, 수정적기 및 임신진단 (10점)

감독관1 (질의응답)</td><td colspan="2">소 발정 행동 나열하기(거동불안, 승가, 울음, 외음부 종창, 팽윤, 적색)</td><td>★</td></tr>
<tr><td colspan="2">돼지 발정 행동 나열하기(거동불안, 부동자세, 울음, 외음부 종창, 팽윤, 적색)</td><td></td></tr>
<tr><td colspan="2">소, 돼지 발정 주기는 며칠? 21일
발정 탐지법 : 카마, 친볼, 바로미터, 시정모, 호르몬분석, 초음파진단</td><td></td></tr>
<tr><td colspan="2">소의 발정유도 호르몬제는? FSH, PMSG, HCG, $PGF_{2}\alpha$, Progesterone</td><td></td></tr>
<tr><td colspan="2">소 수정적기는 언제? 발정개시 후 12~16 또는 배란(30시간) 전 13~18시간</td><td>★</td></tr>
<tr><td colspan="2">돼지 수정적기는 언제? 발정개시 후 12~25시간(질의응답)</td><td></td></tr>
<tr><td colspan="2">• 소 임신진단법 : 발정재귀 여부, 직장검사법(태아 크기, 난소 내 진성황체 확인), 초음파진단법(양수, 태아 유뮤), 호르몬분석법(황체호르몬 수준)
• 임신 난소(진성황체)와 비임신 난소(난포 또는 가성 황체) 구분하기
• 돼지 임신진단법 : 발정재귀 여부, 초음파진단법(자궁동맥박동, 양수 유무)</td><td>2020년 실기</td></tr>
<tr><td rowspan="7">나. 돼지 정액주입 (22점)

감독관1 (역할 연기, 작업장 평가)</td><td colspan="2">외음부를 휴지로 닦고, 외음부를 충분히 벌려 주입기를 넣는가?</td><td></td></tr>
<tr><td colspan="2">주입기를 시계 반대 방향으로 돌리면서 삽입하는가? 시계방향-후퇴</td><td>★</td></tr>
<tr><td colspan="2">주입기를 뒤로 당겨보면서 결합이 잘 되었는지 확인하는가?(저항감)</td><td>★</td></tr>
<tr><td colspan="2">정액병 선단을 위생적으로 자르는가?(장갑 낀 손으로 자르면 됨)</td><td></td></tr>
<tr><td colspan="2">정액 주입 시 3~5분 동안 서서히 주입하는가?(주입 정액량은 약 80mL)</td><td>★</td></tr>
<tr><td colspan="2">주입기를 시계 방향으로 돌리면서 제거하는가?</td><td>★</td></tr>
<tr><td colspan="2">주입기의 종류에 대해서 기능(차이점)을 설명하는가?(후보돈, 경산돈용)</td><td></td></tr>
<tr><td rowspan="6">다. 동결정액 융해절차 (18점)

감독관1 (질의 응답, 역할 연기, 작업장 평가, 체크리스트)</td><td rowspan="5">동결 정액</td><td>동결 정액 제조과정에 대하여 설명하라.
• 제조과정 : 1차 희석, 냉각, 2차 희석, 글리세롤 평형, 예비동결, 동결 순으로 진행
• 동결 정액 스트로 내 정자 수 : 2~3천만 마리/0.5mL(straw)
• 돼지 동결 정액 : 10~30억마리/5.0mL(straw)
• 액체 질소 통 내부 온도 : −196℃</td><td></td></tr>
<tr><td>정액융해기 물 설정 온도 : 35~37℃, 20초간 융해</td><td>★</td></tr>
<tr><td>• 액체질소통의 뚜껑을 열고 스티로폼 마개를 뽑아내어 적당한 곳에 둔다.
• 액체질소통에서 정액 스트로를 꺼낼 때 캐니스트를 들어올리는 위치 : 액체질소통 목 상단 부분까지 올린 후 캐니스트의 돌턱(뒷 부분에 위치)을 다른 캐니스트의 손잡이 홈(구멍)에 끼운다. - 양손이 자유로워짐
• 캐니스트의 내부에 있는 고블릿 홀더의 상단을 왼손 엄지와 검지로 잡고 고블릿 내부에 있는 정액을 핀셋으로 집어 꺼낸다. 꺼낸 정액은 융해기의 수조에 침지시킨다.</td><td></td></tr>
<tr><td>정액 융해기에 침지된 정액을 20초 동안 융해시킨다.</td><td>★</td></tr>
<tr><td>융해시키는 동안 액체질소통 원위치 : 캐니스트를 원위치(돌턱에서 분리하여 내려서 제자리에 위치)시킨 후 마개를 닫고 뚜껑을 덮는다.</td><td></td></tr>
<tr><td colspan="2">융해된 정액은 휴지로 물기를 닦고, 스트로는 반드시 가장자리를 잡는다.</td><td></td></tr>
</table>

평점(배점)	채점 포인트 (총 100점)	중요도/점수
라. 주입기 장착 (10점) 감독관2	정액스트로의 솜 부분을 휴지로 감싸 잡고 내부 기포를 위로 올라오게 하여 스트로 절단가위 또는 절단용 칼로 자르는가?	★
	정액스트로 절단 시 솜 반대 부분을 직각(수평)이 되게 자르는가?	★
	절단한 정액스트로를 손을 대지 않고 위생적으로 주입기에 넣는가?	
	정액스트로 길이만큼 주입기 실린더(주입봉)를 뒤로 뺀 다음, 주입기에 시스를 끼고 주입기의 캡 부분을 빈틈없이 잘 장착시키는가?(끝부분 확인)	★
	전 과정 동안 주입기나 정액이 오염되지 않도록 위생적으로 처리하는가?	
	주입기에 장전된 정액이 주입봉을 밀 때 사출되는가?(역할 연기, 작업장 평가)	★
마. 소정액 주입(25점) 감독관2 (역할 연기, 작업장 평가, 체크리스트 평가)	비닐장갑, 윤활제의 운용, 주입기에 비닐캡 피복 여부, 주입봉 후퇴 여부	★
	외음부를 휴지로 닦고(소독), 외음부를 벌려서 주입기를 주입하는가?	
	주입기를 상방향 15°로 정액을 전진시키는가?	
	주입기 선단이 3추벽~자궁체(자궁경관 심부)에 위치하여 정액을 주입하는가?(주입기 선단의 자궁경관통과 여부 확인)	2020년 실기
	주입 후 주입기 캡이나 스트로 내에 정액이 남거나 역류 없이 주입되었는가?	★
	주입 후 주입기를 위생적으로 소독하고 수정한 스트로의 내역을 수정 증명서에 기록을 하는가?(역할 연기, 작업장 평가, 체크리스트 평가)	★
	소 모형 내에서 인공수정 실기를 측정함(각종 센서 부착)	2021년 실기
바. 현미경 정액검사 (15점) 감독관2 (서술형 시험, 체크리스트)	슬라이드가온판의 온도를 조절하는가? 37℃로 맞추기	
	슬라이드글라스, 혈구계산판, 정액검사판을 슬라이드가온판에 가온하기	
	슬라이드글라스를 재물대 위에 잘 고정시키는가?(좌우전후 조절나사)	
	현미경의 상하조절(조동나사와 미동나사 이용)하여 100배 정자의 초점을 찾는가?	2020년 실기
	주어진 도면 내의 정자수를 세어 기록하시오(서술형 시험).	
	주어진 정액에 대해 정자 농도를 계산하시오(서술형 시험).	★

01 정액의 채취방법

01 사정(射精)의 기전(Mechanism)을 설명하시오.

답 이성(異性)에 의한 자극을 비롯하여 여러 자극이 모축의 성적 흥분(Sexual Excitement)을 불러일으키고, 이 흥분이 뇌중추로부터 척수신경을 통하여 요선부(腰仙部)의 사정중추(Ejaculatory Center)에 전달되어 사정을 불러일으킨다. 사정중추를 직접적으로 자극하는 수입자극(Afferent Impulses)은 교미할 때 음경에 가해지는 자극이다.

02 정액 채취방법의 종류를 열거하시오.

답 ① 재래식 : 정소상체 정액채취법, 누관법, 해면체법, 질내채취법, 콘돔법, 페서리법 등
② 개량(현대)식 : 마사지(Massage)법, 전기자극법, 인공질법 등

03 해면체법에 의한 정액 채취방법을 설명하고 특징을 서술하시오.

답 생리 식염수나 포도당 용액으로 처리한 부드러운 해면체(Sponge)를 빈축의 질 내에 삽입하여 교미시킨 후 이것을 끌어내어 정액을 짜내는 방법으로 단점은 정액의 손실이 많고, 정자의 활력(Motility)이 떨어진다는 점이다.

04 정액 채취에 있어서의 일반적인 주의사항을 설명하시오.

답 ① 위생관념이 투철할 것
② 온도충격을 피할 것
③ 유해한 광선을 피할 것
④ 채취 전에 모축의 성적흥분을 앙등시킬 것
⑤ 정액은 오전 중에 채취할 것(가능한 새벽, 사료 급여 전에 실시)
⑥ 사출된 정액의 손실을 줄일 것(최대한 빠른 시간 내에 희석)

05 소에 있어서 인공질법에 의한 정액의 채취방법을 기술하시오.

답 의빈대(擬牝臺)나 대축(臺畜)을 사용하여, 채취기술자가 수소의 오른쪽에 서서 40℃ 전후의 온수가 주입된 인공질을 오른손에 잡고 대기하고 있다가, 모우(牡牛)가 승가하면 왼손으로 포피(包皮) 위로부터 음경근부(陰莖根部)를 가볍게 잡고는 자기 앞으로 약간 당기면서 인공질로 유도해 사정시키는 방법이다.

06 종모우(種牡牛) 정액 채취에 가장 일반적으로 사용되는 방법을 쓰시오.

답 소의 정액채취법은 여러 가지가 있으나 인공질법의 발달과정에서 사용되었던 방법에는 질내채취법, 해면법(海綿法), 콘돔법 등이 있다. 그 밖에 노령과 후구질환으로 교미욕이 없거나 교미동작이 불가능한 수소에는 전기자극법이 이용되며, 다리를 다쳐서 승가가 곤란한 종모우에는 마사지법이 이용된다.

07 종모우의 정액 생산은 여러 가지 요인에 의하여 지배되나, 그중에서 가장 밀접한 관계가 있다고 생각되는 요인 3가지를 쓰시오.

답 운동, 영양, 온도

해설 정액 생산은 유전의 영향을 많이 받지만, 환경에 의해서도 크게 좌우된다.

08 인공질(人工膣)로 종모우에서 정액을 채취하는 방법을 설명하시오.

답 ① 정액채취자는 인공질을 의빈대나 대용축의 옆에 위치시켜 수소가 승가할 때 포피개구부의 바로 뒷부분을 다른 손으로 잡아 음경을 인공질에 삽입하게 한다.

② 사정할 때 수소는 전방으로 돌진하므로 인공질도 이에 따라 맞추어 준다.

③ 사정 후에는 인공질의 전부를 서서히 밑으로 기울이고, 인공질 내의 온수를 빼낸 다음 정액이 채취관으로 흐르도록 한다.

09 종모우의 정액채취법 중 전기자극법을 설명하시오.

답 ① 전기의 양극을 장치한 봉상 전극봉(Probe)을 직장에 넣고 처음에는 3~5V의 저전압으로 몇 번 통전하다가, 서서히 전압을 높여 통전 5~6회째 최고 전압 10~15V에 도달하도록 한다. 3~5초 통전 후 5~10초 절전하여 쉬는 것을 반복한다(통전과 절전을 3~5회 반복한다).

② 저전압 시 부생식선액(副生殖腺液)이 분비되고, 고전압 시 정액이 사정된다. 이 방법으로 얻어진 정액의 경우 정액량은 많으나 정자 농도가 낮다.

10 종모우의 정액채취법 중 마사지(Massage)법을 설명하시오.

답 ① 우선 종모우를 보정틀에 고정하여 포피모를 깎고 따뜻한 생리식염수로 포피 내를 충분히 세척한다.

② 직장 내 분을 제거한 후 직장 내에 고무관을 넣어 전립선체부(前立腺體部)에서 정관팽대부(精管膨大部)가 골반체로 내려가는 부위에 대고 44~45℃의 더운 물로 충분히 관장하여 이 부분을 가온한다.

③ 정낭선을 잡는 듯이 마사지하면 투명한 액이 다량으로 나온다.

④ 1~2분 후에 정관팽대부를 후방으로 다시 마사지하면 1~2분 내에 정액이 떨어지기 시작하는데, 이것을 채취관에 받는다.

11 인공수정(人工受精)의 장점을 설명하시오.

답 ① 종모축(種牡畜)의 이용효율을 증대시킴으로써 가축개량을 현저하게 촉진할 수 있다.

② 종모축의 사양관리에 필요한 부담을 경감할 수 있다.

③ 종모축의 유전력을 조기에 판정할 수 있다.

④ 전염성 생식기질환을 미연에 방지할 수 있다.

⑤ 정액의 원거리수송이 가능하다.

⑥ 수태율(受胎率)이 향상된다.

⑦ 자연교미가 불가능한 개체도 번식에 활용할 수 있다.

⑧ 학문연구의 수단으로 이용된다.

12 인공수정의 단점을 설명하시오.

답 ① 정액 자체에 질병의 전염원이 있거나 또는 정자가 가지는 유전형질이 양호하지 못할 경우에는 자연교배에 의한 것보다 인공수정에 의하여 받게 되는 피해가 더 크다.

② 숙련된 기술자와 특별한 시설이 필요하다.

③ 자연교배보다는 1회 수정에 많은 시간이 필요하다.

④ 기구의 세척과 소독의 부주의, 정액처리의 부주의, 기술의 결함에 의하여 생식기 전염병의 발생과 생식기 점막에 손상을 유발할 수가 있다.

⑤ 방목하는 빈우집단은 인공수정하기가 불편하다.

⑥ 종모축(種牡畜)의 수를 감소시킴으로써 종모축의 생산자에게 불경기를 초래할 위험이 있다.

13 소와 돼지의 정액 채취빈도를 개략적으로 설명하시오.

답 소는 1일 100억 전후의 정자를 생산하며, 약 730억의 정자가 항상 저장되어 있기 때문에 1일 1회의 정액 채취가 가능하지만, 돼지의 이상적인 채취간격은 2~3일이다.

해설 1일 채취횟수와 채취간격의 명시

14 수퇘지의 정액 채취를 위한 승가훈련(乘駕訓練)에 대하여 설명하시오.

답 수퇘지의 승가훈련은 먼저 발정이 뚜렷한 암퇘지 또는 발정이 오지 않은 암퇘지를 코뚜레보정법으로 보정한 후 승가시켜서 인공질이나 손으로 2~3회 정액채취의 경험을 가지게 한 다음 의빈대의 승가훈련을 시켜야 한다. 이때 의빈대 위에는 암퇘지의 오줌이나 질분비물을 발라주면 훈련이 더욱 용이해진다. 이와 같이 몇 회 반복하면 승가훈련을 성공적으로 이끌 수 있다.

15 수퇘지의 정액 채취에 대한 주의사항을 쓰시오.

답 ① 인공수정기구를 철저히 소독할 것
② 수퇘지를 청결히 할 것
③ 한 번 사용한 인공질로 다른 수퇘지에 다시 사용하지 말 것
④ 직사광선을 피할 것
⑤ 정액에 갑작스런 온도의 자극을 피할 것
⑥ 조수는 수퇘지의 뒤를 받쳐 줄 것
⑦ 사정을 완전히 시킬 것
⑧ 음경에 상처가 생기지 않도록 할 것

16 인공질로 수퇘지의 정액을 채취하는 요령을 설명하시오.

답 ① 인공질을 조립한 후 외통의 밸브를 통해서 40~45℃의 온수를 적당히 넣는다.
② 압력이 부족하면 소형 고무펌프로 공기를 넣어서 압력을 증가시킨다.
③ 음경이 삽입되는 쪽에는 점활제를 바른 후 발기된 음경을 인공질로 유도하여 음경이 나선형으로 된 좁은 링(Ring)에 들어가서 압박을 받게 하는데, 이 압박감과 자극에 의하여 수퇘지는 성감을 느끼면서 사정을 시작하게 된다.

17 수돼지의 가장 이상적인 정액 채취간격은 얼마인가?

답 5~6일

해설 수돼지의 효율적인 이용으로 보아 3일 간격으로 채취하는 것이 좋으나, 계속하면 정액성상이 불량해지므로 영양공급과 충분한 휴식이 필요하며, 봄과 가을에는 이 방법도 가능하다.

18 수돼지의 1회 평균정액량은 얼마인가?

답 200~250mL

해설 품종의 연령 및 개체에 따라 차이가 있으며, 1회 사정정액량의 범위는 50~680mL이다.

19 수돼지 정액 1mL 중의 평균 정자수는 얼마인가?

답 1~2.5억

해설 수돼지가 사정하는 정액 1mL 중에 정자수는 범위가 대단히 넓어 3천만~10억이 함유되어 있으며, 총정자수는 27~3,000억 정도이다. 1mL 중에 평균 정자수는 1~2.5억 정도이다.

20 돼지 정액의 pH는 얼마인가?

답 평균 7.5

해설 돼지 정액의 pH는 그 범위가 넓어서 7.3~7.9에 해당된다.

21 닭의 정액 채취에 있어서 문제점을 기술하시오.

답 ① 수탉의 선택과 사양 : 정액채취량의 개체별 차이가 심하기 때문에 정액채취용 수탉은 가급적 필요한 숫자의 두 배 정도 확보해야 하며, 사양도 평사에서 한다.

② 채취빈도와 정자농도 : 채취빈도가 높아지면 정액량에 비하여 정자농도의 저하가 현저하다.

③ 정액 채취방법 : 복부마사지법으로 분획채취해야 한다.

22 일반적으로 알려진 수탉의 정액채취법은 무엇인가?

답 복부마사지법, 횡취법, 전기자극법

해설 세 가지 방법 중 일반적으로 가장 널리 사용되는 방법은 복부마사지법이다.

23 수탉의 1회 정액사정량의 범위는 얼마인가?

답 0.1~1.0mL

해설 품종과 개체, 연령과 사양 관리 그리고 채취방법과 채취빈도에 따라서 큰 차이가 있다.

24 닭의 정액 채취방법 중 복부마사지법을 설명하시오.

답 ① 닭의 머리가 아래로 내려가도록 보정한 후 탈지면으로 항문을 깨끗이 닦는다.
② 닭의 꼬리깃을 뒤로 밀고 손가락으로 총배설강을 가볍게 잡는다.
③ 오른손의 엄지손가락과 다른 손가락으로 치골의 하부에 따라서 치골과 용골돌기(龍骨突起) 사이의 부드러운 곳을 가볍고 신속하게 마사지하면서, 퇴화교미기(退化交尾起)가 충분히 발기하면 기부(基部)를 눌러 정관 내 정액을 짜낸다.

25 수탉의 원정액 0.01mL당 정자수는 얼마인가?

답 300만 내외

해설 정자수의 범위는 0에서 1억까지이지만, 평균 300만 정도이다.

26 닭 정액의 분리(분획)채취법(分離採取法)을 설명하시오.

답 닭이 정액을 사정할 때 정관 내에 함유되어 있는 정액은 정관의 유두상돌기(乳頭狀突起)로부터 배출되며, 림프성 분비액은 퇴화교미기의 양쪽에 있는 림프벽으로부터 분리된다. 이 림프성 분비액은 투명한 액체로서 포도당(Glucose)을 함유하고 있기 때문에 그 혼입의 정도가 심하면 정자의 생존성에 영향을 미친다. 그러나 이 양자가 사정될 때 완전히 혼합되지 않으므로 가급적 유백색의 농후한 정액만을 채취하는 것이 필요한데, 이것을 분리(분획)채취법이라 한다.

02 정액의 검사방법

01 정액검사법을 크게 2가지로 쓰시오.

답 육안 검사법, 현미경 검사법

02 정액의 육안 검사사항은 무엇인가?

답 ① 색깔(외관, Appearance)
② 정액량(Semen Volume)
③ 냄새(Smell)
④ 운무상(Cloudiness)의 출현상태

03 정액의 현미경 검사사항을 열거하시오.

답 ① 정자농도
② 정자생존율
③ 정자활력
④ 정자의 기형률
⑤ 첨체이상(尖體異狀)

04 정액성장검사판(精液性狀檢查板)에 정액을 놓고 가온한 후에 현미경으로 정자의 활력을 검사할 때 정자의 운동 종류에 따라 일반적으로 5단계로 분류하는데, 이를 분류하고 간단히 설명하시오.

답 ① ⧻ : 가장 활발한 전진운동
② ++ : 활발한 전진운동
③ + : 완만한 전진운동
④ ± : 선회 또는 진자운동
⑤ − : 운동하지 않는다.

해설 이것은 일본이나 우리나라에서 사용되는 정자활력기호이고, 구미지역에서는 5, 4, 3, 2, 1, 0과 같은 숫자로 분류하기도 한다.

05 정액의 수소이온농도(pH)를 측정하는 방법을 설명하시오.

답 ① 지시지법 : 백금이(白金耳)로 한 방울의 정액을 채취하여 지시지(指示紙)에 발라 변색의 정도를 표준색조표와 비교하면서 pH를 읽는 방법

② 초자전극법 : 3~4mL의 시료를 pH-미터(pH-meter)를 이용하여 측정하는 방법

06 정자의 활력검사방법을 설명하시오.

답 정액성상검사판의 중앙에 1~2방울의 정액을 첨가한 다음, 덮개유리(Cover Glass)를 덮어서 가온판 위에 놓고 현미경 아래에서 정자의 활력을 검사한다. 소나 양같이 정자농도가 높은 정액을 검사할 때는 검사판 위에 미리 희석액(Diluent) 한 방울을 떨어뜨리고 같은 양의 정액을 이 희석액에 가하여 검사한다.

07 염색에 의해 정자의 생존율을 검사하는 방법을 약술하시오.

답 슬라이드글라스(Slide Glass) 위 한쪽 끝에서 정액 1에 대하여 염색액을 10~30의 비율로 가하여 완전히 혼합한 다음, 커버글라스(Cover Glass)로 균등하게 도말(Smearing)하여 40℃에서 재빨리 가열·건조한 후, 현미경 아래에서 관찰하여 정자두부가 적색~적자색으로 염색된 것은 사멸정자이고, 전혀 염색되지 않았거나 거의 염색되지 않은 것은 생존정자로 판명한다.

08 염색에 의한 정자의 생사감별원리를 설명하시오.

답 정자가 사멸하면 세포막의 투과성(Permeability)이 증가되므로 생존정자와 사멸정자의 세포막은 Eosine이나 Congo Red 등과 같은 색소에 대한 투과상태가 서로 다르다. 이러한 원리를 이용하여 정자의 생사를 감별한다.

09 정자의 강도를 측정하는 방법의 종류를 나열하시오.

답 ① 메틸렌블루(Methylene Blue) 환원시간(M.R.T)을 측정하는 방법
② 레사저린 환원시간(R.R.T)을 측정하는 방법
③ 저온충격을 가하는 방법
④ 식염수로 희석하는 방법
⑤ 고온건조 상태에 보관하는 방법
⑥ pH의 변화를 조사하는 방법 등이 있다.

10 37℃ 전후의 온도를 유지하는 Slide 가온장치 위에 혈구계산판(Hemacytometer)을 놓고 여기에 검사할 정액을 바른 후 현미경으로 검사하였더니 운동하는 정자 중 #### 정자가 60%, ## 정자가 10%, + 정자가 10%라고 판정되었다. 이 정액의 생존지수를 계산하시오.

답

$$MI = \frac{60 \times 100 + 10 \times 75 + 10 \times 50}{100} = 72.5$$

해설 ####: 정자의 계수 100, ##: 정자의 계수 75, +: 정자의 계수 50
±: 정자의 계수 25, −: 정자의 계수 0

11 수소의 정액을 200배로 희석하여 혈구계산판에 놓고 100배의 현미경으로 관찰하였더니 혈구계산판의 5칸의 정자 총수가 126이었다. 이 정액 1mL 중 정자 총수는 얼마인가?

답 126 × 5 × 200 × 10 × 1,000 = 12억 6,000만

해설 혈구계산판 25칸의 총계 × 희석배율 × $1mm^3$(mL)으로 환산하면 mL당 정자수 = 25방안의 정자수 × 10^4 × 희석배율이다.

12 정액 중 정자수를 계산하는 방법 2가지를 쓰시오.

답 ① 혈구계산판에 의한 방법
② 광전비색계에 의한 방법

13 소 정액의 pH는 얼마인가?

답 평균 6.75

해설 소 정액의 pH는 그 범위가 매우 넓어 6.4~7.8, 평균 6.751로 pH가 비정상적으로 높거나 낮으면 정자의 활력과 생존성이 현저히 저하된다.

14 정자의 생사염색법(生死染色法)을 쓰는 이유를 설명하시오.

답 정자에 사용하는 염료 중 움직이고 있는 정자에게는 염색이 안 되고, 죽은 정자에게는 염색성이 있는 것을 이용하여 살아 있는 정자와 죽은 정자를 객관적으로 구별하기 위하여 사용된다(Eosin, Trypan Blue 용액 등).

15 정자의 생사염색법을 설명하시오.

답 ① 깨끗한 Slide Glass의 중앙에 염색액을 1~2방울 떨어뜨리고, 바로 그 옆에 소량의 정액을 떨어뜨려서 유리봉으로 혼합한다.
② 다른 Slide Glass로 덮고 옆으로 흘러나오는 염색액은 거즈나 탈지면으로 닦아낸다.
③ 덮은 Slide Glass를 떼어낸 다음, 40℃의 온도에서 빠르게 건조시킨다.
④ 검경하였을 때 염색된 것은 죽은 정자이고, 염색이 안 되었거나 심하지 않은 것은 살아 있는 정자이다.

16 일반적으로 사용되고 있는 정자의 도말표본제작법(塗抹標本製作法) 2가지를 쓰시오.

답 ① 석탄산 푹신법, ② Fontana 도은법

해설 도말표본제작법 중 Fontana 도은법에 비해 석탄산 Fuchsine법이 간단하기 때문에 많이 이용된다.

17 도말표본제작법 중 석탄산 Fuchsine법을 설명하시오.

답 ① 도 말

② 건 조

③ Methyl Alcohol로 2~3분간 고정

④ 수 세

⑤ Carbo-fuchsine액으로 몇 분간 염색

⑥ 수 세

⑦ 풍 건

⑧ 검 경

18 도말표본제작은 일반적으로 무엇을 검사하기 위하여 제작하는가?

답 ① 기형정자율(畸形精子率)의 검사

② 첨체반응 유무

③ 정자생존율

해설 소 정액의 경우 정액 내 기형정자율이 15% 이상이면 정액을 사용하지 않는다.

19 도말표본제작법 중 Fontana 도은법을 설명하시오.

답 ① 도 말

② 건 조

③ 다음 혼합액으로 1~2분간 고정[포르말린(Formalin) 20mL, 초산(Acetic Acid) 1mL, 증류수 100mL]

④ 흐르는 물로 10초 전후 수세

⑤ 매염(媒染). 다음 액으로 약간 가열하면서(55℃ 정도) 약 20~30초간 증기가 발생할 때까지 작용[탄닌산(Tannic Acid) 5g, 석탄산(Carbolic Acid) 1g, 증류수 100mL]

⑥ 물로 약 30초간 수세

⑦ 수분이 부착한 채로 0.25% 질산은(窒酸銀, Silver Nitrate)을 2~3방울 떨어뜨린 다음, 암모니아수 1~2방울을 적하하여 증기가 발생할 때까지 가온하면서 염색

⑧ 수 세

⑨ 건 조

⑩ 검 경

20 정자의 첨체이상(尖體異狀) 검사 시의 염색법을 설명하시오.

답 ① 도 말

② 풍 건

③ 다음 고정액에 1~2분간 고정[68% 중크롬산칼륨(Potassium Bichromate)용액 8 + 포르말린(Formalin) 2를 혼합한 액]

④ 수 세

⑤ 완충형 김자(Giemsa)액으로 90~120분 동안 염색

⑥ 수 세

⑦ 풍 건

⑧ 검 경

※ ②~④ 항목을 미리 준비하면 염색 시 ① → ⑤ → ⑥ → ⑦ → ⑧ 순으로 완성 가능

21 정자의 강도검사 중 메틸렌블루 환원시간(Methylene Blue Reduction Time) 측정법을 설명하시오.

답 ① 메틸렌블루 용액은 증류수 100mL에 구연산나트륨 3.6g과 Methylene Blue 50mg을 첨가하여 조제한다.

② 10mL의 시험관에 0.2mL의 정액을 취한 다음, 여기에 0.8mL의 난황 구연산나트륨 완충액(Egg Yolk-citrate Diluent)을 가하여 혼합한다.

③ ②의 시료에 ①의 메틸렌블루 용액을 0.1mL 첨가하면 청색으로 변한다.

④ 유동 파라핀(Paraffin)을 1cm 정도 두께가 되도록 주가(注加)한다.

⑤ 이것을 42℃의 항온조에 넣어 탈색에 요하는 시간을 측정한다.

22 Methylene Blue Reduction Time 측정법에 의한 정자의 평가는 어떻게 하는가?

답 양호한 소 정액의 경우, 탈색(청색이 흰색으로 변화)에 요하는 시간은 대개 3~6분이므로 9분 이내에 탈색되지 않는 정액은 불량정액이라 할 수 있다.

03 정액의 희석방법

01 정액 희석의 목적과 필요성을 3가지 쓰시오.

답 ① 정액의 양을 증가시켜 우수한 종모우를 널리 이용하기 위하여
② 정자의 생존성과 보존성을 연장하기 위하여
③ 정자의 장기생존에 불리한 원정액(原精液)의 조건을 개선시키기 위하여

02 정자가 저온충격(Cold Shock)을 받았을 때의 변화를 설명하시오.

답 ① 생존성 저하
② 정자의 대사능력 및 화학적 조성의 변화 : 호흡능력과 해당능력의 저하, ATP의 누출 및 재합성 능력의 파괴, 그리고 정자 내의 함질소물, 시토크롬(Cythochrome) 및 지방단백질 등의 함량 감소
③ 형태상 변화 : 물리적인 손상 등이 있다.

03 희석액의 구비조건 중 pH, 삼투압 및 전해질에 대해서 설명하시오.

답 ① 희석액의 pH : 정액의 pH와 비슷해야 하며, 완충효과(Buffer Effect)가 강해야 한다.
② 삼투압 : 280~310mOsm/kg
③ 전해질 : Na, K, Mg 및 Ca 등 양이온이 중심이 되어야 한다.

04 정액 희석의 일반적인 원칙을 설명하시오.

답 ① 채취한 정액은 희석액과 1:1로 바로 희석해야 한다.
② 정액과 희석액은 등온(等溫)이어야 한다.
③ 희석은 서서히 실시하여야 한다.
④ 고배율(高倍率)로 희석할 때는 몇 차례로 나누어 실시한다.

05 희석액으로 사용되는 난황완충액의 장점과 난황 중 유효성분을 설명하시오.

답 난황완충액의 장점은

① 정자의 생존성을 연장하고,

② 정액을 100~400배로 희석 가능하며,

③ 온도충격으로부터의 보호능력이 강하다.

유효성분은 대체로 아세톤가용부의 중성지질과 아세톤불용부의 레시틴(Lecithin) 및 α, β 지방단백질인 것으로 알려져 있다.

06 정액의 희석방법을 간단히 설명하시오.

답 ① 정액의 희석방법은 정액에 희석액을 조금씩 서서히 첨가하는데, 첨가할 때는 용기를 충분히 흔들어 첨가된 희석액이 전정액(全精液) 중에 재빨리 혼합하도록 한다.

② 일시에 다량의 희석액을 첨가해서는 안 되고, 희석액에 정액을 첨가해서도 안 되며, 고배율로 희석할 때는 보통 2회에 나누어 실시하는 것이 좋다.

07 정액 희석 시(精液稀釋時) 희석액 1mL당 어떤 항생물질(Antibiotics)들을 얼마만큼 첨가하여 사용하는가?

답 ① 페니실린(Penicillin) : 500~1,000IU

② 스트렙토마이신(Streptomycin) : 100~1,000μg

해설 정자 희석 시 사용되는 세균억제제는 상기 항생물질 외에도 Sulfanilamide, Polymixing 등이 있으며, 상기 4종을 혼합하여 사용하기도 한다.

08 우유희석액 제조 시 유의사항을 설명하시오.

답 ① 신선하고 소독된 균질유나 탈지유를 사용한다.

② 95℃에서 10분 동안 가열한 다음 실온에서 냉각한다.

③ 냉각된 우유를 그릇에 쏟은 후 정치시켜 유피를 형성시킨 다음, 이것을 깨끗한 거즈를 사용하여 제거한다.

④ 정액을 희석하기 전에 항생물질을 첨가한다.

09 정액희석액의 주성분으로 사용하는 물질 2가지를 설명하시오.

답 ① 난황, ② 우유

해설 정액희석액을 제조할 때 정자에게 영양을 공급하고, 저온충격을 막아 주는 완충제로서 반드시 혼합하는 물질이다.

10 수탉 정액의 희석배율은 어느 정도가 좋은가?

답 5배 이내

해설 정자농도가 350만/0.01mm^{3}이면 2~3배 희석하여 0.1mL씩 주입하는데, 그 이상일 때는 5배까지 희석해도 좋다.

11 수탉의 정액 희석에 많이 이용되고 있는 희석액은 무엇인가?

답 ① 링거액
② 생리식염수액
③ 레이크액
④ 타이로드액

해설 링거액은 희석 후 즉시 사용해야 하며, 생리식염수액은 정자활력의 저하가 링거액보다 빠르고 수정률도 낮다. 레이크액과 타이로드액은 생존성을 연장시키는 데 목적이 있으며, 대사기질도 함유되어 있다.

12 돼지 정액을 희석할 경우, 일반적으로 몇 배 정도로 희석하는 것이 좋은가?

답 2~50배

해설 돼지 정액은 1mL당 정자수가 2억 정도로 정자 농도가 낮기 때문에, 소의 정액처럼 고배율로 희석하면 정자의 생존성을 저하시키는 원인이 될 수 있다. 다만, 분리채취한 농후정액이라면 50~60배 정도 희석이 가능하다.

13 수탉에서 채취한 정액량이 0.5mL이고(0.1mL 중 정자수 3천만), 활력이 80%이며, 희석정액 1mL 중 운동정자수가 6천만이라고 할 때 희석배율을 계산하시오.

답

$$0.1\text{mL 중 운동정자수} = 3\text{천만} \times \frac{80}{100} = 2\text{천 }4\text{백만}$$

$$0.5\text{mL의 총정자수} = 1.2\text{억}$$

$$\text{희석배율} = \frac{1\text{억 }2\text{천만}}{6\text{천만}} = 2\text{배(즉, }0.5\text{mL를 }1.0\text{mL로 희석함)}$$

해설 0.5mL의 정액을 2배로 희석하면 희석된 정액량은 1mL가 되며, 0.1mL씩 주입한다면 1회 사정량으로 암탉 10수를 수정시킬 수 있다.

14 정액희석액의 구비조건 5가지를 설명하시오.

답 ① 수소이온농도를 맞추어야 한다.

② 삼투압이 적당하여야 한다.

③ 전해질과 비전해질이 정자에게 유리하게 작용하는 것만 첨가해야 한다.

④ 정자의 보호물질과 영양물질을 첨가해야 한다.

⑤ 세균억제제를 반드시 첨가해야 한다.

04 정액의 보존 및 동결방법

01 정액의 액상보존 시의 온도하강법을 설명하시오.

답 온도충격을 최초화하기 위하여 냉각속도를 느리게 해야 하며, 온도하강법은 30℃ 전후의 희석정액이 들어 있는 정액병을 같은 온도의 물이 들어 있는 비커에 침지하거나, 정액병을 거즈(Gauze)나 솜으로 싸서 이것을 4~5℃의 항온실이나 냉장고에 넣어 두는 방법이 주로 이용된다.

02 희석한 정액을 보존적온인 4~5℃로 온도를 하락시키는 일반적인 방법 2가지를 쓰시오.

답 ① 30℃ 전후의 희석정액이 들어 있는 병을 같은 온도의 물이 들어 있는 비커에 침적하여 4~5℃의 항온실(恒溫室)이나 냉장고에 넣어 두는 방법

② 30℃ 전후의 희석정액을 거즈나 솜으로 싸서 4~5℃의 항온실이나 냉장고에 넣어 두는 방법

03 동결정액의 장점을 설명하시오.

답 ① 선택적인 교배가 가능하다.

② 종모축이 죽은 다음에도 그 종모축의 정액을 이용할 수 있다.

③ 여름철 불임의 폐해를 피할 수 있다.

④ 전염병이 만연하는 시기에도 번식이 가능하다.

⑤ 수송비가 대폭 절감되다.

⑥ 채취한 정액을 효율적으로 이용할 수 있다.

04 정액의 동결 전처리 5단계를 쓰시오.

답 1단계 : 1차 희석

2단계 : 5℃로 냉각

3단계 : 2차 희석(글리세롤 첨가)

4단계 : 희석정액의 분주 및 봉인

5단계 : 글리세롤 평형

해설 1차 희석 때는 총 희석액의 1/2만을 희석하고, 온도는 30℃ 전후에서 희석하며, 2차 희석 때는 나머지 희석액 1/2에 일정량의 글리세롤을 첨가하는데, 이때의 온도는 5℃로 한다.

05 정액의 동결보존 시, 동결용기에 대한 주입과 밀봉방법을 설명하시오.

답 초자제(硝子製)의 앰플(Ampoule)이나 0.5mL 또는 0.25mL의 스트로(Straw) 등에 주사통이나 정액흡인장치를 이용하여 분주(分注)하고, 스트로파우더(Straw Powder)나 젤라틴(Gelatine), 구슬(Ball) 또는 스트로 밀봉기(Straw Sealer)를 사용하여 밀봉한다.

06 다음 빈칸을 채우시오.

구 분	정액량(mL)	정자농도(mL당)	보존적온(℃)
소	①	④	⑦
산양 · 면양	②	⑤	⑧
돼지	③	⑥	⑨

답 ① 3~10, ② 0.5~2.0, ③ 150~500, ④ 10~15억
⑤ 32~46억, ⑥ 1~3억, ⑦ 4~5, ⑧ 4~5, ⑨ 15~20(평균 17℃)

07 글리세롤 평형은 몇 시간 범위 내에서 하는 게 가장 좋은가?

답 30분~2시간

해설 Glycerol 평형은 학자들의 주장에 따라 그 시간의 차이가 크지만, 대체로 30분~2시간 정도이다(빠를수록 생존성에 유리).

08 정액동결법 2가지를 쓰시오.

답 ① 완만동결법, ② 반급속동결법

해설
- 완만동결법 : -15℃까지는 1~2℃/분, 그 이하는 3~5℃/분
- 반급속동결법 : -25~35℃/분

09 가장 많이 사용되고 있는 정액동결법은 어느 것인가?

답 액체질소 증기동결법(液體窒素蒸氣凍結法)

해설 액체질소 탱크를 사용한다.

10 일반적으로 사용되는 동결정액은 몇 ℃에서 보존하는가?

답 −196℃

해설 현재 가장 일반적인 동결온도이며, 동결 시 액체질소를 사용한다.

11 동결정액(凍結精液)의 장점을 설명하시오.

답 ① 우수한 종모축의 이용효율을 확대한다.
② 여름철의 수태율 저하를 방지할 수 있다.
③ 정액의 수송비가 적게 든다.
④ 종모축이 죽은 후에도 정액을 이용할 수 있다.
⑤ 인공수정조직의 합리화가 이루어진다.

12 정액의 동결 전처리 중 2차 희석에 대하여 설명하시오.

답 5℃로 냉각한 1차 희석액과 같은 온도의 2차 희석액을 같은 양으로 희석하는데, 이때 2차 희석액에는 글리세롤(Glycerol)을 첨가한다. 2차 희석액에는 14% 전후의 글리세롤이 들어 있기 때문에 삼투압이 대단히 높다. 따라서 2차 희석할 때 온도와 첨가속도에 특히 주의해야 한다(10%, 20%, 30%, 40%의 2차 희석액을 10분 간격으로 서서히 1차 희석액과 1 : 1로 희석한다).

13 정액을 동결시키기 전에 정자생존을 조사하였더니 80%이었는데, 이것을 동결 후 융해하여 정자생존율을 다시 조사하였더니 50%이었다면 이 정자의 회복률은 얼마인가?

답 $\frac{50}{80} \times 100 = 62.5\%$(회복률)

※ 생존율이 30% 더 하강되었다(생존성 30% 손실).

해설 회복률이 클수록 양호한 정자이다.

14 정액의 이단동결법(Two-step Freezing)을 설명하시오.

답 세포의 동결과정에서 필요한 최소한의 시간을 두어 탈수시킨 다음, 급속도로 초저온까지 냉각시키면 세포 내 동결을 일으킬 정도의 수분이 세포 내에는 없기 때문에 세포의 생명이 유지되는데, 이를 이단동결법이라 하며, 세포동결의 기본적인 방법이다.

15 정액의 동결보존 시 글리세롤(Glycerol) 평형에 대하여 기술하시오.

답 Glycerol을 첨가한 희석액을 일정한 시간을 두어 정액에 1~4회에 걸쳐 나누어 첨가한다. 이는 급속도로 첨가함에 따른 정자에 대한 충격을 최소화하기 위함이다. 또한 이러한 과정에서 정자세포로부터 탈수가 이루어지고 Glycerol 자체가 정자 중에 침투하여 동해(凍害)로부터 정자를 보호하는 효과를 지닌다.

※ 글리세롤은 침투성 동해보호제이다.

16 정액의 L.N.V(Liquid Nitrogen Vapor) 급속동결법에 대하여 약술하시오.

답 액체질소의 표면으로부터 몇 cm 위(약 5~10cm)에 정액을 두어 액체질소증기(Liquid Nitrogen Vapor)에 의하여 정액을 동결하는 방법이다.

17 정액의 동해(凍害) 원인을 설명하시오.

답 ① 과냉각에 의한 장해

② 급냉충격에 의한 장해

③ 세포 외 동결에 의한 장해

④ 동결보존 중 장해

⑤ 세포 내 동결에 의한 장해

18 정액 동해보호제(凍害保護劑)의 종류와 특징을 약술하시오.

답 ① Glycerol : 세포막에 대한 투과성이 좋고, 용액의 비등점(Boiling Point)과 빙점(Freezing Point)을 변화시키는 효과가 매우 커 정자동결에 많이 쓰인다.

② DMSO : 공정점(共晶點)이 매우 낮고(－132℃), 투과성도 좋으나, 정자에 대한 독성이 있어 난자동결에 주로 사용된다.

그 밖에 각종 당류(黨類)는 돼지에 많이 쓰이며, Amide 및 다가(多價) 알코올 등이 있다.

19 소 정액의 액상 보존기간과 적온은 얼마인가?

답 5일 동안, 4~5℃이다.

해설 액상정액보존법은 동결정액이 나오기 전 보존방법으로 5일 동안 보존할 수 있다. 오늘날 액상정액은 거의 이용되지 않지만, 액상정액은 4~5℃의 온도로 보존하여 사용한다.

20 소 동결정액의 장점을 쓰시오.

답 ① 선택적인 교배가 가능하다.

② 종모축이 사망한 다음에도 그 종모축의 정액을 이용할 수 있다.

③ 하계(여름철) 불임의 폐해를 피할 수 있다.

④ 전염병이 만연하는 시기에도 그 종모축의 정액을 이용할 수 있다.

⑤ 수송비가 대폭 절감된다.

⑥ 채취한 정액을 효율적으로 이용할 수 있다.

21 소 정액의 비중과 점조도는 얼마인가?

답
- 비중 : 1.036
- 점조도 : 3.74

22 돼지 정액의 액상보존법 3가지를 쓰시오.

답 ① 정액을 분리채취하지 않고 전정액을 보존하는 방법
② 분리채취하여 농후정액만을 취하여 희석보존하는 방법
③ 정장을 제거한 정액을 보존하는 방법

23 돼지 정액을 실온에 보존할 때는 몇 ℃가 가장 좋은가?

답 15~25℃(평균 17℃)

해설 돼지 정자는 온도 변화에 매우 민감하여 30℃에서 15℃까지 냉각시키는 데 60~120분이 소요되어야 하며, 10℃ 이하에서 보존할 때는 보존온도까지 6시간 정도 걸려서 냉각시켜야 한다.

24 채취한 돼지 정액을 실온에 방치하면 정자가 가사상태(假死狀態)가 되는데, 그 원인 2가지를 쓰시오.

답 ① 정액이 정자층과 정장층으로 분리되면 정자층에 산소의 공급이 차단되기 때문이다.
② 돼지의 정액 중에는 당류의 함량이 낮아 산소가 없는 조건에서는 정자의 해당작용이 약화되어 운동에너지를 획득할 수 없기 때문이다.

25 가사상태에 들어간 돼지 정자를 사용하려면 어떻게 하여야 하는가?

답 일단 가사상태에 들어간 정자를 사용하려면 활력을 회복시켜야 하는데, 우선 실온에서 2시간가량 각반한 후, 35~38℃의 온탕 속에 침지시킨 다음에 사용하여야 한다.

26 돼지 정액의 동결화가 실용되지 못하고 있는 주요 원인을 기술하시오.

답 ① 돼지 정자는 저온에 대한 저항성이 약하다.

② 사정량(射精量)이 많으며, 원정액 중 1mL당 정자농도가 낮다.

③ 다른 가축에 비하여 글리세롤(Glycerol)을 첨가한 정액의 수태율이 낮다.

④ 동결정액 제조과정에 있어서 세포 외로 배출된 GOT(Glutamic Oxaloacetic Transaminase)의 양으로 조사된 정자세포의 손상이 소정자보다 크다.

⑤ 채취된 정액성상이 개체 간에는 물론이고, 채취 때마다 차이가 심하여 일정한 결과를 얻기가 어렵다.

⑥ 저온충격에 따라 첨체(Acrosome)의 이상이 많이 나타난다.

⑦ 인공수정을 할 때 주입에 필요한 정액량이 많다.

⑧ 개선된 동결정액에 대한 인식이 부족하다.

27 돼지 정액의 비중과 점조도는 얼마인가?

답 • 비중 : 1.098

• 점조도 : 2.658

28 돼지 정액의 동결방법 3가지를 쓰시오.

답 ① 완만동결법 : −15~4℃까지는 1~2℃/분, −79~−15℃까지는 3℃/분씩 동결시켜 약 40분의 동결 시간이 필요한 방법이다.

② 반급속동결법 : −50~−20℃/분으로 동결시키는 방법이다.

③ 급속동결법 : 초저온까지 3~4분 동안에 동결시키는 방법이다.

29 정자의 강도검사 중 레사저린 환원시간(Resazurin Reduction Time)측정법을 설명하시오.

답 ① 메틸렌블루 환원시간 측정법의 원리와 같은 방법으로, 레사저린 용액 0.1mL를 작은 시험관에 취한다.

② 취한 레사저린 용액을 항온조 중에 넣고, 1/7M 인산염 용액으로 정자농도가 750,000/mm^3가 되도록 희석한 정자부유액 0.2mL를 첨가하여 혼합한다.

※ Resazurin 농도 : 25mg/mL of Semen

③ 유동파라핀을 부어 표피막을 형성시킨 후 분홍 또는 백색이 되기까지의 시간을 측정하여 정자의 양부를 판정한다.

※ PBS 용액 : NaCl 8.0g, KCl 0.2g, Na_2HPO_4 1.44g, KH_2PO_4 0.24g/L

30 침투성 동해보호제의 종류와 작동방식에 대해서 설명하시오.

답 ① 종류 : Glycerol, DMSO, Ethylene Glycol 등

② 작동방식 : 침투성 동해보호제는 저분자 물질로, 세포 내로 유입되어 세포 내의 수분과 일부 치환됨으로써 동결 시 수분 팽창에 의한 세포질 파괴를 방지하여 동해 보호역할을 한다.

31 닭의 정액을 액상으로 보존할 때 보존액과 보존온도에 대하여 설명하시오.

답 원정액(原精液)은 10~20℃에 보존할 때가 수정률이 가장 높으나, 희석정액의 경우에는 비교적 낮은 온도(0~5℃)에 보존할 때가 수정률이 높다.

32 닭 정액의 보존액과 보존온도에 대하여 설명하시오.

답 닭 정액은 채취 후 바로 사용하여야 하지만, 희석한 30~40분 후에 사용하려면 링거액이나 탈지유로 4~5배 희석한 후 사용하는 것이 좋다. 24시간 동안 보존할 경우에는 탈지유와 Glutamate, Cirate, 포도당, 항생제를 첨가하여 1 : 1로 희석한 후 2~5℃에 보존하여야 한다.

33 닭 정액의 동결방법을 설명하시오.

답 ① 희석한 정액은 15℃에서 5분 동안 방치한 후에 다시 5℃까지 냉각시킨다.

② 5℃에서 15분간 유지시키면서 그 동안에 0.25mL(또는 0.5mL) 스트로(Straw)에 정액을 각각 분주하여 밀봉한다.

③ 이후 액체질소 증기에 3분 동안 예비동결한 상태에서 액체질소에 침지하여 완전히 동결시킨다.

34 가축 정액의 동결 보존과정을 간단히 열거하시오.

답 ① 희석액 제조와 희석

② 글리세롤의 첨가와 병행

③ 동결용기에의 주입과 밀봉

④ 기본동결법과 액체질소증기에 의한 급속동결

해설 **희석액 제조와 희석**

① 글리세롤 함유 난황 구연산나트륨(희석액)을 25~30℃에서 희석배율 5배 이내로 1차 희석한다.

② 희석된 정액을 60~120분에 걸쳐 50℃로 냉각한 후 최종 희석정액량의 1/2만큼 희석한다.

③ 2차 희석액으로 4~5회에 나누어 10~15분 간격으로 첨가하여 2차 희석을 완료한다.

05 동결정액의 융해방법

01 동결정액의 융해방법을 기술하시오.

답 일반적으로 4~5℃의 빙수(氷水)를 사용하여 융해하는데, 4~5분이 지나면 완전히 융해된다. 융해한 정액을 즉시 주입할 때는 35℃의 온수 중에서 20초간 융해하기도 하는데, 융해온도가 높을 때는 정자가 고온충격을 받지 않도록 침지시간을 짧게 해야 한다.

02 동결정액의 융해방법 2가지를 쓰시오.

답 ① 저온융해 : 4~5℃의 물에서 융해
② 고온융해 : 35℃ 전후의 물에서 융해

해설 고온융해 시 주의사항은 35℃ 정도 되는 온도에서 너무 오랫동안 침지시키면 정자의 에너지손실이 많아서 수명이 단축될 수 있으므로 짧은 시간 내에 끝내야 한다는 점이다.

03 동결정액을 4~5℃에서 융해한 후, 몇 시간 이내에 사용하는 것이 좋은가? 또 보존시간은?

답 1~3시간, 4~5℃에서 12~24시간 보존 가능

해설 4~5℃로 융해한 정액은 4~5℃로 보관하면 12~24시간 보존이 가능하지만, 35℃ 전후의 온도로 융해한 정액은 바로 사용해야 한다.

04 돼지 동결정액의 융해방법은 어느 것이 좋은가?

답 40℃ 정도의 고온융해

해설 일본의 廣野(1976)와 加藤(1976)의 보고에 의하면, 15℃와 40℃의 융해온도를 비교한 결과, 40℃에서 융해한 것이 정자의 Acrosome 손상이 적었다고 한다.

06 정액의 주입요령

01 소의 정액 주입방법의 종류를 기술하시오.

답 ① 자궁외구 주입법

② 자궁경관심부 주입법

- 직장질법
- 겸자법
- 질 내 피펫식 주입법

02 인공수정사들이 가장 많이 사용하고 있는 직장질법(直腸膣法, Recto-vaginal Method)을 설명하시오.

답 직장에 왼손을 넣고 자궁경을 고정시킨 후 오른손으로 주입기를 질 내에 밀어 넣은 다음, 주입기의 선단을 손의 감촉으로 자궁경관 내에 밀어 넣어 심부에 주입기의 선단이 삽입되도록 하여 정액을 주입하는 방법이다.

03 직장질법에 의한 소 정액 주입방법에 대하여 설명하시오.

답 ① 정액이 들어 있는 주입기를 질 내부에 미리 삽입해 두고, 손을 직장 내에 넣어 자궁경을 파지한 다음, 다른 손으로 조입기를 밀어 넣어 경관심부에 주입하는 방법

② 우선 항문 내에 손을 넣어 직장벽을 통하여 자궁경을 잡은 다음, 주입기를 질 내에 삽입하여 자궁경관심부에 주입하는 방법 등이 있다.

04 겸자법(鉗子法)에 의한 소 정액 주입방법을 설명하시오.

답 질경을 사용하여 질(膣)을 벌려 놓고 겸자(Forceps)로 자궁경을 찍어 이를 음문(陰門) 가까운 곳까지 끌어 내어 고정한 다음, 주입기를 삽입하여 자궁경관심부에 정액을 주입한다.

05 소의 정액 주입기 중 현재 가장 많이 사용되고 있는 것은?

답 스트로용 주입기

06 소의 정액주입량과 주입정자수 그리고 정자의 활력 등에 대하여 설명하시오.

답 ① 정액주입량은 액상정액이든 동결정액이든 0.5~1.0mL 정도이다.
② 주입정자수는 자궁외구부 주입할 때는 최소 1억, 자궁경관심부나 자궁 내에 주입할 때는 500~1,000만 정도를 사용한다.
③ 활력은 40卌 이상이어야 한다.

07 소의 인공수정 시 정액 주입 부위는 어느 곳이 가장 좋은가?

답 자궁경심부(子宮頸深部)

해설 직장질법으로 정액을 주입할 때 일반적으로 주입하는 부위이다.

08 소의 인공수정 시 주입방법 3가지를 쓰시오.

답 ① 직장질법(直腸膣法)
② 질경법(膣鏡法)
③ 겸자법(鉗子法)

해설 겸자법은 자궁경외구에 이상이 있어 직장질법으로 주입이 곤란할 때만 사용된다.

09 소의 정액주입법 중 질경법(膣鏡法)을 설명하시오.

답 질경으로 소의 질을 벌려서 주입기의 선단을 자궁외부로부터 1~2cm 정도 삽입한 다음에 서서히 주입하는 방법을 말한다.

10 소와 돼지의 정액 주입에 필요한 기구를 나열하시오.

답 ① 소 : 질경(膣鏡), 주입기(피펫형, 앰플용, 스트로용), 질경전등(膣鏡電燈), 경관겸자(頸管鉗子) 등
② 돼지 : 돼지는 생식기 구조상 질경을 사용하지 않고 주입기 하나만으로 주입이 가능하다.

11 암소가 발정현상이 나타났을 때 수정적기는 배란 전 몇 시간 범위에서 수정시키는 것이 수태율이 가장 높은가?

답 13~18시간

해설 수정시킨 정자가 수정 부위인 난관팽대부까지 상행하는 데는 8~10시간이 소요되므로, 충분한 시간을 두고 정액을 주입시키는 것이 좋다.

12 암소의 발정 발견시각과 정액 주입시기와의 관계를 일반적으로 설명하시오.

답 대체로 일반 농가에서 오전 9시 전에 발정을 발견하면 당일 저녁 때, 오전 9시에서 정오 사이에 발견하면 당일 저녁 늦게 또는 다음날 아침 일찍, 오후에 발견할 때는 다음날 오전 중에 정액을 주입하면 된다.

13 주입된 정자가 수정 부위인 난관팽대부에 도달하는 시간은 주입하고 나서 몇 시간 후인가?

답 4~6시간 이후 정자의 상행운동은 정자 스스로의 힘보다는 자궁이나 난관의 연동운동에 의해 영향을 받는다.

14 돼지 정액의 주입요령을 설명하시오.

답 ① 발정한 돼지를 비보정법(鼻保定法)으로 보정하고, 외음부를 깨끗이 씻는다.
② 왼손으로 음순을 열고 오른손으로 주입관을 직접 질 내에 삽입시킨다.
③ 처음 10~15cm 깊이까지는 약간 위로 향하여 삽입함으로써 요도외구에 상처가 나지 않도록 한다.
④ 약 25~30cm 깊이에 이르면 주입기의 선단에서 저항감을 느끼게 되는데, 이때 좌우로 돌리면서 힘을 주어 밀어 넣으면 자궁경의 추벽을 2~3개 지나가는 촉감을 느낄 수 있다.
⑤ 여기에서 힘을 약간 계속 주면서 정액을 서서히 주입시키는데, 이때 정액이 역류하게 되면 주입기를 좌우로 회전시키거나 위치를 변경시켜서 정액이 흘러나오지 않도록 하여야 한다.

15 인공수정을 실시할 때 돼지 정액의 주입량과 정자수는 대략 얼마 이상인가?

답 정액주입량은 보통 50mL 이상, 정자수는 50~70억 이상, 활력은 70卌 이상이다.

16 돼지의 정액 주입 시 원정액은 몇 mL 주입하는 것이 양호한 수태율을 올릴 수 있는가?

답 30mL

해설 정액 채취 후 24시간 이내에 사용할 때는 20~40mL의 원정액을 주입하고, 24시간이 경과된 정액이라면 50mL 정도 주입하여야 한다.

17 돼지의 인공수정이 발전되지 못하는 이유 2가지를 쓰시오.

답 ① 산자수(産仔數)가 자연교미에 비하여 적다.
② 정액보존이 어렵다.

18 발정한 암퇘지는 발정개시 직후 몇 시간 사이에 수정시키는 것이 가장 수태율이 높은가?

답 10~25.5시간

해설 정액은 배란 전 10~26시간 사이에 주입시켜야 하고, 배란은 발정 직후 38시간 내외에 일어난다.

19 닭 정액의 주입시기와 주입기구를 설명하시오.

답 ① 주입시기 : 산란 직후가 바람직하며, 보통 오후 2~3시가 적합하다.
② 주입기구 : 투베르쿨린 주사통과 초자제의 캐뉼러(Cannula)가 있는데, 최근에는 후자가 많이 쓰인다.

20 닭의 정액주입법 중 가장 일반화되어 있는 방법은 무엇인가?

답 질내주입법

21 닭의 정액을 주입할 때 주입량과 주입정자수에 대하여 기술하시오.

답 1주일 간격으로 정자농도 5천만 이상/0.01mL의 정액을 0.05~0.1mL씩 주입한다.

22 케이지(Cage) 사양 시 닭의 정액을 주입하는 요령을 설명하시오.

답 ① 오른손으로 닭의 양다리를 잡아 몸의 절반을 모이통으로 끌어낸 다음, 손을 바꾸어 왼손으로 닭의 대퇴부를 밑으로 잡고,

② 엄지손가락으로는 닭의 왼쪽 복부를 압박하고 다른 손가락으로는 두 다리를 교차시켜 대퇴부를 강하게 잡으면 총배설강이 반전노출(反轉露出)되는데,

③ 이때 난관개구부(卵管開口部)에 정액이 든 주입기의 선단을 대고 난관 속에 삽입하여 정액을 주입한다.

23 닭의 정액주입법 중 질내주입법을 설명하시오.

답 ① 보정자는 암탉의 넓적다리를 오른손으로 잡고 닭의 후구를 주입자 쪽으로 향하게 한 다음, 머리가 약간 아래로 내려가도록 하고 왼손 엄지는 닭의 복부를, 나머지 네 손가락은 꼬리털을 감싸면서 척추 부위를 잡은 후 가볍게 좌측 후부를 전측 상방으로 압박하면 난관개구부가 돌출된다.

② 주입자는 왼손으로 항문의 양측을 좌우로 가볍게 당기면서 앞으로 민다. 이때 총배설강이 노출되며 계분 같은 것이 배출되면 탈지면으로 깨끗이 닦는다.

③ 노출된 총배설강을 자세히 관찰하면 마치 국화꽃잎과 같은 난관개구부가 노출되는데, 이때 정액이 든 주입기의 앞끝을 난관 속에 살며시 삽입한 후 왼손을 떼고 복부에 가한 압박을 조금씩 늦추면서 서서히 주입한다.

24 암탉의 정액 주입간격은 얼마인가?

답 1주에 1~2회

해설 원정액 0.025~0.05mL를 1주에 1~2회 인공수정시켰을 때의 부화율은 81.8~86.1%이었다.

25 암탉에 정액주입량은 얼마인가?

답 생리식염수로 5배 희석하여 0.01mL이다(원정액으로는 0.02~0.04mL).

26 암탉의 정액 주입 부위는 어디인가?

답 질 또는 자궁

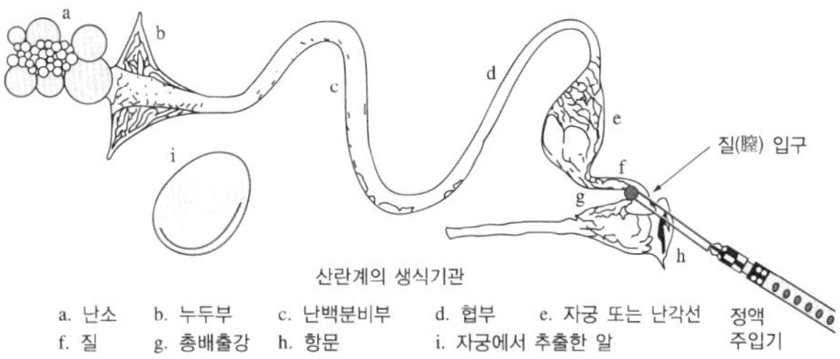

[암탉(산란계)의 생식기관]

27 암탉의 정액 주입의 적당한 시기는 하루 중 언제인가?

답 오후 2~3시부터 일몰 시까지

해설 대부분의 암탉은 오전 중에는 난관이나 자궁 내에 연각란(軟殼卵)을 가지고 있으므로, 오전에 수정을 시키면 정자의 상주를 방해한다. 그 때문에 수정률이 나쁘다는 보고가 있다.

28 닭 정액의 pH는 얼마인가?

답 평균 7.0

07 가축의 발정징후

01 소의 발정징후에 대하여 설명하시오.

답 ① 질점막(膣粘膜)이 충혈하여 광택을 띤다.
② 외음부는 종창하여 주름이 없어진다.
③ 외음부로부터 발정점액이 누출된다.
④ 눈은 충혈하여 불안한 상태에 빠진다.
⑤ 큰 소리로 운다.
⑥ 종모우의 승가(Mounting)를 허용하거나 능가한다.

02 소가 발정을 개시하는 시각은 오전이 몇 %이며, 오후는 몇 %인가?

답 오전 60%, 오후 40%

03 소의 발정주기 일수, 분만 후 발정재귀 그리고 발정 지속시간에 대하여 기술하시오.

답 ① 발정주기 일수는 대체로 21일 전후이다.

② 분만 후 발정재귀는 조건에 따라 다르나 가장 빠른 것은 20일, 가장 늦은 것은 135일로, 평균 58일 전후이다.

③ 발정 지속시간은 대체로 10.5~30.1시간으로, 평균 21시간 전후이다.

04 소의 배란은 발정개시 후 몇 시간 내에 이루어지는가?

답 29~32시간

해설 소의 발정 지속시간은 약 20시간이므로 발정개시후 26~32h(발정종료 후 8~11시간)에 배란된다.

05 소의 배란은 발정종료 후 몇 시간 내에 일어나는가?

답 8~11시간

06 소의 생식기도 내에 주입된 정자의 수정능력 유지시간은 얼마나 되는가?

답 18~20시간

해설 정자는 난자에 비하여 수정능력 보존시간이 길지만, 역시 양호한 수정률을 올리기 위해서는 가급적 주입된 정자가 신선하고 활력이 있을 때 난자와 수정되도록 하는 것이 좋다.

07 소의 발정주기 일수와 발정 지속시간을 쓰시오.

답 소의 발정주기 일수는 18~24일 범위이지만 평균 21일이고, 발정 지속시간은 12~18시간이지만 평균 20시간 내외이다.

08 **소의 배란된 난자가 최대의 수정률을 올리기 위해서는 배란 후 몇 시간 이내에 정자와 만나도록 수정시켜야 하는가?**

답 5~6시간 이내

해설 난자의 최대 수정능력 보존시간은 배란 후 18~20시간 이내지만, 배란 후 5~6시간이 경과되면 급속도로 수정능력이 떨어진다.

09 **돼지의 발정징후에 대하여 설명하시오.**

답 ① 외음부가 충혈하여 종창한다.
② 외음부로부터 물과 같은 유백색 점액이 누출된다.
③ 거동이 불안하다.
④ 허리에 압력을 가하면 부동자세를 취한다.
⑤ 오줌을 자주 배출한다.
⑥ 승가를 허용하거나 능가한다.

10 **돼지의 발정주기 일수와 발정지속 시간을 쓰시오.**

답 돼지의 발정주기 일수는 16~25일 범위이지만 평균 21일이고, 발정 지속시간의 경우 경산돈은 평균 70시간 내외이고, 미경산돈은 평균 50시간 내외이다.

11 **발정한 돼지의 배란시기는 언제인가?**

답 발정개시 후 평균 38시간

12 **돼지의 분만 후 발정재귀에 대하여 기술하시오.**

답 암퇘지의 분만 후 발정재귀는 이유시킨 다음 2~17일 내에 나타나는데, 평균 7일 전후이다.

08 수정적기와 결정요인

01 수정적기(授精適期)를 결정하는 요인을 설명하시오.

답 ① 배란시기
② 난자가 빈축의 생식기도 내에서 수정능력을 유지하는 시간
③ 정자가 생식기도의 수정 부위에까지 상행하는 데 필요한 시간과 수정능력을 획득하는 데 필요한 시간
④ 빈축의 생식기도 내에 주입된 정자가 수정능력을 유지하는 시간 등이다.

02 다음 빈칸을 알맞은 말로 채우시오.

구 분 \ 가 축	소	말	면 양	산 양	돼 지
배란시기	①	④	⑦	⑩	⑬
정자의 상행시간	②	⑤	⑧	⑪	⑭
주입적기	③	⑥	⑨	⑫	⑮

답 ① 발정종료 후 8~11시간
② 4~6시간
③ 발정종료 전 1시간~종료 후 3시간
④ 발정종료 직전
⑤ 5시간
⑥ 배란 1~2일 전
⑦ 발정개시 후 24~30시간
⑧ 6시간
⑨ 발정개시 후 25~30시간
⑩ 발정개시 후 30~36시간
⑪ 6시간
⑫ 발정개시 후 15~20시간
⑬ 수퇘지 허용시작부터 24~36시간
⑭ 15~16시간
⑮ 수퇘지 허용개시부터 10~25시간

CHAPTER

03 실기 작업형 이론

※ QR을 통해 저자 유튜브 동영상과 함께 학습해 보세요!

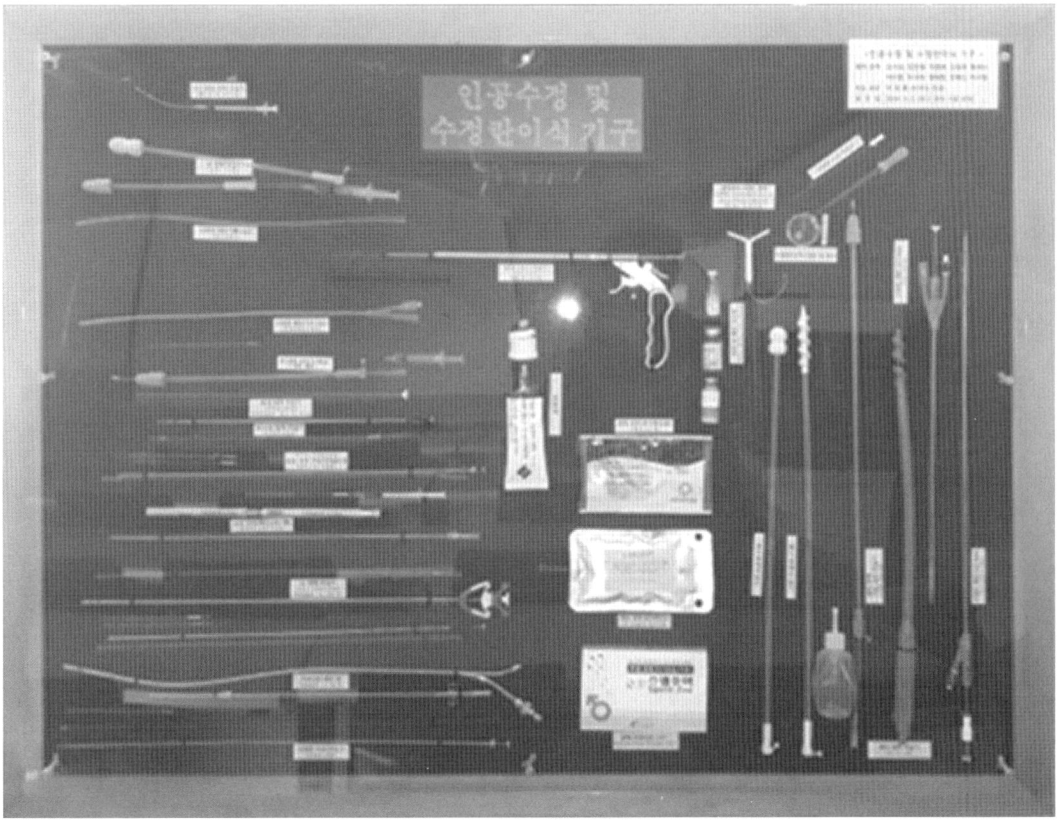

[인공수정 및 수정란이식 관련 기구들]

1. 발정 증상

발정 징후와 수정 적기

(1) 소

눈 충혈(눈빛이 날카로움), 울음(포효), 소리에 민감, 배회, 소변 횟수 증가(소량), 식욕 감퇴(반추 감소), 비유량 감소, 승가(다른 소에 올라 탐), 승가 허용(Standing Estrus), 외음부 충혈, 종창(커진다), 음순 팽윤(주름이 없어짐), 질점막 충혈·광택, 점액 분비(누출)

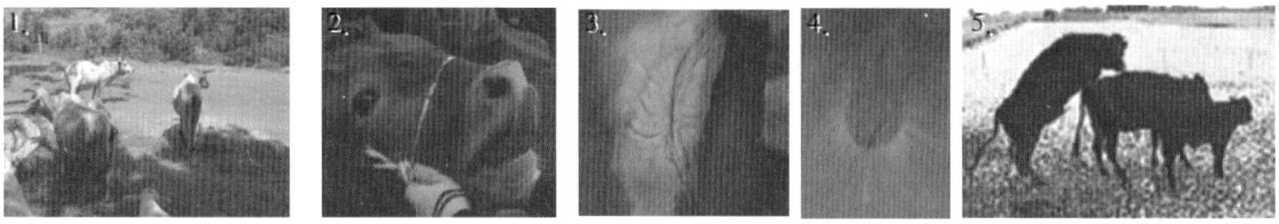

1. 거동 불안(배회, 보행수가 많아짐) : 발정 전기
2. 울음, 식욕 감퇴, 유량 감소 : 발정 전기
3. 생식기(외음부) 종창/팽윤(최대) : 발정전기~발정기(최대)
4. 점액 누출 : 거의 발정기
5. 승가 또는 승가허용(가장 확실한 발정) : 발정기

[소의 발정 징후들〈좌~우 순(1~5)〉]

(2) 돼 지

① 외음부 발적(發赤, 붉어진다), 종창(腫脹, 부스럼처럼 부어오른다), 외음부 팽윤(주름이 없어짐), 광택, 수양성 점액 누출, 거동 불안, 식욕 감퇴, 울음(특유의 소리), 사람에 대해 순종한다. 허리를 손으로 누르면 정지(부동자세), 꼬리를 쳐든다(수컷 허용).

※ 돼지의 가장 확실한 발정확인법으로는 등을 눌러 부동자세를 확인한다.

② 발정기에 들어가면 외음부의 발적・종창이 최고조에 이르고 발정 중기에 들어가면 서서히 작아진다. 약간 점조성의 점액으로 변화된다.

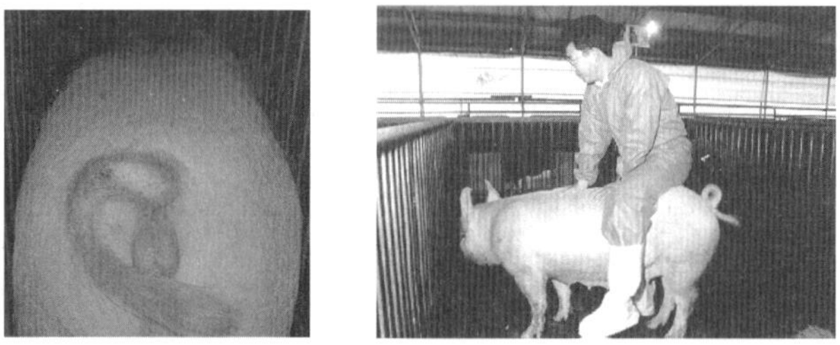

[돼지의 발정 징후와 발정 확인(부동자세)]

2. 발정 확인

(1) 확인법

소의 발정탐지법으로는 다음과 같은 방법들이 있다.

카 마 | 친 볼 | 바로미터 | 시정모 (90% 이상 탐지)

[소의 발정탐지법들]

① 카마(Kamar) : 소의 등걸(관폭 중앙)에 붙인 액체풍선(카마)의 파열 여부를 확인한다. 300kg 내외의 압력이 필요하다.

② 친볼(Chin ball) : 볼펜이 쓰여지는 원리와 같이 잉크 볼펜의 복대를 수컷에게 착용시킨다.
※ 승가하면 암컷 등걸에 색칠이 된다.

③ 바로미터(Barometer) : 발정 온 암컷은 자주 배회하므로 만보계를 활용한다. 평소보다 현저히 높다.

④ 시정모(試精牡) : 교미경험 있고 정관 수술한 수컷 또는 갓 성 성숙된 어린 수컷

⑤ 호르몬 분석 : 젖소의 경우 매일 착유되므로 유 중 Progesterone(P_4) 농도가 높아진다.

⑥ 초음파진단법 : 난소 내 그라피안(성숙) 난포 및 황체 형성 여부와 크기 진단으로 발정 상태를 확인한다.

(2) 소의 정상적 발정 징후(일정한 징후는 없음)

① 불안해하고 자주 운다.
② 난소의 황체가 소실되고 배란된다.
③ 자궁경이 이완되고 음순이 크게 붓고 늘어진다.
④ 식욕이 줄어들고 신경질적으로 된다.
⑤ 젖소의 경우 유량이 줄어들고 유질이 약간 변화한다.

3. 수정(교배)적기

(1) 소

인공수정시킨 소의 정자가 생식기도를 통해 수정 부위인 난관팽대부까지 도달하는 데에는 약 2시간 정도 소요된다. 정자의 자성생식기도 내에서 수정능력 보유시간은 약 24시간이며, 배란 후 난자의 수정능 보유시간은 약 6시간이다. 소의 배란은 발정 종료 후 10~14시간이므로 정자와 난자의 만남을 위한 수정 적기는 발정 중기 이후 발정 종료 후의 6시간까지가 수태율이 가장 높다. 수정적기의 실용적인 지침으로는 다음과 같다.

① 이른 아침(9시 이전)에 발정을 확인한 경우에는 당일 오후 관리시간 때가 수정 적기이며, 다음날은 늦다.

② 오전(9~12시) 중에 발정을 발견한 경우에는 그날 저녁 또는 다음날 아침 일찍이 수정 적기이며, 10시 이후는 늦다.

③ 발정을 오후에 발견한 경우에는 다음날 오전 중이 적기이고 오후 2시 이후는 늦다.

(2) 돼 지

배란은 발정개시(승가 허용) 후 31시간 전후에 일어나고, 난자의 수정능력 보유 시간은 약 6시간 정도이므로 추정되는 배란 시간(발정개시 후 25~36시간) 이전, 즉 발정개시 후 10~25시간에 교배 또는 수정을 실시하는 것이 수태율이 가장 높다. 발정개시 후 반일에서 1일 사이에 2회 종부(교배)하는 것이 좋다. 즉 아침에 발정이 확인되면 저녁에 1차 수정하고 다음날 아침에 2차 수정을 실시한다. 오후에 발정이 확인되면 다음날 아침에 1차, 저녁에 2차 수정을 실시한다. 육안으로 볼 때는 외음부가 최고조로 커져 있는 상태에서 작아지는 시기에 1차 수정하고 6~12시간 후에 2차 수정을 실시한다.

4. 인공수정(정액 주입) 방법

(실습 준비물 : 소, 돼지 생식기, 정액 주입기 세트 등)

소 인공수정

(1) 소

소의 발정 상태를 확인하며 발정 중기 또는 발정 종료 상태인지 확인한다. 즉 축주에게 발정이 언제 개시되었는지를 물어보고 수정 적기인지 판단한다. 수정적기에 너무 이르면 나중에 실시하고 너무 늦으면 수정을 시키지 않는다.

① 소를 보정하고 긴장감을 풀어 준다. 수정시킬 소는 보정틀(또는 스탄츄)에 가둬 놓는다. 소를 진정시키기 위해서 먼저 어깨부터 손으로 쓰다듬고 후구도 쓰다듬으면서 칭찬의 말을 건다(아주 잘 생겼네. 아주 건강하고 발정이 잘 왔네! 등등). 소의 긴장감이나 경계심을 풀어준다.

㉠ 가능하면 후구 쪽에서 꼬리를 복부에 묶거나 보조자가 꼬리를 잡아주면 더욱 좋다.

㉡ 이때 주입할 정액의 명호를 확인하고 미리 정액을 주입기에 장전한다. 위생적 주입을 위해 비닐로 피복하거나 Protector를 덧씌운다. 또는 미리 장전하고 비닐로 피복한 상태로 보온(가슴이나 등걸에 넣거나 보온 가방에 넣어서)하여 가지고 온다(특히 겨울철).

㉢ 주입기의 주입봉이 스트로(Straw) 길이만큼 후진된 상태여야 한다.

② 왼손에 직장검사용 비닐장갑을 끼고 끝을 고정시킨 다음 비눗물이나 윤활제(식용유 또는 물)를 장갑에 바른다. 외음부에도 윤활제를 바르면 더욱 좋다.

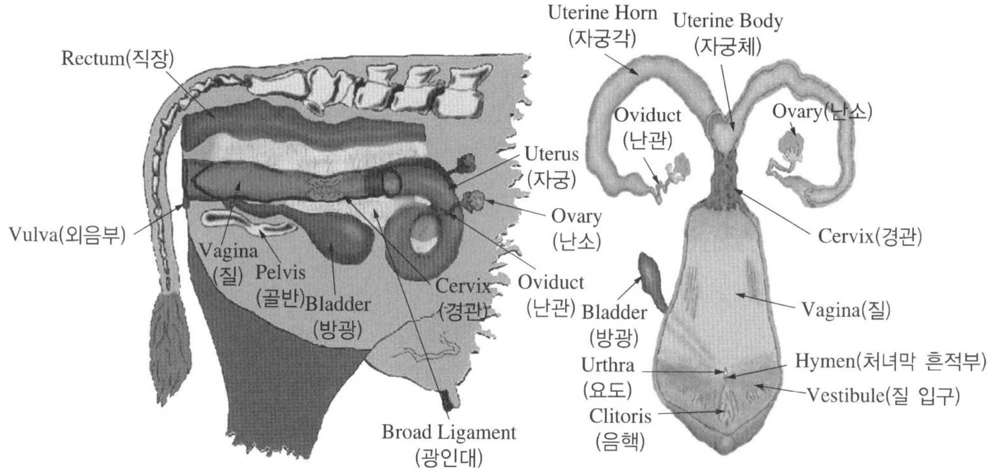

[소의 생식기 구조]

③ 장갑을 낀 손의 손가락을 모아 항문에 천천히 밀어 넣는다.

④ 직장에 손을 넣은 다음 직장의 연동운동(파동)이 시작하면 전진시키려는 손을 멈추고 가만히 파동이 지나가기를 기다린다. 더 전진시켜 팔굽 이상으로 밀어 넣은 다음 분변을 걷어서 몸 밖으로 꺼낸다. 수차례 반복하여 분변이 거의 남아있지 않도록 한다.

⑤ 분변을 다 꺼내고 나면 직장 내에 있는 손바닥을 펴서 골반 강 위에 위치한 자궁 경관(어린 아이 주먹 정도의 크기)을 확인한다.

※ 경산우의 경우에는 자궁 경관이 복부까지 하강한 경우도 많다.

⑥ 경관을 확인해서 주입기의 주입 길이를 염두에 두고 왼손을 빼낸다. 왼손으로 외음부를 약간 벌려서 장전된 정액 주입기를 생식기 안으로 밀어 넣는다.

⑦ 다시 왼손을 직장 내에 넣고 자궁 경관을 살며시 거머쥔다.

⑧ 오른 손의 주입기 끝이 경관 입구에 도달하면 주입기 선단이 경관 중앙부를 통과하도록 경관을 약간씩 움직여 통과시킨다.

⑨ 경관을 통과한 주입기 선단을 왼손으로 확인한 다음 오른손의 주입기의 주입봉을 자궁 쪽으로 밀어서 정액을 자궁 내(가능하면 배란된 자궁 쪽)에 주입시킨다.

⑩ 왼손을 직장에서 빼내고 주입기도 생식기에서 빼낸 다음 외음부를 마사지한다(마사지하면 수태율이 5~10% 정도 높아진다).

⑪ 주입기의 시스(Sheath)를 분리시켜 정액 주입이 정상적으로 이루어졌는지 확인한다.

※ 정액의 잔류량이 남아있거나 역류되었다면 다시 인공수정시켜야 한다.

⑫ 손을 씻고 주입기를 소독(알코올 솜)하고 건조시켜 원상태로 보관하며 수정 기록을 남긴다.

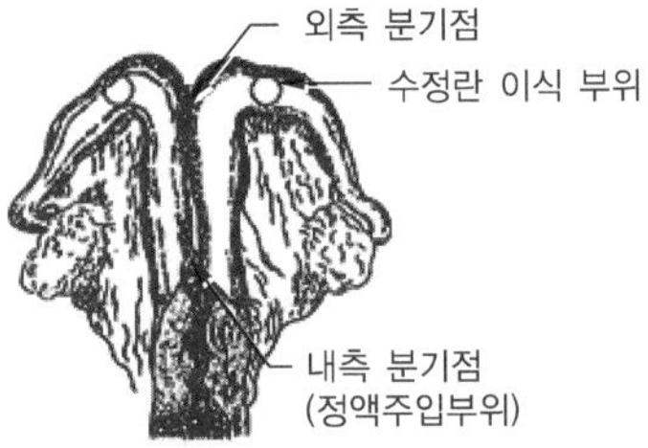

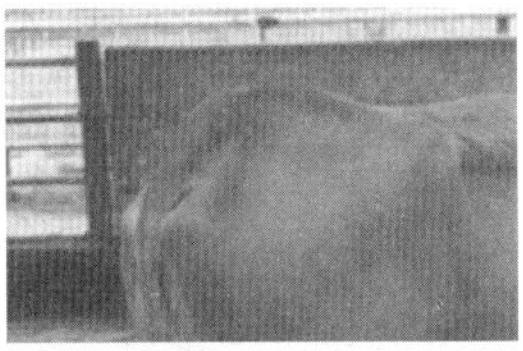

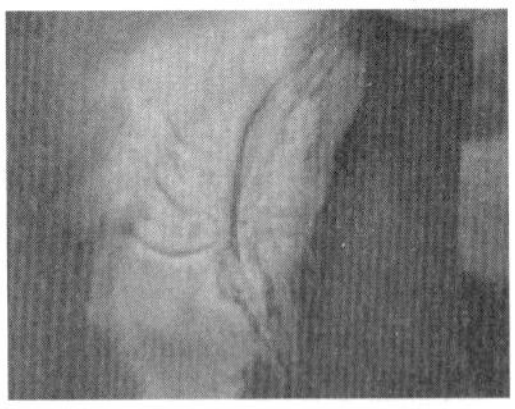

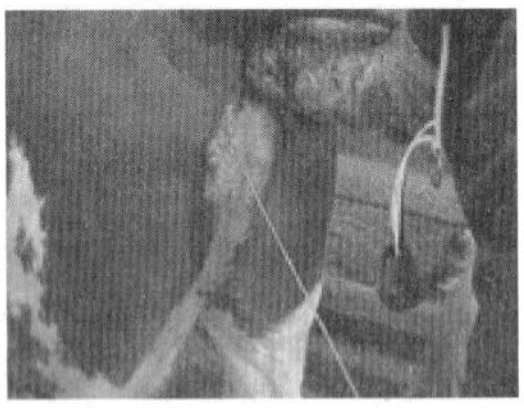

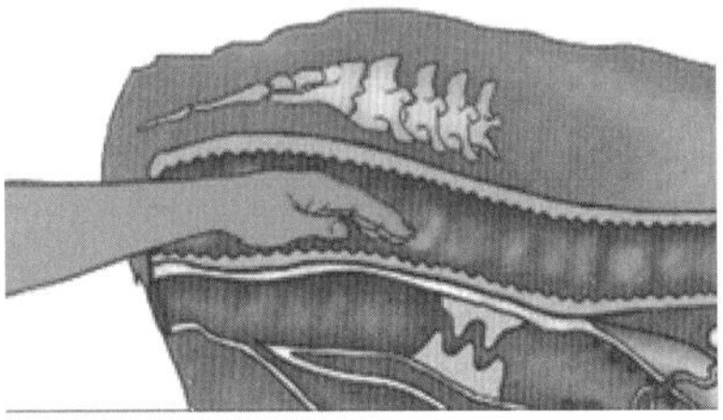

직장 내 분이 밀려나오면 손가락을 모아서 분을 긁어내는데 3~4회 정도 분변을 밖으로 꺼낸다.

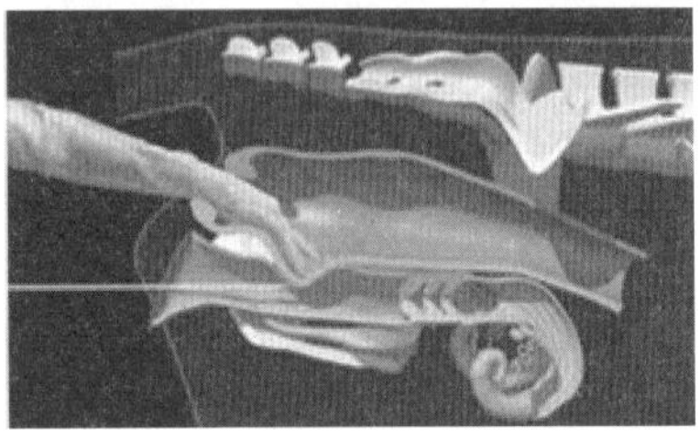

주입기의 위생적 삽입을 위해 항문 안쪽의 아래를 살짝 눌러서 외음부의 입구가 약간 벌어지게 한다.

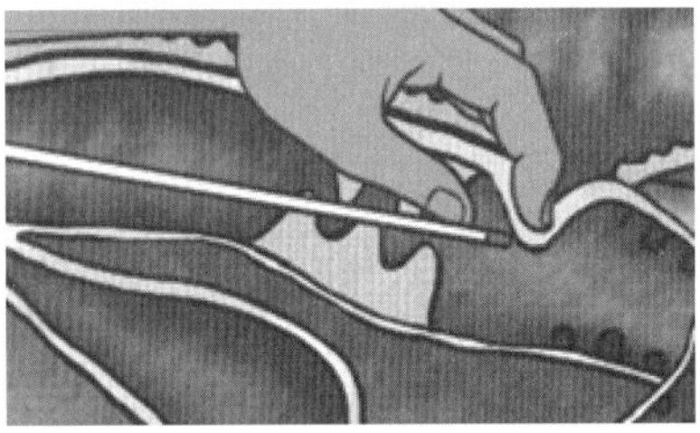

자궁경관을 완전히 통과하면 1cm 정도 더 삽입하고, 주입기 끝을 검지 손가락으로 확인한다.

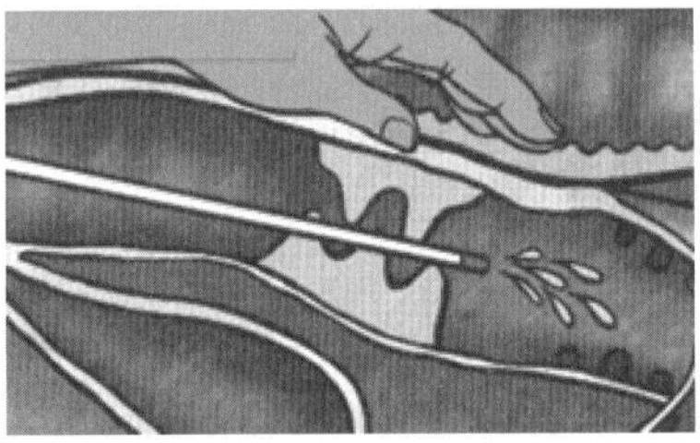

주입기 밀대를 엄지 손가락으로 5~10초 간 서서히 주입한다.

[직장질법 인공수정(정액주입) 방법]

더 알아보기

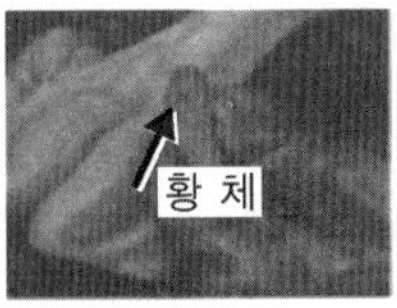

임신 30일령의 자궁 및 난소 내 진성 황체

①

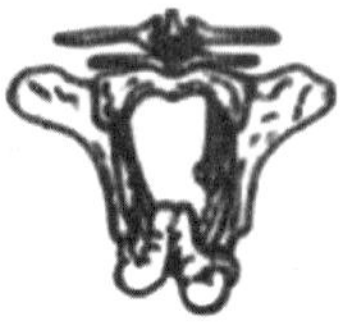

②

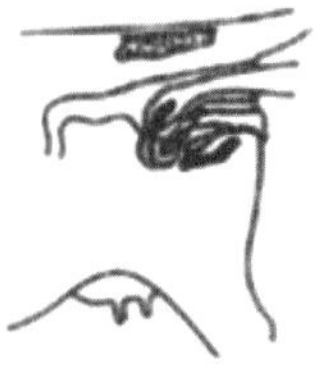

③

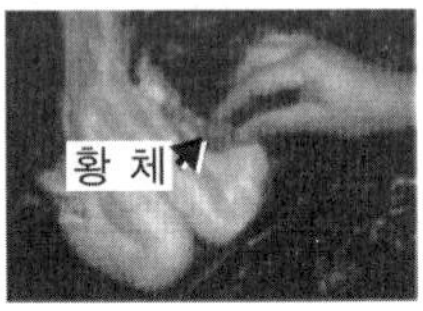

발정주기 중 황체기의 황체(가성 황체)

[①, ②, ③ : 임신 30일령의 자궁 및 난소 촉진 모식도]

※ 직장검사법에 의한 임신(황체) 진단 요령 : 직장 내 분변을 제거한 후 골반강에 위치한 자궁 경관을 확인하고 두드러진 자궁각을 부드럽게 촉진하며 전진하여 복벽에 위치한 난소를 검지와 중지로 파지하여 난소 내 돌기된 황체를 확인한다.

※ 냉동정액 주입기 내 장전 방법

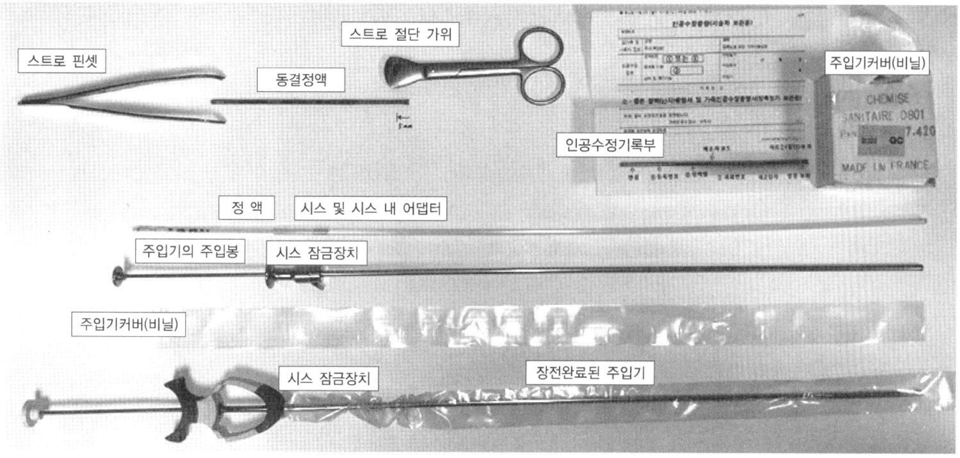

[정액 주입기 및 장전에 필요한 기구들]

위 그림을 참고해서 다음의 순서와 같이 주입기 내에 정액을 장전한다.

① 인공수정 대상 소의 발정과 정액 내역을 확인한다.

② 정액의 기포(상단) 부위를 수평(수직)으로 절단한다.

③ 핀셋이나 손으로 면실부위를 집는다.

④ 주입기의 주입봉을 스트로 길이만큼 뒤로 후진시킨다.

⑤ 절단된 정액을 주입기 선단에 면실부분이 먼저 삽입되도록 넣는다. 이때 삽입된 정액의 선단이 시스 내 어댑터에 잘 맞물리도록 한다.

⑥ 시스와 주입기를 연결하고 밀어 넣어 주입기 내에 정액이 장진되도록 한다.

⑦ 시스(주입기 캡)의 끝이 주입기의 안쪽 잠금장치에 고정되도록 한다.

⑧ 비닐커버(슬리버 또는 Protector)로 주입기를 씌워둔다.

⑨ 정액이 완전히 장전된 주입기는 1~2시간 이내에 수정되도록 한다.

⑩ 수정시킨 정액은 수정기록부에 명호, 수정일자, 분만예정일 등을 기록한다.

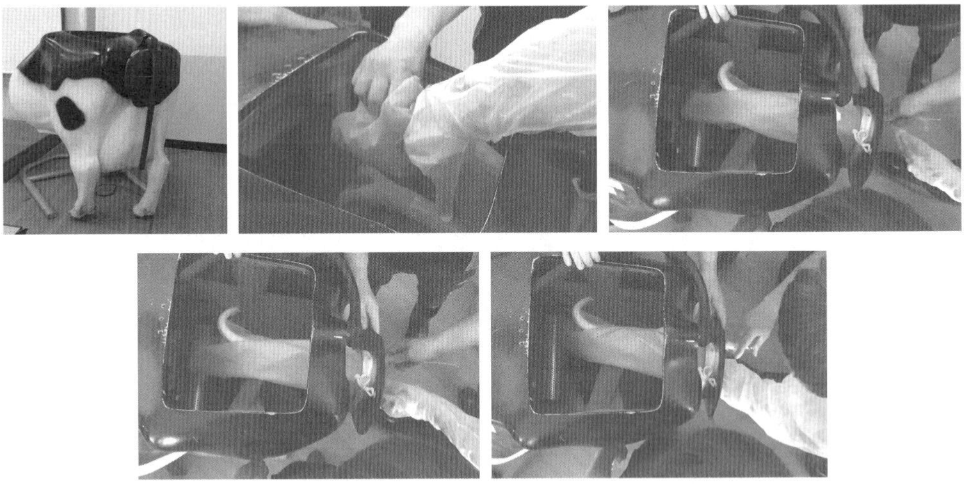

[젖소 모형 내 인공수정 방법(주요 부분 센서 작동) - 2021년 실기]

더 알아보기 냉동정액의 융해 및 장전순서

〈융해순서〉

동결정액의 융해

① 정액을 융해시킬 물의 온도를 확인한다.
② 정액 스트로를 소형 액체질소통으로부터 꺼낸다. 이때 캐니스트의 상단(돌턱이 있음)이 질소통 목 이상 올라오지 않도록 하며 다른 캐니스트의 홈에 돌턱을 끼운다. 고블릿 랙의 선단을 왼손으로 잡고 오른손의 핀셋을 이용하여 정액을 조심스럽게 꺼낸다.
③ 꺼낸 정액은 35~37℃ 물이 담긴 수조(또는 보온병)에 넣어(담근다) 15~25초(평균 20초)간 융해시킨다. 이때 캐니스트를 원래대로 위치시키고 액체질소통의 마개와 뚜껑을 닫는다.
④ 수조에서 꺼낸 스트로 주위의 물기를 티슈로 닦아 표면을 건조시킨다.

〈장전순서〉

① 스트로의 기포를 확인하고 밀봉부위인 상단으로 위치시켜 제거한다.
  ※ 스트로를 세워서 손가락으로 슬슬 튕겨 기포가 위로 올라가도록 한다.
② 스트로를 절단한다(스트로 가위 또는 전용커터기 사용). (수평 또는 직각 유지)
  ※ 전용 가위 또는 커터기가 아닌 경우 절단면이 찌그러짐
③ 시스에 스트로를 장착한다, 이때 어댑터 돌턱(V자 형)에 잘 맞물려야 함
④ 주입기의 주입봉을 스트로 길이만큼 뒤로 후진시켜 둔다.
⑤ 시스 내 정액 스트로를 주입기 선단에 잘 맞춰서 밀어 넣고 슬리브를 장착한다.
  ※ 이때 시스의 가장자리가 주입기 잠금장치에 잘 맞춰 움직이지 않도록 해야 한다.
  ※ 정액을 위생적으로 주입하기 위하여 시스에 비닐커버나 Protector를 씌운다. 최근에는 비닐커버나 Protector가 씌워진 시스가 제품화되어 있다. 비닐커버나 Protector 주입기를 자궁경관 직전까지 주입기의 시스가 오염되는 것을 방지하기 위한 것이다.

⑥ 왼손에 비닐장갑을 착용 후 비닐장갑표면에 윤활제(또는 비눗물)를 바른다.
⑦ 좌측 손을 직장에 삽입시켜 직장 내의 분(똥)을 제거하고 경관 위치를 확인한 다음 외음부을 아래로 늘려서 약간 벌어지도록 한다.
⑧ 벌어진 음문 사이로 주입기를 넣어 질을 지날 때쯤에 비닐커버나 Protector를 시술자 몸 쪽으로 당겨 뚫어지게 한 다음 주입기 선단을 자궁경관 내에 삽입한다. 주입기의 선단이 자궁경관의 마지막 추벽을 통과하였을 때 왼손의 둘째손가락으로 주입기 끝을 확인한 후 자궁경(子宮頸) 심부에 서서히 정액을 주입한다.
⑨ 주입기를 알코올 솜으로 소독한 후 원래의 상태로 둔다(건조시켜 보관한다).
⑩ 수정사항을 기록한다(상하 작성 후 절취선에서 절취하여 아랫부분을 사육농가에 제출).
※ 융해시킨 정액 정보를 수정 기록부에 기입할 수 있어야 한다.
※ 농협(축협) 개량사업소
홈페이지에서 정액의 등록번호를 확인하면 종모우(정액명)의 능력을 판단할 수 있다.

■ 축산법 시행규칙 [별지 제11호서식] <개정 2021. 10. 8.>

(앞쪽)

인공수정증명(시술자 보관용)

발급번호

암가축 및 사육자 정보	성명	품종
	주소(목장명)	등록번호 또는 개체식별번호
인공수정 정보	정액번호	수정일자 년 월 일
	종축 이름	수정횟수 회
	상태 및 특기사항	수정사

··························· 자 르 는 선 ···························

소 정액(난자)증명서 및 가축인공수정증명서(양축농가 보관용)

[정액(난자)증명]

발급번호

정액(난자)생산업체 또는 수입업체

품종	원산지		공급수량
종축 이름	정액번호	등록번호	개체식별번호

혈통	부		등록번호	
	조부		등록번호	
	모		등록번호	
	외조부		등록번호	

공급하는 정액(난자)의 혈통을 위와 같이 증명합니다.

확인	종축등록기관 (인)

(수정증명)

암가축 및 사육자 정보	성명	품종
	주소(농장명)	등록번호 또는 개체식별번호
인공수정 정보	수정일자 년 월 일	수정횟수 회
	상태 및 특기사항	재발정 예정일
		분만 예정일

위와 같이 수정하였음을 증명합니다.

가축인공수정사 · 수의사 (인)

종축의 유전능력 참고자료

210mm × 297mm[백상지(80g/㎡)]

(2) 돼지의 인공수정(정액 주입) 방법

돼지 인공수정

돼지의 발정 상태를 확인하며 발정 중기 또는 발정 후기 상태인지 확인한다. 수정적기에 너무 이르면 나중에 실시하고 너무 늦으면 수정을 시키지 않는다.

① 돼지를 보정하거나 긴장감을 풀어 준다. 수정시킬 정액의 명호를 확인한다. 수정시킬 돼지는(주로 스톨에 들어 있음) 앞쪽으로 밀어서 수정시킬 사람의 공간을 확보하는 것이 수정에 유리하다.
② 등을 눌러 발정 상태를 확인한다.
③ 윤활제(식용유, 물 또는 약간의 정액)를 외음부에 바르고 정액주입기 선단에도 바른다.
④ 외음부에 정액주입기(1회용) 밀어 넣고 15° 상향으로 10~20cm 전진시킨 다음 수평이나 약간 하향으로 주입기를 경관 입구까지 밀어 넣는다(수컷 음경이 나선형으로 되어 있음).

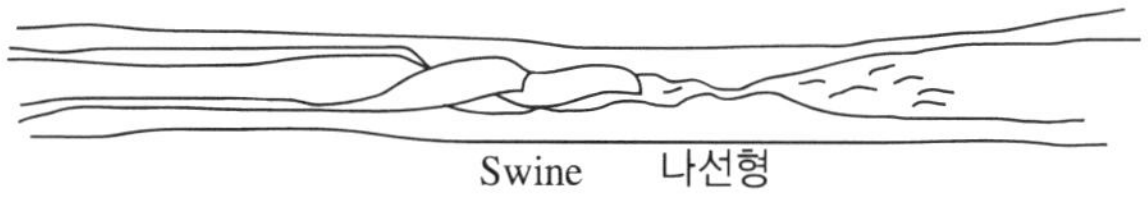

[돼지 암 · 수 생식기의 결합 모식도]

※ 경관 입구에 도달하면 더 이상 정액 주입기가 전진되지 않는다.

⑤ 경관 입구에 도달한 정액 주입기를 시계반대방향으로 돌리면서 전진시켜 경관 내에 주입기 선단이 꽉 물리도록 한다.

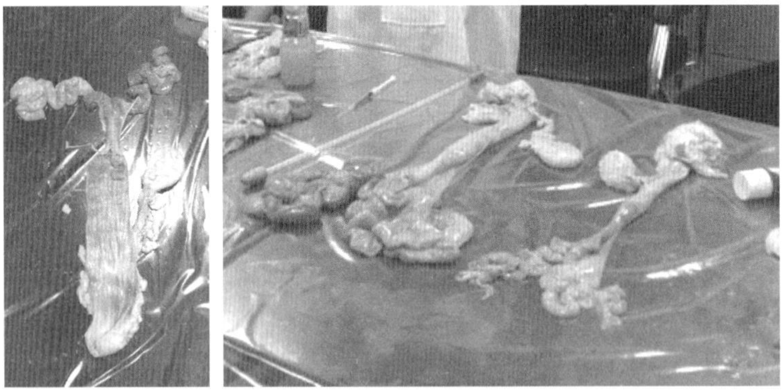

[돼지 생식기 형태 및 해부]

⑥ 주입기를 슬며시 당겨보아서 경관 내에 맞물려 있는지를 확인한다.

⑦ 경관에 삽입된 주입기 끝에 준비된 정액병(또는 팩)의 끝을 자르고 연결시킨다.

⑧ 왼손으로 주입기를 잡고 오른손으로는 정액을 서서히 짜 넣는다. 이때 돼지 꼬리와 주입기를 동시에 잡으면 주입에 매우 유리하다.

※ 돼지가 앞으로 전진하는 경우에는 주입기가 빠질 수 있다.

⑨ 정액 주입이 끝난 주입병은 정액이 자궁으로 흘러가도록 다 압박한 상태에서 10초 정도 기다렸다가 시계방향으로 돌려서 빼낸다(정액병을 거꾸로 세운 상태로 주입하면 좋다).

⑩ 정액 주입이 끝난 다음에 정액이 역류되는지 확인한 후 수태율을 높이기 위해 반드시 외음부를 마사지한다.

※ 마사지 하면 자궁 운동이 촉진되어 수태율이 10% 정도 높아지고 산자수도 많아진다.

⑪ 정액 주입병 내 정액의 잔량과 명호를 확인하고 수정기록을 남긴다.

⑫ 정액 주입기 및 주입병은 위생적으로 처리(소각 원칙)한다.

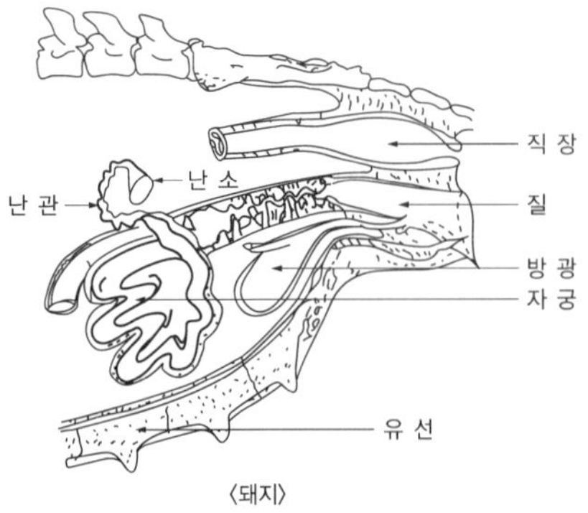

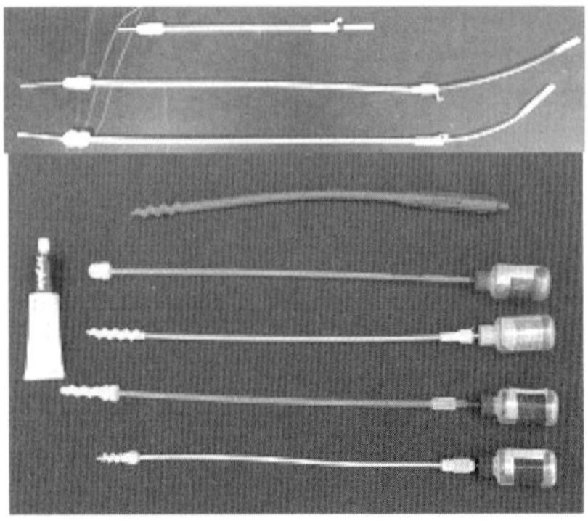

[돼지 암컷 생식기 모식도와 주입기의 다양한 형태들]

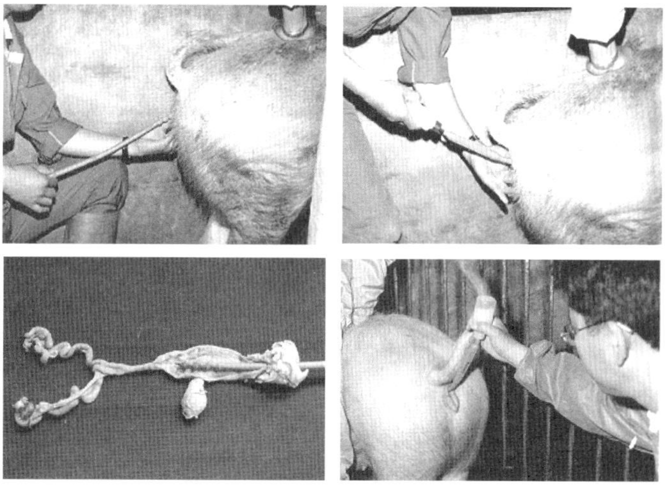

[돼지 정액 주입 방법]

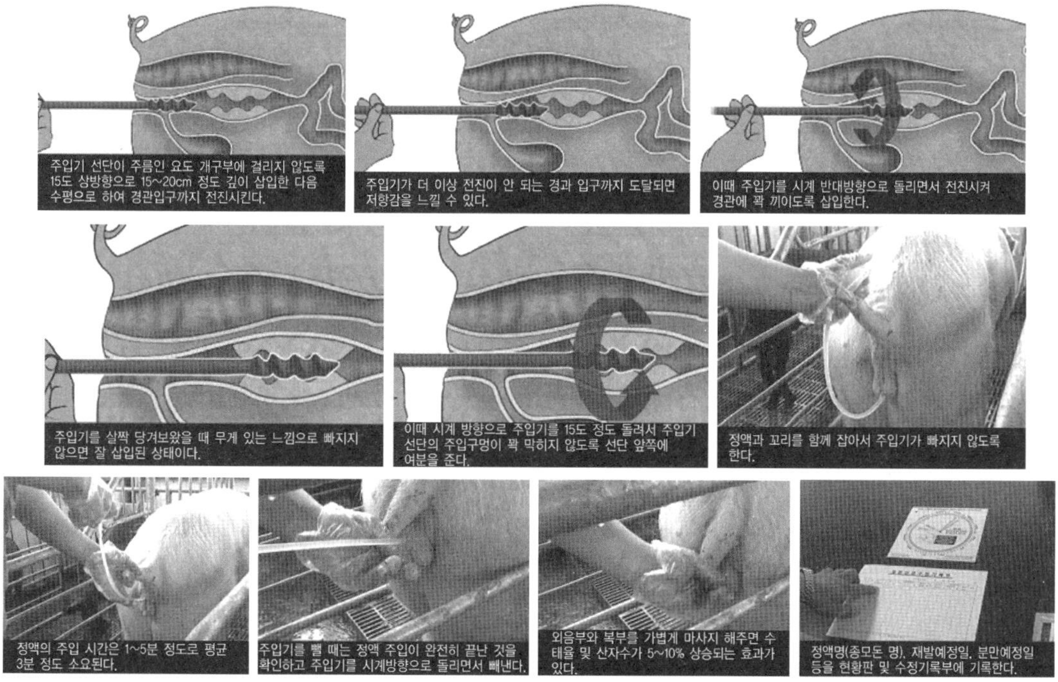

[돼지 액상 정액 주입 과정]

더 알아보기 일반적인 돼지 인공수정 순서

① 보관된 주입병을 보관고에서 꺼내어 햇빛에 직접 노출시키지 않고 2~3회 서서히 뒤집고 흔들어 정액이 잘 혼합되도록 한다.
② 수정시킬 암돼지의 외음부를 깨끗이 닦는다.
③ 가위로 주입병(또는 팩)의 꼭지(선단)를 절단한다.
④ 주입기 끝(가장자리)과 음부에 윤활제를 바르고 주입기를 삽입한다.
⑤ 주입기의 끝부분이 15° 정도 상 방향으로 10~20cm 전진시킨 후 요도개구부를 지난 즈음에 수평으로 전진시켜 경관입구에 도달하면 주입기를 시계반대 방향으로 서서히 회전시켜 경관 내에 선단이 잘 맞물리도록 한다(요도에 주입기 선단이 삽입되지 않도록 한다).
⑥ 자궁경관에 주입기 선단이 잘 맞물려 있는지 뒤로 살며시 당겨 약간의 저항감을 확인한다(후보돈 : 경관 1~2추벽 통과, 경산돈 : 경관 3~5추벽 통과 위치).
⑦ 주입기에 정액병을 연결하고 모돈이 움직여도 주입기가 빠지지 않도록 왼손으로 주입기 몸체와 꼬리를 함께 잡고 오른손으로 정액을 서서히(3~5분간) 짜 넣는다.
⑧ 역류 여부를 확인하고 외음부를 10초간 정도 마사지를 하여 수태가 잘 되도록 한다.
※ 외음부 마사지 시에는 수태율 및 산자수가 약 10% 상승됨
※ 역류가 확인되면 새로운 정액으로 다시 인공수정을 실시

[소, 돼지의 발정주기와 수정적기]

종 류	발정주기(일)	발정 지속시간	배란시기	분만 후 재발정	교배(수정)적기
소	21	21시간	발정종료 후 8~11시간	NR 60~90일	• 배란 전 13~18시간 • 발정개시 후 12~16시간
돼 지	21	58시간	발정개시 후 31시간	이유 후 7일	수퇘지 허용 후 12~25시간

더 알아보기 동결정액 융해 시 주의점

※ 준비물 : 액체질소통(캐니스트, 고블릿, 정액이 들어 있음), 항온수조(또는 비커), 스트로 핀셋, 온도계, 시계, 휴지
① 먼저 정액을 융해할 물을 준비하고 온도를 맞춘다(항온 수조의 온도를 확인).
② 준비된 액체질소통에서 정액을 꺼낸다. 이때 캐니스트가 질소통 목부분의 상단 위로 올라오면 안 된다.
③ 정액명을 확인하고 스트로 핀셋을 이용하여 한 개의 정액을 집어낸다.
④ 집어낸 정액은 액체질소가 기화되도록 한 다음 35℃의 물에 침지하여 15~20초 동안 융해시킨다.
⑤ 융해된 정액은 핀셋을 이용하여 물에서 집어낸 다음 물기를 닦고 스트로 내에 있는 기포를 상단(면실 있는 부분의 반대쪽)으로 옮긴다.
※ 스트로를 세워서 약간 두드리거나 튕기면 기포가 상단으로 올라간다(상단 부위를 잡고 원심력을 이용하여 뿌리기도 한다).
※ 동결정액에 대한 자신감 획득 실습
• 정액 포장 실습(준비물) : 스트로, 구슬(Ball), 1mL 주사기, 실리콘 튜브, 우유, 네임펜
• 직접 정액을 포장하고 등록번호 종모우명 등을 기록하면 정액을 쉽게 다룰 수 있다.

더 알아보기 주입기 장착 시 주의사항

① 융해된 정액은 스트로 상단부위를 절단가위(칼)로 0.5cm 정도 잘라낸다. 이때 절단면은 수직(수평)으로 자르고 각이 진 경우에는 손톱으로 펴 주어야 한다.
※ 자른 단면에 각이 서 있는 경우에는 시스(Sheath) 내의 어댑터에 잘 맞물리지 않아서 정액의 역류를 발생시켜 수정실패의 원인이 된다.
② 먼저 주입기의 주입봉을 스트로 길이만큼 뒤로 빼 놓은 다음 잘라진 스트로(정액)를 주입기 내에 면실부분이 먼저 들어가도록 넣는다.
③ 정액이 들어 있는 주입기를 시스에 끼우는데 이때 시스 내의 어댑터에 잘 맞물리도록 해서 전방으로 밀어 넣는다.
④ 시스의 선단을 전방으로 끝까지 밀어 넣은 다음 시스의 가장자리(선단의 반대편)가 주입기의 Lock(잠금) 장치에 물려 있는지 확인한다.
※ Lock에 걸려있지 않으면 정액과 시스가 주입기에서 빠져 나갈 수 있다.
⑤ 시스가 주입기에 잘 고정되어 있는지 확인한 후 위생적으로 주입하기 위해서 비닐 커버나 Protector를 주입기에 씌운다.

(3) 돼지의 액상정액 희석 방법

[희석 전 준비]

※ 준비물 : 액상정액, 항온수조, 또는 비커(500mL, 1,000mL, 또는 삼각플라스크), 현미경, 온도계, 정액주입병, 휴지

① 액상정액이 100mL 채취되어 있다면 먼저 20~100배 희석하여 농도를 측정한다.
※ 현미경으로 정액을 검사하여 정자의 농도를 측정한다(현미경 검사 방법 별도 제시).

② 액상정액의 농도가 mL당 3억 마리이고 정액량이 200mL라면 총정자수는 600억 마리가 된다. 이때 활력이 60% 이상인 경우라면 사용가능한 정액이다.

③ 돼지 액상 정액의 경우 정액 주입량은 80mL이고, 총정자수는 병(또는 팩)당 30억 마리이므로 이 액상정액은 20회분의 정액을 제조할 수 있다. 총 희석된 정액량은 1,600mL가 되어야 하므로 원 정액에 1,400mL의 희석액을 서서히 혼합시키면 된다(600억 마리 ÷ 30억 마리 = 20회, 병).

④ 액상정액의 희석 방법

㉠ 정액과 희석액은 같은 온도로 맞추기 위해 30~35℃의 물이 들어 있는 수조에 둔다.

㉡ 원정액을 큰 용량 비커에 붓는다.

㉢ 원정액이 들어 있는 큰 용량 비커에 희석액 100mL을 서서히 부어서 1 : 1로 희석하고 약간 흔들어 준다.

㉣ 큰 용량 비커에 들어있는 희석된 정액 200mL에 다시 희석액 200mL을 서서히 부어서 희석시킨 후 다시 400mL의 희석된 정액에 희석액 400mL을 서서히 부어서 최종 800mL의 희석된 정액을 제조한다.

⑤ 주입병이나 팩에 80mL씩 분주하여 포장한 다음 정액명, 제조일자 등을 기록하거나 스티커를 붙여 개체명과 제조일자를 표기한다.

⑥ 제조가 완료된 정액은 17℃ 온장고에 보관하여 2~3일 이내에 사용한다.

※ 보존액에 따라서는 7일간 보존도 무방하다.

정액 희석은 정액량을 증가시켜 다두 수정을 가능하게 하고, 보존기간 동안 정자의 활력 및 생존률에 최적의 조건으로 수정능력을 연장하는 데 있다.

정액은 원정액을 용기에 담고 동량의 희석액을 1:1 비율로 1차 희석한다.

이때, 원정액에 희석액을 서서히 첨가하고 흔들어 주면서 희석충격을 완화시킨다.

[돼지 정액 희석순서]

더 알아보기 **돼지 액상 정액의 희석액량 및 배율 구하기**

채취된 정액의 온도는 32~35℃ 정도가 되며 채취 즉시 정액과 같은 온도로 준비된 보존액을 채취된 정액량과 1 : 1비율로 1차 희석을 한 후 상온(약 20℃)에 방치한 상태에서 정액검사를 하고 정자농도에 따라서 보존액을 추가로 서서히 희석한다. 보존액 희석 배율은 채취된 총생존정자수에 따라 결정해야 하지만 농후 정액만을 분리 채취했을 때는 약 5~6배(정액 1 : 보존액 5) 정도로 희석하는데, 최종 정자의 농도는 80mL당 30억 이상이 되도록 해야 한다. 보존액의 희석 배율을 예를 들어 보면 다음과 같다.

예 • 원정액량 : 300mL
• mL당 정자수 : 3억
• 총 정자수 : 900억
• 생존율 : 80%
• 생존 총정자수 : 720억(900억 × 80%)

위의 정액을 이용하여 1회 주입분을 80mL(병)에 생존정자수 30억으로 담을 경우 21두분의 정액을 만들 수 있다(720억 ÷ 30억 = 24회 주입량).

희석된 정액의 최종량은 1,920mL이 되어야하며 원정액량이 300mL이므로 희석액량은 1,620mL가 된다(최종량 : 24개 × 80mL = 1,920mL, 1,920mL – 원정액 300mL = 1,620mL).

희석된 정액 1,920mL는 원정액의 6.4배(1,920/300 = 6.4)에 해당된다. 보존액은 한꺼번에 희석하지 말고 2~3회에 나누어 서서히 희석하되 빠른 시간에 17℃의 온도로 낮춘다.

더 알아보기 **정액 농도를 구하기 위한 원 정액(소) 100배 희석하기**

먼저 1,000μL 마이크로피펫를 이용하여 소금물(3% 이상, 정자가 움직이지 못하도록 죽이기 위함) 990μL를 취해서 시험관(5~10mL)에 붓고, 10~20μL 마이크로피펫을 이용하여 10μL의 원 정액을 취해서 시험관의 소금물에 섞어서 살짝 진탕해 주면 100배 희석된 정액이 된다. 200배 희석 시에는 100배 희석된 정액을 1(200μL) : 1(200μL 소금물)로 희석하면 200배 희석이 된다. 마이크로피펫으로 직접 50배 희석 시에는 980μL 소금물과 원정액 20μL를 희석하면 50배 희석이 된다(1,000 ÷ 20). 소독약의 희석 원리도 위와 같다.

5. 정액의 현미경 검사

현미경 검사

희석용 Pipet을 이용하여 정액을 3% NaCl 용액(소금물)과 1 : 10~100으로 혼합한 후 혈구 계산판 또는 광전 비색계를 이용하여 정자수를 측정한다. 소의 경우 원정액의 정자수가 5억/mL 이하, 개와 돼지의 경우에는 1천만/mL 이하이면 사용 시 고려해야 한다. 인공수정 시 주입하는 정액량은 채취된 정액의 농도에 따라 희석배율이 달라지므로 mL당 정자수를 계산하여 총정자수를 구하고 활력이나 기형률을 고려하여 제조하고자 하는 농도에 따라 보존액을 희석하여 병당 또는 스트로당 정자수를 일정하게 한다.

정자수를 측정하기 위해서는 광전비색계(Spectrophotometer)를 이용하여 많은 Sample을 빠른 시간에 간접적으로 검사할 수도 있지만 혈구계산판(Hemacytometer)을 이용한 직접 계산방법을 알아본다.

(1) 직접적인 정자농도 검사 : 혈구계산판(Hemacytometer)의 구조 및 원리

① 혈구계산판은 그림 1과 같이 2개의 계산실(A)이 있는데 (B)에 커버그라스를 올려놓았을 때 (A)면과 커버그라스 사이에 0.1mm의 공간(C)이 생기며 희석된 정액이 채워지는 곳이다.

② 계산실(A)의 구조는 한 변의 길이가 1mm인 정사각형으로 가로 5칸, 세로 5칸 모두 25칸으로 구획되어있고 큰 구획 1칸은 가로 4칸, 세로 4칸 모두 16칸으로 구획되어 있으므로 총 400개(25구획 × 16칸)의 작은 칸으로 구성되어있다(그림 2).

③ (A)부분을 현미경 100X로 보면 그림 3과 이 전체를 관찰할 수 있으나 400X로 확대하여 관찰하는 것이 보다 정확하게 측정할 수 있다(그림 3).

④ 큰 구획 25칸(작은 구획 400칸)에 산재한 정자를 모두 Count하는 것이 정확하지만 보통은 25구획 중 5구획(작은 구획 80칸)만 Count하여 5를 곱하여 25방안의 전체 정자수로 계산한다.

⑤ 5구획만 셀 때는 상단 5구획 또는 하단 5구획에 있는 정자를 세거나 상단 좌, 우측 끝단과 하단 좌, 후측 끝단 그리고 중앙 1칸을 센다(그림 4).

⑥ 위와 같이 큰 구획 25칸 중 5칸(작은 구획 80칸)을 세어 5를 곱한 것은 0.1mm^{2}에 속한 정자수이며, 계산실 높이가 0.1mm이므로 10을 곱해야 1mm^3(0.0001mL)에 해당하는 정자수를

얻을 수 있다. 25구획의 정자수는 $0.1mm^3$(0.0001mL) 내의 정자수이고 mL는 $1cm^3$이므로 25구획의 정자수에 10^4(또는 10,000)를 곱하면 된다.

⑦ 계산된 정자 수에 다시 mL로 환산하기 위하여 10,000을 곱하여 mL당 정자수를 구하게 된다. 그 다음 희석배율(100배 또는 200배)을 곱하여 최종 mL당 총 정자 수를 계산한다. 다시 정액량(mL)을 곱하여 이용 가능한 총 정자수를 계산해 낸다.

㉠ 총 정자 수에 정자 활력(%)을 곱하면 실제 유효한 총 정자수를 구할 수 있고, 여기에 dose당 주입정자수를 나누면 몇 개(dose)의 정액을 제조할 수 있는지를 알 수 있다.

- mL당 정자수 = 25구획의 정자수 $\times 10^4 \times$ 희석배율

예 200배 희석된 정액의 25방안 중 5구획 내 정자수가 60마리이면

mL당 정자수 $= 60 \times 5 \times 10^4 \times 200 = 300 \times 10^4 \times 200 = 3 \times 10^2 \times 10^4 \times 2 \times 10^2$

$= 6 \times 10^{(2+4+2)} = 6 \times 10^8$마리, 즉 6억 마리이다($10^8$ = 억).

그림 1. 혈구계산판의 평면도 및 측면도　　　그림 2. 혈구계산판 계산실 구획(100배)

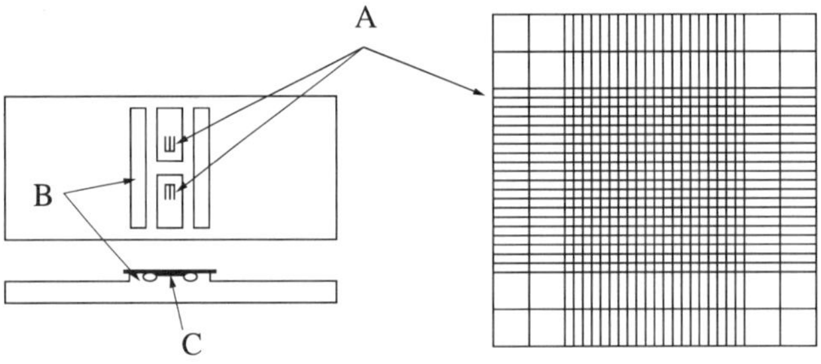

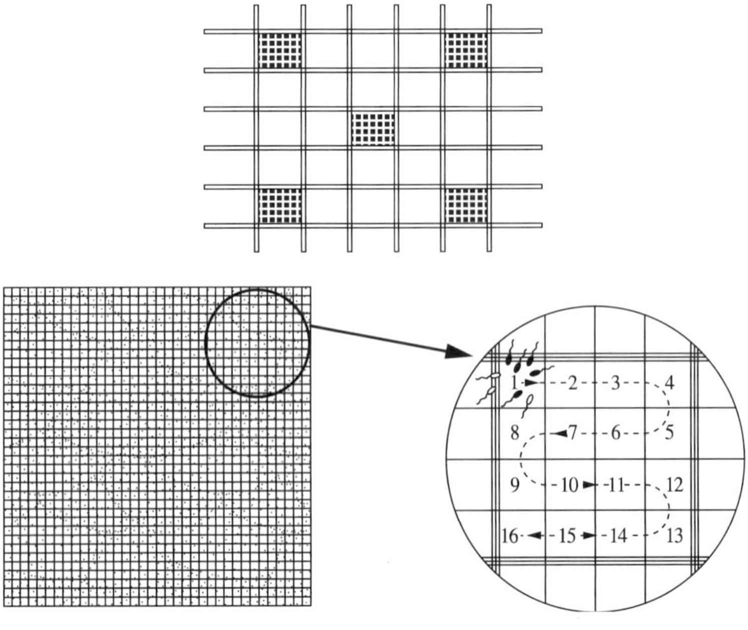

(100배 현미경 상)　　　(400배 현미경 상)

그림 3. 계산실 내 정자분포(5방안, 25방안, 1방안 내 16개의 작은 구획)

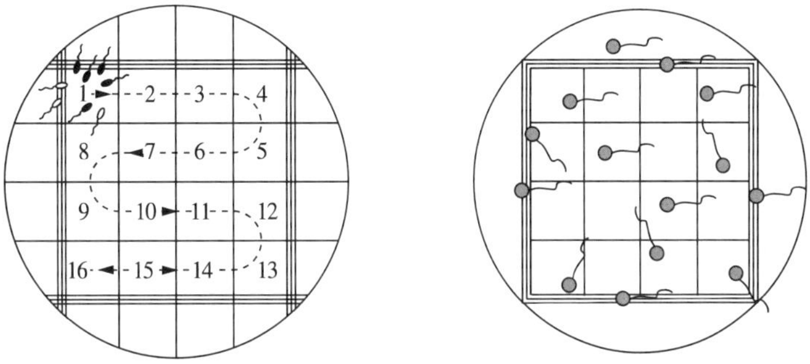

그림 4. 정자수를 세는 구획(5방안 중 5구획)

(2) 정액의 희석처리

① 원정액은 정자농도가 매우 농후하여 측정하기가 어려우므로 10배 또는 100배로 희석

② 정자를 사멸시켜 움직이지 않는 상태에서 측정. 사멸용 희석액은 3% NaCl 또는 구연산 나트륨 용액

※ 혈구계산용 마이크로피펫(Melangeur)이용법

③ 적혈구용은 100배 또는 200배 희석 시 이용(백혈구용은 10배 또는 20배 희석하여 사용)

㉠ Blue Tip 마이크로피펫을 이용하여 3% 생리식염수 4.95mL을 10mL 시험관에 뽑아 넣는다.

㉡ Yellow Tip 마이크로 피펫으로 원정액 0.05mL을 뽑아서 생리식염수 용액과 혼합한다(100X).

(3) 정자수 측정 준비

① 먼저 오염된 혈구계산판에 알코올 소독액을 뿌린 후에 깨끗한 휴지로 부드럽게 닦는다.

② 건조시킨 후 혈구계산판 위에 커버글라스를 덮는다.

③ 커버글라스를 덮어서 미리 준비한 혈구계산판(그림 1-C) 부위에 모세관현상에 의하여 정액이 스며들도록 한다.

㉠ 혈구계산판과 커버글라스 사이에 측정하고자 하는 정액을 분주(10~15μL)

④ 5분 정도 정치하여 정자의 유동을 막는다(정액이 건조되지 않도록 습윤 상태를 유지한다).

⑤ 100배 현미경하에서 전체 시야를 확인한다(그림 2).

⑥ 200~400배 현미경하에서 1개의 큰 구획 내의 정자를 센다.

㉠ 이중으로 세는 것을 방지하기 위하여 그림 3과 같이 화살표 방향을 따라서 센다.

㉡ 우변과 상변 또는 좌변과 하변에 걸친 정자만 일률적으로 센다(ㄱ변 또는 ㄴ변 둘 중 하나).

㉢ 정자의 두부를 기준으로 센다. Tally Counter를 이용하면 편리하다.

⑦ 다른 큰 구획으로 현미경 시야를 이동하여 같은 방법으로 5구획을 센다.

⑧ 정확도를 높이기 위하여 1개 혈구계산판에 계산실이 2개 있으므로 같은 Sample을 2회 이상 세어 평균치를 이용하는 것이 정확하다.

(4) 정자농도 산출법

① mL당 정자수 = 혈구계산판 내의 총정자수(5구획 × 5 × 계산실 높이 10배) × 1,000(1mm^{3}을 mL로 환산) × 희석배율(100 또는 200배)

② 희석배율을 100배로 한 경우 5구획 내 정자 수에 5를 곱하여 1,000,000(계산실 높이 10 × 희석배율 100 × mL로 환산 1,000)을 곱하여 구한다.

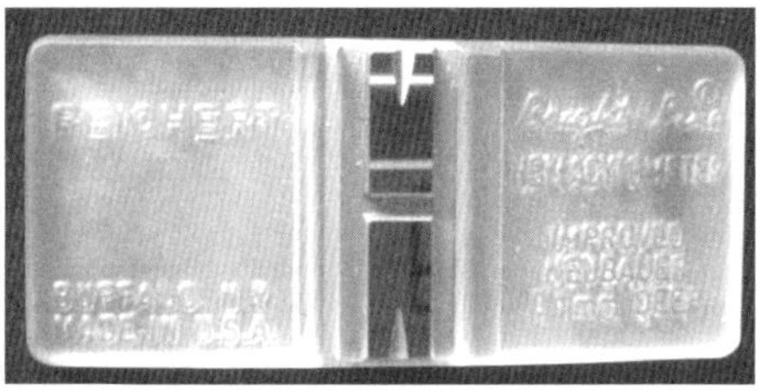

[혈구계산판]

③ 1방안의 정자 수 세는 법

좌측 상단부터 오른쪽으로 시선을 이동하면서 정자와 마주치면 숫자를 Tolly Counter로 센다. 1방안의 가장자리 면에서 ㄱ면을 기준으로 하여 3선의 중앙선에 정자 머리가 걸쳐 있는 경우는 숫자에 포함하여 세고, ㄴ면의 3선 중앙선에 정자 머리가 걸쳐 있는 경우는 숫자에 포함시키지 않는다. 반대로 ㄴ면을 기준으로 할 경우에는 ㄴ면의 3선 중앙선에 걸쳐있는 정자 머리는 세고 ㄱ면의 3선의 중앙선에 걸쳐 있는 정자 머리(두부) 수는 포함시키지 않는다. 다음 그림 4에서 ㄱ면을 기준하여 정자수를 셀 경우에는 10마리이고, ㄴ면을 기준으로 할 경우에는 11마리이다. 계산식에서 ㄴ면을 기준하였을 경우에는 ㄴ면 기준으로 정자수를 계산한다고 표기해 두어야 한다.

(5) 현미경 구조 및 조작법

현미경의 일반적인 구조는 다음과 같다.

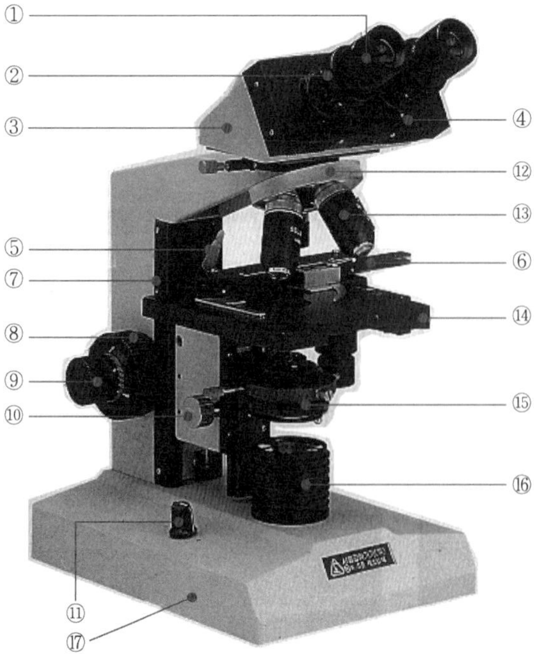

[머리]

① 접안렌즈(Eye Piece) : 10x 또는 15x
② 디옵터(Diopter Control)
③ 안폭 조절기
④ 안폭조절 시계 확인 창
⑥ 재물대(스테이지)의 이동조절 손잡이(가로, 세로 이동)-스테이지 높이 조절손잡이
⑧ 조동나사 손잡이 : 상하 조절(크게)
⑨ 미동나사 손잡이 : 미세 상하조절(미세 초점)
⑬ 대물렌즈(Objectives) : 4x, 10x, 20x, 100x
⑫ 전환기(대물렌즈를 바꿀 때 사용하는 손잡이)

[몸체]

⑭ 재물대(스테이지) : 관찰할 프레파라트(또는 혈구계산판, 슬라이드글라스)를 올려놓는 넓은 판으로 가운데 빛이 통과하는 구멍이 있음
⑮ 콘덴서 및 조리개 : 빛의 양을 조절하는 장치
⑯ 할로겐 조명콘덴서 – 광원
⑩ 콘덴서 초점 조절장치

[다리]

⑪ 광원 조절장치(회전식 스위치/전원)

⑦ **접안렌즈** : 눈을 대고 물체의 상을 관찰하는 렌즈로, 단안과 쌍안 두 가지가 있다. 접안렌즈에는 보통 10X, 15X, 20X 등의 숫자가 쓰여 있으며, 배율이 높을수록 렌즈의 길이가 짧다.

⑧ **조동나사** : 2개의 나사 중 큰 것으로, 경통이나 재물대를 위아래로 크게 움직여 상을 찾는다. 대강의 초점을 찾을 때 사용한다.

⑨ **미동나사** : 대물렌즈와 프레파라트 사이의 거리를 미세하게 조절하여 상의 초점을 맞춘다. 2개의 나사 중 작은 것으로 상의 초점을 정확히 맞출 때 사용한다.

⑬ **대물렌즈** : 재물대 바로 위에 있는 렌즈로, 보통 3~4개의 렌즈가 회전판에 붙어 있으며, 대물렌즈의 배율은 보통 4X(4배), 10X(10배), 20X, 40X, 100X(100배)로 되어 있다. 대상(샘플)의 배율 크기는 접안렌즈 배율과 대물렌즈의 배율의 곱으로 이루어진다. 예를 들면 접안렌즈가 10X이고 대물렌즈의 배율이 20X이면 대상(샘플)의 크기는 200X(배)로 확대된 것이다.

⑭ **재물대(스테이지)** : 관찰할 프레파라트(또는 혈구계산판, 슬라이드글라스)를 올려놓는 넓은 판으로 가운데 빛이 통과하는 구멍이 있다.

- 클립 : 재물대 위에 있으며 프레파라트(또는 혈구계산판, 슬라이드글라스)를 고정시킨다.
- 경통 : 접안렌즈와 대물렌즈를 연결시키는 둥근 통으로 빛이 지나가는 통로이다. 최근의 현미경은 경통을 조절하지 않고 재물대의 높낮이를 조절(조동, 미동나사)하여 초점을 찾는다.

(6) 현미경 사용방법

① 저배율의 대물렌즈를 접안렌즈 밑에 오게 한다. 즉 저배율 관찰 후 고배율로 전환한다.

② 반사경을 조절하여 시야를 밝게 한다(직사광선을 피한다).

③ 혈구계산판(또는 슬라이드글라스)를 재물대 위에 올려놓는다(재물대에 물, 약품이 묻지 않도록).

④ 옆에서 보면서 조동나사로 대물렌즈가 혈구계산판에 거의 닿을 정도로 재물대를 올린다[이때 대물렌즈가 닿아서 혈구계산판(또는 슬라이드글라스)가 깨지지 않도록 조심한다].

⑤ 눈으로 접안렌즈를 보면서 조동나사로 재물대를 서서히 내리면서 상(초점)을 찾는다.

⑥ 상이 보이거나 지나가면 미동나사로 조절하여 정확한 초점을 맞추고 관찰한다[샘플(정자)를 빠르게 찾아야 한다].

가축인공수정 작업형 모의고사 A형

문 항	문 제		정 답
1	돼지(암컷)의 가장 확실한 발정 행동(징후)은?		
2	소 인공수정 시 정액의 주입 부위는?		
3	돼지 인공수정 시 액상 정액 내의 정자수는?		
4	현미경 재물대 위의 슬라이드글라스 위치를 조절하는 나사는?		
5	소 냉동정액이 보관된 액체질소통 내 온도는?		
6	돼지 정액주입기의 경관 내 전진 방향은?		
7	소 인공수정 시 왼손잡이의 경우 직장 검사용 비닐장갑을 끼는 손은?		
8	소 정액을 주입기에 장착 시 주입봉의 후퇴 길이는?		
9	소 냉동정액의 융해온도와 시간은?		
10	소의 발정유도에 사용되는 호르몬제는?(2가지 이상)		
11	한 방안의 정자 수는 몇 마리인가?(5방안의 정자수를 세어서 합쳐 제시할 수 있어야 함)	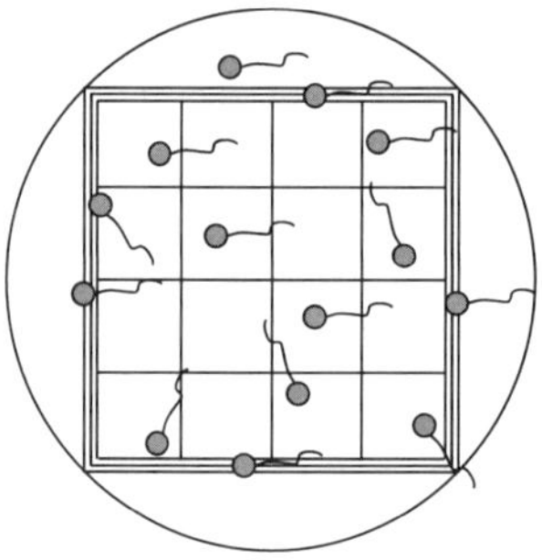	
12	혈구 계산판 내 5방안의 정자수가 50마리였다면 200배 희석된 원정액의 mL당 정자수는 얼마인가?		
13			
14	소의 발정징후 2가지는?		
15	돼지 정액주입기 종류의 차이점을 설명하시오.		
16	다음은 소 인공수정 시 정액 주입 방법을 서술하였다. 빈칸에 알맞은 말(용어)을 적으시오(정액은 장전되어 있음). 발정 온 암컷의 외음부를 깨끗이 닦고 (⑯)를 주입기 끝에 묻힌 후 외음부에 주입기를 (⑰)° 상 방향으로 전진시킨 후 요도개구부를 지나면 수평으로 전진시킨다. 주입기 끝이 더 이상 전진되지 않는 (⑱)에 도달되면 주입기를 (⑲)으로 1~3회 정도 회전시켜 자궁경관에 맞물리도록 한다. 자궁경관에 잘 맞물렸는지 주입기를 가볍게 뒤로 당겨보아 저항감이 있으면 주입기에 정액을 연결하고 3~5분간 서서히 정액을 주입한다. 정액주입이 끝나면 주입기를 (⑳)으로 회전시켜 빼낸 다음 외음부를 마사지한다. 정액주입이 끝나면 종모돈 이름, 혈통등록번호, 수정일 등을 수정기록부에 기록한다.		
17			
18			
19			
20			

가축인공수정 작업형 모의고사 B형

문 항	문 제	정 답
1	소의 발정징후 2가지는?	
2	돼지 액상 정액의 적절한 주입 시간은?	
3	소 동결정액스트로 내 적절한 정자수는?	
4	소 인공수정 방법의 종류 3가지는?	
5	돼지 액상 정액의 보관 온도는?	
6	돼지 액상 정액을 주입한 후 주입기를 뺄 때 회전 방향은?	
7	현미경 초점 조절 시 사용하는 상하 조절 레버는?	
8	소 정액을 주입기에 장착 시 주입봉의 후퇴 길이는?	
9	소에서 채취된 정액이 10mL였다. 200배 희석된 원정액을 혈구 계산판에서 관찰한 결과 5방안의 정자수가 50마리였다면 원정액의 총 정자수는 얼마인가?	
10		
11	다음은 소 인공수정 시 정액 주입 방법을 서술하였다. 빈칸에 알맞은 말(용어)을 적으시오(정액은 장전되어 있음). 왼손에 비닐장갑을 끼고 (⑪)을 묻힌 후 직장에 왼손을 넣고 분변을 제거한 다음 자궁경관을 확인한다. 오른손의 주입기를 외음부에 (⑫)° 상 방향으로 삽입한 다음 요도개구부 위치가 지나면 수평으로 진입시키되 왼손으로 비닐커버를 당겨 벗긴 후 주입기 끝이 경관입구에 도달되면 직장 내에 있는 왼손으로 경관을 거머쥐고 조절하여 주입기가 (⑬)을 통과하도록 한 다음 주입기 선단이 자궁각 심부(자궁체)에 위치한 것을 확인한 후 오른손으로 (⑭)을 밀어서 정액을 주입한다. 수정이 끝나면 주입기의 커버(시스)를 제거하고 주입된 정액의 종모우 이름, (⑮), 수정일 등을 수정기록부에 기록한다. 주입기는 위생적으로 소독한 다음 건조시켜 보관토록 한다. ※ 실제 : 소 생식기(또는 후구 모형)에 인공수정을 실시해 보시오(크게 말 하면서 빠르게 시행하면 유리하다).	
12		
13		
14		
15		
16	돼지 인공수정 시 1회 정액 (평균)주입량은?	
17	돼지 수정적기는 발정개시 후 언제(몇 시간째)인가?	
18	소의 수정적기는?	
19	돼지 인공수정 시 액상 정액 내 정자수는?	
20	한 방안의 정자수는 몇 마리인가?(5방안의 정자수를 세어서 합쳐 제시할 수 있어야 함) 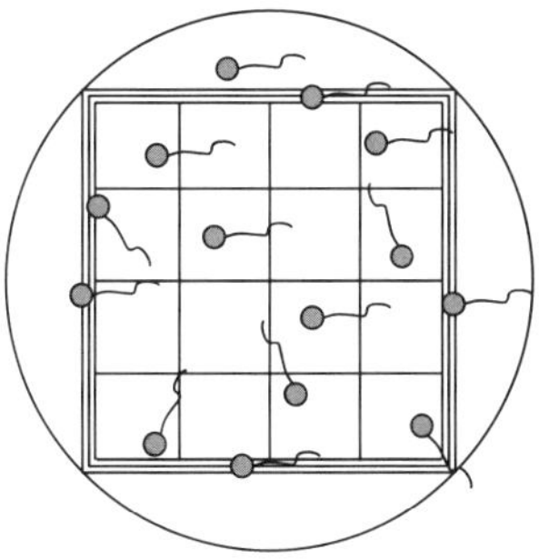	

가축인공수정 작업형 모의고사 답안

문 항	A형	B형
1	부동자세	승가, 외음부 종창
2	자궁경관 심부(3추벽~자궁체)	발정개시 후 12~25시간
3	30억 마리/0.5mL	1~3천만 마리/0.5mL
4	좌우, 전후 조절나사	직장질법, 겸자법, 질경법, 화상주입법
5	−196℃	17℃
6	시계 반대 방향	시계 방향
7	오른손	조동나사, 미동나사
8	스트로 길이만큼	스트로 길이만큼
9	온도 : 37℃, 시간 : 20초간	50억 마리 (= 5×10^9마리)
10	PGF2α, PMSG(hCG)	
11	14 마리	윤활제
12	5억 마리 (= 5×10^8cell/mL)	15°
13		자궁경관
14	거동 불안, 울음	주입봉
15	• 후보돈용 : 스크루형 • 경산돈용 : 탭형, 자궁심부주입기	혈통등록번호
16	윤활제	80mL
17	15°	발정개시 후 12~25시간
18	자궁경관 입구	발정개시 후 12~16 또는 배란(30시간) 전 13~18시간
19	시계 반대 방향	30억 마리
20	시계 방향	10마리
점 수	(맞은 문항 수 × 5점/20문항)	

※ 소 수정적기의 실용적인 지침(B의 18번 문항의 응용 답안)

① 이른 아침(9시 이전)에 발정을 확인한 경우에는 당일 오후 관리 시간 때가 수정적기, 다음날은 늦다.

② 오전(9~12시) 중 발정을 발견한 경우에는 그날 저녁 또는 다음날 아침 일찍이 수정적기이며, 10시 이후는 늦다.

③ 발정을 오후에 발견한 경우에는 다음날 오전 중이 적기이고 오후 2시 이후는 늦다.

작업형 모의고사 시험 답안 참고 사항

01. 소 발정 행동(징후) : 거동불안, 승가, 울음, 외음부 종창, 팽윤, 적색
02. 돼지의 가장 확실한 발정 행동 : 부동자세
    카마, 친볼, 바로미터, 시정모(어린 수컷), 호르몬분석법, 초음파진단법
03. 소의 발정유도 호르몬제 : FSH, PMSG, hCG, $PGF_2\alpha$, Progesterone
04. 소 수정적기 : 발정개시 후 12~16 또는 배란(30시간) 전 13~18시간
    ※ 소 수정적기의 실용적인 지침
    ① 이른 아침(9시 이전)에 발정을 확인한 경우에는 당일 오후 관리 시간 때가 수정적기이며, 다음날은 늦다.
    ② 오전(9~12시) 중 발정을 발견한 경우에는 그날 저녁 또는 다음날 아침 일찍이 수정적기이며, 10시 이후는 늦다.
    ③ 발정을 오후에 발견한 경우에는 다음날 오전 중이 적기이고 오후 2시 이후는 늦다.
05. 돼지 수정적기 : 발정개시 후 12~25시간
06. 소 동결정액스트로 내 정자수 : 2~3천만 마리/0.5mL
07. 액체질소통 내 온도 : -196℃
08. 냉동정액 융해온도와 시간 : 35~37℃ 20초간 융해
09. 돼지 액상 정액의 주입 정자수 : 30억 마리, 정액주입량 : 50~100mL(평균 80mL)
10. 돼지 액상 정액의 보관 온도 : 17℃
11. 돼지 정액주입기의 경관 내 전진 방향 : 시계 반대 방향
    ※ 돼지정액주입기(4가지) : 나선형, 소형 탭형(미경산, 후보돈용), 탭형, 심부주입기(경산돈용)
12. 돼지 정액 주입 시간 : 3~5분 동안 서서히 주입
13. 현미경 슬라이드 가온판의 조절 온도 : 37~38℃
14. 현미경의 주어진 슬라이드글라스에서 정자를 찾아 보여주시오.
15. 현미경 초점 조절 시 사용하는 상하 조절 레버 : 조동나사와 미동나사
16. 정액을 주입기 장착 시 주입봉의 후퇴 길이 : 정액 스트로 길이만큼
17. 소 인공수정 시 직장 검사용 비닐장갑을 끼는 손 : 왼손
18. 소 정액의 주입 부위 : 자궁경관 심부
19. 소 인공수정 시 정액 주입 방법
    ※ 주어진 소 후구 모형에서 직접 인공수정을 실시해 보시오. 과정을 말로 설명하시오.
    ① 왼손에 비닐장갑을 끼고 비눗물을 묻힌 후 직장에 왼손을 넣고 분변을 제거한 다음 자경을 확인한다.
    ※ 특히 인공수정 시 비닐장갑을 낄 때 바람을 먼저 불어 넣는다.

② 오른손의 주입기를 외음부에 15° 상 방향으로 삽입한 다음 요도개구부 위치가 지나면 수평으로 진입시키되 왼손으로 비닐 커버를 당겨 벗긴 후 주입기 끝이 경관입구에 도달되면 직장 내에 있는 왼손으로 경관을 조절하여 주입기가 경관을 통과하도록 한다.

③ 주입기 선단이 자궁각 심부(자궁체)에 위치한 것을 확인한 후 오른손으로 주입봉을 밀어서 정액을 주입한다.

④ 수정이 끝나면 주입기의 커버(시스)를 제거하고 주입된 정액의 종모우 이름, (혈통등록번호), 수정일 등을 수정기록부에 기록한다.

⑤ 주입기는 위생적으로 소독한 다음 건조시켜 보관토록 한다.

20. 돼지 인공수정 시 정액의 주입 방법

① 발정 온 암컷의 외음부를 깨끗이 닦고 윤활제를 주입기 끝에 묻힌 후 외음부에 주입기를 15° 상 방향으로 전진시킨 후 요도개구부를 지나면 수평으로 전진시킨다.

② 주입기 끝이 더이상 전진되지 않는 경관입구에 도달되면 주입기를 시계 반대 방향으로 1~3회 정도 회전시켜 자궁경관에 맞물리도록 한다.

③ 자궁경관에 잘 맞물렸는지 주입기를 가볍게 뒤로 당겨보아 저항감이 있으면 주입기에 정액을 연결하고 3~5분간 서서히 정액을 주입한다.

④ 정액주입이 끝나면 주입기를 시계 방향으로 회전시켜 빼낸 다음 외음부를 마사지한다.

⑤ 정액주입이 끝나면 종모돈 이름, 혈통등록번호, 수정일 등을 수정기록부에 기록한다.

⑥ 주입기는 위생적으로 소독한 다음 건조시켜 보관토록 한다.

※ 서술형 답안의 경우 키워드(단어)가 40% 이상(10개 중 4개 이상) 있으면 맞은 것으로 채점한다.

참 / 고 / 문 / 헌

• 가학현, 김희발, 서강석, 이창규, 장종수, 진동일, 한재용 공저, 가축의 개량과 번식, 한국방송통신대학교 출판부, 2009
• 공일근, 체세포 복제고양이의 대량생산, 한국연구재단, 2006
• 김옥진, 정성곤, 애완동물학, 동일출판사, 2015
• 미래창조과학부 미래준비위원회, 10년 후 대한민국 미래전략보고서, 도서출판 지식공감, 2017
• 박인균, 화분매개충 주요 종 육성 및 현장 적용법 개발, 농촌진흥청, 2012
• 비피기술거래, 반려동물과 첨단기술의 만남, ㈜비피기술거래, 2016
• 성환후 등, 가축인공수정과 수정란이식 – 농업기술길잡이 148(개정판), 농촌진흥청, 2013
• 성환후 등, 가축인공수정과 수정란이식, 농촌진흥청, 2013
• 세르주 시몬, 도미니크 시몬, 애견 대백과, 삼성출판사, 2003
• 양병철, 조상래, 김형철, 오성종, 한우 인공수정, 초음파 기술 교육. 농촌진흥청 국립축산과학원, 2016
• 우건석, 이명렬, 조영희, 꿀벌의 인공수정을 통한 우수 품종 개량 연구, 농시논문집, 1990
• 윤창현교수 정년기념도서. 포유류의 생식생물학. 문영당, 2001
• 윤형주, 이만영, 설광열, 곤충의 인공수정법, 농촌진흥청, 2008
• 이병천, 이장희 등, 가축 인공수정과 수정란이식, 농촌진흥청, 2005
• 이영순, 실험동물의학, 서울대학교 출판부, 1989
• 이용빈, 가축인공수정요론, 선진문화사, 1980
• 이장희 등, 가축 인공수정과 수정란이식, 표준영농교본, 농촌진흥청, 2005
• 이장희 등, 산양에 있어서 생식세포의 포괄적 이용에 의한 규모화 인공수정, 수정란이식 및 핵이식 수정란 생산기술 확립, 농림축산식품부, 2015
• 이장희 등, 우수 사슴 녹용세포를 이용한 생리활성물질의 생산과 핵이식 수정란 이식기술 개발, 농림축산식품부, 2013
• 이장희, 김창근, 정영채, 돼지 난포란의 체외성숙 시 성선자극호르몬의 첨가가 체외성숙, 체외수정 및 배발생에 미치는 영향, 한국수정란이식학회지, 1994
• 이장희, 김창근, 정영채, 돼지 난포란의 형태와 배양시간이 체외성숙 및 수정란의 배발생능에 미치는 영향, 한국수정란이식학회지, 1994
• 이장희, 돼지 난포란의 동결보존과 체외수정에 관한 연구, 중앙대 박사학위논문, 1993
• 이장희, 박창식, 김인철, X-, Y-정자로 분리된 돼지 액상 및 동결정액 생산과 보급에 관한 연구, 농림수산부, 1995
• 이장희, 반려동물 인공수정과 수정란이식, 리빙북스, 2018
• 이장희, 반려동물, 리빙북스, 20120
• 이장희, 반려동물번식, 리빙북스, 2015
• 이장희, 애견번식, 에듀컨텐츠, 2010
• 이장희, 연정웅, 양돈 이론과 실제, 에듀컨텐츠, 2009
• 이재근, 오봉국, 가금(1) 닭(계), 향문사, 1980
• 임경순, 정구민, 박영식 공저, 인공수정과 수정란이식, 민음사, 1998
• 임경순, 포유동물 생식세포학, 서울대학교 출판부, 2001
• 정길생 등, 가축번식생리학, 선진문화사, 1995

- 정덕수 등, 애견 번식생리학, 삼영출판사, 2004
- 한인규, 최윤재, 실험동물사육학, 서울대학교 농과대학 출판사, 1989
- 홍영남, 생명과학의 이해, 라이프사이언스, 2007
- Robert H. Tamarin 저. 전상학, 권혁빈, 나종길, 정민걸, 조은희 옮김, 유전학의 이해, 라이프사이언스, 2005
- Concannon, P.W 등. 1988. Dog and cat reproduction, contraception and airtificial insemination. p. 332.
- Feldman, E.C. and Nelson, R.W., Canine and Feline endocrinology and reproduction.
- Foote, R.H., Extenders for freezing dog semen. 1964. Am. J Vet Res., 25 : 37-39.
- Hefez, E.S.E., 1980. Reproduction in farm anmals(4thed). Lea&Febiger. Phiadelphia.
- Salisbyry, G.W. and N.L. Vab Denmark. 1981. Physiology od repruduction and artificial insemination of acttle. Freeman and Company. SanFransiscco.
- Held, J.P., Critical evaluation of the success and role ofchilled and frozen semen in today's veterinary practice. Montreal Symposium. Sep. 17-20. 1997. pp. 49-60.
- Johnson, S.D., Root Kustritz, M.V., and Dlson, P.N., 2001. Canine and Feline Theriogenology.
- Morton DB and Bruce SG. Semen evaluation, cryopreservation and factors relevant to the use of frozen semen in dogs. 1989. J..Reprod Fertil Suppl 39:311-316.
- Principles of Genetics 5th edition Sinnot, Dunn, Dobzhansky 1958 McGraw-Hill.
- Principles of Genetics, 4th edition E.J. Gardner Wiley 1972.
- Ruppel, C.L., 1984. Study course in animal reproduction. Enterprises.
- Saumanda, J. 1978. Control of reproduction in the cow. Sreenan, J. M., 169-194. Mortinus Nijhoff, The Hague.
- Seager, SWJ., Successful pregnancies utilizing frozen semen. 1969. AI Digest 17 : 6-7.
- Sreenan, J.M. & Beehan D. 1976. Egg transfer in cattle ed. Rowson, L.E.A.:19-34.
- Swindle, M.M., 2007. Swine in the laboratory. CRC press.
- Verma & Kumar 등, 2017. Assisted reproductive techniques in fram animal: From aritificial insemination to nano biotechnology. KOROS PRESS LIMITED.

참 / 고 / 동 / 영 / 상

- 소, 돼지의 생식기 내 정액주입(인공수정)
  https://blog.naver.com/PostView.nhn?blogId=biocu&Redirect=View&logNo=222237335674&categoryNo=1&isAfterWrite=true&isMrblogPost=false&isHappyBeanLeverage=true&contentLength=4799
- 소의 수정란이식 http://www.nongsaro.go.kr/portal/ps/psb/psbo/vodPlay.ps?mvpNo=157
- 돼지 발정 동기화 및 인공수정 기술(농촌진흥청)
  http://www.nongsaro.go.kr/portal/ps/psb/psbo/vodPlay.ps?mvpNo=77
- 소의 거세 http://www.nongsaro.go.kr/portal/ps/psb/psbo/vodPlay.ps?mvpNo=154
- ICT 복합 한우, 젖소 스마트팜 http://www.nongsaro.go.kr/portal/ps/psb/psbo/vodPlay.ps?mvpNo=1305
- ICT 융복합 양돈 스마트팜 http://www.nongsaro.go.kr/portal/ps/psb/psbo/vodPlay.ps?mvpNo=1306

가축인공수정사 필기 + 실기

개정4판1쇄 발행	2024년 07월 05일 (인쇄 2024년 05월 31일)
초 판 발 행	2020년 04월 03일 (인쇄 2020년 02월 05일)
발 행 인	박영일
책 임 편 집	이해욱
편 저	이장희
편 집 진 행	윤진영 · 장윤경
표지디자인	권은경 · 길전홍선
편집디자인	정경일 · 심혜림
발 행 처	(주)시대고시기획
출 판 등 록	제10-1521호
주 소	서울시 마포구 큰우물로 75 [도화동 538 성지 B/D] 9F
전 화	1600-3600
팩 스	02-701-8823
홈 페 이 지	www.sdedu.co.kr

I S B N	979-11-383-7379-1(13520)
정 가	35,000원